Heinz Mayer

Fachrechnen Chemie

VCH

Die Praxis der Labor- und Produktionsberufe

herausgegeben von U. Gruber und W. Klein

Band 1 Schmittel/Bouchée/Less
Labortechnische Grundoperationen

Band 2a Hahn/Haubold
Analytisches Praktikum: Qualitative Analyse

Band 2b Gübitz/Haubold/Stoll
Analytisches Praktikum: Quantitative Analyse

Band 4 Gottwald/Puff
Physikalisch-chemisches Praktikum

Band 5 Hahn/Reif/Lischewski/Behle
Betriebs- und verfahrenstechnische Grundoperationen

Band 6 Simic/Hochheimer/Reichwein
Messen, Regeln und Steuern

Band 7a Mayer
Fachrechnen Chemie

Band 8 Gottwald/Sossenheimer
Angewandte Informatik im Labor

In Vorbereitung:

Band 3 Dickler/Dilsky
Präparatives Praktikum

Band 7b Mayer
Fachrechnen Physik

Fachrechnen Chemie

Heinz Mayer

VCH Weinheim · New York · Basel · Cambridge

Heinz Mayer
Hoechst AG
Abteilung für
Aus- und Weiterbildung
Postfach 80 03 20
D-6230 Frankfurt/M. 80

Lektorat: Philomena Ryan-Bugler
Herstellerische Betreuung: Dipl.-Wirt.-Ing. (FH) Hans-Jochen Schmitt

Die Deutsche Bibliothek – CIP-Einheitsaufnahme
Mayer, Heinz:
Fachrechnen Chemie / Heinz Mayer. – Weinheim ; New York ;
Basel ; Cambridge : VCH, 1993
(Die Praxis der Labor- und Produktionsberufe ; Bd. 7a)
ISBN 3-527-27899-0
NE: GT

Gedruckt auf säurefreiem und chlorarm gebleichtem Papier.

Satz: Lichtsatz Glaese GmbH, D-6944 Hemsbach.
Druck: Strauss Offsetdruck GmbH, D-6945 Hirschberg 2
Bindung: J. Schäffer, D-6718 Grünstadt.
Printed in the Federal Republic of Germany

Vertrieb:

VCH, Postfach 101161, D-6940 Weinheim (Bundesrepublik Deutschland)

Schweiz: VCH Verlags-AG, Postfach, CH-4020 Basel (Schweiz)

Großbritannien und Irland: VCH Publishers (UK) Ltd., 8 Wellington Court, Wellington Street, Cambridge CB1 1HZ (England)

USA und Canada: VCH Publishers, 220 East 23rd Street, New York, NY 10010–4606 (USA)

ISBN 3-527-27899-0 ISSN 0930-0147

Für meine Eltern

Konzentrationen, Anteilen und Verhältnissen dargestellt ist. Eine farbige Grafik, die dem Buch beiliegt und zum Arbeiten herausgenommen werden kann, soll die Zusammenhänge zusätzlich verdeutlichen. Bei ständiger Anwendung dieser Grafik, die naturgemäß auf den entsprechenden Definitionsgleichungen beruht, festigt sich deren Kenntnis immer mehr. Außerdem erkennt der Anwender, daß es eine Vielzahl von Wegen gibt, die zum Ziel führen, was ihm bei der Lösung komplexer Aufgabenstellungen sehr hilfreich sein kann.

Dem Benutzer dieses Buches mag Kapitel 3, *Rechnen mit Mischphasen*, unverhältnismäßig umfangreich erscheinen. Der Verfasser hielt es aber für sinnvoll, den angebotenen Stoff nicht auf ein Rechnen nur mit Lösungen zu reduzieren und z. B. den Umgang mit gasförmigen Mischphasen in den Bereich der Physikalischen Chemie abzuschieben, wie das häufig geschieht. Unabhängig davon, ob man zur Lösung von Aufgaben im chemischen Fachrechnen Definitionsgleichungen heranzieht oder dem didaktischen Ansatz in Abb. 3-5. folgt, wird der Zusammenhang zwischen Quantitäten von Stoffportionen und Gehalten von Mischphasen nur dann deutlich, wenn er für alle Arten von Mischphasen dargestellt ist.

Das Buch ist in erster Linie für Auszubildende in Labor- und Produktionsberufen der chemischen Industrie geschrieben worden; es eignet sich aber ganz sicher auch für Schüler an Berufsfach- und Fachoberschulen und Absolventen von Weiterbildungsmaßnahmen.

Es sind viele Anregungen aus dem Kollegenkreis der Abteilung für Aus- und Weiterbildung der Hoechst Aktiengesellschaft eingegangen. Dafür ist der Autor sehr dankbar. Sein ganz besonderer Dank aber gilt Herrn Hans-Joachim Sommer, der die vielen Aufgaben gegengerechnet hat.

Frankfurt-Hoechst Heinz Mayer
Oktober 1992

Für meine Eltern

Vorwort

Die Formulierung von Gesetzmäßigkeiten und Phänomenen in mathematischen Größengleichungen ist ein wichtiger didaktischer Anspruch, der im naturwissenschaftlichen Bereich – unabhängig vom jeweiligen Niveau – an jeden Lernenden gestellt werden sollte. Sie bilden für jede Art von angewandter, fachbezogener Mathematik die Grundlage. Im Bereich der Physik ist es von jeher gute Übung auf diese Weise zu rechnen. Im chemischen Fachrechnen hingegen werden von durchaus kompetenten Lehrern und Ausbildern – unter dem Vorwand, das Rechnen mit Gleichungen sei für die Lernenden zu schwierig – zumindest bei einfachen Aufgabenstellungen häufig noch direkte und umgekehrte Dreisätze strapaziert. Bei komplexeren Aufgaben zeigt sich dann, wie schwierig es meist ist, mit mehreren solcher Dreisätze ans Ziel zu gelangen. Nun bringt man entsprechend komplizierte Gleichungen ins Unterrichtsspiel und wundert sich, daß die, denen man den Umgang mit relativ einfachen Gleichungen verwehrte, damit nicht zurechtkommen.

Dabei ist es durch die Festlegung der Basisgröße *Stoffmenge* und ihrer Basiseinheit *Mol* im *Internationalen Einheitensystems* (SI) noch viel sinnvoller geworden, auch in der Chemie mit Größengleichungen zu rechnen.

Der Autor hat während seiner langjährigen Tätigkeit in der beruflichen Aus- und Weiterbildung gelernt, wie hilfreich die Anwendung einiger weniger Größengleichungen für ihn selbst und die Lernenden war. Sie sind gewissermaßen die wenigen, notwendigen Trampelpfade, mit den sich der scheinbare Dschungel des chemischen Rechnens leichter durchqueren läßt, wenn man sie prinzipiell kennt und konsequent anwendet. Maximal sechs Beziehungen beschreiben den Zusammenhang zwischen den Quantitätsgrößen für Portionen reiner Stoffe, die im Kapitel 1 dieses Buches verwendet werden. Sie bilden, ausgehend von der Stoffmenge, die Grundlage für das chemische Rechnen.

Mit der Stoffmengenrelation, die die quantitative Aussage der chemischen Formel liefert, können alle Berechnungen über die Zusammensetzung von Verbindungen vorgenommen werden (s. Kapitel 2). Bleibt noch die Stoffmengenrelation für die an einer chemischen Umsetzung beteiligten Stoffe, die sich aus der entsprechenden Reaktionsgleichung ergibt (Kapitel 6). Sie gilt auch für die Reaktionen, die analytischen Bestimmungsmethoden zugrundeliegen (Kapitel 7).

Erschwert und umfangreicher wird das chemische Rechnen dadurch, daß es sich nicht nur, wie bis hierher betrachtet, mit reinen Stoffen beschäftigt, sondern sich vielmehr auch mit Mischphasen solcher reinen Stoffe befassen muß, die bei chemischen Umsetzungen eine bedeutende Rolle spielen. Ihre Zusammensetzung wird durch Gehaltsangaben beschrieben, für die entsprechende Definitionsgleichungen gelten. Der Umgang mit ihnen und ihre Vielzahl ist für den Lernenden oft äußerst verwirrend.

Der Autor hat in seiner beruflichen Praxis außerordentlich gute Erfahrungen mit der Nutzung einer grafischen Darstellung gemacht, in der der Zusammenhang zwischen den Quantitäten der Bestandteile von Mischphasen und den möglichen Gehaltsangaben wie

Konzentrationen, Anteilen und Verhältnissen dargestellt ist. Eine farbige Grafik, die dem Buch beiliegt und zum Arbeiten herausgenommen werden kann, soll die Zusammenhänge zusätzlich verdeutlichen. Bei ständiger Anwendung dieser Grafik, die naturgemäß auf den entsprechenden Definitionsgleichungen beruht, festigt sich deren Kenntnis immer mehr. Außerdem erkennt der Anwender, daß es eine Vielzahl von Wegen gibt, die zum Ziel führen, was ihm bei der Lösung komplexer Aufgabenstellungen sehr hilfreich sein kann.

Dem Benutzer dieses Buches mag Kapitel 3, *Rechnen mit Mischphasen*, unverhältnismäßig umfangreich erscheinen. Der Verfasser hielt es aber für sinnvoll, den angebotenen Stoff nicht auf ein Rechnen nur mit Lösungen zu reduzieren und z. B. den Umgang mit gasförmigen Mischphasen in den Bereich der Physikalischen Chemie abzuschieben, wie das häufig geschieht. Unabhängig davon, ob man zur Lösung von Aufgaben im chemischen Fachrechnen Definitionsgleichungen heranzieht oder dem didaktischen Ansatz in Abb. 3-5. folgt, wird der Zusammenhang zwischen Quantitäten von Stoffportionen und Gehalten von Mischphasen nur dann deutlich, wenn er für alle Arten von Mischphasen dargestellt ist.

Das Buch ist in erster Linie für Auszubildende in Labor- und Produktionsberufen der chemischen Industrie geschrieben worden; es eignet sich aber ganz sicher auch für Schüler an Berufsfach- und Fachoberschulen und Absolventen von Weiterbildungsmaßnahmen.

Es sind viele Anregungen aus dem Kollegenkreis der Abteilung für Aus- und Weiterbildung der Hoechst Aktiengesellschaft eingegangen. Dafür ist der Autor sehr dankbar. Sein ganz besonderer Dank aber gilt Herrn Hans-Joachim Sommer, der die vielen Aufgaben gegengerechnet hat.

Frankfurt-Hoechst Heinz Mayer
Oktober 1992

Inhalt

1 Rechnen zur Einführung in die Chemie

1.1 Theoretische Grundlagen

1.1.1 Wesen der Chemie

Die Chemie gehört zu den Naturwissenschaften. Sie befaßt sich mit den in der Natur vorkommenden Stoffen und den Erscheinungen, die mit einer *qualitativen*[1] Veränderung der beteiligten Stoffe verbunden sind.

1.1.2 Stoffe

Unter Stoffen versteht man alle festen, flüssigen und gasförmigen Körper. Die Gesamtheit aller Stoffe wird als *Materie* bezeichnet.

Eine Möglichkeit zur Unterscheidung von Stoffen ist in Abb. 1-1 dargestellt:

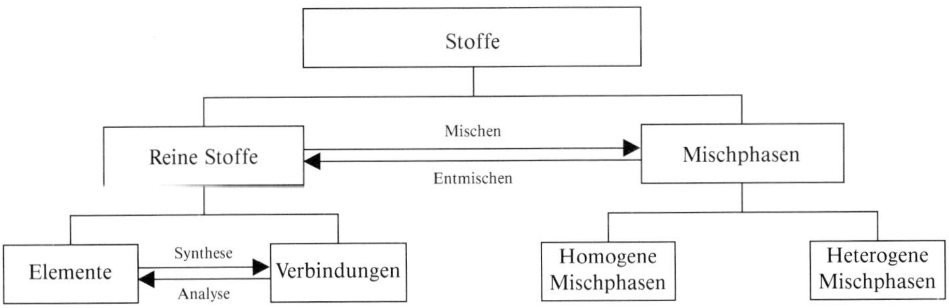

Abb. 1-1. Unterteilung der Stoffe

---

1 Von lat. qualitas = Beschaffenheit.

Reine Stoffe sind Stoffe, die aus einer Phase, d. h. aus einer homogenen (einheitlich erscheinenden) festen, flüssigen oder gasförmigen Stoffportion bestehen. Dazu gehören die *Elemente*, die chemischen Grundstoffe, die sich aus *Atomen* aufbauen, und die *Verbindungen*. Die Teilchen solcher Verbindungen können *Moleküle* oder *Ionen* sein.

Gemische hingegen setzen sich aus zwei oder mehr reinen Stoffen zusammen. Sie werden als *Mischphasen* bezeichnet und können *homogen* oder *heterogen* erscheinen.

In heterogenen, d. h. uneinheitlich erscheinenden Gemischen liegen die beteiligten reinen Stoffe in – für den Betrachter sichtbaren – unterschiedlichen Phasen vor. Man bezeichnet sie dann als *grobdispers*[2]. Von besonderer Bedeutung sind in der Praxis die homogenen flüssigen Mischphasen, die *Lösungen*.

1.1.2.1 Stoffportion

Eine *Stoffportion* ist ein abgegrenzter Materiebereich, der aus einem Stoff oder mehreren Stoffen oder definierten Bestandteilen von Stoffen bestehen kann [1].

Beispiel 1-1.

- Ein Haufen Eisenspäne
- Ein Stück Zucker
- Ein Gas in einem verschlossenen Glasrohr

Von der Portion eines Stoffes spricht man bei einem Bestandteil einer Mischphase oder einer Verbindung auch dann, wenn dieser als selbständiger Stoff *nicht* existieren kann.

Beispiel 1-2.

- Die Portion der Sulfongruppen in einer Portion eines Ionenaustauschers
- Die Portion der Chlorid-Ionen in einer Portion kristallinem Natriumchlorid
- Die Portion halber Schwefelsäure-Moleküle in einer Portion Schwefelsäure-Lösung

Für bestimmte Anwendungsbereiche gibt es weitere Bezeichnungen für eine Stoffportion, z. B. *Probe*, *Einwaage*, *Auswaage* und *aliquoter Teil* in der Analytik. Zur Kennzeichnung einer Stoffportion sind Angaben über ihre *Qualität* und über ihre *Quantität*[3] notwendig. Sie wird vorgenommen

- qualitativ durch die Bezeichnung des Stoffes oder der Bestandteile,
- quantitativ durch eine geeignete extensive physikalische Größe und zwar durch die Teilchenzahl N, die Stoffmenge n, die Masse m und das Volumen V.

Extensive Größen sind quantitätsabhängige Größen, d. h. ihr Größenwert ändert sich proportional zur Quantität der Stoffportion. Der Größenwert einer *intensiven* Größe wie z. B. der Dichte ρ hingegen ist unabhängig von der Quantität der Stoffportion; er ist nur abhängig von der Art, d. h. von der Qualität des Stoffes, und eventuell – wie z. B. bei Gasen – von Zustandsgrößen.

---

2 Von lat. dispergere = verteilen.

3 Von lat. quantus = wie groß.

Zur eindeutigen Beschreibung einer Stoffportion sind im allgemeinen zwei Angaben erforderlich, und zwar neben dem Index für die Stoffportion noch eine Angabe über den Stoff oder die Teilchenart [1].

Beispiel 1-3.

Von mehreren Portionen Asche, die bei der Aschegehaltsbestimmung von Stoffen anfallen, hat die erste Portion eine Masse von 0,35 g. Diese Stoffportion kann durch eine Größengleichung beschrieben werden, in der die Art des Stoffes – nämlich „Asche" – dem Größensymbol für die Masse in Klammern nachgestellt wird. Um zu kennzeichnen, daß es sich um die erste von mehreren Ascheportionen handelt, hängt man an das Größensymbol außerdem noch den Index 1 an:

$$m_1(\text{Asche}) = 0{,}35\ \text{g}$$

Bei der Betrachtung der Zusammensetzung einer Mischphase sind Stoffportion und zugehöriger Stoff einander eindeutig zugeordnet.

Der Index i zur Angabe der Stoffportion charakterisiert auch den zugehörigen Stoff. Umgekehrt kennzeichnet der in einer Klammer nachgestellte Stoff oder die Teilchenart auch die Stoffportion. Es genügt dann eine der beiden Angaben.

Grundsätzlich können Qualität und Quantität einer Stoffportion in folgender Weise angegeben werden:

a) Durch die Angabe der Teilchenart und die Stoffmenge n
   - Eine Calciumsulfatportion 2 mit $n_2(CaCO_3) = 1$ mol ... *oder*
   - 1 mol Calciumsulfat ...
b) Durch die Angabe der Teilchenart und der Teilchenzahl N
   - Eine Silberportion 1 mit $N_1(S) = 10^{20}$ ... *oder*
   - 10^{20} Silberatome ...
c) Durch den Namen des Stoffes und die Masse m der Stoffportion
   - Eine Kupferportion 4 mit $m_4 = 1$ kg ... *oder*
   - 1 kg Kupfer ...
d) Durch den Namen des Stoffes und das Volumen V der Stoffportion (und ggf. der Zustandsgrößen Druck p und Temperatur T)
   - Eine Heliumportion 3 mit $V_3(20\,°C, 1\ \text{bar}) = 1\ \text{m}^3$ ... *oder*
   - 1 m³ Helium bei 20 °C und 1 bar ...

Im Folgenden soll die Qualität einer Stoffportion einheitlich durch die Angabe des Stoffes oder der Teilchenart in einer Klammer hinter dem jeweiligen Größenzeichen (-symbol) gekennzeichnet werden, obwohl dies nur bei der Teilchenzahl N und der Stoffmenge n notwendig ist.

1.1.3 Quantitäten

Die Frage nach dem „Wieviel?" einer Stoffportion kann mit einer der in Tab. 1-1 aufgeführten *Quantitäten* beantwortet werden.

Tab. 1-1. Quantitäten für Stoffportionen

Quantitäten	Größenzeichen	SI-Einheitennamen	Einheitenzeichen
Stoffmenge	n	Mol	mol
Teilchenzahl	N	1	
Masse	m	Kilogramm	kg
Volumen	V	Kubikmeter	m^3

1.1.3.1 Stoffmenge

Mit der Basisgröße Stoffmenge n wird die Quantität einer Stoffportion auf der Grundlage der Anzahl der darin enthaltenen Teilchen bestimmter Art angegeben. Ihr kommt beim chemischen Rechnen eine zentrale Rolle zu, weil sie die Quantitätsverhältnisse in chemischen Verbindungen und bei chemischen Vorgängen besonders übersichtlich beschreibt.

Bezieht man die übrigen drei Quantitäten auf die Stoffmenge, so erhält man entsprechende *molare* (*stoffmengenbezogene*) *Größen*, die von der Quantität einer Stoffportion unabhängig sind und deshalb als *intensive* Größen bezeichnet werden. Sie fungieren bei der Umrechnung von Quantitäten von Stoffportionen als Proportionalitätskonstanten (vgl. Abschn. 1.1.4).

Die Einheit der Stoffmenge ist 1 *Mol* (Einheitenzeichen: mol). Sie ist eine SI-Basiseinheit. Nach dem *Gesetz über Einheiten im Meßwesen* [2] gilt folgende Definition:

Die Basiseinheit 1 Mol ist die Stoffmenge eines Systems, das aus ebensoviel Einzelteilchen besteht, wie Atome in 12/1000 Kilogramm des Kohlenstoffnuklids ^{12}C enthalten sind [4].

Mit neuesten physikalisch-chemischen Methoden wurde die Zahl dieser Einzelteilchen mit

$$N^0 = (6{,}022045 \pm 0{,}0000031) \cdot 10^{23} \qquad \textbf{(1-1)}$$

bestimmt.

Die Stoffmenge $n(^{12}C) = 1$ mol entspricht einerseits also einer Masse von 12 Gramm. Andererseits besteht diese Stoffmenge aber auch aus $6{,}022 \cdot 10^{23}$ Teilchen (Atomen). Deshalb gilt allgemein:

Eine Stoffportion, die aus $6{,}022 \cdot 10^{23}$ Teilchen der Art X besteht, hat – bezogen auf diese Teilchenart X – die Stoffmenge 1 Mol.

1 mol = $6{,}022 \cdot 10^{23}$ Teilchen

Bei der Angabe von Stoffmengen sollten vorzugsweise Größengleichungen verwendet werden. Dabei werden die Teilchen (z. B. Atome, Moleküle, Ionen, Atomgruppen) – durch die Elementsymbole charakterisiert – hinter das Größensymbol *n* in Klammern gesetzt. Zur Unterscheidung verschiedener Stoffportionen werden dem Größensymbol Indices nachgestellt.

Beispiel 1-4.

$n_1(\mathrm{S}) = 40\ \mathrm{mol}$ und $n_1(\mathrm{S_8}) = 5\ \mathrm{mol}$

$n_2(\mathrm{Ca^{2+}}) = 25\ \mathrm{mmol}$ und $n_2(\frac{1}{2}\ \mathrm{Ca^{2+}}) = 50\ \mathrm{mmol}$

$n_3(\mathrm{H_2SO_4}) = 2{,}5\ \mathrm{mol}$ und $n_3(\frac{1}{2}\ \mathrm{H_2SO_4}) = 5{,}0\ \mathrm{mol}$

$n_4(\mathrm{MnO_4^-}) = 0{,}2\ \mathrm{mol}$ und $n_4(\mathrm{KMnO_4}) = 0{,}2\ \mathrm{mol}$

$n_5(\mathrm{K_2Cr_2O_7}) = 100\ \mathrm{mmol}$ und $n_5(\frac{1}{2}\ \mathrm{Cr^{6+}}) = 600\ \mathrm{mmol}$

In Beispiel 1-4 sind einigen Stoffmengenangaben sog. *Äquivalentteilchen* zugrunde gelegt, wie sie insbesondere für Ionen und die Reaktionspartner von Neutralisations- und Redoxreaktionen verwendet werden.

Ein Äquivalentteilchen (auch kurz *Äquivalent* genannt) ist der gedachte Bruchteil eines $\frac{1}{z^*}$ Teilchens X, wobei X ein Atom, Molekül, Ion oder eine Atomgruppe sein kann und z* eine ganze Zahl ist, die sich aus der Ionenladung oder einer definierten Reaktion (Äquivalenzbeziehung) ergibt [3]. Zur symbolischen Darstellung des Äquivalentteilchens wird der Bruch $\frac{1}{z^*}$ vor das Symbol des Teilchens X gestellt.

Beispiel 1-5.

$\frac{1}{2}\ \mathrm{Mg^{2+}}$ $\quad \frac{1}{3}\ \mathrm{H_3PO_4}$ $\quad \frac{1}{5}\ \mathrm{KMnO_4}$ $\quad \frac{1}{6}\ \mathrm{KMnO_4}$

Das auch als *Äquivalentzahl* bezeichnete z* ist die Anzahl der Äquivalente je Teilchen.

Das Äquivalentteilchen hat nur formale Bedeutung. Es soll die stöchiometrische Beziehung ausdrücken, keinesfalls aber, daß Teilchen dieser Art tatsächlich existieren oder entstanden sind.

Man unterscheidet u. a. zwischen Ionen-, Neutralisations- und Redox-Äquivalenten.

Beispiel 1-6.

Beim Ionen-Äquivalent ist die Äquivalentzahl z* gleich dem Betrag |z| der Ladungszahl z des Ions:

$\mathrm{Cu^{2+} + 2\ e^- \rightarrow Cu}$

Teilchen: $\mathrm{Cu^{2+}}$ Äquivalentzahl: 2 Äquivalent: $\frac{1}{2}\ \mathrm{Cu^{2+}}$

Beim Neutralisations-Äquivalent ist z* gleich der Anzahl der H^+-Ionen oder OH^--Ionen, mit denen es bei einer bestimmten Neutralisationsreaktion reagiert:

$$H_2SO_4 + 2\ OH^- \rightarrow SO_4^{2-} + 2\ H_2O$$

Teilchen: H_2SO_4 Äquivalentzahl: 2 Äquivalent: $\frac{1}{2}\ H_2SO_4$

Beim Redox-Äquivalent ist z* der Betrag der Differenz seiner Oxidationszahlen *vor* und *nach* der Reaktion:

$$K^+ + MnO_4^- + 5\ Fe^{2+} + 8\ H^+ \rightarrow K^+ + Mn^{2+} + 5\ Fe^{3+} + 4\ H_2O$$

Teilchen: Fe^{2+} Äquivalentzahl: 5 Äquivalent: $\frac{1}{2}\ Fe^{2+}$

Die Stoffmenge $n(\text{eq})(X)$ von Äquivalentteilchen der Art X (auch kurz *Äquivalent-Stoffmenge* genannt) wird ebenfalls vorzugsweise durch Größengleichungen angegeben. Dabei wird das Symbol des Äquivalents dem Symbol *n* nachgestellt.

Zwischen der Stoffmenge $n(X)$ der Teilchen X in einer Stoffportion und der Stoffmenge $n\ (\frac{1}{z^*}\ X)$ besteht die Beziehung

$$n\left(\frac{1}{z^*}\ \mathbf{X}\right) = \mathbf{z^*}\ n(\mathbf{X}) \qquad \textbf{(1-2)}$$

Beispiel 1-7.

$$n(\text{eq})(H_2SO_4) = n(\tfrac{1}{2}\ H_2SO_4) = 2\ n(H_2SO_4)$$

$$n(\text{eq})(KMnO_4) = n\ (\tfrac{1}{2}\ KMnO_4) = 5\ n(KMnO_4)$$

In die Definitionsgleichungen für die molare Masse $M(\frac{1}{z^*}\ X)$ von Äquivalentteilchen und deren Äquivalentkonzentration $c(\frac{1}{z^*}\ X)$ geht (1-2) naturgemäß ebenfalls ein (vgl. (1-7) und (3-8a)).

1.1.3.2 Teilchenzahl

Die Teilchenzahl *N* ist im *Internationalen Einheitensystem* (Abkürzung: SI) überhaupt nicht berücksichtigt, obwohl viele wichtige Stoffeigenschaften von dieser Größe abhängig sind. Darüber hinaus spielt die Teilchenzahl eine bedeutende Rolle bei der Beschreibung der Zusammensetzung chemischer Verbindungen (vgl. Abschn. 2.1.1) und der Quantitätsverhältnisse bei chemischen Reaktionen (vgl. Abschn. 6.1). In der Praxis tritt an die Stelle der Teilchenzahl die Stoffmenge *n*, die den Charakter einer *makroskopischen*[4] Teilchenzahl besitzt.

---

4 Von griech. makroskopein = mit dem bloßen Auge sehen.

Die mathematische Beziehung für den Zusammenhang zwischen der Teilchenzahl $N(\mathrm{X})$ einer Stoffportion und ihrer Stoffmenge $n(\mathrm{X})$ ermöglicht die *molare Teilchenzahl* N_A, die auch als Avogadro-Konstante[5] bezeichnet wird:

Die molare Teilchenzahl N_A ist der Quotient aus der Teilchenzahl $N(\mathrm{X})$ einer beliebigen Portion des Stoffes X und deren Stoffmenge $n(\mathrm{X})$.

$$N_\mathrm{A} = \frac{N(\mathrm{X})}{n(\mathrm{X})} \qquad \text{(1-3)}$$

Die molare Teilchenzahl N_A ist eine *abgeleitete* Größe mit der Dimension *Teilchenzahl durch Stoffmenge*. Die Dimensionsbetrachtung liefert die SI-Einheit *1 durch Mol* (Einheitenzeichen: 1/mol oder mol^{-1}):

$$[N_\mathrm{A}] = \frac{[N(\mathrm{X})]}{[n(\mathrm{X})]} = \frac{1}{1\ \mathrm{mol}} = 1/\mathrm{mol} = 1\ \mathrm{mol}^{-1}$$

Die molare Teilchenzahl besagt, daß die Portion aller Stoffe mit einer Stoffmenge von 1 Mol (unabhängig von der Teilchenart) immer aus $6{,}022 \cdot 10^{23}$ Teilchen besteht (vgl. Abschn. 1.1.3.1).

$$N_\mathrm{A} = 6{,}022 \cdot 10^{23}\ \mathrm{mol}^{-1} \qquad \text{(1-4)}$$

1.1.3.3 Masse

Die Masse m gehört wie die Stoffmenge zu den SI-Basisgrößen. Ihre Einheit ist 1 *Kilogramm* (Einheitenzeichen: kg), eine SI-Basiseinheit.

1 Kilogramm ist die Masse des Internationalen Kilogrammprototyps [4].

Bezieht man die Masse $m(\mathrm{X})$ der Teilchen X auf ihre Stoffmenge $n(\mathrm{X})$, so ergibt sich die *molare Masse* $M(\mathrm{X})$ dieser Teilchen.

Die molare Masse $M(\mathrm{X})$ der Teilchen X ist der Quotient aus der Masse $m(\mathrm{X})$ dieser Teilchen und ihrer Stoffmenge $n(\mathrm{X})$ [3].

$$M(\mathrm{X}) = \frac{m(\mathrm{X})}{n(\mathrm{X})} \qquad \text{(1-5)}$$

Die molare Masse $M(\mathrm{X})$ ist eine abgeleitete Größe mit der Dimension *Masse durch Stoffmenge*. Die Dimensionsbetrachtung liefert die SI-Einheit 1 *Kilogramm durch Mol* (Einheitenzeichen: kg/mol oder kg mol^{-1}):

$$[M(\mathrm{X})] = \frac{[m(\mathrm{X})]}{[(\mathrm{X})]} = \frac{1\ \mathrm{kg}}{1\ \mathrm{mol}} = 1\ \mathrm{kg/mol} = 1\ \mathrm{kg\ mol}^{-1}$$

---

5 Nach dem italienischen Physiker Amadeo Avogadro.

In der Praxis wird meist die Einheit *Gramm durch Mol* (Einheitenzeichen: g/mol oder g mol^{-1}) verwendet:

Die molare Masse $M(X)$ gibt an, wieviel Gramm 1 Mol der Teilchen X wiegt.

Zwischen der molaren Masse $M(X)$ und der molaren Masse $M(\frac{1}{z^*}X)$ besteht folgende Beziehung:

$$M\left(\frac{1}{z^*}X\right) = \frac{1}{z^*}M(X) \qquad (1\text{-}6)$$

Nach (1-5) gilt mit (1-2) auch:

$$M\left(\frac{1}{z^*}X\right) = \frac{m(X)}{z^*\,n(X)} \qquad (1\text{-}7)$$

In (1-7) bedeuten:

$M(\frac{1}{z^*}X)$ Molare Masse der Äquivalentteilchen X
$m(X)$ Masse einer Portion der Teilchen X
$n(X)$ Stoffmenge der Teilchen X

1.1.3.4 Volumen

Das Volumen V ist im SI eine abgeleitete Größe mit der Dimension *Länge · Länge · Länge*:

$$V = l^3$$

Ihre SI-Einheit ist 1 *Kubikmeter* (Einheitenzeichen: m^3).

Im Gegensatz zu den übrigen Quantitäten ist das Volumen fester und flüssiger Stoffe von der Temperatur und bei Gasen zusätzlich noch vom Druck abhängig. Es muß deshalb durch die Angabe dieser Zustandsgrößen p und T hinreichend gekennzeichnet werden.

Bezieht man das Volumen $V(X)$ einer Portion der Teilchen X auf ihre Stoffmenge $n(X)$, so erhält man das von der Quantität unabhängige *molare Volumen* $V_m(X)$ dieser Teilchen.

Das molare Volumen $V_m(X)$ der Teilchen X ist der Quotient aus dem Volumen $V(X)$ dieser Teilchen und ihrer Stoffmenge $n(X)$.

$$V_m(X) = \frac{V(X)}{n(X)} \qquad (1\text{-}8)$$

Das molare Volumen V_m ist eine abgeleitete Größe mit der Dimension *Volumen durch Stoffmenge*.

Die Dimensionsbetrachtung liefert die SI-Einheit 1 *Kubikmeter durch Mol* (Einheitenzeichen: m^3/mol oder $m^3\ mol^{-1}$):

$$[V_m(X)] = \frac{[V(X)]}{[n(X)]} = \frac{1\ m^3}{1\ mol} = 1\ m^3/mol = 1\ m^3\ mol^{-1}$$

In der Praxis wird meist die Einheit 1 *Liter durch Mol* (Einheitenzeichen: L/mol oder L mol^{-1}) verwendet.

Das molare Volumen $V_m(X)$ gibt an, wieviel Liter 1 Mol der Teilchen X einnimmt.

1.1.3.5 Abhängigkeit des molaren Volumens

Das Volumen von Portionen fester und flüssiger Stoffe ist in unterschiedlicher Weise von der Temperatur abhängig, weil die Zusammenhaltekräfte zwischen den Teilchen von verschiedenen Stoffen unterschiedlich groß sind. Deshalb ist auch das molare Volumen von Feststoffen und Flüssigkeiten nur von geringer praktischer Bedeutung.

Bei Gasen hingegen bestehen zwischen den einzelnen Teilchen wegen des großen Abstandes, den sie zueinander haben, nur noch geringe oder gar keine Anziehungskräfte mehr. Nach dem *Gesetz von Avogadro*[6] enthalten gleiche Volumina *idealer* Gase[7] bei gleichem Druck und gleicher Temperatur die gleiche Anzahl von Teilchen. Auch das molare Volumen solcher Gase ist demnach bei gleichen Bedingungen immer gleich. Deshalb ist diese Größe beim chemischen Rechnen von großer praktischer Bedeutung.

Im *Normzustand*, d.h. bei der *Normtemperatur* T_n = 273,15 K und dem *Normdruck* p_n = 1,01325 bar, gilt für das *molare Normvolumen* V_{mn} jeden idealen Gases – als Größensymbol wird häufig auch V_0 verwendet – der konstante Wert

$$V_{mn} = (22{,}41383 \pm 0{,}000031)\ m^3\ kmol^{-1}\ [5]$$

In der Praxis bedeutet das hinreichend genau, daß 1 Mol eines idealen Gases bei 0 °C und 1013 mbar einen Raum von 22,4 L einnimmt:

$$V_{mn} = V_0 = 22{,}4\ L\ mol^{-1} \qquad (1\text{-}9)$$

Das molare Normvolumen $V_{mn}(X)$ eines beliebigen idealen Gases ist der Quotient aus dem Volumen $V_n(X)$ der Gasportion im Normzustand und ihrer Stoffmenge $n(X)$.

$$V_{mn}(X) = \frac{V_n(X)}{n(X)} \qquad (1\text{-}10)$$

Wie alle molaren Größen ist auch das molare Normvolumen eine von der Quantität unabhängige Größe.

---

6 Von Avogadro (vgl. Fußnote 5) 1811 als Hypothese formuliert.

7 Zwischen ihren Teilchen werden praktisch keine Anziehungskräfte mehr wirksam; sie gehorchen der allgemeinen Zustandsgleichung der idealen Gase.

Nach den Gasgesetzen (vgl. Band 7B) gilt für eine Gasportion von bestimmter Quantität in den unterschiedlichen Zuständen 1 und 2 die Zustandsgleichung der Gase in der Form

$$\frac{p_1 V_1}{T_1} = \frac{p_2 V_2}{T_2}. \qquad \textbf{(1-11)}$$

Das Produkt aus Druck und Volumen einer Gasportion geteilt durch seine Temperatur ist demnach immer konstant:

$$\frac{p\,V}{T} = \mathbf{k} \qquad \textbf{(1-12)}$$

Wendet man auf diese Beziehung auf 1 Mol eines idealen Gases im Normzustand an, so ergibt sich daraus die *allgemeine (universelle) Gaskonstante R*:

$$R = \frac{p_n V_{mn}}{T_n} \qquad \textbf{(1-13)}$$

$$= \frac{1013{,}25 \text{ mbar} \cdot 2{,}41383 \text{ L mol}^{-1}}{273{,}15 \text{ K}}$$

$$\underline{R = \mathbf{83{,}144 \text{ mbar L K}^{-1} \text{ mol}^{-1}}}$$

Nach (1-13) gilt für jeden anderen Zustand, also bei dem Druck p und der Temperatur T, für das molare Volumen die Beziehung

$$V_m = \frac{R\,T}{p} \qquad \textbf{(1-14)}$$

Mit (1-13) für R läßt sich (1-14) zu einer weiteren Beziehung für das molare Volumen eines Gases zusammenfassen:

$$V_m = \frac{p_n V_{mn} T}{T_n\, p} \qquad \textbf{(1-15)}$$

In (1-14) und (1-15) bedeuten:

V_m Molares Volumen eines idealen Gases
R Allgemeine Gaskonstante
T (Thermodynamische) Temperatur des Gases
p Druck des Gases
V_{mn} Molares Normvolumen der idealen Gase
T_n Normtemperatur
p_n Normdruck

1.1.4 Zusammenhang zwischen den Quantitäten von Stoffportionen

Der Zusammenhang zwischen der Stoffmenge $n(\mathrm{X})$ von Stoffportionen und den drei anderen Größen, mit denen sich die Quantität von Stoffportionen beschreiben lassen, ergibt sich durch Umstellen der Definitionsgleichungen für die molaren Größen ((1-3), (1-5) und (1-8)):

$$\boldsymbol{N(\mathrm{X}) = N_\mathrm{A}\, n(\mathrm{X})} \qquad \textbf{(1-16)}$$

$$\boldsymbol{m(\mathrm{X}) = M(\mathrm{X})\, n(\mathrm{X})} \qquad \textbf{(1-17)}$$

$$\boldsymbol{V(\mathrm{X}) = V_\mathrm{m}(\mathrm{X})\, n(\mathrm{X})} \qquad \textbf{(1-18)}$$

Die molaren Größen N_A, $M(\mathrm{X})$ und $V_\mathrm{m}(\mathrm{X})$ stellen Proportionalitätskonstanten zwischen der Stoffmenge $n(\mathrm{X})$ und der Masse $m(\mathrm{X})$ bzw. dem Volumen $V(\mathrm{X})$ dar. Daneben gibt es noch weitere intensive Größen, die Quotienten aus der molaren Masse $M(\mathrm{X})$ bzw. dem molaren Volumen $V_\mathrm{m}(\mathrm{X})$ und der molaren Teilchenzahl N_A darstellen. Sie kann man als die absolute Masse $m_\mathrm{a}(\mathrm{X})$ bzw. das absolute Volumen (den absoluten Raumbedarf) $V_\mathrm{a}(\mathrm{X})$ eines Teilchens X bei dem Druck p und der Temperatur T auffassen.

Die absolute Masse $m_\mathrm{a}(\mathrm{X})$ eines Teilchens X ist der Quotient aus der molaren $M(\mathrm{X})$ dieser Teilchen und der molaren Teilchenzahl N_A.

$$\boldsymbol{m_\mathrm{a}(\mathrm{X}) = \frac{M(\mathrm{X})}{N_\mathrm{A}}} \qquad \textbf{(1-19)}$$

Der absolute Raumbedarf $V_\mathrm{a}(\mathrm{X})$ eines Teilchens X ist der Quotient aus dem molaren Volumen $V_\mathrm{m}(\mathrm{X})$ dieser Teilchen und der molaren Teilchenzahl N_A.

$$\boldsymbol{V_\mathrm{a}(\mathrm{X}) = \frac{V_\mathrm{m}(\mathrm{X})}{N_\mathrm{A}}} \qquad \textbf{(1-20)}$$

Diese intensiven Größen sind naturgemäß meßtechnisch schwer zugänglich und spielen deshalb im chemischen Rechnen als Proportionalitätskonstanten keine wesentliche Rolle. Sie sind aber der Vollständigkeit wegen erwähnt.

Eine letzte für den Zusammenhang zwischen den Quantitätsgrößen bedeutsame intensive Größe ist die Dichte $\rho(\mathrm{X})$ eines Stoffes. Sie stellt den Proportionalitätsfaktor zwischen der Masse $m(\mathrm{X})$ einer Stoffportion und ihrem Volumen $V(\mathrm{X})$ dar.

Die Dichte ρ(X) eines Stoffes ist der Quotient aus der Masse m(X) einer Stoffportion und ihrem Volumen V(X).

$$\rho(\mathrm{X}) = \frac{m(\mathrm{X})}{V(\mathrm{X})} \tag{1-21}$$

Für eine Portion des Stoffes X mit der Stoffmenge von 1 Mol ergibt sich entsprechend:

$$\rho(\mathrm{X}) = \frac{M(\mathrm{X})}{V_\mathrm{m}(\mathrm{X})} \tag{1-22}$$

Unter Berücksichtigung dieser intensiven Größen ergibt sich die folgende grafische Darstellung für den Zusammenhang zwischen den Quantitäten von Stoffportionen:

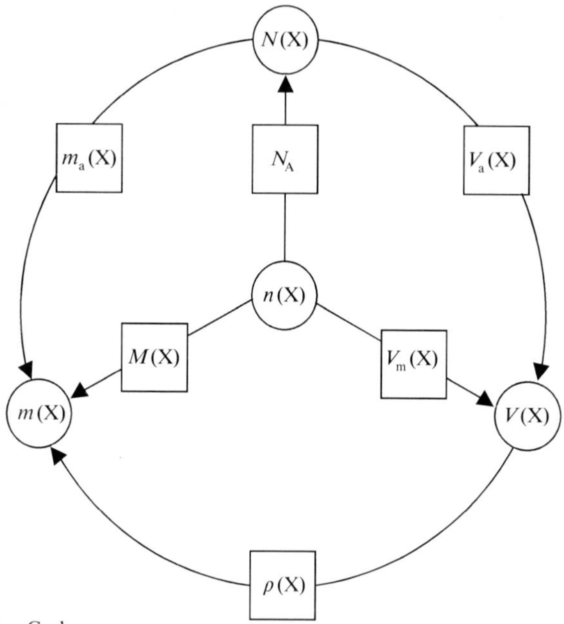

Abb. 1-2. Quantitäten-Cyclus

Die Linien zwischen den einzelnen Größen stellen Verbindungswege dar, auf denen man von einer Größe zur anderen gelangen kann. Dabei wird **in Pfeilrichtung multipliziert** und **entgegen der Pfeilrichtung dividiert.** Dabei bieten sich jeweils mehrere Möglichkeiten an.

Beispiel 1-8.

Für die Umrechnung des Volumens V(X) einer Stoffportion in die entsprechende Teilchenzahl N(X) ergeben sich nach Abb. 1-2 insgesamt fünf Wege:

$$N(\mathrm{X}) = \frac{V(\mathrm{X})\,N_\mathrm{A}}{V_\mathrm{m}(\mathrm{X})} = \frac{V(\mathrm{X})\,\rho(\mathrm{X})\,N_\mathrm{A}}{M(\mathrm{X})} = \frac{V(\mathrm{X})}{V_\mathrm{a}(\mathrm{X})} = \frac{V(\mathrm{X})\,\rho(\mathrm{X})}{m_\mathrm{a}(\mathrm{X})} = \frac{V(\mathrm{X})\,M(\mathrm{X})}{V_\mathrm{m}(\mathrm{X})\,m_\mathrm{a}(\mathrm{X})}$$

1.2 Umrechnen der Quantitäten von Portionen reiner Stoffe

Der Zusammenhang zwischen den Quantitäten von Portionen reiner Stoffe, d. h. von Elementen und Verbindungen, ist in Abschn. 1.1.4 abgehandelt.

Die Umrechnung erfolgt mit den dort beschriebenen Beziehungen (1-16) bis (1-21). Dabei müssen oft Größen in einer zugrunde gelegten Gleichung mit Hilfe weiterer Gleichungen ersetzt werden, bis sie auf die in einer Aufgabe gegebenen oder aus Tabellen zu entnehmenden Größen zurückgeführt ist. Das erfordert einen großen fachlichen und mathematischen Überblick.

Bei Anwendung von Abb. 1-2, S. 12, hingegen läßt sich der Rechenweg von einer gegebenen Größen zu der gesuchten Größe leicht finden, weil er den dort dargestellten Verbindungen zwischen den Quantitäten direkt entspricht (vgl. Beispiel 1-8, S. 12). Dabei ist zu beachten, daß in Pfeilrichtung multipliziert und entgegen der Pfeilrichtung dividiert wird.

Vielleicht kann man die Umrechnung einer Quantität in eine andere mit einer Reise von einem Ort zum anderen vergleichen. Im ersten Fall muß der Reisende sich die Verkehrsmittel, die er benutzen kann, selber aussuchen, im zweiten Fall werden sie ihm in einem Übersichtsplan vorgegeben.

1.2.1 Stoffmenge

1.2.1.1 In die Teilchenzahl

Die Umrechnung erfolgt gemäß Abb. 1-2 *oder* (1-16) mit der molaren Teilchenzahl N_A:

$$\boldsymbol{N(X) = n(X)\, N_A}$$

Rechenbeispiel 1-1. Aus wieviel Molekülen besteht eine Portion Ethanol mit einer Stoffmenge $n(C_2H_5OH) = 0{,}25$ mmol?

Gesucht: $N(C_2H_5OH)$ **Gegeben:** $n(C_2H_5OH) = 0{,}25$ mmol

$$N(C_2H_5OH) = n(C_2H_5OH)\, N_A = 0{,}25 \text{ mmol} \cdot 6{,}022 \cdot 10^{23} \text{ mol}^{-1}$$

$$\underline{\boldsymbol{N(C_2H_5OH) = 1{,}51 \cdot 10^{20}}}$$

1.2.1.2 In die Masse

Die Umrechnung erfolgt gemäß Abb. 1-2 oder (1-17) mit der molaren Masse $M(\mathrm{X})$:

$$\boldsymbol{m(\mathrm{X}) = n(\mathrm{X})\, M(\mathrm{X})}$$

Rechenbeispiel 1-2. Welche Masse haben 0,20 kmol Natriumsulfat? $M(\mathrm{Na_2SO_4})$ = 142,04 g/mol

Gesucht: $m(\mathrm{Na_2SO_4})$

Gegeben: $n(\mathrm{H_2SO_4}) = 0{,}20\ \mathrm{kmol}$
$M(\mathrm{Na_2SO_4}) = 142{,}04\ \mathrm{g/mol}$

$$m(\mathrm{Na_2SO_4}) = n(\mathrm{Na_2SO_4})\, M(\mathrm{Na_2SO_4}) = 0{,}20\ \mathrm{kmol} \cdot 142{,}04\ \mathrm{g\ mol^{-1}}$$

$$\underline{\boldsymbol{m(\mathrm{Na_2SO_4}) = 28{,}4\ \mathrm{kg}}}$$

1.2.1.3 In das Volumen

Die Umrechnung erfolgt gemäß Abb. 1-2 oder (1-21) und (1-17) mit der Dichte $\rho(\mathrm{X})$ und der molaren Masse $M(\mathrm{X})$:

$$\boldsymbol{V(\mathrm{X}) = \frac{m(\mathrm{X})}{\rho(\mathrm{X})}} \longleftarrow \boldsymbol{n(\mathrm{X})\, M(\mathrm{X})}$$

Rechenbeispiel 1-3. Welches Volumen besitzt ein Eisenkörper mit der Stoffmenge $n(\mathrm{Fe}) = 0{,}75$ kmol bei 20 °C? $M(\mathrm{Fe}) = 55{,}85$ g/mol; $\rho(\mathrm{Fe}, 20\,°) = 7{,}80\ \mathrm{g/cm^3}$

Gesucht: $V(\mathrm{Fe}, 20\,°)$

Gegeben: $n(\mathrm{Fe}) = 0{,}75\ \mathrm{kmol}$
$\rho(\mathrm{Fe}, 20\,°) = 7{,}80\ \mathrm{g/mL}$
$M(\mathrm{Fe}) = 55{,}85\ \mathrm{g/mol}$

$$V(\mathrm{Fe}, 20°) = \frac{n(\mathrm{Fe})\, M(\mathrm{Fe})}{\rho(\mathrm{Fe}, 20°)} = \frac{0{,}75\ \mathrm{kmol} \cdot 55{,}85\ \mathrm{g\ mol^{-1}}}{7{,}80\ \mathrm{g\ mL^{-1}}}$$

$$\underline{\boldsymbol{V(\mathrm{Fe}, 20\,°) = 5{,}37\ \mathrm{L}}}$$

Die Umrechnung kann für Gase auch gemäß Abb. 1-2 oder (1-18) mit dem molaren Volumen V_{m} vorgenommen werden:

$$\boldsymbol{V(\mathrm{X}) = n(\mathrm{X})\, V_{\mathrm{m}}(\mathrm{X})} \longleftarrow \boldsymbol{\frac{R\,T}{p}}$$

Rechenbeispiel 1-4. Welches Volumen im Normzustand haben 6,5 mol Methangas, CH_4?

Gesucht: $V_n(CH_4)$ **Gegeben:** $n(CH_4) = 6{,}5$ mol; $V_{mn} = 22{,}4$ L/mol

$$V_n(CH_4) = n(CH_4)\, V_{mn}(CH_4) = 6{,}5 \text{ mol} \cdot 22{,}4 \text{ L mol}^{-1}$$

$\underline{\boldsymbol{V_n(CH_4) = 146\ \mathrm{L}}}$

Rechenbeispiel 1-5. Welches Volumen besitzt eine Portion Wasserstoff mit der Stoffmenge $n(H_2) = 3{,}50$ mol bei 25 °C und 1285 mbar?

Gesucht: $V(H_2)$ **Gegeben:** $n(H_2) = 3{,}50$ mol; $T = 298$ K; $p = 1285$ mbar

$$V(H_2) = \frac{n(H_2)\, R\, T}{p} = \frac{3{,}50 \text{ mol} \cdot 83{,}1 \text{ mbar L K}^{-1} \text{ mol}^{-1} \cdot 298 \text{ K}}{1285 \text{ mbar}}$$

$\underline{\boldsymbol{V(H_2) = 67{,}5\ \mathrm{L}}}$

Übungsaufgaben:

1-1. Wie groß sind a) die Teilchenzahl an NH_3-Molekülen, b) das Volumen im Normzustand und c) die Masse einer Ammoniakportion mit der Stoffmenge $n(NH_3) = 0{,}625$ mol? $M(NH_3) = 17{,}03$ g/mol?

1-2. Eine Portion Toluol, $M(C_6H_5CH_3) = 92{,}13$ g/mol, hat eine Stoffmenge $n(C_6H_5CH_3) = 1{,}45$ kmol. Wie groß ist a) die Zahl der Moleküle und b) die Masse dieser Stoffportion?

1-3. Eine Wasserstoffportion besitzt die Stoffmenge $n(H_2) = 100$ mol. Wie groß sind a) die Masse, b) das Volumen bei 0 °C und 1013 mbar und c) die Teilchenzahl? $M(H_2) = 2{,}016$ g/mol

1-4. Wie groß ist a) die Teilchenzahl, b) die Masse und c) das Volumen von 12,65 mol Methanol bei 20 °C? $\rho(CH_3OH, 20°) = 0{,}792$ g/mL; $M(CH_3OH) = 32{,}04$ g/mol

1-5. Welches Volumen nehmen 360 mmol Stickstoff bei 125 °C und 5,00 bar ein?

1-6. Wie groß ist das Volumen einer Portion Sauerstoff mit $n(O_2) = 2{,}350$ mol bei −75 °C und 65 mbar?

1-7. Eine Portion Schwefelwasserstoff hat die Stoffmenge $n(H_2S) = 32{,}0$ mol. Wie groß ist ihr Volumen bei 70 °C und 1100 mbar?

1.2.2 Teilchenzahl

1.2.2.1 In die Stoffmenge

Die Umrechnung erfolgt gemäß Abb. 1-2 oder (1-16) mit der molaren Teilchenzahl N_A:

$$\boldsymbol{n(\mathrm{X}) = \frac{N(\mathrm{X})}{N_A}}$$

Rechenbeispiel 1-6. Welche Stoffmenge hat eine Silberportion mit $3{,}5 \cdot 10^{25}$ Atomen?

Gesucht: $n(\mathrm{Ag})$ **Gegeben:** $N(\mathrm{Ag}) = 3{,}5 \cdot 10^{25}$

$$n(\mathrm{Ag}) = \frac{N(\mathrm{Ag})}{N_A} = \frac{3{,}5 \cdot 10^{25}}{6{,}022 \cdot 10^{23}\ \mathrm{mol}^{-1}}$$

$$\underline{\boldsymbol{n(\mathrm{Ag}) = 58{,}1\ \mathrm{mol}}}$$

1.2.2.2 In die Masse

Die Umrechnung erfolgt gemäß Abb. 1-2 oder (1-17) und (1-16) mit der molaren Masse $M(\mathrm{X})$ und der molaren Teilchenzahl N_A:

$$\boldsymbol{m(\mathrm{X}) = M(\mathrm{X})}\ n(\mathrm{X}) \longleftarrow \boldsymbol{\frac{N(\mathrm{X})}{N_A}}$$

Rechenbeispiel 1-7. Welche Masse hat eine Portion Calciumcarbonat, die aus $1{,}0 \cdot 10^{27}$ Molekülen besteht?

Gesucht: $m(\mathrm{CaCO_3})$ **Gegeben:** $N(\mathrm{CaCO_3}) = 1{,}0 \cdot 10^{27}$
$M(\mathrm{CaCO_3}) = 100{,}09\ \mathrm{g/mol}$

$$m(\mathrm{CaCO_3}) = \frac{N(\mathrm{CaCO_3})\, M(\mathrm{CaCO_3})}{N_A} = \frac{1{,}0 \cdot 10^{27} \cdot 100{,}09\ \mathrm{g\ mol^{-1}}}{6{,}022 \cdot 10^{23}\ \mathrm{mol}^{-1}}$$

$$\underline{\boldsymbol{m(\mathrm{CaCO_3}) = 1{,}66 \cdot 10^5\ \mathrm{g} = 166\ \mathrm{kg}}}$$

1.2.2.3 In das Volumen

Die Umrechnung erfolgt gemäß Abb. 1-2 oder (1-21), (1-17) und (1-16) mit der Dichte $\rho(\mathrm{X})$, der molaren Masse $M(\mathrm{X})$ und der molaren Teilchenzahl N_A:

$$V(\mathbf{X}) = \frac{m(\mathrm{X})}{\rho(\mathbf{X})} \longleftarrow \mathbf{M}(\mathbf{X})\, n(\mathrm{X}) \longleftarrow \frac{N(\mathbf{X})}{N_\mathrm{A}}$$

Rechenbeispiel 1-8. Welches Volumen hat eine Portion Benzol bei 20 °C, die aus $8{,}2 \cdot 10^{23}$ Molekülen besteht?

Gesucht: $V(C_6H_6, 20\,°C)$

Gegeben: $N(C_6H_6) = 8{,}2 \cdot 10^{23}$
$M(C_6H_6) = 78{,}11$ g/mol
$\rho(C_6H_6, 20\,°C) = 0{,}879$ g/mL

$$V(C_6H_6, 20\,°C) = \frac{N(C_6H_6)\, M(C_6H_6)}{N_A\, \rho(C_6H_6)}$$

$$= \frac{8{,}2 \cdot 10^{23} \cdot 78{,}11\ \mathrm{g\ mol^{-1}}}{6{,}022 \cdot 10^{23}\ \mathrm{mol^{-1}} \cdot 0{,}879\ \mathrm{g\ mL^{-1}}}$$

$\underline{\boldsymbol{V(C_6H_6, 20\,°C) = 121{,}0\ mL}}$

Die Umrechnung kann für Gase auch gemäß Abb. 1-2 oder (1-18) mit dem molaren Volumen $V_m(\mathrm{X})$ und der molaren Teilchenzahl N_a vorgenommen werden:

$$V(\mathbf{X}) = n(\mathrm{X})\, V_\mathrm{m}(\mathbf{X}) \longleftarrow n(\mathrm{X}) = \frac{N(\mathbf{X})}{N_\mathrm{A}}, \qquad V_\mathrm{m}(\mathbf{X}) \longleftarrow \frac{R\,T}{p}$$

Rechenbeispiel 1-9. Welches Volumen haben $5{,}0 \cdot 10^{20}$ Sauerstoffmoleküle im Normzustand?

Gesucht: $V_n(O_2)$ **Gegeben:** $N(O_2) = 5{,}0 \cdot 10^{20}$

$$V_n(O_2) = \frac{N(O_2)\, V_{mn}(O_2)}{N_A} = \frac{5{,}0 \cdot 10^{20} \cdot 22{,}4\ \mathrm{L\ mol^{-1}}}{6{,}022 \cdot 10^{23}\ \mathrm{mol^{-1}}}$$

$\underline{\boldsymbol{V_n(O_2) = 0{,}0186\ L = 18{,}6\ mL}}$

Rechenbeispiel 1-10. Eine Portion Hydrogenchlorid, HCl, besteht aus $7{,}5 \cdot 10^{24}$ Molekülen. Wie groß ist das Volumen dieser Gasportion bei 35 °C und 980 mbar?

Gesucht: $V(\mathrm{HCl})$ **Gegeben:** $N(\mathrm{HCl}) = 7{,}5 \cdot 10^{24}$
$T = 308$ K; $p = 980$ mbar

$$V(\mathrm{HCl}) = \frac{N(\mathrm{HCl})\,R\,T}{N_A\,p} = \frac{7{,}5 \cdot 10^{24} \cdot 83{,}1 \text{ mbar L K}^{-1}\text{ mol}^{-1} \cdot 308 \text{ K}}{6{,}022 \cdot 10^{23}\text{ mol}^{-1} \cdot 980 \text{ mbar}}$$

$$\underline{\boldsymbol{V}\mathbf{(HCl) = 325\ L}}$$

Übungsaufgaben:

1-8. Wie groß sind für eine Schwefelportion mit der Teilchenzahl $N(\mathrm{S}) = 9{,}50 \cdot 10^{25}$ a) die Stoffmenge $n(\mathrm{S})$ und b) die Masse? $M(\mathrm{S}) = 32{,}06$ g/mol

1-9. Wie groß sind a) die Stoffmenge und b) die Masse einer Methanolportion, die aus $7{,}025 \cdot 10^{26}$ Molekülen besteht? $M(CH_3OH) = 32{,}04$ g/mol

1-10. Eine Gasportion besteht aus $2{,}85 \cdot 10^{22}$ CO_2- Molekülen. Wie groß sind a) ihre Stoffmenge n, b) ihre Masse m und c) ihr Volumen V_n im Normzustand? $M(CO_2) =$ 44,01 g/mol

1-11. Eine Portion Glycerin besteht aus $1{,}0 \cdot 10^{26}$ Molekülen. Wie groß sind a) ihre Stoffmenge n, b) ihr Volumen V bei 20 °C und c) ihre Masse m?
$M(C_3H_8O_3) = 92{,}09$ g/mol; $\rho(C_3H_8O_3, 20\,°) = 1{,}260$ g/mL

1-12. Eine Portion Schwefeldioxid, SO_2, besteht aus $1{,}0 \cdot 10^{24}$ Molekülen. Welche Volumina nimmt sie bei den folgenden Bedingungen ein?

a) $p = 350$ mbar; $t = 95$ °C
b) $p = 1{,}75$ bar; $t = 360$ °C
c) $p = 20{,}0$ mbar; $t = 18$ °C

1.2.3 Masse

1.2.3.1 In die Teilchenzahl

Die Umrechnung erfolgt gemäß Abb. 1-2 oder (1-16) und (1-17) mit der molaren Teilchenzahl N_A und der molaren Masse $M(\mathrm{X})$:

$$N(\mathbf{X}) = n(\mathrm{X})\,N_A \longleftarrow n(\mathrm{X}) = \frac{m(\mathbf{X})}{M(\mathbf{X})}$$

Rechenbeispiel 1-11. Eine Portion Diphosphorpentoxid hat eine Masse von 25,2 g. Aus wieviel Molekülen P_2O_5 besteht diese Stoffportion? $M(P_2O_5) = 141{,}94$ g/mol

Gesucht: $N(P_2O_5)$ **Gegeben:** $m(P_2O_5) = 25{,}2$ g; $M(P_2O_5) = 141{,}94$ g/mol

$$N(P_2O_5) = \frac{m(P_2O_5)\,N_A}{M(P_2O_5)} = \frac{25{,}2\ \text{g} \cdot 6{,}022 \cdot 10^{23}\ \text{mol}^{-1}}{141{,}94\ \text{g mol}^{-1}}$$

$$\underline{\boldsymbol{N(P_2O_5) = 1{,}069 \cdot 10^{23}}}$$

Die Umrechnung kann für Gase auch gemäß Abb. 1-2 oder (1-16), (1-17) und (1-21) mit der molaren Teilchenzahl N_A, der Dichte $\rho(X)$ und dem molaren Volumen $V_m(X)$ erfolgen:

$$\boldsymbol{N(X)} = n(X)\,N_A \longleftarrow n(X) = \frac{V(X)}{\boldsymbol{V_m(X)}} \longleftarrow \frac{\boldsymbol{m(X)}}{\boldsymbol{\rho(X)}}$$

$$\boldsymbol{V_m(X)} \longleftarrow \frac{\boldsymbol{R\,T}}{\boldsymbol{p}}$$

Rechenbeispiel 1-12. Wieviel Moleküle enthalten 12,6 g Wasserstoffgas, $\rho_n = 0{,}090$ g/L, im Normzustand?

Gesucht: $N(H_2)$ **Gegeben:** $m(H_2) = 12{,}6$ g; $\rho_n(H_2) = 0{,}090$ g/L

$$N(H_2) = \frac{m(H_2)\,N_A}{\rho_n(H_2)\,V_{mn}(H_2)} = \frac{12{,}6\ \text{g} \cdot 6{,}022 \cdot 10^{23}\ \text{mol}^{-1}}{0{,}090\ \text{g L}^{-1} \cdot 22{,}4\ \text{L mol}^{-1}}$$

$$\underline{\boldsymbol{N(H_2) = 3{,}76 \cdot 10^{24}}}$$

Rechenbeispiel 1-13. Ein Gas hat eine Dichte von 1,807 g/L und ein molares Volumen von 24,4 L/mol. Wieviel Teilchen enthalten 50,0 kg dieses Gases?

Gesucht: $N(X)$ **Gegeben:** $\rho(\text{Gas}) = 1{,}807$ g/L
$V_m(\text{Gas}) = 24{,}4$ L/mol
$m(\text{Gas}) = 50{,}0$ kg

$$N(X) = \frac{m(\text{Gas})\,N_A}{\rho(\text{Gas})\,V_m(\text{Gas})} = \frac{50{,}0\ \text{kg} \cdot 6{,}022 \cdot 10^{23}\ \text{mol}^{-1}}{1{,}807\ \text{g L}^{-1} \cdot 24{,}4\ \text{L mol}^{-1}}$$

$$\underline{\boldsymbol{N(X) = 6{,}83 \cdot 10^{26}}}$$

Rechenbeispiel 1-14. Ein Gas hat bei 30 °C und 1000 mbar eine Dichte von 1,474 g/L. Wieviel Teilchen enthalten 150,0 g des Gases?

Gesucht: $N(\mathrm{X})$ **Gegeben:** $T = 303\ \mathrm{K};\ p = 1000\ \mathrm{mbar}$
$\rho(\mathrm{Gas}) = 1{,}474\ \mathrm{g/L}$
$m(\mathrm{Gas}) = 150{,}0\ \mathrm{g}$

$$N(\mathrm{X}) = \frac{m(\mathrm{Gas})\, N_\mathrm{A}\, p}{\pi(\mathrm{Gas})\, R\, T} = \frac{150{,}0\ \mathrm{g} \cdot 6{,}022 \cdot 10^{23}\ \mathrm{mol}^{-1} \cdot 1000\ \mathrm{mbar}}{1{,}474\ \mathrm{g\ L}^{-1} \cdot 83{,}1\ \mathrm{mbar\ L\ K}^{-1}\ \mathrm{mol}^{-1} \cdot 303\ \mathrm{K}}$$

$\underline{\boldsymbol{N(\mathrm{X}) = 2{,}434 \cdot 10^{24}}}$

1.2.3.2 In die Stoffmenge

Die Umrechnung erfolgt gemäß Abb. 1-2 oder (1-17) mit der molaren Masse $M(\mathrm{X})$:

$$\boldsymbol{n(\mathrm{X}) = \frac{m(\mathrm{X})}{M(\mathrm{X})}}$$

Rechenbeispiel 1-15. Wie groß ist die Stoffmenge $n(\mathrm{Na_3PO_4})$ einer Natriumphosphat-Portion mit $m(\mathrm{Na_3PO_4}) = 365\ \mathrm{mg}$? $M(\mathrm{Na_3PO_4}) = 163{,}94\ \mathrm{g/mol}$

Gesucht: $n(\mathrm{Na_3PO_4})$ **Gegeben:** $m(\mathrm{Na_3PO_4}) = 365\ \mathrm{mg}$
$M(\mathrm{Na_3PO_4}) = 163{,}94\ \mathrm{g/mol}$

$$n(\mathrm{Na_3PO_4}) = \frac{m(\mathrm{Na_3PO_4})}{M(\mathrm{Na_3PO_4})} = \frac{365\ \mathrm{mg}}{163{,}94\ \mathrm{g\ mol}^{-1}}$$

$\underline{\boldsymbol{n(\mathrm{Na_3PO_4}) = 2{,}226\ \mathrm{mmol}}}$

Die Umrechnung kann für Gase auch gemäß Abb. 1-2 oder (1-18) und (1-21) mit dem molaren Volumen $V_\mathrm{m}(\mathrm{X})$ und der Dichte $\rho(\mathrm{X})$ erfolgen:

$$\mathbf{n(X)} = \frac{V(\mathrm{X})}{V_\mathrm{m}(\mathrm{X})} \longleftarrow \frac{m(\mathrm{X})}{\rho(\mathrm{X})}$$

$$V_\mathrm{m}(\mathrm{X}) \longleftarrow \frac{R\,T}{p}$$

Rechenbeispiel 1-16. Ein Gas hat bei 15 °C und Normdruck eine Dichte von 0,714 g/L. Wie groß ist die Stoffmenge $n(\mathrm{X})$ der Gasteilchen von 500 g des Gases? Sein molares Volumen bei 15 °C ist 23,63 L/mol!

Gesucht: $n(\mathrm{X})$ **Gegeben:** $\rho(\mathrm{Gas},\ 15\,°) = 0{,}714\ \mathrm{g/L}$
$V_\mathrm{m}(\mathrm{Gas},\ 15\,°) = 23{,}63\ \mathrm{L/mol}$
$m(\mathrm{Gas}) = 500\ \mathrm{g}$

$$n(\text{X}) = \frac{m(\text{Gas})}{\rho(\text{Gas, 15 °C})\ V_\text{m}(\text{Gas, 15 °C})} = \frac{500\ \text{g}}{0{,}714\ \text{g L}^{-1} \cdot 23{,}63\ \text{L mol}^{-1}}$$

$\mathbf{n(X) = 29{,}64\ mol}$

Rechenbeispiel 1-17. Ein Gas hat eine Normdichte von 1,628 g/L. Wie groß ist die Stoffmenge von 75,0 g des Gases im Normzustand?

Gesucht: $n(\text{X})$ **Gegeben:** $\rho_\text{n}(\text{Gas}) = 1{,}628$ g/L; $m(\text{Gas}) = 75{,}0$ g

$$n(\text{X}) = \frac{m(\text{Gas})}{\rho_\text{n}(\text{Gas})\ V_\text{mn}(\text{Gas})} = \frac{75{,}0\ \text{g}}{1{,}628\ \text{g L}^{-1} \cdot 22{,}4\ \text{L mol}^{-1}}$$

$\mathbf{n(X) = 2{,}057\ mol}$

Rechenbeispiel 1-18. Ein Gas hat bei 200 °C und 750 mbar eine Dichte von 0,325 g/L. Wie groß ist die Stoffmenge von 5,50 g des Gases?

Gesucht: $n(\text{X})$ **Gegeben:** $T = 473$ K; $p = 750$ mbar
$\rho(\text{Gas}) = 0{,}325$ g/L
$m(\text{Gas}) = 5{,}50$ g

$$n(\text{X}) = \frac{m(\text{Gas})}{\rho(\text{Gas})\ R\ T} = \frac{5{,}50\ \text{g} \cdot 750\ \text{mbar}}{0{,}325\ \text{g L}^{-1} \cdot 83{,}1\ \text{mbar L mol}^{-1}\ \text{K}^{-1} \cdot 473\ \text{K}}$$

$\mathbf{n(X) = 0{,}323\ mol}$

1.2.3.3 In das Volumen

Die Umrechnung erfolgt gemäß Abb. 1-2 oder (1-21) mit der Dichte $\rho(\text{X})$:

$$\mathbf{V(X) = \frac{m(X)}{\rho(X)}}$$

Rechenbeispiel 1-19. Welches Volumen bei 20 °C haben 550 kg Tetrachlormethan mit der Dichte $\rho(CCl_4, 20\ °C) = 1{,}594$ g/mL?

Gesucht: $V(CCl_4, 20\ °C)$ **Gegeben:** $m(CCl_4) = 550$ kg
$\rho(CCl_4, 20\ °C) = 1{,}594$ g/mL

$$V(\mathrm{CCl_4}, 20°) = \frac{m(\mathrm{CCl_4})}{\rho(\mathrm{CCl_4}, 20\,°\mathrm{C})} = \frac{550\ \mathrm{kg}}{1{,}594\ \mathrm{g\ mL^{-1}}}$$

$$\underline{\boldsymbol{V(\mathrm{CCl_4}, 20\,°) = 345{,}0\ \mathrm{L}}}$$

Die Umrechnung kann für Gase auch gemäß Abb. 1-2 oder (1-18) und (1-17) mit der molaren Masse $M(\mathrm{X})$ und dem molaren Volumen $V_\mathrm{m}(\mathrm{X})$ erfolgen:

$$\boldsymbol{V(\mathrm{X})} = n(\mathrm{X})\ \boldsymbol{V_\mathrm{m}(\mathrm{X})} \longleftarrow n(\mathrm{X}) = \frac{\boldsymbol{m(\mathrm{X})}}{\boldsymbol{M(\mathrm{X})}}$$

$$\uparrow\ \frac{\boldsymbol{R\ T}}{\boldsymbol{p}}$$

Rechenbeispiel 1-20. Welches Volumen im Normzustand haben 668 g Fluorgas? $M(\mathrm{F_2}) = 38{,}00$ g/mol

Gesucht: $V_\mathrm{n}(\mathrm{F_2})$ **Gegeben:** $m(\mathrm{F_2}) = 668$ g; $M(\mathrm{F_2}) = 38{,}00$ g/mol

$$V_\mathrm{n}(\mathrm{F_2}) = \frac{m(\mathrm{F_2})\ V_\mathrm{mn}(\mathrm{F_2})}{M(\mathrm{F_2})} = \frac{668\ \mathrm{g} \cdot 22{,}4\ \mathrm{L\ mol^{-1}}}{38{,}00\ \mathrm{g\ mol^{-1}}}$$

$$\underline{\boldsymbol{V_\mathrm{n}(\mathrm{F_2}) = 394\ \mathrm{L}}}$$

Rechenbeispiel 1-21. Welches Volumen haben 320 g Chlorgas von 250 °C und 50,0 mbar? $M(\mathrm{Cl_2}) = 70{,}90$ g/mol

Gesucht: $V(\mathrm{Cl_2})$ **Gegeben:** $m(\mathrm{Cl_2}) = 320$ g
$T = 523$ K; $p = 50{,}0$ mbar
$M(\mathrm{Cl_2}) = 70{,}90$ g/mol

$$V(\mathrm{Cl_2}) = \frac{m(\mathrm{Cl_2})\ R\ T}{M(\mathrm{Cl_2})\ p} = \frac{320\ \mathrm{g} \cdot 83{,}1\ \mathrm{mbar\ L\ K^{-1}\ mol^{-1}} \cdot 523\ \mathrm{K}}{70{,}90\ \mathrm{g\ mol^{-1}} \cdot 50{,}0\ \mathrm{mbar}}$$

$$\underline{\boldsymbol{V(\mathrm{Cl_2}) = 3920\ \mathrm{L} = 3{,}920\ \mathrm{m^3}}}$$

Übungsaufgaben:

1-13. Wie groß sind a) die Teilchenzahl, b) die Stoffmenge und c) das Volumen bei 20 °C von 250,0 kg Toluol mit $M(\mathrm{C_7H_8}) = 155{,}13$ g/mol und ρ(Toluol, 20 °C) = 0,867 g/mL?

1-14. Für eine Ammoniakgas-Portion sind folgende Meßwerte bekannt:

$m = 42{,}55$ g; $M(NH_3) = 17{,}03$ g/mol; $t = 0\,°C$; $p = 1013$ mbar

Wie groß sind a) das Volumen, b) die Teilchenzahl und c) die Stoffmenge dieser Gasportion?

1-15. Für eine Portion Stickstoff sind folgende Meßwerte bekannt:

$m = 30{,}0$ g; $M(N_2) = 28{,}02$ g/mol; $t = 75\,°C$; $p = 820$ mbar

Wie groß sind a) das Volumen, b) die Teilchenzahl und c) die Stoffmenge dieser Gasportion?

1.2.4 Volumen

1.2.4.1 In die Teilchenzahl

Die Umrechnung erfolgt gemäß Abb. 1-2 oder (1-16), (1-17) und (1-21) mit der Dichte $\rho(X)$, der molaren Masse $M(X)$ und der molaren Teilchenzahl N_A:

$$N(\mathbf{X}) = n(X)\,N_A \longleftarrow n(X) = \frac{m(X) \longleftarrow V(\mathbf{X})\,\rho(\mathbf{X})}{M(\mathbf{X})}$$

Rechenbeispiel 1-22. Eine Portion Aceton, CH_3COCH_3, hat bei 20 °C ein Volumen von 870 mL. Aus wieviel Molekülen besteht diese Stoffportion?
$\rho(\text{Ac}, 20\,°C) = 0{,}791$ g/mL; $M(CH_3COCH_3) = 46{,}07$ g/mol

Gesucht: $N(CH_3COCH_3)$

Gegeben: $V(\text{Ac}, 20\,°C) = 870$ mL
$\rho(\text{Ac}, 20\,°C) = 0{,}791$ g/mL
$M(CH_3COCH_3) = 46{,}07$ g/mol

$$N(CH_3COCH_3) = \frac{V(\text{Ac}, 20\,°C)\,\rho(\text{Ac}, 20\,°C)\,N_A}{M(CH_3COCH_3)}$$

$$= \frac{870\text{ mL} \cdot 0{,}791\text{ g mL}^{-1} \cdot 6{,}022 \cdot 10^{23}\text{ mol}^{-1}}{46{,}07\text{ g mol}^{-1}}$$

$$\underline{\mathbf{N(CH_3COCH_3) = 8{,}995 \cdot 10^{24}}}$$

Die Umrechnung kann für Gase auch gemäß Abb. 1-2 oder (1-16) und (1-18) mit dem molaren Volumen $V_m(X)$ und der molaren Teilchenzahl N_A erfolgen:

$$N(\mathbf{X}) = n(\mathrm{X})\,N_\mathrm{A} \longleftarrow n(\mathrm{X}) = \frac{V(\mathbf{X})}{V_\mathrm{m}(\mathbf{X})} \longleftarrow \frac{R\,T}{p}$$

Rechenbeispiel 1-23. Wieviel Moleküle enthalten 500 mL Schwefeldioxidgas, SO_2, im Normzustand?

Gesucht: $N(SO_2)$ **Gegeben:** $V_\mathrm{n}(SO_2) = 500$ mL

$$N(SO_2) = \frac{V_\mathrm{n}(SO_2)\,N_\mathrm{A}}{V_\mathrm{mn}(SO_2)} = \frac{500\ \mathrm{mL} \cdot 6{,}022 \cdot 10^{23}\ \mathrm{mol}^{-1}}{22{,}4\ \mathrm{L\ mol}^{-1}}$$

$\underline{\boldsymbol{N(SO_2) = 1{,}344 \cdot 10^{22}}}$

Rechenbeispiel 1-24. Aus wieviel Atomen besteht eine Portion Neongas, Ne, die bei 285 °C und 1,75 bar ein Volumen von 30,0 L hat?

Gesucht: $N(\mathrm{Ne})$ **Gegeben:** $V(\mathrm{Ne}) = 30{,}0$ L; $T = 558$ K; $p = 1{,}75$ bar

$$N(\mathrm{Ne}) = \frac{V(\mathrm{Ne})\,p\,N_\mathrm{A}}{R\,T} = \frac{30{,}0\ \mathrm{L} \cdot 1{,}75\ \mathrm{bar} \cdot 6{,}022 \cdot 10^{23}\ \mathrm{mol}^{-1}}{83{,}1\ \mathrm{mbar\ L\ mol}^{-1}\,\mathrm{K}^{-1} \cdot 558\ \mathrm{K}}$$

$\underline{\boldsymbol{N(\mathrm{Ne}) = 6{,}82 \cdot 10^{23}}}$

1.2.4.2 In die Stoffmenge

Die Umrechnung erfolgt gemäß Abb. 1-2 oder (1-17) und (1-21) mit der Dichte $\rho(\mathrm{X})$ und der molaren Masse $M(\mathrm{X})$:

$$n(\mathbf{X}) = \frac{m(\mathrm{X})}{M(\mathbf{X})} \longleftarrow V(\mathbf{X})\,\rho(\mathbf{X})$$

Rechenbeispiel 1-25. Wie groß ist die Stoffmenge $n(C_6H_{12})$ einer Cyclohexan-Portion, die bei 20 °C ein Volumen von 1,85 L besitzt?
$\rho(C_6H_{12}) = 0{,}779$ g/mL; $M(C_6H_{12}) = 84{,}16$ g/mol

Gesucht: $n(C_6H_{12})$ **Gegeben:** $V(C_6H_{12}) = 1{,}85$ L
$\rho(C_6H_{12}) = 0{,}779$ g/mL
$M(C_6H_{12}) = 84{,}16$ g/mol

$$n(C_6H_{12}) = \frac{V(C_6H_{12})\,\rho(C_6H_{12})}{M(C_6H_{12})} = \frac{1{,}85\ \text{L} \cdot 0{,}779\ \text{g mL}^{-1}}{84{,}16\ \text{g mol}^{-1}}$$

$$\underline{\boldsymbol{n(\mathrm{C_6H_{12}}) = 17{,}12\ \mathrm{mol}}}$$

Die Umrechnung erfolgt für Gase auch gemäß Abb. 1-2 oder (1-18) mit dem molaren Volumen $V_m(X)$:

$$\boldsymbol{n(\mathrm{X}) = \frac{V(\mathrm{X})}{V_\mathrm{m}(\mathrm{X})} \longleftarrow \frac{R\,T}{p}}$$

Rechenbeispiel 1-26. Wieviel Mol Chlormoleküle enthalten 50,0 L Chlorgas im Normzustand?

Gesucht: $n(Cl_2)$ **Gegeben:** $V_n(Cl_2) = 50{,}0$ L

$$n(Cl_2) = \frac{V_n(Cl_2)}{V_{mn}} = \frac{50{,}0\ \text{L}}{22{,}4\ \text{L mol}^{-1}}$$

$$\underline{\boldsymbol{n(\mathrm{Cl_2}) = 2{,}232\ \mathrm{mol}}}$$

Rechenbeispiel 1-27. Wie groß ist die Stoffmenge $n(H_2)$ von 2,75 L Wasserstoffgas von 300 K und 5,00 bar?

Gesucht: $n(H_2)$ **Gegeben:** $V(H_2) = 2{,}75$ L; $T = 300$ K; $p = 5{,}00$ bar

$$n(H_2) = \frac{V(H_2)\,p}{R\,T} = \frac{2{,}75\ \text{L} \cdot 5{,}00\ \text{bar}}{83{,}1\ \text{mbar L mol}^{-1}\ \text{K}^{-1} \cdot 300\ \text{K}}$$

$$\underline{\boldsymbol{n(\mathrm{H_2}) = 0{,}552\ \mathrm{mol}}}$$

1.2.4.3 In die Masse

Die Umrechnung erfolgt gemäß Abb. 1-2 oder (1-21) mit der Dichte $\rho(X)$:

$$\boldsymbol{m(\mathrm{X}) = V(\mathrm{X})\,\rho(\mathrm{X})}$$

Rechenbeispiel 1-28. Welche Masse haben 6,35 m^3 Trichlormethan (Chloroform), $CHCl_3$? $\rho = 1{,}480$ g/mL

Gesucht: $m(CHCl_3)$ **Gegeben:** $V(CHCl_3) = 6{,}35\ m^3$
$\rho(CHCl_3) = 1{,}480$ g/mL

$$m(CHCl_3) = V(CHCl_3)\,\rho(CHCl_3) = 6{,}35\ m^3 \cdot 1{,}480\ g\ mL^{-1}$$

$$\underline{\boldsymbol{m(CHCl_3) = 9{,}40\ t}}$$

Die Umrechnung erfolgt für Gase auch gemäß Abb. 1-2 oder (1-17) und (1-18) mit der molaren Masse M(X) und dem molaren Volumen V_m(X):

$$\boldsymbol{m(X)} = n(X)\,\boldsymbol{M(X)} \longleftarrow n(X) = \frac{\boldsymbol{V(X)}}{\boldsymbol{V_m(X)}} \longleftarrow \frac{\boldsymbol{R\,T}}{\boldsymbol{p}}$$

Rechenbeispiel 1-29. Wieviel Gramm wiegen 120 L Chlorwasserstoffgas, HCl, von 1013 mbar und 0 °C? M(HCl) = 36,46 g/mol

Gesucht: m(HCl) **Gegeben:** V_n(HCl) = 120 L; M(HCl) = 36,46 g/mol

$$m(HCl) = \frac{V_n(HCl)\,M(HCl)}{V_{mn}(HCl)} = \frac{120\ L \cdot 36{,}46\ g\ mol^{-1}}{22{,}4\ L\ mol^{-1}}$$

$$\underline{\boldsymbol{m(HCl) = 195\ g}}$$

Rechenbeispiel 1-30. Welche Masse haben 12,5 m^3 Kohlenstoffdioxidgas, CO_2, von 800 mbar und 30 °C? $M(CO_2) = 44{,}01$ g/mol

Gesucht: $m(CO_2)$ **Gegeben:** $V(CO_2) = 12{,}5\ m^3$
$p = 800$ mbar; $T = 303$ K
$M(CO_2) = 44{,}01$ g/mol

$$m(CO_2) = \frac{V(CO_2)\,M(CO_2)\,p}{R\,T} = \frac{12{,}5\ m^3 \cdot 44{,}01\ g\ mol^{-1} \cdot 800\ mbar}{83{,}1\ mbar\ L\ mol^{-1}\ K^{-1} \cdot 303\ K}$$

$$\underline{\boldsymbol{m(CO_2) = 17{,}5\ kg}}$$

Übungsaufgaben:

1-16. Wie groß sind a) die Teilchenzahl, b) die Stoffmenge und c) die Masse von 4,45 L 1-Hexan, C_6H_{14}, bei 20 °C?
$M(C_6H_{14}) = 86{,}17$ g/mol; ρ(1-Hexan,20 °C) $= 0{,}659$ g/mL

1-17. Für eine Ammoniakgas-Portion sind folgende Meßwerte bekannt:

$V = 45{,}55$ L; $M(NH_3) = 17{,}03$ g/mol; $t = 0$ °C; $p = 1013$ mbar

Wie groß sind a) die Masse, b) die Teilchenzahl und c) die Stoffmenge dieser Gasportion?

1-18. Für eine Portion Stickstoff sind folgende Meßwerte bekannt:

$V = 70{,}0$ L; $M(N_2) = 28{,}02$ g/mol; $t = -79$ °C; $p = 920$ mbar

Wie groß sind a) die Masse, b) die Teilchenzahl und c) die Stoffmenge dieser Gasportion?

1.3 Berechnen von intensiven Größen

1.3.1 Zusammenhang zwischen den intensiven Größen

Zu den intensiven Größen, über die die Quantitäten für Stoffportionen miteinander verknüpft sind, gehören neben den molaren Größen N_A, M und V_m noch die absolute Masse m_a und der absolute Raumbedarf V_a von Teilchen, die nur von geringer praktischer Bedeutung sind, sowie die Dichte ρ (vgl. Abschn. 1.1.4).

Die molare Teilchenzahl (Avogadro-Konstante) N_A nimmt unter diesen Größen eine Sonderstellung ein, weil sie – unabhängig von der Art der Teilchen und vom Aggregatzustand, in dem Stoffportionen vorliegen, – den konstanten Wert $6{,}022 \cdot 10^{23}$ mol^{-1} hat (vgl. Abschn. 1.1.3.2, (1-4)).

Auch das molare Volumen V_m von Teilchen nimmt eine Sonderstellung ein, weil es bei festen und flüssigen Stoffen von der Temperatur T und bei Gasen zusätzlich noch vom Druck p abhängt. Diese Abhängigkeit ist in Abschn. 1.1.3.5 beschrieben. Sie nimmt auf die Berechnung des molaren Volumens von Gasen einen entsprechenden Einfluß.

Der Zusammenhang zwischen den intensiven Größen läßt sich ebenfalls aus Abb. 1-2 ableiten. Für die Berechnung der Stoffmenge n(X) einer Portion der Teilchen X als *der* zentralen Quantitätsgröße in Abb. 1-2 ergeben sich insgesamt sieben Rechenwege, die sich in der folgenden Beziehung zusammenfassen lassen:

$$n(\mathbf{X}) = \frac{N(\mathbf{X})}{N_A} = \frac{N(\mathbf{X})\, m_a}{M(\mathbf{X})} = \frac{N(\mathbf{X})\, V_a}{V_m} = \frac{m(\mathbf{X})}{M(\mathbf{X})} = \frac{V(\mathbf{X})}{V_m} = \frac{V(\mathbf{X})\, \rho(\mathbf{X})}{M(\mathbf{X})} \qquad \textbf{(1-22)}$$

Die Gleichsetzung bestimmter Terme in (1-22) führt zu Beziehungen für die einzelnen intensiven Größen. Das bedeutet schematisch, daß zwei verschiedene Rechenwege in Abb. 1-2, die zur Stoffmenge n führen, einander gleichgesetzt und nach der gesuchten intensiven Größe umgestellt werden können.

Eine weitere Möglichkeit besteht darin, daß man in der Definitionsgleichung für die jeweilige intensive Größe gegebene Größen durch die Rechenwege in Abb. 1-2 entsprechend ersetzt. Davon wird in den folgenden Rechenbeispielen Gebrauch gemacht.

1.3.2 Molare Masse

In Abb. 1-3 sind Beziehungen dargestellt, die sich ergeben, wenn in der Definitionsgleichung für die molare Masse ((1-5), S. 13) die Masse m(X) und/oder die Stoffmenge n(X) entsprechend Abb. 1-2 ersetzt werden.

Beziehungen, in denen das molare Volumen V_m eine Rolle spielt, lassen sich nur auf Portionen idealer Gase anwenden. Sie sind mit $*$ gekennzeichnet.

$$\boldsymbol{M(X) = \frac{m(X)}{n(X)}} \qquad (1\text{-}5)$$

$$\frac{V(X)\,\rho(X)}{\dfrac{V(X)}{V_m}} \longrightarrow \boxed{M(X) = \rho(X)\,V_m} \qquad (1\text{-}5\,a)^*$$

$$\frac{m(X)}{\dfrac{N(X)}{N_A}} \longrightarrow \boxed{M(X) = \frac{M(X)\,N_A}{N(X)}} \qquad (1\text{-}5\,b)$$

$$\frac{m(X)}{\dfrac{V(X)}{V_m}} \longrightarrow \boxed{M(X) = \frac{m(X)\,V_m}{V(X)}} \qquad (1\text{-}5\,c)^*$$

$$\frac{m(X)}{\dfrac{m(X)}{\rho(X)\,V_m}} \longrightarrow \boxed{M(X) = \rho(X)\,V_m} \qquad (1\text{-}5\,d)^*$$

Abb. 1-3. Zusammenhang zwischen der molaren Masse M(X) von Teilchen und anderen intensiven Größen

Berechnungen im Zusammenhang mit der praktischen Bestimmung von molaren Massen werden in Band 7B vorgenommen.

1.3.2.1 Aus Masse und Stoffmenge einer Stoffportion

Die Berechnung erfolgt gemäß Abb. 1-2 oder (1-5):

$$\boldsymbol{M}(\mathbf{X}) = \frac{\boldsymbol{m}(\mathbf{X})}{\boldsymbol{n}(\mathbf{X})}$$

Rechenbeispiel 1-30. Welche molare Masse $M(\mathrm{X})$ haben die Teilchen (X) eines festen Stoffes, wenn 250 mmol des Stoffes 78,5 g wiegen?

Gesucht: $M(\mathrm{X})$ **Gegeben:** $n(\mathrm{X}) = 250$ mmol; $m(\mathrm{X}) = 78{,}5$ g

$$M(\mathrm{X}) = \frac{m(\mathrm{X})}{n(\mathrm{X})} = \frac{78{,}5\ \mathrm{g}}{250\ \mathrm{mmol}}$$

$\underline{\boldsymbol{M}(\mathbf{X}) = \mathbf{314{,}0\ g/mol}}$

1.3.2.2 Aus der molaren Teilchenzahl

Die Berechnung erfolgt gemäß Abb. 1-2 oder aus (1-5) und (1-16) mit der Masse $m(\mathrm{X})$ und der Teilchenzahl $N(\mathrm{X})$ (vgl. (1-5b) in Abb. 1-3):

$$\boldsymbol{M}(\mathbf{X}) = \frac{\boldsymbol{m}(\mathbf{X})}{n(\mathrm{X})} \longleftarrow \frac{\boldsymbol{N}(\mathbf{X})}{\boldsymbol{N}_{\mathbf{A}}}$$

Rechenbeispiel 1-31. Welche molare Masse haben die Teilchen (X) eines festen Stoffes, wenn $1{,}0 \cdot 10^{25}$ seiner Teilchen 2,75 kg wiegen?

Gesucht: $M(\mathrm{X})$ **Gegeben:** $m(\mathrm{X}) = 2{,}75$ kg

$$M(\mathrm{X}) = \frac{m(\mathrm{X})\,N_{\mathrm{A}}}{N(\mathrm{X})} = \frac{2{,}75\ \mathrm{kg} \cdot 6{,}022 \cdot 10^{23}\ \mathrm{mol}^{-1}}{1{,}0 \cdot 10^{25}}$$

$\underline{\boldsymbol{M}(\mathbf{X}) = \mathbf{166\ g/mol}}$

1.3.2.3 Aus dem molaren Volumen

Die Berechnung erfolgt für Gase gemäß Abb. 1-2 oder (1-5) und (1-18) mit der Masse $m(\mathrm{X})$ und dem Volumen $V(\mathrm{X})$ (vgl. (1-5c) in Abb. 1-3):

$$\boldsymbol{M(\mathrm{X})} = \frac{\boldsymbol{m(\mathrm{X})}}{n(\mathrm{X})} \longleftarrow \frac{\boldsymbol{V(\mathrm{X})}}{\boldsymbol{V_\mathrm{m}}}$$

Rechenbeispiel 1-32. 5,00 L eines Gases wiegen im Normzustand 14,3 g. Welche molare Masse hat dieses Gas?

Gesucht: $M(\mathrm{X})$ **Gegeben:** $V_\mathrm{n}(\mathrm{X}) = 5{,}00$ L; $m(\mathrm{X}) = 14{,}3$ g

$$M(\mathrm{X}) = \frac{m(\mathrm{X})\ V_\mathrm{m}}{V(\mathrm{X})} = \frac{14{,}3\ \mathrm{g} \cdot 22{,}4\ \mathrm{L\ mol^{-1}}}{5{,}00\ \mathrm{L}}$$

$\boldsymbol{M(\mathrm{X}) = 64{,}1}$ **g/mol**

Die in der Praxis bedeutsamste Art der Berechnung erfolgt gemäß Abb. 1-2 oder (1-5) und (1-18) mit der Masse $m(\mathrm{X})$, dem Volumen $V(\mathrm{X})$ und $V_\mathrm{m} = R\ T/p$ (vgl. (1-5c) in Abb. 1-3):

$$\boldsymbol{M(\mathrm{X})} = \frac{\boldsymbol{m(\mathrm{X})}}{n(\mathrm{X})} \longleftarrow \frac{\boldsymbol{V(\mathrm{X})}}{\boldsymbol{V_\mathrm{m}}(\mathrm{X})} \longleftarrow \frac{\boldsymbol{R\ T}}{\boldsymbol{p}}$$

Rechenbeispiel 1-33. Welche molare Masse besitzt ein Gas, wenn bei 25 °C und 1200 mbar 200 mL davon 0,426 g wiegen?

Gesucht: $M(\mathrm{X})$ **Gegeben:** $T = 298$ K; $p = 1200$ mbar
$V(\mathrm{X}) = 200$ mL; $m(\mathrm{X}) = 0{,}426$ g

$$M(\mathrm{X}) = \frac{m(\mathrm{X})\ R\ T}{V(\mathrm{X})\ p} = \frac{0{,}426\ \mathrm{g} \cdot 83{,}1\ \mathrm{mbar\ L\ mol^{-1}\ K^{-1}} \cdot 298\ \mathrm{K}}{200\ \mathrm{mL} \cdot 1200\ \mathrm{mbar}}$$

$\boldsymbol{M(\mathrm{X}) = 44{,}0}$ **g/mol**

1.3.2.4 Aus der Dichte

Die Berechnung erfolgt für Gase gemäß Abb. 1-2 oder (1-5), (1-21) und (1-18) mit dem molaren Volumen $V_\mathrm{m}(\mathrm{X})$ (vgl. (1-5d) in Abb. 1-3):

$$M(\mathrm{X}) = \frac{m(\mathrm{X}) \longleftarrow V(\mathrm{X})\ \boldsymbol{\rho(\mathrm{X})}}{n(\mathrm{X})}$$

$$n(\mathrm{X}) \longleftarrow \frac{V(\mathrm{X})}{\boldsymbol{V_\mathrm{m}(\mathrm{X})}} \longleftarrow \frac{\boldsymbol{R\ T}}{\boldsymbol{p}}$$

Rechenbeispiel 1-34. Welche molare Masse hat ein Gas im Normzustand, dessen Dichte mit 0,0897 g/L gemessen wurde?

Gesucht: $M(\text{X})$ **Gegeben:** $\rho_n(\text{X}) = 0{,}0897 \text{ g/L}$

$$M(\text{X}) = \rho(\text{X})\, V_m = 0{,}0897 \text{ g L}^{-1} \cdot 22{,}4 \text{ L mol}^{-1}$$

$$\underline{\boldsymbol{M(\text{X}) = 2{,}009 \text{ g/mol}}}$$

Rechenbeispiel 1-35. Welche molare Masse besitzt ein Gas, das bei 25 °C und 1200 mbar eine Dichte von 2,13 g/L besitzt?

Gesucht: $M(\text{X})$ **Gegeben:** $T = 298 \text{ K}$; $p = 1200 \text{ mbar}$; $\rho(\text{X}) = 2{,}13 \text{ g/L}$

$$M(\text{X}) = \frac{\rho(\text{X})\, R\, T}{p} = \frac{2{,}13 \text{ g L}^{-1} \cdot 83{,}1 \text{ mbar L mol}^{-1} \text{ K}^{-1} \cdot 298 \text{ K}}{1200 \text{ mbar}}$$

$$\underline{\boldsymbol{M(\text{X}) = 44{,}0 \text{ g/mol}}}$$

Übungsaufgaben:

1-19. Welche molare Masse haben die Teilchen (X) eines Stoffes, wenn 3,25 mol davon 405 g wiegen?

1-20. Welche molare Masse hat ein Gas im Normzustand, dessen Dichte mit 1,293 g/L gemessen wurde?

1-21. 5,00 L eines Gases wiegen im Normzustand 24,3 g. Welche molare Masse hat dieses Gas?

1-22. Welche molare Masse besitzt ein Gas, wenn bei 25 °C und 1300 mbar 200 mL davon 0,426 g wiegen?

1-23. Welche molare Masse hat ein Gas im Normzustand, dessen Dichte mit 1,965 g/L gemessen wurde?

1-24. 75 ml eines Gases wiegen im Normzustand 147 mg. Welche molare Masse hat dieses Gas?

1-25. Welche molare Masse besitzt ein Gas, wenn bei 28 °C und 1300 mbar 100 mL davon 0,246 g wiegen?

1.3.3 Molares Volumen

In Abb. 1-4 sind Beziehungen dargestellt, die sich ergeben, wenn in der Definitionsgleichung für das molare Volumen ((1-8), S. 8) die Masse $m(\mathrm{X})$ und/oder die Stoffmenge $n(\mathrm{X})$ entsprechend Abb. 1-2 ersetzt werden.

$$V_m(\mathbf{X}) = \frac{V(\mathbf{X})}{n(\mathbf{X})} \quad \textbf{(1-8)}$$

$$\frac{n(\mathrm{X})\,M(\mathrm{X})}{\frac{\rho(\mathrm{X})}{n(\mathrm{X})}} \longrightarrow V_m(\mathbf{X}) = \frac{M(\mathbf{X})}{\rho(\mathbf{X})} \qquad (1\text{-}8\,\mathrm{a})$$

$$\longrightarrow V_m(\mathbf{X}) = \frac{R\,T}{p} \qquad (1\text{-}8\,\mathrm{d})^*$$

$$\frac{V(\mathrm{X})}{\frac{N(\mathrm{X})}{N_A}} \longrightarrow V_m(\mathbf{X}) = \frac{V(\mathbf{X})\,N_A}{N(\mathbf{X})} \qquad (1\text{-}8\,\mathrm{b})$$

$$\frac{V(\mathrm{X})}{\frac{m(\mathrm{X})}{M(\mathrm{X})}} \longrightarrow V_m(\mathbf{X}) = \frac{V(\mathbf{X})\,M(\mathbf{X})}{m(\mathbf{X})} \qquad (1\text{-}8\,\mathrm{c})$$

Abb. 1-4. Zusammenhang zwischen dem molaren Volumen $V_m(\mathrm{X})$ von Teilchen und anderen intensiven Größen

1.3.3.1 Aus Stoffmenge und Volumen einer Stoffportion

Die Berechnung erfolgt gemäß Abb. 1-2 oder (1-8) mit dem Volumen $V(\mathrm{X})$ und der Stoffmenge $n(\mathrm{X})$:

$$V_m(\mathbf{X}) = \frac{V(\mathbf{X})}{n(\mathbf{X})}$$

Rechenbeispiel 1-36. Welches molare Volumen bei 20 °C hat Methanol, CH_3OH, wenn 200 mmol ein Volumen von 16,3 mL haben?

Gesucht: $V_m(\mathrm{CH_3OH}, 20\,°\mathrm{C})$

Gegeben: $V(\mathrm{CH_3OH}, 20\,°\mathrm{C}) = 16{,}3\ \mathrm{mL}$
$n(\mathrm{CH_3OH}) = 200\ \mathrm{mmol}$

$$V_m(\mathrm{CH_3OH}, 20\,°\mathrm{C}) = \frac{V(\mathrm{CH_3OH}, 20\,°\mathrm{C})}{n(\mathrm{CH_3OH})} = \frac{16{,}3\ \mathrm{mL}}{403\ \mathrm{mmol}}$$

$\underline{\mathbf{V_m(CH_3OH, 20\,°) = 40{,}4\ mL/mol}}$

1.3.3.2 Aus der Dichte

Die Berechnung erfolgt gemäß Abb. 1-2 oder (1-8), (1-17) und (1-21) mit der Dichte ρ(X) und der molaren Masse M(X) (vgl. (1-8a) in Abb. 1-4):

$$V_m(\mathbf{X}) = \frac{V(\mathrm{X})}{n(\mathrm{X})} \longleftarrow \frac{m(\mathrm{X})}{\boldsymbol{M}(\mathbf{X})} \longleftarrow V(\mathrm{X})\,\boldsymbol{\rho}(\mathbf{X})$$

Rechenbeispiel 1-37. Welches molare Volumen bei 20 °C hat Methanol, CH_3OH, mit $\rho(CH_3OH, 20\,°C) = 0{,}792$ g/mL? Die molare Masse von Methanol ist 32,04 g mol^{-1}.

Gesucht: $V_m(CH_3OH, 20\,°C)$

Gegeben: $\rho(CH_3OH, 20\,°C) = 0{,}792$ g/mL
$M(CH_3OH) = 32{,}04$ g/mol

$$V_m(CH_3OH, 20°) = \frac{M(CH_3OH)}{\rho(CH_3OH, 20\,°)} = \frac{32{,}04 \text{ g mol}^{-1}}{0{,}792 \text{ g mL}^{-1}}$$

$\underline{\boldsymbol{V_m(CH_3OH, 20\,°) = 40{,}45} \textbf{ mL/mol}}$

1.3.3.3 Aus der molaren Teilchenzahl

Die Berechnung erfolgt gemäß Abb. 1-2 oder (1-8) und (1-16) mit dem Volumen V(X) und der Teilchenzahl N(X) (vgl. (1-8b) in Abb. 1-4):

$$V_m(\mathbf{X}) = \frac{\boldsymbol{V}(\mathbf{X})}{n(\mathrm{X})} \longleftarrow \frac{\boldsymbol{N}(\mathbf{X})}{\boldsymbol{N_A}}$$

Rechenbeispiel 1-38. 900 mL Wasser bestehen aus $3{,}00 \cdot 10^{25}$ Wassermolekülen. Wie groß ist das molare Volumen des Wassers?

Gesucht: $V_m(H_2O)$

Gegeben: $V(H_2O) = 900$ mL; $N(H_2O) = 3{,}00 \cdot 10^{25}$

$$V_m(H_2O) = \frac{V(H_2O)\,N_A}{N(H_2O)} = \frac{900 \text{ mL} \cdot 6{,}022 \cdot 10^{23} \text{ mol}^{-1}}{3{,}00 \cdot 10^{25}}$$

$\underline{\boldsymbol{V_m(H_2O) = 18{,}07} \textbf{ mL/mol}}$

1.3.3.4 Aus der molaren Masse

Die Berechnung erfolgt gemäß Abb. 1-2 oder (1-8) und (1-17) mit dem Volumen $V(\mathrm{X})$ und der Masse $m(\mathrm{X})$ (vgl. (1-8c) in Abb. 1-4):

$$V_\mathrm{m}(\mathrm{X}) = \frac{V(\mathrm{X})}{n(\mathrm{X})} \longleftarrow \frac{m(\mathrm{X})}{M(\mathrm{X})}$$

Rechenbeispiel 1-39. 500 mL Ethanol, C_2H_5OH, wiegen 395,5 g. Die molare Masse $M(C_2H_5OH)$ ist mit 46,07 g/mol bekannt. Welches molare Volumen hat Ethanol?

Gesucht: $V_\mathrm{m}(C_2H_5OH)$ **Gegeben:** $V(C_2H_5OH) = 500\ \mathrm{mL}$
$m(C_2H_5OH) = 395{,}5\ \mathrm{g}$
$M(C_2H_5OH) = 46{,}07\ \mathrm{g/mol}$

$$V_\mathrm{m}(C_2H_5OH) = \frac{V(C_2H_5OH)\ M(C_2H_5OH)}{m(C_2H_5OH)} = \frac{500\ \mathrm{mL} \cdot 46{,}07\ \mathrm{g\ mol^{-1}}}{395{,}5\ \mathrm{g}}$$

$$\underline{\boldsymbol{V_\mathrm{m}(C_2H_5OH) = 58{,}24\ \mathrm{mL/mol}}}$$

1.3.3.5 Aus Druck und Temperatur einer Gasportion

Die Abhängigkeit des molaren Volumens von idealen Gasen von Druck und Temperatur wird durch (1-14), S. 10, beschrieben (vgl. (1-8d) in Abb. 1-4):

$$V_\mathrm{m} = \frac{R\ T}{p}$$

Rechenbeispiel 1-40. Eine Gasportion steht bei 50 °C unter einem Druck von 1350 mbar. Wie groß ist ihr molares Volumen?

Gesucht: $V_\mathrm{m}(\mathrm{X})$ **Gegeben:** $T = 323\ \mathrm{K}$; $p = 1350\ \mathrm{mbar}$

$$V_\mathrm{m}(\mathrm{X}) = \frac{R\ T}{p} = \frac{83{,}1\ \mathrm{mbar\ L\ mol^{-1}\ K^{-1}} \cdot 323\ \mathrm{K}}{1350\ \mathrm{mbar}}$$

$$\underline{\boldsymbol{V_\mathrm{m}(\mathrm{X}) = 19{,}88\ \mathrm{L/mol}}}$$

Übungsaufgaben:

1-26. Welches molare Volumen bei 20 °C hat Benzol, C_6H_6, wenn 5,00 mol ein Volumen von 444,3 mL besitzen?

1-27. Welches molare Volumen bei 20 °C hat Methanol, CH_3OH, mit der Dichte $\rho(CH_3OH, 20\,°C) = 0{,}791$ g/mL? $M(CH_3OH) = 32{,}04$ g/mol

1-28. Eine Gasportion steht bei 40 °C unter einem Druck von 1050 mbar. Wie groß ist ihr molares Volumen?

1-29. Welches molare Volumen bei 20 °C hat Ethanol, C_2H_5OH? $\rho(C_2H_5OH, 20\,°C) = 0{,}791$ g/mL? $M(C_2H_5OH) = 46{,}07$ g/mol

1-30. Eine Gasportion steht bei 50 °C unter einem Druck von 750 mbar. Wie groß ist ihr molares Volumen?

1-31. 275 mL Benzol bestehen aus $1{,}866 \cdot 10^{24}$ Molekülen. Wie groß ist das molare Volumen des Benzols bei 20 °C?

1-32. 500 mL Cyclohexan, C_6H_{12}, wiegen 389,5 g. Welches molare Volumen hat Cyclohexan? $M(C_6H_{12}) = 84{,}16$ g/mol

1.3.4 Dichte

In Abb. 1-5 sind Beziehungen dargestellt, die sich ergeben, wenn in der Definitionsgleichung für die Dichte ((1-21), S. 12) die Masse m(X) und/oder das Volumen V(X) entsprechend Abb. 1-2 ersetzt werden.

Beziehungen, in denen das molare Volumen V_m eine Rolle spielt, lassen sich nur auf Portionen idealer Gase anwenden. Sie sind mit * gekennzeichnet.

$$\rho(\mathrm{X}) = \frac{m(\mathrm{X})}{V(\mathrm{X})} \quad \text{(1-21)}$$

$$\frac{n(\mathrm{X})\,M(\mathrm{X})}{V(\mathrm{X})} \longrightarrow \rho(\mathrm{X}) = \frac{n(\mathrm{X})\,M(\mathrm{X})}{V(\mathrm{X})} \quad \text{(1-21 a)}$$

$$\frac{m(\mathrm{X})}{n(\mathrm{X})\,V_m(\mathrm{X})} \longrightarrow \rho(\mathrm{X}) = \frac{M(\mathrm{X})}{n(\mathrm{X})\,V_m(\mathrm{X})} \quad \text{(1-21 b)*}$$

$$\frac{m(\mathrm{X})}{\dfrac{m(\mathrm{X})\,V_m(\mathrm{X})}{M(\mathrm{X})}} \longrightarrow \rho(\mathrm{X}) = \frac{M(\mathrm{X})}{V_m(\mathrm{X})} \quad \text{(1-21 c)*}$$

Abb. 1-5. Zusammenhang zwischen der Dichte ρ(X) von Teilchen und anderen intensiven Größen

1.3.4.1 Aus Masse und Volumen einer Stoffportion

Die Berechnung erfolgt gemäß Abb. 1-2 oder (1-21) mit dem Volumen $V(\mathrm{X})$ und der Stoffmenge $n(\mathrm{X})$:

$$\boldsymbol{\rho(\mathrm{X}) = \frac{m(\mathrm{X})}{V(\mathrm{X})}}$$

Rechenbeispiel 1-41. 50,0 mL einer Flüssigkeit wiegen 45,55 g. Welche Dichte hat diese Flüssigkeit?

Gesucht: $\rho(\mathrm{Fl})$ **Gegeben:** $V(\mathrm{Fl}) = 50{,}0\ \mathrm{mL}$; $m(\mathrm{Fl}) = 45{,}55\ \mathrm{g}$

$$\rho(\mathrm{Fl}) = \frac{m(\mathrm{Fl})}{V(\mathrm{Fl})} = \frac{45{,}55\ \mathrm{g}}{50{,}0\ \mathrm{mL}}$$

$$\underline{\boldsymbol{\rho(\mathrm{Fl}) = 0{,}911\ \mathrm{g/mL}}}$$

1.3.4.2 Aus der molaren Masse

Die Berechnung erfolgt gemäß Abb. 1-2 oder (1-21) und (1-17) mit dem Volumen $V(\mathrm{X})$ und der Stoffmenge $n(\mathrm{X})$ (vgl. (1-21 a) in Abb. 1-5):

$$\rho(\mathrm{X}) = \frac{m(\mathrm{X}) \longleftarrow n(\mathrm{X})\,M(\mathrm{X})}{V(\mathrm{X})}$$

Rechenbeispiel 1-42. 165 mL einer Flüssigkeit haben eine Stoffmenge $n(\mathrm{X}) = 1{,}86\ \mathrm{mol}$. Welche Dichte hat diese Flüssigkeit? $M(\mathrm{X}) = 78{,}11\ \mathrm{g/mol}$

Gesucht: $\rho(\mathrm{Fl})$ **Gegeben:** $V(\mathrm{Fl}) = 165\ \mathrm{mL}$
$n(\mathrm{X}) = 1{,}86\ \mathrm{mol}$
$M(\mathrm{X}) = 78{,}11\ \mathrm{g/mol}$

$$\rho(\mathrm{Fl}) = \frac{n(\mathrm{X})\,M(\mathrm{X})}{V(\mathrm{Fl})} = \frac{1{,}86\ \mathrm{mol} \cdot 78{,}11\ \mathrm{g\ mol^{-1}}}{165\ \mathrm{mL}}$$

$$\underline{\boldsymbol{\rho(\mathrm{Fl}) = 0{,}881\ \mathrm{g/mL}}}$$

1.3.4.3 Aus dem molaren Volumen

Die Berechnung erfolgt gemäß Abb. 1-2 oder (1-21) und (1-18) mit der Masse $m(\mathrm{X})$ und der Stoffmenge $n(\mathrm{X})$ (vgl. (1-21 b) in Abb. 1-5):

$$\rho(\mathbf{X}) = \frac{m(\mathbf{X})}{V(\mathrm{X})} \longleftarrow n(\mathbf{X})\, V_\mathrm{m}(\mathbf{X}) \longleftarrow \frac{R\,T}{p}$$

Rechenbeispiel 1-43. 2,85 mol eines Gases wiegen im Normzustand 79,9 g. Wie groß ist die Normdichte $\rho_\mathrm{n}(\mathrm{Gas})$ des Gases?

Gesucht: $\rho_\mathrm{n}(\mathrm{Gas})$ **Gegeben:** $n(\mathrm{X}) = 2{,}85$ mol; $m(\mathrm{Gas}) = 79{,}9$ g

$$\rho_\mathrm{n}(\mathrm{Gas}) = \frac{m(\mathrm{Gas})}{n(\mathrm{X})\, V_\mathrm{mn}(\mathrm{Gas})} = \frac{79{,}9\ \mathrm{g}}{2{,}85\ \mathrm{mol} \cdot 22{,}4\ \mathrm{L\ mol^{-1}}}$$

$\underline{\boldsymbol{\rho_\mathrm{n}(\mathrm{Gas}) = 1{,}252\ \mathrm{g/L}}}$

Rechenbeispiel 1-44. 5,00 mol eines gasförmigen Kohlenwasserstoffes von 53 °C und 1250 mbar wiegen 80,2 g. Wie groß ist seine Gasdichte?

Gesucht: $\rho(\mathrm{Gas})$ **Gegeben:** $n(\mathrm{X}) = 5{,}00$ mol; $m(\mathrm{Gas}) = 80{,}2$ g
$T = 326$ K; $p = 1250$ mbar

$$\rho(\mathrm{Gas}) = \frac{m(\mathrm{Gas})\ \mathrm{p}}{n(\mathrm{X})\, R\, T} = \frac{80{,}2\ \mathrm{g} \cdot 1250\ \mathrm{mbar}}{5{,}00\ \mathrm{mol} \cdot 83{,}1\ \mathrm{mbar\ L\ K^{-1}\ mol^{-1}} \cdot 326\ \mathrm{K}}$$

$\underline{\boldsymbol{\rho(\mathrm{Gas}) = 0{,}740\ \mathrm{g/L}}}$

1.3.4.4 Aus molarer Masse und molarem Volumen

Die Berechnung erfolgt gemäß Abb. 1-2 oder (1-21), (1-17) und (1-21) (vgl. (1-21 c) in Abb. 1-5):

$$\rho(\mathbf{X}) = \frac{m(\mathrm{X}) \longleftarrow n(\mathrm{X})\, M(\mathbf{X})}{V(\mathrm{X}) \longleftarrow n(\mathrm{X})\, V_\mathrm{m}(\mathbf{X}) \longleftarrow \dfrac{R\,T}{p}}$$

Rechenbeispiel 1-45. Welche Dichte hat Chlorgas, Cl_2, im Normzustand? $M(Cl_2) = 70{,}90$ g/mol

Gesucht: $\rho_n(Cl_2)$ **Gegeben:** $M(Cl_2) = 70{,}90$ g/mol

$$\rho_n(Cl_2) = \frac{M(Cl_2)}{V_{mn}} = \frac{70{,}90 \text{ g mol}^{-1}}{22{,}4 \text{ L mol}^{-1}}$$

$$\underline{\boldsymbol{\rho_n(Cl_2) = 3{,}165 \text{ g/L}}}$$

Rechenbeispiel 1-46. Welche Dichte hat Kohlendioxidgas, CO_2, bei 32 °C und 840 mbar? $M(CO_2) = 44{,}01$ g/mol

Gesucht: $\rho(CO_2)$ **Gegeben:** $M(CO_2) = 44{,}01$ g/mol
$T = 305$ K; $p = 840$ mbar

$$\rho(CO_2) = \frac{M(CO_2)\, p}{R\, T} = \frac{44{,}01 \text{ g mol}^{-1} \cdot 840 \text{ mbar}}{83{,}1 \text{ mbar L mol}^{-1} \text{ K}^{-1} \cdot 305 \text{ K}}$$

$$\underline{\boldsymbol{\rho(CO_2) = 1{,}459 \text{ g/L}}}$$

Übungsaufgaben:

1-33. 90,0 mL einer Flüssigkeit wiegen 75,55 g. Welche Dichte hat diese Flüssigkeit?

1-34. 0,550 mol Dichlormethan, CH_2Cl_2, haben ein Volumen von 35,3 mL. Welche Dichte hat diese Flüssigkeit? $M(CH_2Cl_2) = 84{,}93$ g/mol

1-35. 8,85 mol eines Gases wiegen im Normzustand 17,84 g. Wie groß ist die Normdichte ρ_n(Gas) des Gases?

1-36. 5,00 mol eines gasförmigen Kohlenwasserstoffes von 53 °C und 1250 mbar wiegen 130 g. Wie groß ist die Gasdichte?

1-37. Welche Dichte hat Stickstoff, N_2, bei 0 °C und 1013 mbar? $M(N_2) = 28{,}02$ g/mol

1-38. Welche Dichte hat Kohlendioxidgas, CO_2, bei 92 °C und 890 mbar? $M(CO_2) = 44{,}01$ g/mol

1.3.5 Absolute Masse von Teilchen

Die Berechnung der absoluten Masse erfolgt mit der Definitionsgleichung ((1-19), S. 11):

$$\boldsymbol{m_a(\mathrm{X}) = \frac{M(\mathrm{X})}{N_A}}$$

Rechenbeispiel 1-47. Welche Masse hat ein Eisenatom?

Gesucht: $m_a(\mathrm{Fe})$ **Gegeben:** $M(\mathrm{Fe}) = 55{,}85$ g/mol

$$m_a(\mathrm{Fe}) = \frac{M(\mathrm{X})}{N_A} = \frac{55{,}85 \text{ g mol}^{-1}}{6{,}022 \cdot 10^{23} \text{ mol}^{-1}}$$

$$\underline{\boldsymbol{m_a(\mathrm{Fe}) = 9{,}274 \cdot 10^{-23} \text{ g}}}$$

Übungsaufgaben:

1-39. Welche Masse hat ein Aluminium-Atom? $M(\mathrm{Al}) = 26{,}98$ g/mol

1-40. Welche Masse hat ein Sauerstoff-Molekül? $M(O_2) = 32{,}00$ g/mol

1-41. Welche Masse hat das Phosphat-Ion, PO_4^{3-}-Ion? $M(PO_4^{3-}) = 94{,}97$ g/mol

1.3.6 Absoluter Raumbedarf von Teilchen

1.3.6.1 Für Gase

Die Berechnung des absoluten Raumbedarfs eines Teilchens erfolgt mit der Definitionsgleichung ((1-20), S. 11):

$$\boldsymbol{V_a(\mathrm{X}) = \frac{V_m(\mathrm{X})}{N_A} \longleftarrow \frac{R\,T}{p}}$$

Rechenbeispiel 1-48. Welchen durchschnittlichen Raumbedarf V_{na} haben die Teilchen eines idealen Gases im Normzustand?

Gesucht: $V_{na}(\mathrm{X})$ **Gegeben:** $V_m = V_{mn} = 22{,}4$ L/mol

$$V_{na}(X) = \frac{V_m(X)}{N_A} = \frac{22{,}4 \text{ L mol}^{-1}}{6{,}022 \cdot 10^{23} \text{ mol}^{-1}}$$

$$\underline{\mathbf{V_{na}(X) = 3{,}720 \cdot 10^{-23} \text{ L}}}$$

Rechenbeispiel 1-49. Welchen durchschnittlichen Raumbedarf V_a haben die Teilchen eines idealen Gases bei 300 K und 1070 mbar?

Gesucht: $V_a(X)$ **Gegeben:** $T = 300$ K; $p = 1070$ mbar

$$V_a(X) = \frac{R\,T}{p\,N_A} = \frac{83{,}1 \text{ mbar L mol}^{-1} \text{ K}^{-1} \cdot 300 \text{ K}}{1070 \text{ mbar} \cdot 6{,}022 \cdot 10^{23} \text{ mol}^{-1}}$$

$$\underline{\mathbf{V_a(X) = 3{,}87 \cdot 10^{-23} \text{ L}}}$$

Übungsaufgaben:

1-42. Welchen durchschnittlichen Raumbedarf V_a haben die Teilchen eines idealen Gases a) im Normzustand und b) bei $-20\,°\text{C}$ und 600 mbar?

1-43. Welchen durchschnittlichen Raumbedarf V_a haben die Teilchen eines idealen Gases a) im Normzustand und b) bei 500 K und 2,50 bar?

1.3.6.2 Für Feststoffe und Flüssigkeiten

Die Berechnung erfolgt mit der Definitionsgleichung ((1-20), S. 11) und $V_m(X) = M(X)/\rho(X)$ aus der molaren Masse *M(X) und Teilchenzahl* N_A sowie der Dichte $\rho(X)$:

$$\mathbf{V_a(X)} = \frac{V_m(X)}{N_A} \longleftarrow \frac{\mathbf{M(X)}}{\mathbf{\rho(X)}}$$

Rechenbeispiel 1-50. Welchen absoluten Raumbedarf haben bei 20 °C Methanol-Moleküle mit $\rho(CH_3OH, 20°) = 0{,}792$ g/mL? Die molare Masse von Methanol ist 32,04 g mol^{-1}.

Gesucht: $V_a(CH_3OH, 20\,°C)$ **Gegeben:** $\rho(CH_3OH, 20\,°C) = 0{,}792$ g/mL
$M(CH_3OH) = 32{,}04$ g/mol

$$V_a(CH_3OH) = \frac{M(CH_3OH)}{\rho(CH_3OH)\,N_A} = \frac{32{,}04 \text{ g mol}^{-1}}{0{,}792 \text{ g mL}^{-1} \cdot 6{,}022 \cdot 10^{-23} \text{ mol}^{-1}}$$

$$\underline{\mathbf{V_a(CH_3OH) = 6{,}718 \cdot 10^{-23} \text{ mL}}}$$

Übungsaufgaben:

1-44. Welchen absoluten Raumbedarf haben bei 20 °C Ethanol-Moleküle mit $\rho(C_2H_5OH, 20°) = 0{,}791$ g/mL? $M(C_2H_5OH) = 46{,}07$ g mol^{-1}

1-45. Welchen absoluten Raumbedarf haben bei 20 °C Wasser-Moleküle mit $\rho(H_2O, 20°) = 0{,}998$ g/mL? $M(H_2O) = 18{,}02$ g mol^{-1}

1-46. Welchen absoluten Raumbedarf haben bei 20 °C Eisen-Atome mit $\rho(Fe, 20°) = 7{,}80$ g/mL? $M(Fe) = 55{,}85$ g mol^{-1}

1.4 Aufgaben (zu Kapitel 1)

1-1. Wie groß ist die Teilchenzahl $N(Cl_2)$ einer Chlorgasportion mit der Stoffmenge $n(Cl_2) = 7{,}55$ kmol?

1-2. Wieviel Gramm wiegen 750 mmol Benzoesäure? $M(C_6H_5COOH) = 122{,}12$ g/mol

1-3. Welches Volumen bei 0 °C und 1013 mbar hat eine Portion Wasserstoffgas mit der Stoffmenge $n(H_2) = 10{,}25$ kmol?

1-4. Welches Volumen haben 3,85 mol Aceton bei 20 °C? $M(CH_3COCH_3) = 59{,}08$ g/mol; $\rho_{20°}$(Aceton) $= 0{,}791$ g/mL

1-5. Welche Stoffmenge $n(H_2O)$ ergibt sich für eine Wasserportion, die aus $2{,}4 \cdot 10^{24}$ Molekülen besteht?

1-6. Wieviel Gramm wiegt eine Portion Eisen, die aus $4{,}35 \cdot 10^{24}$ Eisen-Atomen besteht? $M(Fe) = 55{,}85$ g/mol

1-7. Eine Portion Chlorwasserstoffgas, HCl, besteht aus $3{,}75 \cdot 10^{23}$ Molekülen. Welches Volumen V_n nimmt das Gas im Normzustand ein?

1-8. Welches Volumen hat eine Portion Benzol, C_6H_6, bei 20 °C, die aus $2{,}2 \cdot 10^{23}$ Molekülen besteht? ρ(Benzol, 20 °C) $= 0{,}879$ g/mL; $M(C_6H_6) = 78{,}11$ g/mol

1-9. Wieviel Atome enthält eine Portion Neongas mit $m = 425$ g? $M(Ne) = 20{,}18$ g/mol

1-10. Wie groß ist das Volumen eines Eisenkörpers bei 20 °C mit der Dichte ρ(Fe, 20 °C) $= 7{,}86$ g/cm^3, wenn der Körper 22,83 kg wiegt?

1-11. Wieviel Mol sind 840 mg Schwefelwasserstoffgas? $M(H_2S) = 34{,}08$ g/mol

1-12. Eine Portion eines gasförmigen Kohlenwasserstoffs hat eine Masse von 15,06 g. Seine molare Masse wurde mit 26,04 g/mol bestimmt. Welches Volumen nimmt diese Gasportion im Normzustand ein?

1-13. Welche Teilchenzahl $N(NH_3)$ hat eine Portion Ammoniakgas mit einem Volumen $V_n = 0{,}53$ L im Normzustand?

1-14. Eine Portion Ethanol hat ein Volumen von 25,5 L. Aus wieviel Molekülen besteht diese Portion? $M(C_2H_5OH) = 46{,}07$ g/mol; $\rho(C_2H_5OH) = 0{,}791$ g/mL

1-15. Welche Stoffmenge errechnet sich für eine Portion Ethan, C_2H_6, mit einem Normvolumen von 180 m^3?

1-16. Welche Stoffmenge $n(CCl_4)$ haben 20,0 L Tetrachlormethan von 20 °C? $\rho(CCl_4, 20\,°C) = 1{,}594$ g/mL; $M(CCl_4) = 153{,}81$ g/mol

1-17. Wieviel Gramm wiegt ein Kupferblock mit einem Volumen von 96,5 cm^3 bei 20 °C? $\rho(Cu, 20\,°C) = 8{,}85$ g/cm^3

1-18. Welche Masse hat eine Portion Schwefeldioxid, SO_2, mit dem Normvolumen von 4,85 L? $M(SO_2) = 64{,}06$ g/mol

1-19. Welches molare Volumen V_m hat ein Gas bei einem Druck von 1250 mbar und einer Temperatur von 25 °C?

1-20. Wie groß ist das molare Volumen V_m von Gasen bei den folgenden Bedingungen?

a) $p = 20$ mbar; $t = 150\,°C$
b) $p = 2000$ mbar; $T = 300$ K
c) $p = 2{,}55$ bar; $t = -50\,°C$

1-21. Welches Volumen besitzt eine Portion Wasserstoff mit der Stoffmenge $n(H_2) = 3{,}50$ mol bei 25 °C und 1285 mbar?

1-22. Welches Volumen hat eine Portion Kohlenmonoxid, CO, die aus 0,975 kmol besteht, bei einer Temperatur von 200 °C und einem Druck von 2,07 bar?

1-23. Welches Volumen nehmen 360 mmol Stickstoff bei 125 °C und 5,00 bar ein?

1-24. Wie groß ist das Volumen einer Sauerstoffportion mit $n(O_2) = 2{,}35$ mol bei −75 °C und 65 mbar?

1-25. Eine Portion Hydrogensulfidgas hat die Stoffmenge $n(H_2S) = 32{,}0$ mol. Wie groß ist sein Volumen bei 70 °C und 1100 mbar?

1-26. Eine Portion Hydrogenchlorid, HCl, besteht aus $7{,}5 \cdot 10^{24}$ Molekülen. Wie groß ist das Volumen dieser Gasportion bei 35 °C und 980 mbar?

1-27. Welches Volumen nimmt eine Portion Chlorgas bei 100 °C und 1060 mbar ein, die aus $3{,}75 \cdot 10^{21}$ Molekülen besteht?

1-28. Wie groß ist das Volumen, das 50,0 g Wasserstoff bei −180 °C und 2,65 bar einnehmen? Die Dichte des Gases ist in diesem Zustand 0,691 g/L!

1-29. Wie groß ist das Volumen von 45,0 kg Ammoniakgas bei 145 °C und 600 mbar? $M(NH_3) = 17{,}03$ g/mol

1-30. Eine Portion Methan, $M(CH_4) = 16{,}04$ g/mol, hat die Masse $m(CH_4) = 72{,}8$ g. Wie groß ist ihr Volumen bei 155 °C und 1020 mbar?

1-31. Eine Portion Methangas wiegt 380 g. Die Dichte des Gases ist bei 20 °C und 1000 mbar 0,659 g/L! Wie groß ist das Volumen dieser Gasportion?

1-32. Wie groß ist das Volumen von 620 mg Sauerstoff bei −12 °C und 1330 mbar? Die Dichte des Gases ist bei diesen Bedingungen 1,962 g/L!

1-33. Welche Volumina nimmt eine Portion Fluor mit der Masse $m = 30{,}0$ g bei den folgenden Bedingungen ein? $M(F_2) = 38{,}00$ g/mol

a) $p = 200$ mbar; $t = 15$ °C
b) $p = 780$ mbar; $t = 215$ °C
c) $p = 0{,}200$ bar; $T = 250$ K

1-34. Welche Stoffmenge eines Gases nimmt bei 8 °C und 850 mbar ein Volumen von 590 L ein? $M(H_2) = 2{,}016$ g/mol

1-35. Welches Volumen nehmen 28,0 g Wasserstoff bei 77 °C und 300 mbar ein?

1-36. Wieviel Gramm Stickstoff befinden sich bei 30 °C und 980 mbar in einem Volumen von 510 L? $M(N_2) = 28{,}02$ g/mol

1-37. Wieviel Gramm Kohlenstoffdioxid befinden sich bei 25 °C und 20,0 mbar in einem Volumen von 15,0 m³? $M(CO_2) = 44{,}01$ g/mol

1-38. Welche molare Masse hat ein gasförmiger Kohlenwasserstoff im Normzustand, dessen Dichte mit 1,342 g/L gemessen wurde?

1-39. Eine Gasportion steht bei 5 °C unter einem Druck von 350 mbar. Wie groß ist ihr molares Volumen?

1-40. Welche Dichte hat Fluorgas, F_2, im Normzustand? $M(F_2) = 38{,}00$ g/mol

1-41. Welche Dichte hat Kohlendioxidgas, CO_2, bei 0 °C und 840 mbar? $M(CO_2) = 44{,}01$ g/mol

1-42. Welchen durchschnittlichen Raumbedarf V_a haben die Teilchen eines idealen Gases bei 300 K und 70 mbar?

1-43. Welchen durchschnittlichen Raumbedarf V_a haben Aceton-Moleküle bei 20 °C? ρ(Aceton) $= 0{,}791$ g/mL; $M(CH_3COCH_3) = 58{,}08$ g/mol

2 Rechnen mit chemischen Formeln

2.1 Theoretische Grundlagen

Das Rechnen mit chemischen Formeln gehört zum sog. *stöchiometrischen Rechnen.* Unter *Stöchiometrie*[8] versteht man das Teilgebiet der theoretischen Chemie, das sich mit der quantitativen Zusammensetzung von Verbindungen und den Quantitätsverhältnissen bei chemischen Reaktionen befaßt.

Zur qualitativen und quantitativen Beschreibung von Verbindungen verwendet man chemische Formeln, die durch die Anwendung von Symbolen für die beteiligten Elemente zustande kommen. Mit Symbolen und Formeln lassen sich dann auch die Stoffumwandlungen bei chemischen Reaktionen beschreiben.

Unter der Voraussetzung, daß die verwendeten Symbole nicht nur die entsprechenden Elemente kennzeichnen, sondern auch ihre Teilchen, die Atome, lassen sich sowohl die Zusammensetzung von Verbindungen als auch die Quantitätsverhältnisse bei chemischen Reaktionen auf die Teilchenzahl der beteiligten Elemente zurückführen.

2.1.1 Arten von chemischen Formeln und ihre Bedeutung

Ein Element besteht aus chemisch gleichartigen Atomen und wird durch ein bestimmtes Symbol (z. B. H, O, Na usw.) gekennzeichnet. Sein Aufbau kann durch die Atome selbst oder durch charakteristische Moleküle, die aus zwei oder mehr Atomen bestehen, bestimmt sein.

Beispiel 2-1.

Die Edelgase liegen immer in Form einzelner Atome vor; sie haben eine atomare Struktur und werden durch ihre Elementsymbole charakterisiert:

He, Ne, Ar usw.

Andere Elemente – insbesondere die, die bei Zimmertemperatur gasförmig sind – treten in Form von Molekülen auf:

H_2, Cl_2, O_3, S_8 usw.

---

8 Von griech. stoicheion = der Grundstoff und griech. metron = das Maß.

Verbindungen bauen sich aus Atomen von zwei oder mehr Elementen auf, die in einem bestimmten Zahlenverhältnis zueinander stehen.

Beispiel 2-2.

Die Verbindung Wasser besteht aus den Elementen Wasserstoff (H) und Sauerstoff (O). Ein Molekül Wasser baut sich aus zwei Wasserstoff-Atomen und einem Sauerstoff-Atom auf.

Formel: H_2O

In vielen Verbindungen, z. B. den Salzen liegen die Teilchen allerdings – anstatt in Form von Atomen – als Ionen in einem *Ionengitter* vor, in dem sie einem einzelnen Partner nicht eindeutig zugeordnet sind.

Beispiel 2-3.

Natriumchlorid besteht aus den Elementen Natrium (Na) und Chlor (Cl), die in Form von Na^+- und Cl^--Ionen ein Ionengitter bilden.

In diesem Gitter ist jedes Na^+-Ion von sechs Cl^-- Ionen umgeben und umgekehrt. Die beiden Elemente stehen zueinander im Verhältnis 1:1. Man kann deshalb die Formeleinheit NaCl als Formel dieses Stoffes verwenden.

Zur Beschreibung von Verbindungen verwendet man unterschiedliche chemische Formeln, die auch unterschiedliche Aussagen machen können.

2.1.1.1 Summenformel, Molekülformel

Summen- oder Molekülformeln geben an,

- welche Elemente am Aufbau einer Verbindung beteiligt sind (*qualitative* Aussage) und
- wieviel Atome (Ionen) in einem Molekül (einer Formeleinheit) der Verbindung enthalten sind (*quantitative* Aussage).

Beispiel 2-4.

Essigsäure, Ethansäure, hat folgende Summenformel:

$C_2H_4O_2$

Das bedeutet, daß ein Molekül Essigsäure

- aus den Elementen Wasserstoff (H), Kohlenstoff (C) und Sauerstoff (O) besteht *und*
- vier Atome Wasserstoff, zwei Atome Kohlenstoff und zwei Atome Sauerstoff enthält.

2.1.1.2 Strukturformel, Bauformel

Strukturformeln machen zunächst die gleichen Aussagen wie die entsprechenden Summenformeln. Darüber hinaus beschreiben sie, wie ein Molekül aufgebaut ist.

Beispiel 2-5.

Essigsäure, Ethansäure, hat folgende Strukturformel:

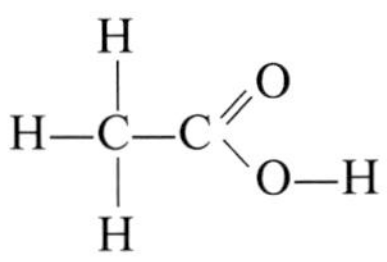

Neben der qualitativen und quantitativen Aussage (vgl. Beispiel 2-5) gibt die Strukturformel zusätzlich an, wie die einzelnen Atome miteinander verknüpft sind.

2.1.1.3 Rationelle Formel

Rationelle[9] Formeln werden in der Praxis gern und oft verwendet, weil sie die gleichen Aussagen wie die Summenformeln machen, zusätzlich aber auch die *funktionelle*[10] Gruppe einer Verbindung deutlich kennzeichnen, ohne in ihrer Schreibweise den gleichen Aufwand zu erfordern wie die Strukturformeln.

Beispiel 2-6.

Essigsäure, $C_2H_4O_2$, hat die rationelle Formel CH_3COOH.

Neben der qualitativen und quantitativen Aussage (vgl. Beispiel 2-4) gibt die rationelle Formel zusätzlich an, daß diese Verbindung die für organische Carbonsäuren charakteristische funktionelle Gruppe **—COOH** besitzt.

2.1.1.4 Empirische Formel

Die *empirische*[11] Formel ergibt sich in der Praxis aus Analysenwerten. Sie gibt an,

- welche Elemente am Aufbau einer Verbindung beteiligt sind (*qualitative* Aussage) und
- in welchem kleinsten ganzzahligen Zahlenverhältnis die Atome dieser Elemente zueinander stehen (*quantitative* Aussage).

9 Von lat. ratio = die Vernunft.
10 Gruppen, die das chemische Verhalten von Verbindungen bestimmen.
11 Sich auf Erfahrung gründend.

Beispiel 2-7.

Ein Molekül Essigsäure enthält vier Atome Wasserstoff, zwei Atome Kohlenstoff und zwei Atome Sauerstoff.
Die Atome stehen im Verhältnis

C : H : O = 2 : 4 : 2 = 1 : 2 : 1.

Die empirische Formel der Essigsäure ist somit CH_2O.

2.2 Berechnen der molaren Masse

2.2.1 Theoretische Grundlagen

Die absoluten Massen m_a von Atomen, Molekülen und Ionen sind außerordentlich gering. Sie liegen in der Größenordnung von 10^{-24} bis 10^{-21} Gramm. Deshalb verwendet man in der Praxis *relative* Massen, für die als Bezugsgröße die *atomare Masseneinheit u* eingeführt worden ist [4].

Die atomare Masseneinheit *u* ist der 12te Teil der Masse eines Atoms des Nuklids[12] ^{12}C.

$$\begin{aligned} 1\,u &= 1/12\ \mathrm{m}(^{12}\mathrm{C}) \\ &= (1{,}6605655 \pm 0{,}0000086) \cdot 10^{-24}\ \mathrm{g} \end{aligned} \tag{2-1}$$

$$\underline{1\,u = (1{,}6605655 \pm 0{,}0000086) \cdot 10^{-27}\ \mathrm{kg}}$$

Auch für die relativen Massen $M_r(X)$ von Teilchen der Art X dient das ^{12}C-Isotop[13] als Bezugsgröße.

Die relative Teilchenmasse $M_r(X)$ ist der Quotient aus der absoluten Masse $m_a(X)$ und dem 12ten Teil der Masse eines ^{12}C-Isotops oder der atomaren Masseneinheit *u*[14].

$$M_r(X) = \frac{m_a(X)}{1/12\ m_a(^{12}C)} = \frac{m_a(X)}{u} \tag{2-2}$$

---

12 Der Begriff Nuklid wird als allgemeine – d. h. nicht auf ein bestimmtes Element bezogene – Bezeichnung für Atomarten verwendet.

13 Von griech. isos topos = gleicher Platz, d. h. Isotope sind Atomarten eines Elementes mit gleicher Kernladungszahl, aber unterschiedlicher Neutronenzahl; sie stehen im Periodensystem der Elemente am „gleichen Platz“.

14 Die atomare Masseneinheit u hat den Charakter einer Größe.

Die relativen Massen sind also Verhältniszahlen der Dimension 1, sog. „*dimensionslose*" Verhältniszahlen. Sie geben an, wieviel mal schwerer ein Teilchen X (ein Atom, Ion oder Molekül) ist als der 12te Teil des ^{12}C-Isotops.

Beispiel 2-8.

Die relative Masse von Schwefelsäure-Molekülen ist 98:

$$M_r(H_2SO_4) = 98$$

Ein Molekül Schwefelsäure ist demnach 98 mal so schwer wie der 12te Teil eines ^{12}C-Isotops.

Die relative Masse $M_r(X)$ von Teilchen X mit der allgemeinen Summenformel $X_aY_bZ_c$ kann als Summe aller relativen Atommassen berechnet werden:

$$\boldsymbol{M_r(X_aY_bZ_c) = a\,M_r(X) + b\,M_r(Y) + c\,M_r(Z)} \qquad \textbf{(2-3)}$$

Beispiel 2-9.

Die relativen Massen $M_r(Na) = 22{,}99$ und $M_r(S) = 32{,}06$ kann man aus Tabellen entnehmen. Für die Verbindung Natriumsulfid, Na_2S, errechnet sich die relative Molekülmasse als Summe der aller Atommassen:

$$M_r(Na_2S) = 2 \cdot 22{,}99 + 32{,}06 = 78{,}05$$

Ein Molekül Na_2S ist somit 78,05 mal so schwer wie der 12te Teil des ^{12}C-Isotops.

In Abschn. 1.1.3.3 ist die molare Masse $M(X)$ bereits als Proportionalitätskonstante für den Zusammenhang zwischen der Stoffmenge $n(X)$ einer Portion der Teilchen X und ihrer Masse m betrachtet worden. Sie ist in (1-5), S. 7, definiert. Bei den Berechnungen wurde sie bisher als gegebene Größe verwendet.

Nach (2-2) ist die absolute Masse $m_a(X)$ eines Teilchens X das Produkt aus seiner relativen Masse $M_r(X)$ und der atomaren Masseneinheit u:

$$\boldsymbol{m_a(X) = M_r(X)\,u}$$

Abb. 1-2 zeigt, daß die absolute Masse $m_a(X)$ aber auch der Quotient aus der molaren Masse $M(X)$ und der molaren Teilchenzahl N_A ist (vgl. (1-19), S. 11:

$$\boldsymbol{m_a(X) = \frac{M(X)}{N_A}}$$

Diese beiden Beziehungen können über $m_a(X)$ gleichgesetzt und nach $M(X)$ umgestellt werden:

$$\frac{M(\mathrm{X})}{N_A} = M_r(\mathrm{X})\, u$$

$$\mathbf{M(X) = M_r(X)\, u\, N_A} \qquad \textbf{(2-4)}$$

In (2-4) bedeuten:

M(X) Molare Masse der Teilchen X
M_r(X) Relative Masse der Teilchen X
u Atomare Masseneinheit
N_A Molare Teilchenzahl

Beispiel 2-10.

Bestimmte Kohlenstoff-Iostope haben die relative Atommasse $M_r(^{12}C) = 12$.
Nach (2-4) errechnet sich die molare Masse $M(^{12}C)$ wie folgt:

$$\begin{aligned} M(^{12}C) &= M_r(^{12}C)\, u\, N_A \\ &= 12 \cdot 1{,}6605655 \cdot 10^{-27}\ \mathrm{kg} \cdot 6{,}022 \cdot 10^{23}\ \mathrm{mol}^{-1} \\ &= 12 \cdot 1{,}6605655 \cdot 10^{-24}\ \mathrm{g} \cdot 6{,}022 \cdot 10^{23}\ \mathrm{mol}^{-1} \end{aligned}$$

$$\underline{\mathbf{M(^{12}C) = 12{,}00\ g/mol}}$$

Eine Dimensionsbetrachtung von (2-4) liefert die entsprechende Einheitengleichung:

$$\begin{aligned} [M(\mathrm{X})] &= [M_r(\mathrm{X})]\,[u]\,[N_A] \\ &= 1 \cdot 1\ \mathrm{kg} \cdot \mathrm{mol}^{-1} \end{aligned}$$

$$\underline{\mathbf{[M(X)] = 1\ kg\ mol^{-1}}}$$

Sie ermöglicht eine vereinfachte Definition der molaren Masse:

Die molare Masse M(X) der Teilchen X entspricht der relativen Masse M_r(X) mit der Einheit 1 *Kilogramm durch Mol.*

Sie ist eine Stoffkonstante, die Tabellen entnommen werden kann, in denen sie meist in Gramm/Mol angegeben ist.

Beispiel 2-11.

$M_r(\mathrm{Fe}) = 55{,}85 \longrightarrow M(\mathrm{Fe}) = 55{,}85$ g/mol

$M_r(\mathrm{Ca}^{2+}) = M_r(\mathrm{Ca}) = 40{,}08 \longrightarrow M(\mathrm{Ca}^{2+}) = 40{,}08$ g/mol

$M_r(\mathrm{HCl}) = 36{,}46 \longrightarrow M(\mathrm{HCl}) = 36{,}46$ g/mol

Analog (2-4) läßt sich die molare Masse $M(X)$ von Teilchen X, die sich aus mehreren Atomen zusammensetzen, z. B. von Molekülen und Ionen, als Summe der molaren Massen der beteiligten Atome berechnen:

$$\mathbf{M(X_aY_bZ_c) = a\,M(X) + b\,M(Y) + c\,M(Z)} \qquad \mathbf{(2\text{-}5)}$$

2.2.2 Molare Masse von Verbindungen

Gemäß (2-5) läßt sich bei gegebener Formel für die Moleküle von Verbindungen deren molare Masse berechnen.

Rechenbeispiel 2-1. Welche molare Masse haben Schwefelsäure-Moleküle, H_2SO_4?

Gesucht: $M(H_2SO_4)$ **Gegeben:** Formel H_2SO_4

$$M(H_2SO_4) = 2\,M(H) + M(S) + 4\,M(O)$$
$$= 2 \cdot 1{,}008 \text{ g/mol} + 32{,}06 \text{ g/mol} + 4 \cdot 16{,}00 \text{ g/mol}$$

$$\underline{\mathbf{M(H_2SO_4) = 98{,}08 \text{ g/mol}}}$$

Die in Tab. 1 im Anhang angegebenen molaren Massen der Elemente unterscheiden sich praktisch nicht von der molaren Masse der daraus ableitbaren Ionen. Das liegt daran, daß die Elektronen, die ein Atom abgeben oder aufnehmen muß, um ein Ion zu bilden, praktisch masselos sind.

Die molare Masse von Ionen, die aus Atomgruppen resultieren, wie z. B. Säurerest-Ionen, läßt sich demnach auch gemäß (2-5) berechnen.

Rechenbeispiel 2-2. Welche molare Masse haben Carbonat-Ionen, CO_3^{2-}?

Gesucht: $M(CO_3^{2-})$ **Gegeben:** Formel CO_3^{2-}

$$M(CO_3^{2-}) = M(C) + 3\,M(O) = (12{,}01 + 3 \cdot 16{,}00) \text{ g/mol}$$

$$\underline{\mathbf{M(CO_3^{2-}) = 60{,}01 \text{ g/mol}}}$$

Viele Verbindungen, besonders Salze, kristallisieren aus ihren Lösungen in der Weise aus, daß sie Lösemittelmoleküle, z. B. Wassermoleküle, in das Kristallgitter einlagern. Diese Lösemittelmoleküle stehen in einem bestimmten ganzzahligen Verhältnis zu den übrigen Teilchen der Verbindung. Ihre Zahl wird in chemischen Formeln mit einem Punkt (·) angehängt.

Rechenbeispiel 2-3. Welche molare Masse hat das kristallisierte Kupfersulfat (Kupfersulfat-pentahydrat), $CuSO_4 \cdot 5\ H_2O$?

Gesucht: $M(CuSO_4 \cdot 5\ H_2O)$ **Gegeben:** Formel $CuSO_4 \cdot 5\ H_2O$

$$M(CuSO_4 \cdot 5\ H_2O) = M(Cu) + M(S) + 4\,M(O) + 5\,[2\,M(H) + M(O)]$$
$$= [63{,}55 + 32{,}06 + 4 \cdot 16{,}00 + 5\,(2 \cdot 1{,}008 + 16{,}00)]\ \text{g/mol}$$

$$\underline{\mathbf{M(CuSO_4 \cdot 5\ H_2O) = 249{,}69\ g/mol}}$$

Übungsaufgaben:

2-1. Welche molare Masse hat Phosphorsäure, H_3PO_4?

2-2. Welche molare Masse hat Natrium-dekahydrat, $Na_2SO_4 \cdot 10\ H_2O$?

2-3. Welche molare Masse hat Natrium-aluminiumfluorid, $AlF_3 \cdot 3\ NaF$?

2-4. Welche molare Masse haben Hydroxid-Ionen, OH^-?

2-5. Wie groß sind die molaren Massen $M(X)$ der folgenden Verbindungen?

a) Natriumthiosulfat, $Na_2S_2O_3$
b) Eisenammonalaun, $FeNH_4(SO_4)_2$
c) Oxalsäure-dihydrat, $(COOH)_2 \cdot 2\ H_2O$
d) Kalium-hexacyanoferrat(III), $K_3[Fe(CN)_6]$

2-6. Welche molare Masse $M(X)$ haben folgende Ionen?

a) Ammonium-Ion, NH_4^+
b) Dihydrogenphosphat-Ion, $H_2PO_4^-$
c) Acetat-Ion, CH_3COO^-
d) Chlorat-Ion, ClO_3^-

2.3 Rechnen mit Quantitätsverhältnissen von Verbindungen

2.3.1 Teilchenzahlrelationen

Der Umsatz bei chemischen Reaktionen hängt bei gegebenen Bedingungen von der Anzahl der Teilchen ab, die miteinander in Wechselwirkung treten. Die Quantität im chemischen Sinne hat unmittelbar mit der Teilchenzahl zu tun.

Für Elemente mit Molekülstruktur lassen sich Teilchenzahlrelationen (Teilchenzahlverhältnisse) aufstellen.

Beispiel 2-12.

Der normale Schwefel liegt in Form von Achterringen vor. Er wird auch als Cyclooctaschwefel, S_8, bezeichnet. Ein Teilchen dieses Stoffes baut sich demnach aus acht Atomen auf.

$$N(S_8) = 1 \qquad N(S) = 8$$

Als Teilchenzahlrelation ergibt sich

$$\frac{N(S_8)}{N(S)} = \frac{1}{2}$$

Daraus folgt durch Umstellen

$$N(S) = 8\ N(S_8) \text{ und } N(S_8) = \frac{N(S)}{8}$$

Auch für die Atome der an einer Verbindung beteiligten Elemente können mit Hilfe der chemischen Formel entsprechende Teilchenzahlrelationen aufgestellt werden.

Beispiel 2-13.

Die Formel für Diphosphorpentoxid ist P_2O_5. Ein Molekül dieser Verbindung enthält folglich zwei Atome Phosphor und fünf Atome Sauerstoff:

$$N(P_2O_5) = 1 \qquad N(P) = 2 \qquad N(O) = 5$$

Daraus ergeben sich folgende Einzelrelationen:

$$\frac{N(P_2O_5)}{N(P)} = \frac{1}{2} \qquad \frac{N(P_2O_5)}{N(O)} = \frac{1}{5}$$

Durch Umstellen erhält man

$$N(P_2O_5) = \frac{N(P)}{2} \quad \text{und} \quad N(P_2O_5) = \frac{N(O)}{5}$$

Die Gesamt-Teilchenzahlrelation für die Verbindung ergibt sich durch Gleichsetzen über $N(P_2O_5)$ mit

$$N(P_2O_5) = \frac{N(P)}{2} = \frac{N(O)}{5}$$

Analog zu diesem Beispiel lassen sich allgemein die Teilchenzahlrelationen für Verbindungen des Typs $X_aY_bZ_c$ aufstellen. Der Formel entsprechend enthält 1 Molekül dieser Verbindung a Atome X, b Atome Y und c Atome Z:

$$N(X_aY_bZ_c) = 1 \qquad \begin{aligned} N(X) &= a \\ N(Y) &= b \\ N(Z) &= c \end{aligned}$$

Daraus ergeben sich folgende Einzelrelationen:

$$\frac{N(X_aY_bZ_c)}{N(X)} = \frac{1}{a} \qquad \frac{N(X_aY_bZ_c)}{N(Y)} = \frac{1}{b} \qquad \frac{N(X_aY_bZ_c)}{N(Z)} = \frac{1}{c}$$

Durch Gleichsetzen dieser Relationen über $N(X_aY_bZ_c)$ erhält man eine Beziehung, die im Folgenden als *Standardrelation* bezeichnet werden soll:

$$N(X_aY_bZ_c) = \frac{N(X)}{a} = \frac{N(Y)}{b} = \frac{N(Z)}{c} \qquad \textbf{(2-6)}$$

Zur Standard-Teilchenzahlrelation einer Verbindung gelangt man schematisch auch, indem man die Teilchenzahl N der am Aufbau des Moleküls beteiligten verschiedenen Teilchen durch die entsprechenden Indices in der Formel teilt und mit der Teilchenzahl $N(X_aY_bZ_c)$ der Verbindung gleichsetzt (vgl. (2-6)).

Rechenbeispiel 2-4. Wie lautet die Standard-Teilchenzahlrelation für die Verbindung Ethanol, C_2H_5OH?

Gesucht: Standard-Teilchenzahlrelation **Gegeben:** Formel C_2H_5OH

(2-6) liefert die Standard-Teilchenzahlrelation:

$$N(C_2H_5OH) = \frac{N(C)}{2} = \frac{N(H)}{6} = N(O) = N(OH)$$

Rechenbeispiel 2-5. Welche Einzel-Teilchenzahlrelationen sind für die Verbindung Phosphorsäure, H_3PO_4, möglich?

Gesucht: Einzel-Teilchenrelationen **Gegeben:** Formel H_3PO_4

(2-6) liefert die Standard-Teilchenzahlrelation:

$$N(H_3PO_4 = \frac{N(H)}{3} = N(P) = \frac{N(O)}{4}$$

Durch Umstellen erhält man:

$$\mathbf{N(H) = 3\,N(P) = \frac{3\,N(O)}{4} = 3\,N(H_3PO_4)}$$

$$\mathbf{N(P) = \frac{N(H)}{3} = \frac{N(O)}{4} = N(H_3PO_4)}$$

$$\mathbf{N(O) = \frac{4\,N(H)}{3} = 4\,N(P) = 4\,N(H_3PO_4)}$$

Übungsaufgaben:

2-7. Wie lauten die möglichen Teilchenzahlrelationen für die Schwefel-Atome in der Verbindung Hydrogensulfid (Schwefelwasserstoff), H_2S?

2-8. Wie lauten die möglichen Teilchenzahlrelationen für die Cl^--Ionen im Calciumchlorid, $CaCl_2$?

2-9. Wie lauten die möglichen Teilchenzahlrelationen für die Kristallwasser-Moleküle im Mangandichlorid-tetrahydrat, $MnCl_2 \cdot 4\,H_2O$?

2-10. Wie lauten alle möglichen Teilchenzahlrelationen für folgende Stoffe?

a) Ozon, O_3
b) Aluminiumoxid, Al_2O_3
c) Calciumphosphat, $Ca_3(PO_4)_2$
d) Eisen(III)-sulfat-dihydrat, $Fe_2(SO_4)_3 \cdot 2\,H_2O$
e) Benzol, C_6H_6

2-11. Welche der folgenden Teilchenzahlrelationen für die angegebenen Stoffe sind *richtig* und welche *falsch*?

a) $N(O) = 2\,N(CO_2)$ für Kohlenstoffdioxid, CO_2
b) $2\,N(Pb) = N(PbCl_2)$ für Bleidichlorid, $PbCl_2$
c) $N(C) = 1/4\,N(CH_4)$ für Methan, CH_4
d) $1/2\,N(H) = N(H_2O)$ für Wasser, H_2O
e) $2\,N(N) = 3\,N(O)$ für Distickstofftrioxid, N_2O_3

2.3.2 Stoffmengenrelationen

Die Stoffmenge ist ein auf der Teilchenzahl beruhendes Quantitätsmaß für makroskopische, d.h. für das Auge sichtbare Stoffportionen. Sie ist der Teilchenzahl direkt proportional (vgl. Abschn. 1.1.4). Deshalb müssen die Stoffmengenrelationen von Verbindungen gleich den entsprechenden Teilchenzahlrelationen sein und sich wie diese aus den chemischen Formeln erstellen lassen. Für die Standard-Stoffmengenrelation einer Verbindung des Typs $X_aY_bZ_c$ gilt

$$\boldsymbol{n(X_aY_bZ_z) = \frac{n(X)}{a} = \frac{n(Y)}{b} = \frac{n(Z)}{c}} \qquad \textbf{(2-7)}$$

Rechenbeispiel 2-6. Wie lautet die Standard-Stoffmengenrelation für die Verbindung Ethandiol, $C_2H_4(OH)_2$?

Gesucht: Standard-Stoffmengenrelation **Gegeben:** Formel $C_2H_4(OH)_2$

(2 – 8) liefert:

$$\boldsymbol{n[C_2H_4(OH)_2] = \frac{n(C)}{2} = \frac{n(H)}{6} = \frac{n(O)}{2} = \frac{n(OH)}{2}}$$

Rechenbeispiel 2-7. Welche Einzel-Stoffmengenrelationen sind für die Verbindung Kohlensäure, H_2CO_3, möglich?

Gesucht: Einzel-Stoffmengenrelationen **Gegeben:** Formel H_2CO_3

(2-8) liefert die Standard-Stoffmengenrelation:

$$n(H_2CO_3) = \frac{n(H)}{2} = n(C) = \frac{N(O)}{3}$$

Durch Umstellen erhält man:

$$n(\mathrm{H}) = 2\,n(\mathrm{H_2CO_3}) = 2\,n(\mathrm{C}) = \frac{2\,n(\mathrm{O})}{3}$$

$$n(\mathrm{C}) = n(\mathrm{H_2CO_3}) = \frac{n(\mathrm{H})}{2} = \frac{n(\mathrm{O})}{3}$$

$$n(\mathrm{O}) = 3\,n(\mathrm{H_2CO_3}) = \frac{3\,n(\mathrm{H})}{2} = 3\,n(\mathrm{C})$$

Übungsaufgaben:

2-12. Wie lautet die Standard-Stoffmengenrelation für die Verbindung H_2O?

2-13. Wie lautet die Standard-Stoffmengenrelation für die Verbindung Magnesiumbromid, $MgBr_2$?

2-14. Wie lautet die Standard-Stoffmengenrelation für die Verbindung Kaliumoxalathydrat, $(COOK)_2 \cdot H_2O$?

2-15. Wie lautet die Standard-Stoffmengenrelation für die folgenden Stoffe?

a) Ozon, O_3
b) Diphosphorpentoxid, P_2O_5
c) Natriumphosphat, Na_3PO_4
d) Mangansulfat-tetrahydrat, $MgSO_4 \cdot 4\,H_2O$
e) Naphthalin, $C_{10}H_8$
f) Propan, C_3H_8
g) Stickstoff, N_2
h) Divanadiumpentoxid, V_2O_5
i) Kupfersulfat-pentahydrat, $CuSO_4 \cdot 5\,H_2O$
j) Wasserstoffperoxid, H_2O_2

2-16. Welche der folgenden Stoffmengenrelationen für die folgenden Stoffe sind *richtig* und welche *falsch*?

a) $1/2\,n(C) = n(C_2H_4)$ für Ethen, C_2H_4
b) $2\,n(K) = 7\,n(O)$ für Kaliumdichromat, $K_2Cr_2O_7$
c) $1/2\,n(Cl_2) = n(Cl)$ für Chlor, Cl_2
d) $2\,n(OH^-) = n(Ca)$ für Calciumhydroxid, $Ca(OH)_2$
e) $2\,n(H^+) = n(H_2SO_4)$ für Schwefelsäure, H_2SO_4

2.3.3 Massenrelationen

Grundlage für die Massenrelationen von Verbindungen bilden die Stoffmengenrelationen, die sich aus den Formeln der Verbindungen aufstellen lassen.

Gemäß (1-17), S. 11, *oder* Abb. 1-2, S. 12, können die Stoffmengen in der Standard-Stoffmengenrelation (vgl. (2-7), S. 56) durch die Masse ersetzt werden. Auf diese Weise erhält man für Verbindungen des Typs $X_aY_bZ_c$ die entsprechende Standard-Massenrelation:

$$\frac{m(X_aY_bZ_c)}{M(X_aY_bZ_c)} = \frac{m(X)}{a\,M(X)} = \frac{m(Y)}{b\,M(Y)} = \frac{m(Z)}{c\,M(Z)} \qquad (2\text{-}8)$$

Rechenbeispiel 2-8. Wie lautet die Standard-Massenrelation für die Verbindung Ethandiol, $C_2H_4(OH)_2$?

Gesucht: Standard-Massenrelation **Gegeben:** Formel $C_2H_4(OH)_2$

$$\frac{m[C_2H_4(OH)_2]}{M[C_2H_4(OH)_2]} = \frac{m(C)}{2\,M(C)} = \frac{m(H)}{6\,M(H)} = \frac{m(O)}{2\,M(O)} = \frac{m(OH)}{2\,m(OH)}$$

Rechenbeispiel 2-9. Welche Einzel-Massenrelationen sind für die Verbindung Kohlensäure, H_2CO_3, möglich?

Gesucht: Einzel-Stoffmengenrelationen **Gegeben:** Formel H_2CO_3

$$\frac{m(H_2CO_3)}{M(H_2CO_3)} = \frac{m(H)}{2\,M(H)} = \frac{m(C)}{M(C)} = \frac{m(O)}{3\,M(O)}$$

Durch Umstellen erhält man:

$$m(H_2CO_3) = m(H) \cdot \frac{M(H_2CO_3)}{2\,M(H)} = m(C) \cdot \frac{M(H_2CO_3)}{M(C)} = m(O) \cdot \frac{M(H_2CO_3)}{3\,M(O)}$$

$$m(H) = m(H_2CO_3) \cdot \frac{2\,M(H)}{M(H_2CO_3)} = m(C) \cdot \frac{2\,M(H)}{M(C)} = m(O) \cdot \frac{2\,M(H)}{3\,M(O)}$$

$$m(C) = m(H_2CO_3) \cdot \frac{M(C)}{M(H_2CO_3)} = m(H) \cdot \frac{M(C)}{2\,M(H)} = m(O) \cdot \frac{M(C)}{3\,M(O)}$$

$$m(O) = m(H_2CO_3) \cdot \frac{3\,M(O)}{M(H_2CO_3)} = m(H) \cdot \frac{3\,M(O)}{2\,M(H)} = m(C) \cdot \frac{3\,M(O)}{M(C)}$$

Übungsaufgaben:

2-17. Wie lautet die Standard-Massenrelation für die Verbindung H_2O?

2-18. Wie lautet die Standard-Massenrelation für die Verbindung Magnesiumbromid, $MgBr_2$?

2-19. Wie lautet die Standard-Massenrelation für die Verbindung Kaliumoxalat-hydrat, $(COOK)_2 \cdot H_2O$?

2-20. Wie lautet die Standard-Massenrelation für die folgenden Stoffe?

a) Ozon, O_3
b) Diphosphorpentoxid, P_2O_5
c) Natriumphosphat, Na_3PO_4
d) Mangansulfat-tetrahydrat, $MgSO_4 \cdot 4\ H_2O$
e) Naphthalin, $C_{10}H_8$
f) Propan, C_3H_8
g) Stickstoff, N_2
h) Divanadiumpentoxid, V_2O_5
i) Kupfersulfat-pentahydrat, $CuSO_4 \cdot 5\ H_2O$
j) Wasserstoffperoxid, H_2O_2

2.3.4 Volumenrelationen

Volumenrelationen lassen sich für Verbindungen nicht erstellen, weil der Raum, den ihre Bestandteile einnehmen, nicht definierbar ist. Aus dem gleichen Grund lassen sich auch keine Volumenanteile für die einzelnen Bestandteile von Verbindungen angeben (vgl. Abschn. 2.4).

2.3.5 Berechnen der Quantitäten von Verbindungen

2.3.5.1 Theoretische Grundlagen

Mit den Stoffmengenrelationen, die sich aus der chemischen Formel von Verbindungen erstellen lassen (vgl. Abschn. 2.3.2) und dem Zusammenhang zwischen den Quantitäten von Stoffportionen, der in Abschn. 1.1.4 durch Abb. 1-2 dargestellt ist, können die Quantitäten von Verbindungen und deren Bestandteilen berechnet werden.

Für eine Verbindung des Typs X_aY_b gelten gemäß (2-6) und (2-7) die Standardrelationen

$$N(\mathbf{X_aY_b}) = \frac{N(\mathbf{X})}{\mathbf{a}} = \frac{N(\mathbf{Y})}{\mathbf{b}} \quad \text{und} \quad n(\mathbf{X_aY_b}) = \frac{n(\mathbf{X})}{\mathbf{a}} = \frac{n(\mathbf{Y})}{\mathbf{b}}$$

Gemäß (1-16) bis (1-18) und (1-21) oder Abb. 1-2 können diese Teilchenzahlen bzw. Stoffmengen mit Hilfe der molaren Größen N_A, M und V_m sowie ρ durch die anderen Quantitätsgrößen n bzw. N sowie m und V ersetzt werden. Dadurch ergeben sich zwei Rechenwege, die gleichermaßen Vorteile besitzen.

Rechenbeispiel 2-10. Eine Portion Aluminiumoxid, Al_2O_3, enthält 5,5 g Aluminium. Wieviel Atome Sauerstoff sind in dieser Stoffportion?

Gesucht: $N(\text{O})$ **Gegeben:** Formel Al_2O_3; $m(\text{Al}) = 5{,}5$ g

Lösungsweg 1:

Die Stoffmengenrelation ergibt sich aus der Formel Al_2O_3:

$$n(\text{Al}_2\text{O}_3) = \boxed{\frac{n(\text{Al})}{2} = \frac{n(\text{O})}{3}}$$

Diese Stoffmengen können dann ersetzt werden:

$$\frac{N(\text{Al}_2\text{O}_3)}{N_A} = \frac{N(\text{Al})}{2\,N_A} = \boxed{\frac{N(\text{O})}{3\,N_A}}$$

$$\frac{m(\text{Al}_2\text{O}_3)}{M(\text{Al}_2\text{O}_3)} = \boxed{\frac{m(\text{Al})}{2\,M(\text{Al})}} = \frac{m(\text{O})}{3\,M(\text{O})}$$

Aus der Standard-Stoffmengenrelation läßt sich die für die Umrechnung benötigte Einzel-Stoffmengenrelation herausgreifen und durch die eingerahmten Quotienten ersetzen:

$$\frac{n(\text{Al})}{2} = \frac{n(\text{O})}{3} \Longrightarrow \frac{m(\text{Al})}{2\,M(\text{Al})} = \frac{N(\text{O})}{3\,N_A}$$

Nach dem Umstellen nach der gesuchten Größe können die gegebenen Größenwerte eingesetzt werden:

$$N(\text{O}) = \frac{3\,m(\text{Al})\,N_A}{2\,M(\text{Al})} = \frac{3 \cdot 5{,}5\ \text{g} \cdot 6{,}022 \cdot 10^{23}\ \text{mol}^{-1}}{2 \cdot 26{,}98\ \text{g mol}^{-1}}$$

$$\underline{\mathbf{N(O) = 1{,}84 \cdot 10^{23}}}$$

Lösungsweg 2:

Mit Abb. 1-2 **oder** (1-16) gilt:

(1) $N(\mathrm{O}) = n(\mathrm{O})\, N_\mathrm{A}$

Die Einzel-Stoffmengenrelation ergibt sich aus der Formel der Verbindung über die Standard-Stoffmengenrelation (s. o.):

(2) $\dfrac{n(\mathrm{Al})}{2} = \dfrac{n(\mathrm{O})}{3}$

Sie wird nach $n(\mathrm{O})$ umgestellt und in (1) eingesetzt:

(3) $n(\mathrm{O}) = \dfrac{n(\mathrm{Al})}{2}$

(4) $N(\mathrm{O}) = \dfrac{3\, n(\mathrm{Al})\, N_\mathrm{A}}{2}$

Für die Stoffmenge $n(\mathrm{Al})$ gilt mit Abb. 1-2 **oder** (1-17):

(5) $n(\mathrm{Al}) = \dfrac{m(\mathrm{Al})}{M(\mathrm{Al})}$

Durch Einsetzen von (5) in (4) erhält man:

(6) $N(\mathrm{O}) = \dfrac{3\, m(\mathrm{Al})\, N_\mathrm{A}}{2\, M(\mathrm{Al})} = \dfrac{3 \cdot 5{,}5\ \mathrm{g} \cdot 6{,}022 \cdot 10^{23}\ \mathrm{mol}^{-1}}{2 \cdot 26{,}98\ \mathrm{g\ mol}^{-1}}$

$\underline{\boldsymbol{N(\mathrm{O}) = 1{,}84 \cdot 10^{23}}}$

Der Vorteil von Lösungsweg 1 besteht darin, daß die der chemischen Formel entsprechende Stoffmengenrelation Ausgangspunkt der Berechnung ist. Dies unterstreicht, welch bedeutende Rolle der Teilchencharakter der Stoffe bei stöchiometrischen Berechnungen spielt. Dieser Lösungsweg soll bei den folgenden Rechenbeispielen beschritten werden.

Lösungsweg 2 hat den großen Vorteil, daß bei der Berechnung das Rechenziel zuerst fixiert wird und nichtgegebene Größen nach und nach mit Hilfe von Beziehungen, die sich aus Abb. 1-2 ergeben, ersetzt werden.

2.3.5.2 Teilchenzahl

2.3.5.2.1 Aus der Teilchenzahl

Rechenbeispiel 2-11. Wieviel Wasserstoff-Atome sind in 150 Phosphorsäure-Molekülen?

Gesucht: $N(\mathrm{H})$ **Gegeben:** $N(\mathrm{H_3PO_4}) = 150$

$$N(\mathrm{H_3PO_4}) = \frac{N(\mathrm{H})}{3}$$

$$N(\mathrm{H}) = 3\,N(\mathrm{H_3PO_4}) = 3 \cdot 150$$

$$\underline{\boldsymbol{N(\mathrm{H}) = 450}}$$

Übungsaufgaben:

2-21. Wieviel Wasserstoff-Atome sind in 10^{25} Methan-Molekülen?

2-22. Aus wieviel Molekülen muß eine Portion Phenol, C_6H_5OH, bestehen, die 20^{22} Wasserstoff-Atome enthält?

2-23. Wieviel Kohlenstoff-Atome muß eine Portion Butanol, C_4H_9OH, enthalten, wenn sie gleichzeitig $7{,}0 \cdot 10^{22}$ Sauerstoff-Atome besitzt?

2.3.5.2.2 Aus der Stoffmenge

Rechenbeispiel 2-12. Wieviel Wasserstoff-Atome enthalten 20,0 mmol Propan, C_3H_8?

Gesucht: $N(\mathrm{H})$ **Gegeben:** $n(\mathrm{C_3H_8}) = 20{,}0$ mmol

$$n(\mathrm{C_3H_8}) = \frac{n(\mathrm{H})}{8} \Longrightarrow n(\mathrm{C_3H_8}) = \frac{N(\mathrm{H})}{8\,N_\mathrm{A}}$$

$$N(\mathrm{H}) = 8\,n(\mathrm{C_3H_8})\,N_\mathrm{A} = 8 \cdot 20\ \mathrm{mmol} \cdot 6{,}022 \cdot 10^{23}\ \mathrm{mol^{-1}}$$

$$\underline{\boldsymbol{N(\mathrm{H}) = 9{,}64 \cdot 10^{22}}}$$

Übungsaufgaben:

2-24. Wieviel Kohlenstoff-Atome enthalten 20,0 mmol Propan, C_3H_8?

2-25. Eine Portion Natrium-aluminiumfluorid, Na_3AlF_6, enthält die Stoffmenge $n(\mathrm{Na}) = 7{,}5$ mol an Natrium-Atomen. Aus wieviel Molekülen besteht die Portion?

2-26. Eine Kaliumchlorat-Portion, $KClO_3$, enthält 0,25 mol Sauerstoff-Atome. Wie groß ist die Zahl der Kalium-Atome in dieser Stoffportion?

2.3.5.2.3 Aus der Masse

Rechenbeispiel 2-13. Wieviel OH^--Ionen sind in 520 g Calciumhydroxid, $Ca(OH)_2$?

Gesucht: $N(OH^-)$ **Gegeben:** $m[Ca(OH)_2] = 520$ g

$$n[Ca(OH)_2] = \frac{n(OH^-)}{2} \Longrightarrow \frac{m[Ca(OH)_2]}{M[Ca(OH)_2]} = \frac{N(OH^-)}{2\,N_A}$$

$$N(OH^-) = \frac{2\,m[Ca(OH)_2]\,N_A}{M[Ca(OH)_2]} = \frac{2 \cdot 520\text{ g} \cdot 6{,}022 \cdot 10^{23}\text{ mol}^{-1}}{74{,}10\text{ g mol}^{-1}}$$

$\underline{N(OH^-) = 8{,}45 \cdot 10^{24}}$

Übungsaufgaben:

2-27. Wieviel Cl^--Ionen sind in 380 g Calciumchlorid, $CaCl_2$?

2-28. In wieviel Essigsäure-Molekülen, CH_3COOH, sind 250 mg Kohlenstoff enthalten?

2-29. Eine Portion Bariumsulfid, BaS, enthält 54,5 mg Schwefel. Wieviel Atome Barium enthält diese Portion?

2.3.5.2.4 Aus dem Volumen

Rechenbeispiel 2-14. Wie groß ist $N(O)$ in 375 mL Methanol, CH_3OH, von 20 °C mit $\rho = 0{,}791$ g/mL?

Gesucht: $N(O)$ **Gegeben:** $V(CH_3OH, 20\,°C) = 375$ mL
$\rho(CH_3OH, 20\,°C) = 0{,}791$ g/mL

$$n(CH_3OH) = n(O) \Longrightarrow \frac{V(CH_3OH, 20\,°C)\,\rho(CH_3OH, 20\,°C)}{M(CH_3OH)} = \frac{N(O)}{N_A}$$

$$N(O) = \frac{V(CH_3OH, 20\,°C)\,q(CH_3OH, 20\,°C)\,N_A}{M(CH_3OH)}$$

$$= \frac{375\text{ mL} \cdot 0{,}791\text{ g mL}^{-1} \cdot 6{,}022 \cdot 10^{23}\text{ mol}^{-1}}{32{,}04\text{ g mol}^{-1}}$$

$\underline{N(O) = 5{,}58 \cdot 10^{24}}$

Rechenbeispiel 2-15. Wieviel Sauerstoffatome sind in 700 mL Distickstoffoxid, N_2O, im Normzustand?

Gesucht: $N(\mathrm{O})$ **Gegeben:** $V_n(\mathrm{N_2O}) = 700\ \mathrm{mL}$

$$n(\mathrm{N_2O}) = n(\mathrm{O}) \Longrightarrow \frac{V(\mathrm{N_2O})}{V_m} = \frac{N(\mathrm{O})}{N_A}$$

$$N(\mathrm{O}) = \frac{V(\mathrm{N_2O})\, N_A}{V_m} = \frac{700\ \mathrm{mL} \cdot 6{,}022 \cdot 10^{23}\ \mathrm{mol}^{-1}}{22{,}4\ \mathrm{L\ mol}^{-1}}$$

$$\underline{\boldsymbol{N(\mathrm{O}) = 1{,}882 \cdot 10^{22}}}$$

Rechenbeispiel 2-16. Wieviel Stickstoffatome sind in 75,5 m³ Distickstofftrioxid, N_2O_3, von 36 °C und 1700 mbar?

Gesucht: $N(\mathrm{N})$ **Gegeben:** $V(\mathrm{N_2O_3}) = 75{,}5\ \mathrm{m}^3$; $T = 309\ \mathrm{K}$; $p = 1700\ \mathrm{mbar}$

$$n(\mathrm{N_2O_3}) = \frac{n(\mathrm{N})}{2} \Longrightarrow \frac{V(\mathrm{N_2O_3})\, p}{R\, T} = \frac{N(\mathrm{N})}{2\, N_A}$$

$$N(\mathrm{N}) = \frac{2\, V(\mathrm{N_2O_3})\, p\, N_A}{R\, T} = \frac{2 \cdot 75{,}5\ \mathrm{m}^3 \cdot 1700\ \mathrm{mbar} \cdot 6{,}022 \cdot 10^{23}\ \mathrm{mol}^{-1}}{83{,}1\ \mathrm{mbar\ L\ mol}^{-1}\ \mathrm{K}^{-1} \cdot 309\ \mathrm{K}}$$

$$\underline{\boldsymbol{N(\mathrm{N}) = 6{,}02 \cdot 10^{27}}}$$

Übungsaufgaben:

2-30. Wieviel Stickstoff-Atome sind in 800 mL Distickstofftrioxid, N_2O_3, im Normzustand?

2-31. Wieviel Sauerstoff-Atome sind in 175 m³ Distickstoffpentoxid, N_2O_5, von 86 °C und 700 mbar?

2-32. Wie groß ist $N(\mathrm{H})$ in 975 mL Ethanol, C_2H_5OH, von 20 °C und $\rho = 0{,}791$ g/mL?

2.3.5.3 Stoffmenge

2.3.5.3.1 Aus der Teilchenzahl

Rechenbeispiel 2-17. Wieviel Mol Kohlenstoff-Atome sind in $1{,}0 \cdot 10^{25}$ Molekülen Benzol, C_6H_6?

Gesucht: $n(\mathrm{C})$ **Gegeben:** $N(\mathrm{C_6H_6}) = 1{,}0 \cdot 10^{25}$

$$n(\mathrm{C_6H_6}) = \frac{n(\mathrm{C})}{6} \Longrightarrow \frac{N(\mathrm{C_6H_6})}{N_\mathrm{A}} = \frac{n(\mathrm{C})}{6}$$

$$n(\mathrm{C}) = \frac{6\,N(\mathrm{C_6H_6})}{N_\mathrm{A}} = \frac{6 \cdot 1{,}0 \cdot 10^{25}}{6{,}022 \cdot 10^{23}\ \mathrm{mol^{-1}}}$$

$$\underline{\boldsymbol{n(\mathrm{C}) = 100\ \mathrm{mol}}}$$

Übungsaufgaben:

2-33. Wieviel Mol Kohlenstoff-Atome enthalten 10^{25} Moleküle Naphthalin, $\mathrm{C_{10}H_8}$?

2-34. Wie groß ist die Stoffmenge $n(\mathrm{K_2CO_3 \cdot 2\,H_2O})$ einer Portion Kaliumcarbonat-dihydrat, die $1{,}95 \cdot 10^{22}$ Moleküle Kristallwasser enthält?

2-35. Wieviel Mol Kristallwasser enthält eine Portion Soda, $\mathrm{Na_2CO_3 \cdot 10\,H_2O}$, die auch $8{,}15 \cdot 10^{23}$ Natrium-Atome besitzt?

2.3.5.3.2 Aus der Stoffmenge

Rechenbeispiel 2-18. Wieviel Mol Kristallwasser enthalten 12,6 mol Natriumdihydrogenphosphat-dihydrat, $\mathrm{NaH_2PO_4 \cdot 2\,H_2O}$?

Gesucht: $n(\mathrm{H_2O})$ **Gegeben:** $n(\mathrm{NaH_2PO_4 \cdot 2\,H_2O}) = 12{,}6\ \mathrm{mol}$

$$n(\mathrm{NaH_2PO_4 \cdot 2\,H_2O}) = \frac{n(\mathrm{H_2O})}{2}$$

$$n(\mathrm{H_2O}) = 2\,n(\mathrm{NaH_2PO_4 \cdot 2\,H_2O}) = 2 \cdot 12{,}6\ \mathrm{mol}$$

$$\underline{\boldsymbol{n(\mathrm{H_2O}) = 25{,}2\ \mathrm{mol}}}$$

Übungsaufgaben:

2-36. Wieviel Mol Kristallwasser sind in 2,65 mol Natriumsulfat-dekahydrat, $\mathrm{Na_2SO_4 \cdot 10\,H_2O}$?

2-37. In wieviel Mol Natriumphosphat, $\mathrm{Na_3PO_4}$, sind 2,75 mol $\mathrm{PO_4^{3-}}$-Ionen?

2-38. In einer Portion Calciumfluorid, $\mathrm{CaF_2}$, befinden sich 5,0 mol $\mathrm{F^-}$-Ionen. Wie groß ist die Stoffmenge $n(\mathrm{Ca^{2+}})$ in dieser Portion?

2.3.5.3.3 Aus der Masse

Rechenbeispiel 2-19. Eine Portion Eisen(III)-sulfat, $Fe_2(SO_4)_3$, enthält 845 mg Fe^{3+}-Ionen. Wie groß ist die Stoffmenge an Sulfat-Ionen, SO_4^{2-}?

Gesucht: $n(SO_4^{2-})$ **Gegeben:** $m(Fe^{3+}) = 845$ mg

$$\frac{n(SO_4^{2-})}{3} = \frac{n(Fe^{3+})}{2} \Longrightarrow \frac{n(SO_4^{2-})}{3} = \frac{m(Fe^{3+})}{2\,M(Fe^{3+})}$$

$$n(SO_4^{2-}) = \frac{3\,m(Fe^{3+})}{2\,M(Fe^{3+})} = \frac{3 \cdot 845 \text{ mg}}{2 \cdot 55{,}85 \text{ g mol}^{-1}}$$

$\mathbf{n(SO_4^{2-}) = 22{,}69\ mmol = 0{,}02269\ mol}$

Übungsaufgaben:

2-39. Wie groß ist die Stoffmenge $n(O)$ in 120,8 mg Diphosphorpentoxid, P_2O_5?

2-40. In wieviel Mol Natriumdichromat, $Na_2Cr_2O_7$, sind 86,5 g Chrom?

2-41. Eine Portion Eisen(II)-sulfat, $FeSO_4$, enthält 74,5 g Fe^{2+}-Ionen. Wie groß ist die Stoffmenge an Sulfat-Ionen, SO_4^{2-}?

2.3.5.3.4 Aus dem Volumen

Rechenbeispiel 2-20. Wieviel Mol Wasserstoff-Atome enthalten 45 mL Hexan, C_6H_{14}, von 20 °C mit $\rho = 0{,}659$ g/mL?

Gesucht: $n(H)$ **Gegeben:** $V(\text{Benzol}, 20\,°C) = 45$ mL
$\rho(\text{Benzol}, 20\,°C) = 0{,}659$ g/mL

$$n(C_6H_{14}) = \frac{n(H)}{14} \Longrightarrow \frac{V(C_6H_{14})\,\rho(C_6H_{14})}{M(C_6H_{14})} = n(H)$$

$$n(H) = \frac{14\,V(C_6H_{14})\,\rho(C_6H_{14})}{M(C_6H_{14})} = \frac{14 \cdot 45 \text{ mL} \cdot 0{,}659 \text{ g mL}^{-1}}{86{,}17 \text{ g mol}^{-1}}$$

$\mathbf{n(H) = 4{,}82\ mol}$

Rechenbeispiel 2-21. Wieviel Mol Chlor-Atome sind in 825 cm^3 Chlorgas, Cl_2, im Normzustand?

Gesucht: $n(\mathrm{Cl})$ **Gegeben:** $V_\mathrm{n}(\mathrm{Cl_2}) = 825\ \mathrm{cm^3}$

$$n(\mathrm{Cl_2}) = \frac{n(\mathrm{Cl})}{2} \Longrightarrow \frac{V_\mathrm{n}(\mathrm{Cl_2})}{V_\mathrm{mn}} = \frac{n(\mathrm{Cl})}{2}$$

$$n(\mathrm{Cl}) = \frac{2\ V_\mathrm{n}(\mathrm{Cl_2})}{V_\mathrm{mn}} = \frac{2 \cdot 825\ \mathrm{cm^3}}{22{,}4\ \mathrm{L\ mol^{-1}}}$$

$\underline{\boldsymbol{n(\mathrm{Cl}) = 0{,}0737\ \mathrm{mol}}}$

Rechenbeispiel 2-22. Wie groß ist die Stoffmenge $n(\mathrm{O})$ in 10,5 L Kohlenstoffdioxidgas, $\mathrm{CO_2}$, von 600 K und 0,995 bar?

Gesucht: $n(\mathrm{O})$ **Gegeben:** $V(\mathrm{CO_2}) = 10{,}5\ \mathrm{L}$; $T = 600\ \mathrm{K}$; $p = 0{,}995\ \mathrm{bar}$

$$n(\mathrm{O_2}) = \frac{n(\mathrm{O})}{2} \Longrightarrow \frac{V(\mathrm{CO_2})\ p}{R\ T} = \frac{n(\mathrm{O})}{2}$$

$$n(\mathrm{O}) = \frac{2\ V(\mathrm{CO_2})\ p}{R\ T} = \frac{2 \cdot 10{,}5\ \mathrm{L} \cdot 0{,}995\ \mathrm{bar}}{83{,}1\ \mathrm{mbar\ L\ mol^{-1}\ K^{-1}} \cdot 600\ \mathrm{K}}$$

$\underline{\boldsymbol{n(\mathrm{O}) = 0{,}419\ \mathrm{mol}}}$

Übungsaufgaben:

2-42. Wieviel Mol Fluor-Atome enthalten 225 $\mathrm{cm^3}$ Fluorgas, $\mathrm{F_2}$, im Normzustand?

2-43. Wie groß ist die Stoffmenge $n(\mathrm{O})$ in 7,5 L Kohlenstoffmonoxidgas, CO, von 550 K und 900 mbar?

2-44. Wieviel Mol an Kohlenstoff-Atomen enthalten 5 mL Hexan, $\mathrm{C_6H_{14}}$, von 20 °C mit $\rho = 0{,}659\ \mathrm{g/mL}$?

2.3.5.4 Masse

2.3.5.4.1 Aus der Teilchenzahl

Rechenbeispiel 2-23. Wie groß ist die Masse $m(\mathrm{O})$ an Sauerstoff-Atomen in $3{,}0 \cdot 10^{26}$ Molekülen Ethandiol, $\mathrm{C_2H_4(OH)_2}$?

Gesucht: $m(\mathrm{O})$ **Gegeben:** $N[\mathrm{C_2H_4(OH)_2}] = 3{,}0 \cdot 10^{26}$

$$n[C_2H_4(OH)_2] = \frac{n(O)}{2} \Longrightarrow \frac{N[C_2H_4(OH)_2]}{N_A} = \frac{m(O)}{2\,M(O)}$$

$$m(O) = \frac{2\,N[C_2H_4(OH)_2]\,M(O)}{N_A} = \frac{2 \cdot 3{,}0 \cdot 10^{26} \cdot 16{,}00\ \text{g mol}^{-1}}{6{,}022 \cdot 10^{23}\ \text{mol}^{-1}}$$

$\mathbf{m(O) = 15{,}9\ kg}$

Übungsaufgaben:

2-45. Wieviel Gramm Wasserstoff enthalten 10^{24} Moleküle Naphthalin, $C_{10}H_8$?

2-46. Wie groß ist die Masse $m(K_2CO_3 \cdot 2\,H_2O)$ einer Stoffportion, die $1{,}55 \cdot 10^{22}$ Kristallwasser-Moleküle enthält?

2-47. Wieviel Gramm Kristallwasser enthält eine Portion Nickelchlorid-hexahydrat, $NiCl_2 \cdot 6\,H_2O$, die $2{,}95 \cdot 10^{24}$ Nickel-Atome besitzt?

2.3.5.4.2 Aus der Stoffmenge

Rechenbeispiel 2-24. Welche Masse an Wasserstoff enthalten 22,8 mol Natriumdihydrogenphosphat, NaH_2PO_4?

Gesucht: $m(H)$ **Gegeben:** $n(NaH_2PO_4) = 22{,}8$ mol

$$n(NaH_2PO_4) = \frac{n(H)}{2} \Longrightarrow n(NaH_2PO_4) = \frac{m(H)}{2\,M(H)}$$

$$m(H) = 2\,n(NaH_2PO_4)\,M(H) = 2 \cdot 22{,}8\ \text{mol} \cdot 1{,}008\ \text{g mol}^{-1}$$

$\mathbf{m(H) = 45{,}96\ g}$

Übungsaufgaben:

2-48. Wieviel Gramm Sauerstoff enthalten 0,85 mol Natriumsulfat-dekahydrat, $Na_2SO_4 \cdot 10\,H_2O$?

2-49. In wieviel Gramm Calciumhydrogenphosphat, $CaHPO_4$, sind in 9,75 mol PO_4^{3-}-Ionen?

2-50. In einer Portion Calciumfluorid, CaF_2, befinden sich 25,0 mol F^--Ionen. Wie groß ist die Masse $m(Ca^{2+})$ in dieser Portion?

2.3.5.4.3 Aus der Masse

Rechenbeispiel 2-25. Eine Portion Eisen(III)-sulfat, $Fe_2(SO_4)_3$, enthält 945 mg Fe^{3+}-Ionen. Wie groß ist die Masse an Sulfat-Ionen, SO_4^{2-}?

Gesucht: $m(SO_4^{2-})$ **Gegeben:** $m(Fe^{3+}) = 945$ mg

$$\frac{n(SO_4^{2-})}{3} = \frac{n(Fe^{3+})}{2} \Longrightarrow \frac{m(SO_4^{2-})}{3\,M(SO_4^{2-})} = \frac{m(Fe^{3+})}{2\,M(Fe^{3+})}$$

$$m(SO_4^{2-}) = \frac{3\,m(Fe^{3+})\,M(SO_4^{2-})}{2\,M(Fe^{3+})} = \frac{3 \cdot 945 \text{ mg} \cdot 96{,}06 \text{ g mol}^{-1}}{2 \cdot 55{,}85 \text{ g mol}^{-1}}$$

$$\underline{\mathbf{m(SO_4^{2-}) = 2438\ mg = 2{,}438\ g}}$$

Übungsaufgaben:

2-51. Wie groß ist die Masse m(O) in 220,0 g Kaliumchlorat, $KClO_3$?

2-52. In wieviel Gramm Kaliumdichromat, $K_2Cr_2O_7$, sind 126,5 g Chrom?

2-53. Eine Portion Eisen(II)-sulfat, $FeSO_4$, enthält 664,1 mg Fe^{2+}-Ionen. Wie groß ist die Masse an Sulfat-Ionen?

2-54. Wieviel Gramm Schwefel sind in 750 g Calciumsulfat, $CaSO_4$?

2.3.5.4.4 Aus dem Volumen

Rechenbeispiel 2-26. Wieviel Kilogramm Wasserstoff enthalten 55 L Pentan, C_5H_{12}, von 20 °C und $\rho = 0{,}626$ g/mL?

Gesucht: m(H) **Gegeben:** $V(C_5H_{12}, 20\,°C) = 55$ L
$\rho(C_5H_{12}, 20\,°C) = 0{,}626$ g/mL

$$n(C_5H_{12}) = \frac{n(H)}{12} \Longrightarrow \frac{V(C_5H_{12})\,\rho(C_5H_{12})}{M(C_5H_{12})} = \frac{m(H)}{12\,M(H)}$$

$$m(H) = \frac{12\,V(C_5H_{12})\,\rho(C_5H_{12})\,M(H)}{M(C_5H_{12})}$$

$$= \frac{12 \cdot 55 \text{ L} \cdot 0{,}626 \text{ g mL}^{-1} \cdot 1{,}008 \text{ g mol}^{-1}}{72{,}15 \text{ g mol}^{-1}}$$

$$\underline{\mathbf{m(H) = 5{,}77\ kg}}$$

Rechenbeispiel 2-27. Wieviel Kilogramm Chlor enthalten 125 m^3 Hydrogenchlorid, HCl, im Normzustand?

Gesucht: $m(\text{Cl})$ **Gegeben:** $V(\text{HCl}) = 125\ \text{m}^3$

$$n(\text{HCl}) = n(\text{Cl}) \Longrightarrow \frac{V(\text{HCl})}{V_{\text{mn}}(\text{HCl})} = \frac{m(\text{Cl})}{M(\text{Cl})}$$

$$m(\text{Cl}) = \frac{V(\text{HCl})\ M(\text{Cl})}{V_{\text{mn}}(\text{HCl})} = \frac{125\ \text{m}^3 \cdot 35{,}45\ \text{g mol}^{-1}}{22{,}4\ \text{L mol}^{-1}}$$

$\mathbf{m(Cl) = 198\ kg}$

Rechenbeispiel 2-28. Wie groß ist die Masse $m(\text{O})$ in 10,5 L Kohlenstoffdioxidgas, CO_2, von 600 K und 0,995 bar?

Gesucht: $m(\text{O})$ **Gegeben:** $V(CO_2) = 10{,}5$ L; $T = 600$ K; $p = 0{,}995$ bar

$$n(CO_2) = \frac{n(\text{O})}{2} \Longrightarrow \frac{V(CO_2)\ p}{R\ T} = \frac{m(\text{O})}{2\ M(\text{O})}$$

$$m(\text{O}) = \frac{2\ V(CO_2)\ M(\text{O})\ p}{R\ T} = \frac{2 \cdot 10{,}5\ \text{L} \cdot 16{,}00\ \text{g mol}^{-1} \cdot 0{,}995\ \text{bar}}{83{,}1\ \text{mbar L mol}^{-1}\ \text{K}^{-1} \cdot 600\ \text{K}}$$

$\mathbf{m(O) = 6{,}71\ g}$

Übungsaufgaben:

2-55. Wieviel Gramm Fluor enthalten 725 cm^3 Hydrogenfluoridgas, H_2F_2, im Normzustand?

2-56. Wie groß ist die Masse $m(\text{O})$ in 555 mL Kohlenstoffmonoxidgas, CO, von 480 K und 875 mbar?

2-57. Wieviel Gramm Sauerstoff sind 245 mL Ethanol, C_2H_5OH, mit der Dichte $\rho = 0{,}791\ \text{g/cm}^3$?

2.3.5.5 Volumen

2.3.5.5.1 Aus der Teilchenzahl

Rechenbeispiel 2-29. Welches Volumen hat eine Portion Diethylether, $C_2H_5OC_2H_5$, die $2{,}0 \cdot 10^{24}$ Kohlenstoff-Atome enthält, bei 20 °C? ρ(Ether) = 0,714 g/mL

Gesucht: V(Ether, 20 °C) **Gegeben:** $N(C_2H_5OC_2H_5) = 2{,}0 \cdot 10^{24}$
$\rho(\text{Ether}) = 0{,}714$ g/mL

$$n(C_2H_5OC_2H_5) = \frac{n(C)}{4} \Longrightarrow \frac{V(\text{Ether})\,\rho(\text{Ether})}{M(C_2H_5OC_2H_5)} = \frac{N(C)}{4\,N_A}$$

$$V(\text{Ether}) = \frac{N(C)\,M(C_2H_5OC_2H_5)}{4\,N_A\,\rho(\text{Ether})} = \frac{2{,}0 \cdot 10^{24} \cdot 74{,}12 \text{ g mol}^{-1}}{4 \cdot 6{,}022 \cdot 10^{23} \text{ mol}^{-1} \cdot 0{,}714 \text{ g mL}^{-1}}$$

V(Ether) = 86 mL

Rechenbeispiel 2-30. Welches Volumen im Normzustand hat eine Portion Propangas, C_3H_8, die $8{,}5 \cdot 10^{22}$ Wasserstoff-Atome besitzt?

Gesucht: $V(C_3H_8)$ **Gegeben:** $N(H) = 8{,}5 \cdot 10^{22}$

$$n(C_3H_8) = \frac{n(H)}{8} \Longrightarrow \frac{V_n(C_3H_8)}{V_{mn}} = \frac{N(H)}{8\,N_A}$$

$$V_n(C_3H_8) = \frac{N(H)\,V_{mn}}{8\,N_A} = \frac{8{,}5 \cdot 10^{22} \cdot 22{,}4 \text{ L mol}^{-1}}{8 \cdot 6{,}022 \cdot 10^{23} \text{ mol}^{-1}}$$

$V_n(C_3H_8)$ = 0,395 L = 395 mL

Rechenbeispiel 2-31. Welches Volumen hat eine Portion Hydrogensulfid (Schwefelwasserstoff), H_2S, die $6{,}2 \cdot 10^{25}$ Schwefel-Atome enthält, bei 20 °C und 865 mbar?

Gesucht: $V(H_2S)$ **Gegeben:** $N(S) = 6{,}2 \cdot 10^{25}$; $T = 293$ K; $p = 865$ mbar

$$n(H_2S) = n(S) \Longrightarrow \frac{V(H_2S)\,p}{R\,T} = \frac{N(S)}{N_A}$$

$$V(H_2S) = \frac{N(S)\,R\,T}{N_A\,p} = \frac{6{,}2 \cdot 10^{25} \cdot 83{,}1 \text{ mbar L mol}^{-1}\text{ K}^{-1} \cdot 293 \text{ K}}{6{,}022 \cdot 10^{23} \text{ mol}^{-1} \cdot 865 \text{ mbar}}$$

$V(H_2S)$ = 2,90 m³

Übungsaufgaben:

2-58. Welches Volumen hat eine Portion Dimethylketon (Aceton), CH_3COCH_3, die $7{,}60 \cdot 10^{24}$ Kohlenstoff-Atome enthält, bei 20 °C? $\rho(\text{Aceton}) = 0{,}791$ g/mL

2-59. Welches Volumen im Normzustand hat eine Portion Ethangas, C_2H_6, die $3{,}50 \cdot 10^{22}$ Kohlenstoff-Atome besitzt?

2-60. Welches Volumen hat eine Portion Hydrogensulfid, H_2S, die $8{,}2 \cdot 10^{25}$ Schwefel-Atome enthält, bei 30 °C und 1065 mbar?

2.3.5.5.2 Aus der Stoffmenge

Rechenbeispiel 2-32. Welches Volumen hat eine Portion Aminobenzol (Anilin), $C_6H_5NH_2$, mit $n(\text{H}) = 1{,}50$ mol bei 20 °C? $\rho(\text{Anilin, } 20\,°\text{C}) = 1{,}022$ g/mL

Gesucht: $V(C_6H_5NH_2, 20\,°\text{C})$ **Gegeben:** $n(\text{H}) = 1{,}50$ mol
$\rho(C_6H_5NH_2, 20\,°\text{C}) = 1{,}022$ g/mL

$$n(C_6H_5NH_2) = \frac{n(\text{H})}{7} \Longrightarrow \frac{V(C_6H_5NH_2)\,\rho(C_6H_5NH_2)}{M(C_6H_5NH_2)} = \frac{n(\text{H})}{7}$$

$$V(C_6H_5NH_2) = \frac{n(\text{H})\,M(C_6H_5NH_2)}{7\,\rho(C_6H_5NH_2)} = \frac{1{,}50\text{ mol} \cdot 93{,}13\text{ g mol}^{-1}}{7 \cdot 1{,}022\text{ g mL}^{-1}}$$

$\underline{\boldsymbol{V(C_6H_5NH_2, 20\,°\text{C}) = 19{,}53\text{ mL}}}$

Rechenbeispiel 2-33. Welches Volumen hat eine Portion Ammoniakgas, NH_3, mit $n(\text{H}) = 4{,}55$ mol im Normzustand?

Gesucht: $V(NH_3)$ **Gegeben:** $n(\text{H}) = 4{,}55$ mol

$$n(NH_3) = \frac{n(\text{H})}{3} \Longrightarrow \frac{V_n(NH_3)}{V_{mn}} = \frac{n(\text{H})}{3}$$

$$V_n(NH_3) = \frac{n(\text{H})\,V_{mn}}{3} = \frac{4{,}55\text{ mol} \cdot 22{,}4\text{ L mol}^{-1}}{3}$$

$\underline{\boldsymbol{V(NH_3) = 34{,}0\text{ L}}}$

Rechenbeispiel 2-34. Welches Volumen hat eine Portion Sauerstoff, O_2, mit $n(\mathrm{O}) =$ 2,15 mol bei 170 °C und 3,25 bar?

Gesucht: $V(\mathrm{O_2})$

Gegeben: $n(\mathrm{O}) = 2{,}15$ mol
$T = 443$ K; $p = 3{,}25$ bar

$$n(\mathrm{O_2}) = \frac{n(\mathrm{O})}{2} \Longrightarrow \frac{V(\mathrm{O_2})\,p}{R\,T} = \frac{n(\mathrm{O})}{2}$$

$$V(\mathrm{O_2}) = \frac{n(\mathrm{O})\,R\,T}{2\,p} = \frac{2{,}15\ \mathrm{mol} \cdot 83{,}1\ \mathrm{mbar\ L\ mol^{-1}\ K^{-1}} \cdot 443\ \mathrm{K}}{2 \cdot 3{,}25\ \mathrm{bar}}$$

$V(\mathrm{O_2}) = 12{,}18$ L

Übungsaufgaben:

2-61. Welches Volumen hat eine Portion Nitrobenzol, $C_6H_5NO_2$, mit $n(\mathrm{O}) = 3{,}50$ mol bei 20 °C? ρ(Nitrobenzol, 20 °C) = 1,204 g/mL

2-62. Welches Volumen hat eine Portion Ammoniakgas, NH_3, mit $n(\mathrm{N}) = 5{,}55$ mol im Normzustand?

2-63. Welches Volumen hat eine Portion Stickstoff, N_2, mit $n(\mathrm{N}) = 8{,}45$ mol bei 175 °C und 4,25 bar?

2.3.5.5.3 Aus der Masse

Rechenbeispiel 2-35. Welches Volumen hat eine Portion Kohlenstoffdisulfid (Schwefelkohlenstoff, CS_2), die 310 g Schwefel enthält, bei 20 °C? $\rho(\mathrm{CS_2}, 20\,°\mathrm{C}) = 1{,}263$ g/mL

Gesucht: $V(\mathrm{CS_2})$

Gegeben: $m(\mathrm{S}) = 310$ g
$\rho(\mathrm{CS_2}, 20\,°\mathrm{C}) = 1{,}263$ g/mL

$$n(\mathrm{CS_2}) = \frac{n(\mathrm{S})}{2} \Longrightarrow \frac{V(\mathrm{CS_2})\,\rho(\mathrm{CS_2})}{M(\mathrm{CS_2})} = \frac{m(\mathrm{S})}{2\,M(\mathrm{S})}$$

$$V(\mathrm{CS_2}) = \frac{m(\mathrm{S})\,M(\mathrm{CS_2})}{2\,M(\mathrm{S})\,\rho(\mathrm{CS_2})} = \frac{310\ \mathrm{g} \cdot 76{,}13\ \mathrm{g\ mol^{-1}}}{2 \cdot 32{,}06\ \mathrm{g\ mol^{-1}} \cdot 1{,}263\ \mathrm{g\ mL^{-1}}}$$

$V(\mathrm{CS_2}, 20\,°\mathrm{C}) = 291{,}4$ mL

Rechenbeispiel 2-36. Welches Volumen hat eine Portion Methangas, CH_4, im Normzustand, die 3,06 g Wasserstoff enthält?

Gesucht: $V_n(CH_4)$ **Gegeben:** $m(H) = 3{,}06$ g

$$n(CH_4) = \frac{n(H)}{4} \Longrightarrow \frac{V_n(CH_4)}{V_{mn}} = \frac{m(H)}{4\,M(H)}$$

$$V_n(CH_4) = \frac{m(H)\,V_{mn}}{4\,M(H)} = \frac{3{,}06\text{ g} \cdot 22{,}4\text{ L mol}^{-1}}{4 \cdot 1{,}008\text{ g mol}^{-1}}$$

$\underline{\mathbf{V(CH_4) = 17{,}00\ L}}$

Rechenbeispiel 2-37. Welches Volumen hat eine Portion Methangas, CH_4, bei 25 °C und 1135 mbar, die 15,00 g Kohlenstoff enthält?

Gesucht: $V(CH_4)$ **Gegeben:** $m(C) = 15{,}00$ g; $T = 298$ K; $p = 1135$ mbar

$$n(CH_4) = n(C) \Longrightarrow \frac{V(CH_4)\,p}{R\,T} = \frac{m(C)}{M(C)}$$

$$V(CH_4) = \frac{m(C)\,R\,T}{M(C)\,p} = \frac{15{,}00\text{ g} \cdot 83{,}1\text{ mbar L mol}^{-1}\text{ K}^{-1} \cdot 298\text{ K}}{12{,}01\text{ g mol}^{-1} \cdot 1135\text{ mbar}}$$

$\underline{\mathbf{V(CH_4) = 27{,}25\ L}}$

Übungsaufgaben:

2-64. Welches Volumen hat eine Portion Kohlenstoffdisulfid, CS_2, die 100 g Schwefel enthält, bei 20 °C? $\rho(CS_2, 20\,°C) = 1{,}263$ g/mL

2-65. Welches Volumen hat eine Portion Propangas, C_3H_8, im Normzustand, die 5,00 g Kohlenstoff enthält?

2-66. Welches Volumen hat eine Portion Methangas, CH_4, bei 125 °C und 1335 mbar, die 25,00 g Kohlenstoff enthält?

2.4 Berechnen der Zusammensetzungsgrößen für Verbindungen

2.4.1 Theoretische Grundlagen

Verbindungen sind *reine* Stoffe (vgl. Abb. 1-1, S. 1). Sie bauen sich aus mindestens zwei verschiedenen Elementen auf. Ihre Zusammensetzung kann mit *Anteilen* beschrieben werden.

Anteile sind Quotienten aus der Quantität Q_i einer Portion i eines Teilchens X_i in einer Verbindung und der Quantität Q dieser Verbindung.

Entsprechend den Regeln zur Beschreibung von Stoffportionen kennzeichnet der Index i hierbei nicht nur die Stoffportion, sondern auch das Element oder das Teilchen (vgl. Abschn. 1.1.2.1).

Als Quantitäten finden dabei die Größen Verwendung, die grundsätzlich der quantitativen Beschreibung von Stoffportionen dienen. Dies sind die Teilchenzahl N, die Stoffmenge n, die Masse m und das Volumen V (vgl. Abschn. 1.1.3, Tab. 1-1, S. 4).

Daraus ergeben sich die in Tab. 2-1 dargestellten Zusammensetzungsgrößen. Da das Volumen eines Bestandteils einer Verbindung nicht ermittelt werden kann, ist der Volumenanteil in der Praxis bedeutungslos (vgl. Abschn. 2.3.4).

Tab. 2-1. Anteile zur Beschreibung der Zusammensetzung von Verbindungen

Anteile	Größensymbol	Quotient	SI-Einheit
Teilchenzahlanteil	X_i	N_i/N	1[15]
Stoffmengenanteil	x_i	n_i/n	1
Massenanteil	w_i	m_i/m	1

Jeder der in Tab. 2-1 genannten Anteile kann auf verschiedene Arten angegeben werden:

- Mit gleichen Einheiten für die Zähler- und Nennergrößen, z. B. kg/kg
- Mit ungleichen Einheiten für die Zähler- und Nennergrößen, z. B. mol/kmol
- In Prozent, Promille, ppm usw.
- Als Bruchteil der Zahl 1

Bei der Angabe als Bruchteil von 1 oder in Prozent addieren sich die Anteile aller Bestandteile einer Verbindung zu 1 oder 100%:

15 Von griechisch homogen = gleichartig, von gleicher Art.

$$X_1 + X_2 + \ldots = 1 = 100\% \quad \textbf{(2-9)}$$

$$x_1 + x_2 + \ldots = 1 = 100\% \quad \textbf{(2-10)}$$

$$w_1 + w_2 + \ldots = 1 = 100\% \quad \textbf{(2-11)}$$

Beim Rechnen mit Anteilsgrößen empfiehlt sich aus Gründen der Vereinfachung und Einheitlichkeit die Angabe als Bruchteil von 1. Veraltete Angaben wie z. B. „3 Gewichtsprozent", „4 Molprozent" und „5 Volumenprozent" sind durch Größengleichungen [6] zu ersetzen.

Beispiel 2-14.

$w_6 = 3\%$ oder $x_2 = 4\%$ oder $X_3 = 5\%$

Für die Nennergrößen der in Tab. 2-1 aufgeführten Quotienten gelten folgende Beziehungen:

$$N = \sum_{i=1}^{n} N_i = N_1 + N_2 + \ldots \quad \textbf{(2-12)}$$

$$n = \sum_{i=1}^{n} n_i = n_1 + n_2 + \ldots \quad \textbf{(2-13)}$$

$$m = \sum_{i=1}^{n} m_i = m_1 + m_2 + \ldots \quad \textbf{(2-14)}$$

Da alle Quantitäten von Stoffportionen einander direkt proportional sind (vgl. Abschn. 1.1.4), muß dies auch für die Quantitätsanteile von Verbindungen gelten. Sie ergeben sich aus den Indices der chemischen Formel.

So stehen z. B. für die Verbindung Wasser, H_2O, nicht nur die Teilchenzahlen und Stoffmengen der beteiligten Elemente Wasserstoff und Sauerstoff im Verhältnis 2 : 1, sondern auch deren Gasvolumina, wenn man die Verbindung zerlegt. Daraus resultieren auch die gleichen entsprechenden Anteile.

Beim Massenanteil ist das Zahlenverhältnis der Indices auf den ersten Blick nicht zu erkennen, obwohl es natürlich auch hier – allerdings erst über die molaren Massen – in die Berechnung eingeht.

In der Praxis spielen meist nur die Stoffmengen- und Massenanteile von Verbindungen eine Rolle. Der Teilchenzahlanteil ist aber von grundsätzlicher theoretischer Bedeutung und soll deshalb auch an einigen Beispielen berechnet werden. Er ist gleich dem Stoffmengenanteil, weil sich die Stoffmengen $n(\mathrm{X})$ oder $n(\mathrm{X_aY_bZ_c})$ und die Teilchenzahl $N(\mathrm{X})$ oder $N(\mathrm{X_aY_bZ_c})$ in gleicher Weise um den Faktor N_A unterscheiden. Dies zeigt auch der Vergleich von (2-18) und (2-22).

Die Berechnung kann für jede Art von Teilchen erfolgen. Die Teilchen können Atome, Ionen, Atomgruppen oder auch Moleküle wie z. B. Kristallwassermoleküle sein.

2.4.2 Teilchenzahlanteil

Der Teilchenzahlanteil X_i ist der Quotient aus der Anzahl N_i der Teilchen X_i und der Anzahl N aller Teilchen einer Verbindung.

$$X_i = \frac{N_i}{N} \qquad \textbf{(2-15)}$$

Mit (2-9) für N gilt:

$$X_i = \frac{N_i}{\Sigma N_i} \qquad \textbf{(2-16)}$$

$$X_i = \frac{N_i}{N_1 + N_2 + \ldots} \qquad \textbf{(2-17)}$$

Aus (2-17) folgt für eine Verbindung des Typs $X_aY_bZ_c$:

$$X(\mathbf{X}) = \frac{N(\mathbf{X})}{N(\mathbf{X}) + N(\mathbf{Y}) + N(\mathbf{Z})} = \frac{\mathbf{a}}{\mathbf{a + b + c}} \qquad \textbf{(2-18)}$$

Rechenbeispiel 2-38. Wie groß ist der Teilchenzahlanteil X(O in H_2SO_4)?

Gesucht: X(O in H_2SO_4) **Gegeben:** Formel H_2SO_4

$$X(\text{O in } H_2SO_4) = \frac{N(\text{H})}{N(\text{H}) + N(\text{S}) + N(\text{O})} = \frac{4}{2 + 1 + 4}$$

X(O in H_2SO_4) = 0,5714 = 57,14%

Rechenbeispiel 2-39. Welcher Teilchenzahlanteil $X(H_2O)$ ergibt sich für Natriumsulfat-dekahydrat, $Na_2SO_4 \cdot 10\ H_2O$?

Gesucht: $X(H_2O \text{ in } Na_2SO_4 \cdot 10\ H_2O)$ **Gegeben:** Formel $Na_2SO_4 \cdot 10\ H_2O$

$$X(H_2O \text{ in } Na_2SO_4 \cdot 10\ H_2O) = \frac{N(H_2O)}{N(\text{Na}) + N(\text{S}) + N(\text{O}) + N(H_2O)} = \frac{10}{2 + 1 + 4 + 10}$$

$X(H_2O \text{ in } Na_2SO_4 \cdot 10\ H_2O)$ = 0,5882 = 58,82%

Rechenbeispiel 2-40. Wie groß ist der Teilchenzahlanteil an K^+-Ionen in Kaliumsulfat, K_2SO_4?

Gesucht: $X(K^+ \text{ in } K_2SO_4)$ **Gegeben:** Formel K_2SO_4

Mit (2-18) gilt:

$$X(K^+ \text{ in } K_2SO_4) = \frac{N(K^+)}{N(K^+) + N(SO_4^{2-})} = \frac{2}{2 + 1}$$

$$\underline{\mathbf{X(K^+ \text{ in } K_2SO_4) = 0{,}6667 = 66{,}67\%}}$$

Übungsaufgaben:

2-67. Wie groß sind folgende Teilchenzahlanteile?

a) $X(Cl \text{ in } CHCl_3)$
b) $X(O \text{ in } N_2O_5)$
c) $X(H \text{ in } C_6H_{14})$
d) $X(C \text{ in } C_6H_5CH_2Cl)$
e) $X(O \text{ in } O_3)$

2-68. Wie groß sind folgende Teilchenzahlanteile?

a) $X(Cl^- \text{ in } CaCl_2)$
b) $X(Na^+ \text{ in } Na_2CO_3)$
c) $X[PO_4^{3-} \text{ in } Ca_3(PO_4)_2]$
d) $X(F^- \text{ in } 3\ NaF \cdot AlF_3)$

2-69. Wie groß sind die Teilchenzahlanteile aller Elemente in folgenden Verbindungen?

a) Salpetersäure, HNO_3
b) Diphosphorpentoxid, P_2O_5
c) Benzol, C_6H_6
d) Ethansäure, CH_3COOH
e) Benzoesäure, C_6H_5COOH

2.4.3 Stoffmengenanteil

Der Stoffmengenanteil x_i ist der Quotient aus der Stoffmenge n_i der Teilchen X_i und der Stoffmenge n aller Teilchen einer Verbindung.

$$x_i = \frac{n_i}{n} \qquad \textbf{(2-19)}$$

Mit (2-10) für n gilt:

$$x_i = \frac{n_i}{\Sigma n_i} \qquad \textbf{(2-20)}$$

$$x_1 = \frac{n_1}{n_1 + n_2 + \ldots} \qquad \textbf{(2-21)}$$

Aus (2-21) folgt für eine Verbindung des Typs $X_aY_bZ_c$:

$$\boldsymbol{x(X) = \frac{n(X)}{n(X) + n(Y) + n(Z)} = \frac{a}{a + b + c}} \qquad \textbf{(2-22)}$$

Rechenbeispiel 2-41. Wie groß ist der Stoffmengenanteil x(H in H_2SO_4)?

Gesucht: x(H in H_2SO_4) **Gegeben:** Formel H_2SO_4

$$x(\text{O in } H_2SO_4) = \frac{n(\text{H})}{n(\text{H}) + n(\text{S}) + n(\text{O})} = \frac{2\ \text{mol}}{(2 + 1 + 4)\ \text{mol}}$$

x(O in H_2SO_4) = 0,2857 = 28,57%

Rechenbeispiel 2-42. Wie groß ist der Stoffmengenanteil x(O) in Kupfersulfat-pentahydrat, $CuSO_4 \cdot 5\ H_2O$?

Gesucht: x(O in $CuSO_4 \cdot 5\ H_2O$) **Gegeben:** Formel $CuSO_4 \cdot 5\ H_2O$

$$x(\text{O in } CuSO_4 \cdot 5\ H_2O) = \frac{n(\text{O})}{n(\text{Cu}) + n(\text{S}) + n(\text{O}) + n(\text{H}) + n(\text{O})}$$

$$= \frac{9\ \text{mol}}{(1 + 1 + 4 + 10 + 5)\ \text{mol}}$$

x(O in $CuSO_4 \cdot 5\ H_2O$) = 0,4286 = 42,86%

Rechenbeispiel 2-43. Wie groß ist der Stoffmengenanteil an K^+-Ionen in Kaliumcarbonat, K_2CO_3?

Gesucht: $X(K^+ \text{ in } K_2CO_3)$ **Gegeben:** Formel K_2CO_3

$$x(K^+ \text{ in } K_2CO_3) = \frac{n(K^+)}{n(K^+) + n(CO_3^{2-})} = \frac{2 \text{ mol}}{(2 + 1) \text{ mol}}$$

$$\underline{\mathbf{x(K^+ \text{ in } K_2CO_3) = 0{,}6667 = 66{,}67\%}}$$

Übungsaufgaben:

2-70. Wie groß sind folgende Stoffmengenanteile?

a) $x(Cl \text{ in } CCl_4)$
b) $x(N \text{ in } N_2O_5)$
c) $x(C \text{ in } C_5H_{12})$
d) $x(C \text{ in } C_6H_5CHCl_2)$
e) $x[OH \text{ in } Al(OH)_3]$

2-71. Wie groß sind folgende Stoffmengenanteile?

a) $x(Ca^{2+} \text{ in } CaCl_2)$
b) $x(Na^+ \text{ in } NaHCO_3)$
c) $x(PO_4^{3-} \text{ in } Na_3PO_4)$
d) $x(Na^+ \text{ in } 3\ NaF \cdot AlF_3)$

2-72. Wie groß sind die Stoffmengenanteile aller Elemente in folgenden Verbindungen?

a) Phosphorsäure, H_3PO_4
b) Diphosphortrioxid, P_2O_3
c) Benzaldehyd, C_6H_5CHO
d) Ethandisäure (Oxalsäure), $(COOH)_2$
e) Benzoesäure, C_6H_5COOH

2.4.4 Massenanteil

Der Massenanteil w_i ist der Quotient aus der Masse m_i der Teilchen X_i und der Masse m einer Verbindung.

$$w_i = \frac{m_i}{m} \qquad \textbf{(2-23)}$$

Mit (2-14) für m gilt:

$$w_i = \frac{m_i}{\Sigma m_i} \tag{2-24}$$

$$w_i = \frac{m_1}{m_1 + m_2 + \ldots} \tag{2-25}$$

Aus (2-23) ergibt sich mit (1-17):

$$w_i = \frac{m_i}{m} \longleftarrow m = n\,M$$

$$w_i = \frac{n_i\,M_i}{n\,M} \tag{2-26}$$

Aus (2-26) folgen für eine Verbindung des Typs $X_aY_bZ_c$:

$$w(\mathbf{X}) = \frac{n(\mathbf{X})\,M(\mathbf{X})}{n(\mathbf{X_aY_bZ_c})\,M(\mathbf{X_aY_bZ_c})} \tag{2-27}$$

Mit der Stoffmengenrelation $n(X) = a\,n(X_aY_bZ_c)$ und $n(X_aY_bZ_c) = 1$ mol ergibt sich aus (2-27):

$$w(\mathbf{X\ in\ X_aY_bZ_c}) = \frac{\mathbf{a}\,M(\mathbf{X})}{M(\mathbf{X_aY_bZ_c})} \tag{2-28}$$

Rechenbeispiel 2-44. Wie groß sind die Massenanteile aller Elemente in der Verbindung Schwefelsäure, H_2SO_4?

Gesucht: $w(H)$, $w(S)$, $w(O)$ **Gegeben:** Formel H_2SO_4

$$w(\text{H in } H_2SO_4) = \frac{2\,M(\text{H})}{M(H_2SO_4)} = \frac{2 \cdot 1{,}008\ \text{g mol}^{-1}}{98{,}08\ \text{g mol}^{-1}}$$

$$\underline{w(\mathbf{H\ in\ H_2SO_4}) = \mathbf{0{,}02055} = \mathbf{2{,}055\%}}$$

$$w(\text{S in } H_2SO_4) = \frac{M(\text{S})}{M(H_2SO_4)} = \frac{32{,}06\ \text{g mol}^{-1}}{98{,}08\ \text{g mol}^{-1}}$$

$$\underline{w(\mathbf{S\ in\ H_2SO_4}) = \mathbf{0{,}32688} = \mathbf{32{,}688\%}}$$

$$w(\text{O in } H_2SO_4) = \frac{4\,M(\text{O})}{M(H_2SO_4)} = \frac{4 \cdot 16{,}00 \text{ g mol}^{-1}}{98{,}08 \text{ g mol}^{-1}}$$

$$\mathbf{w(O\ in\ H_2SO_4) = 0{,}6525 = 65{,}25\%}$$

Rechenbeispiel 2-45. Wie groß ist der Massenanteil an Sulfat-Ionen, SO_4^{2-}, in Eisenammonalaun, $FeNH_4(SO_4)_2$?

Gesucht: $w[SO_4^{2-} \text{ in } FeNH_4(SO_4)_2]$ **Gegeben:** Formel $FeNH_4(SO_4)_2$

$$w[SO_4^{2-} \text{ in } FeNH_4(SO_4)_2] = \frac{2\,M(SO_4^{2-})}{M[FeNH_4(SO_4)_2]} = \frac{2 \cdot 96{,}06 \text{ g mol}^{-1}}{266{,}01 \text{ g mol}^{-1}}$$

$$\mathbf{w[SO_4^{2-}\ in\ FeNH_4(SO_4)_2] = 0{,}72222 = 72{,}222\%}$$

Übungsaufgaben:

2-73. Wie groß sind folgende Massenanteile?

a) $w(\text{Cl in } CCl_4)$
b) $w(\text{N in } N_2O_5)$
c) $w(\text{C in } C_5H_{12})$
d) $w(\text{C in } C_6H_5CHCl_2)$
e) $w[\text{OH in } Al(OH)_3]$
f) $\text{w}(H_2O \text{ in } Na_2CO_3 \cdot 2\,H_2O)$

2-74. Wie groß sind folgende Massenanteile?

a) $w(Ca^{2+} \text{ in } CaCl_2)$
b) $w(Na^+ \text{ in } NaHCO_3)$
c) $w(Na^+ \text{ in } Na_3PO_4)$
d) $w(F^- \text{ in } 3\,NaF \cdot AlF_3)$

2-75. Wie groß sind die Massenanteile aller Elemente in folgenden Verbindungen?

a) Phosphorsäure, H_3PO_4
b) Diphosphortrioxid, P_2O_3
c) Benzaldehyd, C_6H_5CHO
d) Ethandisäure (Oxalsäure), $(COOH)_2$
e) Benzoesäure, C_6H_5COOH

2.5 Berechnen von chemischen Formeln

2.5.1 Theoretische Grundlagen

Chemische Formeln von Verbindungen lassen sich berechnen, wenn deren quantitative Zusammensetzung bekannt ist.
Für eine Verbindung des Typs X_aY_b ergibt sich die Teilchenzahlrelation

$$N(\mathbf{X_aY_b}) = \frac{N(\mathbf{X})}{\mathbf{a}} = \frac{N(\mathbf{Y})}{\mathbf{b}}$$

und nach Umstellen mit der Definitionsgleichung (2-15) für den Teilchenzahlanteil auch Beziehungen für die Formelindices a und b:

$$\mathbf{a} = \frac{N(\mathbf{X})}{N(\mathbf{X_aY_b})} = X(\mathbf{X}) \qquad \textbf{(2-29a)}$$

$$\mathbf{b} = \frac{N(\mathbf{Y})}{N(\mathbf{X_aY_b})} = X(\mathbf{Y}) \qquad \textbf{(2-29b)}$$

Wegen $X_i = x_i$ gilt auch:

$$\mathbf{a} = \frac{n(\mathbf{X})}{n(\mathbf{X_aY_b})} = x(\mathbf{X}) \qquad \textbf{(2-30a)}$$

$$\mathbf{b} = \frac{n(\mathbf{Y})}{n(\mathbf{X_aY_b})} = x(\mathbf{Y}) \qquad \textbf{(2-30b)}$$

Daraus folgt ganz allgemein, daß die Formelindices der Elemente, die an einer Verbindung beteiligt sind, zueinander im selben Verhältnis stehen, wie die entsprechenden Teilchenzahlanteile bzw. Stoffmengenanteile:

$$\mathbf{a} : \mathbf{b} : \ldots = X_1 : X_2 : \ldots = x_1 : x_2 \, \mathbf{1} : \ldots \qquad \textbf{(2-31)}$$

In der Praxis wird in erster Linie der Massenanteil von Verbindungen zur Beschreibung dieser Zusammensetzung verwendet, weil er durch entsprechende analytische Methoden direkt ermittelt werden kann.
Ersetzt man in (2-30a) und (2-30b) die Stoffmengen gemäß (1-17), so erhält man

$$\mathbf{a} = \frac{m(\mathbf{X})\, M(\mathbf{X_aY_b})}{m(\mathbf{X_aY_b})\, M(\mathbf{X})} = \boxed{\frac{m(\mathbf{X})}{m(\mathbf{X_aY_b})}} \; \frac{M(\mathbf{X_aY_b})}{M(\mathbf{Y})}$$

und

$$\mathbf{b} = \frac{m(\mathbf{Y})\, M(\mathbf{X_aY_b})}{m(\mathbf{X_aY_b})\, M(\mathbf{X})} = \boxed{\frac{m(\mathbf{X})}{m(\mathbf{X_aY_b})}}\ \frac{M(\mathbf{X_aY_b})}{M(\mathbf{Y})}$$

Die eingerahmten Massenverhältnisse $m(\mathbf{X})/m(\mathbf{X_aY_b})$ und $m(\mathbf{X})/m(\mathbf{X_aY_b})$ können definitionsgemäß nach (2-23) durch die Massenanteile $w(\mathrm{X})$ und $w(\mathrm{Y})$ ersetzt werden. Das führt zu

$$\mathbf{a} = \frac{\mathbf{w}(\mathbf{X})\, M(\mathbf{X_aY_b})}{M(\mathbf{X})} \qquad \textbf{(2-32a)}$$

und

$$\mathbf{b} = \frac{\mathbf{w}(\mathbf{Y})\, M(\mathbf{X_aY_b})}{M(\mathbf{X})} \qquad \textbf{(2-32b)}$$

Ganz allgemein und in einer anderen Schreibweise gilt dann:

$$\mathbf{a} : \mathbf{b} : \ldots = \frac{w_1\, M}{M_1} : \frac{w_2\, M}{M_2} : \ldots \qquad \textbf{(2-33)}$$

2.5.1.1 Empirische Formel

Für eine Verbindung läßt sich die empirische Formel (vgl. 2.1.1.4, S. 47) berechnen, wenn die Teilchenzahl-, Stoffmengen- oder Massenanteile der beteiligten Elemente bekannt sind.

Bei der Berechnung aus bekannten Massenanteilen wird für die molare Masse M der Verbindung, die nicht bekannt ist, ein beliebiger Wert, z. B. 1 g/mol, eingesetzt. Dadurch verändert sich das Verhältnis der Formelindices zueinander nicht, hingegen ergeben sie sich durch diese Operation tatsächlich als reine Zahlenwerte.

Im Normalfall sind die Indices für die empirische Formel einer Verbindung zunächst gebrochene Zahlen. Sie müssen deshalb durch den jeweils kleinsten Index geteilt und gegebenenfalls so erweitert werden, daß sich letztlich ganze Zahlen ergeben.

2.5.1.1.1 Aus den Teilchenzahlanteilen

Die Berechnung der Indices der empirischen Formel erfolgt gemäß (2-31):

$$\mathbf{a} : \mathbf{b} : \ldots = X_1 : X_2 : \ldots$$

Rechenbeispiel 2-46. Für eine Verbindung sind folgende Teilchenzahlanteile bekannt:

$X(\mathrm{K}) = 0{,}1818$; $X(\mathrm{Cr}) = 0{,}1818$; $X(\mathrm{O}) = 0{,}6364$

Welche empirische Formel hat die Verbindung?

Gesucht: Empirische Formel

Gegeben: $X(\text{K}) = 0{,}1818 = 18{,}18\%$
$X(\text{Cr}) = 0{,}1818 = 18{,}18\%$
$X(\text{O}) = 0{,}6364 = 63{,}64\%$

$$\mathbf{K_aCr_bO_c} = \mathbf{K_{0,1818}Cr_{0,1818}O_{0,6364}} = \mathbf{K}_{\frac{0,1818}{0,1818}}\mathbf{Cr}_{\frac{0,1818}{0,1818}}\mathbf{O}_{\frac{0,6364}{0,1818}} = \mathbf{K_1Cr_1O_{3,5}} = \mathbf{K_2Cr_2O_7}$$

Die empirische Formel ist $K_2Cr_2O_7$

Übungsaufgaben:

2-76. Welche empirische Formel errechnet sich für Verbindungen mit folgenden Zusammensetzungen?

a) $X(\text{P}) = 0{,}286$; $X(\text{O}) = 0{,}724$
b) $X(\text{C}) = 25{,}0\%$; $X(\text{H}) = 66{,}7\%$; $X(\text{O}) = 8{,}3\%$
c) $X(\text{C}) = 0{,}333$; $X(\text{H}) = 0{,}389$; $X(\text{N}) = 0{,}056$; $X(\text{S}) = 0{,}056$; $X(\text{O}) = 0{,}167$
d) $X(\text{Ca}) = 6{,}7\%$; $X(\text{Cl}) = 13{,}3\%$; $X(\text{H}_2\text{O}) = 80{,}0\%$

2.5.1.1.2 Aus den Stoffmengenanteilen

Die Berechnung der Indices der empirischen Formel erfolgt gemäß (2-31):

$$\mathbf{a : b : \ldots} = x_1 : x_2 : \ldots$$

Rechenbeispiel 2-47. Für eine Verbindung sind folgende Stoffmengenanteile bekannt:

$x(\text{C}) = 25{,}0\%$; $x(\text{H}) = 62{,}5\%$; $x(\text{Br}) = 12{,}5\%$

Welche empirische Formel hat die Verbindung?

Gesucht: Empirische Formel

Gegeben: $x(\text{C}) = 25{,}0\%$
$x(\text{H}) = 62{,}5\%$
$x(\text{Br}) = 12{,}5\%$

$$\mathbf{C_aH_bBr_c} = \mathbf{C_{25,0}H_{62,5}Br_{12,5}} = \mathbf{C}_{\frac{25,0}{12,5}}\mathbf{H}_{\frac{62,5}{12,5}}\mathbf{Br}_{\frac{12,5}{12,5}} = \mathbf{C_2H_5Br_1}$$

Die empirische Formel ist $C_2H_5Br_1$

Übungsaufgaben:

2-77. Welche empirische Formel errechnet sich für Verbindungen mit folgenden Zusammensetzungen?

a) $x(\mathrm{S}) = 0{,}250$; $x(\mathrm{O}) = 0{,}750$
b) $x(\mathrm{C}) = 21{,}4\%$; $x(\mathrm{H}) = 57{,}1\%$; $x(\mathrm{O}) = 21{,}4\%$
c) $x(\mathrm{Na}) = 0{,}3$; $x(\mathrm{Al}) = 0{,}1$; $x(\mathrm{F}) = 0{,}6$
d) $x(\mathrm{Cu}) = 9{,}1\%$; $x(\mathrm{S}) = 9{,}1\%$; $x(\mathrm{O}) = 36{,}4\%$; $x(\mathrm{H_2O}) = 45{,}5\%$

2.5.1.1.3 Aus den Massenanteilen

Die Berechnung der Indices der empirischen Formel erfolgt gemäß (2-32a) und (2-32b) mit jedem beliebigen Wert für $M(\mathrm{X_aY_bZ_c})$ z. B. 1 g/mol:

$$\mathbf{a} = \frac{w(\mathbf{X})\, M(\mathbf{X_aY_b})}{M(\mathbf{X})}$$

$$\mathbf{b} = \frac{w(\mathbf{Y})\, M(\mathbf{X_aY_b})}{M(\mathbf{Y})}$$

Rechenbeispiel 2-48. Die Zusammensetzung einer organischen Verbindung wurde wie folgt ermittelt:

$w(\mathrm{C}) = 40{,}0\%$; $w(\mathrm{H}) = 6{,}7\%$; $w(\mathrm{O}) = 53{,}0\%$

Welche empirische Formel hat die Verbindung?

Gesucht: Empirische Formel

Gegeben: $w(\mathrm{C}) = 40{,}0\%$
$w(\mathrm{H}) = 6{,}7\%$
$w(\mathrm{O}) = 53{,}0\%$

$$\mathrm{a} = \frac{w(\mathrm{C})\, M(\mathrm{C_aH_bO_c})}{M(\mathrm{C})} = \frac{40{,}0 \cdot 1\ \mathrm{g\ mol^{-1}}}{12{,}01\ \mathrm{g\ mol^{-1}}} = 3{,}331$$

$$\mathrm{b} = \frac{w(\mathrm{H})\, M(\mathrm{C_aH_bO_c})}{M(\mathrm{H})} = \frac{6{,}7 \cdot 1\ \mathrm{g\ mol^{-1}}}{1{,}008\ \mathrm{g\ mol^{-1}}} = 6{,}69$$

$$\mathrm{c} = \frac{w(\mathrm{O})\, M(\mathrm{C_aH_bO_c})}{M(\mathrm{O})} = \frac{53{,}0 \cdot 1\ \mathrm{g\ mol^{-1}}}{16{,}00\ \mathrm{g\ mol^{-1}}} = 3{,}313$$

$$\mathbf{C_aH_bO_c} = \mathbf{C_{3,331}H_{6,69}O_{3,313}} = \mathbf{C_{\frac{3,331}{3,313}}H_{\frac{6,69}{3,313}}O_{\frac{3,313}{3,313}}} = \mathbf{C_{1,005}H_{2,02}O_1} = \mathbf{CH_2O}$$

Die empirische Formel ist $\mathbf{CH_2O}$

Rechenbeispiel 2-49. Die Massenanteile eines kristallisierten Salzes wurden mit $w(\mathrm{Cu}) = 25{,}3\%$, $w(\mathrm{S}) = 13{,}0\%$, $w(\mathrm{O}) = 25{,}7\%$ und $w(\mathrm{H_2O}) = 36{,}1\%$ bestimmt. Welche empirische Formel hat dieses Salz?

Gesucht: Empirische Formel

Gegeben: $w(\mathrm{Cu}) = 25{,}3\%$
$w(\mathrm{S}) = 13{,}0\%$
$w(\mathrm{O}) = 25{,}7\%$
$w(\mathrm{H_2O}) = 36{,}1\%$

$$\mathrm{a} = \frac{w(\mathrm{Cu})\, M(\mathrm{Cu_aS_bO_c \cdot d\, H_2O})}{M(\mathrm{Cu})} = \frac{25{,}3 \cdot 1\ \mathrm{g\ mol^{-1}}}{63{,}55\ \mathrm{g\ mol^{-1}}} = 0{,}398$$

$$\mathrm{b} = \frac{w(\mathrm{S})\, M(\mathrm{Cu_aS_bO_c \cdot d\, H_2O})}{M(\mathrm{S})} = \frac{13{,}0 \cdot 1\ \mathrm{g\ mol^{-1}}}{32{,}06\ \mathrm{g\ mol^{-1}}} = 0{,}405$$

$$\mathrm{c} = \frac{w(\mathrm{O})\, M(\mathrm{Cu_aS_bO_c \cdot d\, H_2O})}{M(\mathrm{O})} = \frac{25{,}7 \cdot 1\ \mathrm{g\ mol^{-1}}}{16{,}00\ \mathrm{g\ mol^{-1}}} = 1{,}606$$

$$\mathrm{d} = \frac{w(\mathrm{H_2O})\, M(\mathrm{Cu_aS_bO_c \cdot d\, H_2O})}{M(\mathrm{H_2O})} = \frac{36{,}1 \cdot 1\ \mathrm{g\ mol^{-1}}}{18{,}02\ \mathrm{g\ mol^{-1}}} = 2{,}003$$

$$\mathbf{Cu_aS_bO_c \cdot d\, H_2O} = \mathbf{Cu_{0,398}S_{0,405}O_{1,606}} \cdot 2{,}003\ \mathbf{H_2O}$$

$$= \mathbf{Cu}_{\frac{0,398}{0,398}}\mathbf{S}_{\frac{0,405}{0,398}}\mathbf{O}_{\frac{1,606}{0,398}} \cdot \frac{2{,}003}{0{,}398}\ \mathbf{H_2O}$$

$$= \mathbf{Cu_1S_{1,018}O_{4,035}} \cdot 5{,}020\ \mathbf{H_2O} = \mathbf{CuSO_4 \cdot 5\ H_2O}$$

Die empirische Formel der Verbindung ist $\mathbf{CuSO_4 \cdot 5\ H_2O}$

Übungsaufgaben:

2-78. Welche empirische Formel errechnet sich für Verbindungen mit folgenden Analysenwerten?

a) $w(\mathrm{C}) = 52{,}6\%$; $w(\mathrm{H}) = 13{,}4\%$; $w(\mathrm{O}) = 35{,}1\%$
b) $w(\mathrm{N}) = 26{,}2\%$; $w(\mathrm{H}) = 7{,}6\%$; $w(\mathrm{Cl}) = 66{,}3\%$
c) $w(\mathrm{C}) = 92{,}3\%$; $w(\mathrm{H}) = 7{,}7\%$
d) $w(\mathrm{C}) = 74{,}0\%$; $w(\mathrm{H}) = 8{,}6\%$; $w(\mathrm{N}) = 17{,}3\%$

2.5.1.2 Summenformel

Die Berechnung der Indices der Summenformel erfolgt gemäß (2-32a) und (2-32b):

$$\mathbf{a} = \frac{w(\mathbf{X})\, M(\mathbf{X_aY_b})}{M(\mathbf{X})}$$

$$\mathbf{b} = \frac{w(\mathbf{Y})\, M(\mathbf{X_aY_b})}{M(\mathbf{Y})}$$

Meist ergeben sich die Indices a, b usw. für die Formel einer Verbindung bei Verwendung von (2-32a) als gebrochene Zahlen. Dies ist auf Ungenauigkeiten bei der Bestimmung der Massenanteile zurückzuführen. Die Werte für die Indices können jedoch bedenkenlos auf ganze Zahlen gerundet werden.

Rechenbeispiel 2-50. Bei der quantitativen Analyse einer Verbindung ergaben sich folgende Massenanteile:

$w(\mathrm{S}) = 49{,}94\%$; $w(\mathrm{O}) = 50{,}07\%$

Die molare Masse der Verbindung wurde mit $M = 64{,}09$ g/mol bestimmt. Welche Summenformel ergibt sich für die Verbindung?

Gesucht: Summenformel

Gegeben: $w(\mathrm{S}) = 49{,}94\%$
$w(\mathrm{O}) = 50{,}07\%$
$M = 64{,}09$ g/mol

$$\mathrm{a} = \frac{w(\mathrm{S})\, M(\mathrm{S_aO_b})}{M(\mathrm{S})} = \frac{0{,}4994 \cdot 64{,}09 \text{ g mol}^{-1}}{32{,}06 \text{ g mol}^{-1}} = 0{,}9983$$

$$\mathrm{b} = \frac{w(\mathrm{O})\, M(\mathrm{S_aO_b})}{M(\mathrm{O})} = \frac{0{,}5007 \cdot 64{,}09 \text{ g mol}^{-1}}{16{,}00 \text{ g mol}^{-1}} = 2{,}0056$$

Die Abweichung der Zahlenwerte für a und b ist auf die Ungenauigkeit der Analysenwerte bzw. Rundungsfehler zurückzuführen.

Die Formel der Verbindung ist SO_2

Rechenbeispiel 2-50. Für eine Verbindung mit der molaren Masse $M = 177{,}9$ g/mol sind folgende Analysenwerte bekannt:

$w(\mathrm{H}) = 0{,}023$; $w(\mathrm{P}) = 0{,}348$; $w(\mathrm{O}) = 0{,}629$

Welche Summenformel hat die Verbindung?

Gesucht: Summenformel

Gegeben: $w(\text{H}) = 0{,}023$
$w(\text{P}) = 0{,}348$
$w(\text{O}) = 0{,}629$
$M = 177{,}9$ g/mol

$$a = \frac{w(\text{H})\, M(\text{H}_a\text{P}_b\text{O}_c)}{M(\text{H})} = \frac{0{,}023 \cdot 177{,}9 \text{ g mol}^{-1}}{1{,}008 \text{ g mol}^{-1}} = 4{,}06$$

$$b = \frac{w(\text{P})\, M(\text{H}_a\text{P}_b\text{O}_c)}{M(\text{P})} = \frac{0{,}348 \cdot 177{,}9 \text{ g mol}^{-1}}{30{,}97 \text{ g mol}^{-1}} = 1{,}999$$

$$c = \frac{w(\text{H})\, M(\text{H}_a\text{P}_b\text{O}_c)}{M(\text{O})} = \frac{0{,}629 \cdot 177{,}9 \text{ g mol}^{-1}}{16{,}00 \text{ g mol}^{-1}} = 6{,}993$$

Die Summenformel der Verbindung ist $H_4P_2O_7$

Übungsaufgaben:

2-79. Welche Summenformel haben Verbindungen, für die folgende Zusammensetzungen und molare Massen M ermittelt wurden?

a) $w(\text{Na}) = 32{,}84\%$; $w(\text{Al}) = 12{,}85\%$; $w(\text{F}) = 54{,}31\%$; $M = 141{,}0$ g/mol
b) $w(\text{C}) = 15{,}42\%$; $w(\text{H}) = 3{,}22\%$; $w(\text{I}) = 81{,}40\%$; $M = 156{,}0$ g/mol
c) $w(\text{Ca}) = 18{,}26\%$; $w(\text{Cl}) = 32{,}40\%$; $w(\text{H}_2\text{O}) = 49{,}35\%$; $M = 219$ g/mol
d) $w(\text{C}) = 83{,}9\%$; $w(\text{H}) = 16{,}1\%$; $M = 100$ g/mol
e) $w(\text{Na}) = 12{,}09\%$; $w(\text{B}) = 11{,}35\%$; $w(\text{O}) = 29{,}32\%$; $w(\text{H}_2\text{O}) = 47{,}20\%$; $M = 381{,}42$ g/mol

2.6 Aufgaben (zu Kapitel 2)

2-1. Welche molare Masse hat Oxalsäure-dihydrat, $(COOH)_2 \cdot 2\ H_2O$?

2-2. Welche molare Masse hat Calciumchlorid-hexahydrat, $CaCl_2 \cdot 6\ H_2O$?

2-3. Welche molare Masse hat Natriumsulfit-heptahydrat, $Na_2SO_3 \cdot 7\ H_2O$?

2-4. Welche molare Masse haben Sulfit-Ionen, SO_3^{2-}?

2-5. Wie groß sind die molaren Massen *M*(X) der folgenden Verbindungen?

a) Natriumpyrophosphat, $Na_4P_2O_7$
b) Kohlensäure, H_2CO_3
c) Benzoesäure, C_6H_5COOH
d) Kalium-hexacyanoferrat(II), $K_4[Fe(CN)_6]$

2-6. Welche molare Masse *M*(X) haben folgende Ionen?

a) Oxonium-Ion, H_3O^+
b) Hydrogenphosphat-Ion, HPO_4^{2-}
c) Oxalat-Ion, $(COO^-)_2$
d) Perchlorat-Ion, ClO_4^-

2-7. Wie lautet die Standard-Teilchenzahlrelation für Verbindung Schwefeltrioxid, SO_3?

2-8. Wie lauten die möglichen Teilchenzahlrelationen für die Kristallwasser-Moleküle im Kaliumchromsulfat-dekahydrat, $KCr(SO_4)_2 \cdot 12\ H_2O$?

2-9. Welche der folgenden Teilchenzahlrelationen für die angegebenen Stoffe sind *richtig* und welche *falsch*?

a) $2\ N(N) = 5\ N(O)$ für N_2O_5
b) $4\ N(Pb) = N(PbCl_4)$ für $PbCl_4$
c) $2\ N(C) = 6\ N(H)$ für C_2H_6
d) $1/2\ N(H) = N(H_2O)$ für Wasser, H_2O

2-10. Wie lauten alle möglichen Stoffmengenrelationen für die Sauerstoff-Atome in der Verbindung H_2O_2?

2-11. Wie lauten die Standard-Stoffmengenrelationen für Natriumsulfit-pentahydrat, $Na_2SO_3 \cdot 5\ H_2O$?

2-12. Welche der folgenden Stoffmengenrelation für die angegebenen Verbindungen sind *richtig* und welche *falsch*?

a) $1/4\ n(C) = n(C_2H_4)$ für C_2H_4
b) $7\ n(K) = 2\ n(O)$ für $K_2Cr_2O_7$
c) $n(Cl_2) = 1/2\ n(Cl)$ für Cl_2
d) $3\ n(OH^-) = n(Al)$ für $Al(OH)_3$
e) $n(H^+) = 2\ n(H_2SO_4)$ für H_2SO_4

2-13. Wieviel Kohlenstoff-Atome enthalten 20,0 mmol Hexan, C_6H_{14}?

2-14. Eine Portion Natrium-aluminiumfluorid, Na_3AlF_6, enthält die Stoffmenge $n(F) =$ 2,5 mol an Fluor-Atomen. Aus wieviel Molekülen besteht die Portion?

2-15. Wieviel Cl^--Ionen sind in 480 g Bariumchlorid, $BaCl_2$?

2-16. In wieviel Essigsäure-Molekülen, CH_3COOH, sind 250 mg Sauerstoff enthalten?

2-17. Wieviel Sauerstoff-Atome sind in 175 m^3 Distickstofftrioxid, N_2O_3, von 86 °C und 700 mbar?

2-18. Wie groß ist $N(O)$ in 975 ml Ethanol, C_2H_5OH, von 20 °C und $\rho = 0{,}791$ g/ml?

2-19. Wieviel Mol Kristallwasser enthält eine Portion Soda, $Na_2CO_3 \cdot 10\ H_2O$, die auch $8{,}15 \cdot 10^{23}$ Sauerstoff-Atome besitzt?

2-20. Wieviel Mol Kristallwasser sind in 2,65 mol Natriumsulfid-pentahydrat, $Na_2S \cdot 5\ H_2O$?

2-21. In einer Portion Calciumfluorid, CaF_2, befinden sich 6,0 mol F^--Ionen. Wie groß ist die Stoffmenge $n(CaF_2)$ in dieser Portion?

2-22. Wie groß ist die Stoffmenge $n(P)$ in 220 mg Diphosphorpentoxid, P_2O_5?

2-23. In wieviel Mol Kaliumdichromat, $K_2Cr_2O_7$, sind 26,5 g Kalium?

2-24. Wieviel Mol Fluor-Atome enthalten 625 cm^3 Fluorgas, F_2, im Normzustand?

2-25. Wieviel Mol an Wasserstoff-Atomen enthalten 85 mL Hexan, C_6H_{14}, von 20 °C mit $\rho = 0{,}659$ g/mL?

2-26. Wieviel Gramm Sauerstoff enthalten 0,75 mol Mangan(II)-chlorid-tetrahydrat, $MnCl_2 \cdot 4\ H_2O$?

2-27. Wie groß ist die Masse $m(O)$ in 120,0 g Kaliumperchlorat, $KClO_4$?

2-28. In wieviel Gramm Kaliumdichromat, $K_2Cr_2O_7$, sind 20,5 g Chrom?

2-29. Eine Portion Eisen(III)-sulfat, $Fe_2(SO_4)_3$, enthält 560 mg Fe^{3+}-Ionen. Wie groß ist die Masse an Sulfat-Ionen?

2-30. Wieviel Gramm Calcium sind in 750 g Calciumsulfat, $CaSO_4$?

2-31. Wieviel Gramm Schwefel enthalten 325 cm^3 Hydrogensulfidgas, H_2S, im Normzustand?

2-32. Wie groß ist die Masse $m(O)$ in 355 mL Kohlenstoffmonoxidgas, CO, von 380 K und 875 mbar?

2-33. Wieviel Gramm Wasserstoff sind in 145 mL Ethanol, C_2H_5OH, mit der Dichte ρ = 0,791 g/cm^3?

2-34. Welches Volumen hat eine Portion Ammoniakgas, NH_3, mit $n(H)$ = 5,55 mol im Normzustand?

2-35. Welches Volumen hat eine Portion Stickstoff, N_2, mit $n(N)$ = 5,45 mol bei 275 °C und 1,25 bar?

2-36. Welches Volumen hat eine Portion Schwefelkohlenstoff, CS_2, die 75 g Kohlenstoff enthält, bei 20 °C? $\rho(CS_2, 20\,°C)$ = 1,263 g/mL

2-37. Welches Volumen hat eine Portion Methangas, CH_4, bei 125 °C und 1335 mbar, die 35,0 g Wasserstoff enthält?

2-38. Wie groß sind folgende Teilchenzahlanteile?

a) X(Cl in CH_2Cl_2)
b) X(O in N_2O_3)
c) X(H in C_8H_{18})
d) X(C in $C_6H_5CHCl_2$)

2-39. Wie groß sind die Teilchenzahlanteile aller Elemente in folgenden Verbindungen?

a) Salpetrige Säure, HNO_2
b) Phosphorpentachlorid, PCl_5
c) Naphthalin, $C_{10}H_8$
d) Propansäure, CH_3CH_2COOH

2-40. Wie groß sind folgende Stoffmengenanteile?

a) x(Cl in $CHCl_3$)
b) x(N in N_2O)
c) x(C in C_4H_{10})
d) x(C in $C_6H_5CH_2Cl$)
e) x[OH in $Ca(OH)_2$]

2-41. Wie groß sind die Stoffmengenanteile aller Elemente in folgenden Verbindungen?

a) Pyrophosphorsäure, $H_4P_2O_7$
b) Diphosphorpentoxid, P_2O_5
c) Acetaldehyd, CH_3CHO
d) Propandisäure (Malonsäure), HOOC—CH_2—COOH

2-42. Wie groß sind folgende Massenanteile?

a) w(Cl in CH_3Cl)
b) w(O in N_2O_5)

c) $w(\mathrm{H\ in\ C_5H_{12}})$
d) $w(\mathrm{Cl\ in\ C_6H_5CHCl_2})$
e) $w[\mathrm{OH\ in\ Ba(OH)_2}]$
f) $w[\mathrm{H_2O\ in\ Mn(NO_3)_2 \cdot 4\ H_2O}]$

2-43. Wie groß sind folgende Massenanteile?

a) $w(\mathrm{Cl^-\ in\ CaCl_2})$
b) $w(\mathrm{H^+\ in\ NaHCO_3})$
c) $w(\mathrm{PO_4^{3-}\ in\ Na_3PO_4})$

2-44. Wie groß sind die Massenanteile aller Elemente in folgenden Verbindungen?

a) Pyrophosphorsäure, $H_4P_2O_7$
b) Diphosphorpentoxid, P_2O_5
c) Acetaldehyd, CH_3CHO
d) Propandisäure (Malonsäure), HOOC—CH_2—COOH

2-45. Welche Summenformel haben Verbindungen, für die folgende Zusammensetzungen und molare Massen ermittelt wurden?

a) $w(\mathrm{Mn}) = 27{,}7\%$ $w(\mathrm{Cl}) = 35{,}8\%$ $w(\mathrm{H_2O}) = 36{,}4\%$ $M(\mathrm{V}) = 198$ g/mol
b) $w(\mathrm{K}) = 28{,}9\%$ $w(\mathrm{S}) = 23{,}7\%$ $w(\mathrm{O}) = 47{,}4\%$ $M(\mathrm{V}) = 269$ g/mol
c) $w(\mathrm{Fe}) = 34{,}4\%$ $w(\mathrm{Cl}) = 65{,}6\%$ $M(\mathrm{V}) = 162$ g/mol
d) $w(\mathrm{C}) = 10{,}1\%$ $w(\mathrm{H}) = 0{,}85\%$ $w(\mathrm{Cl}) = 89{,}1\%$ $M(\mathrm{V}) = 120$ g/mol
e) $w(\mathrm{Cu}) = 26{,}3\%$ $w(\mathrm{N}) = 11{,}6\%$ $w(\mathrm{O}) = 39{,}7\%$ $w(\mathrm{H_2O}) = 22{,}4\%$
$M(\mathrm{V}) = 242$ g/mol

2-46. Welche empirische Formel errechnet sich für Verbindungen mit folgenden Analysenwerten?

a) $w(\mathrm{C}) = 77{,}3\%$ $w(\mathrm{H}) = 7{,}5\%$ $w(\mathrm{N}) = 15{,}0\%$
b) $w(\mathrm{C}) = 77{,}9\%$ $w(\mathrm{H}) = 7{,}5\%$ $w(\mathrm{O}) = 14{,}8\%$
c) $w(\mathrm{Pb}) = 86{,}5\%$ $w(\mathrm{O}) = 13{,}4\%$
d) $w(\mathrm{K}) = 35{,}1\%$ $w(\mathrm{S}) = 28{,}8\%$ $w(\mathrm{O}) = 35{,}9\%$
e) $w(\mathrm{C}) = 76{,}0\%$ $w(\mathrm{H}) = 6{,}4\%$ $w(\mathrm{N}) = 17{,}7\%$

2-47. Wie groß sind die Massenanteile für die Bestandteile von Verbindungen, für die folgende Stoffmengenanteile bekannt sind?

a) $x(\mathrm{C}) = 0{,}200$ $x(\mathrm{H}) = 0{,}400$ $x(\mathrm{Cl}) = 0{,}400$
b) $x(\mathrm{C}) = 0{,}467$ $x(\mathrm{H}) = 0{,}400$ $x(\mathrm{Cl}) = 0{,}133$
c) $x(\mathrm{N}) = 0{,}400$ $x(\mathrm{O}) = 0{,}600$
d) $x(\mathrm{C}) = 0{,}444$ $x(\mathrm{H}) = 0{,}567$

2-48. Welche Stoffmengenanteile ergeben sich für die Bestandteile von Verbindungen mit folgenden Analysenwerten?

a) $w(C) = 77{,}3\%$ $w(H) = 7{,}5\%$ $w(N) = 15{,}0\%$
b) $w(C) = 77{,}9\%$ $w(H) = 7{,}5\%$ $w(O) = 14{,}8\%$
c) $w(Pb) = 86{,}5\%$ $w(O) = 13{,}4\%$
d) $w(K) = 35{,}1\%$ $w(S) = 28{,}8\%$ $w(O) = 35{,}9\%$
e) $w(C) = 76{,}0\%$ $w(H) = 6{,}4\%$ $w(N) = 17{,}7\%$

3 Rechnen mit Mischphasen

3.1 Theoretische Grundlagen

3.1.1 Mischphasen

Eine *homogene*[16] gasförmige oder flüssige oder feste Stoffportion bezeichnet man als *Phase*. Eine solche Phase kann aus einem Stoff oder aus mehreren Stoffen bestehen. Eine Phase, die sich aus mehreren Stoffen zusammensetzt, nennt man *Mischphase* [7]. Flüssige Mischphasen werden auch als Lösungen bezeichnet.

Bei der Betrachtung der Zusammensetzung einer Mischphase sind Stoffportion und zugehöriger Stoff einander eindeutig zugeordnet. Der Index i zur Angabe der Stoffportion charakterisiert deshalb auch den zugehörigen Stoff (vgl. Abschn. 1.1.2.1).

Zur Beschreibung der Zusammensetzung einer Mischphase verwendet man die gleichen Größen wie bei der Quantität einer Stoffportion. Aus ihnen werden Quotienten gebildet, die Aussagen über den Gehalt der Mischphase machen (vgl. Abschnitt 1.1.3 bis 1.1.7).

Tab. 3-1. Konzentrationen zur Beschreibung der Zusammensetzung von Mischphasen

Benennung	Größensymbol	Quotient	SI-Einheit
Teilchenzahlkonzentration	C_i	N_i/V	$1/m^3$
Stoffmengenkonzentration	c_i	n_i/V	mol/m^3
Massenkonzentration	β_i	m_i/V	kg/m^3
Volumenkonzentration	σ_i	V_i/V	1

3.1.2 Gehalt

Das Wort *Gehalt*[17] wird nur noch als Oberbegriff bei der qualitativen Beschreibung der Zusammensetzung einer Mischphase verwendet, solange keine bestimmten Größenwerte (als Zahlenwert mal Einheit) angegeben werden [7].

16 Von griechisch homogen = gleichartig, von gleicher Art.

17 Bisher war Gehalt synonym (gr. gleichnamig) mit Anteil.

Beispiel 3-1.

Der Eisengehalt der Lösung wurde permanganometrisch bestimmt.

Bei quantitativen Angaben ist anstelle des Wortes *Gehalt* die jeweils benutzte Größe, z. B. die Massenkonzentration und/oder Formelzeichen anzugeben.

Beispiel 3-2.

Der Eisengehalt einer Lösung wird als Massenkonzentration $\beta(\text{Fe})$ in g/L angegeben.

3.1.3 Konzentrationen

Wortverbindungen mit **„-konzentration"** bezeichnen Quotienten aus einer der Größen n_i, N_i, m_i oder V_i für eine Stoffportion i und dem Volumen V der Mischphase nach dem Mischen [7].

Wenn der Mischvorgang beim Herstellen einer Lösung ohne Volumenkontraktion verläuft, d. h. wenn $V_0 = V$ ist, sind Volumenkonzentration σ_i und Volumenanteil φ_i gleich.

Eine besondere Art der Stoffmengenkonzentration ist die sog. *Äquivalentkonzentration* $c_i(\text{eq})$, die früher als *Normalität* bezeichnet wurde (s. Abschn. 3.3.2).

Zwischen den verschiedenen Konzentrationen bestehen Zusammenhänge, die sich entsprechend den Beziehungen zwischen den Quantitäten von Stoffportionen (vgl. Abb. 1-2) schematisch darstellen lassen (s. Abb. 3-1).

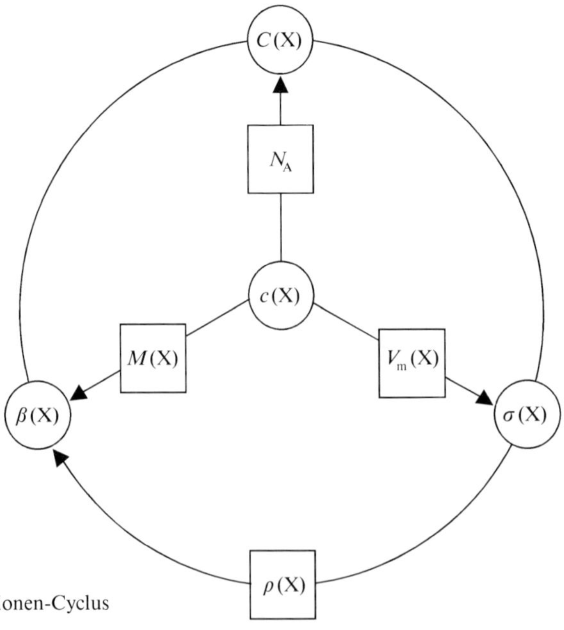

Abb. 3-1. Konzentrationen-Cyclus

3.1.4 Anteile

Wortverbindungen mit **„-anteil"** geben den Quotienten aus einer der Größen n_i, N_i, m_i oder V_i für eine Stoffportion i und der Summe n, N, m oder V_0 der *gleichdimensionalen*[18] Größen aller n Stoffe der Mischphase an [7].

Tab. 3-2. Anteile zur Beschreibung der Zusammensetzung von Mischphasen

Benennung	Größensymbol	Quotient	SI-Einheit
Teilchenzahlanteil	X_i	N_i/N	1[19]
Stoffmengenanteil	x_i	n_i/n	1
Massenanteil	w_i	m_i/m	1
Volumenanteil	φ_i	V_i/V_0	1

Jeder der in Tab. 3-2 genannten Anteile kann auf verschiedene Arten angegeben werden:

- Mit gleichen Einheiten für die Zähler- und Nennergrößen, z. B. kg/kg
- Mit ungleichen Einheiten für die Zähler- und Nennergrößen, z. B. mL/L
- In Prozent, Promille, ppm usw.
- Als Bruchteil der Zahl 1

Der Index i zur Angabe der Stoffportion kennzeichnet bei Mischphasen auch den zugehörigen Stoff (vgl. Abschnitt 1.1.2.1).

Beispiel 3-3.

Aus einer gegebenen Stoffportion i an Natriumchlorid (NaCl) mit der Masse m_i und einer gegebenen Stoffportion an Lösung mit der Masse m läßt sich der Massenanteil dieser Lösung (bezogen auf Natriumchlorid) angeben:

$$w_i = \frac{m_i}{m} = \frac{m(\mathbf{NaCl})}{m}$$

Eine andere Schreibweise sieht X als Platzhalter für einen beliebigen Stoff X vor. Für das obenstehende Beispiel ergibt sich:

$$w(\mathbf{X}) = \frac{m(\mathbf{X})}{m} \text{ bzw. } w(\mathbf{NaCl}) = \frac{m(\mathbf{NaCl})}{m}$$

Beide Schreibweisen haben ihre Vor- und Nachteile und sollen entsprechend verwendet werden.

18 Die Zähler- und Nennergrößen haben die gleiche Einheit; die Einheit von Anteilen ist deshalb 1.
19 Außer der Einheit 1 können für die Zähler- und Nennergrößen gleiche Einheiten verwendet werden.

Für die Nennergrößen der in Tab. 3-2 aufgeführten Quotienten gelten folgende Beziehungen (vgl. Abschn. 2.4.1):

$$N = \sum_{i=1}^{n} N_i = N_1 + N_2 + \ldots \tag{2-12}$$

$$n = \sum_{i=1}^{n} n_i = n_1 + n_2 + \ldots \tag{2-13}$$

$$m = \sum_{i=1}^{n} m_i = m_1 + m_2 + \ldots \tag{2-14}$$

$$V_0 = \sum_{i=1}^{n} V_i = V_1 + V_2 + \ldots \tag{3-1}$$

Das Gesamtvolumen V_0 vor dem Mischvorgang ist nur dann gleich dem Volumen V der entstehenden Mischphase, wenn beim Mischen keine *Volumenkontraktion*[20] stattfindet.

Zwischen den verschiedenen Anteilen bestehen Zusammenhänge, die sich entsprechend den Beziehungen zwischen den Quantitäten von Stoffportionen (vgl. Abb. 1-2) schematisch darstellen lassen.

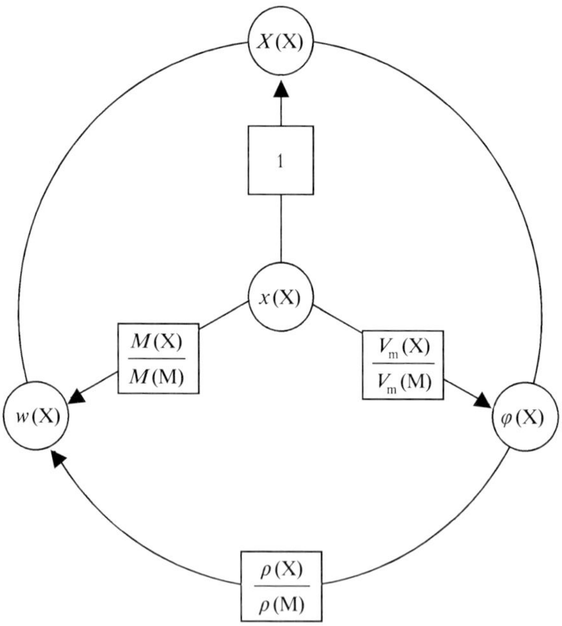

Abb. 3-2. Anteile-Cyclus

20 Von lat. contractio = Zusammenziehung.

3.1.5 Verhältnisse

Wortverbindungen mit **„-verhältnis"** stehen für Quotienten aus einer der Größen n_i, N_i, m_i oder V_i für eine Stoffportion i und der jeweils gleichdimensionalen Größe n_k, N_k, m_k oder V_k für eine andere Stoffportion k [7].

In der Praxis sind solche Verhältnisse, mit denen die Zusammensetzung von Mischphasen beschrieben wird, mit Ausnahme der *Löslichkeit* l_{ik} (vgl. Abschn. 3.1.7) von untergeordneter Bedeutung.

Zwischen den verschiedenen Verhältnissen bestehen Zusammenhänge, die sich entsprechend den Beziehungen zwischen den Quantitäten von Stoffportionen (vgl. Abb. 1-2) schematisch darstellen lassen (s. Abb. 3-3).

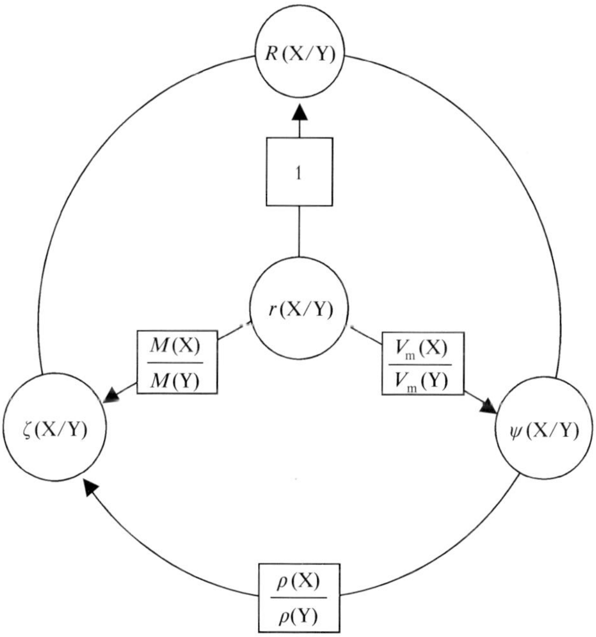

Abb. 3-3. Verhältnisse-Cyclus

3.1.6 Molalität

Die Molalität b_i ist der Quotient aus der Stoffmenge n_i der gelösten Stoffportion i und der Masse m_k der Lösemittelportion k.

$$b_i = \frac{n_i}{m_k} \qquad \textbf{(3-2)}$$

Die Dimensionsbetrachtung liefert für die Molalität die SI-Einheit 1 *Mol durch Kilogramm* (Einheitenzeichen: mol/kg oder mol kg^{-1}):

$$[b_{i,SI}] = \frac{[n_i, \mathrm{SI}]}{[m_k, \mathrm{SI}]} = \frac{1\ \mathrm{mol}}{1\ \mathrm{kg}} = 1\ \mathrm{mol/kg} = 1\ \mathrm{mol\ kg^{-1}}$$

3.1.7 Löslichkeit

Sehr häufig findet man in Tabellenbüchern Angaben darüber, wieviel Gramm eines Stoffes bei bestimmter Temperatur in 100 g eines Lösemittels maximal gelöst werden können. Diese Angabe wird in der Praxis als *Löslichkeit* bezeichnet. Sie gehört zu den Massenverhältnissen (vgl. Tab. 3-3). Wegen ihrer praktischen Bedeutung sind Berechnungen mit dieser Größe vorgesehen (s. Abschn. 3.5.3).

Die Löslichkeit l_{ik} ist der Quotient aus der Masse m_i einer maximal löslichen Stoffportion i und der Masse m_k der zum Lösen verwendeten Lösemittelportion k.

$$l_{ik} = \frac{m_i}{m_k} \tag{3-3}$$

Die Löslichkeit ist eine gleichdimensionale Größe. Sie könnte demnach – wie z. B. auch die verschiedenen Anteile – als ein Bruchteil von 1 oder in Prozent angegeben werden. Ihre Angabe soll aber – entsprechend den einschlägigen Tabellenbüchern und zur Unterscheidung zu den vorgenannten Anteilen – in g/100 g erfolgen.

Tab. 3-3. Verhältnisse zur Beschreibung der Zusammensetzung von Mischphasen

Benennung	Größensymbol	Quotient	SI-Einheit
Teilchenzahlverhältnis	R_{ik}	N_i/N_k	1
Stoffmengenverhältnis	r_{ik}	n_i/n_k	1
Massenverhältnis	ζ_{ik}	m_i/m_k	1
Volumenverhältnis	ψ_{ik}	V_i/V_k	1

3.1.8 Zusammenhang zwischen den Quantitäten von Stoffportionen und dem Gehalt von Mischphasen

In den Tabellen 3-1 bis 3-3 sind die Gehalte für Mischphasen aufgeführt. Sie leiten sich von den Quantitäten für Stoffportionen ab und sind in Abb. 3-4 mit den zugehörigen Definitionsgleichungen zusammengefaßt.

Stoffmenge	Teilchenzahl	Masse	Volumen
n_i	N_i	m_i	V_i
Stoffmengen-konzentration	Teilchenzahl-konzentration	Massen-konzentration	Volumen-konzentration
$c_i = \frac{n_i}{V}$	$c_i = \frac{N_i}{V}$	$\beta_i = \frac{m_i}{V}$	$\sigma_i = \frac{V_i}{V}$
(3-8)	(3-11)	(3-12)	(3-15)
Stoffmengen-anteil	Teilchenzahl-anteil	Massenanteil	Volumenanteil
$x_i = \frac{n_i}{n}$	$x_i = \frac{N_i}{N}$	$w_i = \frac{m_i}{m}$	$\varphi_i = \frac{V_i}{V}$
(3-18)	(3-21)	(3-22)	(3-25)
Stoffmengen-verhältnis	Teilchenzahl-verhältnis	Massen-verhältnis	Volumen-verhältnis
$r_i = \frac{n_i}{n_k}$	$R_i = \frac{N_i}{N_k}$	$\zeta_i = \frac{m_i}{m_k}$	$\psi_i = \frac{V_i}{V_k}$
(3-28)	(3-31)	(3-32)	(3-35)

Abb. 3-4. Quantitäten von Stoffportionen und Zusammensetzungsgrößen von Mischphasen

In Abb. 1-2, S. 12, sind die Umrechnungswege für Quantitäten von Stoffportionen, die sich aus den Gln. (1-16) bis (1-18), S. 11, ergeben, schematisch dargestellt. In gleicher Weise lassen sich die Zusammenhänge zwischen den in Abschn. 3.1 aufgeführten, verschiedenen Gehaltsangaben für Mischphasen verdeutlichen (s. Abb. 3-1 bis Abb. 3-3).

Ordnet man diese Quantitäten- und Gehaltscyclen – einschließlich der Molalität – untereinander an, so ergibt sich eine räumliche Darstellung für den Zusammenhang aller aufgeführten Größen (s. Abb. 3-5). Aus den Definitionsgleichungen für die einzelnen Gehalte lassen sich Proportionalitätskonstanten ableiten, die die einzelnen Ebenen miteinander verknüpfen.

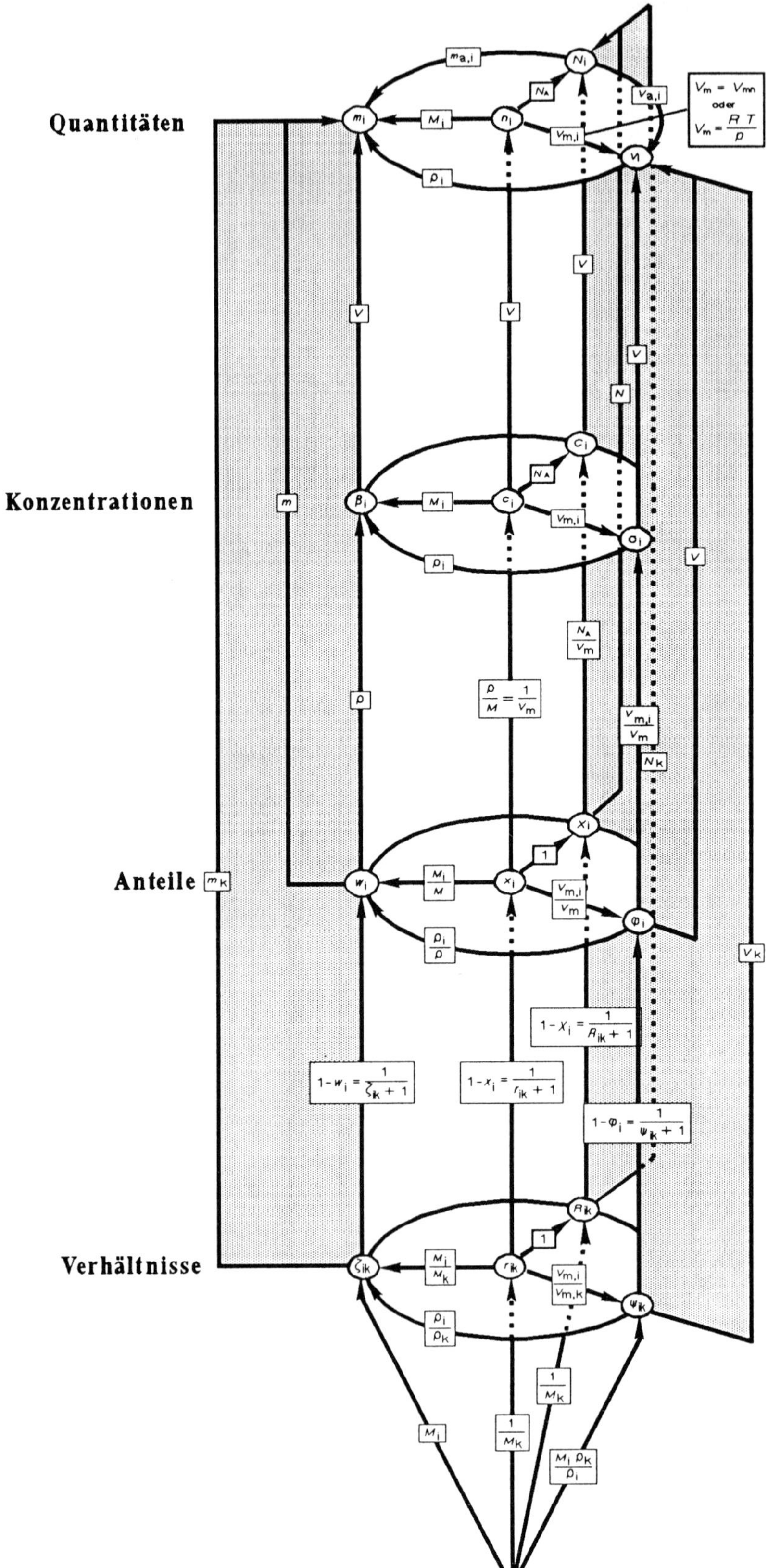

Abb. 3-5. Zusammenhang zwischen Quantitäten und Gehalten

Das Rechnen mit den Gehalten von Mischphasen ist somit auf zwei Arten möglich. Sie kann mit Hilfe der jeweiligen Definitionsgleichung in der Weise erfolgen, daß die Zähler- und/oder Nennergrößen der Quotienten nach und nach durch entsprechende Beziehungen ersetzt werden. Die zweite Möglichkeit besteht darin, daß man den in Abb. 3-5 dargestellten Rechenwegen folgt, wobei wiederum – wie schon bei der Umrechnung von Quantitäten mit Hilfe von Abb. 1-2 praktiziert – **in Pfeilrichtung multipliziert** und **entgegen der Pfeilrichtung dividiert** wird.

Bevor Abb. 3-5 solchermaßen schematisch angewendet wird, sollten die dargestellten Zusammenhänge zwischen den einzelnen Größen gedeutet werden. Dabei ergeben sich die abgehandelten Beziehungen für die Quantitäten (vgl. Kap. 1) und die Definitionsgleichungen für die Zusammensetzungsgrößen von Mischphasen, die im weiteren Verlauf dieses Kapitels erwähnt sind.

Bei der ständigen Anwendung von Abb. 3-5 bei den folgenden Übungsaufgaben festigt sich die Kenntnis dieser Größengleichungen immer mehr. Das Berechnen der einzelnen Größen läßt sich auch vergleichen mit dem Hin- und Hergehen zwischen Zimmern in den verschiedenen Stockwerken eines Hauses, die man über unterschiedliche Treppenhäuser (*senkrechte* Rechenwege) und Flure (*waagrechte* Rechenwege) erreichen kann.

3.2 Berechnen von intensiven molaren Größen

Die Gehalte von Mischphasen sind auch über die mittlere molare Masse M(M), die Dichte ρ(M) und das molare Volumen V_m(M) der Mischphase miteinander verknüpft (vgl. Abb. 3-2).

Diese intensiven Größen sind jedoch keine Konstanten, sondern vielmehr von der jeweiligen Zusammensetzung der Mischphase abhängig.

3.2.1 Mittlere molare Masse von Mischphasen

Analog zu (1-5), S. 13, gilt für die mittlere molare Masse M(M) von Mischphasen

$$\boldsymbol{M}(\mathbf{M}) = \frac{\sum m_i}{\sum n_i} \qquad \textbf{(3-4)}$$

und mit (2-14) bzw. (2-13) (s. S. 76)

$$\boldsymbol{M(\mathrm{M}) = \frac{\sum m_\mathrm{i}}{\sum n_\mathrm{i}} = \frac{m_1 + m_2 + \ldots}{n_\mathrm{i} + n_2 + \ldots} = \frac{m(\mathrm{X}) + m(\mathrm{Y}) + \ldots}{n(\mathrm{X}) + n(\mathrm{Y}) + \ldots}}\,. \qquad \textbf{(3-5)}$$

Ersetzt man in (3-4) oder (3-5) die Massen m_i und die Stoffmengen n_i der Bestandteile i einer Mischphase durch andere Quantitäten oder Anteile, so ergeben sich Beziehungen, mit denen die mittlere molare Masse von Mischphasen berechnet werden kann.

3.2.1.1 Aus Stoffmenge oder Stoffmengenanteil

In der Definitionsgleichung (3-4) für die molare Masse M(M) von Mischphasen wird die Masse m_i gemäß (1-17) bzw. Abb. 1-2 durch die Stoffmenge n_i und ggf. gemäß (3-18) durch den Stoffmengenanteil x_i ersetzt.

Rechenbeispiel 3-1. Eine Kochsalzlösung setzt sich aus 1,75 mol Natriumchlorid, NaCl, und 30,0 mol Wasser zusammen. Wie groß ist die mittlere molare Masse M(M) der Lösung?

Gesucht: M(M) **Gegeben:** $n(\mathrm{NaCl}) = 1{,}75$ mol; $n(\mathrm{H_2O}) = 30{,}0$ mol

$$M(\mathrm{M}) = \frac{m(\mathrm{NaCl}) + m(\mathrm{H_2O})}{n(\mathrm{NaCl}) + n(\mathrm{H_2O})} = \frac{n(\mathrm{NaCl})\,M(\mathrm{NaCl}) + n(\mathrm{H_2O})\,M(\mathrm{H_2O})}{n(\mathrm{NaCl}) + n(\mathrm{H_2O})}$$

$$= \frac{1{,}75\ \mathrm{mol} \cdot 58{,}44\ \mathrm{g\ mol^{-1}} + 30{,}0\ \mathrm{mol} \cdot 18{,}02\ \mathrm{g\ mol^{-1}}}{1{,}75\ \mathrm{mol} + 30{,}0\ \mathrm{mol}}$$

$\underline{\boldsymbol{M(\mathrm{M}) = 20{,}25\ \mathrm{g/mol}}}$

Rechenbeispiel 3-2. Eine Natronlauge hat den Stoffmengenanteil $x(\mathrm{NaOH}) = 0{,}165$. Wie groß ist ihre mittlere molare Masse M(M)?

Gesucht: M(M) **Gegeben:** $x(\mathrm{NaOH}) = 0{,}165 = 16{,}5\%$

$$\boldsymbol{M(\mathrm{M})} = \frac{\sum m_\mathrm{i} \longleftarrow n_\mathrm{i}\,\boldsymbol{M_\mathrm{i}} \longleftarrow n_\mathrm{i} = \boldsymbol{x_\mathrm{i}}\,n(\mathrm{M})}{\sum n_\mathrm{i} \longleftarrow n_\mathrm{i} = \boldsymbol{x_\mathrm{i}}\,n(\mathrm{M})}$$

Mit $\boldsymbol{x_1 + x_2 = 1}$ und $\boldsymbol{x_2 = 1 - x_1}$ gilt:

$$M(\mathrm{M}) = \frac{x(\mathrm{NaOH})\,M(\mathrm{NaOH}) + x(\mathrm{H_2O})\,M(\mathrm{H_2O})}{x(\mathrm{NaOH}) + x(\mathrm{H_2O})}$$

$$= x(\mathrm{NaOH})\,M(\mathrm{NaOH}) + x(\mathrm{H_2O})\,M(\mathrm{H_2O})$$

$$= x(\mathrm{NaOH})\ M(\mathrm{NaOH}) + [1 - x(\mathrm{NaOH})]\ M(\mathrm{H_2O})$$

$$= 0{,}165 \cdot 40{,}00\ \mathrm{g\ mol^{-1}} + (1 - 0{,}165) \cdot 18{,}02\ \mathrm{g\ mol^{-1}}$$

$$\underline{M(\mathrm{M}) = \mathbf{21{,}65\ g/mol}}$$

Übungsaufgaben:

3-1. Welche mittlere molare Masse M(M) ergibt sich für Mischphasen, die sich aus folgenden Stoffmengen zusammensetzen?

a) 0,75 mol $BaCl_2$ und 18,5 mol H_2O
b) 0,10 mol Br_2 und 4,25 mol CCl_4
c) 3,00 mol H_2, 1,00 mol N_2 und 0,15 mol NH_3

3-2. Eine Kalilauge hat den Stoffmengenanteil $x(\mathrm{KOH}) = 0{,}356$. Wie groß ist die mittlere molare Masse M(M) der Lösung?

3-3. Wie groß ist die mittlere molare Masse M(M) einer wäßrigen Aceton-Lösung mit dem Stoffmengenanteil $x(\mathrm{CH_3COCH_3}) = 0{,}195$?

3.2.1.2 Aus Masse oder Massenanteil

In der Definitionsgleichung (1-5) für die molare Masse M(M) von Mischphasen wird die Stoffmenge n_i gemäß (1-17) bzw. Abb. 1-2 durch die Masse m_i und ggf. gemäß der Definitionsgleichung (3-22) durch den Massenanteil w_i ersetzt.

Rechenbeispiel 3-3. Ein Gasgemisch besteht aus 0,65 g Wasserstoff und 2,60 g Sauerstoff. Wie groß ist die mittlere molare Masse des Gemisches?

Gesucht: M(M) **Gegeben:** $m(\mathrm{H_2}) = 0{,}65$ g; $m(\mathrm{O_2}) = 2{,}60$ g

$$\boldsymbol{M}(\mathbf{M}) = \frac{\sum \boldsymbol{m}_\mathrm{i}}{\sum n_\mathrm{i}} \longleftarrow n_\mathrm{i} = \frac{\boldsymbol{m}_\mathrm{i}}{\boldsymbol{M}_\mathrm{i}}$$

$$M(M) = \frac{m(\mathrm{H_2}) + m(\mathrm{O_2})}{n(\mathrm{H_2}) + n(\mathrm{O_2})} = \frac{m(\mathrm{H_2}) + m(\mathrm{O_2})}{\dfrac{m(\mathrm{H_2})}{M(\mathrm{H_2})} + \dfrac{m(\mathrm{O_2})}{M(\mathrm{O_2})}}$$

$$= \frac{0{,}65\ \mathrm{g} + 2{,}60\ \mathrm{g}}{\dfrac{0{,}65\ \mathrm{g}}{2{,}016\ \mathrm{g\ mol^{-1}}} + \dfrac{2{,}60\ \mathrm{g}}{16{,}00\ \mathrm{g\ mol^{-1}}}}$$

$$\underline{M(\mathrm{M}) = \mathbf{6{,}70\ g/mol}}$$

Rechenbeispiel 3-4. Eine Natronlauge hat den Massenanteil $w(\text{NaOH}) = 0{,}265$. Wie groß ist ihre mittlere molare Masse $M(\text{M})$?

Gesucht: $M(\text{M})$ **Gegeben:** $w(\text{NaOH}) = 0{,}265$

$$\boldsymbol{M}(\mathbf{M}) = \frac{\sum m_i}{\sum n_i} \longleftarrow m_i = w_i\, m(\text{M})$$

$$\uparrow\; n_i = \frac{m_i}{\boldsymbol{M}_i} \longleftarrow m_i = w_i\, m(\text{M})$$

Mit $\boldsymbol{w_2 = 1 - w_1}$ gilt:

$$M(\text{M}) = \frac{w(\text{NaOH}) + w(\text{H}_2\text{O})}{\dfrac{w(\text{NaOH})}{M(\text{NaOH})} + \dfrac{w(\text{H}_2\text{O})}{M(\text{H}_2\text{O})}} = \frac{0{,}265 + (1 - 0{,}265)}{\dfrac{0{,}265}{40{,}00\ \text{g mol}^{-1}} + \dfrac{(1 - 0{,}265)}{18{,}02\ \text{g mol}^{-1}}}$$

$$\underline{\boldsymbol{M}(\mathbf{M}) = \mathbf{21{,}09\ g/mol}}$$

Übungsaufgaben:

3-4. Welche mittlere molare Masse $M(\text{M})$ ergibt sich für Mischphasen, die sich aus folgenden Massen zusammensetzen?

a) 85 g $BaCl_2$ und 385 g H_2O
b) 10,0 g Br_2 und 525 g CCl_4
c) 3,00 g O_2, 5,00 g SO_2 und 15,00 g SO_3

3-5. Eine Phosphorsäure-Lösung hat den Massenanteil $w(\text{H}_3\text{PO}_4) = 19{,}7\%$. Wie groß ist die mittlere molare Masse der Lösung?

3-6. Eine ethanolische Kalilauge hat den Massenanteil $w(\text{KOH}) = 0{,}0450$. Wie groß ist die mittlere molare Masse der Lösung?

3-7. Eine Soda-Lösung hat eine Massenkonzentration $\beta(\text{Na}_2\text{CO}_3) = 159$ g/L und die Dichte $\rho = 1{,}145$ g/mL. Wie groß ist ihre mittlere molare Masse $M(\text{M})$?

3-8. Wie groß sind die mittleren molaren Massen von Mischphasen mit folgenden Massenverhältnissen?

a) $\zeta(\text{HNO}_3/\text{H}_2\text{SO}_4) = 1 : 3$
b) $\zeta(\text{CH}_3\text{OH}/\text{C}_2\text{H}_5\text{OH}) = 4{,}50$

3-9. Eine bei 20 °C gesättigte Natriumchlorid-Lösung enthält 36,0 g Natriumchlorid in 100 g Wasser. Wie groß ist ihre mittlere molare Masse?

3.2.1.3 Aus Volumen und Volumenanteil

In der Definitionsgleichung (1-5) für die molare Masse M(M) von Mischphasen werden die Masse m_i gemäß (1-21) und die Stoffmenge n_i gemäß (1-17) und (1-21) sowie ggf. gemäß der Definitionsgleichung (3-25) durch den Volumenanteil φ_i ersetzt.

Rechenbeispiel 3-5. Ein Gemisch besteht aus 300 mL Benzol, C_6H_6, und 650 mL Toluol, $C_6H_5CH_3$. Welche mittlere molare Masse M(M) besitzt diese Mischphase?
ρ(Benzol) = 0,879 g/mL; ρ(Toluol) = 0,867 g/mL

Gesucht: M(M)

Gegeben: V(Benzol) = 300 mL; ρ(Benzol) = 0,879 g/mL
V(Toluol) = 650 mL; ρ(Toluol) = 0,867 g/mL

$$\boldsymbol{M(\mathrm{M})} = \frac{\sum m_i}{\sum n_i} \longleftarrow m_i = \boldsymbol{V_i\,\rho_i}$$

$$\sum n_i \longleftarrow n_i = \frac{m_i}{\boldsymbol{M_i}} \longleftarrow m_i = \boldsymbol{V_i\,\rho_i}$$

$$M(\mathrm{M}) = \frac{V(\mathrm{Benzol})\,\rho(\mathrm{Benzol}) + V(\mathrm{Toluol})\,\rho(\mathrm{Toluol})}{\dfrac{V(\mathrm{Benzol})\,\rho(\mathrm{Benzol})}{M(\mathrm{Benzol})} + \dfrac{V(\mathrm{Toluol})\,\rho(\mathrm{Toluol})}{M(\mathrm{Toluol})}}$$

$$= \frac{0{,}879\ \mathrm{g\ mL^{-1}} \cdot 300\ \mathrm{mL} + 0{,}867\ \mathrm{g\ mL^{-1}} \cdot 650\ \mathrm{mL}}{\dfrac{0{,}879\ \mathrm{g\ mL^{-1}} \cdot 300\ \mathrm{mL}}{78{,}11\ \mathrm{g\ mol^{-1}}} + \dfrac{0{,}867\ \mathrm{g\ mL^{-1}} \cdot 650\ \mathrm{mL}}{92{,}13\ \mathrm{g\ mol^{-1}}}}$$

M(M) = 87,1 g/mol

Rechenbeispiel 3-6. Ein Benzol-Toluol-Gemisch hat einen Volumenanteil φ(Benzol) = 0,275. Wie groß ist die mittlere molare Masse M(M) der Mischphase?
ρ(Benzol) = 879 g/L; ρ(Toluol) = 867 g/L

Gesucht: M(M)

Gegeben: φ(Benzol) = 0,275; ρ(Benzol) = 879 g/L
ρ(Toluol) = 867 g/L

$$\boldsymbol{M(\mathrm{M})} = \frac{\sum m_i}{\sum n_i} \longleftarrow m_i = \boldsymbol{V_i\,\rho_i} \longleftarrow V_i = \varphi_i\,V(\mathrm{M})$$

$$\sum n_i \longleftarrow n_i = \frac{m_i}{\boldsymbol{M_i}} \longleftarrow m_i = \boldsymbol{V_i\,\rho_i} \longleftarrow V_i - \varphi_i\,V(\mathrm{M})$$

$$M(\mathrm{M}) = \frac{\varphi(\text{Benzol})\,\rho(\text{Benzol}) + \varphi(\text{Toluol})\,\rho(\text{Toluol})}{\dfrac{\varphi(\text{Benzol})\,\rho(\text{Benzol})}{M(C_6H_6)} + \dfrac{\varphi(\text{Toluol})\,\rho(\text{Toluol})}{M(C_6H_5CH_3)}}$$

$$= \frac{0{,}275 \cdot 879\ \mathrm{g\ L^{-1}} + [1 - 0{,}275] \cdot 867\ \mathrm{g\ L^{-1}}}{\dfrac{0{,}275 \cdot 879\ \mathrm{g\ L^{-1}}}{78{,}11\ \mathrm{g\ mol^{-1}}} + \dfrac{[1 - 0{,}275] \cdot 867\ \mathrm{g\ L^{-1}}}{92{,}13\ \mathrm{g\ mol^{-1}}}}$$

$$\underline{M(\mathrm{M}) = \mathbf{87{,}8\ g/mol}}$$

Übungsaufgaben:

3-10. Welche mittlere molare Masse $M(\mathrm{M})$ ergibt sich für Mischphasen, für die folgende Volumina und Dichten bekannt sind?

a) 85 L CH_3OH, ρ = 0,791 g/mL; 385 L H_2O, ρ = 1,000 g/mL
b) 10,0 mL CH_2Cl_2, ρ = 1,325 g/mL; 525 mL CCl_4, ρ = 1,594 g/mL

3-11. Ein Benzol-Toluol-Gemisch hat den Volumenanteil φ(Toluol) = 90,5 %. Wie groß ist die mittlere molare Masse $M(\mathrm{M})$ der Mischphase?
ρ(Benzol) = 0,879 g/mL; ρ(Toluol) = 0,867 g/mL

3-12. Ein Benzol-Anilin-Gemisch hat den Volumenanteil φ(Benzol) = 0,375. Wie groß ist die mittlere molare Masse der Mischphase?
ρ(Benzol) = 0,879 g/mL; ρ(Anilin) = 1,022 g/mL

3-13. Ein Trichlormethan-Tetrachlormethan-Gemisch mit ψ(Trichlormethan/Tetrachlormethan) = 1 : 2. Wie groß ist seine mittlere molare Masse?
$\rho(CHCl_3)$ = 1,486 g/mL; $\rho(CCl_4)$ = 1,594 g/mL

Nur für Gasgemische können in der Definitionsgleichung (1-5) für die molare Masse $M(\mathrm{M})$ die Masse m_i gemäß (1-17) und (1-18) und die Stoffmenge n_i gemäß (1-18) sowie ggf. gemäß der Definitionsgleichung (3-25) durch den Volumenanteil φ_i ersetzt werden.

Rechenbeispiel 3-7. Ein Gasgemisch besteht aus 320 L Stickstoff und 180 L Distickstoffoxid. Wie groß ist die mittlere molare Masse dieser Mischphase?

Gesucht: $M(\mathrm{M})$ **Gegeben:** $V(N_2)$ = 320 L; $V(N_2O)$ = 180 L

$$\mathbf{M(M)} = \frac{\sum m_i}{\sum n_i} \longleftarrow m_i = n_i\,\mathbf{M_i} \longleftarrow n_i = \frac{V_i}{V_m}$$

$$\sum n_i \longleftarrow n_i = \frac{V_i}{V_m}$$

$$M(\mathrm{M}) = \frac{m(\mathrm{N_2}) + m(\mathrm{N_2O})}{n(\mathrm{N_2}) + n(\mathrm{N_2O})} = \frac{V(\mathrm{N_2})\,M(\mathrm{N_2}) + V(\mathrm{N_2O})\,M(\mathrm{N_2O})}{V(\mathrm{N_2}) + V(\mathrm{N_2O})}$$

$$= \frac{320\ \mathrm{L} \cdot 28{,}02\ \mathrm{g\ mol^{-1}} + 180\ \mathrm{L} \cdot 44{,}02\ \mathrm{g\ mol^{-1}}}{320\ \mathrm{L} + 180\ \mathrm{L}}$$

$$\underline{\boldsymbol{M}\mathbf{(M)} = \mathbf{33{,}8\ g/mol}}$$

Rechenbeispiel 3-8. Ein Synthesegas aus Kohlenstoffmonoxid und Wasserstoff hat den Volumenanteil $\varphi(\mathrm{CO}) = 0{,}420$. Wie groß ist die mittlere molare Masse des Gemisches?

Gesucht: $M(\mathrm{N})$ **Gegeben:** $\varphi(\mathrm{CO}) = 0{,}420$

$$\boldsymbol{M}\mathbf{(M)} = \frac{\sum m_i}{\sum n_i} \longleftarrow m_i = n_i\,\boldsymbol{M_i} \longleftarrow n_i = \frac{V_i}{V_m} \longleftarrow \varphi_i\,V$$

$$\uparrow\ n_i = \frac{V_i}{V_m} \longleftarrow \varphi_i\,V$$

$$M(\mathrm{M}) = \frac{m(\mathrm{CO}) + m(\mathrm{H_2})}{n(\mathrm{CO}) + n(\mathrm{H_2})} = \frac{\varphi(\mathrm{CO})\,M(\mathrm{CO}) + \varphi(\mathrm{H_2})\,M(\mathrm{H_2})}{\varphi(\mathrm{CO}) + \varphi(\mathrm{H_2})}$$

$$= \varphi(\mathrm{CO})\,M(\mathrm{CO}) + \varphi(\mathrm{H_2})\,M(\mathrm{H_2})$$

$$= 0{,}420 \cdot 28{,}01\ \mathrm{g\ mol^{-1}} + (1 - 0{,}420) \cdot 2{,}016\ \mathrm{g\ mol^{-1}}$$

$$\underline{\boldsymbol{M}\mathbf{(M)} = \mathbf{12{,}93\ g/mol}}$$

Rechenbeispiel 3-9. Ein Synthesegas aus Kohlenstoffmonoxid und Wasserstoff hat die Volumenkonzentration $\sigma(\mathrm{CO}) = 325\ \mathrm{mL/L}$. Wie groß ist die mittlere molare Masse des Gemisches?

Gesucht: $M(\mathrm{M})$ **Gegeben:** $\sigma(\mathrm{CO}) = 325\ \mathrm{mL/L}$

Wegen $\varphi\mathbf{(CO)} = \sigma\mathbf{(CO)}$ gilt auch:

$$M(\mathrm{M}) = \sigma(\mathrm{CO})\,M(\mathrm{CO}) + [1 - \sigma(\mathrm{CO})]\,M(\mathrm{H_2})$$

$$= 0{,}325 \cdot 28{,}01\ \mathrm{g\ mol^{-1}} + (1 - 0{,}325) \cdot 2{,}016\ \mathrm{g\ mol^{-1}}$$

$$\underline{\boldsymbol{M}\mathbf{(M)} = \mathbf{10{,}46\ g/mol}}$$

Übungsaufgaben:

3-14. Welche mittlere molare Masse *M*(M) ergibt sich für Mischphasen, die sich aus folgenden Volumina zusammensetzen?

a) 85 L CO und 385 L CO_2
b) 10,0 mL Cl_2 und 525 mL HCl
c) 3,00 m³ O_2, 5,00 m³ SO_2 und 15,00 m³ SO_3

3-15. Ein Synthesegas aus Kohlenstoffmonoxid und Wasserstoff hat den Volumenanteil $\varphi(CO) = 50{,}0\%$. Wie groß ist die mittlere molare Masse des Gemisches?

3-16. Ein SO_2/SO_3-Gemisch hat den Volumenanteil $\varphi(SO_2) = 0{,}600$. Wie groß ist die mittlere molare Masse des Gemisches?

3-17. Ein Synthesegas aus Stickstoff und Wasserstoff hat die Volumenkonzentration $\sigma(N_2) = 170$ mL/L. Wie groß ist die mittlere molare Masse des Gemisches?

3-18. Ein Gasgemisch aus Ammoniak und Wasserstoff hat die Volumenkonzentration $\sigma(H_2) = 100$ mL/L. Wie groß ist seine mittlere molare Masse?

3-19. Ein Synthesegas aus Stickstoff und Wasserstoff hat das Volumenverhältnis $\psi(N_2/H_2) = 0{,}170$. Wie groß ist die mittlere molare Masse des Gemisches?

3-20. Ein Gasgemisch aus Ammoniak und Wasserstoff hat das Volumenverhältnis $\psi(H_2/NH_3) = 3 : 1$. Wie groß ist seine mittlere molare Masse?

3.2.2 Dichte von Mischphasen

Die Dichte ρ(M) von Flüssigkeits- und Gasgemischen läßt sich mit verschiedenen Methoden relativ leicht bestimmen.
Analog zu (1-22), S. 12, gilt für sie aber auch

$$\rho(\mathbf{M}) = \frac{m(\mathbf{M})}{V(\mathbf{M})} \tag{3-6}$$

und mit (2-14) und (3-1)

$$\rho(\mathbf{M}) = \frac{\sum m_i}{\sum V_i} = \frac{m_1 + m_2 + \ldots}{V_1 + V_2 + \ldots} = \frac{m(\mathbf{X}) + m(\mathbf{Y}) + \ldots}{V(\mathbf{X}) + V(\mathbf{Y}) + \ldots}\,. \tag{3-7}$$

Dies gilt allerdings nur unter der Voraussetzung, daß sich die Bestandteile einer Mischphase *ohne Volumenkontraktion* mischen, wie das z. B. alle Gase und viele einander ähnliche Flüssigkeiten tun. In diesem Fall addieren sich gemäß (3-1), S. 98, die Einzelvolumina der Bestandteile zum Gesamtvolumen V_0 der Mischphase.

Ersetzt man in (3-7) die Massen m_i und die Volumina V_i der Bestandteile i in einer Mischphase durch andere Quantitäten oder Anteile, so ergeben sich Beziehungen, mit denen die (mittlere) Dichte von Mischphasen berechnet werden kann.

3.2.2.1 Aus Stoffmenge und Stoffmengenanteil

In der Definitionsgleichung (3-7) für die Dichte $\rho(\mathrm{M})$ von Mischphasen wird das Volumen V_i gemäß (1-22) und (1-17) bzw. Abb. 1-2 durch die Stoffmenge und ggf. gemäß der Definitionsgleichung (3-18) durch den Stoffmengenanteil x_i ersetzt.

Rechenbeispiel 3-10. Ein Gemisch besteht aus 2,45 mol Hexan, C_6H_{14}, und 8,45 mol Cyclohexan, C_6H_{12}. Welche Dichte $\rho(\mathrm{M})$ hat dieses Gemisch?
$\rho(C_6H_{14}) = 0{,}659$ g/mL; $\rho(C_6H_{12}) = 0{,}779$ g/mL

Gesucht: $\rho(\mathrm{M})$

Gegeben: $n(C_6H_{14}) = 2{,}45$ mol; $\rho(C_6H_{14}) = 0{,}659$ g/mL
$n(C_6H_{12}) = 8{,}45$ mol; $\rho(C_6H_{12}) = 0{,}779$ g/mL

$$\boldsymbol{\rho(\mathrm{M})} = \frac{\sum m_i}{\sum V_i} \quad \longleftarrow \; m_i = \boldsymbol{n_i\, M_i}$$

$$V_i = \frac{m_i}{\rho_i} \quad \longleftarrow \; \boldsymbol{n_i\, M_i}$$

$$\rho(\mathrm{M}) = \frac{n(C_6H_{14})\, M(C_6H_{14}) + n(C_6H_{12})\, M(C_6H_{12})}{\dfrac{n(C_6H_{14})\, M(C_6H_{14})}{\rho(C_6H_{14})} + \dfrac{n(C_6H_{12})\, M(C_6H_{12})}{\rho(C_6H_{12})}}$$

$$= \frac{2{,}45\ \mathrm{mol} \cdot 86{,}17\ \mathrm{g\ mol^{-1}} + 8{,}45\ \mathrm{mol} \cdot 84{,}16\ \mathrm{g\ mol^{-1}}}{\dfrac{2{,}45\ \mathrm{mol} \cdot 86{,}17\ \mathrm{g\ mol^{-1}}}{0{,}659\ \mathrm{g\ mL^{-1}}} + \dfrac{8{,}45\ \mathrm{mol} \cdot 84{,}16\ \mathrm{g\ mol^{-1}}}{0{,}779\ \mathrm{g\ mL^{-1}}}}$$

$\boldsymbol{\rho(\mathrm{M}) = 0{,}748}$ **g/mL**

Rechenbeispiel 3-11. Ein Toluol/Benzol-Gemisch hat den Stoffmengenanteil $x(C_6H_5CH_3) = 40{,}0\%$. Welche Dichte $\rho(\mathrm{M})$ hat dieses Gemisch?
$\rho(C_6H_5CH_3) = 0{,}867$ g/mL; $\rho(C_6H_6) = 0{,}879$ g/mL

Gesucht: $\rho(\mathrm{M})$

Gegeben: $x(C_6H_5CH_3) = 40{,}0\% = 0{,}400$
$\rho(C_6H_5CH_3) = 0{,}867$ g/mL
$\rho(C_6H_6) = 0{,}879$ g/mL

$$\boldsymbol{\rho(\mathrm{M})} = \frac{\sum m_i}{\sum V_i} \longleftarrow m_i = n_i\, \boldsymbol{M_i} \longleftarrow n_i = \boldsymbol{x_i}\, n(\mathrm{M})$$

$$\uparrow \quad V_i = \frac{m_i}{\rho_i} \longleftarrow n_i\, \boldsymbol{M_i} \longleftarrow n_i = \boldsymbol{x_i}\, n(\mathrm{M})$$

$$\rho(\mathrm{M}) = \frac{x(C_6H_5CH_3)\, M(C_6H_5CH_3) + x(C_6H_6)\, M(C_6H_6)}{\dfrac{x(C_6H_5CH_3)\, M(C_6H_5CH_3)}{\rho(C_6H_5CH_3)} + \dfrac{x(C_6H_6)\, M(C_6H_6)}{\rho(C_6H_6)}}$$

$$= \frac{0{,}400 \cdot 92{,}13\ \mathrm{g\ mol^{-1}} + (1 - 0{,}400) \cdot 78{,}11\ \mathrm{g\ mol^{-1}}}{\dfrac{0{,}400 \cdot 92{,}13\ \mathrm{g\ mol^{-1}}}{0{,}867\ \mathrm{g\ mL^{-1}}} + \dfrac{(1 - 0{,}400) \cdot 78{,}11\ \mathrm{g\ mol^{-1}}}{0{,}879\ \mathrm{g\ mL^{-1}}}}$$

$$\underline{\boldsymbol{\rho(\mathrm{M}) = 0{,}874\ \mathrm{g/mL}}}$$

Übungsaufgaben:

3-21. Ein Gemisch besteht aus 2,45 mol Methanol, CH_3OH, und 1,45 mol Methylacetat, CH_3COOCH_3. Welche Dichte hat dieses Gemisch?
$\rho(CH_3OH) = 0{,}792$ g/mL; $\rho(CH_3COOCH_3) = 0{,}933$ g/mL

3-22. Ein Hexan/Cyclohexan-Gemisch besitzt den Stoffmengenanteil $x(C_6H_{14}) = 25{,}0\%$. Welche Dichte $\rho(\mathrm{M})$ hat das Gemisch?
$\rho(C_6H_{14}) = 0{,}659$ g/mL; $\rho(C_6H_{12}) = 0{,}779$ g/mL

3-23. Welche Dichte hat ein Gemisch, das Hexan und Cyclohexan im Stoffmengenverhältnis $r(C_6H_{14}/C_6H_{12}) = 5 : 2$ enthält?
$\rho(C_6H_{14}) = 0{,}659$ g/mL; $\rho(C_6H_{12}) = 0{,}779$ g/mL

Nur für Gasgemische können in der Definitionsgleichung (3-7) für die Dichte $\rho(\mathrm{M})$ die Masse gemäß (1-17) und das Volumen V_i gemäß (1-18) bzw. Abb. 1-2 durch die Stoffmenge und ggf. gemäß der Definitionsgleichung (3-5) durch den Stoffmengenanteil x_i ersetzt werden.

Rechenbeispiel 3-12. Ein Gasgemisch enthält 850 mmol Hydrogenchlorid, HCl, und 350 mmol Chlor, Cl_2. Welche Dichte hat das Gemisch a) im Normzustand und b) bei 17 °C und 1030 mbar?

Gesucht: $\rho(\mathrm{M})$
$\rho_{p,T}(\mathrm{M})$

Gegeben: $n(\mathrm{HCl}) = 850$ mmol
$n(Cl_2) = 350$ mmol
$T = 290$ K; $p = 1030$ mbar

$$\boldsymbol{\rho(\mathrm{M})} = \frac{\sum m_i}{\sum V_i} \quad \longleftarrow \quad m_i = \boldsymbol{n_i\, M_i}$$

$$V_i = \boldsymbol{n_i\, V_m}$$

$$\rho(\mathrm{M}) = \frac{n(\mathrm{HCl})\, M(\mathrm{HCl}) + n(\mathrm{Cl_2})\, M(\mathrm{Cl_2})}{[n(\mathrm{HCl}) + n(\mathrm{Cl_2})]\, V_m}$$

$$= \frac{850\ \mathrm{mmol} \cdot 36{,}46\ \mathrm{g\ mol^{-1}} + 350\ \mathrm{mmol} \cdot 70{,}90\ \mathrm{g\ mol^{-1}}}{(850\ \mathrm{mmol} + 350\ \mathrm{mmol}) \cdot 22{,}4\ \mathrm{L\ mol^{-1}}}$$

$$\underline{\boldsymbol{\rho_n(\mathrm{M}) = 2{,}076\ \mathrm{g/L}}}$$

$$\rho(\mathrm{M}) = \frac{[n(\mathrm{HCl})\, M(\mathrm{HCl}) + n(\mathrm{Cl_2})\, M(\mathrm{Cl_2})]\, p}{[n(\mathrm{HCl}) + n(\mathrm{Cl_2})]\, R\, T}$$

$$= \frac{[850 \cdot 36{,}46 + 350 \cdot 70{,}90]\ \mathrm{mmol\ g\ mol^{-1}} \cdot 1030\ \mathrm{mbar}}{(850\ \mathrm{mmol} + 350\ \mathrm{mmol}) \cdot 83{,}1\ \mathrm{mbar\ L\ mol^{-1}\ K^{-1}} \cdot 290\ \mathrm{K}}$$

$$\underline{\boldsymbol{\rho_{p,T}(\mathrm{M}) = 1{,}988\ \mathrm{g/L}}}$$

Rechenbeispiel 3-13. Ein Gasgemisch aus Methan und Ethan hat den Stoffmengenanteil $x(\mathrm{CH_4}) = 85\%$. Welche Dichte hat das Gemisch im Normzustand?

Gesucht: $\rho(\mathrm{M})$ **Gegeben:** $x(\mathrm{CH_4}) = 85\% = 0{,}85$

$$\boldsymbol{\rho(\mathrm{M})} = \frac{\sum m_i}{\sum V_i} \quad \longleftarrow \quad m_i = n_i\, \boldsymbol{M_i} \longleftarrow n_i = \boldsymbol{x_i}\, n(\mathrm{M})$$

$$V_i = n_i\, \boldsymbol{V_m} \longleftarrow n_i = \boldsymbol{x_i}\, n(\mathrm{M})$$

Mit $\boldsymbol{x_1 + x_2 = 1}$ gilt:

$$\rho = \frac{x(\mathrm{CH_4})\, M(\mathrm{CH_4}) + x(\mathrm{C_2H_6})\, M(\mathrm{C_2H_6})}{[x(\mathrm{CH_4}) + x(\mathrm{C_2H_6})]\, V_m}$$

$$= \frac{0{,}85 \cdot 16{,}04\ \mathrm{g\ mol^{-1}} + (1 - 0{,}85) \cdot 30{,}07\ \mathrm{g\ mol^{-1}}}{22{,}4\ \mathrm{L\ mol^{-1}}}$$

$$\underline{\boldsymbol{\rho_n = 0{,}81\ \mathrm{g/L}}}$$

Übungsaufgaben:

3-24. Ein Gasgemisch besteht aus 0,20 mol Wasserstoff und 0,35 mol Kohlenstoffmonoxid, CO. Welche Dichte hat das Gemisch a) im Normzustand und b) bei 300 °C und 1,50 bar?

3-25. Ein HCl/Cl_2-Gasgemisch hat den Stoffmengenanteil $x(Cl_2) = 18{,}5\%$. Welche Dichte hat das Gemisch a) im Normzustand und b) bei 28 °C und 975 mbar?

3-26. Ein Synthesegas hat das Stoffmengenverhältnis $r(CO/H_2) = 1:1$. Welche Dichte hat das Gemisch a) im Normzustand und b) bei 250 °C und 1,00 bar?

3.2.2.2 Aus Masse und Massenanteil

In der Definitionsgleichung (3-7) für die Dichte $\rho(M)$ von Mischphasen wird das Volumen V_i gemäß (1-22) bzw. Abb. 1-2 durch die Stoffmenge und ggf. gemäß der Definitionsgleichung (3-22) durch den Massenanteil w_i ersetzt.

Rechenbeispiel 3-14. Ein Gemisch besteht aus 245 g Hexan, C_6H_{14}, und 845 g Cyclohexan, C_6H_{12}. Welche Dichte $\rho(M)$ hat dieses Gemisch?
$\rho(C_6H_{14}) = 0{,}659$ g/mL; $\rho(C_6H_{12}) = 0{,}779$ g/mL

Gesucht: $\rho(M)$ **Gegeben:** $m(C_6H_{14}) = 245$ g; $\rho(C_6H_{14}) = 0{,}659$ g/mL;
$m(C_6H_{12}) = 845$ g; $\rho(C_6H_{12}) = 0{,}779$ g/mL

$$\boldsymbol{\rho(M)} = \frac{\sum m_i}{\sum V_i} \longleftarrow V_i = \frac{m_i}{\rho_i}$$

$$\rho(M) = \frac{m(C_6H_{14}) + m(C_6H_{12})}{\dfrac{m(C_6H_{14})}{\rho(C_6H_{14})} + \dfrac{m(C_6H_{12})}{\rho(C_6H_{12})}} = \frac{245\text{ g} + 845\text{ g}}{\dfrac{245\text{ g}}{0{,}659\text{ g mL}^{-1}} + \dfrac{845\text{ g}}{0{,}779\text{ g mL}^{-1}}}$$

$$\underline{\boldsymbol{\rho(M) = 0{,}748\text{ g/mL}}}$$

Rechenbeispiel 3-15. Ein Nitrobenzol/Anilin-Gemisch hat den Massenanteil $w(C_6H_5NO_2) = 36{,}5\%$. Welche Dichte $\rho(M)$ hat dieses Gemisch?
$\rho(C_6H_5NO_2) = 1{,}204$ g/mL; $\rho(C_6H_5NH_2) = 1{,}022$ g/mL

Gesucht: $\rho(M)$ **Gegeben:** $w(C_6H_5NO_2) = 36{,}5\% = 0{,}365$
$\rho(C_6H_5NO_2) = 1{,}204$ g/mL
$\rho(C_6H_5NH_2) = 1{,}022$ g/mL

$$m_i = w_i\, m(\mathrm{M})$$

$$\boldsymbol{\rho(\mathrm{M})} = \frac{\sum m_i}{\sum V_i} \longleftarrow V_i = \frac{m_i}{\rho_i} \longleftarrow w_i = m(\mathrm{M})$$

Mit $\boldsymbol{w_1 + w_2 = 1}$ gilt:

$$\rho(\mathrm{M}) = \frac{w(C_6H_5NO_2) + w(C_6H_5NH_2)}{\dfrac{w(C_6H_5NO_2)}{\rho(C_6H_5NO_2)} + \dfrac{w(C_6H_5NH_2)}{\rho(C_6H_5NH_2)}} = \frac{1}{\dfrac{0{,}365}{1{,}204\ \mathrm{g\ mL^{-1}}} + \dfrac{1 - 0{,}365}{1{,}022\ \mathrm{g\ mL^{-1}}}}$$

$\boldsymbol{\rho(\mathrm{M}) = 1{,}082\ \mathrm{g/mL}}$

Übungsaufgaben:

3-27. Ein Gemisch besteht aus 450 kg Methanol, CH_3OH, und 145 kg Methylacetat, CH_3COOCH_3. Welche Dichte hat dieses Gemisch?
$\rho(CH_3OH) = 0{,}792$ g/mL; $\rho(CH_3COOCH_3) = 0{,}933$ g/mL

3-28. Ein Gemisch aus Trichlormethan, $CHCl_3$, und Tetrachlormethan, CCl_4, hat den Massenanteil $w(CHCl_3) = 75\%$. Welche Dichte $\rho(\mathrm{M})$ hat das Gemisch?
$\rho(CHCl_3) = 1{,}486$ g/mL; $\rho(CCl_4) = 1{,}594$ g/mL

3-29. Welche Dichte hat ein Gemisch, das Hexan und Cyclohexan im Massenverhältnis $\zeta(C_6H_{14}/C_6H_{12}) = 5 : 2$ enthält?
$\rho(C_6H_{14}) = 0{,}659$ g/mL; $\rho(C_6H_{12}) = 0{,}779$ g/mL

Nur für Gasgemische können in der Definitionsgleichung (3-7) für die Dichte $\rho(\mathrm{M})$ das Volumen V_i gemäß (1-22) und (1-17) bzw. Abb. 1-2 durch die Masse und ggf. gemäß der Definitionsgleichung (3-22) durch den Massenanteil w_i ersetzt werden.

Rechenbeispiel 3-16. Ein Gasgemisch enthält 850 mg Kohlenstoffmonoxid, CO, und 600 mg Kohlenstoffdioxid, CO_2. Welche Dichte hat das Gemisch bei 65 °C und 1020 mbar?

Gesucht: $\rho(\mathrm{M})$

Gegeben: $m(CO) = 850$ mg; $m(CO_2) = 600$ mg
$T = 338$ K; $p = 1020$ mbar

$$\boldsymbol{\rho(\mathrm{M})} = \frac{\sum m_i}{\sum V_i} \longleftarrow V_i = n_i\, V_m \longleftarrow n_i = \frac{m_i}{M_i}$$

$$\rho(\mathrm{M}) = \frac{[m(\mathrm{CO}) + m(\mathrm{CO_2})]\,p}{\left(\frac{m(\mathrm{CO})}{M(\mathrm{CO})} + \frac{m(\mathrm{CO_2})}{M(\mathrm{CO_2})}\right) R\,T}$$

$$= \frac{(850\ \mathrm{mg} + 600\ \mathrm{mg}) \cdot 1020\ \mathrm{mbar}}{\left(\frac{850\ \mathrm{mg}}{28{,}01\ \mathrm{g\ mol^{-1}}} + \frac{600\ \mathrm{mg}}{44{,}01\ \mathrm{g\ mol^{-1}}}\right) 83{,}1\ \mathrm{mbar\ L\ mol^{-1}\ K^{-1}} \cdot 338\ \mathrm{K}}$$

$$\underline{\boldsymbol{\rho_{p,T}(\mathrm{M}) = 1{,}197\ \mathrm{g/L}}}$$

Rechenbeispiel 3-17. Ein CO/CO_2-Gasgemisch hat den Massenanteil $w(\mathrm{CO}) = 95\%$. Welche Dichte hat das Gemisch im Normzustand?

Gesucht: $\rho(\mathrm{M})$ **Gegeben:** $w(\mathrm{CO}) = 95\% = 0{,}95$

$$\boldsymbol{\rho}(\mathbf{M}) = \frac{\sum m_i \longleftarrow m_i = w_i\, m(\mathrm{M})}{\sum V_i \longleftarrow V_i = n_i\, V_m \longleftarrow n_i = \frac{m_i \longleftarrow w_i\, m(\mathrm{M})}{M_i}}$$

$$\rho(\mathrm{M}) = \frac{w(\mathrm{CO}) + w(\mathrm{CO_2})}{\left(\frac{w(\mathrm{CO})}{M(\mathrm{CO})} + \frac{w(\mathrm{CO_2})}{M(\mathrm{CO_2})}\right) V_m}$$

$$= \frac{1}{\left(\frac{0{,}95\ \mathrm{mg}}{28{,}01\ \mathrm{g\ mol^{-1}}} + \frac{1 - 0{,}95\ \mathrm{mol^{-1}}}{44{,}01\ \mathrm{g\ mol^{-1}}}\right) \cdot 22{,}4\ \mathrm{L\ mol^{-1}}}$$

$$\underline{\boldsymbol{\rho_n(\mathrm{M}) = 1{,}27\ \mathrm{g/L}}}$$

Übungsaufgaben:

3-30. Ein Gasgemisch besteht aus 0,20 kg Stickstoff, N_2, und 0,35 kg Distickstoffoxid, N_2O. Welche Dichte hat das Gemisch a) im Normzustand und b) bei 100 °C und 1018 mbar?

3-31. Welche Dichte hat ein NH_3/H_2-Gasgemisch mit $w(H_2) = 40{,}0\%$ a) im Normzustand und b) bei 22 °C und 1055 mbar?

3-32. Ein Synthesegas hat das Massenverhältnis $\zeta(\mathrm{CO/H_2}) = 1 : 1$. Welche Dichte hat das Gemisch a) im Normzustand und b) bei 250 °C und 1,00 bar?

3.2.2.3 Aus Volumen und Volumenanteil

In der Definitionsgleichung (3-7) für die Dichte $\rho(\mathrm{M})$ von Mischphasen wird die Masse m_i gemäß (1-22) bzw. Abb. 1-2 durch das Volumen und ggf. gemäß Definitionsgleichung (3-25) durch den Volumenanteil φ_i ersetzt.

Rechenbeispiel 3-18. Ein Gemisch besteht aus 200 mL Pentan, C_5H_{12}, und 300 mL Hexan, C_6H_{14}. Welche Dichte $\rho(\mathrm{M})$ hat dieses Gemisch?
$\rho(C_5H_{12}) = 0{,}626$ g/mL; $\rho(C_6H_{14}) = 0{,}659$ g/mL

Gesucht: $\rho(\mathrm{M})$

Gegeben: $V(C_5H_{12}) = 200$ mL; $\rho(C_5H_{12}) = 0{,}626$ g/mL;
$V(C_6H_{14}) = 300$ mL; $\rho(C_6H_{14}) = 0{,}659$ g/mL

$$\boldsymbol{\rho}(\mathbf{M}) = \frac{\sum m_i}{\sum V_i} \longleftarrow m_i = V_i\,\boldsymbol{\rho}_i$$

$$\rho(\mathrm{M}) = \frac{V(C_5H_{12})\,\rho(C_5H_{12}) + V(C_6H_{14})\,\rho(C_6H_{14})}{V(C_5H_{12}) + V(C_6H_{14})}$$

$$= \frac{200\ \mathrm{mL} \cdot 0{,}626\ \mathrm{g\ mL^{-1}} + 300\ \mathrm{mL} \cdot 0{,}659\ \mathrm{g\ mL^{-1}}}{200\ \mathrm{mL} + 300\ \mathrm{mL}}$$

$\underline{\boldsymbol{\rho}(\mathbf{M}) = \mathbf{0{,}646\ g/mL}}$

Rechenbeispiel 3-19. Ein Toluol/Benzol-Gemisch hat den Volumenanteil $\varphi(C_6H_5CH_3) = 40{,}0\%$. Wie groß ist die Dichte $\rho(\mathrm{M})$ des Gemisches?
$\rho(C_6H_5CH_3) = 0{,}867$ g/mL; $\rho(C_6H_6) = 0{,}879$ g/mL

Gesucht: $\rho(\mathrm{M})$

Gegeben: $\varphi(C_6H_5CH_3) = 40{,}0\% = 0{,}400$
$\rho(C_6H_5CH_3) = 0{,}867$ g/mL
$\rho(C_6H_6) = 0{,}879$ g/mL

$$\boldsymbol{\rho}(\mathbf{M}) = \frac{\sum m_i \longleftarrow m_i = V_i\,\boldsymbol{\rho}_i \longleftarrow V_i = \boldsymbol{\varphi}_i\,V(\mathrm{M})}{\sum V_i \longleftarrow V_i = \boldsymbol{\varphi}_i\,V(\mathrm{M})}$$

Mit $\boldsymbol{\varphi_1 + \varphi_2 = 1}$ gilt:

$$\rho(\mathrm{M}) = \varphi(C_6H_5CH_3)\,\rho(C_6H_5CH_3) + \varphi(C_6H_6)\,\rho(C_6H_6)$$

$$0{,}400 \cdot 0{,}867\ \mathrm{g\ mL^{-1}} + (1 - 0{,}400) \cdot 0{,}879\ \mathrm{g\ mL^{-1}}$$

$\underline{\boldsymbol{\rho}(\mathbf{M}) = \mathbf{0{,}874\ g/mL}}$

Unter der Voraussetzung, daß sich die Bestandteile von Mischphasen ohne Volumenkontraktion mischen, ist ihre Volumenkonzentration σ_i gleich dem Volumenanteil φ_i.

Rechenbeispiel 3-20. Ein Toluol/Benzol-Gemisch hat die Volumenkonzentration $\sigma(C_6H_5CH_3) = 0{,}700$ L/L. Wie groß ist die Dichte ρ(M) des Gemisches?
$\rho(C_6H_5CH_3) = 0{,}867$ g/mL; $\rho(C_6H_6) = 0{,}879$ g/mL

Gesucht: ρ(M)

Gegeben: $\sigma(C_6H_5CH_3) = 0{,}700$ L/L
$\rho(C_6H_5CH_3) = 0{,}867$ g/mL
$\rho(C_6H_6) = 0{,}879$ g/mL

Wegen $\varphi_i = \sigma_i$ gilt:

$$\rho(M) = \sigma(C_6H_5CH_3)\,\rho(C_6H_5CH_3) + \sigma(C_6H_6)\,\rho(C_6H_6)$$

$$0{,}700\ L\ L^{-1} \cdot 0{,}867\ g\ mL^{-1} + (1 - 0{,}700\ L\ L^{-1}) \cdot 0{,}879\ g\ mL^{-1}$$

$\boldsymbol{\rho(M) = 0{,}871}$ **g/mL**

Übungsaufgaben:

3-33. Ein Gemisch besteht aus 375 mL Xylol und 485 mL Toluol. Welche Dichte ρ(M) hat das Gemisch?
ρ(Xylol) = 0,860 g/mL; ρ(Toluol) = 0,867 g/mL

3-34. Ein Hexan/Cyclohexan-Gemisch besitzt den Volumenanteil $\varphi(C_6H_{14}) = 25{,}0\%$. Welche Dichte hat das Gemisch?
$\rho(C_6H_{14}) = 0{,}659$ g/mL; $\rho(C_6H_{12}) = 0{,}779$ g/mL

3-35. Welche Dichte hat ein Gemisch aus Methanol, CH_3OH, und Methylacetat, CH_3COOCH_3, mit der Volumenkonzentration $\sigma(CH_3OH) = 0{,}100$ L/L?
$\rho(CH_3OH) = 0{,}792$ g/mL; $\rho(CH_3COOCH_3) = 0{,}933$ g/mL

3-36. Welche Dichte hat ein Gemisch, das Hexan und Cyclohexan im Volumenverhältnis $\psi(C_6H_{14}/C_6H_{12}) = 5 : 2$ enthält?
$\rho(C_6H_{14}) = 0{,}659$ g/mL; $\rho(C_6H_{12}) = 0{,}779$ g/mL

Nur für Gasgemische können in der Definitionsgleichung (3-7) für die Dichte ρ(M) die Masse m_i gemäß (1-21) und (1-22) bzw. Abb. 1-2 durch das Volumen und ggf. gemäß der Definitionsgleichung (3-25) durch den Volumenanteil φ_i ersetzt werden.

Rechenbeispiel 3-21. Ein Gemisch besteht aus 500 mL Ethan, C_2H_6, und 300 mL Ethen, C_2H_4. Welche Dichte ρ(M) hat dieses Gemisch im Normzustand?

Gesucht: ρ(M) **Gegeben:** $V(C_2H_6)$ = 500 mL; $V(C_2H_4)$ = 300 mL

$$\boldsymbol{\rho}(\mathbf{M}) = \frac{\sum m_i}{\sum V_i} \longleftarrow m_i = n_i\, M_i \longleftarrow n_i = \frac{V_i}{V_m}$$

$$\rho(\mathrm{M}) = \frac{V(\mathrm{C_2H_6})\, M(\mathrm{C_2H_6}) + V(\mathrm{C_2H_4})\, M(\mathrm{C_2H_4})}{[V(\mathrm{C_2H_6}) + V(\mathrm{C_2H_4})]\, V_m}$$

$$= \frac{500\ \mathrm{mL} \cdot 30{,}07\ \mathrm{g\ mol^{-1}} + 300\ \mathrm{mL} \cdot 28{,}05\ \mathrm{g\ mol^{-1}}}{(500\ \mathrm{mL} + 300\ \mathrm{mL}) \cdot 22{,}4\ \mathrm{L\ mol^{-1}}}$$

$\boldsymbol{\rho_n}$**(M) = 1,309 g/mL**

Rechenbeispiel 3-22. Ein Gemisch aus Ethan, C_2H_6, und Ethen, C_2H_4 hat den Volumenanteil $\varphi(C_2H_6)$ = 45,0%. Welche Dichte ρ hat dieses Gemisch bei 16 °C und 1000 mbar?

Gesucht: ρ(M) **Gegeben:** $\varphi(C_2H_6)$ = 45,0% = 0,450
T = 289 K; p = 1000 mbar

$$\boldsymbol{\rho}(\mathbf{M}) = \frac{\sum m_i \longleftarrow m_i = n_i\, M_i \longleftarrow n_i = \dfrac{V_i \longleftarrow V_i = \varphi_i\, V(\mathrm{M})}{V_m}}{\sum V_i \longleftarrow V_i = \varphi_i\, V(\mathrm{M})}$$

Mit $\varphi_1 + \varphi_2 = 1$ gilt:

$$\rho(\mathrm{M}) = \frac{\varphi(\mathrm{C_2H_6})\, M(\mathrm{C_2H_6}) + \varphi(\mathrm{C_2H_4})\, M(\mathrm{C_2H_4})}{V_m}$$

$$= \frac{[0{,}450 \cdot 30{,}07 + (1 - 0{,}450) \cdot 28{,}05]\ \mathrm{g\ mol^{-1}} \cdot 1000\ \mathrm{mbar}}{83{,}1\ \mathrm{mbar\ L\ mol^{-1}\ K^{-1}} \cdot 289\ \mathrm{K}}$$

$\boldsymbol{\rho}$**(M) = 1,206 g/mL**

Übungsaufgaben:

3-37. Ein Gasgemisch besteht aus 200 L Wasserstoff und 535 L Kohlenstoffmonoxid, CO. Welche Dichte hat das Gemisch a) im Normzustand und b) bei 30 °C und 750 mbar?

3-38. Ein Gasgemisch aus Hydrogenchlorid, HCl, und Chlor, Cl_2, hat den Volumenanteil φ(HCl) = 90,0 %. Welche Dichte hat das Gemisch bei 75 °C und 1115 mbar?

3-39. Welche Dichte hat ein CO/CO_2-Gasgemisch mit σ(CO) = 30,0 mL/L im Normzustand?

3-40. Ein Synthesegas hat das Volumenverhältnis $\psi(CO/H_2)$ = 4 : 1. Welche Dichte hat das Gemisch a) im Normzustand und b) bei 150 °C und 1,200 bar?

3.2.3 Molares Volumen von Mischphasen

Die Abhängigkeit des molaren Volumens von reinen Stoffen ist bereits in Abschn. 1.1.3.5 behandelt. Sie läßt sich ohne Einschränkung auch auf das molare Volumen V_m(M) von Mischphasen übertragen. Für Gasgemische, die sich ohne Volumenkontraktion aus den Komponenten ergeben, gilt demnach auch, daß zusammen $6{,}022 \cdot 10^{23}$ Teilchen dieser Komponenten, d. h. 1 Mol der Mischphase, im Normzustand einen Raum von 22,4 Liter einnehmen:

$$V_{mn}(\textbf{Gasgemisch}) = V_{mn}(\textbf{Gas}) = \textbf{22,4 L/mol}$$

Eine Berechnung erübrigt sich deshalb. Bei anderen Drücken und Temperaturen als im Normzustand gilt wie für reine Gase

$$V_m(\textbf{Gasgemisch}) = \frac{R\,T}{p}\,.$$

Für Flüssigkeitsgemische hat das molare Volumen wegen der unterschiedlichen Anziehungskräfte zwischen den Teilchen keine praktische, rechnerische Bedeutung.

3.3 Rechnen mit Konzentrationen von Mischphasen

Konzentrationen von Mischphasen sind Quotienten aus den verschiedenen Quantitäten Stoffmenge n_i, Teilchenzahl N_i, Masse m_i oder Volumen V_i einer Komponente i und dem Volumen V einer Mischphase:

$$\textbf{Konzentration} = \frac{\textbf{Quantität der Komponente i}}{\textbf{Volumen der Mischphase}}$$

Die verschiedenen Konzentrationen sind in Tab. 3-1 aufgeführt. Sie können aus den Quantitäten einer Stoffportion i und dem Volumen der Mischphase gemäß den Definitionsgleichungen (vgl. Abb. 3-4, S. 101) berechnet werden. Dies erfolgt ggf. auch dadurch, daß man die jeweilige Zählergröße der Quotienten oder das Volumen V der Mischphase gemäß (1-16) bis (1-21) bzw. Abb. 1-2 durch andere Quantitäten ersetzt. Die gleichen Beziehungen erhält man bei schematischer Anwendung von Abb. 3-5.

Auch durch die Umrechnung der Gehalte von Mischphasen kann eine bestimmte Konzentration berechnet werden. Dazu sind jeweils bestimmte intensive Größen notwendig.

Die entsprechenden Beziehungen ergeben sich aus der jeweiligen Definitionsgleichung, indem man die Zähler- und Nennergrößen zunächst mit Hilfe der intensiven Größen so umwandelt, daß bestimmte Ausdrücke durch die passenden Gehalte ersetzt werden können. Die auf diese Weise erhaltenen Beziehungen können auch direkt aus Abb. 3-5 abgelesen werden.

3.3.1 Stoffmengenkonzentration

Die Stoffmengenkonzentration c_i eines Bestandteils i in einer Mischphase ist der Quotient aus der Stoffmenge n_i dieses Bestandteils und dem Volumen V der Mischphase.

$$c_i = \frac{n_i}{V} \qquad \textbf{(3-8)}$$

Die Dimensionsbetrachtung von (3-8) liefert die Einheit der Stoffmengenkonzentration 1 *Mol durch Kubikmeter* (Einheitenzeichen: mol/m³ oder mol m⁻³):

$$[c_i] = \frac{[n_i]}{[V]} = \frac{1\ \mathrm{mol}}{1\ \mathrm{m}^3} = 1\ \mathrm{mol/m^3} = 1\ \mathrm{mol\ m^{-3}}$$

In der Praxis wird aber meist die Einheit 1 *Mol durch Liter* (Einheitenzeichen: mol/L oder mol L^{-1}) verwendet.

Die Stoffmengenkonzentration c_i gibt an, wieviel Mol eines Stoffes i in 1 Liter einer Mischphase enthalten sind.

3.3.1.1 Berechnen der Stoffmengenkonzentration

3.3.1.1.1 Aus Quantitäten

In der Definitionsgleichung (3-8) für die Stoffmengenkonzentration c_i kann die Stoffmenge n_i durch andere Quantitäten ersetzt werden:

$$c_i = \frac{n_i}{V} \leftarrow \frac{m_i}{M_i}$$

$$\frac{m_i}{M_i} \quad (m_i \leftarrow V_i\,\rho_i)$$

$$\frac{V_i}{V_m}$$

Für Teile einer Mischphasenkomponente des Typs $X_aY_bZ_c$ geht noch die Stoffmengenrelation (vgl. Abschn. 2.3.2) in (3-8) ein.

3.3.1.1.1.1 Aus der Stoffmenge der Bestandteile

Rechenbeispiel 3-23. 0,100 mol Natriumthiosulfat, $Na_2S_2O_3$, werden in einen 250 mL-Meßkolben übergespült und mit Wasser bis zur Marke aufgefüllt. Welche Stoffmengenkonzentrationen $c(Na_2S_2O_3)$ und $c(Na^+)$ hat die Lösung?

Gesucht: $c(Na_2S_2O_3)$, $c(Na^+)$ **Gegeben:** $n(Na_2S_2O_3) = 0{,}100$ mol, $V = 250$ mL

$$c(Na_2S_2O_3) = \frac{n(Na_2S_2O_3)}{V} = \frac{0{,}100 \text{ mol}}{250 \text{ mL}}$$

$$\underline{\mathbf{c(Na_2S_2O_3) = 0{,}400 \text{ mol/L}}}$$

$$c(Na^+) = \frac{2\,n(Na_2S_2O_3)}{V} = \frac{2 \cdot 0{,}100 \text{ mol}}{250 \text{ mL}}$$

$$\underline{\mathbf{c(Na^+) = 0{,}800 \text{ mol/L}}}$$

Übungsaufgaben:

3-41. 2,75 L einer wäßrigen Ethanol-Lösung enthalten 1,50 mol Ethanol, C_2H_5OH. Welche Stoffmengenkonzentration an Ethanol hat diese Mischphase?

3-42. Ein Gasgemisch nimmt einen Raum von 125 L ein. Es enthält 1,85 mol Chlor. Wie groß ist die Stoffmengenkonzentration $c(Cl_2)$ des Gemisches?

3-43. 3,50 Liter einer Soda-Lösung enthalten 1,65 mol Natriumcarbonat, Na_2CO_3. Wie groß ist die Stoffmengenkonzentration $c(Na^+)$ dieser Lösung?

3-44. Ein Gasgemisch nimmt einen Raum von 225 L ein. Es enthält neben Wasserstoff auch 1,75 mol Kohlendioxid. Wie groß ist $c(O)$ des Gemisches?

Rechenbeispiel 3-24. Ein Gemisch enthält 12,5 mol Kohlenmonoxid und 37,5 mol Wasserstoff. Wie groß ist seine Stoffmengenkonzentration $c(CO)$ im Normzustand?

Gesucht: $c_n(CO)$ **Gegeben:** $n(CO) = 12{,}5$ mol; $n(H_2) = 37{,}5$ mol

$$c_i = \frac{n_i}{V} \longleftarrow V_m\, n \longleftarrow \sum n_i$$

$$c_n(CO) = \frac{n(CO)}{[n(CO) + n(H_2)]\, V_{mn}} = \frac{12{,}5 \text{ mol}}{(12{,}5 \text{ mol} + 37{,}5 \text{ mol}) \cdot 22{,}4 \text{ L mol}^{-1}}$$

$$\mathbf{c_n(CO) = 0{,}01116 \text{ mol/L} = 11{,}16 \text{ mmol/L}}$$

Übungsaufgaben:

3-45. Welche Stoffmengenkonzentrationen $c(X)$ ergeben sich für die Bestandteile in Gasgemischen mit den folgenden Zusammensetzungen und Bedingungen?

a) $n(H_2)$ = 60,0 mol und $n(O_2)$ = 15,0 mol bei 0 °C und 2,60 bar
b) $n(N_2)$ = 2,60 mol und $n(NH_3)$ = 40,50 mol bei 150 °C und 850 mbar
c) $n(SO_2)$ = 720 mol und $n(O_2)$ = 3,00 kmol im Normzustand

3-46. Welche Stoffmengenkonzentrationen $c(O)$ ergeben sich a) im Normzustand und b) bei 995 mbar und 22 °C für ein Gemisch aus 500 mol Kohlendioxid, CO_2, und 350 mol Wasserstoff?

3.3.1.1.1.2 Aus der Masse der Bestandteile

Rechenbeispiel 3-25. 180 mL einer Lösung enthalten 12,6 g Calciumchlorid. Wie groß sind die Stoffmengenkonzentrationen $c(CaCl_2)$ und $c(Cl^-)$ in dieser Lösung?

Gesucht: $c(CaCl_2)$
$c(Cl^-)$

Gegeben: $m(CaCl_2)$ = 12,6 g
V = 180 mL

$$c_i = \frac{n_i}{V} \longleftarrow \frac{m_i}{M_i}$$

$$c(CaCl_2) = \frac{m(CaCl_2)}{M(CaCl_2)\, V} = \frac{12{,}6 \text{ g}}{110{,}98 \text{ g mol-1} \cdot 180 \text{ mL}}$$

$$\mathbf{c(CaCl_2) = 0{,}631 \text{ mol/L}}$$

Mit $n(Cl^-) = 2\, n(CaCl_2)$ gilt:

$$c(Cl^-) = \frac{2\, n(CaCl_2)}{V} = \frac{2\, m(CaCl_2)}{M(CaCl_2)\, V} = \frac{2 \cdot 12{,}6 \text{ g}}{110{,}98 \text{ g mol-1} \cdot 180 \text{ mL}}$$

$$\mathbf{c(Cl^-) = 1{,}261 \text{ mol/L}}$$

Übungsaufgaben:

3-47. Welche Stoffmengenkonzentrationen $c(X)$ ergeben sich für Lösungen mit folgenden Massen $m(X)$ an gelöstem Stoff und Volumina $V(L)$ der Lösungen?

$m(X)$	$V(L)$
a) 200 mg Na_2CO_3	25,0 mL
b) 0,45 t NaOH	3,2 m^3
c) 1,65 g HCl	1,25 L

3-48. In 200 mL eines Flüssigkeitsgemisches sind 125 g Methanol, CH_3OH. Wie groß ist seine Stoffmengenkonzentration $c(CH_3OH)$?

3-49. In 10,0 L eines Gasgemisches sind 6,20 g Hydrogenchlorid, HCl. Wie groß ist die Stoffmengenkonzentration $c(HCl)$ des Gemisches?

3-50. 400 mL Lösung enthalten 20,0 g Kaliumdichromat, $K_2Cr_2O_7$. Wie groß ist die Stoffmengenkonzentration an Cr^{6+}-Ionen?

Rechenbeispiel 3-26. 350 kg Natronlauge, $\rho = 1{,}370$ g/mL, enthalten 119 kg Natriumhydroxid, NaOH. Wie groß sind die Stoffmengenkonzentrationen $c(NaOH)$ und $c(OH^-)$ der Lauge?

Gesucht: $c(NaOH)$
$c(OH^-)$

Gegeben: $m(NaOH) = 119$ kg
$m = 350$ kg; $\rho = 1{,}370$ g/mL

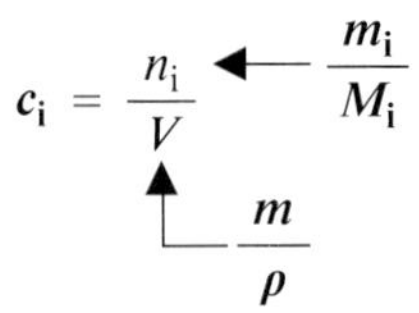

$$c(NaOH) = \frac{n(NaOH)}{V} = \frac{m(NaOH)\,\rho}{M(NaOH)\,m} = \frac{119\ \text{kg} \cdot 1{,}370\ \text{g mL}^{-1}}{40{,}00\ \text{g mol}^{-1} \cdot 350\ \text{kg}}$$

$c(NaOH) = 11{,}65$ mol/L

$$c(OH^-) = \frac{n(OH^-)}{V} = \frac{m(NaOH)\,\rho}{M(NaOH)\,m} = \frac{119\ \text{kg} \cdot 1{,}370\ \text{g mL}^{-1}}{40{,}00\ \text{g mol}^{-1} \cdot 350\ \text{kg}}$$

$c(OH^-) = 11{,}65$ mol/l

Übungsaufgaben:

3-51. Welche Stoffmengenkonzentration $c(X)$ errechnet sich für Lösungen, für die folgende Massen $m(X)$ eines gelösten Stoffes, die Masse $m(L)$ und die Dichte $\rho(L)$ der Lösung bekannt sind?

$m(X)$	$m(L)$	$\rho(L)$
a) 150 g H_2SO_4	250 g	1,500 g/mL
b) 218 kg HNO_3	450 kg	1,300 g/mL
c) 100 g H_3PO_4	220 g	1,460 g/mL

3-52. Ein Pentan-Hexan-Gemisch, $\rho = 0{,}6425$ g/mL, enthält 626 g Pentan in 2,00 kg des Gemisches. Welche Stoffmengenkonzentration $c(C_5H_{12})$ hat das Gemisch?

3.3.1.1.1.3 Aus dem Volumen der Bestandteile

Rechenbeispiel 3-27. 500 mL eines Methanol/Butanol-Gemisches enthalten 75 mL Methanol, CH_3OH, ($\rho = 0{,}791$ g/mL). Welche Stoffmengenkonzentration an Methanol ergibt sich daraus?

Gesucht: $c(CH_3OH)$

Gegeben: $V = 500$ mL; $V(CH_3OH) = 75$ mL
$\rho(CH_3OH) = 0{,}791$ g/mL

$$c_i = \frac{n_i}{V} \longleftarrow \frac{m_i}{M_i} \longleftarrow V_i\,\rho_i$$

$$c(CH_3OH) = \frac{n(CH_3OH)}{V} = \frac{V(CH_3OH)\,\rho(CH_3OH)}{M(CH_3OH)\,V} = \frac{75\text{ mL} \cdot 0{,}791\text{ g mL}^{-1}}{32{,}04\text{ g mol}^{-1} \cdot 500\text{ mL}}$$

$\underline{\mathbf{c(CH_3OH) = 3{,}70\ mol/L}}$

Übungsaufgaben:

3-53. Welche Stoffmengenkonzentrationen ergeben sich für die Bestandteile von Mischphasen, für die folgende Angaben bekannt sind?

a) $V(CH_3OH) = 100$ L; $\rho(CH_3OH) = 0{,}791$ g/mL; $V(L) = 300$ L
b) $V(CH_3COOH) = 250$ mL; $\rho(CH_3COOH) = 1{,}049$ g/mL; $V(L) = 750$ mL

3-54. Welche Stoffmengenkonzentrationen ergeben sich für die Bestandteile eines Gasgemisches, für das folgende Angaben bekannt sind?

$V(N_2) = 2{,}60\ m^3$; $\rho(N_2) = 1{,}166$ g/L; $V(NH_3) = 40{,}50\ m^3$; $\rho(NH_3) = 0{,}709$ g/L; $V(\text{Gasgemisch}) = 53{,}5\ m^3$

Rechenbeispiel 3-28. 700,00 mL eines Gasgemisches enthalten 390 mL Stickstoff. Wie groß ist seine Stoffmengenkonzentration $c(N_2)$ im Normzustand?

Gesucht: $c_n(N_2)$ **Gegeben:** $V(N_2) = 390$ mL; $V = 700$ mL

$$c_i = \frac{n_i}{V} \longleftarrow \frac{V_i}{V_m}$$

$$c_n(N_2) = \frac{n(N_2)}{V} = \frac{V(N_2)}{V\,V_{mn}} = \frac{390\text{ mL}}{700\text{ mL} \cdot 22{,}4\text{ L mol}^{-1}}$$

$$\underline{c_n(N_2) = 0{,}0249\text{ mol/L}}$$

Übungsaufgaben:

3-55. Welche Stoffmengenkonzentrationen $c(X)$ ergeben sich für die Bestandteile in gasförmigen Gemischen im Normzustand mit folgenden Zusammensetzungen?

a) $V(N_2) = 2{,}60\text{ m}^3$, $V(H_2) = 5{,}35\text{ m}^3$ und $V(NH_3) = 40{,}50\text{ m}^3$
b) $V(SO_2) = 720$ L und $V(O_2) = 3000$ L
c) $V(H_2) = 200$ mL und $V(O_2) = 100$ mL

3-56. Welche Stoffmengenkonzentrationen $c(X)$ ergeben sich für die Bestandteile in Gasgemischen mit den folgenden Zusammensetzungen und Bedingungen?

a) $V(H_2) = 60{,}0$ L und $V(O_2) = 15{,}0$ L bei 0 °C und 2,60 bar
b) $V(N_2) = 2{,}60\text{ m}^3$ und $V(NH_3) = 40{,}50\text{ m}^3$ bei 150 °C und 850 mbar

3.3.1.1.2 Aus anderen Konzentrationen

In der Definitionsgleichung (3-8) für die Stoffmengenkonzentration kann die Stoffmenge n_i durch die Äquivalentstoffmenge $n_i(\text{eq})$, die Masse m_i oder das Volumen V_i ersetzt werden. Mit den Definitionsgleichungen für die entsprechenden Konzentrationen ergeben sich Beziehungen, die den Zusammenhang zwischen der Stoffmengenkonzentration einer Mischphase und den anderen Konzentrationen beschreiben.

$$c_i = \frac{n_i}{V} \longleftarrow \begin{cases} \dfrac{n(\frac{1}{z^*}X)}{z^*} \longleftarrow c(\frac{1}{z^*}X)\,V \\[2ex] \dfrac{m_i}{M_i} \longleftarrow \beta_i\,V \\[2ex] \dfrac{m_i}{M_i} \longleftarrow \rho_i\,V_i \longleftarrow \sigma_i\,V \\[2ex] \dfrac{V_i}{V_m} \longleftarrow \sigma_i\,V \end{cases}$$

3.3.1.1.2.1 Aus der Äquivalentkonzentration

Die Äquivalentkonzentration $c_i(\text{eq}) = c(\frac{1}{z^*}\text{X})$ stellt nur eine besondere Art der Stoffmengenkonzentration dar. Sie ist praktisch nur für Lösungen von Bedeutung.

Rechenbeispiel 3-29. Eine Schwefelsäure-Lösung hat die Äquivalentkonzentration $c(\frac{1}{2}\,H_2SO_4) = 2{,}50$ mol/L. Wie groß ist ihre Stoffmengenkonzentration $c(H_2SO_4)$?

Gesucht: $c(H_2SO_4)$ **Gegeben:** $c(\frac{1}{2}\,H_2SO_4) = 2{,}50$ mol/L

$$\boldsymbol{c(\mathrm{X})} = \frac{n(\mathrm{X})}{V} \longleftarrow \frac{n(\frac{1}{z^*}\mathrm{X}) \longleftarrow c(\frac{1}{z^*}\mathrm{X})\,V}{\mathbf{z^*}}$$

$$c(H_2SO_4) = \frac{n(H_2SO_4)}{V} = \frac{n(\frac{1}{2}\,H_2SO_4)}{2\,V} = \frac{c(\frac{1}{2}\,H_2SO_4)}{2} = \frac{2{,}50\ \text{mol L}^{-1}}{2}$$

$\boldsymbol{c(H_2SO_4) = 1{,}25}$ **mol/L**

Übungsaufgaben:

3-57. Welche Stoffmengenkonzentrationen $c(\text{X})$ ergeben sich aus folgenden Äquivalentkonzentrationen $c_i(\text{eq})$?

$c_i(\text{eq})$	$c(\text{X})$
a) $c(\frac{1}{3}\,H_3PO_4) = 6{,}45$ mol/L	$c(H_3PO_4)$
b) $c(\frac{1}{2}\,SO_4^{2-}) = 2{,}75$ mol/L	$c(H_2SO_4)$
c) $c(\frac{1}{2}\,Ca^{2+}) = 3{,}00$ mol/L	$c(CaCl_2)$
d) $c(\frac{1}{3}\,Fe^{3+}) = 4{,}65$ mmol/L	$c(FeCl_3)$
e) $c(\frac{1}{6}\,Cr^{6+}) = 3{,}00$ mol/L	$c(Na_2Cr_2O_7)$
f) $c(\frac{1}{2}\,SO_4^{2-}) = 225$ mmol/L	$c[Al_2(SO_4)_3]$

3.3.1.1.2.2 Aus der Massenkonzentration

Rechenbeispiel 3-30. Eine Phosphorsäure-Lösung hat die Massenkonzentration $\beta(H_3PO_4) = 486$ g/L. Wie groß ist ihre Stoffmengenkonzentration $c(H_3PO_4)$?

Gesucht: $c(H_3PO_4)$ **Gegeben:** $\beta(H_3PO_4) = 486$ g/L

$$c_i = \frac{n_i}{V} \longleftarrow \frac{m_i}{M_i} \longleftarrow \beta_i\, V$$

$$c(H_3PO_4) = \frac{n(H_3PO_4)}{V} = \frac{m(H_3PO_4)}{M(H_3PO_4)\, V} = \frac{\beta(H_3PO_4)}{M(H_3PO_4)} = \frac{486 \text{ g L}^{-1}}{98{,}00 \text{ g mol}^{-1}}$$

$c(H_3PO_4) = 4{,}959$ mol/L

Für Teile einer Mischphasenkomponente des Typs $X_aY_bZ_c$ geht noch die Stoffmengenrelation (vgl. Abschn. 2.3.2) in (3-8) ein.

Rechenbeispiel 3-31. Eine Lösung enthält 24,0 g Eisen(III)-chlorid, $FeCl_3$, je Liter. Wie groß ist die Stoffmengenkonzentration an Chlorid-Ionen in der Lösung?

Gesucht: $c(Cl^-)$ **Gegeben:** $\beta(FeCl_3) = 24{,}0$ g/L

$$c_i = \frac{n_i}{V} \longleftarrow \frac{m_i}{M_i} \longleftarrow \beta_i\, V$$

Mit **$n(Cl^-) = 3\, n(FeCl_3)$** gilt:

$$c(Cl^- = \frac{n(Cl^-)}{V} = \frac{3\, n(FeCl_3)}{V} = \frac{3\, \beta(FeCl_3)}{M(FeCl_3)} = \frac{3 \cdot 24{,}0 \text{ g L}^{-1}}{162{,}20 \text{ g mol}^{-1}}$$

$c(Cl^-) = 0{,}4439$ mol/L

Übungsaufgaben:

3-58. Welche Stoffmengenkonzentrationen $c(X)$ ergeben sich für Mischphasen mit folgenden Massenkonzentrationen β_i?

β_i	$c(X)$
a) $\beta(H_3PO_4) = 275$ g/L	$c(H_3PO_4)$
b) $\beta(H_2SO_4) = 630$ g/L	$c(SO_4^{2-})$
c) $\beta(CaCl_2) = 95{,}0$ g/L	$c(CaCl_2)$
d) $\beta(FeCl_3) = 185$ mg/L	$c(Fe^{3+})$
e) $\beta(NH_4Cl) = 42{,}5$ g/L	$c(NH_4Cl)$
f) $\beta(Na_2Cr_2O_7) = 65{,}0$ g/L	$c(Cr^{6+})$
g) $\beta[Al_2(SO_4)_3] = 30{,}0$ g/L	$c[Al_2(SO_4)_3]$

3-59. Welche Stoffmengenkonzentrationen $c(NH_3)$ und $c(H)$ hat ein NH_3/N_2-Gasgemisch mit $\beta(NH_3)$ = 800 mg/L?

3.3.1.1.2.3 Aus der Volumenkonzentration

Rechenbeispiel 3-32. Ein Gemisch aus 1,2,3-Propantriol (Glycerin), $C_3H_5(OH)_3$, und Wasser hat die Volumenkonzentration $\sigma[C_3H_5(OH)_3]$ = 358,6 mL/L. Wie groß ist die Stoffmengenkonzentration $c[C_3H_5(OH)_3]$ dieses Gemisches?
$\rho[C_3H_5(OH)_3]$ = 1,260 g/mL

Gesucht: $c[C_3H_5(OH)_3]$ **Gegeben:** $\sigma[C_3H_5(OH)_3]$ = 359 mL/L
$\rho[C_3H_5(OH)_3]$ = 1,260 g/mL

$$c_i = \frac{n_i}{V} \longleftarrow \frac{m_i}{M_i} \longleftarrow V_i\,\rho_i \longleftarrow V_i = \sigma_i\,V$$

$$c[C_3H_5(OH)_3] = \frac{n[C_3H_5(OH)_3]}{V} = \frac{V[C_3H_5(OH)_3]\,\rho[C_3H_5(OH)_3]}{M[C_3H_5(OH)_3]\,V}$$

$$= \frac{\sigma[C_3H_5(OH)_3]\,\rho[C_3H_5(OH)_3]}{M[C_3H_5(OH)_3]} = \frac{359\ \text{mL L}^{-1} \cdot 1{,}260\ \text{g mL}^{-1}}{92{,}09\ \text{g mol}^{-1}}$$

$$\underline{\mathbf{c[C_3H_5(OH)_3] = 4{,}911\ mol/L}}$$

Übungsaufgaben:

3-60. Welche Stoffmengenkonzentrationen $c(X)$ ergeben sich für Gemische, für die folgende Volumenkonzentrationen $\sigma(X)$ und Dichten $\rho(X)$ bekannt sind?

a) $\sigma(C_2H_5OH)$ = 387 mL/L; $\rho(C_2H_5OH)$ = 0,791 g/mL
b) $\sigma(CH_3OH)$ = 125 mL/L; $\rho(CH_3OH)$ = 0,792 g/mL
c) $\sigma(SO_2)$ = 0,650 L/L; $\rho(SO_2)$ = 2,860 g/L
d) $\sigma(O_2)$ = 0,250 L/L; $\rho(O_2)$ = 1,406 g/L

3-61. Ein Gasgemisch besitzt eine Volumenkonzentration $\sigma(N_2)$ = 0,40 L/L. Wie groß ist die Stoffmengenkonzentration $c(N_2)$ des Gemisches bei 20 °C und 1015 mbar?
$\rho(N_2$, 20 °C, 1015 mbar) = 1,169 g/L

Rechenbeispiel 3-33. Ein Wasserstoff-Chlor-Gemisch hat die Volumenkonzentration $\sigma(H_2)$ = 440 mL/L. Wie groß ist $c(H_2)$ dieses Gemisches im Normzustand?

Gesucht: $c_n(H_2)$ **Gegeben:** $\sigma(H_2)$ = 440 mL/L

$$c_i = \frac{n_i}{V} \longleftarrow \frac{V_i}{V_m}, \quad V_i \longleftarrow \sigma_i\, V$$

$$c_n(H_2) = \frac{n(H_2)}{V} = \frac{V(H_2)}{V_m\, V} = \frac{\sigma(H_2)}{V_{mn}} = \frac{440 \text{ mL L}^{-1}}{22{,}4 \text{ L mol}^{-1}}$$

$$\underline{\mathbf{c_n(H_2) = 19{,}6\ mmol/L}}$$

Übungsaufgaben:

3-62. Welche Stoffmengenkonzentrationen c(X) ergeben sich für Gemische, für die folgende Volumenkonzentrationen σ(X) und Bedingungen bekannt sind?

a) $\sigma(F_2) = 85$ mL/L im Normzustand
b) $\sigma(H_2S) = 0{,}920$ L/L im Normzustand
c) $\sigma(N_2) = 0{,}500$ L/L im Normzustand
d) $\sigma(NH_3) = 355$ mL/L bei 195 °C und 0,150 bar
e) $\sigma(O_2) = 0{,}120$ L/L bei 0 °C und 875 mbar

3.3.1.1.3 Aus Anteilen

In der Definitionsgleichung (3-8) für die Stoffmengenkonzentration kann die Stoffmenge n_i durch die Masse m_i oder das Volumen V_i ersetzt werden. In gleicher Weise läßt sich das Volumen V der Mischphase ersetzen.

Mit den Definitionsgleichungen für die entsprechenden Anteile ergeben sich Beziehungen, die den Zusammenhang zwischen der Stoffmengenkonzentration einer Mischphase und den Anteilen beschreiben (s. auch Abb. 3-5).
Für Teile einer Mischphasenkomponente des Typs $X_aY_bZ_c$ geht noch die Stoffmengenrelation (vgl. Abschn. 2.3.2) in diese Beziehungen ein.

3.3.1.1.3.1 Aus dem Stoffmengenanteil

Rechenbeispiel 3-34. Eine Zinn(II)-chlorid-Lösung hat den Stoffmengenanteil $x(SnCl_2) = 1{,}05\%$. Ihre Dichte beträgt 1,081 g/mL. Wie groß ist $c(SnCl_2)$ der Lösung?

Gesucht: $c(SnCl_2)$ **Gegeben:** $x(SnCl_2) = 1{,}05\% = 0{,}0105$
$\rho = 1{,}081$ g/mL

$$n(X) \longleftarrow \mathbf{x(X)}\, n$$

$$\mathbf{c(X)} = \frac{n(X)}{V} \longleftarrow \frac{m}{\boldsymbol{\rho}} \longleftarrow \boldsymbol{n\, M} \longleftarrow M = x(X)\, M(X) + x(Y)\, M(Y)$$

$$x(Y) \longleftarrow 1 - x(X)$$

$M = x(SnCl_2)\,M(SnCl_2) + [1 - x(SnCl_2)]\,M(H_2O)$ (vgl. S. 104)

$$c(SnCl_2) = \frac{n(SnCl_2)}{V} = \frac{n(SnCl_2)\,\rho}{n\,M} = \frac{x(SnCl_2)\,\rho}{M}$$

$$c(SnCl_2) = \frac{x(SnCl_2)\,\rho}{x(SnCl_2)\,M(SnCl_2) + [1 - x(SnCl_2)]\,M(H_2O)}$$

$$= \frac{0{,}0105 \cdot 1{,}081 \text{ g mL}^{-1}}{0{,}0105 \cdot 189{,}59 \text{ g mol}^{-1} + (1 - 0{,}0105) \cdot 18{,}02 \text{ g mol}^{-1}}$$

$c(SnCl_2)$ = 0,573 mol/L

Rechenbeispiel 3-35. Eine Lösung hat den Stoffmengenanteil $x(FeCl_3) = 0{,}227\%$. Wie groß ist die Stoffmengenkonzentration an Chlorid-Ionen in der Lösung?
$\rho = 1{,}015$ g/mL

Gesucht: $c(Cl^-)$

Gegeben: $x(FeCl_3) = 0{,}227\% = 0{,}00227$
$\rho = 1{,}015$ g/mL

Mit **$n(Cl^-) = 3\,n(FeCl_3)$** gilt entsprechend Rechenbeispiel 3-34:

$$c(Cl^-) = \frac{3\,x(FeCl_3)\,\rho}{M} = \frac{3\,x(FeCl_3)\,\rho}{x(FeCl_3)\,M(FeCl_3) + [1 - x(FeCl_3)]\,M(H_2O)}$$

$$= \frac{3 \cdot 0{,}00227 \cdot 1{,}015 \text{ g mL}^{-1}}{0{,}00227 \cdot 162{,}20 \text{ g mol}^{-1} + (1 - 0{,}00227) \cdot 18{,}02 \text{ g mol}^{-1}}$$

$c(Cl^-)$ = 0,377 mol/L

Übungsaufgaben:

3-63. Welche Stoffmengenkonzentrationen $c(X)$ ergeben sich für wäßrige Lösungen mit folgenden Stoffmengenanteilen x_i und Dichten ρ der Mischphase?

x_i	$\frac{\rho}{\text{g/ml}}$	$c(X)$
a) $x(H_2SO_4) = 13{,}69\%$	1,360	$c(H_2SO_4)$
b) $x(NaOH) = 7{,}57\%$	1,170	$c(NaOH)$
c) $x(Na_2HPO_4) = 0{,}08\%$	1,067	$c(Na_2HPO_4)$

Rechenbeispiel 3-36. Welche Stoffmengenkonzentration $c(SO_2)$ hat ein Gasgemisch mit dem Stoffmengenanteil $x(SO_2) = 75\%$ bei 300 °C und 1000 mbar?

Gesucht: $c(SO_2)$ **Gegeben:** $x(SO_2) = 75\% = 0{,}75$
$T = 573\ \text{K}\ ;\ p = 1000\ \text{mbar}$

$$c_i = \frac{n_i \leftarrow x_i\, n}{V \leftarrow n\, V_m}$$

$$c(SO_2) = \frac{n(SO_2)}{V} = \frac{n(SO_2)}{n\, V_m} = \frac{x(SO_2)\, p}{R\, T} = \frac{0{,}75 \cdot 1000\ \text{mbar}}{83{,}1\ \text{mbar L mol}^{-1}\ \text{K}^{-1} \cdot 573\ \text{K}}$$

$\underline{\mathbf{c(SO_2) = 15{,}75\ mmol/L}}$

Übungsaufgaben:

3-64. Welche Stoffmengenkonzentration $c(NH_3)$ hat ein Gasgemisch mit $x(NH_3) = 0{,}800$ a) im Normzustand und b) bei 275 °C und 1175 mbar?

3-65. Welche Stoffmengenkonzentration $c(C_2H_6)$ hat ein Gasgemisch mit $x(C_2H_6) = 25{,}5\%$ im Normzustand?

3.3.1.1.3.2 Aus dem Massenanteil

Rechenbeispiel 3-37. Eine Schwefelsäure-Lösung, $\rho = 1{,}109$ g/mL, hat den Massenanteil $w(H_2SO_4) = 16{,}0\%$. Wie groß ist ihre Stoffmengenkonzentration $c(H_2SO_4)$?

Gesucht: $c(H_2SO_4)$ **Gegeben:** $w(H_2SO_4) = 16{,}0\% = 0{,}160$
$\rho = 1{,}109$ g/mL

$$c_i = \frac{n_i}{V} \leftarrow \frac{m_i \leftarrow w_i\, m}{M_i}, \qquad V \leftarrow \frac{m}{\rho}$$

$$c(H_2SO_4) = \frac{n(H_2SO_4)}{V} = \frac{m(H_2SO_4)\, \rho}{M(H_2SO_4)\, m} = \frac{w(H_2SO_4)\, \rho}{M(H_2SO_4)} = \frac{0{,}160 \cdot 1{,}109\ \text{g mL}^{-1}}{98{,}08\ \text{g mol}^{-1}}$$

$\underline{\mathbf{c(H_2SO_4) = 1{,}809\ mol/L}}$

Rechenbeispiel 3-38. Eine Lösung mit $w[(NH_4)_2SO_4] = 0{,}180$ hat die Dichte $\rho = 1{,}1039$ g/mL. Wie groß ist die Stoffmengenkonzentration $c(NH_4^+)$ in der Lösung?

Gesucht: $c(NH_4^+)$

Gegeben: $w[(NH_4)_2SO_4] = 0{,}180 = 18{,}0\%$
$\rho = 1{,}1039$ g/mL

Mit $\boldsymbol{n(NH_4^+) = 2\,n[(NH_4)_2SO_4]}$ gilt entsprechend Rechenbeispiel 3-37:

$$c(NH_4^+) = \frac{n(NH_4^+)}{V} = \frac{2\,w[(NH_4)_2SO_4]\,\rho}{M[(NH_4)_2SO_4]} = \frac{2 \cdot 0{,}180 \cdot 1{,}1039\ \text{g mL}^{-1}}{132{,}14\ \text{g mol}^{-1}}$$

$\boldsymbol{c(NH_4^+) = 3{,}008}$ **mol/L**

Übungsaufgaben:

3-66. Welche Stoffmengenkonzentrationen $c(X)$ ergeben sich aus folgenden Massenanteilen w_i und Dichten ρ von Lösungen?

$w(X)$	$\frac{\rho}{\text{g/ml}}$	$c(X)$
a) $w(H_3PO_4) = 40{,}0\%$	1,382	$c(H_3PO_4)$
b) $w(H_2SO_4) = 55{,}0\%$	1,450	$c(SO_4^{2-})$
c) $w(CaCl_2) = 25{,}0\%$	1,2284	$c(Ca^{2+})$

3-67. Ein Hexan-Cyclohexan-Gemisch, $\rho = 0{,}669$ g/mL, hat den Massenanteil $w(C_6H_{14}) = 90{,}0\%$. Wie groß ist seine Stoffmengenkonzentration an Hexan?

3-68. Ein Gasgemisch, $\rho = 0{,}4051$ g/L, besitzt den Massenanteil $w(NH_3) = 0{,}425$. Wie groß ist $c(NH_3)$ des Gemisches?

3.3.1.1.3.3 Aus dem Volumenanteil

Rechenbeispiel 3-39. Ein Gemisch aus Dichlormethan, CH_2Cl_2, und Trichlormethan, $CHCl_3$, hat den Volumenanteil $\varphi(CH_2Cl_2) = 32{,}5\%$. Wie groß ist die Stoffmengenkonzentration $c(CH_2Cl_2)$ des Gemisches? $\rho(CH_2Cl_2) = 1{,}325$ g/mL

Gesucht: $c(CH_2Cl_2)$

Gegeben: $\varphi(CH_2Cl_2) = 32{,}5\% = 0{,}325$
$\rho(CH_2Cl_2) = 1{,}325$ g/mL

$$c_i = \frac{n_i}{V} \longleftarrow \frac{m_i}{M_i} \longleftarrow V_i\,\rho_i \longleftarrow V_i = \varphi_i\,V$$

$$c(CH_2Cl_2) = \frac{n(CH_2Cl_2)}{V} = \frac{V(CH_2Cl_2)\,\rho(CH_2Cl_2)}{M(CH_2Cl_2)\,V} = \frac{\varphi(CH_2Cl_2)\,\rho(CH_2Cl_2)}{M(CH_2Cl_2)}$$

$$= \frac{0{,}325 \cdot 1{,}325 \text{ g mL}^{-1}}{84{,}93 \text{ g mol}^{-1}}$$

$\underline{\boldsymbol{c(CH_2Cl_2) = 5{,}070 \text{ mol/L}}}$

Übungsaufgaben:

3-69. Ein Gemisch aus Ethanol, C_2H_5OH, und Ethylacetat, $CH_3COOC_2H_5$, hat den Volumenanteil $\varphi(C_2H_5OH) = 17{,}80\%$. Wie groß ist seine Stoffmengenkonzentration an Ethylacetat? $\rho(CH_3COOC_2H_5) = 0{,}901$ g/mL

3-70. Ein Gasgemisch hat den Volumenanteil $\varphi(CO) = 0{,}390$. Wie groß ist die Stoffmengenkonzentration an Kohlenstoffmonoxid? $\rho_{p,T}(CO) = 1{,}250$ g/L

Rechenbeispiel 3-40. Ein Gasgemisch hat bei 125 °C und 1085 mbar den Volumenanteil $\varphi(CH_4) = 1{,}95\%$. Wie groß ist $c(CH_4)$ der Mischphase?

Gesucht: $c(CH_4)$ **Gegeben:** $\varphi(CH_4) = 1{,}95\% = 0{,}0195$
$T = 398$ K; $p = 1085$ mbar

$$c_i = \frac{n_i}{V} \longleftarrow \frac{V_i}{V_m} \qquad V_i \longleftarrow \varphi_i\, V$$

$$c(CH_4) = \frac{n(CH_4)\,p}{V} = \frac{V(CH_4)}{V_m} = \frac{\varphi(CH_4)\,p}{R\,T}$$

$$= \frac{0{,}0195 \cdot 1085 \text{ mbar}}{83{,}1 \text{ mbar L K}^{-1} \text{ mol}^{-1} \cdot 398 \text{ K}}$$

$\underline{\boldsymbol{c(CH_4) = 0{,}640 \text{ mmol/L}}}$

Übungsaufgaben:

3-71. Ein Gasgemisch hat im Normzustand den Volumenanteil $\varphi(H_2) = 80{,}0\%$. Wie groß ist die Stoffmengenkonzentration $c(H_2)$ des Gemisches?

3-72. Wie groß ist die Stoffmengenkonzentration $c(Cl_2)$ eines Gasgemisches von 100 °C und 875 mbar, das den Volumenanteil $\varphi(Cl_2) = 40{,}0\%$ besitzt?

3.3.1.1.4 Aus dem Stoffmengenverhältnis

Rechenbeispiel 3-41. Ein CO/CO_2-Gemisch hat ein Stoffmengenverhältnis $r(CO/CO_2) = 0{,}30$. Wie groß ist die Stoffmengenkonzentration $c(CO)$ im Normzustand?

Gesucht: $c(CO)$ **Gegeben:** $r(CO/CO_2) = 0{,}30$

$$\boldsymbol{c}(\mathbf{X}) = \frac{n_i \longleftarrow n_i = r_{ik}\, n_k}{V \longleftarrow n\, V_m \longleftarrow n = n_i + n_k \longleftarrow n_i = r_{ik}\, n_k}$$

$$c(CO) = \frac{n(CO)}{V} = \frac{n(CO)}{[n(CO) + n(CO_2)]\, V_m}$$

$$= \frac{r(CO/CO_2)\, n(CO_2)}{[r(CO/CO_2)\, n(CO_2) + n(CO_2)]\, V_m} = \frac{[r(CO/CO_2)}{[r(CO/CO_2) + 1]\, V_m}$$

$$= \frac{0{,}30}{(0{,}30 + 1) \cdot 22{,}4\ \text{L mol}^{-1}}$$

$\mathbf{c(CO) = 10{,}3\ mmol/L}$

Übungsaufgaben:

3-73. Wie groß ist die Stoffmengenkonzentration $c(Cl_2)$ eines Gasgemisches mit $r(Cl_2/HCl) = 0{,}425$ a) im Normzustand und b) bei 22 °C und 1025 mbar?

3.3.1.2 Rechnen mit der Stoffmengenkonzentration

Durch Umstellen der Definitionsgleichung (3-8) für die Stoffmengenkonzentration eines Bestandteils i in einer Mischphase ergeben sich:

$$n_i = c_i\, V \qquad \textbf{(3-9)}$$

$$V = \frac{n_i}{c_i} \qquad \textbf{(3-10)}$$

Daraus leiten sich durch Ersetzen von V und n_i durch andere Quantitäten weitere Beziehungen ab, die die Berechnung anderer Quantitäten ermöglichen.

3.3.1.2.1 Quantitäten der Bestandteile

3.3.1.2.1.1 Stoffmenge

Rechenbeispiel 3-42. Welche Stoffmengen $n(CaCl_2)$ und $n(Cl^-)$ enthalten 375 mL einer Lösung mit der Stoffmengenkonzentration $c(CaCl_2) = 0{,}100$ mol/L?

Gesucht: $n(Cl^-)$ **Gegeben:** $c(CaCl_2) = 0{,}100$ mol/L; $V = 375$ mL

Gemäß (3-9) gilt:

$$n(CaCl_2) = c(CaCl_2)\ V = 0{,}100 \text{ mol L}^{-1} \cdot 375 \text{ mL}$$

$$\underline{\mathbf{n(CaCl_2) = 0{,}0375\ mol = 37{,}5\ mmol}}$$

$$n(Cl^-) = 2\ n(CaCl_2) = 2\ c(CaCl_2)\ V = 2 \cdot 0{,}100 \text{ mol L}^{-1} \cdot 375 \text{ mL}$$

$$\underline{\mathbf{n(Cl^-) = 0{,}0750\ mol = 75{,}0\ mmol}}$$

Rechenbeispiel 3-43. Welche Stoffmenge $n(HNO_3)$ ist in 2,25 kg einer Salpetersäure-Lösung, $c(HNO_3) = 6{,}44$ mol/L, mit der Dichte $\rho = 1{,}205$ g/mL?

Gesucht: $n(HNO_3)$ **Gegeben:** $c(HNO_3) = 6{,}44$ mol/L
$m = 2{,}25$ kg; $\rho = 1{,}205$ g/mL

$$n_i = c_i\ V \longleftarrow m/\rho$$

$$n(HNO_3)\ c(HNO_3)\ V = \frac{c(HNO_3)\ m}{\rho} = \frac{6{,}44 \text{ mol L}^{-1} \cdot 2{,}25 \text{ kg}}{1{,}205 \text{ g mL}^{-1}}$$

$$\underline{\mathbf{n(HNO_3) = 12{,}02\ mol}}$$

Übungsaufgaben:

3-74. Welche Stoffmengen $n(X)$ sind in Gemischen, für die folgende Stoffmengenkonzentrationen c_i und Volumina $V(M)$ bekannt sind?

c_i	$V(M)$	$n(X)$
a) $c(NaCl) = 0{,}85$ mol/L	300 mL	$n(NaCl)$
b) $c(H_2SO_4) = 5{,}00$ mol/L	400 mL	$n(S)$
c) $c(H_3PO_4) = 3{,}20$ mol/L	2,45 L	$n(H_3PO_4)$
d) $c[Ca(OH)_2] = 45{,}0$ mmol/L	5,00 L	$n(Ca^{2+})$
e) $c(CO_2) = 15{,}0$ mmol/L	2,20 m^3	$n(CO_2)$

3-75. Welche Stoffmengen $n(X)$ sind in Gemischen, für die folgende Stoffmengenkonzentrationen c_i, Massen $m(M)$ und Dichten $\rho(M)$ bekannt sind?

c_i	$m(M)$	$\frac{\rho(M)}{g/mL}$	$n(X)$
a) $c(HCl) = 1{,}82$ mol/L	400 g	1,030	$n(HCl)$
b) $c(H_2SO_4) = 5{,}00$ mol/L	700 g	1,285	$n(H_2SO_4)$
c) $c(HClO_4) = 3{,}90$ mol/L	1,45 kg	1,224	$n(ClO_4^-)$
d) $c(KOH) = 850{,}0$ mmol/L	5,00 kg	1,040	$n(K^+)$

3.3.1.2.1.2 Masse

Rechenbeispiel 3-44. Wieviel Gramm Kaliumpermanganat sind in 5,00 L einer Lösung mit $c(KMnO_4) = 0{,}100$ mol/L gelöst?

Gesucht: $m(KMnO_4)$ **Gegeben:** $c(KMnO_4) = 0{,}100$ mol/L; $V = 5{,}00$ L

$$m_i = M_i\, n_i \longleftarrow c_i\, V$$

$$m(KMnO_4) = M(KMnO_4)\, n(KMnO_4) = M(KMnO_4)\, c(KMnO_4)\, V$$

$$= 158{,}04 \text{ g mol}^{-1} \cdot 0{,}100 \text{ mol L}^{-1} \cdot 5{,}00 \text{ L}$$

$$\mathbf{m(KMnO_4) = 79{,}0\ g}$$

Rechenbeispiel 3-45. Wieviel Gramm Natriumcarbonat sind in 5,00 kg einer Lösung mit $c(Na_2CO_3) = 0{,}25$ mol/L gelöst? Die Dichte der Lösung ist 1,025 g/mL.

Gesucht: $m(Na_2CO_3)$ **Gegeben:** $c(Na_2CO_3) = 0{,}25$ mol/L
$m = 5{,}00$ kg; $\rho = 1{,}025$ g/mL

$$m_i = M_i\, n_i \longleftarrow c_i\, V \longleftarrow m/\rho$$

$$m(Na_2CO_3) = M(Na_2CO_3)\, n(Na_2CO_3) = \frac{M(Na_2CO_3)\, c(Na_2CO_3)\, m}{\rho}$$

$$= \frac{105{,}99 \text{ g mol}^{-1} \cdot 0{,}25 \text{ mol L}^{-1} \cdot 5{,}00 \text{ kg}}{1{,}025 \text{ g mL}^{-1}}$$

$$\mathbf{m(Na_2CO_3) = 129\ g}$$

Übungsaufgaben:

3-76. Welche Massen $m(X)$ sind in Gemischen, für die folgende Stoffmengenkonzentrationen c_i und Volumina $V(M)$ bekannt sind?

c_i	$V(M)$	$m(X)$
a) $c(NaCl) = 0,85$ mol/L	300 mL	$m(NaCl)$
b) $c(H_2SO_4) = 5,00$ mol/L	400 mL	$m(S)$
c) $c(H_3PO_4) = 3,20$ mol/L	2,45 L	$m(H_3PO_4)$
d) $c(CO_2) = 15,0$ mmol/L	2,20 m^3	$m(CO_2)$

3–77. Welche Massen $m(X)$ sind in Gemischen, für die folgende Stoffmengenkonzentrationen c_i, Massen $m(M)$ und Dichten $\rho(M)$ bekannt sind?

c_i	$m(M)$	$\frac{\rho(M)}{g/mL}$	$m(X)$
a) $c(HCl) = 1,82$ mol/L	400 g	1,030	$m(Cl)$
b) $c(H_2SO_4) = 5,00$ mol/L	700 g	1,285	$m(H_2SO_4)$
c) $c(HClO_4) = 3,90$ mol/L	1,45 kg	1,224	$m(HClO_4)$
d) $c(KOH) = 850,0$ mmol/L	5,00 kg	1,040	$m(KOH)$

3.3.1.2.1.3 Volumen

Rechenbeispiel 3-46. Wieviel Milliliter Methanol sind in 52 mL eines Flüssigkeitsgemisches mit der Stoffmengenkonzentration $c(CH_3OH) = 1,25$ mol/L? Die Dichte von Methanol ist 0,792 g/mL.

Gesucht: $V(CH_3OH)$

Gegeben: $V = 52$ mL; $c(CH_3OH) = 1,25$ mol/L
$\rho(CH_3OH) = 0,792$ g/mL

$$V_i = \frac{m_i}{\rho_i} \longleftarrow M_i\, n_i \longleftarrow c_i\, V$$

$$V(CH_3OH) = \frac{m(CH_3OH)}{\rho(CH_3OH)} = \frac{M(CH_3OH)\; n(CH_3OH)}{\rho(CH_3OH)} = \frac{M(CH_3OH)\; c(CH_3OH)\; V}{\rho(CH_3OH)}$$

$$= \frac{32,04 \text{ g mol}^{-1} \cdot 1,25 \text{ mol L}^{-1} \cdot 52 \text{ mL}}{0,792 \text{ g mL}^{-1}}$$

$V(CH_3OH) = 2,63$ mL

Übungsaufgaben:

3-78. Welche Volumina $V(X)$ sind in Gemischen, für die folgende Stoffmengenkonzentrationen $c(X)$, Volumina $V(M)$ und Dichten $\rho(X)$ bekannt sind?

$c(X)$	$V(M)$	$\frac{\rho(X)}{g/mL}$	$V(X)$
a) $c(C_6H_6) = 1{,}82$ mol/L	400 mL	0,879	$V(C_6H_6)$
b) $c(C_6H_{12}) = 5{,}00$ mol/L	700 mL	0,779	$V(C_6H_{12})$
c) $c(C_2H_5OH) = 3{,}90$ mol/L	1,45 m³	0,791	$V(C_2H_5OH)$

Rechenbeispiel 3-47. Ein Gasgemisch hat bei 80 °C und 995 mbar eine Stoffmengenkonzentration an CH_4 von 10,0 mmol/L. Wieviel Milliliter Methan sind in 6,50 L dieses Gemisches?

Gesucht: $V(CH_4)$

Gegeben: $c(CH_4) = 10{,}0$ mmol/L
$V = 6{,}50$ L
$T = 353$ K; $p = 995$ mbar

$$V_i = n_i \, V_m \longleftarrow n_i = c_i \, V$$

$$V(CH_4) = n(CH_4)\, V_m(CH_4) = c(CH_4)\, V\, V_m(CH_4) = \frac{c(CH_4)\, V\, R\, T}{p}$$

$$= \frac{10{,}0 \text{ mmol L}^{-1} \cdot 6{,}50 \text{ L} \cdot 83{,}1 \text{ mbar L mol}^{-1} \text{ K}^{-1} \cdot 353 \text{ K}}{995 \text{ mbar}}$$

$$\underline{\mathbf{V(CH_4) = 1920\ mL}}$$

Übungsaufgaben:

3-79. Welche Teilvolumina $V(X)$ haben Bestandteile von Gasgemischen, für die folgende Volumina V, Stoffmengenkonzentrationen $c(X)$ und Bedingungen bekannt sind?

a) $V = 15{,}5$ m³; $c(CO) = 32{,}5$ mmol/L; $p = 1090$ mbar; $t = 20$ °C
b) $V = 34{,}6$ L; $c(NH_3) = 0{,}030$ mol/L; Normzustand
c) $V = 180$ mL; $c(O_2) = 12{,}5$ mmol/L; $p = 1190$ mbar; $t = 120$ °C
d) $V = 100$ L; $c(CO_2) = 22{,}5$ mmol/L; $p = 1095$ mbar; $t = 200$ °C

3.3.1.2.2 Volumen der Mischphase

Rechenbeispiel 3-48. Wieviel Liter Natronlauge, $c(NaOH) = 0{,}105$ mol/L, kann man aus 4,00 mol Natriumhydroxid, NaOH, herstellen?

Gesucht: V **Gegeben:** $c(NaOH) = 0{,}105$ mol/L; $n(NaOH) = 4{,}00$ mol

Gemäß (3-10) gilt:

$$V = \frac{n(NaOH)}{c(NaOH)} = \frac{4{,}00 \text{ mol}}{0{,}105 \text{ mol L}^{-1}}$$

$$\underline{V = \mathbf{38{,}1\ L}}$$

Übungsaufgaben:

3-80. Welche Volumina V(L) von wäßrigen Lösungen mit den folgenden Stoffmengenkonzentrationen c(X) lassen sich aus den angegebenen Stoffmengen n_i ansetzen?

c(X)	n(X)
a) $c(HCl) = 0{,}85$ mol/L	$n(HCl) = 5{,}00$ mol
b) $c(NaOH) = 5{,}00$ mol/L	$n(NaOH) = 0{,}65$ mol
c) $c(KMnO_4) = 0{,}100$ mol/L	$n(KMnO_4) = 12{,}6$ mol
d) $c(Cr^{6+}) = 45{,}0$ mmol/L	$n(K_2Cr_2O_7) = 0{,}20$ mol

3-81. In welchem Volumen V(L) einer Lösung, $c(KCl) = 0{,}85$ mol/L, sind 4,50 mol Kaliumchlorid gelöst?

3-82. Wie groß ist das Volumen V(M) eines Flüssigkeitsgemisches mit $c(CH_3OCH_3) = 3{,}70$ mol/L, das man aus 200 mmol Dimethylether, CH_3OCH_3, herstellen kann?

Rechenbeispiel 3-49. Wieviel Liter einer Kalilauge mit der Stoffmengenkonzentration $c(KOH) = 0{,}100$ mol/L kann man aus 100 g Kaliumhydroxid herstellen?

Gesucht: V **Gegeben:** $c(KOH) = 0{,}100$ mol/L; $m(KOH) = 100$ mL

$$V = \frac{n_i}{c_i} \longleftarrow \frac{m_i}{M_i}$$

$$V = \frac{n(KOH)}{c(KOH)} = \frac{m(KOH)}{M(KOH)\, c(KOH)} = \frac{100 \text{ g}}{56{,}11 \text{ g mol}^{-1} \cdot 0{,}100 \text{ mol L}^{-1}}$$

$$\underline{V = \mathbf{17{,}8\ L}}$$

Übungsaufgaben:

3-83. Wieviel Liter Lösung mit $c(X) = 0{,}200$ mol/L kann man aus den folgenden Massen $m(X)$ reiner Stoffe herstellen?

a) 35,0 g Natriumhydroxid, NaOH
b) 245 g Kaliumpermanganat, $KMnO_4$
c) 10,0 g Natriumthiosulfat, $Na_2S_2O_3$
d) 5,50 g Eisen(II)-sulfat, $FeSO_4$
e) 25,0 g Natriumcarbonat, Na_2CO_3
f) 325 g Methanol, CH_3OH

3-84. Welche Volumina V(L) von wäßrigen Lösungen mit den folgenden Stoffmengenkonzentrationen $c(X)$ lassen sich aus den angegebenen Stoffmengen m_i ansetzen?

$c(X)$	$n(X)$
a) $c(HCl) = 0{,}85$ mol/L	$m(HCl) = 500$ g
b) $c(NaOH) = 5{,}00$ mol/L	$m(NaOH) = 0{,}65$ kg
c) $c(\frac{1}{5}\,KMnO_4) = 0{,}100$ mol/L	$m(KMnO_4) = 125$ g
d) $c(Cr^{6+}) = 45{,}0$ mmol/L	$m(K_2Cr_2O_7) = 20{,}0$ g

3-85. Welchen Raum muß ein Gasgemisch mit einer Stoffmengenkonzentration $c(H_2) = 0{,}022$ mol/L einnehmen, das 10,0 g Wasserstoff enthält?

Rechenbeispiel 3-50. In wieviel Liter eines Flüssigkeitsgemisches mit der Stoffmengenkonzentration $c(CH_3OH) = 3{,}0$ mol/L sind 50,0 mL Methanol, CH_3OH, enthalten? $\rho(CH_3OH) = 0{,}792$ g/mL

Gesucht: V **Gegeben:** $c(CH_3OH) = 3{,}0$ mol/L
$V(CH_3OH) = 50{,}0$ mL; $\rho(CH_3OH) = 0{,}792$ g/mL

$$V = \frac{n_i}{c_i} \longleftarrow \frac{m_i}{M_i} \longleftarrow V_i\,\rho_i$$

$$V = \frac{n(CH_3OH)}{c(CH_3OH)} = \frac{V(CH_3OH)\,\rho(CH_3OH)}{M(CH_3OH)\,c(CH_3OH)} = \frac{50{,}0\text{ mL} \cdot 0{,}792\text{ g mL}^{-1}}{32{,}04\text{ g mol}^{-1} \cdot 3{,}0\text{ mol L}^{-1}}$$

$\underline{V = \mathbf{0{,}412\ L}}$

Übungsaufgaben:

3-86. Welches Volumen muß ein Flüssigkeitsgemisch mit $c(C_6H_5CH_3) = 2{,}65$ mol/L haben, wenn es 125 L Toluol, $C_6H_5CH_3$, enthalten soll? $\rho(C_6H_5CH_3) = 0{,}867$ g/mL

3-87. Ein Flüssigkeitsgemisch, $c(CHCl_3)$ = 1,65 mol/L, enthält auch 150 mL Trichlormethan, $CHCl_3$. Wie groß ist sein Volumen? $\rho(CHCl_3)$ = 1,486 g/mL

Rechenbeispiel 3-51. Ein Gasgemisch enthält bei 85 °C und 1045 mbar auch 4,95 L Ammoniak, NH_3. Seine Stoffmengenkonzentration an NH_3 ist 0,028 mol/L. Welchen Raum nimmt das Gemisch ein?

Gesucht: V **Gegeben:** $c(NH_3)$ = 0,028 mol/L; $V(NH_3)$ = 4,95 L
T = 358 K; p = 1045 mbar

$$V = \frac{n_i}{c_i} \longleftarrow \frac{V_i}{V_m}$$

$$V = \frac{V(NH_3)\, p}{R\, T\, c(NH_3)} = \frac{4{,}95\ \text{L} \cdot 1045\ \text{mbar}}{83{,}1\ \text{mbar L mol}^{-1}\ \text{K}^{-1} \cdot 358\ \text{K} \cdot 0{,}028\ \text{mol L}^{-1}}$$

$\underline{V = 6{,}2\ \text{L}}$

Übungsaufgaben:

3-88. Ein Gasgemisch enthält bei 85 °C und 1045 mbar auch 900 mL Hydrogenchlorid, HCl. Seine Stoffmengenkonzentration an HCl ist 24,0 mmol/L. Welchen Raum nimmt das Gemisch ein?

3-89. Ein Gasgemisch enthält im Normzustand auch 1,65 m^3 Stickstoff, N_2. Welchen Raum nimmt es ein, wenn es die Stoffmengenkonzentration $c(N_2)$ = 20,0 mmol/l besitzt?

3.3.1.3 Wiederholungsaufgaben (zu Abschn. 3.3.1)

3-1. 375 mL einer wäßrigen Methanol-Lösung enthalten 1,35 mol Methanol, CH_3OH. Welche Stoffmengenkonzentration an Methanol hat diese Mischphase?

3-2. Ein Gasgemisch nimmt einen Raum von 125 L ein. Es enthält 0,85 mol Fluor. Wie groß sind die Stoffmengenkonzentrationen $c(F_2)$ und $c(F)$ des Gemisches?

3-3. Welche Stoffmengenkonzentrationen $c(O)$ ergeben sich a) im Normzustand und b) bei 995 mbar und 25 °C für ein Gemisch aus 300 mol Kohlenmonoxid, CO, und 350 mol Wasserstoff?

3-4. Wie groß ist die Stoffmengenkonzentration an K^+-Ionen in einer Lösung, die 18,0 g Kaliumdichromat, $K_2Cr_2O_7$, in 500 mL enthält?

3-5. Ein Pentan-Hexan-Gemisch, ρ = 0,6425 g/mL, enthält 313 g Pentan in 1,00 kg des Gemisches. Welche Stoffmengenkonzentration $c(C_5H_{12})$ hat das Gemisch?

3-6. 500 L eines Alkoholgemisches enthalten 100 L Ethanol, ρ = 0,791 g/mL. Wie groß ist die Stoffmengenkonzentration $c(C_2H_5OH)$ des Gemisches?

3-7. 750 L Gasgemisch enthalten bei 1105 mbar und 275 °C 150,0 L Sauerstoff. Wie groß ist die Stoffmengenkonzentration c(O) im Gemisch?

3-8. Welche Stoffmengenkonzentrationen c(O) ergeben sich a) im Normzustand und b) bei 995 mbar und 122 °C für ein Gemisch aus 175 mL Kohlendioxid, CO_2, und 350 mL Wasserstoff?

3-9. Eine Lösung enthält 14,0 g Eisen(II)-chlorid, $FeCl_2$, je Liter. Wie groß ist die Stoffmengenkonzentration an Chlorid-Ionen in der Lösung?

3-10. Eine Schwefelsäure-Lösung hat eine Äquivalentkonzentration $c(\frac{1}{2}\ H_2SO_4)$ = 3,50 mol/L. Wie groß ist ihre Stoffmengenkonzentration $c(H_2SO_4)$?

3-11. Welche Stoffmengenkonzentration $c(NH_3)$ hat ein Gasgemisch mit $\beta(NH_3)$ = 700 mg/L bei 35 °C und 1035 mbar? $\rho(NH_3)$ = 0,6889 g/L

3-12. In 500 mL eines Gemisches sind 298 mL Ethanol, ρ = 0,791 g/mL. Wie groß ist $c(C_2H_5OH)$ der Mischphase?

3-13. Ein Gasgemisch besitzt eine Volumenkonzentration $\sigma(SO_2)$ = 0,40 L/L. Wie groß ist die Stoffmengenkonzentration $c(SO_2)$ des Gemisches bei 70 °C und 1015 mbar?

3-14. Welche Stoffmengenkonzentration $c(H_2S)$ hat ein Gasgemisch mit $x(H_2S)$ = 0,75 a) im Normzustand und b) bei 95 °C und 1,10 bar?

3-15. Ein Methanol-Butanol-Gemisch, ρ = 0,8005 g/mL, hat den Massenanteil $w(C_4H_9OH)$ = 0,494. Wie groß ist die Stoffmengenkonzentration an Butanol, C_4H_9OH, des Gemisches?

3-16. Ein Gemisch aus Toluol, $C_6H_5CH_3$, und Anilin, $C_6H_5NH_2$, hat den Volumenanteil φ(Anilin) = 19,0 %. Wie groß ist die Stoffmengenkonzentration an Anilin? (Von einer Volumenkontraktion wird abgesehen!) ρ(Anilin) = 1,022 g/mL

3-17. Wie groß ist die Stoffmengenkonzentration c(Cl) eines Gasgemisches von 100 °C und 875 mbar, das den Volumenanteil $\varphi(Cl_2)$ = 40,0 % hat?

3-18. Ein CO/CO_2-Gemisch mit der Dichte ρ = 1,67 g/L hat ein Stoffmengenverhältnis $r(CO/CO_2)$ = 0,70. Wie groß ist seine Stoffmengenkonzentration c(CO)?

3-19. Welche Stoffmengenkonzentration $c(H_2SO_4)$ hat eine Schwefelsäure-Lösung mit einer Dichte von 1,700 g/mL und dem Massenverhältnis $\zeta(H_2SO_4/H_2O) = 3{,}47 : 1$?

3-20. Ein Benzol/Toluol-Gemisch hat ein Volumenverhältnis $\psi(C_6H_6/C_6H_5CH_3) = 2{,}65 : 1$. Wie groß ist $c(C_6H_6)$ des Gemisches? (Von einer Volumenkontraktion wird abgesehen!) $\rho(C_6H_6) = 0{,}879$ g/mL

3-21. Eine Lösung hat eine Stoffmengenkonzentration $c(NaNO_3) = 2{,}00$ mol/L. Wie groß sind a) die Stoffmenge und b) die Masse an Natriumnitrat in 300 mL dieser Lösung?

3-22. Ein Alkoholgemisch besitzt die Stoffmengenkonzentration $c(1\text{-}C_3H_7OH) = 0{,}50$ mol/L. Wie groß ist a) die Stoffmenge, b) die Masse und c) das Volumen an 1-Propanol in 2,75 L des Gemisches? ρ(1-Propanol) = 0,804 g/mL

3-23. Ein Gasgemisch hat im Normzustand eine Stoffmengenkonzentration $c(NH_3) = 0{,}025$ mol/L. Wie groß ist a) die Stoffmenge, b) die Masse und c) das Volumen an Ammoniak in 600 L dieses Gemisches?

3-24. Ein Gasgemisch hat bei 165 °C und 785 mbar eine Stoffmengenkonzentration $c(Cl_2) = 15{,}0$ mmol/L. Wie groß ist a) die Stoffmenge, b) die Masse und c) das Volumen an Chlor in 200 L dieses Gemisches?

3-25. Zur Herstellung einer Kalilauge $c(KOH) = 1{,}50$ mol/L, $\rho = 1{,}0705$ g/mL, stehen 5,25 kg reines Kaliumhydroxid zur Verfügung. a) Wieviel Liter der Lauge können damit angesetzt werden? b) Welche Masse hat die hergestellte Lösung?

3-26. a) Wieviel Gramm Soda-Lösung, $\rho = 1{,}051$ g/mL, $c(Na_2CO_3) = 0{,}40$ mol/L, kann man aus 125 g reinem Natriumcarbonat, Na_2CO_3, ansetzen? b) Wie groß ist das Volumen der hergestellten Lösung?

3.3.2 Äquivalentkonzentration $c_i(eq)$

Die Äquivalentkonzentration $c_i(\text{eq}) = c(\frac{1}{z^*}\,X)$ eines (gedachten) Teilchens $\frac{1}{z^*}\,X$ in einer Mischphase ist der Quotient aus der Stoffmenge $n_i(\text{eq}) = n(\frac{1}{z^*}\,X)$ des Teilchens und dem Volumen V der Mischphase.

$$c\left(\frac{1}{z^*}\,X\right) = \frac{n(\frac{1}{z^*}\,X)}{V} \qquad \textbf{(3-8 a)}$$

Mit $n(\frac{1}{z^*}\,X) = z^*$ (vgl. (1-2), S. 6) ergeben sich:

$$c(\tfrac{1}{z^*}\,X) = \frac{z^*\,n(X)}{V} \qquad \textbf{(3-8 b)}$$

$$c(\frac{1}{z^*}\,X) = z^*\,c(X) \qquad \textbf{(3-8c)}$$

Die Äquivalentkonzentration $c(\frac{1}{z^*}\,X)$ gibt an, wieviel Mol eines (gedachten) Äquivalents $\frac{1}{z^*}\,X$ in 1 Liter einer Lösung enthalten sind.

Sie ist in erster Linie als Gehaltsangabe für Lösungen von Bedeutung, die bei volumetrischen Bestimmungen als Maßlösungen Verwendung finden, z. B. in der Acidimetrie und Alkalimetrie, aber auch bei Redoxreaktionen.

In der Definitionsgleichung (3-8a) für die Äquivalentkonzentration können die Stoffmengen $n(\frac{1}{z^*}\,X)$ eines Teilchens $\frac{1}{z^*}\,X$ und das Volumen V der Mischphase entsprechend Abb. 1-2 durch die anderen Quantitäten ersetzt werden. Dadurch ergeben sich zusätzlich weitere Beziehungen, mit denen die Berechnung der Stoffmengenkonzentration $c(X)$ vorgenommen werden kann.

3.3.2.1 Berechnen der Äquivalentkonzentration

3.3.2.1.1 Aus Quantitäten

Rechenbeispiel 3-52. 750 mL Lösung enthalten 0,15 mol Eisen(III)-chlorid, $FeCl_3$. Wie groß ist die Äquivalentkonzentration $c(\frac{1}{3}\,Fe^{3+})$ der Lösung?

Gesucht: $c(\frac{1}{3}\,Fe^{3+})$ **Gegeben:** $n(FeCl_3) = 0{,}150$ mol; $V = 750$ mL

Gemäß (3-8b) gilt:

$$c(\frac{1}{3}\,Fe^{3+}) = \frac{3\,n(FeCl_3)}{V} = \frac{3 \cdot 0{,}15\ \text{mol}}{750\ \text{mL}}$$

$$\underline{\boldsymbol{c(\frac{1}{3}\,Fe^{3+}) = 0{,}60\ \text{mol/L}}}$$

Übungsaufgaben:

3-90. Wie groß ist die Äquivalentkonzentration $c(\frac{1}{3}\,H_3PO_4)$ einer Phosphorsäure-Lösung, die in 500 mL 200 mmol reine Phosphorsäure enthält?

3-91. 3,50 Liter einer Soda-Lösung enthalten 1,65 mol Natriumcarbonat, Na_2CO_3. Wie groß ist die Äquivalentkonzentration $c(\frac{1}{2}\,Na_2CO_3)$ dieser Lösung?

3-92. 2,00 Liter einer Kaliumpermanganat-Lösung enthalten 0,65 mol Kaliumpermanganat, $KMnO_4$. Wie groß ist die Äquivalentkonzentration $c(\frac{1}{5}\,KMnO_4)$ dieser Lösung?

3-93. 1,85 kg Lösung, $\rho = 1{,}095$ g/mL, enthalten 1,60 mol Natriumcarbonat, Na_2CO_3. Wie groß ist die Äquivalentkonzentration $c(\frac{1}{2}\,Na_2CO_3)$ dieser Lösung?

Rechenbeispiel 3-53. 180 mL einer Lösung enthalten 12,6 g Natriumphosphat, Na_3PO_4. Wie groß ist die Äquivalentkonzentration $c(\frac{1}{3}\ Na_3PO_4)$ der Lösung?

Gesucht: $c(\frac{1}{3}\ Na_3PO_4)$ **Gegeben:** $m(Na_3PO_4) = 12{,}6\ g$; $V = 180\ mL$

$$c(\frac{1}{z^*}\ Z) = \frac{z^*\ n(X)}{V} \longleftarrow \frac{m(X)}{M(X)}$$

$$c(\frac{1}{3}\ Na_3PO_4) = \frac{3\ n(Na_3PO_4)}{V} = \frac{3\ m(Na_3PO_4)}{M(Na_3PO_4)\ V} = \frac{3 \cdot 12{,}6\ g}{163{,}94\ g\ mol^{-1} \cdot 180\ mL}$$

$$\mathbf{c(\frac{1}{3}\ Na_3PO_4) = 1{,}281\ mol/L}$$

Übungsaufgaben:

3-94. In 1000 mL einer Lösung sind 120 g Kaliumpermanganat, $KMnO_4$, gelöst. Wie groß ist die Äquivalentkonzentration $c(\frac{1}{3}\ KMnO_4)$ dieser Lösung?

3-95. 820 mL einer Lösung enthalten 75,0 g Aluminiumsulfat, $Al_2(SO_4)_3$. Wie groß ist die Äquivalentkonzentration $c[\frac{1}{2}\ Al_2(SO_4)_3]$ der Lösung?

Rechenbeispiel 3-54. 820 mL einer Lösung enthalten 75,0 g Aluminiumsulfat, $Al_2(SO_4)_3$. Wie groß ist die Äquivalentkonzentration $c(\frac{1}{3}\ Al^{3+})$ der Lösung?

Gesucht: $c(\frac{1}{3}\ Al^{3+})$ **Gegeben:** $m[Al_2(SO_4)_3] = 75{,}0\ g$; $V = 820\ mL$

Mit $\mathbf{n(Al^{3+}) = 2\ n[Al_2(SO_4)_3]}$ gilt entsprechend Rechenbeispiel 3-53:

$$c(\frac{1}{3}\ Al^{3+}) = \frac{z^*\ n(Al^{3+})}{V} = \frac{3 \cdot 2\ n[Al_2(SO_4)_3]}{V} = \frac{3 \cdot 2\ m[Al_2(SO_4)_3]}{M[Al_2(SO_4)_3]\ V}$$

$$= \frac{3 \cdot 2 \cdot 75{,}0\ g}{342{,}14\ g\ mol^{-1} \cdot 820\ mL}$$

$$\mathbf{c(\frac{1}{3}\ Al^{3+}) = 1{,}604\ mol/L}$$

Übungsaufgaben:

3-96. Wie groß ist die Äquivalentkonzentration an $\frac{1}{6}\ Cr^{6+}$-Ionen in einer Lösung, die 20,0 g Kaliumdichromat, $K_2Cr_2O_7$, in 400 ml enthält?

3-97. In 950 mL Lösung sind 75,0 g Aluminiumsulfat, $Al_2(SO_4)_3$. Wie groß ist die Äquivalentkonzentration $c(\frac{1}{3}\ Al^{3+})$ der Lösung?

3.3.3 Massenkonzentration

Die Massenkonzentration β_i eines Bestandteils i in einer Mischphase ist der Quotient aus der Masse m_i dieses Bestandteils und dem Volumen V der Mischphase.

$$\beta_i = \frac{m_i}{V} \qquad \textbf{(3-12)}$$

Die Dimensionsbetrachtung von (3-12) liefert als Einheit der Massenkonzentration *1 Kilogramm durch Liter* (Einheitenzeichen: kg/L oder kg L^{-1}):

$$[\beta_i] = \frac{[m_i]}{[V]} = \frac{1\ \text{kg}}{1\ \text{L}} = 1\ \text{kg/L} = 1\ \text{kg L}^{-1}$$

In der Praxis verwendet man bevorzugt *1 Gramm durch Liter* (Einheitenzeichen: g/L oder g L^{-1}):

Die Massenkonzentration β_i gibt an, wieviel Gramm eines Stoffes i in 1 Liter der Mischphase sind.

Sie wird in erster Linie als Gehaltsangabe für Lösungen, d. h. flüssige, homogene Mischphasen, verwendet.

3.3.3.1 Berechnen der Massenkonzentration

3.3.3.1.1 Aus Quantitäten

In der Definitionsgleichung (3-12) für die Massenkonzentration kann die Masse m_i durch andere Quantitäten ersetzt werden:

$$\beta_i = \frac{m_i}{V} \leftarrow \begin{cases} n_i\, M_i \\ V_i\, \rho_i \\ m_i\, n_i \leftarrow \dfrac{V_i}{V_m} \end{cases}$$

Für Teile einer Mischphasenkomponente des Typs $X_aY_bZ_c$ geht noch die Stoffmengenrelation (vgl. Abschn. 2.3.2) in (3-12) ein.

3.3.3.1.1.1 Aus der Masse der Bestandteile

Rechenbeispiel 3-55. 480 mL einer Lösung enthalten 32,0 g Calciumchlorid, $CaCl_2$. Wie groß sind die Massenkonzentrationen $c(CaCl_2)$ und $c(Cl^-)$ der Lösung?

Gesucht: $\beta(CaCl_2)$, $\beta(Cl^-)$

Gegeben: $m(CaCl_2) = 32{,}0$ g, $V = 480$ mL

Gemäß (3-12) gilt:

$$\beta(CaCl_2) = \frac{m(CaCl_2)}{V} = \frac{32{,}0 \text{ g}}{480 \text{ mL}}$$

$$\underline{\boldsymbol{\beta(CaCl_2) = 66{,}7 \text{ g/L}}}$$

Mit der Massenrelation $\boldsymbol{m(X)/a\,M(X)) = m(X_aY_bZ_c)/M(X_aY_bZ_c)}$ gilt:

$$\beta(Cl^-) = \frac{m(Cl^-)}{V} = \frac{2\,m(CaCl_2)\,M(Cl^-)}{M(CaCl_2)\,V} = \frac{2 \cdot 32{,}0 \text{ g} \cdot 35{,}45 \text{ g mol}^{-1}}{110{,}99 \text{ g mol}^{-1} \cdot 480 \text{ mL}}$$

$$\underline{\boldsymbol{\beta(Cl^-) = 42{,}6 \text{ g/L}}}$$

Übungsaufgaben:

3-98. Welche Massenkonzentrationen $\beta(X)$ ergeben sich für Lösungen mit folgenden Massen $m(X)$ an gelöstem Stoff und Volumina $V(L)$ der Lösungen?

$m(X)$	$V(L)$	$\beta(X)$
a) 37,5 g KOH	500 mL	$\beta(KOH)$
b) 2,5 kg NaOH	5,00 L	$\beta(NaOH)$
c) 200 mg Na_2CO_3	25,0 mL	$\beta(Na_2CO_3)$

3-99. Welche Massenkonzentrationen $\beta(X)$ ergeben sich für Lösungen mit folgenden Massen m_i an gelöstem Stoff und Volumina $V(L)$ der Lösungen?

m_i	$V(L)$	$\beta(X)$
a) 37,5 g KOH	500 mL	$\beta(K^+)$
b) 2,5 kg NaOH	5,00 L	$\beta(OH^-)$
c) 200 mg Na_2CO_3	25,0 mL	$\beta(Na^+)$

3-100. 285 mL Lösung enthalten 20,4 g Natriumcarbonat, Na_2CO_3. Welche Massenkonzentrationen $\beta(Na_2CO_3)$ und $\beta(CO_3^{2-})$ hat diese Lösung?

3-101. 120 L eines Flüssigkeitsgemisches enthalten 50,0 kg Diethylether? Wie groß ist die Massenkonzentration $\beta(C_2H_5OC_2H_5)$ der Mischung?

3-102. 725 m^3 eines Gasgemisches enthalten 320 g Asbeststaub. Wie groß ist die Massenkonzentration β(Staub) des Gemisches (in mg/L)?

Rechenbeispiel 3-56. 350 kg Natronlauge, ρ = 1,370 g/mL, enthalten 119 kg Natriumhydroxid, NaOH. Wie groß sind die Massenkonzentrationen $\beta(\mathrm{NaOH})$ und $\beta(\mathrm{Na^+})$ der Lauge?

Gesucht: $\beta(\mathrm{NaOH})$, $\beta(\mathrm{Na^+})$

Gegeben: $m(\mathrm{NaOH}) = 119$ kg; $m = 350$ kg; $\rho = 1{,}37$ g/mL

$$\beta_i = \frac{m_i}{V} \leftarrow m/\rho$$

$$\beta(\mathrm{NaOH}) = \frac{m(\mathrm{NaOH})}{V} = \frac{m(\mathrm{NaOH})\,\rho}{m} = \frac{119\ \mathrm{kg} \cdot 1{,}370\ \mathrm{g\ mL^{-1}}}{350\ \mathrm{kg}}$$

$$\underline{\boldsymbol{\beta(\mathrm{NaOH}) = 466\ \mathrm{g/L}}}$$

Mit der Massenrelation $\boldsymbol{m(\mathrm{X})/a\,M(\mathrm{X})) = m(\mathrm{X_aY_bZ_c})/M(\mathrm{X_aY_bZ_c})}$ gilt:

$$\beta(\mathrm{Na^+}) = \frac{m(\mathrm{Na^+})}{V} = \frac{m(\mathrm{NaOH})\,M(\mathrm{Na^+})\,\rho}{M(\mathrm{NaOH})\,m}$$

$$= \frac{119\ \mathrm{kg} \cdot 22{,}99\ \mathrm{g\ mol^{-1}} \cdot 1{,}370\ \mathrm{g\ mL^{-1}}}{40{,}00\ \mathrm{g\ mol^{-1}} \cdot 350\ \mathrm{kg}}$$

$$\underline{\boldsymbol{\beta(\mathrm{Na^+}) = 267\ \mathrm{g/L}}}$$

Übungsaufgaben:

3-103. Welche Massenkonzentration β(X) errechnet sich für Mischphasen, für die folgende Massen m(X) an gelöstem Stoff, Massen m(M) und Dichten ρ(M) bekannt sind?

m(X)	m(M)	ρ(M)
a) 150,5 g H_2SO_4	250 g	1,500 g/mL
b) 8,50 kg HCl	35,0 kg	1,120 g/mL

3-104. In 400 g Salpetersäure-Lösung, $\rho = 1{,}305$ g/mL, sind 252 g Salpetersäure. Wie groß ist $\beta(HNO_3)$ der Lösung?

3-105. Welche Massenkonzentration $\beta(X)$ errechnet sich für Mischphasen, für die folgende Massen m_i des gelösten Stoffes, Massen $m(M)$ und Dichten $\rho(M)$ bekannt sind?

m_i	$m(M)$	$\rho(M)$	$\beta(X)$
a) 8,50 kg HCl	35,0 kg	1,120 g/mL	$\beta(Cl^-)$
b) 11,20 g $HClO_4$	80,0 g	1,086 g/mL	$\beta(ClO_4^-)$
c) 218 kg HNO_3	450 kg	1,300 g/mL	$\beta(NO_3^-)$
d) 100 g KOH	220 g	1,460 g/mL	$\beta(K^+)$

3-106. 10,0 kg Kalilauge, $\rho = 1{,}400$ g/mL, enthalten 5,61 kg Kaliumhydroxid. Wie groß ist die Massenkonzentration $\beta(K^+)$ der Lauge?

3.3.3.1.1.2 Aus der Stoffmenge der Bestandteile

Rechenbeispiel 3-57. 5,00 L Kalilauge enthalten 3,45 mol Kaliumhydroxid, KOH. Wie groß sind ihre Massenkonzentrationen $\beta(KOH)$ und $\beta(OH^-)$?

Gesucht: $\beta(KOH)$, $\beta(OH^-)$

Gegeben: $n(KOH) = 3{,}45$ mol, $V = 5{,}00$ L

$$\beta_i = \frac{m_i}{V} \quad m_i \longleftarrow n_i M_i$$

$$\beta(KOH) = \frac{n(KOH)}{V} = \frac{n(KOH)\,M(KOH)}{V} = \frac{3{,}45 \text{ mol} \cdot 56{,}11 \text{ g mol}^{-1}}{5{,}00 \text{ L}}$$

$$\underline{\boldsymbol{\beta}\mathbf{(KOH) = 38{,}72\ g/L}}$$

Mit $\boldsymbol{n}\mathbf{(OH^-)} = \boldsymbol{n}\mathbf{(KOH)}$ gilt:

$$\beta(OH^-) = \frac{m(OH^-)}{V} = \frac{n(KOH)\,M(OH^-)}{V} = \frac{3{,}45 \text{ mol} \cdot 17{,}01 \text{ g mol}^{-1}}{5{,}00 \text{ L}}$$

$$\underline{\boldsymbol{\beta}\mathbf{(OH^-) = 11{,}74\ g/L}}$$

Übungsaufgaben:

3-113. 200 m^3 eines gasförmigen Reaktionsgemisches enthalten im Normzustand 30 m^3 Ammoniak, NH_3, 45 m^3 Stickstoff, N_2, und 120 m^3 Wasserstoff, H_2. Wie sind die Massenkonzentrationen dieser Bestandteile im Gasgemisch?

3-114. 250 L Gasgemisch enthalten bei 1045 mbar und 75 °C 50,0 L Sauerstoff. Wie groß ist die Massenkonzentration $\beta(O_2)$ im Gemisch?

3-115. Welche Massenkonzentrationen ergeben sich für die Bestandteile in gasförmigen Gemischen mit folgenden Zusammensetzungen und bei den angegebenen Bedingungen?

a) $V(N_2) = 2{,}60\ m^3$, $V(H_2) = 5{,}35\ m^3$ und $V(NH_3) = 40{,}50\ m^3$ (im Normzustand)
b) $V(SO_2) = 720$ L und $V(O_2) = 3000$ L (bei 30 °C und 1,95 bar)
c) $V(H_2) = 200$ mL und $V(O_2) = 100$ mL (bei -15 °C und 920 mbar)

3.3.3.1.2 Aus anderen Konzentrationen

In der Definitionsgleichung (3-12) für die Massenkonzentration kann die Masse m_i durch die Stoffmenge n_i, die Äquivalentstoffmenge $n_i(\mathrm{eq})$ und das Volumen V_i ersetzt werden.

Mit den Definitionsgleichungen für die entsprechenden Konzentrationen ergeben sich Beziehungen, die den Zusammenhang zwischen der Massenkonzentration einer Mischphase und den anderen Konzentrationen beschreiben.

$$\beta_i = \frac{m_i}{V} \leftarrow \begin{cases} M_i\, n_i \leftarrow c_i\, V \\ M(\frac{1}{z^*}\mathbf{X})\, n(\frac{1}{z^*}\mathrm{X}) \leftarrow c(\frac{1}{z^*}\mathrm{X})\, V = \mathbf{z^*}\, \boldsymbol{c}(\mathbf{X})\, V \\ \rho_i\, V_i \leftarrow \sigma_i\, V \\ M_i\, n_i \leftarrow \frac{V_i}{V_m} \leftarrow \sigma_i\, V \end{cases}$$

3.3.3.1.2.1 Aus der Stoffmengenkonzentration

Rechenbeispiel 3-61. Wie groß sind die Massenkonzentration $\beta(AlCl_3)$ und $\beta(Cl^-)$ einer Lösung mit $c(AlCl_3) = 1{,}10$ mol/L?

Gesucht: $\beta(AlCl_3)$; $\beta(Cl^-)$ **Gegeben:** $c(AlCl_3) = 1{,}10$ mol/L

$$\beta_i = \frac{m_i}{V} \leftarrow M_i\, n_i \leftarrow c_i\, V$$

$$\beta(\text{AlCl}_3) = \frac{m(\text{AlCl}_3)}{V} = \frac{n(\text{AlCl}_3)\, M(\text{AlCl}_3)}{V} = c(\text{AlCl}_3)\, M(\text{AlCl}_3)$$

$$= 1{,}10 \text{ mol L}^{-1} \cdot 133{,}34 \text{ g mol}^{-1}$$

$\underline{\boldsymbol{\beta(\text{AlCl}_3) = 146{,}7 \text{ g/L}}}$

Mit der Massenrelation $\boldsymbol{m(\text{X})/\text{a}\, M(\text{X})) = m(\text{X}_a\text{Y}_b\text{Z}_c)/M(\text{X}_a\text{Y}_b\text{Z}_c)}$ gilt:

$$\beta(\text{Cl}^-) = \frac{m(\text{Cl}^-)}{V} = \frac{3\, n(\text{AlCl}_3)\, M(\text{Cl}^-)}{V} = 3\, c(\text{AlCl}_3)\, M(\text{Cl}^-)$$

$$= 3 \cdot 1{,}10 \text{ mol L}^{-1} \cdot 35{,}45 \text{ g mol}^{-1}$$

$\underline{\boldsymbol{\beta(\text{Cl}^-) = 117{,}0 \text{ g/L}}}$

Übungsaufgaben:

3-116. Welche Massenkonzentrationen $\beta(\text{Y})$ ergeben sich aus folgenden Stoffmengenkonzentrationen $c(\text{X})$?

$c(\text{X})$	$\beta(\text{Y})$
a) $c(H_3PO_4) = 2{,}60$ mol/L	$\beta(H_3PO_4)$
b) $c(H_2SO_4) = 7{,}50$ mol/L	$\beta(SO_4^{2-})$
c) $c(NH_4Cl) = 1{,}25$ mol/L	$\beta(NH_4^+)$
d) $c(Na_2Cr_2O_7) = 0{,}60$ mol/L	$\beta(Cr^{6+})$
e) $c(Na_2HPO_4) = 100$ mmol/L	$\beta(Na_2HPO_4)$
f) $c[Al_2(SO_4)_3] = 125$ mmol/L	$\beta(SO_4^{2-})$

3-117. Wie groß ist die Massenkonzentration an Benzol, C_6H_6, in einem Lösemittelgemisch mit $c(C_6H_6) = 5{,}50$ mol/L?

3-118. Wie groß ist die Massenkonzentration $\beta(Cl_2)$ eines Gasgemisches mit der Stoffmengenkonzentration $c(Cl_2) = 27{,}5$ mmol/L?

3.3.3.1.2.2 Aus der Äquivalentkonzentration

Rechenbeispiel 3-62. Eine Schwefelsäure-Lösung hat die Äquivalentkonzentration $c(\frac{1}{2}\, H_2SO_4) = 2{,}25$ mol/L. Wie groß ist ihre Massenkonzentration $\beta(H_2SO_4)$?

Gesucht: $\beta(H_2SO_4)$ **Gegeben:** $c(\frac{1}{2}\ H_2SO_4) = 2{,}25\ mol/L$

$$\boldsymbol{\beta(X)} = \frac{m(X)}{V} \longleftarrow \boldsymbol{M(X)}\, n(X) \longleftarrow c(X)\, V \longleftarrow c(X) = \frac{\boldsymbol{c(\frac{1}{z^*}\ X)}}{\boldsymbol{z^*}}$$

$$\beta(H_2SO_4) = \frac{m(H_2SO_4)}{V} = \frac{n(\frac{1}{2}\ H_2SO_4)\, M(\frac{1}{2}\ H_2SO_4)}{V}$$

$$= \frac{c(\frac{1}{2}\ H_2SO_4)\, M(H_2SO_4)}{2} = \frac{2{,}25\ mol\ L^{-1} \cdot 98{,}08\ g\ mol^{-1}}{2}$$

$\boldsymbol{\beta(H_2SO_4) = 110{,}3\ g/L}$

Übungsaufgaben:

3-119. Welche Massenkonzentrationen $\beta(X)$ ergeben sich aus folgenden Äquivalentkonzentrationen $c_i(eq)$?

$c_i(eq)$	$\beta(X)$
a) $c(\frac{1}{2}\ H_2SO_4) = 7{,}50\ mol/L$	$\beta(SO_4^{2-})$
b) $c(\frac{1}{2}\ CaCl_2) = 1{,}75\ mol/L$	$\beta(Cl)$
c) $c(\frac{1}{3}\ Fe^{3+}) = 185\ mmol/L$	$\beta(FeCl_3)$

3.3.3.1.2.3 Aus der Volumenkonzentration

Rechenbeispiel 3-63. Ein Aceton-Wasser-Gemisch hat die Volumenkonzentration $\sigma(CH_3COCH_3) = 75\ mL/L$. Wie groß ist die Massenkonzentration $\beta(CH_3COCH_3)$ der Mischphase? $\rho(CH_3COCH_3) = 0{,}791\ g/mL$

Gesucht: $\beta(CH_3COCH_3)$ **Gegeben:** $\sigma(CH_3COCH_3) = 75\ mL/L$
$\rho(CH_3COCH_3) = 0{,}791\ g/mL$

$$\beta_i = \frac{m_i}{V} \longleftarrow \rho_i\, V_i \longleftarrow \sigma_i\, V$$

$$\beta(CH_3COCH_3) = \frac{m(CH_3COCH_3)}{V} = \frac{\rho(CH_3COCH_3)\, V(CH_3COCH_3)}{V}$$

$$= \rho(CH_3COCH_3)\, \sigma(CH_3COCH_3) = 0{,}791\ g\ mL^{-1} \cdot 75\ mL\ L^{-1}$$

$\boldsymbol{\beta(CH_3COCH_3) = 59{,}3\ g/L}$

Übungsaufgaben:

3-120. Ein Hexan-Cyclohexan-Gemisch besitzt eine Volumenkonzentration $\sigma(C_6H_{14})$ = 225 mL/L. Wie groß ist die Massenkonzentration $\beta(C_6H_{14})$ der Mischphase? $\rho(C_6H_{14})$ = 0,659 g/mL

3-121. Ein Gasgemisch besitzt die Volumenkonzentration $\sigma(CH_4)$ = 190 mL/L. Wie groß ist die Massenkonzentration $\beta(CH_4)$ des Gemisches? $\rho(CH_4)$ = 0,7085 g/L

Rechenbeispiel 3-64. Die Volumenkonzentration $\sigma(NH_3)$ eines Gasgemisches beträgt 0,515 L/L. Wie groß ist die Massenkonzentration $\beta(NH_3)$ dieser Mischphase a) im Normzustand und b) bei 100 °C und 1200 mbar?

Gesucht: $\beta(NH_3)$ **Gegeben:** $\sigma(NH_3)$ = 0,515 L/L
T = 373 K; p = 1200 mbar

$$\beta_i = \frac{m_i}{V} \longleftarrow M_i\, n_i \longleftarrow \frac{V_i}{V_m} \longleftarrow \sigma_i\, V$$

$$\beta(NH_3) = \frac{m(NH_3)}{V} = \frac{n(NH_3)\, M(NH_3)}{V} = \frac{V(NH_3)\, M(NH_3)}{V_m\, V}$$

$$= \frac{M(NH_3)\, \sigma(NH_3)}{V_m} = \frac{17{,}03 \text{ g mol}^{-1} \cdot 0{,}515 \text{ L L}^{-1}}{22{,}4 \text{ L mol}^{-1}}$$

$\underline{\boldsymbol{\beta_n(NH_3) = 0{,}392 \text{ g/L}}}$

$$\beta(NH_3) = \frac{M(NH_3)\, \sigma(NH_3)\, p}{R\, T} = \frac{17{,}03 \text{ g mol}^{-1} \cdot 0{,}515 \text{ L L}^{-1} \cdot 1200 \text{ mbar}}{83{,}1 \text{ mbar L mol}^{-1} \text{ K}^{-1} \cdot 373 \text{ K}}$$

$\underline{\boldsymbol{\beta_{p,T}(NH_3) = 0{,}340 \text{ g/L}}}$

Übungsaufgaben:

3-122. Die Volumenkonzentration $\sigma(HCl)$ eines Gasgemisches beträgt 570 mL/L. Welche Massenkonzentration $\beta(HCl)$ hat das Gemisch a) im Normzustand und b) bei 82 °C und 1000 mbar?

3-123. Die Volumenkonzentration eines Gasgemisches an Sauerstoff beträgt 150 mL/L. Wie groß ist die Massenkonzentration $\beta(O_2)$ des Gemisches a) im Normzustand und b) bei 120 °C und 1600 mbar?

3.3.3.1.3 Aus Anteilen

In der Definitionsgleichung (3-12) für die Massenkonzentration kann die Masse m_i durch die Stoffmenge n_i und das Volumen V_i ersetzt werden. Mit den Definitionsgleichungen für die entsprechenden Anteile ergeben sich Beziehungen, die den Zusammenhang zwischen der Massenkonzentration einer Mischphase und den anderen Konzentrationen beschreiben (s. auch Abb. 3-5).

Für Teile einer Mischphasenkomponente des Typs $X_aY_bZ_c$ geht noch die Stoffmengenrelation (vgl. Abschn. 2.3.2) in diese Beziehungen ein.

3.3.3.1.3.1 Aus dem Massenanteil

Rechenbeispiel 3-65. Eine Kaliumcyanid-Lösung, $\rho = 1{,}0194$ g/mL, hat den Massenanteil $w(\text{KCN}) = 4{,}00\%$. Wie groß ist ihre Massenkonzentration $\beta(\text{KCN})$?

Gesucht: $\beta(\text{KCN})$ **Gegeben:** $w(\text{KCN}) = 4{,}00\% = 0{,}0400$
$\rho = 1{,}0194$ g/mL

$$\beta_i = \frac{m_i}{V} \qquad m_i \longleftarrow w_i\, m \qquad V \longleftarrow \frac{m}{\rho}$$

$$\beta(\text{KCN}) = \frac{m(\text{KCN})}{V} = \frac{m(\text{KCN})\,\rho}{m} = w(\text{KCN})\,\rho = 0{,}0400 \cdot 1{,}0194 \text{ g mL}^{-1}$$

β(KCN) = 40,78 g/L

Rechenbeispiel 3-66. Eine Lösung mit der Dichte $\rho = 1{,}054$ g/mL hat einen Massenanteil $w[\text{Ca(OH)}_2] = 8{,}80\%$. Wie ist die Massenkonzentration $\beta(\text{OH}^-)$ dieser Lösung?

Gesucht: $\beta(\text{OH}^-)$ **Gegeben:** $w[\text{Ca(OH)}_2] = 8{,}80\% = 0{,}0880$
$\rho = 1{,}054$ g/mL

Mit der Massenrelation $\boldsymbol{m(\text{X})/\text{a}\, M(\text{X})) = m(\text{X}_a\text{Y}_b\text{Z}_c)/M(\text{X}_a\text{Y}_b\text{Z}_c)}$ gilt entsprechend Rechenbeispiel 3-65.:

$$\beta(\text{OH}^- = \frac{m(\text{OH}^-)}{V} = \frac{2\, m[\text{Ca(OH)}_2]\, M(\text{OH}^-)}{M[\text{Ca(OH)}_2]\, V} = \frac{2\, w[\text{Ca(OH)}_2]\, M(\text{OH}^-)\,\rho}{M[\text{Ca(OH)}_2]}$$

$$= \frac{2 \cdot 0{,}0880 \cdot 17{,}01 \text{ g mol}^{-1} \cdot 1{,}054 \text{ g mL}^{-1}}{74{,}10 \text{ g mol}^{-1}}$$

$\beta(\text{OH}^-)$ = 42,58 g/L

Übungsaufgaben:

3-124. Welche Massenkonzentrationen $\beta(x)$ ergeben sich aus folgenden Massenanteilen $w(X)$ und Dichten $\rho(M)$ von Lösungen?

$w(X)$	$\frac{\rho(M)}{g/mL}$	$\beta(X)$
a) $w(AlCl_3) = 0{,}040$	1,0344	$\beta(AlCl_3)$
b) $w(KOH) = 0{,}2900$	1,280	$\beta(KOH)$
c) $w(NH_4OH) = 0{,}220$	0,9164	$\beta(NH_4OH)$
d) $w(K_2Cr_2O_7) = 0{,}060$	1,0477	$\beta(K_2Cr_2O_7)$
e) $w(Na_2CO_3) = 0{,}090$	1,0922	$\beta(Na_2CO_3)$

3-125. Ein Gasgemisch mit der Dichte $\rho = 0{,}6500$ g/L hat einen Massenanteil $w(F_2) = 31{,}5\%$. Wie groß ist die Massenkonzentration $\beta(F_2)$ des Gemisches?

3-126. Welche Massenkonzentrationen $\beta(X)$ ergeben sich aus folgenden Massenanteilen $w(X_aY_bZ_c)$ und Dichten $\rho(M)$ von Lösungen?

$w(X_aY_bZ_c)$	$\frac{\rho(M)}{g/mL}$	$\beta(X)$
a) $w(H_3PO_4) = 0{,}120$	1,0647	$\beta(PO_4^{3-})$
b) $w(AlCl_3) = 0{,}040$	1,0344	$\beta(Cl^-)$
c) $w(NH_4OH) = 0{,}220$	0,9164	$\beta(OH^-)$
d) $w(K_2Cr_2O_7) = 0{,}060$	1,0477	$\beta(Cr^{6+})$

Rechenbeispiel 3-67. Ein Gasgemisch aus Ethin, C_2H_2, und Ethen, C_2H_4, hat den Massenanteil $w(C_2H_2) = 12{,}6\%$. Wie groß ist seine Massenkonzentration $\beta(C_2H_2)$ im Normzustand?

Gesucht: $\beta(C_2H_2)$ **Gegeben:** $w(C_2H_2) = 12{,}6\% = 0{,}126$

$$\beta_i = \frac{m_i \leftarrow w_i\, m}{V \leftarrow V_m\, n \leftarrow \dfrac{m}{M} \leftarrow M = \dfrac{1}{\dfrac{w(X)}{M((X)} + \dfrac{w(Y)}{M(Y)}}} \quad \text{(vgl. S. 106)}$$

$$\beta(C_2H_2) = \frac{m(C_2H_2)}{V} = \frac{m(C_2H_2)}{n\, V_m} = \frac{m(C_2H_2)\, M}{m\, V_m} = \frac{w(C_2H_2)\, M}{V_m}$$

$$= \frac{w(C_2H_2)}{V_m \left[\dfrac{w(C_2H_2)}{M(C_2H_2)} + \dfrac{1 - w(C_2H_2)}{M(C_2H_4)}\right]}$$

$$= \frac{0{,}126}{22{,}4 \text{ L mol}^{-1} \left[\dfrac{0{,}126}{26{,}04} + \dfrac{0{,}874}{28{,}05}\right] \dfrac{1}{\text{g mol}^{-1}}}$$

<u>$\boldsymbol{\beta_n(C_2H_2) = 0{,}156}$ **g/L**</u>

Übungsaufgaben:

3-127. Ein Stickstoff/Wasserstoff-Gemisch hat den Massenanteil $w(H_2) = 92{,}5\%$. Wie groß ist die Massenkonzentration $\beta(H_2)$ des Gemisches a) im Normzustand und b) bei 2 °C und 1075 mbar?

3-128. Ein Wasserstoff-Chlor-Gemisch hat den Massenanteil $w(Cl_2) = 32{,}5\%$. Welche Massenkonzentration $\beta(Cl_2)$ hat das Gemisch a) im Normzustand und b) bei 92 °C und 1075 mbar?

3.3.3.1.3.2 Aus dem Stoffmengenanteil

Rechenbeispiel 3-68. Eine Kaliumbromid-Lösung hat den Stoffmengenanteil $x(\text{KBr}) = 1{,}65\%$. Ihre Dichte beträgt 1,081 g/mL. Wie groß ist $\beta(\text{KBr})$ der Lösung?

Gesucht: $\beta(\text{KBr})$ **Gegeben:** $x(\text{KBr}) = 1{,}65\% = 0{,}0165$; $\rho = 1{,}074$ g/mL

$$\beta_i = \frac{m_i}{V} \qquad m_i \longleftarrow M_i\, n_i \longleftarrow x_i\, n$$

$$V \longleftarrow \frac{m}{\rho} \qquad m \longleftarrow n\, M \longleftarrow M = x(\text{X})\, M(\text{X}) + x(\text{Y})\, M(\text{Y}) \quad \text{(vgl. S. 104)}$$

$$\beta(\text{KBr}) = \frac{m(\text{KBr})}{V} = \frac{n(\text{KBr})\, M(\text{KBr})\, \rho}{n\, M} = \frac{x(\text{KBr})\, M(\text{KBr})\, \rho}{M}$$

$$= \frac{x(\text{KBr})\, M(\text{KBr})\, \rho}{x(\text{KBr})\, M(\text{KBr}) + [1 - x(\text{KBr})]\, M(H_2O)}$$

$$= \frac{0{,}0165 \cdot 119{,}00\ \text{g mol}^{-1} \cdot 1{,}074\ \text{g mL}^{-1}}{0{,}0165 \cdot 119{,}00\ \text{g mol}^{-1} + (1 - 0{,}0165) \cdot 18{,}02\ \text{g mol}^{-1}}$$

$\underline{\boldsymbol{\beta}\textbf{(KBr)} = \textbf{107,1 g/L}}$

Übungsaufgaben:

3-129. Wie groß sind die Massenkonzentrationen $\beta(HNO_3)$ und $\beta(\text{N})$ einer Salpetersäure-Lösung mit der Dichte $\rho = 1{,}300$ g/mL und dem Stoffmengenanteil $x(HNO_3) = 0{,}2120$?

3-130. Wie groß ist die Massenkonzentration $\beta(NH_3)$ Ammoniak-Lösung mit der Dichte $\rho = 0{,}928$ g/mL und dem Stoffmengenanteil $x(NH_3) = 1{,}80\%$?

Rechenbeispiel 3-69. Ein Gasgemisch hat im Normzustand den Stoffmengenanteil $x(\mathrm{HF}) = 0{,}0345$. Wie groß ist die Massenkonzentration $\beta(\mathrm{HF})$ des Gemisches?

Gesucht: $\beta(\mathrm{HF})$ **Gegeben:** $x(\mathrm{HF}) = 0{,}0345 = 3{,}45\%$

$$\beta_i = \frac{m_i \longleftarrow M_i\, n_i \longleftarrow x_i\, n}{V \longleftarrow n\, V_m}$$

$$\beta(\mathrm{HF}) = \frac{m(\mathrm{HF})}{V} = \frac{x(\mathrm{HF})\, M(\mathrm{HF})}{V_{mn}} = \frac{0{,}0345 \cdot 20{,}01 \text{ g mol}^{-1}}{22{,}4 \text{ L mol}^{-1}}$$

$$\underline{\boldsymbol{\beta(\mathrm{HF}) = 30{,}8 \text{ mg/L}}}$$

Übungsaufgaben:

3-131. Ein Gasgemisch hat den Stoffmengenanteil $x(C_2H_2) = 85{,}0\%$. Wie groß ist die Massenkonzentration an Ethin a) im Normzustand und b) bei 60 °C und 1013 mbar?

3-132. Ein Gasgemisch hat den Stoffmengenanteil $x(H_2) = 75{,}0\%$. Wie groß ist die Massenkonzentration an Wasserstoff a) im Normzustand und b) bei 80 °C und 1030 mbar?

3.3.3.1.3.3 Aus dem Volumenanteil

Rechenbeispiel 3-70. Ein Gemisch aus Dichlormethan, CH_2Cl_2, und Trichlormethan, $CHCl_3$, hat einen Volumenanteil von 32,5% an Dichlormethan. Wie groß ist die Massenkonzentration $\beta(CH_2Cl_2)$ des Gemisches? $\rho(CH_2Cl_2) = 1{,}325$ g/mL

Gesucht: $\beta(CH_2Cl_2)$ **Gegeben:** $\varphi(CH_2Cl_2) = 32{,}5\% = 0{,}325$
$\rho(CH_2Cl_2) = 1{,}325$ g/mL

$$\beta_i = \frac{m_i \longleftarrow \rho_i\, V_i \longleftarrow \varphi_i\, V}{V}$$

$$\beta(CH_2Cl_2) = \frac{m(CH_2Cl_2)}{V} = \varphi(CH_2Cl_2)\, \rho(CH_2Cl_2)$$

$$= 0{,}325 \cdot 1{,}325 \text{ g mL}^{-1}$$

$$\underline{\boldsymbol{\beta(CH_2Cl_2) = 430{,}6 \text{ g/L}}}$$

Übungsaufgaben:

3-133. Ein Anilin/Benzol-Gemisch hat den Volumenanteil $\varphi(C_6H_5NH_2) = 0{,}75$. Wie groß ist die Massenkonzentration $\beta(C_6H_5NH_2)$ dieser Mischphase? (Eine Volumenkontraktion wird nicht berücksichtigt!) $\rho(C_6H_5NH_2) = 1{,}022$ g/mL

3-134. Ein Hexan/Cyclohexan-Gemisch besitzt den Volumenanteil $\varphi(n\text{-}C_6H_{14}) = 0{,}800$. Wie groß ist die Massenkonzentration $\beta(n\text{-}C_6H_{14})$ des Gemisches?
$\rho(n\text{-}C_6H_{14}) = 0{,}659$ g/mL

Rechenbeispiel 3-71. Ein Gasgemisch hat bei 125 °C und 1085 mbar den Volumenanteil $\varphi(CH_4) = 1{,}95\%$. Wie groß ist $\beta(CH_4)$ der Mischphase?

Gesucht: $\beta(CH_4)$ **Gegeben:** $\varphi(CH_4) = 1{,}95\% = 0{,}0195$

$$\beta_i = \frac{m_i}{V} \longleftarrow M_i\, n_i \longleftarrow \frac{V_i}{V_m} \longleftarrow \varphi_i\, V$$

$$\beta(CH_4) = \frac{m(CH_4)}{V} = \frac{\varphi(CH_4)\, M(CH_4)}{V_m} = \frac{\varphi(CH_4)\, M(CH_4)\, p}{R\, T}$$

$$= \frac{0{,}0195 \cdot 16{,}04 \text{ g mol}^{-1} \cdot 1085 \text{ mbar}}{83{,}1 \text{ mbar L K}^{-1} \text{ mol}^{-1} \cdot 398 \text{ K}}$$

$\underline{\boldsymbol{\beta}(\mathbf{CH_4}) = \mathbf{10{,}26\ mg/L}}$

Übungsaufgaben:

3-135. Ein Gasgemisch hat den Volumenanteil $\varphi(H_2) = 80{,}0\%$. Wie groß ist die Massenkonzentration $\beta(H_2)$ des Gemisches a) im Normzustand und b) bei 300 °C und 100 mbar?

3-136. Wie groß ist die Massenkonzentration $\beta(Cl_2)$ eines Gasgemisches a) im Normzustand und b) bei 100 °C und 875 mbar, das den Volumenanteil $\varphi(Cl_2) = 40{,}0\%$ hat?

3.3.3.1.4 Aus dem Massenverhältnis

Rechenbeispiel 3-72. Das Massenverhältnis $\zeta(NaOH/H_2O)$ einer Natronlauge ist 0,442. Welche Massenkonzentration $\beta(NaOH)$ hat die Lösung? $\rho(L) = 1{,}335$ g/mL

Gesucht: $\beta(NaOH)$ **Gegeben:** $\zeta(NaOH/H_2O) = 0{,}442$; $\rho(L) = 1{,}335$ g/mL

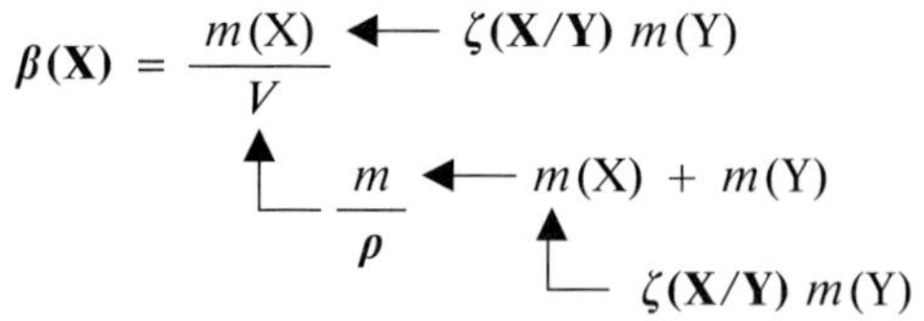

$$\beta(\text{NaOH}) = \frac{m(\text{NaOH})}{V} = \frac{m(\text{NaOH})\,\rho}{m(\text{NaOH}) + m(\text{H}_2\text{O})}$$

$$= \frac{\zeta(\text{NaOH/H}_2\text{O})\,\rho\,m(\text{H}_2\text{O})}{\zeta(\text{NaOH/H}_2\text{O})\,m(\text{H}_2\text{O}) + m(\text{H}_2\text{O})} = \frac{\zeta(\text{NaOH/H}_2\text{O})\,\rho}{\zeta(\text{NaOH/H}_2\text{O}) + 1}$$

$$= \frac{0{,}442 \cdot 1{,}335\ \text{g mL}^{-1}}{0{,}442 + 1}$$

$$\underline{\boldsymbol{\beta(\text{NaOH}) = 409{,}2\ \text{g/L}}}$$

Übungsaufgaben:

3-137. Eine Salzsäure, $\rho = 1{,}175$ g/mL, hat das Massenverhältnis $\zeta(\text{HCl/H}_2\text{O}) = 0{,}543$. Wie groß ist die Massenkonzentration $\beta(\text{HCl})$ der Lösung?

3-138. Ein Gasgemisch mit dem Massenverhältnis $\zeta(\text{H}_2/\text{N}_2) = 2{,}00$ hat die Dichte $\rho = 0{,}1331$ g/L. Welche Massenkonzentration $\beta(\text{H}_2)$ hat das Gasgemisch?

3.3.3.2 Rechnen mit der Massenkonzentration

Durch Umstellen der Definitionsgleichnung (3-11) für die Massenkonzentration eines Bestandteils i in einer Mischphase ergeben sich:

$$m_i = \beta_i\, V \qquad \textbf{(3-13)}$$

$$V = \frac{m_i}{\beta_i} \qquad \textbf{(3-14)}$$

Daraus leiten sich durch Ersetzen von V und m_i durch andere Quantitäten weitere Beziehungen ab, die die Berechnung anderer Quantitäten ermöglichen.

3.3.3.2.1 Quantitäten der Bestandteile

3.3.3.2.1.1 Masse

Rechenbeispiel 3-73. Welche Massen $m(\mathrm{NaOH})$ und $m(\mathrm{Na^+})$ enthalten 450 mL einer Natronlauge mit der Massenkonzentration $\beta(\mathrm{NaOH}) = 125$ g/L?

Gesucht: $m(\mathrm{NaOH})$, $m(\mathrm{Na^+})$

Gegeben: $\beta(\mathrm{NaOH}) = 125$ g/L; $V = 450$ mL

Gemäß (3-13) gilt:

$$m(\mathrm{NaOH}) = \beta(\mathrm{NaOH})\, V = 125\ \mathrm{g\ L^{-1}} \cdot 450\ \mathrm{mL}$$

$$\underline{\boldsymbol{m(\mathrm{NaOH}) = 56{,}3\ g}}$$

Mit Massenrelation $\boldsymbol{m(\mathrm{X})/a\, M(\mathrm{X}) = m(\mathrm{X_aY_bZ_c})/M(\mathrm{X_aY_bZ_c})}$ gilt:

$$m(\mathrm{Na^+}) = \frac{m(\mathrm{NaOH})\, M(\mathrm{Na^+})}{M(\mathrm{NaOH})} = \frac{\beta(\mathrm{NaOH})\, V\, M(\mathrm{Na^+})}{M(\mathrm{NaOH})}$$

$$= \frac{125\ \mathrm{g\ L^{-1}} \cdot 450\ \mathrm{mL} \cdot 22{,}99\ \mathrm{g\ mol^{-1}}}{40{,}00\ \mathrm{g\ mol^{-1}}}$$

$$\underline{\boldsymbol{m(\mathrm{Na^+}) = 32{,}3\ g}}$$

Übungsaufgaben:

3-139. Eine Lösung hat die Massenkonzentration $\beta(\mathrm{CaCl_2}) = 75{,}0$ g/L. Wie groß sind a) die Masse $m(\mathrm{CaCl_2})$ und b) die Masse $m(\mathrm{Ca})$ in 27,6 L dieser Lösung?

3-140. Ein Gasgemisch hat im Normzustand eine Massenkonzentration $\beta(\mathrm{NH_3}) = 0{,}425$ g/L. Wie groß ist die Masse an Stickstoff in 600 L dieses Gemisches?

Rechenbeispiel 3-74. Welche Massen $m(\mathrm{KOH})$ und $m(\mathrm{K^+})$ enthalten 765 g Kalilauge mit der Massenkonzentration $\beta(\mathrm{KOH}) = 59{,}5$ g/L und der Dichte $\rho = 1{,}050$ g/mL?

Gesucht: $m(\mathrm{KOH})$, $m(\mathrm{K^+})$

Gegeben: $\beta(\mathrm{KOH}) = 59{,}5$ g/L; $m = 765$ g; $\rho = 1{,}050$ g/mL

$m_i = \beta_i \, V \longleftarrow m/\rho$

$$m(\text{KOH}) = \frac{\beta(\text{KOH})}{V} = \frac{\beta(\text{KOH})\, m}{\rho} = \frac{59{,}5 \text{ g L}^{-1} \cdot 765 \text{ g}}{1{,}050 \text{ g mL}^{-1}}$$

$\underline{\boldsymbol{m}\textbf{(KOH) = 43,35 g}}$

Mit Massenrelation $\boldsymbol{m}\mathbf{(X)/a}\ \boldsymbol{M}\mathbf{(X)} = \boldsymbol{m}\mathbf{(X_aY_bZ_c)}/\boldsymbol{M}\mathbf{(X_aY_bZ_c)}$ gilt:

$$m(\text{K}^+) = \frac{m(\text{KOH})\, M(\text{K}^+)}{M(\text{KOH})} = \frac{\beta(\text{KOH})\, V\, M(\text{K}^+)}{M(\text{KOH})} = \frac{\beta(\text{KOH})\, m\, M(\text{K}^+)}{\rho\, M(\text{KOH})}$$

$$= \frac{59{,}5 \text{ g L}^{-1} \cdot 765 \text{ g} \cdot 39{,}10 \text{ g mol}^{-1}}{1{,}050 \text{ g mL}^{-1} \cdot 56{,}11 \text{ g mol}^{-1}}$$

$\underline{\boldsymbol{m}\mathbf{(K^+) = 30{,}21\ g}}$

Übungsaufgaben:

3-141. Ein Alkoholgemisch hat die Massenkonzentration $\beta(C_2H_5OH) = 300$ g/L. Wie groß ist die Masse an Ethanol in 4,75 kg dieses Gemisches? $\rho(\text{M}) = 0{,}791$ g/mL

3-142. Eine Lösung hat die Massenkonzentration $\beta(CaCl_2) = 85{,}0$ g/L und die Dichte $\rho = 1{,}065$ g/mL. Wie groß sind a) die Masse $m(Ca^{2+})$ und b) die Masse $m(Cl^-)$ in 270 g dieser Lösung?

3-143. Eine Salpetersäure-Lösung mit $\beta(HNO_3) = 85{,}0$ g/L hat die Dichte $\rho = 1{,}045$ g/mL. Wie groß sind a) die Masse $m(HNO_3)$ und b) die Masse $m(NO_3^-)$ in 570 g dieser Lösung?

3.3.3.2.1.2 Stoffmenge

Rechenbeispiel 3-75. Welche Stoffmenge $n(H_2SO_4)$ enthalten 120 mL Schwefelsäure-Lösung mit der Massenkonzentration $\beta(H_2SO_4) = 125$ g/L?

Gesucht: $n(H_2SO_4)$ **Gegeben:** $\beta(H_2SO_4) = 125$ g/L; $V = 120$ mL

$$n_i = \frac{m_i}{M_i} \longleftarrow \beta_i \, V$$

$$n(H_2SO_4) = \frac{m(H_2SO_4)}{M(H_2SO_4)} = \frac{\beta(H_2SO_4)\ V}{M(H_2SO_4)} = \frac{125\ \text{g L}^{-1} \cdot 120\ \text{mL}}{98{,}07\ \text{g mol}^{-1}}$$

$\mathbf{n(H_2SO_4) = 0{,}153\ mol}$

Rechenbeispiel 3-76. Welche Stoffmenge $n(SO_4^{2-})$ enthalten 120 mL Schwefelsäure-Lösung mit der Massenkonzentration $\beta(H_2SO_4)$ = 125 g/L?

Gesucht: $n(SO_4^{2-})$ **Gegeben:** $\beta(H_2SO_4)$ = 125 g/L; V = 120 mL

Mit Stoffmengenrelation $\mathbf{n(X_aY_bZ_c) = a\ n(X)}$ gilt:

$$n(SO_4^{2-}) = n(H_2SO_4) = \frac{m(H_2SO_4)}{M(H_2SO_4)} = \frac{\beta(H_2SO_4)\ V}{M(H_2SO_4)} = \frac{125\ \text{g L}^{-1} \cdot 120\ \text{mL}}{98{,}08\ \text{g mol}^{-1}}$$

$\mathbf{n(SO_4^{2-}) = 0{,}153\ mol}$

Übungsaufgaben:

3-144. Wie groß sind die Stoffmengen $n(Na_2Cr_2O_7)$ und $n(Na^+)$ in 2,25 L einer Natriumdichromat-Lösung mit der Massenkonzentration $\beta(Na_2Cr_2O_7)$ = 107,0 g/L?

3-145. Wie groß sind die Stoffmengen $n(ZnCl_2)$ und $n(Cl^-)$ in 425 mL einer Zinkchlorid-Lösung mit der Massenkonzentration $\beta(ZnCl_2)$ = 85,7 g/L?

3-146. Wie groß ist die Stoffmenge $n(H_2S)$ in 520 L Gasgemisch mit der Massenkonzentration $\beta(H_2S)$ = 1,240 g/L?

3-147. Eine Lösung hat die Massenkonzentration $\beta(KCl)$ = 84,0 g/L und die Dichte ρ = 1,050 g/L. Wie groß ist die Stoffmenge an Kalium-Ionen in 700 g dieser Lösung?

3-148. Wie groß ist die Stoffmenge $n(Cr^{6+})$ in 2,25 kg einer Natriumdichromat-Lösung mit $\beta(Na_2Cr_2O_7)$ = 107,0 g/L und ρ = 1,070 g/mL?

3.3.3.2.1.3 Volumen

Rechenbeispiel 3-77. Welches Volumen $V(C_6H_6)$ enthalten 500 L eines Flüssigkeitsgemisches mit der Massenkonzentration $\beta(C_6H_6)$ = 225 g/L? $\rho(C_6H_6)$ = 0,879 g/mL

Gesucht: $V(C_6H_6)$ **Gegeben:** $\beta(C_6H_6)$ = 225 g/L; V = 500 L
$\rho(C_6H_6)$ = 0,879 g/mL

$$V_i = \frac{m_i \leftarrow \beta_i V}{\rho_i}$$

$$V(C_6H_6) = \frac{m(C_6H_6)}{\rho(C_6H_6)} = \frac{\beta(C_6H_6)\,V}{\rho(C_6H_6)} = \frac{225\ \text{g L}^{-1} \cdot 500\ \text{L}}{0{,}879\ \text{g mL}^{-1}}$$

$$\underline{\mathbf{V(C_6H_6) = 128{,}0\ L}}$$

Übungsaufgaben:

3-149. Welches Volumen $V(N_2)$ enthalten 500 L eines Gasgemisches mit der Massenkonzentration $\beta(N_2) = 0{,}225$ g/L? $\rho(N_2) = 1{,}245$ g/L

3-150. Welches Volumen $V(CH_3OH)$ enthalten 285 mL eines Methanol/Wasser-Gemisches mit der Massenkonzentration $\beta(CH_3OH) = 425$ g/L? $\rho(CH_3OH) = 0{,}791$ g/L

Rechenbeispiel 3-78. Welches Volumen $V(CH_4)$ enthalten 135 L eines Gasgemisches mit der Massenkonzentration $\beta(CH_4) = 0{,}300$ g/L bei 135 °C und 1032 mbar?

Gesucht: $V(CH_4)$ **Gegeben:** $\beta(CH_4) = 0{,}300$ g/L; $V = 135$ L
$T = 408$ K; $p = 1032$ mbar

$$V_i = V_m\, n_i \leftarrow \frac{m_i \leftarrow \beta_i V}{M_i}$$

$$V(CH_4) = \frac{m(CH_4)\,V_m}{M(CH_4)} = \frac{\beta(CH_4)\,V\,V_m}{M(CH_4)} = \frac{\beta(CH_4)\,V\,R\,T}{M(CH_4)\,p}$$

$$= \frac{0{,}300\ \text{g L}^{-1} \cdot 135\ \text{L} \cdot 83{,}1\ \text{mbar L mol}^{-1}\ \text{K}^{-1} \cdot 408\ \text{K}}{16{,}04\ \text{g mol}^{-1} \cdot 1032\ \text{mbar}}$$

$$\underline{\mathbf{V(CH_4) = 83{,}0\ L}}$$

Übungsaufgaben:

3-151. Welches Volumen an Sauerstoff enthalten 500 L eines Gasgemisches bei 105 °C und 1022 mbar mit der Massenkonzentration $\beta(O_2) = 0{,}75$ g/L?

3-152. Wieviel Liter Kohlenstoffdioxid sind in 265 L eines Gasgemisches bei 109 °C und 1012 mbar mit der Massenkonzentration $\beta(CO_2) = 1{,}00$ g/L?

3.3.3.2.2 Volumen der Mischphase

Rechenbeispiel 3-79. Wieviel Liter einer Kalilauge mit der Massenkonzentration $\beta(\text{KOH}) = 10{,}0$ g/L kann man aus 375 g Kaliumhydroxid herstellen?

Gesucht: $V(\text{L})$ **Gegeben:** $\beta(\text{KOH}) = 10{,}0$ g/L; $m(\text{KOH}) = 375$ g

Gemäß (3-14) gilt:

$$V(\text{L}) = \frac{m(\text{KOH})}{\beta(\text{KOH})} = \frac{375 \text{ g}}{10{,}0 \text{ g L}^{-1}}$$

$$\underline{V(\text{L}) = 37{,}5 \text{ L}}$$

Übungsaufgaben:

3-153. Zur Herstellung einer Kalilauge, $\beta(\text{KOH}) = 70{,}0$ g/L, stehen 5,25 kg reines Kaliumhydroxid zur Verfügung. Wieviel Liter der Lauge können damit angesetzt werden?

3-154. Wieviel Liter Soda-Lösung, $\beta(Na_2CO_3) = 175$ g/L, kann man aus 125 g reinem Natriumcarbonat, Na_2CO_3, ansetzen?

Rechenbeispiel 3-80. Wieviel Liter Schwefelsäure-Lösung mit der Massenkonzentration $\beta(H_2SO_4) = 200$ g/L kann man aus 75,0 g Schwefelsäure-Lösung, $w(H_2SO_4) = 92{,}5\%$, herstellen?

Gesucht: $V(\text{L}_1)$ **Gegeben:** $\beta(H_2SO_4) = 200$ g/L
$m(\text{L}_2) = 75{,}0$ g; $w(H_2SO_4) = 92{,}5\%$

$$V = \frac{m_i}{\beta_i} \longleftarrow w_i\, m(\text{L}_2)$$

$$V(\text{L}_1) = \frac{m(H_2SO_4)}{\beta(H_2SO_4)} = \frac{w(H_2SO_4)\, m(\text{L}_2)}{\beta(H_2SO_4)} = \frac{0{,}925 \cdot 75{,}0 \text{ g}}{200 \text{ g L}^{-1}}$$

$$\underline{V(\text{L}_1) = 0{,}347 \text{ L}}$$

Übungsaufgaben:

3-155. Zur Herstellung einer Kalilauge, $\beta(\text{KOH}) = 70{,}0$ g/L, stehen 5,25 kg Kaliumhydroxid, $w(\text{KOH}) = 98{,}0\ \%$, zur Verfügung. Wieviel Liter der Lauge können damit angesetzt werden?

3-156. Wieviel Liter Soda-Lösung, $\beta(Na_2CO_3) = 175$ g/L, kann man aus 125 g Natriumcarbonat, $w(Na_2CO_3) = 0{,}865$, ansetzen?

3-157. Wieviel Liter einer Salpetersäure-Lösung, mit $\beta(HNO_3) = 365$ g/L kann man aus 45,0 kg einer zweiten Salpetersäure-Lösung, $w(HNO_3) = 55{,}0$ %, herstellen?

Rechenbeispiel 3-81. Wieviel Liter einer wäßrigen Ethanol-Lösung mit der Massenkonzentration $\beta(C_2H_5OH) = 375$ g/L kann man aus 1,00 L Ethanol mit einer Dichte von 0,791 g/mL herstellen?

Gesucht: V(L) **Gegeben:** $\beta(C_2H_5OH) = 375$ g/L
$V(C_2H_5OH) = 1{,}00$ L; $\rho(C_2H_5OH) = 0{,}791$ g/mL

$$V = \frac{m_i}{\beta_i} \longleftarrow V_i \, \rho_i$$

$$V(\text{L}) = \frac{m(C_2H_5OH)}{\beta(C_2H_5OH)} = \frac{V(C_2H_5OH)\,\rho(C_2H_5OH)}{\beta(C_2H_5OH)} = \frac{1{,}00 \text{ L} \cdot 0{,}791 \text{ g mL}^{-1}}{375 \text{ g L}^{-1}}$$

$\underline{\boldsymbol{V(\mathbf{L}) = 2{,}11\ \mathbf{L}}}$

Übungsaufgaben:

3-158. Wieviel Liter eines Benzol/Toluol-Gemisches mit der Massenkonzentration $\beta(C_6H_6) = 40{,}0$ g/L kann man aus 500 mL Benzol, $\rho = 0{,}879$ g/mL, herstellen?

3-159. Wieviel Liter eines Butanol/Propanol-Gemisches, $\beta(C_4H_9OH) = 140$ g/L kann man aus 500 mL Butanol, $\rho = 0{,}810$ g/mL, herstellen?

Rechenbeispiel 3-82. Ein Gasgemisch enthält 240 mL Neon. Seine Massenkonzentration ist $\beta(\text{Ne}) = 0{,}75$ g/L. Welchen Raum nimmt das Gemisch a) im Normzustand und b) bei 25 °C und 1020 mbar ein?

Gesucht: V_n, $V_{p,T}$ **Gegeben:** $\beta(\text{Ne}) = 0{,}75$ g/L
$V(\text{Ne}) = 240$ mL
$T = 298$ K; $p = 1020$ mbar

$$V = \frac{m_i}{\beta_i} \longleftarrow M_i \, n_i \longleftarrow \frac{V_i}{V_m}$$

$$V_n = \frac{m(\text{Ne})}{\beta(\text{Ne})} = \frac{V(\text{Ne})\, M(\text{Ne})}{V_m\, \beta(\text{Ne})} = \frac{240 \text{ mL} \cdot 20{,}18 \text{ g mol}^{-1}}{22{,}4 \text{ L mol}^{-1} \cdot 0{,}75 \text{ g L}^{-1}}$$

$$\underline{\boldsymbol{V_n = 0{,}288 \text{ L}}}$$

$$V_{p,T} = \frac{V(\text{Ne})\, M(\text{Ne})\, p}{R\, T\, (\text{Ne})} = \frac{240 \text{ mL} \cdot 20{,}18 \text{ g mol}^{-1} \cdot 1020 \text{ mbar}}{83{,}1 \text{ mbar L mol}^{-1} \text{ K}^{-1} \cdot 298 \text{ K} \cdot 0{,}75 \text{ g L}^{-1}}$$

$$\underline{\boldsymbol{V_{p,T} = 0{,}266 \text{ L}}}$$

Übungsaufgaben:

3-160. Ein Gasgemisch enthält 500 mL Ammoniak. Seine Massenkonzentration ist $\beta(NH_3) = 0{,}15$ g/L. Welchen Raum nimmt das Gemisch a) im Normzustand und b) bei 60 °C und 1065 mbar ein?

3-161. Ein Gasgemisch enthält 20,5 L Stickstoff. Seine Massenkonzentration ist $\beta(N_2) = 1{,}00$ g/L. Welchen Raum nimmt das Gemisch a) im Normzustand und b) bei 22 °C und 1013 mbar ein?

3.3.3.3 Wiederholungsaufgaben (zu Abschn. 3.3.3)

3-27. Wie groß ist a) $\beta(HCl)$ und b) $\beta(Cl)$ einer Salzsäure, die in 300 mL 3,15 mol HCl enthält?

3-28. 890 mL Soda-Lösung enthalten 1,25 mol Natriumcarbonat, Na_2CO_3. Wie groß ist a) $\beta(Na^+)$ und b) $\beta(Na_2CO_3)$?

3-29. 45,0 L eines Gasgemisches enthalten 1,10 mol Wasserstoff. Welche Massenkonzentration an Wasserstoff hat das Gemisch?

3-30. 300 L eines Gasgemisches enthalten 6,75 mol Ethen, C_2H_4. Wie groß ist $\beta(C_2H_4)$ der Mischphase?

3-31. In 1,25 m^3 eines Gasgemisches sind 19,5 mol Schwefeltrioxid, SO_3. Wie groß ist die Massenkonzentration $\beta(SO_3)$ des Gasgemisches?

3-32. Ein Gasgemisch besteht aus 12,5 mol Kohlenstoffmonoxid und 7,5 mol Kohlenstoffdioxid. Wie groß ist die Massenkonzentration $\beta(CO)$ des Gemisches a) im Normzustand und b) bei 32 °C und 1055 mbar?

3-33. Welche Massenkonzentration ergibt sich für die Bestandteile eines Gasgemisches, das bei 0 °C und 1020 mbar aus 6,0 mol Wasserstoff und 1,5 mol Sauerstoff besteht?

3-34. Welche Massenkonzentrationen ergeben sich für die Bestandteile von Mischphasen, für die Zusammensetzungen bekannt sind, im Normzustand?

a) $V(N_2) = 3{,}60\ m^3$; $V(NH_3) = 30{,}50\ m^3$
b) $V(C_2H_6) = 420\ L$; $V(C_2H_2) = 480\ L$

3-35. 1,45 kg eines Gemisches gasförmiger Kohlenwasserstoffe enthält 380 g Methan, CH_4. Seine mittlere molare Masse wurde mit 27,60 g/mol bestimmt. Wie groß ist die Massenkonzentration des Gemisches an Methan bei 1025 mbar und 220 °C?

3-36. 25,0 mol Kohlenstoffmonoxid und 5,00 mol Wasserstoff werden gemischt. Die Dichte $\rho(CO)$ ist bei den gegebenen Bedingungen 1,250 g/L. Wie groß ist die Massenkonzentration $\beta(CO)$ des Gemisches?

3-37. 385 mL Lösung enthalten 22,4 g Natriumcarbonat, Na_2CO_3. Wie groß sind die Massenkonzentrationen a) $\beta(Na^+)$ und b) $\beta(Na_2CO_3)$ dieser Lösung?

3-38. Welche Massenkonzentration errechnet sich für eine Schwefelsäure-Lösung, $\rho = 1{,}500\ g/mL$, die aus 150 g reiner Schwefelsäure und 100 g Wasser besteht?

3-39. 585 mL Lösung enthalten 0,25 mol Natriumcarbonat, Na_2CO_3. Welche Massenkonzentration $\beta(Na^+)$ hat diese Lösung?

3-40. Ein Gasgemisch setzt sich aus 3,25 mol Wasserstoff, 2,50 mol Stickstoff und 2,00 mol Ammoniak zusammen. Wie groß ist $\beta(N_2)$ des Gemisches a) im Normzustand und b) bei 125 °C und 1145 mbar?

3-41. Welche Massenkonzentrationen ergeben sich für die Bestandteile einer Mischphase, für die folgende Zusammensetzung bekannt ist, a) im Normzustand und b) bei 100 °C und 1100 mbar?
$V(N_2) = 5{,}60\ m^3$; $V(NH_3) = 30{,}50\ m^3$

3-42. 250 L Gasgemisch enthalten bei 1085 mbar und 175 °C 150,0 L Sauerstoff. Wie groß ist die Massenkonzentration $\beta(O_2)$ im Gemisch?

3-43. Wie groß ist die Massenkonzentration an Chlorbenzol, C_6H_5Cl, in einem Lösemittelgemisch mit $c(C_6H_5Cl) = 2{,}50\ mol/L$?

3-44. Wie groß ist die Massenkonzentration $\beta(Cl_2)$ eines Gasgemisches mit der Stoffmengenkonzentration $c(Cl_2) = 18{,}0\ mmol/L$?

3-45. Welche Massenkonzentration $\beta(N_2O)$ hat ein Gasgemisch mit $c(N_2O) = 13{,}5\ mmol/L$?

3-46. Welche Massenkonzentration $\beta(H_3PO_4)$ hat eine Phosphorsäure-Lösung mit $c(\frac{1}{3}\ H_3PO_4) = 1{,}95$ mol/L?

3-47. Ein Alkoholgemisch hat die Volumenkonzentration $\sigma(C_2H_5OH) = 475$ mL/L. Wie groß ist die Massenkonzentration $\beta(C_2H_5OH)$ der Mischphase?
$\rho(C_2H_5OH) = 0{,}791$ g/mL

3-48. Ein Gasgemisch besitzt die Volumenkonzentration $\sigma(CH_4) = 385$ mL/L. Welche Massenkonzentration $\beta(CH_4)$ hat das Gemisch a) im Normzustand und b) bei 0 °C und 1018 mbar?

3-49. Die Volumenkonzentration eines Gasgemisches an Sauerstoff beträgt 250 mL/L. Wie groß ist die Massenkonzentration $\beta(O_2)$ des Gemisches a) im Normzustand und b) bei 220 °C und 1420 mbar?

3-50. Welche Massenkonzentration $\beta(H_3PO_4)$ hat eine Lösung, $\rho = 1{,}065$ g/mL, mit dem Massenanteil $w(H_3PO_4) = 12{,}15\%$?

3-51. Eine Schwefelsäure-Lösung hat den Massenanteil $w(H_2SO_4) = 48{,}00\%$ und eine Dichte von 1,380 g/mL. Welche Massenkonzentration $\beta(H_2SO_4)$ besitzt die Lösung?

3-52. Ein Gasgemisch mit der Dichte $\rho = 0{,}6500$ g/L hat einen Massenanteil $w(F) = 0{,}300$. Wie groß ist seine Massenkonzentration $\beta(F)$?

3-53. Ein Wasserstoff-Chlor-Gemisch hat den Massenanteil $w(Cl_2) = 72{,}5\%$. Welche Massenkonzentration $\beta(Cl_2)$ hat das Gemisch a) im Normzustand und b) bei 15 °C und 1000 mbar?

3-54. Wie groß sind die Massenkonzentrationen $\beta(HCl)$ und $\beta(Cl^-)$ einer Salzsäure mit $\rho = 1{,}180$ g/mL und dem Stoffmengenanteil $x(HCl) = 17{,}5\%$?

3-55. Ein Gasgemisch hat den Stoffmengenanteil $x(C_2H_2) = 0{,}750$. Wie groß ist die Massenkonzentration an Ethin a) im Normzustand und b) bei 65 °C und 1013 mbar?

3-56. Ein Anilin/Benzol-Gemisch hat den Volumenanteil $\varphi(C_6H_5NH_2) = 35{,}5\%$. Wie groß ist die Massenkonzentration $\beta(C_6H_5NH_2)$ dieser Mischphase?
$\rho(C_6H_5NH_2) = 1{,}022$ g/mL

3-57. Ein Gasgemisch hat den Volumenanteil $\varphi(H_2) = 42{,}0\%$. Wie groß ist die Massenkonzentration $\beta(H_2)$ des Gemisches a) im Normzustand und b) bei 200 °C und 800 mbar?

3-58. Eine Kalilauge besitzt das Massenverhältnis $\zeta(KOH/H_2O) = 0{,}875$. Welche Massenkonzentration $\beta(KOH)$ hat die Lösung? $\rho(L) = 1{,}475$ g/mL

3-59. Zur Herstellung einer Natronlauge, $\beta(NaOH) = 180{,}0$ g/L, $\rho = 1{,}171$ g/mL, stehen 2,25 kg Natriumhydroxid, $w(NaOH) = 98{,}7\%$, zur Verfügung. a) Wieviel Liter der Lauge können damit angesetzt werden? b) Welche Masse hat die hergestellte Lösung?

3-60. a) Wieviel Gramm Soda-Lösung, $\rho = 1{,}159$ g/mL, $\beta(Na_2CO_3) = 175$ g/L, kann man aus 225 g reinem Natriumcarbonat, Na_2CO_3, ansetzen? b) Wie groß ist das Volumen der hergestellten Lösung?

3-61. a) Wieviel Liter einer Salpetersäure-Lösung, $\rho = 1{,}185$ g/mL, mit $\beta(HNO_3) = 365$ g/L kann man aus 375 mL einer zweiten Salpetersäure-Lösung, $w(HNO_3) = 55{,}0\%$, $\rho = 1{,}339$ g/mL, herstellen? b) Welche Masse hat die hergestellte Lösung?

3.3.4 Volumenkonzentration

Die Volumenkonzentration σ_i eines Bestandteils i in einer Mischphase ist der Quotient aus dem Volumen V_i dieses Bestandteils und dem Volumen V der Mischphase.

$$\sigma_i = \frac{V_i}{V} \qquad \textbf{(3-15)}$$

Die Dimensionsbetrachtung von (3-15) liefert die Einheit der Volumenkonzentration 1 *Liter durch Liter* (Einheitenzeichen: L/L oder L L^{-1}) oder 1:

$$[\sigma_i] = \frac{[V_i]}{[V]} = \frac{1\ \text{L}}{1\ \text{L}} = 1\ \text{L}\ \text{L}^{-1} = 1$$

Die Volumenkonzentration σ_i gibt an, wieviel Liter eines Bestandteils i in 1 Liter der Mischphase enthalten sind.

Sie wird in erster Linie als Gehaltsangabe für flüssige, homogene Mischphasen verwendet.

3.3.4.1 Berechnen der Volumenkonzentration

3.3.4.1.1 Aus Quantitäten

In der Definitionsgleichung (3-15) für die Volumenkonzentration kann das Volumen V_i eines Bestandteils i durch andere Quantitäten ersetzt werden:

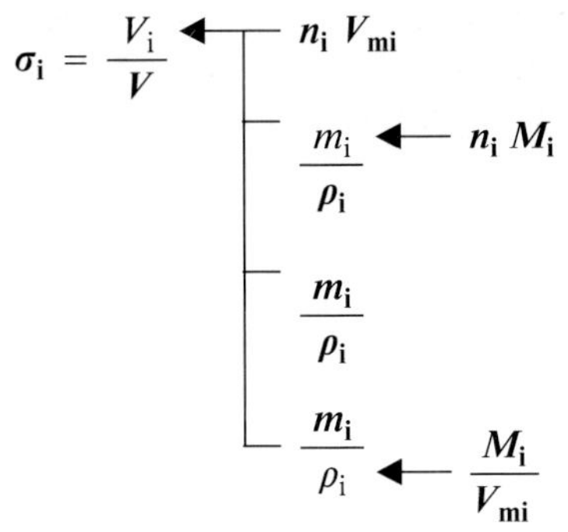

3.3.4.1.1.1 Aus dem Volumen der Bestandteile

Rechenbeispiel 3-83. 500 mL eines Methanol/Butanol- Gemisches enthalten 75 mL Methanol. Welche Volumenkonzentration an Methanol ergibt sich daraus?

Gesucht: $\sigma(CH_3OH)$ **Gegeben:** $V(CH_3OH) = 75$ mL; $V = 500$ mL

Gemäß (3-15) gilt:

$$\sigma(CH_3OH) = \frac{V(CH_3OH)}{V} = \frac{75 \text{ mL}}{500 \text{ mL}}$$

$$\underline{\boldsymbol{\sigma(CH_3OH) = 0{,}150 = 0{,}150 \text{ L/L}}}$$

Übungsaufgaben:

3-162. Welche Volumenkonzentration $\sigma(X)$ ergibt sich für Mischphasen mit folgenden Volumina $V(X)$ und $V(M)$ der Mischphase?

a) $V(CH_3OH) = 100$ L; $V(M) = 300$ L
b) $V(\text{Benzol}) = 3{,}50$ m^3; $V(M) = 6{,}50$ m^3
c) $V(H_2) = 210$ L; $V(M) = 300$ L
d) $V(NH_3) = 425$ mL; $V(M) = 750$ mL

Unter der Voraussetzung, daß beim Mischen keine Volumenkontraktion stattfindet, kann die Berechnung auch aus den Volumina V_i der Bestandteile erfolgen.

Rechenbeispiel 3-84. Ein Gasgemisch besteht aus 500 mL Stickstoff und 950 mL Sauerstoff. Wie groß sind die Volumenkonzentrationen der beiden Bestandteile?

Gesucht: $\sigma(N_2)$, $\sigma(O_2)$ **Gegeben:** $V(N_2) = 500$ mL; $V(O_2) = 950$ mL

Gemäß (3-15) gilt mit $V = \sum V_i$:

$$\sigma(N_2) = \frac{V(N_2)}{V} = \frac{V(N_2)}{V(N_2) + V(O_2)} = \frac{500\ \text{mL}}{500\ \text{mL} + 950\ \text{mL}}$$

$$\underline{\boldsymbol{\sigma(N_2) = 0{,}3448 = 0{,}3448\ \text{L/L}}}$$

$$\sigma(O_2) = \frac{V(O_2)}{V(N_2) + V(O_2)} = \frac{950\ \text{mL}}{500\ \text{mL} + 950\ \text{mL}}$$

$$\underline{\boldsymbol{\sigma(O_2) = 0{,}6552 = 0{,}6552\ \text{L/L}}}$$

Übungsaufgaben:

3-163. Welche Volumenkonzentrationen $\sigma(X)$ ergeben sich für die Bestandteile in Gemischen aus flüssigen oder gasförmigen Komponenten mit folgenden Zusammensetzungen?

a) $V(N_2) = 2{,}60\ \text{m}^3$, $V(H_2) = 5{,}35\ \text{m}^3$ und $V(NH_3) = 40{,}50\ \text{m}^3$
b) $V(SO_2) = 720$ L und $V(O_2) = 3000$ L
c) $V(H_2) = 200$ mL und $V(O_2) = 100$ mL

3-164. Ein gasförmiges Reaktionsgemisch besteht aus 30 m³ Ammoniak, NH_3, 45 m³ Stickstoff, N_2, und 120 m³ Wasserstoff, H_2. Wie sind die Volumenkonzentrationen dieser Bestandteile im Gasgemisch?

3.3.4.1.1.2 Aus der Stoffmenge der Bestandteile

Rechenbeispiel 3-85. 450 mL eines Ethanol/Wasser-Gemisches enthalten 4,00 mol Ethanol, $\rho = 0{,}791$ g/mL. Wie groß ist seine Volumenkonzentration $\sigma(C_2H_5OH)$?

Gesucht: $\sigma(C_2H_5OH)$

Gegeben: $n(C_2H_5OH) = 4{,}00$ mol
$\rho(C_2H_5OH) = 0{,}791$ g/mL
$V = 450$ mL

$$\sigma_i = \frac{V_i}{V} \longleftarrow \frac{m_i}{\rho_i} \longleftarrow n_i M_i$$

$$\sigma(C_2H_5OH) = \frac{V(C_2H_5OH)}{V} = \frac{n(C_2H_5OH)\, M(C_2H_5OH)}{\rho(C_2H_5OH)\, V}$$

$$= \frac{4{,}00\ \text{mol} \cdot 46{,}07\ \text{g mol}^{-1}}{0{,}791\ \text{g mL}^{-1} \cdot 450\ \text{mL}}$$

$$\underline{\boldsymbol{\sigma(C_2H_5OH) = 0{,}518 = 0{,}518\ \text{L/L}}}$$

Übungsaufgaben:

3-165. Wie groß sind die Volumenkonzentrationen $\sigma(X)$ von Mischphasen mit folgenden Stoffmengen $n(X)$ und Dichten $\rho(X)$ und Volumina $V(M)$ der Mischphase?

$n(X)$	$\rho(X)$	$V(M)$
a) 2,25 mol Nitrobenzol	1,204 g/mL	600 mL
b) 5,00 mol Toluol	0,867 g/mL	1,00 L
c) 5,00 mmol SO_2	2,600 g/L	2,00 L

Rechenbeispiel 3-86. 1250 mL eines Gasgemisches enthalten 40,0 mmol Ammoniak. Wie groß ist die Volumenkonzentration $\sigma(NH_3)$ des Gasgemisches a) im Normzustand und b) bei 7 °C und 1035 mbar?

Gesucht: $\sigma_n(NH_3)$, $\sigma_{p,T}(NH_3)$

Gegeben: $V = 1250$ mL; $n(NH_3) = 40{,}0$ mmol; $p = 1035$ mbar; $T = 280$ K

$$\sigma_i = \frac{V_i}{V} \quad V_i \longleftarrow n_i\, V_m$$

$$\sigma_n(NH_3) = \frac{V(NH_3)}{V} = \frac{n(NH_3)\, V_m}{V} = \frac{40{,}0 \text{ mmol} \cdot 22{,}4 \text{ L mol}^{-1}}{1250 \text{ mL}}$$

$$\underline{\boldsymbol{\sigma_n(NH_3) = 0{,}717 = 0{,}717 \text{ L/L}}}$$

$$\sigma_{p,T}(NH_3) = \frac{n(NH_3)\, R\, T}{V\, p} = \frac{40{,}0 \text{ mmol} \cdot 83{,}1 \text{ mbar L mol}^{-1} \text{ K}^{-1} \cdot 280 \text{ K}}{1250 \text{ mL} \cdot 1035 \text{ mbar}}$$

$$\underline{\boldsymbol{\sigma_{p,T}(NH_3) = 0{,}719 = 0{,}719 \text{ L/L}}}$$

Übungsaufgaben:

3-166. 10,5 L eines Gasgemisches enthalten 0,300 mol Hydrogenfluorid, HF. Wie ist die Volumenkonzentration $\sigma(HF)$ a) im Normzustand und b) bei 20 °C und 1075 mbar?

3-167. 100 mL eines Gasgemisches enthalten 3,25 mmol Chlor. Wie groß ist die Volumenkonzentration $\sigma(Cl_2)$ a) im Normzustand und b) bei 120 °C und 1075 mbar?

Rechenbeispiel 3-87. Ein Gasgemisch besteht aus 12,5 mol Kohlenstoffmonoxid, CO, und 37,5 mol Kohlenstoffdioxid, CO_2. Wie groß ist seine Volumenkonzentration $\sigma(CO)$?

Gesucht: $\sigma(\text{CO})$ **Gegeben:** $n(\text{CO}) = 12{,}5$ mol; $n(\text{CO}_2) = 37{,}5$ mol

$$\sigma_i = \frac{V_i \leftarrow n_i\, V_m}{V \leftarrow \sum V_i \leftarrow n_i\, V_m}$$

$$\sigma(\text{CO}) = \frac{V(\text{CO})}{V} = \frac{n(\text{CO})}{n(\text{CO}) + n(\text{CO}_2)} = \frac{12{,}5 \text{ mol}}{12{,}5 \text{ mol} + 37{,}5 \text{ mol}}$$

$$\underline{\boldsymbol{\sigma(\text{CO}) = 0{,}250 = 0{,}250 \text{ L/L}}}$$

Übungsaufgaben:

3-168. Welche Volumenkonzentrationen $\sigma(\text{X})$ ergeben sich für die Bestandteile von Gasgemischen mit den folgenden Zusammensetzungen?

a) $n(\text{H}_2) = 6{,}0$ mol und $n(\text{O}_2) = 1{,}5$ mol
b) $n(\text{N}_2) = 2{,}60$ mol und $n(\text{NH}_3) = 40{,}50$ mol
c) $n(\text{SO}_2) = 0{,}720$ mol und $n(\text{O}_2) = 3{,}00$ mol

3.3.4.1.1.3 Aus der Masse der Bestandteile

Rechenbeispiel 3-88. 450 mL eines Ethanol/Wasser-Gemisches enthalten 175 g Ethanol, $\rho = 0{,}791$ g/mL. Wie groß ist seine Volumenkonzentration $\sigma(\text{C}_2\text{H}_5\text{OH})$?

Gesucht: $\sigma(\text{C}_2\text{H}_5\text{OH})$ **Gegeben:** $m(\text{C}_2\text{H}_5\text{OH}) = 175$ g
$\rho(\text{C}_2\text{H}_5\text{OH}) = 0{,}791$ g/mL
$V = 450$ mL

$$\sigma_i = \frac{V_i}{V} \leftarrow \frac{m_i}{\rho_i}$$

$$\sigma(\text{C}_2\text{H}_5\text{OH}) = \frac{V(\text{C}_2\text{H}_5\text{OH})}{V} = \frac{m(\text{C}_2\text{H}_5\text{OH})}{\rho(\text{C}_2\text{H}_5\text{OH})\, V} = \frac{175 \text{ g}}{0{,}791 \text{ g mL}^{-1} \cdot 450 \text{ mL}}$$

$$\underline{\boldsymbol{\sigma(\text{C}_2\text{H}_5\text{OH}) = 0{,}492 = 0{,}492 \text{ L/L}}}$$

Übungsaufgaben:

3-169. Wie groß sind die Volumenkonzentrationen $\sigma(\text{X})$ von Mischphasen mit folgenden Massen $m(\text{X})$, Dichten $\rho(\text{X})$ und Volumina $V(\text{M})$?

m(X)	ρ(X)	V(X)
a) 275 g Nitrobenzol	1,204 g/mL	600 mL
b) 450 g Toluol	0,867 g/mL	1,00 L
c) 800 mg Kohlenmonoxid	1,250 g/L	750 mL
d) 1,00 g Kohlendioxid	1,955 g/L	2,00 L

Rechenbeispiel 3-89. 650 L eines Gasgemisches enthalten 120 g Hydrogensulfid, H_2S. Wie groß ist seine Volumenkonzentration $\sigma(H_2S)$ a) im Normzustand und b) bei 25 °C und 1100 mbar?

Gesucht: $\sigma_n(H_2S)$
$\sigma_{p,T}(H_2S)$

Gegeben: $m(H_2S) = 120$ g
$V = 650$ L
$T = 298$ K; $p = 1100$ mbar

$$\sigma_i = \frac{V_i}{V} \longleftarrow \frac{m_i}{\rho_i} \longleftarrow \frac{M_i}{V_m}$$

$$\sigma_n(H_2S) = \frac{V(H_2S)}{V} = \frac{m(H_2S)\,V_m}{M(H_2S)\,V} = \frac{120\text{ g} \cdot 22{,}4\text{ L mol}^{-1}}{34{,}08\text{ g mol}^{-1} \cdot 650\text{ L}}$$

$$\underline{\boldsymbol{\sigma_n(H_2S) = 0{,}1213 = 0{,}1213\ \mathrm{L/L} = 121{,}3\ \mathrm{mL/L}}}$$

$$\sigma_{p,T}(H_2S) = \frac{m(H_2S)\,R\,T}{M(H_2S)\,p\,V} = \frac{120\text{ g} \cdot 83{,}1\text{ mbar L mol}^{-1}\text{ K}^{-1} \cdot 298\text{ K}}{34{,}08\text{ g mol}^{-1} \cdot 1100\text{ mbar} \cdot 650\text{ L}}$$

$$\underline{\boldsymbol{\sigma_{p,T}(H_2S) = 0{,}1219 = 0{,}1219\ \mathrm{L/L} = 121{,}9\ \mathrm{mL/L}}}$$

Übungsaufgaben:

3-170. Wie groß sind die Volumenkonzentrationen σ(X) von folgenden Gasgemischen?

a) 25 mg Wasserstoff, H_2, in 600 mL Gemisch im Normzustand
b) 45,0 g Sauerstoff, O_2, in 100 L Gemisch bei −20 °C und 655 mbar
c) 200 g Stickstoff, N_2, in 0,750 m^3 Gemisch bei 90 °C und 2,25 bar
d) 1,00 kg Chlor, Cl_2, in 2,00 m^3 Gemisch bei 100 °C und 900 mbar

3.3.4.1.2 Aus anderen Konzentrationen

In der Definitionsgleichung (3-15) für die Volumenkonzentration kann das Volumen V_i durch die Stoffmenge n_i und die Masse m_i ersetzt werden. Mit den Definitionsgleichungen für die entsprechenden Konzentrationen ergeben sich Beziehungen, die den Zusammenhang zwischen der Volumenkonzentration einer Mischphase und den anderen Konzentrationen beschreiben.

$$\sigma_i = \frac{V_i}{V} \longleftarrow \begin{cases} \dfrac{m_i}{\rho_i} \longleftarrow M_i\, n_i \longleftarrow c_i\, V \\[2ex] V_{mi}\, n_i \longleftarrow c_i\, V \\[2ex] \dfrac{m_i}{\rho_i} \longleftarrow \beta_i\, V \\[2ex] \dfrac{m_i \longleftarrow \beta_i\, V}{\rho_i \longleftarrow M_i/V_m} \end{cases}$$

3.3.4.1.2.1 Aus der Stoffmengenkonzentration

Rechenbeispiel 3-90. Die Stoffmengenkonzentration an Methanol in einer wäßrigen Lösung ist $c(CH_3OH) = 1{,}35$ mol/L. Wie groß ist ihre Volumenkonzentration $\sigma(CH_3OH)$? $\rho(CH_3OH) = 0{,}792$ g/mL

Gesucht: $\sigma(CH_3OH)$ **Gegeben:** $c(CH_3OH) = 1{,}35$ mol/L
$\rho(CH_3OH) = 0{,}792$ g/mL

$$\sigma_i = \frac{V_i}{V} \longleftarrow \frac{m_i}{\rho_i} \longleftarrow M_i\, n_i \longleftarrow c_i\, V$$

$$\sigma(CH_3OH) = \frac{V(CH_3OH)}{V} = \frac{n(CH_3OH)\, M(CH_3OH)}{\rho(CH_3OH)\, V} = \frac{c(CH_3OH)\, M(CH_3OH)}{\rho(CH_3OH)}$$

$$= \frac{1{,}35 \text{ mol L}^{-1} \cdot 32{,}04 \text{ g mol}^{-1}}{0{,}791 \text{ g mL}^{-1}}$$

$$\underline{\boldsymbol{\sigma(CH_3OH) = 0{,}547 = 54{,}7 \text{ mL/L}}}$$

Übungsaufgaben:

3-171. Die Stoffmengenkonzentration $c(CH_3COCH_3)$ eines Aceton/Wasser-Gemisches ist 10,0 mmol/L. Wie groß ist Volumenkonzentration $\sigma(CH_3COCH_3)$ dieser Mischphase? $\rho(CH_3COCH_3) = 0{,}791$ g/mL

3-172. Die Stoffmengenkonzentration $c(CH_4)$ eines Gasgemisches ist 20,0 mmol/L. Wie groß ist die Volumenkonzentration $\sigma(CH_4)$ dieser Mischphase? $\rho(CH_4) = 0{,}713$ g/L

Rechenbeispiel 3-91. Die Stoffmengenkonzentration $c(CO)$ eines Gasgegemisches ist 22 mmol/L. Wie groß ist die Volumenkonzentration $\sigma(CO)$ a) im Normzustand und b) bei 25 °C und 998 mbar?

Gesucht: $\sigma_n(CO)$, $\sigma_{p,T}(CO)$

Gegeben: $c(CO) = 22$ mmol/L; $T = 298$ K; $p = 998$ mbar

$$\sigma_i = \frac{V_i}{V} \longleftarrow V_m\, n_i \longleftarrow c_i\, V$$

$$\sigma_n(CO) = \frac{V(CO)}{V} = \frac{n(CO)\, V_m}{V} = c(CO)\, V_m = 22 \text{ mmol L}^{-1} \cdot 22{,}4 \text{ L mol}^{-1}$$

$$\underline{\boldsymbol{\sigma_n(CO) = 0{,}49 = 0{,}49 \text{ L/L}}}$$

$$\sigma_{p,T}(CO) = \frac{c(CO)\, R\, T}{p} = \frac{22 \text{ mmol L}^{-1} \cdot 83{,}1 \text{ mbar L mol}^{-1}\text{ K}^{-1} \cdot 298 \text{ K}}{998 \text{ mbar}}$$

$$\underline{\boldsymbol{\sigma_{p,T}(CO) = 0{,}55 = 0{,}55 \text{ L/L}}}$$

Übungsaufgaben:

3-173. Die Stoffmengenkonzentration $c(SO_2)$ eines Gasgemisches ist 12,5 mmol/L. Wie groß ist die Volumenkonzentration $\sigma(SO_2)$ des Gemisches a) im Normzustand und b) bei 225 °C und 1285 mbar?

3-174. Die Stoffmengenkonzentration $c(N_2)$ eines Stickstoff/Ammoniak-Gemisches ist 25,0 mol/m³. Wie groß ist seine Volumenkonzentration $\sigma(N_2)$ a) im Normzustand und b) bei 125 °C und 1085 mbar?

3.3.4.1.2.2 Aus der Massenkonzentration

Rechenbeispiel 3-92. Die Massenkonzentration an Methanol in einer wäßrigen Lösung ist $\beta(CH_3OH) = 35{,}0$ g/L. Wie groß ist ihre Volumenkonzentration $\sigma(CH_3OH)$? $\rho(CH_3OH) = 0{,}791$ g/mL

Gesucht: $\sigma(CH_3OH)$ **Gegeben:** $\beta(CH_3OH) = 35{,}0$ g/L
$\rho(CH_3OH) = 0{,}791$ g/mL

$$\sigma_i = \frac{V_i}{V} \longleftarrow \frac{m_i}{\rho_i} \longleftarrow \beta_i\, V$$

$$\sigma(CH_3OH) = \frac{V(CH_3OH)}{V} = \frac{m(CH_3OH)}{\rho(CH_3OH)\, V} = \frac{\beta(CH_3OH)}{\rho(CH_3OH)} = \frac{35{,}0 \text{ g L}^{-1}}{0{,}791 \text{ g mL}^{-1}}$$

$\boldsymbol{\sigma(CH_3OH) = 0{,}4425 = 44{,}25}$ **mL/L**

Übungsaufgaben:

3-175. Die Massenkonzentration $\beta(C_6H_5CH_3)$ eines Toluol/Benzol-Gemisches ist 600 g/L. Wie groß ist die Volumenkonzentration $\sigma(C_6H_5CH_3)$ dieser Mischphase? $\rho(C_6H_5CH_3) = 0{,}867$ g/mL

3-176. Die Massenkonzentration $\beta(C_2H_4)$ eines Gasgemisches ist 600 mg/L. Wie groß ist die Volumenkonzentration $\sigma(C_2H_4)$ dieser Mischphase? $\rho(C_2H_4) = 1{,}250$ g/L

Rechenbeispiel 3-93. Die Massenkonzentration $\beta(CO)$ eines Gasgemisches ist 620 mg/L. Wie groß ist die Volumenkonzentration $\sigma(CO)$ a) im Normzustand und b) bei 25 °C und 998 mbar?

Gesucht: $\sigma_n(CO)$
$\sigma_{p,T}(CO)$

Gegeben: $c(CO) = 620$ mg/L
$p = 998$ mbar; $T = 298$ K

$$\sigma_i = \frac{V_i}{V} \longleftarrow \frac{m_i}{\rho_i} \longleftarrow \beta_i\, V$$
$$\rho_i \longleftarrow \frac{M_i}{V_m}$$

$$\sigma_n(CO) = \frac{V(CO)}{V} = \frac{m(CO)}{\rho(CO)\, V} = \frac{\beta(CO)\, V_m}{M(CO)} = \frac{620 \text{ mg L}^{-1} \cdot 22{,}4 \text{ L mol}^{-1}}{28{,}01 \text{ g mol}^{-1}}$$

$\boldsymbol{\sigma_n(CO) = 0{,}496 = 496}$ **mL/L**

$$\sigma_{p,T}(CO) = \frac{\beta(CO)\,R\,T}{M(CO)\,p} = \frac{620 \text{ mg L}^{-1} \cdot 83{,}1 \text{ mbar L mol}^{-1} \text{ K}^{-1} \cdot 298 \text{ K}}{28{,}01 \text{ g mol}^{-1} \cdot 998 \text{ mbar}}$$

$$\underline{\boldsymbol{\sigma_{p,T}(CO) = 0{,}549 = 549 \text{ mL/L}}}$$

Übungsaufgaben:

3-177. Die Massenkonzentration $\beta(SO_2)$ eines Gasgemisches ist 800 mg/L. Wie groß ist die Volumenkonzentration $\sigma(SO_2)$ des Gemisches a) im Normzustand und b) bei 275 °C und 1195 mbar?

3-178. Die Massenkonzentration $\beta(N_2)$ eines Stickstoff/Ammoniak-Gemisches ist 700 g/m³. Wie groß ist seine Volumenkonzentration $\sigma(N_2)$ a) im Normzustand und b) bei 125 °C und 1085 mbar?

3.3.4.1.3 Aus Anteilen

3.3.4.1.3.1 Aus dem Volumenanteil

Die Volumenkonzentration σ_i einer gasförmigen Mischphase ist gleich deren Volumenanteil φ_i, weil sich Gase ohne Volumenkontraktion mischen:

$$\sigma_i = \frac{V_i}{V} = \frac{V_i}{\sum V_i} = \varphi_i$$

Dies trifft auch für Flüssigkeitsgemische zu, wenn sich die Bestandteile ohne Volumenkontraktion mischen, d.h. die Beziehung $V = \sum V_i$ gilt.

3.3.4.1.3.2 Aus dem Stoffmengenanteil

Rechenbeispiel 3-94. Ein Gemisch aus Benzol, C_6H_6, und Chlorbenzol, C_6H_5Cl, hat eine Dichte von 0,992 g/mL und den Stoffmengenanteil $x(C_6H_6) = 0{,}6445$. Wie groß ist seine Volumenkonzentration $\sigma(C_6H_6)$? $\rho(C_6H_6) = 0{,}879$ g/mL

Gesucht: $\sigma(C_6H_6)$

Gegeben: $x(C_6H_6) = 0{,}6445$
$\rho(C_6H_5Cl) = 1{,}106$ g/mL
$\rho(C_6H_6) = 0{,}879$ g/mL

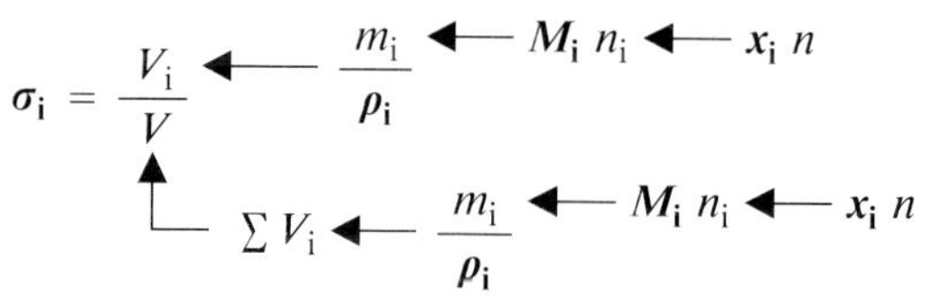

$$\sigma(C_6H_6) = \frac{V(C_6H_6)}{V(C_6H_6) + V(C_6H_5Cl)} = \frac{\dfrac{x(C_6H_6)\,M(C_6H_6)}{\rho(C_6H_6)}}{\dfrac{x(C_6H_6)\,M(C_6H_6)}{\rho(C_6H_6)} + \dfrac{x(C_6H_5Cl)\,M(C_6H_5Cl)}{\rho(C_6H_5Cl)}}$$

$$= \frac{\dfrac{0{,}6445 \cdot 78{,}11\ \text{g mol}^{-1}}{0{,}879\ \text{g mL}^{-1}}}{\dfrac{0{,}6445 \cdot 78{,}11\ \text{g mol}^{-1}}{0{,}879\ \text{g mL}^{-1}} + \dfrac{(1 - 0{,}6445) \cdot 112{,}55\ \text{g mol}^{-1}}{1{,}106\ \text{g mL}^{-1}}}$$

$$\underline{\boldsymbol{\sigma(C_6H_6) = 0{,}6129 = 0{,}6129\ L/L}}$$

Übungsaufgaben:

3-179. Ein Anilin/Benzol-Gemisch hat den Stoffmengenanteil $x(C_6H_5NH_2) = 0{,}538$. Wie groß ist die Volumenkonzentration $\sigma(C_6H_5NH_2)$ dieser Mischphase?
$\rho(C_6H_5NH_2) = 1{,}022$ g/mL; $\rho(C_6H_6) = 0{,}879$ g/mL

3-180. Ein Hexan/Cyclohexan-Gemisch hat den Stoffmengenanteil $x(n\text{-}C_6H_{14}) = 0{,}800$. Wie groß ist die Volumenkonzentration $\sigma(n\text{-}C_6H_{14})$ dieser Mischphase?
$\rho(n\text{-}C_6H_{14}) = 0{,}659$ g/mL; $\rho(C_6H_{12}) = 0{,}779$ g/mL

Für gasförmige Mischphasen ist der Stoffmengenanteil x_i eines Bestandteils i gleich der Volumenkonzentration σ_i:

$$\sigma_i = \frac{V_i}{V} = \frac{n_i\,V_{mi}}{n\,V_m} = \frac{n_i\,V_{mi}}{\sum n_i\,V_m} = \frac{n_i}{\sum n_i} = x_i$$

3.3.4.1.3.3 Aus dem Massenanteil

Rechenbeispiel 3-95. Ein Gemisch aus 1-Butanol und 2-Butanol hat den Massenanteil $w(\text{1-BuOH}) = 0{,}778$. Wie groß ist seine Volumenkonzentration $\sigma(\text{1-BuOH})$?
$\rho(\text{1-BuOH}) = 0{,}810$ g/mL; $\rho(\text{2-BuOH}) = 0{,}808$ g/mL

Gesucht: $\sigma(\text{1-BuOH})$

Gegeben: $w(\text{1-BuOH}) = 0{,}778 = 77{,}8\%$
$\rho(\text{1-BuOH}) = 0{,}810$ g/mL
$\rho(\text{2-BuOH}) = 0{,}808$ g/mL

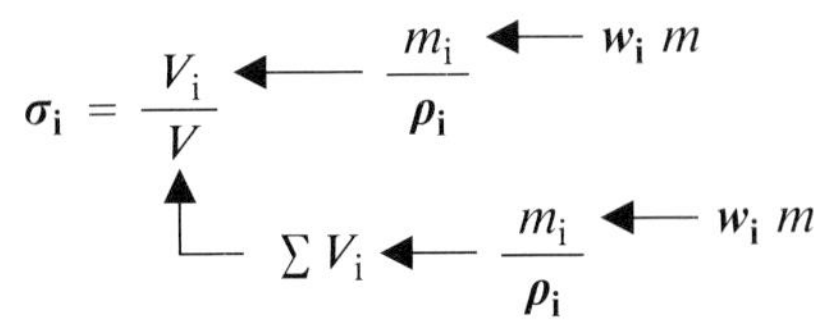

$$\sigma(\text{1-Butanol}) = \frac{V(\text{1-Butanol})}{V} = \frac{\dfrac{w(\text{1-BuOH})}{\rho(\text{1-BuOH})}}{\dfrac{w(\text{1-BuOH})}{\rho(\text{1-BuOH})} + \dfrac{w(\text{2-BuOH})}{\rho(\text{2-BuOH})}}$$

$$= \frac{\dfrac{0{,}778}{0{,}810\ \text{g mL}^{-1}}}{\dfrac{0{,}778}{0{,}810\ \text{g mL}^{-1}} + \dfrac{(1 - 0{,}778)}{0{,}808\ \text{g mL}^{-1}}}$$

σ(1-Butanol) = 0,778 = 0,778 L/L

Übungsaufgaben:

3-181. Ein Methanol-Butanol-Gemisch hat den Massenanteil $w(CH_3OH)$ = 0,494. Wie groß ist seine Volumenkonzentration $\sigma(CH_3OH)$?
$\rho(CH_3OH)$ = 0,791 g/mL; ρ(Butanol) = 0,810 g/mL

3-182. Ein Hexan-Cyclohexan-Gemisch hat den Massenanteil $w(C_6H_{14})$ = 90,0%. Wie groß ist seine Volumenkonzentration an Hexan?
ρ(Hexan) = 0,659 g/mL; ρ(Cyclohexan) = 0,779 g/mL

Rechenbeispiel 3-96. Ein Gemisch aus 1-Butanol und 2-Butanol hat den Massenanteil w(1-BuOH) = 0,778. Wie groß ist seine Volumenkonzentration σ(1-BuOH)?
ρ(1-BuOH) = 0,810 g/mL; ρ = 0,8096 g/mL

Gesucht: σ(1-BuOH)

Gegeben: w(1-BuOH) = 0,778 = 77,8%
ρ(1-BuOH) = 0,810 g/mL
ρ = 0,8096 g/mL

$$\sigma_i = \frac{V_i}{V} \longleftarrow \frac{m_i}{\rho_i} \longleftarrow w_i\, m$$

$$V \longleftarrow \frac{m}{\rho}$$

$$\sigma(\text{1-BuOH}) = \frac{V(\text{1-BuOH})}{V} = \frac{m(\text{1-BuOH})\,\rho}{\rho(\text{1-BuOH})\,m} = \frac{w(\text{1-BuOH})\,\rho}{\rho(\text{1-BuOH})}$$

$$= \frac{0{,}778 \cdot 0{,}8096\ \text{g mL}^{-1}}{0{,}810\ \text{g mL}^{-1}}$$

σ(1-BuOH) = 0,778 = 0,778 L/L

Übungsaufgaben:

3-183. Ein Ethanol-Butanol-Gemisch, $\rho = 0{,}8005$ g/mL, hat den Massenanteil $w(C_2H_5OH) = 0{,}494$. Wie groß ist seine Volumenkonzentration $\sigma(C_2H_5OH)$?
$\rho(C_2H_5OH) = 0{,}791$ g/mL

3-184. Ein Hexan-Cyclohexan-Gemisch, $\rho = 0{,}669$ g/mL, hat den Massenanteil $w(C_6H_{14}) = 90{,}0\%$. Wie groß ist seine Volumenkonzentration an Hexan?
$\rho(\text{Hexan}) = 0{,}659$ g/mL

Rechenbeispiel 3-97. Ein Methan-Ethan-Gasgemisch hat den Massenanteil $w(CH_4) = 12{,}5\%$. Wie groß ist die Volumenkonzentration $\sigma(CH_4)$ des Gemisches?

Gesucht: $\sigma(CH_4)$ **Gegeben:** $w(CH_4) = 12{,}5\% = 0{,}125$

$$\sigma_i = \frac{V_i}{V} \longleftarrow V_{mi}\, n_i \longleftarrow \frac{M_i}{M_i} \longleftarrow w_i\, m$$

$$V \uparrow\; \sum V_i \longleftarrow V_{mi}\, n_i \longleftarrow \frac{m_i}{M_i} \longleftarrow w_i\, m$$

$$\sigma(CH_4) = \frac{V(CH_4)}{V(CH_4) + V(C_2H_6)} = \frac{\dfrac{m(CH_4)}{M(CH_4)}}{\dfrac{m(CH_4)}{M(CH_4)} + \dfrac{m(C_2H_6)}{M(C_2H_6)}} = \frac{\dfrac{w(CH_4)}{M(CH_4)}}{\dfrac{w(CH_4)}{M(CH_4)} + \dfrac{w(C_2H_6)}{M(C_2H_6)}}$$

$$= \frac{\dfrac{0{,}125}{16{,}04\ \text{g mol}^{-1}}}{\dfrac{0{,}125}{16{,}04\ \text{g mol}^{-1}} + \dfrac{1 - 0{,}125}{30{,}07\ \text{g mol}^{-1}}}$$

$\underline{\boldsymbol{\sigma(CH_4) = 0{,}211 = 0{,}211\ \text{L/L}}}$

Übungsaufgaben:

3-185. Ein Ammoniak-Wasserstoff-Gemisch besitzt den Massenanteil $w(NH_3) = 0{,}225$. Wie groß ist $\sigma(NH_3)$ des Gemisches?

3-186. Wie groß ist die Volumenkonzentration $\sigma(H_2)$ eines Knallgas-Gemisches mit einem Massenanteil $w(O_2) = 20{,}0\%$?

3.3.4.1.4 Aus dem Volumenverhältnis

Rechenbeispiel 3-98. Das Volumenverhältnis $\psi(CH_3OH/C_2H_5OH)$ eines Gemisches ist 0,600. Wie groß ist seine Volumenkonzentration $\sigma(CH_3OH)$?

Gesucht: $\sigma(CH_3OH)$ **Gegeben:** $\psi(CH_3OH/C_2H_5OH)$

$$\sigma_i = \frac{V_i}{V_i + V_k} \longleftarrow V_i = \psi_{ik}\, V_k$$

$$\sigma(CH_3OH) = \frac{V(CH_3OH)}{V(CH_3OH) + V(C_2H_5OH)} = \frac{\psi(CH_3OH/C_2H_5OH)}{\psi(CH_3OH/C_2H_5OH) + 1} = \frac{0{,}600}{0{,}600 + 1}$$

$$\underline{\boldsymbol{\sigma(CH_3OH) = 0{,}3750 = 0{,}3750\ L/L}}$$

Übungsaufgaben:

3-187. Ein Butanol/Propanol-Gemisch besitzt das Volumenverhältnis $\psi(BuOH/PrOH) = 3{,}25$. Wie groß ist die Volumenkonzentration $\sigma(BuOH)$?

3-188. Ein Methan/Ethan-Gemisch besitzt das Volumenverhältnis $\psi(CH_4/C_2H_6) = 0{,}95$. Wie groß ist die Volumenkonzentration $\sigma(CH_4)$?

3.3.4.2 Rechnen mit der Volumenkonzentration

Durch Umstellen der Definitionsgleichung (3-15) für die Volumenkonzentration eines Bestandteils i in einer Mischphase ergeben sich:

$$V_i = \sigma_i\, V \qquad \textbf{(3-16)}$$

$$V = \frac{V_i}{\sigma_i} \qquad \textbf{(3-17)}$$

Daraus leiten sich durch Ersetzen von V_i und V durch andere Quantitäten weitere Beziehungen ab, die die Berechnung anderer Quantitäten ermöglichen.

3.3.4.2.1 Quantitäten der Bestandteile

3.3.4.2.1.1 Volumen der Bestandteile

Rechenbeispiel 3-99. Wieviel Liter Toluol sind in 240 L eines Flüssigkeitsgemisches mit $\sigma(C_6H_5CH_3)$ = 625 mL/L?

Gesucht: $V(C_6H_5CH_3)$ **Gegeben:** $\sigma(C_6H_5CH_3) = 625$ mL/L; $V = 240$ L

Gemäß (3-16) gilt:

$$V(C_6H_5CH_3) = \sigma(C_6H_5CH_3)\, V = 625\ \text{mL/L} \cdot 240\ \text{L}$$

$$\underline{\boldsymbol{V(C_6H_5CH_3) = 150{,}0\ \text{L}}}$$

Übungsaufgaben:

3-189. Ein Benzin hat die Volumenkonzentration σ(Octan) = 0,135 L/L. Wieviel Liter Octan sind in 850 L des Gemisches?

3-190. Wie groß ist das Volumen an Ethin, C_2H_2, in 22,5 m^3 eines gasförmigen Gemisches von Kohlenwasserstoffen mit $\sigma(C_2H_2)$ = 75,5 mL/L?

Rechenbeispiel 3-100. Wieviel Liter Benzol sind in 500 kg eines Gemisches mit der Volumenkonzentration $\sigma(C_6H_6)$ = 525 mL/L und der Dichte ρ = 860 g/L?

Gesucht: $V(C_6H_6)$ **Gegeben:** $\sigma(C_6H_6) = 525$ mL/L
$m = 500$ kg; $\rho = 860$ g/L

Gemäß (3-16) gilt mit $V = m/\rho$:

$$V(C_6H_6) = \frac{\sigma(C_6H_6)}{V} = \frac{\sigma(C_6H_6)\, m}{\rho} = \frac{525\ \text{mL L}^{-1} \cdot 500\ \text{kg}}{860\ \text{g L}^{-1}}$$

$$\underline{\boldsymbol{V(C_6H_6) = 305{,}2\ \text{L}}}$$

Übungsaufgaben:

3-191. Ein Alkoholgemisch mit der Dichte ρ = 0,791 g/mL hat die Volumenkonzentration $\sigma(C_2H_5OH)$ = 400 mL/L. Wie groß ist das Volumen an Ethanol in 1,75 kg dieses Gemisches?

3-192. Ein Gasgemisch, $\rho = 0{,}815$ g/L, hat im Normzustand eine Volumenkonzentration $\sigma(NH_3) = 0{,}425$ L/L. Wie groß ist das Volumen an Ammoniak in 600 kg dieses Gemisches?

3.3.4.2.1.2 Masse

Rechenbeispiel 3-101. Wie groß ist die Masse an Propanol in 65,0 L einer wäßrigen Lösung mit der Volumenkonzentration $\sigma(\text{Pr-OH}) = 35$ mL/L?
$\rho(\text{Pr-OH}) = 0{,}804$ g/mL

Gesucht: $m(\text{Pr-OH})$

Gegeben: $\sigma(\text{Pr-OH}) = 35$ mL/L
$V = 65{,}0$ L
$\rho(\text{Pr-OH}) = 0{,}804$ g/mL

$$m_i = \rho_i\, V_i \longleftarrow \sigma_i\, V$$

$$m(\text{Pr-OH}) = \rho(\text{Pr-OH})\, V(\text{Pr-OH}) = \rho(\text{Pr-OH})\, \sigma(\text{Pr-OH})\, V$$

$$= 0{,}804 \text{ g mL}^{-1} \cdot 35 \text{ mL L}^{-1} \cdot 65{,}0 \text{ L}$$

$$\underline{\boldsymbol{m}\textbf{(Pr-OH)} = \textbf{1830 g}}$$

Übungsaufgaben:

3-193. Ein Hexan/Heptan-Gemisch hat die Volumenkonzentration $\sigma(C_6H_{14}) = 0{,}320$ L/L. Wie groß ist die Masse an Hexan, $\rho = 0{,}659$ g/mL, in 45,0 L des Gemisches?

3-194. Ein Gasgemisch hat im Normzustand eine Volumenkonzentration $\sigma(SO_2) = 0{,}425$ L/L. Wie groß ist die Masse an Schwefeldioxid in 600 L des Gemisches?
$\rho_n(SO_2) = 2{,}860$ g/L

Rechenbeispiel 3-102. Wieviel Gramm Distickstoffoxid, N_2O, enthalten 225 L eines Gasgemisches mit der Volumenkonzentration $\sigma(N_2O) = 115$ mL/L im Normzustand?

Gesucht: $m(N_2O)$

Gegeben: $V = 225$ L; $\sigma(N_2O) = 115$ mL/L
$T = 328$ K; $p = 1{,}00$ bar

$$m_i = M_i\, n_i \longleftarrow \frac{V_i}{V_m} \quad V_i \longleftarrow \sigma_i\, V$$

$$m(N_2O) = \frac{M(N_2O)\,\sigma(N_2O)\,V}{V_m} = \frac{44{,}02\ \text{g mol}^{-1} \cdot 115\ \text{mL L}^{-1} \cdot 225\ \text{L}}{22{,}4\ \text{L mol}^{-1}}$$

$$\underline{\boldsymbol{m_n(N_2O) = 50{,}8\ g}}$$

Übungsaufgaben:

3-195. Wie groß ist die Masse m(HCl) in 7,35 m^3 eines Gasgemisches mit σ(HCl) = 0,850 L/L a) im Normzustand und b) bei 40 °C und 1750 mbar?

3-196. Welche Masse an Kohlenstoffmonoxid sind in 485 m^3 eines Gasgemisches, σ(CO) = 20 mL/m^3, a) im Normzustand und b) bei 23 °C und 1040 mbar?

3.3.4.2.2 Volumen der Mischphase

Rechenbeispiel 3-103. Wieviel Liter eines Aceton-Wasser-Gemisches, σ(Aceton) = 200 mL/L, kann man aus 4,50 L Aceton herstellen?

Gesucht: V(M) **Gegeben:** σ(Aceton) = 200 mL/L; V(Aceton) = 4,50 L

Gemäß (3-17) gilt:

$$V = \frac{V(\text{Aceton})}{\sigma(\text{Aceton})} = \frac{4{,}50\ \text{L}}{200\ \text{mL L}^{-1}}$$

$$\underline{\boldsymbol{V = 22{,}50\ L}}$$

Übungsaufgaben:

3-197. Zur Herstellung eines n-Hexan-Cyclohexan-Gemisches, σ(n-Hexan) = 0,065 L/L, stehen 800 mL n-Hexan zur Verfügung. Wieviel Liter des Gemisches lassen sich damit herstellen?

3-198. Ein Gasgemisch enthält 345 mL Ethen. Seine Volumenkonzentration an Ethen ist 0,720 L/L. Welchen Raum nimmt das Gemisch ein?

3.3.4.3 Wiederholungsaufgaben (zu Abschn. 3.3.4)

3-62. 160 L eines Gasgemisches enthalten 32,5 mL Blausäure, HCN. Welche Volumenkonzentration σ(HCN) hat das Gemisch?

3-63. 5,00 mol Benzol, $\rho = 0{,}879$ g/mL, sind in 820 mL eines Benzol/Xylol-Gemisches gelöst. Wie groß ist die Volumenkonzentration $\sigma(C_6H_6)$ dieser Mischung?

3-64. 350 L eines Gasgemisches im Normzustand enthalten 7,50 mol Chlor, Cl_2. Wie groß ist die Volumenkonzentration $\sigma(Cl_2)$ der Mischphase?

3-65. Ein Gasgemisch setzt sich aus 320 mmol Chlor und 1500 mmol Wasserstoff zusammen. Wie groß sind die Volumenkonzentrationen $\sigma(Cl_2)$ und $\sigma(H_2)$?

3-66. Wie groß ist die Volumenkonzentration $\sigma(CO)$, wenn 5,50 L eines Gasgemisches 2,50 g Kohlenstoffmonoxid, $\rho = 1{,}425$ g/L, enthalten?

3-67. In 935 mL eines Gasgemisches von 15 °C und 2,65 bar befinden sich 20,0 mg Wasserstoff. Wie groß ist die Volumenkonzentration $\sigma(H_2)$ des Gemisches?

3-68. 140 g Dichlormethan/Trichlormethan-Gemisch, $\rho = 1{,}436$ g/mL, enthalten 40,0 g Dichlormethan, CH_2Cl_2. Wie groß ist die Volumenkonzentration $\sigma(CH_2Cl_2)$ des Gemisches? $\rho(CH_2Cl_2) = 1{,}325$ g/mL

3-69. Die Stoffmengenkonzentration $c(C_6H_5CH_3)$ eines Toluol/Benzol-Gemisches ist 3,75 mol/L. Wie groß ist die Volumenkonzentration $\sigma(C_6H_5CH_3)$ der Mischphase? $\sigma(C_6H_5CH_3) = 0{,}867$ g/mL

3-70. Die Stoffmengenkonzentration $c(NO_2)$ eines Gasgemisches ist bei 125 °C und 1185 mbar 8,50 mmol/L. Wie ist die Volumenkonzentration $\sigma(NO_2)$ des Gemisches?

3-71. Die Massenkonzentration $\beta(CH_3COCH_3)$ eines Aceton/Wasser-Gemisches ist 365 g/L. Wie groß ist die Volumenkonzentration $\sigma(CH_3COCH_3)$ der Mischphase? $\rho(CH_3COCH_3) = 0{,}791$ g/mL

3-72. Die Massenkonzentration $\beta(C_2H_6)$ eines Gasgemisches ist 625 mg/L. Wie groß ist seine Volumenkonzentration $\sigma(C_2H_6)$? $\rho(C_2H_6) = 1{,}335$ g/L

3-73. Die Massenkonzentration $\beta(NH_3)$ eines Stickstoff/Ammoniak-Gemisches ist 750 mg/L. Wie groß ist die Volumenkonzentration $\sigma(N_2)$ der Mischphase a) im Normzustand und b) bei 165 °C und 2025 mbar?

3-74. Ein Hexan/Cyclohexan-Gemisch hat den Stoffmengenanteil $x(n\text{-}C_6H_{14}) = 0{,}800$. Wie groß ist die Volumenkonzentration $\sigma(n\text{-}C_6H_{14})$ der Mischphase? $\rho(n\text{-}C_6H_{14}) = 0{,}659$ g/mL; $\rho(C_6H_{12}) = 0{,}779$ g/mL

3-75. Ein Hexan-Cyclohexan-Gemisch hat den Massenanteil $w(C_6H_{12}) = 10{,}0\%$. Wie groß ist die Volumenkonzentration an Hexan? $\rho(C_6H_{12}) = 0{,}779$ g/mL; $\rho(C_6H_{14}) = 0{,}659$ g/mL

3-76. Ein Hexan-Cyclohexan-Gemisch hat den Massenanteil $w(C_6H_{12}) = 10{,}0\%$. Seine Dichte ist 0,669 g/mL. Wie groß ist die Volumenkonzentration an Cyclohexan, C_6H_{12}? $\rho(C_6H_{12}) = 0{,}779$ g/mL

3-77. Wie groß ist die Volumenkonzentration $\sigma(H_2)$ eines Chlorknallgas-Gemisches mit dem Massenanteil $w(Cl_2) = 20{,}0\%$?

3-78. Ein Gasgemisch hat im Normzustand eine Dichte von 1,335 g/L und den Massenanteil $w(N_2O_5) = 92{,}5\%$. Wie groß ist seine Volumenkonzentration $\sigma(N_2O_5)$?

3-79. Ein Gasgemisch hat bei $-5\,°C$ und 1045 mbar eine Dichte von 1,550 g/L und den Massenanteil $w(O_3) = 0{,}0520$. Wie groß ist seine Volumenkonzentration an Ozon?

3-80. Ein Methan/Ethan-Gemisch besitzt das Volumenverhältnis $\psi(CH_4/C_2H_6) = 0{,}95$. Wie groß ist die Volumenkonzentration $\sigma(C_2H_6)$?

3-81. Wie groß ist das Volumen an Ethen, C_2H_4, in 800 mL eines gasförmigen Gemisches von Kohlenwasserstoffen mit $\sigma(C_2H_4) = 775{,}5$ mL/L?

3-82. Ein Alkoholgemisch mit der Dichte $\rho = 0{,}791$ g/mL hat die Volumenkonzentration $\sigma(C_2H_5OH) = 0{,}250$. Wieviel a) Milliliter und b) Gramm Ethanol sind in 820 g des Gemisches? $\rho(C_2H_5OH) = 0{,}791$ g/mL

3-83. Ein Gasgemisch, $\rho = 0{,}815$ g/L, hat im Normzustand eine Volumenkonzentration $\sigma(NH_3) = 0{,}425$ L/L. Wieviel a) Kubikmeter und b) Kilogramm Ammoniak sind in 630 kg des Gemisches?

3-84. Ein Gasgemisch hat bei bestimmten Bedingungen die Volumenkonzentration $\sigma(SO_2) = 0{,}525$ L/L. Wie groß ist die Masse an Schwefeldioxid in 300 L des Gemisches? $\rho_{p,T}(SO_2) = 2{,}540$ g/L

3-85. Wie groß ist a) das Volumen $V(HF)$ und b) die Masse $m(HF)$ in 0,35 m^3 eines Gasgemisches im Normzustand mit $\sigma(HF) = 0{,}350$ L/L?

3-86. Wieviel a) Gramm und b) Liter Kohlenstoffmonoxid sind in 885 L eines Gasgemisches, $\sigma(CO) = 20$ mL/m^3, bei 53 °C und 940 mbar?

3-87. Ein Gasgemisch enthält 345 mL Ethen. Seine Volumenkonzentration an Ethen ist 0,720 L/L. Welchen Raum nimmt das Gemisch ein?

3-88. Ein Alkoholgemisch hat die Volumenkonzentration $\sigma(C_2H_5OH) = 400$ mL/L. Wie sind a) das Volumen, b) die Stoffmenge und c) die Masse an Ethanol in 4,75 L dieses Gemisches? $\rho(\text{Et-OH}) = 0{,}791$ g/mL

3-89. Ein Gasgemisch hat bei 265 °C und 1085 mbar eine Volumenkonzentration $\sigma(Cl_2) = 0{,}355$. Wie groß sind a) das Volumen, b) die Stoffmenge und c) die Masse an Chlor in 300 L des Gemisches?

3-90. Zur Herstellung eines *n*-Hexan-Cyclohexan-Gemisches, $\sigma(n\text{-Hexan}) = 0{,}065$ L/L, mit einer Dichte von 0,771 g/mL, stehen 800 mL *n*(Hexan) zur Verfügung. Wieviel a) Liter und b) Kilogramm des Gemisches lassen sich damit herstellen?

3.4 Rechnen mit Anteilen von Mischphasen

In Tab. 3-2, S. 97, sind die *Anteile*, die neben den *Konzentrationen* und *Verhältnissen* als Zusammensetzungsgrößen für Mischphasen verwendet werden, aufgeführt. Sie alle stellen Quotienten aus gleichen Quantitäten dar (vgl. auch Abb. 3-4).

Anteile von Mischphasen sind Quotienten aus den verschiedenen Quantitäten Stoffmenge n_i, Teilchenzahl N_i, Masse m_i oder Volumen V_i einer Komponente i und der jeweils gleichen Quantität einer Mischphase.

Der Teilchenzahlanteil X_i eines Bestandteiles i in einer Mischphase ist gleich dessen Stoffmengenanteil x_i. Letzterer erhält in der Praxis den Vorzug, weil die Stoffmenge im Mittelpunkt des chemischen Rechnens steht. Da die Masse und das Volumen von Stoffportionen meßtechnisch leicht zugänglich sind, spielen besonders der Massenanteil w_i, aber auch der Volumenanteil φ_i eine bedeutende Rolle.

Zwischen den verschiedenen Quantitäten bestehen über die intensiven molaren Größen bestimmte Zusammenhänge, die in Abschn. 1.1.4 beschrieben und in Abb. 1-2 dargestellt sind. Diese Zusammenhänge gelten auch für die Quantitäten in den Zusammensetzungsgrößen für Gemische.

Die einzelnen Anteile können über ihre Definitionsgleichungen (s. Abb. 3-4, S. 101) berechnet werden, indem man die jeweiligen Zähler- und Nennergrößen der Quotienten entsprechend Abb. 1-2 *oder* mit den Beziehungen (1-16) bis (1-21) ersetzt.

3.4.1 Stoffmengenanteil

Der Stoffmengenanteil x_i eines Bestandteils i in einer Mischphase ist der Quotient aus der Stoffmenge n_i dieses Bestandteils und der Stoffmenge n aller Bestandteile der Mischphase.

$$x_i = \frac{n_i}{n} \qquad \textbf{(3-18)}$$

Mit $n = \sum n_i = n_1 + n_2 + \ldots$ [vgl. (2-13)] gilt auch:

$$x_i = \frac{n_i}{n_1 + n_2 + \ldots} \qquad \textbf{(3-18a)}$$

Die als Dezimalbruch angegebenen Stoffmengenanteile addieren sich zu 1:

$$x_1 + x_2 + \ldots = 1 \qquad \textbf{(3-18b)}$$

Analog dazu addieren sich die in Prozent angegebenen Stoffmengenanteile zu 100%.

$$x_1 + x_2 + \ldots = 100\% \qquad \textbf{(3-18c)}$$

3.4.1.1 Berechnen des Stoffmengenanteils

3.4.1.1.1 Aus Quantitäten

3.4.1.1.1.1 Aus der Stoffmenge der Bestandteile

Rechenbeispiel 3-104. Ein Flüssigkeitsgemisch besteht aus 2,60 mol Methanol und 3,75 mol Ethanol. Wie groß ist sein Stoffmengenanteil $x(CH_3OH)$?

Gesucht: $x(CH_3OH)$

Gegeben: $n(CH_3OH) = 2{,}60$ mol
$n(C_2H_5OH) = 3{,}75$ mol

Gemäß (3-18b) gilt:

$$x(CH_3OH) = \frac{n(CH_3OH)}{n(CH_3OH) + n(C_2H_5OH)} = \frac{2{,}60 \text{ mol}}{2{,}60 \text{ mol} + 3{,}75 \text{ mol}}$$

$$\underline{\mathbf{x(CH_3OH) = 0{,}409 = 40{,}9\%}}$$

Übungsaufgaben:

3-199. Welche Stoffmengenanteile x_i ergeben sich für die Bestandteile in Gemischen mit folgenden Stoffmengen n_i?

a) $n(CH_3OH) = 0{,}75$ mol; $n(C_2H_5OH) = 2{,}65$ mol
b) $n(KNO_3) = 0{,}45$ mol; $n(H_2O) = 55{,}0$ mol
c) $n(H_2) = 6{,}0$ mol; $n(N_2) = 2{,}0$ mol; $n(NH_3) = 0{,}125$ mol

Rechenbeispiel 3-105. In 325 L eines Gasgemisches befinden sich 4,00 mol Chlorgas. Wie groß ist sein Stoffmengenanteil $x(Cl_2)$ a) im Normzustand und b) bei 125 °C und 995 mbar?

Gesucht: $x_n(Cl_2)$
$x_{p,T}(Cl_2)$

Gegeben: $V = 325$ L
$n(Cl_2) = 4{,}00$ mol
$p = 995$ mbar; $T = 398$ K

$$x_i = \frac{n_i}{n} \longleftarrow \frac{V}{V_m}$$

$$x_n(Cl_2) = \frac{n(Cl_2)}{n} = \frac{n(Cl_2)\,V_m}{V} = \frac{4{,}00 \text{ mol} \cdot 22{,}4 \text{ L mol}^{-1}}{325 \text{ L}}$$

$$\underline{\mathbf{x_n(Cl_2) = 0{,}276 = 27{,}6\%}}$$

$$x_{p,T}(Cl_2) = \frac{n(Cl_2)\,R\,T}{V\,p} = \frac{4{,}00 \text{ mol} \cdot 83{,}1 \text{ mbar L mol}^{-1}\text{ K}^{-1} \cdot 398 \text{ K}}{325 \text{ L} \cdot 995 \text{ mbar}}$$

$$\underline{\mathbf{x_{p,T}(Cl_2) = 0{,}409 = 40{,}9\%}}$$

Übungsaufgaben:

3-200. 42,5 L Gasgemisch enthalten 0,95 mol Wasserstoff. Wie groß ist der Stoffmengenanteil $x(H_2)$ a) im Normzustand und b) bei 100 °C und 1070 mbar?

3-201. In 600 mL eines Gasgemisches befinden sich 17,5 mmol Acetylen. Wie groß ist der Stoffmengenanteil $x(C_2H_2)$ bei 200 °C und 1225 mbar?

3.4.1.1.1.2 Aus der Masse der Bestandteile

Rechenbeispiel 3-106. 10,5 g Natriumchlorid werden in 180 g Wasser gelöst. Wie groß ist der Stoffmengenanteil an Natriumchlorid in der entstehenden Lösung?

Gesucht: $x(NaCl)$ **Gegeben:** $m(NaCl) = 12{,}5$ g; $m(H_2O) = 180$ g

$$x_i = \frac{n_i}{n} \longleftarrow \frac{m_i}{M_i}$$

$$n \longleftarrow \sum n_i \longleftarrow \frac{m_i}{M_i}$$

$$x(NaCl) = \frac{n(NaCl)}{n(NaCl) + n(H_2O)} = \frac{\dfrac{m(NaCl)}{M(NaCl)}}{\dfrac{m(NaCl)}{M(NaCl)} + \dfrac{m(H_2O)}{M(H_2O)}}$$

$$= \frac{\dfrac{12{,}5 \text{ g}}{58{,}44 \text{ g mol}^{-1}}}{\dfrac{12{,}5 \text{ g}}{58{,}44 \text{ g mol}^{-1}} + \dfrac{180 \text{ g}}{18{,}02 \text{ g mol}^{-1}}}$$

$$\underline{\mathbf{x(NaCl) = 0{,}0210 = 2{,}10\%}}$$

Übungsaufgaben:

3-202. Welche Stoffmengenanteile x_i ergeben sich für die Bestandteile in Gemischen mit folgenden Massen m_i?

a) $m(CaCO_3) = 320$ g; $m(MgCO_3) = 175$ g
b) $m(C_6H_6) = 120$ g; $m(C_6H_5CH_3) = 1950$ g
c) $m(NO_2) = 85{,}5$ kg; $m(N_2O) = 280$ kg

Rechenbeispiel 3-107. 50,0 L eines Gasgemisches enthalten neben Ethan, C_2H_6, auch 14,35 g Methan, CH_4. Wie groß ist der Stoffmengenanteil an Methan in diesem Gasgemisch a) im Normzustand und b) bei 12 °C und 1040 mbar?

Gesucht: $x_n(CH_4)$
$x_{p,T}(CH_4)$

Gegeben: $V = 50{,}0$ L
$m(CH_4) = 14{,}35$ g
$T = 285$ K; $p = 1040$ mbar

$$\boldsymbol{x_i = \frac{n_i}{n} \longleftarrow \frac{m_i}{M_i}}$$

$$\uparrow\; \frac{V}{V_m}$$

$$x_n(CH_4) = \frac{n(CH_4)}{n} = \frac{m(CH_4)\, V_m}{M(CH_4)\, V} = \frac{14{,}35 \text{ g} \cdot 22{,}4 \text{ L mol}^{-1}}{16{,}04 \text{ g mol}^{-1} \cdot 50{,}0 \text{ L}}$$

$$\underline{\boldsymbol{x_n(CH_4) = 0{,}401 = 40{,}1\%}}$$

$$x_{p,T}(CH_4) = \frac{m(CH_4)\, R\, T}{M(CH_4)\, V\, p} = \frac{14{,}35 \text{ g} \cdot 83{,}1 \text{ mbar L mol}^{-1} \text{ K}^{-1} \cdot 285 \text{ K}}{16{,}04 \text{ g mol}^{-1} \cdot 50{,}0 \text{ L} \cdot 1040 \text{ mbar}}$$

$$\underline{\boldsymbol{x_{p,T}(CH_4) = 0{,}408 = 40{,}8\%}}$$

Übungsaufgaben:

3-203. 750 mL eines Gasgemisches enthalten 2,00 g Schwefeldioxid, SO_2. Wie groß ist $x(SO_2)$ a) im Normzustand und b) bei 85 °C und 1,750 bar?

3-204. 1750 mL eines Gemisches gasförmiger Kohlenwasserstoffe enthalten 1,85 g Methan, CH_4, mit einer Dichte von 1,163 g/L. Wie groß ist der Stoffmengenanteil an Methan im Gemisch?

3.4.1.1.1.3 Aus dem Volumen der Bestandteile

Rechenbeispiel 3-108. 75 mL Methanol, CH_3OH, ρ = 0,791 g/mL, und 450 mL Butanol, C_4H_9OH, ρ = 0,810 g/mL, werden gemischt. Welche Stoffmengenanteile $x(CH_3OH)$ hat die Mischphase?

Gesucht: $x(CH_3OH)$

Gegeben:
$V(CH_3OH) = 75$ mL
$V(C_4H_9OH) = 450$ mL
$\rho(CH_3OH) = 0{,}791$ g/mL
$\rho(C_4H_9OH) = 0{,}810$ g/mL

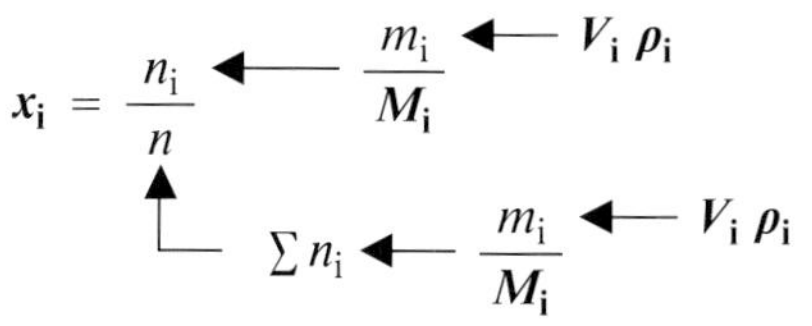

$$x(CH_3OH) = \frac{n(CH_3OH)}{n(CH_3OH) + n(C_4H_9OH)}$$

$$= \frac{\dfrac{V(CH_3OH)\,\rho(CH_3OH)}{M(CH_3OH)}}{\dfrac{V(CH_3OH)\,\rho(CH_3OH)}{M(CH_3OH)} + \dfrac{V(C_4H_9OH)\,\rho(C_4H_9OH)}{M(C_4H_9OH)}}$$

$$= \frac{\dfrac{75\text{ mL} \cdot 0{,}791\text{ g mL}^{-1}}{32{,}04\text{ g mol}^{-1}}}{\dfrac{75\text{ mL} \cdot 0{,}791\text{ g mL}^{-1}}{32{,}04\text{ g mol}^{-1}} + \dfrac{450\text{ mL} \cdot 0{,}810\text{ g mL}^{-1}}{74{,}12\text{ g mol}^{-1}}}$$

$\underline{\boldsymbol{x(CH_3OH) = 0{,}274 = 27{,}4\%}}$

Übungsaufgaben:

3-205. Welche Stoffmengenanteile x_i ergeben sich für die Bestandteile in Gemischen mit folgenden Zusammensetzungen und Dichten?

a) $V(CH_3OH) = 100$ L; $\rho = 0{,}791$ g/mL
$V(H_2O) = 300$ L; $\rho = 1{,}000$ g/mL

b) $V(CH_3COOH) = 250$ mL; $\rho = 1{,}049$ g/mL
$V(H_2O) = 750$ mL; $\rho = 1{,}000$ g/mL

c) $V(N_2) = 2{,}60$ m^3; $\rho = 1{,}166$ g/L
$V(H_2) = 5{,}35$ m^3; $\rho = 0{,}084$ g/L
$V(NH_3) = 10{,}50$ m^3; $\rho = 0{,}709$ g/L

Rechenbeispiel 3-109. Ein Gasgemisch besteht aus 500 mL Stickstoff und 950 mL Sauerstoff. Wie groß sind die Stoffmengenanteile der beiden Bestandteile?

Gesucht: $x(N_2)$, $x(O_2)$ **Gegeben:** $V(N_2) = 500$ mL; $V(O_2) = 950$ mL

$$x_i = \frac{n_i}{n} \longleftarrow \frac{V_i}{V_m}$$

$$n = \sum n_i \longleftarrow \frac{V_i}{V_m}$$

$$x(N_2) = \frac{n(N_2)}{n(N_2) + n(O_2)} = \frac{V(N_2)}{V(N_2) + V(O_2)} = \frac{500 \text{ mL}}{500 \text{ mL} + 950 \text{ mL}}$$

$$\underline{\mathbf{x(N_2) = 0{,}3448 = 34{,}48\%}}$$

$$x(O_2) = 1 - x(N_2) = 1 - 0{,}3448$$

$$\underline{\mathbf{x(O_2) = 0{,}6552 = 65{,}52\%}}$$

Übungsaufgaben:

3-206. Welche Stoffmengenanteile x_i ergeben sich für die Bestandteile in Gasgemischen mit folgenden Volumina V_i?

a) $V(N_2) = 2{,}60$ m³; $V(H_2) = 5{,}35$ m³; $V(NH_3) = 40{,}50$ m³
b) $V(SO_2) = 720$ L; $V(O_2) = 3000$ L
c) $V(H_2) = 200$ mL; $V(O_2) = 100$ mL

Rechenbeispiel 3-110. 500,00 mL Luft enthalten 390,45 mL Stickstoff. Wie groß ist der Stoffmengenanteil $x(N_2)$?

Gesucht: $x(N_2)$ **Gegeben:** $V(N_2) = 390{,}45$ mL; $V = 500$ mL

$$x_i = \frac{n_i}{n} \longleftarrow \frac{V_i}{V_m}$$

$$n \longleftarrow \frac{V}{V_m}$$

$$x(N_2) = \frac{n(N_2)}{n} = \frac{V(N_2)}{V} = \frac{390{,}45 \text{ mL}}{500 \text{ mL}}$$

$$\underline{\mathbf{x(N_2) = 0{,}7809 = 78{,}09\%}}$$

Übungsaufgaben:

3-207. 200 m^3 eines gasförmigen Reaktionsgemisches enthalten auch 30 m^3 Ammoniak, NH_3, 45 m^3 Stickstoff, N_2, und 120 m^3 Wasserstoff, H_2. Wie groß sind die Stoffmengenanteile dieser Bestandteile im Gasgemisch?

3-208. 250 L Luft enthalten 49,8 L Sauerstoff. Wie groß ist der Stoffmengenanteil $x(O_2)$ der Luft?

3.4.1.1.2 Aus Konzentrationen

3.4.1.1.2.1 Aus der Stoffmengenkonzentration

Rechenbeispiel 3-111. Ein Gemisch aus Chlorbenzol, C_6H_5Cl, und Benzol, C_6H_6, hat die Stoffmengenkonzentration $c(C_6H_5Cl) = 3{,}70$ mol/L. Die mittlere molare Masse M des Gemisches wurde mit 95,33 g/mol und seine Dichte mit 0,9925 g/mL bestimmt. Wie groß ist der Stoffmengenanteil $x(C_6H_5Cl)$ des Gemisches?

Gesucht: $x(C_6H_5Cl)$

Gegeben: $c(C_6H_5Cl) = 3{,}70$ mol/L
$M = 95{,}33$ g/mol; $\rho = 0{,}9925$ g/mL

$$x_i = \frac{n_i}{n} \quad n_i \leftarrow c_i\,V \qquad n \leftarrow \frac{m}{M} \quad m \leftarrow V\rho$$

$$x(C_6H_5Cl) = \frac{n(C_6H_5Cl)}{n} = \frac{n(C_6H_5Cl)\,M}{V\,\rho} = \frac{c(C_6H_5Cl)\,M}{\rho}$$

$$= \frac{3{,}70\ \text{mol} \cdot 95{,}33\ \text{g mol}^{-1}}{0{,}9925\ \text{g mL}^{-1}}$$

<u>$\mathbf{x(C_6H_5Cl) = 0{,}3554 = 35{,}54\%}$</u>

Übungsaufgaben:

3-209. Ein Alkoholgemisch, $\rho = 0{,}791$ g/mL, enthält 7,5 mol Ethanol je Liter. Seine mittlere molare Masse wurde mit 44,52 g/mol bestimmt. Wie groß ist der Stoffmengenanteil $x(C_2H_5OH)$ des Gemisches?

Rechenbeispiel 3-112. Ein Gemisch aus Kohlenstoffmonoxid, CO, und Kohlenstoffdioxid, CO_2, hat bei 1075 mbar und 15 °C die Stoffmengenkonzentration $c(CO) = 18{,}5$ mmol/L. Wie groß ist der Stoffmengenanteil $x(CO)$ der Mischphase?

Gesucht: $x(\mathrm{CO})$ **Gegeben:** $c(\mathrm{CO}) = 18{,}5\ \mathrm{mmol/L}$
$p = 1075\ \mathrm{mbar};\ T = 288\ \mathrm{K}$

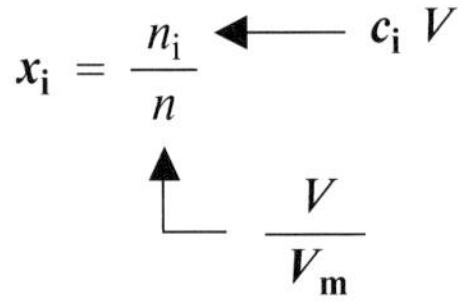

$$x(\mathrm{CO}) = \frac{n(\mathrm{CO})}{n} = \frac{n(\mathrm{CO})\ V_\mathrm{m}}{V} = c(\mathrm{CO})\ V_\mathrm{m} = \frac{c(\mathrm{CO})\ R\ T}{p}$$

$$= \frac{18{,}5\ \mathrm{mmol\ L^{-1}} \cdot 83{,}1\ \mathrm{mbar\ L\ mol^{-1}\ K^{-1}} \cdot 288\ \mathrm{K}}{1075\ \mathrm{mbar}}$$

$$\underline{\boldsymbol{x(\mathrm{CO}) = 0{,}412 = 41{,}2\%}}$$

Übungsaufgaben:

3-210. Ein Gemisch von gasförmigen Kohlenwasserstoffen hat bei 55 °C und 1063 mbar die Stoffmengenkonzentration $c(\mathrm{CH_4}) = 28{,}5\ \mathrm{mol/m^3}$. Wie groß ist sein Stoffmengenanteil $x(\mathrm{CH_4})$?

3-211. Ein Gasgemisch im Normzustand enthält 50 mmol Wasserstoff pro Liter. Wie groß ist der Stoffmengenanteil $x(\mathrm{H_2})$ dieses Gemisches?

3.4.1.1.2.2 Aus der Massenkonzentration

Rechenbeispiel 3-113. Ein Gemisch aus Chlorbenzol, C_6H_5Cl, und Benzol, C_6H_6, hat die Massenkonzentration $\beta(C_6H_5Cl) = 416\ \mathrm{g/L}$. Die mittlere molare Masse M des Gemisches wurde mit 95,31 g/mol und seine Dichte mit 0,992 g/mL bestimmt. Wie groß ist der Stoffmengenanteil des Gemisches an Chlorbenzol?

Gesucht: $x(C_6H_5Cl)$ **Gegeben:** $\beta(C_6H_5Cl) = 416\ \mathrm{g/L}$
$M = 95{,}31\ \mathrm{g/mol};\ \rho = 0{,}992\ \mathrm{g/mL}$

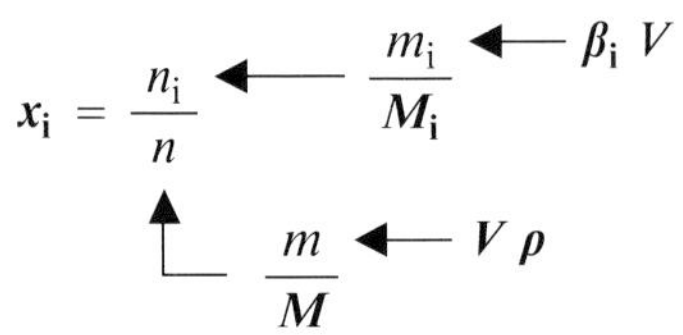

$$x(C_6H_5Cl) = \frac{n(C_6H_5Cl)}{n} = \frac{m(C_6H_5Cl)\, M}{M(C_6H_5Cl)\, V\, \rho} = \frac{\beta(C_6H_5Cl)\, M}{M(C_6H_5Cl)\, \rho}$$

$$= \frac{416 \text{ g L}^{-1} \cdot 95{,}31 \text{ g mol}^{-1}}{112{,}55 \text{ g mol}^{-1} \cdot 0{,}992 \text{ g mL}^{-1}}$$

$$\underline{\mathbf{x(C_6H_5Cl) = 0{,}3551 = 35{,}51\%}}$$

Übungsaufgaben:

3-212. Ein Hexan-Cyclohexan-Gemisch (M = 85,88 g/mol) hat die Massenkonzentration $\beta(C_6H_{14})$ = 603 g/L. Seine Dichte beträgt 0,669 g/mL. Wie groß ist der Stoffmengenanteil $x(C_6H_{14})$?

3-213. Eine Salzsäure, ρ = 1015 kg/m³, M = 18,33 g/mol, enthält 34,3 g Hydrogenchlorid pro Liter. Wie groß ist der Stoffmengenanteil x(HCl) der Lösung?

Rechenbeispiel 3-114. Ein Gemisch aus Kohlenstoffmonoxid, CO, und Kohlenstoffdioxid, CO_2, hat bei 1075 mbar und 15 °C die Massenkonzentration β(CO) = 0,518 g/L. Wie groß ist sein Stoffmengenanteil x(CO)?

Gesucht: x(CO) **Gegeben:** β(CO) = 0,518 g/L
p = 1075 mbar; T = 288 K

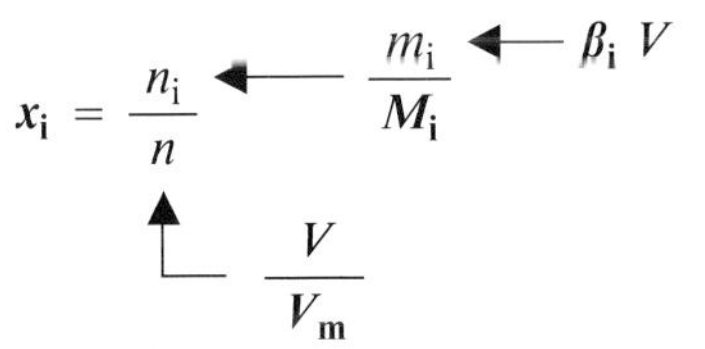

$$x(CO) = \frac{n(CO)}{n} = \frac{m(CO)\, V_m}{M(CO)\, V} = \frac{\beta(CO)\, V_m}{M(CO)} = \frac{\beta(CO)\, R\, T}{M(CO)\, p}$$

$$= \frac{0{,}518 \text{ g L}^{-1} \cdot 83{,}1 \text{ mbar L mol}^{-1}\text{ K}^{-1} \cdot 288 \text{ K}}{28{,}01 \text{ g mol}^{-1} \cdot 1075 \text{ mbar}}$$

$$\underline{\mathbf{x(CO) = 0{,}412 = 41{,}2\%}}$$

Übungsaufgaben:

3-214. Ein Gasgemisch im Normzustand enthält 0,065 g Wasserstoff pro Liter. Wie groß ist der Stoffmengenanteil $x(H_2)$ dieses Gemisches?

3-215. Ein Gemisch von gasförmigen Kohlenwasserstoffen hat bei 55 °C und 1063 mbar die Massenkonzentration $\beta(CH_4)$ = 460 g/m³. Wie groß ist sein Stoffmengenanteil $x(CH_4)$?

3.4.1.1.2.3 Aus der Volumenkonzentration

Rechenbeispiel 3-115. Ein Gemisch aus *tert*-Butanol und Ethanol hat die mittlere molare Masse M = 59,75 g/mol, die Dichte ρ = 0,8012 g/mL und die Volumenkonzentration $\sigma[(CH_3)_3COH]$ = 600 mL/L. Wie groß ist der Stoffmengenanteil $x[(CH_3)_3COH]$ des Gemisches? $\rho[(CH_3)_3COH]$ = 0,808 g/mL

Gesucht: $x[(CH_3)_3OH]$

Gegeben: M = 59,75 g/mol
ρ = 0,8012 g/mL
$\sigma[(CH_3)_3COH]$ = 600 mL/L
$\rho[(CH_3)_3COH]$ = 0,808 g/mL

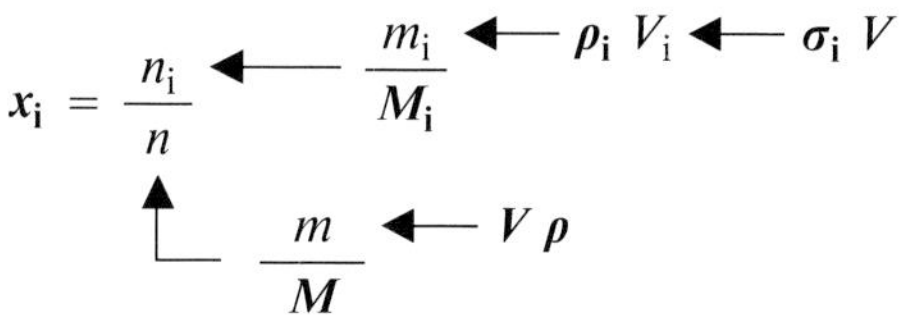

$$x[(CH_3)_3COH] = \frac{n[(CH_3)_3COH]}{n} = \frac{V[(CH_3)_3COH]\ \rho[(CH_3)_3COH]\ M}{M[(CH_3)_3COH]\ V\ \rho}$$

$$= \frac{\sigma[(CH_3)_3COH]\ \rho[(CH_3)_3COH]\ M}{M[(CH_3)_3COH]\ \rho}$$

$$= \frac{0{,}600\ \text{mL L}^{-1} \cdot 0{,}808\ \text{g mL}^{-1} \cdot 59{,}75\ \text{g mol}^{-1}}{74{,}12\ \text{g mol}^{-1} \cdot 0{,}8012\ \text{g mL}^{-1}}$$

$x[(CH_3)_3COH]$ = 0,4878 = 48,78%

Übungsaufgaben:

3-216. Wie groß ist der Stoffmengenanteil $x(C_3H_7OH)$ eines Gemisches mit M = 69,52 g/mol, $\sigma(C_3H_7OH)$ = 0,285 L/L und ρ = 0,808 g/mL?
$\rho(C_3H_7OH)$ = 0,804 g/mL

3-217. Ein Benzol/Chlorbenzol-Gemisch, M = 91,97 g/mol, hat die Dichte ρ = 1,088 g/mL und die Volumenkonzentration $\sigma(C_6H_6)$ = 0,080. Welchen Stoffmengenanteil $x(C_6H_6)$ hat das Gemisch? $\rho(C_6H_6)$ = 0,879 g/mL

Gase zeigen beim Mischen keine Volumenkontraktion. Deshalb ist der Volumenanteil φ_i von gasförmigen Mischphasen gleich der Volumenkonzentration σ_i. Da andererseits die Volumenkonzentration solcher Gemische gleich dem Stoffmengenanteil x_i ist, gilt auch, daß der Stoffmengenanteil von Gasgemischen gleich ihrer Volumenkonzentration ist:

$$\underline{x(\mathrm{Gas}) = \sigma(\mathrm{Gas})}$$

3.4.1.1.3 Aus anderen Anteilen

3.4.1.1.3.1 Aus dem Massenanteil

Rechenbeispiel 3-116. Ein Gemisch aus Chlorbenzol, C_6H_5Cl, und Benzol, C_6H_6, hat den Massenanteil $w(C_6H_5Cl) = 0{,}420$. Wie groß ist der Stoffmengenanteil des Gemisches an Chlorbenzol?

Gesucht: $x(C_6H_5Cl)$ **Gegeben:** $w(C_6H_5Cl) = 0{,}420 = 42{,}0\%$

$$x_i = \frac{n_i}{n} \longleftarrow \frac{m_i}{M_i} \longleftarrow w_i\, m$$

$$n \longleftarrow \sum n_i \longleftarrow \frac{m_i}{M_i} \longleftarrow w_i\, m$$

$$x(C_6H_5Cl) = \frac{n(C_6H_5Cl)}{n(C_6H_5Cl) + n(C_6H_6)} = \frac{\dfrac{w(C_6H_5Cl)}{M(C_6H_5Cl)}}{\dfrac{w(C_6H_5Cl)}{M(C_6H_5Cl)} + \dfrac{1 - w(C_6H_5Cl)}{M(C_6H_6)}}$$

$$= \frac{\dfrac{0{,}420}{112{,}55\ \mathrm{g\ mol^{-1}}}}{\dfrac{0{,}420}{112{,}55\ \mathrm{g\ mol^{-1}}} + \dfrac{1 - 0{,}420}{78{,}11\ \mathrm{g\ mol^{-1}}}}$$

$$\underline{\mathbf{x(C_6H_5Cl) = 0{,}3345 = 33{,}45\%}}$$

Übungsaufgaben:

3-218. Ein $CaCO_3$/$MgCO_3$-Gemisch hat den Massenanteil $w(CaCO_3) = 18{,}75\%$. Wie groß ist der Stoffmengenanteil $x(CaCO_3)$ des Gemisches?

3-219. Ein Gemisch aus Methanol und Ethanol besitzt den Massenanteil $w(C_2H_5OH) = 18{,}75\%$. Wie groß ist der Stoffmengenanteil $x(C_2H_5OH)$ des Gemisches?

3-220. Ein Hexan-Heptan-Gemisch hat den Massenanteil $w(C_6H_{14}) = 0{,}250$. Wie groß ist der Stoffmengenanteil an Heptan, C_7H_{16}?

3-221. Wie groß ist der Stoffmengenanteil $x(HCl)$ einer Salzsäure mit einem Massenanteil $w(HCl) = 0{,}185$?

Für Teile einer Mischphasenkomponente des Typs $X_aY_bZ_c$ geht noch die Stoffmengenrelation (vgl. Abschn. 2.3.2) in (3-18) ein.

Rechenbeispiel 3-117. Eine Natriumcarbonat-Lösung hat den Massenanteil $w(Na_2CO_3) = 8{,}80\%$. Wie groß ist der Stoffmengenanteil $x(Na^+)$ der Lösung?

Gesucht: $x(Na^+)$ **Gegeben:** $w(Na_2CO_3) = 8{,}80\% = 0{,}0880$

Mit $\boldsymbol{n(X)/a = n(X_aY_bZ_c)}$ gilt entsprechend Rechenbeispiel 3-116:

$$x(Na^+) = \frac{n(Na^+)}{n} = \frac{2\,n(Na_2CO_3)}{n} = \frac{\dfrac{2\,w(Na_2CO_3)}{M(Na_2CO_3)}}{\dfrac{w(Na_2CO_3)}{M(Na_2CO_3)} = \dfrac{1 - w(Na_2CO_3)}{M(H_2O)}}$$

$$= \frac{\dfrac{2 \cdot 0{,}0880}{105{,}99\ \text{g mol}^{-1}}}{\dfrac{0{,}0880}{105{,}99\ \text{g mol}^{-1}} + \dfrac{1 - 0{,}0880}{18{,}02\ \text{g mol}^{-1}}}$$

$\boldsymbol{x(Na^+) = 0{,}0323 = 3{,}23\%}$

Übungsaufgaben:

3-222. Eine Soda-Lösung hat den Massenanteil $w(Na_2CO_3) = 2{,}80\%$. Wie groß ist der Stoffmengenanteil $x(Na^+)$ der Lösung?

3-223. Eine Kalilauge enthält 0,450 g Kaliumhydroxid je Gramm. Wie groß ist ihr Stoffmengenanteil $x(KOH)$?

3-224. Wie groß ist der Stoffmengenanteil $x(Cl^-)$ einer Calciumchlorid-Lösung mit dem Massenanteil $w(CaCl_2) = 0{,}815$?

3.4.1.1.3.2 Aus dem Volumenanteil

Das Volumen fester Bestandteile einer Mischphase kann nicht bestimmt werden; ihr Volumenanteil läßt sich nicht berechnen.

Da das Volumen von Gasportionen ihrer Stoffmenge direkt proportional ist, sind der Stoffmengenanteil und der Volumenanteil von Mischphasen gleich.

Aus diesen Gründen ist die Berechnung des Stoffmengenanteils aus dem Volumenanteil nur für Mischphasen aus flüssigen Bestandteilen von Bedeutung.

Rechenbeispiel 3-118. Ein Gemisch aus Ethanol, C_2H_5OH, und Glycerin, $C_3H_5(OH)_3$, hat den Volumenanteil φ(Ethanol) = 0,500. Wie groß ist der Stoffmengenanteil x(Ethanol)? $\rho(C_2H_5OH) = 0{,}791$ g/mL; $\rho[C_3H_5(OH)_3] = 1{,}260$ g/mL

Gesucht: $x(C_2H_5OH)$

Gegeben: $\varphi(C_2H_5OH) = 0{,}500 = 50{,}0\%$
$\rho(C_2H_5OH) = 0{,}791$ g/mL
$\rho[C_3H_5(OH)_3] = 1{,}260$ g/mL

$$\boldsymbol{x}_i = \frac{n_i}{n} \longleftarrow \frac{m_i}{\boldsymbol{M}_i} \longleftarrow \boldsymbol{\rho}_i V_i \longleftarrow \varphi_i V$$

$$\uparrow\ \ \sum n_i \longleftarrow \frac{m_i}{\boldsymbol{M}_i} \longleftarrow \rho_i V_i \longleftarrow \varphi_i V$$

$$x(C_2H_5OH) = \frac{\dfrac{\varphi(C_2H_5OH)\,\rho(C_2H_5OH)}{M(C_2H_5OH)}}{\dfrac{\varphi(C_2H_5OH)\,\rho(C_2H_5OH)}{M(C_2H_5OH)} + \dfrac{\varphi[C_3H_5(OH)_3]\,\rho[C_3H_5(OH)_3]}{M[C_3H_5(OH)_3]}}$$

$$= \frac{\dfrac{0{,}500 \cdot 0{,}791\ \text{g mL}^{-1}}{46{,}07\ \text{g mol}^{-1}}}{\dfrac{0{,}500 \cdot 0{,}791\ \text{g mL}^{-1}}{46{,}07\ \text{g mol}^{-1}} + \dfrac{0{,}500 \cdot 1{,}260\ \text{g mL}^{-1}}{92{,}09\ \text{g mol}^{-1}}}$$

$\underline{\boldsymbol{x(C_2H_5OH) = 0{,}557 = 55{,}7\%}}$

Übungsaufgaben:

3-225. Ein Gemisch aus Ethanol, C_2H_5OH, $\rho = 0{,}791$ g/mL, und 1-Propanol, C_3H_7OH, $\rho = 0{,}804$ g/mL, hat den Volumenanteil $\varphi(C_2H_5OH) = 35{,}0\%$. Wie groß ist der Stoffmengenanteil $x(C_2H_5OH)$?

3-226. Ein Gemisch aus Benzol, C_6H_6, und Nitrobenzol, $C_6H_5NO_2$, hat den Volumenanteil $\varphi(C_6H_6) = 0{,}175$. Wie groß ist ihr Stoffmengenanteil $x(C_6H_5NO_2)$?
$\rho(C_6H_6) = 0{,}879$ g/mL; $\rho(C_6H_5NO_2) = 1{,}204$ g/mL

3.4.1.1.3.3 Aus dem Stoffmengenverhältnis

Rechenbeispiel 3-119. Ein Aceton/Wasser-Gemisch hat das Stoffmengenverhältnis $r(CH_3COCH_3/H_2O) = 0{,}055$. Wie groß ist der Stoffmengenanteil $x(CH_3COCH_3)$ des Gemisches?

Gesucht: $x(CH_3COCH_3)$ **Gegeben:** $r(CH_3COCH_3/H_2O) = 0{,}055$

$$x_i = \frac{n_i}{n_i + n_k} \longleftarrow n_i = r_{ik}\, n_k$$

$$x(CH_3COCH_3) = \frac{n(CH_3COCH_3)}{n(CH_3COCH_3 + n(H_2O)}$$

$$= \frac{r(CH_3COCH_3/H_2O)\, n(H_2O)}{r(CH_3COCH_3/H_2O)\, n(H_2O) + n(H_2O)}$$

$$= \frac{r(CH_3COCH_3/H_2O)}{r(CH_3COCH_3/H_2O) + 1} = \frac{0{,}055}{0{,}055 + 1}$$

$$\underline{\mathbf{x(CH_3COCH_3) = 0{,}0521 = 5{,}21\%}}$$

Übungsaufgaben:

3-227. Welche Stoffmengenanteile x_i ergeben sich für die Bestandteile von Mischphasen mit folgenden Stoffmengenverhältnissen r_{ik}?

a) $r(CH_3OH/H_2O) = 0{,}865$
b) $r(CH_3OH/C_2H_5OH) = 4{,}25$
c) $r(C_6H_5CH_3/C_6H_6) = 1 : 2{,}5$
d) $r(N_2/H_2) = 0{,}333$

3.4.1.2 Rechnen mit dem Stoffmengenanteil

Durch Umstellen der Definitionsgleichung (3-18) für den Stoffmengenanteil eines Bestandteils i in einer Mischphase ergeben sich:

$$n_i = x_i\, n \qquad \textbf{(3-19)}$$

$$n = \frac{n_i}{x_i} \qquad \textbf{(3-20)}$$

Daraus leiten sich durch Ersetzen von n_i und n durch andere Quantitäten weitere Beziehungen ab, die zur Berechnung verwendet werden können.

3.4.1.2.1 Quantitäten der Bestandteile

3.4.1.2.1.1 Stoffmenge

Rechenbeispiel 3-120. Die Gesamtstoffmenge n einer Natronlauge mit dem Stoffmengenanteil $x(\text{NaOH}) = 17{,}5\%$ ist 15,0 mol. Wieviel Mol Natriumhydroxid, NaOH, und wieviel Mol Wasser enthält diese Lauge?

Gesucht: $n(\text{NaOH})$
$n(\text{H}_2\text{O})$

Gegeben: $x(\text{NaOH}) = 17{,}5\% = 0{,}175$; $n = 15{,}0$ mol

Gemäß (3-19) gilt:

$$n(\text{NaOH}) = x(\text{NaOH})\, n = 0{,}175 \cdot 15{,}0 \text{ mol}$$

$$\underline{\boldsymbol{n(\textbf{NaOH}) = 2{,}63 \textbf{ mol}}}$$

$$n(\text{H}_2\text{O}) = n - n(\text{NaOH}) = n - x(\text{NaOH})\, n = n\,[1 - x(\text{NaOH})]$$

$$= 15{,}0 \text{ mol } (1 - 0{,}175)$$

$$\underline{\boldsymbol{n(\textbf{H}_2\textbf{O}) = 12{,}38 \textbf{ mol}}}$$

Übungsaufgaben:

3-228. Wie groß sind die Stoffmengen n_i in Mischphasen mit folgenden Stoffmengen n der Mischphase und Stoffmengenanteilen x_i?

a) $n = 75{,}0$ mol; $x(\text{H}_2\text{SO}_4) = 0{,}855$
b) $n = 1{,}00$ mol; $x(\text{HNO}_3) = 12{,}6\%$
c) $n = 100$ mmol; $x(\text{H}_2) = 98{,}5\%$
d) $n = 375{,}0$ mol; $x(\text{H}_2\text{O}) = 0{,}500$

Rechenbeispiel 3-121. Wie groß ist die Stoffmenge $n(\text{KOH})$ in 520 g Kalilauge mit dem Stoffmengenanteil $x(\text{KOH}) = 0{,}196$?

Gesucht: $n(\text{KOH})$ **Gegeben:** $m = 520$ g; $x(\text{KOH}) = 0{,}196 = 19{,}6\%$

$$n_i = x_i\, n \longleftarrow \frac{m}{M} \longleftarrow M = x_1 M_1 + x_2 M_2 + \ldots \text{ (vgl. S. 158)}$$

$$n(\text{KOH}) = x(\text{KOH})\, n = \frac{x(\text{KOH})\, m}{M} = \frac{x(\text{KOH})\, m}{x(\text{KOH})\, M(\text{KOH}) + x(\text{H}_2\text{O})\, M(\text{H}_2\text{O})}$$

$$= \frac{0{,}196 \cdot 520 \text{ g}}{0{,}196 \cdot 56{,}11 \text{ g mol}^{-1} + (1 - 0{,}196) \cdot 18{,}02 \text{ g mol}^{-1}}$$

$n(\text{KOH}) = 4{,}00$ mol

Übungsaufgaben:

3-229. Wie groß sind die Stoffmengen n_i wäßrigen in Mischphasen mit folgenden Massen m und Stoffmengenanteilen x_i?

a) $m = 345$ g; $x(\text{HCl}) = 20{,}5\%$
b) $m = 120$ kg; $x(\text{KNO}_3) = 1{,}65\%$
c) $m = 40{,}0$ g; $x(\text{NH}_3) = 0{,}165$

3-230. Eine wäßrige Lösung hat den Stoffmengenanteil $x(\text{KCl}) = 2{,}06\%$ und die Dichte $\rho = 1{,}050$ g/L. Wie groß ist die Stoffmenge an Kaliumchlorid in 700 mL dieser Lösung?

Rechenbeispiel 3-122. Welche Stoffmenge $n(\text{N}_2)$ ist in 32,8 L eines Gasgemisches, $x(\text{N}_2) = 75{,}0\%$, von 1034 mbar und 24 °C?

Gesucht: $n(\text{N}_2)$ **Gegeben:** $V = 32{,}8$ L; $x(\text{N}_2) = 75{,}0\% = 0{,}750$
$p = 1034$ mbar; $T = 297$ K

$$n_i = x_i\, n \longleftarrow \frac{V}{V_m}$$

$$n(\text{N}_2) = \frac{x(\text{N}_2)\, V}{V_m} = \frac{x(\text{N}_2)\, V\, p}{R\, T} = \frac{0{,}750 \cdot 32{,}8 \text{ L} \cdot 1034 \text{ mbar}}{83{,}1 \text{ mbar L mol}^{-1} \text{ K}^{-1} \cdot 297 \text{ K}}$$

$n(\text{N}_2) = 1{,}031$ mol

Übungsaufgaben:

3-231. Ein Gasgemisch hat im Normzustand einen Stoffmengenanteil $x(\text{NH}_3) = 42{,}50\%$. Wie groß ist die Stoffmenge an Ammoniak in 600 L des Gemisches?

3-232. Ein Gasgemisch hat bei 265 °C und 1085 mbar einen Stoffmengenanteil $x(Cl_2)$ = 14,0%. Wie groß ist die Stoffmenge $n(Cl_2)$ in 300 L des Gemisches?

3.4.1.2.1.2 Masse

Rechenbeispiel 3-123. Wieviel Gramm Natriumcarbonat, Na_2CO_3, enthalten 1,45 kg Soda-Lösung mit dem Stoffmengenanteil $x(Na_2CO_3)$ = 1,00%?

Gesucht: $m(Na_2CO_3)$ **Gegeben:** $x(Na_2CO_3) = 1{,}00\% = 0{,}0100$
$m = 1{,}45$ kg

$$m_i = M_i\, n_i \longleftarrow x_i\, n \longleftarrow \frac{m}{M} \longleftarrow M = x_1\, M_1 + x_2\, M_2 + \ldots \text{ (vgl. S. 104)}$$

$$m(Na_2CO_3) = M(Na_2CO_3)\, n(Na_2CO_3) = \frac{M(Na_2CO_3)\, x(Na_2CO_3)\, m}{M}$$

$$= \frac{M(Na_2CO_3)\, x(Na_2CO_3)\, m}{x(Na_2CO_3)\, M(Na_2CO_3) + x(H_2O)\, M(H_2O)}$$

$$= \frac{105{,}99 \text{ g mol}^{-1} \cdot 0{,}0100 \cdot 1{,}45 \text{ kg}}{0{,}0100 \cdot 105{,}99 \text{ g mol}^{-1} + (1 - 0{,}0100) \cdot 18{,}02 \text{ g mol}^{-1}}$$

$\underline{\boldsymbol{m(Na_2CO_3) = 81{,}3\ g}}$

Übungsaufgaben:

3-233. Wie groß sind die Massen m_i in wäßrigen Mischphasen mit folgenden Massen m der Mischphasen und Stoffmengenanteilen x_i?

a) m = 75,0 g; $x(H_2SO_4)$ = 0,855
b) m = 100 g; $x(HNO_3)$ = 0,283%
c) m = 375 g; $x(H_3PO_4)$ = 0,200

3-234. Wie groß sind die Massen m_i in wäßrigen Mischphasen mit folgenden Volumina V, Dichten ρ und Stoffmengenanteilen x_i der Mischphasen?

a) V = 20,0 L; ρ = 1,430 g/mL; $x(NaOH)$ = 23,1%
b) V = 200 mL; ρ = 1,140 g/mL; $x(Na_2CO_3)$ = 2,57%
c) V = 975 mL; ρ = 1,165 g/mL; $x(HCl)$ = 17,0%

Rechenbeispiel 3-124. Wieviel Gramm NO_2 sind in 120 L eines Gasgemisches von 1045 mbar und 35 °C und dem Stoffmengenanteil $x(NO_2)$ = 65,0%?

Gesucht: $m(NO_2)$ **Gegeben:** $V = 120$ L; $x(NO_2) = 65{,}0\% = 0{,}650$
$p = 1045$ mbar; $T = 308$ K

$$m_i = M_i\, n_i \longleftarrow x_i\, n \longleftarrow \frac{V}{V_m}$$

$$m(NO_2) = M(NO_2)\, n(NO_2) = \frac{M(NO_2)\, x(NO_2)\, V}{V_m} = \frac{M(NO_2)\, x(NO_2)\, V\, p}{R\, T}$$

$$= \frac{46{,}01 \text{ g mol}^{-1} \cdot 0{,}650 \cdot 120 \text{ L} \cdot 1045 \text{ mbar}}{83{,}1 \text{ mbar L mol}^{-1} \text{ K}^{-1} \cdot 308 \text{ K}}$$

$$\underline{m(NO_2) = 147 \text{ g}}$$

Übungsaufgaben:

3-235. Ein Gasgemisch hat im Normzustand einen Stoffmengenanteil $x(NH_3) = 32{,}50\%$. Wie groß ist die Masse an Ammoniak in 900 L des Gemisches?

3-236. Ein Gasgemisch hat bei 165 °C und 1185 mbar einen Stoffmengenanteil $x(Cl_2) = 24{,}0\%$. Wie groß ist die Masse $m(Cl_2)$ in 300 L des Gemisches?

3.4.1.2.1.3 Volumen

Rechenbeispiel 3-125. Wie groß ist das Volumen an Methanol, CH_3OH, in 500 mL eines Methanol/Propanol-Gemisches mit $\rho = 0{,}798$ g/mL und dem Stoffmengenanteil $x(CH_3OH) = 45{,}0\%$? $\rho(CH_3OH) = 0{,}791$ g/mL

Gesucht: $V(CH_3OH)$ **Gegeben:** $V = 500$ mL; $\rho = 0{,}798$ g/mL
$x(CH_3OH) = 45{,}0\% = 0{,}450$
$\rho(CH_3OH) = 0{,}791$ g/mL

$$V_i = \frac{m_i}{\rho_i} \longleftarrow M_i\, n_i \longleftarrow x_i\, n \longleftarrow \frac{m}{M} \quad \begin{matrix} m \longleftarrow V\rho \\ M \longleftarrow M = x_1 M_1 + x_2 M_2 + \ldots \end{matrix}$$

$$V(CH_3OH) = \frac{m(CH_3OH)}{\rho(CH_3OH)} = \frac{M(CH_3OH)\, n(CH_3OH)}{\rho(CH_3OH)} = \frac{M(CH_3OH)\, x(CH_3OH)\, n}{\rho(CH_3OH)}$$

$$= \frac{M(CH_3OH)\, x(CH_3OH)\, V\, \rho}{\rho(CH_3OH)\, M}$$

$$= \frac{M(CH_3OH)\,x(CH_3OH)\,V\,\rho}{\rho(CH_3OH)\,[x(CH_3OH)\,M(CH_3OH) + x(C_3H_7OH)\,M(C_3H_7OH)]}$$

$$= \frac{32{,}04 \text{ g mol}^{-1} \cdot 0{,}450 \cdot 500 \text{ mL} \cdot 0{,}798 \text{ g mL}^{-1}}{0{,}791 \text{ g mL}^{-1}\,[0{,}450 \cdot 32{,}04 \text{ g mol}^{-1} + (1 - 0{,}450) \cdot 60{,}09 \text{ g mol}^{-1}]}$$

$\mathbf{V(CH_3OH) = 153{,}2\ mL}$

Übungsaufgaben:

3-237. Ein Ethanol/Wasser-Gemisch mit einer Dichte $\rho = 0{,}8794$ g/mL hat den Stoffmengenanteil $x(C_2H_5OH) = 44{,}3\%$. Wieviel Liter Ethanol sind in 135 L des Gemisches? $\rho(C_2H_5OH) = 0{,}791$ g/mL

3-238. Ein Flüssigkeitsgemisch mit der Dichte $\rho = 0{,}969$ g/mL hat den Stoffmengenanteil $x(CH_3OH) = 15{,}0\%$. Wieviel Liter Methanol, $\rho = 0{,}792$ g/mL, sind in 325 L des Gemisches?

Rechenbeispiel 3-126. Ein Gasgemisch besitzt einen Stoffmengenanteil von 92,0% an Ethin, C_2H_2. Wie groß ist das Volumen $V(C_2H_2)$ in 400 mL des Gemisches?

Gesucht: $V(C_2H_2)$

Gegeben: $V = 400$ mL
$x(C_2H_2) = 92{,}0\% = 0{,}920$

$$V_i = V_m\, n_i \longleftarrow x_i\, n \longleftarrow \frac{V}{V_m}$$

$$V(C_2H_2) = V_m\, n(C_2H_2) = x(C_2H_2)\, V = 0{,}920 \cdot 400 \text{ mL}$$

$\mathbf{V(C_2H_2) = 368{,}0\ mL}$

Übungsaufgaben:

3-239. Ein CO/CO_2-Gemisch hat den Stoffmengenanteil $x(CO) = 45{,}8\%$. Wieviel Liter Kohlenstoffmonoxid sind in 325 L des Gemisches?

3-240. Ein Gasgemisch besitzt einen Stoffmengenanteil $x(CH_4) = 0{,}105$. Wieviel Liter Methan, CH_4, sind in 3,25 m^3 dieses Gemisches?

3-241. Wieviel Milliliter Sauerstoff enthalten 775 mL Gasgemisch mit $x(O_2) = 9{,}45\%$?

3.4.1.2.2 Quantitäten der Mischphase

3.4.1.2.2.1 Stoffmenge

Rechenbeispiel 3-127. Eine Salpetersäure-Lösung mit dem Stoffmengenanteil $x(HNO_3) = 17{,}5\%$ enthält 12,0 mol Salpetersäure. Wie groß ist die Stoffmenge der Lösung?

Gesucht: n **Gegeben:** $x(HNO_3) = 17{,}5\% = 0{,}175$; $n(HNO_3) = 12{,}0$ mol

Gemäß (3-20) gilt:

$$n = \frac{n(HNO_3)}{x(HNO_3)} = \frac{12{,}0 \text{ mol}}{0{,}175}$$

$\underline{n = \mathbf{68{,}6\ mol}}$

Übungsaufgaben:

3-242. Wie groß sind die Stoffmengen n von Mischphasen mit folgenden Stoffmengen n_i und Stoffmengenanteilen x_i?

a) $n(KOH) = 345$ mmol; $x(KOH) = 18{,}7\%$
b) $n(H_2O) = 55{,}6$ mol; $x(H_2O) = 0{,}965$
c) $n(H_2SO_4) = 0{,}65$ mol; $x(H_2SO_4) = 45{,}0\%$
d) $n(SO_2) = 3{,}45$ mol; $x(SO_2) = 0{,}200$

3.4.1.2.2.2 Masse

Rechenbeispiel 3-128. Wieviel Kilogramm Salzsäure mit dem Stoffmengenanteil $x(HCl) = 7{,}50\%$, kann durch Einleiten von 10,0 mol Hydrogenchlorid, HCl, in Wasser hergestellt werden?

Gesucht: m **Gegeben:** $x(HCl) = 7{,}50\% = 0{,}0750$; $n(HCl) = 10{,}0$ mol

$$m = M\, n \longleftarrow \frac{n_i}{x_i}$$

$$M = x_1 M_1 + x_2 M_2 + \ldots \text{ (vgl. S. 104)}$$

$$m = n\, M = \frac{n(HCl)\, M}{x(HCl)} = \frac{n(HCl)\, [x(HCl)\, M(HCl) + x(H_2O)\, M(H_2O)]}{x(HCl)}$$

$$= \frac{10{,}0 \text{ mol } [0{,}0750 \cdot 36{,}46 \text{ g mol}^{-1} + (1 - 0{,}0750) \cdot 18{,}02 \text{ g mol}^{-1}]}{0{,}0750}$$

$\underline{m = \mathbf{2{,}59\ kg}}$

Übungsaufgaben:

3-243. Wie groß ist Masse m wäßriger Lösungen mit folgenden Stoffmengenanteilen x_i, die aus den angegebenen Stoffmengen n_i eines gelösten Stoffes hergestellt werden können?

a) $n(NaOH) = 0{,}100$ mol; $x(NaOH) = 20{,}0\%$
b) $n(Na_2CO_3) = 5{,}50$ mol; $x(Na_2CO_3) = 0{,}095$
c) $n(NH_3) = 0{,}175$ kmol; $x(NH_3) = 10{,}5\%$

Rechenbeispiel 3-129. Wie groß ist die Masse einer Salzsäure mit dem Stoffmengenanteil $x(HCl) = 7{,}50\%$, die durch Einleiten von 10,0 g Hydrogenchlorid, HCl, in Wasser hergestellt werden kann?

Gesucht: m **Gegeben:** $x(HCl) = 7{,}50\% = 0{,}0750$; $m(HCl) = 10{,}0$ g

$$\boldsymbol{m} = M\,n \longleftarrow \frac{n_i}{x_i} \longleftarrow \frac{m_i}{M_i}$$

$$\uparrow\; \boldsymbol{M} = x_1 M_1 + x_2 M_2 + \ldots$$

$$m = n\,M = \frac{n(HCl)\,M}{x(HCl)} = \frac{n(HCl)\,M}{x(HCl)} = \frac{m(HCl)\,M}{M(HCl)\,x(HCl)}$$

$$= \frac{m(HCl)\,[x(HCl)\,M(HCl) + x(H_2O)\,M(H_2O)]}{M(HCl)\,x(HCl)}$$

$$= \frac{10{,}0\text{ g }[0{,}0750 \cdot 36{,}46\text{ g mol}^{-1} + (1 - 0{,}0750) \cdot 18{,}02\text{ g mol}^{-1}]}{36{,}46\text{ g mol}^{-1} \cdot 0{,}0750}$$

$\underline{m = \mathbf{71{,}0\ g}}$

Übungsaufgaben:

3-244. Wie groß ist Masse m wäßriger Lösungen mit folgenden Stoffmengenanteilen x_i, die aus den angegebenen Massen m_i eines gelösten Stoffes hergestellt werden können?

a) $m(NaOH) = 100$ g; $x(NaOH) = 20{,}0\%$
b) $m(Na_2CO_3) = 5{,}50$ kg; $x(Na_2CO_3) = 0{,}095$
c) $m(NH_3) = 175$ kg; $x(NH_3) = 10{,}5\%$

3.4.1.2.2.3 Volumen

Rechenbeispiel 3-130. Wieviel Liter einer Kalilauge mit der Dichte $\rho = 1{,}400$ g/mL und einem Stoffmengenanteil $x(\mathrm{KOH}) = 17{,}9\%$ kann man aus 2,85 mol Kaliumhydroxid herstellen?

Gesucht: V **Gegeben:** $x(\mathrm{KOH}) = 17{,}9\% = 0{,}179$
$n(\mathrm{KOH}) = 2{,}85$ mol
$\rho = 1{,}400$ g/mL

$$V = \frac{m}{\rho} \longleftarrow M\,n \longleftarrow \frac{n_i}{x_i}$$
$$\uparrow\; M = x_1 M_1 + x_2 M_2 + \ldots$$

$$V = \frac{m}{\rho} = \frac{n\,M}{\rho} = \frac{n(\mathrm{KOH})\,M}{\rho\,x(\mathrm{KOH})} = \frac{n(\mathrm{KOH})\,[x(\mathrm{KOH})\,M(\mathrm{KOH}) + x(\mathrm{H_2O})\,M(\mathrm{H_2O})]}{\rho\,x(\mathrm{KOH})}$$

$$= \frac{2{,}85\ \mathrm{mol}\,[0{,}179 \cdot 56{,}11\ \mathrm{g\,mol^{-1}} + (1 - 0{,}179) \cdot 18{,}02\ \mathrm{g\,mol^{-1}}]}{1{,}400\ \mathrm{g\,mL^{-1}} \cdot 0{,}179}$$

$\underline{\underline{V = 282\ \mathrm{mL}}}$

Übungsaufgaben:

3-245. Wie groß ist das Volumen wäßriger Lösungen mit folgenden Stoffmengenanteilen x_i und Dichten ρ, die aus 5,00 mol des Stoffes i hergestellt werden können?

a) $x(\mathrm{HClO_4}) = 6{,}52\%$; $\rho = 1{,}190$ g/mL
b) $x(\mathrm{HNO_3}) = 10{,}35\%$; $\rho = 1{,}145$ g/mL
c) $x(\mathrm{NaNO_3}) = 1{,}80\%$; $\rho = 1{,}053$ g/mL
d) $x(\mathrm{NaCl}) = 8{,}88\%$; $\rho = 1{,}180$ g/mL

Rechenbeispiel 3-131. Wieviel Liter einer Kalilauge mit der Dichte $\rho = 1{,}400$ g/mL und dem Stoffmengenanteil $x(\mathrm{KOH}) = 17{,}9\%$ kann man aus 285 g Kaliumhydroxid herstellen?

Gesucht: V **Gegeben:** $x(\mathrm{KOH}) = 17{,}9\% = 0{,}179$
$m(\mathrm{KOH}) = 285$ g; $\rho = 1{,}400$ g/mL

$$V = \frac{m}{\rho} \longleftarrow M\,n \longleftarrow \frac{n_i}{x_i} \longleftarrow \frac{m_i}{M_i}$$
$$\uparrow\; M = x_1 M_1 + x_2 M_2 + \ldots$$

$$V = \frac{m}{\rho} = \frac{n\,M}{\rho} = \frac{n(\text{KOH})\,M}{\rho\,x(\text{KOH})} = \frac{m(\text{KOH})\,M}{\rho\,x(\text{KOH})\,M(\text{KOH})}$$

$$= \frac{m(\text{KOH})\,[x(\text{KOH})\,M(\text{KOH}) + x(\text{H}_2\text{O})\,M(\text{H}_2\text{O})]}{\rho\,x(\text{KOH})\,M(\text{KOH})}$$

$$= \frac{285\text{ g}\,[0{,}179 \cdot 56{,}11\text{ g mol}^{-1} + (1 - 0{,}179) \cdot 18{,}02\text{ g mol}^{-1}]}{1{,}400\text{ g mL}^{-1} \cdot 0{,}179 \cdot 56{,}11\text{ g mol}^{-1}}$$

$\underline{V = \mathbf{503\ mL}}$

Übungsaufgaben:

3-246. Wie groß ist das Volumen wäßriger Lösungen mit folgenden Stoffmengenanteilen x_i und Dichten ρ, die aus 50,0 g des Stoffes i hergestellt werden können?

a) $x(\text{HClO}_4) = 6{,}52\%$; $\rho = 1{,}190$ g/mL
b) $x(\text{HNO}_3) = 10{,}35\%$; $\rho = 1{,}145$ g/mL
c) $x(\text{NaNO}_3) = 1{,}80\%$; $\rho = 1{,}053$ g/mL

Rechenbeispiel 3-132. Wie groß ist das Volumen eines Gasgemisches mit dem Stoffmengenanteil $x(\text{NH}_3) = 38{,}5\%$, das 3,85 mol Ammoniak enthält, bei 22 °C und 1015 mbar?

Gesucht: V **Gegeben:** $x(\text{NH}_3) = 38{,}5\% = 0{,}385$; $n(\text{NH}_3) = 3{,}85$ mol
$T = 295$ K; $p = 1015$ mbar

$$V = V_m\,n \longleftarrow \frac{n_i}{x_i}$$

$$V = \frac{V_m\,n(\text{NH}_3)}{n(\text{NH}_3)} = \frac{R\,T\,n(\text{NH}_3)}{p\,x(\text{NH}_3)} = \frac{83{,}1\text{ mbar L mol}^{-1}\text{ K}^{-1} \cdot 295\text{ K} \cdot 3{,}85\text{ mol}}{1015\text{ mbar} \cdot 0{,}385}$$

$\underline{V = \mathbf{242\ L}}$

Übungsaufgaben:

3-247. Wie groß sind die Volumina V von Gasgemischen mit den folgenden Stoffmengenanteilen, die bei den angegebenen Bedingungen jeweils 2,50 mol eines Bestandteils i enthalten?

a) $x(\text{N}_2) = 75{,}0\%$; Normzustand
b) $x(\text{N}_2\text{O}_5) = 25{,}0\%$; $T = 300$ K; $p = 2{,}00$ bar
c) $x(\text{HCl}) = 90{,}0\%$; $T = 335$ K; $p = 1020$ mbar

Rechenbeispiel 3-133. Wie groß ist das Volumen eines Gasgemisches mit dem Stoffmengenanteil $x(NH_3)$ = 38,5%, das 420 mL Ammoniak enthält?

Gesucht: V **Gegeben:** $x(NH_3) = 38{,}5\% = 0{,}385$; $V(NH_3) = 420$ mL

$$V = V_m\, n \longleftarrow \frac{n_i}{x_i} \longleftarrow \frac{V_i}{V_m}$$

$$V = n\, V_m = \frac{n(NH_3)\, V_m}{x(NH_3)} = \frac{V(NH_3)\, V_m}{x(NH_3)\, V_m} = \frac{V(NH_3)}{x(NH_3)} = \frac{420 \text{ mL}}{0{,}385}$$

$\underline{\mathbf{V = 1091\ mL}}$

Übungsaufgaben:

3-248. Wie groß sind die Volumina V von Gasgemischen mit den folgenden Stoffmengenanteilen x_i, die die angegebenen Volumina V_i eines Bestandteils i enthalten?

a) $x(N_2) = 75{,}0\%$; $V(N_2) = 3{,}65$ L
b) $x(N_2O_5) = 25{,}0\%$; $V(N_2O_5) = 815$ mL
c) $x(HCl) = 90{,}0\%$; $V(HCl) = 0{,}650\ m^3$

3.4.1.3 Wiederholungsaufgaben (zu Abschn. 3.4.1)

3-91. Welche Stoffmengenanteile x_i ergeben sich für die Bestandteile in Gemischen mit folgenden Zusammensetzungen?

a) $n(C_6H_6) = 1{,}65$ mol; $n(C_6H_5CH_3) = 2{,}65$ mol
b) $n(C_2H_5OH) = 80{,}0$ mol; $n(C_3H_7OH) = 25{,}0$ mol
c) $n(NaNO_3) = 0{,}65$ mol; $n(H_2O) = 65{,}0$ mol
d) $n(CO) = 1{,}85$ mol; $n(H_2) = 2{,}05$ mol

3-92. 420 mL eines Gasgemisches enthalten im Normzustand 6,50 mmol Chlor. Wie groß ist der Stoffmengenanteil $x(Cl_2)$ des Gemisches?

3-93. 250 L Gasgemisch enthalten im Normzustand 145 g Ammoniakgas. Welchen Stoffmengenanteil an Ammoniak hat das Gemisch?

3-94. Welchen Stoffmengenanteil $x(NO_2)$ hat ein Gasgemisch, das in 100 L bei 225 °C und 975 mbar 2,25 mol Stickstoffdioxid, NO_2, enthält?

3-95. 850 mL Gasgemisch enthalten bei 30 °C und 1310 mbar 1,50 g Kohlenstoffdioxid. Wie groß ist der Stoffmengenanteil $x(CO_2)$ des Gemisches?

3-96. 250 m^3 Gasgemisch enthalten bei 2,2 bar und 100 °C 75 kg Hydrogensulfid (H_2S). Wie groß ist der Stoffmengenanteil $x(H_2S)$ im Gemisch?

3-97. Welche Stoffmengenanteile x_i ergeben sich für die Bestandteile in Gemischen mit folgenden Zusammensetzungen?

a) $m(Na_2SO_4) = 15{,}5$ kg; $m(H_2O) = 180$ kg
b) $m(Na_2CO_3) = 320$ g; $m(H_2O) = 2{,}75$ kg
c) m(1-Butanol) = 20 g; m(2-Butanol) = 95 g

3-98. Welche Stoffmengenanteile x_i ergeben sich für die Bestandteile in gasförmigen Gemischen mit folgenden Zusammensetzungen?

a) $m(SO_2) = 75{,}5$ kg; $m(SO_3) = 180$ kg
b) $m(CO_2) = 320$ g; $m(H_2) = 175$ g
c) $m(C_2H_2) = 20$ g; $m(C_2H_4) = 95$ g

3-99. 950 mL eines Gasgemisches enthalten 2,65 g Schwefeldioxid, SO_2, mit einer Dichte von 2,845 g/L. Wie groß ist $x(SO_2)$ im Gemisch?

3-100. 250 L eines Gasgemisches enthalten 150 g Ammoniak, NH_3, mit einer Dichte von 0,760 g/L. Wie groß ist $x(NH_3)$ im Gemisch?

3-101. 35,0 mL Aceton, $\rho = 0{,}791$ g/mL, und 600 mL Wasser, $\rho = 1{,}000$ g/mL, werden gemischt. Wie groß ist der Stoffmengenanteil $x(CH_3COCH_3)$?

3-102. Welche Stoffmengenanteile x_i ergeben sich für die Bestandteile in gasförmigen Gemischen mit folgenden Zusammensetzungen?

a) $V(N_2) = 6{,}60\ m^3$; $V(H_2) = 3{,}35\ m^3$; $V(NH_3) = 20{,}50\ m^3$
b) $V(H_2) = 7200$ L; $V(O_2) = 3000$ L
c) $V(H_2) = 300$ mL; $V(Cl_2) = 100$ mL

3-103. 180 m^3 eines gasförmigen Reaktionsgemisches enthalten auch 35 m^3 Ammoniak, NH_3, 45 m^3 Stickstoff, N_2, und 90 m^3 Wasserstoff, H_2. Wie groß sind die Stoffmengenanteile dieser Bestandteile im Gasgemisch?

3-104. 150 L Luft enthalten 120 L Stickstoff. Wie groß ist der Stoffmengenanteil $x(N_2)$ der Luft?

3-105. Eine Soda-Lösung, $\rho = 1{,}110$ g/mL, hat die Stoffmengenkonzentration $c(Na_2CO_3) = 1{,}12$ mol/L. Wie groß ist der Stoffmengenanteil $x(Na_2CO_3)$ der Lösung?

3-106. Ein Gasgemisch hat bei 48 °C und 1060 mbar die Stoffmengenkonzentration $c(C_2H_4) = 15{,}5$ mmol/L. Wie groß ist sein Stoffmengenanteil $x(C_2H_4)$?

3-107. Ein Hexan-Cyclohexan-Gemisch hat die Massenkonzentration $\beta(C_6H_{14})$ = 605 g/L. Seine Dichte beträgt 0,669 g/mL. Wie groß ist der Stoffmengenanteil an Hexan?

3-108. Eine Soda-Lösung, ρ = 1,020 g/mL, hat die Massenkonzentration $\beta(Na_2CO_3)$ = 21,4 g/L. Wie groß ist ihr Stoffmengenanteil $x(Na_2CO_3)$?

3-109. Ein Gasgemisch im Normzustand enthält 0,155 g Sauerstoff pro Liter. Wie groß ist der Stoffmengenanteil $x(O_2)$ dieses Gemisches?

3-110. Ein Gemisch von gasförmigen Kohlenwasserstoffen hat bei 155 °C und 1163 mbar eine Massenkonzentration $\beta(CH_4)$ = 370 mg/L. Wie groß ist sein Stoffmengenanteil $x(CH_4)$?

3-111. Ein Benzol/Chlorbenzol-Gemisch hat die Volumenkonzentration $\sigma(C_6H_5Cl)$ = 0,920. Welchen Stoffmengenanteil $x(C_6H_5Cl)$ besitzt das Gemisch?
$\rho(C_6H_5Cl)$ = 1,106 g/mL; $\rho(C_6H_6)$ = 0,879 g/mL

3-112. Ein Hexan-Heptan-Gemisch hat den Massenanteil $w(C_6H_{14})$ = 0,625. Wie groß ist der Stoffmengenanteil an Heptan, C_7H_{16}?

3-113. Eine Soda-Lösung hat den Massenanteil $w(Na_2CO_3)$ = 1,80%. Wie groß ist ihr Stoffmengenanteil $x(Na^+)$?

3-114. Ein NH_3/H_2-Gasgemisch besitzt den Massenanteil $w(NH_3)$ = 0,425. Wie groß ist $x(NH_3)$ des Gemisches?

3-115. Ein Gemisch aus Ethanol, C_2H_5OH, ρ = 0,791 g/mL, und 1-Propanol, C_3H_7OH, ρ = 0,804 g/mL,hat den Volumenanteil $\varphi(C_2H_5OH)$ = 65,0%. Wie groß ist sein Stoffmengenanteil $x(C_2H_5OH)$?

3-116. Welche Stoffmengenanteile $x(CH_3OH)$ und $x(H_2O)$ hat eine wäßrige Lösung von Methanol mit dem Stoffmengenverhältnis $r(CH_3OH/H_2O)$ = 2,65?

3-117. Wie groß sind die Stoffmengen n_i und die Massen m_i in wäßrigen Mischphasen mit folgenden Massen m und Stoffmengenanteilen x_i?

a) m = 30,0 kg; $x(NH_3)$ = 0,765
b) m = 300 g; $x(H_2SO_4)$ = 0,90

3-118. Eine wäßrige Lösung hat den Stoffmengenanteil $x(KBr)$ = 1,65% und die Dichte ρ = 1,074 g/L. Wie groß ist die Stoffmenge $n(KBr)$ in 700 mL dieser Lösung?

3-119. Ein Alkoholgemisch aus Ethanol und Butanol hat den Stoffmengenanteil $x(C_2H_5OH)$ = 0,380. Welche Stoffmenge an Ethanol sind in 9,75 L dieses Gemisches?
ρ(Gemisch) = 0,803 g/mL

3-120. Ein Gasgemisch hat den Stoffmengenanteil $x(NH_3) = 52{,}50\%$. Wie groß sind a) die Stoffmenge, b) die Masse und c) das Volumen an Ammoniak in 920 L des Gemisches im Normzustand?

3-121. Ein Gasgemisch hat bei 265 °C und 1085 mbar einen Stoffmengenanteil $x(Cl_2) = 74{,}0\%$. Wie groß sind a) die Stoffmenge $n(Cl_2)$, b) die Masse $m(Cl_2)$ und c) das Volumen $V(Cl_2)$ in 250 L des Gemisches?

3-122. Wie groß sind a) die Masse $m(HNO_3)$ und b) die Stoffmenge $n(HNO_3)$ in 2,00 kg einer wäßrigen Lösung mit dem Stoffmengenanteil $x(HNO_3) = 32{,}6\%$?

3-123. Wie groß sind a) die Masse und b) die Stoffmenge an Schwefelsäure in 325 mL einer Schwefelsäure-Lösung mit der Dichte $\rho = 1{,}360$ g/mL und dem Stoffmengenanteil $x(H_2SO_4) = 0{,}137$?

3-124. Wie groß ist die Masse $m(H_2O)$ in 10,0 L einer Salpetersäure-Lösung mit dem Stoffmengenanteil $x(HNO_3) = 7{,}00\%$ und der Dichte 1,120 g/mL?

3-125. Ein Gasgemisch hat bei 20 °C und 1100 mbar den Stoffmengenanteil $x(NH_3) = 82{,}50\%$. Wie groß sind a) die Stoffmenge, b) die Masse und c) das Volumen an Ammoniak in 700 L des Gemisches?

3-126. Ein Gasgemisch hat im Normzustand einen Stoffmengenanteil $x(Cl_2) = 42{,}0\%$. Wie groß ist die Masse $m(Cl_2)$ in 500 mL des Gemisches?

3-127. Ein Ethanol/Wasser-Gemisch mit einer Dichte $\rho = 0{,}8794$ g/mL hat den Stoffmengenanteil $x(C_2H_5OH) = 44{,}3\%$. Wieviel a) Liter und b) Kilogramm Ethanol sind in 3,25 m^3 des Gemisches? $\rho(C_2H_5OH) = 0{,}791$ g/mL

3-128. Ein CO/CO_2-Gemisch hat den Stoffmengenanteil $x(CO) = 0{,}300$. Wieviel Liter Kohlenstoffmonoxid sind in 325 L des Gemisches?

3-129. Wieviel Milliliter Sauerstoff enthalten 375 mL Gasgemisch mit $x(O_2) = 19{,}5\%$?

3-130. Wie groß ist die Gesamtstoffmenge n einer Kalilauge mit dem Stoffmengenanteil $x(KOH) = 12{,}0\%$, die 45 mol Wasser enthält?

3-131. Wie groß ist Masse m einer wäßrigen Ammoniak-Lösung, $x(NH_3) = 14{,}5\%$, die aus 100 mol Ammoniakgas hergestellt werden kann?

3-132. Zur Herstellung einer Natronlauge mit einem Stoffmengenanteil $x(NaOH) = 10{,}0\%$, stehen 20,0 g Natriumhydroxid zur Verfügung. Wieviel Gramm Natronlauge können damit angesetzt werden?

3-133. Wie groß ist das Volumen einer wäßrigen Perchlorsäure-Lösung, $x(HClO_4) = 6{,}52\%$, $\rho = 1{,}190$ g/mL, die 2,75 mol $HClO_4$ enthält?

3-134. Wie groß ist das Volumen einer wäßrigen Natriumnitrat-Lösung, $x(NaNO_3)$ = 1,80%, ρ = 1,053 g/mL, die aus 25,0 g Natriumnitrat hergestellt werden können?

3-135. Wie groß ist das Volumen V eines Gasgemisches mit dem Stoffmengenanteil $x(HCl)$ = 35,0%, das bei 235 K und 1020 mbar 2,00 mol Hydrogenchloridgas enthält?

3-136. Zur Herstellung einer wäßrigen Soda-Lösung, ρ = 1,159 g/mL, $x(Na_2CO_3)$ = 2,93%, stehen 350 g reines Natriumcarbonat, Na_2CO_3, zur Verfügung. Wie groß ist a) die Masse und b) das Volumen der Lösung, die angesetzt werden kann?

3-137. a) Wieviel Liter einer Salpetersäure-Lösung, ρ = 1,230 g/mL, mit $x(HNO_3)$ = 0,146 kann man aus 75,0 L einer zweiten Salpetersäure-Lösung, $w(HNO_3)$ = 55,0%, ρ = 1,339 g/mL, herstellen? b) Welche Masse hat die hergestellte Lösung?

3-138. Ein Wasserstoff-Sauerstoff-Gemisch mit dem Stoffmengenanteil $x(H_2)$ = 75% enthält 325 L Wasserstoff. Wie groß sind a) sein Volumen im Normzustand und b) seine Masse?

3-139. Eine wäßrige Lösung hat den Stoffmengenanteil $x(KCl)$ = 2,06% und die Dichte ρ = 1,050 kg/L. Wie groß sind a) die Masse und b) die Stoffmenge an Kaliumchlorid in 700 mL dieser Lösung?

3-140. Ein Ethanol/Methanol-Gemisch hat den Stoffmengenanteil $x(C_2H_5OH)$ = 0,380. Wie sind a) die Stoffmenge, b) die Masse und c) das Volumen an Ethanol in 4,75 L des Gemisches? ρ(Et-OH) = 0,791 g/mL; ρ(Gemisch) = 0,791 g/mL

3-141. Ein Gasgemisch hat im Normzustand den Stoffmengenanteil $x(NH_3)$ = 2,50%. Wie groß sind a) die Masse, b) die Stoffmenge und c) das Volumen an Ammoniak in 600 L des Gemisches?

3-142. Ein Gasgemisch hat bei 265 °C und 1085 mbar den Stoffmengenanteil $x(Cl_2)$ = 1,40%. Wie groß sind a) die Masse, b) die Stoffmenge und c) das Volumen an Chlor in 300 L des Gemisches?

3.4.2 Massenanteil

Der Massenanteil w_i eines Bestandteils i in einer Mischphase ist der Quotient aus der Masse m_i dieses Bestandteils und der Masse m aller Bestandteile der Mischphase.

$$w_i = \frac{m_i}{m} \qquad \textbf{(3-22)}$$

Mit $m = \sum m_i = m_1 + m_2 + \ldots$ [vgl. (2-14)] gilt:

$$w_i = \frac{m_i}{m_1 + m_2 + \ldots} \qquad \textbf{(3-22a)}$$

Der Massenanteil w_i gibt an, wieviel Gramm des Bestandteils i in 1 g bzw. in 100 g eines Gemisches enthalten sind.

Die als Dezimalbrüche angegebenen Massenanteile einer Lösung ergänzen sich zu 1:

$$w_1 + w_2 + \ldots = 1 \qquad \textbf{(3-22b)}$$

Analog dazu ergänzen sich in Prozent ausgedrückte Massenanteile zu 100%:

$$w_1 + w_2 + \ldots = 100\% \qquad \textbf{(3-22c)}$$

3.4.2.1 Berechnen des Massenanteils

3.4.2.1.1 Aus Quantitäten

3.4.2.1.1.1 Aus der Masse der Bestandteile

Rechenbeispiel 3-134. Welchen Massenanteil $w(\text{NaOH})$ hat eine Natronlauge, wenn 250,0 g dieser Lösung 48,0 g reines Natriumhydroxid (Ätznatron, NaOH) enthalten?

Gesucht: $w(\text{NaOH})$ **Gegeben:** $m(\text{NaOH}) = 48{,}0$ g; $m = 250{,}0$ g

Gemäß (3-22) gilt:

$$w(\text{NaOH}) = \frac{m(\text{NaOH})}{m} = \frac{48{,}0\ \text{g}}{250{,}0\ \text{g}}$$

$\underline{\boldsymbol{w(\text{NaOH}) = 0{,}1920 = 19{,}20\%}}$

Übungsaufgaben:

3-249. Welchen Massenanteil an Natriumchlorid hat eine Kochsalzlösung, die in 1,50 kg 175 g reines Kochsalz enthält?

3-250. Wie groß ist der Massenanteil $w(\text{KOH})$ einer Kalilauge, wenn diese in 750 kg 287 g reines Kaliumhydroxid enthält?

3-251. 56,0 kg Salzsäure enthalten 12,5 kg gelöstes Chlorwasserstoffgas (Hydrogenchlorid). Wie groß ist ihr Massenanteil $w(\text{HCl})$?

3-252. Welchen Massenanteil an Ammoniak (NH_3) hat eine wäßrige Lösung, wenn in 250,0 g dieser Lösung 28,0 g Ammoniakgas gelöst sind?

3-253. 2,50 t Schwefelsäure-Lösung enthalten 400 kg Wasser. Wie groß ist ihr Massenanteil $w(H_2SO_4)$?

3-254. 5,17 g einer Paste enthalten 4,32 g Farbstoff. Wie groß ist der Massenanteil des Farbstoffs in der Paste?

3-255. 1,052 g Pyrit enthält 0,215 g Verunreinigungen. Wie groß ist sein Massenanteil $w(FeS_2)$?

Rechenbeispiel 3-135. Welchen Massenanteil $w(Cl^-)$ hat eine Lösung, wenn 350,0 g dieser Lösung 38,0 g reines Bariumchlorid, $BaCl_2$, enthalten?

Gesucht: $w(Cl^-)$ **Gegeben:** $m(BaCl_2) = 38{,}0$ g; $m = 350{,}0$ g

Mit der Massenrelation $m(X)/a\ M(X) = m(X_aY_bZ_c)\ M(X_aY_bZ_c)$ gilt entsprechend Rechenbeispiel 3-134:

$$w(Cl^-) = \frac{m(Cl^-)}{m} = \frac{a\ m(BaCl_2)\ M(Cl)}{M(BaCl_2)\ m} = \frac{2 \cdot 38{,}0 \text{ g} \cdot 35{,}45 \text{ g mol}^{-1}}{208{,}24 \text{ g mol}^{-1} \cdot 350{,}0 \text{ g}}$$

$$\underline{w(Cl^-) = 0{,}03697 = 3{,}697\%}$$

Übungsaufgaben:

3-256. Welchen Massenanteil $w(Na^+)$ hat eine Lösung, die in 1,50 kg 175 g reines Kochsalz enthält?

3-257. 56,0 kg Salzsäure enthalten 12,5 kg gelöstes Chlorwasserstoffgas (Hydrogenchlorid). Wie groß ist ihr Massenanteil $w(Cl)$?

3-258. 375 g Salpetersäure-Lösung enthalten 192 g reine Salpetersäure (HNO_3). Welchen Massenanteil $w(NO_3^-)$ hat diese Lösung?

3-259. 1,052 g Pyrit enthält 0,215 g Verunreinigungen. Wie groß ist sein Massenanteil $w(Fe)$?

Rechenbeispiel 3-136. 15,2 g Kochsalz (NaCl) werden in 200,0 g Wasser gelöst. Welchen Massenanteil $w(NaCl)$ hat die entstehende Kochsalzlösung?

Gesucht: $w(\text{NaCl})$ **Gegeben:** $m(\text{NaCl}) = 15{,}2$ g; $m(\text{H}_2\text{O}) = 200{,}0$ g

Gemäß (3-22a) gilt:

$$w(\text{NaCl}) = \frac{m(\text{NaCl})}{m(\text{NaCl}) + m(\text{H}_2\text{O})} = \frac{15{,}2\ \text{g}}{15{,}2\ \text{g} + 200{,}0\ \text{g}}$$

$w(\text{NaCl}) = 0{,}0706 = 7{,}06\%$

Übungsaufgaben:

3-260. Welche Massenanteile w_i ergeben sich für die Bestandteile in Gemischen mit folgenden Massen m_i?

a) $m(\text{KNO}_3) = 75{,}5$ kg; $m(\text{H}_2\text{O}) = 280$ kg
b) $m(\text{CaCO}_3) = 320$ g; $m(\text{MgCO}_3) = 175$ g
c) $m(\text{C}_6\text{H}_6) = 120$ g; $m(\text{C}_6\text{H}_5\text{CH}_3) = 1950$ g
d) $m(\text{NaCl}) = 450$ mg; $m(\text{KCl}) = 335$ mg

3-261. In 125,0 g Wasser werden 40,0 g Ätznatron gelöst. Welchen Massenanteil $w(\text{NaOH})$ hat die entstehende Natronlauge?

3-262. Eine Schwefelsäure-Lösung besteht aus 75,0 g reiner Schwefelsäure und 95,0 g Wasser. Wie groß sind ihre Massenanteile $w(\text{SO}_4^{2-})$ und $w(\text{H}_2\text{O})$?

3-263. 50,0 g Natriumcarbonat werden in 325 g Wasser gelöst. Welche Massenanteile $w(\text{Na}^+)$ und $w(\text{H}_2\text{O})$ hat die Sodalösung?

Rechenbeispiel 3-137. 250,0 mL Kalilauge, $\rho = 1{,}210$ g/mL, enthalten 67,7 g Kaliumhydroxid. Welche Massenanteile $w(\text{KOH})$ und $w(\text{K}^+)$ besitzt die Lauge?

Gesucht: $w(\text{KOH})$, $w(\text{K}^+)$ **Gegeben:** $V = 250{,}0$ mL; $\rho = 1{,}210$ g/mL; $m(\text{KOH}) = 67{,}7$ g

$$w_i = \frac{m_i}{m} \longleftarrow V\rho$$

$$w(\text{KOH}) = \frac{m(\text{KOH})}{V\rho} = \frac{67{,}7\ \text{g}}{250{,}0\ \text{mL} \cdot 1{,}210\ \text{g mL}^{-1}}$$

$w(\text{KOH}) = 0{,}2238 = 22{,}38\%$

Mit der Massenrelation $m(\mathbf{X})/\mathrm{a}\, M(\mathbf{X}) = m(\mathbf{X_aY_bZ_c})\, M(\mathbf{X_aY_bZ_c})$ gilt:

$$w(\mathrm{K^+}) = \frac{m(\mathrm{K^+})}{m} = \frac{m(\mathrm{K^+})}{V\rho} = \frac{\mathrm{a}\, m(\mathrm{KOH})\, M(\mathrm{K^+})}{M(\mathrm{KOH})\, V\rho}$$

$$= \frac{1 \cdot 67{,}7\ \mathrm{g} \cdot 39{,}10\ \mathrm{g\ mol^{-1}}}{56{,}11\ \mathrm{g\ mol^{-1}} \cdot 250{,}0\ \mathrm{mL} \cdot 1{,}210\ \mathrm{g\ mL^{-1}}}$$

$$\underline{w(\mathbf{K^+}) = \mathbf{0{,}1560} = \mathbf{15{,}60\%}}$$

Übungsaufgaben:

3-264. 500 mL einer Salzsäure ($\rho = 1{,}125\ \mathrm{g/cm^3}$) enthalten 142,0 g reines Hydrogenchlorid. Welchen Massenanteil $w(\mathrm{HCl})$ hat diese Salzsäure?

3-265. 750 $\mathrm{cm^3}$ Salpetersäure-Lösung ($\rho = 1{,}309\ \mathrm{g/mL}$) enthalten 491 g reine Salpetersäure. Wie groß ist $w(\mathrm{HNO_3})$ der Lösung?

3-266. 75 mL einer Natronlauge ($\rho = 1{,}400\ \mathrm{g/cm^3}$) enthalten 38,8 g Natriumhydroxid. Wie groß sind die Massenanteile $w(\mathrm{NaOH})$ und $w(\mathrm{Na})$ der Lauge?

3-267. 90,0 L eines Gemisches von gasförmigen Kohlenwasserstoffen mit einer Dichte von 0,826 g/L enthalten 15,5 g Methan, CH_4. Wie groß ist $w(\mathrm{CH_4})$ des Gemisches?

3.4.2.1.1.2 Aus der Stoffmenge der Bestandteile

Rechenbeispiel 3-138. Ein Gasgemisch setzt sich aus 0,75 mol Wasserstoff und 3,00 mol Stickstoff zusammen. Wie groß ist der Massenanteil $w(\mathrm{H_2})$?

Gesucht: $w(\mathrm{H_2})$ **Gegeben:** $n(\mathrm{H_2}) = 0{,}75$ mol; $n(\mathrm{N_2}) = 3{,}00$ mol

$$w_\mathrm{i} = \frac{m_\mathrm{i}}{\sum m_\mathrm{i}} \longleftarrow n_\mathrm{i}\, M_\mathrm{i}$$

$$w(\mathrm{H_2}) = \frac{m(\mathrm{H_2})}{m(\mathrm{H_2}) + m(\mathrm{N_2})} = \frac{n(\mathrm{H_2})\, M(\mathrm{H_2})}{n(\mathrm{H_2})\, M(\mathrm{H_2}) + n(\mathrm{N_2})\, M(\mathrm{N_2})}$$

$$= \frac{0{,}75\ \mathrm{mol} \cdot 2{,}016\ \mathrm{g\ mol^{-1}}}{0{,}75\ \mathrm{mol} \cdot 2{,}016\ \mathrm{g\ mol^{-1}} + 3{,}00\ \mathrm{mol} \cdot 28{,}02\ \mathrm{g\ mol^{-1}}}$$

$$\underline{w(\mathbf{H_2}) = \mathbf{0{,}0175} = \mathbf{1{,}75\%}}$$

Übungsaufgaben:

3-268. Welche Massenanteile w_i ergeben sich für die Bestandteile in Gemischen mit folgenden Zusammensetzungen?

a) $n(AgCl) = 2{,}75$ mol; $n(AgBr) = 1{,}65$ mol
b) $n(CH_3OH) = 0{,}75$ mol; $n(C_2H_5OH) = 2{,}65$ mol
c) $n(C_2H_5OH) = 80{,}0$ mol; $n(H_2O) = 2{,}5$ mol
d) $n(H_2) = 6{,}0$ mol; $n(O_2) = 1{,}5$ mol

3-269. Eine Lösung besteht aus 60,0 mol Wasser und 0,50 mol Kaliumpermanganat, $KMnO_4$. Welchen Massenanteil an Kaliumpermanganat hat diese Lösung?

3-270. Ein Gemisch besteht aus 8,5 mol Calciumcarbonat, $CaCO_3$, und 12,7 mol Magnesiumcarbonat, $MgCO_3$. Wie groß sind die Massenanteile dieser beiden Bestandteile?

3-271. Ein Flüssigkeitsgemisch besteht aus 1,25 mol Ethanol und 15,60 mol Wasser. Wie groß sind die Massenanteile dieser Komponenten in der Lösung?

3-272. Ein Gasgemisch setzt sich aus 0,75 mol Wasserstoff und 0,35 mol Stickstoff zusammen. Wie groß ist der Massenanteil $w(N_2)$?

Rechenbeispiel 3-139. 250 mL Schwefelsäure-Lösung, $\rho = 1{,}110$ g/mL, enthalten 0,455 mol H_2SO_4. Wie groß sind die Massenanteile $w(H_2SO_4)$ und $w(SO_4^{2-})$ der Lösung?

Gesucht: $w(H_2SO_4)$, $w(SO_4^{2-})$

Gegeben: $V = 250$ mL; $\rho = 1{,}110$ g/mL; $n(H_2SO_4) = 0{,}455$ mol

$$w_i = \frac{m_i \leftarrow n_i\, M_i}{m \leftarrow V\,\rho}$$

$$w(H_2SO_4) = \frac{m(H_2SO_4)}{m} = \frac{n(H_2SO_4)\, M(H_2SO_4)}{V\,\rho} = \frac{0{,}455\ \text{mol} \cdot 98{,}07\ \text{g mol}^{-1}}{250\ \text{mL} \cdot 1{,}110\ \text{g mL}^{-1}}$$

$\mathbf{w(H_2SO_4) = 0{,}1608 = 16{,}08\%}$

Mit $\mathbf{n(SO_4^{2-}) = n(H_2SO_4)}$ gilt:

$$w(SO_4^{2-}) = \frac{m(SO_4^{2-})}{m} = \frac{n(H_2SO_4)\, M(SO_4^{2-})}{V\,\rho} = \frac{0{,}455\ \text{mol} \cdot 96{,}06\ \text{g mol}^{-1}}{250\ \text{mL} \cdot 1{,}110\ \text{g mL}^{-1}}$$

$\mathbf{w(SO_4^{2-}) = 0{,}1575 = 15{,}75\%}$

Übungsaufgaben:

3-273. 245 mL Perchlorsäure-Lösung (ρ = 1,158 g/mL) enthalten 0,68 mol $HClO_4$. Wie groß sind der Massenanteil $w(HClO_4)$ und $w(Cl)$?

3-274. 400 mL Sodalösung (ρ = 1,020 g/mL) enthalten 80,8 mmol Natriumcarbonat, Na_2CO_3. Wie groß sind die Massenanteile $w(Na_2CO_3)$ und $w(Na^+)$?

3.4.2.1.1.3 Aus dem Volumen der Bestandteile

Rechenbeispiel 3-140. 300 mL Benzol, C_6H_6, und 700 mL Toluol, $C_6H_5CH_3$, werden gemischt. Wie groß sind die Massenanteile dieser Bestandteile in der Mischung?
$\rho(C_6H_6)$ = 0,879 g/mL; $\rho(C_6H_5CH_3)$ = 0,867 g/mL

Gesucht: w(Benzol), w(Toluol)

Gegeben: V(Benzol) = 300 mL; ρ(Benzol) = 0,879 g/mL; V(Toluol) = 700 mL; ρ(Toluol) = 0,867 g/mL

$$w_i = \frac{m_i}{\sum m_i} \longleftarrow V_i\,\rho_i$$

$$w(\text{Benzol}) = \frac{V(\text{Benzol})\,\rho(\text{Benzol})}{V(\text{Benzol})\,\rho(\text{Benzol}) + V(\text{Toluol})\,\rho(\text{Toluol})}$$

$$= \frac{300\ \text{mL} \cdot 0{,}879\ \text{g mL}^{-1}}{300\ \text{mL} \cdot 0{,}879\ \text{g mL}^{-1} + 700\ \text{mL} \cdot 0{,}867\ \text{g mL}^{-1}}$$

$\underline{\boldsymbol{w}\textbf{(Benzol)} = \textbf{0,303} = \textbf{30,3\%}}$

$$w(\text{Toluol}) = \frac{V(\text{Toluol})\,\rho(\text{Toluol})}{V(\text{Toluol})\,\rho(\text{Toluol}) + V(\text{Benzol})\,\rho(\text{Benzol})}$$

$$= \frac{700\ \text{mL} \cdot 0{,}867\ \text{g mL}^{-1}}{700\ \text{mL} \cdot 0{,}867\ \text{g mL}^{-1} + 300\ \text{mL} \cdot 0{,}879\ \text{g mL}^{-1}}$$

$\underline{\boldsymbol{w}\textbf{(Toluol)} = \textbf{0,697} = \textbf{69,7\%}}$

Übungsaufgaben:

3-275. Welche Massenanteile w_i ergeben sich für die Bestandteile in Gemischen mit folgenden Volumina V_i und Dichten ρ_i?

a) $V(CH_3OH) = 100$ L; $\rho = 0{,}791$ g/mL
$V(H_2O) = 300$ L; $\rho = 1{,}000$ g/mL
b) $V(CH_3COOH) = 250$ mL; $\rho = 1{,}049$ g/mL
$V(H_2O) = 750$ mL; $\rho = 1{,}000$ g/mL

3-276. In einem Behälter befinden sich 150 L Trichlormethan (Chloroform), $CHCl_3$, und 320 L Tetrachlormethan (Tetrachlorkohlenstoff), CCl_4. Wie groß sind die Massenanteile der Komponenten in dieser Mischphase?
$\rho(CHCl_3) = 1{,}480$ g/mL; $\rho(CCl_4) = 1{,}594$ g/mL

3-277. 35,0 L 1-Pentan, C_5H_{12}, $\rho = 0{,}626$ g/mL, und 40,0 L 1-Hexan, C_6H_{14}, $\rho = 0{,}659$ g/mL, werden gemischt. Welche Massenanteile ergeben sich für die beiden Komponenten der Mischung?

Rechenbeispiel 3-141. Ein Gasgemisch besteht aus 5,2 L Kohlenstoffmonoxid, CO, und 8,8 L Kohlenstoffdioxid, CO_2. Wie groß ist der Massenanteil an Kohlenstoffmonoxid?

Gesucht: $w(CO)$ **Gegeben:** $V(CO) = 5{,}2$ L; $V(CO_2) = 8{,}8$ L

$$w_i = \frac{m_i}{\sum m_i} \longleftarrow n_i\,M_i \longleftarrow n_i = \frac{V_i}{V_m}$$

$$w(CO) = \frac{m(CO)}{m(CO) + m(CO_2)} = \frac{V(CO)\,M(CO)}{V(CO)\,M(CO) + V(CO_2)\,M(CO_2)}$$

$$= \frac{5{,}2\text{ L} \cdot 28{,}01\text{ g mol}^{-1}}{5{,}2\text{ L} \cdot 28{,}01\text{ g mol}^{-1} + 8{,}8\text{ L} \cdot 44{,}01\text{ g mol}^{-1}}$$

$\mathbf{w(CO) = 0{,}273 = 27{,}3\%}$

Übungsaufgaben:

3-278. Welche Massenanteile w_i ergeben sich für die Bestandteile in gasförmigen Gemischen mit folgenden Zusammensetzungen?

a) $V(N_2) = 2{,}60$ m³; $V(H_2) = 5{,}35$ m³; $V(NH_3) = 40{,}50$ m³
b) $V(SO_2) = 720$ L; $V(O_2) = 3000$ L
c) $V(H_2) = 200$ mL; $V(O_2) = 100$ mL

3-279. Sauerstoff, O_2, und Schwefeldioxid, SO_2, werden im Volumenverhältnis 2:1 gemischt und in einem Reaktor bei 500 °C in Anwesenheit eines Katalysators zur Reaktion gebracht. Wie groß war der Massenanteil an SO_2 in dem Gasgemisch vor der Umsetzung?

Rechenbeispiel 3-142. 500 L Chlorwasserstoffgas, HCl, von 20 °C und 1050 mbar werden in 5,00 kg Wasser eingeleitet. Welchen Massenanteil $w(\text{HCl})$ hat die entstehende Salzsäure?

Gesucht: $w(\text{HCl})$ **Gegeben:** $V(\text{HCl}) = 500$ L; $T = 293$ K; $p = 1050$ mbar
$m(\text{H}_2\text{O}) = 5{,}00$ kg

$$w_i = \frac{m_i}{m_i + m_k} \longleftarrow n_i M_i \longleftarrow n_i = \frac{V_i}{V_m}$$

$$m_k \longleftarrow n_i M_i \longleftarrow n_i = \frac{V_i}{V_m}$$

$$w(\text{HCl}) = \frac{\dfrac{V(\text{HCl})\,M(\text{HCl})\,p}{R\,T}}{\dfrac{V(\text{HCl})\,M(\text{HCl})\,p}{R\,T} + m(\text{H}_2\text{O})}$$

$$= \frac{\dfrac{500\text{ L} \cdot 36{,}46\text{ g mol}^{-1} \cdot 1050\text{ mbar}}{83{,}1\text{ mbar L mol}^{-1}\text{ K}^{-1} \cdot 293\text{ K}}}{\dfrac{500\text{ L} \cdot 36{,}46\text{ g mol}^{-1} \cdot 1050\text{ mbar}}{83{,}1\text{ mbar L mol}^{-1}\text{ K}^{-1} \cdot 293\text{ K}} + 5{,}00\text{ kg}}$$

$\underline{\boldsymbol{w(\text{HCl}) = 0{,}1358 = 13{,}58\%}}$

Übungsaufgaben:

3-280. 45,0 L Ammoniakgas, NH_3, von 1013 mbar und 20 °C werden in 100 g Wasser eingeleitet. Wie ist der Massenanteil $w(\text{NH}_3)$ der entstehenden Lösung?

3-281. 5,50 m^3 Chlorwasserstoffgas, HCl, von 50 °C und 1100 mbar werden in 20,0 kg Wasser eingeleitet. Wie groß ist der Massenanteil $w(\text{HCl})$ der entstehenden Lösung?

3.4.2.1.2 Aus Konzentrationen

3.4.2.1.2.1 Aus der Massenkonzentration

Rechenbeispiel 3-143. Eine Schwefelsäure-Lösung, $\rho = 1{,}256$ g/mL, hat die Massenkonzentration $\beta(\text{H}_2\text{SO}_4) = 440$ g/L. Wie groß ist ihr Massenanteil $w(\text{H}_2\text{SO}_4)$?

Gesucht: $w(\text{H}_2\text{SO}_4)$ **Gegeben:** $\beta(\text{H}_2\text{SO}_4) = 440$ g/L; $\rho = 1{,}256$ g/mL

$$w_i = \frac{m_i \leftarrow \beta_i\, V}{m \leftarrow V\rho}$$

$$w(H_2SO_4) = \frac{m(H_2SO_4)}{m} = \frac{\beta(H_2SO_4)\, V}{\rho\, V} = \frac{\beta(H_2SO_4)}{\rho} = \frac{440\ g\ L^{-1}}{1{,}256\ g\ mL^{-1}}$$

$\mathbf{w(H_2SO_4) = 0{,}3503 = 35{,}03\%}$

Rechenbeispiel 3-144. Wie groß ist der Massenanteil $w(Cl)$ einer Salzsäure, ρ = 1,111 g/mL, mit $\beta(HCl)$ = 249 g/L?

Gesucht: $w(Cl)$ **Gegeben:** $\beta(HCl)$ = 249 g/L; ρ = 1,111 g/mL

Mit $\mathbf{n(Cl) = n(HCl)}$ gilt entsprechend Rechenbeispiel 3-143:

$$w(Cl) = \frac{m(HCl)}{m} = \frac{\beta(HCl)\, M(Cl)}{\rho\, M(HCl)} = \frac{249\ g\ L^{-1} \cdot 35{,}45\ g\ mol^{-1}}{36{,}46\ g\ mol^{-1} \cdot 1{,}111\ g\ mL^{-1}}$$

$\mathbf{w(Cl) = 0{,}2179 = 21{,}79\%}$

Ubungsaufgaben:

3-282. Eine Salpetersäure-Lösung mit der Dichte ρ = 1,300 g/mL hat die Massenkonzentration $\beta(HNO_3)$ = 630 g/L? Wie groß sind die Massenanteile $w(HNO_3)$ und $w(N)$ dieser Lösung?

3-283. Eine Schwefelsäure-Lösung, ρ = 1,300 g/mL, hat die Massenkonzentration $\beta(H_2SO_4)$ = 516 g/L? Wie groß sind die Massenanteile $w(H_2SO_4)$ und $w(S)$ dieser Lösung?

3-284. Wie groß ist der Massenanteil $w(HCl)$ einer Salzsäure mit der Massenkonzentration $\beta(HCl)$ = 373 g/L und der Dichte ρ = 1,160 g/mL?

3-285. Eine Kalilauge hat die Massenkonzentration $\beta(KOH)$ = 359 g/L und Dichte ρ = 1,270 g/mL. Welcher Massenanteil $w(KOH)$ ergibt sich für die Lösung?

3-286. Eine Soda-Lösung hat die Massenkonzentration $\beta(Na^+)$ = 69,0 g/L und Dichte ρ = 1,145 g/mL. Welcher Massenanteil $w(Na_2CO_3)$ ergibt sich für die Lösung?

3.4.2.1.2.2 Aus der Stoffmengenkonzentration

Rechenbeispiel 3-145. Eine Schwefelsäure-Lösung, ρ = 1,260 g/mL, hat die Stoffmengenkonzentration $c(H_2SO_4)$ = 4,50 mol/L. Wie groß ist der Massenanteil $w(H_2SO_4)$

Gesucht: $w(H_2SO_4)$ **Gegeben:** $c(H_2SO_4)$ = 4,50 mol/L; ρ = 1,260 g/mL

$$w_i = \frac{m_i \leftarrow n_i\, M_i \leftarrow n_i = c_i\, V}{m \leftarrow V\,\rho}$$

$$w(H_2SO_4) = \frac{c(H_2SO_4)\, M(H_2SO_4)}{\rho} = \frac{4{,}50 \text{ mol L}^{-1} \cdot 98{,}07 \text{ g mol}^{-1}}{1{,}260 \text{ g mL}^{-1}}$$

$\underline{\boldsymbol{w(H_2SO_4) = 0{,}3503 = 35{,}03\%}}$

Übungsaufgaben:

3-287. Eine Salpetersäure-Lösung, ρ = 1,300 g/mL, hat die Stoffmengenkonzentration $c(HNO_3)$ = 10,0 mol/L? Wie groß sind die Massenanteile $w(HNO_3)$ und $w(N)$?

3-288. Eine Schwefelsäure-Lösung, ρ = 1,300 g/mL, hat die Stoffmengenkonzentration $c(H_2SO_4)$ = 5,26 mol/L? Wie groß sind ihre Massenanteile $w(H_2SO_4)$ und $w(S)$?

3-289. Eine Kalilauge hat die Stoffmengenkonzentration $c(KOH)$ = 6,135 mol/L und Dichte ρ = 1,260 g/mL. Welcher Massenanteil $w(KOH)$ ergibt sich für die Lösung?

3-290. Eine Soda-Lösung hat die Stoffmengenkonzentration $c(Na^+)$ = 3,00 mol/L und Dichte ρ = 1,145 g/mL. Welcher Massenanteil $w(Na_2CO_3)$ ergibt sich für die Lösung?

3-291. Ein Gasgemisch hat die Stoffmengenkonzentration $c(NH_3)$ = 3,00 mmol/L und Dichte ρ = 0,805 g/L. Wie groß ist sein Massenanteil $w(NH_3)$?

Rechenbeispiel 3-146. Eine Schwefelsäure-Lösung, ρ = 1,260 g/mL, hat die Äquivalentkonzentration $c(\frac{1}{2}\, H_2SO_4)$ = 9,00 mol/L. Wie groß ist ihr Massenanteil $w(H_2SO_4)$?

Gesucht: $w(H_2SO_4)$ **Gegeben:** $c(H_2SO_4)$ = 4,50 mol/L; ρ = 1,260 g/mL

Mit $\boldsymbol{c(H_2SO_4) = c(\frac{1}{2}\, H_2SO_4)/2}$ gilt:

$$w(H_2SO_4) = \frac{c(\frac{1}{2}\, H_2SO_4)\, M(H_2SO_4)}{2\,\rho} = \frac{9{,}00 \text{ mol L}^{-1} \cdot 98{,}08 \text{ g mol}^{-1}}{2 \cdot 1{,}260 \text{ g mL}^{-1}}$$

$\underline{\boldsymbol{w(H_2SO_4) = 0{,}3503 = 35{,}03\%}}$

Übungsaufgaben:

3-292. Eine Soda-Lösung hat die Äquivalentkonzentration $c(\frac{1}{2}\,Na_2CO_3) = 3{,}00$ mol/L und Dichte $\rho = 1{,}145$ g/mL. Welcher Massenanteil $w(Na_2CO_3)$ ergibt sich für die Lösung?

3-293. Eine Phosphorsäure-Lösung, $\rho = 1{,}042$ g/mL, hat die Äquivalentkonzentration $c(\frac{1}{2}\,H_3PO_4) = 0{,}850$ mol/L. Welchen Massenanteil $w(H_3PO_4)$ hat die Lösung?

3.4.2.1.2.3 Aus der Volumenkonzentration

Die Berechnung ist nur unter der Voraussetzung möglich, daß keine Volumenkontraktion stattfindet.

Rechenbeispiel 3-147. Ein Benzol/Toluol-Gemisch besitzt die Volumenkonzentration $\sigma(C_6H_6) = 300$ mL/L. Wie groß ist sein Massenanteil $w(C_6H_6)$?
$\rho(C_6H_6) = 0{,}879$ g/mL; $\rho(C_6H_5CH_3) = 0{,}867$ g/mL

Gesucht: $w(C_6H_6)$

Gegeben: $\sigma(C_6H_6) = 300$ mL/L $= 0{,}300$
$\rho(C_6H_6) = 0{,}879$ g/mL
$\rho(C_6H_5CH_3) = 0{,}867$ g/mL

$$w_i = \frac{m_i}{\sum m_i} \longleftarrow m_i = \rho_i\, V_i \longleftarrow \sigma_i\, V$$

$$w(C_6H_6) = \frac{\sigma(C_6H_6)\,\rho(C_6H_6)}{\sigma(C_6H_6)\,\rho(C_6H_6) + \sigma(C_6H_5CH_3)\,\rho(C_6H_5CH_3)}$$

$$= \frac{0{,}300 \cdot 0{,}879\ \text{g mL}^{-1}}{0{,}300 \cdot 0{,}879\ \text{g mL}^{-1} + (1 - 0{,}300) \cdot 0{,}867\ \text{g mL}^{-1}}$$

$\underline{\boldsymbol{w(C_6H_6) = 0{,}303 = 30{,}3\%}}$

Übungsaufgaben:

3-294. Ein Gemisch aus Trichlormethan (Chloroform), $CHCl_3$, Tetrachlormethan, CCl_4, hat die Volumenkonzentration $\sigma(CHCl_3) = 0{,}820$ L/L. Wie groß ist der Massenanteil $w(CHCl_3)$ der Mischphase? $\rho(CHCl_3) = 1{,}486$ g/mL; $\rho(CCl_4) = 1{,}594$ g/mL

3-295. Wie groß ist der Massenanteil $w(C_6H_5NH_2)$ eines Gemisches aus Anilin, $C_6H_5NH_2$, und Nitrobenzol, $C_6H_5NO_2$, mit der Volumenkonzentration $\sigma(C_6H_5NH_2) =$ 525 mL/L? $\rho(C_6H_5NH_2) = 1{,}022$ g/mL; $\rho(C_6H_5NO_2) = 1{,}204$ g/mL

Rechenbeispiel 3-148. Ein Gasgemisch aus CO und CO_2 hat die Volumenkonzentration $\sigma(CO) = 370$ mL/L. Wie groß ist sein Massenanteil an Kohlenstoffmonoxid?

Gesucht: $w(CO)$ **Gegeben:** $\sigma(CO) = 370$ mL/L $= 0{,}370$

$$w_i = \frac{m_i}{\sum m_i} \longleftarrow m_i = n_i M_i \longleftarrow n_i = \frac{V_i}{V_m} \longleftarrow \sigma_i V$$

$$w(CO) = \frac{\sigma(CO)\,M(CO)}{\sigma(CO)\,M(CO) + \sigma(CO_2)\,M(CO_2)}$$

$$= \frac{0{,}370 \cdot 28{,}01 \text{ g mol}^{-1}}{0{,}370 \cdot 28{,}01 \text{ g mol}^{-1} + (1 - 0{,}370) \cdot 44{,}01 \text{ g mol}^{-1}}$$

$\underline{\boldsymbol{w(CO) = 0{,}2721 = 27{,}21\%}}$

Übungsaufgaben:

3-296. Ein Stickstoff-Wasserstoff-Gemisch hat eine Volumenkonzentration $\sigma(N_2) = 0{,}230$ L/L. Wie sind die Massenanteile der beiden Bestandteile im Gemisch?

3-297. Ein O_2/SO_2-Gemisch hat die Volumenkonzentration $\sigma(SO_2) = 0{,}667$. Wie groß ist sein Massenanteil an SO_2?

3.4.2.1.3 Aus anderen Anteilen

3.4.2.1.3.1 Aus dem Stoffmengenanteil

Rechenbeispiel 3-149. Ein Gemisch aus Benzol, C_6H_6, und Chlorbenzol, C_6H_5Cl, hat den Stoffmengenanteil $x(C_6H_6) = 0{,}6445$. Wie groß ist sein Massenanteil $w(C_6H_6)$?

Gesucht: $w(C_6H_6)$ **Gegeben:** $x(C_6H_6) = 0{,}6445 = 64{,}45\%$

$$w_i = \frac{m_i}{\sum m_i} \longleftarrow m_i = n_i M_i \longleftarrow n_i = x_i\, n$$

$$w(C_6H_6) = \frac{x(C_6H_6)\,M(C_6H_6)}{x(C_6H_6)\,M(C_6H_6) + x(C_6H_5Cl)\,M(C_6H_5Cl)}$$

$$= \frac{0{,}6445 \cdot 78{,}11 \text{ g mol}^{-1}}{0{,}6445 \cdot 78{,}11 \text{ g mol}^{-1} + [1 - 0{,}6445] \cdot 112{,}55 \text{ g mol}^{-1}}$$

$\underline{\boldsymbol{w(C_6H_6) = 0{,}5572 = 55{,}72\%}}$

Rechenbeispiel 3-150. Wie groß ist der Massenanteil $w(\text{Cl})$ einer wäßrigen Lösung $x(\text{BaCl}_2) = 12{,}5\%$?

Gesucht: $w(\text{Cl})$ **Gegeben:** $x(\text{BaCl}_2) = 12{,}5\% = 0{,}125$

Mit $\boldsymbol{n(\text{Cl})/2 = n(\text{BaCl}_2)}$ gilt entsprechend Rechenbeispiel 3-149:

$$w(\text{Cl}) = \frac{2\,x(\text{Cl})\,M(\text{Cl})}{x(\text{BaCl}_2)\,M(\text{BaCl}_2) + x(\text{H}_2\text{O})\,M(\text{H}_2\text{O})}$$

$$= \frac{2 \cdot 0{,}125 \cdot 35{,}45\ \text{g mol}^{-1}}{0{,}125 \cdot 208{,}24\ \text{g mol}^{-1} + (1 - 0{,}125) \cdot 18{,}02\ \text{g mol}^{-1}}$$

$\boldsymbol{w(\text{Cl}) = 0{,}2120 = 21{,}20\%}$

Übungsaufgaben:

3-298. Ein Gemisch aus Calcium- und Magnesiumoxid hat einen Stoffmengenanteil $x(\text{CaO}) = 63{,}5\%$. Wie groß sind die Massenanteile $w(\text{CaO})$ und $w(\text{Mg})$?

3-299. Ein NaCl/KCl-Gemisch hat den Stoffmengenanteil $x(\text{KCl}) = 0{,}195$. Welche Massenanteile $w(\text{KCl})$ und $w(\text{Na})$ hat das Gemisch?

3-300. Wie groß sind die Massenanteile $w(\text{HClO}_4)$ und $w(\text{H}_2\text{O})$ einer Perchlorsäure-Lösung mit dem Stoffmengenanteil $x(\text{HClO}_4) = 9{,}15\%$?

3-301. Ein Gemisch aus Methan, CH_4, und Propan, C_3H_8, hat einen Stoffmengenanteil an Methan von 25%. Wie groß sind $w(\text{CH}_4)$ und $w(\text{C}_3\text{H}_8)$?

3.4.2.1.3.2 Aus dem Volumenanteil

Rechenbeispiel 3-151. Ein Gemisch aus Ethylacetat, $CH_3COOC_2H_5$, und Butylacetat, $CH_3COOC_4H_9$, hat einen Volumenanteil von 20,0% an Ethylacetat. Wie groß ist der Massenanteil der Mischphase an Ethylacetat?
$\rho(\text{CH}_3\text{COOC}_2\text{H}_5) = 0{,}901$ g/mL; $\rho(\text{CH}_3\text{COOC}_4\text{H}_9) = 0{,}882$ g/mL

Gesucht: $w(\text{CH}_3\text{COOC}_2\text{H}_5)$ **Gegeben:** $\varphi(\text{Et-Ac}) = 0{,}200 = 20{,}0\%$
$\rho(\text{Et-Ac}) = 0{,}901$ g/mL
$\rho(\text{Bu-Ac}) = 0{,}882$ g/mL

$$w_\text{I} = \frac{m_\text{i}}{\sum m_\text{i}} \longleftarrow m_\text{i} = \rho_\text{i}\,V_\text{i} \longleftarrow \varphi_\text{i}\,V$$

$$w(\text{Et-Ac}) = \frac{\varphi(\text{Et-Ac})\,\rho(\text{Et-Ac})}{\varphi(\text{Et-Ac})\,\rho(\text{Et-Ac}) + \varphi(\text{Bu-Ac})\,\rho(\text{Bu-Ac})}$$

$$= \frac{0{,}200 \cdot 0{,}901\ \text{g L}^{-1}}{0{,}200 \cdot 0{,}901\ \text{g L}^{-1} + (1 - 0{,}200) \cdot 0{,}882\ \text{g L}^{-1}}$$

$$\underline{\boldsymbol{w(\text{Et-Ac}) = 0{,}203 = 20{,}3\%}}$$

Rechenbeispiel 3-152. Ein Acetylen-Ethen-Gemisch, $\rho = 1{,}3626$ g/L, besitzt einen Volumenanteil $\varphi(C_2H_2) = 0{,}150$. Wie groß ist sein Massenanteil $w(C_2H_2)$?
$\rho(C_2H_2) = 1{,}2788$ g/L

Gesucht: $w(C_2H_2)$

Gegeben: $\varphi(C_2H_2) = 0{,}150 = 15{,}0\%$
$\rho(C_2H_2) = 1{,}2788$ g/L
$\rho = 1{,}3626$ g/L

$$w_i = \frac{m_i \;\leftarrow\; \rho_i\, V_i \;\leftarrow\; \varphi_i\, V}{m \;\leftarrow\; \rho\, V}$$

$$w(C_2H_2) = \frac{\varphi(C_2H_2)\,\rho(C_2H_2)}{\rho} = \frac{0{,}150 \cdot 1{,}2788\ \text{g L}^{-1}}{1{,}3626\ \text{g L}^{-1}}$$

$$\underline{\boldsymbol{w(C_2H_2) = 0{,}1408 = 14{,}08\%}}$$

Übungsaufgaben:

3-302. Ein Propanol-Butanol-Gemisch hat einen Volumenanteil an Propanol von 0,125. Wie groß ist der Massenanteil des Gemisches an Propanol?
ρ(Propanol) = 0,804 g/mL; ρ(Butanol) = 0,810 g/mL

3-303. Ein Gemisch aus Benzol, C_6H_6, und Anilin, $C_6H_5NH_2$, hat den Volumenanteil φ(Anilin) = 0,090. Wie groß ist sein Massenanteil $w(C_6H_5NH_2)$?
ρ(Anilin) = 1,022 g/mL; ρ(Benzol) = 0,879 g/mL

3-304. Ein Gemisch aus Ethanol und Ethylacetat, $CH_3COOC_2H_5$, hat den Volumenanteil $\varphi(C_2H_5OH) = 7{,}80\%$ und die Dichte $\rho = 0{,}8924$ g/mL. Wie groß ist sein Massenanteil an Ethylacetat? $\rho(CH_3COOC_2H_5) = 0{,}901$ g/mL

Rechenbeispiel 3-153. Ein Methan-Ethan-Gemisch hat den Volumenanteil $\varphi(CH_4) = 0{,}225$. Wie groß ist der Massenanteil an Methan des Gemisches?

Gesucht: $w(CH_4)$ **Gegeben:** $\varphi(CH_4) = 0{,}225 = 22{,}5\%$

$$w_i = \frac{m_i}{\sum m_i} \longleftarrow M_i\, n_i \longleftarrow \frac{V_i}{V_m} \longleftarrow \varphi_i\, V$$

$$w(CH_4) = \frac{\varphi(CH_4)\, M(CH_4)}{\varphi(CH_4)\, M(CH_4) + \varphi(C_2H_6)\, M(C_2H_6)}$$

$$= \frac{0{,}225 \cdot 16{,}04\ \text{g mol}^{-1}}{0{,}225 \cdot 16{,}04\ \text{g mol}^{-1} + (1 - 0{,}225) \cdot 30{,}07\ \text{g mol}^{-1}}$$

$w(CH_4) = 0{,}1341 = 13{,}41\%$

Übungsaufgaben:

3-305. Ein Gemisch aus Ethan, C_2H_6, und Ethen, C_2H_4, hat einen Volumenanteil $\varphi(C_2H_6) = 32{,}5\%$. Wie groß ist der Massenanteil $w(C_2H_6)$ des Gemisches?

3-306. Ein Gemisch aus Wasserstoff und Ammoniak hat einen Volumenanteil von 65% an Ammoniak. Wie groß ist sein Massenanteil $w(NH_3)$?

3-307. Ein Gemisch aus Hydrogensulfid, H_2S, und Wasserstoff hat den Volumenanteil $\varphi(H_2S) = 0{,}75$. Wie groß ist sein Massenanteil $w(H_2)$?

3.4.2.1.4 Aus dem Massenverhältnis

Rechenbeispiel 3-154. Eine wäßrige Calciumchlorid-Lösung hat das Massenverhältnis $\zeta(CaCl_2/H_2O) = 0{,}165$. Wie groß ist der Massenanteil $w(CaCl_2)$ der Lösung?

Gesucht: $w(CaCl_2)$ **Gegeben:** $\zeta(CaCl_2/H_2O) = 0{,}165$

$$w_i = \frac{m_i}{m_i + m_k} \longleftarrow m_i = \zeta_{ik}\, m_k$$

$$w(CaCl_2) = \frac{m(CaCl_2)}{m(CaCl_2) + m(H_2O)} = \frac{\zeta(CaCl_2/H_2O)\, m(H_2O)}{\zeta(CaCl_2/H_2O)\, m(H_2O) + m(H_2O)}$$

$$= \frac{\zeta(CaCl_2/H_2O)}{\zeta(CaCl_2/H_2O) + 1} = \frac{0{,}165}{0{,}165 + 1}$$

$w(CaCl_2) = 0{,}1416 = 14{,}16\%$

Übungsaufgaben:

3-308. Welche Massenanteile w_i ergeben sich für die Bestandteile von Mischphasen mit folgenden Massenverhältnissen ζ_{ik}?

a) $\zeta(MgCO_3/CaCO_3) = 4{,}25$
b) $\zeta(Na_2CO_3/H_2O) = 0{,}125$
c) $\zeta(CO/CO_2) = 10{,}00$

3.4.2.1.5 Aus der Löslichkeit

Da die Löslichkeit ein Massenverhältnis darstellt, unterscheidet sich die Berechnung nicht von der im vorhergehenden Abschnitt.

Rechenbeispiel 3-155. Die Löslichkeit von Kaliumnitrat, KNO_3, in Wasser beträgt bei 20 °C 31,5 g pro 100 g Wasser.
Wie ist der Massenanteil $w(KNO_3)$ der Lösung?

Gesucht: $w(KNO_3)$ **Gegeben:** $l(KNO_3/H_2O) = 31{,}5\ g/100\ g$

$$w_i = \frac{m_i}{m_i + m_k} \longleftarrow m_i = l_{ik}\, m_i$$

$$w(KNO_3) = \frac{m(KNO_3)}{m(KNO_3) + m(H_2O)} = \frac{l(KNO_3/H_2O)}{l(KNO_3/H_2O) + 1} = \frac{\frac{31{,}5\ g}{100\ g}}{\frac{31{,}5\ g}{100\ g} + 1}$$

$\underline{\boldsymbol{w(KNO_3) = 0{,}240 = 24{,}0\%}}$

Übungsaufgaben:

3-309. Welche Massenanteile w_i ergeben sich für die Bestandteile wäßriger Lösungen mit folgenden Löslichkeiten l_{ik}?

a) $l_{20^\circ}(BaCl_2/H_2O) = 35{,}7\ g/100\ g$
b) $l_{20^\circ}(NaCl/H_2O) = 35{,}85\ g/100\ g$
c) $l_{20^\circ}(KCl/H_2O) = 34{,}35\ g/100\ g$

3.4.2.2 Rechnen mit dem Massenanteil

Durch Umstellen der Definitionsgleichung (3-21) für den Massenanteil w_i eines Bestandteils i in einer Mischphase ergeben sich:

$$m_i = w_i\, m \qquad \textbf{(3-23)}$$

$$m = \frac{m_i}{w_i} \qquad \textbf{(3-24)}$$

Daraus leiten sich durch Ersetzen von m_i und m durch andere Quantitäten weitere Beziehungen ab, die zur Berechnung verwendet werden können.

3.4.2.2.1 Quantitäten der Bestandteile

3.4.2.2.1.1 Masse

Rechenbeispiel 3-156. Wie groß ist die Masse $m(\text{NaOH})$ in 375 g Natronlauge mit dem Massenanteil $w(\text{NaOH}) = 35{,}5\%$? Wieviel Gramm Wasser enthält diese Portion?

Gesucht: $m(\text{NaOH})$, $m(H_2O)$

Gegeben: $w(\text{NaOH}) = 35{,}5\% = 0{,}355$; $m = 375\ \text{g}$

Gemäß (3-23) gilt:

$$m(\text{NaOH}) = w(\text{NaOH})\, m = 0{,}355 \cdot 375\ \text{g}$$

$$\underline{\boldsymbol{m}\mathbf{(NaOH) = 133{,}1\ g}}$$

$$m(H_2O) = m - m(\text{NaOH}) = m - w(\text{NaOH})\, m = m\,[1 - w(\text{NaOH})]$$
$$= 375\ \text{g}\,(1 - 0{,}355)$$

$$\underline{\boldsymbol{m}\mathbf{(H_2O) = 241{,}9\ g}}$$

Übungsaufgaben:

3-310. Wie groß sind die Massen m_i in Mischphasen mit folgenden Massen m und Massenanteilen w_i?

a) $m = 750$ g; $w(\text{CaO}) = 0{,}855$
b) $m = 1{,}00$ kg; $w(H_3PO_4) = 12{,}6\%$
c) $m = 100$ mg; $w(Cl_2) = 98{,}5\%$

3-311. Wie groß sind die Massen $m(H_2O)$ in wäßrigen Lösungen mit folgenden Massen m und Massenanteilen w_i?

a) m = 75,0 kg; $w(H_2SO_4)$ = 0,455
b) m = 2,60 kg; $w(HNO_3)$ = 12,6%
c) m = 180 g; $w(NaOH)$ = 40,0%

3-312. Wie groß sind die Massen m_i in Lösungen mit folgenden Volumina V und Dichten ρ der Lösungen sowie den Massenanteilen w_i?

a) V = 345 mL; ρ = 1,100 g/mL; $w(HCl)$ = 20,5%
b) V = 120 L; ρ = 1,035 g/mL; $w(HNO_3)$ = 6,65%
c) V = 40,0 mL; ρ = 0,981 g/mL; $w(NH_3)$ = 0,215

Rechenbeispiel 3-157. Welche Masse $m(NO_2)$ sind in 120 L eines NO_2/CO-Gemisches von 1045 mbar und 35 °C und dem Massenanteil $w(NO_2)$ = 65,0%?

Gesucht: $m(NO_2)$

Gegeben: V = 120 L
$w(NO_2)$ = 65,0% = 0,650
p = 1045 mbar; T = 308 K

$$m_i = w_i\, m \longleftarrow M\, n \longleftarrow \frac{V}{V_m}$$

$$\uparrow \quad M = \frac{1}{\frac{w_1}{M_1} + \frac{w_2}{M_2} + \ldots} \quad \text{(vgl. S. 115 f.)}$$

$$m(NO_2) = w(NO_2)\, m = \frac{w(NO_2)\, M\, V}{V_m} = \frac{w(NO_2)\, V\, p}{R\, T \left(\frac{w(NO_2)}{M(NO_2)} + \frac{w(CO)}{M(CO)} \right)}$$

$$= \frac{0{,}650 \cdot 120\ \text{L} \cdot 1045\ \text{mbar}}{83{,}1\ \text{mbar L mol}^{-1}\ \text{K}^{-1} \cdot 308\ \text{K} \left(\frac{0{,}650}{46{,}01} + \frac{0{,}350}{28{,}01} \right) \text{mol g}^{-1}}$$

$$\underline{\mathbf{m(NO_2) = 119{,}6\ g}}$$

Übungsaufgaben:

3-313. Ein NH_3/H_2-Gemisch hat im Normzustand den Massenanteil $w(NH_3)$ = 32,50%. Wie groß ist die Masse an Ammoniak in 900 L des Gemisches?

3-314. Ein Gasgemisch aus Chlor und Wasserstoff hat bei 165 °C und 1185 mbar einen Massenanteil $w(Cl_2)$ = 24,0%. Wie groß ist die Masse $m(Cl_2)$ in 300 L dieses Gemisches?

3.4.2.2.1.2 Stoffmenge

Rechenbeispiel 3-158. Wie groß sind die Stoffmengen $n(H_3PO_4)$ und $n(H^+)$ in 775 g einer Phosphorsäure-Lösung mit dem Massenanteil $w(H_3PO_4) = 15{,}8\%$?

Gesucht: $n(H_3PO_4)$, $n(H^+)$

Gegeben: $w(H_3PO_4) = 15{,}8\% = 0{,}158$; $m = 775$ g

$$n_i = \frac{m_i}{M_i} \longleftarrow w_i\, m$$

$$n(H_3PO_4) = \frac{m(H_3PO_4)}{M(H_3PO_4)} = \frac{w(H_3PO_4)\, m}{M(H_3PO_4)} = \frac{0{,}158 \cdot 775\ \text{g}}{98{,}00\ \text{g mol}^{-1}}$$

$$\underline{n(H_3PO_4) = 1{,}250\ \text{mol}}$$

$$n(H^+) = 3\, n(H_3PO_4) = \frac{3\, w(H_3PO_4)\, m}{M(H_3PO_4)} = \frac{3 \cdot 0{,}158 \cdot 775\ \text{g}}{98{,}00\ \text{g mol}^{-1}}$$

$$\underline{n(H^+) = 3{,}750\ \text{mol}}$$

Übungsaufgaben:

3-315. Wie groß sind die Stoffmengen n_i in Mischphasen mit folgenden Massen m und Massenanteilen w_i?

a) $m = 750$ g; $w(CaO) = 0{,}855$
b) $m = 1{,}00$ kg; $w(H_3PO_4) = 12{,}6\%$
c) $m = 100$ mg; $w(Cl_2) = 98{,}5\%$
d) $m = 375{,}0$ g; $w(C_6H_{14}) = 0{,}500$

3-316. Wie groß ist die Stoffmenge $n(X)$ in Mischphasen mit folgenden Massen m und Massenanteilen $w(X_aY_bZ_c)$?

m	$w(X_aY_bZ_c)$	$n(X)$
a) 750 g	$w(FeCl_3) = 0{,}065$	$n(Cl^-)$
b) 100 mg	$w(BaCl_2) = 98{,}5\%$	$n(Ba^{2+})$
c) 375,0 g	$w[Fe_2(SO_4)_3] = 0{,}500$	$n(Fe^{3+})$

Rechenbeispiel 3-159. Wie groß ist die Stoffmenge $n(KOH)$ in 570 mL Kalilauge mit dem Massenanteil $w(KOH) = 0{,}196$ und der Dichte $\rho = 1{,}183$ g/mL?

Gesucht: $m(\text{KOH})$ **Gegeben:** $V = 570\ \text{mL};\ \rho = 1{,}183\ \text{g/mL}$
$w(\text{KOH}) = 0{,}196 = 19{,}6\%$

$$n_i = \frac{m_i}{M_i} \longleftarrow w_i\, m \longleftarrow V\rho$$

$$n(\text{KOH}) = \frac{w(\text{KOH})\, m}{M(\text{KOH})} = \frac{w(\text{KOH})\, V\rho}{M(\text{KOH})} = \frac{0{,}196 \cdot 570\ \text{mL} \cdot 1{,}183\ \text{g mL}^{-1}}{56{,}11\ \text{g mol}^{-1}}$$

$\underline{\mathbf{n(KOH) = 2{,}355\ mol}}$

Übungsaufgaben:

3-317. Wie groß sind die Stoffmengen n_i in Lösungen mit folgenden Volumina V und Dichten ρ sowie den Massenanteilen w_i?

a) $V = 345\ \text{mL};\quad \rho = 1{,}100\ \text{g/mL};\quad w(\text{HCl}) = 20{,}5\%$
b) $V = 120\ \text{L};\quad \rho = 1{,}035\ \text{g/mL};\quad w(\text{HNO}_3) = 6{,}65\%$
c) $V = 40{,}0\ \text{mL};\quad \rho = 0{,}981\ \text{g/mL};\quad w(\text{NH}_3) = 0{,}215$
d) $V = 300\ \text{m}^3;\quad \rho = 1{,}395\ \text{g/mL};\quad w(\text{KOH}) = 0{,}400$

Rechenbeispiel 3-160. Wieviel Mol NO_2 sind in 520 L eines NO_2/CO-Gemisches von 1045 mbar und 35 °C und dem Massenanteil $w(NO_2) = 65{,}0\%$?

Gesucht: $n(\text{NO}_2)$ **Gegeben:** $V = 520\ \text{L};\ w(\text{NO}_2) = 65{,}0\% = 0{,}650$
$p = 1045\ \text{mbar};\ T = 308\ \text{K}$

$$m_i = \frac{m_i}{M_i} \longleftarrow w_i\, m \longleftarrow n\, M \longleftarrow M = \frac{1}{\dfrac{w_1}{M_1} + \dfrac{w_2}{M_2} + \ldots}$$

$$n\,M \uparrow \frac{V}{V_m}$$

$$n(\text{NO}_2) = \frac{m(\text{NO}_2)}{M(\text{NO}_2)} = \frac{w(\text{NO}_2)\, M\, V}{M(\text{NO}_2)\, V_m} = \frac{w(\text{NO}_2)\, V\, p}{M(\text{NO}_2)\, R\, T \left(\dfrac{w(\text{NO}_2)}{M(\text{NO}_2)} + \dfrac{w(\text{CO})}{M(\text{CO})}\right)}$$

$$= \frac{0{,}650 \cdot 120\ \text{L} \cdot 1045\ \text{mbar}}{46{,}01\ \dfrac{\text{g}}{\text{mol}} \cdot 83{,}1\ \dfrac{\text{mbar L}}{\text{mol K}} \cdot 308\ \text{K} \left(\dfrac{0{,}650}{46{,}01} + \dfrac{0{,}350}{28{,}01}\right) \dfrac{\text{mol}}{\text{g}}}$$

$\underline{\mathbf{n(NO_2) = 2{,}60\ mol}}$

Übungsaufgaben:

3-318. Ein Gasgemisch aus Chlor und Wasserstoff hat bei 165 °C und 1185 mbar einen Massenanteil $w(Cl_2) = 24{,}0\%$. Wie groß ist die Stoffmenge $n(Cl_2)$ in 300 L des Gemisches?

3-319. Ein Gasgemisch aus Methan und Wasserstoff hat bei 65 °C und 1085 mbar einen Massenanteil $w(H_2) = 0{,}800$. Wie groß ist die Stoffmenge $n(H_2)$ in 1000 L des Gemisches?

3.4.2.2.1.3 Volumen

Rechenbeispiel 3-161. Ein Pentan-Hexan-Gemisch hat einen Massenanteil an Pentan von 40,0%. Wie groß ist das Volumen $V(C_5H_{12})$ in 475 g des Gemisches?
$\rho(\text{Pentan}) = 0{,}626$ g/mL

Gesucht: $V(C_5H_{12})$ **Gegeben:** $w(C_5H_{12}) = 40{,}0\% = 0{,}400$; $m = 475$ g
$\rho(C_5H_{12}) = 0{,}626$ g/mL

$$V_i = \frac{m_i}{\rho_i} \quad \longleftarrow w_i\, m$$

$$V(C_5H_{12}) = \frac{m(C_5H_{12})}{\rho(C_5H_{12})} = \frac{w(C_5H_{12})\, m}{\rho(C_5H_{12})} = \frac{0{,}400 \cdot 475 \text{ g}}{0{,}626 \text{ g mL}^{-1}}$$

$$\underline{V(C_5H_{12}) = 303{,}5 \text{ mL}}$$

Übungsaufgaben:

3-320. Welche Volumina V_i enthalten Flüssigkeitsgemische mit folgenden Massen m, Massenanteilen w_i und Dichten ρ_i?

a) $m = 180$ g; $w(C_3H_8O_3) = 4{,}95\%$; $\rho(C_3H_8O_3) = 1{,}260$ g/mL
b) $m = 680$ kg; $w(C_6H_5CH_3) = 12{,}5\%$; $\rho(C_6H_5CH_3) = 0{,}867$ g/mL
c) $m = 2{,}25$ t; $w(CCl_4) = 8{,}95\%$; $\rho(CCl_4) = 1{,}594$ g/mL

3-321. Welche Volumina V_i enthalten Mischphasen mit folgenden Volumina V, Massenanteilen w_i und Dichten ρ_i?

a) $V = 380$ L; $w(C_3H_8O_3) = 49{,}5\%$; $\rho(C_3H_8O_3) = 1{,}260$ g/mL; $\rho = 1{,}062$ g/mL
b) $V = 680$ mL; $w(C_6H_5CH_3) = 0{,}225$; $\rho(C_6H_5CH_3) = 0{,}867$ g/mL; $\rho = 0{,}872$ g/mL
c) $V = 2{,}25$ m³; $w(CCl_4) = 8{,}95\%$; $\rho(CCl_4) = 1{,}594$ g/mL; $\rho = 1{,}325$ g/mL

3.4.2.2.2 Quantitäten der Mischphase

3.4.2.2.2.1 Masse

Rechenbeispiel 3-162. Wieviel Kilogramm eines Salzgemisches mit dem Massenanteil $w(\text{KCl}) = 13{,}8\%$ kann man mit 400 g Kaliumchlorid ansetzen?

Gesucht: m **Gegeben:** $w(\text{KCl}) = 13{,}8\% = 0{,}138$; $m(\text{KCl}) = 400$ g

Gemäß (3-23) gilt:

$$m = \frac{m(\text{KCl})}{w(\text{KCl})} = \frac{400\ \text{g}}{0{,}138}$$

$$\underline{m = \mathbf{2900\ g} = \mathbf{2{,}900\ kg}}$$

Übungsaufgaben:

3-322. Welche Masse m von Mischphasen mit den folgenden Massenanteilen w_i kann man mit jeweils 50,0 g des Bestandteils i herstellen?

a) $w(\text{NaOH}) = 22{,}5\%$
b) $w(\text{Na}_2\text{CO}_3) = 0{,}087$
c) $w(\text{C}_2\text{H}_5\text{OH}) = 82{,}5\%$
d) $w(\text{SO}_2) = 0{,}35\%$

Rechenbeispiel 3-163. Ein Salzgemisch hat einen Massenanteil $w(\text{KCl}) = 13{,}8\%$. Wie groß muß die Masse des Gemisches sein, das 5,25 mol Kaliumchlorid enthält?

Gesucht: m(Gemisch) **Gegeben:** $w(\text{KCl}) = 13{,}8\% = 0{,}138$
$n(\text{KCl}) = 5{,}25$ mol

$$m = \frac{m_i}{w_i} \longleftarrow n_i\, M_i$$

$$m = \frac{m(\text{KCl})}{w(\text{KCl})} = \frac{n(\text{KCl})\, M(\text{KCl})}{w(\text{KCl})} = \frac{5{,}25\ \text{mol} \cdot 74{,}55\ \text{g mol}^{-1}}{0{,}138}$$

$$\underline{m = \mathbf{2840\ g} = \mathbf{2{,}840\ kg}}$$

Übungsaufgaben:

3-323. Wie groß müssen die Massen *m* von Mischphasen sein, damit sie bei folgenden Massenanteilen w_i jeweils 1,00 mol des Bestandteils i enthalten?

a) $w(NaOH) = 22{,}5\%$
b) $w(Na_2CO_3) = 0{,}087$
c) $w(H_2SO_4) = 96{,}0\%$
d) $w(HNO_3) = 0{,}35\%$

Rechenbeispiel 3-164. Ein Flüssigkeitsgemisch soll einen Massenanteil von 73% an Cyclohexan, C_6H_{12}, haben. Wieviel Kilogramm des Gemisches kann man mit 220 L Cyclohexan herstellen? $\rho(C_6H_{12}) = 0{,}779$ g/mL

Gesucht: *m* **Gegeben:** $w(C_6H_{12}) = 0{,}73 = 73\%$
$V(C_6H_{12}) = 220$ L; $\rho(C_6H_{12}) = 0{,}779$ g/mL

$$m = \frac{m_i}{w_i} \longleftarrow V_i\,\rho_i$$

$$m = \frac{m(C_6H_{12})}{w(C_6H_{12})} = \frac{V(C_6H_{12})\,\rho(C_6H_{12})}{w(C_6H_{12})} \quad \frac{220\ \text{L} \cdot 0{,}779\ \text{g mL}^{-1}}{0{,}73}$$

$\underline{m = \mathbf{235\ kg}}$

Übungsaufgaben:

3-324. Wie groß müssen die Massen *m* von Mischphasen sein, damit sie bei folgenden Massenanteilen w_i und Dichten ρ_i jeweils 125 L des Bestandteils i enthalten?

a) $w(\text{Aceton}) = 38{,}0\%$; $\rho(\text{Aceton}) = 0{,}791$ g/mL
b) $w(C_6H_6) = 0{,}575$; $\rho(C_6H_6) = 0{,}879$ g/mL
c) $w(C_2H_6) = 42{,}5\%$; $\rho(C_2H_6) = 1{,}342$ g/L
d) $w(SO_2) = 0{,}35\%$; $\rho(SO_2) = 2{,}860$ g/L

3.4.2.2.2.2 Volumen

Rechenbeispiel 3-165. Eine Lösung, $w(H_2SO_4) = 53{,}8\%$, $\rho = 1{,}438$ g/mL, enthält 200 g Schwefelsäure. Wie groß ist das Volumen der Lösung?

Gesucht: *V* **Gegeben:** $w(H_2SO_4) = 53{,}8\% = 0{,}538$; $m(H_2SO_4) = 200$ g
$\rho = 1{,}438$ g/mL

$$V = \frac{m}{\rho} \longleftarrow \frac{m_i}{w_i}$$

$$V = \frac{m}{\rho} = \frac{m(H_2SO_4)}{w(H_2SO_4)\,\rho} = \frac{200\text{ g}}{0{,}538 \cdot 1{,}438\text{ g mL}^{-1}}$$

$$\underline{V = \mathbf{258{,}5\ mL}}$$

Übungsaufgaben:

3-325. Welches Volumen V von Lösungen mit folgenden Massenanteilen w_i und Dichten ρ kann man mit jeweils 50,0 g des Bestandteils i ansetzen?

a) $w(NaOH) = 22{,}5\%$; $\rho = 1{,}247$ g/mL
b) $w(Na_2CO_3) = 0{,}087$; $\rho = 1{,}089$ g/mL
c) $w(HClO_4) = 60{,}0\%$; $\rho = 1{,}539$ g/mL
d) $w(H_2SO_4) = 0{,}35\%$; $\rho = 1{,}260$ g/mL

Rechenbeispiel 3-166. Welches Volumen V einer Kaliumbromid-Lösung mit dem Massenanteil $w(KBr) = 0{,}080$ und der Dichte $\rho = 1{,}058$ g/mL kann man mit 0,100 mol Kaliumbromid, KBr, ansetzen?

Gesucht: V **Gegeben:** $w(KBr) = 0{,}080 = 8{,}0\%$; $n(KBr) = 0{,}100$ mol
$\rho = 1{,}058$ g/mL

$$V = \frac{m}{\rho} \longleftarrow \frac{m_i}{w_i} \longleftarrow n_i\,M_i$$

$$V = \frac{m}{\rho} = \frac{m(KBr)}{w(KBr)\rho} = \frac{n(KBr)\,M(KBr)}{w(KBr)\,\rho} = \frac{0{,}100\text{ mol} \cdot 119{,}00\text{ g mol}^{-1}}{0{,}080 \cdot 1{,}058\text{ g mL}^{-1}}$$

$$\underline{V = \mathbf{141\ mL}}$$

Übungsaufgaben:

3-326. Welches Volumen V von Lösungen mit folgenden Massenanteilen w_i und Dichten $\rho(L)$ kann man mit jeweils 1,000 mol des Bestandteils i ansetzen?

a) $w(NaOH) = 22{,}5\%$; $\rho(L) = 1{,}247$ g/mL
b) $w(Na_2CO_3) = 0{,}087$; $\rho(L) = 1{,}089$ g/mL
c) $w(HClO_4) = 60{,}0\%$; $\rho(L) = 1{,}539$ g/mL
d) $w(H_2SO_4) = 0{,}35\%$; $\rho(L) = 1{,}260$ g/mL

Rechenbeispiel 3-167. Ein Flüssigkeitsgemisch, $\rho = 0{,}765$ g/mL, mit dem Massenanteil $w(C_6H_{12}) = 0{,}73$ enthält 220 L Cyclohexan, $\rho(C_6H_{12}) = 0{,}779$ g/mL. Wie groß ist sein Volumen?

Gesucht: V **Gegeben:** $w(C_6H_{12}) = 0{,}73 = 73\%$
$V(C_6H_{12}) = 220$ L; $\rho(C_6H_{12}) = 0{,}779$ g/mL
$\rho = 0{,}765$ g/mL

$$V = \frac{m}{\rho} \longleftarrow \frac{m_i \longleftarrow V_i\,\rho_i}{w_i}$$

$$V = \frac{m}{\rho} = \frac{m(C_6H_{12})}{\rho\, w(C_6II_{12})} = \frac{V(C_6H_{12})\,\rho(C_6H_{12})}{\rho\, w(C_6II_{12})} = \frac{220\ \text{L} \cdot 0{,}779\ \text{g mL}^{-1}}{0{,}765\ \text{g mL}^{-1} \cdot 0{,}73}$$

$\underline{V = 307\ \textbf{mL}}$

Übungsaufgaben:

3-327. Wie groß ist das Volumen V von Mischphasen mit folgenden Massenanteilen w_i, Dichten ρ_i und ρ, die sich aus jeweils 125 L des Bestandteils i ansetzen kann?

a) w(Aceton) = 38,0%; ρ(Aceton) = 0,791 g/mL; $\rho = 0{,}798$ g/mL
b) $w(C_6H_6) = 0{,}575$; $\rho(C_6H_6) = 0{,}879$ g/mL; $\rho = 0{,}873$ g/mL
c) $w(C_2H_5OH) = 42{,}5\%$; $\rho(C_2H_5OH) = 0{,}791$ g/mL; $\rho = 0{,}7915$ g/mL

Rechenbeispiel 3-168. Ein PF_3/PF_5-Gemisch, $w(PF_3) = 37{,}5\%$, enthält im Normzustand 12,8 g Phosphor(III)-fluorid. Welchen Raum nimmt das Gasgemisch ein?

Gesucht: V **Gegeben:** $w(PF_3) = 37{,}5\% = 0{,}375$; $m(PF_3) = 12{,}8$ g

$$V = V_m\, n \longleftarrow \frac{m}{M} \longleftarrow \frac{m_i}{w_i}$$

$$\uparrow\quad M = \frac{1}{\dfrac{w_1}{M_1} + \dfrac{w_2}{M_2} + \ldots}$$

$$V = n\,V_m = \frac{m\,V_m}{M} = \frac{m(PF_3)\,V_m}{M\,w(PF_3)} = \frac{m(PF_3)\,V_m\left(\dfrac{w(PF_3)}{M(PF_3)} = \dfrac{1 - w(PF_3)}{M(PF_5)}\right)}{w(PF_3)}$$

$$= \frac{12{,}8\text{ g} \cdot 22{,}4\text{ L mol}^{-1}\left(\dfrac{0{,}375}{87{,}97\text{ g mol}^{-1}} + \dfrac{1 - 0{,}375}{125{,}97\text{ g mol}^{-1}}\right)}{0{,}375}$$

$\underline{V = \mathbf{7{,}05\ L}}$

Übungsaufgaben:

3-328. Ein Gemisch aus Neon und Argon von 20 °C und 1042 mbar mit dem Massenanteil $w(Ne) = 50{,}0\%$ enthält 7,25 g Neon. Welchen Raum nimmt das Gemisch ein?

3-329. Ein SO_2/SO_3-Gemisch von 50 °C und 1042 mbar, $w(SO_2) = 0{,}125$, enthält 2,25 g Schwefeldioxid. Welches Volumen hat dieses Gasgemisch?

3.4.2.3 Wiederholungsaufgaben (zu Abschn. 3.4.2)

3-143. In 4,50 kg Lösung sind 275 g Bariumchlorid. Wie groß sind ihre Massenanteile a) $w(BaCl_2)$, b) $w(Cl)$ und c) $w(H_2O)$?

3-144. 1,85 g einer Paste enthalten 1,06 g Farbstoff. Wie groß ist der Massenanteil des Farbstoffs in der Paste?

3-145. 500 g eines Gasgemisches enthalten 22,5 g Argon. Wie groß ist sein Massenanteil $w(Ar)$?

3-146. Eine Schwefelsäure-Lösung besteht aus 75,0 g reiner Schwefelsäure und 35,0 g Wasser. Wie groß sind die Massenanteile $w(H_2SO_4)$ und $w(H_2O)$ dieser Lösung?

3-147. 15,0 kg reines Ammoniakgas werden in 325 kg Wasser gelöst. Wie groß sind die Massenanteile an Ammoniak und Wasser?

3-148. 2,50 L Natronlauge ($\rho = 1{,}330$ g/mL) enthalten 1,00 kg Natriumhydroxid. Wie groß ist der Massenanteil $w(NaOH)$ der Lösung?

3-149. 190,0 L eines Gemisches von gasförmigen Kohlenwasserstoffen mit einer Dichte von 0,846 g/L enthalten 25,5 g Methan, CH_4. Wie groß ist $w(CH_4)$ des Gemisches?

3-150. Ein Gemisch besteht aus 0,85 mol Calciumoxid, CaO, und 1,45 mol Magnesiumoxid, MgO. Wie groß sind seine Massenanteile a) $w(\text{CaO})$ und b) $w(\text{MgO})$?

3-151. Eine Lösung besteht aus 75,0 mol Wasser und 0,50 mol Kaliumchlorat, $KClO_3$. Welchen Massenanteil an Kaliumchlorat hat diese Lösung?

3-152. Ein Gasgemisch setzt sich aus 750 mmol Chlor und 325 mmol Wasserstoff zusammen. Wie groß ist sein Massenanteil $w(H_2)$?

3-153. 500 mL Sodalösung (ρ = 1,120 g/mL) enthalten 0,613 mol Natriumcarbonat, Na_2CO_3. Wie groß ist ihr Massenanteil $w(\text{Na})$?

3-154. 135,0 L 1-Pentan, C_5H_{12}, ρ = 0,626 g/mL, und 240,0 L 1-Hexan, C_6H_{14}, ρ = 0,659 g/mL, werden gemischt. Welche Massenanteile ergeben sich für die beiden Komponenten der Mischung?

3-155. Ein Gasgemisch besteht aus 15,2 mL Stickstoff und 70,8 mL Wasserstoff. Wie groß sind die Massenanteile der beiden Bestandteile in dieser Mischphase?

3-156. 5,50 L Chlorwasserstoffgas, HCl, von 50 °C und 1100 mbar werden in 100 g Wasser gelöst. Wie groß ist der Massenanteil $w(\text{HCl})$ der entstehenden Lösung?

3-157. Eine Schwefelsäure-Lösung, ρ = 1,300 g/mL, hat die Stoffmengenkonzentration $c(SO_4^{2-})$ = 5,26 mol/L? Wie groß ist ihr Massenanteil $w(H_2SO_4)$?

3-158. Eine Lösung hat die Stoffmengenkonzentration $c(\frac{1}{2}\,Na_2CO_3)$ = 3,00 mol/L und Dichte ρ = 1,145 g/mL. Welcher Massenanteil $w(\text{Na})$ ergibt sich für die Lösung?

3-159. Ein Gasgemisch hat die Stoffmengenkonzentration $c(NH_3)$ = 2,90 mmol/L und Dichte ρ = 0,8005 g/L. Wie groß ist sein Massenanteil $w(NH_3)$?

3-160. Ein Gasgemisch hat im Normzustand eine Stoffmengenkonzentration von 15,0 mmol/L an Methan und die Dichte ρ = 1,430 g/L. Wie groß ist sein Massenanteil $w(CH_4)$? $\rho_n(CH_4)$ = 0,716 g/L

3-161. Ein Gasgemisch hat bei 50 °C und 1055 mbar die Stoffmengenkonzentration $c(N_2)$ = 0,0250 mol/L und die Dichte ρ = 1,205 g/L. Wie groß ist sein Massenanteil $w(N_2)$? $\rho_{p,T}(N_2)$ = 1,1011 g/L

3-162. Wie groß ist der Massenanteil $w(\text{HCl})$ einer Salzsäure mit der Massenkonzentration $\beta(\text{HCl})$ = 248 g/L und der Dichte ρ = 1,110 g/mL?

3-163. Eine Salpetersäure-Lösung mit der Dichte ρ = 1,351 g/mL hat die Massenkonzentration $\beta(HNO_3)$ = 770 g/L? Wie groß sind die Massenanteile $w(HNO_3)$ und $w(\text{N})$ dieser Lösung?

3-164. Ein Gasgemisch hat die Massenkonzentration $\beta(NH_3)$ = 60,0 mg/L und Dichte ρ = 0,805 g/L. Wie groß ist sein Massenanteil $w(NH_3)$?

3-165. Ein Gemisch aus Trichlormethan (Chloroform), $CHCl_3$, Tetrachlormethan (Tetrachlorkohlenstoff), CCl_4, hat die Volumenkonzentration $\sigma(CHCl_3)$ = 32,0% und die Dichte ρ = 1,558 g/mL. Wie groß ist der Massenanteil $w(CCl_4)$ der Mischphase? $\rho(CCl_4)$ = 1,594 g/mL

3-166. Ein Gemisch aus Calcium- und Magnesiumcarbonat hat einen Stoffmengenanteil $x(CaCO_3)$ = 23,5%. Wie groß sind die Massenanteile $w(CaCO_3)$ und $w(MgCO_3)$?

3-167. Ein NaCl/NaI-Gemisch hat den Stoffmengenanteil x(NaCl) = 0,495. Welche Massenanteile w(NaCl) und w(NaI) hat das Gemisch?

3-168. Wie groß sind die Massenanteile $w(HNO_3)$ und $w(H_2O)$ einer Salpetersäure-Lösung mit dem Stoffmengenanteil $x(HNO_3)$ = 15,6%?

3-169. Wie groß ist der Massenanteil an Methanol in einem Methanol-Ethanol-Gemisch, wenn der Stoffmengenanteil an Methanol 72,0% beträgt?

3-170. Ein Gemisch aus Methan, CH_4, und Propan, C_3H_8, hat einen Stoffmengenanteil an Methan von 55%. Wie groß sind $w(CH_4)$ und $w(C_3H_8)$?

3-171. Ein Propanol-Butanol-Gemisch hat einen Volumenanteil an Butanol von 0,625. Wie groß ist der Massenanteil des Gemisches an Propanol?
ρ(Propanol) = 0,804 g/mL; ρ(Butanol) = 0,810 g/mL

3-172. Ein Gemisch aus Ethan, C_2H_6, und Ethen, C_2H_4, hat einen Volumenanteil $\varphi(C_2H_6)$ = 32,5%. Wie groß ist der Massenanteil $w(C_2H_6)$ des Gemisches?

3-173. Wie groß ist der Massenanteil $w(H_2)$ eines Wasserstoff-Chlor-Gemisches, das den Volumenanteil $\varphi(Cl_2)$ = 40,0% hat?

3-174. Welche Massenanteile w_i ergeben sich für die Bestandteile von Mischphasen mit folgenden Massenverhältnissen ζ_{ik}?

a) $\zeta(MgCO_3/MgCO_3)$ = 7,25
b) $\zeta(Na_2CO_3/H_2O)$ = 0,025
c) $\zeta(CH_3OH/H_2O)$ = 5,60
d) $\zeta(CO/CO_2)$ = 12,00

3-175. Welche Massenanteile w_i ergeben sich für die Bestandteile wäßriger Lösungen mit folgenden Löslichkeiten l_{ik}?

a) $l_{20°}(NaBr \cdot 2\,H_2O/H_2O)$ = 90,5 g/100 g
b) $l_{20°}(KCl/H_2O)$ = 34,35 g/100 g
c) $l_{15°}(NH_4Cl/H_2O)$ = 33,5 g/100 g
d) $l_{20°}(BaCl_2/H_2O)$ = 35,7 g/100 g

3-176. Welche Massenanteile w_i ergeben sich für die Bestandteile von Mischphasen mit folgenden Stoffmengenverhältnissen r_{ik}?

a) $r(MgO/Ca) = 3{,}25$
b) $r(KNO_3/H_2O) = 0{,}0525$
c) $r(CH_3OH/H_2O) = 7{,}60$
d) $r(CO/CO_2) = 20{,}00$

3-177. Welche Massenanteile w_i ergeben sich für die Bestandteile von Mischphasen mit folgenden Volumenverhältnissen ψ_{ik}?

a) $\psi(H_2/Cl_2) = 7{,}25$
b) $\psi(N_2/NH_3) = 0{,}50$
c) $\psi(SO_2/SO_3) = 3{,}25$
d) $\psi(CO/CO_2) = 0{,}125$

3-178. Wie groß sind die Massen m_i in Mischphasen mit folgenden Massen m und Massenanteilen w_i?

a) $m = 1750$ g; $w(CaO) = 0{,}555$
b) $m = 5{,}00$ kg; $w(H_3PO_4) = 22{,}6\%$
c) $m = 100$ mg; $w(Cl_2) = 68{,}5\%$

3-179. Wie groß sind die Massen m_i in Lösungen mit folgenden Volumina V, Dichten ρ und Massenanteilen w_i?

a) $V = 345$ mL; $\rho = 1{,}185$ g/mL; $w(HCl) = 37{,}3\%$
b) $V = 220$ L; $\rho = 1{,}035$ g/mL; $w(HNO_3) = 6{,}65\%$
c) $V = 40{,}0$ mL; $\rho = 0{,}922$ g/mL; $w(NH_3) = 0{,}203$
d) $V = 300\ m^3$; $\rho = 1{,}395$ g/mL; $w(KOH) = 0{,}400$

3-180. Wie groß sind die Stoffmengen n_i in Lösungen mit folgenden Volumina V, Dichten ρ und Massenanteilen w_i?

a) $V = 345$ mL; $\rho = 1{,}100$ g/mL; $w(HCl) = 20{,}5\%$
b) $V = 120$ L; $\rho = 1{,}035$ g/mL; $w(HNO_3) = 6{,}65\%$
c) $V = 40{,}0$ mL; $\rho = 0{,}981$ g/mL; $w(NH_3) = 0{,}215$
d) $V = 300\ m^3$; $\rho = 1{,}395$ g/mL; $w(KOH) = 0{,}400$

3-181. Ein NH_3/H_2-Gemisch hat im Normzustand einen Massenanteil $w(NH_3) = 22{,}50\%$. Wie groß ist a) die Stoffmenge, b) die Masse und c) das Volumen an Ammoniak in 700 L des Gemisches?

3-182. Ein Gasgemisch aus Chlor und Wasserstoff hat bei 65 °C und 1185 mbar einen Massenanteil $w(Cl_2) = 42{,}0\%$. Wie groß ist a) die Stoffmenge $n(Cl_2)$, b) die Masse $m(Cl_2)$ und c) das Volumen $V(Cl_2)$ in 300 L dieses Gemisches?

3-183. Welche Volumina V_i enthalten Mischphasen mit folgenden Massen m, Massenanteilen w_i und Dichten ρ_i?

a) m = 580 g; $w(C_3H_8O_3)$ = 4,95%; $\rho(C_3H_8O_3)$ = 1,260 g/mL
b) m = 80,0 kg; $w(C_6H_5CH_3)$ = 12,5%; $\rho(C_6H_5CH_3)$ = 0,867 g/mL
c) m = 2,25 g; $w(CH_4)$ = 8,95%; $\rho(CH_4)$ = 0,716 g/L

3-184. Welche Volumina V_i enthalten Gasgemische mit folgenden Volumina V und Dichten ρ sowie den Massenanteilen w_i bei den angegebenen Bedingungen?

a) V(Gasgemisch) = 180 L im Normzustand;
$w(CO_2)$ = 89,5%; ρ(Gasgemisch) = 1,768 g/L
b) V(Gasgemisch) = 350 mL bei 5 °C und 1005 mbar;
$w(H_2)$ = 2,50%; ρ(Gasgemisch) = 1,520 g/L
c) V(Gasgemisch) = 2,65 m^3 im Normzustand;
$w(CO)$ = 0,450; ρ(Gasgemisch) = 1,185 g/L
d) V(Gasgemisch) = 500 L bei 205 °C und 1000 mbar;
$w(SO_2)$ = 0,360; ρ(Gasgemisch) = 2,468 g/L

3-185. Wie groß ist die Masse m von Mischphasen mit folgenden Massenanteilen w_i, die mit jeweils 20,0 g des Bestandteils i hergestellt werden kann?

a) $w(NaOH)$ = 32,5%
b) $w(Na_2CO_3)$ = 0,087
c) $w(C_2H_5OH)$ = 72,5%
d) $w(SO_2)$ = 2,35%

3-186. Wie groß ist die Masse m von Lösungen mit folgenden Massenanteilen w_i, die aus jeweils 0,200 mol des Bestandteils i angesetzt werden können?

a) $w(NaOH)$ = 22,5%;
b) $w(Na_2CO_3)$ = 0,057;
c) $w(H_2SO_4)$ = 92,0%

3-187. Wie groß müssen die Massen m von Mischphasen sein, damit sie bei folgenden Massenanteilen w_i und Dichten ρ_i jeweils 225 L des Bestandteils i enthalten?

a) w(Aceton) = 38,0%; ρ(Aceton) = 0,791 g/mL
b) $w(C_6H_6)$ = 0,575; $\rho(C_6H_6)$ = 0,879 g/mL
c) $w(C_2H_6)$ = 42,5%; $\rho(C_2H_6)$ = 1,342 g/L
d) $w(SO_2)$ = 0,35%; $\rho(SO_2)$ = 2,860 g/L

3-188. Wie groß müssen die Volumina V von Lösungen sein, damit sie bei folgenden Massenanteilen w_i und Dichten ρ der Lösung jeweils 10,0 g des Bestandteils i enthalten?

a) $w(NaOH)$ = 22,5%; ρ = 1,247 g/mL
b) $w(HClO_4)$ = 60,0%; ρ = 1,539 g/mL
c) $w(H_2SO_4)$ = 0,35%; ρ = 1,260 g/mL

3-189. Wie groß müssen die Volumina V von Lösungen sein, damit sie bei folgenden Massenanteilen w_i und Dichten ρ der Lösung jeweils 5,00 mol des Bestandteils i enthalten?

a) $w(NaOH) = 22{,}5\%$; $\rho = 1{,}247$ g/mL
b) $w(Na_2CO_3) = 0{,}087$; $\rho = 1{,}089$ g/mL

3-190. Ein Gemisch aus Neon und Argon mit dem Massenanteil $w(Ne) = 40{,}0\%$ enthält 3,25 g Neon. Welchen Raum nimmt das Gemisch bei 30 °C und 1042 mbar ein?

3-191. Ein Gemisch aus Stickstoff und Sauerstoff mit dem Massenanteil $w(N_2) = 33{,}5\%$ enthält im Normzustand 5,25 L Stickstoff. Welchen Raum nimmt das Gemisch ein?

3-192. Zum Ansetzen einer Kalilauge, $w(KOH) = 33{,}0\%$, $\rho = 1{,}320$ g/mL, stehen 125 g reines Kaliumhydroxid, KOH, zur Verfügung. Wie groß ist a) das Volumen und b) die Masse der Lösung, die damit angesetzt werden kann?

3-193. a) Wieviel Liter einer Schwefelsäure-Lösung, $w(H_2SO_4) = 20{,}0\%$, $\rho = 1{,}140$ g/mL, kann man aus 100 L einer zweiten Schwefelsäure-Lösung, $w(H_2SO_4) = 54{,}0\%$, $\rho = 1{,}435$ g/mL, herstellen? b) Welche Masse hat die hergestellte Lösung? c) Welche Masse $m(H_2SO_4)$ enthält sie? d) Welche Stoffmenge $n(H_2SO_4)$ enthält sie?

3-194. Ein Methan/Wasserstoff-Gemisch, $w(CH_4) = 24{,}0\%$, enthält bei 20 °C und 1010 mbar 450 mL Methan. Wie groß ist a) die Masse, b) die Stoffmenge und c) das Volumen des Gemisches? Welche d) Stoffmenge und e) Masse an Methan enthält das Gemisch?

3-195. Eine wäßrige Lösung, $\rho = 1{,}038$ g/mL, besitzt den Massenanteil $w(KClO_3) = 6{,}00\%$. Wie groß sind a) die Masse und b) die Stoffmenge an Kaliumchlorat, $KClO_3$, in 5,00 L dieser Lösung?

3-196. Ein Gemisch aus Methanol und Ethanol hat den Massenanteil $w(CH_3OH) = 48{,}6\%$. Wie groß sind a) die Masse, b) die Stoffmenge und c) das Volumen an Methanol in 250 mL dieser Mischphase? $\rho(CH_3OH) = 0{,}792$ g/mL; $\rho(\text{Gemisch}) = 0{,}7914$ g/mL

3-197. Ein NO/NO_2-Gasgemisch im Normzustand besitzt den Massenanteil $w(NO) = 0{,}0750$. Wie groß ist a) die Masse, b) die Stoffmenge und c) das Volumen an NO in 645 mL des Gemisches?

3-198. Ein H_2/Cl_2-Gasgemisch hat bei 95 °C und 855 mbar den Massenanteil $w(Cl_2) = 3{,}35\%$. Wie groß sind a) die Masse $m(Cl_2)$, b) die Stoffmenge $n(Cl_2)$ und c) das Volumen $V(Cl_2)$ in 400 L des Gemisches?

3-199. Ein NH_3/N_2-Gemisch im Normzustand mit $w(NH_3) = 45\%$ enthält 300 L Ammoniak. Wie groß sind a) die Masse und b) das Volumen des Gemisches?

3.4.3 Volumenanteil

Der Volumenanteil φ_i eines Bestandteils i in einer Mischphase ist der Quotient aus dem Volumen V_i dieses Bestandteils und dem Volumen V_0 aller Bestandteile der Mischphase.

$$\varphi_i = \frac{V_i}{V_0} \qquad \textbf{(3-25)}$$

Mit $V_0 = V_1 + V_2 + \ldots = \sum V_i$ (vgl. (3-1), S. 149) gilt:

$$\varphi_i = \frac{V_i}{\sum V_i} = \frac{V_i}{V_1 + V_2 + \ldots} \qquad \textbf{(3-25 a)}$$

Da beim Mischen von Flüssigkeiten mitunter eine Volumenverminderung (Volumenkontraktion, vgl. Abschn. 3.1.3, S. 96) auftreten kann, empfiehlt es sich, grundsätzlich mit (3-25 a) zu rechnen, weil sonst eine Verwechslung mit der Volumenkonzentration σ möglich ist.
Die als Dezimalbrüche angegebenen Volumenanteile einer Lösung ergänzen sich zu 1:

$$\varphi_1 + \varphi_2 + \ldots = \mathbf{1} \qquad \textbf{(3-25 b)}$$

Analog dazu ergänzen sich in Prozent ausgedrückte Volumenanteile zu 100%:

$$\varphi_1 + \varphi_2 + \ldots = \mathbf{100\%} \qquad \textbf{(3-25 c)}$$

In der Definitionsgleichung für den Volumenanteil (3-25a) können die Volumina V_i der Bestandteile i entsprechend Abb. 1-2 durch die anderen Quantitäten ersetzt werden. Dadurch ergeben sich zusätzlich zu (3-25 a) weitere Beziehungen, mit denen die Berechnung des Volumenanteils φ_i vorgenommen werden kann.

Sie können nur für Flüssigkeits- und Gasgemische angewendet werden, weil sich das Volumen fester Stoffe, z. B. von Salzen, nicht ohne weiteres bestimmen läßt.

3.4.3.1 Berechnen des Volumenanteils

3.4.3.1.1 Aus Quantitäten

3.4.3.1.1.1 Aus dem Volumen der Bestandteile

Rechenbeispiel 3-169. 275 mL *n*-Butanol und 425 mL *tert*-Butanol werden gemischt. Wie groß sind die Volumenanteile dieser Bestandteile in der Mischphase?

Gesucht: φ(*n*-BuOH)
φ(*tert*-BuOH)

Gegeben: V(*n*-BuOH) = 275 mL
V(*tert*-BuOH) = 425 mL

Gemäß (3-25 a) gilt:

$$\varphi(n\text{-BuOH}) = \frac{V(n\text{-BuOH})}{V(n\text{-BuOH}) + V(tert\text{-BuOH})} = \frac{275\ \text{mL}}{275\ \text{mL} + 425\ \text{mL}}$$

$\varphi(n$-BuOH) = 0,393 = 39,3%

$$\varphi(tert\text{-BuOH}) = \frac{V(tert\text{-BuOH})}{V(n\text{-BuOH}) + V(tert\text{-BuOH})} = \frac{425\ \text{mL}}{275\ \text{mL} + 425\ \text{mL}}$$

$\varphi(tert$-BuOH) = 0,607 = 60,7%

Übungsaufgaben:

3-330. Welche Volumenanteile φ_i ergeben sich für die Bestandteile in Gemischen mit folgenden Volumina V_i?

a) $V(CH_3OH)$ = 100 L; $V(H_2O)$ = 300 L
b) $V(CH_3COOH)$ = 250 mL; $V(H_2O)$ = 750 mL
c) $V(N_2)$ = 2,60 m³; $V(H_2)$ = 5,35 m³; $V(NH_3)$ = 40,50 m³
d) $V(SO_2)$ = 720 L; $V(O_2)$ = 3000 L
e) $V(H_2)$ = 200 mL; $V(O_2)$ = 100 mL

3-331. 850 mL Glykol und 200 mL Glycerin werden gemischt. Wie groß sind die Volumenanteile dieser Bestandteile?

3.4.3.1.1.2 Aus der Masse der Bestandteile

Rechenbeispiel 3-170. 1,80 kg Isopropanol, ρ = 0,785 g/mL, und 4,65 kg Isobutanol, ρ = 0,803 g/mL, werden gemischt. Wie groß ist der Volumenanteil $\varphi(i$-PrOH)?

Gesucht: $\varphi(i$-PrOH)

Gesucht: $m(i$-PrOH) = 1,80 kg
$\rho(i$-PrOH) = 0,785 g/mL
$m(i$-BuOH) = 4,65 kg
$\rho(i$-BuOH) = 0,803 g/mL

$$\varphi_i = \frac{V_i}{\sum V_i} \longleftarrow V_i = \frac{m_i}{\rho_i}$$

$$\varphi(i\text{-PrOH}) = \frac{\dfrac{m(i\text{-PrOH})}{\rho(i\text{-PrOH})}}{\dfrac{m(i\text{-PrOH})}{\rho(i\text{-PrOH})} + \dfrac{m(i\text{-BuOH})}{\rho(i\text{-BuOH})}} = \frac{\dfrac{1{,}80\ \text{kg}}{0{,}785\ \text{g mL}^{-1}}}{\dfrac{1{,}80\ \text{kg}}{0{,}785\ \text{g mL}^{-1}} + \dfrac{4{,}65\ \text{kg}}{0{,}803\ \text{g mL}^{-1}}}$$

$\boldsymbol{\varphi(i\text{-PrOH}) = 0{,}284 = 28{,}4\%}$

Übungsaufgaben:

3-332. Welche Volumenanteile φ_i ergeben sich für die Bestandteile in Gemischen mit folgenden Massen m_i und Dichten ρ_i?

a) m(Cyclohexan) = 500 g; ρ(Cyclohexan) = 0,779 g/mL
m(n-Hexan) = 300 g; ρ(n-Hexan) = 0,659 g/mL
b) m(Ethanol) = 3,75 kg; ρ(Ethanol) = 0,791 g/mL
m(Propanol) = 2,00 kg; ρ(Propanol) = 0,804 g/mL
c) m(Benzol) = 600 g; ρ(Benzol) = 0,879 g/mL
m(Chlorbenzol) = 500 g; ρ(Chlorbenzol) = 1,106 g/mL
d) m(Aceton) = 1500 g; ρ(Aceton) = 0,791 g/mL
m(Methanol) = 500 g; ρ(Methanol) = 0,791 g/mL

Rechenbeispiel 3-171. Ein Gasgemisch besteht aus 500 kg Methan, CH_4, und 300 kg Ethan, C_2H_6. Wie groß ist der Volumenanteil $\varphi(CH_4)$ dieses Gemisches?

Gesucht: $\varphi(CH_4)$ **Gegeben:** $m(CH_4)$ = 500 kg; $m(C_2H_6)$ = 300 kg

$$\varphi_i = \frac{V_i}{\sum V_i} \longleftarrow V_i = V_m\, n_i \longleftarrow \frac{m_i}{M_i}$$

$$\varphi(CH_4) = \frac{\dfrac{m(CH_4)}{M(CH_4)}}{\dfrac{m(CH_4)}{M(CH_4)} + \dfrac{m(C_2H_6)}{M(C_2H_6)}} = \frac{\dfrac{500\ \text{kg}}{16{,}04\ \text{g mol}^{-1}}}{\dfrac{500\ \text{kg}}{16{,}04\ \text{g mol}^{-1}} + \dfrac{300\ \text{kg}}{30{,}07\ \text{g mol}^{-1}}}$$

$\boldsymbol{\varphi(CH_4) = 0{,}758 = 75{,}8\%}$

Übungsaufgaben:

3-333. Welche Volumenanteile φ_i ergeben sich für die Bestandteile in gasförmigen Gemischen mit folgenden Massen m_i?

a) $m(N_2) = 2{,}60$ kg; $m(H_2) = 5{,}35$ kg; $m(NH_3) = 40{,}50$ kg
b) $m(SO_2) = 720$ g; $m(O_2) = 2000$ g
c) $m(H_2) = 1200$ g; $m(O_2) = 100$ g

3-334. Ein Gasgemisch besteht aus 25,2 kg Stickstoff und 10,8 kg Wasserstoff. Wie groß sind die Volumenanteile der beiden Bestandteile in dieser Mischphase?

3-335. Sauerstoff, O_2, wird mit Schwefeldioxid, SO_2, im Massenverhältnis 3:1 gemischt. Wie groß ist der Volumenanteil an SO_2 in dem Gasgemisch?

3.4.2.1.1.3 Aus der Stoffmenge der Bestandteile

Rechenbeispiel 3-172. Propanon, CH_3COCH_3, und Butanon, $C_2H_5COCH_3$, werden im Stoffmengenverhältnis 1:1 gemischt. Wie groß ist der Volumenanteil $\varphi(CH_3COCH_3)$ in dieser Mischung?

Gesucht: $\varphi(CH_3COCH_3)$

Gegeben: $n(CH_3COCH_3) = n(C_2H_5COCH_3)$
$\rho(C_2H_5COCH_3) = 0{,}791$ g/mL
$\rho(C_2H_5COCH_3) = 0{,}806$ g/mL

$$\varphi_i = \frac{V_i}{\sum V_i} \longleftarrow V_i = \frac{m_i}{\rho_i} \longleftarrow n_i\, M_i$$

$$\varphi(CH_3COCH_3) = \frac{\dfrac{n(CH_3COCH_3)\, M(CH_3COCH_3)}{\rho(CH_3COCH_3)}}{\dfrac{n(CH_3COCH_3)\, M(CH_3COCH_3)}{\rho(CH_3COCH_3)} + \dfrac{n(C_2H_5COCH_3)\, M(C_2H_5COCH_3)}{\rho(C_2H_5COCH_3)}}$$

$$= \frac{\dfrac{1\ \text{mol} \cdot 58{,}08\ \text{g mol}^{-1}}{0{,}791\ \text{g mL}^{-1}}}{\dfrac{1\ \text{mol} \cdot 58{,}08\ \text{g mol}^{-1}}{0{,}791\ \text{g mL}^{-1}} + \dfrac{1\ \text{mol} \cdot 72{,}10\ \text{g mol}^{-1}}{0{,}806\ \text{g mL}^{-1}}}$$

$\boldsymbol{\varphi(CH_3COCH_3) = 0{,}4508 = 45{,}08\%}$

Übungsaufgaben:

3-336. Welche Volumenanteile φ_i ergeben sich für die Bestandteile von Gemischen mit folgenden Stoffmengen n_i und Dichten ρ_i?

a) $n(CHCl_3) = 2{,}75$ mol; $\rho(CHCl_3) = 1{,}468$ g/mL
$n(CH_2Cl_2) = 3{,}85$ mol; $\rho(CH_2Cl_2) = 1{,}325$ g/mL
b) n(1-BuOH) = 0,75 mol; ρ(1-BuOH) = 0,810 g/mL
n(2-BuOH) = 12,5 mol; ρ(2-BuOH) = 0,808 g/mL
c) $n(C_6H_6) = 25$ mmol; $\rho(C_6H_6) = 0{,}879$ g/mL
$n(C_6H_5NH_2) = 70$ mmol; $\rho(C_6H_5NH_2) = 1{,}022$ g/mL

3-337. Pentan, C_5H_{12}, $\rho = 0{,}626$ g/mL, und Hexan, C_6H_{14}, $\rho = 0{,}659$ g/mL, werden im Stoffmengenverhältnis 1:6,5 gemischt. Wie groß ist der Volumenanteil an Pentan?

Rechenbeispiel 3-173. Ein Gemisch besteht aus 42 mmol Kohlenstoffmonoxid, CO, und 160 mmol Kohlenstoffdioxid, CO_2. Wie groß ist der Volumenanteil $\varphi(CO)$?

Gesucht: $\varphi(CO)$ **Gegeben:** $n(CO) = 42$ mmol; $n(CO_2) = 160$ mmol

$$\varphi_i = \frac{V_i}{\sum V_i} \longleftarrow V_i = n_i\, V_m$$

$$\varphi(CO) = \frac{n(CO)}{n(CO) + n(CO_2)} = \frac{42 \text{ mmol}}{42 \text{ mmol} + 160 \text{ mmol}}$$

$$\underline{\boldsymbol{\varphi(CO) = 0{,}208 = 20{,}8\%}}$$

Übungsaufgaben:

3-338. Welche Volumenanteile φ_i ergeben sich für die Bestandteile von Gasgemischen mit folgenden Stoffmengen n_i?

a) $n(H_2) = 3{,}50$ mol; $n(O_2) = 2{,}60$ mol
b) $n(H_2) = 12{,}0$ mol; $n(N_2) = 4{,}0$ mol
c) $n(H_2) = 750$ mmol; $n(N_2) = 300$ mmol; $n(NH_3) = 50$ mmol

3-339. Wasserstoffgas, H_2, und Chlorgas, Cl_2, werden im Stoffmengenverhältnis 2:5 gemischt. Wie groß sind die Volumenanteile $\varphi(H_2)$ und $\varphi(Cl_2)$ im Gemisch?

3.4.3.1.2 Aus Konzentrationen

3.4.3.1.2.1 Aus der Volumenkonzentration

Der Volumenanteil φ_i eines Bestandteils i in gasförmigen Mischphasen ist gleich deren Volumenkonzentration σ_i, weil sich Gase ohne Volumenkontraktion mischen. Das trifft auch für Flüssigkeitsgemische zu, bei denen keine Volumenkontraktion auftritt (vgl. Abschn. 3.3.4.1.3.1, S. 181).

3.4.3.1.2.2 Aus der Stoffmengenkonzentration

Rechenbeispiel 3-174. Ein Toluol/Chlorbenzol-Gemisch hat die Stoffmengenkonzentration $c(C_6H_5Cl)$ = 3,00 mol/L. Wie groß ist sein Volumenanteil $\varphi(C_6H_5Cl)$? $\rho(C_6H_5Cl)$ = 1,106 g/mL

Gesucht: $\varphi(C_6H_5Cl)$ **Gegeben:** $c(C_6H_5Cl) = 3{,}00$ mol/L
$\rho(C_6H_5Cl) = 1{,}106$ g/mL

$$\varphi_i = \frac{V_i}{V} \longleftarrow \frac{m_i}{\rho_i} \longleftarrow M_i\, n_i \longleftarrow c_i\, V$$

$$\varphi(C_6H_5Cl) = \frac{c(C_6H_5Cl)\, M(C_6H_5Cl)}{\rho(C_6H_5Cl)} = \frac{3{,}00 \text{ mol L}^{-1} \cdot 112{,}55 \text{ g mol}^{-1}}{1{,}106 \text{ g mL}^{-1}}$$

$\underline{\boldsymbol{\varphi(C_6H_5Cl) = 0{,}3053 = 30{,}53\%}}$

Übungsaufgaben:

3-340. Ein Gemisch aus Ethylacetat, $CH_3COOC_2H_5$, und Butylacetat, $CH_3COOC_4H_9$, hat die Stoffmengenkonzentration $c(CH_3COOC_2H_5)$ = 4,50 mol/L. Wie groß ist sein Volumenanteil $\varphi(CH_3COOC_2H_5)$? $\rho(CH_3COOC_2H_5)$ = 0,901 g/mL

3-341. Ein Nitrobenzol/Benzol-Gemisch besitzt die Stoffmengenkonzentration $c(C_6H_5NO_2)$ = 1,50 mol/L. Wie groß ist sein Volumenanteil $\varphi(C_6H_5NO_2)$? $\rho(C_6H_5NO_2)$ = 1,204 g/mL

Rechenbeispiel 3-175. Ein Cl_2/HCl-Gemisch hat die Stoffmengenkonzentration $c(Cl_2)$ = 30,0 mol/m³. Wie groß ist sein Volumenanteil $\varphi(Cl_2)$ bei 25 °C und 1020 mbar?

Gesucht: $\varphi(Cl_2)$ **Gegeben:** $c(Cl_2) = 30$ mol/m³
T = 298 K; p = 1020 mbar

$$\varphi_i = \frac{V_i}{V} \longleftarrow V_m\, n_i \longleftarrow c_i\, V$$

$$\varphi(Cl_2) = c(Cl_2)\, V_m = \frac{c(Cl_2)\, R\, T}{p}$$

$$= \frac{30{,}0 \text{ mol m}^{-3} \cdot 83{,}1 \text{ mbar L mol}^{-1}\text{ K}^{-1} \cdot 298 \text{ K}}{1020 \text{ mbar}}$$

$\underline{\boldsymbol{\varphi(Cl_2) = 0{,}728 = 72{,}8\%}}$

Übungsaufgaben:

3-342. Ein Gasgemisch besitzt bei 105 °C und 550 mbar die Stoffmengenkonzentration $c(NH_3) = 15$ mmol/L. Wie groß ist $\varphi(NH_3)$ des Gemisches?

3-343. Wie groß ist der Volumenanteil $\varphi(H_2)$ eines Knallgas-Gemisches von 15 °C und 1000 mbar, das 0,025 mol Wasserstoff je Liter enthält?

3.4.3.1.2.3 Aus der Massenkonzentration

Rechenbeispiel 3-176. Ein Gemisch aus 1-Butanol und 2-Butanol hat die die Massenkonzentration $\beta(1\text{-}C_4H_9OH) = 630$ g/L. Wie groß ist der Volumenanteil φ(1-BuOH)? Die Dichte von 1-Butanol ist 0,810 g/mL.

Gesucht: φ(1-BuOH)

Gegeben: $\beta(1\text{-}C_4H_9OH) = 630$ g/L
$\rho(1\text{-BuOH}) = 0{,}810$ g/mL

$$\varphi_i = \frac{V_i}{V} \longleftarrow \frac{m_i}{\rho_i} \longleftarrow \beta_i\, V$$

$$\varphi(1\text{-Butanol}) = \frac{\beta(1\text{-BuOH})}{\rho(1\text{-BuOH})} = \frac{630\ \text{g L}^{-1}}{0{,}810\ \text{g mL}^{-1}}$$

$$\underline{\boldsymbol{\varphi(1\text{-Butanol}) = 0{,}778 = 77{,}8\%}}$$

Übungsaufgaben:

3-344. Ein Gemisch aus 1-Butanol und 2-Butanol hat die Massenkonzentration $\beta(1\text{-}C_4H_9OH) = 405$ g/L. Wie groß ist sein Volumenanteil φ(1-BuOH)? Die Dichte von 1-Butanol ist 0,810 g/mL.

3-345. Ein Gemisch aus Methanol und Ethanol hat die die Massenkonzentration $\beta(CH_3OH) = 500$ g/L. Wie groß ist sein Volumenanteil $\varphi(CH_3OH)$? Die Dichte von Methanol ist 0,792 g/mL.

Rechenbeispiel 3-177. Ein Gasgemisch von 25 °C und 1020 mbar hat die Massenkonzentration $\beta(Cl_2) = 900$ g/m³. Wie groß ist sein Volumenanteil $\varphi(Cl_2)$?

Gesucht: $\varphi(Cl_2)$

Gegeben: $\beta(Cl_2) = 900$ g/m³
$T = 298$ K; $p = 1020$ mbar

$$\varphi_i = \frac{V_i}{V} \longleftarrow V_m\, n_i \longleftarrow \frac{m_i}{M_i} \longleftarrow \beta_i\, V$$

$$\varphi(Cl_2) = \frac{\beta(Cl_2)\, R\, T}{M(Cl_2)\, p} = \frac{900\ g\ m^{-3} \cdot 83{,}1\ mbar\ L\ mol^{-1}\ K^{-1} \cdot 298\ K}{70{,}90\ g\ mol^{-1} \cdot 1020\ mbar}$$

$$\underline{\boldsymbol{\varphi(Cl_2) = 0{,}308 = 30{,}8\%}}$$

Übungsaufgaben:

3-346. Ein Gasgemisch besitzt bei 105 °C und 550 mbar die Massenkonzentration $\beta(NH_3)$ = 225 mg/L. Wie groß ist $\varphi(NH_3)$ des Gemisches?

3-347. Wie groß ist der Volumenanteil $\varphi(H_2)$ eines Knallgas-Gemisches von 15 °C und 1000 mbar, das 50 mg Wasserstoff je Liter enthält?

3.4.3.1.3 Aus anderen Anteilen

3.4.3.1.3.1 Aus dem Stoffmengenanteil

Rechenbeispiel 3-178. Ein Gemisch aus 1-Butanol und 1-Propanol hat den Stoffmengenanteil $x(1\text{-}C_4H_9OH) = 0{,}778$. Wie groß ist sein Volumenanteil φ(1-BuOH)? ρ(1-BuOH) = 0,810 g/mL; ρ(1-PrOH) = 0,804 g/mL

Gesucht: φ(1-BuOH)

Gegeben: $x(1\text{-}C_4H_9OH) = 0{,}778 = 77{,}8\%$
ρ(1-BuOH) = 0,810 g/mL
ρ(1-PrOH) = 0,804 g/mL

$$\varphi_i = \frac{V_i}{\sum V_l} \longleftarrow \frac{m_i}{\rho_l} \longleftarrow M_i\, n_i \longleftarrow x_i\, n$$

$$\varphi(1\ \text{Butanol}) = \frac{\dfrac{x(1\text{-}C_4H_9OH)\, M(C_4H_9OH)}{\rho(1\text{-}C_4H_9OH)}}{\dfrac{x(1\text{-}C_4H_9OH)\, M(C_4H_9OH)}{\rho(1\text{-}C_4H_9OH)} + \dfrac{x(1\text{-}C_3H_7OH)\, M(C_3H_7OH)}{\rho(1\text{-}C_3H_7OH)}}$$

$$= \frac{\dfrac{0{,}778 \cdot 74{,}12\ g\ mol^{-1}}{0{,}810\ g\ mL^{-1}}}{\dfrac{0{,}778 \cdot 74{,}12\ g\ mol^{-1}}{0{,}810\ g\ mL^{-1}} + \dfrac{(1 - 0{,}778) \cdot 60{,}09\ g\ mol^{-1}}{0{,}804\ g\ mL^{-1}}}$$

$$\underline{\boldsymbol{\varphi(1\text{-Butanol}) = 0{,}811 = 81{,}1\%}}$$

Übungsaufgaben:

3-348. Ein Gemisch aus 1-Butanol, ρ = 0,810 g/mL, und Ethanol, ρ = 0,791 g/mL, besitzt den Stoffmengenanteil $x(1\text{-}C_4H_9OH)$ = 50,0%. Wie groß ist der Volumenanteil $\varphi(1\text{-}C_4H_9OH)$?

3-349. Ein Gemisch aus Diethylether, $(C_2H_5)_2O$, und Diisopropylether, $((CH_3)_2CH)_2O$, besitzt den Stoffmengenanteil $x[(C_2H_5)_2O]$ = 85,0%. Wie groß ist der Volumenanteil $\varphi[(C_2H_5)_2O]$? $\rho(C_2H_5)_2O$ = 0,714 g/mL; $\rho[((CH_3)_2CH)_2O]$ = 0,726 g/mL

Der Stoffmengenanteil x_i eines Bestandteils i in einem idealen Gasgemisch ist gleich seinem Volumenanteil φ_i:

$$x(\text{X in Gasgemisch}) = \varphi(\text{X in Gasgemisch})$$

3.4.3.1.3.2 Aus dem Massenanteil

Rechenbeispiel 3-179. Ein Gemisch aus Benzol und Toluol hat den Massenanteil $w(C_6H_6)$ = 18,5%. Wie groß ist der Volumenanteil $\varphi(C_6H_6)$?
$\rho(C_6H_6)$ = 0,879 g/mL; $\rho(C_6H_5CH_3)$ = 0,867 g/mL

Gesucht: $\varphi(C_6H_6)$

Gegeben: $w(C_6H_6)$ = 18,5% = 0,185
$\rho(C_6H_6)$ = 0,879 g/mL
$\rho(C_6H_5CH_3)$ = 0,867 g/mL

$$\varphi_i = \frac{V_i}{\sum V_i} \longleftarrow V_i = \frac{m_i}{\rho_i} \longleftarrow w_i\, m$$

$$\varphi(C_6H_6) = \frac{\dfrac{w(C_6H_6)}{\rho(C_6H_6)}}{\dfrac{w(C_6H_6)}{\rho(C_6H_6)} + \dfrac{w(C_6H_5CH_3)}{\rho(C_6H_5CH_3)}} = \frac{\dfrac{0{,}185}{0{,}879\ \text{g mL}^{-1}}}{\dfrac{0{,}185}{0{,}879\ \text{g mL}^{-1}} = \dfrac{1 - 0{,}185}{0{,}867\ \text{g mL}^{-1}}}$$

$$\boldsymbol{\varphi(C_6H_6) = 0{,}1829 = 18{,}29\%}$$

Übungsaufgaben:

3-350. Ein Ethanol-Butanol-Gemisch hat den Massenanteil $w(C_2H_5OH)$ = 0,494. Wie groß ist der Volumenanteil $\varphi(C_2H_5OH)$ des Gemisches?
ρ(Ethanol) = 0,791 g/mL; ρ(Butanol) = 0,810 g/mL

3-351. Ein Hexan-Cyclohexan-Gemisch hat den Massenanteil $w(C_6H_{14}) = 90{,}0\%$. Wie groß ist sein Volumenanteil an Hexan?
ρ(Hexan) = 0,659 g/mL; ρ(Cyclohexan) = 0,779 g/mL

Rechenbeispiel 3-180. Ein Methan-Ethan-Gasgemisch hat den Massenanteil $w(CH_4) = 12{,}5\%$. Wie groß ist der Volumenanteil $\varphi(CH_4)$ des Gemisches?

Gesucht: $\varphi(CH_4)$ **Gegeben:** $w(CH_4) = 12{,}5\% = 0{,}125$

$$\varphi_i = \frac{V_i}{\sum V_i} \longleftarrow V_i = n_i\, V_{mi} \longleftarrow n_i = \frac{m_i}{M_i} \longleftarrow m_i = w_i\, m$$

$$\varphi(CH_4) = \frac{\dfrac{w(CH_4)}{M(CH_4)}}{\dfrac{w(CH_4)}{M(CH_4)} + \dfrac{w(C_2H_6)}{M(C_2H_6)}} = \frac{\dfrac{0{,}125}{16{,}04\ \text{g mol}^{-1}}}{\dfrac{0{,}125}{16{,}04\ \text{g mol}^{-1}} = \dfrac{1 - 0{,}125}{30{,}07\ \text{g mol}^{-1}}}$$

$\underline{\boldsymbol{\varphi(CH_4) = 0{,}211 = 21{,}1\%}}$

Übungsaufgaben:

3-352. Ein Ammoniak-Wasserstoff-Gemisch besitzt den Massenanteil $w(NH_3) = 0{,}225$. Wie groß ist $\varphi(NH_3)$ des Gemisches?

3-353. Wie groß ist der Volumenanteil $\varphi(H_2)$ eines Knallgas-Gemisches mit einem Massenanteil $w(O_2) = 20{,}0\%$?

3-354. Ein Gemisch aus Wasserstoff und Arsenwasserstoff, AsH_3, hat den Massenanteil $w(AsH_3) = 1{,}90\%$. Wie groß ist sein Volumenanteil $\varphi(AsH_3)$?

3-355. Ein Gemisch aus Stickstoff und Sauerstoff hat den Massenanteil $w(O_2) = 38{,}5\%$. Wie groß ist der Volumenanteil $\varphi(O_2)$?

3.4.3.1.4 Aus dem Volumenverhältnis

Rechenbeispiel 3-181. Wie groß ist der Volumenanteil $\varphi(CH_2Cl_2)$ eines Gemisches aus Dichlormethan, CH_2Cl_2, und Trichlormethan, $CHCl_3$, mit dem Volumenverhältnis $\psi(CH_2Cl_2/CHCl_3) = 12{,}5$?

Gesucht: $\varphi(CH_2Cl_2)$ **Gegeben:** $\psi(CH_2Cl_2/CHCl_3) = 12{,}5$

$$\varphi_i = \frac{V_i}{V_i + V_k} \longleftarrow V_i = \psi_{ik} V_k$$

$$\varphi(CH_2Cl_2) = \frac{V(CH_2Cl_2)}{V(CH_2Cl_2) + V(CHCl_3)} = \frac{\psi(CH_2Cl_2/CHCl_3)}{\psi(CH_2Cl_2/CHCl_3) + 1} = \frac{12,5}{12,5 + 1}$$

$\underline{\boldsymbol{\psi(CH_2Cl_2) = 0,926 = 92,6\%}}$

Übungsaufgaben:

3-356. Welche Volumenanteile φ_i ergeben sich für die Bestandteile von Mischphasen mit folgenden Volumenverhältnissen ψ_{ik}?

a) $\psi(1\text{-}C_4H_9OH/2\text{-}C_4H_9OH) = 4,25$
b) $\psi(1\text{-}C_3H_7OH/2\text{-}C_3H_7OH) = 0,250$
c) $\psi(CH_4/C_2H_6) = 2,25$

3.4.3.2 Rechnen mit dem Volumenanteil

Die Berechnung der Quantitäten in Mischphasen aus dem Volumenanteil φ_i ist nur unter der Voraussetzung möglich, daß sich die Komponenten ohne Volumenkontraktion mischen. Dann gilt aber auch:

$\underline{\varphi_i = \sigma_i}$

Berechnungen dieser Art sind aber schon in Abschn. 3.3.4.2 durchgeführt worden.

3.4.3.3 Wiederholungsaufgaben (zu Abschn. 3.4.3)

3-200. Welche Volumenanteile φ_i ergeben sich für die Bestandteile in Gemischen mit folgenden Volumina V_i?

a) $V(CH_3CH_2OH) = 500$ L; $V(H_2O) = 300$ L
b) $V(CH_3COOH) = 250$ mL; $V(H_2O) = 750$ mL
c) $V(H_2) = 1720$ L; $V(O_2) = 3000$ L

3-201. 850 mL Glykol und 300 mL Wasser werden gemischt. Wie groß sind die Volumenanteile φ_i der Bestandteile?

3-202. Welche Volumenanteile φ_i ergeben sich für Gemische mit folgenden Massen m_i und Dichten ρ_i?

a) m(Pentan) = 500 g; ρ(Pentan) = 0,626 g/mL
m(n-Hexan) = 300 g; ρ(Hexan) = 0,659 g/mL
b) m(Ethanol) = 6,75 kg; ρ(Ethanol) = 0,791 g/mL
m(Propanol) = 2,00 kg; ρ(Propanol) = 0,804 g/mL
c) m(Benzol) = 850 g; ρ(Benzol) = 0,879 g/mL
m(Chlorbenzol) = 570 g; ρ(Chlorbenzol) = 1,106 g/mL

3-203. Welche Volumenanteile φ_i ergeben sich für die Bestandteile in gasförmigen Gemischen mit folgenden Massen m_i?

a) $m(SO_2)$ = 750 g; $m(O_2)$ = 1000 g
b) $m(H_2)$ = 200 g; $m(O_2)$ = 100 g

3-204. Ein Gasgemisch besteht aus 22,2 kg Stickstoff und 10,8 kg Wasserstoff. Welche Volumenanteile ergeben sich für die beiden Bestandteile in dieser Mischphase?

3-205. Sauerstoff, O_2, wird mit Schwefeldioxid, SO_2, im Massenverhältnis 3:2 gemischt. Wie groß ist der Volumenanteil an SO_2 in dem Gasgemisch?

3-206. Welche Volumenanteile φ_i ergeben sich für die Bestandteile von Gemischen mit folgenden Stoffmengen n_i und Dichten ρ_i?

a) $n(CHCl_3)$ = 1,75 mol; $\rho(CHCl_3)$ = 1,468 g/mL
$n(CH_2Cl_2)$ = 3,55 mol; $\rho(CH_2Cl_2)$ = 1,325 g/mL
b) n(CO) = 0,765 mol; ρ(CO) = 1,2504 g/L
$n(CO_2)$ = 0,240 mol; $\rho(CO_2)$ = 1,9647 g/L

3-207. Pentan, C_5H_{12}, ρ = 0,626 g/mL, und Hexan, C_6H_{14}, ρ = 0,659 g/mL, werden im Stoffmengenverhältnis 1 : 3,5 gemischt. Wie groß ist der Volumenanteil an Pentan in der entstehenden Mischung?

3-208. Welche Volumenanteile φ_i ergeben sich für die Bestandteile von Gasgemischen mit folgenden Stoffmengen n_i?

a) $n(H_2)$ = 3,50 mol; $n(O_2)$ = 0,60 mol
b) $n(H_2)$ = 22,0 mol; $n(N_2)$ = 4,0 mol

3-209. Wasserstoffgas, H_2, und Chlorgas, Cl_2, werden im Stoffmengenverhältnis 2 : 7 gemischt. Wie groß sind die Volumenanteile der beiden Bestandteile im entstehenden Gemisch?

3-210. Ein Gemisch aus Ethylacetat, $CH_3COOC_2H_5$, und Butylacetat, $CH_3COOC_4H_9$, hat die Stoffmengenkonzentration $c(CH_3COOC_2H_5)$ = 1,50 mol/L. Wie groß ist sein Volumenanteil $\varphi(CH_3COOC_2H_5)$? $\rho(CH_3COOC_2H_5)$ = 0,901 g/mL

3-211. Ein Nitrobenzol/Benzol-Gemisch besitzt die Stoffmengenkonzentration $c(C_6H_5NO_2)$ = 0,50 mol/L. Wie groß ist sein Volumenanteil $\varphi(C_6H_5NO_2)$? $\rho(C_6H_5NO_2)$ = 1,204 g/mL

3-212. Ein Gasgemisch besitzt bei 125 °C und 950 mbar die Stoffmengenkonzentration $c(NH_3)$ = 17,5 mmol/L. Wie groß ist $\varphi(NH_3)$ des Gemisches?

3-213. Wie groß ist der Volumenanteil $\varphi(H_2)$ eines Knallgas-Gemisches von 22 °C und 1100 mbar, das 0,025 mol Wasserstoff je Liter enthält?

3-214. Ein Gemisch aus 1-Butanol und 2-Butanol hat die die Massenkonzentration $\beta(1\text{-}C_4H_9OH)$ = 325 g/L. Wie groß ist sein Volumenanteil φ(1-BuOH)? Die Dichte von 1-Butanol ist 0,810 g/mL.

3-215. Ein Gemisch aus Methanol und Ethanol hat die die Massenkonzentration $\beta(CH_3OH)$ = 485 g/L. Wie groß ist sein Volumenanteil $\varphi(CH_3OH)$? Die Dichte von Methanol ist 0,792 g/mL.

3-216. Ein Gasgemisch besitzt bei 105 °C und 1050 mbar die Massenkonzentration $\beta(NH_3)$ = 75 mg/L. Wie groß ist der Volumenanteil $\varphi(NH_3)$ des Gemisches?

3-217. Wie groß ist der Volumenanteil $\varphi(H_2)$ eines Knallgas-Gemisches von 35 °C und 1000 mbar, das 40 mg Wasserstoff je Liter enthält?

3-218. Ein Gemisch aus 1-Butanol, ρ = 0,810 g/mL, und Methanol, ρ = 0,792 g/mL, besitzt den Stoffmengenanteil $x(1\text{-}C_4H_9OH)$ = 32,0%. Wie groß ist der Volumenanteil $\varphi(1\text{-}C_4H_9OH)$?

3-219. Ein Gemisch aus Diethylether, $(C_2H_5)_2O$, und Diisopropylether, $((CH_3)_2CH)_2O$, besitzt den Stoffmengenanteil $x[(C_2H_5)_2O]$ = 4,0%. Wie groß ist sein Volumenanteil $\varphi[(C_2H_5)_2O]$? $\rho(C_2H_5)_2O$ = 0,714 g/mL; $\rho[((CH_3)_2CH)_2O]$ = 0,726 g/mL

3-220. Ein Ethanol-Butanol-Gemisch hat den Massenanteil $w(C_2H_5OH)$ = 0,194. Wie groß ist der Volumenanteil $\varphi(C_2H_5OH)$ des Gemisches?
ρ(Ethanol) = 0,791 g/mL; ρ(Butanol) = 0,810 g/mL

3-221. Ein Hexan-Cyclohexan-Gemisch hat den Massenanteil $w(C_6H_{14})$ = 44,5%. Wie groß ist der Volumenanteil an Hexan?
ρ(Hexan) = 0,659 g/mL; ρ(Cyclohexan) = 0,779 g/mL

3-222. Ein Wasserstoff/Stickstoff-Gemisch besitzt den Massenanteil $w(N_2)$ = 39,50%. Wie groß ist $\varphi(N_2)$ des Gemisches? $\rho(N_2)$ = 1,2505 g/L; $\rho(H_2)$ = 0,090 g/L

3-223. Wie groß ist der Volumenanteil $\varphi(Cl_2)$ eines Chlorknallgas-Gemisches mit dem Massenanteil $w(H_2)$ = 24,0%? $\rho(H_2)$ = 0,0899 g/L; $\rho(Cl_2)$ = 3,214 g/L

3-224. Welche Volumenanteile φ_i ergeben sich für die Bestandteile von Mischphasen mit folgenden Volumenverhältnissen ψ_{ik}?

a) ψ(1-C_4H_9OH/2-C_4H_9OH) = 0,625
b) ψ(1-C_3H_7OH/2-C_3H_7OH) = 2,250
c) $\psi(CH_4/C_2H_6)$ = 8,25

3-225. Welche Volumenanteile φ_i ergeben sich für die Bestandteile von Mischphasen mit folgenden Stoffmengenverhältnissen r_{ik} und Dichten ρ_i?

a) $r(CH_3OH/C_2H_5OH)$ = 0,425;
$\rho(CH_3OH)$ = 0,791 g/mL; $\rho(C_2H_5OH)$ = 0,791 g/mL
b) $r(CH_3OH/H_2O)$ = 4,60
$\rho(CH_3OH)$ = 0,791 g/mL; $\rho(H_2O)$ = 0,9978 g/mL
c) $r(CO/CO_2)$ = 15,00
$\rho(CO)$ = 1,2500 g/L; $\rho(CO_2)$ = 1,9768 g/L

3-226. Welche Volumenanteile φ_i ergeben sich für die Bestandteile von Gasgemischen mit folgenden Stoffmengenverhältnissen r_{ik}?

a) $r(N_2/O_2)$ = 2,25
b) $r(SO_2/SO_3)$ = 7,25
c) $r(CO/CO_2)$ = 0,275

3-227. Welche Volumenanteile φ_i ergeben sich für die Bestandteile von Mischphasen mit folgenden Massenverhältnissen ζ_{ik} und Dichten ρ_i?

a) $\zeta(CH_3OH/C_2H_5OH)$ = 7,25;
$\rho(CH_3OH)$ = 0,791 g/mL; $\rho(C_2H_5OH)$ = 0,791 g/mL
b) $\zeta(CO/CO_2)$ = 0,45;
$\rho(CO)$ = 1,2500 g/L; $\rho(CO_2)$ = 1,9768 g/L
c) $\zeta(N_2/H_2)$ = 4,25
d) $\zeta(CH_4/C_2H_6)$ = 6,60

3.5 Rechnen mit Verhältnissen von Mischphasen

Die *Verhältnisse* (s. Tab. 3-3, S. 100) spielen in der Praxis im Vergleich zu den anderen Gehaltsangaben eine untergeordnete Rolle. Sie sollen trotzdem kurz behandelt werden, um einerseits die Zusammenhänge zwischen den Quantitäten von Stoffportionen und *allen* möglichen Gehalten von Mischphasen, andererseits aber auch die Zusammenhänge zwischen diesen Gehalten untereinander aufzuzeigen. Diese Beziehungen sind zusammengefaßt in Abb. 3-5, S. 102, dargestellt.

Das Teilchenzahlverhältnis R_{ik} eines Bestandteiles i in einer Mischphase ist gleich dessen Stoffmengenverhältnis r_{ik}. Da die Masse und das Volumen von Stoffportionen meßtechnisch leicht zugänglich sind, haben das Massenverhältnis ζ_{ik} und Volumenverhältnis ψ_{ik} noch am ehesten praktische Bedeutung.

So spielt vor allem die *Löslichkeit* von Stoffen, die ihrem Wesen nach ein Massenverhältnis zwischen einem gelösten Stoff und einem verwendeten Lösemittel darstellt, in der Praxis eine wichtige Rolle.

Ersetzt man in den Definitionsgleichungen für die verschiedenen Verhältnisse die Zähler- und Nennergrößen der Verhältnisse entsprechend Abb. 1-2 durch andere Quantitäten, so erhält man weitere Beziehungen, die in Abb. 3-5 dargestellt sind.

3.5.1 Stoffmengenverhältnis

Das Stoffmengenverhältnis r_{ik} der Bestandteile i und k einer binären Mischphase ist der Quotient aus deren Stoffmengen n_i und n_k.

$$r_{ik} = \frac{n_i}{n_k} \qquad \textbf{(3-28)}$$

In der Definitionsgleichung (3-28) für das Stoffmengenverhältnis können die Stoffmengen n_i und n_k gemäß Abb. 1-2 durch die anderen Quantitäten ersetzt werden. Dadurch ergeben sich zusätzlich zu (3-28) weitere Beziehungen, mit denen die Berechnung des Stoffmengenverhältnisses r_{ik} vorgenommen werden kann.

3.5.1.1 Berechnen des Stoffmengenverhältnisses

3.5.1.1.1 Aus Quantitäten

3.5.1.1.1.1 Aus der Stoffmenge der Bestandteile

Rechenbeispiel 3-182. Ein Gasgemisch besteht aus 12,5 mol Kohlenstoffmonoxid und 17,5 mol Kohlenstoffdioxid. Welches Stoffmengenverhältnis $r(CO/CO_2)$ ergibt sich für das Gemisch?

Gesucht: $r(CO/CO_2)$ **Gegeben:** $n(CO) = 12{,}5$ mol; $n(CO_2) = 17{,}5$ mol

Gemäß (3-28) gilt:

$$r(CO/CO_2) = \frac{n(CO)}{n(CO_2)} = \frac{12{,}5 \text{ mol}}{17{,}5 \text{ mol}}$$

$$\underline{\mathbf{r(CO/CO_2) = 0{,}714 : 1 = 0{,}714}}$$

Übungsaufgaben:

3-357. Welche Stoffmengenverhältnisse r_{ik} ergeben sich für binäre Gemische mit folgenden Stoffmengen n_i und n_k der Bestandteile?

a) $n(CaO) = 0{,}825$ mol; $n(CaCO_3) = 0{,}255$ mol
b) $n(CH_3OH) = 0{,}75$ mol; $n(C_2H_5OH) = 2{,}65$ mol
c) $n(C_2H_5OH) = 80{,}0$ mol; $n(H_2O) = 2{,}5$ mol
d) $n(H_2) = 6{,}0$ mol; $n(O_2) = 1{,}5$ mol

3.5.1.1.1.2 Aus der Masse der Bestandteile

Rechenbeispiel 3-183. 10,5 g Natriumchlorid werden in 180 g Wasser gelöst. Wie groß ist das Stoffmengenverhältnis $r(NaCl/H_2O)$ in der entstehenden Lösung?

Gesucht: $r(NaCl/H_2O)$ **Gegeben:** $m(NaCl) = 10{,}5$ g; $m(H_2O) = 180$ g

$$r_{ik} = \frac{n_i}{n_k} \quad n_i \longleftarrow \frac{m_i}{M_i} \qquad n_k \longleftarrow \frac{m_k}{M_k}$$

$$r(NaCl/H_2O) = \frac{m(NaCl)\, M(H_2O)}{M(NaCl)\, m(H_2O)} = \frac{10{,}5 \text{ g} \cdot 18{,}02 \text{ g mol}^{-1}}{58{,}44 \text{ g mol}^{-1} \cdot 180 \text{ g}}$$

$\mathbf{r(NaCl/H_2O) = 0{,}0180}$

Übungsaufgaben:

3-358. Welche Stoffmengenverhältnisse r_{ik} ergeben sich für binäre Gemische mit folgenden Massen m_i und m_k der Bestandteile?

a) $m(KNO_3) = 75{,}5$ kg; $m(H_2O) = 280$ kg
b) $m(CaCO_3) = 320$ g; $m(MgCO_3) = 175$ g
c) $m(C_6H_6) = 120$ g; $m(C_6H_5CH_3) = 1950$ g
d) $m(CO) = 2{,}55$ g; $m(H_2) = 3{,}65$ g

Rechenbeispiel 3-184. 300 g einer bei 20 °C gesättigten Natriumnitrat-Lösung enthalten 135 g Natriumnitrat, $NaNO_3$. Welches Stoffmengenverhältnis $r(NaNO_3/H_2O)$ hat die Lösung?

Gesucht: $r(NaNO_3/H_2O)$ **Gegeben:** $m(NaNO_3) = 135$ g; $m = 300$ g

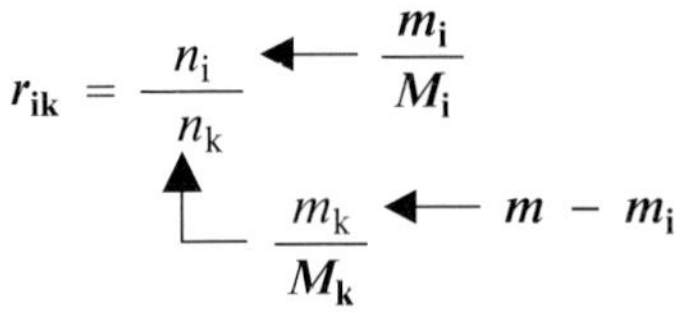

$$r(NaNO_3/H_2O) = \frac{m(NaNO_3)\ M(H_2O)}{M(NaNO_3)\ [m - m(NaNO_3)]} = \frac{135\ g \cdot 18{,}02\ g\ mol^{-1}}{85{,}00\ g\ mol^{-1} \cdot (300 - 135)\ g}$$

$\mathbf{r(NaNO_3/H_2O) = 0{,}173}$

Übungsaufgaben:

3-359. Welche Stoffmengenverhältnisse r_{ik} ergeben sich für wäßrige Lösungen mit den folgenden Massen m_i eines Bestandteils i und den Massen m der Mischphase?

a) $m(KNO_3) = 75{,}5$ kg; $m = 355{,}5$ kg
b) $m(Na_2CO_3) = 320$ g; $m = 495$ g
c) $m(NaCl) = 120$ g; $m = 2070$ g

3.5.1.1.1.3 Aus dem Volumen der Bestandteile

Rechenbeispiel 3-185. 75 mL Methanol, CH_3OH, $\rho = 0{,}791$ g/mL, und 450 mL Butanol, C_4H_9OH, $\rho = 0{,}810$ g/mL, werden gemischt. Welches Stoffmengenverhältnis $r(CH_3OH/C_4H_9OH)$ ergibt sich für diese Mischung?

Gesucht: $r(CH_3OH/C_4H_9OH)$

Gegeben: $V(CH_3OH) = 75$ mL
$V(C_4H_9OH) = 450$ mL
$\rho(CH_3OH) = 0{,}792$ g/mL
$\rho(C_4H_9OH) = 0{,}810$ g/mL

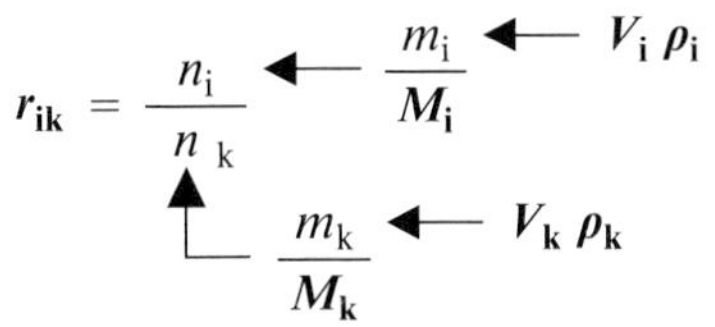

$$r(CH_3OH/C_4H_9OH) = \frac{V(CH_3OH)\ \rho(CH_3OH)\ M(C_4H_9OH)}{M(CH_3OH)\ V(C_4H_9OH)\ \rho(C_4H_9OH)}$$

$$= \frac{75\ mL \cdot 0{,}791\ g\ mL^{-1} \cdot 74{,}12\ g\ mol^{-1}}{32{,}04\ g\ mol^{-1} \cdot 450\ mL \cdot 0{,}810\ g\ mL^{-1}}$$

$\mathbf{r(CH_3OH/C_4H_9OH) = 0{,}377}$

Übungsaufgaben:

3-360. Welche Stoffmengenverhältnisse r_{ik} ergeben sich für Gemische mit folgenden Volumina V_i und V_k sowie Dichten ρ_i und ρ_k der Bestandteile?

a) $V(CH_3OH) = 100$ L; $\rho = 0{,}791$ g/mL
   $V(H_2O) = 300$ L; $\rho = 1{,}000$ g/mL
b) $V(CH_3COOH) = 250$ mL; $\rho = 1{,}049$ g/mL
   $V(H_2O) = 750$ mL; $\rho = 1{,}000$ g/mL
c) $V(N_2) = 2{,}60$ m^3; $\rho = 1{,}166$ g/L
   $V(H_2) = 5{,}35$ m^3; $\rho = 0{,}084$ g/L

Rechenbeispiel 3-186. Ein Gasgemisch besteht aus 500 mL Stickstoff und 950 mL Sauerstoff. Wie groß ist das Stoffmengenverhältnis $r(N_2/O_2)$ des Gemisches?

Gesucht: $r(N_2/O_2)$ **Gegeben:** $V(N_2) = 500$ mL; $V(O_2) = 950$ mL

$$r_{ik} = \frac{n_i}{n_k} \qquad n_i \leftarrow \frac{V_i}{V_m} \qquad n_k \leftarrow \frac{V_k}{V_k}$$

$$r(N_2/O_2) = \frac{V(N_2)\ V_m}{V_m\ V(O_2)} = \frac{V(N_2)}{V(O_2)} = \frac{500\ \text{mL}}{950\ \text{mL}}$$

$\underline{\boldsymbol{r(N_2/O_2) = 0{,}5263}}$

Übungsaufgaben:

3-361. Welche Stoffmengenverhältnisse r_{ik} ergeben sich für gasförmige Gemische mit folgenden Volumina V_i und V_k der Bestandteile?

a) $V(N_2) = 2{,}60$ m^3; $V(NH_3) = 40{,}50$ m^3
b) $V(SO_2) = 720$ L; $V(O_2) = 3000$ L
c) $V(H_2) = 200$ mL; $V(O_2) = 100$ mL

3.5.1.1.2 Aus anderen Verhältnissen

3.5.1.1.2.1 Aus dem Massenverhältnis

Rechenbeispiel 3-187. Reines Natriumhydroxid, NaOH, und Wasser werden im Massenverhältnis 2,50 : 14,50 gemischt. Wie ist das Stoffmengenverhältnis $r(NaOH/H_2O)$ in der entstehenden Natronlauge?

Gesucht: $r(NaOH/H_2O)$ **Gegeben:** $\zeta(NaOH/H_2O) = 2{,}50 : 14{,}50$

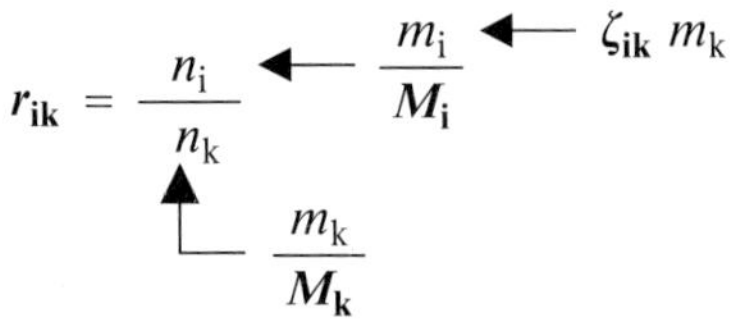

$$r(NaOH/H_2O) = \frac{n(NaOH)}{n(H_2O)} = \frac{m(NaOH)\,M(H_2O)}{M(NaOH)\,m(H_2O)} = \frac{\zeta(NaOH/H_2O)\,M(H_2O)}{M(NaOH)}$$

$$= \frac{2{,}50 \cdot 18{,}02 \text{ g mol}^{-1}}{14{,}50 \cdot 40{,}00 \text{ g mol}^{-1}}$$

$\mathbf{r(NaOH/H_2O) = 0{,}0777}$

Übungsaufgaben:

3-362. Welche Stoffmengenverhältnisse r_{ik} ergeben sich für Mischphasen mit folgenden Massenverhältnissen ζ_{ik}?

a) $\zeta(Na_2O/K_2O) = 3{,}75$
b) $\zeta(HCl/H_2O) = 1{,}75 : 3{,}75$
c) $\zeta(HCOOH/CH_3COOH) = 0{,}645$
d) $\zeta(C_2H_4/C_2H_2) = 1 : 1$

3.5.1.1.2.2 Aus dem Volumenverhältnis

Rechenbeispiel 3-188. Aceton, CH_3COCH_3, und Wasser werden im Volumenverhältnis 45 : 200 gemischt. Wie groß ist das Stoffmengenverhältnis $r(CH_3COCH_3/H_2O)$ der entstehenden Mischung?
$\rho(CH_3COCH_3) = 0{,}791$ g/mL; $\rho(H_2O) = 0{,}998$ g/mL

Gesucht: $r(CH_3COCH_3/H_2O)$ **Gegeben:** $\psi(CH_3COCH_3/H_2O) = 45 : 200$
$\rho(CH_3COCH_3) = 0{,}791$ g/mL
$\rho(H_2O) = 0{,}998$ g/mL

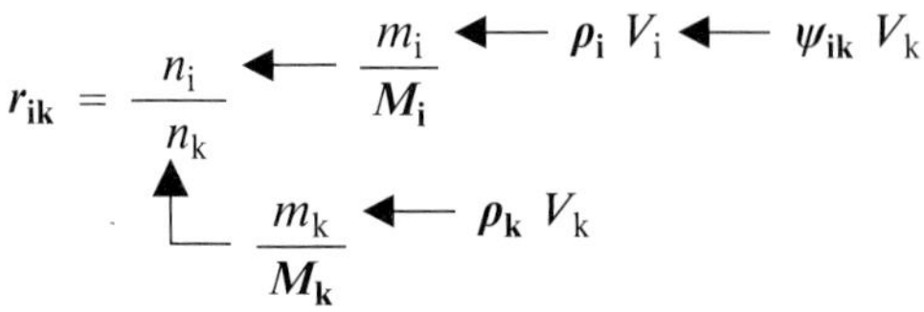

$$r(CH_3COCH_3/H_2O) = \frac{\psi(CH_3COCH_3)\ \rho(CH_3COCH_3)\ M(H_2O)}{M(CH_3COCH_3)\ \rho(H_2O)}$$

$$= \frac{45 \cdot 0{,}791 \text{ g mL}^{-1} \cdot 18{,}02 \text{ g mol}^{-1}}{200 \cdot 58{,}08 \text{ g mol}^{-1} \cdot 0{,}998 \text{ g mL}^{-1}}$$

$$\underline{\mathbf{r(CH_3COCH_3/H_2O) = 0{,}055}}$$

Übungsaufgaben:

3-363. Welche Stoffmengenverhältnisse r_{ik} ergeben sich für Flüssigkeits- und Gasgemische mit folgenden Volumenverhältnissen ψ_{ik} und Dichten ρ_i und ρ_k?

a) $\psi(CH_3OH/C_2H_5OH) = 4{,}75$; $\rho(CH_3OH) = 0{,}792$ g/mL; $\rho(C_2H_5OH) = 0{,}791$ g/mL
b) $\psi(C_6H_5NH_2/C_6H_6) = 0{,}75$; $\rho(C_6H_5NH_2) = 1{,}022$ g/mL; $\rho(C_6H_6) = 0{,}879$ g/mL
c) $\psi(CH_3COOH/H_2O) = 0{,}645$; $\rho(CH_3COOH) = 1{,}049$ g/mL; $\rho(H_2O) = 0{,}998$ g/mL

Bei gasförmigen Mischphasen ist das Stoffmengenverhältnis r_{ik} gleich dem Volumenverhältnis ψ_{ik} der Bestandteile:

$$r_{ik} = \frac{n_i}{n_k} \longleftarrow n_{i,k} = \frac{V_{i,k}}{V_{mi,k}}$$

$$\mathbf{r_{ik} = \frac{V_i\ V_{mk}}{V_{mi}} = \frac{V_i}{V_k} = \psi_{ik}}$$

3.5.1.1.3 Aus dem Stoffmengenanteil

Rechenbeispiel 3-189. Eine Schwefelsäure-Lösung hat den Stoffmengenanteil $x(H_2SO_4) = 90{,}0\%$. Wie groß ist ihr Stoffmengenverhältnis $r(H_2SO_4/H_2O)$?

Gesucht: $r(H_2SO_4/H_2O)$ **Gegeben:** $x(H_2SO_4) = 90{,}0\% = 0{,}900$

$$r_{ik} = \frac{n_i \longleftarrow x_i\ n}{n_k \longleftarrow n - n_i \longleftarrow x_i\ n}$$

$$r(H_2SO_4/H_2O) = \frac{n(H_2SO_4)}{n - n(H_2SO_4)} = \frac{x(H_2SO_4)}{1 - x(H_2SO_4)} = \frac{0{,}900}{1 - 0{,}900}$$

$$\mathbf{r(H_2SO_4/H_2O) = 9{,}00}$$

Übungsaufgaben:

3-364. Ein Calciumoxid/Calciumcarbonat-Gemisch hat den Stoffmengenanteil $x(CaO) = 13{,}5\%$. Wie groß ist sein Stoffmengenverhältnis $r(CaO/CaCO_3)$?

3-365. Eine Natronlauge hat den Stoffmengenanteil $x(NaOH) = 26{,}5\%$. Welches Stoffmengenverhältnis $r(NaOH/H_2O)$ hat die Lösung?

3.5.2 Massenverhältnis

Das Massenverhältnis ζ_{ik} der Bestandteile i und k einer binären Mischphase ist der Quotient aus deren Massen m_i und m_k.

$$\zeta_{ik} = \frac{m_i}{m_k} \qquad \textbf{(3-32)}$$

In der Definitionsgleichung (3-32) für das Massenverhältnis können die Massen m_i und m_k gemäß Abb. 1-2 durch die anderen Quantitäten ersetzt werden. Dadurch ergeben sich zusätzlich zu (3-32) weitere Beziehungen, mit denen die Berechnung des Massenverhältnisses ζ_{ik} vorgenommen werden kann.

3.5.2.1 Berechnen des Massenverhältnisses

3.5.2.1.1 Aus Quantitäten

3.5.2.1.1.1 Aus der Masse der Bestandteile

Rechenbeispiel 3-190. 10,5 g Natriumchlorid werden in 180 g Wasser gelöst. Wie groß ist das Massenverhältnis $\zeta(NaCl/H_2O)$ in der entstehenden Lösung?

Gesucht: $\zeta(NaCl/H_2O)$ **Gegeben:** $m(NaCl) = 10{,}5$ g; $m(H_2O) = 180$ g

Gemäß (3-32) gilt:

$$\zeta(NaCl/H_2O) = \frac{m(NaCl)}{m(H_2O)} = \frac{10{,}5\ g}{180\ g}$$

$$\mathbf{\zeta(NaCl/H_2O) = 0{,}0583 : 1 = 0{,}0583}$$

Übungsaufgaben:

3-366. Welche Massenverhältnisse ζ_{ik} ergeben sich für binäre Gemische mit folgenden Massen m_i und m_k der Bestandteile?

a) $m(KNO_3) = 75{,}5$ kg; $m(H_2O) = 280$ kg
b) $m(CaCO_3) = 320$ g; $m(MgCO_3) = 175$ g
c) $m(C_6H_6) = 120$ g; $m(C_6H_5CH_3) = 1950$ g
d) $m(CO) = 2{,}55$ g; $m(H_2) = 3{,}65$ g

Rechenbeispiel 3-191. 190,5 g einer Natriumchlorid- Lösung enthalten 10,5 g Natriumchlorid. Wie groß ist das Massenverhältnis $\zeta(NaCl/H_2O)$ in der Lösung?

Gesucht: $\zeta(NaCl/H_2O)$ **Gegeben:** $m(NaCl) = 10{,}5$ g; $m = 190{,}5$ g

$$\zeta_{ik} = \frac{m_i}{m_k} \quad m_k \longleftarrow m - m_i$$

$$\zeta(NaCl/H_2O) = \frac{m(NaCl)}{m - m(NaCl)} = \frac{10{,}5 \text{ g}}{190{,}5 \text{ g} - 10{,}5 \text{ g}}$$

$$\underline{\zeta(NaCl/H_2O) = 0{,}0583}$$

Übungsaufgaben:

3-367. Welche Massenverhältnisse ζ_{ik} ergeben sich für binäre Gemische mit folgenden Massen m_i und m?

a) $m(KNO_3) = 75{,}5$ kg; $m = 355{,}5$ kg
b) $m(CaCO_3) = 320$ g; $m = 495$ g
c) $m(C_6H_6) = 120$ g; $m = 2070$ g
d) $m(CO) = 2{,}55$ g; $m = 6{,}20$ g

3.5.2.1.1.2 Aus der Stoffmenge der Bestandteile

Rechenbeispiel 3-192. Ein Gasgemisch besteht aus 12,5 mol Kohlenstoffmonoxid und 17,5 mol Kohlenstoffdioxid. Welches Massenverhältnis $\zeta(CO/CO_2)$ ergibt sich für das Gemisch?

Gesucht: $\zeta(CO/CO_2)$ **Gegeben:** $n(CO) = 12{,}5$ mol; $n(CO_2) = 17{,}5$ mol

$$\zeta_{ik} = \frac{m_i}{m_k} \quad \begin{matrix} m_i \longleftarrow n_i M_i \\ m_k \longleftarrow n_k M_k \end{matrix}$$

$$\zeta(CO/CO_2) = \frac{n(CO)\,M(CO)}{n(CO_2)\,M(CO_2)} = \frac{12{,}5 \text{ mol} \cdot 28{,}01 \text{ g mol}^{-1}}{17{,}5 \text{ mol} \cdot 44{,}01 \text{ g mol}^{-1}}$$

$$\underline{\zeta(CO/CO_2) = 0{,}455}$$

Übungsaufgaben:

3-368. Welche Massenverhältnisse ζ_{ik} ergeben sich für binäre Gemische mit folgenden Stoffmengen n_i und n_k der Bestandteile?

a) $n(CaO) = 0{,}825$ mol; $n(CaCO_3) = 0{,}255$ mol
b) $n(CH_3OH) = 0{,}75$ mol; $n(C_2H_5OH) = 2{,}65$ mol
c) $n(C_2H_5OH) = 80{,}0$ mol; $n(H_2O) = 2{,}5$ mol
d) $n(H_2) = 6{,}0$ mol; $n(O_2) = 1{,}5$ mol

3.5.2.1.1.3 Aus dem Volumen der Bestandteile

Rechenbeispiel 3-193. 75 mL Methanol, CH_3OH, $\rho = 0{,}792$ g/mL, und 450 mL Butanol, C_4H_9OH, $\rho = 0{,}810$ g/mL, werden gemischt. Welches Massenverhältnis $\zeta(CH_3OH/C_4H_9OH)$ ergibt sich für diese Mischung?

Gesucht: $\zeta(CH_3OH/C_4H_9OH)$

Gegeben: $V(CH_3OH) = 75$ mL
$V(C_4H_9OH) = 450$ mL
$\rho(CH_3OH) = 0{,}792$ g/mL
$\rho(C_4H_9OH) = 0{,}810$ g/mL

$$\zeta_{ik} = \frac{m_i \leftarrow V_i\,\rho_i}{m_k \leftarrow V_k\,\rho_k}$$

$$\zeta(CH_3OH/C_4H_9OH) = \frac{V(CH_3OH)\,\rho(CH_3OH)}{V(C_4H_9OH)\,\rho(C_4H_9OH)} = \frac{75\text{ mL} \cdot 0{,}792\text{ g mL}^{-1}}{450\text{ mL} \cdot 0{,}810\text{ g mL}^{-1}}$$

$\zeta(CH_3OH/C_4H_9OH) = 0{,}163$

Übungsaufgaben:

3-369. Welche Massenverhältnisse ζ_{ik} ergeben sich für Gemische mit folgenden Volumina V_i und V_k sowie Dichten ρ_i und ρ_k der Bestandteile?

a) $V(CH_3OH) = 100$ L; $\rho = 0{,}791$ g/mL
$V(H_2O) = 300$ L; $\rho = 1{,}000$ g/mL
b) $V(CH_3COOH) = 250$ mL; $\rho = 1{,}049$ g/mL
$V(H_2O) = 750$ mL; $\rho = 1{,}000$ g/mL
c) $V(N_2) = 2{,}60\text{ m}^3$; $\rho = 1{,}166$ g/L
$V(H_2) = 5{,}35\text{ m}^3$; $\rho = 0{,}084$ g/L

Rechenbeispiel 3-194. Ein Gasgemisch besteht aus 500 mL Stickstoff und 950 mL Sauerstoff. Wie groß ist das Massenverhältnis $\zeta(N_2/O_2)$ des Gemisches?

Gesucht: $\zeta(N_2/O_2)$ **Gegeben:** $V(N_2) = 500$ mL; $V(O_2) = 950$ mL

$$\zeta_{ik} = \frac{m_i}{m_k} \begin{array}{l} \longleftarrow n_i \boldsymbol{M}_i \longleftarrow n_i = \dfrac{\boldsymbol{V}_i}{V_m} \\ \uparrow \\ \llcorner\; n_k \boldsymbol{M}_k \longleftarrow n_k = \dfrac{\boldsymbol{V}_k}{V_m} \end{array}$$

$$\zeta(N_2/O_2) = \frac{V(N_2)\,M(N_2)}{V(O_2)\,M(O_2)} = \frac{500 \text{ mL} \cdot 28{,}02 \text{ g mol}^{-1}}{950 \text{ mL} \cdot 32{,}00 \text{ g mol}^{-1}}$$

$\underline{\boldsymbol{\zeta(N_2/O_2) = 0{,}4609}}$

Übungsaufgaben:

3-370. Welche Massenverhältnisse ζ_{ik} ergeben sich für gasförmige Gemische mit folgenden Volumina V_i und V_k der Bestandteile?

a) $V(N_2) = 2{,}60 \text{ m}^3$; $V(NH_3) = 40{,}50 \text{ m}^3$
b) $V(SO_2) = 720$ L; $V(O_2) = 3000$ L
c) $V(H_2) = 200$ mL; $V(O_2) = 100$ mL

3.5.2.1.2 Aus anderen Verhältnissen

3.5.2.1.2.1 Aus dem Stoffmengenverhältnis

Rechenbeispiel 3-195. Aceton, CH_3COCH_3, und Wasser werden im Stoffmengenverhältnis 5 : 2 gemischt. Wie groß ist das Massenverhältnis $\zeta(CH_3COCH_3/H_2O)$ der entstehenden Mischung?

Gesucht: $\zeta(CH_3COCH_3/H_2O)$ **Gegeben:** $r(CH_3COCH_3/H_2O) = 5 : 2$

$$\zeta_{ik} = \frac{m_i}{m_k} \begin{array}{l} \longleftarrow n_i \boldsymbol{M}_i \longleftarrow n_i = \boldsymbol{r}_{ik}\, n_k \\ \longleftarrow n_k \boldsymbol{M}_k \end{array}$$

$$\zeta(CH_3COCH_3/H_2O) = \frac{r(CH_3COCH_3/H_2O)\,M(CH_3COCH_3)}{M(H_2O)} = \frac{5 \cdot 58{,}08 \text{ g mol}^{-1}}{2 \cdot 18{,}02 \text{ g mol}^{-1}}$$

$\underline{\boldsymbol{\zeta(CH_3COCH_3/H_2O) = 8{,}057}}$

Übungsaufgaben:

3-371. Welche Massenverhältnisse ζ_{ik} ergeben sich für Flüssigkeits- und Gasgemische mit folgenden Stoffmengenverhältnissen r_{ik}?

a) $r(CH_3OH/C_2H_5OH) = 4{,}75$
b) $r(H_2/F_2) = 10 : 3$

3.5.2.1.2.2 Aus dem Volumenverhältnis

Rechenbeispiel 3-196. Aceton, CH_3COCH_3, und Wasser werden im Volumenverhältnis 45 : 200 gemischt. Wie groß ist das Massenverhältnis $\zeta(CH_3COCH_3/H_2O)$ der entstehenden Mischung? $\rho(CH_3COCH_3) = 0{,}791$ g/mL; $\rho(H_2O) = 0{,}998$ g/mL

Gesucht: $\zeta(CH_3COCH_3/H_2O)$

Gegeben: $\psi(CH_3COCH_3/H_2O) = 45 : 200$
$\rho(CH_3COCH_3) = 0{,}791$ g/mL
$\rho(H_2O) = 0{,}998$ g/mL

$$\zeta_{ik} = \frac{m_i \longleftarrow V_i\,\rho_i \longleftarrow \psi_{ik}\,V_k}{m_k \longleftarrow V_k\,\rho_k}$$

$$\zeta(CH_3COCH_3/H_2O) = \frac{\psi(CH_3COCH_3)\,\rho(CH_3COCH_3)}{\rho(H_2O)} = \frac{45 \cdot 0{,}791\ \text{g mL}^{-1}}{200 \cdot 0{,}998\ \text{g mL}^{-1}}$$

$$\underline{\boldsymbol{\zeta(CH_3COCH_3/H_2O) = 0{,}1783}}$$

Übungsaufgaben:

3-372. Welche Massenverhältnisse ζ_{ik} ergeben sich für Flüssigkeits- und Gasgemische mit folgenden Volumenverhältnissen ψ_{ik} und Dichten ρ_i und ρ_k?

a) $\psi(CH_3OH/C_2H_5OH) = 4{,}75$; $\rho(CH_3OH) = 0{,}792$ g/mL; $\rho(C_2H_5OH) = 0{,}791$ g/mL
b) $\psi(C_6H_5NH_2/C_6H_6) = 0{,}75$; $\rho(C_6H_5NH_2) = 1{,}022$ g/mL; $\rho(C_6H_6) = 0{,}879$ g/mL

Rechenbeispiel 3-197. Wasserstoff und Sauerstoff werden im Volumenverhältnis 3 : 4 gemischt. Wie groß ist das Massenverhältnis $\zeta(H_2/O_2)$ der entstehenden Gasmischung?

Gesucht: $\zeta(H_2/O_2)$

Gegeben: $\psi(H_2/O_2) = 3 : 4 = 0{,}75$

$$\zeta_{ik} = \frac{m_i}{m_k} \longleftarrow n_i\, M_i \longleftarrow n_i = \frac{V_i}{V_m} \longleftarrow \psi_{ik}\, V_k$$

$$m_k \longleftarrow n_k\, M_k \longleftarrow n_k = \frac{V_k}{V_m}$$

$$\zeta(H_2/O_2) = \frac{\psi(H_2/O_2)\, M(H_2)}{M(O_2)} = \frac{3 \cdot 2{,}016 \text{ g mol}^{-1}}{4 \cdot 32{,}00 \text{ g mol}^{-1}}$$

$$\underline{\boldsymbol{\zeta(H_2/O_2) = 0{,}04725}}$$

Übungsaufgaben:

3-373. Welche Massenverhältnisse ζ_{ik} ergeben sich für Gasgemische mit folgenden Volumenverhältnissen ψ_{ik}?

a) $\psi(C_2H_2/C_2H_4) = 5 : 1$
b) $\psi(H_2/Cl_2) = 1 : 1$

3.5.2.1.3 Aus dem Massenanteil

Rechenbeispiel 3-198. Eine Kalilauge besitzt den Massenanteil $w(KOH) = 26{,}0\%$. Wie ist groß ihr Massenverhältnis $\zeta(KOH/H_2O)$?

Gesucht: $\zeta(KOH/H_2O)$ **Gegeben:** $w(KOH) = 26{,}0\% = 0{,}260$

$$\zeta_{ik} = \frac{m_i}{m_k} \quad \begin{array}{l} \longleftarrow m_i = w_i\, m \\ \longleftarrow m_k = w_k\, m \longleftarrow w_k = 1 - w_i \end{array}$$

$$\zeta(KOH/H_2O) = \frac{w(KOH)\, m}{w(H_2O)\, m} = \frac{w(KOH)}{w(H_2O)} = \frac{w(KOH)}{1 - w(KOH)} = \frac{0{,}260}{1 - 0{,}260}$$

$$\underline{\boldsymbol{\zeta(KOH/H_2O) = 0{,}3514}}$$

Übungsaufgaben:

3-374. Ein Calciumoxid/Magnesiumoxid-Gemisch hat den Massenanteil $w(CaO) = 13{,}5\%$. Wie groß ist sein Massenverhältnis $\zeta(CaO/MgO)$?

3-375. Eine Schwefelsäure hat den Massenanteil $w(H_2SO_4) = 26{,}5\%$. Welches Massenverhältnis $\zeta(H_2SO_4/H_2O)$ hat die Lösung?

3-376. Ein HCl/HF-Gasgemisch hat den Massenanteil $w(HCl) = 0{,}375$. Wie groß ist das Massenverhältnis $\zeta(HCl/HF)$ des Gemisches?

3.5.3 Löslichkeit

Die Löslichkeit l_{ik} ist ihrem Wesen nach ein Massenverhältnis. Sie soll aber ihrer besonderen Bedeutung wegen für sich getrennt behandelt werden.

Die Löslichkeit l_{ik} eines Stoffes i ist der Quotient aus der Masse m_i einer bei gegebener Temperatur maximal löslichen Portion dieses Stoffes und der zum Lösen notwendigen Lösemittelportion m_k.

$$l_{ik} = \frac{m_i}{m_k} \qquad \textbf{(3-3)}$$

Die Dimensionsbetrachtung von (3-3) liefert die Einheit der Löslichkeit 1 *Gramm durch Gramm* (Einheitenzeichen: g/g, g g^{-1} oder 1):

$$[l_{ik}] = \frac{[m_i]}{[m_k]} = \frac{1\ \mathrm{g}}{1\ \mathrm{g}} = 1\ \mathrm{g/g} = 1\ \mathrm{g\ g^{-1}} = 1$$

In der Praxis wird sie allerdings in g/100 g angegeben (vgl. Abschn. 3.1.7, S. 100).

Die Löslichkeit l_{ik} gibt an, wieviel Gramm eines Stoffes i bei gegebener Temperatur maximal in 100 g eines Lösemittels k gelöst werden können.

Sie wird ausschließlich als Gehaltsangabe für Lösungen, d. h. flüssige, homogene Mischphasen, verwendet.

Im Normalfall nimmt die Löslichkeit von festen und flüssigen Stoffen in einem Lösemittel mit steigender Temperatur zu, die von gasförmigen Stoffen jedoch ab. Wegen dieser Abhängigkeit müssen Löslichkeitsangaben immer auch die Temperatur, für die sie gelten, beinhalten.

In der Definitionsgleichung (3-3) können die Massen m_i des gelösten Stoffes i und m_k des benötigten Lösemittels k entsprechend Abb. 1-2 durch die anderen Quantitäten ersetzt werden. Dadurch ergeben sich zusätzlich zu (3-3) weitere Beziehungen, mit denen die Berechnung der Löslichkeit l_{ik} vorgenommen werden kann.

3.5.3.1 Berechnen der Löslichkeit

3.5.3.1.1 Aus Quantitäten

3.5.3.1.1.1 Aus der Masse der Bestandteile

Rechenbeispiel 3-199. Bei 20 °C lösen sich in 180 g Wasser maximal 64,5 g Natriumchlorid. Wie groß ist die Löslichkeit $l(NaCl/H_2O)$?

Gesucht: $l_{20°}(NaCl/H_2O)$ **Gegeben:** $m(NaCl) = 64{,}5$ g; $m(H_2O) = 180$ g

Gemäß (3-3) gilt:

$$l_{20°}(NaCl/H_2O) = \frac{m(NaCl)}{m(H_2O)} = \frac{64{,}5 \text{ g}}{180 \text{ g}}$$

$$\underline{\boldsymbol{l_{20°}(NaCl/H_2O) = 35{,}8 \text{ g}/100 \text{ g}}}$$

Übungsaufgaben:

3-377. Welche Löslichkeiten ergeben sich für die folgenden Stoffe aus den gegebenen Portionen an maximal gelöstem Stoff und Lösemittel bei der entsprechenden Temperatur?

Gelöster Stoff	Lösemittel	Temperatur
a) 275 g KNO_3	250 g H_2O	60 °C
b) 60,0 g $Na_2CO_3 \cdot 10\ H_2O$	500 g H_2O	10 °C
c) 770 g $Na_2S_2O_3 \cdot 5\ H_2O$	75 g H_2O	40 °C
d) 248 g $CaCl_2 \cdot 6\ H_2O$	300 g H_2O	25 °C

Rechenbeispiel 3-200. Bei der Löslichkeitsbestimmung von Kaliumchlorid in Wasser wurden 1,400 g Lösung von 40 °C abgewogen. Nach dem Trocknen blieben 0,403 g Feststoff zurück. Wie groß ist die Löslichkeit $l_{40°}(KCl/H_2O)$?

Gesucht: $l_{40°}(KCl/H_2O)$ **Gegeben:** $m(KCl) = 0{,}403$ g; $m(L) = 1{,}400$ g

$$l_{ik} = \frac{m_i}{m_k} \leftarrow m - m_i$$

$$l_{40°}(KCl/H_2O) = = \frac{m(KCl)}{m(H_2O)} = \frac{m(KCl)}{m(L) - m(KCl)} = \frac{0{,}403 \text{ g}}{1{,}400 \text{ g} - 0{,}403 \text{ g}}$$

$$\underline{\boldsymbol{l_{40°}(KCl/H_2O) = 40{,}42 \text{ g}/100 \text{ g}}}$$

Übungsaufgaben:

3-378. Welche Löslichkeiten ergeben sich für die folgenden Stoffe aus den gegebenen Portionen an maximal gelöstem Stoff und entstehender gesättigter Lösung bei der entsprechenden Temperatur?

Gelöster Stoff	Lösung	Temperatur
a) 550 g KNO_3	1050 g	60 °C
b) 6,47 g $Na_2CO_3 \cdot 10\,H_2O$	36,5 g	20 °C
c) 2,045 g $NaNO_2$	4,550 g	20 °C
d) 23,0 g $AgNO_3$	43,0 g	0 °C

Rechenbeispiel 3-201. In 5,0 mL Wasser von 20 °C, $\rho = 1{,}000$ g/mL, lösen sich 10,8 g Silbernitrat. Wie groß ist die Löslichkeit von Silbernitrat bei dieser Temperatur?

Gesucht: $l(AgNO_3/H_2O)$

Gegeben: $m(AgNO_3) = 10{,}8$ g
$V(H_2O) = 5{,}0$ mL
$\rho(H_2O) = 1{,}000$ g/mL

$$l_{ik} = \frac{m_i}{m_k} \longleftarrow V_k\,\rho_k$$

$$l_{20°}(AgNO_3/H_2O) = \frac{m(AgNO_3)}{m(H_2O)} = \frac{m(AgNO_3)}{V(H_2O)\,\rho(H_2O)} = \frac{10{,}8\text{ g}}{5{,}0\text{ mL} \cdot 1{,}000\text{ g mL}^{-1}}$$

$$\underline{\mathbf{l_{20°}(AgNO_3/H_2O) = 216\ g/100\ g}}$$

Übungsaufgaben:

3-379. Welche Löslichkeiten ergeben sich für die folgenden Stoffe aus den gegebenen Portionen an maximal gelöstem Stoff und benötigtem Lösemittel Wasser bei 20 °C? $\rho(H_2O, 20°) = 1{,}000$ g/mL

Gelöster Stoff	Lösemittel
a) 660 g KBr	1000 mL
b) 2,40 g $NaHCO_3$	25,0 mL
c) 192 g $NaClO_3$	200 mL
d) 35,0 g HCl	60,0 mL

Rechenbeispiel 3-202. In 250 g Wasser lösen sich bei 1013 mbar und 20 °C 175,5 L Ammoniakgas. Wie groß ist die Löslichkeit des Gases in Wasser?

Gesucht: $l(NH_3)$

Gegeben: $V(NH_3) = 175{,}5$ L
$T = 293$ K; $p = 1013$ mbar

$$l_{ik} = \frac{m_i}{m_k} \leftarrow n_i\, M_i \leftarrow n_i = \frac{V_i}{V_m}$$

$$l_{20\,°,\,1013\,mbar}(NH_3/H_2O) = \frac{V(NH_3)\, M(NH_3)}{V_m\, m(H_2O)} = \frac{V(NH_3)\, M(NH_3)\, p}{R\, T\, m(H_2O)}$$

$$= \frac{175{,}5\ L \cdot 17{,}03\ g\ mol^{-1} \cdot 1013\ mbar}{83{,}1\ mbar\ L\ mol^{-1}\ K^{-1} \cdot 293\ K \cdot 250\ g}$$

$$\underline{\boldsymbol{l_{20\,°,\,1013\,mbar}(NH_3/H_2O) = 49{,}7\ g/100\ g}}$$

Übungsaufgaben:

3-380. In 150 mL Wasser von 18 °C lösen sich beim Normdruck 56,9 L Hydrogenchloridgas (HCl). Wie groß ist die Löslichkeit des Gases bei diesen Bedingungen?

3-381. In 50 mL Wasser von 20 °C lösen sich bei einem Druck von 1050 mbar 35,6 L Ammoniakgas (NH_3). Wie groß ist die Löslichkeit des Gases bei diesen Bedingungen?

3.5.3.1.2 Aus dem Massenanteil

Rechenbeispiel 3-203. Eine bei 20 °C gesättigte Kaliumchlorat-Lösung hat den Massenanteil $w(KClO_3) = 25{,}6\%$. Wie groß ist die Löslichkeit $l(KClO_3/H_2O)$ bei dieser Temperatur?

Gesucht: $l(KClO_3/H_2O)$ **Gegeben:** $w(KClO_3)$

$$l_{ik} = \frac{m_i}{m_k} \qquad \begin{array}{l} \leftarrow m_i = w_i\, m \\ \leftarrow m - m_i \leftarrow m_i = w_i\, m \end{array}$$

$$l_{20\,°}(KClO_3/H_2O) = \frac{w(KClO_3)\, m}{m - w(KClO_3)\, m} = \frac{w(KClO_3)}{1 - w(KClO_3)} = \frac{0{,}256}{1 - 0{,}256}$$

$$\underline{\boldsymbol{l_{20\,°}(KClO_3/H_2O) = 34{,}4\ g/100\ g}}$$

Übungsaufgaben:

3-382. Für bei 20 °C gesättigte wäßrige Lösungen von Stoffen X sind die folgenden Massenanteile $w(X)$ bekannt. Wie groß sind die Löslichkeiten $l(X/H_2O)$ der gelösten Stoffe X in Wasser?

a) $w(BaCl_2) = 26{,}0\%$
b) $w(H_3BO_3) = 4{,}66\%$
c) $w(KNO_3) = 24{,}0\%$
d) $w(NH_4Cl) = 21{,}4\%$

3.5.4 Volumenverhältnis

Das Volumenverhältnis ψ_{ik} der Bestandteile i und k einer binären Mischphase ist der Quotient aus deren Volumina V_i und V_k.

$$\psi_{ik} = \frac{V_i}{V_k} \qquad \textbf{(3-35)}$$

In der Definitionsgleichung (3-35) für das Volumenverhältnis können die Volumina V_i und V_k gemäß Abb.1-2 durch die anderen Quantitäten ersetzt werden. Dadurch ergeben sich zusätzlich zu (3-35) weitere Beziehungen, mit denen die Berechnung des Volumenverhältnisses ψ_{ik} vorgenommen werden kann.

Alle Beziehungen gelten nur für Flüssigkeits- und Gasgemische und den Fall, daß die Bestandteile der Mischphase ohne Volumenkontraktion mischbar sind.

3.5.4.1 Berechnen des Volumenverhältnisses

3.5.4.1.1 Aus Quantitäten

3.5.4.1.1.1 Aus dem Volumen der Bestandteile

Rechenbeispiel 3-204. 10,5 L Propanol, C_3H_7OH, werden in 180 L Wasser gelöst. Wie groß ist das Volumenverhältnis $\psi(C_3H_7OH/H_2O)$ in der entstehenden Lösung?

Gesucht: $\psi(C_3H_7OH/H_2O)$ **Gegeben:** $V(C_3H_7OH)$ = 10,5 L; $V(H_2O)$ = 180 L

Gemäß (3-35) gilt:

$$\psi(C_3H_7OH/H_2O) = \frac{V(C_3H_7OH)}{V(H_2O)} = \frac{10{,}5\ \text{L}}{180\ \text{L}}$$

$$\underline{\boldsymbol{\psi(C_3H_7OH/H_2O) = 0{,}0583 : 1 = 0{,}0583}}$$

Übungsaufgaben:

3-383. Welche Volumenverhältnisse ψ_{ik} ergeben sich für binäre Gemische mit folgenden Volumina V_i und V_k der Bestandteile?

a) $V(CH_3OH)$ = 75,5 L; $V(H_2O)$ = 480 L
b) $V(C_6H_6)$ = 220 mL; $V(C_6H_5CH_3)$ = 1950 mL
c) $V(CO)$ = 5,55 mL; $V(H_2)$ = 3,65 mL

Rechenbeispiel 3-205. 190,5 L einer wäßrigen Lösung enthalten 10,5 L Propanol, C_3H_7OH. Wie groß ist das Volumenverhältnis $\psi(C_3H_7OH/H_2O)$ in der entstehenden Lösung?

Gesucht: $\psi(C_3H_7OH/H_2O)$

Gegeben: $V(C_3H_7OH) = 10{,}5$ L
$V = 190{,}5$ L

$$\psi_{ik} = \frac{V_i}{V_k} \leftarrow V - V_i$$

$$\psi(C_3H_7OH/H_2O) = \frac{V(C_3H_7OH)}{V - V(C_3H_7OH)} = \frac{10{,}5\ \text{L}}{190{,}5\ \text{L} - 10{,}5\ \text{L}}$$

$$\underline{\boldsymbol{\psi(C_3H_7OH/H_2O) = 0{,}0583}}$$

Übungsaufgaben:

3-384. Welche Volumenverhältnisse ψ_{ik} ergeben sich für binäre Gemische mit folgenden Volumina V_i und V?

a) $V(CH_3OH) = 75{,}5$ L; $V = 480$ L
b) $V(C_6H_6) = 220$ mL; $V = 1950$ mL
c) $V(CO) = 5{,}55$ mL; $V = 13{,}65$ mL

3.5.4.1.1.2 Aus der Stoffmenge der Bestandteile

Rechenbeispiel 3-206. Ein Gemisch besteht aus 12,5 mol Benzol, C_6H_6, und 17,5 mol Chlorbenzol, C_6H_5Cl. Welches Volumenverhältnis $\psi(C_6H_6/C_6H_6Cl)$ ergibt sich für das Gemisch? $\rho(C_6H_6) = 0{,}879$ g/mL; $\rho(C_6H_5Cl) = 1{,}106$ g/mL

Gesucht: $\psi(C_6H_6/C_6H_5Cl)$

Gegeben: $n(C_6H_6) = 12{,}5$ mol
$n(C_6H_5Cl) = 17{,}5$ mol
$\rho(C_6H_6) = 0{,}879$ g/mL
$\rho(C_6H_5Cl) = 1{,}106$ g/mL

$$\psi_{ik} = \frac{V_i}{V_k} \qquad V_i \leftarrow \frac{m_i}{\rho_i},\ m_i \leftarrow n_i M_i \qquad V_k \leftarrow \frac{m_k}{\rho_k},\ m_k \leftarrow n_k M_k$$

$$\psi(C_6H_6/C_6H_5Cl) = \frac{n(C_6H_6)\, M(C_6H_6)\, \rho(C_6H_5Cl)}{\rho(C_6H_6)\, n(C_6H_5Cl)\, M(C_6H_5Cl)}$$

$$= \frac{12{,}5\ \text{mol} \cdot 78{,}11\ \text{g mol}^{-1} \cdot 1{,}106\ \text{g mL}^{-1}}{0{,}879\ \text{g mL}^{-1} \cdot 17{,}5\ \text{mol} \cdot 112{,}55\ \text{g mol}^{-1}}$$

$$\underline{\boldsymbol{\psi(C_6H_6/C_6H_5Cl) = 0{,}624}}$$

Übungsaufgaben:

3-385. Welche Volumenverhältnisse ψ_{ik} ergeben sich für binäre Gemische mit folgenden Stoffmengen n_i und n_k sowie Dichten ρ_i und ρ_k der Bestandteile?

a) $n(CH_3OH) = 0{,}825$ mol; $\rho(CH_3OH) = 0{,}792$ g/mL
$n(C_3H_7OH) = 1{,}255$ mol; $\rho(C_3H_7OH) = 0{,}804$ g/mL
b) $n(CH_3OH) = 0{,}75$ mol; $\rho(CH_3OH) = 0{,}792$ g/mL
$n(C_2H_5OH) = 2{,}65$ mol; $\rho(C_2H_5OH) = 0{,}791$ g/mL
c) $n(C_6H_{12}) = 80{,}0$ mol; $\rho(C_6H_{12}) = 0{,}779$ g/mL
$n(C_6H_{14}) = 25{,}0$ mol; $\rho(C_6H_{14}) = 0{,}659$ g/mL

Rechenbeispiel 3-207. Ein Gasgemisch besteht aus 12,5 mol Kohlenstoffmonoxid und 17,5 mol Kohlenstoffdioxid. Welches Volumenverhältnis $\psi(CO/CO_2)$ ergibt sich für das Gemisch?

Gesucht: $\psi(CO/CO_2)$ **Gegeben:** $n(CO) = 12{,}5$ mol; $n(CO_2) = 17{,}5$ mol

$$\psi_{ik} = \frac{V_i \leftarrow n_i\, V_{mi}}{V_k \leftarrow n_k\, V_{mk}}$$

$$\psi(CO/CO_2) = \frac{n(CO)}{n(CO_2)} = \frac{12{,}5 \text{ mol}}{17{,}5 \text{ mol}}$$

$$\underline{\boldsymbol{\psi(CO/CO_2) = 0{,}714}}$$

Übungsaufgaben:

3-386. Welche Volumenverhältnisse ψ_{ik} ergeben sich für Gasgemische mit folgenden Stoffmengen n_i und n_k der Bestandteile?

a) $n(CO) = 0{,}825$ mol; $n(CO_2) = 0{,}255$ mol
b) $n(CH_4) = 0{,}75$ mol; $n(C_2H_6) = 2{,}65$ mol
c) $n(H_2) = 6{,}0$ mol; $n(O_2) = 1{,}5$ mol

3.5.4.1.1.3 Aus der Masse der Bestandteile

Rechenbeispiel 3-208. 75 g Methanol, CH_3OH, $\rho = 0{,}792$ g/mL, und 450 g Butanol, C_4H_9OH, $\rho = 0{,}810$ g/mL, werden gemischt. Welches Volumenverhältnis $\psi(CH_3OH/C_4H_9OH)$ ergibt sich für diese Mischung?

Gesucht: $\psi(CH_3OH/C_4H_9OH)$ **Gegeben:** $m(CH_3OH) = 75$ g
$m(C_4H_9OH) = 450$ g
$\rho(CH_3OH) = 0{,}792$ g/mL
$\rho(C_4H_9OH) = 0{,}810$ g/mL

$$\psi_{ik} = \frac{V_i}{V_k} \leftarrow \frac{m_i}{\rho_i}, \qquad V_k \leftarrow \frac{m_k}{\rho_k}$$

$$\psi(CH_3OH/C_4H_9OH) = \frac{m(CH_3OH)\,\rho(C_4H_9OH)}{\rho(CH_3OH)\,V(C_4H_9OH)} = \frac{75\text{ g} \cdot 0{,}810\text{ g mL}^{-1}}{0{,}792\text{ g mL}^{-1} \cdot 450\text{ g}}$$

$\underline{\boldsymbol{\psi(CH_3OH/C_4H_9OH) = 0{,}170}}$

Übungsaufgaben:

3-387. Welche Volumenverhältnisse ψ_{ik} ergeben sich für Gemische mit folgenden Massen m_i und m_k sowie Dichten ρ_i und ρ_k der Bestandteile?

a) $m(CH_3OH) = 100$ kg; $\rho = 0{,}791$ g/mL
$m(H_2O) = 300$ kg; $\rho = 1{,}000$ g/mL
b) $m(CH_3COOH) = 250$ g; $\rho = 1{,}049$ g/mL
$m(H_2O) = 750$ g; $\rho = 1{,}000$ g/mL
c) $m(CHCl_3) = 400$ g; $\rho = 1{,}468$ g/mL
$m(CCl_4) = 100$ g; $\rho = 1{,}594$ g/mL

Rechenbeispiel 3-209. Ein Gasgemisch besteht aus 500 mg Stickstoff und 950 mg Sauerstoff. Wie groß ist das Volumenverhältnis $\psi(N_2/O_2)$ des Gemisches?

Gesucht: $\psi(N_2/O_2)$ **Gegeben:** $m(N_2) = 500$ mg; $m(O_2) = 950$ mg

$$\psi_{ik} = \frac{V_i}{V_k}, \quad V_i \leftarrow n_i\,V_{mi} \leftarrow n_i = \frac{m_i}{M_i}, \quad V_k \leftarrow n_k\,V_{mk} \leftarrow n_k = \frac{m_k}{M_k}$$

$$\psi(N_2/O_2) = \frac{m(N_2)\,M(O_2)}{M(N_2)\,m(O_2)} = \frac{500\text{ mg} \cdot 32{,}00\text{ g mol}^{-1}}{28{,}02\text{ g mol}^{-1} \cdot 950\text{ mg}}$$

$\underline{\boldsymbol{\psi(N_2/O_2) = 0{,}601}}$

Übungsaufgaben:

3-388. Welche Volumenverhältnisse ψ_{ik} ergeben sich für gasförmige Gemische mit folgenden Massen m_i und m_k der Bestandteile?

a) $m(N_2) = 2{,}60$ t; $m(NH_3) = 40{,}50$ t
b) $m(SO_2) = 720$ kg; $m(O_2) = 3000$ kg
c) $m(H_2) = 200$ g; $m(O_2) = 100$ g

3.5.4.1.2 Aus anderen Verhältnissen

3.5.4.1.2.1 Aus dem Stoffmengenverhältnis

Rechenbeispiel 3-210. Aceton, CH_3COCH_3, und Wasser werden im Stoffmengenverhältnis 5 : 2 gemischt. Wie groß ist das Volumenverhältnis $\psi(CH_3COCH_3/H_2O)$ der entstehenden Mischung? $\rho(CH_3COCH_3) = 0{,}791$ g/mL; $\rho(H_2O) = 0{,}998$ g/mL

Gesucht: $\psi(CH_3COCH_3/H_2O)$

Gegeben: $r(CH_3COCH_3/H_2O) = 5 : 2$
$\rho(CH_3COCH_3) = 0{,}791$ g/mL
$\rho(H_2O) = 0{,}998$ g/mL

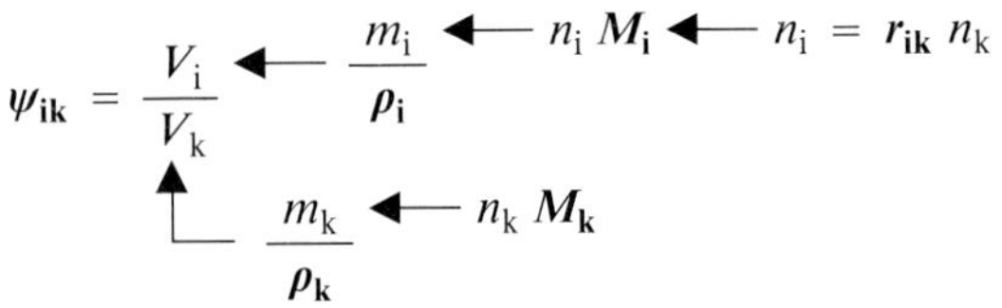

$$\psi(CH_3COCH_3/H_2O) = \frac{r(CH_3COCH_3/H_2O)\, M(CH_3COCH_3)\, \rho(H_2O)}{M(H_2O)\, \rho(CH_3COCH_3)}$$

$$= \frac{5 \cdot 58{,}08 \text{ g mol}^{-1} \cdot 0{,}998 \text{ g mL}^{-1}}{2 \cdot 18{,}02 \text{ g mol}^{-1} \cdot 0{,}791 \text{ g mL}^{-1}}$$

$\psi(CH_3COCH_3/H_2O) = 10{,}17$

Übungsaufgaben:

3-389. Welche Volumenverhältnisse ψ_{ik} ergeben sich für Flüssigkeitsgemische mit folgenden Stoffmengenverhältnissen r_{ik} sowie den Dichten ρ_i und ρ_k?

a) $r(CH_3OH/C_2H_5OH) = 4{,}75$; $\rho(CH_3OH) = 0{,}792$ g/mL
$\rho(C_2H_5OH) = 0{,}791$ g/mL
b) $r(C_6H_5NH_2/C_6H_6) = 0{,}75$; $\rho(C_6H_5NH_2) = 1{,}022$ g/mL
$\rho(C_6H_6) = 0{,}879$ g/mL
c) $r(CH_3COOH/H_2O) = 0{,}645$; $\rho(CH_3COOH) = 1{,}049$ g/mL
$\rho(H_2O) = 1{,}000$ g/mL

Für Gasgemische ist das Volumenverhältnis gleich dem Stoffmengenverhältnis:

$$\psi_{ik} = \frac{V_i \leftarrow n_i\, V_{mi}}{V_k \leftarrow n_k\, V_{mk}}$$

Mit $V_{mi} = V_{mk}$ ergibt sich:

$$\psi_{ik} = \frac{n_i}{n_k} = r_{ik}$$

3.5.4.1.2.2 Aus dem Massenverhältnis

Rechenbeispiel 3-211. Aceton, CH_3COCH_3, und Wasser werden im Massenverhältnis 45 : 200 gemischt. Wie groß ist das Volumenverhältnis $\psi(CH_3COCH_3/H_2O)$ der entstehenden Mischung? $\rho(CH_3COCH_3) = 0{,}791$ g/mL; $\rho(H_2O) = 0{,}998$ g/mL

Gesucht: $\psi(CH_3COCH_3/H_2O)$

Gegeben: $\zeta(CH_3COCH_3/H_2O) = 45 : 200$
$\rho(CH_3COCH_3) = 0{,}791$ g/mL
$\rho(H_2O) = 0{,}998$ g/mL

$$\psi_{ik} = \frac{V_i}{V_k} \qquad V_i \leftarrow \frac{m_i}{\rho_i} \leftarrow m_i = \zeta_{ik}\, m_k \qquad V_k \leftarrow \frac{m_k}{\rho_k}$$

$$\psi(CH_3COCH_3/H_2O) = \frac{\zeta(CH_3COCH_3)\,\rho(H_2O)}{\rho(CH_3COCH_3)} = \frac{45 \cdot 0{,}998 \text{ g mL}^{-1}}{200 \cdot 0{,}791 \text{ g mL}^{-1}}$$

$\psi(CH_3COCH_3/H_2O) = 0{,}2839$

Übungsaufgaben:

3-390. Welche Volumenverhältnisse ψ_{ik} ergeben sich für Flüssigkeitsgemische mit folgenden Massenverhältnissen ζ_{ik} und Dichten ρ_i und ρ_k?

a) $\zeta(CH_3OH/C_2H_5OH) = 4{,}75$; $\rho(CH_3OH) = 0{,}792$ g/mL; $\rho(C_2H_5OH) = 0{,}791$ g/mL
b) $\zeta(C_6H_5NH_2/C_6H_6) = 0{,}75$; $\rho(C_6H_5NH_2) = 1{,}022$ g/mL; $\rho(C_6H_6) = 0{,}879$ g/mL

Rechenbeispiel 3-212. Wasserstoff und Sauerstoff werden im Massenverhältnis 3 : 4 gemischt. Wie groß ist das Volumenverhältnis $\psi(H_2/O_2)$ der entstehenden Gasmischung?

Gesucht: $\psi(H_2/O_2)$ **Gegeben:** $\zeta(H_2/O_2) = 3 : 4 = 0{,}75$

$$\psi_{\mathbf{ik}} = \frac{V_i}{V_k} \longleftarrow n_i\, V_{mi} \longleftarrow n_i = \frac{m_i}{\boldsymbol{M}_\mathbf{i}} \longleftarrow \zeta_{\mathbf{ik}}\, m_k$$

$$V_k \longleftarrow n_k\, V_{mk} \longleftarrow n_k = \frac{m_k}{\boldsymbol{M}_\mathbf{k}}$$

$$\psi(H_2/O_2) = \frac{\zeta(H_2/O_2)\, M(O_2)}{M(H_2)} = \frac{3 \cdot 32{,}00 \text{ g mol}^{-1}}{4 \cdot 2{,}016 \text{ g mol}^{-1}}$$

$$\underline{\boldsymbol{\psi(H_2/O_2) = 11{,}905}}$$

Übungsaufgaben:

3-391. Welche Volumenverhältnisse ψ_{ik} ergeben sich für Gasgemische mit folgenden Massenverhältnissen ζ_{ik}?

a) $\zeta(C_2H_2/C_2H_4) = 5 : 1$
b) $\zeta(SO_2/O_2) = 0{,}625$

3.5.4.1.3 Aus der Volumenkonzentration

Rechenbeispiel 3-213. Ein Ethanol/Wasser-Gemisch hat die Volumenkonzentration $\sigma(C_2H_5OH) = 142$ mL/L. Wie groß ist sein Volumenverhältnis $\psi(C_2H_5OH/H_2O)$?

Gesucht: $\psi(C_2H_5OH/H_2O)$ **Gegeben:** $\sigma(C_2H_5OH) = 142$ mL/L

$$\psi_{\mathbf{ik}} = \frac{V_i}{V_k} = \frac{V_i}{V - V_i} \longleftarrow V_i = \sigma_\mathbf{i}\, V$$

$$\psi(C_2H_5OH/H_2O) = \frac{\sigma(C_2H_5OH)}{1 - \sigma(C_2H_5OH)} = \frac{0{,}142}{1 - 0{,}142}$$

$$\underline{\boldsymbol{\psi(C_2H_5OH/H_2O) = 0{,}1655}}$$

Übungsaufgaben:

3-392. Ein Glycerin/Wasser-Gemisch hat die Volumenkonzentration $\sigma[C_3H_5(OH)_3] = 274$ mL/L. Wie groß ist sein Volumenverhältnis $\psi[C_3H_5(OH)_3/H_2O]$?

3-393. Die Volumenkonzentration $\sigma(CO_2)$ eines Gasgemisches aus Kohlenstoffdioxid und Wasserstoff ist 800 mL/L. Wie groß ist sein Volumenverhältnis $\psi(CO_2/H_2)$?

3.5.4.1.4 Aus dem Volumenanteil

Rechenbeispiel 3-214. Ein Ethanol/Propanol-Gemisch hat den Volumenanteil $\varphi(C_2H_5OH) = 14{,}2\%$. Wie ist sein Volumenverhältnis $\psi(C_2H_5OH/C_3H_7OH)$?

Gesucht: $\psi(C_2H_5OH/C_3H_7OH)$ **Gegeben:** $\varphi(C_2H_5OH) = 14{,}2\% = 0{,}142$

$$\psi_{ik} = \frac{V_i}{V_k} = \frac{V_i}{V - V_i} \longleftarrow V_i = \varphi_i\, V$$

$$\psi(C_2H_5OH/C_3H_7OH) = \frac{\varphi(C_2H_5OH)}{1 - \varphi(C_2H_5OH)} = \frac{0{,}142}{1 - 0{,}142}$$

$\underline{\boldsymbol{\psi(C_2H_5OH/C_3H_7OH) = 0{,}1655}}$

Übungsaufgaben:

3-394. Ein Toluol/Benzol-Gemisch hat den Volumenanteil $\varphi(C_6H_5CH_3) = 0{,}800$. Welches Volumenverhältnis $\psi(C_6H_5CH_3/C_6H_6)$ hat das Gemisch?

3-395. Ein Ammoniak/Stickstoff-Gemisch besitzt den Volumenanteil $\varphi(NH_3) = 85{,}5\%$. Wie groß ist sein Volumenverhältnis $\psi(NH_3/N_2)$?

3.6 Aufgaben (zu Kapitel 3)

3-1. In 425 g Natriumchlorid-Lösung sind 82,0 g Natriumchlorid, NaCl, gelöst. Wie groß ist der Massenanteil $w(NaCl)$ der Lösung?

3-2. In 750 g Wasser werden 85,0 g Natriumnitrat, $NaNO_3$, gelöst. Wie groß ist der Massenanteil $w(NaNO_3)$ der hergestellten Lösung?

3-3. Zur Herstellung von 4,40 kg Salzsäure werden 280 L Hydrogenchlorid, HCl, im Normzustand in Wasser eingeleitet. Wie groß ist der Massenanteil $w(HCl)$ der Salzsäure?

3-4. 45,0 L Hydrogenchlorid, HCl, im Normzustand werden in 500 g Wasser gelöst. Wie groß ist der Massenanteil w(HCl) der entstehenden Salzsäure?

3-5. Für ein Salz X sind folgende Löslichkeiten bekannt:

$l_{20°}(X/H_2O) = 95{,}0$ g/100 g; $l_{50°}(X/H_2O) = 140{,}0$ g/100 g

Wieviel Gramm Salz können noch in 100 g der bei 20 °C gesättigten Lösung aufgelöst werden, wenn die Lösung auf 50 °C erwärmt wird?

3-6. In 2,0 m^3 Erdgas von 20 °C und 1013 mbar sind 8,5 L Hydrogensulfid, H_2S, enthalten. Wie groß sind a) der Volumenanteil $\varphi(H_2S)$, b) die Massenkonzentration $\beta(H_2S)$ und c) die Stoffmengenkonzentration $c(H_2S)$ des Erdgases?

3-7. In 150 L Luft im Normzustand werden 7,50 g CO_2 nachgewiesen. Wie groß ist $\varphi(CO_2)$ der Luft? $\rho_n(CO_2) = 1{,}977$ g/L

3-8. 6,00 m^3 Stickstoff, N_2, im Normzustand werden mit 350 g Argon versetzt. Wie groß sind a) der Volumenanteil φ(Ar), b) der Stoffmengenanteil x(Ar) und c) der Massenanteil w(Ar) der Gasmischung?

3-9. Wie groß ist der Massenanteil $w(O_2)$ einer Abluft mit dem Volumenanteil $\varphi(O_2) = 15{,}8\%$? $\rho(O_2) = 1{,}429$ g/L; ρ(Abluft) $= 1{,}298$ g/L

3-10. Ein Synthesegas hat die Massenanteile $w(H_2) = 73{,}5\%$ und $w(CO) = 26{,}5\%$. Wie groß ist der Volumenanteil φ(CO) des Gemisches?

3-11. Ein Alkoholgemisch besteht aus 275 g Ethanol, C_2H_5OH, und 865 g Methanol, CH_3OH. Wie groß ist der Stoffmengenanteil $x(C_2H_5OH)$ der Mischung?

3-12. Eine Lösemittelgemisch hat die Massenanteile $w(CH_3COCH_3) = 24\%$ und $w(CH_2Cl_2) = 76\%$. Wie groß ist der Stoffmengenanteil $x(CH_3COCH_3)$ des Gemisches?

3-13. Das azeotrope Gemisch von Salzsäure siedet bei 109 °C und hat den Massenanteil $w(HCl) = 0{,}202$. Wie groß ist sein Stoffmengenanteil x(HCl)?

3-14. 2,25 L einer Lösung werden durch Lösen von 12,0 g Eisen(II)-sulfat, $FeSO_4 \cdot 7\ H_2O$, angesetzt. Wie groß sind a) die Massenkonzentration $\beta(Fe^{2+})$, b) die Stoffmengenkonzentration $c(FeSO_4)$ und c) die Äquivalentkonzentration $c(\frac{1}{2}\ SO_4^{2-})$ der Lösung?

3-15. 20,0 L eines technischen Ethanols enthalten 420 mL Pyridin als Vergällungsmittel. Wie groß ist die Volumenkonzentration σ(Pyridin) des vergällten Alkohols?

3-16. Wieviel Gramm des jeweils gelösten Stoffes sind zur Herstellung folgender Volumina V von Lösungen mit den angegebenen Konzentrationen nötig?

a) $V = 300$ mL; $c(\frac{1}{2}\ Na_2CO_3) = 0{,}200$ mol/L
b) $V = 5{,}00$ L; $c(KMnO_4) = 0{,}100$ mol/L
c) $V = 2{,}50$ L; $\beta(KOH) = 75{,}0$ g/L

3-17. Eine wäßrige Aceton-Lösung hat die Volumenkonzentration $\sigma(CH_3COCH_3)$ = 285 mL/L. Wie groß sind a) ihre Stoffmengenkonzentration $c(CH_3COCH_3)$ und b) ihre Massenkonzentration $\beta(CH_3COCH_3)$? $\rho(CH_3COCH_3)$ = 0,791 g/mL

3-18. 6,92 g Kaliumdichromat, $K_2Cr_2O_7$, werden in Wasser gelöst und zu 250 mL Lösung aufgefüllt. Wie groß ist die Äquivalentkonzentration $c(\frac{1}{2}\ K_2Cr_2O_7)$ der entstehenden Lösung?

3-19. Ein Ethanol/Wasser-Gemisch mit der Dichte ρ = 0,950 g/mL hat die Volumenkonzentration $\sigma(C_2H_5OH)$ = 387 mL/L. Wie groß sind a) die Massenkonzentration $\beta(C_2H_5OH)$ und b) der Massenanteil $w(C_2H_5OH)$ des Gemisches?
$\rho(C_2H_5OH)$ = 0,792 g/mL

3-20. Wie groß sind a) die Stoffmengenkonzentration c(NaCl) und b) der Massenanteil w(NaCl) einer Lösung, β(NaCl) = 256 g/L, ρ = 1,169 g/mL?

3-21. Eine Salpetersäure-Lösung, ρ = 1,345 g/mL, hat den Massenanteil $w(HNO_3)$ = 56,0%. Wie groß sind a) ihre Stoffmengenkonzentration $c(HNO_3)$ und b) ihre Massenkonzentration $\beta(HNO_3)$?

3-22. Eine Schwefelsäure-Lösung, ρ = 1,170 g/mL, hat den Massenanteil $w(H_2SO_4)$ = 0,240. Wie groß sind a) ihre Äquivalentkonzentration $c(\frac{1}{2}\ H_2SO_4)$ und b) ihre Massenkonzentration $\beta(H_2SO_4)$?

3-23. Eine bei 20 °C gesättigte Kaliumchlorid-Lösung, ρ = 1,162 g/mL, besteht aus 3,74 mol Kaliumchlorid, KCl, und 883 g Wasser. Folgende Größen sind für diese Lösung zu berechnen:

a) Mittlere molare Masse M
b) Massenanteil w(KCl)
c) Stoffmengenanteil x(KCl)
d) Massenkonzentration β(KCl)
e) Stoffmengenkonzentration c(KCl)
f) Löslichkeit $l(KCl/H_2O)$
g) Stoffmengenverhältnis $r(KCl/H_2O)$

3-24. 4,167 g Kaliumpermanganat, $KMnO_4$, werden in 100 g Wasser gelöst. Die Dichte der Lösung wird mit 1,027 g/mL bestimmt. Folgende Größen sind für diese Lösung zu berechnen:

a) Mittlere molare Masse M
b) Massenanteil $w(KMnO_4)$
c) Stoffmengenanteil $x(KMnO_4)$
d) Massenkonzentration $\beta(KMnO_4)$
e) Stoffmengenkonzentration $c(KMnO_4)$
f) Stoffmengenverhältnis $r(KMnO_4/H_2O)$

3-25. 375 mL Hexan, C_6H_{14}, ρ = 0,659 g/mL, und 500 mL Pentan, C_5H_{12}, ρ = 0,626 g/mL, werden gemischt. Zu berechnen sind für die entstehende Lösung:

a) Mittlere molare Masse M
b) Dichte ρ
c) Volumenanteil $\varphi(C_6H_{14})$
d) Massenanteil $w(C_6H_{14})$
e) Stoffmengenanteil $x(C_6H_{14})$
f) Massenkonzentration $\beta(C_6H_{14})$
g) Stoffmengenkonzentration $c(C_6H_{14})$
h) Massenverhältnis $\zeta(C_6H_{14}/C_5H_{12})$
i) Stoffmengenverhältnis $r(C_6H_{14}/C_5H_{12})$

3-26. Ein Gasgemisch von 23 °C und 1020 mbar besteht aus 900 mL Methan, CH_4, und 1350 mL Ethan, C_2H_6. Zu berechnen sind für das Gasgemisch:

a) Mittlere molare Masse M
b) Volumenanteil $\varphi(CH_4)$
c) Massenanteil $w(CH_4)$
d) Stoffmengenanteil $x(CH_4)$
e) Stoffmengenkonzentration $c(CH_4)$
f) Massenkonzentration $\beta(CH_4)$
g) Stoffmengenverhältnis $r(CH_4/C_2H_6)$
h) Massenverhältnis $\zeta(CH_4/C_2H_6)$

3-27. Eine Schwefelsäure-Lösung, ρ = 1,435 g/mL, hat den Massenanteil $w(H_2SO_4)$ = 54,0%. Folgende Größen sind für diese Lösung zu berechnen:

a) Mittlere molare Masse M
b) Stoffmengenanteil $x(H_2SO_4)$
c) Massenkonzentration $\beta(H_2SO_4)$
d) Stoffmengenkonzentration $c(H_2SO_4)$
e) Massenverhältnis $\zeta(H_2SO_4/H_2O)$
f) Stoffmengenverhältnis $r(H_2SO_4/H_2O)$

3-28. Wie groß sind a) die Masse und b) die Stoffmenge an reiner Schwefelsäure in 500 g der Lösung in 3-27?

3-29. Eine Kalilauge, ρ = 1,425 g/mL, besitzt die Stoffmengenkonzentration c(KOH) = 10,8 mol/L. Wie groß sind a) die Masse an Kaliumhydroxid in 450 mL der Lauge, b) ihre Massenkonzentration β(KOH), c) ihr Massenanteil w(KOH), d) ihr Massenverhältnis $\zeta(KOH/H_2O)$, e) ihr Stoffmengenverhältnis $r(KOH/H_2O)$ und f) ihr Stoffmengenanteil x(KOH)?

3-30. Eine wäßrige Ammoniak-Lösung, ρ = 0,940 g/mL, hat die Massenkonzentration $\beta(NH_3)$ = 140 g/L. Zu berechnen sind für diese Lösung folgende Größen:

a) Stoffmengenkonzentration $c(NH_3)$
b) Massenanteil $w(NH_3)$
c) Massenverhältnis $\zeta(NH_3/H_2O)$
d) Stoffmengenverhältnis $r(NH_3/H_2O)$
e) Stoffmengenanteil $x(NH_3)$

3-31. Wieviel Liter der Ammoniak-Lösung in 3-30 kann man mit a) 3,5 L, b) 3,5 mol und c) 300 kg Ammoniakgas von 15 °C und 1035 mbar ansetzen?

3-32. Ein CO/CO_2-Gasgemisch im Normzustand hat den Stoffmengenanteil x(CO) = 0,450. Wie groß sind a) das Stoffmengenverhältnis $r(CO/CO_2)$, b) das Massenverhältnis $\zeta(CO/CO_2)$, c) der Massenanteil w(CO), d) die Massenkonzentration β(CO) und e) die Stoffmengenkonzentration c(CO) dieses Gemisches?

3-33. Wie groß sind a) das Volumen, b) die Stoffmenge und c) die Masse an Kohlenstoffmonoxid in 375 L des Gemisches in 3-32?

3-34. Ein Benzol/Chlorbenzol-Gemisch hat den Volumenanteil $\varphi(C_6H_6)$ = 20,0%. Wie groß sind a) die Dichte ρ des Gemisches, b) die Massenkonzentration $\beta(C_6H_6)$, c) die Stoffmengenkonzentration $c(C_6H_6)$, d) der Massenanteil $w(C_6H_6)$, e) das Massenverhältnis $\zeta(C_6H_6/C_6H_5Cl)$, f) das Stoffmengenverhältnis $r(C_6H_6/C_6H_5Cl)$ und g) der Stoffmengenanteil $x(C_6H_6)$? $\rho(C_6H_6)$ = 0,879 g/mL; $\rho(C_6H_5Cl)$ = 1,106 g/mL

3-35. Wie groß sind a) das Volumen, b) die Masse und c) die Stoffmenge an Benzol in 60,0 L des Gemisches in 3-34?

3-36. Eine Phosphorsäure-Lösung, ρ = 1,166 g/mL, hat die Massenkonzentration $\beta(H_3PO_4)$ = 326 g/L. Folgende Größen sind für die Lösung zu berechnen:

a) Stoffmengenkonzentration $c(H^+)$ (bei 100%iger Dissoziation)
b) Äquivalentkonzentration $c(\frac{1}{2}\ PO_4{}^{3-})$
c) Massenanteil $w(P)$
d) Massenverhältnis $\zeta(H_3PO_4/H_2O)$
e) Stoffmengenverhältnis $r(H_3PO_4/H_2O)$

4 Mischungsrechnen

4.1 Theoretische Grundlagen

4.1.1 Mischungsvorgänge

Chemische Reaktionen können nur ablaufen, wenn die beteiligten Ausgangsstoffe zunächst möglichst innig miteinander in Berührung gebracht werden. Die Umsetzung fester Stoffe untereinander ist deshalb selbst dann problematisch, wenn man sie vor der Reaktion zerkleinert und dadurch ihre Oberfläche entsprechend vergrößert. Auch bei flüssigen Stoffen treten Schwierigkeiten auf, wenn sie miteinander nicht mischbar sind. Die direkte Umsetzung gasförmiger Stoffe verläuft wegen der guten Durchmischbarkeit der Reaktionspartner häufig so heftig ab, daß sie leicht außer Kontrolle geraten kann. In der Praxis werden daher Stoffumwandlungen oft in der Weise durchgeführt, daß man die Ausgangsstoffe im gelösten Zustand zur Reaktion bringt.

Aus diesem Grund beschäftigt sich das folgende Kapitel auch in erster Linie mit Lösungen, d. h. mit flüssigen Mischphasen, obwohl sich die Berechnungsprinzipien natürlich auch auf alle anderen Arten von Mischphasen anwenden lassen.

Das Ansetzen der notwendigen Lösungen kann durch Mischen der entsprechenden Stoffe mit dem reinen Lösemittel erfolgen oder aber auch dadurch, daß der Gehalt bereits vorhandener Lösungen verändert wird. Es bieten sich folgende Möglichkeiten an:

1. Mischen von Mischphasen
2. Mischen von Mischphasen und reinen Stoffen (Konzentrieren)
3. Mischen von Mischphasen und Lösemittel (Verdünnen)
4. Mischen von reinen Stoffen (Lösen)

Bei den aufgeführten Vorgängen sind die *Quantität der einzelnen Stoffe* einerseits und *der Gehalt der Mischphasen* andererseits von Interesse. Zu ihrer Angabe verwendet man die üblichen Größen (vgl. Kap. 1 und 3).

4.1.2 Allgemeine Mischungsgleichung

Die Quantität eines Stoffes verändert sich beim Mischen mit anderen Stoffen nicht, wenn man von der Möglichkeit einer Volumenkontraktion absieht.

Mischt man beispielsweise – wie unter 1. aufgeführt – Mischphasen von unterschiedlichem Gehalt $G_i(X)$ an gelöstem Stoff X, so müssen sich sowohl die Quantitäten $Q_i(L_i)$ dieser Mischphasen als auch die Quantitäten $Q_i(X)$ des gelösten Stoffes in diesen Mischphasen addieren:

$$Q_m(L_m) = Q_1(L_1) + Q_2(L_2) + \ldots \qquad (4\text{-}1)$$

$$Q_m(X) = Q_1(X) + Q_2(X) + \ldots \qquad (4\text{-}2)$$

Entsprechend den Definitionsgleichungen für die verschiedenen Gehalte $G_i(X)$ von Mischphasen (vgl. Kap. 3)

$$G_i(X) = \frac{Q_i(X)}{Q_i(L_i)}$$

gilt für die Quantität $Q_i(X)$ eines gelösten Stoffes X einer Mischphase nach Umstellen:

$$Q_i(X) = Q_i(L_i)\, G_i(X) \qquad (4\text{-}3)$$

Durch Einsetzen von (4-3) für die einzelnen Quantitäten in (4-2) ergibt sich die **allgemeine Mischungsgleichung**:

$$Q_m(L_m)\, G_m(X) = Q_1(L_1)\, G_1(X) + Q_2(L_2)\, G_2(X) + \ldots \qquad (4\text{-}4)$$

Mit (4-1) gilt auch:

$$[Q_1(L_1) + Q_2(L_2) + \ldots]\, G_m(X) = Q_1(L_1)\, G_1(X) + Q_2(L_2)\, G_2(X) + \ldots \qquad (4\text{-}5)$$

Da immer gleichartige Mischphasen (z. B. wäßrige NaCl-Lösungen) gemischt werden *und* auch der gelöste Stoff immer von gleicher Art ist, reichen die Indices i alleine zur Kennzeichnung der Quantität und des Gehaltes von Stoffportionen (Mischphasen) aus. Es kann deshalb die Mischungsgleichung in den übersichtlicheren Formen verwendet werden:

$$Q_m\, G_m = Q_1\, G_1 + Q_2\, G_2 + \ldots \qquad (4\text{-}4)$$

$$(Q_1 + Q_2 + \ldots)\, G_m = Q_1\, G_1 + Q_2\, G_2 + \ldots \qquad (4\text{-}5)$$

In (4-1) bis (4-5) bedeuten:

$Q_m(L_m)$, Q_m	Quantität der entstehenden Mischphase
$Q_m(X)$	Quantität des Bestandteils X in der entstehenden Mischphase
$G_m(X)$, G_m	Gehalt des Bestandteils X der entstehenden Mischphase
$Q_1(L_1)$, Q_1	Quantität der Mischphase 1
$Q_1(X)$	Quantität des Bestandteils X in der Mischphase 1
$G_1(X)$, G_1	Gehalt des Bestandteils X der Mischphase 1
$Q_2(L_2)$, Q_2	Quantität der Mischphase 2
$Q_2(X)$	Quantität des Bestandteils X in der Mischphase 2
$G_2(X)$, G_2	Gehalt des Bestandteils X der Mischphase 2

4.1.3 Spezielle Mischungsgleichungen

In der Praxis ist vor allem das Rechnen mit dem Massenanteil von Bedeutung. Daneben gibt es aber auch noch Anwendungsgebiete, in denen mit Volumen- oder Stoffmengenanteilen bzw. Massen-, Stoffmengen- oder Äquivalentkonzentrationen und den zugehörigen Quantitäten gerechnet wird. Dies gilt allerdings nur dann, wenn eine Volumenkontraktion beim Mischen nicht stattfindet oder vernachlässigbar gering ist.

Setzt man in der *allgemeinen Mischungsgleichung* (4-5) für die Quantität Q_i die Masse m_i, das Volumen V_i oder die Stoffmenge n_i und für die Gehalte G_i die entsprechenden Anteile w_i, φ_i oder x_i bzw. die entsprechenden Konzentrationen β_i, ψ_i oder c_i ein, ergeben sich für die obengenannten Anwendungsgebiete spezielle Beziehungen (vgl. Abb. 4-1).

Gehalt, allgemein	$(Q_1 + Q_2 + \dots)\ G_m = Q_1 G_1 + Q_2 G_2 + \dots$	(4-5)
Massenanteil	$(m_1 + m_2 + \dots)\ w_m = m_1 w_1 + m_2 w_2 + \dots$	(4-6)
Volumenanteil	$(V_1 + V_2 + \dots)\ \varphi_m = V_1 \varphi_1 + V_2 \varphi_2 + \dots$	(4-7)
Stoffmengenanteil	$(n_1 + n_2 + \dots)\ x_m = n_1 x_1 + n_2 x_2 + \dots$	(4-8)
Massenkonzentration	$(V_1 + V_2 + \dots)\ \beta_m = V_1 \beta_1 + V_2 \beta_2 + \dots$	(4-9)
Volumenkonzentration	$(V_1 + V_2 + \dots)\ \sigma_m = V_1 \sigma_1 + V_2 \sigma_2 + \dots$	(4-10)
Stoffmengenkonzentration	$(V_1 + V_2 + \dots)\ c_m = V_1 c_1 + V_2 c_2 + \dots$	(4-11)

Abb. 4-1. Spezielle Mischungsgleichungen

4.2 Rechnen mit den verschiedenen Gehaltsangaben von Mischphasen

Wenn Stoffe mit unterschiedlichen Gehalten zusammengegeben und gemischt werden, besitzt die entstehende Mischung einen neuen Gehalt, der immer zwischen denen der Ausgangsstoffe liegt.

Zur Herstellung flüssiger Mischphasen können die Ausgangsstoffe in unterschiedlicher Form vorliegen, und zwar als *Lösungen*, *reine Stoffe* und *andere Mischphasen* als Lösungen. Daraus ergeben sich die in Abschn. 4.1.1 aufgeführten verschiedenen Möglichkeiten zum Ansetzen von Mischphasen.

Die Berechnung von Mischungsvorgängen mit der Mischungsgleichung unterscheidet sich dabei nur dadurch, daß der unterschiedliche Gehalt der Ausgangsstoffe zu berücksichtigen ist.

4.2.1 Massenanteil

Verwendet man bei der Berechnung von Mischungsvorgängen als Gehaltsangabe für die Stoffe den Massenanteil und für ihre Quantität die Masse, so ergeben sich anstelle der allgemeinen Mischungsgleichung (4-5) entsprechende spezielle Beziehungen:

$$[m_1(\mathrm{L}_1) + m_2(\mathrm{L}_2) + \ldots]\, w_\mathrm{m}(\mathrm{X}) = m_1(\mathrm{L}_1)\, w_1(\mathrm{X}) + m_2(\mathrm{L}_2)\, w_2(\mathrm{X}) + \ldots \quad \textbf{(4-6)}$$

$$(m_1 + m_2 + \ldots)\, w_\mathrm{m} = m_1\, w_1 + m_2\, w_2 + \ldots \quad \textbf{(4-6)}$$

$$m_\mathrm{m}(\mathrm{L}_\mathrm{m})\, w_\mathrm{m}(\mathrm{X}) = m_1(\mathrm{L}_1)\, w_1(\mathrm{X}) + m_2(\mathrm{L}_2)\, w_2(\mathrm{X}) + \ldots \quad \textbf{(4-6a)}$$

$$m_\mathrm{m}\, w_\mathrm{m} = m_1\, w_1 + m_2\, w_2 + \ldots \quad \textbf{(4-6a)}$$

Darin bedeuten:

$m_\mathrm{m}(\mathrm{L_m})$, m_m	Masse der entstehenden Mischphase m
$w_\mathrm{m}(\mathrm{X})$, w_m	Massenanteil des Stoffes X der entstehenden Mischphase
$m_1(\mathrm{L}_1)$, m_1	Masse der Mischphase 1
$w_1(\mathrm{X})$, w_1	Massenanteil des Stoffes X der Mischphase 1
$m_2(\mathrm{L}_2)$, m_2	Masse der Mischphase 2
$w_2(\mathrm{X})$, w_2	Massenanteil des Stoffes X der Mischphase 2

Die Mischungsgleichungen (4-6) und (4-6a) lassen sich auf das Mischen von Mischphasen anwenden. Aus ihnen leiten sich mit

$w_\mathrm{i}(\mathrm{X}) = 1$ bzw. $w_\mathrm{i}(\mathrm{X}) = 0$ für reine Stoffe

und

$1 > w_\mathrm{i}(\mathrm{X}) > 0$ für Mischphasen

weitere Beziehungen ab, die für die Mischungsvorgänge 2. bis 4. auf S. 293 gelten (vgl. Abb. 4-2).

4.2.1.1 Berechnen des Massenanteils der entstehenden Mischphase

Grundlage zur Berechnung von Massenanteilen beim Mischen von Stoffen bildet die Mischungsgleichung (4-6):

$$[m_1(\mathrm{L}_1) + m_2(\mathrm{L}_2) + \ldots]\, w_\mathrm{m}(\mathrm{X}) = m_1(\mathrm{L}_1)\, w_1(\mathrm{X}) + m_2(\mathrm{L}_2)\, w_2(\mathrm{X}) + \ldots$$

Mischen von Mischphasen
$1 > w_i > 0$

$$(m_1 + m_2)\, w_m = m_1\, w_1 + m_2\, w_2 + \ldots$$

$$m_m\, w_m = m_1\, w_1 + m_2\, w_2 + \ldots$$

Mischen von Mischphasen mit reinen Stoffen
$1 > w_1 > 0$ und $w_2 = 1$

$$(m_1 + m_2)\, w_m = m_1\, w_1 + m_2$$

$$m_m\, w_m = m_1\, w_1 + m_2$$

Mischen von Mischphasen mit Lösemittel
$1 > w_1 > 0$ und $w_2 = 0$

$$(m_1 + m_2)\, w_m = m_1\, w_1$$

$$m_m\, w_m = m_1\, w_1$$

Mischen reiner Stoffe
$w_1 = 1$ und $w_2 = 0$

$$(m_1 + m_2)\, w_m = m_1$$

$$m_m\, w_m = m_1$$

Abb. 4-2. Mischungsgleichungen für verschiedene Mischungsvorgänge

Durch Umstellen ergibt sich daraus eine Beziehung für den Massenanteil $w_m(X)$ einer Mischphase, die beim Mischen entsteht:

$$w_m(X) = \frac{m_1(L_1)\, w_1(X) + m_2(L_2)\, w_2(X) + \ldots}{m_1(L_1) + m_2(L_2) + \ldots} \quad \textbf{(4-12)}$$

Aus (4-12) leiten sich weitere Beziehungen für die unterschiedlichen Mischungsvorgänge ab. Sie sind in Abb. 4-3, S. 298, dargestellt.

4.2.1.1.1 Beim Mischen von Mischphasen

Beim Mischen von Mischphasen liegt der Massenanteil $w_m(X)$ einer entstehenden Mischphase zwischen den Massenanteilen $w_i(X)$ der Ausgangsmischphasen.

Rechenbeispiel 4-1. 75,5 kg Salpetersäure-Lösung, $w_1(HNO_3) = 60{,}6\%$, und 32,6 kg Salpetersäure-Lösung, $w_2(HNO_3) = 12{,}8\%$, werden gemischt. Wie groß ist der Massenanteil $w_3(HNO_3)$ der entstehenden Mischung?

Gesucht: $w_3(HNO_3)$

Gegeben: $w_1(HNO_3) = 60{,}6\% = 0{,}606$
$m_1(L_1) = 75{,}5$ kg
$w_2(HNO_3) = 12{,}8\% = 0{,}128$
$m_2(L_2) = 32{,}6$ kg

$$(m_1 + m_2 + \ldots)\, w_m = m_1 w_1 + m_2 w_2 + \ldots$$

Mischen von Mischphasen

$$1 > w_1 > 0 \text{ und } 1 > w_2 > 0$$

$$w_m = \frac{m_1 w_1 + m_2 w_2 + \ldots}{m_1 + m_2 + \ldots} \qquad (4\text{-}12)$$

Mischen von Mischphasen mit reinen Stoffen

$$1 > w_1 > 0 \text{ und } w_2 = 1$$

$$w_m = \frac{m_1 w_1 + m_2}{m_1 + m_2}$$

Mischen von Mischphasen mit Lösemittel

$$1 > w_1 > 0 \text{ und } w_2 = 0$$

$$w_m = \frac{m_1 w_1}{m_m} \qquad w_m = \frac{m_1 w_1}{m_1 + m_2}$$

Mischen von reinen Stoffen

$$w_1 = 1 \text{ und } w_2 = 0$$

$$w_m = \frac{m_1}{m_m} \qquad w_m = \frac{m_1}{m_1 + m_2}$$

Abb. 4-3. Massenanteil w_m bei Mischungsvorgängen

$$[m_1(L_1) + m_2(L_2)]\, w_3(X) = m_1(L_1)\, w_1(X) + m_2(L_2)\, w_2(X)$$

$$w_3(HNO_3) = \frac{m_1(L_1)\, w_1(HNO_3) + m_2(L_2)\, w_2(HNO_3)}{m_1(L_1) + m_2(L_2)}$$

$$= \frac{75{,}5\ \text{kg} \cdot 0{,}606 + 32{,}6\ \text{kg} \cdot 0{,}128}{75{,}5\ \text{kg} + 32{,}6\ \text{kg}}$$

$$\underline{w_3(HNO_3) = 0{,}458 = 45{,}8\%}$$

Übungsaufgaben:

4-1. Drei Portionen Phenol-Lösung mit den folgenden Massen und Massenanteilen werden gemischt:

$m_1(L_1) = 3{,}20$ t; $w_1(\text{Phenol}) = 40{,}0\%$
$m_2(L_2) = 800$ kg; $w_2(\text{Phenol}) = 32{,}0\%$
$m_3(L_3) = 250$ kg; $w_3(\text{Phenol}) = 15{,}5\%$

Welchen Massenanteil an Phenol hat die entstehende Lösung?

4-2. 160 kg Natriumsulfat-Lösung, $w(Na_2SO_4) = 8{,}2\%$, und 40 kg Natriumsulfat-Lösung, $w(Na_2SO_4) = 12{,}5\%$, werden gemischt. Welchen Massenanteil $w(Na_2SO_4)$ hat die entstehende Mischung?

4-3. 18,6 g einer Natriumchlorid-Lösung mit $w_1(\text{NaCl}) = 0{,}240$, und 22,5 g einer zweiten Lösung mit $w_2(\text{NaCl}) = 0{,}150$ sollen miteinander gemischt werden. Welcher Massenanteil $w_3(\text{NaCl})$ ist für die entstehende Mischung zu erwarten?

Rechenbeispiel 4-2. 75,0 L Schwefelsäure-Lösung mit $w_1(H_2SO_4) = 92{,}0\%$, $\rho_1(L_1) = 1{,}824$ g/mL, werden mit 120,0 L Schwefelsäure-Lösung, $w_2(H_2SO_4) = 35{,}0\%$, $\rho_2(L_2) = 1{,}260$ g/mL, gemischt. Welchen Massenanteil $w_3(H_2SO_4)$ hat die entstehende Mischung?

Gesucht: $w_3(H_2SO_4)$

Gegeben: $V_1(L_1) = 75{,}0$ L; $\rho_1(L_1) = 1{,}824$ g/mL
$w_1(H_2SO_4) = 92{,}0\% = 0{,}920$
$V_2(L_2) = 120{,}0$ L; $\rho_2(L_2) = 1{,}260$ g/mL
$w_2(H_2SO_4) = 35{,}0\% = 0{,}350$

$$[\boldsymbol{m_1(L_1)} + m_2(L_2)]\, \boldsymbol{w_3(X)} = \boldsymbol{m_1(L_1)\, w_1(X) + m_2(L_2)\, w_2(X)} \longleftarrow m_i = V_i\, \rho_i$$

$$w_3(H_2SO_4) = \frac{V_1(L_1)\,\rho_1(L_1)\,w_1(H_2SO_4) + V_2(L_2)\,\rho_2(L_2)\,w_2(H_2SO_4)}{V_1(L_1)\,\rho_1(L_1) + V_2(L_2)\,\rho_2(L_2)}$$

$$= \frac{(75{,}0 \cdot 1{,}824 \cdot 0{,}920 + 120{,}0 \cdot 1{,}260 \cdot 0{,}350)\ \text{L kg L}^{-1}}{(75{,}0 \cdot 1{,}824 + 120{,}0 \cdot 1{,}260)\ \text{L kg L}^{-1}}$$

$$\underline{\boldsymbol{w_3(H_2SO_4) = 0{,}621 = 62{,}1\%}}$$

Übungsaufgaben:

4-4. Welchen Massenanteil $w(HNO_3)$ hat eine Lösung, die aus zwei Salpetersäure-Lösungen mit folgenden Werten durch Mischen angesetzt wird?

$V_1(L_1) = 25{,}5$ L; $\rho_1(L_1) = 1{,}180$ g/mL; $w_1(HNO_3) = 30{,}0\%$
$V_2(L_2) = 80{,}0$ L; $\rho_2(L_2) = 1{,}055$ g/mL; $w_2(HNO_3) = 10{,}1\%$

4-5. 100 mL einer Salzsäure mit $w_1(\text{HCl}) = 0{,}1050$ und $\rho_1(L_1) = 1{,}070$ g/mL und 300 mL Salzsäure mit $w_2(\text{HCl}) - 0{,}2620$ und $\rho_2(L_2) = 1{,}130$ g/mL werden gemischt. Welchen Massenanteil $w_3(\text{HCl})$ hat die entstehende Lösung?

4-6. Zwei Kalilaugen mit $V_1(L_1) = 12{,}25\ m^3$, $w_1(KOH) = 33{,}50\%$ und $\rho_1(L_1) = 1325\ kg/m^3$ bzw. $V_2(L_2) = 20{,}75\ m^3$, $w_2(KOH) = 6{,}20\%$ und $\rho_2(L_2) = 1055\ kg/m^3$ werden gemischt. Wie groß ist $w_3(KOH)$ der Mischung?

4-7. Für zwei Perchlorsäure-Lösungen sind folgende Werte bekannt:

$V_1(L_1) = 380\ mL$; $w_1(HClO_4) = 0{,}365$; $\rho_1(L_1) = 1{,}265\ g/mL$
$V_2(L_2) = 120\ mL$; $w_2(HClO_4) = 0{,}080$; $\rho_2(L_2) = 1{,}047\ g/mL$

Welchen Massenanteil $w_3(HClO_4)$ besitzt eine Lösung, die durch Mischen dieser Ausgangslösungen hergestellt wird?

4.2.1.1.2 Beim Mischen von Mischphasen mit reinen Stoffen

Vielfach werden Mischphasen mit einem bestimmtem Massenanteil $\mathbf{1 > w_1(X) > 0}$ durch Zugabe des reinen Stoffes X konzentriert. Für ihn gilt $\mathbf{w_2(X) = 100\% = 1}$.

Rechenbeispiel 4-3. In einer Natronlauge, $m = 185\ g$, $w(NaOH) = 0{,}205$, werden 35 g reines Natriumhydroxid, NaOH, gelöst. Wie groß ist $w(NaOH)$ der entstehenden Lauge?

Gesucht: $w_3(NaOH)$

Gegeben: $m_1(L_1) = 185\ g$
$w_1(NaOH) = 0{,}205 = 20{,}5\%$
$m_2(L_2) = m_2(NaOH) = 35\ g$
$w_2(NaOH) = 1 = 100\%$

$$[m_1(L_1) + m_2(L_2)]\, w_3(X) = m_1(L_1)\, w_1(X) + m_2(L_2)\, w_2(X) \longleftarrow w_2(X) = 1$$

$$w_3(NaOH) = \frac{m_1(L_1)\, w_1(NaOH) + m_2(L_2)}{m_1(L_1) + m_2(L_2)} = \frac{185\ g \cdot 0{,}205 + 35\ g}{185\ g + 35\ g}$$

$\underline{\mathbf{w_3(NaOH) = 0{,}331 = 33{,}1\%}}$

Übungsaufgaben:

4-8. 600 g einer Natriumchlorid-Lösung mit $w(NaCl) = 8{,}75\%$ werden durch Zugabe von 25,0 g reinem Natriumchlorid konzentriert. Wie groß ist der Massenanteil $w(NaCl)$ der neuen Lösung?

4-9. Zu einer Nickelnitrat-Lösung, $m(L) = 3{,}60\ kg$, $w[Ni(NO_3)_2] = 0{,}055$, werden 370 g reines Nickelnitrat, $Ni(NO_3)_2$, zugegeben. Welchen Massenanteil an Nickelnitrat hat die entstehende Lösung?

4-10. 175 g reines, wasserfreies Calciumchlorid, $CaCl_2$, werden zu 900 g einer Lösung mit $w(CaCl_2) = 7{,}35\%$ zugegeben. Welchen Massenanteil $w(CaCl_2)$ hat die entstehende Lösung?

Rechenbeispiel 4-4. 250 mL eines Alkoholgemisches, $\rho = 0{,}975$ g/mL, $w(C_2H_5OH) = 0{,}350$, werden mit 325 mL reinem Ethanol, C_2H_5OH, $\rho = 0{,}791$ g/mL, versetzt. Wie groß ist der Massenanteil $w(C_2H_5OH)$ der neuen Mischung?

Gesucht: $w_3(C_2H_5OH)$

Gegeben:
$V_1(L_1) = 250$ mL
$\rho_1(L_1) = 0{,}975$ g/mL
$w_1(C_2H_5OH) = 0{,}350 = 35{,}0\%$
$V_2(L_2) = V(C_2H_5OH) = 325$ mL
$\rho_2(L_2) = 0{,}791$ g/mL
$w_2(C_2H_5OH) = 1 = 100\%$

$$[m_1(L_1) + m_2(L_2)]\, w_3(X) = m_1(L_1)\, w_1(X) + m_2(L_2)\, w_2(X) \leftarrow \begin{cases} w_2(X) = 1 \\ m_i = V_i\, \rho_i \end{cases}$$

$$w_3(C_2H_5OH) = \frac{V_1(L_1)\,\rho_1(L_1)\,w_1(C_2H_5OH) + V_2(L_2)\,\rho_2(L_2)}{V_1(L_1)\,\rho_1(L_1) + V_2(L_2)\,\rho_2(L_2)}$$

$$= \frac{250\text{ mL} \cdot 0{,}975\text{ g mL}^{-1} \cdot 0{,}350 + 325\text{ mL} \cdot 0{,}791\text{ g mL}^{-1}}{250\text{ mL} \cdot 0{,}975\text{ g mL}^{-1} + 325\text{ mL} \cdot 0{,}791\text{ g mL}^{-1}}$$

$$\mathbf{w_3(C_2H_5OH) = 0{,}684 = 68{,}4\%}$$

Übungsaufgaben:

4-11. 920 mL eines Flüssigkeitsgemisches, w(Benzol) $= 40{,}0\%$, $\rho = 0{,}873$ g/mL, werden mit 300 mL reinem Benzol, $\rho = 0{,}879$ g/mL, gemischt. Wie groß ist der Massenanteil w(Benzol) des neuen Gemisches?

4-12. 25,0 L eines Flüssigkeitsgemisches, w(Aceton) $= 3{,}75\%$, $\rho = 0{,}796$ g/mL, werden mit 5,00 L reinem Aceton, $\rho = 0{,}791$ g/mL, gemischt. Wie groß ist der Massenanteil w(Aceton) der neuen Mischung?

Rechenbeispiel 4-5. Zu 1,65 L Kalilauge, $w(KOH) = 39{,}0\%$, $\rho = 1{,}385$ g/mL, werden 100 g Kaliumhydroxid, $w(KOH) = 100\%$, zugesetzt. Welchen Massenanteil an KOH hat die entstehende Lösung?

Gesucht: $w_3(KOH)$

Gegeben:
$V_1(L_1) = 1{,}65$ L; $\rho_1(L_1) = 1{,}385$ g/mL
$w_1(KOH) = 39{,}0\% = 0{,}390$
$m_2(L_2) = m(KOH) = 100$ g
$w_2(KOH) = 100\% = 1$

$$[m_1(\mathrm{L}_1) + m_2(\mathrm{L}_2)]\, w_3(\mathrm{X}) = m_1(\mathrm{L}_1)\, w_1(\mathrm{X}) + m_2(\mathrm{L}_2)\, w_2(\mathrm{X}) \leftarrow \begin{cases} w_2(\mathrm{X}) = 1 \\ m_1 = V_1 \rho_1 \end{cases}$$

$$w_3(\mathrm{KOH}) = \frac{V_1(\mathrm{L}_1)\, \rho_1(\mathrm{L}_1)\, w_1(\mathrm{KOH}) + m_2(\mathrm{L}_2)}{V_1(\mathrm{L}_1)\, \rho_1(\mathrm{L}_1) + m_2(\mathrm{L}_2)}$$

$$= \frac{1{,}65\ \mathrm{L} \cdot 1385\ \mathrm{g\ L^{-1}} \cdot 0{,}390 + 100\ \mathrm{g}}{1{,}65\ \mathrm{L} \cdot 1385\ \mathrm{g\ L^{-1}} + 100\ \mathrm{g}}$$

$\mathbf{w_3(KOH) = 0{,}416 = 41{,}6\%}$

Rechenbeispiel 4-6. In 250 mL einer Salzsäure mit $w(\mathrm{HCl}) = 12{,}5\%$, $\rho = 1{,}060$ g/mL, werden 30 L HCl-Gas im Normzustand eingeleitet und völlig gelöst. Welchen Massenanteil an HCl hat die entstehende Salzsäure?

Gegeben: $w_3(\mathrm{HCl})$

Gegeben: $V_1(\mathrm{L}_1) = 250$ mL; $\rho_1(\mathrm{L}_1) = 1{,}060$ g/mL
$w_1(\mathrm{HCl}) = 12{,}5\% = 0{,}125$
$V_2(\mathrm{L}_2) = V_2(\mathrm{HCl}) = 30$ L
$w_1(\mathrm{HCl}) = 100\% = 1$

$$[m_1(\mathrm{L}_1) + m_2(\mathrm{L}_2)]\, w_3(\mathrm{X}) = m_1(\mathrm{L}_1)\, w_1(\mathrm{X}) + m_2(\mathrm{L}_2)\, w_2(\mathrm{X}) \leftarrow \begin{cases} w_2(\mathrm{X}) = 1 \\ m_2 = \dfrac{V_2 M_2}{V_\mathrm{m}} \\ m_1 = V_1 \rho_1 \end{cases}$$

$$w_3(\mathrm{HCl}) = \frac{V_1(\mathrm{L}_1)\, \rho_1(\mathrm{L}_1)\, w_1(\mathrm{HCl}) + \dfrac{V_2(\mathrm{HCl})\, M(\mathrm{HCl})}{V_{\mathrm{mn}}(\mathrm{HCl})}}{V_1(\mathrm{L}_1)\, \rho_1(\mathrm{L}_1) + \dfrac{V_2(\mathrm{HCl})\, M(\mathrm{HCl})}{V_{\mathrm{mn}}(\mathrm{HCl})}}$$

$$= \frac{250\ \mathrm{mL} \cdot 1{,}060\ \mathrm{g\ mL^{-1}} \cdot 0{,}125 + \dfrac{30\ \mathrm{L} \cdot 36{,}46\ \mathrm{g\ mol^{-1}}}{22{,}4\ \mathrm{L\ mol^{-1}}}}{250\ \mathrm{mL} \cdot 1{,}060\ \mathrm{g\ mL^{-1}} + \dfrac{30\ \mathrm{L} \cdot 36{,}46\ \mathrm{g\ mol^{-1}}}{22{,}4\ \mathrm{L\ mol^{-1}}}}$$

$\mathbf{w_3(HCl) = 0{,}261 = 26{,}1\%}$

Übungsaufgaben:

4-13. 125 mL Silbernitrat-Lösung, $w(\mathrm{AgNO_3}) = 4{,}00\%$, $\rho = 1{,}033$ g/mL, werden durch Zugabe von 1,50 g reinem Silbernitrat, $\mathrm{AgNO_3}$, konzentriert. Wie groß ist der Massenanteil $w(\mathrm{AgNO_3})$ der neuen Lösung?

4-14. Zu 3,00 L einer Lösung, $w(Na_2S_2O_3) = 10{,}0\%$, $\rho = 1{,}083$ g/mL, werden 120 g reines Natriumthiosulfat, $Na_2S_2O_3$, gegeben. Wie groß ist der Massenanteil $w(Na_2S_2O_3)$ der neuen Lösung?

4-15. 325 mL Natriumnitrit-Lösung, $w(NaNO_2) = 16{,}0\%$, $\rho = 1{,}107$ g/mL, werden durch Zugabe von 25,0 g reinem Natriumnitrit, $NaNO_2$, konzentriert. Wie groß ist der Massenanteil $w(NaNO_2)$ der neuen Lösung?

4-16. In 250 mL einer Salzsäure mit $w(HCl) = 10{,}5\%$, $\rho = 1{,}050$ g/mL, werden 50 L Hydrogenchloridgas von 10 °C und 1016 mbar eingeleitet und völlig gelöst. Welchen Massenanteil an HCl hat die entstehende Salzsäure?

4-17. In 350 mL Ammoniak-Lösung, $w(NH_3) = 15{,}5\%$, $\rho = 0{,}938$ g/mL, werden 50 L Ammoniakgas im Normzustand eingeleitet und völlig gelöst. Welchen Massenanteil an NH_3 hat die entstehende Lösung?

4.2.1.1.3 Beim Mischen von Mischphasen mit Lösemittel

In vielen Fällen sind die Stoffe, die zum Ansetzen einer Mischphase in einem reinen Lösemittel gelöst werden, nicht rein, d. h. sie stellen Mischphasen mit dem Massenanteil $\mathbf{1 > w_1(X) > 0}$ an zu lösendem Stoff X dar. Für das Lösemittel ist $\mathbf{w_2(X) = 0\% = 0}$. Das Gleiche gilt auch beim Verdünnen von Mischphasen mit Lösemittel.

Rechenbeispiel 4-7. Aus 630 kg Kaliumhydroxid, $w(KOH) = 98{,}5\%$ werden 2630 kg neue Lösung hergestellt. Wie groß ist ihr Massenanteil $w_3(KOH)$?

Gesucht: $w_3(KOH)$

Gegeben: $m_1(L_1) = m_1(KOH) = 630$ kg
$w_1(KOH) = 98{,}5\%$
$m_3(L_3) = 2630$ kg

$$\mathbf{m_3(L_3)\, w_3(X) = m_1(L_1)\, w_1(X) + m_2(L_2)\, w_2(X) \longleftarrow w_2(X) = 0}$$

$$w_3(KOH) = \frac{m_1(L_1)\, w_1(KOH)}{m_3(L_3)} = \frac{630\text{ kg} \cdot 0{,}985}{2630\text{ kg}}$$

$$\underline{\mathbf{w_3(KOH) = 0{,}2360 = 23{,}60\%}}$$

Übungsaufgaben:

4-18. Aus 150 kg Soda, $w(Na_2CO_3) = 96{,}2\%$, werden 2,90 t Lösung hergestellt. Wie groß ist ihr Massenanteil $w(Na_2CO_3)$?

4-19. Aus 80,0 g Schwefelsäure-Lösung mit $w(H_2SO_4) = 95{,}0\%$ werden 280,0 g neue Lösung angesetzt. Wie groß ist ihr Massenanteil $w(H_2SO_4)$?

4-20. Aus 3,50 L Natronlauge, $w(NaOH) = 40{,}0\%$, $\rho = 1{,}430$ g/mL, werden 6,75 kg neue Lösung angesetzt. Welchen Massenanteil $w(NaOH)$ hat diese Lösung?

Rechenbeispiel 4-8. 630 kg Kaliumhydroxid, $w(KOH) = 98{,}5\%$, werden in 2000 kg Wasser gelöst. Welchen Massenanteil $w(KOH)$ besitzt die entstehende Kalilauge?

Gesucht: $w_3(KOH)$

Gegeben: $m_1(L_1) = m_1(KOH) = 630$ kg
$w_1(KOH) = 98{,}5\%$
$m_2(L_2) = m_2(H_2O) = 2000$ kg
$w_2(KOH) = 0\%$

$$[\mathbf{m_1(L_1) + m_2(L_2)]\, w_3(X) = m_1(L_1)\, w_1(X) + m_2(L_2)\, w_2(X)} \longleftarrow \mathbf{w_2(X) = 0}$$

$$w_3(KOH) = \frac{m_1(L_1)\, w_1(KOH)}{m_1(L_1) + m_2(L_2)} = \frac{630 \text{ kg} \cdot 0{,}985}{(630 + 2000) \text{ kg}}$$

$$\underline{\mathbf{w_3(KOH) = 0{,}2360 = 23{,}60\%}}$$

Übungsaufgaben:

4-21. Eine Portion Soda, $m = 150$ kg, $w(Na_2CO_3) = 96{,}2\%$, wird in 2,75 t Wasser gelöst. Wie groß ist der Massenanteil $w(Na_2CO_3)$ der entstehenden Soda-Lösung?

4-22. 80,0 g Schwefelsäure-Lösung mit $w(H_2SO_4) = 95{,}0\%$ werden vorsichtig mit 200,0 g Wasser gemischt. Wie groß ist der Massenanteil $w(H_2SO_4)$ der entstehenden Lösung?

4-23. 15,5 g Kaliumpermanganat, $w(KMnO_4) = 98{,}5\%$, werden in 175,0 g Wasser gelöst. Welchen Massenanteil $w(KMnO_4)$ hat die entstehende Lösung?

Rechenbeispiel 4-9. 350 mL Perchlorsäure-Lösung, $w_1(HClO_4) = 28{,}0\%$, $\rho = 1{,}190$ g/mL, werden durch Zugabe von 500 mL Wasser, $\rho = 1{,}000$ g/mL, verdünnt. Welchen Massenanteil $w_3(HClO_4)$ hat die entstehende Lösung?

Gesucht: $w_3(HClO_4)$

Gegeben: $V_1(L_1) = 350$ mL
$\rho_1(L_1) = 1{,}190$ g/mL
$w_1(HClO_4) = 28{,}0\% = 0{,}280$
$V_2(L_2) = V(H_2O) = 500$ mL
$\rho_2(L_2) = 1{,}000$ g/mL
$w_2(HClO_4) = 0\% = 0$

$$[m_1(L_1) + m_2(L_2)]\, w_3(X) = m_1(L_1)\, w_1(X) + m_2(L_2)\, w_2(X) \quad \leftarrow \; w_2(X) = 0; \; m_i = V_i\, \rho_i$$

$$w_3(HClO_4) = \frac{V_1(L_1)\, \rho(L_1)\, w_1(HClO_4)}{V_1(L_1)\, \rho_1(L_1) + V_2(L_2)\, \rho_2(L_2)}$$

$$= \frac{350\ mL \cdot 1{,}190\ g\ mL^{-1} \cdot 0{,}280}{350\ mL \cdot 1{,}190\ g\ mL^{-1} + 500\ mL \cdot 1{,}000\ g\ mL^{-1}}$$

$$\underline{w_3(HClO_4) = 0{,}1272 = 12{,}72\%}$$

Übungsaufgaben:

4-24. 300 mL Salpetersäure-Lösung, $w(HNO_3) = 45{,}3\%$, $\rho = 1{,}280$ g/mL, werden mit 175,0 mL Wasser, $\rho = 1{,}000$ g/mL, verdünnt. Welchen Massenanteil $w(HNO_3)$ hat die entstehende Lösung?

4-25. 3,50 L Natronlauge, $w(NaOH) = 40{,}0\%$, $\rho = 1{,}430$ g/mL, werden mit 1,75 L Wasser, $\rho = 1{,}000$ g/mL, verdünnt. Welchen Massenanteil $w(NaOH)$ hat die entstehende Lösung?

4-26. 850 mL Ammoniak-Lösung, $w(NH_3) = 20{,}9\%$, $\rho = 0{,}920$ g/mL, werden mit 200 mL Wasser, $\rho = 1{,}000$ g/mL, verdünnt. Welchen Massenanteil $w(NH_3)$ hat die entstehende Lösung?

Rechenbeispiel 4-10. 400 g Natriumcarbonat-Lösung, $w(Na_2CO_3) = 13{,}0\%$, werden mit 150 mL Wasser, $\rho = 1{,}000$ g/mL, verdünnt. Wie groß ist der Massenanteil $w(Na_2CO_3)$ der entstehenden Lösung?

Gesucht: $w_3(Na_2CO_3)$

Gegeben: $m_1(L_1) = 400$ g
$w_1(Na_2CO_3) = 13{,}0\% = 0{,}130$
$V_2(L_2) = V(H_2O) = 150$ mL
$\rho_2(L_2) = \rho(H_2O) = 1{,}000$ g/mL
$w_2(Na_2CO_3) = 0\% = 0$

$$[m_1(L_1) + m_2(L_2)]\, w_3(X) = m_1(L_1)\, w_1(X) + m_2(L_2)\, w_2(X) \quad \leftarrow \; w_2(X) = 0; \; m_2 = V_2\, \rho_2$$

$$w_3(Na_2CO_3) = \frac{m_1(L_1)\, w_1(Na_2CO_3)}{m_1(L_1) + V_2(L_2)\, \rho_2(L_2)} = \frac{400\ g \cdot 0{,}130}{400\ g + 150\ mL \cdot 1{,}000\ g\ mL^{-1}}$$

$$\underline{w_3(Na_2CO_3) = 0{,}0945 = 9{,}45\%}$$

Übungsaufgaben:

4-27. Ein technisches Eisen(III)-chlorid, das zu 12,2% verunreinigt ist, wird zur Herstellung einer Lösung verwendet. Welchen Massenanteil $w(FeCl_3)$ hat diese Lösung, wenn 250 g des Feststoffes in 5,00 L Wasser, ρ = 1,000 g/mL, gelöst werden?

4-28. 3,45 kg Salzsäure, w(HCl) = 24,6%, werden mit 3,75 L Wasser, ρ = 1,000 g/mL, verdünnt. Welchen Massenanteil w(HCl) hat die entstehende Lösung?

4.2.1.1.4 Beim Mischen von reinen Stoffen

Das Mischen reiner Stoffe ist eine der wichtigsten Methoden zur Herstellung von binären Mischphasen mit beliebigem Massenanteil. Da dabei ein Stoff den Massenanteil $\boldsymbol{w_1(X) = 100\% = 1}$ hat und der andere $\boldsymbol{w_2(X) = 0\% = 0}$, vereinfacht sich (4-6) entsprechend.

Rechenbeispiel 4-11. Durch Lösen von 12,5 g Kochsalz, NaCl, in Wasser werden 500 g Lösung hergestellt. Welchen Massenanteil w(NaCl) hat die Lösung?

Gesucht: w_3(NaCl) **Gegeben:** m_1(L1) = m_1(NaCl) = 12,5 g
$m_3(L_3)$ = 500 g

$$\boldsymbol{m_3(L_3)\, w_3(X) = m_1(L_1)\, w_1(X) + m_2(L_2)\, w_2(X)} \leftarrow \begin{cases} \boldsymbol{w_1(X) = 0} \\ \boldsymbol{w_2(X) = 0} \end{cases}$$

$$w_3(\text{NaCl}) = \frac{m_1(L_1)}{m_3(L_3)} = \frac{12{,}5\text{ g}}{500\text{ g}}$$

$$\underline{\boldsymbol{w_3(\text{NaCl}) = 0{,}0250 = 2{,}50}}$$

Übungsaufgaben:

4-29. Durch Lösen von 22,5 g Kaliumpermanganat, $KMnO_4$, in Wasser werden 3000 g Lösung hergestellt. Welchen Massenanteil $w(KMnO_4)$ hat die Lösung?

4-30. Aus 750 mL Ethanol, C_2H_5OH, ρ = 0,791 g/mL, werden 2,50 L eines Alkoholgemisches, ρ = 0,802 g/mL, angesetzt. Welchen Massenanteil $w(C_2H_5OH)$ hat das Gemisch?

4-31. 322 mL Salzsäure, ρ = 1,087 g/mL, werden durch Auflösen von 41,75 L Hydrogenchloridgas, HCl, von 20 °C und 1000 mbar in Wasser hergestellt. Wie groß ist der Massenanteil w(HCl) der Lösung?

Rechenbeispiel 4-12. Eine Portion Hydrogenchloridgas mit der Masse $m(\text{HCl}) = 60{,}0$ g wird vollständig in 500 g Wasser gelöst. Welchen Massenanteil $w(\text{HCl})$ hat die entstehende Salzsäure?

Gesucht: $w_3(\text{HCl})$ **Gegeben:** $m_1(\text{HCl}) = 60{,}0$ g; $w_1(\text{HCl}) = 100\% = 1$
$m_2(\text{H}_2\text{O}) = 500$ g; $w_2(\text{HCl}) = 0\% = 0$

$$[m_1(\text{L}_1) + m_2(\text{L}_2)]\, w_3(\text{X}) = m_1(\text{L}_1)\, w_1(\text{X}) + m_2(\text{L}_2)\, w_2(\text{X}) \leftarrow \begin{cases} w_1(\text{X}) = 1 \\ w_2(\text{X}) = 0 \end{cases}$$

$$w_3(\text{HCl}) = \frac{m_1(\text{HCl})}{m_1(\text{HCl}) + m_2(\text{H}_2\text{O})} = \frac{60{,}0\ \text{g}}{(60{,}0 + 500)\ \text{g}}$$

$$\underline{w_3(\text{HCl}) = 0{,}1071 = 10{,}71\%}$$

Übungsaufgaben:

4-32. Welchen Massenanteil $w(\text{KCl})$ hat eine Mischung, die aus 60,0 reinem Kaliumchlorid, KCl, und 160 g Natriumchlorid, NaCl, hergestellt wird?

4-33. Welchen Massenanteil $w(\text{KNO}_3)$ hat eine Lösung, die aus 32,5 g reinem Kaliumnitrat, KNO_3, und 250 g Wasser angesetzt wird?

4-34. 32,5 g Natriumacetat, CH_3COONa, werden in 125 g Wasser gelöst. Welchen Massenanteil $w(\text{CH}_3\text{COONa})$ hat die entstehende Lösung?

4-35. 450 g reines Natriumhydroxid werden in 1240 g Wasser gelöst. Welchen Massenanteil $w(\text{NaOH})$ hat die entstehende Natronlauge?

4-36. 35,0 kg Methanol, CH_3OH, und 200 kg Wasser werden gemischt. Wie groß ist der Massenanteil an Methanol im entstehenden Gemisch?

4-37. 350 g Methan, CH_4, und 250 g Ethan, C_2H_6, werden gemischt. Wie groß ist der Massenanteil $w(\text{CH}_4)$ im entstehenden Gemisch?

Rechenbeispiel 4-13. 3,00 mol Ethin, C_2H_2, und 6,00 mol Ethen, C_2H_4, werden gemischt. Wie groß ist der Massenanteil $w_3(\text{C}_2\text{H}_2)$ im entstehenden Gasgemisch?

Gesucht: $w_3(\text{C}_2\text{H}_2)$ **Gegeben:** $n_1(\text{C}_2\text{H}_2) = 3{,}00$ mol; $w_1(\text{C}_2\text{H}_2) = 100\% = 1$
$n_2(\text{C}_2\text{H}_4) = 6{,}00$ mol; $w_2(\text{C}_2\text{H}_2) = 0\% = 0$

$$[m_1(\text{L}_1) + m_2(\text{L}_2)]\, w_3(\text{X}) = m_1(\text{L}_1)\, w_1(\text{X}) + m_2(\text{L}_2)\, w_2(\text{X}) \leftarrow \begin{cases} w_1(\text{X}) = 1 \\ w_2(\text{X}) = 0 \\ m_\text{i} = n_\text{i}\, M_\text{i} \end{cases}$$

$$w_3(C_2H_2) = \frac{n_1(C_2H_2)\, M_1(C_2H_2)}{n_1(C_2H_2)\, M_1(C_2H_2) + n_2(C_2H_4)\, M_2(C_2H_4)}$$

$$= \frac{3{,}00 \text{ mol} \cdot 26{,}04 \text{ g mol}^{-1}}{3{,}00 \text{ mol} \cdot 26{,}04 \text{ g mol}^{-1} + 6{,}00 \text{ mol} \cdot 28{,}05 \text{ g mol}^{-1}}$$

$$\underline{\boldsymbol{w_3(C_2H_2) = 0{,}317 = 31{,}7\%}}$$

Übungsaufgaben:

4-38. 450 mmol Calciumoxid, CaO, und 850 mmol Magnesiumoxid, MgO, werden gemahlen und gemischt. Welchen Massenanteil $w(CaO)$ hat das entstehende Pulver?

4-39. Welchen Massenanteil $w(CH_3OH)$ hat ein Alkohol-Gemisch, das durch Mischen von 1,25 mol Methanol, CH_3OH, 3,50 mol Ethanol, C_2H_5OH, und 2,00 mol Propanol, C_3H_7OH, hergestellt wird?

Rechenbeispiel 4-14. 325 mL Methanol, $\rho = 0{,}792$ g/mL, werden in 600 mL Wasser, $\rho = 0{,}998$ g/mL, gelöst. Wie groß ist der Massenanteil $w(CH_3OH)$ der Lösung?

Gesucht: $w_3(CH_3OH)$

Gegeben:
$V_1(CH_3OH) = 325$ mL
$\rho_1(CH_3OH) = 0{,}792$ g/mL
$w_1(CH_3OH) = 100\% = 1$
$V_2(H_2O) = 600$ mL
$\rho_2(H_2O) = 0{,}998$ g/mL
$w_2(CH_3OH) = 0\% = 0$

$$[\boldsymbol{m_1(L_1) + m_2(L_2)]\, w_3(X) = m_1(L_1)\, w_1(X) + m_2(L_2)\, w_2(X)} \leftarrow \begin{cases} \boldsymbol{w_1(X) = 1} \\ \boldsymbol{w_2(X) = 0} \\ \boldsymbol{m_i = V_i\, \rho_i} \end{cases}$$

$$w_3(CH_3OH) = \frac{V_1(CH_3OH)\, \rho_1(CH_3OH)}{V_1(CH_3OH)\, \rho_1(CH_3OH) + V_1(H_2O)\, \rho_1(H_2O)}$$

$$= \frac{325 \text{ mL} \cdot 0{,}792 \text{ g mL}^{-1}}{325 \text{ mL} \cdot 0{,}792 \text{ g mL}^{-1} + 600 \text{ mL} \cdot 0{,}998 \text{ g mL}^{-1}}$$

$$\underline{\boldsymbol{w_3(CH_3OH) = 0{,}301 = 30{,}1\%}}$$

Übungsaufgaben:

4-40. 450 mL Methanol und 250 mL Propanol werden gemischt. Welchen Massenanteil w(Me-OH) hat die entstehende Mischung?
ρ(Methanol) = 0,792 g/mL; ρ(Propanol) = 0,804 g/mL

4-41. 150 L Benzol und 270 L Toluol werden gemischt. Welchen Massenanteil w(Benzol) hat die entstehende Mischung? ρ(Benzol) = 0,879 g/mL; ρ(Toluol) = 0,867 g/mL

4-42. 250 mL Methan, CH_4, ρ = 0,716 g/L, und 270 mL Sauerstoff, O_2, ρ = 1,429 g/L, werden gemischt. Welchen Massenanteil $w(CH_4)$ hat das entstehende Gasgemisch?

Rechenbeispiel 4-15. 50,0 L Wasserstoff im Normzustand und 150,0 L Kohlenstoffmonoxid, CO, von 1030 mbar und 18 °C werden gemischt. Welchen Massenanteil w(CO) hat die entstehende Mischung?

Gesucht: w_3(HCl)

Gegeben:
$V_1(\mathrm{CO}) = 150{,}0\ \mathrm{L}$
$T_1(\mathrm{CO}) = 291\ \mathrm{K}$, $p_1(\mathrm{CO}) = 1030\ \mathrm{mbar}$
$w_1(\mathrm{CO}) = 100\% = 1$
$V_2(\mathrm{H_2}) = 50{,}0\ \mathrm{L}$
$w_2(\mathrm{CO}) = 0\% = 0$

$$[m_1(\mathrm{L_1}) + m_2(\mathrm{L_2})]\, w_3(\mathrm{X}) = m_1(\mathrm{L_1})\, w_1(\mathrm{X}) + m_2(\mathrm{L_2})\, w_2(\mathrm{X})$$

$w_1(\mathrm{X}) = 1$

$w_2(\mathrm{X}) = 0$

$m_\mathrm{i} = \dfrac{V_\mathrm{i}\, M_\mathrm{i}}{V_\mathrm{m}}$

$$w_3(\mathrm{CO}) = \frac{\dfrac{V_1(\mathrm{CO})\, p\, M(\mathrm{CO})}{R\,T}}{\dfrac{V_1(\mathrm{CO})\, p\, M(\mathrm{CO})}{R\,T} + \dfrac{V_2(\mathrm{H_2})\, M(\mathrm{H_2})}{V_{\mathrm{m}}(\mathrm{H_2})}}$$

$$= \frac{\dfrac{150{,}0\ \mathrm{L} \cdot 1030\ \mathrm{mbar} \cdot 28{,}01\ \mathrm{g\,mol^{-1}}}{83{,}1\ \mathrm{mbar\,L\,mol^{-1}\,K^{-1}} \cdot 291\ \mathrm{K}}}{\dfrac{150{,}0\ \mathrm{L} \cdot 1030\ \mathrm{mbar} \cdot 28{,}01\ \mathrm{g\,mol^{-1}}}{83{,}1\ \mathrm{mbar\,L\,mol^{-1}\,K^{-1}} \cdot 291\ \mathrm{K}} + \dfrac{50{,}0\ \mathrm{L} \cdot 2{,}016\ \mathrm{g\,mol^{-1}}}{22{,}4\ \mathrm{L\,mol^{-1}}}}$$

$\underline{w_3(\mathrm{CO}) = 0{,}975 = 97{,}5\%}$

Übungsaufgaben:

4-43. 750 mL Kohlenstoffmonoxid, CO, und 450 mL Kohlenstoffdioxid, CO_2, beide im Normzustand, werden gemischt. Wie groß ist der Massenanteil w(CO) im entstehenden Gemisch?

4-44. 625 L Stickstoff, N_2, im Normzustand und 450 L Sauerstoff, O_2, von 85 °C und 875 mbar werden gemischt. Wie groß ist der Massenanteil $w(N_2)$ im entstehenden Gemisch?

4-45. 80,0 mL Kohlenstoffmonoxid, CO, von 15 °C und 1100 mbar und 450 mL Wasserstoff, H_2, von 18 °C und 1085 mbar werden gemischt. Welchen Massenanteil w(CO) hat das entstehende Gemisch?

4-46. Für eine gravimetrische Bestimmung wird eine Bariumchlorid-Lösung angesetzt. Zu diesem Zweck werden 250,6 g reines Bariumchlorid, $BaCl_2$, in 1,25 L Wasser, ρ = 1,000 g/mL, gelöst. Welchen Massenanteil $w(BaCl_2)$ hat die Lösung?

4-47. 4,50 mol Kaliumhydroxid, KOH, werden in 750 mL Wasser, ρ = 1,000 g/mL gelöst. Welchen Massenanteil w(KOH) hat die entstehende Kalilauge?

4-48. 15,0 mol Ammoniakgas, NH_3, werden völlig in 27,0 L Wasser, ρ = 1,000 g/mL gelöst. Welchen Massenanteil $w(NH_3)$ hat die entstehende Lösung?

4-49. 95 L Hydrogenchloridgas von 22 °C und 1020 mbar werden in 500 mL Wasser, ρ = 1,000 g/mL, gelöst. Welchen Massenanteil w(HCl) hat die entstehende Lösung?

4.2.1.2 Berechnen des Massenanteils eines Ausgangsstoffes

Rechenbeispiel 4-16. 85,5 kg Salpetersäure-Lösung, $w_1(HNO_3)$ = 55,6%, werden mit 30,0 kg einer zweiten Salpetersäure-Lösung gemischt. Die entstehende Lösung hat den Massenanteil $w_3(HNO_3)$ = 45,2%. Wie groß war der Massenanteil $w_2(HNO_3)$ der zweiten Ausgangslösung?

Gesucht: $w_2(HNO_3)$

Gegeben: $w_1(HNO_3) = 55{,}6\% = 0{,}556$
$m_1(L_1) = 85{,}5$ kg
$m_2(L_2) = 30{,}0$ kg
$w_3(HNO_3) = 45{,}2\% = 0{,}452$

$$[m_1(L_1) + m_2(L_2)]\, w_3(X) = m_1(L_1)\, w_1(X) + m_2(L_2)\, w_2(X)$$

$$w_2(X) = \frac{[m_1(L_1) + m_2(L_2)]\, w_3(X) - m_1(L_1)\, w_1(X)}{m_2(L_2)}$$

$$= \frac{(85{,}5 \text{ kg} + 30{,}0 \text{ kg}) \cdot 0{,}452 - 85{,}5 \text{ kg} \cdot 0{,}556}{30{,}0 \text{ kg}}$$

$$\underline{w_2(HNO_3) = 0{,}156 = 15{,}6\%}$$

Rechenbeispiel 4-17. In 200 g einer Natronlauge werden 25,0 g reines Natriumhydroxid, NaOH, gelöst. Die entstehende Mischung hat den Massenanteil w_3(NaOH) = 17,5%. Wie groß war der Massenanteil w_1(NaOH) der Ausgangslösung?

Gesucht: w_1(NaOH)

Gegeben: $m_1(L_1) = 200$ g
$m_2(L_2) = m_2(\text{NaOH}) = 25{,}0$ g
$w_2(\text{NaOH}) = 1 = 100\%$
$w_3(\text{NaOH}) = 17{,}5\% = 0{,}175$

$$[m_1(L_1) + m_2(L_2)]\, w_3(X) = m_1(L_1)\, w_1(X) + m_2(L_2)\, w_2(X) \longleftarrow w_2(X) = 1$$

$$w_1(X) = \frac{[m_1(L_1) + m_2(L_2)]\, w_3(X) - m_2(L_2)\, w_2(X)}{m_1(L_1)}$$

$$= \frac{(200\ g + 25{,}0\ g) \cdot 0{,}175 - 25{,}0}{200\ g}$$

$$\underline{w_1(NaOH) = 0{,}072 = 7{,}2\%}$$

Rechenbeispiel 4-18. Aus 850 kg Kalilauge werden durch Verdünnen mit Wasser 2500 kg neue Lösung, $w_3(KOH) = 10{,}6\%$, hergestellt. Wie groß war der Massenanteil $w_1(KOH)$ der Kalilauge?

Gesucht: $w_1(KOH)$

Gegeben: $m_1(L_1) = 850$ kg
$m_3(L_3) = 2500$ kg; $w_3(KOH) = 10{,}6\%$

$$m_3(L_3)\, w_3(X) = m_1(L_1)\, w_1(X) + m_2(L_2)\, w_2(X) \longleftarrow w_2(X) = 0$$

$$w_1(X) = \frac{m_3(L_3)\, w_3(X)}{m_1(L_1)} = \frac{2500\ kg \cdot 0{,}106}{850\ kg}$$

$$\underline{w_1(KOH) = 0{,}312 = 31{,}2\%}$$

Übungsaufgaben:

4-50. 185,5 kg Schwefelsäure-Lösung, $w_1(H_2SO_4) = 80{,}0\%$, werden mit 130,0 kg einer zweiten Schwefelsäure-Lösung gemischt. Die entstehende Lösung hat den Massenanteil $w_3(H_2SO_4) = 61{,}7\%$. Wie groß war der Massenanteil $w_2(H_2SO_4)$ der zweiten Ausgangslösung?

4-51. In 800 g Kalilauge werden 125 g reines Kaliumhydroxid, KOH, gelöst. Die entstehende Mischung hat den Massenanteil $w(KOH) = 20{,}9\%$. Wie groß war der Massenanteil $w(KOH)$ der Ausgangslösung?

4.2.1.3 Berechnen von Quantitäten

4.2.1.3.1 Masse von Ausgangsstoffen

4.2.1.3.1.1 Aus der Quantität der entstehenden Mischphase

Aus der Mischungsgleichung (4-6a) leiten sich zwei Beziehungen ab, die den Zusammenhang zwischen den Massen $m_1(L_1)$ bzw. $m_2(L_2)$ von Ausgangsstoffen und der Masse $m_3(L_3)$ der entstehenden Mischphase beschreiben:

$$\boldsymbol{m_3\, w_3 = m_1\, w_1 + m_2\, w_2} \longleftarrow m_2 = m_3 - m_1$$

$$m_3\, w_3 = m_1\, w_1 + (m_3 - m_1)\, w_2$$

$$m_3\, w_3 = m_1\, w_1 + m_3\, w_2 - m_1\, w_2$$

$$m_3\, w_3 - m_3\, w_2 = m_1\, w_1 - m_1\, w_2$$

$$\boldsymbol{m_3(L_3)\, [w_3(X) - w_2(X)] = m_1(L_1)\, [w_1(X) - w_2(X)]} \qquad \textbf{(4-13a)}$$

$$\boldsymbol{m_3\, w_3 = m_1\, w_1 + m_2\, w_2} \longleftarrow m_1 = m_3 - m_2$$

$$m_3\, w_3 = (m_3 - m_2)\, w_1 + m_2\, w_2$$

$$m_3\, w_3 = m_3\, w_1 - m_2\, w_1 + m_2\, w_2$$

$$m_3\, w_3 - m_3\, w_1 = - m_2\, w_1 + m_2\, w_2$$

$$\boldsymbol{m_3(L_3)\, [w_3(X) - w_1(X)] = m_2(L_2)\, [w_2(X) - w_1(X)]} \qquad \textbf{(4-13b)}$$

In diesen Beziehungen kann gemäß Abb. 1-2 die Masse auch durch andere Quantitäten ersetzt werden.

Beim **Mischen von Mischphasen** lassen sich mit (4-13a) und (4-13b) die Massen $m_1(L_1)$ und $m_2(L_2)$ der Ausgangsstoffe aus gegebener Masse der entstehenden Mischphase berechnen.

Rechenbeispiel 4-19. Welche Massen zweier Natriumcarbonat-Lösungen mit den Massenanteilen $w_1(Na_2CO_3) = 12{,}8\%$ bzw. $w_2(Na_2CO_3) = 4{,}5\%$ muß man miteinander mischen, um 500 kg einer Lösung mit $w_3(Na_2CO_3) = 10{,}0\%$ herzustellen?

Gesucht: $m_1(L_1)$
$m_2(L_2)$

Gegeben: $w_1(Na_2CO_3) = 12{,}8\% = 0{,}128$
$w_2(Na_2CO_3) = 4{,}5\% = 0{,}045$
$m_3(L_3) = 500$ kg;
$w_3(Na_2CO_3) = 10{,}0\% = 0{,}100$

Mit (4-13a) gilt:

$$\mathbf{m_3(L_3)\,[w_3(X) - w_2(X)] = m_1(L_1)\,[w_1(X) - w_2(X)]}$$

$$m_1(L_1) = \frac{m_3(L_3)\,[w_3(Na_2CO_3) - w_2(Na_2CO_3)]}{w_1(Na_2CO_3) - w_2(Na_2CO_3)} = \frac{500\text{ kg}\,(0{,}100 - 0{,}045)}{0{,}128 - 0{,}045}$$

$$\underline{\mathbf{m_1(L_1) = 331\ kg}}$$

$$m_2(L_2) = m_3(L_3) - m_1(L_1) = 500\text{ kg} - 331\text{ kg}$$

$$\underline{\mathbf{m_2(L_2) = 169\ kg}}$$

Mit (4-13b) gilt:

$$\mathbf{m_3(L_3)\,[w_3(X) - w_1(X)] = m_2(L_2)\,[w_2(X) - w_1(X)]}$$

$$m_2(L_2) = \frac{m_3(L_3)\,[w_3(Na_2CO_3) - w_1(Na_2CO_3)]}{w_2(Na_2CO_3) - w_1(Na_2CO_3)} = \frac{500\text{ kg}\,(0{,}100 - 0{,}128)}{0{,}045 - 0{,}128}$$

$$\underline{\mathbf{m_2(L_2) = 169\ kg}}$$

Die Praxis zeigt, daß vielen Anwendern der Umgang mit der Mischungsgleichung leichter fällt, wenn sie in die allgemeine Form 4-6 bzw. 4-6a sofort Quantitäten und Gehalte einsetzen, dann nach der gesuchten Größe (hier die Masse $m_1(L_1)$ und/oder die Masse $m_2(L_2)$ von Ausgangsstoffen) umstellen und sie bestimmen.

Für das **Rechenbeispiel 4-19** ergibt sich so folgender **Lösungsweg 2:**

$$\mathbf{500\ kg \cdot 0{,}100 = m_1(L_1) \cdot 0{,}128 + m_2(L_2) \cdot 0{,}045}$$

$$m_2(L_2) = 500\text{ kg} - m_1(L_1)$$

$$500\text{ kg} \cdot 0{,}100 = m_1(L_1) \cdot 0{,}128 + 500\text{ kg} \cdot 0{,}045 - m_1(L_1) \cdot 0{,}045$$

$$500\text{ kg}\,(0{,}100-0{,}045) = m_1(L_1)\,(0{,}128-0{,}045)$$

$$m_1(L_1) = \frac{500\text{ kg}(0{,}100-0{,}045)}{0{,}128-0{,}045}$$

$$\underline{\mathbf{m_1(L_1) = 331\ kg}}$$

$$\mathbf{500\ kg \cdot 0{,}100 = m_1(L_1) \cdot 0{,}128 + m_2(L_1) \cdot 0{,}045}$$

$$\uparrow\ 500\ \text{kg} - m_2(L_2)$$

$$500\ \text{kg} \cdot 0{,}100 = 500\ \text{kg} \cdot 0{,}128 - m_2(L_1) \cdot 0{,}128 + m_2(L_1) \cdot 0{,}045$$

$$500\ \text{kg}\ (0{,}100-0{,}128) = m_2(L_1)\ (0{,}045-0{,}128)$$

$$m_2(L_2) = \frac{500\ \text{kg}\ (0{,}100-0{,}128)}{0{,}045-0{,}128}$$

$$\underline{\mathbf{m_2(L_1) = 169\ kg}}$$

Grundsätzlich empfiehlt sich zwar die Handhabung von Gleichungen in ihrer allgemeinen Form bis hin zur Formulierung einer Bestimmungsgleichung, in die dann bekannte Größenwerte eingesetzt werden können, im vorliegenden Fall ist aber der Lösungsweg 2 immer noch besser als gar die Anwendung einer Hilfskonstruktion, wie sie z. B. das sog. Andreaskreuz darstellt.

Die Mischungsgleichungen 4-6 und 4-6a beruhen darauf, daß sich die Quantitäten der Ausgangsstoffportionen und des darin enthaltenen Stoffes X addieren (vgl. auch Abschn. 4.1.2). Dies gilt auch für Lösungsweg 2. Beim Rechnen mit dem Andreaskreuz hingegen wird diese für Mischungsvorgänge grundlegende Erkenntnis nicht mehr unmittelbar deutlich.

Deshalb soll in einigen Beispielen zwar Lösungsweg 2, nicht aber das Rechnen mit dem Andreaskreuz gezeigt werden.

Übungsaufgaben:

4-52. 750 g einer Kalilauge mit einem Massenanteil $w(\text{KOH}) = 0{,}350$ sollen durch Mischen von zwei Laugen mit $w_1(\text{KOH}) = 0{,}386$ bzw. $w_2(\text{KOH}) = 0{,}208$ angesetzt werden. Welche Massen der Ausgangslösungen müssen gemischt werden?

4-53. Aus zwei Calciumchlorid-Lösungen, $w_1(\text{CaCl}_2) = 9{,}25\%$ bzw. $w_2(\text{CaCl}_2) = 3{,}75\%$, sollen 250 g Lösung mit einem Massenanteil $w_3(\text{CaCl}_2) = 5{,}00\%$ hergestellt werden. Wieviel Gramm der beiden Ausgangslösungen müssen zu diesem Zweck gemischt werden?

4-54. Für einen Laborversuch werden 600 g Lösung mit dem Massenanteil $w(\text{NH}_4\text{Cl}) = 8{,}5\%$ als Pufferlösung benötigt. Zur Herstellung stehen zwei Lösungen mit $w_1(\text{NH}_4\text{Cl}) = 12{,}0\%$ und $w_2(\text{NH}_4\text{Cl}) = 4{,}7\%$ zur Verfügung. Wieviel Gramm davon müssen gemischt werden?

In (4-13a) und (4-13b) kann die Masse gemäß Abb. 1-2 auch durch andere Quantitäten ersetzt werden.

Rechenbeispiel 4-20. Welche Massen zweier Natriumcarbonat-Lösungen mit den Massenanteilen $w_1(Na_2CO_3) = 12{,}8\%$ bzw. $w_2(Na_2CO_3) = 4{,}5\%$ muß man miteinander mischen, um 500 L einer Lösung mit $w_3(Na_2CO_3) = 10{,}0\%$ und $\rho = 1{,}045$ g/mL herzustellen?

Gesucht: $m_1(L_1)$, $m_2(L_2)$

Gegeben: $w_1(Na_2CO_3) = 12{,}8\% = 0{,}128$
$w_2(Na_2CO_3) = 4{,}5\% = 0{,}045$
$V_3(L_3) = 500$ L; $\rho_3(L_3) = 1{,}045$ g/mL
$w_3(Na_2CO_3) = 10{,}0\% = 0{,}100$

$$\boldsymbol{m_3(L_3)\,[w_3(X) - w_2(X)] = m_1(L_1)\,[w_1(X) - w_2(X)]} \longleftarrow m_3 = V_3\,\rho_3$$

$$m_1(L_1) = \frac{V_3(L_3)\,\rho_3(L_3)\,[w_3(Na_2CO_3) - w_2(Na_2CO_3)]}{w_1(Na_2CO_3) - w_2(Na_2CO_3)}$$

$$= \frac{500\ \text{L} \cdot 1{,}045\ \text{kg L}^{-1} \cdot (0{,}100 - 0{,}045)}{0{,}128 - 0{,}045}$$

$$\underline{\boldsymbol{m_1(L_1) = 346\ \text{kg}}}$$

$$\boldsymbol{m_3(L_3)\,[w_3(X) - w_1(X)] = m_2(L_2)\,[w_2(X) - w_1(X)]} \longleftarrow m_3 = V_3\,\rho_3$$

$$m_2(L_2) = \frac{V_3(L_3)\,\rho_3(L_3)\,[w_3(Na_2CO_3) - w_1(Na_2CO_3)]}{w_2(Na_2CO_3) - w_1(Na_2CO_3)}$$

$$= \frac{500\ \text{L} \cdot 1{,}045\ \text{kg L}^{-1} \cdot (0{,}100 - 0{,}128)}{0{,}045 - 0{,}128}$$

$$\underline{\boldsymbol{m_2(L_2) = 176\ \text{kg}}}$$

Übungsaufgaben:

4-55. 750 mL einer Kalilauge, $\rho = 1{,}341$ g/mL, mit dem Massenanteil $w(KOH) = 0{,}350$ sollen durch Mischen von zwei Laugen mit $w_1(KOH) = 0{,}386$ bzw. $w_2(KOH) = 0{,}208$ angesetzt werden. Welche Massen der Ausgangslösungen müssen gemischt werden?

4-56. Aus zwei Calciumchlorid-Lösungen, $w_1(CaCl_2) = 9{,}25\%$ bzw. $w_2(CaCl_2) = 3{,}75\%$, sollen 250 mL Lösung, $\rho = 1{,}040$ g/mL, mit einem Massenanteil $w_3(CaCl_2) = 5{,}00\%$ hergestellt werden. Wieviel Gramm der beiden Ausgangslösungen müssen gemischt werden?

4-57. Für einen Laborversuch werden 600 mL Lösung mit dem Massenanteil $w(NH_4Cl) = 8{,}5\%$ und der Dichte $\rho = 1{,}024$ g/mL als Pufferlösung benötigt. Zur Herstellung stehen zwei Lösungen mit $w_1(NH_4Cl) = 12{,}0\%$ und $w_2(NH_4Cl) = 4{,}7\%$ zur Verfügung. Wieviel Gramm davon müssen gemischt werden?

4-58. Aus zwei Soda-Lösungen mit $w(Na_2CO_3) = 12{,}55\%$ bzw. $w(Na_2CO_3) = 3{,}75\%$ sollen durch Mischen 750 mL Lösung mit $w(Na_2CO_3) = 5{,}00\%$ und $\rho = 1{,}050$ g/mL, hergestellt werden. Welche Massen der Ausgangslösungen sind notwendig?

Beim **Mischen von Mischphasen und reinem gelöstem Stoff** (Konzentrieren) gilt $\mathbf{w_2(X) = 100\% = 1}$.

Rechenbeispiel 4-21. Wieviel Kilogramm Calciumchlorid-Lösung, $w_1(CaCl_2) = 8{,}0\%$, und wieviel Kilogramm reines Calciumchlorid, $CaCl_2$, benötigt man zur Herstellung von 500 kg Mischung mit einem Massenanteil $w_3(CaCl_2) = 9{,}5\%$?

Gesucht: $m_1(L_1)$
$m_2(L_2) = m_2(CaCl_2)$

Gegeben: $w_1(CaCl_2) = 8{,}0\% = 0{,}080$
$w_2(CaCl_2) = 100\% = 1$
$m_3(L_3) = 500$ kg
$w_3(CaCl_2) = 9{,}5\% = 0{,}095$

$$m_3(L_3)\,[w_3(X) - w_2(X)] = m_1(L_1)\,[w_1(X) - w_2(X)] \qquad \textbf{(4-13a)}$$

$$m_1(L_1) = \frac{m_3(L_3)\,[w_3(CaCl_2) - w_2(CaCl_2)]}{w_1(CaCl_2) - w_2(CaCl_2)} = \frac{500\ \text{kg} \cdot (0{,}095 - 1)}{0{,}080 - 1}$$

$$\underline{\mathbf{m_1(L_1) = 491{,}8\ kg}}$$

$$m_3(L_3)\,[w_3(X) - w_1(X)] = m_2(L_2)\,[w_2(X) - w_1(X)] \qquad \textbf{(4-13b)}$$

$$m_2(L_2) = \frac{m_3(L_3)\,[w_3(CaCl_2) - w_1(CaCl_2)]}{w_2(CaCl_2) - w_1(CaCl_2)} = \frac{500\ \text{kg} \cdot (0{,}095 - 0{,}080)}{(1 - 0{,}080)}$$

$$\underline{\mathbf{m_2(L_2) = m_2(CaCl_2) = 8{,}2\ kg}}$$

Lösungsweg 2:

$$\mathbf{500\ kg \cdot 0{,}095 = m_1(L_1) \cdot 0{,}080 + m_2(L_2) \cdot 1}$$

↑ └ 500 kg − $\mathbf{m_1(L_1)}$

$$\mathbf{500\ kg \cdot 0{,}095} = m_1(\mathrm{L}_1) \cdot 0{,}080 + 500\ \mathrm{kg} \cdot 1 - m_1(\mathrm{L}_1) \cdot 1$$

$$500\ \mathrm{kg}\ (0{,}095-1) = m_1(\mathrm{L}_1)\ (0{,}080-1)$$

$$m_1(\mathrm{L}_1) = \frac{500\ \mathrm{kg}\ (0{,}095-1)}{0{,}080-1}$$

$$\underline{\mathbf{m_1(L_1) = 491{,}8\ kg}}$$

$$\mathbf{500\ kg \cdot 0{,}095 = m_1(L_1) \cdot 0{,}080 + m_2(L_2) \cdot 1}$$

$$\uparrow\!\!\llcorner\ 500\ \mathrm{kg} - \mathbf{m_2(L_2)}$$

$$500\ \mathrm{kg} \cdot 0{,}095 = 500\ \mathrm{kg} \cdot 0{,}080 - m_2(\mathrm{L}_2) \cdot 0{,}080 - m_2(\mathrm{L}_2) \cdot 1$$

$$500\ \mathrm{kg}\ (0{,}095-0{,}080) = m_2(\mathrm{L}_2)\ (1-0{,}080)$$

$$m_1(\mathrm{L}_1) = \frac{500\ \mathrm{kg}\ (0{,}095-0{,}080)}{1-0{,}080}$$

$$\underline{\mathbf{m_2(L_2) = 8{,}2\ kg}}$$

Übungsaufgaben:

4-59. Durch Einleiten von Hydrogenchlorid in eine Salzsäure, $w(\mathrm{HCl}) = 10{,}0\%$, soll diese auf den Massenanteil $w(\mathrm{HCl}) = 25{,}0\%$ konzentriert werden. Wieviel Gramm Hydrogenchlorid werden benötigt, um 750 g der neuen Mischung zu bekommen?

4-60. Durch Zugabe von reinem Kaliumnitrat soll eine Kaliumnitrat-Lösung mit $w(\mathrm{KNO_3}) = 0{,}055$ auf einen Gehalt von $w(\mathrm{KNO_3}) = 0{,}100$ konzentriert werden. Wieviel Kilogramm der Ausgangslösung muß man zu diesem Zweck einsetzen, wenn 320 kg neue Lösung hergestellt werden sollen?

4-61. Wieviel Gramm reines Kaliumhydroxid muß man zu einer Kalilauge, $w(\mathrm{KOH}) = 0{,}155$, geben, um 600 g Lauge mit $w(\mathrm{KOH}) = 0{,}300$ herzustellen?

4-62. Wieviel Kilogramm Natriumnitrat-Lösung mit $w_1(\mathrm{NaNO_3}) = 4{,}5\%$ und wieviel Kilogramm reines Natriumnitrat benötigt man zur Herstellung von 800 kg Lösung mit einem Massenanteil $w_3(\mathrm{NaNO_3}) = 12{,}5\%$?

In (4-13a) und (4-13b) kann die Masse gemäß Abb. 1-2 auch durch andere Quantitäten ersetzt werden.

Rechenbeispiel 4-22. Wieviel Kilogramm Calciumchlorid-Lösung, $w_1(CaCl_2) = 8{,}0\%$, und wieviel Kilogramm reines Calciumchlorid, $CaCl_2$, benötigt man zur Herstellung von 500 L Mischung mit einem Massenanteil $w_3(CaCl_2) = 9{,}5\%$ und $\rho = 1{,}079$ g/mL?

Gesucht: $m_1(L_1)$
$m_2(L_2) = m_2(CaCl_2)$

Gegeben: $w_1(CaCl_2) = 8{,}0\% = 0{,}080$
$w_2(CaCl_2) = 100\% = 1$
$V_3(L_3) = 500$ L
$\rho_3(L_3) = 1{,}079$ g/mL
$w_3(CaCl_2) = 9{,}5\% = 0{,}095$

$$\mathbf{m_3(L_3)\,[w_3(X) - w_2(X)] = m_1(L_1)\,[w_1(X) - w_2(X)]} \longleftarrow m_3 = V_3\,\rho_3$$

$$m_1(L_1) = \frac{V_3(L_3)\,\rho_3(L_3)\,[w_3(CaCl_2) - w_2(CaCl_2)]}{w_1(CaCl_2) - w_2(CaCl_2)}$$

$$= \frac{500\ \text{L} \cdot 1{,}079\ \text{kg L}^{-1} \cdot (0{,}095 - 1)}{0{,}080 - 1}$$

$\mathbf{m_1(L_1) = 530{,}7\ kg}$

$$\mathbf{m_3(L_3)\,[w_3(X) - w_1(X)] = m_2(L_2)\,[w_2(X) - w_1(X)]} \longleftarrow m_3 = V_3\,\rho_3$$

$$m_2(L_2) = \frac{V_3(L_3)\,\rho_3(L_3)\,[w_3(CaCl_2) - w_1(CaCl_2)]}{w_2(CaCl_2) - w_1(CaCl_2)}$$

$$= \frac{500\ \text{L} \cdot 1{,}079\ \text{kg L}^{-1} \cdot (0{,}095 - 0{,}080)}{1 - 0{,}080}$$

$\mathbf{m_2(L_2) = m_2(CaCl_2) = 8{,}8\ kg}$

Übungsaufgaben:

4-63. Durch Einleiten von Hydrogenchlorid in eine Salzsäure, $w(HCl) = 10{,}0\%$, soll diese auf den Massenanteil $w(HCl) = 24{,}3\%$ konzentriert werden. Wieviel Gramm Hydrogenchlorid werden benötigt, um 750 mL der neuen Lösung, $\rho = 1{,}120$ g/mL, zu bekommen?

4-64. Durch Zugabe von reinem Kaliumnitrat soll eine Kaliumnitrat-Lösung mit $w(KNO_3) = 0{,}055$ auf einen Gehalt von $w(KNO_3) = 0{,}100$ konzentriert werden. Wieviel Kilogramm der Ausgangslösung muß man zu diesem Zweck einsetzen, wenn 320 L neue Lösung mit der Dichte $\rho = 1{,}063$ g/mL hergestellt werden sollen?

4-65. Wieviel Kilogramm reines Kaliumhydroxid muß man zu einer Kalilauge, $w(\text{KOH}) = 0{,}155$, geben, um 600 L Lauge, $\rho = 1{,}142$ g/mL, mit $w(\text{KOH}) = 0{,}300$ herzustellen?

Beim **Mischen von Mischphasen und reinem Lösemittel** (Konzentrieren) gilt $\mathbf{w_2(X) = 0\%} = \mathbf{0}$.

Rechenbeispiel 4-23. Wieviel Gramm kristallisiertes Kupfersulfat, $CuSO_4 \cdot 5\,H_2O$, mit $w(CuSO_4) = 63{,}5\%$ benötigt man, um 275 g Lösung mit $w(CuSO_4) = 8{,}5\%$ herzustellen?

Gesucht: $m_1(\text{L}_1) = m_1(CuSO_4 \cdot 5\,H_2O)$

Gegeben: $m_3(\text{L}_3) = 275$ g
$w_3(CuSO_4) = 8{,}5\%$
$w_1(CuSO_4) = 63{,}5\%$
$w_2(CuSO_4) = 0\%$

$$\mathbf{m_3(L_3)\,[w_3(X) - w_2(X)] = m_1(L_1)\,[w_1(X) - w_2(X)] \longleftarrow w_2(X) = 0}$$

$$m_1(\text{L}_1) = \frac{m_3(\text{L}_3)\, w_3(CuSO_4)}{w_1(CuSO_4)} = \frac{275\text{ g} \cdot 0{,}085}{0{,}635}$$

$$\underline{\mathbf{m_1(L_1) = m_1(CuSO_4 \cdot 5\,H_2O) = 36{,}8\text{ g}}}$$

Übungsaufgaben:

4-66. Aus Natriumnitrat, $w(NaNO_3) = 98{,}7\%$, und Wasser sollen 250 g einer Lösung mit $w(NaNO_3) = 17{,}5\%$ hergestellt werden. Wieviel Gramm der beiden Ausgangsstoffe sind dazu notwendig?

4-67. Durch Verdünnen einer vorhandenen Salzsäure, $w(\text{HCl}) = 0{,}25$, mit Wasser werden 275 g Salzsäure mit $w(\text{HCl}) = 0{,}15$ angesetzt. Wieviel Gramm der vorhandenen Salzsäure müssen abgewogen werden?

4-68. 350 kg Kalilauge mit $w(\text{KOH}) = 20{,}0\%$ sollen durch Verdünnen einer konzentrierten Lauge, $w(\text{KOH}) = 45{,}6\%$, mit Wasser angesetzt werden. Wieviel Kilogramm der Ausgangsstoffe müssen miteinander gemischt werden?

4-69. Wieviel Kilogramm technisches Ätznatron, $w(\text{NaOH}) = 0{,}926$, müssen in Wasser gelöst werden, damit 250 kg Natronlauge mit $w(\text{NaOH}) = 0{,}355$ entstehen?

In (4-13a) und (4-13b) kann die Masse gemäß Abb. 1-2 auch durch andere Quantitäten ersetzt werden.

Rechenbeispiel 4-24. Wieviel Gramm kristallisiertes Kupfersulfat, $CuSO_4 \cdot 5\,H_2O$, mit $w(CuSO_4) = 63{,}5\%$ benötigt man, um 275 mL Lösung mit $w(CuSO_4) = 8{,}5\%$ und $\rho = 1{,}081$ g/mL herzustellen?

Gesucht: $m_1(L_1) = m_1(CuSO_4 \cdot 5\,H_2O)$

Gegeben:
$V_3(L_3) = 275$ ml
$\rho_3(L_3) = 1{,}081$ g/mL
$w_3(CuSO_4) = 8{,}5\%$
$w_1(CuSO_4) = 63{,}5\%$
$w_2(CuSO_4) = 0\%$

$$\boldsymbol{m_3(L_3)\,[w_3(X) - w_2(X)] = m_1(L_1)\,[w_1(X) - w_2(X)]} \leftarrow \boldsymbol{w_2(X) = 0;\ m_3 = V_3\,\rho_3}$$

$$m_1(L_1) = \frac{V_3(L_3)\,\rho_3(L_3)\,w_3(CuSO_4)}{w_1(CuSO_4)} = \frac{275\ \text{mL} \cdot 1{,}081\ \text{g mL}^{-1} \cdot 0{,}085}{0{,}635}$$

$$\underline{\boldsymbol{m_1(L_1) = m_1(CuSO_4 \cdot 5\,H_2O) = 39{,}8\ g}}$$

Übungsaufgaben:

4-70. Aus Natriumnitrat, $w(NaNO_3) = 98{,}7\%$, und Wasser sollen 250 mL einer Lösung mit $w(NaNO_3) = 17{,}5\%$, $\rho = 1{,}051$ g/mL, hergestellt werden. Wieviel Gramm der beiden Ausgangsstoffe sind dazu notwendig?

4-71. Durch Verdünnen einer vorhandenen Salzsäure, $w(HCl) = 0{,}25$, mit Wasser werden 275 mL Salzsäure mit $w(HCl) = 0{,}150$, $\rho = 1{,}0725$ g/mL, angesetzt. Wieviel Gramm der vorhandenen Salzsäure müssen abgewogen werden?

4-72. 350 L Kalilauge, $w(KOH) = 20{,}0\%$, $\rho = 1{,}186$ g/mL, sollen durch Verdünnen einer konzentrierten Lauge, $w(KOH) = 45{,}6\%$, mit Wasser angesetzt werden. Wieviel Kilogramm der Ausgangsstoffe müssen miteinander gemischt werden?

Beim **Mischen reiner Stoffe** gilt $\boldsymbol{w_1(X) = 100\% = 1}$ und $\boldsymbol{w_2(X) = 0\% = 0}$.

Rechenbeispiel 4-25. Wieviel Gramm reines Natriumchlorid müssen in Wasser gelöst werden, um 12,50 kg einer Lösung mit $w(NaCl) = 0{,}075$ herzustellen? Wieviel Kilogramm Wasser sind notwendig?

Gesucht:
$m_1(L_1) = m(NaCl)$
$m_2(L_2) = m(H_2O)$

Gegeben:
$m_3(L_3) = 12{,}50$ kg
$w_3(NaCl) = 7{,}5\% = 0{,}075$
$w_1(NaCl) = 1$
$w_2(NaCl) = 0$

$$\mathbf{m_3(L_3)\,[w_3(X) - w_2(X)] = m_1(L_1)\,[w_1(X) - w_2(X)]} \leftarrow \begin{cases} w_1(X) = 1 \\ w_2(X) = 0 \end{cases}$$

$$m_1(L_1) = m_3(L_3)\,w_3(NaCl) = 12{,}50\text{ kg} \cdot 0{,}075$$

$$\underline{\mathbf{m_1(L_1) = m(NaCl) = 938\ g}}$$

$$\mathbf{m_3(L_3)\,[w_3(X) - w_1(X)] = m_2(L_2)\,[w_2(X) - w_1(X)]} \leftarrow \begin{cases} w_1(X) = 1 \\ w_2(X) = 0 \end{cases}$$

$$m_2(L_2) = m_3(L_3)\,[1 - w_3(NaCl)] = 12{,}50\text{ kg} \cdot (1 - 0{,}075)$$

$$\underline{\mathbf{m_2(L_2) = m(H_2O) = 11{,}562\ kg}}$$

Übungsaufgaben:

4-73. Durch Auflösen von reinem Ammoniakgas in Wasser sollen 320 g Ammoniak-Lösung, $w(NH_3) = 0{,}250$, hergestellt werden. Welche Massen an a) Ammoniakgas und b) Wasser sind dazu notwendig?

4-74. Wieviel Gramm reines Kaliumchlorid sind zur Herstellung von 1,50 kg Lösung mit $w(KCl) = 15{,}0\%$ notwendig?

4-75. Wieviel Kilogramm reines Natriumsulfat müssen in Wasser gelöst werden, um 60,0 kg Lösung, $w(Na_2SO_4) = 0{,}320$, anzusetzen?

4-76. Wieviel Gramm reines Soda, Na_2CO_3, benötigt man zur Herstellung von 375 g Lösung mit $w(Na_2CO_3) = 6{,}50\%$?

4-77. Durch Lösen von reinem Kaliumiodid in Wasser sollen 250 g Lösung mit einem Massenanteil $w(KI) = 10{,}00\%$ angesetzt werden. Wieviel Gramm Kaliumiodid müssen abgewogen werden?

4-78. Durch Mischen von Ethanol, C_2H_5OH, und Methanol, CH_3OH, sollen 65,0 kg eines Alkoholgemisches mit dem $w(C_2H_5OH) = 10{,}00\%$ angesetzt werden. Welche Massen der Ausgangsstoffe sind abzuwiegen?

In (4-13a) und (4-13b) kann die Masse gemäß Abb. 1-2 auch durch andere Quantitäten ersetzt werden.

Rechenbeispiel 4-26. Durch Lösen von Kaliumbromid in Wasser sollen 600 mL Lösung, $w(KBr) = 10{,}0\%$, $\rho = 1{,}074$ g/mL, angesetzt werden. Wieviel Gramm Kaliumbromid müssen abgewogen werden?

Gesucht: $m_1(\text{KBr})$ **Gegeben:** $V_3(L_3) = 600$ mL
$\rho_3(L_3) = 1{,}074$ g/mL
$w_3(X) = 10{,}0\% = 0{,}100$

$$\mathbf{m_3(L_3)\,[w_3(X) - w_2(X)] = m_1(L_1)\,[w_1(X) - w_2(X)]} \leftarrow \begin{cases} \mathbf{w_1(X) = 1} \\ \mathbf{w_2(X) = 0} \\ \mathbf{m_3 = V_3\,\rho_3} \end{cases}$$

$$m_1(\text{KBr}) = V_3(L_3)\,\rho_3(L_3)\,w_3(\text{KBr}) = 600\ \text{mL} \cdot 1{,}074\ \text{g mL}^{-1} \cdot 0{,}100$$

$$\underline{\mathbf{m_1(KBr) = 64{,}4\ g}}$$

Übungsaufgaben:

4-79. Durch Lösen von Eisen(II)-sulfat, $FeSO_4$, in Wasser sollen 500 mL Lösung, $w(FeSO_4) = 2{,}00\%$, $\rho = 1{,}018$ g/mL, angesetzt werden. Welche Massen der reinen Ausgangsstoffe sind abzuwiegen?

4-80. Es sollen 3,50 L Natriumthiosulfat-Lösung, $w(Na_2S_2O_3) = 6{,}00\%$, $\rho = 1{,}048$ g/mL, durch Lösen von Natriumthiosulfat angesetzt werden. Welche Massen der Ausgangsstoffe werden benötigt?

4-81. Eine wäßrige Kaliumdichromat-Lösung, $\rho = 1{,}055$ g/mL, $w(K_2Cr_2O_7) = 8{,}00\%$, wird zur Oxidation organischer Verbindungen benötigt. Wieviel Gramm Kaliumdichromat, $K_2Cr_2O_7$, sind zur Herstellung von 1000 mL Lösung notwendig?

4.2.1.3.1.2 Aus der Quantität von Ausgangsstoffen

Die Masse $m_1(L_1)$ eines Ausgangsstoffes läßt sich auch aus gegebener Masse $m_2(L_2)$ eines zweiten Ausgangsstoffes berechnen. Diese Beziehung ergibt sich, wenn man die Mischungsgleichung (4-6) auf S. 296 nach $m_1(L_1)$ umstellt:

$$(m_1 + m_2)\,w_3 = m_1\,w_1 + m_2\,w_2$$

$$m_1\,w_3 + m_2\,w_3 = m_1\,w_1 + m_2\,w_2$$

$$m_1\,w_3 - m_1\,w_1 = m_2\,w_2 - m_2\,w_3$$

$$m_1\,w_3 - m_1\,w_1 = m_2\,w_2 - m_2\,w_3$$

$$\mathbf{m_1(L_1)\,[w_3(X) - w_1(X)] = m_2(L_2)\,[w_2(X) - w_3(X)]} \qquad \mathbf{(4\text{-}13c)}$$

Rechenbeispiel 4-27. Welche Masse an Natriumchlorid-Lösung, $w_1(\text{NaCl}) = 6{,}0\%$, muß man mit 900 g reinem Natriumchlorid zusammengeben, damit eine neue Lösung mit $w_3(\text{NaCl}) = 9{,}5\%$ entsteht? Wie groß ist die Masse der entstehenden Lösung?

Gesucht: $m_1(L_1)$
$m_3(L_3)$

Gegeben: $w_1(NaCl) = 6{,}0\% = 0{,}060$
$w_2(NaCl) = 100\% = 1$
$m_2(L_2) = m_2(NaCl) = 900\ g$
$w_3(NaCl) = 9{,}5\% = 0{,}095$

$$\boldsymbol{m_1(L_1)\,[w_3(X) - w_1(X)] = m_2(L_2)\,[w_2(X) - w_3(X)]}$$

$$m_1(L_1) = \frac{m_2(L_2)\,[w_2(NaCl) - w_3(NaCl)]}{w_3(NaCl) - w_1(NaCl)} = \frac{900\ g \cdot (1 - 0{,}095)}{0{,}095 - 0{,}060}$$

$$\underline{\boldsymbol{m_1(L_1) = 23{,}3\ kg}}$$

$$m_3(L_3) = m_1(L_1) + m_2(L_2) = 0{,}9\ kg + 23{,}3\ kg$$

$$\underline{\boldsymbol{m_3(L_3) = 24{,}2\ kg}}$$

Übungsaufgaben:

4-82. Durch Einleiten von Chlorwasserstoffgas in 500 g Wasser soll eine Salzsäure mit dem Massenanteil $w(HCl) = 25{,}0\%$ hergestellt werden. Wieviel Gramm Hydrogenchloridgas werden benötigt? Wieviel Gramm der Salzsäure entstehen?

4-83. Durch Einleiten von Chlorwasserstoffgas in 250 g einer Salzsäure, $w(HCl) = 20{,}0\%$, soll diese auf einen Massenanteil $w(HCl) = 25{,}0\%$ konzentriert werden. Wieviel Gramm Hydrogenchloridgas werden benötigt? Wieviel Gramm neue Lösung entstehen?

4-84. Durch Zugabe von reinem Kaliumnitrat soll eine Kaliumnitrat-Lösung mit $w(KNO_3) = 0{,}055$ auf den Gehalt $w(KNO_3) = 0{,}100$ konzentriert werden. Wieviel Kilogramm der Lösung muß man mit 2,75 kg reinem Kaliumnitrat mischen?

4-85. Wieviel Gramm reines Kaliumhydroxid muß man zu 150 g Kalilauge, $w(KOH) = 0{,}155$, geben, um eine Lauge mit $w(KOH) = 0{,}300$ herzustellen?

4-86. Wieviel Kilogramm Wasser muß man zu 1,25 kg Ätznatron, $w(NaOH) = 98{,}7\%$, geben, um eine Natronlauge mit $w(NaOH) = 35{,}5\%$ anzusetzen?

4-87. Aus 175 kg Schwefelsäure-Lösung, $w(H_2SO_4) = 68{,}0\%$, soll durch Mischen mit einer zweiten Lösung, $w(H_2SO_4) = 25{,}5\%$ eine Lösung mit $w(H_2SO_4) = 30{,}0\%$ hergestellt werden. Wieviel Kilogramm der zweiten Ausgangslösung sind notwendig? Wieviel Kilogramm neue Lösung entstehen?

In (4-13 c) kann die Masse gemäß Abb. 1-2 auch durch andere Quantitäten ersetzt werden.

Rechenbeispiel 4-28. Wieviel Kilogramm Wasser muß man zu 385 L einer Natronlauge, $w_2(NaOH) = 40{,}0\%$, $\rho_2(L_2) = 1{,}430$ g/mL, geben, um eine neue Lösung mit $w_3(NaOH) = 30{,}0\%$ anzusetzen? Wieviel Kilogramm Lösung entstehen dabei?

Gesucht: $m_1(L_1) = m_1(H_2O)$
$m_3(L_3)$

Gegeben: $w_1(NaOH) = 0\% = 0$
$V_2(L_2) = 385$ L;
$\rho_2(L_2) = 1{,}430$ g/mL
$w_2(NaOH) = 40{,}0\% = 0{,}400$
$w_3(NaOH) = 30{,}0\% = 0{,}300$

$$\mathbf{m_1(L_1)\,[w_3(X) - w_1(X)] = m_2(L_2)\,[w_2(X) - w_3(X)] \longleftarrow m_2 = V_2\,\rho_2}$$

$$m_1(L_1) = \frac{V_2(L_2)\,\rho_2(L_2)\,[w_2(NaOH) - w_3(NaOH)]}{w_3(NaOH) - w_1(NaOH)}$$

$$= \frac{385\text{ L} \cdot 1{,}430\text{ g mL}^{-1} \cdot (0{,}400 - 0{,}300)}{0{,}300 - 0}$$

$$\underline{\mathbf{m_1(L_1 = 184\text{ kg}}}$$

$$m_3(L_3) = m_1(L_1) + V_2(L_2)\,\rho_2(L_2) = 184\text{ kg} + 385\text{ L} \cdot 1{,}430\text{ kg L}^{-1}$$

$$\underline{\mathbf{m_3(L_3) = 735\text{ kg}}}$$

Übungsaufgaben:

4-88. Durch Mischen von Brom mit 300 mL Tetrachlormethan, $\rho = 1{,}594$ g/mL, soll eine Lösung mit dem Massenanteil $w(Br) = 2{,}50\%$ hergestellt werden. Wieviel Gramm Brom werden benötigt? Wieviel Gramm der Lösung entstehen?

4-89. Durch Einleiten von Chlorwasserstoffgas in 250 mL Salzsäure, $w(HCl) = 20{,}0\%$, $\rho = 1{,}098$ g/mL, soll diese auf einen Massenanteil $w(HCl) = 25{,}0\%$ konzentriert werden. Wieviel Gramm HCl-Gas werden benötigt? Wieviel Gramm neue Lösung entstehen?

4-90. Durch Zugabe von reinem Kaliumnitrat soll eine Kaliumnitrat-Lösung, $w(KNO_3) = 0{,}055$, $\rho = 1{,}027$ g/mL, auf den Gehalt $w(KNO_3) = 0{,}100$ konzentriert werden. Wieviel Kilogramm der Lösung muß man mit 2,75 kg reinem Kaliumnitrat, KNO_3, mischen?

4-91. Wieviel Gramm reines Kaliumhydroxid muß man zu 150 mL Kalilauge, $w(KOH) = 0{,}155$, $\rho = 1{,}143$ g/mL, geben, um eine Lauge mit $w(KOH) = 0{,}300$ herzustellen?

4-92. Aus 175 L Schwefelsäure-Lösung, $w(H_2SO_4) = 68{,}0\%$, $\rho = 1{,}588$ g/mL, soll durch Mischen mit einer zweiten Schwefelsäure-Lösung, $w(H_2SO_4) = 25{,}5\%$, $\rho = 1{,}183$ g/mL, eine Lösung mit $w(H_2SO_4) = 30{,}0\%$ hergestellt werden. Wieviel Kilogramm der zweiten Ausgangslösung sind notwendig? Wieviel Kilogramm neue Lösung entstehen?

4.2.1.3.2 Masse der entstehenden Mischphase

Die Masse $m_m(L_m)$ einer beim Mischen entstehenden Mischphase kann aus der Quantität **eines** verwendeten Ausgangsstoffes direkt berechnet werden. Beim **Mischen von Mischphasen** gilt (4-13a). Sie ergibt sich aus der Mischungsgleichung (4-6) auf S. 296, wenn man sie nach $m_3(L_3)$ umstellt (vgl. auch S. 312):

$$\boldsymbol{m_3\, w_3 = m_1\, w_1 + m_2\, w_2} \longleftarrow m_2 = m_3 - m_1$$

$$m_3\, w_3 = m_1\, w_1 + (m_3 - m_1)\, w_2$$

$$m_3\, w_3 = m_1\, w_1 + m_3\, w_2 - m_1\, w_2$$

$$m_3\, w_3 - m_3\, w_2 = m_1\, w_1 - m_1\, w_2$$

$$\boldsymbol{m_3(L_3)\,[w_3(X) - w_2(X)] = m_1(L_1)\,[w_1(X) - w_2(X)]}$$

Rechenbeispiel 4-29. Wieviel Kilogramm Salzsäure, $w_3(HCl) = 27{,}5\%$, lassen sich durch Mischen von 50,0 kg einer Salzsäure, $w_1(HCl) = 10{,}0\%$, mit einer zweiten Salzsäure, $w_2(HCl) = 36{,}0\%$, herstellen?

Gesucht: $m_3(L_3)$

Gegeben: $w_3(HCl) = 27{,}5\% = 0{,}275$
$m_1(L_1) = 50{,}0$ kg; $w_1(HCl) = 10{,}0\% = 0{,}100$
$w_2(HCl) = 36{,}0\% = 0{,}360$

$$\boldsymbol{m_3(L_3)\,[w_3(X) - w_2(X)] = m_1(L_1)\,[w_1(X) - w_2(X)]}$$

$$m_3(L_3) = \frac{m_1(L_1)\,[w_1(HCl) - w_2(HCl)]}{w_3(HCl) - w_2(HCl)} = \frac{50{,}0\ \text{kg} \cdot (0{,}100 - 0{,}360)}{0{,}275 - 0{,}360}$$

$$\underline{\boldsymbol{m_3(L_3) = 153\ \text{kg}}}$$

Übungsaufgaben:

4-93. Wieviel Kilogramm Salzsäure, $w(HCl) = 30{,}0\%$, lassen sich durch Mischen von 800 kg einer Salzsäure, $w(HCl) = 7{,}50\%$, mit einer zweiten Salzsäure, $w(HCl) = 36{,}0\%$, herstellen?

4-94. Wieviel Gramm Schwefelsäure-Lösung, $w(H_2SO_4) = 45{,}0\%$, lassen sich durch Mischen von 400 g Schwefelsäure-Lösung, $w(H_2SO_4) = 17{,}5\%$, mit einer zweiten Lösung, $w(H_2SO_4) = 96{,}0\%$, herstellen?

4-95. Wieviel Kilogramm Kalilauge, $w(KOH) = 32{,}0\%$, lassen sich durch Mischen von 62,5 kg Kalilauge, $w(KOH) = 8{,}50\%$, mit einer zweiten Lauge, $w(KOH) = 40{,}0\%$, herstellen?

In (4-13 a) kann die Masse gemäß Abb. 1-2 auch durch andere Quantitäten ersetzt werden.

Rechenbeispiel 4-30. Wieviel Kilogramm Salzsäure, $w_3(\mathrm{HCl})$ = 27,5%, lassen sich durch Mischen von 50,0 L einer Salzsäure, $w_1(\mathrm{HCl})$ = 10,0%, ρ = 1,048 g/mL, mit einer zweiten Salzsäure, $w_2(\mathrm{HCl})$ = 36,0%, herstellen?

Gesucht: $m_3(\mathrm{L}_3)$

Gegeben: $w_3(\mathrm{HCl}) = 27{,}5\% = 0{,}275$
$V_1(\mathrm{L}_1) = 50{,}0\ \mathrm{L};\ \rho_1(\mathrm{L}_1) = 1{,}048\ \mathrm{g/mL}$
$w_1(\mathrm{HCl}) = 10{,}0\% = 0{,}100$
$w_2(\mathrm{HCl}) = 36{,}0\% = 0{,}360$

$$\boldsymbol{m_3(\mathrm{L}_3)\,[w_3(\mathrm{X}) - w_2(\mathrm{X})] = m_1(\mathrm{L}_1)\,[w_1(\mathrm{X}) - w_2(\mathrm{X})] \longleftarrow m_1 = V_1\,\rho_1}$$

$$m_3(\mathrm{L}_3) = \frac{V_1(\mathrm{L}_1)\,\rho_1(\mathrm{L}_1)\,[w_1(\mathrm{HCl}) - w_2(\mathrm{HCl})]}{w_3(\mathrm{HCl}) - w_2(\mathrm{HCl})}$$

$$= \frac{50{,}0\ \mathrm{L} \cdot 1{,}048\ \mathrm{kg\ L^{-1}} \cdot (0{,}100 - 0{,}360)}{0{,}275 - 0{,}360}$$

$$\underline{\boldsymbol{m_3(\mathrm{L}_3) = 160\ \mathrm{kg}}}$$

Übungsaufgaben:

4-96. Wieviel Kilogramm Salzsäure, $w(\mathrm{HCl})$ = 30,0%, lassen sich durch Mischen von 800 L einer Salzsäure, $w(\mathrm{HCl})$ = 7,50%, ρ = 1,035 g/mL, mit einer zweiten Salzsäure, $w(\mathrm{HCl})$ = 36,0%, herstellen?

4-97. Wieviel Gramm Schwefelsäure-Lösung, $w(\mathrm{H_2SO_4})$ = 45,0%, lassen sich durch Mischen von 400 mL Schwefelsäure-Lösung, $w(\mathrm{H_2SO_4})$ = 17,5%, ρ = 1,120 g/mL, mit einer zweiten Lösung, $w(\mathrm{H_2SO_4})$ = 96,0%, herstellen?

Beim **Mischen von Mischphasen mit reinem Stoff** gilt $\boldsymbol{w_2(\mathrm{X}) = 100\% = 1}$. Je nach Aufgabenstellung wird (4-13a) oder (4-13b) (vgl. S. 312) zugrundegelegt. Darin kann wieder gemäß Abb. 1-2 die Masse durch andere Quantitäten ersetzt werden.

Rechenbeispiel 4-31. 500 mL Soda-Lösung, $w_1(\mathrm{Na_2CO_3})$ = 6,90%, ρ = 1,070 g/mL, sollen durch Zugabe von reinem Natriumcarbonat, $\mathrm{Na_2CO_3}$, konzentriert werden. Wieviel Gramm Lösung, $w_3(\mathrm{Na_2CO_3})$ = 10,0%, entsteht dabei?

Gesucht: $m_3(\mathrm{L}_3)$

Gegeben: $w_1(\mathrm{Na_2CO_3}) = 6{,}90\% = 0{,}0690$
$V_1(\mathrm{L}_1) = 500\ \mathrm{mL};\ \rho_1(\mathrm{L}_1) = 1{,}070\ \mathrm{g/mL}$
$w_2(\mathrm{Na_2CO_3}) = 100\% = 1$
$w_3(\mathrm{Na_2CO_3}) = 10{,}0\% = 0{,}100$

$$\mathbf{m_3(L_3)\,[w_3(X) - w_2(X)] = m_1(L_1)\,[w_1(X) - w_2(X)]}$$

$$m_3(L_3) = \frac{V_1(L_1)\,\rho_1(L_1)\,[w_1(Na_2CO_3) - w_2(Na_2CO_3)]}{w_3(Na_2CO_3) - w_2(Na_2CO_3)}$$

$$= \frac{500\text{ mL} \cdot 1{,}070\text{ g mL}^{-1} \cdot (0{,}0690 - 1)}{0{,}100 - 1}$$

$$\underline{\mathbf{m_3(L_3) = 553\ g}}$$

Übungsaufgaben:

4-98. Wieviel Gramm Natronlauge, w_3(NaOH) = 40,0%, kann man durch Zugabe von reinem Natriumhydroxid zu 350 mL Natronlauge, w_1(NaOH) = 11,0%, ρ_1 = 1,120 g/mL, herstellen?

4-99. Wieviel Gramm Kaliumiodid-Lösung, w_3(KI) = 9,50%, kann man durch Zugabe von Kaliumiodid zu 5,50 g einer Lösung, w_1(KI) = 2,5%, herstellen?

Rechenbeispiel 4-32. Einer Soda-Lösung, $w_1(Na_2CO_3)$ = 7,20%, werden 65,0 g Natriumcarbonat, $w_2(Na_2CO_3)$ = 100%, zugesetzt. Welche Masse an Lösung, $w_3(Na_2CO_3)$ = 10,0%, entsteht dabei?

Gesucht: $m_3(L_3)$

Gegeben: $w_1(Na_2CO_3)$ = 7,20% = 0,0720
$m_2(L_2) = m_2(Na_2CO_3)$ = 65,0 g
$w_2(Na_2CO_3)$ = 100% = 1
$w_3(Na_2CO_3)$ = 10,0% = 0,100

$$\mathbf{m_3(L_3)\,[w_3(X) - w_1(X)] = m_2(L_2)\,[w_2(X) - w_1(X)]}$$

$$m_3(L_3) = \frac{m_2(L_2)\,[w_2(Na_2CO_3) - w_1(Na_2CO_3)]}{w_3(Na_2CO_3) - w_1(Na_2CO_3)} = \frac{65{,}0\text{ g} \cdot (1 - 0{,}0720)}{0{,}100 - 0{,}0720}$$

$$\underline{\mathbf{m_3(L_3) = 2{,}15\ kg}}$$

Übungsaufgaben:

4-100. Wieviel Gramm Natronlauge, w_3(NaOH) = 40,0%, kann man durch Zugabe von 10,0 g Natriumhydroxid zu einer Natronlauge, w_1(NaOH) = 12,5%, herstellen?

4-101. Wieviel Gramm Kaliumiodid-Lösung, w_3(KI) = 9,50%, kann man durch Zugabe von 5,50 g Kaliumiodid zu einer Lösung, w_1(KI) = 2,5%, herstellen?

Beim **Verdünnen von Mischphasen mit Lösemittel** gilt $w_2(X) = 0$.

Rechenbeispiel 4-33. Wieviel Gramm Natronlauge mit $w(NaOH) = 36{,}5\%$ kann man aus 225 g Natriumhydroxid, $w(NaOH) = 97{,}5\%$, durch Verdünnen mit Wasser herstellen?

Gesucht: $m_2(L_2)$ **Gegeben:** $w_1(NaOH) = 97{,}5\% = 0{,}975$; $m_1(NaOH) = 225$ g
$w_3(NaOH) = 36{,}5\% = 0{,}365$

$$m_3(L_3)\,[w_3(X) - w_2(X)] = m_1(L_1)\,[w_1(X) - w_2(X)] \longleftarrow w_2(X) = 0$$

$$m_3(L_3) = \frac{m_1(NaOH)\,w_1(NaOH)}{w_3(NaOH)} = \frac{225 \text{ g} \cdot 0{,}975}{0{,}365}$$

$$\underline{m_3(L_3) = 601 \text{ g}}$$

Übungsaufgaben:

4-102. Wieviel Gramm Soda-Lösung, $w(Na_2CO_3) = 12{,}0\%$, kann man aus 175 g Natriumcarbonat, $w(Na_2CO_3) = 96{,}0\%$, durch Zugabe von Wasser herstellen?

4-103. Wieviel Kilogramm Salpetersäure-Lösung, $w(HNO_3) = 30{,}0\%$, kann man aus 260 kg einer zweiten Lösung, $w(HNO_3) = 63{,}0\%$ durch Verdünnen mit Wasser herstellen?

4-104. Wieviel Gramm einer Ethanol-Lösung, $w(C_2H_5OH) = 25{,}0\%$, lassen sich aus 375 g einer zweiten Lösung, $w(C_2H_5OH) = 96{,}0\%$, herstellen?

4-105. Wieviel Gramm Ammoniak-Lösung, $w(NH_3) = 15{,}0\%$, kann man mit 125 g Ammoniak-Lösung, $w(NH_3) = 25{,}0\%$, mit Wasser ansetzen?

In (4-13a) kann gemäß Abb. 1-2 die Masse durch andere Quantitäten ersetzt werden.

Rechenbeispiel 4-34. Wieviel Gramm Natronlauge mit $w(NaOH) = 20{,}0\%$ kann man aus 225 mL Natriumhydroxid, $w(NaOH) = 35{,}0\%$, $\rho = 1{,}380$ g/mL, herstellen?

Gesucht: $m_2(L_2)$ **Gegeben:** $w_1(NaOH) = 35{,}0\% = 0{,}350$
$V_1(L_1) = 225$ mL; $\rho_1(L_1) = 1{,}380$ g/mL
$w_2(NaOH) = 20{,}0\% = 0{,}200$

$$m_3(L_3)\,[w_3(X) - w_2(X)] = m_1(L_1)\,[w_1(X) - w_2(X)] \longleftarrow w_2(X) = 0;\quad m_1 = V_1\,\rho_1$$

$$m_2(L_2) = \frac{V_1(L_1)\,\rho_1(L_1)\,w_1(NaOH)}{w_2(NaOH)} = \frac{225\ mL \cdot 1{,}380\ g\ mL^{-1} \cdot 0{,}350}{0{,}200}$$

$\underline{m_2(L_2) = 543\ g}$

Übungsaufgaben:

4-106. Wieviel Gramm Soda-Lösung, $w(Na_2CO_3) = 5{,}00\%$, kann man aus 175 mL Natriumcarbonat, $w(Na_2CO_3) = 8{,}00\%$, $\rho = 1{,}083$ g/mL, mit Wasser herstellen?

4-107. Wieviel Kilogramm Salpetersäure-Lösung, $w(HNO_3) = 30{,}0\%$, kann man aus 260 L einer zweiten Lösung, $w(HNO_3) = 63{,}0\%$, $\rho = 1{,}381$ g/mL, durch Verdünnen herstellen?

4-108. Wieviel Gramm einer Ethanol-Lösung, $w(C_2H_5OH) = 25{,}0\%$, lassen sich aus 375 mL einer zweiten Lösung, $w(C_2H_5OH) = 96{,}0\%$, $\rho = 0{,}805$ g/mL, herstellen?

4-109. Wieviel Gramm Ammoniak-Lösung, $w(NH_3) = 15{,}0\%$, kann man mit 125 mL Ammoniak-Lösung, $w(NH_3) = 25{,}0\%$, $\rho = 0{,}907$ g/mL, ansetzen?

Beim **Mischen reiner Stoffe** gilt $\boldsymbol{w_1(X) = 100\% = 1}$ und $\boldsymbol{w_2(X) = 0}$.

Rechenbeispiel 4-35. Wieviel Gramm Natronlauge mit $w(NaOH) = 36{,}5\%$ kann man aus 225 g Natriumhydroxid herstellen?

Gesucht: $m_2(L_2)$ **Gegeben:** $w_3(NaOH) = 36{,}5\% = 0{,}365$
$m_1(NaOH) = 225$ g

$$m_3(L_3)\,[w_3(X) - w_2(X)] = m_1(L_1)\,[w_1(X) - w_2(X)] \leftarrow \quad w_1(X) = 1,\ w_2(X) = 0$$

$$m_3(L_3) = \frac{m_1(NaOH)}{w_3(NaOH)} = \frac{225\ g}{0{,}365}$$

$\underline{m_3(L_3) = 616\ g}$

Übungsaufgaben:

4-110. Welche Massen $m(L)$ an Lösungen mit folgenden Massenanteilen $w(X)$ kann man aus jeweils 375 g des gelösten reinen Stoffes X herstellen?

a) w(KOH) = 20,0%
b) w(HCl) = 36,5%
c) $w(KNO_3)$ = 6,25%
d) w(NaOH) = 0,400
e) $w(NH_3)$ = 0,250

4.2.1.3.3 Massenverhältnisse von Ausgangsstoffen

Die Berechnung der Massenverhältnisse, in denen zwei Ausgangsstoffe mit bestimmten Massenanteilen gemischt werden müssen, damit eine dritte Mischphase von bestimmtem Massenanteil entsteht, erfolgt gemäß (4-13c).

Rechenbeispiel 4-36. In welchem Massenverhältnis müssen zwei Salzlösungen mit w_1(Salz) = 15,2% bzw. w_2(Salz) = 8,7% gemischt werden, damit eine Lösung mit w_3(Salz) = 10,0% entsteht?

Gesucht: $m_1(L_1)/m_2(L_2)$

Gegeben: w_1(Salz) = 15,2% = 0,152
w_2(Salz) = 8,7% = 0,087
w_3(Salz) = 10,0% = 0,100

$$\boldsymbol{m_1(L_1)\,[w_3(X) - w_1(X)] = m_2(L_2)\,[w_2(X) - w_3(X)]}$$

$$\frac{m_1(L_1)}{m_2(L_2)} = \frac{w_2(\text{Salz}) - w_3(\text{Salz})}{w_3(\text{Salz}) - w_1(\text{Salz})} = \frac{0{,}087 - 0{,}100}{0{,}100 - 0{,}152}$$

$$\underline{\boldsymbol{m_1(L_1)/m_2(L_2) = 0{,}25 : 1 = 1 : 4}}$$

Übungsaufgaben:

4-111. In welchem Massenverhältnis muß man zwei Ammoniak-Lösungen, $w_1(NH_3)$ = 12,0% bzw. $w_2(NH_3)$ = 25,0%, mischen, um eine neue Lösung mit $w_3(NH_3)$ = 20% zu erhalten?

4-112. Aus zwei Methanol-Wasser-Gemischen mit $w_1(CH_3OH)$ = 65,0% bzw. $w_2(CH_3OH)$ = 35,0% soll ein Gemisch mit $w_3(CH_3O_H)$ = 40,0% hergestellt werden. In welchem Massenverhältnis müssen die Ausgangsgemische zusammengegeben werden?

4.2.1.3.4 Volumina von Ausgangsstoffen

Manche Stoffe mischen sich unter Volumenverminderung (Volumenkontraktion). In solchen Fällen addieren sich die Volumina der Ausgangsstoffe **nicht** zum Volumen der entstehenden Mischphase.

Bei den folgenden Rechenbeispielen und Übungsaufgaben wird vorausgesetzt, daß eine Volumenkontraktion entweder nicht stattfindet oder vernachlässigbar klein ist. Unter dieser Bedingung erfolgt die Berechnung gemäß den Beziehungen (4-13 a) und (4-13 b) bzw. (4-13 c) auf S. 330, in denen die Massen gemäß Abb. 1-2 durch das Volumen ersetzt werden.

4.2.1.2.4.1 Aus der Quantität entstehender Mischphase

Rechenbeispiel 4-37. Zwei Portionen Schwefelsäure, $w_1(H_2SO_4) = 92{,}0\%$, $\rho_1(L_1) = 1{,}824$ g/mL bzw. $w_2(H_2SO_4) = 62{,}0\%$, $\rho_2(L_2) = 1{,}520$ g/mL, sollen in der Weise gemischt werden, daß 200,0 L einer Lösung mit $w_3(H_2SO_4) = 75\%$ und $\rho_3(L_3) = 1{,}669$ g/mL entstehen. Wieviel Liter der beiden Ausgangslösungen müssen abgemessen werden?

Gesucht: $V_1(L_1)$, $V_2(L_2)$

Gegeben: $w_1(H_2SO_4) = 92{,}0\% = 0{,}920$
$\rho_1(L_1) = 1{,}824$ g/mL
$w_2(H_2SO_4) = 62{,}0\% = 0{,}620$
$\rho_2(L_2) = 1{,}520$ g/mL
$w_3(H_2SO_4) = 75{,}0\% = 0{,}750$
$\rho_3(L_3) = 1{,}669$ g/mL; $V_3(L_3) = 200{,}0$ L

$$\boldsymbol{m_3(L_3)\,[w_3(X) - w_2(X)] = m_1(L_1)\,[w_1(X) - w_2(X)]} \longleftarrow m_i = V_i\,\rho_i$$

$$V_1(L_1) = \frac{V_3(L_3)\,\rho_3(L_3)\,[w_3(H_2SO_4) - w_2(H_2SO_4)]}{\rho_1(L_1)\,[w_1(H_2SO_4) - w_2(H_2SO_4)]}$$

$$= \frac{200{,}0\text{ L} \cdot 1{,}669\text{ g mL}^{-1} \cdot (0{,}750 - 0{,}620)}{1{,}824\text{ g mL}^{-1} \cdot (0{,}920 - 0{,}620)}$$

$\boldsymbol{V_1(L_1) = 79{,}3\ \mathrm{L}}$

$$\boldsymbol{m_3(L_3)\,[w_3(X) - w_1(X)] = m_2(L_2)\,[w_2(X) - w_1(X)]} \longleftarrow m_i = V_i\,\rho_i$$

$$V_2(L_2) = \frac{V_3(L_3)\,\rho_3(L_3)\,[w_3(H_2SO_4) - w_1(H_2SO_4)]}{\rho_2(L_2)\,[w_2(H_2SO_4) - w_1(H_2SO_4)]}$$

$$= \frac{200{,}0\text{ L} \cdot 1{,}669\text{ g mL}^{-1} \cdot (0{,}750 - 0{,}920)}{1{,}520\text{ g mL}^{-1} \cdot (0{,}620 - 0{,}920)}$$

$\boldsymbol{V_2(L_2) = 124{,}4\ \mathrm{L}}$

Gemäß $\boldsymbol{V_1(L_1) + V_2(L_2) = V_3(L_3)}$ müßte sich ein Gesamtvolumen $V_3(L_3) = 203{,}7$ L ergeben. Tatsächlich entstehen jedoch nur 200,0 L. Dies ist auf die Volumenkontraktion beim Mischen der beiden Lösungen zurückzuführen.

Im Gegensatz zu den Volumina addieren sich die Massen des gelösten Stoffes in den Ausgangslösungen gemäß (4-1):

$$m_1(X) + m_2(X) = m_3(X)$$

$$V_1(L_1)\,\rho_1(L_1)\,w_1(X) + V_2(L_2)\,\rho_2(L_2)\,w_2(X) = V_3(L_3)\,\rho_3(L_3)\,w_3(X)$$

$$79{,}3\,\text{L} \cdot 1{,}824\,\text{kg}\,\text{L}^{-1} \cdot 0{,}92 + 124{,}4\,\text{L} \cdot 1{,}520\,\text{kg}\,\text{L}^{-1} \cdot 0{,}62 = 200{,}0\,\text{L} \cdot 1{,}669\,\text{kg}\,\text{L}^{-1} \cdot 0{,}75$$

$$\underline{\mathbf{133{,}1\ kg + 117{,}2\ kg = 250{,}3\ kg}}$$

Auch die Massen der Ausgangslösungen verhalten sich additiv:

$$m_1(L_1) + m_2(L_2) = m_3(L_3)$$

$$V_1(L_1)\,\rho_1(L_1) + V_2(L_2)\,\rho_2(L_2) = V_3(L_3)\,\rho_3(L_3)$$

$$79{,}3\ \text{L} \cdot 1{,}824\ \text{kg}\ \text{L}^{-1} + 124{,}4\ \text{L} \cdot 1{,}520\ \text{kg}\ \text{L}^{-1} = 200{,}0\ \text{L} \cdot 1{,}669\ \text{kg}\ \text{L}^{-1}$$

$$\underline{\mathbf{144{,}6\ kg + 189{,}1\ kg \approx 333{,}8\ kg}}$$

Übungsaufgaben:

4-113. 500 mL einer Phosphorsäure-Lösung, $w(H_3PO_4) = 25\%$, $\rho = 1{,}146$ g/mL, sollen angesetzt werden. Wieviel Liter zweier Ausgangslösungen mit $w_1(H_3PO_4) = 30{,}0\%$ und $\rho_1(L_1) = 1{,}1805$ g/mL bzw. $w_2(H_3PO_4) = 12{,}0\%$ und $\rho_2(L_2) = 1{,}065$ g/mL sind abzumessen?

4-114. Aus zwei Ethanol-Wasser-Gemischen mit $\rho_1(L_1) = 0{,}926$ g/mL und $w_1(C_2H_5OH) = 45{,}0\%$ bzw. $\rho_2(L_2) = 0{,}979$ g/mL und $w_2(C_2H_5OH) = 15\%$ sollen 625 L einer Lösung mit $w_3(C_2H_5OH) = 18{,}0\%$ und $\rho_3(L_3) = 0{,}973$ g/mL hergestellt werden. Wieviel Liter der Ausgangsgemische sind notwendig?

4.2.1.3.4.2 Aus der Quantität eines Ausgangsstoffes

Rechenbeispiel 4-38. Wieviel Liter Benzol, $\rho = 0{,}879$ g/mL, muß man zu 175 L Toluol, $\rho = 0{,}867$ g/mL, geben, um eine Mischung mit $w(\text{Benzol}) = 20{,}0\%$ herzustellen?

Gesucht: $V_1(L_1) = V(\text{Benzol})$

Gegeben: $\rho_1(\text{Benzol}) = 0{,}879\ \text{g/mL}$
$w_1(\text{Benzol}) = 1$
$V_2(L_2) = V(\text{Toluol}) = 175\ \text{L}$
$\rho_2(\text{Toluol}) = 0{,}867\ \text{g/mL}$
$w_2(\text{Benzol}) = 0$
$w_3(\text{Benzol}) = 20{,}0\% = 0{,}200$

$$\boldsymbol{m_1(L_1)\,[w_3(X) - w_1(X)] = m_2(L_2)\,[w_2(X) - w_3(X)]} \longleftarrow m_i = V_i\,\rho_i$$

$$V_1(L_1) = \frac{V_2(\text{Toluol})\,\rho_2(\text{Toluol})\,[w_2(\text{Benzol}) - w_3(\text{Benzol})]}{\rho_1(\text{Benzol})\,[w_3(\text{Benzol}) - w_1(\text{Benzol})]}$$

$$= \frac{175\ \text{L} \cdot 0{,}867\ \text{g mL}^{-1} \cdot (0 - 0{,}200)}{0{,}879\ \text{g mL}^{-1} \cdot (0{,}200 - 1)}$$

$$\underline{\boldsymbol{V_1(L_1) = V_1(\text{Benzol}) = 43{,}2\ \text{L}}}$$

Übungsaufgaben:

4-115. Wieviel Liter Lösung, $w_1(H_3PO_4) = 30{,}0\%$, $\rho_1(L_1) = 1{,}1805\ \text{g/mL}$, müssen abgemessen werden, um mit 500 mL einer zweiten Lösung, $w_2(H_3PO_4) = 12{,}0\%$, $\rho_2(L_2) = 1{,}065\ \text{g/mL}$, eine neue Lösung mit dem Massenanteil $w(H_3PO_4) = 25{,}0\%$ anzusetzen?

4-116. Aus 525 g Soda-Lösung, $w(Na_2CO_3) = 9{,}75\%$, und einer zweiten Lösung mit $w(Na_2CO_3) = 3{,}75\%$, $\rho = 1{,}037\ \text{g/mL}$, sollen eine neue Lösung mit $w(Na_2CO_3) = 5{,}00\%$ hergestellt werden. Wieviel Milliliter der zweiten Lösung sind notwendig?

4.2.1.3.5 Volumen der entstehenden Mischphase

4.2.1.3.5.1 Aus der Quantität der Ausgangsstoffe

Rechenbeispiel 4-39. 500 g einer Salpetersäure-Lösung, $w_1(HNO_3) = 63{,}0\%$, werden mit Wasser zu einer Lösung mit $w_3(HNO_3) = 50{,}0\%$, $\rho = 1{,}320\ \text{g/mL}$, verdünnt. Wieviel Milliliter der neuen Lösung entstehen?

Gesucht: $V_3(L_3)$

Gegeben: $m_1(L_1) = 500\ \text{g}$
$w_1(HNO_3) = 63{,}0\% = 0{,}630$
$w_2(HNO_3) = 0\% = 0$
$w_3(HNO_3) = 50{,}0\% = 0{,}500$
$\rho_3(L_3) = 1{,}320\ \text{g/mL}$

$$\boldsymbol{m_3(L_3)\,[w_3(X) - w_2(X)] = m_1(L_1)\,[w_1(X) - w_2(X)]} \longleftarrow m_3 = V_3\,\rho_3$$

$$V_3(L_3) = \frac{m_1(L_1)\,[w_1(HNO_3) - w_2(HNO_3)]}{\rho_3(L_3)\,[w_3(HNO_3) - w_2(HNO_3)]} = \frac{500\ g \cdot (0{,}630 - 0)}{1{,}320\ g\ mL^{-1} \cdot (0{,}500 - 0)}$$

$$\underline{\mathbf{V_3(L_3) = 477\ mL}}$$

Übungsaufgaben:

4-117. 500 g einer Natronlauge, $w_1(NaOH) = 40{,}0\%$, werden mit Wasser zu einer Lösung mit $w_3(NaOH) = 36{,}0\%$, $\rho = 1{,}390$ g/mL, verdünnt. Wieviel Milliliter der neuen Lösung entstehen?

4-118. 350 g einer Kalilauge, $w_1(KOH) = 40{,}0\%$, werden durch Zugabe von Kaliumhydroxid, $w_2(KOH) = 98{,}8\%$, zu einer Lösung mit $w_3(KOH) = 42{,}6\%$, $\rho = 1{,}425$ g/mL, konzentriert. Wieviel Milliliter der neuen Lösung entstehen?

Rechenbeispiel 4-40. 500 mL einer Salpetersäure-Lösung, $w_1(HNO_3) = 62{,}7\%$, $\rho_1(L_1) = 1{,}380$ g/mL, werden mit Wasser zu einer Lösung mit $w_3(HNO_3) = 50{,}0\%$, $\rho = 1{,}320$ g/mL, verdünnt. Wieviel Milliliter der neuen Lösung entstehen?

Gesucht: $V_3(L_3)$

Gegeben: $V_1(L_1) = 500$ mL; $\rho_1(L_1) = 1{,}380$ g/mL
$w_1(HNO_3) = 62{,}7\% = 0{,}627$
$w_2(HNO_3) = 0\% = 0$
$w_3(HNO_3) = 50{,}0\% = 0{,}500$
$\rho_3(L_3) = 1{,}320$ g/mL

$$\mathbf{m_3(L_3)\,[w_3(X) - w_2(X)] = m_1(L_1)\,[w_1(X) - w_2(X)]} \longleftarrow m_i = V_i\,\rho_i$$

$$V_3(L_3) = \frac{V_1(L_1)\,\rho_1(L_1)\,[w_1(HNO_3) - w_2(HNO_3)]}{\rho_3(L_3)\,[w_3(HNO_3) - w_2(HNO_3)]}$$

$$= \frac{500\ mL \cdot 1{,}380\ g\ mL^{-1} \cdot (0{,}627 - 0)}{1{,}320\ g\ mL^{-1} \cdot (0{,}500 - 0)}$$

$$\underline{\mathbf{V_3(L_3) = 656\ mL}}$$

Übungsaufgaben:

4-119. 500 mL einer Natronlauge, $w_1(NaOH) = 40{,}0\%$, $\rho_1(L_1) = 1{,}430$ g/mL, werden mit Wasser zu einer Lösung mit $w_3(NaOH) = 36{,}0\%$, $\rho = 1{,}390$ g/mL, verdünnt. Wieviel Milliliter der neuen Lösung entstehen?

4-120. 350 mL einer Kalilauge, w_1(KOH) = 42,6%, $\rho_1(L_1)$ = 1,425 g/mL, werden durch Zugabe von Kaliumhydroxid, w_2(KOH) = 98,8%, zu einer Lösung mit w_3(KOH) = 49,1%, ρ = 1,500 g/mL, konzentriert. Wieviel Milliliter der neuen Lösung entstehen?

4.2.1.4 Wiederholungsaufgaben (zu Abschn. 4.2.1)

4-1. 85,0 kg Salpetersäure-Lösung, $w_1(HNO_3)$ = 50,6%, und 42,5 kg Salpetersäure-Lösung, $w_2(HNO_3)$ = 12,8%, werden gemischt. Wie groß ist der Massenanteil $w_3(HNO_3)$ der entstehenden Mischung?

4-2. 750 mL Schwefelsäure-Lösung, $w_1(H_2SO_4)$ = 92,0%, $\rho_1(L_1)$ = 1,824 g/mL, werden mit 250 mL Schwefelsäure-Lösung, $w_2(H_2SO_4)$ = 35,0%, $\rho_2(L_2)$ = 1,260 g/mL, gemischt. Welchen Massenanteil $w_3(H_2SO_4)$ hat die entstehende Mischung?

4-3. Zu 200 g Kalilauge, w(KOH) = 32,5%, werden 25,0 g reines Kaliumhydroxid, KOH, gegeben. Wie groß ist der Massenanteil w(KOH) der entstehenden Lauge?

4-4. 550 mL Alkoholgemisch, ρ = 0,975 g/mL, $w(CH_3OH)$ = 0,400, werden mit 825 mL reinem Methanol, CH_3OH, ρ = 0,792 g/mL, versetzt. Wie groß ist der Massenanteil $w(CH_3OH)$ der neuen Mischung?

4-5. Zu 5,00 L Kalilauge, w(KOH) = 39,0%, ρ = 1,385 g/mL, werden 200 g Kaliumhydroxid, w(KOH) = 100%, zugesetzt. Welchen Massenanteil w(KOH) hat die entstehende Lösung?

4-6. In 450 mL Salzsäure, w(HCl) = 12,5%, ρ = 1,060 g/mL, werden 15,0 L HCl-Gas von 1075 mbar und 22 °C eingeleitet und völlig gelöst. Welchen Massenanteil an HCl hat die entstehende Salzsäure?

4-7. Zu 5,00 L Natriumthiosulfat-Lösung, $w(Na_2S_2O_3)$ = 10,0%, ρ = 1,083 g/mL, werden 220 g Natriumthiosulfat, $Na_2S_2O_3$, gegeben. Wie groß ist der Massenanteil $w(Na_2S_2O_3)$ der neuen Lösung?

4-8. In 350 mL Ammoniak-Lösung, $w(NH_3)$ = 15,5%, ρ = 0,938 g/mL, werden 75,0 L Ammoniakgas im Normzustand eingeleitet und völlig gelöst. Welchen Massenanteil an NH_3 hat die entstehende Lösung?

4-9. Aus 50,0 kg Kaliumhydroxid, w(KOH) = 98,5%, werden 300 kg Lösung hergestellt. Wie groß ist ihr Massenanteil w(KOH)?

4-10. 330 kg Kaliumnitrat, $w(KNO_3)$ = 99,0%, werden in 2000 kg Wasser gelöst. Welchen Massenanteil $w(KNO_3)$ besitzt die entstehende Lösung?

4-11. 400 g Natriumcarbonat-Lösung, $w(Na_2CO_3)$ = 10,0%, werden mit 350 mL Wasser, ρ = 1,000 g/mL, verdünnt. Wie groß ist der Massenanteil $w(Na_2CO_3)$ der neuen Lösung?

4-12. Durch Lösen von 12,5 g Calciumchlorid, $CaCl_2$, in Wasser werden 600 g Lösung hergestellt. Welchen Massenanteil $w(CaCl_2)$ hat die Lösung?

4-13. Aus 950 mL Ethanol, C_2H_5OH, ρ = 0,791 g/mL, werden 3,50 L eines Alkoholgemisches, ρ = 0,802 g/mL, angesetzt. Welchen Massenanteil $w(C_2H_5OH)$ hat das Gemisch?

4-14. 5,50 mol Ethan, C_2H_6, und 1,75 mol Ethen, C_2H_4, werden gemischt. Wie groß ist der Massenanteil $w(C_2H_4)$ im entstehenden Gasgemisch?

4-15. 125 mL Glycerin, $C_3H_8O_3$, ρ = 1,260 g/mL, werden in 600 mL Wasser, ρ = 0,998 g/mL, gelöst. Wie groß ist der Massenanteil $w(C_3H_8O_3)$ der Lösung?

4-16. 50,0 L Wasserstoff von 1040 mbar und 25 °C und 350,0 L Kohlenstoffmonoxid, CO, von 1030 mbar und 18 °C werden gemischt. Welchen Massenanteil $w(CO)$ hat die entstehende Mischung?

4-17. 30,0 g Hydrogenchloridgas, HCl, werden in 500 mL, ρ = 0,998 g/mL, Wasser gelöst. Welchen Massenanteil $w(HCl)$ hat die entstehende Salzsäure?

4-18. 2,75 mol Natriumhydroxid, NaOH, werden in 5,00 L Wasser, ρ = 1,000 g/mL, gelöst. Wie groß ist der Massenanteil $w(NaOH)$ der entstehenden Lauge?

4-19. 40,0 L Hydrogenchloridgas von 20 °C und 1010 mbar werden vollständig in 500 mL Wasser, ρ = 0,998 g/mL, gelöst. Welchen Massenanteil $w(HCl)$ hat die entstehende Salzsäure?

4-20. Aus zwei Natriumcarbonat-Lösungen mit den Massenanteilen $w_1(Na_2CO_3)$ = 10,8% bzw. $w_2(Na_2CO_3)$ = 7,5% sollen 325 kg Lösung mit $w_3(Na_2CO_3)$ = 10,0% hergestellt werden. Welche Massen der beiden Lösungen sind abzuwiegen?

4-21. Welche Massen zweier Natriumcarbonat-Lösungen mit $w_1(Na_2CO_3)$ = 14,0% bzw. $w_2(Na_2CO_3)$ = 2,5% muß man miteinander mischen, um 600 L einer Lösung mit $w_3(Na_2CO_3)$ = 10,0% und ρ = 1,045 g/mL herzustellen?

4-22. Wieviel Kilogramm Calciumchlorid-Lösung, $w(CaCl_2)$ = 8,0%, und wieviel Kilogramm reines Calciumchlorid, $CaCl_2$, benötigt man zur Herstellung von 200 kg Mischung mit $w(CaCl_2)$ = 12,5%?

4-23. Wieviel Kilogramm Calciumchlorid-Lösung, $w(CaCl_2)$ = 5,50%, und wieviel Kilogramm reines Calciumchlorid, $CaCl_2$, benötigt man zur Herstellung von 685 L Lösung mit einem Massenanteil $w(CaCl_2)$ = 9,5% und ρ = 1,079 g/mL?

4-24. Aus Natriumnitrat, $w(NaNO_3)$ = 95,7%, und Wasser sollen 150 g einer Lösung mit $w(NaNO_3)$ = 14,5% hergestellt werden. Wieviel Gramm der beiden Ausgangsstoffe sind dazu notwendig?

4-25. Durch Verdünnen einer vorhandenen Salzsäure, $w(HCl) = 20{,}5\%$, mit Wasser werden 275 mL Salzsäure mit $w(HCl) = 15{,}0\%$, $\rho = 1{,}0725$ g/mL, angesetzt. Wieviel Gramm der vorhandenen Salzsäure müssen abgewogen werden?

4-26. Wieviel Kilogramm reines Natriumsulfat müssen in Wasser gelöst werden, um 60,0 kg Lösung, $w(Na_2SO_4) = 0{,}320$, anzusetzen?

4-27. Durch Lösen von Kaliumbromid in Wasser sollen 350 mL Lösung, $w(KBr) = 10{,}0\%$, $\rho = 1{,}074$ g/mL, angesetzt werden. Wieviel Gramm Kaliumbromid müssen abgewogen werden?

4-28. Welche Masse an Natriumchlorid-Lösung, $w(NaCl) = 9{,}75\%$, muß man mit 95,0 g reinem Natriumchlorid zusammengeben, damit eine neue Lösung mit $w(NaCl) = 22{,}5\%$ entsteht? Wie groß ist die Masse der neuen Lösung?

4-29. Aus 275 kg Schwefelsäure-Lösung, $w(H_2SO_4) = 78{,}0\%$, soll durch Mischen mit einer zweiten Lösung, $w(H_2SO_4) = 15{,}5\%$ eine Lösung mit $w(H_2SO_4) = 30{,}0\%$ hergestellt werden. Wieviel Kilogramm der zweiten Ausgangslösung sind notwendig? Wieviel Kilogramm neue Lösung entstehen?

4-30. Wieviel Kilogramm Wasser muß man zu 185 L einer Natronlauge, $w(NaOH) = 40{,}0\%$, $\rho = 1{,}430$ g/mL, geben, um eine neue Lösung mit $w(NaOH) = 12{,}5\%$ anzusetzen? Wieviel Kilogramm Lösung entstehen dabei?

4-31. Wieviel Kilogramm Salzsäure, $w_3(HCl) = 22{,}5\%$, lassen sich durch Mischen von 40,0 kg Salzsäure, $w_1(HCl) = 10{,}0\%$, mit einer zweiten Salzsäure, $w_2(HCl) = 36{,}0\%$, herstellen?

4-32. Wieviel Kilogramm Salzsäure, $w_3(HCl) = 27{,}5\%$, lassen sich durch Mischen von 150,0 L einer Salzsäure, $w_1(HCl) = 10{,}0\%$, $\rho = 1{,}048$ g/mL, mit einer zweiten Salzsäure, $w_2(HCl) = 30{,}0\%$, herstellen?

4-33. 400 mL Soda-Lösung, $w(Na_2CO_3) = 6{,}90\%$, $\rho = 1{,}070$ g/mL, sollen durch Zugabe von Natriumcarbonat, Na_2CO_3, konzentriert werden. Wieviel Gramm Lösung, $w(Na_2CO_3) = 12{,}0\%$, entstehen dabei?

4-34. Wieviel Gramm Natronlauge, $w(NaOH) = 40{,}0\%$, kann man durch Zugabe von 13,5 g Natriumhydroxid zu einer Natronlauge, $w(NaOH) = 10{,}5\%$, herstellen?

4-35. Wieviel Gramm Natronlauge mit $w(NaOH) = 36{,}5\%$ kann man aus 125 g Natriumhydroxid, $w(NaOH) = 96{,}5\%$, durch Verdünnen mit Wasser herstellen?

4-36. Wieviel Kilogramm Salpetersäure-Lösung, $w(HNO_3) = 42{,}5\%$, kann man aus 160 L einer zweiten Lösung, $w(HNO_3) = 63{,}0\%$, $\rho = 1{,}381$ g/mL, durch Verdünnen mit Wasser herstellen?

4-37. Wieviel Gramm Natronlauge mit $w(\text{NaOH}) = 31{,}5\%$ kann man aus 325 g Natriumhydroxid herstellen?

4-38. In welchem Massenverhältnis muß man zwei Ammoniak-Lösungen, $w_1(\text{NH}_3) = 10{,}0\%$ bzw. $w_2(\text{NH}_3) = 25{,}0\%$, mischen, um eine neue Lösung mit $w_3(\text{NH}_3) = 18{,}5\%$ zu erhalten?

4-39. Zwei Portionen Schwefelsäure, $w_1(\text{H}_2\text{SO}_4) = 92{,}0\%$, $\rho_1(\text{L}_1) = 1{,}824$ g/mL bzw. $w_2(\text{H}_2\text{SO}_4) = 62{,}0\%$, $\rho_2(\text{L}_2) = 1{,}520$ g/mL, sollen in der Weise gemischt werden, daß 350,0 L einer Lösung mit $w_3(\text{H}_2\text{SO}_4) = 75{,}0\%$ und $\rho_3(\text{L}_3) = 1{,}669$ g/mL entstehen. Wieviel Liter der beiden Ausgangslösungen müssen abgemessen werden?

4-40. Wieviel Liter Benzol, $\rho = 0{,}879$ g/mL, muß man zu 275 L Toluol, $\rho = 0{,}867$ g/mL, geben, um eine Mischung mit $w(\text{Benzol}) = 9{,}50\%$ herzustellen?

4-41. 750 g einer Kalilauge, $w(\text{KOH}) = 40{,}0\%$, werden durch Zugabe von Kaliumhydroxid, $w_2(\text{KOH}) = 98{,}8\%$, zu einer Lösung mit $w(\text{KOH}) = 42{,}6\%$, $\rho = 1{,}425$ g/mL, konzentriert. Wieviel Milliliter der neuen Lösung entstehen?

4-42. Wieviel Liter Salzsäure, $w(\text{HCl}) = 35{,}2\%$, $\rho = 1{,}175$ g/mL, kann man aus 1,75 kg Salzsäure, $w(\text{HCl}) = 36{,}2\%$, herstellen?

4-43. 375 mL einer Salpetersäure-Lösung, $w(\text{HNO}_3) = 62{,}7\%$, $\rho_1(\text{L}_1) = 1{,}380$ g/mL, werden mit Wasser zu einer Lösung mit $w(\text{HNO}_3) = 50{,}0\%$, $\rho = 1{,}320$ g/mL, verdünnt. Wieviel Milliliter neue Lösung entstehen?

4.2.2 Volumenanteil

Verwendet man bei der Berechnung von Mischungsvorgängen mit flüssigen und gasförmigen Stoffen den Volumenanteil als Gehaltsangabe und für ihre Quantität das Volumen, so ergeben sich anstelle der allgemeinen Beziehung (4-5) entsprechende spezielle Beziehungen:

$$[V_1(\text{L}_1) + V_2(\text{L}_2) + \ldots]\,\varphi_\text{m}(\text{X}) = V_1(\text{L}_1)\,\varphi_1(\text{X}) + V_2(\text{L}_2)\,\varphi_2(\text{X}) + \ldots \tag{4-7}$$

$$V_\text{m}(\text{L}_\text{m})\,\varphi_\text{m}(\text{X}) = V_1(\text{L}_1)\,\varphi_1(\text{X}) + V_2(\text{L}_2)\,\varphi_2(\text{X}) + \ldots \tag{4-7a}$$

Darin bedeuten:

$V_1(\text{L}_1)$ Volumen der Ausgangsmischphase 1
$\varphi_1(\text{X})$ Volumenanteil des Stoffes X in der Ausgangsmischphase 1
$V_2(\text{L}_2)$ Volumen der Ausgangsmischphase 2
$\varphi_2(\text{X})$ Volumenanteil des Stoffes X in der Ausgangsmischphase 2
$V_\text{m}(\text{L}_\text{m})$ Volumen der entstehenden Lösung
$\varphi_\text{m}(\text{X})$ Volumenanteil des Stoffes X in der entstehenden Mischphase

4.2.2.1 Berechnen des Volumenanteils

Gemäß der Definitionsgleichung (3-25a) für den Volumenanteil (vgl. Abschn. 3.4.3, S. 250) spielt eine eventuelle Volumenkontraktion, wie sie mitunter bei flüssigen Mischphasen zu beobachten ist, bei der Berechnung von Volumenanteilen keine Rolle.

Grundlage zur Berechnung von Volumenanteilen beim Mischen von Stoffen bildet die Mischungsgleichung (4-7). Durch Umstellen ergibt sich daraus eine Beziehung für den Volumenanteil $\varphi_m(X)$ einer Mischphase, die beim Mischen entsteht:

$$\varphi_m(X) = \frac{V_1(L_1)\,\varphi_1(X) + V_2(L_2)\,\varphi_2(X) + \ldots}{V_1(L_1) + V_2(L_2) + \ldots} \qquad \textbf{(4-14)}$$

4.2.2.1.1 Volumenanteil der entstehenden Mischphase

Rechenbeispiel 4-41. 500 mL Methanol und 300 mL Wasser werden miteinander gemischt. Wie groß ist der Volumenanteil φ(Methanol) in der entstehenden Lösung?

Gesucht: φ_3(Methanol)

Gegeben: $V_1(L_1) = V_1(\text{Methanol}) = 500$ mL
$V_2(L_2) = V_2(\text{Wasser}) = 300$ mL
$\varphi_1(\text{Methanol}) = 100\% = 1$
$\varphi_2(\text{Methanol}) = 0\% = 0$

$$[V_1(L_1) + V_2(L_2)]\,\varphi_3(X) = V_1(L_1)\,\varphi_1(X) + V_2(L_2)\,\varphi_2(X) \longleftarrow \varphi_1 = 1,\ \varphi_2 = 0$$

$$\varphi_3(\text{Methanol}) = \frac{V_1(L_1)}{V_1(L_1) + V_2(L_2)} = \frac{500\ \text{mL}}{(500 + 300)\ \text{mL}}$$

$\underline{\boldsymbol{\varphi_3}\textbf{(Methanol)} = \mathbf{0{,}625 = 62{,}5\%}}$

Rechenbeispiel 4-42. 450 L eines Ethanol-Wasser-Gemisches, $\varphi_1(\text{Ethanol}) = 62{,}5\%$ werden mit 200 L Wasser verdünnt. Wie groß ist der Volumenanteil φ_3(Ethanol) der neuen Mischung?

Gesucht: φ_3(Ethanol)

Gegeben: $V_1(L_1) = 450$ L
$\varphi_1(\text{Ethanol}) = 62{,}5\% = 0{,}625$
$V_2(L_2) = V_2(H_2O) = 200$ L
$\varphi_2(\text{Ethanol}) = 0$

$$[V_1(L_1) + V_2(L_2)]\,\varphi_3(X) = V_1(L_1)\,\varphi_1(X) + V_2(L_2)\,\varphi_2(X) \longleftarrow \varphi_2 = 0$$

$$\varphi_3(\text{Ethanol}) = \frac{V_1(L_1)\,\varphi_1(\text{Ethanol})}{V_1(L_1) + V_2(L_2)} = \frac{450\ \text{L} \cdot 0{,}625}{450\ \text{L} + 200\ \text{L}}$$

$$\underline{\boldsymbol{\varphi_3(\textbf{Ethanol}) = 0{,}433 = 43{,}3\%}}$$

Übungsaufgaben:

4-121. Drei 1-Hexan/2-Hexan-Gemische mit folgenden Volumina und Volumenanteilen an 1-Hexan werden miteinander gemischt:

$V_1(L_1) = 480$ L; $\varphi_1(\text{1-Hexan}) = 52\%$
$V_2(L_2) = 325$ L; $\varphi_2(\text{1-Hexan}) = 28\%$
$V_3(L_3) = 75$ L; $\varphi_3(\text{1-Hexan}) = 95\%$

Welchen Volumenanteil φ_4(1-Hexan) hat die entstehende Mischphase?

4-122. Zu 175 mL Toluol/p-Xylol-Gemisch mit einem Volumenanteil $\varphi(\text{Toluol}) = 0{,}45$ werden 120 mL reines Toluol zugegeben. Welcher neue Volumenanteil an Toluol stellt sich nach dem Mischen ein?

4-123. Welcher Volumenanteil φ(Ethanol) ergibt sich für eine Lösung, die aus 25,0 L Ethanol mit $\varphi(\text{Ethanol}) = 92\%$ und 235,0 L Wasser angesetzt wird?

4.2.2.1.2 Volumenanteil eines Ausgangsstoffes

Rechenbeispiel 4-43. Aus 650 L Synthesegas, $\varphi_1(\text{CO}) = 35{,}5\%$, werden durch Mischen mit einem zweiten Gemisch 1000 L neues Gemisch mit $\varphi_3(\text{CO}) = 50{,}0\%$ hergestellt. Welchen Volumenanteil φ_2(CO) hat das zweite Gemisch?

Gesucht: φ_2(CO)

Gegeben: $V_1(L_1) = 650$ L; $\varphi_1(\text{CO}) = 35{,}5\% = 0{,}355$
$V_3(L_3) = 1000$ L; $\varphi_3(\text{CO}) = 50{,}0\% = 0{,}500$

$$\boldsymbol{V_3(L_3)\,\varphi_3(X) = V_1(L_1)\,\varphi_1(X) + V_2(L_2)\,\varphi_2(X)} \longleftarrow V_2(L_2) = V_3(L_3) - V_1(L_1)$$

$$\varphi_2(\text{CO}) = \frac{V_3(L_3)\,\varphi_3(\text{CO}) - V_1(L_1)\,\varphi_1(\text{CO})}{V_3(L_3) - V_1(L_1)}$$

$$= \frac{1000\ \text{L} \cdot 0{,}500 - 650\ \text{L} \cdot 0{,}355}{1000\ \text{L} - 650\ \text{L}}$$

$$\underline{\boldsymbol{\varphi_2(\textbf{CO}) = 0{,}769 = 76{,}9\%}}$$

Übungsaufgaben:

4-124. Aus 850 mL Hexan/Cyclohexan-Gemisch entsteht durch Mischen mit 650 mL Cyclohexan ein neues Gemisch mit φ(Hexan) = 40,0% hergestellt. Welchen Volumenanteil φ(Hexan) hatte das Ausgangsgemisch?

4-125. In 250 L einer CO_2-haltigen Luft soll der Gehalt durch Zumischen von 3,50 L Kohlenstoffdioxid auf $\varphi(CO_2)$ = 10,0% gesteigert werden. Welchen Volumenanteil $\varphi(CO_2)$ hatte die Luft?

4.2.2.2 Berechnen von Quantitäten

4.2.2.2.1 Volumina

Bei den folgenden Berechnungen wird eine eventuelle Volumenkontraktion vernachlässigt. Aus (4-7a) leiten sich drei Beziehungen ab, die den Zusammenhang zwischen den Volumina $V_1(L_1)$ und $V_2(L_2)$ von Ausgangsstoffen und dem Volumen $V_m(L_m)$ der entstehenden Mischphase beschreiben:

$$V_3\,\varphi_3 = V_1\,\varphi_1 + V_2\,\varphi_2 \longleftarrow V_2 = V_3 - V_1$$

$$V_3\,\varphi_3 = V_1\,\varphi_1 + (V_3 - V_1)\,\varphi_2$$

$$V_3\,\varphi_3 = V_1\,\varphi_1 + V_3\,\varphi_2 - V_1\,\varphi_2$$

$$V_3\,\varphi_3 - V_3\,\varphi_2 = V_1\,\varphi_1 - V_1\,\varphi_2$$

$$\mathbf{V_3(L_3)\,[\varphi_3(X) - \varphi_2(X)] = V_1(L_1)\,[\varphi_1(X) - \varphi_2(X)]} \qquad \textbf{(4-15a)}$$

$$V_3\,\varphi_3 = V_1\,\varphi_1 + V_2\,\varphi_2 \longleftarrow V_1 = V_3 - V_2$$

$$V_3\,\varphi_3 = (V_3 - V_2)\,\varphi_1 + V_2\,\varphi_2$$

$$V_3\,\varphi_3 = V_3\,\varphi_1 - V_2\,\varphi_1 + V_2\,\varphi_2$$

$$V_3\,\varphi_3 - V_3\,\varphi_1 = V_2\,\varphi_2 - V_2\,\varphi_1$$

$$\mathbf{V_3(L_3)\,[\varphi_3(X) - \varphi_1(X)] = V_2(L_2)\,[\varphi_2(X) - \varphi_1(X)]} \qquad \textbf{(4-15b)}$$

$$V_3\,\varphi_3 = V_1\,\varphi_1 + V_2\,\varphi_2 \longleftarrow V_3 = V_1 + V_2$$

$$(V_1 + V_2)\,\varphi_3 = V_1\,\varphi_1 + V_2\,\varphi_2$$

$$V_1\,\varphi_3 + V_2\,\varphi_3 = V_1\,\varphi_1 + V_2\,\varphi_2$$

$$V_1\,\varphi_3 - V_1\,\varphi_1 = V_2\,\varphi_2 - V_2\,\varphi_3$$

$$\mathbf{V_1(L_1)\,[\varphi_3(X) - \varphi_1(X)] = V_2(L_2)\,[\varphi_2(X) - \varphi_3(X)]} \qquad \textbf{(4-15c)}$$

Rechenbeispiel 4-44. Aus 250 mL eines $CHCl_3/CCl_4$-Gemisches mit dem Volumenanteil $\varphi(CCl_4) = 0{,}28$ wird durch Zugabe von reinem Tetrachlormethan, CCl_4, ein Gemisch mit $\varphi(CCl_4) = 0{,}40$ gemacht. Wie groß sind die Volumina an benötigtem Tetrachlormethan und entstehendem Gemisch?

Gesucht: $V_2(L_2) = V_2(CCl_4)$
$V_3(L_3)$

Gegeben: $V_1(L_1) = 250$ mL
$\varphi_1(CCl_4) = 0{,}28 = 28\%$
$\varphi_2(CCl_4) = 1 = 100\%$
$\varphi_3(CCl_4) = 0{,}40 = 40\%$

$$\mathbf{V_1(L_1)\,[\varphi_3(X) - \varphi_1(X)] = V_2(L_2)\,[\varphi_2(X) - \varphi_3(X)]}$$

$$V_2(L_2) = \frac{V_1(L_1)\,[\varphi_3(CCl_4) - \varphi_1(CCl_4)]}{\varphi_2(CCl_4) - \varphi_3(CCl_4)} = \frac{250\text{ mL} \cdot (0{,}40 - 0{,}28)}{1 - 0{,}40}$$

$$\underline{\mathbf{V_2(L_2) = V_2(CCl_4) = 50\text{ mL}}}$$

$$V_3(L_3) = V_1(L_1) + V_2(L_2) = 250\text{ mL} + 50\text{ mL}$$

$$\underline{\mathbf{V_3(L_3) = 300\text{ mL}}}$$

Das Volumen $V_3(L_3)$ der entstehenden Mischphase kann auch direkt aus $V_1(L_1)$ berechnet werden:

$$\mathbf{V_3(L_3)\,[\varphi_3(X) - \varphi_2(X)] = V_1(L_1)\,[\varphi_1(X) - \varphi_2(X)]}$$

$$V_3(L_3) = \frac{V_1(L_1)\,[\varphi_1(CCl_4) - \varphi_2(CCl_4)]}{\varphi_3(CCl_4) - \varphi_2(CCl_4)} = \frac{250\text{ mL} \cdot (0{,}28 - 1)}{0{,}40 - 1}$$

$$\underline{\mathbf{V_3(L_3) = 300\text{ mL}}}$$

Übungsaufgaben:

4-126. Wieviel Liter zweier Propanol/Isopropanol-Gemische mit den Volumenanteilen φ_1(Propanol) = 60,0% bzw. φ_2(Propanol) = 18,0% muß man mischen, um 750 L einer neuen Lösung mit φ_3(Propanol) = 50,0% herzustellen?

4-127. Es soll eine Portion 1-Butanol/2-Butanol-Gemisch mit dem Volumen $V_3(L_3)$ = 400 L und dem Volumenanteil φ_3(2-Butanol) = 35,0% hergestellt werden. Welche Volumina an 1-Butanol und 2-Butanol sind zu mischen?

4-128. Wieviel Milliliter Wasser muß man zu 850 mL eines Methanol/Wasser-Gemisches mit φ(Methanol) = 75,0% geben, damit ein neues Gemisch mit φ(Methanol) = 45,0% entsteht?

4-129. Wieviel Liter einer wäßrigen Glycerin-Lösung mit φ(Glycerin) = 0,200 kann man aus 325 L einer Lösung mit φ(Glycerin) = 0,650 durch Mischen mit Wasser herstellen?

4.2.2.3 Volumenverhältnisse

Rechenbeispiel 4-45. In welchem Volumenverhältnis muß man zwei wäßrige Ethanol-Lösungen mit den Volumenanteilen $\varphi_1(C_2H_5OH) = 12,0\%$ bzw. $\varphi_2(C_2H_5OH) = 5,00\%$ mischen, um eine Lösung mit $\varphi_3(C_2H_5OH) = 10,0\%$ herzustellen?

Gesucht: $V_1(L_1)/V_2(L_2)$

Gegeben: $\varphi_1(C_2H_5OH) = 12,0\%$
$\varphi_2(C_2H_5OH) - 5,00\%$
$\varphi_3(C_2H_5OH) = 10,0\%$

$$\mathbf{V_1(L_1)\,[\varphi_3(X) - \varphi_1(X)] = V_2(L_2)\,[\varphi_2(X) - \varphi_3(X)]}$$

$$\frac{V_1(L_1)}{V_2(L_2)} = \frac{\varphi_2(C_2H_5OH) - \varphi_3(C_2H_5OH)}{\varphi_3(C_2H_5OH) - \varphi_1(C_2H_5OH)} = \frac{0,0500 - 0,100}{0,100 - 0,120}$$

$$\underline{\mathbf{V_1(L_1)/V_2(L_2) = 2,5 : 1}}$$

Übungsaufgaben:

4-130. In welchem Volumenverhältnis muß man zwei wäßrige Aceton-Lösungen mit den Volumenanteilen $\varphi_1(CH_3COCH_3) = 18,0\%$ bzw. $\varphi_2(CH_3COCH_3) = 3,50\%$ mischen, um eine Lösung mit $\varphi_3(CH_3COCH_3) - 10,0\%$ herzustellen?

4-131. In welchem Volumenverhältnis muß man Aceton, CH_3COCH_3, und Methanol, CH_3OH, mischen, um eine Mischphase mit $\varphi(CH_3COCH_3) = 18,0\%$ herzustellen?

4.2.2.4 Wiederholungsaufgaben (zu Abschn. 4.2.2)

4-44. 250 L eines Ethanol-Wasser-Gemisches, φ(Ethanol) = 52,5% werden mit 200 L Wasser verdünnt. Wie groß ist der Volumenanteil φ(Ethanol) der neuen Mischung?

4-45. Aus 650 L Synthesegas, $\varphi_1(CO) = 15,5\%$, werden durch Mischen mit einem zweiten Gemisch 1000 L neues Gemisch mit $\varphi_3(CO) = 19,7\%$ hergestellt. Welchen Volumenanteil $\varphi_2(CO)$ hat das zweite Gemisch?

4-46. Aus 475 mL Hexan/Cyclohexan-Gemisch entsteht durch Mischen mit 630 mL Cyclohexan ein neues Gemisch mit φ(Hexan) = 33,0% hergestellt. Welchen Volumenanteil φ(Hexan) hatte das Ausgangsgemisch?

4-47. Aus 250 mL eines $CHCl_3/CCl_4$-Gemisches mit dem Volumenanteil $\varphi(CCl_4) = 0{,}28$ wird durch Zugabe von reinem Tetrachlormethan, CCl_4, ein Gemisch mit $\varphi(CCl_4) = 0{,}50$ gemacht. Wie groß sind die Volumina an benötigtem Tetrachlormethan und entstehendem Gemisch?

4-48. Es sollen 500 L 1-Butanol/2-Butanol-Gemisch mit dem Volumenanteil φ(2-Butanol) = 45,0% hergestellt werden. Welche Volumina an 1-Butanol und 2-Butanol sind zu mischen?

4-49. In welchem Volumenverhältnis muß man zwei wäßrige Ethanol-Lösungen mit den Volumenanteilen $\varphi_1(C_2H_5OH) = 32{,}0\%$ bzw. $\varphi_2(C_2H_5OH) = 5{,}50\%$ mischen, um eine Lösung mit $\varphi_3(C_2H_5OH) = 20{,}0\%$ herzustellen?

4.2.3 Stoffmengenanteil

Der Stoffmengenanteil hat bei Mischungsvorgängen eher theoretische Bedeutung, weil die zugehörige Quantität *Stoffmenge* direkten Messungen nur schwer zugänglich ist. Andererseits ist das Rechnen mit Stoffmengenanteilen im Bereich der Physikalischen Chemie außerordentlich wichtig, weil das Verständnis chemischer Zusammenhänge nur über den Teilchencharakter der Stoffe möglich ist. Dabei spielt die direkte Proportionalität zwischen der Stoffmenge n und der Masse m von Stoffportionen (vgl. Abschn. 1.1.4) eine wichtige Rolle.

Häufig läuft das Rechnen mit Stoffmengenanteilen beim Mischen von Stoffen deshalb auf die Verwendung von Massen und molaren Massen anstelle der Stoffmenge hinaus. In der Regel handelt es sich dabei um reine Stoffe, die gemischt werden, weil ansonsten mit der mittleren molaren Masse von Mischphasen operiert werden müßte (vgl. Abschn. 3.2.1, S. 103f.).

Mit dem Stoffmengenanteil als Gehalt von Mischphasen und der Stoffmenge für ihre Quantität ergeben sich anstelle der allgemeinen Beziehungen (4-4) und (4-5) entsprechende spezielle Beziehungen:

$$[n_1(\mathrm{L}_1) + n_2(\mathrm{L}_2) + \ldots]\, x_\mathrm{m}(\mathrm{X}) = n_1(\mathrm{L}_1)\, x_1(\mathrm{X}) + n_2(\mathrm{L}_2)\, x_2(\mathrm{X}) + \ldots \qquad \textbf{(4-8)}$$

$$n_\mathrm{m}(\mathrm{L}_\mathrm{m})\, x_\mathrm{m}(\mathrm{X}) = n_1(\mathrm{L}_1)\, x_1(\mathrm{X}) + n_2(\mathrm{L}_2)\, x_2(\mathrm{X}) + \ldots \qquad \textbf{(4-8a)}$$

Darin bedeuten:

$n_1(\mathrm{L}_1)$ Stoffmenge der Mischphase 1
$x_1(\mathrm{X})$ Stoffmengenanteil des Stoffes X in der Mischphase 1

$n_2(\mathrm{L}_2)$ Stoffmenge der Mischphase 2
$x_2(\mathrm{X})$ Stoffmengenanteil des Stoffes X in der Mischphase 2
$n_\mathrm{m}(\mathrm{L}_\mathrm{m})$ Stoffmenge der entstehenden Mischphase
$x_\mathrm{m}(\mathrm{X})$ Stoffmengenanteil des Stoffes X in der entstehenden Mischphase

In (4-8) und (4-8 a) kann die Stoffmenge gemäß Abb. 1-2 durch andere Quantitäten ersetzt werden.

4.2.3.1 Berechnen des Stoffmengenanteils

Durch Umstellen von (4-8) ergibt sich eine Beziehung für den Stoffmengenanteil $x_\mathrm{m}(\mathrm{X})$ einer Mischphase, die beim Mischen entsteht:

$$x_\mathrm{m}(\mathrm{X}) = \frac{n_1(\mathrm{L}_1)\, x_1(\mathrm{X}) + n_2(\mathrm{L}_2)\, x_2(\mathrm{X}) + \ldots}{n_1(\mathrm{L}_1) + n_2(\mathrm{L}_2) + \ldots} \qquad \textbf{(4-16)}$$

Rechenbeispiel 4-46. 0,25 mol Natriumchlorid, NaCl, und 12,5 mol Wasser werden gemischt. Wie groß ist der Stoffmengenanteil $x(\mathrm{NaCl})$ der entstehenden Lösung?

Gesucht: $x_3(\mathrm{NaCl})$

Gegeben:
$n_1(\mathrm{L}_1) = n_1(\mathrm{NaCl}) = 0{,}25$ mol
$x_1(\mathrm{NaCl}) = 100\% = 1$
$n_2(\mathrm{L}_2) = n_2(\mathrm{H_2O}) = 12{,}5$ mol
$x_2(\mathrm{NaCl}) = 0\% = 0$

$$[n_1(\mathrm{L}_1) + n_2(\mathrm{L}_2)]\, x_3(\mathrm{X}) = n_1(\mathrm{L}_1)\, x_1(\mathrm{X}) + n_2(\mathrm{L}_2)\, x_2(\mathrm{X}) \leftarrow x_1 = 1;\; x_2 = 0$$

$$x_3(\mathrm{NaCl}) = \frac{n_1(\mathrm{L}_1)}{n_1(\mathrm{L}_1) + n_2(\mathrm{L}_2)} = \frac{0{,}25\ \mathrm{mol}}{0{,}25\ \mathrm{mol} + 12{,}5\ \mathrm{mol}}$$

$$\underline{x_3(\mathrm{NaCl}) = 0{,}0196 = 1{,}96\%}$$

Übungsaufgaben:

4-132. 2,25 mol Magnesiumoxid, MgO, 3,25 mol Bariumoxid, BaO, und 5,25 mol Calciumoxid, CaO, werden gemischt. Welchen Stoffmengenanteil $x(\mathrm{CaO})$ hat die entstehende Mischung?

4-133. 1,75 mol Bariumchlorid, $\mathrm{BaCl_2}$, werden in 8,00 mol Wasser gelöst. Wie ist der Stoffmengenanteil $x(\mathrm{BaCl_2})$ der entstehenden Lösung?

In (4-16) kann die Stoffmenge auch gemäß Abb. 1-2 durch andere Quantitäten ersetzt werden.

Rechenbeispiel 4-47. 25,0 g Natriumchlorid, NaCl, werden in 150 g Wasser gelöst. Wie groß ist der Stoffmengenanteil $x(\text{NaCl})$ der entstehenden Lösung?

Gesucht: $x_3(\text{NaCl})$

Gegeben:
$m_1(\text{L}_1) = m_1(\text{NaCl}) = 25{,}0\ \text{g}$
$x_1(\text{NaCl}) = 100\% = 1$
$m_2(\text{L}_2) = m_2(\text{H}_2\text{O}) = 150\ \text{g}$
$x_2(\text{NaCl}) = 0\% = 0$

$$[n_1(\text{L}_1) + n_2(\text{L}_2)]\, x_3(\text{X}) = n_1(\text{L}_1)\, x_1(\text{X}) + n_2(\text{L}_2)\, x_2(\text{X}) \longleftarrow x_1 = 1,\ x_2 = 0$$

$$[n_1(\text{L}_1) + n_2(\text{L}_2]\, x_3(\text{X}) = n_1(\text{L}_1) \longleftarrow n_i = \frac{m_i}{M_i}$$

$$x_3(\text{NaCl}) = \frac{\dfrac{m_1(\text{NaCl})}{M_1(\text{NaCl})}}{\dfrac{m_1(\text{NaCl})}{M_1(\text{NaCl})} + \dfrac{m_2(\text{H}_2\text{O})}{M_2(\text{H}_2\text{O})}} = \frac{\dfrac{25{,}0\ \text{g}}{58{,}44\ \text{g mol}^{-1}}}{\dfrac{25{,}0\ \text{g}}{58{,}44\ \text{g mol}^{-1}} + \dfrac{150\ \text{g}}{18{,}02\ \text{g mol}^{-1}}}$$

$$\underline{x_3(\text{NaCl}) = 0{,}0489 = 4{,}89\%}$$

Übungsaufgaben:

4-134. 2,25 g Magnesiumoxid, MgO, 3,25 g Bariumoxid, BaO, und 5,25 g Calciumoxid, CaO, werden gemischt. Welchen Stoffmengenanteil $x(\text{CaO})$ hat die entstehende Mischung?

4-135. 175 g Bariumchlorid, BaCl_2, werden in 800 g Wasser gelöst. Wie ist der Stoffmengenanteil $x(\text{BaCl}_2)$ der entstehenden Lösung?

Rechenbeispiel 4-48. 475 mL Benzol, $\rho = 0{,}879$ g/mL, und 215 mL Toluol, $\rho = 0{,}867$ g/mL, werden gemischt. Welchen Stoffmengenanteil $x(\text{C}_6\text{H}_6)$ hat die neue Mischung?

Gesucht: $x_3(\text{C}_6\text{H}_6)$

Gegeben:
$V_1(\text{L}_1) = V_1(\text{C}_6\text{H}_6) = 475\ \text{mL}$
$\rho_1(\text{L}_1) = \rho_1(\text{C}_6\text{H}_6) = 0{,}879\ \text{g/mL}$
$x_1(\text{C}_6\text{H}_6) = 100\% = 1$
$V_2(\text{L}_2) = V_2(\text{C}_6\text{H}_5\text{CH}_3) = 215\ \text{mL}$
$\rho_2(\text{L}_2) = \rho_2(\text{C}_6\text{H}_5\text{CH}_3) = 0{,}867\ \text{g/mL}$
$x_2(\text{C}_6\text{H}_6) = 0\% = 0$

$$[n_1(L_1) + n_2(L_2)]\, x_3(X) = n_1(L_1)\, x_1(X) + n_2(L_2)\, x_2(X) \leftarrow \begin{cases} x_1 = 1 \\ x_2 = 0 \\ n_i = \dfrac{V_i\, \rho_i}{M_i} \end{cases}$$

$$x_3(C_6H_6) = \frac{\dfrac{V_1(C_6H_6)\, \rho_1(C_6H_6)}{M_1(C_6H_6)}}{\dfrac{V_1(C_6H_6)\, \rho_1(C_6H_6)}{M_1(C_6H_6)} = \dfrac{V_2(C_6H_5CH_3)\, \rho_2(C_6H_5CH_3)}{M_2(C_6H_5CH_3)}}$$

$$= \frac{\dfrac{475\ \text{mL} \cdot 0{,}879\ \text{g mL}^{-1}}{78{,}11\ \text{g mol}^{-1}}}{\dfrac{475\ \text{mL} \cdot 0{,}879\ \text{g mL}^{-1}}{78{,}11\ \text{g mol}^{-1}} + \dfrac{215\ \text{mL} \cdot 0{,}867\ \text{g mL}^{-1}}{92{,}13\ \text{g mol}^{-1}}}$$

$$\underline{\mathbf{x_3(C_6H_6) = 0{,}725 = 72{,}5\%}}$$

Rechenbeispiel 4-49. 475 mL Methan, CH_4, und 800 mL Ethan, C_2H_6, im Normzustand werden gemischt. Wie groß ist der Stoffmengenanteil $x(CH_4)$ des neuen Gemisches?

Gesucht: $x_3(CH_4)$

Gegeben: $V_1(L_1) = V_1(CH_4) = 475$ mL
$x_1(CH_4) = 100\% - 1$
$V_2(L_2) = V_2(C_2H_6) = 800$ mL
$x_2(CH_4) = 0\% = 0$

$$[n_1(L_1) + n_2(L_2)]\, x_3(X) = n_1(L_1)\, x_1(X) + n_2(L_2)\, x_2(X) \leftarrow \begin{cases} x_1 = 1 \\ x_2 = 0 \\ n_i = \dfrac{V_i}{V_m} \end{cases}$$

$$x_3(CH_4) = \frac{V_1(L_1)}{V_1(L_1) + V_2(L_2)} = \frac{475\ \text{mL}}{475\ \text{mL} + 800\ \text{mL}}$$

$$\underline{\mathbf{x_3(CH_4) = 0{,}3725 = 37{,}25\%}}$$

Übungsaufgaben:

4-136. 20,0 g Natriumhydroxid, NaOH, werden in 150 g Wasser gelöst. Wie groß ist der Stoffmengenanteil $x(NaOH)$ der entstehenden Natronlauge?

4-137. 0,50 mol Brom, Br_2, werden in 1000 mL Tetrachlormethan, CCl_4, $\rho = 1{,}594$ g/mL, gelöst. Wie groß ist der Stoffmengenanteil $x(Br_2)$ der entstehenden Lösung?

4-138. 30,0 L Hydrogenchloridgas, HCl, von 20 °C und 1040 mbar werden in 1000 mL Wasser, ρ = 0,998 g/mL, gelöst. Wie groß ist der Stoffmengenanteil x(HCl) der entstehenden Salzsäure?

4.2.3.2 Berechnen von Quantitäten

Aus der Mischungsgleichung (4-8) leiten sich drei Beziehungen ab, die den Zusammenhang zwischen den Stoffmengen $n_1(L_1)$ und $n_2(L_2)$ von Ausgangsstoffen und der Stoffmenge $n_m(L_m)$ der entstehenden Mischphase beschreiben:

$$\mathbf{n_3\, x_3 = n_1\, x_1 + n_2\, x_2} \longleftarrow n_2 = n_3 - n_1$$

$$n_3\, x_3 = n_1\, x_1 + (n_3 - n_1)\, x_2$$

$$n_3\, x_3 = n_1\, x_1 + n_3\, x_2 - n_1\, x_2$$

$$n_3\, x_3 - n_3\, x_2 = n_1\, x_1 - n_1\, x_2$$

$$\mathbf{n_3(L_3)\,[x_3(X) - x_2(X)] = n_1(L_1)\,[x_1(X) - x_2(X)]} \qquad \mathbf{(4\text{-}17a)}$$

$$\mathbf{n_3\, x_3 = n_1\, x_1 + n_2\, x_2} \longleftarrow n_1 = n_3 - n_2$$

$$n_3\, x_3 = (n_3 - n_2)\, x_1 + n_2\, x_2$$

$$n_3\, x_3 = n_3\, x_1 - n_2\, x_1 + n_2\, x_2$$

$$n_3\, x_3 - n_3\, x_1 = n_2\, x_2 - n_2\, x_1$$

$$\mathbf{n_3(L_3)\,[x_3(X) - x_1(X)] = n_2(L_2)\,[x_2(X) - x_1(X)]} \qquad \mathbf{(4\text{-}17b)}$$

$$\mathbf{n_3\, x_3 = n_1\, x_1 + n_2\, x_2} \longleftarrow n_3 = n_1 + n_2$$

$$n_1\, x_3 + n_2\, x_3 = n_1\, x_1 + n_2\, x_2$$

$$n_1\, x_3 - n_1\, x_1 = n_2\, x_2 - n_2\, x_3$$

$$\mathbf{n_1(L_1)\,[x_3(X) - x_1(X)] = n_2(L_2)\,[x_2(X) - x_3(X)]} \qquad \mathbf{(4\text{-}17c)}$$

4.2.3.2.1 Stoffmenge

Rechenbeispiel 4-50. Welche Stoffmengen $n_1(H_2)$ und n_2(CO) müssen miteinander gemischt werden, um 10,0 mol eines Synthesegases mit dem Stoffmengenanteil x(CO) = 30,0% zu bekommen?

Gesucht: $n_1(L_1) = n_1(H_2)$
$n_2(L_2) = n_2(CO)$

Gegeben: $n_3(L_3)$ = 10,0 mol
x_1(CO) = 0% = 0
x_2(CO) = 100% = 1
x_3(CO) = 30,0% = 0,300

$$\boldsymbol{n_3(L_3)\,[x_3(X) - x_2(X)] = n_1(L_1)\,[x_1(X) - x_2(X)]}$$

$$n_1(L_1) = \frac{n_3(L_3)\,[x_3(CO) - x_2(CO)]}{x_1(CO) - x_2(CO)} = \frac{10{,}0\ \text{mol} \cdot (0{,}300 - 1)}{0 - 1}$$

$$\underline{\boldsymbol{n_1(L_1) = n_1(H_2) = 7{,}00\ \text{mol}}}$$

$$\boldsymbol{n_3(L_3)\,[x_3(X) - x_1(X)] = n_2(L_2)\,[x_2(X) - x_1(X)]}$$

$$n_2(L_2) = \frac{n_3(L_3)\,[x_3(CO) - x_1(CO)]}{x_2(CO) - x_1(CO)} = \frac{10{,}0\ \text{mol} \cdot (0{,}300 - 0)}{1 - 0}$$

$$\underline{\boldsymbol{n_2(L_2) = n_2(CO) = 3{,}00\ \text{mol}}}$$

Übungsaufgaben:

4-139. Welche Stoffmengen an Methanol, CH_3OH, und Wasser müssen miteinander gemischt werden, um 6,50 mol einer Mischphase mit dem Stoffmengenanteil $x(CH_3OH) = 9{,}50\%$ zu bekommen?

4-140. Welche Stoffmenge an Wasserstoff, H_2, muß man mit 3,50 mol Kohlenstoffmonoxid, CO, mischen, um ein Synthesegas mit dem Stoffmengenanteil $x(CO) = 20{,}0\%$ zu bekommen?

4-141. Wieviel Mol Kalilauge mit $x(KOH) = 15{,}0\%$ kann man aus 4,25 mol Kaliumhydroxid, KOH, herstellen?

4.2.3.3 Wiederholungsaufgaben (zu Abschn. 4.2.3)

4-50. 0,650 mol Kaliumnitrat, KNO_3, werden in 15,0 mol Wasser gelöst. Wie groß ist der Stoffmengenanteil $x(KNO_3)$ der entstehenden Lösung?

4-51. 2,50 g Natriumsulfat, Na_2SO_4, werden in 150 g Wasser gelöst. Wie groß ist der Stoffmengenanteil $x(Na_2SO_4)$ der entstehenden Lösung?

4-52. 475 mL Benzol, $\rho = 0{,}879$ g/mL, und 215 mL Toluol, $\rho = 0{,}867$ g/mL, werden gemischt. Welchen Stoffmengenanteil $x(C_6H_5CH_3)$ hat die neue Mischung?

4-53. 475 mL Methan, CH_4, und 800 mL Ethan, C_2H_6, im Normzustand werden gemischt. Wie groß ist der Stoffmengenanteil $x(C_2H_6)$ des neuen Gemisches?

4-54. Welche Stoffmengen $n(H_2)$ und $n(CO)$ müssen miteinander gemischt werden, um 3,50 mol eines Synthesegases mit dem Stoffmengenanteil $x(CO) = 25{,}0\%$ zu bekommen?

4-55. Wieviel Kilogramm Kaliumcarbonat, K_2CO_3, muß man in Wasser lösen, um 135 kg Lösung mit $x(K_2CO_3) = 7{,}50\%$ herzustellen?

4-56. Welche Volumina an Stickstoff und Wasserstoff im Normzustand muß man mischen, um 300 L Gasgemisch mit $x(H_2) = 45{,}0\%$ herzustellen?

4.2.4 Massenkonzentration

Von den in Abschn. 4.1.1 aufgeführten Möglichkeiten zum Mischen von Stoffen entfällt das Konzentrieren durch Zugabe von reinem Stoff, weil nur für flüssige und gasförmige Mischphasen eine Gehaltsangabe in Form der Massenkonzentration möglich ist. Reine Lösemittel hingegen können rechnerisch wie Mischphasen mit der Massenkonzentration $\boldsymbol{\beta_i(X) = 0\ g/L}$ behandelt werden.

Für die Berechnung von Mischungsvorgängen mit der Massenkonzentration als Gehaltsangabe und dem Volumen als Quantität ergeben sich anstelle der allgemeinen Mischungsgleichung (4-5) entsprechende spezielle Beziehungen:

$$[V_1(L_1) + V_2(L_2) + \ldots]\,\beta_m(X) = V_1(L_1)\,\beta_1(X) + V_2(L_2)\,\beta_2(X) + \ldots \qquad \textbf{(4-9)}$$

$$V_m(L_m)\,\beta_m(X) = V_1(L_1)\,\beta_1(X) + V_2(L_2)\,\beta_2(X) + \ldots \qquad \textbf{(4-9a)}$$

Darin bedeuten:

$V_1(L_1)$ Volumen der Mischphase 1
$\beta_1(X)$ Massenkonzentration des Stoffes X der Mischphase 1
$V_2(L_2)$ Volumen der Mischphase 2
$\beta_2(X)$ Massenkonzentration des Stoffes X der Mischphase 2
$V_m(L_m)$ Volumen der entstehenden Lösung
$\beta_m(X)$ Massenkonzentration des Stoffes X der entstehenden Mischphase

Bei den folgenden Rechenbeispielen und Übungen wird vorausgesetzt, daß eine Volumenkontraktion entweder nicht stattfindet oder vernachlässigbar klein ist.

4.2.4.1 Berechnen der Massenkonzentration

Durch Umstellen von (4-9) ergeben sich Beziehungen, mit denen die Massenkonzentration von Mischphasen berechnet werden kann.

4.2.4.1.1 Massenkonzentration der entstehenden Mischphase

Durch Umstellen von (4-9) ergibt sich eine Beziehung für die Massenkonzentration $\beta_m(X)$ einer Mischphase, die beim Mischen entsteht:

$$\boldsymbol{\beta_m(X) = \frac{V_1(L_1)\,\beta_1(X) + V_2(L_2)\,\beta_2(X) + \ldots}{V_1(L_1) + V_2(L_2) + \ldots}} \qquad \textbf{(4-18)}$$

Rechenbeispiel 4-51. Zwei Natriumchlorid-Lösungen mit den Massenkonzentrationen $\beta_1(NaCl) = 120$ g/L bzw. $\beta_2(NaCl) = 75$ g/L und den Volumina $V_1(L_1) = 180$ mL bzw. $V_2(L_2) = 340$ mL werden gemischt. Wie groß ist die Massenkonzentration $\beta_3(NaCl)$ der entstehenden Lösung?

Gesucht: $\beta_3(NaCl)$ **Gegeben:** $V_1(L_1) = 180$ mL; $\beta_1(NaCl) = 120$ g/L
$V_2(L_2) = 340$ mL; $\beta_2(NaCl) = 75$ g/L

$$\boldsymbol{[V_1(L_1) + V_2(L_2)]\,\beta_3(X) = V_1(L_1)\,\beta_1(X) + V_2(L_2)\,\beta_2(X)}$$

$$\beta_3(NaCl) = \frac{V_1(L_1)\,\beta_1(NaCl) + V_2(L_2)\,\beta_2(NaCl)}{V_1(L_1) + V_2(L_2)}$$

$$= \frac{180\text{ mL} \cdot 120\text{ g L}^{-1} + 340\text{ mL} \cdot 75\text{ g L}^{-1}}{180\text{ mL} + 340\text{ mL}}$$

$\boldsymbol{\beta_3(NaCl) = 90{,}6}$ **g/L**

Übungsaufgaben:

4-142. Zwei Portionen Schwefelsäure-Lösung mit $V_1(L_1) = 5{,}75$ L und $\beta_1(H_2SO_4) = 522$ g/L bzw. $V_2(L_2) = 4{,}40$ L und $\beta_2(H_2SO_4) = 175$ g/L werden gemischt. Welche Massenkonzentration $\beta_3(H_2SO_4)$ hat die neue Mischung?

4-143. 920 mL Salzsäure, $\beta(HCl) = 121$ g/L, und 550 mL Salzsäure, $\beta(HCl) = 296$ g/L werden miteinander gemischt. Welche Massenkonzentration an HCl hat die neue Mischung?

4.2.4.1.2 Massenkonzentration eines Ausgangsstoffes

Rechenbeispiel 4-52. 500 mL einer Natronlauge, $\beta_1(NaOH) = 43{,}9$ g/L, und 350 mL einer Natronlauge von unbekanntem Gehalt werden gemischt. Die neue Lösung besitzt die Massenkonzentration $\beta_3(NaOH) = 30{,}0$ g/L. Welche Massenkonzentration $\beta_2(NaOH)$ hatte die zweite Lauge?

Gesucht: $\beta_2(\text{NaOH})$ **Gegeben:** $V_1(L_1) = 500$ mL; $\beta_1(\text{NaOH}) = 43{,}9$ g/mL
$V_2(L_2) = 350$ mL; $\beta_3(\text{NaOH}) = 30{,}0$ g/L

$$\mathbf{[V_1(L_1) + V_2(L_2)]\,\beta_3(X) = V_1(L_1)\,\beta_1(X) + V_2(L_2)\,\beta_2(X)}$$

$$\beta_2(\text{NaOH}) = \frac{[V_1(L_1) + V_2(L_2)]\,\beta_3(\text{NaOH}) - V_1(L_1)\,\beta_1(\text{NaOH})}{V_2(L_2)}$$

$$= \frac{(500\text{ mL} + 350\text{ mL}) \cdot 30{,}0\text{ g L}^{-1} - 500\text{ mL} \cdot 43{,}9\text{ g L}^{-1}}{350\text{ mL}}$$

$$\underline{\mathbf{\beta_2(NaOH) = 10{,}1\ g/L}}$$

Übungsaufgaben:

4-144. Aus 625 mL Schwefelsäure-Lösung, $\beta(H_2SO_4) = 6{,}0$ g/L, werden durch Zugabe einer zweiten Schwefelsäure-Lösung 950 mL einer neuen Lösung, $\beta(H_2SO_4) = 10{,}0$ g/L hergestellt. Wie groß muß die Massenkonzentration der zweiten Lösung gewesen sein?

4-145. 300 L Gasgemisch mit $\beta(SO_2) = 20{,}0$ mg/L werden mit 550 L einer zweiten Mischphase vereinigt. Das entstehende Gemisch hat die Massenkonzentration $\beta(SO_2) = 30{,}0$ mg/L. Welche Massenkonzentration $\beta(SO_2)$ hatte das zweite Gemisch?

4.2.4.2 Berechnen von Quantitäten

Aus der Mischungsgleichung (4-9a) leiten sich drei Beziehungen ab, die den Zusammenhang zwischen den Volumina $V_1(L_1)$ und $V_2(L_2)$ von Ausgangsstoffen und dem Volumen $V_3(L_3)$ der entstehenden Mischphase beschreiben:

$$\mathbf{V_3\,\beta_3 = V_1\,\beta_1 + V_2\,\beta_2} \longleftarrow V_2 = V_3 - V_1$$

$$V_3\,\beta_3 = V_1\,\beta_1 + (V_3 - V_1)\,\beta_2$$

$$V_3\,\beta_3 = V_1\,\beta_1 + V_3\,\beta_2 - V_1\,\beta_2$$

$$V_3\,\beta_3 - V_3\,\beta_2 = V_1\,\beta_1 - V_1\,\beta_2$$

$$\mathbf{V_3(L_3)\,[\beta_3(X) - \beta_2(X)] = V_1(L_1)\,[\beta_1(X) - \beta_2(X)]} \qquad \textbf{(4-19a)}$$

$$\mathbf{V_3\,\beta_3 = V_1\,\beta_1 + V_2\,\beta_2} \longleftarrow V_1 = V_3 - V_2$$

$$V_3\,\beta_3 = (V_3 - V_2)\,\beta_1 + V_2\,\beta_2$$

$$V_3\,\beta_3 = V_3\,\beta_1 - V_2\,\beta_1 + V_2\,\beta_2$$

$$V_3\,\beta_3 - V_3\,\beta_1 = V_2\,\beta_2 - V_2\,\beta_1$$

$$V_3(L_3)\,[\beta_3(X) - \beta_1(X)] = V_2(L_2)\,[\beta_2(X) - \beta_1(X)] \qquad \textbf{(4-19b)}$$

$$V_3\,\beta_3 = V_1\,\beta_1 + V_2\,\beta_2 \longleftarrow V_3 = V_1 + V_2$$

$$(V_1 + V_2)\,\beta_3 = V_1\,\beta_1 + V_2\,\beta_2$$

$$V_1\,\beta_3 + V_2\,\beta_3 = V_1\,\beta_1 + V_2\,\beta_2$$

$$V_1\,\beta_3 - V_1\,\beta_1 = V_2\,\beta_2 - V_2\,\beta_3$$

$$V_1(L_1)\,[\beta_3(X) - \beta_1(X)] = V_2(L_2)\,[\beta_2(X) - \beta_1(X)] \qquad \textbf{(4-19c)}$$

In diesen Beziehungen kann gemäß Abb. 1-2 das Volumen durch andere Quantitäten ersetzt werden.

4.2.4.2.1 Volumen

Rechenbeispiel 4-53. Wieviel Liter Wasser muß man zu 175 L Natronlauge mit $\beta(\text{NaOH}) = 185$ g/L geben, damit sich eine Lösung mit $\beta(\text{NaOH}) = 100$ g/L ergibt? Wieviel Liter Lösung entstehen dabei?

Gesucht: $V_1(L_1) = V_1(H_2O)$
$V_3(L_3)$

Gegeben: $V_2(L_2) = 175$ L
$\beta_2(\text{NaOH}) = 185$ g/L
$\beta_1(\text{NaOH}) = 0$ g/L
$\beta_3(\text{NaOH}) = 100$ g/L

$$V_1(L_1)\,[\beta_3(X) - \beta_1(X)] = V_2(L_2)\,[\beta_2(X) - \beta_1(X)]$$

$$V_1(L_1) = \frac{V_2(L_2)\,[\beta_2(\text{HNO}_3) - \beta_3(\text{HNO}_3)]}{\beta_3(\text{HNO}_3) - \beta_1(\text{HNO}_3)}$$

$$= \frac{175\ \text{L} \cdot (185\ \text{g L}^{-1} - 100\ \text{g L}^{-1})}{100\ \text{g L}^{-1} - 0\ \text{g L}^{-1}}$$

$$\underline{\mathbf{V_1(L_1) = 149\ L}}$$

$$V_3(L_3)\,[\beta_3(X) - \beta_1(X)] = V_2(L_2)\,[\beta_2(X) - \beta_1(X)]$$

$$V_3(L_3) = \frac{V_2(L_2)\,[\beta_2(\text{HNO}_3) - \beta_1(\text{HNO}_3)]}{\beta_3(\text{HNO}_3) - \beta_1(\text{HNO}_3)}$$

$$= \frac{175\ \text{L} \cdot (185\ \text{g L}^{-1} - 0\ \text{g L}^{-1})}{= 100\ \text{g L}^{-1} - 0\ \text{g L}^{-1}}$$

$$\underline{\mathbf{V_3(L_3) = 324\ L}}$$

Übungsaufgaben:

4-146. Wieviel Milliliter zweier Ammoniak-Lösungen mit $\beta_1(NH_3) = 171$ g/L bzw. $\beta_2(NH_3) = 105$ g/L muß man zusammengeben, wenn man 385 mL Ammoniak-Lösung einer neuen Lösung mit $\beta_3(NH_3) = 150$ g/L herstellen will?

4-147. Welche Volumina an Soda-Lösung, $\beta(Na_2CO_3) = 180$ g/L, und Wasser muß man miteinander mischen, um 25,0 L Soda-Lösung mit einer Massenkonzentration $\beta(Na_2CO_3) = 125$ g/L herzustellen?

4-148. Welche Volumina an Soda-Lösung, $\beta(Na_2CO_3) = 118{,}5$ g/L, und Wasser muß man mischen, um 25,0 kg Soda-Lösung mit einer Massenkonzentration $\beta(Na_2CO_3) = 96{,}0$ g/L, $\rho = 1{,}090$ g/mL, herzustellen?

4.2.4.2.2 Masse

In den Beziehungen (4-19a) bis (4-19c) lassen sich die Volumina gemäß Abb. 1-2 oder (1-21) ersetzen.

Rechenbeispiel 4-54. Wieviel Kilogramm Natronlauge, $\beta(NaOH) = 38{,}8$ g/L, $\rho = 1{,}040$ g/mL, muß man zu 175 kg Natronlauge, $\beta(NaOH) = 182$ g/L, $\rho = 1{,}170$ g/mL, geben, damit eine Lösung mit $\beta(NaOH) = 100$ g/L entsteht?

Gesucht: $m_1(L_1) = m_1(H_2O)$

Gegeben: $m_2(L_2) = 175$ kg
$\beta_2(NaOH) = 182$ g/L
$\rho_2(L_2) = 1{,}170$ g/mL
$\beta_1(NaOH) = 38{,}8$ g/L
$\rho_1(L_1) = 1{,}040$ g/mL
$\beta_3(NaOH) = 100$ g/L

$$\mathbf{V_1(L_1)\,[\beta_3(X) - \beta_1(X)] = V_2(L_2)\,[\beta_2(X) - \beta_1(X)] \longleftarrow V_i = \frac{m_i}{\rho_i}}$$

$$m_1(L_1) = \frac{m_2(L_2)\,[\beta_2(HNO_3) - \beta_3(HNO_3)]\,\rho_1(L_1)}{\rho_2(L_2)\,[\beta_3(HNO_3) - \beta_1(HNO_3)]}$$

$$= \frac{175\text{ kg} \cdot (182\text{ g L}^{-1} - 100\text{ g L}^{-1}) \cdot 1{,}040\text{ g mL}^{-1}}{1{,}170\text{ g mL}^{-1} \cdot (100\text{ g L}^{-1} - 38{,}8\text{ g L}^{-1})}$$

$$\underline{\mathbf{m_1(L_1) = 208\text{ kg}}}$$

Übungsaufgaben:

4-149. Wieviel Kilogramm Soda-Lösung, $\beta(Na_2CO_3) = 118{,}5$ g/L, $\rho = 1{,}110$ g/mL, muß man mit Wasser mischen, um 25,0 L Soda-Lösung mit einer Massenkonzentration $\beta(Na_2CO_3) = 95{,}0$ g/L herzustellen?

4-150. Es sollen 250 mL Schwefelsäure-Lösung mit $\beta(H_2SO_4) = 150$ g/L angesetzt werden. Welche Massen zweier Lösungen mit $\beta(H_2SO_4) = 195$ g/L, $\rho = 1{,}120$ g/mL, und $\beta(H_2SO_4) = 113$ g/mL, $\rho = 1{,}070$ g/mL, muß man zu diesem Zweck mischen?

4.2.4.3 Wiederholungsaufgaben (zu Abschn. 4.2.4)

4-57. 520 mL Salzsäure, $\beta(HCl) = 100$ g/L, und 750 mL Salzsäure, $\beta(HCl) = 300$ g/L werden miteinander gemischt. Welche Massenkonzentration $\beta(HCl)$ hat die neue Mischung?

4-58. 6,50 L einer Salpetersäure-Lösung mit einer Massenkonzentration $\beta(HNO_3) = 325$ g/L werden 5,00 L Wasser gegeben. Wie groß ist $\beta(HNO_3)$ der entstehenden Mischung?

4-59. 300 mL einer Natronlauge, $\beta_1(NaOH) = 40{,}0$ g/L, und 350 mL einer Natronlauge von unbekanntem Gehalt werden gemischt. Die neue Lösung besitzt die Massenkonzentration $\beta_3(NaOH) = 30{,}0$ g/L. Welche Massenkonzentration $\beta_2(NaOH)$ hatte die zweite Lauge?

4-60. Wieviel Liter Wasser muß man zu 275 L Kalilauge mit $\beta(KOH) = 165$ g/L geben, damit sich eine Lösung mit $\beta(KOH) = 100$ g/L ergibt? Wieviel Liter Lösung entstehen dabei?

4-61. Welche Volumina an Soda-Lösung, $\beta(Na_2CO_3) = 120$ g/L, und Wasser muß man mischen, um 12,5 kg Soda-Lösung mit einer Massenkonzentration $\beta(Na_2CO_3) = 96{,}0$ g/L, $\rho = 1{,}090$ g/mL, herzustellen?

4-62. Wieviel Kilogramm Natronlauge, $\beta(NaOH) = 38{,}8$ g/L, $\rho = 1{,}040$ g/mL, muß man zu 85,0 kg Natronlauge, $\beta(NaOH) = 182$ g/L, $\rho = 1{,}170$ g/mL, geben, damit eine Lösung mit $\beta(NaOH) = 75{,}0$ g/L entsteht?

4.2.5 Stoffmengenkonzentration

Von den in Abschn. 4.1.1 aufgeführten Möglichkeiten zum Mischen von Stoffen entfällt das Konzentrieren durch Zugabe von reinem Stoff, weil nur für Mischphasen eine Gehaltsangabe in Form der Stoffmengenkonzentration möglich ist. Reine Lösemittel können rechnerisch wie Lösungen mit der Stoffmengenkonzentration **c(X) = 0 mol/L** behandelt werden.

Für die Berechnung von Mischungsvorgängen mit der Stoffmengenkonzentration als Gehaltsangabe und dem Volumen als Quantität ergeben sich anstelle der allgemeinen Mischungsgleichung (4-5) entsprechende spezielle Beziehungen, die auch für die Äquivalentkonzentration $c_{eq}(X) = c(\frac{1}{z^*})$ verwendet werden können:

$$[V_1(L_1) + V_2(L_2) + \ldots]\, c_m(X) = V_1(L_1)\, c_1(X) + V_2(L_2)\, c_2(X) + \ldots \qquad \textbf{(4-10)}$$

$$V_m(L_m)\, c_m(X) = V_1(L_1)\, c_1(X) + V_2(L_2)\, c_2(X) + \ldots \qquad \textbf{(4-10a)}$$

Darin bedeuten:

$V_1(L_1)$ Volumen der Mischphase 1
$c_1(X)$ Stoffmengenkonzentration des Stoffes X der Mischphase 1
$V_2(L_2)$ Volumen der Mischphase 2
$c_2(X)$ Stoffmengenkonzentration des Stoffes X der Mischphase 2
$V_m(L_m)$ Volumen der entstehenden Mischphase
$c_m(X)$ Stoffmengenkonzentration des Stoffes X der entstehenden Mischphase

Bei den folgenden Rechenbeispielen und Übungen wird vorausgesetzt, daß eine Volumenkontraktion entweder nicht stattfindet oder vernachlässigbar klein ist.

4.2.5.1 Berechnen der Stoffmengenkonzentration

Durch Umstellen von (4-10) ergibt sich eine Beziehung für die Stoffmengenkonzentration $c_m(X)$ einer Mischphase, die beim Mischen entsteht:

$$c_m(X) = \frac{V_1(L_1)\, c_1(X) + V_2(L_2)\, c_2(X) + \ldots}{V_1(L_1) + V_2(L_2) + \ldots} \qquad \textbf{(4-20)}$$

4.2.5.1.1 Stoffmengenkonzentration der entstehenden Mischphase

Rechenbeispiel 4-55. Zwei Kalilaugen mit folgenden Angaben werden gemischt:

$V_1(L_1)$ = 3,00 L; c_1(KOH) = 10,37 mol/L
$V_2(L_2)$ = 4,50 L; c_2(KOH) = 8,76 mol/L

Welche Stoffmengenkonzentration c(KOH) hat die entstehende Lösung?

Gesucht: c_3(KOH) **Gegeben:** $V_1(L_1)$ = 3,00 L; c_1(KOH) = 10,37 mol/L
$V_2(L_2)$ = 4,50 L; c_2(KOH) = 8,76 mol/L

$$[V_1(L_1) + V_2(L_2)]\, c_3(X) = V_1(L_1)\, c_1(X) + V_2(L_2)\, c_2(X)$$

$$c_3(\text{KOH}) = \frac{V_1(\text{L}_1)\, c_1(\text{KOH}) + V_2(\text{L}_2)\, c_2(\text{KOH})}{V_1(\text{L}_1) + V_2(\text{L}_2)}$$

$$= \frac{3{,}00\ \text{L} \cdot 10{,}37\ \text{mol L}^{-1} + 4{,}50\ \text{L} \cdot 8{,}76\ \text{mol L}^{-1}}{3{,}00\ \text{L} + 4{,}50\ \text{L}}$$

$$\underline{\mathbf{c_3(KOH) = 9{,}40\ mol/L}}$$

Übungsaufgaben:

4-151. Welche Stoffmengenkonzentration $c(\text{BaCl}_2)$ hat eine Bariumchlorid-Lösung, die durch Mischen von 275 mL Lösung, $c(\text{BaCl}_2) = 2{,}50$ mol/L, und 350 mL Lösung, $c(\text{BaCl}_2) = 0{,}85$ mol/L, entsteht?

4-152. Zur Herstellung einer Kaliumpermanganat-Lösung werden drei Lösungen mit folgenden Stoffportionen und Gehalten zusammengegeben:

$V_1(\text{L}_1) = 125$ mL; $c_1(\frac{1}{5}\ \text{KMnO}_4) = 0{,}115$ mol/L

$V_2(\text{L}_2) = 280$ mL; $c_2(\frac{1}{5}\ \text{KMnO}_4) = 0{,}145$ mol/L

$V_3(\text{L}_3) = 425$ mL; $c_3(\frac{1}{5}\ \text{KMnO}_4) = 0{,}098$ mol/L

Welche Äquivalentkonzentration $c_4(\frac{1}{5}\ \text{KMnO}_4)$ hat die Mischung?

4-153. Zwei Salzsäuren mit $m_1(\text{L}_1) = 3{,}25$ kg, $c_1(\text{HCl}) = 6{,}5$ mol/L, $\rho_1(\text{L}_1) = 1{,}106$ g/mL, bzw. $V_2(\text{L}_2) = 1{,}75$ kg, $c_2(\text{HCl}) = 10{,}6$ mol/L, $\rho_2(\text{L}_2) = 1{,}165$ g/mL, werden miteinander gemischt. Welche Stoffmengenkonzentration $c_3(\text{HCl})$ hat die entstehende Lösung?

4.2.5.1.2 Stoffmengenkonzentration eines Ausgangsstoffes

Rechenbeispiel 4-56. 750 mL Kalilauge mit unbekanntem Gehalt werden mit 850 mL einer zweiten Lauge, $c_2(\text{KOH}) = 1{,}60$ mol/L, gemischt. Die Stoffmengenkonzentration $c_3(\text{KOH})$ der entstehenden Mischphase ist 5,08 mol/L. Welche Stoffmengenkonzentration $c_1(\text{KOH})$ hatte die erste Lösung?

Gesucht: $c_1(\text{KOH})$

Gegeben: $V_1(\text{L}_1) = 750$ mL
$V_2(\text{L}_2) = 850$ mL; $c_2(\text{KOH}) = 1{,}60$ mol/L
$c_3(\text{KOH}) = 5{,}08$ mol/L

$$\mathbf{[V_1(L_1) + V_2(L_2)]\, c_3(X) = V_1(L_1)\, c_1(X) + V_2(L_2)\, c_2(X)}$$

$$c_1(\mathrm{KOH}) = \frac{[V_1(\mathrm{L}_1) + V_2(\mathrm{L}_2)]\, c_3(\mathrm{KOH}) - V_2(\mathrm{L}_2)\, c_2(\mathrm{KOH})}{V_1(\mathrm{L}_1)}$$

$$= \frac{(750 + 850)\ \mathrm{mL} \cdot 5{,}08\ \mathrm{mol\ L^{-1}} - 850\ \mathrm{mL} \cdot 1{,}60\ \mathrm{mol\ L^{-1}}}{750\ \mathrm{mL}}$$

$$\mathbf{c_1(KOH) = 9{,}02\ mol/L}$$

Übungsaufgaben:

4-154. 120 mL Salzsäure mit unbekanntem Gehalt werden mit 200 g einer zweiten Säure, $c_2(\mathrm{HCl}) = 1{,}52$ mol/L, $\rho = 1{,}025$ g/mL, gemischt. Die Stoffmengenkonzentration $c_3(\mathrm{HCl})$ der entstehenden Mischphase ist 5,20 mol/L. Welche Stoffmengenkonzentration $c_1(\mathrm{HCl})$ hatte die erste Lösung?

4-155. 400 mL Salpetersäure-Lösung werden mit 900 mL Wasser verdünnt. Die Stoffmengenkonzentration $c(\mathrm{HNO_3})$ der entstehenden Mischphase ist 2,30 mol/L. Welche Stoffmengenkonzentration $c(\mathrm{HNO_3})$ hatte die erste Lösung?

4.2.5.2 Berechnen von Quantitäten

Aus der Mischungsgleichung (4-10a) leiten sich drei Beziehungen ab, die den Zusammenhang zwischen den Volumina $V_1(\mathrm{L}_1)$ und $V_2(\mathrm{L}_2)$ von Ausgangsstoffen und dem Volumen $V_\mathrm{m}(\mathrm{L_m})$ der entstehenden Mischphase beschreiben:

$$\boldsymbol{V_3\, c_3 = V_1\, c_1 + V_2\, c_2} \longleftarrow V_2 = V_3 - V_1$$

$$V_3\, c_3 = V_1\, c_1 + (V_3 - V_1)\, c_2$$

$$V_3\, c_3 = V_1\, c_1 + V_3\, c_2 - V_1\, c_2$$

$$V_3\, c_3 - V_3\, c_2 = V_1\, c_1 - V_1\, c_2$$

$$\boldsymbol{V_3(\mathrm{L}_3)\, [c_3(\mathrm{X}) - c_2(\mathrm{X})] = V_1(\mathrm{L}_1)\, [c_1(\mathrm{X}) - c_2(\mathrm{X})]} \qquad \textbf{(4-21a)}$$

$$\boldsymbol{V_3\, c_3 = V_1\, c_1 + V_2\, c_2} \longleftarrow V_1 = V_3 - V_2$$

$$V_3\, c_3 = (V_3 - V_2)\, c_1 + V_2\, c_2$$

$$V_3\, c_3 = V_3\, c_1 - V_2\, c_1 + V_2\, c_2$$

$$V_3\, c_3 - V_3\, c_1 = V_2\, c_2 - V_2\, c_1$$

$$\boldsymbol{V_3(\mathrm{L}_3)\, [c_3(\mathrm{X}) - c_1(\mathrm{X})] = V_2(\mathrm{L}_2)\, [c_2(\mathrm{X}) - c_1(\mathrm{X})]} \qquad \textbf{(4-21b)}$$

$$\boldsymbol{V_3\, c_3 = V_1\, c_1 + V_2\, c_2} \longleftarrow V_3 = V_1 + V_2$$

$$(V_1 + V_2)\, c_3 = V_1\, c_1 + V_2\, c_2$$

$$V_1\, c_3 + V_2\, c_3 = V_1\, c_1 + V_2\, c_2$$

$$V_1\, c_3 - V_1\, c_1 = V_2\, c_2 - V_2\, c_3$$

$$\boldsymbol{V_1(\mathrm{L}_1)\,[c_3(\mathrm{X}) - c_1(\mathrm{X})] = V_2(\mathrm{L}_2)\,[c_2(\mathrm{X}) - c_3(\mathrm{X})]} \qquad \textbf{(4-21c)}$$

In diesen Beziehungen kann gemäß Abb. 1-2 das Volumen auch durch andere Quantitäten ersetzt werden.

4.2.5.2.1 Volumen

Rechenbeispiel 4-57. Zwei Silbernitrat-Lösungen haben die Stoffmengenkonzentrationen $c_1(\mathrm{AgNO_3}) = 0{,}50$ mol/L bzw. $c_2(\mathrm{AgNO_3}) = 0{,}10$ mol/L. Wieviel Liter dieser beiden Lösungen müssen zusammengegeben werden, damit 6,0 L einer neuen Lösung mit $c_3(\mathrm{AgNO_3}) = 0{,}20$ mol/L entstehen?

Gesucht: $V_1(\mathrm{L}_1)$
$V_2(\mathrm{L}_2)$

Gegeben: $c_1(\mathrm{AgNO_3}) = 0{,}50$ mol/L
$c_2(\mathrm{AgNO_3}) = 0{,}10$ mol/L
$c_3(\mathrm{AgNO_3}) = 0{,}20$ mol/L; $V_3(\mathrm{L}_3) = 6{,}0$ L

$$\boldsymbol{V_3(\mathrm{L}_3)\,[c_3(\mathrm{X}) - c_2(\mathrm{X})] = V_1(\mathrm{L}_1)\,[c_1(\mathrm{X}) - c_2(\mathrm{X})]}$$

$$V_1(\mathrm{L}_1) = \frac{V_3(\mathrm{L}_3)\,[c_3(\mathrm{AgNO_3}) - c_2(\mathrm{AgNO_3})]}{c_1(\mathrm{AgNO_3}) - c_2(\mathrm{AgNO_3})}$$

$$= \frac{6{,}0\ \mathrm{L} \cdot (0{,}20 - 0{,}10)\ \mathrm{mol\ L^{-1}}}{(0{,}50 - 0{,}10)\ \mathrm{mol\ L^{-1}}}$$

$$\underline{\boldsymbol{V_1(\mathrm{L}_1) = 1{,}5\ \mathrm{L}}}$$

$$V_2(\mathrm{L}_2) = V_3(\mathrm{L}_3) - V_1(\mathrm{L}_1)$$

$$= 6{,}0\ \mathrm{L} - 1{,}5\ \mathrm{L}$$

$$\underline{\boldsymbol{V_2(\mathrm{L}_2) - 4{,}5\ \mathrm{L}}}$$

Mit (4-21 b) kann $V_2(L_2)$ auch direkt berechnet werden:

$$V_1(L_1) = \frac{V_3(L_3)\,[c_3(AgNO_3) - c_1(AgNO_3)]}{c_2(AgNO_3) - c_1(AgNO_3)}$$

$$= \frac{6{,}0\ L \cdot (0{,}2 - 0{,}5)\ mol\ L^{-1}}{(0{,}1 - 0{,}5)\ mol\ L^{-1}}$$

$$\underline{\boldsymbol{V_2(L_2) = 4{,}5\ L}}$$

Übungsaufgaben:

4-156. 700 mL Phosphorsäure-Lösung, $c(\frac{1}{3}\ H_3PO_4) = 3{,}75$ mol/L, sollen durch Zugabe von Wasser so verdünnt werden, daß eine Lösung mit $c(\frac{1}{3}\ H_3PO_4) = 1{,}00$ mol/L entsteht. Wieviel Milliliter Wasser sind notwendig? Wieviel Milliliter neue Mischung entstehen?

4-157. Zwei Ammonnitrat-Lösungen haben die Stoffmengenkonzentrationen $c_1(NH_4NO_3) = 6{,}5$ mol/L und $c_2(NH_4NO_3) = 2{,}1$ mol/L. Wieviel Liter dieser beiden Lösungen müssen zusammengegeben werden, damit 250 L einer neuen Lösung mit $c_3(NH_4NO_3) = 3{,}0$ mol/L entstehen?

4-158. Aus zwei Natronlaugen mit $c_1(NaOH) = 0{,}55$ mol/L und $c_2(NaOH) = 0{,}15$ mol/L sollen 375 g einer Lösung mit $c_3(NaOH) = 0{,}26$ mol/L, $\rho = 1{,}010$ g/mL, angesetzt werden. Welche Volumina der Ausgangslösungen sind zu mischen?

4.2.5.2.2 Masse

Rechenbeispiel 4-58. Wieviel Kilogramm Natronlauge, $c(NaOH) = 0{,}971$ mol/L, $\rho = 1{,}040$ g/mL, muß man zu 2,00 kg Natronlauge, $c(NaOH) = 3{,}51$ mol/L, $\rho = 1{,}135$ g/mL, geben, damit eine Lösung mit $c(NaOH) = 3{,}00$ mol/L, $\rho = 1{,}117$ g/mL, entsteht? Wieviel Kilogramm neue Lösung bilden sich dabei?

Gesucht: $m_2(L_2)$
$m_3(L_3)$

Gegeben: $m_1(L_1) = 2{,}00$ kg
$c_1(NaOH) = 3{,}51$ mol/L
$\rho_1(L_1) = 1{,}135$ g/mL
$c_2(NaOH) = 0{,}971$ mol/L
$\rho_2(L_2) = 1{,}040$ g/mL
$c_3(NaOH) = 3{,}00$ mol/L
$\rho_3(L_3) = 1{,}117$ g/mL

$$\boldsymbol{V_1(L_1)\,[c_3(X) - c_1(X)] = V_2(L_2)\,[c_2(X) - c_3(X)] \longleftarrow V_i = \frac{m_i}{\rho_i}}$$

$$m_2(\mathrm{L}_2) = \frac{m_1(\mathrm{L}_1)\,[c_3(\mathrm{NaOH}) - c_1(\mathrm{NaOH})]\,\rho_2(\mathrm{L}_2)}{\rho_1(\mathrm{L}_1)\,[c_2(\mathrm{NaOH}) - c_3(\mathrm{NaOH})]}$$

$$= \frac{2{,}00\ \mathrm{kg} \cdot (3{,}00 - 3{,}51)\ \mathrm{mol\ L^{-1}} \cdot 1{,}040\ \mathrm{g\ mL^{-1}}}{1{,}135\ \mathrm{g\ mL^{-1}} \cdot (0{,}971 - 3{,}00)\ \mathrm{mol\ L^{-1}}}$$

$$\underline{\boldsymbol{m_2(\mathrm{L}_2) = 0{,}46\ \mathrm{kg}}}$$

$$m_3(\mathrm{L}_3) = m_1(\mathrm{L}_1) + m_2(\mathrm{L}_2)$$

$$= 2{,}00\ \mathrm{kg} + 0{,}46\ \mathrm{kg}$$

$$\underline{\boldsymbol{m_3(\mathrm{L}_3) = 2{,}46\ \mathrm{kg}}}$$

Mit (4-21 a) kann $m_3(\mathrm{L}_3)$ auch direkt berechnet werden:

$$\boldsymbol{V_3(\mathrm{L}_3)\,[c_3(\mathrm{X}) - c_2(\mathrm{X})] = V_1(\mathrm{L}_1)\,[c_1(\mathrm{X}) - c_2(\mathrm{X})]} \longleftarrow V_i = \frac{m_i}{\rho_i}$$

$$m_3(\mathrm{L}_3) = \frac{m_1(\mathrm{L}_1)\,[c_1(\mathrm{NaOH}) - c_2(\mathrm{NaOH})]\,\rho_3(\mathrm{L}_3)}{\rho_1(\mathrm{L}_1)\,[c_3(\mathrm{NaOH}) - c_2(\mathrm{NaOH})]}$$

$$= \frac{2{,}00\ \mathrm{kg} \cdot (3{,}51 - 0{,}971)\ \mathrm{mol\ L^{-1}} \cdot 1{,}117\ \mathrm{g\ mL^{-1}}}{1{,}135\ \mathrm{g\ mL^{-1}} \cdot (3{,}00 - 0{,}971)\ \mathrm{mol\ L^{-1}}}$$

$$\underline{\boldsymbol{m_3(\mathrm{L}_3) = 2{,}46\ \mathrm{kg}}}$$

Übungsaufgaben:

4-159. Wieviel Kilogramm Soda-Lösung, $c(\frac{1}{2}\,\mathrm{Na_2CO_3}) = 2{,}24\ \mathrm{mol/L}$, $\rho = 1{,}110\ \mathrm{g/mL}$, muß man mit Wasser mischen, um 25,0 L Lösung mit $c(\frac{1}{2}\ \mathrm{Na_2CO_3}) = 1{,}81\ \mathrm{mol/L}$ herzustellen?

4-160. Zwei Ammonnitrat-Lösungen haben die Stoffmengenkonzentrationen $c_1(\mathrm{NH_4NO_3}) = 0{,}500\ \mathrm{mol/L}$, $\rho_1(\mathrm{L}_1) = 1{,}0063\ \mathrm{g/mL}$, bzw. $c_2(\mathrm{NH_4NO_3}) = 2{,}415\ \mathrm{mol/L}$, $\rho_2(\mathrm{L}_2) = 1{,}074\ \mathrm{g/mL}$. Welche Massen dieser beiden Lösungen müssen zusammengegeben werden, damit 250 mL einer neuen Lösung mit $c_3(\mathrm{NH_4NO_3}) = 2{,}0\ \mathrm{mol/L}$ entstehen?

4-161. Aus zwei Natronlaugen mit $c_1(\mathrm{NaOH}) = 0{,}85\ \mathrm{mol/L}$, $\rho_1(\mathrm{L}_1) = 1{,}035\ \mathrm{g/mL}$, und $c_2(\mathrm{NaOH}) = 0{,}15\ \mathrm{mol/L}$, $\rho_2(\mathrm{L}_2) = 1{,}005\ \mathrm{g/mL}$, sollen 475 g einer Lösung mit $c_3(\mathrm{NaOH}) = 0{,}264\ \mathrm{mol/L}$, $\rho = 1{,}010\ \mathrm{g/mL}$, angesetzt werden. Welche Massen der Ausgangslösungen sind zu mischen?

4.2.5.3 Wiederholungsaufgaben (zu Abschn. 4.2.5)

4-63. 175 mL Schwefelsäure-Lösung, $c(\frac{1}{2}\ H_2SO_4) = 10{,}0$ mol/L, werden vorsichtig in 300 mL Wasser eingerührt. Welche Äquivalentkonzentration $c(\frac{1}{2}\ H_2SO_4)$ ergibt sich für die verdünnte Schwefelsäure-Lösung?

4-64. Zwei Salzsäuren mit $m_1(L_1) = 400$ g, $c_1(HCl) = 6{,}5$ mol/L, $\rho_1(L_1) = 1{,}106$ g/mL, bzw. $V_2(L_2) = 175$ g, $c_2(HCl) = 10{,}6$ mol/L, $\rho_2(L_2) = 1{,}165$ g/mL, werden miteinander gemischt. Welche Stoffmengenkonzentration $c_3(HCl)$ hat die entstehende Lösung?

4-65. 350 mL Kalilauge mit unbekanntem Gehalt werden mit 850 mL einer zweiten Lauge, $c_2(KOH) = 1{,}85$ mol/L, gemischt. Die Stoffmengenkonzentration $c_3(KOH)$ der entstehenden Mischphase ist 5,00 mol/L. Welche Stoffmengenkonzentration $c_1(KOH)$ hatte die erste Lösung?

4-66. 420 mL Salzsäure mit unbekanntem Gehalt werden mit 375 g einer zweiten Säure, $c_2(HCl) = 1{,}52$ mol/L, $\rho = 1{,}025$ g/mL, gemischt. Die Stoffmengenkonzentration $c_3(HCl)$ der entstehenden Mischphase ist 4,35 mol/L. Welche Stoffmengenkonzentration $c_1(HCl)$ hatte die erste Lösung?

4-67. Zwei Silbernitrat-Lösungen haben die Stoffmengenkonzentrationen $c_1(AgNO_3) = 0{,}65$ mol/L bzw. $c_2(AgNO_3) = 0{,}10$ mol/L. Wieviel Liter dieser beiden Lösungen müssen zusammengegeben werden, damit 5,00 L einer Lösung mit $c_3(AgNO_3) = 0{,}50$ mol/L entstehen?

4-68. Aus zwei Natronlaugen, $c_1(NaOH) = 2{,}00$ mol/L bzw. $c_2(NaOH) = 0{,}105$ mol/L sollen 500 g einer Lösung mit $c_3(NaOH) = 0{,}264$ mol/L, $\rho = 1{,}010$ g/mL, angesetzt werden. Welche Volumina der Ausgangslösungen sind zu mischen?

4-69. Wieviel Kilogramm Natronlauge, $c_1(NaOH) = 0{,}971$ mol/L, $\rho_1(L_1) = 1{,}040$ g/mL, muß man zu 850 g Natronlauge, $c_2(NaOH) = 3{,}51$ mol/L, $\rho_2(L_2) = 1{,}135$ g/mL, geben, damit eine Lösung mit $c(NaOH) = 3{,}00$ mol/L, $\rho = 1{,}117$ g/mL, entsteht? Wieviel Liter neue Lösung bilden sich dabei?

4.2.6 Volumenkonzentration

Die Volumenkonzentration σ_i und der Volumenanteil φ_i von Mischphasen sind gleich, wenn beim Mischen keine Volumenkontraktion auftritt.

Da diese Voraussetzung schon beim Rechnen mit dem Volumenanteil gemacht wurde (vgl. Abschn. 4.2.2.1, S. 339), erübrigt sich das Rechnen mit der Volumenkonzentration.

4.3 Aufgaben (zu Kapitel 4)

4-1. Wieviel Gramm Natriumnitrat sind in 450 g einer Lösung, $w(NaNO_3)$ = 32,0%, gelöst?

4-2. Wieviel Gramm Kaliumnitrat-Lösung, $w(KNO_3)$ = 0,320, können aus a) 75,0 g reinem Kaliumnitrat und b) aus 125 g Salz, $w(KNO_3)$ = 0,955, angesetzt werden?

4-3. Wieviel Gramm Wasser sind in 600 g Natriumchlorid-Lösung, $w(NaCl)$ = 20,5%?

4-4. Wieviel Gramm Lösung, $w(CuSO_4)$ = 6,0%, kann man durch Lösen von Kupfersulfat-pentahydrat, $CuSO_4 \cdot 5\,H_2O$, in 225 g Wasser herstellen? Wieviel Gramm des Salzes muß man zu diesem Zweck lösen?

4-5. Wieviel Gramm Wasser benötigt man, um aus 95,0 g Natriumnitrat eine Lösung mit $w(NaNO_3)$ = 25,0% zu machen?

4-6. Wieviel Milliliter 2-Propanol sind in 720 mL einer 2-Propanol/Wasser-Mischung mit dem Volumenanteil φ(2-Propanol) = 36,0%?

4-7. Es soll ein Brombenzol/Chlorbenzol-Gemisch mit der Volumenkonzentration σ(Chlorbenzol) = 28,0% hergestellt werden. Wieviel Liter Chlorbenzol muß man mit 250 L Brombenzol mischen?[23]

4-8. In einem Farbstoffbetrieb sollen 4000 kg Lösung, w(Farbstoff) = 25,0%, hergestellt werden. Dabei soll eine Restcharge von 1050 kg Lösung, w(Farbstoff) = 16,0%, mit verarbeitet werden. a) Wieviel Kilogramm reiner Farbstoff müssen bereitgestellt werden? b) Wieviel Kilogramm Wasser sind noch zuzugeben?

4-9. In 1200 g Salzsäure, $w(HCl)$ = 7,50%, werden 150 g Hydrogenchloridgas eingeleitet. Wie groß ist der Massenanteil $w(HCl)$ der entstehenden Säure?

4-10. In 875 g Ammoniak-Lösung, $w(NH_3)$ = 17,5%, werden 120 L Ammoniakgas von 22 °C und 1025 mbar gelöst. Wie groß ist der Massenanteil $w(NH_3)$ der entstehenden Lösung?

4-11. 350 kg Natronlauge, $w(NaOH)$ = 14,0%, sollen auf den Massenanteil $w(NaOH)$ = 20,0% konzentriert werden? Wieviel Kilogramm a) reines Natriumhydroxid, b) technisches Ätznatron mit $w(NaOH)$ = 98,2% oder c) einer anderen Natronlauge mit $w(NaOH)$ = 40,0% müßte man zugeben?

4-12. 45 kg Kaliumhydroxid werden in einer Kalilauge, $w(KOH)$ = 7,5%, aufgelöst, um eine neue Lauge, $w(KOH)$ = 13,5%, herzustellen. Wieviel Kilogramm der Lauge mit $w(KOH)$ = 7,5% sind einzusetzen?

4-13. Aus 325 g Natriumcarbonat-Lösung, $w(Na_2CO_3)$ = 6,0%, soll durch Zugabe von reinem Natriumcarbonat eine Lösung mit $w(Na_2CO_3)$ = 15,0% angesetzt werden. Wieviel Gramm dieser Lösung entstehen?

4-14. 50,0 g Kaliumchlorid werden in einer Lösung, $w(KCl)$ = 5,8%, gelöst, um eine Lösung mit $w(KCl)$ = 10,0% herzustellen. Wieviel Gramm dieser Lösung entstehen?

4-15. Wieviel Gramm Natriumhydroxid müssen in einer Natronlauge, $w(NaOH)$ = 15,0%, aufgelöst werden, damit 400 g Natronlauge, $w(NaOH)$ = 20,0%, entstehen?

4-16. Aus einer Natronlauge, $w(NaOH)$ = 12,5%, sollen durch Zugabe von reinem Natriumhydroxid 165 kg einer Natronlauge mit $w(NaOH)$ = 35,0% hergestellt werden. Wieviel Kilogramm der Ausgangslösung, $w(NaOH)$ = 12,5%, müssen eingesetzt werden?

4-17. 0,75 kg Salz werden in 2,50 kg Salzlösung gelöst. Die entstehende Lösung hat den Massenanteil $w(\text{Salz})$ = 38,5%. Wie groß war der Massenanteil an Salz der eingesetzten Lösung?

4-18. Zu 850 g Salzsäure, $w(HCl)$ = 35,0%, werden 600 g Wasser gegeben. Wie groß ist der Massenanteil $w(HCl)$ der verdünnten Salzsäure?

4-19. 60,0 kg Salpetersäure-Lösung, $w(HNO_3)$ = 63,0%, sollen auf $w(HNO_3)$ = 25,0% verdünnt werden. Wieviel Kilogramm Wasser sind erforderlich?

4-20. Wieviel Kilogramm Natriumnitrat-Lösung, $w(NaNO_3)$ = 4,0% entstehen aus einer Lösung, $w(NaNO_3)$ = 25,0%, durch Zugabe von 72 kg Wasser?

4-21. 300 kg Natronlauge, $w(NaOH)$ = 12,0%, sollen durch Mischen einer Natronlauge, $w(NaOH)$ = 32,0%, und Wasser hergestellt werden. a) Wieviel Kilogramm Lauge, $w(NaOH)$ = 32,0%, müssen eingesetzt werden? b) Wieviel Kilogramm Wasser sind notwendig?

4-22. 450 g Natriumchlorid-Lösung werden mit 175 g Wasser verdünnt. Die entstehende Lösung hat den Massenanteil $w(NaCl)$ = 6,25%. Wie groß war der Massenanteil $w(NaCl)$ vor dem Verdünnen?

4-23. Durch Lösen von 80 g Natriumsulfat-heptahydrat, $Na_2SO_4 \cdot 7\,H_2O$, in Wasser soll eine Lösung mit dem Massenanteil $w(Na_2SO_4)$ = 6,00% entstehen. Wieviel Gramm Wasser sind einzusetzen?

4-24. Wie groß ist der Massenanteil $w(KOH)$ einer Kalilauge, die durch Mischen von 950 g Kalilauge, $w_1(KOH)$ = 38,5%, 30,0 g Kaliumhydroxid, $w_2(KOH)$ = 97,8%, 625 g Kalilauge, $w_3(KOH)$ = 12,0%, und 500 g Wasser hergestellt wird?

4-25. Wieviel Kilogramm Schwefelsäure-Lösung, $w(H_2SO_4)$ = 94,5%, müssen mit einer Schwefelsäure-Lösung, $w(H_2SO_4)$ = 20,5%, gemischt werden, um 320 kg Schwefelsäure-Lösung, $w(H_2SO_4)$ = 40,0%, herzustellen?

4-26. 380 g Lösung, $w(KNO_3) = 26{,}0\%$, werden mit 265 g Lösung, $w(KNO_3) = 5{,}5\%$, gemischt. Wie groß ist der Massenanteil $w(KNO_3)$ der neuen Lösung?

4-27. Wieviel Kilogramm Natriumcarbonat-dekahydrat, $Na_2CO_3 \cdot 10\ H_2O$, müssen in 2,75 kg Lösung, $w(Na_2CO_3) = 9{,}5\%$, gelöst werden, damit die entstehende Lösung den Massenanteil $w(Na_2CO_3) = 15{,}0\%$ besitzt?

4-28. Es sollen 3,50 L Lösung, $w(CuSO_4) = 10{,}0\%$, $\rho = 1{,}107$ g/mL, hergestellt werden. Wieviel Gramm Kupfersulfat-pentahydrat, $CuSO_4 \cdot 5\ H_2O$, müssen zu diesem Zweck in Wasser gelöst werden?

4-29. 650 L Kalilauge, $w(KOH) = 32{,}0\%$, $\rho = 1{,}310$ g/mL, und 850 L Kalilauge, $w(KOH) = 12{,}6\%$, $\rho = 1{,}115$ g/mL, werden gemischt. Wie groß ist der Massenanteil $w(KOH)$ der entstehenden Mischung?[23]

4-30. Wieviel Kilogramm Salzsäure, $w(HCl) = 20{,}0\%$, lassen sich aus 5,75 L Salzsäure, $w(HCl) = 24{,}25\%$, $\rho = 1{,}120$ g/mL, durch Verdünnen mit Wasser herstellen?

4-31. Wieviel Gramm Schwefelsäure-Lösung, $w(H_2SO_4) = 80{,}0\%$, werden zur Herstellung von 3,45 L Lösung mit $w(H_2SO_4) = 20{,}0\%$ und $\rho = 1{,}140$ g/mL benötigt?

4-32. 480 L Ethanol, $\rho = 0{,}791$ g/mL, sollen durch Zugabe von 2-Butanol vergällt werden. Dabei soll der Massenanteil der Mischung $w(\text{2-Butanol}) = 2{,}00\%$ sein. Wieviel Kilogramm 2-Butanol sind notwendig?[23]

4-33. Wieviel Milliliter Wasser muß man zu 500 mL Natronlauge, $c(\frac{1}{1}\ NaOH) = 0{,}184$ mol/L, geben, damit eine Maßlösung mit $c(\frac{1}{1}\ NaOH) = 0{,}100$ mol/L entsteht?

4-34. Wieviel Milliliter Wasser muß man zu 2,50 L Salzsäure, $c(HCl) = 0{,}54$ mol/L, geben, um ihre Äquivalentkonzentration auf $c(HCl) = 0{,}40$ mol/L zu verringern?

4-35. Wieviel Liter Maßlösung, $c(\frac{1}{2}\ H_2SO_4) = 0{,}100$ mol/L, kann man durch Verdünnen von 2,75 L einer Schwefelsäure-Lösung, $c(\frac{1}{2}\ H_2SO_4) = 0{,}46$ mol/L, mit Wasser herstellen?

4-36. 145 mL Lösung, $c(\frac{1}{2}\ (COOH)_2) = 0{,}105$ mol/L, werden mit 75,0 mL Lösung, $c(\frac{1}{2}\ (COOH)_2) = 0{,}382$ mol/L, gemischt. Wie groß ist die Äquivalentkonzentration $c(\frac{1}{2}\ (COOH)_2)$ der entstehenden Lösung?

4-37. 700 mL Schwefelsäure-Lösung, $c(H_2SO_4) = 0{,}400$ mol/L, und 320 mL Schwefelsäure-Lösung, $c(H_2SO_4) = 1{,}000$ mol/L, werden gemischt. Wie groß ist die Stoffmengenkonzentration $c(H_2SO_4)$ der neuen Losung?[23]

4-38. 250 mL Phosphorsäure-Lösung, $c(\frac{1}{2}\ H_3PO_4)$ = 0,100 mol/L, und 650 mL Phosphorsäure-Lösung, $c(\frac{1}{2}\ H_3PO_4)$ = 0,150 mol/L, werden gemischt. Wie groß ist die Äquivalentkonzentration $c(\frac{1}{2}\ H_3PO_4)$ der entstehenden Mischung?

4-39. 50 mL Salzsäure, w(HCl) = 23,3%, ρ = 1,115 g/mL, werden im Meßkolben auf 500 mL verdünnt. Wie groß ist a) die Stoffmengenkonzentration c(HCl) und b) die Massenkonzentration β(HCl) der Verdünnung?

4-40. Wieviel Liter Schwefelsäure-Lösung, $c(\frac{1}{2}\ H_2SO_4)$ = 2,00 mol/L, ρ = 1,120 g/mL, kann man durch Verdünnen von 975 g Schwefelsäure-Lösung, $w(H_2SO_4)$ = 27,1%, ρ = 1,195 g/mL, ansetzen?

5 Rechnen beim Abdampfen von Stoffen

5.1 Theoretische Grundlagen

5.1.1 Abdampfungsvorgänge

Eine Möglichkeit der Trennung homogener, flüssiger Mischphasen in ihre Bestandteile beruht auf deren *unterschiedlichen Dampfdrücken*. Mischungen mit eng beieinander liegenden Siedepunkten müssen einer *Rektifikation* unterzogen werden, solche mit sehr unterschiedlichen Siedepunkten können durch *Destillation* getrennt werden. In beiden Fällen ist der abgehende Dampf mit der niedrigsiedenden Komponente angereichert, in Extremfällen besteht er sogar nur aus dieser Komponente.

In der Praxis kann man auf diese Weise die Zusammensetzung von Mischphasen verändern. Bei wäßrigen Lösungen fester Stoffe kann das durch Abdampfen des Wassers geschehen.

5.1.2 Allgemeine Abdampfungsgleichung

Die Quantität einer Ausgangsmischung vermindert sich dabei um die Quantität des abgedampften Bestandteils:

$$Q_3(\mathrm{L}_3) = Q_1(\mathrm{L}_1) - Q_2(\mathrm{L}_2) \qquad \textbf{(5-1)}$$

$Q_3(\mathrm{L}_3)$ Quantität der entstehenden Mischphase
$Q_1(\mathrm{L}_1)$ Quantität der Ausgangsmischphase 1
$Q_2(\mathrm{L}_2)$ Quantität des abgedampften Stoffes 2

Die Quantität eines Bestandteils X vermindert sich ebenfalls um den Anteil, der abgedampft wird:

$$Q_3(\mathrm{X}) = Q_1(\mathrm{X}) - Q_2(\mathrm{X}) \qquad \textbf{(5-2)}$$

$Q_3(\mathrm{X})$ Quantität des Bestandteils X der entstehenden Mischphase
$Q_1(\mathrm{X})$ Quantität des Bestandteils X der Ausgangsmischphase 1
$Q_2(\mathrm{X})$ Quantität des Bestandteils X des abgedampften Stoffes 2

Entsprechend den Definitionsgleichungen für die verschiedenen Gehalte $G_i(X)$ von Mischphasen (vgl. Kap. 3)

$$G_i(\mathbf{X}) = \frac{Q_i(\mathbf{X})}{Q_i(\mathbf{L}_i)}$$

gilt für die Quantität $Q_i(X)$ eines Stoffes X in einer Mischphase nach Umstellen:

$$Q_i(\mathbf{X}) = Q_i(\mathbf{L}_i)\ G_i(\mathbf{X}) \qquad \mathbf{(5\text{-}3)}$$

Durch Einsetzen von (5-3) für die einzelnen Quantitäten in (5-2) ergibt sich die **allgemeine Abdampfungsgleichung**:

$$[Q_1(\mathbf{L}_1) - Q_2(\mathbf{L}_2)]\ G_3(\mathbf{X}) = Q_1(\mathbf{L}_1)\ G_1(\mathbf{X}) - Q_2(\mathbf{L}_2)\ G_2(\mathbf{X}) \qquad \mathbf{(5\text{-}4)}$$

$$[Q_1 - Q_2]\ G_3 = Q_1\ G_1 - Q_2\ G_2 \qquad \mathbf{(5\text{-}4)}$$

Mit (5-2) gilt:

$$Q_3(\mathbf{L}_3)\ G_3(\mathbf{X}) = Q_1(\mathbf{L}_1)\ G_1(\mathbf{X}) - Q_2(\mathbf{L}_2)\ G_2(\mathbf{X}) \qquad \mathbf{(5\text{-}5)}$$

$$Q_3\ G_3 = Q_1\ G_1 - Q_2\ G_2 \qquad \mathbf{(5\text{-}5)}$$

$Q_3(L_3)$, Q_3	Quantität der entstehenden Mischphase
$G_3(X)$, G_3	Gehalt des Bestandteils X der entstehenden Mischphase
$Q_1(L_1)$, Q_1	Quantität der Ausgangsmischphase 1
$G_1(X)$, G_1	Gehalt des Bestandteils X der Ausgangsmischphase 1
$Q_2(L_2)$, Q_2	Quantität des abgedampften Stoffes 2
$G_2(X)$, G_2	Gehalt des Bestandteils X des abgedampften Stoffes

5.1.3 Spezielle Abdampfungsgleichungen

In der Praxis ist vor allem das Rechnen mit dem Massenanteil von Bedeutung. Daneben gibt es aber auch noch Anwendungsgebiete, in denen mit Volumen- oder Stoffmengenanteilen bzw. Massen-, Stoffmengen- oder Äquivalentkonzentrationen und den zugehörigen Quantitäten gerechnet wird.

Setzt man in der *allgemeinen Abdampfungsgleichung* (5-2) für die Quantität Q_i die Masse m_i, das Volumen V_i oder die Stoffmenge n_i und für die Gehalte G_i die entsprechenden Anteile w_i, φ_i oder x_i bzw. die entsprechenden Konzentrationen β_i oder c_i ein, so ergeben sich spezielle Beziehungen (vgl. Abb. 5-1, S. 369).

Beim Abdampfen von Stoffen aus Mischphasen können *reine Stoffe* oder *Mischphasen* im abgehenden Dampf vorliegen. Die Berechnung bei solchen Vorgängen unterscheidet sich nur dadurch, daß der unterschiedliche Gehalt dieser Stoffe zu berücksichtigen ist.

Gehalte, allgemein	$[Q_1 - Q_2]\, G_3 = Q_1\, G_1 - Q_2\, G_2$	(5-2)
Massenanteil	$[m_1 - m_2]\, w_3 = m_1\, w_1 - m_2\, w_2$	(5-6)
Volumenanteil	$[V_1 - V_2]\, \varphi_3 = V_1\, \varphi_1 - V_2\, \varphi_2$	(5-7)
Stoffmengenanteil	$[n_1 - n_2]\, x_3 = n_1\, x_1 - n_2\, x_2$	(5-8)
Massenkonzentration	$[V_1 - V_2]\, \beta_3 = V_1\, \beta_1 - V_2\, \beta_2$	(5-9)
Volumenkonzentration	$[V_1 - V_2]\, \sigma_3 = V_1\, \sigma_1 - V_2\, \sigma_2$	(5-10)
Stoffmengenkonzentration	$[V_1 - V_2]\, c_3 = V_1\, c_1 - V_2\, c_2$	(5-11)

Abb. 5-1. Spezielle Abdampfungsgleichungen

5.2 Rechnen mit dem Massenanteil

Verwendet man bei der Berechnung von Abdampfungsvorgängen den Massenanteil als Gehaltsangabe und die Masse für ihre Quantität, so ergeben sich anstelle der allgemeinen Beziehungen (5-4) und (5-5) entsprechende spezielle Beziehungen:

$$[m_1(\mathrm{L}_1) - m_2(\mathrm{L}_2)]\; w_3(\mathrm{X}) = m_1(\mathrm{L}_1)\; w_1(\mathrm{X}) - m_2(\mathrm{L}_2)\; w_2(\mathrm{X}) \qquad \textbf{(5-6)}$$

Mit (5-1) gilt:

$$m_3(\mathrm{L}_3)\; w_3(\mathrm{X}) = m_1(\mathrm{L}_1)\; w_1(\mathrm{X}) - m_2(\mathrm{L}_2)\; w_2(\mathrm{X}) \qquad \textbf{(5-6a)}$$

Darin bedeuten:

$m_3(\mathrm{L}_3)$, m_3	Masse der entstehenden Mischphase
$w_3(\mathrm{X})$, w_3	Massenanteil des Bestandteils X der entstehenden Mischphase
$m_1(\mathrm{L}_1)$, m_1	Masse der Ausgangsmischphase 1
$w_1(\mathrm{X})$, w_1	Massenanteil des Bestandteils X der Ausgangsmischphase
$m_2(\mathrm{L}_2)$, m_2	Masse des abgedampften Stoffes 2
$w_2(\mathrm{X})$, w_2	Massenanteil des Bestandteils X des abgedampften Stoffes

Beim Abdampfen eines reinen Stoffes X setzt man den Massenanteil $w_i(\mathrm{X}) = 100\% = 1$ ein, wenn der Anteil dieses Stoffes in der verbleibenden Mischphase berechnet werden soll, für einen anderen reinen Stoff hingegen den Massenanteil $w_i(\mathrm{X}) = 0\% = 0$.

5.2.1 Massenanteil der entstehenden Mischphase

5.2.1.1 Beim Abdampfen eines reinen Stoffes

Rechenbeispiel 5-1. Aus einer methanolischen Zucker-Lösung mit dem Massenanteil $w(\text{Zucker}) = 0{,}108$ wird das Lösemittel zum Teil abdestilliert. Dazu werden 750 g Lösung eingesetzt. Welchen Massenanteil an Zucker hat die entstehende Lösung, wenn man 500 g Methanol abdampft?

Gesucht: $w_3(\text{Zucker})$

Gegeben: $m_1(\text{L}_1) = 750\ \text{g}$
$w_1(\text{Zucker}) = 0{,}108 = 10{,}8\%$
$m_2(\text{L}_2) = 500\ \text{g}$
$w_2(\text{Zucker}) = 0 = 0\%$

$$[m_1(\text{L}_1) - m_2(\text{L}_2)]\, w_3(\text{X}) = m_1(\text{L}_1)\, w_1(\text{X}) - m_2(\text{L}_2)\, w_2(\text{X})$$

$$w_3(\text{Zucker}) = \frac{m_1(\text{L}_1)\, w_1(\text{Zucker}) - m_2(\text{L}_2)\, w_2(\text{Zucker})}{m_1(\text{L}_1) - m_2(\text{L}_2)}$$

$$= \frac{750\ \text{g} \cdot 0{,}108 - 500\ \text{g} \cdot 0}{750\ \text{g} - 500\ \text{g}}$$

$$\underline{w_3(\text{Zucker}) = 0{,}324 = 32{,}4\%}$$

Übungsaufgaben:

5-1. Aus 280 g einer Natronlauge, $w(\text{NaOH}) = 12{,}5\%$, werden 120 g Wasser abgedampft. Wie groß ist der Massenanteil an NaOH in der entstehenden Lauge?

5-2. Aus 625 kg Farbstoffpaste mit $w(H_2O) = 22{,}5\%$ werden 140 kg Wasser abgedampft. Welche Restfeuchte (in %) hat der Farbstoff nach dem Trocknen?

5-3. Von 6,25 kg einer Kochsalz-Lösung, $w(\text{NaCl}) = 10{,}0\%$, werden 2,75 kg Wasser abgedampf. Wie groß ist der Massenanteil $w(\text{NaCl})$ der entstehenden Lösung?

5-4. Aus 325 kg einer Farbstoffpaste mit $w(\text{Farbstoff}) = 0{,}685$ werden 90,0 kg Wasser abgedampft. Welcher Trockengehalt ergibt sich?

5-5. Für eine Trockengehaltsbestimmung werden 4,62 g einer feuchten Substanz abgewogen, deren Massenanteil an Feststoff mit 85,2% bestimmt worden war. Beim Trocknen verringert sich die Masse um 0,58 g. Wie groß ist der Massenanteil an Feststoff?

5-6. Bei einer Extraktion entstehen 250 kg einer Lösung mit einem Massenanteil w(Feststoff) = 0,205. Bei einer anschließenden Destillation werden 180 kg Alkohol, der als Solvens verwendet wurde, abgetrennt. Wie groß ist der Massenanteil an Feststoff in der verbleibenden Lösung?

5.2.1.2 Beim Abdampfen einer Mischphase

Rechenbeispiel 5-2. Durch Rektifikation werden aus 500 kg eines Ethanol-Methanol-Gemisches, w(Ethanol) = 52,0%, 150 kg Mischphase mit w(Ethanol) = 5,5% abgetrennt. Welcher Massenanteil an Ethanol ergibt sich für die verbleibende Mischphase?

Gesucht: w_3(Ethanol)

Gegeben: $w_1(\text{Ethanol}) = 52{,}0\% = 0{,}520$
$m_1(\text{L}_1) = 500\ \text{kg}$
$w_2(\text{Ethanol}) = 5{,}5\% = 0{,}055$
$m_2(\text{L}_2) = 150\ \text{kg}$

$$[m_1(\text{L}_1) - m_2(\text{L}_2)]\, w_3(\text{X}) = m_1(\text{L}_1)\, w_1(\text{X}) - m_2(\text{L}_2)\, w_2(\text{X})$$

$$w_3(\text{Ethanol}) = \frac{m_1(\text{L}_1)\, w_1(\text{Ethanol}) - m_2(\text{L}_2)\, w_2(\text{Ethanol})}{m_1(\text{L}_1) - m_2(\text{L}_2)}$$

$$= \frac{500\ \text{kg} \cdot 0{,}520 - 150\ \text{kg} \cdot 0{,}055}{500\ \text{kg} - 150\ \text{kg}}$$

$$\underline{w_3(\text{Ethanol}) = 0{,}719 = 71{,}9\%}$$

Übungsaufgaben:

5-7. Bei einer Rektifikation wird der Massenanteil an Benzol in 175 kg Benzol-Nitrobenzol-Gemisch von w(Benzol) = 45,5% durch Abdampfen von 60 kg Destillat mit w(Benzol) = 92,5% verändert. Wie groß ist der Massenanteil an Benzol im Rückstand?

5-8. 450 kg eines Hexan-Cyclohexan-Gemisches mit w(Cyclohexan) = 32,6% werden rektifiziert. Dabei werden 200 kg Gemisch mit w(Cyclohexan) = 9,8% abgetrennt. Wie groß ist der Massenanteil an Cyclohexan im verbleibenden Gemisch?

5-9. Aus einem Alkohol-Wasser-Gemisch mit einer Masse von 780 g und w(Alkohol) = 45,0% werden 200 g Gemisch mit w(Alkohol) = 95,0% abdestilliert. Wie groß ist Massenanteil w(Alkohol) des in der Destillationsblase verbleibenden Restgemisches?

5.2.2 Massenanteil der Ausgangsmischphase

5.2.2.1 Beim Abdampfen eines reinen Stoffes

Rechenbeispiel 5-3. Aus 525 g einer alkoholischen Kalilauge werden 55,0 g Ethanol abdestilliert. Die entstehende Lauge hat den Massenanteil w_3(KOH) = 32,5%. Welchen Massenanteil w_1(KOH) hatte die Ausgangsmischphase?

Gesucht: w_1(KOH)

Gegeben: $m_1(\mathrm{L}_1) = 525$ g
$m_2(\mathrm{L}_2) = m_2(\text{Ethanol}) = 55{,}0$ g
$w_2(\mathrm{KOH}) = 0 = 0\%$
$w_3(\mathrm{KOH}) = 32{,}5\% = 0{,}325$

$$[\boldsymbol{m_1(\mathrm{L}_1) - m_2(\mathrm{L}_2)]\, w_3(\mathrm{X}) = m_1(\mathrm{L}_1)\, w_1(\mathrm{X}) - m_2(\mathrm{L}_2)\, w_2(\mathrm{X})} \longleftarrow w_2(\mathrm{X}) = 0$$

$$w_1(\mathrm{KOH}) = \frac{[m_1(\mathrm{L}_1) - m_2(\mathrm{L}_2)]\, w_3(\mathrm{KOH})}{m_1(\mathrm{L}_1)} = \frac{(525\ \mathrm{g} - 55{,}0\ \mathrm{g}) \cdot 0{,}325}{525\ \mathrm{g}}$$

$\underline{\boldsymbol{w_1(\mathrm{KOH}) = 0{,}291 = 29{,}1\%}}$

Rechenbeispiel 5-4. Aus 375 g einer ethanolischen Phenol-Lösung werden 95,5 g Ethanol abdestilliert. Der Rückstand hat den Massenanteil w(Et-OH) = 65%. Wie groß war der Massenanteil an Ethanol in der Ausgangsmischphase?

Gesucht: w_1(Et-OH)

Gegeben: $m_1(\mathrm{L}_1) = 375$ g
$m_2(\mathrm{L}_2) = m_2(\text{Et-OH}) = 95{,}5$ g
$w_2(\text{Et-OH}) = 100\% = 1$
$w_3(\text{Et-OH}) = 0{,}65 = 65\%$

$$[\boldsymbol{m_1(\mathrm{L}_1) - m_2(\mathrm{L}_2)]\, w_3(\mathrm{X}) = m_1(\mathrm{L}_1)\, w_1(\mathrm{X}) - m_2(\mathrm{L}_2)\, w_2(\mathrm{X})} \longleftarrow w_2(\mathrm{X}) = 1$$

$$w_1(\text{Et-OH}) = \frac{[m_1(\mathrm{L}_1) - m_2(\mathrm{L}_2)]\, w_3(\text{Et-OH}) + m_2(\mathrm{L}_2)}{m_1(\mathrm{L}_1)}$$

$$= \frac{(375\ \mathrm{g} - 95{,}5\ \mathrm{g}) \cdot 0{,}65 + 95{,}5\ \mathrm{g}}{375\ \mathrm{g}}$$

$\underline{\boldsymbol{w_1(\text{Et-OH}) = 0{,}739 = 73{,}9\%}}$

Übungsaufgaben:

5-10. Aus 480 g einer Natronlauge werden durch Abdampfen von Wasser 345 g einer Lauge mit w(NaOH) = 38,6% hergestellt. Wie groß war der Massenanteil an NaOH in der Ausgangslösung?

5-11. Aus 625 kg Farbstoffpaste werden 140 kg Wasser abgedampft. Der Rückstand hat noch einen Massenanteil $w(H_2O)$ = 7,55%. Wie groß war der Feuchtigkeitsanteil in der Paste vor dem Trocknen?

5-12. Von 6,25 kg einer Kochsalz-Lösung werden 2,75 kg Wasser abgedampft. Der Massenanteil w(NaCl) der entstehenden Lösung beträgt 18,8%. Wie groß war der Massenanteil w(NaCl) der Ausgangslösung?

5.2.2.2 Beim Abdampfen einer Mischphase

Rechenbeispiel 5-5. Durch Rektifikation werden aus 500 kg eines Ethanol-Methanol-Gemisches 150 kg Mischphase mit w_2(Et-OH) = 5,5% abgetrennt. In der verbleibenden Mischphase ist der Massenanteil an Ethanol 72,0%. Wie groß war w_1 (Et-OH) in der Ausgangsmischphase?

Gesucht: w_1 (Et-OH)

Gegeben: w_3(Et-OH) = 72,0% = 0,720
$m_1(L_1)$ = 500 kg
w_2(Et-OH) = 5,5% = 0,055
$m_2(L_2)$ = 150 kg

$$[\boldsymbol{m_1(L_1) - m_2(L_2)}]\, \boldsymbol{w_3(X) = m_1(L_1)\, w_1(X) - m_2(L_2)\, w_2(X)}$$

$$w_1(\text{Et-OH}) = \frac{[m_1(L_1) - m_2(L_2)]\, w_3(\text{Et-OH}) + m_2(L_2)\, w_2(\text{Et-OH})}{m_1(L_1)}$$

$$= \frac{(500\ \text{kg} - 150\ \text{kg}) \cdot 0{,}720 + 150\ \text{kg} \cdot 0{,}055}{500\ \text{kg}}$$

$$\underline{\boldsymbol{w_1(\text{Et-OH}) = 0{,}521 = 52{,}1\%}}$$

Übungsaufgaben:

5-13. Bei einer Rektifikation wird durch Abdampfen von 60 kg Destillat mit w(Benzol) = 92,5% aus 175 kg Benzol-Nitrobenzol-Gemisch dessen Massenanteil an Benzol auf 45,5% verringert. Wie groß war der Massenanteil w(Benzol) im Ausgangsgemisch?

5-14. 450 kg eines Hexan-Cyclohexan-Gemisches werden rektifiziert. Dabei werden 200 kg Gemisch, $w(C_6H_{12})$ = 9,8%, abgetrennt. Der Massenanteil an Cyclohexan im verbleibenden Gemisch beträgt 35,0%. Wie groß war $w(C_6H_{12})$ im Ausgangsgemisch?

5.2.3 Berechnen von Massen

Aus der Abdampfungsgleichung (5-6a) leiten sich drei Beziehungen ab, die den Zusammenhang zwischen den Massen $m_1(L_1)$ von Ausgangsmischphase und $m_2(L_2)$ von abgedampftem Stoff und $m_3(L_3)$ der zurückbleibenden Mischphase beschreiben (vgl. Gl. 4-6a):

$$\boldsymbol{m_3\, w_3 = m_1\, w_1 - m_2\, w_2} \longleftarrow m_2 = m_1 - m_3$$

$$m_3\, w_3 = m_1\, w_1 - (m_1 - m_3)\, w_2$$

$$m_3\, w_3 = m_1\, w_1 - m_1\, w_2 + m_3\, w_2$$

$$m_3\, w_3 - m_3\, w_2 = m_1\, w_1 - m_1\, w_2$$

$$\boldsymbol{m_3(L_3)\, [w_3(X) - w_2(X)] = m_1(L_1)\, [w_1(X) - w_2(X)]} \qquad \textbf{(5-12a)}$$

$$\boldsymbol{m_3 w_3 = m_1 w_1 - m_2 w_2} \longleftarrow m_1 = m_2 + m_3$$

$$m_3 w_3 = (m_2 + m_3)\, w_1 - m_2 w_2$$

$$m_3 w_3 = m_2 w_1 + m_3 w_1 - m_2 w_2$$

$$m_3 w_3 - m_3 w_1 = m_2 w_1 - m_2 w_2$$

$$\boldsymbol{m_3(L_3)\,[w_3(X) - w_1(X)] = m_2(L_2)\,[w_1(X) - w_2(X)]} \qquad \textbf{(5-12b)}$$

$$\boldsymbol{m_3 w_3 = m_1 w_1 - m_2 w_2} \longleftarrow m_3 = m_1 - m_2$$

$$(m_1 - m_2)\, w_3 = m_1 w_1 - m_2 w_2$$

$$m_1 w_3 - m_2 w_3 = m_1 w_1 - m_2 w_2$$

$$m_1 w_3 - m_1 w_1 = m_2 w_3 - m_2 w_2$$

$$\boldsymbol{m_1(L_1)\,[w_3(X) - w_1(X)] = m_2(L_2)\,[w_3(X) - w_2(X)]} \qquad \textbf{(5-12c)}$$

Rechenbeispiel 5-6. Wieviel Gramm Wasser muß man von 425 g Kochsalz-Lösung, $w(\text{NaCl}) = 0{,}075$, abdampfen, um die Lösung auf $w(\text{NaCl}) = 0{,}100$ zu konzentrieren? Wieviel Gramm der neuen Mischung entstehen dabei?

Gesucht: $m_2(L_2) = m_2(H_2O)$
$m_3(L_3)$

Gegeben: $m_1(L_1) = 425$ g; $w_1(\text{NaCl}) = 0{,}075$
$w_2(\text{NaCl}) = 0$
$w_3(\text{NaCl}) = 0{,}100$

Mit (5-12c) gilt:

$$\boldsymbol{m_1(L_1)\,[w_3(X) - w_1(X)] = m_2(L_2)\,[w_3(X) - w_2(X)]}$$

$$m_2(L_2) = \frac{m_1(L_1)\,[w_3(\text{NaCl}) - w_1(\text{NaCl})]}{w_3(\text{NaCl}) - w_2(\text{NaCl})} = \frac{425\ \text{g} \cdot (0{,}075 - 0{,}100)}{0 - 0{,}100}$$

$$\underline{\boldsymbol{m_2(L_2) = m_2(H_2O) = 106\ \text{g}}}$$

$$m_3(L_3) = m_1(L_1) - m_2(L_2) = 425\ \text{g} - 106\ \text{g}$$

$$\underline{\boldsymbol{m_3(L_3) = 319\ \text{g}}}$$

Mit (5-12a) kann $m_3(L_3)$ auch direkt berechnet werden:

$$\boldsymbol{m_3(L_3)\,[w_3(X) - w_2(X)] = m_1(L_1)\,[w_1(X) - w_2(X)]}$$

$$m_3(L_3) = \frac{m_1(L_1)\,[w_1(\text{NaCl}) - w_2(\text{NaCl})]}{w_3(\text{NaCl}) - w_2(\text{NaCl})} = \frac{425\ \text{g} \cdot (0{,}075 - 0)}{0{,}100 - 0}$$

$$\underline{\boldsymbol{m_3(L_3) = 319\ \text{g}}}$$

Wie schon beim Umgang mit Mischungsgleichungen in Abschn. 4.2.1.3 erwähnt, zeigt sich auch hier, daß vielen Anwendern der Umgang mit der Abdampfungsgleichung leichter fällt, wenn sie in die allgemeine Form 5-6a sofort Quantitäten und Gehalte einsetzen, dann nach der gesuchten Größe umstellen und sie bestimmen.
Für das **Rechenbeispiel 5-6** ergibt sich auf diese Weise ein **zweiter Lösungsweg:**

$$\boldsymbol{m_3(L_3)] \cdot 0{,}100 = 425\ g \cdot 0{,}075 - m_2(L_2) \cdot 0}$$

↑ $425\ g - m_2(L_2)$

$$[425\ g - m_2(L_2)] \cdot 0{,}100 = 425\ g \cdot 0{,}075 - m_2(L_2) \cdot 0$$

$$425\ g \cdot 0{,}100 - m_2(L_2) \cdot 0{,}100 = 425\ g \cdot 0{,}075$$

$$425\ g \cdot 0{,}100 - 425\ g \cdot 0{,}075 = m_2(L_2) \cdot 0{,}100$$

$$m_2(L_2) = \frac{425\ g \cdot (0{,}100 - 0{,}075)}{0{,}100}$$

$$\underline{\boldsymbol{m_2(L_2) = m_2(H_2O) = 106\ g}}$$

$$\boldsymbol{m_3(L_3) \cdot 0{,}100 = 425\ g \cdot 0{,}075 - m_2(L_2) \cdot 0}$$

$$m_3(L_3) \cdot 0{,}100 = 425\ g \cdot 0{,}075$$

$$m_3(L_3) = \frac{425\ g \cdot 0{,}075}{0{,}100}$$

$$\underline{\boldsymbol{m_3(L_3) = 319\ g}}$$

Rechenbeispiel 5-7. Bei einer Rektifikation sollen 700 kg 1-Butanol/2-Butanol-Gemisch mit dem Massenanteil w(1-Butanol) = 25,0% in der Destillationsblase als Rückstand verbleiben. Wieviel Kilogramm einer Ausgangsmischung, w(1-Butanol) = 65,0%, müssen eingesetzt werden, wenn das abgehende Kondensat den Massenanteil w(1-Butanol) = 92,0% hat? Wieviel Kilogramm von diesem Kondensat müssen abgetrennt werden?

Gesucht: $m_1(L_1)$
$m_2(L_2)$

Gegeben: $m_3(L_3)$ = 700 kg; w_3(1-Butanol) = 25,0%
w_1(1-Butanol) = 65,0%
w_2(1-Butanol) = 92,0%

$$\boldsymbol{m_3(L_3)\,[w_3(X) - w_2(X)] = m_1(L_1)\,[w_1(X) - w_2(X)]}$$

$$m_1(L_1) = \frac{m_3(L_3)\,[w_3(\text{1-Butanol}) - w_2(\text{1-Butanol})]}{w_1(\text{1-Butanol}) - w_2(\text{1-Butanol})} = \frac{700\ \text{g} \cdot (0{,}250 - 0{,}920)}{0{,}650 - 0{,}920}$$

$$\underline{\boldsymbol{m_1(L_1) = 1737\ \text{kg}}}$$

$$m_2(L_2) = m_1(L_1) - m_3(L_3) = 1737\ \text{kg} - 700\ \text{kg}$$

$$\underline{\boldsymbol{m_2(L_2) = 1037\ \text{kg}}}$$

Mit (5-12b) kann $m_2(L_2)$ auch direkt berechnet werden:

$$\boldsymbol{m_3(L_3)\,[w_3(X) - w_1(X)] = m_2(L_2)\,[w_1(X) - w_2(X)]}$$

$$m_2(L_2) = \frac{m_3(L_3)\,[w_3(\text{1-Butanol}) - w_1(\text{1-Butanol})]}{w_1(\text{1-Butanol}) - w_2(\text{1-Butanol})} = \frac{700\ \text{g} \cdot (0{,}250 - 0{,}650)}{0{,}650 - 0{,}920}$$

$$\underline{\boldsymbol{m_2(L_2) = 1037\ \text{kg}}}$$

Lösungsweg 2:

$$\boldsymbol{700\ \text{kg} \cdot 0{,}250 = m_1(L_1) \cdot 0{,}650 - m_2(L_2) \cdot 0{,}920}$$

↑ $m_1(L_1) - 700$ kg

$$700\ \text{kg} \cdot 0{,}250 = m_1(L_1) \cdot 0{,}650 - [m_2(L_2) - 700\ \text{kg}] \cdot 0{,}920$$

$$700\ \text{kg} \cdot 0{,}250 = m_1(L_1) \cdot 0{,}650 - m_1(L_1) \cdot 0{,}920 + 700\ \text{kg} \cdot 0{,}920$$

$$700\ \text{kg} \cdot 0{,}250 - 700\ \text{kg} \cdot 0{,}920 = m_1(L_1) \cdot 0{,}650 - m_1(L_1) \cdot 0{,}920$$

$$m_1(L_1) = \frac{700\ \text{kg} \cdot (0{,}250 - 0{,}920)}{(0{,}650 - 0{,}920)}$$

$$\underline{\boldsymbol{m_1(L_1) = 1737\ \text{kg}}}$$

$$\mathbf{700\ kg \cdot 0{,}250 = m_1(L_1) \cdot 0{,}650 - m_2(L_2) \cdot 0{,}920}$$

$$\uparrow\!\!\lfloor\ m_1(L_1) = m_2(L_2) + 700\ \text{kg}$$

$$700\ \text{kg} \cdot 0{,}250 = [m_2(L_2) + 700\ \text{kg}] \cdot 0{,}650 - m_2(L_2) \cdot 0{,}920$$

$$700\ \text{kg} \cdot 0{,}250 = m_2(L_2) \cdot 0{,}650 + 700\ \text{kg} \cdot 0{,}650 - m_2(L_2) \cdot 0{,}920$$

$$700\ \text{kg} \cdot 0{,}250 - 700\ \text{kg} \cdot 0{,}650 = m_2(L_2) \cdot 0{,}650 - m_2(L_2) \cdot 0{,}920$$

$$m_2(L_2) = \frac{700\ \text{kg} \cdot (0{,}250 - 0{,}650)}{(0{,}650 - 0{,}920)}$$

$$\underline{\mathbf{m_2(L_2) = 1037\ kg}}$$

Übungsaufgaben:

5-15. Eine Paste mit einem Massenanteil w(Feststoff) = 78% soll auf einen Massenanteil von 90% konzentriert werden. Wieviel Kilogramm Wasser müssen zu diesem Zweck aus 285 kg Paste abgedampft werden? Wieviel Kilogramm der neuen Paste entstehen?

5-16. Bei einer Rektifikation sollen 600 kg 1-Hexan/2-Hexan-Gemisch mit w(1-Hexan) = 95,0% abgedampft werden. Wieviel Kilogramm einer Ausgangsmischung mit w(1-Hexan) = 65,0% müssen eingesetzt werden und wieviel Kilogramm Rückstand mit w(1-Hexan) = 15,0% bleiben zurück?

5-17. Aus einer wäßrigen Salzlösung mit w_1(Salz) = 10,5% sollen durch Abdampfen von Wasser 200 g Lösung mit w_3(Salz) = 15,0% hergestellt werden. Wieviel Gramm der Ausgangslösung sind abzuwiegen? Wieviel Gramm Wasser müssen abgedampft werden?

5-18. Durch Trocknen einer Paste mit dem Massenanteil $w(H_2O)$ = 12,5% sollen 75,0 kg Paste mit $w(H_2O)$ = 2,50% hergestellt werden. Wieviel Gramm Wasser müssen abgedampft werden?

5-19. Aus einem Benzol-Anilin-Gemisch, w(Anilin) = 25,0% sollen 500 kg eines neuen Gemisches mit w(Anilin) = 40,0% hergestellt werden. Wieviel Kilogramm Benzol müssen zu diesem Zweck abdestilliert werden?

5-20. Bei einer Rektifikation sollen 350 kg eines Benzol/Toluol-Gemisches mit dem Massenanteil w(Benzol) = 95% als Kondensat erzeugt werden. Wieviel Kilogramm Gemisch mit w(Benzol) = 50% müssen eingesetzt werden, wenn der in der Blase verbleibende Rückstand noch 12% Benzol enthält?

5-21. Wieviel Gramm Wasser muß man von 390 g Kochsalz-Lösung, w(NaCl) = 0,085, abdampfen, um die Lösung auf w(NaCl) = 0,120 zu konzentrieren? Wieviel Gramm Rückstand verbleiben dabei?

5-22. Bei einer Rektifikation sollen 500 kg eines 1-Pentanol/2-Pentanol-Gemisches mit dem Massenanteil w(1-Pentanol) = 35,0% in der Destillationsblase als Rückstand verbleiben. Wieviel Kilogramm einer Ausgangsmischung mit w(1-Pentanol) = 65,0% müssen eingesetzt werden, wenn das abgehende Kondensat den Massenanteil w(1-Pentanol) = 92,0% hat? Wieviel Kilogramm von diesem Kondensat müssen abgetrennt werden?

5-23. Eine Paste mit einem Massenanteil w(Feststoff) = 87% soll auf einen Massenanteil von 96% konzentriert werden. Wieviel Kilogramm Wasser müssen zu diesem Zweck aus 385 kg Paste abgedampft werden? Wieviel Kilogramm der neuen Paste entstehen dabei?

5-24. Bei einer Rektifikation sollen 800 kg eines 1-Hexan/2-Hexan-Gemisches mit w(1-Hexan) = 92,0% abgedampft werden. Wieviel Kilogramm Ausgangsmischung mit w(1-Hexan) = 69,0% müssen eingesetzt werden und wieviel Kilogramm Rückstand mit w(1-Hexan) = 17,0% bleiben zurück?

5.2.4 Wiederholungsaufgaben (zu Abschn. 5.2)

5-1. Aus 280 g einer Natronlauge, w(NaOH) = 15,5%, werden 100 g Wasser abgedampft. Wie groß ist der Massenanteil an NaOH in der entstehenden Lauge?

5-2. Aus 625 kg Farbstoffpaste mit $w(H_2O)$ = 20,0% werden 120 kg Wasser abgedampft. Welche Restfeuchte (in %) hat der Farbstoff nach dem Trocknen?

5-3. Von 8,50 kg einer Kochsalz-Lösung, w(NaCl) = 6,50%, werden 2,75 kg Wasser abgedampft. Wie groß ist der Massenanteil w(NaCl) der entstehenden Lösung?

5-4. Aus 400 kg einer Farbstoffpaste mit w(Farbstoff) = 0,785 werden 30,0 kg Wasser abgedampft. Welcher Trockengehalt ergibt sich?

5-5. Für eine Trockengehaltsbestimmung werden 5,25 g einer feuchten Substanz abgewogen, deren Massenanteil an Feststoff mit 84,0% bestimmt worden war. Beim Trocknen verringert sich die Masse um 0,50 g. Wie groß ist der Massenanteil an Feststoff?

5-6. Bei einer Rektifikation wird der Massenanteil an Benzol in 175 kg Benzol-Nitrobenzol-Gemisch von w(Benzol) = 45,5% durch Abdampfen von 60 kg Destillat mit w(Benzol) = 75,0% verändert. Wie groß ist der Massenanteil an Benzol im Rückstand?

5-7. 650 kg eines Hexan-Cyclohexan-Gemisches mit w(Cyclohexan) = 42,0% werden rektifiziert. Dabei werden 200 kg Gemisch mit w(Hexan) = 90,0% abgetrennt. Wie groß ist der Massenanteil an Cyclohexan im verbleibenden Gemisch?

5-8. Aus 500 kg Kalilauge werden durch Abdampfen von Wasser 375 kg einer Lauge mit w(KOH) = 38,6% hergestellt. Wie groß war der Massenanteil an KOH in der Ausgangslösung?

5-9. Aus 525 kg Farbstoffpaste werden 125 kg Wasser abgedampft. Der Rückstand hat noch einen Massenanteil $w(H_2O) = 5{,}55\%$. Wie groß war der Feuchtigkeitsanteil in der Paste vor dem Trocknen?

5-10. Von 5,25 kg einer Kochsalz-Lösung werden 1,75 kg Wasser abgedampft. Der Massenanteil w(NaCl) der entstehenden Lösung beträgt 32,5%. Wie groß war der Massenanteil w(NaCl) der Ausgangslösung?

5-11. Bei einer Rektifikation wird durch Abdampfen von 40 kg Destillat mit w(Benzol) = 95,5% aus 175 kg Benzol-Nitrobenzol-Gemisch dessen Massenanteil an Benzol auf 45,5% verringert. Wie groß war der Massenanteil w(Benzol) im Ausgangsgemisch?

5-12. Eine Paste mit einem Massenanteil w(Feststoff) = 65% soll auf einen Massenanteil von 92% konzentriert werden. Wieviel Kilogramm Wasser müssen zu diesem Zweck aus 485 kg Paste abgedampft werden? Wieviel Kilogramm der neuen Paste entstehen?

5-13. Bei einer Rektifikation sollen 750 kg 1-Hexan/2-Hexan-Gemisch mit w(1-Hexan) = 89,0% abgedampft werden. Wieviel Kilogramm einer Ausgangsmischung mit w(1-Hexan) = 65,0% müssen eingesetzt werden und wieviel Kilogramm Rückstand mit w(1-Hexan) = 15,0% bleiben zurück?

5-14. Aus einer wäßrigen Salzlösung mit w(Salz) = 7,5% sollen durch Abdampfen von Wasser 200 g Lösung mit w(Salz) = 15,0% hergestellt werden. Wieviel Gramm der Ausgangslösung sind abzuwiegen? Wieviel Gramm Wasser müssen abgedampft werden?

5-15. Durch Trocknen einer Paste mit dem Massenanteil $w(H_2O) = 9{,}50\%$ sollen 75,0 kg Paste mit $w(H_2O) = 1{,}50\%$ hergestellt werden. Wieviel Kilogramm Wasser müssen abgedampft werden?

5-16. Aus einem Benzol-Anilin-Gemisch, w(Anilin) = 25,0% sollen 300 g eines neuen Gemisches mit w(Anilin) = 42,5% hergestellt werden. Wieviel Kilogramm Benzol müssen zu diesem Zweck abdestilliert werden?

5-17. Bei einer Rektifikation sollen 150 kg eines Benzol/Toluol-Gemisches mit dem Massenanteil w(Benzol) = 97% als Kondensat erzeugt werden. Wieviel Kilogramm Gemisch mit w(Benzol) = 55,5% müssen eingesetzt werden, wenn der in der Blase verbleibende Rückstand noch 12% Benzol enthält?

5-18. Wieviel Gramm Wasser muß man von 575 g Kochsalz-Lösung, w(NaCl) = 0,065, abdampfen, um die Lösung auf w(NaCl) = 0,195 zu konzentrieren? Wieviel Gramm der neuen Lösung entstehen dabei?

5-19. Eine Paste mit einem Massenanteil w(Feststoff) = 91% soll auf einen Massenanteil von 98% konzentriert werden. Wieviel Kilogramm Wasser müssen zu diesem Zweck aus 85,0 kg Paste abgedampft werden? Wieviel Kilogramm der neuen Paste entstehen dabei?

5-20. Bei einer Rektifikation sollen 400 kg eines 1-Hexan/2-Hexan-Gemisches mit w(1-Hexan) = 96,5% abgedampft werden. Wieviel Kilogramm Ausgangsmischung mit w(1-Hexan) = 69,0% müssen eingesetzt werden und wieviel Kilogramm Rückstand mit w(1-Hexan) = 17,0% bleiben zurück?

5.3 Rechnen mit anderen Gehalten

5.3.1 Volumenanteil

Verwendet man bei der Berechnung von Abdampfungsvorgängen den Volumenanteil als Gehaltsangabe und das Volumen für die Quantität, so ergeben sich anstelle der allgemeinen Beziehungen (5-4) und (5-5) entsprechende spezielle Beziehungen:

$$[V_1(L_1) - V_2(L_2)]\,\varphi_3(X) = V_1(L_1)\,\varphi_1(X) - V_2(L_2)\,\varphi_2(X) \qquad \textbf{(5-7)}$$

Mit (5-2) gilt:

$$V_3(L_3)\,\varphi_3(X) = V_1(L_1)\,\varphi_1(X) - V_2(L_2)\,\varphi_2(X) \qquad \textbf{(5-7a)}$$

$V_3(L_3)$ Volumen der entstehenden Mischphase
$\varphi_3(X)$ Volumenanteil des Bestandteils X in der entstehenden Mischphase
$V_1(L_1)$ Volumen der Ausgangsmischphase 1
$\varphi_1(X)$ Volumenanteil des Bestandteils X in der Ausgangsmischphase 1
$V_2(L_2)$ Volumen des abgedampften Stoffes 2
$\varphi_2(X)$ Volumenanteil des Bestandteils X im abgedampften Stoff 2

Beim Abdampfen eines reinen Stoffes X setzt man den Volumenanteil $\boldsymbol{\varphi_i(X) = 100\% = 1}$ ein, wenn der Anteil dieses Stoffes in der verbleibenden Mischphase berechnet werden soll, für einen anderen reinen Stoff hingegen den Volumenanteil $\boldsymbol{\varphi_i(X) = 0\% = 0}$.

5.3.1.1 Volumenanteil der entstehenden Mischphase

Rechenbeispiel 5-8. Aus einem Methanol/Ethanol-Gemisch mit dem Volumenanteil φ(Methanol) = 48,0% und einem Volumen von 500 L werden durch Rektifikation 150 L Gemisch mit φ(Methanol) = 94,5% abgetrennt. Welcher Volumenanteil an Methanol ergibt sich für den verbleibenden Rückstand?

Gesucht: φ_3(Methanol)

Gegeben: φ_1(Methanol) = 48,0% = 0,480
$V_1(L_1)$ = 500 L
φ_2(Methanol) = 94,5% = 0,945
$V_2(L_2)$ = 150 L

$$[V_1(L_1) - V_2(L_2)]\,\varphi_3(X) = V_1(L_1)\,\varphi_1(X) - V_2(L_2)\,\varphi_2(X)$$

$$\varphi_3(\text{Methanol}) = \frac{V_1(L_1)\,\varphi_1(\text{Methanol}) - V_2(L_2)\,\varphi_2(\text{Methanol})}{V_1(L_1) - V_2(L_2)}$$

$$= \frac{500\text{ L} \cdot 0{,}480 - 150\text{ L} \cdot 0{,}945}{500\text{ L} - 150\text{ L}}$$

$$\underline{\varphi_3(\text{Methanol}) = 0{,}281 = 28{,}1\%}$$

Übungsaufgaben:

5-25. Aus 500 L eines Hexan/Cyclohexan-Gemisches mit dem Volumenanteil φ(Hexan) = 67,4% werden 200 L Gemisch mit φ(Hexan) = 90,2% abgedampft. Wie groß ist der Volumenanteil an Hexan im verbleibenden Gemisch?

5-26. Aus einem Alkohol/Wasser-Gemisch mit einem Volumen von 750 mL und φ(Alkohol) = 0,45 werden 185 mL Gemisch mit φ(Alkohol) = 0,92 abdestilliert. Welchen Volumenanteil an Alkohol hat das in der Destillationsblase verbleibende Gemisch?

5.3.1.2 Berechnen von Volumina

Aus der Abdampfungsgleichung (5-7a) leiten sich analog (5-12a) bis (5-12c) auf S. 373 drei Beziehungen ab, die den Zusammenhang zwischen den Volumina $V_1(L_1)$ von Ausgangsmischphase und $V_2(L_2)$ von abgedampftem Stoff und $V_3(L_3)$ der entstehenden Mischphase beschreiben:

$$V_3(L_3)\,[\varphi_3(X) - \varphi_2(X)] = V_1(L_1)\,[\varphi_1(X) - \varphi_2(X)] \qquad \textbf{(5-13a)}$$

$$V_3(L_3)\,[\varphi_3(X) - \varphi_1(X)] = V_2(L_2)\,[\varphi_1(X) - \varphi_2(X)] \qquad \textbf{(5-13b)}$$

$$V_1(L_1)\,[\varphi_3(X) - \varphi_1(X)] = V_2(L_2)\,[\varphi_3(X) - \varphi_2(X)] \qquad \textbf{(5-13c)}$$

Rechenbeispiel 5-9. Bei einer Rektifikation sollen 700 L 1-Butanol/2-Butanol-Gemisch mit φ(1-Butanol) = 28% in der Destillationsblase als Rückstand verbleiben. Wieviel Liter eines Ausgangsgemisches mit φ(1-Butanol) = 65% müssen eingesetzt werden, wenn das abgehende Kondensat den Volumenanteil φ(1-Butanol) = 95% hat? Wieviel Liter von diesem Kondensat müssen abgetrennt werden?

Gesucht: $V_1(L_1)$, $V_2(L_2)$

Gegeben: $V_3(L_3) = 700$ L; φ_3(1-Butanol) $= 28\% = 0{,}28$
φ_1(1-Butanol) $= 65\% = 0{,}65$
φ_2(1-Butanol) $= 95\% = 0{,}95$

$$\mathbf{V_3(L_3)\,[\varphi_3(X) - \varphi_2(X)] = V_1(L_1)\,[\varphi_1(X) - \varphi_2(X)]}$$

$$V_1(L_1) = \frac{V_3(L_3)\,[\varphi_3(\text{1-Butanol}) - \varphi_2(\text{1-Butanol})]}{\varphi_3(\text{1-Butanol}) - \varphi_2(\text{1-Butanol})} = \frac{700\ \text{L} \cdot (0{,}28 - 0{,}95)}{0{,}65 - 0{,}95}$$

$$\underline{\mathbf{V_1(L_1) = 1563\ L}}$$

$$\mathbf{V_3(L_3)\,[\varphi_3(X) - \varphi_1(X)] = V_2(L_2)\,[\varphi_1(X) - \varphi_2(X)]}$$

$$V_2(L_2) = \frac{V_3(L_3)\,[\varphi_3(\text{1-Butanol}) - \varphi_1(\text{1-Butanol})]}{\varphi_1(\text{1-Butanol}) - \varphi_2(\text{1-Butanol})} = \frac{700\ \text{L} \cdot (0{,}28 - 0{,}65)}{0{,}65 - 0{,}95}$$

$$\underline{\mathbf{V_2(L_2) = 863\ L}}$$

Übungsaufgaben:

5-27. Aus einem Benzol/Tetralin-Gemisch, φ(Tetralin) $= 27\%$, sollen 625 L eines neuen Gemisches mit φ(Tetralin) $= 40\%$ hergestellt werden. Wieviel Liter Benzol müssen zu diesem Zweck abdestilliert werden?

5-28. Bei einer Rektifikation sollen 375 L eines Benzol/Toluol-Gemisches mit dem Volumenanteil φ(Benzol) $= 90\%$ als Kondensat erzeugt werden. Wieviel Liter Gemisch mit φ(Benzol) $= 52\%$ müssen eingesetzt werden, wenn der verbleibende Rückstand noch 14% Benzol enthält?

5-29. Bei einer Rektifikation sollen 500 L 1-Pentanol/2-Pentanol-Gemisch mit dem Volumenanteil φ(1-Pentanol) $= 40\%$ in der Destillationsblase als Rückstand verbleiben. Wieviel Liter eines Ausgangsgemisches mit φ(1-Pentanol) $= 65\%$ müssen eingesetzt werden, wenn das abgehende Kondensat einen Volumenanteil φ(1-Pentanol) $= 92\%$ hat? Wieviel Liter von diesem Kondensat müssen abgetrennt werden?

5.3.2 Massenkonzentration

Die Berechnung von Abdampfungsvorgängen mit der Massenkonzentration als Gehaltsangabe und dem Volumen und der Masse für die Angabe der Quantität ist in der Praxis nur für Lösungen fester Stoffe, vor allem für solche, bei denen Wasser als Lösemittel verwendet wird, von Bedeutung. Anstelle von (5-4) und (5-5) ergeben sich entsprechende spezielle Beziehungen:

$$[V_1(L_1) - V_2(L_2)]\, \beta_3(X) = V_1(L_1)\, \beta_1(X) - V_2(L_2)\, \beta_2(X) \qquad (5\text{-}9)$$

Mit (5-2) gilt:

$$V_3(L_3)\, \beta_3(X) = V_1(L_1)\, \beta_1(X) - V_2(L_2)\, \beta_2(X) \qquad (5\text{-}9a)$$

$V_3(L_3)$ Volumen der entstehenden Lösung
$\beta_3(X)$ Massenkonzentration des Bestandteils X in der entstehenden Lösung
$V_1(L_1)$ Volumen der Ausgangslösung 1
$\beta_1(X)$ Massenkonzentration des Bestandteils X in Ausgangslösung 1
$V_2(L_2)$ Volumen des abgedampften Stoffes 2
$\beta_2(X)$ Massenkonzentration des Bestandteils X im abgedampften Stoff

Für den Gehalt an Stoff X des reinen Lösemittels gilt $\beta_i(X) = 0$ g/L.

5.3.2.1 Massenkonzentration der entstehenden Mischphase

Rechenbeispiel 5-10. Aus 500 mL einer Natronlauge mit der Massenkonzentration $\beta(NaOH) = 225$ g/L werden 85 mL Wasser abgedampft. Welche Massenkonzentration an Natriumhydroxid hat die entstehende, neue Lösung?

Gesucht: $\beta_3(NaOH)$

Gegeben: $V_1(L_1) = 500$ mL
$\beta_1(NaOH) = 225$ g/L
$V_2(L_2) = V_2(H_2O) = 85$ mL
$\beta_2(NaOH) = 0$ g/L

$$[V_1(L_1) - V_2(L_2)]\, \beta_3(X) = V_1(L_1)\, \beta_1(X) - V_2(L_2)\, \beta_2(X) \longleftarrow \beta_2(X) = 0 \text{ g/L}$$

$$\beta_3(NaOH) = \frac{V_1(L_1)\, \beta_1(NaOH)}{V_1(L_1) - V_2(L_2)} = \frac{500 \text{ mL} \cdot 225 \text{ g L}^{-1}}{500 \text{ mL} - 85 \text{ mL}}$$

$$\underline{\beta_3(NaOH) = 271 \text{ g/L}}$$

Übungsaufgaben:

5-30. Eine Suspension enthält 37,5 g Farbstoff pro Liter. Welche Massenkonzentration (bezogen auf den Farbstoff) stellt sich ein, wenn man 750 L dieser Suspension durch Abdampfen von Wasser auf ein Volumen von 400 L einengt?

5-31. Aus 275 mL Natriumnitrat-Lösung, $\beta(NaNO_3) = 65{,}4$ g/L, werden 145 mL Wasser abgedampft. Wie groß ist die Massenkonzentration $\beta(NaNO_3)$ der entstehenden Lösung?

5-32. Beim Abdampfen von 300 mL Benzol aus einer Mischphase mit Phenol, β(Phenol) = 62,5 g/L, entstehen 475 mL einer neuen Lösung. Wie groß ist die Massenkonzentration an Phenol in dieser Lösung?

5.3.2.2 Massenkonzentration der Ausgangsmischphase

Rechenbeispiel 5-11. Aus 500 mL einer Natronlauge entsteht durch Abdampfen von 85 mL Wasser eine Lösung mit der Massenkonzentration $\beta_3(NaOH) = 271$ g/L. Welche Massenkonzentration $\beta_1(NaOH)$ hatte die Ausgangslösung?

Gesucht: $\beta_1(NaOH)$

Gegeben: $V_1(L_1) = 500$ mL
$V_2(L_2) = V_2(H_2O) = 85$ mL
$\beta_2(NaOH) = 0$ g/L
$\beta_3(NaOH) = 271$ g/L

$$\mathbf{[V_1(L_1) - V_2(L_2)]\,\beta_3(X) = V_1(L_1)\,\beta_1(X) - V_2(L_2)\,\beta_2(X)} \longleftarrow \beta_2(X) = 0 \text{ g/L}$$

$$\beta_1(NaOH) = \frac{[V_1(L_1) - V_2(L_2)]\,\beta_3(NaOH)}{V_1(L_1)} = \frac{(500 \text{ mL} - 85 \text{ mL}) \cdot 271 \text{ g L}^{-1}}{500 \text{ mL}}$$

$$\underline{\mathbf{\beta_1(NaOH) = 225 \text{ g/L}}}$$

Übungsaufgaben:

5-33. 750 L Farbstoff-Suspension werden durch Abdampfen von Wasser auf ein Volumen von 400 L eingeengt. Die entstehende Suspension enthält 70,3 g Farbstoff je Liter. Wie groß war die Massenkonzentration β(Farbstoff) in der Ausgangssuspension?

5-34. Aus 275 mL Natriumnitrat-Lösung werden 145 mL Wasser abgedampft. Wie groß war die Massenkonzentration $\beta(NaNO_3)$ dieser Lösung, wenn die entstehende Lösung 125 g $NaNO_3$ pro Liter enthält?

5-35. Beim Abdampfen von 300 mL Benzol aus einer Mischphase mit Phenol entstehen 475 mL einer neuen Mischphase mit β(Phenol) = 62,5 g/L. Wie groß war die Massenkonzentration an Phenol in der Ausgangsmischphase?

5.3.2.3 Berechnen von Volumina

Aus der Abdampfungsgleichung (5-9a) leiten sich analog (5-12a) bis (5-12c) auf S. 373 drei Beziehungen ab, die den Zusammenhang zwischen den Volumina $V_1(L_1)$ der Ausgangsmischphase und $V_2(L_2)$ von abgedampftem Stoff und $V_3(L_3)$ der entstehenden Mischphase beschreiben:

$$\mathbf{V_3(L_3)\,[\beta_3(X) - \beta_2(X)] = V_1(L_1)\,[\beta_1(X) - \beta_2(X)]} \qquad \textbf{(5-14a)}$$

$$\mathbf{V_3(L_3)\,[\beta_3(X) - \beta_1(X)] = V_2(L_2)\,[\beta_1(X) - \beta_2(X)]} \qquad \textbf{(5-14b)}$$

$$\mathbf{V_1(L_1)\,[\beta_3(X) - \beta_1(X)] = V_2(L_2)\,[\beta_3(X) - \beta_2(X)]} \qquad \textbf{(5-14c)}$$

Rechenbeispiel 5-12. Wieviel Liter Wasser muß man aus 2,75 L einer Kalilauge, $\beta(KOH) = 165$ g/L, abdampfen, um eine Lauge mit $\beta(KOH) = 250$ g/L zu bekommen? Wieviel Liter neue Lauge entstehen dabei?

Gesucht: $V_2(L_2) = V_2(H_2O)$
$V_3(L_3)$

Gegeben: $V_1(L_1) = 2{,}75$ L
$\beta_1(KOH) = 165$ g/L
$\beta_2(KOH) = 0$ g/L
$\beta_3(KOH) = 250$ g/L

$$\mathbf{V_1(L_1)\,[\beta_3(X) - \beta_1(X)] = V_2(L_2)\,[\beta_3(X) - \beta_2(X)]} \longleftarrow \beta_2(X) = 0 \text{ g/L}$$

$$V_2(L_2) = \frac{V_1(L_1)\,[\beta_3(KOH) - \beta_1(KOH)]}{\beta_3(KOH) - \beta_2(KOH)} = \frac{2{,}75 \text{ L} \cdot (250 \text{ g L}^{-1} - 165 \text{ g L}^{-1})}{250 \text{ g L}^{-1}}$$

$\underline{\mathbf{V_2(L_2) = 0{,}935\ L}}$

$$\mathbf{V_3(L_3)\,[\beta_3(X) - \beta_2(X)] = V_1(L_1)\,[\beta_1(X) - \beta_2(X)]} \longleftarrow \beta_2(X) = 0 \text{ g/L}$$

$$V_3(L_3) = \frac{V_1(L_1)\,\beta_1(KOH)}{\beta_3(KOH)} = \frac{2{,}75 \text{ L} \cdot 165 \text{ g L}^{-1}}{250 \text{ g L}^{-1}}$$

$\underline{\mathbf{V_3(L_3) = 1{,}815\ L}}$

Übungsaufgaben:

5-36. Wieviel Milliliter Wasser muß man aus 525 mL einer Kalilauge, $\beta(KOH) = 250$ g/L, abdampfen, um eine Lauge mit $\beta(KOH) = 265$ g/L zu bekommen? Wieviel groß ist das Volumen der entstehenden Lauge?

5-37. Aus einer Calciumchlorid-Lösung, $\beta(CaCl_2)$ = 175 g/L, sollen durch Abdampfen von Wasser 325 mL Lösung mit $\beta(CaCl_2)$ = 200 g/L hergestellt werden. Wie groß sind die Volumina von einzusetzender Ausgangslösung und abzudampfendem Wasser?

5-38. Aus einer Kaliumnitrat-Lösung mit einer Massenkonzentration $\beta(KNO_3)$ = 120 g/L sollen 200 mL Lösung mit $\beta(KNO_3)$ = 175 g/L entstehen. Wieviel Milliliter der Ausgangslösung muß man zu diesem Zweck einsetzen und wieviel Wasser ist abzudampfen?

5.3.3 Stoffmengenkonzentration

Die Berechnung von Abdampfungsvorgängen mit der Stoffmengen- bzw. Äquivalentkonzentration als Gehaltsangabe und dem Volumen für die Quantität ist in der Praxis nur für Lösungen fester Stoffe, vor allem für solche, bei denen Wasser als Lösemittel verwendet wird, von Bedeutung. Beim Abdampfen des reinen Lösemittels setzt man für dessen Gehalt an gelöstem Stoff X naturgemäß die Stoffmengen- oder Äquivalentkonzentration $\boldsymbol{c_i(X) = 0}$ **mol/L** oder $\boldsymbol{c(eq)_i(X) = 0}$ **mol/L** ein. Anstelle der allgemeinen Beziehungen (5-4) und (5-5) ergeben sich spezielle Beziehungen:

$$[V_1(L_1) - V_2(L_2)]\, c_3(X) = V_1(L_1)\, c_1(X) - V_2(L_2)\, c_2(X) \qquad \textbf{(5-11)}$$

Mit (5-2) gilt:

$$V_3(L_3)\, c_3(X) = V_1(L_1)\, c_1(X) - V_2(L_2)\, c_2(X) \qquad \textbf{(5-11a)}$$

$V_3(L_3)$	Volumen der entstehenden Lösung
$c_3(X)$	Stoffmengenkonzentration des Bestandteils X in der entstehenden Lösung
$V_1(L_1)$	Volumen der Ausgangslösung 1
$c_1(X)$	Stoffmengenkonzentration des Bestandteils X in der Ausgangslösung 1
$V_2(L_2)$, V_2	Volumen des abgedampften Stoffes 2
$c_2(X)$	Stoffmengenkonzentration des Bestandteils X im abgedampften Stoff

5.3.3.1 Stoffmengenkonzentration der entstehenden Mischphase

Rechenbeispiel 5-13. Aus 350 mL einer Natriumthiosulfat-Lösung mit $c_1(Na_2S_2O_3)$ = 1,52 mol/L werden 125 mL Wasser abgedampft. Welche Stoffmengenkonzentration $c_3(Na_2S_2O_3)$ hat die entstehende Lösung?

Gesucht: $c_3(Na_2S_2O_3)$

Gegeben: $V_1(L_1)$ = 350 mL
$c_1(Na_2S_2O_3)$ = 1,52 mol/L
$V_2(L_2) = V_2(H_2O)$ = 125 mL
$c_2(Na_2S_2O_3)$ = 0 mol/L

$$[V_1(L_1) - V_2(L_2)]\, c_3(X) = V_1(L_1)\, c_1(X) - V_2(L_2)\, c_2(X) \longleftarrow c_2(X) = 0 \text{ mol/L}$$

$$c_3(Na_2S_2O_3) = \frac{V_1(L_1)\, c_1(Na_2S_2O_3)}{V_1(L_1) - V_2(L_2)} = \frac{350 \text{ mL} \cdot 1{,}52 \text{ mol L}^{-1}}{350 \text{ mL} - 125 \text{ mL}}$$

$$\underline{c_3(Na_2S_2O_3) = 2{,}36 \text{ mol/L}}$$

Übungsaufgaben:

5-39. Aus 75,5 mL einer Kaliumpermanganat-Lösung mit $c_1(1/5\ KMnO_4)$ = 0,275 mol/L werden 20,5 mL Wasser abgedampft. Welche neue Äquivalentkonzentration $c_3(1/5\ KMnO_4)$ stellt sich ein?

5-40. Aus 850 mL einer Silbernitrat-Lösung mit der Stoffmengenkonzentration $c(AgNO_3)$ = 0,14 mol/L werden 175 mL Wasser abgedampft. Welche Stoffmengenkonzentration an Silbernitrat hat die entstehende Lösung?

5-41. Aus 225 mL einer Natriumcarbonat-Lösung mit $c(1/2\ Na_2CO_3)$ = 0,0975 mol/L entstehen durch Abdampfen von Wasser 200 mL neue Lösung. Welche Äquivalentkonzentration $c(1/2\ Na_2CO_3)$ hat diese Lösung?

5.3.3.2 Stoffmengenkonzentration der Ausgangsmischphase

Rechenbeispiel 5-14. Aus 350 mL Natriumthiosulfat-Lösung werden 125 mL Wasser abgedampft. Die entstehende Lösung enthält 1,50 mol Natriumthiosulfat pro Liter. Welche Stoffmengenkonzentration $c(Na_2S_2O_3)$ hatte die Ausgangslösung?

Gesucht: $c_1(Na_2S_2O_3)$

Gegeben:
$V_1(L_1) = 350$ mL
$V_2(L_2) = V_2(H_2O) = 125$ mL
$c_2(Na_2S_2O_3) = 0$ mol/L
$c_3(Na_2S_2O_3) = 1{,}50$ mol/L

$$[V_1(L_1) - V_2(L_2)]\, c_3(X) = V_1(L_1)\, c_1(X) - V_2(L_2)\, c_2(X) \longleftarrow c_2(X) = 0 \text{ mol/L}$$

$$c_1(Na_2S_2O_3) = \frac{[V_1(L_1) - V_2(L_2)]\, c_3(Na_2S_2O_3)}{V_1(L_1)}$$

$$= \frac{(350 \text{ mL} - 125 \text{ mL}) \cdot 1{,}50 \text{ mol L}^{-1}}{350 \text{ mL}}$$

$$\underline{c_1(Na_2S_2O_3) = 0{,}964 \text{ mol/L}}$$

Übungsaufgaben:

5-42. Aus 75,5 mL einer Kaliumpermanganat-Lösung werden 15,0 mL Wasser abgedampft. Die entstehende Lösung hat die Stoffmengenkonzentration $c(1/5\ KMnO_4)$ = 0,375 mol/L. Wie groß war die Stoffmengenkonzentration der Ausgangslösung?

5-43. Aus 850 mL einer Silbernitrat-Lösung werden durch Abdampfen von Wasser 675 mL Lösung mit der Stoffmengenkonzentration $c_3(AgNO_3)$ = 0,200 mol/L hergestellt. Welche Stoffmengenkonzentration an Silbernitrat hatte die Ausgangslösung?

5.3.3.3 Berechnen von Volumina

Aus der Abdampfungsgleichung (5-11 a) leiten sich analog (5-12a) bis (5-12c) auf S. 373 drei Beziehungen ab, die den Zusammenhang zwischen den Volumina $V_1(L_1)$ der Ausgangsmischphase und $V_2(L_2)$ von abgedampftem Stoff und $V_3(L_3)$ der entstehenden Mischphase beschreiben:

$$\mathbf{V_3(L_3)\,[c_3(X) - c_2(X)] = V_1(L_1)\,[c_1(X) - c_2(X)]} \qquad \textbf{(5-15a)}$$

$$\mathbf{V_3(L_3)\,[c_3(X) - c_1(X)] = V_2(L_2)\,[c_1(X) - c_2(X)]} \qquad \textbf{(5-15b)}$$

$$\mathbf{V_1(L_1)\,[c_3(X) - c_1(X)] = V_2(L_2)\,[c_3(X) - c_2(X)]} \qquad \textbf{(5-15c)}$$

Rechenbeispiel 5-15. Durch Abdampfen von Wasser soll aus einer Oxalsäure-Lösung, $c[1/2\ (COOH)_2]$ = 0,975 mol/L, eine neue Lösung mit $c[1/2\ (COOH)_2]$ = 1,000 mol/L hergestellt werden. Wieviel Milliliter Ausgangslösung müssen eingesetzt werden und wieviel Milliliter Wasser müssen abgedampft werden, damit 300 mL der neuen Lösung entstehen?

Gesucht: $V_1(L_1)$
$V_2(L_2) = V_2(H_2O)$

Gegeben: $V_3(L_3)$ = 300 mL
$c_1[1/2\ (COOH)_2]$ = 1,000 mol/L
$c_3[1/2\ (COOH)_2]$ = 0,975 mol/L

$$\mathbf{V_3(L_3)\,[c_3(X) - c_2(X)] = V_1(L_1)\,[c_1(X) - c_2(X)]} \longleftarrow c_2(X) = 0\ \text{mol/L}$$

$$V_1(L_1) = \frac{V_3(L_3)\ c_3[1/2\ (COOH)_2]}{c_1[1/2\ (COOH)_2]} = \frac{300\ \text{mL} \cdot 1{,}000\ \text{mol/L}}{0{,}975\ \text{mol/L}}$$

$$\underline{\mathbf{V_1(L_1) = 307{,}7\ mL}}$$

$$V_3(L_3)\,[c_3(X) - c_1(X)] = V_2(L_2)\,[c_1(X) - c_2(X)] \longleftarrow c_2(X) = 0\ g/L$$

$$V_2(L_2) = \frac{V_3(L_3)\; c_3[1/2\ (COOH)_2]}{c_1[1/2\ (COOH)_2]} = \frac{300\ mL \cdot (1{,}000 - 0{,}975)\ mol/L}{0{,}975\ mol/L}$$

$$\underline{V_2(L_2) = 7{,}7\ mL}$$

Übungsaufgaben:

5-44. Wieviel Milliliter Wasser muß man aus 150 mL einer Kaliumiodid-Lösung, $c(KI) = 2{,}50$ mol/L, abdampfen, damit man eine neue Lösung mit $c(KI) = 3{,}00$ mol/L erhält? Wieviel Milliliter der Lösung entstehen dabei?

5-45. Wieviel Milliliter Wasser müssen aus 360 mL Kaliumchlorid-Lösung mit der Stoffmengenkonzentration $c(KCl) = 1{,}65$ mol/L abgedampft werden, damit man eine neue Lösung mit $c(KCl) = 2{,}00$ mol/L erhält? Wieviel Milliliter neue Lösung entstehen dabei?

5-46. Durch Abdampfen von Wasser soll aus einer Natriumphosphat-Lösung, $c(1/3\ Na_3PO_4) = 1{,}675$ mol/L, neue Lösung mit $c(1/3\ Na_3PO_4) = 2{,}000$ mol/L hergestellt werden. Wieviel Milliliter der Ausgangslösung müssen eingesetzt werden und wieviel Milliliter Wasser müssen abgedampft werden, damit 600 mL der neuen Lösung entstehen?

5.3.4 Volumenkonzentration

Die Volumenkonzentration $\sigma_i(X)$ einer Mischphase ist gleich deren Volumenanteil $\varphi_i(X)$, wenn sich ihre Bestandteile ohne Volumenkontraktion mischen. Das Rechnen mit der Volumenkonzentration ist unter dieser Voraussetzung mit dem Rechnen mit dem Volumenanteil (vgl. Abschn. 5.3) identisch.

5.3.5 Wiederholungsaufgaben (zu Abschn. 5.3)

5-21. Aus einem Alkohol/Wasser-Gemisch mit einem Volumen von 500 mL und $\varphi(\text{Alkohol}) = 32{,}6\%$ werden 85 mL Gemisch mit $\varphi(\text{Alkohol}) = 92{,}0\%$ abdestilliert. Welchen Volumenanteil an Alkohol hat das in der Destillationsblase verbleibende Gemisch?

5-22. Aus einem Benzol/Tetralin-Gemisch, $\varphi(\text{Tetralin}) = 40{,}0\%$, sollen 625 L eines neuen Gemisches mit $\varphi(\text{Tetralin}) = 50{,}0\%$ hergestellt werden. Wieviel Liter Benzol müssen zu diesem Zweck abdestilliert werden?

5-23. Bei einer Rektifikation sollen 875 L eines Benzol/Toluol-Gemisches mit dem Volumenanteil φ(Benzol) = 90% als Kondensat erzeugt werden. Wieviel Liter Gemisch mit φ(Benzol) = 34% müssen eingesetzt werden, wenn der verbleibende Rückstand noch 12% Benzol enthält?

5-24. Bei einer Rektifikation sollen 900 L 1-Pentanol/2-Pentanol-Gemisch mit dem Volumenanteil φ(1-Pentanol) = 40% in der Destillationsblase als Rückstand verbleiben. Wieviel Liter eines Ausgangsgemisches mit φ(1-Pentanol) = 65% müssen eingesetzt werden, wenn das abgehende Kondensat einen Volumenanteil φ(1-Pentanol) = 90% hat? Wieviel Liter von diesem Kondensat müssen abgetrennt werden?

5-25. Eine Suspension enthält 47,5 g Farbstoff pro Liter. Welche Massenkonzentration (bezogen auf den Farbstoff) stellt sich ein, wenn man 500 L dieser Suspension durch Abdampfen von Wasser auf ein Volumen von 400 L einengt?

5-26. Aus 475 mL Natriumnitrat-Lösung, $\beta(NaNO_3)$ = 75 g/L, werden 145 mL Wasser abgedampft. Wie groß ist die Massenkonzentration $\beta(NaNO_3)$ der entstehenden Lösung?

5-27. 750 L Farbstoff-Suspension werden durch Abdampfen von Wasser auf ein Volumen von 500 L eingeengt. Die entstehende Suspension enthält 60,0 g Farbstoff je Liter. Wie groß war β (Farbstoff) in der Ausgangssuspension?

5-28. Aus 5,25 L Natriumnitrat-Lösung werden 850 mL Wasser abgedampft. Wie groß war die Massenkonzentration $\beta_1(NaNO_3)$ dieser Lösung, wenn die entstehende Lösung 125 g $NaNO_3$ pro Liter enthält?

5-29. Wieviel Milliliter Wasser muß man aus 750 mL einer Kalilauge, β(KOH) = 200 g/L, abdampfen, um eine Lauge mit β(KOH) = 250 g/L zu bekommen? Wie groß ist das Volumen der entstehenden Lauge?

5-30. Aus einer Kaliumnitrat-Lösung mit einer Massenkonzentration $\beta(KNO_3)$ = 120 g/L sollen 5,00 L Lösung mit $\beta(KNO_3)$ = 175 g/L entstehen. Wieviel Milliliter der Ausgangslösung muß man zu diesem Zweck einsetzen und wieviel Wasser ist abzudampfen?

5-31. Aus 300 mL einer Kaliumpermanganat-Lösung mit $c(1/5\ KMnO_4)$ = 0,100 mol/L werden 150 mL Wasser abgedampft. Welche Äquivalentkonzentration $c(1/5\ KMnO_4)$ stellt sich ein?

5-32. Aus 350 mL einer Silbernitrat-Lösung werden durch Abdampfen von Wasser 100 mL Lösung mit der Stoffmengenkonzentration $c(AgNO_3)$ = 0,200 mol/L hergestellt. Welche Stoffmengenkonzentration an Silbernitrat hatte die Ausgangslösung?

5-33. Aus 275 mL Natriumcarbonat-Lösung entstehen durch Abdampfen von Wasser 200 mL neue Lösung mit der Äquivalentkonzentration $c(1/2\ Na_2CO_3)$ = 1,25 mol/L. Welche Äquivalentkonzentration $c(1/2\ Na_2CO_3)$ hatte die Ausgangslösung?

5-34. Wieviel Milliliter Wasser müssen aus 520 mL Kaliumchlorid-Lösung mit der Stoffmengenkonzentration c(KCl) = 0,65 mol/L abgedampft werden, damit man eine neue Lösung mit c(KCl) = 1,00 mol/L erhält? Wieviel Milliliter neue Lösung entstehen dabei?

5-35. Durch Abdampfen von Wasser soll aus einer Lösung, $c(1/3\ Na_3PO_4)$ = 1,675 mol/L, neue Lösung mit $c(1/3\ Na_3PO_4)$ = 2,000 mol/L hergestellt werden. Wieviel Milliliter der Ausgangslösung müssen eingesetzt werden und wieviel Milliliter Wasser müssen abgedampft werden, damit 450 mL der neuen Lösung entstehen?

5-36. Wieviel Milliliter einer Natronlauge mit der Stoffmengenkonzentration c(NaOH) = 3,50 mol/L benötigt man, um durch Abdampfen von 300 mL Wasser eine Lauge mit c(NaOH) = 5,00 mol/L zu bekommen?

5.4 Aufgaben (zu Kapitel 5)

5-1. Von 130 kg Salzlösung, w(Salz) = 4,2%, werden 20,0 kg Wasser abgedampft. Welchen Massenanteil w(Salz) hat die zurückbleibende Lösung?

5-2. Aus 500 g einer Salzlösung, w(Salz) = 5,75%, soll durch Abdampfen von Wasser eine Lösung mit w(HCl) = 12,0% hergestellt werden. Wieviel Gramm Wasser müssen abgedampft werden?

5-3. Aus einer Kalilauge, w(KOH) = 9,5%, werden 50,0 g Wasser abdestilliert. Es verbleibt eine Lösung mit w(KOH) = 24,5%. Wieviel Milliliter der Kalilauge, w(KOH) = 9,5%, ρ = 1,085 g/mL, wurden eingesetzt?

5-4. Durch Abdampfen von Wasser aus 30,0 kg einer Salzlösung, w(Salz) = 5,00%, entsteht eine Lösung mit w(Salz) = 18,5%. Wieviel Kilogramm Lösung entstehen? Wieviel Kilogramm Wasser müssen abgedampft werden?

5-5. Um eine Kaliumnitrat-Lösung von $w(KNO_3)$ = 25,0% herzustellen, werden 360 kg Wasser aus einer Lösung mit $w(KNO_3)$ = 13,5% abdestilliert. Wieviel Kilogramm Kaliumnitrat-Lösung entstehen dabei?

5-6. Durch Abdampfen von Wasser aus einer Lösung, w(NaCl) = 8,5%, sollen 625 g Lösung, w(NaCl) = 23,0%, hergestellt werden. Wieviel Gramm Wasser sind abzudampfen?

5-7. Aus 40,0 kg Salzlösung werden 10,0 kg Wasser abdestilliert. Die zurückbleibende Lösung hat den Massenanteil w(Salz) = 13,5%. Welchen Massenanteil an Salz hatte die Ausgangslösung?

5-8. Eine Farbstoffpaste mit der Zusammensetzung w(NaCl) = 8,5%, w(Farbstoff) = 80,6% und $w(H_2O)$ = 10,9% wird getrocknet. Wie groß ist der Massenanteil w(Farbstoff) nach dem Trocknen, wenn der Massenanteil $w(H_2O)$ = 1,9% beträgt?

5-9. In einem Trockner werden 350 kg Farbstoffpaste, w(Wasser) = 16,5%, soweit getrocknet, daß noch eine Restfeuchte von 2,6% im Farbstoff verbleibt. Wieviel Kilogramm Wasser müssen der Paste entzogen werden?

5-10. Beim vollständigen Eindampfen einer Salzlösung, w(Salz) = 3,7%, bleiben 85,0 g Salz übrig. Wieviel Gramm Salzlösung wurden eingesetzt? Wieviel Gramm Wasser wurden abgedampft?

6 Rechnen mit Reaktionsgleichungen

6.1 Theoretische Grundlagen

Bei chemischen Vorgängen spielen sich immer Stoffumwandlungen ab. Sie werden in der Sprache des Chemikers durch Reaktionsgleichungen beschrieben, die sich aus Symbolen und Formeln für die an der Umsetzung beteiligten Stoffe zusammensetzen. Die Ausgangsstoffe (Edukte) stehen auf der linken Seite, die entstehenden Stoffe (Endprodukte) auf der rechten Seite der Gleichung. Anstelle eines Gleichheitszeichens tritt ein Pfeil, der die Richtung, in der die Reaktion verläuft, angibt.

Daraus ergibt sich eine *qualitative* Aussage, d. h. eine Aussage darüber, welche Ausgangsstoffe bei der Reaktion eingesetzt werden und welche Endprodukte daraus entstehen.

Beispiel 6-1.

$$N_2 + H_2 \longrightarrow NH_3$$

Die Ausgangsstoffe Stickstoff und Wasserstoff reagieren bei den erforderlichen Bedingungen zu dem Endprodukt Ammoniak.

Solche qualitativen Aussagen lassen sich vereinfacht auch durch sog. *Reaktionswege* darstellen. Für die in Beispiel 6-1 beschriebene Stoffumwandlung ergäbe sich

$$N_2 \xrightarrow{H_2} NH_3.$$

Diese Schreibweise findet vor allem dann Anwendung, wenn die Quantitätsverhältnisse bei der entsprechenden Reaktion nicht von Interesse sind oder eine Stoffumwandlung über mehrere Schritte abläuft.

Beispiel 6-2.

$$CH_3CH_2OH \xrightarrow{[O]} CH_3CHO \xrightarrow{[O]} CH_3COOH$$

Ethanol wird zunächst zu Ethanal und weiter zu Ethansäure (Essigsäure) oxidiert.

Neben der qualitativen Aussage macht eine Reaktionsgleichung auch eine *quantitative* Aussage, d. h. sie gibt an, wie groß die Teilchenzahlen N_i der an einer Reaktion beteiligten Ausgangsstoffe und der entstehenden Endprodukte sind.

Die Grundlage für diese quantitativen Aussagen bildet das *Gesetz von der Erhaltung der Masse*. Es besagt, daß bei gewöhnlichen chemischen Reaktionen keine merkbare Massenveränderung auftritt. Demnach muß die Anzahl der Atome eines Elementes auf der linken und der rechten Seite einer Reaktionsgleichung gleich sein.

Da die bei chemischen Umsetzungen eingesetzten Quantitäten von Stoffen üblicherweise in Größenordnungen liegen, die einer unvorstellbar großen Zahl von Teilchen entspricht, tritt letztlich die Stoffmenge n als *makroskopische* Größe anstelle der Teilchenzahl N.

Beispiel 6-3.

$$N_2 + 3\,H_2 \longrightarrow 2\,NH_3$$

1 Molekül Stickstoff und 3 Moleküle Wasserstoff reagieren zu 2 Molekülen Ammoniak

oder

1 mol Stickstoff und 3 mol Wasserstoff reagieren zu 2 mol Ammoniak.

Die den Formeln vorangestellten Zahlen entsprechen den Teilchenzahlen oder Stoffmengen der Stoffe. Sie werden als *Beizahlen*, *Koeffizienten* oder *stöchiometrische Faktoren* bezeichnet.

6.2 Berechnen von chemischen Umsetzungen

Mit Hilfe der Reaktionsgleichung lassen sich für die an einer chemischen Reaktion beteiligten Stoffe (*Reaktanden*) Teilchenzahl- bzw. Stoffmengenrelationen erstellen und ihre Quantität berechnen.

6.2.1 Aufstellen von Reaktionsgleichungen

Wenn für einen chemischen Vorgang die beteiligten Ausgangsstoffe und die entstehenden Endprodukte bekannt sind, kann er durch eine Reaktionsgleichung qualitativ und quantitativ beschrieben werden. Zu diesem Zweck müssen die Koeffizienten, die angeben, wieviel Teilchen der einzelnen Stoffe an der Reaktion beteiligt sind, bestimmt und den entsprechenden chemischen Formeln vorangestellt werden.

Da an chemischen Reaktionen nur ganze Teilchen teilnehmen, müssen die Koeffizienten ganzzahlig sein. Bei leichtüberschaubaren Reaktionsgleichungen erfolgt die Ermittlung dieser Koeffizienten in der Weise, daß man schrittweise die Zahl der Atome der einzelnen Elemente auf der linken *und* rechten Seite der Gleichung ausgleicht, indem man den Formeln die entsprechenden Koeffizienten voranstellt.

Bei dieser Bilanzierung stellen die Koeffizienten Faktoren dar, mit der die Zahl aller in der Formel vorkommenden Atome multipliziert wird. Dementsprechend kann auf das Voranstellen des Koeffizienten 1 verzichtet werden, weil die Zahl der Atome schon durch die Formel beschrieben wird.

Rechenbeispiel 6-1. Welche Koeffizienten müssen für die beteiligten Stoffe in den folgenden Reaktionsweg eingesetzt werden, damit sich eine Reaktionsgleichung ergibt?

$$\mathbf{Zn + HCl \longrightarrow ZnCl_2 + H_2}$$

Gesucht: Reaktionsgleichung **Gegeben:** Reaktionsweg

Zur schrittweisen Bilanzierung wird zunächst der Reaktionsweg ohne Koeffizienten formuliert:

$$Zn + HCl \longrightarrow ZnCl_2 + H_2$$

Dann wird die Zahl der Atome für jedes Element auf beiden Seiten ausgeglichen:

1. Für Zn: $1\ Zn + \_\ HCl \longrightarrow 1\ ZnCl_2 + \_\ H_2$

2. Für H: $1\ Zn + 2\ HCl \longrightarrow 1\ ZnCl_2 + 1\ H_2$

3. Für Cl: Dieser Ausgleich ist schon in 2. mit erfolgt!

Die Reaktionsgleichung lautet demnach:

$$\underline{\mathbf{Zn + 2\ HCl \longrightarrow ZnCl_2 + H_2}}$$

Rechenbeispiel 6-2. Wie lautet die Reaktionsgleichung für die Neutralisation von Phosphorsäure, H_3PO_4, mit Calciumhydroxid, $Ca(OH)_2$, bei der Wasser, H_2O, und Calciumphosphat, $Ca_3(PO_4)_2$, entstehen?

Gesucht: Reaktionsgleichung **Gegeben:** Reaktionsweg

Zur schrittweisen Bilanzierung wird zunächst der Reaktionsweg ohne Koeffizienten formuliert:

$$H_3PO_4 + Ca(OH)_2 \longrightarrow H_2O + Ca_3(PO_4)_2$$

Dann wird zunächst die Zahl der Atome *der* Elemente, die auf beiden Seiten in nur **je einer Formel** vorkommen, ausgeglichen. Dies gilt z. B. für Phosphor und Calcium, *nicht* aber für Wasserstoff und Sauerstoff:

1. Für P: $2\ H_3PO_4 + \_\ Ca(OH)_2 \longrightarrow \_\ H_2O + 1\ Ca_3(PO_4)_2$

2. Für Ca: $2\ H_3PO_4 + 3\ Ca(OH)_2 \longrightarrow \_\ H_2O + 1\ Ca_3(PO_4)_2$

3. Für H: $2\ H_3PO_4 + 3\ Ca(OH)_2 \longrightarrow 6\ H_2O + 1\ Ca_3(PO_4)_2$

4. Für O: Dieser Ausgleich ergibt sich zwangsweise aus den Schritten 1 bis 3!

Demnach lautet die Reaktionsgleichung:

$$\underline{\mathbf{2\ H_3PO_4 + 3\ Ca(OH)_2 \longrightarrow 6\ H_2O + Ca_3(PO_4)_2}}$$

Mit einer rein mathematischen Methode lassen sich die Koeffizienten auch für kompliziertere Reaktionen über ein Gleichungssystem, das man aus dem Reaktionsweg ableitet, ermitteln. Zu diesem Zweck werden für die Koeffizienten Buchstaben in den Reaktionsweg eingesetzt. So ergibt sich eine allgemeine Reaktionsgleichung. Für jedes der beteiligten Elemente und auch jede der beteiligten Atomgruppen, die bei der Reaktion erhalten bleiben, kann dann eine Buchstabengleichung erstellt werden. Der in den meisten Gleichungen vorkommende Koeffizient erhält nun den Zahlenwert 1. Durch Umstellen und Gleichsetzen lassen sich auch für die übrigen Koeffizienten entsprechende Zahlenwerte ermitteln.

Rechenbeispiel 6-3. Wie lautet die Reaktionsgleichung für die Neutralisation von Phosphorsäure, H_3PO_4, mit Calciumhydroxid, $Ca(OH)_2$, bei der Wasser, H_2O, und Calciumphosphat, $Ca_3(PO_4)_2$, entstehen?

Gesucht: Reaktionsgleichung **Gegeben:** Reaktionsweg

Die allgemeine Reaktionsgleichung lautet:

$$a\ H_3PO_4 + b\ Ca(OH)_2 \longrightarrow c\ H_2O + d\ Ca_3(PO_4)_2$$

Für die einzelnen Elemente gelten dann folgende Beziehungen:

(1) für H: $3a + 2b = 2c$

(2) für P: $a = 2d$

(3) für Ca: $b = 3d$

(4) für O: $4a + 2b = c + 8d$

(5) für PO_4: $a = 2d$

Der in den meisten Gleichungen vorkommenden Buchstabe **a** erhält nun den Wert 1:

$\mathbf{a = 1}$

Das Umstellen der Gleichungen liefert:

Aus (2) $\Longrightarrow$ $\mathbf{d} = \frac{\mathbf{a}}{\mathbf{2}} = \frac{1}{2} = 0{,}5$ .... $\mathbf{d = 0{,}5}$

Mit (3) gilt $\mathbf{b} = \mathbf{3d} = 3 \cdot 0{,}5 = 1{,}5$ .... $\mathbf{b = 1{,}5}$

Aus (1) $\Longrightarrow$ $\mathbf{c} = \frac{\mathbf{3\,a + 2b}}{\mathbf{2}} = \frac{3 \cdot 1 + 2 \cdot 1{,}5}{2} = 3$ .... $\mathbf{c = 3}$

Als Reaktionsgleichung ergibt sich zunächst:

$1\ H_3PO_4 + 1{,}5\ Ca(OH)_2 \longrightarrow 3\ H_2O + 0{,}5\ Ca_3(PO_4)_2 \mid : 0{,}5$

Nach Division aller Koeffizienten mit dem kleinsten Koeffizienten 0,5 gilt:

$\underline{\mathbf{2\ H_3PO_4 + 3\ Ca(OH)_2 \longrightarrow 6\ H_2O + Ca_3(PO_4)_2}}$

Rechenbeispiel 6-4. Wie lautet die Reaktionsgleichung für die folgende Reaktion?

$\mathbf{FeSO_4 + KMnO_4 + H_2SO_4 \longrightarrow Fe_2(SO_4)_3 + K_2SO_4 + MnSO_4 + H_2O}$

Gesucht: Reaktionsgleichung **Gegeben:** Reaktionsweg

Die allgemeine Reaktionsgleichung lautet:

$a\ FeSO_4 + b\ KMnO_4 + c\ H_2SO_4 \longrightarrow d\ Fe_2(SO_4)_3 + e\ K_2SO_4 + f\ MnSO_4 + g\ H_2O$

Für die einzelnen Elemente gelten dann folgende Beziehungen:

(1) für Fe: $a = 2d$

(2) für SO_4: $a + c = 3d + e + f$

(3) für O: $b = g/4 \Longrightarrow g = 4b$

(4) für K: $b = 2e$

(5) für Mn: $b = f$

(6) für H: $2c = 2g \Longrightarrow c = g$

Der in den meisten Gleichungen vorkommende Buchstabe erhält nun den Wert 1:

$$\mathbf{b = 1}$$

Das Umstellen der Gleichungen liefert:

Mit (5) gilt $\mathbf{f} = \mathbf{b} = 1$ $\qquad \mathbf{f = 1}$

Aus (5) $\Longrightarrow \mathbf{e} = \frac{\mathbf{b}}{\mathbf{2}} = \frac{1}{2} = 0{,}5$ $\qquad \mathbf{e = 0{,}5}$

Aus (3) $\Longrightarrow \mathbf{g} = \mathbf{4b} = 4 \cdot 1$ $\qquad \mathbf{g = 4}$

Mit (6) gilt $\mathbf{c} = \mathbf{g} = 4$ $\qquad \mathbf{c = 4}$

Mit (2) gilt $\mathbf{a} + \mathbf{c} = \mathbf{3d} + \mathbf{e} + \mathbf{f} \Longrightarrow$
$\mathbf{a} + 4 = \mathbf{3d} + 0{,}5 + 1 \Longrightarrow$

Mit (1) gilt $\mathbf{2d} + 4 = \mathbf{3d} + 0{,}5 + 1 \Longrightarrow$
$\mathbf{d} = 4 - 0{,}5 - 1 = 2{,}5$ $\qquad \mathbf{d = 2{,}5}$

Mit (1) gilt $\mathbf{a} = \mathbf{2d} = 2 \cdot 2{,}5 = 5$ $\qquad \mathbf{a = 5}$

Nach Division durch den kleinsten Koeffizienten gilt:

$$\mathbf{10\ FeSO_4 + 2\ KMnO_4 + 8\ H_2SO_4 \longrightarrow 5\ Fe_2(SO_4)_3 + K_2SO_4 + 2\ MnSO_4 + 8\ H_2O}$$

Übungsaufgaben:

6-1. Wie lauten die kompletten Reaktionsgleichungen für die folgenden Reaktionswege?

a) $Al + O_2 \longrightarrow Al_2O_3$
b) $KClO_3 \longrightarrow KCl + O_2$
c) $CaCO_3 \longrightarrow CaO + CO_2$
d) $Al + HCl \longrightarrow AlCl_3 + H_2$
e) $Fe(OH)_3 \longrightarrow Fe_2O_3 + H_2O$
f) $NH_3 + H_2SO_4 \longrightarrow (NH_4)_2SO_4$
g) $Al(OH)_3 + H_2SO_4 \longrightarrow Al_2(SO_4)_3 + H_2O$
h) $Ca(OH)_2 + H_3PO_4 \longrightarrow Ca(H_2PO_4)_2 + H_2O$
i) $K_2CrO_4 + AgNO_3 \longrightarrow Ag_2CrO_4 + KNO_3$
k) $TiF_4 + H_2SO_4 \longrightarrow HF + SO_3 + TiO_2$

6-2. Wie lauten die kompletten Reaktionsgleichungen für die folgenden Reaktionswege?

a) $P_2O_5 + H_2O \longrightarrow H_3PO_4$
b) $C_2H_4O_2 + O_2 \longrightarrow CO_2 + H_2O$
c) $MnO_2 + HCl \longrightarrow MnCl_2 + Cl_2 + H_2O$
d) $CH_4 + O_2 \longrightarrow CO + H_2O$

e) $Cl_2O + H_2O \longrightarrow HOCl$
f) $FeS_2 + O_2 \longrightarrow Fe_2O_3 + SO_2$
g) $CaO + NH_4Cl \longrightarrow NH_3 + CaCl_2 + H_2O$
h) $Na_2CO_3 + HCl \longrightarrow NaCl + H_2O + CO_2$
i) $Cu + HNO_3 \longrightarrow Cu(NO_3)_2 + NO + H_2O$

6-3. Wie lauten die kompletten Reaktionsgleichungen für die folgenden Reaktionswege?

a) $Ca(HCO_3)_2 \longrightarrow CaCO_3 + H_2O + CO_2$
b) $KMnO_4 + Na_2C_2O_4 + H_2SO_4 \longrightarrow MnSO_4 + CO_2 + Na_2SO_4 + K_2SO_4 + H_2O$
c) $C_6H_5CH_3 + O_2 \longrightarrow C_6H_5COOH + H_2O$
d) $NaI + BaO_2 + H_2SO_4 \longrightarrow NaIO_3 + BaSO_4 + H_2O$
e) $Cr_2(SO_4)_3 + KNO_3 + KOH \longrightarrow K_2CrO_4 + KNO_2 + H_2O + K_2SO_4$
f) $S_2O_8^{2-} + H_2O \longrightarrow H_2O_2 + HSO_4^-$
g) $ZnO + OH^-(aq) + H_2O \longrightarrow Zn(OH)_4^{2-}(aq)$
h) $Al_2O_3(f) + OH^-(aq) + H_2O \longrightarrow Al(OH)_4^-(aq)$
i) $MnO_4^- + H^+ + 5\,e^- \longrightarrow Mn^{2+} + H_2O$
k) $SO_3^{2-} + MnO_4^- + H_2O \longrightarrow SO_4^{2-} + MnO_2 + OH^-$

6.2.2 Aufstellen von Stoffmengenrelationen

Mit Hilfe der Reaktionsgleichungen lassen sich Gesamt-Teilchenzahlrelationen für chemische Umsetzungen aufstellen, die die Grundlage für stöchiometrische Berechnungen bilden. Für eine allgemeine Reaktionsgleichung des Typs

$$\mathbf{a\,A{-}B + b\,C{-}D \longrightarrow c\,A{-}C + d\,B{-}D}$$

ergeben sich für die beteiligten Reaktanden folgende Teilchenzahlen:

$N(\mathrm{A{-}B}) = \mathrm{a}$

$N(\mathrm{C{-}D}) = \mathrm{b}$

$N(\mathrm{A{-}C}) = \mathrm{c}$

$N(\mathrm{B{-}D}) = \mathrm{d}$

Setzt man diese Teilchenzahlen zueinander ins Verhältnis, so erhält man die Einzelrelationen:

$$\frac{N(\mathrm{A{-}B})}{N(\mathrm{C{-}D})} = \frac{\mathrm{a}}{\mathrm{b}} \Longrightarrow \frac{N(\mathrm{A{-}B})}{\mathrm{a}} = \frac{N(\mathrm{C{-}D})}{\mathrm{b}}$$

$$\frac{N(\text{A}-\text{B})}{N(\text{A}-\text{C})} = \frac{\text{a}}{\text{c}} \Longrightarrow \frac{N(\text{A}-\text{B})}{\text{a}} = \frac{N(\text{A}-\text{C})}{\text{c}}$$

$$\frac{N(\text{A}-\text{B})}{N(\text{B}-\text{D})} = \frac{\text{a}}{\text{d}} \Longrightarrow \frac{N(\text{A}-\text{B})}{\text{a}} = \frac{N(\text{B}-\text{D})}{\text{d}}$$

Durch Gleichsetzen dieser Einzelrelationen erhält man die Gesamt-Teilchenzahlrelation der Reaktion:

$$\boldsymbol{\frac{N(\text{A}-\text{B})}{\text{a}} = \frac{N(\text{C}-\text{D})}{\text{b}} = \frac{N(\text{A}-\text{C})}{\text{c}} = \frac{N(\text{B}-\text{D})}{\text{d}}}$$

Zum gleichen Ergebnis gelangt man, wenn man die Teilchenzahlen der an einer Reaktion beteiligten Stoffe durch die zugehörigen Koeffizienten teilt und diese Quotienten einander gleichsetzt.

Rechenbeispiel 6-5. Wie lautet die Gesamt-Teilchenzahlrelation für folgende Reaktion?

$$\mathbf{4\ FeS_2 + 11\ O_2 \longrightarrow 2\ Fe_2O_3 + 8\ SO_2}$$

Gesucht: Gesamt-Teilchenzahlrelation

Gegeben: $N(FeS_2) = 4$
$N(O_2) = 11$
$N(Fe_2O_3) = 2$
$N(SO_2) = 8$

$$\frac{N(FeS_2)}{N(O_2)} = \frac{4}{11} \Longrightarrow \frac{N(FeS_2)}{4} = \frac{N(O_2)}{11}$$

$$\frac{N(FeS_2)}{N(Fe_2O_3)} = \frac{4}{2} \Longrightarrow \frac{N(FeS_2)}{2} = \frac{N(Fe_2O_3)}{2}$$

$$\frac{N(FeS_2)}{N(SO_2)} = \frac{4}{8} \Longrightarrow \frac{N(FeS_2)}{4} = \frac{N(SO_2)}{8}$$

Durch Gleichsetzen der Einzelrelationen erhält man die Gesamtrelation:

$$\boldsymbol{\frac{N(FeS_2)}{2} = \frac{N(O_2)}{11} = \frac{N(Fe_2O_3)}{2} = \frac{N(SO_2)}{8}}$$

Zum selben Ergebnis gelangt man, wenn man die Teilchenzahlen der an einer Reaktion beteiligten Stoffe durch die zugehörigen Koeffizienten teilt und diese Quotienten einander gleichsetzt.

Rechenbeispiel 6-6. Wie lautet die Gesamt-Teilchenzahlrelation für folgende Reaktion?

$$C_3H_8 + 5\,O_2 \longrightarrow 3\,CO_2 + 4\,H_2O$$

Gesucht: Gesamt-Teilchenzahlrelation **Gegeben:** Reaktionsgleichung

Die Teilchenzahlen der Stoffe werden durch die Koeffizienten geteilt und die Quotienten gleichgesetzt:

$$\frac{N(C_3H_8)}{1} = \frac{N(O_2)}{5} = \frac{N(CO_2)}{3} = \frac{N(H_2O)}{4}$$

In der Praxis werden allerdings Stoffmengenrelationen zugrundegelegt, um nicht mit zu großen Zahlenwerten operieren zu müssen. Zwischen der Teilchenzahl $N(X)$ und der Stoffmenge $n(X)$ einer Portion eines Stoffes X besteht – unabhängig von der Art des Stoffes – die Beziehung

$$N(X) = n(X)\, N_A$$

(vgl. Abb. 1-2, Abschn. 1.1.4). Alle Stoffmengen sind also immer um den Bruchteil N_A kleiner als die zugehörige Teilchenzahl N. Deshalb sind die Teilchenzahl- und Stoffmengenrelationen für die an einer chemischen Reaktion beteiligten Stoffe gleich:

$$\frac{N(A-B)}{a} = \frac{N(C-D)}{b} = \frac{N(A-C)}{c} = \frac{N(B-D)}{d} \longleftarrow N(X) = n(X)\, N_A$$

$$\frac{n(A-B)}{a} = \frac{n(C-D)}{b} = \frac{n(A-C)}{c} = \frac{n(B-D)}{d}$$

Rechenbeispiel 6-7. Wie lautet die Gesamt-Stoffmengenrelation für folgende Reaktion?

$$4\,FeS_2 + 11\,O_2 \longrightarrow 2\,Fe_2O_3 + 8\,SO_2$$

Gesucht: Stoffmengenrelation **Gegeben:** Reaktionsgleichung

$$\frac{n(FeS_2)}{4} = \frac{n(O_2)}{11} = \frac{n(Fe_2O_3)}{2} = \frac{n(SO_2)}{8}$$

Aus der Gesamt-Stoffmengenrelation für eine chemische Reaktion ergeben sich die Einzelrelationen für alle beteiligten Stoffe.

Rechenbeispiel 6-8. Welche Einzel-Stoffmengenrelationen ergeben sich für die folgende Neutralisationsreaktion?

$$\mathbf{H_2SO_4 + 2\ KOH \longrightarrow K_2SO_4 + 2\ H_2O}$$

Gesucht: Einzel-Stoffmengenrelationen **Gegeben:** Reaktionsgleichung

$$n(H_2SO_4) = \frac{n(KOH)}{2} = n(K_2SO_4) = \frac{n(H_2O)}{2}$$

Daraus ergeben sich folgende Einzelrelationen:

a) **Für H_2SO_4:**

$$n(H_2SO_4) = \frac{n(KOH)}{2}\ ; \quad n(H_2SO_4) = n(K_2SO_4)\ ; \quad n(H_2SO_4) = \frac{n(H_2O)}{2}$$

b) **Für KOH:**

$$n(KOH) = 2\ n(H_2SO_4); \quad n(KOH) = 2\ n(K_2SO_4); \quad n(KOH) = n(H_2O)$$

c) **Für K_2SO_4:**

$$n(K_2SO_4) = \frac{n(KOH)}{2}\ ; \quad n(K_2SO_4) = n(H_2SO_4); \quad n(K_2SO_4) = \frac{n(H_2O)}{2}$$

d) **Für H_2O:**

$$n(H_2O) = 2\ n(H_2SO_4); \quad n(H_2O) = 2\ n(K_2SO_4); \quad n(H_2O) = n(KOH)$$

Übungsaufgaben:

6-4. Wie lauten die Gesamt- und Einzel-Stoffmengenrelationen für die folgenden chemischen Reaktionen?

a) $2\ H_2 + O_2 \longrightarrow 2\ H_2O$
b) $Fe + H_2SO_4 \longrightarrow FeSO_4 + H_2$
c) $2\ NaHCO_3 \longrightarrow Na_2CO_3 + H_2O + CO_2$
d) $2\ NH_3 + H_2O + CO_2 \longrightarrow (NH_4)_2CO_3$
e) $N_2 + 3\ H_2 \longrightarrow 2\ NH_3$
f) $P_2O_5 + 2\ H_2O \longrightarrow H_4P_2O_7$
g) $10\ FeSO_4 + 2\ KMnO_4 + 8\ H_2SO_4 \longrightarrow$
$5\ Fe_2(SO_4)_3 + K_2SO_4 + 2\ MnSO_4 + 8\ H_2O$
h) $Al_4Cl_3 + 12\ H_2O \longrightarrow 4\ Al(OH)_3 + 3\ CH_4$
i) $C_6H_{12}O_6 \longrightarrow 2\ C_2H_5OH + 2\ CO_2$
k) $4\ HCl + MnO_2 \longrightarrow MnCl_2 + Cl_2 + 2\ H_2O$

6.2.3 Berechnen der Quantität

Die Reaktionsgleichung für eine chemische Umsetzung des Typs

$$\mathbf{a\ AB + b\ CD \longrightarrow c\ AC + d\ BD}$$

macht neben der *qualitativen Aussage*, daß die Ausgangsstoffe AB und CD zu den Endprodukten AC und BD reagieren, auch eine *quantitative Aussage*:

a Teilchen AB und b Teilchen CD reagieren zu c Teilchen AC und d Teilchen BD.

Selbst kleinste Portionen dieser Stoffe bestehen aber schon aus unvorstellbar großen Teilchenzahlen. Deshalb verwendet man anstelle der Teilchenzahl N die entsprechenden Stoffmenge n:

a Mol AB und b Mol CD reagieren zu c Mol AC und d Mol BD.

Für die Reaktanden der Reaktion ergibt sich folgende Stoffmengenrelation (vgl. Abschn. 6.2.2):

$$\frac{n(\mathrm{AB})}{\mathrm{a}} = \frac{n(\mathrm{CD})}{\mathrm{b}} = \frac{n(\mathrm{AC})}{\mathrm{c}} = \frac{n(\mathrm{BD})}{\mathrm{d}} \qquad \mathbf{(6\text{-}1)}$$

Daraus folgt das *Gesetz der konstanten Proportionen*:

Die Stoffmengen der Reaktanden einer Reaktion stehen zueinander immer im Verhältnis einfacher, ganzer Zahlen.

Aus den unterschiedlichsten Gründen verlaufen die meisten chemischen Umsetzungen nicht mit einer 100%igen Ausbeute, d. h. die Ausgangsstoffe werden nicht vollständig in Endprodukte umgewandelt. Ähnlich wie bei Maschinen ist der *Wirkungsgrad* (die Ausbeute) η der Reaktion demnach kleiner als 1 bzw. 100%.

Die Ausbeute (der Wirkungsgrad) η einer chemischen Reaktion ist der Quotient aus der tatsächlichen Stoffmenge $n_{pr}(\mathrm{AC})$ eines entstandenen Endproduktes AC und seiner Stoffmenge $n_{th}(\mathrm{AC})$, die – bezogen auf einen Ausgangsstoff – theoretisch hätte entstehen müssen.

$$\eta = \frac{n_{pr}(\mathrm{AC})}{n_{th}(\mathrm{AC})} \qquad \mathbf{(6\text{-}2)}$$

η Ausbeute (Wirkungsgrad) einer chemischen Reaktion
$n_{pr}(\mathrm{AC})$ tatsächliche Stoffmenge eines Endproduktes AC
$n_{th}(\mathrm{AC})$ theoretische Stoffmenge des Endproduktes AC

Der Wirkungsgrad hat die Einheit 1 *Mol durch Mol* (1 mol/mol) oder 1. Er kann als Bruchteil von 1 oder in Prozent ausgedrückt werden.

Ausbeuteverluste, die bei chemischen Umsetzungen auftreten, verringern naturgemäß die Quantität des Endproduktes, d.h. ein Teil eines eingesetzten Ausgangsstoffes wird nicht in das gewünschte Endprodukt umgewandelt. Für eine Reaktion des Typs

$$\mathbf{a\,AB + b\,CD \rightleftharpoons c\,AC + d\,BD}$$

ergibt sich gemäß (6-2) folgende Stoffmengenrelation:

$$\frac{n(\mathrm{AB})\,\eta}{\mathrm{a}} = \frac{n(\mathrm{CD})\,\eta}{\mathrm{b}} = \frac{n(\mathrm{AC})}{\mathrm{c}} = \frac{n(\mathrm{BD})}{\mathrm{d}} \qquad \textbf{(6-3)}$$

Dies gilt z. B. für sog. *Gleichgewichtsreaktionen*, wie man sie vor allem bei der Umsetzung *organischer Stoffe* beobachtet. Dabei reagiert ein Teil der entstandenen Endprodukte wieder unter Bildung der Ausgangsstoffe zurück. Solche Reaktionen werden durch einen Doppelpfeil gekennzeichnet.

Beispiel 6-4.

Die *Veresterung* ist eine Gleichgewichtsreaktion, bei der Säuren mit Alkoholen unter Bildung von Estern und Wasser umgesetzt werden:

$$CH_3COOH + C_2H_5OH \rightleftharpoons CH_3COOC_2H_5 + H_2O$$

Die Umkehrung dieser Reaktion nennt man *Verseifung*.

Bei gegebenen Bedingungen stellt sich im entstehenden Reaktionsgemisch ein Konzentrationsgleichgewicht ein, das nur eine bestimmte Ausbeute an Endprodukten (bezogen auf einen eingesetzten Ausgangsstoff) zuläßt; der Wirkungsgrad der Reaktion ist kleiner als 1 oder 100% (η < **100%**).

Zu den Reaktionen, die *ohne* Ausbeuteverluste verlaufen, also den Wirkungsgrad η = **1** = **100%** besitzen, gehören die sog. *Ionenreaktionen* aus der anorganischen Chemie, z.B. die *Neutralisationsreaktionen*.

In diesen Fällen kann die Berechnung entweder mit (6-1) vorgenommen werden oder mit (6-3), in der der Wirkungsgrad η dann den Wert 1 erhält.

Mit den Beziehungen über den Zusammenhang zwischen den Quantitäten einer Stoffportion, die in Abb. 1-2 dargestellt sind, lassen sich die Stoffmengen der Reaktanden in der entsprechenden Stoffmengenrelation in die anderen Quantitäten Teilchenzahl, Masse und Volumen umrechnen.

6.2.3.1 Für reine Stoffe

Ausgangspunkt aller Berechnungen ist die Einzel-Stoffmengenrelation für den gesuchten Stoff X und gegebenen Stoff Y:

$$\frac{\mathbf{n(X,\ gesucht)}}{\mathbf{a}} = \frac{\mathbf{n(Y,\ gegeben)}}{\mathbf{b}}$$

Darin können die Stoffmengen ggf. gemäß Abb. 1-2 durch andere Quantitäten ersetzt werden (vgl. Abb. 6-1):

$$\boxed{\frac{n(X)}{a} = \frac{n(Y)}{b}}$$

$$n_i = \frac{m_i}{M_i} \longrightarrow \boxed{\frac{m(X)}{a\,M(X)} = \frac{m(Y)}{b\,M(Y)}}$$

$$n_i = \frac{V_i}{V_m} \longrightarrow \boxed{\frac{V(X)}{a\,V(X)} = \frac{V(Y)}{b\,V(Y)}}$$

$$n_i = \frac{V_i\,\rho_i}{M_i} \longrightarrow \boxed{\frac{V(X)\,\rho(X)}{a\,M(X)} = \frac{V(Y)\,\rho(Y)}{b\,M(Y)}}$$

Abb. 6-1. Quantitätsrelationen

6.2.3.1.1 Aus der Stoffmenge

Gemäß Abb. 6-1 gilt zur Berechnung der Quantität des Stoffes X aus der gegebenen Stoffmenge n(Y):

$$\frac{n(X)}{a} = \frac{m(X)}{a\,M(X)} = \frac{V(X)}{a\,V_m(X)} = \frac{V(X)\,\rho(X)}{a\,M(X)} = \boxed{\frac{n(Y)}{b}}$$

Rechenbeispiel 6-9. Wieviel Mol Natriumsulfat, Na_2SO_4, entstehen bei der Reaktion von 0,75 mol Natriumchlorid, NaCl, mit Schwefelsäure, H_2SO_4?

$$2\,NaCl + H_2SO_4 \longrightarrow Na_2SO_4 + 2\,HCl$$

Gesucht: $n(Na_2SO_4)$ **Gegeben:** $n(NaCl) = 0{,}75$ mol

$$n(Na_2SO_4) = \frac{n(NaCl)}{2} = \frac{0{,}75\ \text{mol}}{2}$$

<u>**$n(Na_2SO_4) = 0{,}375$ mol**</u>

Soll eine andere Quantität als die Stoffmenge n berechnet werden, ergeben sich zwei Lösungswege, die gleichermaßen Vorteile besitzen.

Rechenbeispiel 6-10. Wieviel Gramm Calciumchlorid, $CaCl_2$, entstehen bei der Neutralisation von 3,50 mol Hydrogenchlorid, HCl, mit Calciumhydroxid-Lösung, $Ca(OH)_2$?

$$2\ HCl + Ca(OH)_2 \longrightarrow CaCl_2 + 2\ H_2O$$

Gesucht: $m(CaCl_2)$ **Gegeben:** $n(HCl) = 3{,}50$ mol

Lösungsweg 1:

Ausgangspunkt ist die Stoffmengenrelation, die sich aus der Reaktionsgleichung ergibt:

$$n(CaCl_2) = \frac{\mathbf{n(HCl)}}{\mathbf{2}}$$

Darin wird die Stoffmenge $n(CaCl_2)$ gemäß Abb. 1-2 oder (1-16) ersetzt:

$$n(CaCl_2) = \frac{\mathbf{m(CaCl_2)}}{\mathbf{M(CaCl_2)}}$$

Daraus ergibt sich:

$$\frac{m(CaCl_2)}{M(CaCl_2)} = \frac{n(HCl)}{2}$$

Durch Umstellen nach der gesuchten Größe folgt:

$$m(CaCl_2) = \frac{n(HCl)\ M(CaCl_2)}{2} = \frac{3{,}50\ \text{mol} \cdot 110{,}98\ \text{g mol}^{-1}}{2}$$

$\underline{\mathbf{m(CaCl_2) = 194{,}2\ g}}$

Lösungsweg 2:

Mit Abb. 1-2 **oder** (1-16) gilt:

(1) $m(CaCl_2) = n(CaCl_2)\ \mathbf{M(CaCl_2)}$

Aus der Reaktionsgleichung ergibt sich die Stoffmengenrelation:

(2) $n(CaCl_2) = \dfrac{\mathbf{n(HCl)}}{\mathbf{2}}$

Durch Einsetzen von (2) in (1) folgt:

$$m(CaCl_2) = \frac{n(HCl)\ M(CaCl_2)}{2} = \frac{3{,}50\ \text{mol} \cdot 110{,}98\ \text{g mol}^{-1}}{2}$$

$\underline{\mathbf{m(CaCl_2) = 194{,}2\ g}}$

Der Vorteil von **Lösungsweg 1** besteht darin, daß die aus der Reaktionsgleichung abgeleitete Stoffmengenrelation Ausgangspunkt der Berechnung ist. Das unterstreicht, welch bedeutende Rolle der Teilchencharakter der Stoffe bei chemischen Umsetzungen spielt (vgl. Abschn. 2.3.3.1).

Außerdem wird die Berechnung der Quantitäten bei Umsetzungen und später auch des Gehaltes von Mischphasen, die an chemischen Reaktionen teilnehmen, vereinheitlicht, wenn grundsätzlich die Stoffmengenrelation als Ausgangspunkt dient.

Lösungsweg 2 hat den Vorteil, daß zuerst das Rechenziel fixiert wird. Danach können nach und nach nichtgegebene Größen mit Hilfe von Beziehungen, die sich aus Abb. 1-2 oder aus den Definitionsgleichungen für die einzelnen Gehalte ergeben, ersetzt werden.

Rechenbeispiel 6-11. Wieviel Liter Wasserstoffgas im Normzustand kann man aus 0,825 mol Zink durch die Reaktion mit Salzsäure herstellen, wenn die Ausbeute 96% beträgt?

$$Zn + 2\,HCl \longrightarrow ZnCl_2 + H_2$$

Gesucht: $V_n(H_2)$ **Gegeben:** $n(Zn) = 0{,}825$ mol; $\eta = 96\% = 0{,}96$

$$\boldsymbol{n(Zn)\,\eta} = n(H_2) \longleftarrow \frac{V_n(H_2)}{\boldsymbol{V_{mn}}}$$

$$V_n(H_2) = n(Zn)\,\eta\,V_{mn} = 0{,}825\text{ mol} \cdot 0{,}96 \cdot 22{,}4\text{ L mol}^{-1}$$

$$\underline{\boldsymbol{V_n(H_2) = 17{,}7\text{ L}}}$$

Rechenbeispiel 6-12. Wieviel Liter Benzol, C_6H_6, $\rho = 0{,}879$ g/mL, benötigt man bei einer 85,5%igen Ausbeute zur Herstellung von 5,5 mol Dichlorbenzol, $C_6H_4Cl_2$?

$$C_6H_6 + 2\,Cl_2 \longrightarrow C_6H_4Cl_2 + 2\,HCl$$

Gesucht: $V(C_6H_6)$ **Gegeben:** $\rho(C_6H_6) = 0{,}879$ g/mL
$n(C_6H_4Cl_2) = 5{,}5$ mol
$\eta = 85{,}5\% = 0{,}855$

$$n(C_6H_6)\,\eta = \boldsymbol{n(C_6H_4Cl_2)}$$

$$\uparrow$$

$$\frac{m(C_6H_6)}{\boldsymbol{M(C_6H_6)}} \longleftarrow V(C_6H_6)\,\boldsymbol{\rho(C_6H_6)}$$

$$\frac{V(C_6H_6)\,\rho(C_6H_6)\,\eta}{M(C_6H_6)} = n(C_6H_4Cl_2)$$

$$V(C_6H_6) = \frac{n(C_6H_4Cl_2)\,M(C_6H_6)}{\rho(C_6H_6)\,\eta} = \frac{5{,}5\text{ mol} \cdot 78{,}11\text{ g mol}^{-1}}{0{,}879\text{ g mL}^{-1} \cdot 0{,}855}$$

$$\mathbf{V(C_6H_6) = 572\ mL = 0{,}572\ L}$$

Übungsaufgaben:

6-5. Wieviel Mol Bariumsulfat, $BaSO_4$, entstehen bei der Reaktion von 3,75 mol Bariumchlorid, $BaCl_2$, mit Schwefelsäure, H_2SO_4?

$$BaCl_2 + H_2SO_4 \longrightarrow BaSO_4 + 2\ HCl$$

6-6. Wieviel Gramm Bariumchlorid, $BaCl_2$, entstehen bei der Neutralisation von 4,750 mol Hydrogenchlorid mit Bariumhydroxid-Lösung, $Ba(OH)_2$?

$$2\ HCl + Ba(OH)_2 \longrightarrow BaCl_2 + 2\ H_2O$$

6-7. Wieviel Liter Wasserstoffgas im Normzustand kann man aus 1,25 mol Eisen durch die Reaktion mit Schwefelsäure herstellen, wenn die Ausbeute 92,8% beträgt?

$$Fe + H_2SO_4 \longrightarrow FeSO_4 + H_2$$

6-8. Wieviel Liter Benzol, C_6H_6, $\rho = 0{,}879$ g/mL, benötigt man bei 89,0%iger Ausbeute zur Herstellung von 5,5 mol Trichlorbenzol, $C_6H_3Cl_3$?

$$C_6H_6 + 3\ Cl_2 \longrightarrow C_6H_3Cl_3 + 3\ HCl$$

6.2.3.1.2 Aus der Masse

Gemäß Abb. 6-1 gilt zur Berechnung der Quantität des Stoffes X aus der gegebenen Masse m(Y):

$$\frac{n(\mathrm{X})}{\mathrm{a}} = \frac{m(\mathrm{X})}{\mathrm{a}\,M(\mathrm{X})} = \frac{V(\mathrm{X})}{\mathrm{a}\,V_\mathrm{m}(\mathrm{X})} = \frac{V(\mathrm{X})\,\rho(\mathrm{X})}{\mathrm{a}\,M(\mathrm{X})} = \boxed{\frac{m(\mathrm{Y})}{\mathrm{b}\,M(\mathrm{Y})}}$$

Rechenbeispiel 6-13. Wieviel Mol Nitrobenzol, $C_6H_5NO_2$, benötigt man zur Herstellung von 520 g Aminobenzol, $C_6H_5NH_2$? Die Ausbeute beträgt 90,0%.

$$C_6H_5NO_2 \xrightarrow{\text{Reduktion}} C_6H_5NH_2$$

Gesucht: $n(C_6H_5NO_2)$ **Gegeben:** $m(C_6H_5NH_2) = 520$ g; $\eta = 90{,}0\% = 0{,}900$

$$n(C_6H_5NO_2)\,\eta = n(C_6H_5NH_2) \longleftarrow \frac{\mathbf{m(C_6H_5NH_2)}}{\mathbf{M(C_6H_5NH_2)}}$$

$$n(C_6H_5NO_2) = \frac{m(C_6H_5NH_2)}{M(C_6H_5NH_2)\,\eta} = \frac{520\ \text{g}}{93{,}13\ \text{g mol}^{-1} \cdot 0{,}900}$$

$$\underline{\mathbf{n(C_6H_5NO_2) = 6{,}204\ mol}}$$

Rechenbeispiel 6-14. Wieviel Gramm Natriumhydrogencarbonat, $NaHCO_3$, muß man einsetzen, um durch Erhitzen 250 g Natriumcarbonat, Na_2CO_3, herzustellen?

$$2\ NaHCO_3 \longrightarrow Na_2CO_3 + H_2O + CO_2$$

Gesucht: $m(NaHCO_3)$ **Gegeben:** $m(Na_2CO_3) = 250$ g

$$\frac{n(NaHCO_3)}{\mathbf{2}} = n(Na_2CO_3) \longleftarrow n(X) = \frac{\mathbf{m(X)}}{\mathbf{M(X)}}$$

$$\frac{m(NaHCO_3)}{\mathbf{2\ M(NaHCO_3)}} = \frac{\mathbf{m(Na_2CO_3)}}{\mathbf{M(Na_2CO_3)}}$$

$$m(NaHCO_3) = \frac{2\ m(Na_2CO_3)\ M(NaHCO_3)}{M(Na_2CO_3)} = \frac{2 \cdot 250\ \text{g} \cdot 84{,}01\ \text{g mol}^{-1}}{105{,}99\ \text{g mol}^{-1}}$$

$$\underline{\mathbf{m(NaHCO_3) = 396{,}3\ g}}$$

Rechenbeispiel 6-15. Wieviel Liter Kohlenstoffdioxid, CO_2, von 23 °C und 1080 mbar lassen sich bei 98,5% Ausbeute durch Glühen von 125 g Calciumcarbonat, $CaCO_3$, erzeugen?

$$CaCO_3 \longrightarrow CaO + CO_2$$

Gesucht: $V(CO_2)$ **Gegeben:** $m(CaCO_3) = 125$ g; $\eta = 98{,}5\% = 0{,}985$

$$n(CaCO_3)\,\eta = n(CO_2) \longleftarrow \frac{V(CO_2)}{\mathbf{V_m(CO_2)}}$$

$$\uparrow\ \frac{\mathbf{m(CaCO_3)}}{\mathbf{M(CaCO_3)}}$$

$$\frac{m(CaCO_3)\,\eta}{M(CaCO_3)} = \frac{V(CO_2)}{V_m}$$

$$V(CO_2) = \frac{m(CaCO_3)\ \eta\ R\ T}{M(CaCO_3)\ p} = \frac{125\ g \cdot 0{,}985 \cdot 83{,}1\ L\ mbar\ K^{-1}\ mol^{-1} \cdot 296\ K}{100{,}09\ g\ mol^{-1} \cdot 1080\ mbar}$$

$$\underline{\mathbf{V(CO_2) = 28{,}0\ L}}$$

Rechenbeispiel 6-16. Wieviel Milliliter *tert*-Butanol, $(CH_3)_3COH$, entstehen bei der der Reaktion von 120 g *tert*-Butylbromid, $(CH_3)_3CBr$, mit Natronlauge, wenn die Ausbeute 78,0% beträgt? $\rho[(CH_3)_3COH] = 0{,}786$ g/mL

$$(CH_3)_3CBr + NaOH \longrightarrow (CH_3)_3COH + NaBr$$

Gesucht: $V[(CH_3)_3COH]$

Gegeben: $m[(CH_3)_3CBr] = 120$ g
$\rho[(CH_3)_3COH] = 0{,}786$ g/mL
$\eta = 78{,}0\% = 0{,}780$

$$n[(CH_3)_3CBr]\ \eta = n[(CH_3)_3COH] \longleftarrow \frac{\mathbf{V[(CH_3)_3COH]\ \rho[(CH_3)_3COH]}}{\mathbf{M[(CH_3)_3COH]}}$$

$$\uparrow\ \frac{\mathbf{m[(CH_3)_3CBr]}}{\mathbf{M[(CH_3)_3CBr]}}$$

$$\frac{m[(CH_3)_3CBr]\ \eta}{M[(CH_3)_3CBr]} = \frac{V[(CH_3)_3COH]\ \rho[(CH_3)_3COH]}{M[(CH_3)_3COH]}$$

$$V[(CH_3)_3COH] = \frac{m[(CH_3)_3CBr]\ \eta\ M[(CH_3)_3COH]}{M[(CH_3)_3CBr]\ \rho[(CH_3)_3COH]}$$

$$= \frac{120\ g \cdot 0{,}780 \cdot 74{,}12\ g\ mol^{-1}}{137{,}01\ g\ mol^{-1} \cdot 0{,}786\ g\ mL^{-1}}$$

$$\underline{\mathbf{V[(CH_3)_3COH] = 64{,}4\ mL}}$$

Übungsaufgaben:

6-9. Wieviel Mol Aminobenzol, $C_6H_5NH_2$, benötigt man bei einer Ausbeute von 88,5%, um 720 g Diazobenzol, $(C_6H_5)_2N_2$, herzustellen?

$$2\ C_6H_5NH_2 \longrightarrow (C_6H_5)_2N_2$$

6-10. Wieviel Gramm Natriumhydrogencarbonat, $NaHCO_3$, muß man einsetzen, um durch Erhitzen 425 g Natriumcarbonat, Na_2CO_3, herzustellen?

$$2\ NaHCO_3 \longrightarrow Na_2CO_3 + H_2O + CO_2$$

6-11. Wieviel Liter Kohlenstoffdioxid, CO_2, von 23 °C und 1180 mbar müssen in Kalkwasser, $Ca(OH)_2$, eingeleitet werden, um 250 g Calciumcarbonat, $CaCO_3$, zu erzeugen?

$$Ca(OH)_2 + CO_2 \longrightarrow CaCO_3$$

6-12. Wieviel Milliliter 2-Propanol, $(CH_3)_2CHOH$, entstehen bei der Reaktion von 220 g *iso*-Propylbromid, $(CH_3)_2CHBr$, mit Natronlauge, wenn die Ausbeute 85% beträgt? $\rho[(CH_3)_2CHOH] = 0{,}785$ g/mL

6.2.3.1.3 Aus dem Volumen

Gemäß Abb. 6-1 gilt zur Berechnung der Quantität des Stoffes X aus dem gegebenen Volumen $V(Y)$ von **Gasen:**

$$\frac{n(\mathbf{X})}{\mathbf{a}} = \frac{m(\mathbf{X})}{\mathbf{a}\, M(\mathbf{X})} = \frac{V(\mathbf{X})}{\mathbf{a}\, V_m(\mathbf{X})} = \frac{V(\mathbf{X})\, \rho(\mathbf{X})}{\mathbf{a}\, M(\mathbf{X})} = \boxed{\frac{V(\mathbf{Y})}{\mathbf{b}\, V_m(\mathbf{Y})}}$$

Rechenbeispiel 6-17. Welche Stoffmenge Calciumcarbonat, $CaCO_3$, benötigt man, um durch die Umsetzung mit Salzsäure 750 L Kohlenstoffdioxidgas, CO_2, im Normzustand herzustellen, wenn mit einer Ausbeute von 96,5% zu rechnen ist?

$$CaCO_3 + 2\,HCl \longrightarrow CaCl_2 + H_2O + CO_2$$

Gesucht: $n(CaCO_3)$ **Gegeben:** $V_n(CO_2) = 750$ L; $\eta = 96{,}5\% = 0{,}965$

$$n(CaCO_3)\,\eta = n(CO_2) \longleftarrow \frac{V_n(\mathbf{CO_2})}{V_{\mathbf{mn}}}$$

$$n(CaCO_3) = \frac{V_n(CO_2)}{V_{mn}\,\eta} = \frac{750\ \text{L}}{22{,}4\ \text{L mol}^{-1} \cdot 0{,}965}$$

$\underline{\boldsymbol{n(CaCO_3) = 34{,}7\ \text{mol}}}$

Rechenbeispiel 6-18. Wieviel Mol Ammoniak, NH_3, kann man aus 25,0 m^3 Wasserstoff, H_2, von 18 °C und 2050 mbar herstellen? Die Ausbeute beträgt 14,5%.

$$N_2 + 3\,H_2 \longrightarrow 2\,NH_3$$

Gesucht: $n(NH_3)$ **Gegeben:** $V(H_2) = 25{,}0\ m^3$
$T = 291$ K; $p = 2050$ mbar
$\eta = 14{,}5\% = 0{,}145$

$$\frac{n(\mathrm{NH_3})}{\mathbf{2}} = \frac{n(\mathrm{H_2})\,\eta}{\mathbf{3}} \longleftarrow n(\mathrm{H_2}) = \frac{\boldsymbol{V}(\mathbf{H_2})}{\boldsymbol{V}_\mathbf{m}}$$

$$n(\mathrm{NH_3}) = \frac{2\,V(\mathrm{H_2})\,p\,\eta}{3\,R\,T} = \frac{2 \cdot 25{,}0\ \mathrm{m^3} \cdot 2050\ \mathrm{mbar} \cdot 0{,}145}{3 \cdot 83{,}1\ \mathrm{mbar\ L\ mol^{-1}\ K^{-1}} \cdot 291\ \mathrm{K}}$$

$$\underline{\boldsymbol{n}(\mathbf{NH_3}) = \mathbf{205\ mol}}$$

Rechenbeispiel 6-19. Wieviel Gramm Ammonchlorid, NH_4Cl, muß man einsetzen, um durch Reaktion mit Natronlauge 100 L Ammoniakgas, NH_3, im Normzustand zu entwickeln?

$$\mathrm{NH_4Cl + NaOH \longrightarrow NaCl + H_2O + NH_3}$$

Gesucht: $m(\mathrm{NH_4Cl})$ **Gegeben:** $V_\mathrm{n}(\mathrm{NH_3}) = 100\ \mathrm{L}$

$$n(\mathrm{NH_4Cl}) = n(\mathrm{NH_3}) \longleftarrow \frac{\boldsymbol{V}_\mathbf{n}(\mathbf{NH_3})}{\boldsymbol{V}_\mathbf{mn}}$$

$$\uparrow\ \frac{m(\mathrm{NH_4Cl})}{\boldsymbol{M}(\mathbf{NH_4Cl})}$$

$$\frac{m(\mathrm{NH_4Cl})}{M(\mathrm{NH_4Cl})} = \frac{V_\mathrm{n}(\mathrm{NH_3})}{V_\mathrm{mn}}$$

$$m(\mathrm{NH_4Cl}) = \frac{V_\mathrm{n}(\mathrm{NH_3})\,M(\mathrm{NH_4Cl})}{V_\mathrm{mn}} = \frac{100\ \mathrm{L} \cdot 53{,}49\ \mathrm{g\ mol^{-1}}}{22{,}4\ \mathrm{L\ mol^{-1}}}$$

$$\underline{\boldsymbol{m}(\mathbf{NH_4Cl}) = \mathbf{239\ g}}$$

Rechenbeispiel 6-20. Wieviel Kilogramm Schwefeltrioxid, SO_3, kann man durch die katalytische Oxidation von 175 m^3 Schwefeldioxid, SO_2, von 25 °C und 1500 mbar mit Sauerstoff herstellen, wenn mit einer Ausbeute von 87% zu rechnen ist?

$$\mathrm{2\,SO_2 + O_2 \longrightarrow 2\,SO_3}$$

Gesucht: $m(\mathrm{SO_3})$ **Gegeben:** $V(\mathrm{SO_2}) = 175\ \mathrm{m^3}$
$T = 298\ \mathrm{K};\ p = 1500\ \mathrm{mbar}$
$\eta = 87\% = 0{,}87$

$$n(SO_3) = n(SO_2)\,\eta \longleftarrow \frac{\boldsymbol{V(SO_2)}}{\boldsymbol{V_m}}$$

$$\uparrow \; \frac{m(SO_3)}{\boldsymbol{M(SO_3)}}$$

$$\frac{m(SO_3)}{M(SO_3)} = \frac{V(SO_2)\,p\,\eta}{R\,T}$$

$$m(SO_3) = \frac{V(SO_2)\,M(SO_3)\,p\,\eta}{R\,T} = \frac{175\ \text{m}^3 \cdot 80{,}06\ \text{g mol}^{-1} \cdot 1500\ \text{mbar} \cdot 0{,}87}{83{,}1\ \text{L mbar K}^{-1}\ \text{mol}^{-1} \cdot 298\ \text{K}}$$

$\boldsymbol{m(SO_3) = 738\ \textbf{kg}}$

Rechenbeispiel 6-21. Wieviel Kilogramm Methan, CH_4, benötigt man zur Herstellung von 300 L Chloroform, Trichlormethan, $CHCl_3$, mit der Dichte $\rho = 1{,}486$ g/mL? $\eta = 75{,}0\%$

$$CH_4 + 3\,Cl_2 \longrightarrow CHCl_3 + 3\,HCl$$

Gesucht: $m(CH_4)$

Gegeben: $V(CHCl_3) = 300$ L
$\rho(CHCl_3) = 1{,}486$ g/mL
$\eta = 75{,}0\% = 0{,}750$

$$n(CH_4)\,\eta = n(CHCl_3) \longleftarrow \frac{m(CHCl_3)}{\boldsymbol{M(CHCl_3)}} \longleftarrow \boldsymbol{V(CHCl_3)\,\rho(CHCl_3)}$$

$$\uparrow \; \frac{m(CH_4)}{\boldsymbol{M(CH_4)}}$$

$$\frac{m(CH_4)\,\eta}{M(CH_4)} = \frac{V(CHCl_3)\,\rho(CHCl_3)}{M(CHCl_3)}$$

$$m(CH_4) = \frac{M(CHCl_3)\,\rho(CHCl_3)\,M(CH_4)}{M(CHCl_3)\,\eta} = \frac{300\ \text{L} \cdot 1{,}486\ \text{g mL}^{-1} \cdot 16{,}04\ \text{g mol}^{-1}}{119{,}37\ \text{g mol}^{-1} \cdot 0{,}750}$$

$\boldsymbol{m(CH_4) = 79{,}9\ \textbf{kg}}$

Rechenbeispiel 6-22. Wieviel Liter Stickstoff, N_2, im Normzustand sind theoretisch notwendig, um 600 L Ammoniak, NH_3, im Normzustand herzustellen?

$$N_2 + 3\,H_2 \longrightarrow 2\,NH_3$$

Gesucht: $V_n(N_2)$ **Gegeben:** $V_n(NH_3) = 600$ L

$$n(N_2) = \frac{n(NH_3)}{\mathbf{2}} \longleftarrow n(X) = \frac{\boldsymbol{V_n(X)}}{\boldsymbol{V_{mn}}}$$

$$\frac{V_n(N_2)}{V_{mn}} = \frac{V_n(NH_3)}{2\,V_{mn}}$$

$$V_n(N_2) = \frac{V_n(NH_3)}{2} = \frac{600\text{ L}}{2}$$

$$\underline{\boldsymbol{V_n(N_2) = 300\text{ L}}}$$

Rechenbeispiel 6-23. Wieviel Liter Wasserstoff von 20 °C und 1100 mbar werden theoretisch benötigt, um 1000 L Ammoniak im Normzustand herzustellen?

$$N_2 + 3\,H_2 \longrightarrow 2\,NH_3$$

Gesucht: $V_n(H_2)$ **Gegeben:** $V(NH_3) = 1000$ L
$T = 293$ K; $p = 1100$ mbar

$$\frac{n(H_2)}{\mathbf{3}} = \frac{n(NH_3)}{\mathbf{2}} \longleftarrow n(X) = \frac{\boldsymbol{V(X)}}{\boldsymbol{V_m}}$$

$$\frac{V(H_2)\,p}{3\,R\,T} = \frac{V(NH_3)}{2\,V_{mn}}$$

$$V(H_2) = \frac{3\,V(NH_3)\,R\,T}{2\,V_{mn}\,p} = \frac{3 \cdot 1000\text{ L} \cdot 83{,}1\text{ L mbar K}^{-1}\text{ mol}^{-1} \cdot 293\text{ K}}{2 \cdot 22{,}4\text{ L mol}^{-1} \cdot 1100\text{ mbar}}$$

$$\underline{\boldsymbol{V(H_2) = 1482\text{ L}}}$$

Gemäß Abb. 6-1 gilt zur Berechnung der Quantität des Stoffes X aus dem gegebenen Volumen $V(Y)$ von **Flüssigkeiten**:

$$\frac{\boldsymbol{n(X)}}{\mathbf{a}} = \frac{\boldsymbol{m(X)}}{\mathbf{a}\,\boldsymbol{M(X)}} = \frac{\boldsymbol{V(X)}}{\mathbf{a}\,\boldsymbol{V_m(X)}} = \frac{\boldsymbol{V(X)\,\rho(X)}}{\mathbf{a}\,\boldsymbol{M(X)}} = \boxed{\frac{\boldsymbol{V(Y)\,\rho(X)}}{\mathbf{b}\,\boldsymbol{M(Y)}}}$$

Rechenbeispiel 6-24. Wieviel Mol Benzol, C_6H_6, benötigt man bei einer Ausbeute von 84,0%, um 300 mL Toluol, $C_6H_5CH_3$, herzustellen? $\rho(C_6H_5CH_3) = 0{,}867$ g/mL

$$C_6H_6 + CH_3Cl \xrightarrow{AlCl_3} C_6H_5CH_3 + HCl$$

Gesucht: $n(C_6H_6)$ **Gegeben:** $V(C_6H_5CH_3) = 300$ mL
$\rho(C_6H_5CH_3) = 0{,}867$ g/mL
$\eta = 84{,}0\% = 0{,}840$

$$n(C_6H_6)\,\eta = n(C_6H_5CH_3) \longleftarrow \frac{m(C_6H_5CH_3)}{\mathbf{M(C_6H_5CH_3)}} \longleftarrow \mathbf{V(C_6H_5CH_3)\,\rho(C_6H_5CH_3)}$$

$$n(C_6H_6) = \frac{V(C_6H_5CH_3)\,\rho(C_6H_5CH_3)}{M(C_6H_5CH_3)\,\eta} = \frac{300\ \text{mL} \cdot 0{,}867\ \text{g mL}^{-1}}{92{,}13\ \text{g mol}^{-1} \cdot 0{,}840}$$

$$\underline{\mathbf{n(C_6H_6) = 3{,}361\ mol}}$$

Rechenbeispiel 6-25. Wieviel Gramm Essigsäure, CH_3COOH, benötigt man, um 300 mL 1-Butanol, C_4H_9OH, in Essigsäurebutylester umzuwandeln? $\rho(C_4H_9OH) = 0{,}810$ g/mL

$$CH_3COOH + C_4H_9OH \longrightarrow CH_3COOC_4H_9 + H_2O$$

Gesucht: $m(CH_3COOH)$ **Gegeben:** $V(C_4H_9OH) = 300$ mL
$\rho(C_4H_9OH) = 0{,}810$ g/mL

$$n(CH_3COOH)\,\eta = n(C_4H_9OH) \longleftarrow \frac{m(C_4H_9OH)}{\mathbf{M(C_4H_9OH)}} \longleftarrow \mathbf{V(C_4H_9OH)\,\rho(C_4H_9OH)}$$

$$\uparrow\ \frac{m(CH_3COOH)}{\mathbf{M(CH_3COOH)}}$$

$$\frac{m(CH_3COOH)\,\eta}{M(CH_3COOH)} = \frac{V(C_4H_9OH)\,\rho(C_4H_9OH)}{M(C_4H_9OH)}$$

$$m(CH_3COOH) = \frac{V(C_4H_9OH)\,\rho(C_4H_9OH)\,M(CH_3COOH)}{M(C_4H_9OH)}$$

$$= \frac{300\ \text{mL} \cdot 0{,}810\ \text{g mL}^{-1} \cdot 60{,}05\ \text{g mol}^{-1}}{74{,}12\ \text{g mol}^{-1}}$$

$$\underline{\mathbf{V(C_4H_9OH) = 196{,}9\ g}}$$

Rechenbeispiel 6-26. Wieviel Milliliter 1-Butanol, C_4H_9OH, benötigt man, um 300 mL Essigsäure, CH_3COOH, in Essigsäurebutylester umzuwandeln?
$\rho(C_4H_9OH) = 0{,}810$ g/mL; $\rho(CH_3COOH) = 1{,}049$ g/mL

$$CH_3COOH + C_4H_9OH \longrightarrow CH_3COOC_4H_9 + H_2O$$

Gesucht: $V(C_4H_9OH)$ **Gegeben:** $V(CH_3COOH) = 300$ mL
$\rho(C_4H_9OH) = 0{,}810$ g/mL
$\rho(CH_3COOH) = 1{,}049$ g/mL

$$n(CH_3COOH) = n(C_4H_9OH) \longleftarrow n(X) = \frac{m(X)}{\mathbf{M(X)}} \longleftarrow \mathbf{V(X)\,\rho(X)}$$

$$\frac{\mathbf{V(CH_3COOH)\,\rho(CH_3COOH)}}{\mathbf{M(CH_3COOH)}} = \frac{V(C_4H_9OH)\,\mathbf{\rho(C_4H_9OH)}}{\mathbf{M(C_4H_9OH)}}$$

$$V(C_4H_9OH) = \frac{V(CH_3COOH)\,\rho(CH_3COOH)\,M(C_4H_9OH)}{M(CH_3COOH)\,\rho(C_4H_9OH)}$$

$$= \frac{300\text{ mL} \cdot 1{,}049\text{ g mL}^{-1} \cdot 74{,}12\text{ g mol}^{-1}}{60{,}05\text{ g mol}^{-1} \cdot 0{,}810\text{ g mL}^{-1}}$$

$$\underline{\mathbf{V(C_4H_9OH) = 480\text{ mL}}}$$

Übungsaufgaben:

6-13. Welche Stoffmenge Kaliumcarbonat, K_2CO_3, ist notwendig, um mit Salzsäure 750 m^3 Kohlenstoffdioxidgas, CO_2, im Normzustand herzustellen?

$$K_2CO_3 + 2\,HCl \longrightarrow 2\,KCl + H_2O + CO_2$$

6-14. Wieviel Mol Ammoniak, NH_3, kann man aus 72,0 L Wasserstoff, H_2, von 28 °C und 1050 mbar bei 12,5%iger Ausbeute herstellen?

$$N_2 + 3\,H_2 \longrightarrow 2\,NH_3$$

6-15. Wieviel Gramm Ammonchlorid, NH_4Cl, muß man einsetzen, um mit Natronlauge, NaOH(aq) 100 L Ammoniakgas, NH_3, im Normzustand zu entwickeln?

$$NH_4Cl + NaOH \longrightarrow NaCl + H_2O + NH_3$$

6-16. Wieviel Kilogramm Schwefeltrioxid, SO_3, kann man durch die katalytische Oxidation von 3750 L Schwefeldioxid, SO_2, von 29 °C und 1200 mbar mit Sauerstoff bei einer Ausbeute von 85% herstellen?

$$2\,SO_2 + O_2 \longrightarrow 2\,SO_3$$

6-17. Wieviel Kilogramm Methan, CH_4, benötigt man zur Herstellung von 200 L Methylenchlorid, Dichlormethan, $CHCl_2$, mit der Dichte $\rho = 1{,}325$ g/mL? $\eta = 75\%$

$$CH_4 + 2\,Cl_2 \longrightarrow CH_2Cl_2 + 2\,HCl$$

6-18. Wieviel Liter Wasserstoff, H_2, im Normzustand sind theoretisch notwendig, um 600 L Ammoniak, NH_3, im Normzustand herzustellen?

$$N_2 + 3\ H_2 \longrightarrow 2\ NH_3$$

6-19. Wieviel Liter Ammoniak, NH_3, von 20 °C und 850 mbar, kann man aus 1000 L Stickstoff im Normzustand herzustellen, wenn die Ausbeute 15,0% beträgt?

$$N_2 + 3\ H_2 \longrightarrow 2\ NH_3$$

6-20. Wieviel Mol Benzol, C_6H_6, benötigt man, um 500 mL Chlorbenzol, C_6H_5Cl, herzustellen? $\eta = 82{,}5\%$; $\rho(C_6H_5Cl) = 1{,}106$ g/mL

$$C_6H_6 + Cl_2 \longrightarrow C_6H_5Cl + HCl$$

6-21. Wieviel Gramm Essigsäure, CH_3COOH, benötigt man bei einer Ausbeute von 72,5%, um 750 mL 1-Butanol, C_4H_9OH, in Essigsäurebutylester umzuwandeln? $\rho(C_4H_9OH) = 0{,}810$ g/mL

$$CH_3COOH + C_4H_9OH \longrightarrow CH_3COOC_4H_9 + H_2O$$

6-22. Wieviel Milliliter Essigsäure, CH_3COOH, benötigt man theoretisch, um 450 mL 1-Butanol, C_4H_9OH, in Essigsäurebutylester, $CH_3COOC_4H_9$, umzuwandeln? $\rho(C_4H_9OH) = 0{,}810$ g/mL ; $\rho(CH_3COOH) = 1{,}049$ g/mL

$$CH_3COOH + C_4H_9OH \longrightarrow CH_3COOC_4H_9 + H_2O$$

6.2.3.2 Für Mischphasen

Nur in den seltensten Fällen sind an chemischen Umsetzungen ausschließlich reine Stoffe beteiligt. Meist reagieren Mischphasen miteinander. Dabei spielen Lösungen eine ganz besondere Rolle.

Naturgemäß ist dann der Gehalt der beteiligten Mischphasen (vgl. Kapitel 3) für die Berechnungen von entscheidender Bedeutung.

In die Stoffmengenrelation für eine chemische Reaktion können nicht nur die verschiedenen Quantitäten eingehen (vgl. Abschn. 6.2.3), sondern auch ihre *Anteile* oder *Konzentrationen* (vgl. Abb. 6-2, S. 418).

Dabei sind der Massenanteil $w(X)$, die Massenkonzentration $\beta(X)$ und die Stoffmengenkonzentration $c(X)$ besonders wichtig.

Ausgangspunkt der Berechnung ist die Einzel-Stoffmengenrelation für den gesuchten und gegebenen Stoff:

$$\frac{\mathbf{n(X, gesucht)}}{\mathbf{a}} = \frac{\mathbf{n(Y, gegeben)}}{\mathbf{b}}$$

Darin können die Stoffmengen $n(X)$ und $n(Y)$ ggf. nicht nur gemäß Abb. 1-2 durch die anderen Quantitäten (vgl. Abb. 6-1), sondern auch durch Anteile ersetzt werden (vgl. Abb. 6-3, S. 418).

$n(X)$:

$$x(X) = \frac{n(X)}{n(M)} \longrightarrow \boxed{n(X) = x(X)\, n(M)}$$

$$c(X) = \frac{n(X)}{V(M)} \longrightarrow \boxed{n(X) = c(X)\, V(M)}$$

$m(X)$:

$$w(X) = \frac{m(X)}{m(M)} \longrightarrow \boxed{m(X) = w(X)\, m(M)}$$

$$\beta(X) = \frac{m(X)}{V(M)} \longrightarrow \boxed{m(X) = \beta(X)\, V(M)}$$

$V(X)$:

$$\varphi(X) = \frac{V(X)}{V_0} \longrightarrow \boxed{V(X) = \varphi(X)\, V_0}$$

$$\sigma(X) = \frac{V(X)}{V(M)} \longrightarrow \boxed{V(X) = \sigma(X)\, V(M)}$$

Abb. 6-2. Zusammenhang zwischen Quantitäten und Gehalten von Mischphasen

$$\boxed{\frac{n_1(X)}{a} = \frac{n_2(Y)}{b}}$$

$$n_i = x_i\, n \longrightarrow \boxed{\frac{x_1(X)\, n}{a} = \frac{x_2(Y)\, n}{b}}$$

$$n_i = \frac{w_i\, m}{M_i} \longrightarrow \boxed{\frac{w_1(X)\, m}{a\, M_1(X)} = \frac{w_2(Y)\, m}{b\, M_2(Y)}}$$

$$n_i = \frac{\varphi_i\, V}{V_m} \longrightarrow \boxed{\frac{\varphi_1(X)\, V}{a\, V_m} = \frac{\varphi_2(Y)\, V}{b\, V_m}}$$

$$n_i = \frac{\varphi_i\, V\, \rho_i}{M_i} \longrightarrow \boxed{\frac{\varphi_1(X)\, V\, \rho_1(X)}{a\, M_1(X)} = \frac{\varphi_2(Y)\, V\, \rho_2(Y)}{b\, M_2(Y)}}$$

Abb. 6-3. Anteilsrelationen

Ersetzt man die Stoffmengen n(X) und n(Y) durch Konzentrationen, so erhält man die entsprechenden *Konzentrationsrelationen* (vgl. Abb. 6-4):

$$\frac{n_1(\mathrm{X})}{\mathrm{a}} = \frac{n_2(\mathrm{Y})}{\mathrm{b}}$$

$$n_i = c_i\,V \longrightarrow \frac{c_1(\mathrm{X})\,V}{\mathrm{a}} = \frac{c_2(\mathrm{Y})\,V}{\mathrm{b}}$$

$$n_i = \frac{\beta_i\,V}{M_i} \longrightarrow \frac{\beta_1(\mathrm{X})\,V}{\mathrm{a}\,M_1(\mathrm{X})} = \frac{\beta_2(\mathrm{Y})\,V}{\mathrm{b}\,M_2(\mathrm{Y})}$$

$$n_i = \frac{\sigma_i\,V}{V_m} \longrightarrow \frac{\sigma_1(\mathrm{X})\,V}{\mathrm{a}\,V_m} = \frac{\sigma_2(\mathrm{Y})\,V}{\mathrm{b}\,V_m}$$

$$n_i = \frac{\sigma_i\,V\,\rho_i}{M_i} \longrightarrow \frac{\sigma_1(\mathrm{X})\,V\,\rho_1(\mathrm{X})}{\mathrm{a}\,M_1(\mathrm{X})} = \frac{\sigma_2(\mathrm{Y})\,V\,\rho_2(\mathrm{Y})}{\mathrm{b}\,M_2(\mathrm{Y})}$$

Abb. 6-4. Konzentrationsrelationen

Die Stoffmengen der einzelnen Reaktanden in der Stoffmengenrelation für die Reaktion sollten zur besseren Unterscheidung mit den Zahlenindices 1, 2, 3 usw. versehen werden. Diese Indices werden dann auch an andere Quantitäten angehängt, durch die man die Stoffmengen ggf. ersetzen muß. Entsprechend verfährt man mit zugehörigen Mischphasen und deren Anteilen oder Konzentrationen.

6.2.3.2.1 Aus Anteilen eines gegebenen Stoffes

6.2.3.2.1.1 Massenanteil

Rechenbeispiel 6-27. Schwefelsäure reagiert mit Natriumchlorid, NaCl, zu Natriumsulfat, Na_2SO_4, und Hydrogenchlorid, HCl.

$$2\ \mathrm{NaCl} + \mathrm{H_2SO_4} \longrightarrow \mathrm{Na_2SO_4} + 2\ \mathrm{HCl}$$

a) Wieviel Mol Natriumsulfat entstehen bei der Reaktion aus 300 g Schwefelsäure-Lösung, $w(H_2SO_4) = 85{,}0\%$?
b) Wieviel Gramm Natriumchlorid werden benötigt?
c) Wieviel Liter Hydrogenchlorid im Normzustand entstehen dabei?
d) Wieviel Gramm Kochsalz, $w(\mathrm{NaCl}) = 98{,}5\%$, würden dabei benötigt?

e) Wieviel Liter Kochsalzlösung, $\beta(\text{NaCl}) = 125$ g/L müßten eingesetzt werden?
f) Wieviel Liter Salzsäure, $c(\text{HCl}) = 1{,}00$ mol/L könnten durch Einleiten des entstehenden Hydrogenchloridgases in Wasser hergestellt werden?

Gesucht: $n_3(\text{Na}_2\text{SO}_4)$, $m_1(\text{NaCl})$, $V_{4,\text{n}}(\text{HCl})$, $m_1(\text{Kochsalz})$, $V_1(\text{L}_1)$, $V_4(\text{Salzsäure})$

Gegeben: $m_2(\text{L}_2) = 300$ g, $w_2(\text{H}_2\text{SO}_4) = 85{,}0\% = 0{,}850$, $w_1(\text{NaCl}) = 98{,}5\% = 0{,}985$, $\beta_1(\text{NaCl}) = 125$ g/L, $c_4(\text{HCl}) = 1{,}00$ mol/L

Im ersten Schritt wird in der Stoffmengenrelation die Stoffmenge zuerst durch andere Quantitäten ausgetauscht. Danach können die Quantitäten mit Hilfe der Anteile oder Konzentrationen ersetzt werden.

a) Entstehende Stoffmenge $n_3(\text{Na}_2\text{SO}_4)$:

$$n_3(\text{Na}_2\text{SO}_4) = n_2(\text{H}_2\text{SO}_4) \longleftarrow \frac{m_2(\text{H}_2\text{SO}_4)}{\boldsymbol{M_2(\text{H}_2\text{SO}_4)}} \longleftarrow \boldsymbol{w_2(\text{H}_2\text{SO}_4)\, m_2(\text{L}_2)}$$

$$n_3(\text{Na}_2\text{SO}_4) = \frac{w_2(\text{H}_2\text{SO}_4)\, m_2(\text{L}_2)}{M_2(\text{H}_2\text{SO}_4)} = \frac{0{,}850 \cdot 300\ \text{g}}{98{,}07\ \text{g mol}^{-1}}$$

$$\underline{\boldsymbol{n_3(\text{Na}_2\text{SO}_4) = 2{,}600\ \text{mol}}}$$

b) Benötigte Masse $m(\text{NaCl})$:

$$\frac{\boldsymbol{m_1(\text{NaCl})}}{\boldsymbol{M_1(\text{NaCl})}} \longrightarrow \frac{n_1(\text{NaCl})}{2} = n_2(\text{H}_2\text{SO}_4) \longleftarrow \frac{m_2(\text{H}_2\text{SO}_4)}{\boldsymbol{M_2(\text{H}_2\text{SO}_4)}} \longleftarrow \boldsymbol{w_2(\text{H}_2\text{SO}_4)\, m_2(\text{L}_2)}$$

$$\frac{m_1(\text{NaCl})}{2\, M_1(\text{NaCl})} = \frac{w_2(\text{H}_2\text{SO}_4)\, m_2(\text{L}_2)}{M_2(\text{H}_2\text{SO}_4)}$$

$$m_1(\text{NaCl}) = \frac{2\, w_2(\text{H}_2\text{SO}_4)\, m_2(\text{M}_2)\, M_1(\text{NaCl})}{M_2(\text{H}_2\text{SO}_4)}$$

$$= \frac{2 \cdot 0{,}850 \cdot 300\ \text{g} \cdot 58{,}44\ \text{g mol}^{-1}}{98{,}07\ \text{g mol}^{-1}}$$

$$\underline{\boldsymbol{m_1(\text{NaCl}) = 303{,}9\ \text{g}}}$$

c) Entstehendes Volumen $V_{4,n}(\mathrm{HCl})$:

$$\frac{\boldsymbol{V_{4,n}(\mathrm{HCl})}}{\boldsymbol{V_{mn}}} \downarrow$$

$$\frac{n_4(\mathrm{HCl})}{\mathbf{2}} \; n_2(\mathrm{H_2SO_4}) \longleftarrow \frac{m_2(\mathrm{H_2SO_4})}{\boldsymbol{M_2(\mathrm{H_2SO_4})}} \longleftarrow \boldsymbol{w_2(\mathrm{H_2SO_4})\, m_2(\mathrm{L_2})}$$

$$\frac{V_{4,n}(\mathrm{HCl})}{2\, V_{mn}} = \frac{w_2(\mathrm{H_2SO_4})\, m_2(\mathrm{L_2})}{M_2(\mathrm{H_2SO_4})}$$

$$V_{4,n}(\mathrm{HCl}) = \frac{2\, w_2(\mathrm{H_2SO_4})\, m_2(\mathrm{M_2})\, V_{mn}}{M_2(\mathrm{H_2SO_4})} = \frac{2 \cdot 0{,}850 \cdot 300\ \mathrm{g} \cdot 22{,}4\ \mathrm{L\ mol^{-1}}}{98{,}07\ \mathrm{g\ mol^{-1}}}$$

$$\underline{\boldsymbol{V_{4,n}(\mathrm{HCl}) = 116{,}5\ \mathrm{L}}}$$

d) Benötigte Masse m_1(Kochsalz), $w_1(\mathrm{NaCl}) = 98{,}5\%$:

$$\frac{m_1(\mathrm{NaCl})}{\boldsymbol{M_1(\mathrm{NaCl})}} \longleftarrow \boldsymbol{w_1(\mathrm{NaCl})}\, m_1(\mathrm{Kochsalz}) \quad \downarrow$$

$$\frac{n_1(\mathrm{NaCl})}{\mathbf{2}} = n_2(\mathrm{H_2SO_4}) \longleftarrow \frac{m_2(\mathrm{H_2SO_4})}{\boldsymbol{M_2(\mathrm{H_2SO_4})}} \longleftarrow \boldsymbol{w_2(\mathrm{H_2SO_4})\, m_2(\mathrm{L_2})}$$

$$\frac{w_1(\mathrm{NaCl})\, m_1(\mathrm{Kochsalz})}{2\, M_1(\mathrm{NaCl})} = \frac{w_2(\mathrm{H_2SO_4})\, m_2(\mathrm{L_2})}{M_2(\mathrm{H_2SO_4})}$$

$$m_1(\mathrm{Kochsalz}) = \frac{2\, w_2(\mathrm{H_2SO_4})\, m_2(\mathrm{L_2})\, M_1(\mathrm{NaCl})}{M_2(\mathrm{H_2SO_4})\, w_1(\mathrm{NaCl})}$$

$$= \frac{2 \cdot 0{,}850 \cdot 300\ \mathrm{g} \cdot 58{,}44\ \mathrm{g\ mol^{-1}}}{98{,}07\ \mathrm{g\ mol^{-1}} \cdot 0{,}985}$$

$$\underline{\boldsymbol{m_1(\mathrm{Kochsalz}) = 308{,}5\ \mathrm{g}}}$$

e) Benötigtes Volumen $m_1(\mathrm{L_1})$, $\beta_1(\mathrm{NaCl}) = 125\ \mathrm{g/L}$:

$$\frac{m_1(\mathrm{NaCl})}{\boldsymbol{M_1(\mathrm{NaCl})}} \longleftarrow \boldsymbol{\beta_1(\mathrm{NaCl})}\, V_1(\mathrm{L_1}) \quad \downarrow$$

$$\frac{n_1(\mathrm{NaCl})}{\mathbf{2}} \; n_2(\mathrm{H_2SO_4}) \longleftarrow \frac{m_2(\mathrm{H_2SO_4})}{\boldsymbol{M_2(\mathrm{H_2SO_4})}} \longleftarrow \boldsymbol{w_2(\mathrm{H_2SO_4})\, m_2(\mathrm{L_2})}$$

$$\frac{\beta_1(\mathrm{NaCl})\, V_1(\mathrm{L_1})}{2\, M_1(\mathrm{NaCl})} = \frac{w_2(\mathrm{H_2SO_4})\, m_2(\mathrm{L_2})}{M_2(\mathrm{H_2SO_4})}$$

$$V_1(L_1) = \frac{2\ w_2(H_2SO_4)\ m_2(L_2)\ M_1(NaCl)}{M_2(H_2SO_4)\ \beta_1(NaCl)} = \frac{2 \cdot 0{,}850 \cdot 300\ g \cdot 58{,}44\ g\ mol^{-1}}{98{,}07\ g\ mol^{-1} \cdot 125\ g\ L^{-1}}$$

$\mathbf{V_1(L_1) = 2{,}43\ L}$

f) Entstehendes Volumen V_4(Salzsäure), c_4(HCl) = 1,00 mol/L:

$\mathbf{c_4(HCl)}$ V_4(Salzsäure)

↓

$$\frac{n_4(HCl)}{3} \quad n_2(H_2SO_4) \longleftarrow \frac{m_2(H_2SO_4)}{\mathbf{M_2(H_2SO_4)}} \longleftarrow \mathbf{w_2(H_2SO_4)\ m_2(L_2)}$$

$$\frac{c_4(HCl)\ V_4(\text{Salzsäure})}{2} = \frac{w_2(H_2SO_4)\ m_2(L_2)}{M_2(H_2SO_4)}$$

$$V_4(\text{Salzsäure}) = \frac{2\ w_2(H_2SO_4)\ m_2(L_2)}{M_2(H_2SO_4)\ c_4(HCl)} = \frac{2 \cdot 0{,}850 \cdot 300\ g}{98{,}07\ g\ mol^{-1} \cdot 1{,}00\ mol\ L^{-1}}$$

$\mathbf{V_4(\text{Salzsäure}) = 5{,}20\ L}$

Übungsaufgaben:

6-23. a) Wieviel Gramm Bariumsulfat, $BaSO_4$, entstehen bei der Reaktion von Bariumchlorid, $BaCl_2$, mit 2,505 g Schwefelsäure-Lösung, $w(H_2SO_4)$ = 92,6%? b) Wieviel Gramm Bariumchlorid sind dazu notwendig?

$$BaCl_2 + H_2SO_4 \longrightarrow BaSO_4 + 2\ HCl$$

6-24. Wieviel Liter Salzsäure, w(HCl) = 35,2%, ρ = 1,175 g/mL, sind notwendig, um aus Kaliumcarbonat, K_2CO_3, 750 L Kohlenstoffdioxidgas, CO_2, im Normzustand herzustellen, wenn die Ausbeute 94,5% beträgt?

$$K_2CO_3 + 2\ HCl \longrightarrow 2\ KCl + H_2O + CO_2$$

6-25. a) Wieviel Kilogramm Calciumhydroxid-Lösung, $w(CaOH)_2$ = 2,5%, kann man mit 325 L Salpetersäure-Lösung, $w(HNO_3)$ = 50,0%, ρ = 1,329 g/mL, neutralisieren? b) Wieviel Kilogramm Calciumnitrat entstehen dabei?

$$2\ HNO_3 + Ca(OH)_2 \longrightarrow Ca(NO_3)_2 + 2\ H_2O$$

6-26. a) Wieviel Liter Ammoniak-Lösung, $c(NH_3)$ = 9,75 mol/L, könnte man durch Einleiten des Ammoniakgases, das aus 2,75 kg technischem Ammonchlorid, $w(NH_4Cl)$ = 88,5%, erzeugt wird, in Wasser herstellen? b) Wieviel Liter Natronlauge, β(NaOH) = 400 g/L, sind dazu notwendig?

$$NH_4Cl + NaOH \longrightarrow NaCl + H_2O + NH_3$$

6-27. a) Wieviel Liter Wasserstoffgas im Normzustand kann man aus 1,25 mol Eisenpulver, $w(\text{Fe}) = 98{,}8\%$, durch Reaktion mit Schwefelsäure herstellen, wenn mit einer Ausbeute von 95,5% zu rechnen ist? b) Wieviel Gramm Schwefelsäure-Lösung, $w(H_2SO_4) = 42{,}5\%$, werden dazu benötigt?

$$\text{Fe} + H_2SO_4 \longrightarrow FeSO_4 + H_2$$

6-28. Wieviel Gramm Essigsäure-Lösung, $w(CH_3COOH) = 85{,}0\%$, benötigt man bei 73%iger Ausbeute, um 450 mL 1-Butanol, C_4H_9OH, $\rho = 0{,}810$ g/mL, in Essigsäurebutylester, umzuwandeln?

$$CH_3COOH + C_4H_9OH \longrightarrow CH_3COOC_4H_9 + H_2O$$

6.2.3.2.1.2 Volumenanteil

Rechenbeispiel 6-28. Beim Einleiten von Ethen, C_2H_4, in eine Lösung von Brom in Tetrachlorethan entsteht 1,2-Dibromethan, $BrCH_2CH_2Br$.

$$H_2C{=}CH_2 + Br_2 \longrightarrow Br{-}CH_2{-}CH_2{-}Br$$

Es werden 750 mL Brom-Tetrachlormethan-Gemisch, $\varphi(Br_2) = 5{,}5\%$ zur Reaktion gebracht. Die Ausbeute beträgt 80,5%. Die Dichte von Brom ist 3,14 g/mL.

a) Wieviel Liter Ethen im Normzustand muß man in diese Lösung einleiten?
b) Wieviel Gramm Dibromethan entstehen?

Gesucht: $V_{1,n}(C_2H_4)$
$m_3(C_2H_4Br_2)$

Gegeben: $V_2(L_2) = 750$ mL
$\varphi_2(Br_2) = 5{,}5\% = 0{,}055$
$\rho_2(Br_2) = 3{,}14$ g/mL
$\eta = 80{,}5\% = 0{,}805$

a) Benötigtes Volumen $V_{1,n}(C_2H_4)$:

$$n_1(C_2H_4) = n_2(Br_2) \longleftarrow \frac{\boldsymbol{\rho_2(Br_2)}\, V_2(Br_2)}{\boldsymbol{M_2(Br_2)}} \longleftarrow \boldsymbol{\varphi_2(Br_2)\, V_2(L_2)}$$

$$\uparrow \quad \frac{V_{1,n}(C_2H_4)}{\boldsymbol{V_{mn}}}$$

$$\frac{V_{1,n}(C_2H_4)}{V_{mn}} = \frac{\rho_2(Br_2)\, \varphi_2(Br_2)\, V_2(L_2)}{M_2(Br_2)}$$

$$V_{1,n}(C_2H_4) = \frac{\rho_2(Br_2)\, \varphi_2(Br_2)\, V_2(L_2)\, V_{mn}}{M_2(Br_2)}$$

$$= \frac{3{,}14 \text{ g mL}^{-1} \cdot 0{,}055 \cdot 750 \text{ mL} \cdot 22{,}4 \text{ L mol}^{-1}}{159{,}82 \text{ g mol}^{-1}}$$

$$\underline{\boldsymbol{V_{1,n}(C_2H_4) = 18{,}2 \text{ L}}}$$

b) Entstehende Masse $m_3(C_2H_4Br_2)$:

$$n_3(C_2H_4Br_2) = \eta\, n_2(Br_2) \longleftarrow \frac{\boldsymbol{\rho_2(Br_2)}\, V_2(Br_2)}{\boldsymbol{M_2(Br_2)}} \longleftarrow \boldsymbol{\varphi_2(Br_2)\, V_2(L_2)}$$

$$\uparrow$$

$$\frac{m_3(C_2H_4Br_2)}{\boldsymbol{M_3(C_2H_4Br_2)}}$$

$$\frac{m_3(C_2H_4Br_2)}{M_3(C_2H_4Br_2)} = \frac{\eta\, \rho_2(Br_2)\, \varphi_2(Br_2)\, V_2(L_2)}{M_2(Br_2)}$$

$$m_3(C_2H_4Br_2) = \frac{\eta\, \rho_2(Br_2)\, \varphi_2(Br_2)\, V_2(L_2)\, M_3(C_2H_4Br_2)}{M_2(Br_2)}$$

$$= \frac{0{,}805 \cdot 3{,}14\ \mathrm{g\ mL^{-1}} \cdot 0{,}055 \cdot 750\ \mathrm{mL} \cdot 187{,}87\ \mathrm{g\ mol^{-1}}}{159{,}82\ \mathrm{g\ mol^{-1}}}$$

$$\underline{\boldsymbol{m_3(C_2H_4Br_2) = 123\ g}}$$

Übungsaufgaben:

6-29. a) Wieviel Kilogramm Schwefeltrioxid, SO_3, kann man bei 88%iger Ausbeute durch die katalytische Oxidation von 3750 L Schwefeldioxid, SO_2, von 29 °C und 1200 mbar mit Sauerstoff herstellen? b) Wieviel Liter Luft im Normzustand, $\varphi(O_2) = 20{,}9\%$, wären dazu notwendig?

$$2\ SO_2 + O_2 \longrightarrow 2\ SO_3$$

6-30. Wieviel Kubikmeter Abluft mit dem Volumenanteil $\varphi(CO_2) = 12{,}5\%$, von 35 °C und 1125 mbar kann man durch Absorption in Kalkmilch, $Ca(OH)_2$, reinigen, wenn dabei 250 kg Calciumcarbonat, $CaCO_3$, entstehen?

$$Ca(OH)_2 + CO_2 \longrightarrow CaCO_3$$

6-31. Wieviel Liter eines Stickstoff-Wasserstoff-Gemisches im Normzustand, $\varphi(N_2) = 18{,}0\%$, sind notwendig, um 600 L Ammoniak, NH_3, im Normzustand herzustellen, wenn mit einer Ausbeute von 15,0% zu rechnen ist?

$$N_2 + 3\ H_2 \longrightarrow 2\ NH_3$$

6.2.3.2.2 Aus Konzentrationen eines gegebenen Stoffes

6.2.3.2.2.1 Stoffmengenkonzentration

Rechenbeispiel 6-29. Schwefelsäure reagiert mit Natriumhydroxid, NaOH, zu Natriumsulfat, Na_2SO_4, und Wasser.

$$2\,NaOH + H_2SO_4 \longrightarrow Na_2SO_4 + 2\,H_2O$$

a) Wieviel Gramm Natriumsulfat entstehen bei der Reaktion aus 300 mL Schwefelsäure-Lösung, $c(H_2SO_4) = 0{,}200$ mol/L?
b) Wieviel Milliliter Natronlauge, $c(NaOH) = 1{,}00$ mol/L, sind notwendig?
c) Wieviel Milliliter Natronlauge, $\beta(NaOH) = 60{,}0$ g/L, könnten neutralisiert werden?
d) Wieviel Milliliter Natronlauge, $w(NaOH) = 17{,}8\%$, $\rho = 1{,}195$ g/mL, könnten neutralisiert werden?

Gesucht: $m_3(Na_2SO_4)$
$V_{1b}(L_{1b})$
$V_{1c}(L_{1c})$
$V_{1d}(L_{1d})$

Gegeben: $V_2(L_2) = 300$ mL
$c_2(H_2SO_4) = 0{,}200$ mol/L
$c_{1b}(NaOH) = 1{,}00$ mol/L
$\beta_{1c}(NaOH) = 60{,}0$ g/L
$w_{1d}(NaOH) = 17{,}8\% = 0{,}178$
$\rho_{1d}(L_{1d}) = 1{,}195$ g/mL

a) Entstehende Masse $m_3(Na_2SO_4)$:

$$n_3(Na_2SO_4) = n_2(H_2SO_4) \longleftarrow \mathbf{c_2(H_2SO_4)\ V_2(L_2)}$$

$$\uparrow\ \frac{m_3(Na_2SO_4)}{\mathbf{M_3(Na_2SO_4)}}$$

$$\frac{m_3(Na_2SO_4)}{M_3(Na_2SO_4)} = c_2(H_2SO_4)\ V_2(L_2)$$

$$m_3(Na_2SO_4) = c_2(H_2SO_4)\ V_2(L_2)\ M_3(Na_2SO_4)$$

$$= 0{,}200\ \text{mol L}^{-1} \cdot 300\ \text{mL} \cdot 142{,}04\ \text{g mol}^{-1}$$

$$\underline{\mathbf{m_3(Na_2SO_4) = 8{,}52\ g}}$$

b) Notwendiges Volumen $V_{1b}(L_{1b})$:

$$n_1(\text{NaOH}) = 2\,n_2(\text{H}_2\text{SO}_4) \longleftarrow \mathbf{c_2(H_2SO_4)\;V_2(L_2)}$$

$$\uparrow\!\!\llcorner\; \mathbf{c_{1b}(NaOH)}\; V_{1b}(\text{L}_{1b})$$

$$c_{1b}(\text{NaOH})\; V_{1b}(\text{L}_{1b}) = c_2(\text{H}_2\text{SO}_4)\; V_2(\text{L}_2)$$

$$V_{1b}(\text{L}_{1b}) = \frac{2\,c_2(\text{H}_2\text{SO}_4)\;V_2(\text{L}_2)}{c_{1b}(\text{NaOH})} = \frac{2 \cdot 0{,}200 \text{ mol L}^{-1} \cdot 300 \text{ mL}}{1{,}00 \text{ mol L}^{-1}}$$

$$\underline{\mathbf{V_{1b}(L_{1b}) = 120{,}0\ mL}}$$

c) Notwendiges Volumen $V_{1c}(L_{1c})$:

$$n_1(\text{NaOH}) = 2\,n_2(\text{H}_2\text{SO}_4) \longleftarrow \mathbf{c_2(H_2SO_4)\;V_2(L_2)}$$

$$\uparrow\!\!\llcorner\; \frac{m_1(\text{NaOH})}{\mathbf{M_1(NaOH)}} \longleftarrow \mathbf{\beta_{1c}(NaOH)}\; V_{1b}(\text{L}_{1b})$$

$$\frac{\beta_{1c}(\text{NaOH})\; V_{1c}(\text{L}_{1c})}{M_1(\text{NaOH})} = 2\,c_2(\text{H}_2\text{SO}_4)\; V_2(\text{L}_2)$$

$$V_{1c}(\text{L}_{1c}) = \frac{2\,c_2(\text{H}_2\text{SO}_4)\;V_2(\text{L}_2)\;M_1(\text{NaOH})}{\beta_{1c}(\text{NaOH})}$$

$$= \frac{2 \cdot 0{,}200 \text{ mol L}^{-1} \cdot 300 \text{ mL} \cdot 40{,}00 \text{ g mol}^{-1}}{60{,}0 \text{ g L}^{-1}}$$

$$\underline{\mathbf{V_{1c}(L_{1c}) = 80{,}0\ mL}}$$

d) Notwendiges Volumen $V_{1d}(L_{1d})$:

$$n_1(\text{NaOH}) = 2\, n_2(\text{H}_2\text{SO}_4) \longleftarrow \mathbf{c_2(H_2SO_4)\ V_2(L_2)}$$

$$\uparrow$$

$$\frac{m_1(\text{NaOH})}{\mathbf{M_1(NaOH)}} \longleftarrow \mathbf{w_{1d}(NaOH)}\ m_{1d}(\text{L}_{1d}) \longleftarrow V_{1d}(\text{L}_{1d})\ \boldsymbol{\rho_{1d}}\mathbf{(L_{1d})}$$

$$\frac{w_{1d}(\text{NaOH})\ \rho_{1d}(\text{L}_{1d})\ V_{1d}(\text{L}_{1d})}{M_1(\text{NaOH})} = 2\ c_2(\text{H}_2\text{SO}_4)\ V_2(\text{L}_2)$$

$$V_{1d}(\text{L}_{1d}) = \frac{2\ c_2(\text{H}_2\text{SO}_4)\ V_2(\text{L}_2)\ M_1(\text{NaOH})}{\rho_{1d}(\text{L}_{1d})\ w_{1d}(\text{NaOH})}$$

$$= \frac{2 \cdot 0{,}200 \text{ mol L}^{-1} \cdot 300 \text{ mL} \cdot 40{,}00 \text{ g mol}^{-1}}{1{,}195 \text{ g mL}^{-1} \cdot 0{,}178}$$

$$\underline{\mathbf{V_{1d}(L_{1d}) = 22{,}57\ mL}}$$

Übungsaufgaben:

6 32. a) Wieviel Gramm Bariumsulfat, $BaSO_4$, entstehen bei der Reaktion von Bariumchlorid, $BaCl_2$, mit 2,505 g Schwefelsäure-Lösung, $c(H_2SO_4) = 17{,}0$ mol/L, $\rho =$ 1,822 mL? b) Wieviel Gramm Bariumchlorid sind dazu notwendig? c) Wieviel Milliliter Bariumchlorid-Lösung, $\beta(BaCl_2) = 75$ g/L, müßte man einsetzen?

$$BaCl_2 + H_2SO_4 \longrightarrow BaSO_4 + 2\ HCl$$

6-33. a) Wieviel Liter Salzsäure, $c(HCl) = 11{,}3$ mol/L, sind notwendig, um aus Kaliumcarbonat, K_2CO_3, 750 L Kohlenstoffdioxidgas, CO_2, im Normzustand herzustellen, wenn die Ausbeute 97% beträgt? b) Wieviel Gramm Pottasche, $w(K_2CO_3) = 95{,}9\%$ sind dazu notwendig? c) Wieviel Mol Kaliumchlorid entstehen dabei?

$$K_2CO_3 + 2\ HCl \longrightarrow 2\ KCl + H_2O + CO_2$$

6.2.3.2.2.2 Massenkonzentration

Rechenbeispiel 6-30. Zink reagiert mit Salzsäure zu Zinkchlorid, $ZnCl_2$, und Wasserstoff.

$$Zn + 2\ HCl \longrightarrow ZnCl_2 + H_2$$

a) Wieviel Gramm Zinkstaub, $w(Zn) = 98{,}7\%$, werden zur Umsetzung von 800 mL Salzsäure, $\beta(HCl) = 345$ g/L benötigt?

b) Wieviel Liter Zinkchlorid-Lösung, $\beta(ZnCl_2) = 133$ g/L, könnten durch Lösen des entstehenden Zinkchlorids in Wasser hergestellt werden, wenn mit einer Ausbeute von 94,5% zu rechnen ist?

c) Wieviel Liter Wasserstoff im Normzustand entstehen bei dieser Reaktion?

Gesucht: $m_1(M_1)$
$V_3(L_3)$
$V_4(H_2)$

Gegeben: $V_2(L_2) = 800$ mL
$\beta_2(HCl) = 345$ g/L
$\beta_3(ZnCl_2) = 133$ g/L
$w_1(Zn) = 98{,}7\%$
$\eta = 94{,}5\% = 0{,}945$

a) Benötigte Masse $m_1(M_1)$, w(Zn) = 98,7%:

$$n_1(Zn) = \frac{n_2(HCl)}{\mathbf{2}} \longleftarrow \frac{m_2(HCl)}{\boldsymbol{M_2(HCl)}} \longleftarrow \boldsymbol{\beta_2(HCl)\ V_2(L_2)}$$

$$\uparrow\ \frac{m_1(Zn)}{\boldsymbol{M_1(Zn)}} \longleftarrow \boldsymbol{w_1(Zn)}\ m_1(L_1)$$

$$\frac{w_1(Zn)\ m_1(M_1)}{M_1(Zn)} = \frac{\beta_2(HCl)\ V_2(L_2)}{2\ M_2(HCl)}$$

$$m_1(M_1) = \frac{\beta_2(HCl)\ V_2(L_2)\ M_1(Zn)}{2\ M_2(HCl)\ w_1(Zn)} = \frac{345\ g\ L^{-1} \cdot 800\ mL \cdot 65{,}38\ g\ mol^{-1}}{2 \cdot 36{,}46\ g\ mol^{-1} \cdot 0{,}987}$$

$$\underline{\boldsymbol{m_1(M_1) = m_1(\text{Zinkstaub}) = 250{,}7\ g}}$$

b) Entstehendes Volumen $V_3(L_3)$, $\beta_3(ZnCl_2)$ = 133 g/L:

$$n_3(ZnCl_2) = \frac{\eta\ n_2(HCl)}{\mathbf{2}} \longleftarrow \frac{m_2(HCl)}{\boldsymbol{M_2(HCl)}} \longleftarrow \boldsymbol{\beta_2(HCl)\ V_2(L_2)}$$

$$\uparrow\ \frac{m_1(ZnCl_2)}{\boldsymbol{M_1(ZnCl_2)}} \longleftarrow \boldsymbol{\beta_3(ZnCl_2)}\ V_3(L_3)$$

$$\frac{\beta_3(ZnCl_2)\ V_2(L_3)}{M_3(ZnCl_2)} = \frac{\eta\ \beta_2(HCl)\ V_2(L_2)}{2 \cdot M_2(HCl)}$$

$$V_3(L_3) = \frac{\eta\ \beta_2(HCl)\ V_2(L_2)\ M_3(ZnCl_2)}{2\ M_2(HCl)\ \beta_3(ZnCl_2)}$$

$$= \frac{0{,}945 \cdot 345\ g\ L^{-1} \cdot 800\ mL \cdot 136{,}28\ g\ mol^{-1}}{2 \cdot 36{,}46\ g\ mol^{-1} \cdot 133\ g\ L^{-1}}$$

$$\underline{\boldsymbol{V_3(L_3) = 3{,}67\ L}}$$

c) Entstehendes Volumen $V_{4,n}(H_2)$:

$$n_4(H_2) = \frac{\eta\, n_2(HCl)}{2} \longleftarrow \frac{m_2(HCl)}{M_2(HCl)} \longleftarrow \beta_2(HCl)\, V_2(L_2)$$

$$n_4(H_2) \longleftarrow \frac{V_{4,n}(H_2)}{V_m}$$

$$\frac{V_{4,n}(H_2)}{V_m} = \frac{\eta\, \beta_2(HCl)\, V_2(L_2)}{2\, M_2(HCl)}$$

$$V_{4,n}(H_2) = \frac{\eta\, \beta_2(HCl)\, V_2(L_2)\, V_m}{2\, M_2(HCl)} = \frac{0{,}945 \cdot 345\ \mathrm{g\ L^{-1}} \cdot 800\ \mathrm{mL} \cdot 22{,}4\ \mathrm{L\ mol^{-1}}}{2 \cdot 36{,}46\ \mathrm{g\ mol^{-1}}}$$

$$\underline{V_{4,n}(H_2) = 80{,}1\ \mathrm{L}}$$

Übungsaufgaben:

6-34. a) Wieviel Liter Calciumhydroxid-Lösung, $w[Ca(OH)_2] = 2{,}60\%$, $\rho = 1{,}017$ g/mL, kann man mit 3,25 L Salpetersäure-Lösung, $\beta(HNO_3) = 650$ g/L, neutralisieren? b) Wieviel Kilogramm Calciumnitrat entstehen dabei?

$$2\ HNO_3 + Ca(OH)_2 \longrightarrow Ca(NO_3)_2 + 2\ H_2O$$

6-35. a) Wieviel Liter Ammoniak, NH_3, von 1025 mbar und 18 °C kann man durch die Reaktion von Ammonchlorid, NH_4Cl, mit 1,25 L Natronlauge, $\beta(NaOH) = 400$ g/L, herstellen, wenn die Ausbeute 98% beträgt? b) Wieviel Kilogramm technisches Ammonchlorid, $w(NH_4Cl) = 92{,}6\%$, sind dazu notwendig? c) Wieviel Kilogramm Natriumchlorid entstehen dabei?

$$NH_4Cl + NaOH \longrightarrow NaCl + H_2O + NH_3$$

6-36. a) Wieviel Liter Wasserstoffgas von 1025 mbar und 18 °C kann man bei einer Ausbeute von 96,2% aus 45,0 g Eisenspänen, $w(Fe) = 97{,}5\%$, durch Reaktion mit Schwefelsäure herstellen? b) Wieviel Milliliter Schwefelsäure-Lösung, $\beta(H_2SO_4) = 563$ g/L werden dabei benötigt? c) Wieviel Milliliter Schwefelsäure-Lösung, $c(H_2SO_4) = 6{,}00$ mol/L könnte man stattdessen einsetzen?

$$Fe + H_2SO_4 \longrightarrow FeSO_4 + H_2$$

6.2.3.2.2.3 Volumenkonzentration

Rechenbeispiel 6-31. a) Wieviel Liter Luft im Normzustand, $\sigma(O_2) = 209$ mL/L, sind notwendig, um 3750 L Schwefeldioxid, SO_2, von 400 °C und 1200 mbar durch katalytische Oxidation in Schwefeltrioxid, SO_3, umzuwandeln? b) Wieviel Liter Schwefeltrioxid im Normzustand entstehen dabei, wenn die Ausbeute bei 76% liegt?

$$2\,SO_2 + O_2 \longrightarrow 2\,SO_3$$

Gesucht: $V_{2,n}(\text{Luft})$, $V_3(SO_3)$

Gegeben: $V_1(SO_2) = 3750$ L; $T = 773$ K; $p = 1200$ mbar; $\sigma_2(O_2) = 209$ mL/L; $\eta = 76\% = 0{,}76$

a) Benötigtes Volumen $V_{2,n}$(Luft), $\sigma_2(O_2) = 209$ ml/L:

$$\frac{V_1(SO_2)}{V_m} \;\downarrow$$

$$\frac{n_1(SO_2)}{2} = n_2(O_2) \longleftarrow \frac{V_{2,n}(O_2)}{V_{mn}} \longleftarrow \sigma_2(O_2)\,V_{2,n}(\text{Luft})$$

$$\frac{V_1(SO_2)\,p}{2\,R\,T} = \frac{\sigma_2(O_2)\,V_{2,n}(\text{Luft})}{V_{mn}}$$

$$V_{2,n}(\text{Luft}) = \frac{V_1(SO_2)\,p\,V_{mn}}{2\,R\,T\,\sigma_2(O_2)}$$

$$= \frac{3750\text{ L} \cdot 1200\text{ mbar} \cdot 22{,}4\text{ L mol}^{-1}}{2 \cdot 83{,}1\text{ L mbar mol}^{-1}\text{ K}^{-1} \cdot 673\text{ K} \cdot 209\text{ mL L}^{-1}}$$

$$\underline{V_{2,n}(\text{Luft}) = 4312\text{ L}}$$

b) Entstehendes Volumen $V_3(SO_3)$:

$$\frac{V_1(SO_2)}{V_m} \;\downarrow$$

$$n_1(SO_2)\,\eta = n_3(SO_3) \longleftarrow \frac{V_{3,n}(SO_3)}{V_{mn}}$$

$$\frac{V_1(SO_2)\,p\,\eta}{R\,T} = \frac{V_{3,n}(SO_3)}{V_{mn}}$$

$$V_{3,n}(SO_3) = \frac{V_1(SO_2)\, p\, \eta\, V_{mn}}{2\, R\, T} = \frac{3750 \text{ L} \cdot 1200 \text{ mbar} \cdot 0{,}76 \cdot 22{,}4 \text{ L mol}^{-1}}{83{,}1 \text{ L mbar mol}^{-1} \text{ K}^{-1} \cdot 673 \text{ K}}$$

$$\underline{\mathbf{V_{2,n}(SO_3) = 1370\ L}}$$

Übungsaufgaben:

6-37. a) Wieviel Kubikmeter Abluft, $\sigma(CO_2)$ = 125 mL/L, von 35 °C und 1125 mbar kann man bei 95%iger Ausbeute durch Absorption in Kalkmilch reinigen, wenn dabei 250 kg Calciumcarbonat, $CaCO_3$, entstehen? b) Welches Volumen an Kalkmilch, $\beta[Ca(OH)_2]$ = 90 g/L, ist zur Absorption notwendig?

$$Ca(OH)_2 + CO_2 \longrightarrow CaCO_3$$

6-38. Wieviel Liter eines Stickstoff-Wasserstoff-Gemisches von 500 °C und 200 bar, $\sigma(N_2)$ = 180 mL/L, sind bei einem Umsatz von 14,0% notwendig, um 600 L Ammoniak, NH_3, im Normzustand herzustellen?

$$N_2 + 3\ H_2 \longrightarrow 2\ NH_3$$

6.2.3.3 Bei mehrstufigen Reaktionen

Häufig sind bei chemischen Umsetzungen mehrere Reaktionsschritte notwendig, um zu einem gewünschten Endprodukt zu kommen. Die Reaktionsgleichungen für die einzelnen Schritte lassen sich zu einer Gesamtreaktionsgleichung zusammenfassen, aus der dann die entsprechende Gesamt-Stoffmengenrelation erstellt werden kann.

Beispiel 6-5.

Zur Herstellung von Schwefelsäure kann Pyrit, FeS_2, abgeröstet, das entstehende Schwefeldioxid, SO_2, katalytisch mit Luftsauerstoff zu Schwefeltrioxid, SO_3, oxidiert und dieses in verdünnter Schwefelsäure-Lösung absorbiert werden, wobei mit dem Wasser der Lösung Schwefelsäure entsteht:

(1) $4\ FeS_2 + 11\ O_2 \longrightarrow 2\ Fe_2O_3 + 8\ SO_2$

(2) $8\ SO_2 + 4\ O_2 \longrightarrow 8\ SO_3$

(3) $8\ SO_3 + 8\ H_2O \longrightarrow 8\ H_2SO_4$

Durch Addition der Reaktionsgleichungen für die einzelnen Reaktionsschritte ergibt sich die Gesamtreaktionsgleichung:

$$4\ FeS_2 + 15\ O_2 + 8\ H_2O \longrightarrow 2\ Fe_2O_3 + 8\ H_2SO_4$$

Daraus leitet sich die Gesamt-Stoffmengenrelation ab:

$$\frac{\boldsymbol{n(\mathrm{FeS_2})}}{\mathbf{4}} = \frac{\boldsymbol{n(\mathrm{O_2})}}{\mathbf{15}} = \frac{\boldsymbol{n(\mathrm{H_2O})}}{\mathbf{8}} = \frac{\boldsymbol{n(\mathrm{Fe_2O_3})}}{\mathbf{2}} = \frac{\boldsymbol{n(\mathrm{H_2SO_4})}}{\mathbf{8}}$$

Rechenbeispiel 6-32. Wieviel Tonnen Pyrit, $w(\mathrm{FeS_2}) = 95{,}8\%$, sind zur Herstellung von 5,00 t konzentrierter Schwefelsäure, $w(\mathrm{H_2SO_4}) = 98\%$, notwendig, wenn alle Reaktionsschritte ohne Ausbeuteverluste ablaufen?

$$4\ \mathrm{FeS_2} + 15\ \mathrm{O_2} + 8\ \mathrm{H_2O} \longrightarrow 2\ \mathrm{Fe_2O_3} + 8\ \mathrm{H_2SO_4}$$

Gesucht: $m_1(\mathrm{Pyrit})$

Gegeben: $w_1(\mathrm{FeS_2}) = 95{,}8\% = 0{,}958$
$m_2(\mathrm{H_2SO_4}) = 5{,}00\ \mathrm{t}$
$w_2(\mathrm{H_2SO_4}) = 98\% = 0{,}98$

$$\frac{n_1(\mathrm{FeS_2})}{4} = \frac{n_2(\mathrm{H_2SO_4})}{8} \longleftarrow n(\mathrm{X}) = \frac{m(\mathrm{X})}{\boldsymbol{M(\mathrm{X})}} \longleftarrow \boldsymbol{w(\mathrm{X})\, m(\mathrm{M})}$$

$$\frac{w_1(\mathrm{FeS_2})\, m_1(\mathrm{Pyrit})}{4\, M_1(\mathrm{FeS_2})} = \frac{m_2(\mathrm{H_2SO_4})\, w_2(\mathrm{L_2})}{8\, M_2(\mathrm{H_2SO_4})}$$

$$m_1(\mathrm{Pyrit}) = \frac{4\, m_2(\mathrm{H_2SO_4})\, w_2(\mathrm{L_2})\, M_1(\mathrm{FeS_2})}{8\, M_2(\mathrm{H_2SO_4})\, w_1(\mathrm{FeS_2})} = \frac{5{,}00\ \mathrm{t} \cdot 0{,}98 \cdot 119{,}97\ \mathrm{g\ mol^{-1}}}{2 \cdot 98{,}08\ \mathrm{g\ mol^{-1}} \cdot 0{,}958}$$

$$\underline{\boldsymbol{m_1(\mathrm{Pyrit}) = 3{,}13\ \mathrm{t}}}$$

Wenn bei den einzelnen Reaktionsschritten solcher Reaktionen Ausbeuteverluste auftreten, ist der Gesamtwirkungsgrad η_{ges} gleich dem Produkt aus den Wirkungsgraden η_i der Reaktionsschritte:

$$\eta_{ges} = \eta_1 \cdot \eta_2 \cdot \ldots$$

Rechenbeispiel 6-33. Wieviel Tonnen Pyrit, $w(\mathrm{FeS_2}) = 95{,}8\%$, sind zur Herstellung von 5,00 t konzentrierter Schwefelsäure, $w(\mathrm{H_2SO_4}) = 98\%$, notwendig, wenn die Reaktionsschritte mit den folgenden Ausbeuteverlusten ablaufen?

(1) $4\ \mathrm{FeS_2} + 11\ \mathrm{O_2} \longrightarrow 2\ \mathrm{Fe_2O_3} + 8\ \mathrm{SO_2};\ \eta = 94\%$

(2) $8\ \mathrm{SO_2} + 4\ \mathrm{O_2} \longrightarrow 8\ \mathrm{SO_3};\ \eta = 84\%$

(3) $8\ \mathrm{SO_3} + 8\ \mathrm{H_2O} \longrightarrow 8\ \mathrm{H_2SO_4};\ \eta = 93\%$

$$4\ \mathrm{FeS_2} + 15\ \mathrm{O_2} + 8\ \mathrm{H_2O} \longrightarrow 2\ \mathrm{Fe_2O_3} + 8\ \mathrm{H_2SO_4}$$

Gesucht: m_1(Pyrit)

Gegeben: $w_1(FeS_2) = 95{,}8\% = 0{,}958$
$m_2(H_2SO_4) = 5{,}00$ t
$w_2(H_2SO_4) = 98\% = 0{,}98$
$\eta_{ges} = 0{,}94 \cdot 0{,}84 \cdot 0{,}93 = 0{,}73$

$$\frac{n_1(FeS_2)\,\eta_{ges}}{4} = \frac{n_2(H_2SO_4)}{8} \longleftarrow n(X) = \frac{m(X)}{M(X)} \longleftarrow w(X)\,m(M)$$

$$\frac{w_1(FeS_2)\,m_1(\text{Pyrit})\,\eta_{ges}}{4\,M_1(FeS_2)} = \frac{m_2(H_2SO_4)\,w_2(L_2)}{8\,M_2(H_2SO_4)}$$

$$m_1(\text{Pyrit}) = \frac{4\,m_2(H_2SO_4)\,w_2(L_2)\,M_1(FeS_2)}{8\,M_2(H_2SO_4)\,w_1(FeS_2)\,\eta_{ges}} = \frac{5{,}00\text{ t} \cdot 0{,}98 \cdot 119{,}97\text{ g mol}^{-1}}{2 \cdot 98{,}08\text{ g mol}^{-1} \cdot 0{,}958 \cdot 0{,}73}$$

$\underline{\mathbf{m_1(FeS_2) = 4{,}29\ t}}$

Übungsaufgaben:

6-39. Die Herstellung von Salicylamid aus Salicylsäure verläuft über zwei Reaktionsstufen:

(1) $C_6H_4(OH)COOH + CH_3OH \xrightarrow{H_2SO_4} C_6H_4(OH)COOCH_3 + H_2O$
Salicylsäure

(2) $C_6H_4(OH)COOCH_3 + NH_3 \longrightarrow C_6H_4(OH)CONH_2 + CH_3OH$
Salicylamid

Wieviel Gramm Salicylsäure müssen zur Herstellung von 150 g Salicylamid eingesetzt werden, wenn die erste Reaktionsstufe mit dem Wirkungsgrad $\eta = 82\%$ und die zweite Reaktionsstufe mit $\eta = 72\%$ verläuft?

6-40. Wieviel Gramm Dibromcyclohexan, $C_6H_{10}Br_2$, entstehen theoretisch aus 400 g Cyclohexanol, $C_6H_{11}OH$, bei folgendem Reaktionsablauf?

(1) $C_6H_{11}OH \xrightarrow[-H_2O]{} C_6H_{10}$

(2) $C_6H_{10} + Br_2 \longrightarrow C_6H_{10}Br_2$

6-41. Wieviel Kubikmeter Schwefeltrioxid, SO_3, im Normzustand kann man aus 2,55 t Pyrit, $w(FeS_2) = 95{,}8\%$, herstellen, wenn die Reaktionsschritte mit den folgenden Ausbeuteverlusten ablaufen?

(1) $4\ FeS_2 + 11\ O_2 \longrightarrow 2\ Fe_2O_3 + 8\ SO_2$; $\eta = 94\%$

(2) $8\ SO_2 + 4\ O_2 \longrightarrow 8\ SO_3$; $\eta = 84\%$

6.2.3.4 Mit Ausgangsstoffen im Überschuß

Um die völlige Umsetzung eines Ausgangsstoffes zu einem gewünschten Endprodukt zu gewährleisten, wird bei chemischen Reaktionen ein zweiter Ausgangsstoff oft im Überschuß verwendet, d. h. es wird von diesem Stoff eine größere Quantität eingesetzt, als es aufgrund der Stoffmengenrelation notwendig wäre.

Rechenbeispiel 6-34. 250 g reines Eisen sollen zu Eisen(III)-sulfat, $Fe_2(SO_4)_3$, umgesetzt werden.

$$2\,Fe + 3\,H_2SO_4 \longrightarrow Fe_2(SO_4)_3 + 3\,H_2$$

Wieviel Liter Schwefelsäure-Lösung, $c(H_2SO_4) = 3{,}50$ mol/L sind notwendig, wenn mit einem Säure-Überschuß von 20% gearbeitet wird?

Gesucht: $V_{2,\text{Überschuß}}(L_2)$

Gegeben: $m_1(\text{Fe}) = 250$ g
$c_2(H_2SO_4) = 3{,}50$ mol/L
Überschuß an L_2 = 20% = 0,20

$$\downarrow \frac{\boldsymbol{m(\text{Fe})}}{\boldsymbol{M(\text{Fe})}}$$

$$\frac{n_1(\text{Fe})}{\mathbf{2}} = \frac{n_2(H_2SO_4)}{3} \longleftarrow \boldsymbol{c_2(H_2SO_4)}\, V_2(L_2)$$

$$\frac{m(\text{Fe})}{2\,M(\text{Fe})} = \frac{c_2(H_2SO_4)\, V_2(L_2)}{3}$$

$$V_2(L_2) = \frac{3\,m(\text{Fe})}{2\,M(\text{Fe})\,c_2(H_2SO_4)}$$

$$V_{2,\text{Überschuß}}(L_2) = V_2(L_2) + 0{,}20\,V_2(L_2) = 1{,}20\,V_2(L_2)$$

$$= \frac{1{,}20 \cdot 3\,m(\text{Fe})}{2\,M(\text{Fe})\,c_2(H_2SO_4)} = \frac{1{,}20 \cdot 3 \cdot 250\text{ g}}{2 \cdot 55{,}85\text{ g mol}^{-1} \cdot 3{,}50\text{ mol L}^{-1}}$$

$$\underline{\boldsymbol{V_{2,\text{Überschuß}}(L_2) = 2{,}302\text{ L}}}$$

Rechenbeispiel 6-35. Wieviel Gramm Hydrogenbromid-Lösung, $w(\text{HBr}) = 45{,}0\%$, werden zur Umsetzung von 80,0 g 1-Propanol zu 1-Brompropan benötigt, wenn mit einem Überschuß an Hydrogenbromid von 25% gearbeitet wird?

$$CH_3CH_2CH_2OH + HBr \longrightarrow CH_3CH_2CH_2Br + H_2O$$

Gesucht: $m_{2,\text{Überschuß}}(L_2)$

Gegeben: $m_1(CH_3CH_2CH_2OH) = 80{,}0\ g$
$w_2(HBr) = 45{,}0\% = 0{,}450$
Überschuß an HBr $= 25\% = 0{,}25$

$$n_1(CH_3CH_2CH_2OH) = n_2(HBr) \longleftarrow \frac{m_2(HBr)}{\mathbf{M_2(HBr)}} \longleftarrow \mathbf{w_2(HBr)}\ m_2(L_2)$$

$$\uparrow\ \frac{\mathbf{m_1(CH_3CH_2CH_2OH)}}{\mathbf{M_1(CH_3CH_2CH_2OH)}}$$

$$\frac{m_1(CH_3CH_2CH_2OH)}{M_1(CH_3CH_2CH_2OH)} = \frac{w_2(HBr)\ m_2(L_2)}{M_2(HBr)}$$

$$m_2(L_2) = \frac{m_1(CH_3CH_2CH_2OH)\ M_2(HBr)}{M_1(CH_3CH_2CH_2OH)\ w_2(HBr)}$$

$$m_{2,\text{Überschuß}}(L_2) = 1{,}25\ m_2(L_2) = \frac{1{,}25\ m_1(CH_3CH_2CH_2OH)\ M_2(HBr)}{M_1(CH_3CH_2CH_2OH)\ w_2(HBr)}$$

$$= \frac{1{,}25 \cdot 80{,}0\ g \cdot 80{,}91\ g\ mol^{-1}}{60{,}09\ g\ mol^{-1} \cdot 0{,}450}$$

$$\underline{\mathbf{m_{2,\text{Überschuß}}(L_2) = 299{,}2\ g}}$$

Übungsaufgaben:

6-42. Durch Chlorierung von 1-Penten sollen 135 kg 1,2-Dichlorpentan hergestellt werden.

$$CH_2{=}CH{-}CH_2{-}CH_2{-}CH_3 + Cl_2 \longrightarrow Cl{-}CH_2{-}\underset{\substack{|\\ Cl}}{CH}{-}CH_2{-}CH_2{-}CH_3$$

Wieviel Kubikmeter Chlor von 18 °C und 1020 mbar sind einzusetzen, wenn mit einem Chlorüberschuß von 14% gearbeitet wird?

6-43. 15,0 L Salpetersäure-Lösung, $w(HNO_3) = 27{,}0\%$, $\rho = 1{,}160$ g/mL, sollen mit Soda, $w(Na_2CO_3) = 97{,}2\%$, neutralisiert werden. Wieviel Kilogramm Soda sind notwendig, wenn mit einem Überschuß an Soda von 10,0% gearbeitet wird?

$$2\ HNO_3 + Na_2CO_3 \longrightarrow 2\ NaNO_3 + H_2O + CO_2$$

6-44. Wieviel Kubikmeter Sauerstoff, O_2, von 20 °C und 1010 mbar benötigt man zur Herstellung von 2,00 m³ Schwefeltrioxid, SO_3, im Normzustand, wenn die Reaktionsschritte mit den folgenden Ausbeuteverlusten ablaufen und mit einem Luftüberschuß von 15% gearbeitet werden soll?

(1) $4\,FeS_2 + 11\,O_2 \longrightarrow 2\,Fe_2O_3 + 8\,SO_2$ $\quad \eta = 94\%$

(2) $8\,SO_2 + 4\,O_2 \longrightarrow 8\,SO_3$ $\quad \eta = 84\%$

6.2.4 Berechnen der Ausbeute (des Wirkungsgrades)

Mit der Definitionsgleichung (6-2), S. 403, läßt sich die Ausbeute (der Wirkungsgrad) η einer chemischen Reaktion des allgemeinen Typs

$$\mathbf{a\,AB + b\,CD \longrightarrow c\,AC + d\,BD}$$

nach einem **Lösungsweg 1** berechnen. Dabei muß die tatsächlich entstandene Stoffmenge $n_{pr}(AC)$ ggf. durch andere Quantitäten ersetzt werden:

$$n_{pr}(AC) = \frac{m(AC)}{M(AC)} = \frac{V(AC)}{V_m(AC)} = \frac{V(AC)\,\rho(AC)}{M(AC)}$$

Die Stoffmenge $n_{th}(AC)$ des Endproduktes AC, die – bezogen auf einen Ausgangsstoff AB – hätte entstehen müssen, kann mit Hilfe der entsprechenden Einzel-Stoffmengenrelation berechnet werden:

$$n_{th}(AC) = \frac{c\,n(AB)}{a}$$

Darin läßt sich auch die Stoffmenge $n(AB)$ ggf. durch andere Quantitäten ersetzen. Mit (6-2) gilt dann:

$$\eta = \frac{n_{pr}(AC)}{n_{th}(AC)} \longleftarrow \frac{m(AC)}{M(AC)} = \frac{V(AC)}{V_m(AC)} = \frac{V(AC)\,\rho(AC)}{M(AC)}$$

$$n_{th}(AC) = \frac{n(AB)\,c}{a} \longleftarrow \frac{m(AB)}{M(AB)} = \frac{V(AB)}{V_m(AB)} = \frac{V(AB)\,\rho(AB)}{M(AB)}$$

Da der Wirkungsgrad (die Ausbeute) η einer chemischen Reaktion den Bruchteil der Stoffportion angibt, der mit dem zweiten Ausgangsstoff CD zum Endprodukt AC reagiert, läßt er sich bei konsequenter Anwendung der Gesamt-Stoffmengenrelation (6-3) aus der sich als Teil davon ergebenden Einzel-Stoffmengenrelation

$$\frac{\mathbf{n(AB)}\,\eta}{\mathbf{a}} = \frac{\mathbf{n_{pr}(AC)}}{\mathbf{c}}$$

über einen **Lösungsweg 2** berechnen. Zu diesem Zweck können die Stoffmengen $n(AB)$ und $n_{pr}(AC)$ durch andere Quantitäten ersetzt werden. Durch Umstellen der Beziehung ergibt sich eine Bestimmungsgleichung für die Ausbeute η der Reaktion.
In den nächsten Rechenbeispielen werden beide Lösungswege beschritten.

6.2.4.1 Aus der Stoffmenge eines Endproduktes

Rechenbeispiel 6-36. Bei der Reaktion von 1,75 mol Ethanol, C_2H_5OH, mit Schwefelsäure entstehen 0,75 mol Diethylether, $(C_2H_5)_2O$. Wie groß ist die Ausbeute?

$$2\ C_2H_5OH \xrightarrow{H_2SO_4} (C_2H_5)_2O$$

Gesucht: η **Gegeben:** $n(C_2H_5OH) = 1{,}75$ mol
$n_{pr}[(C_2H_5)_2O] = 0{,}75$ mol

$$\frac{n(C_2H_5OH)}{2} = n[(C_2H_5)_2O]$$

$$\eta = \frac{\mathbf{n_{pr}[(C_2H_5)_2O]}}{n_{th}[(C_2H_5)_2O]} \longleftarrow \frac{\mathbf{n(C_2H_5OH)}}{\mathbf{2}}$$

$$\eta = \frac{2\,n_{pr}[(C_2H_5)_2O]}{n(C_2H_5OH)} = \frac{2 \cdot 0{,}75\ \text{mol}}{1{,}75\ \text{mol}}$$

$$\underline{\eta = \mathbf{0{,}857 = 85{,}7\%}}$$

Rechenbeispiel 6-37. Bei der Reaktion von 945 mg Eisenpulver, $w(Fe) = 98{,}0\%$, entstehen bei Oxidation mit Sauerstoff 8,0 mmol Eisentrioxid, Fe_2O_3. Mit welcher Ausbeute verläuft diese Reaktion?

$$4\ Fe + 3\ O_2 \longrightarrow 2\ Fe_2O_3$$

Gesucht: η **Gegeben:** $m_1(M_1) = 945$ mg; $w_1(Fe) = 98{,}0\% = 0{,}980$
$n_2(Fe_2O_3) = 8{,}0$ mmol

$$\frac{n_1(Fe)\,\eta}{\mathbf{4}} = \frac{\mathbf{n_{2,pr}(Fe_2O_3)}}{\mathbf{2}} \Longrightarrow$$

$$\frac{m_1(\mathrm{Fe})}{M(\mathrm{Fe})} \longleftarrow w_1(\mathrm{Fe})\, m_1(\mathrm{M_1})$$

$$\downarrow$$

$$\frac{n_1(\mathrm{Fe})\,\eta}{2} = n_{2,\mathrm{pr}}(\mathrm{Fe_2O_3}) \Longrightarrow \frac{w_1(\mathrm{Fe})\, m_1(\mathrm{M_1})\,\eta}{2\,M(\mathrm{Fe})} = n_{2,\mathrm{pr}}(\mathrm{Fe_2O_3})$$

$$\eta = \frac{2\,n_{2,\mathrm{pr}}(\mathrm{Fe_2O_3})\,M(\mathrm{Fe})}{m_1(\mathrm{M_1})\,w_1(\mathrm{Fe})} = \frac{2 \cdot 8{,}0\ \mathrm{mmol} \cdot 55{,}85\ \mathrm{g\ mol^{-1}}}{945\ \mathrm{mg} \cdot 0{,}980}$$

$$\underline{\eta = 0{,}965 = 96{,}5\%}$$

Rechenbeispiel 6-38. Beim Überleiten von 20,0 L Kohlenstoffdioxid, CO_2, im Normzustand über Kaliumoxid, K_2O, entstehen 320 mmol Kaliumcarbonat, K_2CO_3. Mit welcher Ausbeute verläuft die Reaktion?

$$K_2O + CO_2 \longrightarrow K_2CO_3$$

Gesucht: η **Gegeben:** $V_n(CO_2) = 20{,}0$ L; $n_{pr}(K_2CO_3) = 320$ mmol

$$n(CO_2) = n(K_2CO_3)$$

$$\eta = \frac{n_{\mathrm{pr}}(\mathrm{K_2CO_3})}{n_{\mathrm{th}}(\mathrm{K_2CO_3})} \longleftarrow n(\mathrm{CO_2}) \longleftarrow \frac{V_\mathrm{n}(\mathrm{CO_2})}{V_{\mathrm{mn}}}$$

$$\eta = \frac{n_{\mathrm{pr}}(\mathrm{K_2CO_3})\,V_{\mathrm{mn}}}{V_\mathrm{n}(\mathrm{CO_2})} = \frac{320\ \mathrm{mmol} \cdot 22{,}4\ \mathrm{L\ mol^{-1}}}{20{,}0\ \mathrm{L}}$$

$$\underline{\eta = 0{,}358 = 35{,}8\%}$$

Rechenbeispiel 6-39. 175 mL Nitrobenzol, $C_6H_5NO_2$, $\rho = 1{,}204$ g/mL, werden reduziert. Dabei entstehen 1,48 mol Aminobenzol, Anilin, $C_6H_5NH_2$. Wie groß ist die Ausbeute?

$$C_6H_5NO_2 \longrightarrow C_6H_5NH_2$$

Gesucht: η **Gegeben:** $V(C_6H_5NO_2) = 175$ mL; $\rho(C_6H_5NO_2) = 1{,}204$ g/mL
$n_{pr}(C_6H_5NH_2) = 1{,}48$ mol

$$n(\mathrm{C_6H_5NO_2}) = \eta = n_{\mathrm{pr}}(\mathrm{C_6H_5NH_2})$$

$$\uparrow$$

$$\frac{V(\mathrm{C_6H_5NO_2})\,\rho(\mathrm{C_6H_5NO_2})}{M(\mathrm{C_6H_5NO_2})}$$

$$\frac{\boldsymbol{V(C_6H_5NO_2)\,\rho(C_6H_5NO_2)\,\eta}}{\boldsymbol{M(C_6H_5NO_2)}} = \boldsymbol{n_{pr}(C_6H_5NH_2)}$$

$$\eta = \frac{n_{pr}(C_6H_5NH_2)\,M(C_6H_5NO_2)}{V(C_6H_5NO_2)\,\rho(C_6H_5NO_2)} = \frac{1{,}48\ \text{mol} \cdot 123{,}11\ \text{g mol}^{-1}}{175\ \text{mL} \cdot 1{,}204\ \text{g mL}^{-1}}$$

$$\underline{\boldsymbol{\eta = 0{,}865 = 86{,}5\%}}$$

Übungsaufgaben:

6-45. Bei der Reaktion von 3,65 mol Propanol, C_3H_7OH, mit Schwefelsäure entstehen 1,75 mol Dipropylether, $(C_3H_7)_2O$. Wie groß ist die Ausbeute?

$$2\ C_3H_7OH \xrightarrow{H_2SO_4} (C_3H_7)_2O$$

6-46. Bei der Verbrennung von 45,0 g Schwefelpulver, $w(S) = 99{,}2\%$, entstehen 1,35 mol Schwefeldioxid, SO_2. Mit welcher Ausbeute verläuft diese Reaktion?

$$S + O_2 \longrightarrow SO_2$$

6-47. Beim Überleiten von 30,0 L Kohlenstoffdioxid, CO_2, im Normzustand über Kaliumoxid, K_2O, entstehen 0,470 mol Kaliumcarbonat, K_2CO_3. Mit welcher Ausbeute verläuft die Reaktion?

$$K_2O + CO_2 \longrightarrow K_2CO_3$$

6-48. 275 mL Nitrobenzol, $C_6H_5NO_2$, $\rho = 1{,}204$ g/mL, werden reduziert. Dabei entstehen 2,30 mol Aminobenzol, Anilin, $C_6H_5NH_2$. Wie groß ist die Ausbeute?

$$C_6H_5NO_2 \longrightarrow C_6H_5NH_2$$

6.2.4.2 Aus der Masse eines Endproduktes

Rechenbeispiel 6-40. Eine Natronlauge enthält 325 g Natriumhydroxid, NaOH. Beim Einleiten von Kohlenstoffdioxid, CO_2, entstehen 668 g Natriumhydrogencarbonat, $NaHCO_3$. Wie groß ist die Reaktionsausbeute?

$$NaOH + CO_2 \longrightarrow NaHCO_3$$

Gesucht: η **Gegeben:** $m(NaOH) = 325$ g
$m(NaHCO_3) = 668$ g

$$n(\text{NaOH}) = n(\text{NaHCO}_3)$$

$$\eta = \frac{\mathbf{n_{pr}(NaHCO_3)}}{n_{th}(\text{NaHCO}_3)} \longleftarrow n(\text{NaHCO}_3) = \frac{\mathbf{m(NaHCO_3)}}{\mathbf{M(NaHCO_3)}}$$

$$n_{th}(\text{NaHCO}_3) \longleftarrow \mathbf{n(NaOH)} \longleftarrow \frac{m(\text{NaOH})}{M(\text{NaOH})}$$

$$\eta = \frac{m_{pr}(\text{NaHCO}_3)\,M(\text{NaOH})}{M(\text{NaHCO}_3)\,m(\text{NaOH})} = \frac{668\text{ g} \cdot 40{,}00\text{ g mol}^{-1}}{84{,}01\text{ g mol}^{-1} \cdot 325\text{ g}}$$

$\boldsymbol{\eta = 0{,}979 = 97{,}9\%}$

Rechenbeispiel 6-41. Bei der Veresterung von 500 g vergälltem Ethanol, $w(C_2H_5OH) = 92{,}0\%$, mit Essigsäure entstehen 625 g Essigsäureethylester, $CH_3COOC_2H_5$. Wie groß ist die Ausbeute der Reaktion?

$$C_2H_5OH + CH_3COOH \longrightarrow CH_3COOC_2H_5 + H_2O$$

Gesucht: η **Gegeben:** $m_1(M_1) = 500$ g; $w_1(C_2H_5OH) = 92{,}0\% = 0{,}920$
$m_2(CH_3COOC_2H_5) = 625$ g

$$n_1(C_2H_5OH) = n_2(CH_3COOC_2H_5)$$

$$\eta = \frac{n_{2,pr}(CH_3COOC_2H_5)}{n_{2,th}(CH_3COOC_2H_5)} \longleftarrow \frac{\mathbf{m_{2,pr}(CH_3COOC_2H_5)}}{\mathbf{M_2(CH_3COOC_2H_5)}}$$

$$n_{2,th}(CH_3COOC_2H_5) \longleftarrow n_1(C_2H_5OH) \longleftarrow \frac{m_1(C_2H_5OH)}{\mathbf{M_1(C_2H_5OH)}}, \quad m_1(C_2H_5OH) \longleftarrow \mathbf{w_1(C_2H_5OH)\,m_1(M_1)}$$

$$\eta = \frac{m_{2,pr}(CH_3COOC_2H_5)\,M_1(C_2H_5OH)}{M_2(CH_3COOC_2H_5)\,w_1(C_2H_5OH)\,m_1(M_1)} = \frac{625\text{ g} \cdot 46{,}07\text{ g mol}^{-1}}{88{,}10\text{ g mol}^{-1} \cdot 0{,}920 \cdot 500\text{ g}}$$

$\boldsymbol{\eta = 0{,}711 = 71{,}1\%}$

Rechenbeispiel 6-42. Bei der Reaktion von 2,0 mol Calciumcarbonat, $CaCO_3$, mit Salzsäure, HCl(aq), entstehen neben Wasser und Kohlenstoffdioxid 218 g Calciumchlorid, $CaCl_2$. Wie groß ist die Ausbeute der Reaktion?

$$CaCO_3 + HCl(aq) \longrightarrow CaCl_2 + H_2O + CO_2$$

Gesucht: η **Gegeben:** $n(CaCO_3) = 2{,}0\ \text{mol}$
$m_{pr}(CaCl_2) = 218\ \text{g}$

$$n(\mathbf{CaCO_3})\ \eta = n_{pr}(CaCl_2) \longleftarrow \frac{m_{pr}(\mathbf{CaCl_2})}{M(\mathbf{CaCl_2})}$$

$$\eta = \frac{m_{pr}(CaCl_2)}{M(CaCl_2)\ n(CaCO_3)} = \frac{218\ \text{g}}{110{,}98\ \text{g mol}^{-1} \cdot 2{,}0\ \text{mol}}$$

$$\underline{\eta = 0{,}98 = 98\%}$$

Rechenbeispiel 6-43. Bei der Chlorierung von Methan, CH_4, entstehen aus 500 L Chlor von 20 °C und 1100 mbar 560 g Dichlormethan, Methylenchlorid, CH_2Cl_2. Wie groß ist die Ausbeute?

$$CH_4 + 2\ Cl_2 \longrightarrow CH_2Cl_2 + 2\ HCl$$

Gesucht: η **Gegeben:** $V(Cl_2) = 500\ \text{L};\ T = 293\ \text{K};\ p = 1100\ \text{mbar}$
$m_{pr}(CH_2Cl_2) = 560\ \text{g}$

$$\frac{n(Cl_2)}{2} = n(CH_2Cl_2)$$

$$\eta = \frac{n_{pr}(CH_2Cl_2)}{n_{th}(CH_2Cl_2)} \longleftarrow \frac{m_{pr}(\mathbf{CH_2Cl_2})}{M(\mathbf{CH_2Cl_2})}$$

$$n_{th}(CH_2Cl_2) \uparrow\ \frac{n(\mathbf{Cl_2})}{\mathbf{2}} \longleftarrow \frac{V(\mathbf{Cl_2})}{V_m}$$

$$\eta = \frac{2\ m_{pr}(CH_2Cl_2)\ R\ T}{M(CH_2Cl_2)\ V_n(Cl_2)\ p} = \frac{2 \cdot 560\ \text{g} \cdot 83{,}1\ \text{L mbar K}^{-1}\ \text{mol}^{-1} \cdot 293\ \text{K}}{500\ \text{L} \cdot 1100\ \text{mbar} \cdot 84{,}93\ \text{g mol}^{-1}}$$

$$\underline{\eta = 0{,}584 = 58{,}4\%}$$

Rechenbeispiel 6-44. 100 mL Toluol, $C_6H_5CH_3$, $\rho = 0{,}867\ \text{g/mL}$, werden mit Schwefelsäure sulfoniert.

$$C_6H_5CH_3 + H_2SO_4 \longrightarrow C_6H_4(CH_3)SO_3H + H_2O$$

Dabei entstehen 65,8 g p-Toluolsulfonsäure, $C_6H_4(CH_3)SO_3H$. Wie groß ist die Ausbeute?

Gesucht: η **Gegeben:** $V(C_6H_5CH_3) = 100$ mL; $\rho(C_6H_5CH_3) = 0{,}867$ g/mL
$m_{pr}[p\text{-}C_6H_4(CH_3)SO_3H] = 65{,}8$ g

$$n(C_6H_5CH_3) = n[p\text{-}C_6H_4(CH_3)SO_3H]$$

$$\eta = \frac{n_{pr}[p\text{-}C_6H_4(CH_3)SO_3H]}{n_{th}[p\text{-}C_6H_4(CH_3)SO_3H]} \longleftarrow \frac{\boldsymbol{m_{pr}[p\text{-}C_6H_4(CH_3)SO_3H]}}{\boldsymbol{M[p\text{-}C_6H_4(CH_3)SO_3H]}}$$

$$\uparrow\ n(C_6H_5CH_3) \longleftarrow \frac{\boldsymbol{V(C_6H_5CH_3)\ \rho(C_6H_5CH_3)}}{\boldsymbol{M(C_6H_5CH_3)}}$$

$$\eta = \frac{m_{pr}[p\text{-}C_6H_4(CH_3)SO_3H]\ M(C_6H_5CH_3)}{M[p\text{-}C_6H_4(CH_3)SO_3H]\ V(C_6H_5CH_3)\ \rho(C_6H_5CH_3)}$$

$$= \frac{65{,}8\text{ g} \cdot 92{,}13\text{ g mol}^{-1}}{172{,}19\text{ g mol}^{-1} \cdot 100\text{ mL} \cdot 0{,}867\text{ g mL}^{-1}}$$

$$\underline{\eta = \mathbf{0{,}406 = 40{,}6\%}}$$

Übungsaufgaben:

6-49. Eine Kalilauge enthält 125 g Kaliumhydroxid, KOH. Beim Einleiten von Kohlenstoffdioxid, CO_2, entstehen 218 g Kaliumhydrogencarbonat, $KHCO_3$. Wie groß ist die Reaktionsausbeute?

$$KOH + CO_2 \longrightarrow KHCO_3$$

6-50. Bei der Oxidation von 150 g Ethanal, CH_3CHO, entstehen 185 g Essigsäure, CH_3COOH. Wie groß ist die Ausbeute bei dieser Reaktion?

$$CH_3CHO \xrightarrow{[O]} CH_3COOH$$

6-51. Bei der Reduktion von 400 g Nitrobenzol, $C_6H_5NO_2$, entstehen 285 g Aminobenzol, $C_6H_5NH_2$. Wie groß ist die Reaktionsausbeute?

$$C_6H_5NO_2 \xrightarrow{[H]} C_6H_5NH_2$$

6-52. Beim Abrösten von 2,75 t Pyrit, $w(FeS_2) = 94{,}5\%$, entstehen neben Schwefeldioxid 1,50 t Eisen(III)-oxid, Fe_2O_3. Wie groß ist die Reaktionsausbeute?

$$4\ FeS_2 + 11\ O_2 \longrightarrow 2\ Fe_2O_3 + 8\ SO_2$$

6-53. Bei der Veresterung von 700 g vergälltem Ethanol, $w(C_2H_5OH) = 90{,}0\%$, mit Essigsäure entstehen 850 g Essigsäureethylester, $CH_3COOC_2H_5$. Wie groß ist die Ausbeute der Reaktion?

$$C_2H_5OH + CH_3COOH \longrightarrow CH_3COOC_2H_5 + H_2O$$

6-54. Bei der Reaktion von 2,5 mol Calciumcarbonat, $CaCO_3$, mit Salzsäure, HCl(aq), entstehen neben Wasser und Kohlenstoffdioxid 265 g Calciumchlorid, $CaCl_2$. Wie groß ist die Ausbeute der Reaktion?

$$CaCO_3 + HCl(aq) \longrightarrow CaCl_2 + H_2O + CO_2$$

6-55. Bei der Chlorierung von Methan, CH_4, entstehen aus 600 L Chlor von 20 °C und 1200 mbar 1220 g Dichlormethan, Methylenchlorid, CH_2Cl_2. Wie groß ist die Ausbeute?

$$CH_4 + 2\ Cl_2 \longrightarrow CH_2Cl_2 + 2\ HCl$$

6-56. 150 mL Toluol, $C_6H_5CH_3$, ρ = 0,867 g/mL, werden mit Schwefelsäure sulfoniert.

$$C_6H_5CH_3 + H_2SO_4 \longrightarrow C_6H_4(CH_3)SO_3H + H_2O$$

Dabei entstehen 98,8 g p-Toluolsulfonsäure, $C_6H_4(CH_3)SO_3H$. Wie groß ist die Ausbeute?

6.2.4.3 Aus dem Volumen eines Endproduktes

Rechenbeispiel 6-45. Bei der katalytischen Oxidation von 450 L Schwefeldioxid, SO_2, von 1025 mbar und 30 °C entstehen 425 L Schwefeltrioxid, SO_3, von 1015 mbar und 22 °C. Wie groß ist die Ausbeute dieser Umsetzung?

$$2\ SO_2 + O_2 \longrightarrow 2\ SO_3$$

Gesucht: η

Gegeben: $V_1(SO_2) = 450\ L;\ p_1 = 1025\ mbar;\ T_1 = 303\ K$
$V_2(SO_3) = 425\ L;\ p_2 = 1015\ mbar;\ T_2 = 295\ K$

$$n(SO_2) = n(SO_3)$$

$$\eta = \frac{n_{pr}(SO_3)}{n_{th}(SO_3)} \longleftarrow n(X) \longleftarrow \frac{\boldsymbol{V(X)}}{\boldsymbol{V_m}}$$

$$\eta = \frac{V_{pr}(SO_3)\ p_2\ T_1}{T_2\ V(SO_2)\ p_1} = \frac{425\ L \cdot 1015\ mbar \cdot 303\ K}{295\ K \cdot 450\ L \cdot 1025\ mbar}$$

$$\underline{\eta = \mathbf{0{,}961} = \mathbf{96{,}1\%}}$$

Rechenbeispiel 6-46. Bei der Oxidation von 200 mL Methanol, CH_3OH, ρ = 0,792 g/mL, entstehen 100 L Methanal, Formaldehyd, HCHO, im Normzustand. Wie groß ist die Reaktionsausbeute?

$$CH_3OH \xrightarrow{[O]} HCHO + H_2O$$

Gesucht: η **Gegeben:** $V(CH_3OH) = 200$ mL; $\rho(CH_3OH) = 0{,}792$ g/mL
$V_{pr}(HCHO) = 100$ L

$$n(CH_3OH) = n(HCHO)$$

$$\eta = \frac{n_{pr}(HCHO)}{n_{th}(HCHO)} \longleftarrow \frac{\boldsymbol{V_n(HCHO)}}{\boldsymbol{V_{mn}}}$$

$$\uparrow\ n(CH_3OH) \longleftarrow \frac{\boldsymbol{V(CH_3OH)\,\rho(CH_3OH)}}{\boldsymbol{M(CH_3OH)}}$$

$$\eta = \frac{V_{n,pr}(HCHO)\,M(CH_3OH)}{V_{mn}\,V(CH_3OH)\,\rho(CH_3OH)} = \frac{100\ \text{L} \cdot 32{,}04\ \text{g mol}^{-1}}{22{,}4\ \text{L mol}^{-1} \cdot 200\ \text{mL} \cdot 0{,}792\ \text{g mL}^{-1}}$$

$\boldsymbol{\eta = 0{,}903 = 90{,}3\%}$

Rechenbeispiel 6-47. Bei der Veresterung von 400 mL Essigsäure, Ethansäure, CH_3COOH, mit Ethanol, C_2H_5OH, entstehen 580 mL Essigsäureethylester, $CH_3COOC_2H_5$. Wie groß ist die Ausbeute bei dieser Reaktion?
$\rho(CH_3COOH) = 1{,}049$ g/mL; $\rho(CH_3COOC_2H_5) = 0{,}901$ g/mL

$$CH_3COOH + C_2H_5OH \longrightarrow CH_3COOC_2H_5 + H_2O$$

Gesucht: η **Gegeben:** $V(CH_3COOH) = 400$ mL
$\rho(CH_3COOH) = 1{,}049$ g/mL
$V_{pr}(CH_3COOC_2H_5) = 580$ mL
$\rho(CH_3COOC_2H_5) = 0{,}901$ g/mL

$$n(CH_3COOH) = n(CH_3COOC_2H_5)$$

$$\eta = \frac{n_{pr}(CH_3COOC_2H_5)}{n_{th}(CH_3COOC_2H_5)} \longleftarrow n(X) = \frac{m(X)}{\boldsymbol{M(X)}} \longleftarrow \boldsymbol{V(X)\,\rho(X)}$$

$$\uparrow\ n(CH_3COOH) \longleftarrow n(X) = \frac{m(X)}{\boldsymbol{M(X)}} \longleftarrow \boldsymbol{V(X)\,\rho(X)}$$

$$\eta = \frac{V_{pr}(CH_3COOC_2H_5)\,\rho(CH_3COOC_2H_5)\,M(CH_3COOH)}{M(CH_3COOC_2H_5)\,V(CH_3COOH)\,\rho(CH_3COOH)}$$

$$= \frac{580\ \text{mL} \cdot 0{,}901\ \text{g mL}^{-1} \cdot 60{,}05\ \text{g mol}^{-1}}{88{,}10\ \text{g mol}^{-1} \cdot 400\ \text{mL} \cdot 1{,}049\ \text{g mL}^{-1}}$$

$\boldsymbol{\eta = 0{,}849 = 84{,}9\%}$

Rechenbeispiel 6-48. Bei der Chlorierung von Methan, CH_4, entstehen mit 950 L Chlor von 300 K und 1020 mbar 750 mL Tetrachlormethan, Tetrachlorkohlenstoff, CCl_4. Die Dichte des Tetrachlormethans ist 1,594 g/mL. Wie groß ist die Reaktionsausbeute?

$$CH_4 + 4\ Cl_2 \longrightarrow CCl_4 + 4\ HCl$$

Gesucht: η **Gegeben:** $V(Cl_2) = 950$ L; $T = 300$ K; $p = 1020$ mbar
$V_{pr}(CCl_4) = 750$ mL; $\rho(CCl_4) = 1{,}594$ g/mL

$$\frac{n(Cl_2)}{4} = n(CCl_4)$$

$$\eta = \frac{n_{pr}(CCl_4)}{n_{th}(CCl_4)} \longleftarrow \frac{m_{pr}(CCl_4)}{\boldsymbol{M(CCl_4)}} \longleftarrow \boldsymbol{V_{pr}(CCl_4)\ \rho(CCl_4)}$$

$$n_{th}(CCl_4) \longleftarrow \frac{n(Cl_2)}{\mathbf{4}} \longleftarrow \frac{\boldsymbol{V(Cl_2)}}{\boldsymbol{V_m}}$$

$$\eta = \frac{4\ V_{pr}(CCl_4)\ \rho(CCl_4)\ R\ T}{M(CCl_4)\ V(Cl_2)\ p}$$

$$= \frac{750\ \text{mL} \cdot 1{,}594\ \text{g mL}^{-1} \cdot 4 \cdot 83{,}1\ \text{L mbar K}^{-1}\ \text{mol}^{-1} \cdot 300\ \text{K}}{153{,}81\ \text{g mol}^{-1} \cdot 950\ \text{L} \cdot 1020\ \text{mbar}}$$

$$\underline{\boldsymbol{\eta = 0{,}800 = 80{,}0\%}}$$

Rechenbeispiel 6-49. Bei der Reaktion von 5,0 mol Calciumcarbonat, $CaCO_3$, mit Salzsäure, HCl(aq), entstehen neben Calciumchlorid und Wasser auch 107,5 L Kohlenstoffdioxid, CO_2, im Normzustand. Wie groß ist die Ausbeute der Reaktion?

$$CaCO_3 + HCl(aq) \longrightarrow CaCl_2 + H_2O + CO_2$$

Gesucht: η **Gegeben:** $n(CaCO_3) = 5{,}0$ mol; $V_{n,pr}(CO_2) = 107{,}5$ L

$$n(CaCO_3) = n(CO_2)$$

$$\eta = \frac{n_{pr}(CO_2)}{n_{th}(CO_2)} \longleftarrow \frac{\boldsymbol{V_{n,pr}(CO_2)}}{\boldsymbol{V_{mn}}}$$

$$n_{th}(CO_2) \longleftarrow \boldsymbol{n(CaCO_3)}$$

$$\eta = \frac{V_{n,pr}(CO_2)}{V_{mn}\, n(CaCO_3)} = \frac{107{,}5 \text{ L}}{22{,}4 \text{ L mol}^{-1} \cdot 5{,}0 \text{ mol}}$$

$$\underline{\eta = \mathbf{0{,}96} = \mathbf{96\%}}$$

Rechenbeispiel 6-50. Bei der Oxidation von 5,0 mol 2-Propanol, Isopropanol, $(CH_3)_2CHOH$, entstehen 275 mL Propanon, Aceton, $(CH_3)_2CO$, ρ = 0,791 g/mL. Wie groß ist die Ausbeute?

$$CH_3{-}CHOH{-}CH_3 \xrightarrow{[O]} CH_3{-}CO{-}CH_3$$

Gesucht: η **Gegeben:** $n[(CH_3)_2CHOH] = 5{,}0$ mol
$V_{pr}[(CH_3)_2CO] = 275$ mL; $\rho[(CH_3)_2CO] = 0{,}791$ g/mL

$$n[(CH_3)_2CHOH] = n[(CH_3)_2CO]$$

$$\eta = \frac{n_{pr}[(CH_3)_2CO]}{n_{th}[(CH_3)_2CO]} \longleftarrow \frac{m_{pr}[(CH_3)_2CO]}{\mathbf{M[(CH_3)_2CO]}} \longleftarrow \mathbf{V_{pr}[(CH_3)_2CO]\, \rho[(CH_3)_2CO]}$$

$$n_{th}[(CH_3)_2CO] \longleftarrow \mathbf{n[(CH_3)_2CHOH]}$$

$$\eta = \frac{V_{pr}[(CH_3)_2CO]\, \rho[(CH_3)_2CO]}{M[(CH_3)_2CO]\, n[(CH_3)_2CHOH]} = \frac{275 \text{ mL} \cdot 0{,}791 \text{ g mL}^{-1}}{58{,}08 \text{ g mol}^{-1} \cdot 5{,}0 \text{ mol}}$$

$$\underline{\eta = \mathbf{0{,}749} = \mathbf{74{,}9\%}}$$

Rechenbeispiel 6-51. Bei der Reaktion mit 15,6 g Zink mit Salzsäure, HCl(aq), entstehen 5,0 L Wasserstoff von 18 °C und 1055 mbar. Wie groß ist die Ausbeute dieser Umsetzung?

$$Zn + 2\,HCl \longrightarrow ZnCl_2 + H_2$$

Gesucht: η **Gegeben:** $m(Zn) = 15{,}6$ g
$V_{pr}(H_2) = 5{,}0$ L; $T = 291$ K; $p = 1055$ mbar

$$n(Zn) = n(H_2)$$

$$\eta = \frac{n_{pr}(H_2)}{n_{th}(H_2)} \longleftarrow \frac{\mathbf{V_{pr}(H_2)}}{\mathbf{V_m}}$$

$$n_{th}(H_2) \longleftarrow n(Zn) \longleftarrow \frac{\mathbf{m(Zn)}}{\mathbf{M(Zn)}}$$

$$\eta = \frac{V_{pr}(H_2)\, p\, M(Zn)}{R\, T\, m(Zn)} = \frac{5{,}0\ L \cdot 1055\ mbar \cdot 65{,}38\ g\ mol^{-1}}{83{,}1\ L\ mbar\ K^{-1}\ mol^{-1} \cdot 291\ K \cdot 15{,}6\ g}$$

$$\underline{\eta = \mathbf{0{,}91} = \mathbf{91\%}}$$

Rechenbeispiel 6-52. Bei der Reaktion mit 20,0 g Zinkstaub, $w(Zn) = 97{,}8\%$, mit Salzsäure, HCl(aq), entstehen 6,0 L Wasserstoff von 18 °C und 1055 mbar. Wie groß ist die Ausbeute dieser Umsetzung?

$$Zn + 2\ HCl \longrightarrow ZnCl_2 + H_2$$

Gesucht: η **Gegeben:** $m_1(M_1) = 20{,}0$ g; $w_1(Zn) = 97{,}8\%$
$V_{pr}(H_2) = 6{,}0$ L; $T = 291$ K ; $p = 1055$ mbar

$$n_1(Zn) = n_2(H_2)$$

$$\eta = \frac{n_{2,pr}(H_2)}{n_{2,th}(H_2)} \longleftarrow \mathbf{\frac{V_{pr}(H_2)}{V_m}}$$

$$n_{2,th}(H_2) \longleftarrow n_1(Zn) \longleftarrow \frac{m_1(Zn)}{\mathbf{M_1(Zn)}} \longleftarrow \mathbf{w_1(Zn)\, m_1(M_1)}$$

$$\eta = \frac{V_{2,pr}(H_2)\, p\, M_1(Zn)}{R\, T\, w_1(Zn)\, m_1(M_1)} = \frac{6{,}0\ L \cdot 1055\ mbar \cdot 65{,}38\ g\ mol^{-1}}{83{,}1\ L\ mbar\ K^{-1}\ mol^{-1} \cdot 291\ K \cdot 0{,}978 \cdot 20{,}0\ g}$$

$$\underline{\eta = \mathbf{0{,}87} = \mathbf{87\%}}$$

Rechenbeispiel 6-53. Bei der Methylierung von 750 g Benzol, C_6H_6, entstehen 835 mL Toluol, $C_6H_5CH_3$, $\rho = 0{,}867$ g/mL. Wie groß ist die Reaktionsausbeute?

$$C_6H_6 + CH_3Cl \xrightarrow{AlCl_3} C_6H_5CH_3 + HCl$$

Gesucht: η **Gegeben:** $m(C_6H_6) = 750$ g
$V_{pr}(C_6H_5CH_3) = 835$ mL
$\rho(C_6H_5CH_3) = 0{,}867$ g/mL

$$n(C_6H_6) = n(C_6H_5CH_3)$$

$$\eta = \frac{n_{pr}(C_6H_5CH_3)}{n_{th}(C_6H_5CH_3)} \longleftarrow \mathbf{\frac{m_{pr}(C_6H_5CH_3)}{M(C_6H_5CH_3)}} \longleftarrow \mathbf{V_{pr}(C_6H_5CH_3)\, \rho(C_6H_5CH_3)}$$

$$n_{th}(C_6H_5CH_3) \longleftarrow n(C_6H_6) \longleftarrow \mathbf{\frac{m(C_6H_6)}{M(C_6H_6)}}$$

$$\eta = \frac{V_{pr}(C_6H_5CH_3)\ \rho(C_6H_5CH_3)\ M(C_6H_6)}{M(C_6H_5CH_3)\ m(C_6H_6)}$$

$$= \frac{835\ \text{mL} \cdot 0{,}867\ \text{g mL}^{-1} \cdot 78{,}11\ \text{g mol}^{-1}}{92{,}13\ \text{g mol}^{-1} \cdot 750\ \text{g}}$$

$\underline{\eta = \mathbf{0{,}8184} = \mathbf{81{,}84\%}}$

Übungsaufgaben:

6-57. Bei der katalytischen Oxidation von 45,5 m³ Schwefeldioxid, SO_2, von 1045 mbar und 31 °C entstehen 42,5 m³ Schwefeltrioxid, SO_3, von 1015 mbar und 22 °C. Wie groß ist die Ausbeute dieser Umsetzung?

$$2\ SO_2 + O_2 \longrightarrow 2\ SO_3$$

6-58. Bei der Chlorierung von Methan, CH_4, entstehen mit 750 m³ Chlor von 300 K und 1020 mbar 495 L Tetrachlormethan, Tetrachlorkohlenstoff, CCl_4, $\rho = 1{,}594$ g/mL. Wie groß ist die Reaktionsausbeute?

$$CH_4 + 4\ Cl_2 \longrightarrow CCl_4 + 4\ HCl$$

6-59. Bei der Oxidation von 300 mL Methanol, CH_3OH, $\rho = 0{,}792$ g/mL, entstehen 145 L Methanal, Formaldehyd, HCHO, von 20 °C und 1018 mbar. Wie groß ist die Ausbeute?

$$CH_3OH \xrightarrow{[O]} HCHO + H_2O$$

6-60. Bei der Veresterung von 500 mL Essigsäure, Ethansäure, CH_3COOH, mit Ethanol, C_2H_5OH, entstehen 725 mL Essigsäureethylester, $CH_3COOC_2H_5$. Wie groß ist die Ausbeute bei dieser Reaktion?
$\rho(CH_3COOH) = 1{,}049$ g/mL; $\rho(CH_3COOC_2H_5) = 0{,}901$ g/mL

$$CH_3COOH + C_2H_5OH \longrightarrow CH_3COOC_2H_5 + H_2O$$

6-61. Bei der Reaktion von 5,0 mol Calciumcarbonat, $CaCO_3$, mit Salzsäure, HCl(aq), entstehen neben Calciumchlorid und Wasser auch 107,5 L Kohlenstoffdioxid, CO_2, von 27 °C und 990 mbar. Wie groß ist die Ausbeute der Reaktion?

$$CaCO_3 + HCl(aq) \longrightarrow CaCl_2 + H_2O + CO_2$$

6-62. Bei der Oxidation von 3,0 mol 2-Propanol, Isopropanol, $(CH_3)_2CHOH$, entstehen 160 mL Propanon, Aceton, $(CH_3)_2CO$, $\rho = 0{,}791$ g/mL. Welche Ausbeute ergibt sich für die Reaktion?

$$CH_3\text{—}CHOH\text{—}CH_3 \xrightarrow{[O]} CH_3\text{—}CO\text{—}CH_3$$

6-63. Bei der Reaktion mit 66,0 g Zinkstaub, $w(Zn) = 97{,}0\%$, mit Salzsäure, HCl(aq), entstehen 20,0 L Wasserstoff von 21 °C und 1035 mbar. Wie groß ist die Ausbeute dieser Umsetzung?

$$Zn + 2\,HCl \longrightarrow ZnCl_2 + H_2$$

6-64. Bei der Methylierung von 650 g Benzol, C_6H_6, entstehen 720 mL Toluol, $C_6H_5CH_3$, mit einer Dichte $\rho = 0{,}867$ g/mL. Wie groß ist die Reaktionsausbeute?

$$C_6H_6 + CH_3Cl \xrightarrow{AlCl_3} C_6H_5CH_3 + HCl$$

6.2.5 Wiederholungsaufgaben (zu Abschn. 6.2.3)

6-1. a) Wieviel Gramm Kupfer(II) nitrat lassen sich aus 250 Gramm reinem Kupfer herstellen? b) Wieviel Mol Stickstoffmonoxid, NO, entstehen dabei?

$$3\,Cu + 8\,HNO_3 \longrightarrow 3\,Cu(NO_3)_2 + 2\,NO + 4\,H_2O$$

6-2. 400 g reines Aluminium werden vollständig zu Aluminiumoxid, Al_2O_3, oxidiert. Wie groß ist die Massenzunahme a) in Gramm und b) in Prozent?

6-3. Wieviel Gramm Schwefeldioxid, entstehen aus 50,0 g Natriumsulfit, Na_2SO_3, mit überschüssiger Salzsäure a) bei vollständiger Umsetzung und b) wenn die Ausbeute 85% beträgt? c) Wieviel Milliliter Säure, $w(HCl) = 20{,}4\%$, $\rho = 1{,}100$ g/mL, werden benötigt?

$$Na_2SO_3 + 2\,HCl \longrightarrow 2\,NaCl + H_2O + SO_2$$

6-4. a) Wieviel Gramm Hydrogenchlorid entstehen aus 2,00 mol Natriumchlorid bei der Umsetzung mit Schwefelsäure-Lösung? b) Wieviel Liter Schwefelsäure-Lösung, $\beta(H_2SO_4) = 135$ g/L, benötigt man dazu?

$$2\,NaCl + H_2SO_4 \longrightarrow Na_2SO_4 + 2\,HCl$$

6-5. a) Wieviel Gramm Sauerstoff sind notwendig, um 145 g Schwefel zu verbrennen? b) Wieviel Liter Luft, $\varphi(O_2) = 20{,}9\%$, im Normzustand brauchte man dazu, wenn mit einem Luftüberschuß von 35% gerechnet werden soll? c) Wieviel Liter Schwefeldioxid, SO_2, von 995 mbar und 17 °C entstehen dabei?

$$S + O_2 \longrightarrow SO_2$$

6-6. a) Wieviel Gramm technisches Ammonchlorid, $w(NH_4Cl) = 92{,}8\%$, benötigt man zur Herstellung von von 200 L Hydrogenchlorid im Normzustand? b) Wieviel Liter Schwefelsäure-Lösung, $c(H_2SO_4) = 2{,}00$ mol/L sind dazu notwendig? c) Wieviel Gramm Ammonsulfat, $(NH_4)_2SO_4$, entstehen dabei?

$$2\,NH_4Cl + H_2SO_4 \longrightarrow (NH_4)_2SO_4 + 2\,HCl$$

6-7. 100 g Ammonsulfat reagieren mit Natronlauge. a) Wieviel Liter Natronlauge, $w(\text{NaOH}) = 36{,}0\%$, $\rho = 1{,}390$ g/mL, sind notwendig, wenn mit einem Überschuß von 10,0% gearbeitet werden soll? b) Wieviel Gramm Natriumsulfat bilden sich dabei? c) Wieviel Liter Ammoniak von 15 °C und 1065 mbar entstehen gleichzeitig?

$$(NH_4)_2SO_4 + 2\ NaOH \longrightarrow Na_2SO_4 + 2\ H_2O + 2\ NH_3$$

6-8. In einer Heizung werden pro Tag 125,0 kg Heizöl, $w(\text{S}) = 0{,}85\%$, $w(\text{C}) = 98{,}2\%$, verbrannt. a) Wieviel Kilogramm Schwefeldioxid fallen im Abgas täglich an? b) Wieviel Kubikmeter Kohlenstoffdioxid, CO_2, von 75 °C und 1013 mbar entstehen? c) Wieviel Kubikmeter Luft, $\varphi(O_2) = 20{,}9\%$, im Normzustand werden verbraucht, wenn die Heizung mit einem 25%igen Luftüberschuß gefahren wird?

6-9. Es sollen 250 g Schwefeldioxid hergestellt werden. Wieviel Gramm der folgenden Ausgangsstoffe wären dazu notwendig?

a) Hydrogensulfid (Schwefelwasserstoff), H_2S
b) Schwefelblüte, $w(\text{S}) = 100\%$
c) Pyrit, $w(FeS_2) = 93{,}0\%$
d) Natriumsulfit, Na_2SO_3
e) Steinkohle, $w(\text{S}) = 0{,}92\%$

6-10. Wieviel Gramm Kupfer kann man aus 250 Kupferoxid, Cu_2O, herstellen wenn die Redoxreaktion mit 16% Verlust verläuft?

6-11. Wieviel Milliliter Ethanol, $\rho = 0{,}791$ g/mL, benötigt man zur Herstellung von 600 g Essigsäureethylester, wenn bei der Reaktion nur 65% des Ethanols umgesetzt werden?

$$CH_3COOH + C_2H_5OH \longrightarrow CH_3COOC_2H_5 + H_2O$$

6-12. a) Wieviel Gramm Acetaldehyd entstehen bei der Oxidation von 450 g Ethen, wenn der Wirkungsgrad der Reaktion 75% beträgt?

$$2\ CH_2{=}CH_2 + O_2 \longrightarrow 2\ CH_3CHO$$

b) Wieviel Liter Sauerstoff im Normzustand benötigt man dazu, wenn mit einem 15%igen Überschuß gearbeitet wird?

6-13. Wieviel Gramm Acetylsalicylsäure, $C_6H_4(OCOCH_3)COOH$, entstehen, wenn man 60,0 g Salicylsäure, $C_6H_4(OH)COOH$, acetyliert und bei der Umsetzung mit einer Ausbeute von 76% zu rechnen ist?

6-14. Wieviel Milliliter Salzsäure, $w(\text{HCl}) = 36{,}5\%$, $\rho = 1{,}182$ g/mL, werden zur Diazotierung von 55,0 g Anilin (Aminobenzol) benötigt, wenn mit einem Überschuß an Hydrogenchlorid von 50% gearbeitet wird? b) Wieviel Gramm Diazoniumchlorid entstehen dabei?

$$C_6H_5NH_2 + NaNO_2 + 2\ HCl \longrightarrow \underset{\text{Diazoniumchlorid}}{[C_6H_5{-}N{\equiv}N]^+\ Cl^-} + NaCl + H_2O$$

6-15. Wieviel Tonnen Schwefelsäure, $w(H_2SO_4) = 100\%$, lassen sich aus 7,50 t Oleum, w(„freies“ SO_3) $= 40\%$, herstellen?

$$H_2SO_4 + SO_3 + H_2O \longrightarrow 2\ H_2SO_4$$

6-16. Wie groß ist der Massenanteil $w(NaHCO_3)$, wenn in eine Natronlauge, $w(NaOH) = 12{,}5\%$, nur die zur Bildung von Natriumhydrogencarbonat erforderliche Kohlenstoffdioxidportion eingeleitet wird?

$$NaOH + CO_2 \longrightarrow NaHCO_3$$

6-17. 150 g Calciumoxid, CaO, werden in 2,40 kg Wasser eingerührt. Wie groß ist der Massenanteil $w[Ca(OH)_2]$ des entstehenden Reaktionsgemisches nach beendeter Reaktion?

$$CaO + H_2O \longrightarrow Ca(OH)_2$$

6-18. a) 0,700 g Natriumoxalat, $Na_2(COO)_2$, werden von 100 mL Kaliumpermanganat-Lösung oxidiert. Welche Massenkonzentration $\beta(KMnO_4)$ hat die verwendete Lösung? b) Wie groß ist das bei 22 °C und 1008 mbar entstehende Volumen an Kohlenstoffdioxid?

$$5\ Na_2(COO)_2 + 2\ KMnO_4 + 8\ H_2SO_4 \longrightarrow$$
$$5\ Na_2SO_4 + 2\ MnSO_4 + K_2SO_4 + 8\ H_2O + 10\ CO_2$$

6-19. Wieviel Kilogramm gebrannten Kalk, $w(CaO) = 97{,}1\%$, benötigt man, um die Säure aus 5,50 t Abwasser, $w(HCl) = 1{,}20\%$, zu beseitigen?

$$CaO + 2\ HCl \longrightarrow CaCl_2 + H_2O$$

6-20. Wieviel Liter Kalilauge, $\beta(KOH) = 200$ g/L, benötigt man zur vollständigen Neutralisation von 3,50 L Schwefelsäure-Lösung, $w(H_2SO_4) = 51{,}0\%$, $\rho = 1{,}405$ g/mL?

6-21. Bei der Schmelzflußelektrolyse von 5,50 t Aluminiumoxid, Al_2O_3, entstehen 2,40 t Aluminium. Wie groß ist die Reaktionsausbeute?

6-22. Bei der Umsetzung von 195 g Benzoesäure mit Ethanol entstehen 185 g Benzoesäureethylester. a) Wie groß ist der Wirkungsgrad dieser Veresterung? b) Wieviel Milliliter Ethanol, $\rho = 0{,}791$ g/mL, werden benötigt, wenn man mit einem 20,0%igen Überschuß arbeitet?

$$C_6H_5COOH + C_2H_5OH \longrightarrow C_6H_5COOC_2H_5 + H_2O$$

6-23. 100 g Benzoesäureethylester, $C_6H_5COOC_2H_5$, werden verseift. Dabei entstehen 72,5 g Benzoesäure, C_6H_5COOH. Wie groß ist die Ausbeute an Benzoesäure?

6-24. 300 g Cyclohexanol, $C_6H_{11}OH$, werden durch Wasserabspaltung in Cyclohexen, C_6H_{10}, umgewandelt. An das Cyclohexen wird dann Brom addiert. Dabei entstehen 430 g Dibromcyclohexan. a) Wie groß ist die Ausbeute η beim ersten Reaktionsschritt, wenn der zweite Reaktionsschritt mit einer Ausbeute von 90,0% verläuft? b) Wieviel Gramm Brom werden zur Reaktion benötigt?

(1) $C_6H_{11}OH \longrightarrow C_6H_{10}$

(2) $C_6H_{10} + Br_2 \longrightarrow C_6H_{10}Br_2$

6.3 Aufgaben (zu Kapitel 6)

6-1. Die folgenden Reaktionsgleichungen sind mit den notwendigen Koeffizienten zu vervollständigen! Wie lauten die Einzel-Stoffmengenrelationen zwischen den durch **Fettdruck** gekennzeichneten Reaktanden?

a) $\mathbf{CaO} + NH_4Cl \longrightarrow NH_3 + \mathbf{CaCl_2} + H_2O$
b) $NaCl + \mathbf{H_2SO_4} \longrightarrow Na_2SO_4 + \mathbf{HCl}$
c) $\mathbf{(NH_4)_2SO_4} + NaOH \longrightarrow Na_2SO_4 + H_2O + \mathbf{NH_3}$
d) $\mathbf{NaOH} + Cl_2 \longrightarrow NaCl + \mathbf{NaClO} + H_2O$
e) $Sb_2O_3 + \mathbf{NaOH} \longrightarrow \mathbf{Na_3SbO_3} + H_2O$
f) $CH_2{=}CH_2 + \mathbf{O_2} \longrightarrow \mathbf{CH_3CHO}$
g) $\mathbf{P_4} + \mathbf{O_2} \longrightarrow P_2O_5$
h) $\mathbf{NH_3} + O_2 \longrightarrow H_2O + \mathbf{NO}$
i) $\mathbf{Al} + NaOH + H_2O \longrightarrow Na[Al(OH)_4] + \mathbf{H_2}$
j) $\mathbf{Al_4C_3} + H_2O \longrightarrow Al(OH)_3 + \mathbf{CH_4}$
k) $\mathbf{C_4H_8} + \mathbf{O_2} \longrightarrow CO_2 + H_2O$
l) $\mathbf{MnO_4}^- + \mathbf{C_2O_4}^{2-} + H^+ \longrightarrow Mn^{2+} + CO_2 + H_2O$
m) $\mathbf{MnO_4}^- + \mathbf{H_2O_2} + H^+ \longrightarrow Mn^{2+} + O_2 + H_2O$
n) $\mathbf{Cr_2O_7}^{2-} + \mathbf{Fe^{2+}} + H^+ \longrightarrow Cr^{3+} + Fe^{3+} + H_2O$
o) $\mathbf{MnO_4}^{2-} + H^+ \longrightarrow MnO_4^- + \mathbf{MnO_2} + H_2O$
p) $Cl_2 + \mathbf{OH}^- \longrightarrow \mathbf{ClO_3}^- + Cl^- + H_2O$

6-2. a) Wieviel Kilogramm gebrannten Kalk, $w(CaO) = 95{,}7\%$, benötigt man zur Herstellung von 3,50 kmol Ammoniak? b) Wieviel Liter Ammoniumchlorid-Lösung, $\beta(NH_4Cl) = 200$ g/L, sind dafür notwendig?

$CaO + 2\,NH_4Cl \longrightarrow CaCl_2 + H_2O + 2\,NH_3$

6-3. a) Wieviel Gramm technisches Ammoniumchlorid, $w(NH_4Cl) = 94\%$, sind bei der Reaktion mit Natronlauge einzusetzen, wenn 750 g Ammoniak entwickelt werden sollen? b) Wieviel Liter Natronlauge, $c(NaOH) = 5{,}00$ mol/L, benötigt man?

$NH_4Cl + NaOH \longrightarrow NaCl + H_2O + NH_3$

6-4. Wieviel Kilogramm gebrannter Kalk, $w(CaO) = 88\%$, werden zur Neutralisation von 12,5 m^3 Abwasser, $w(HCl) = 4{,}40\%$, $\rho = 1{,}020$ g/mL, benötigt?

$$CaO + 2\,HCl \longrightarrow CaCl_2 + H_2O$$

6-5. Wieviel Milliliter Kalilauge, $w(KOH) = 25{,}0\%$, $\rho = 1{,}237$ g/mL, sind zur Neutralisation von 85,0 g Schwefelsäure-Lösung, $w(H_2SO_4) = 60{,}0\%$, notwendig?

6-6. 100 mL Salzsäure, $w(HCl) = 20{,}0\%$, $\rho = 1{,}098$ g/mL, und 100 mL Kalilauge, $w(KOH) = 20{,}0\%$, $\rho = 1{,}187$ g/mL, werden zur Reaktion gebracht. Wieviel Gramm der Säure *oder* der Lauge werden *nicht* neutralisiert?

6-7. a) Wieviel Gramm Natriumchlorid entstehen bei der Neutralisation von 250 g Natriumcarbonat-Lösung, $w(Na_2CO_3) = 5{,}25\%$, mit Salzsäure? b) Wieviel Liter Kohlenstoffdioxid im Normzustand werden frei? c) Wieviel Liter Salzsäure, $\beta(HCl) = 25{,}0$ g/L, sind notwendig?

6-8. a) Wieviel Gramm Eisenpulver, $w(Fe) = 98{,}0\%$, müssen in Schwefelsäure-Lösung aufgelöst werden, um 5,0 L Eisen(II)-sulfat-Lösung, $c(FeSO_4) = 0{,}500$ mol/L, herzustellen? b) Wieviel Milliliter Säure, $c(H_2SO_4) = 4{,}00$ mol/L, werden benötigt, wenn mit einem Überschuß an Schwefelsäure von 15,0% gearbeitet werden soll? c) Wieviel Liter Wasserstoff von 25 °C und 1010 mbar entstehen dabei?

$$Fe + H_2SO_4 \longrightarrow FeSO_4 + H_2$$

6-9. Wieviel Liter Natronlauge, $w(NaOH) = 10{,}0\%$, $\rho = 1{,}109$ g/mL, muß man zur Neutralisation von 200 mL Chlorsulfonsäure, $ClSO_3H$, $\rho = 1{,}720$ g/mL, einsetzen, nachdem die Säure in Eiswasser eingetragen wurde?

$$ClSO_3H + H_2O \longrightarrow H_2SO_4 + HCl$$

6-10. Wie groß ist der Massenanteil $w(NaClO)$ einer Lösung, die durch Einleiten der stöchiometrisch notwendigen Chlorgasportion in eine Natronlauge, $w(NaOH) = 10{,}0\%$, entsteht?

$$2\,NaOH + Cl_2 \longrightarrow NaClO + NaCl + H_2O$$

6-11. 25,0 g Antimon(VI)-oxid, Sb_2O_3, werden in 300 g einer Kalilauge gelöst. Wie groß ist der Massenanteil $w(K_3SbO_6)$ an Kaliumantimonat in der Lösung?

$$Sb_2O_3 + 6\,KOH \longrightarrow 2\,K_3SbO_6 + 3\,H_2O$$

6-12. a) Wieviel Gramm Natriumcarbonat benötigt man, um 4,5 m^3 eines Brauchwassers mit der Gesamthärte $c(Ca^{2+}) = 6{,}5$ mmol/L zu enthärten? b) Wieviel Liter Natriumcarbonat-Lösung, $c(Na_2CO_3) = 1{,}00$ mol/L wären zum gleichen Zweck notwendig?

$$Ca^{2+} + Na_2CO_3 \longrightarrow CaCO_3 + 2\,Na^+$$

6-13. 7,5 m^3 eines Wassers mit der temporären Härte $c[Ca(HCO_3)_2]$ = 1,75 mmol/L werden zum Sieden erhitzt. Wie groß ist a) die Masse an Kesselstein, $CaCO_3$, und b) das Volumen an Kohlenstoffdioxid im Normzustand, die sich dabei bilden?

$$Ca(HCO_3)_2 \longrightarrow CaCO_3 + H_2O + CO_2$$

6-14. Wie groß ist a) der Massenanteil $w(Cl^-)$, b) die Stoffmengenkonzentration $c(Cl^-)$ und c) die Massenkonzentration $\beta(Cl^-)$ einer Lösung, ρ = 1,176 g/mL, wenn aus 10,0 mL davon mit überschüssiger Silbernitrat-Lösung 16,85 g Silberchlorid ausgefällt werden?

$$Cl^- + AgNO_3 \longrightarrow AgCl + NO_3^-$$

6-15. Wieviel Gramm Schwefeltrioxid, SO_3, müssen zu 500 g Schwefelsäure-Lösung, $w(H_2SO_4)$ = 85%, gegeben werden, damit eine reine Schwefelsäure, $w(H_2SO_4)$ = 100%, entsteht?

6-16. Bei der Monosulfonierung von 1,00 mol Naphthalin, C_8H_{10}, werden mit 150 g Schwefelsäure-Lösung, $w(H_2SO_4)$ = 90,0%, ρ = 1,815 g/mL, verwendet.

$$C_8H_{10} + H_2SO_4 \longrightarrow C_8H_9SO_3H + H_2O$$

Nach beendeter Reaktion wird die überschüssige Säure durch Zugabe von Calciumcarbonat beseitigt.

$$H_2SO_4 + CaCO_3 \longrightarrow CaSO_4 + H_2O + CO_2$$

a) Wieviel Gramm Naphthalinsulfonsäure entstehen?
b) Wieviel Milliliter der Schwefelsäure-Lösung sind für die Umsetzung notwendig?
c) Wieviel Gramm Calciumcarbonat sind notwendig?

6-17. Bei der Veresterung von 300 g Propansäure mit 1-Propanol entstehen 325 g Ester. Wie groß ist der Wirkungsgrad η der Reaktion?

$$CH_3CH_2COOH + CH_3CH_2CH_2OH \longrightarrow CH_3CH_2COOCH_2CH_3 + H_2O$$

6-18. Bei der Oxidation von 65,0 kg Toluol, $C_6H_5CH_3$, entstehen nur 60,0 kg Benzoesäure, C_6H_5COOH. a) Wie groß ist die Ausbeute η der Reaktion? b) Wieviel Liter Sauerstoff von 20 °C und 75 bar sind theoretisch notwendig?

$$2\ C_6H_5CH_3 + 3\ O_2 \longrightarrow 2\ C_6H_5COOH + 2\ H_2O$$

6-19. Bei der Monobromierung von 300 g Benzol werden 95% des entstehenden Hydrogenbromids in 1,00 Liter Wasser, ρ = 1,00 g/mL, absorbiert. a) Wieviel Gramm Brom sind einzusetzen? b) Wie groß ist der Massenanteil $w(HBr)$ der entstehenden Lösung?

$$C_6H_6 + Br_2 \longrightarrow C_6H_5Br + HBr$$

6-20. a) Wieviel Kilogramm einer Lösung von Phosgen in Chlorbenzol, $w(COCl_2)$ = 18,5%, werden bei der Reaktion von Anilin, $C_6H_5NH_2$, zu 275 g Phenylisocyanat benötigt, wenn mit einem Überschuß an Phosgen von 10,0% gearbeitet werden soll? b) Wieviel Liter Anilin, ρ = 1,022 g/mL, sind einzusetzen? c) Wieviel Liter Hydrogenchlorid von 18 °C und 1013 mbar entstehen bei der Reaktion?

$$C_6H_5NH_2 + COCl_2 \longrightarrow C_6H_5NCO + 2\ HCl$$

6-21. Aus 250 kg Bauxit werden 80,0 kg Aluminium hergestellt. Die Ausbeute beträgt 65%. Wie groß ist der Massenanteil $w(Al_2O_3)$ des eingesetzten Bauxits?

6-22. a) Wieviel Kubikmeter Natronlauge, w(NaOH) = 40,0%, ρ = 1430 kg/m^3, lassen aus 6,25 t Salz, w(NaCl) = 96,5%, bei der Chloralkalielektrolyse, η = 74%, herstellen? b) Wieviel Kubikmeter Chlor von 40 °C und 1200 mbar entstehen dabei?

6-23. 200 g Toluol, $C_6H_5CH_3$, werden durch Chlorierung in Benzylchlorid, $C_6H_5CH_2Cl$, umgewandelt. Das entstehende Hydrogenchlorid wird in 800 g Natronlauge, w(NaOH) = 25,0%, absorbiert. a) Wieviel Gramm Benzylchlorid entstehen bei 70%iger Ausbeute? b) Wie groß ist der Massenanteil w(NaOH) der Natronlauge nach beendeter Umsetzung, wenn 6,5% des Hydrogenchlorids im Benzylchlorid gelöst werden?

$$C_6H_5CH_3 + Cl_2 \longrightarrow C_6H_5CH_2Cl + HCl$$

6-24. Zur Herstellung von Butansäurediamid wird in 500 g Lösung, w(Butansäuredichlorid) = 28,0%, Ammoniak eingeleitet. a) Wieviel Liter Ammoniak im Normzustand sind zur Umsetzung nötig? b) Wieviel Gramm Butansäurediamid entstehen bei 82%iger Umsetzung?

$$Cl{-}CO{-}CH_2{-}CH_2{-}CO{-}Cl + 4\ NH_3 \longrightarrow NH_2{-}CO{-}CH_2{-}CH_2{-}CO{-}NH_2 + 2\ NH_4Cl$$

Butansäurediamid

6-25. Wieviel Liter Gas von 35 °C und 995 mbar entstehen bei der thermischen Zersetzung von 15,5 g Ammoniumcarbaminat?

$$NH_2{-}COO{-}NH_4 \longrightarrow 2\ NH_3 + CO_2$$

6-26. a) Wieviel Kilogramm Butan müssen vollständig verbrannt werden, damit 5,00 m^3 Kohlenstoffdioxid im Normzustand entstehen? b) Wieviel Kubikmeter Luft, $\sigma(O_2)$ = 20,9%, im Normzustand werden dabei verbraucht?

$$2\ C_4H_{10} + 13\ O_2 \longrightarrow 8\ CO_2 + 10\ H_2O$$

6-27. a) Wieviel Kubikmeter Kohlenstoffdioxid, CO_2, im Normzustand entstehen beim Brennen von 2,50 t Kalkstein, $w(CaCO_3)$ = 94,5%? b) Wieviel Tonnen gebrannter Kalk, CaO, fallen dabei an?

$$CaCO_3 \longrightarrow CaO + CO_2$$

6-28. Bei der Verbrennung von 3000 L Heizöl, ρ = 0,842 kg/L, entstehen 15,5 m^3 Schwefeldioxid im Normzustand. Wie groß ist der Massenanteil w(S) des Heizöls?

6-29. a) Wieviel Gramm Aluminium, w(Al) = 96,6%, müssen mit Natronlauge zur Reaktion gebracht werden, um 50,0 L Wasserstoff im Normzustand herzustellen, wenn die Reaktion mit einer Ausbeute von 75% verläuft? b) Wieviel Liter Natronlauge, w(NaOH) = 25,0%, ρ = 1,274 g/mL, werden dabei benötigt?

$$2\ Al + 2\ NaOH + 6\ H_2O \longrightarrow 2\ Na[Al(OH)_4] + 3\ H_2$$

6-30. Ein Gemisch aus 75,0 L Kohlenstoffmonoxid und 50,0 L Sauerstoff wird zu Kohlenstoffdioxid umgesetzt. Wie groß ist der Volumenanteil $\varphi(CO_2)$ im entstehenden Reaktionsgemisch?

$$2\ CO + O_2 \longrightarrow 2\ CO_2$$

6-31. Aus 100 g einer zinkhaltigen Paste entstehen bei der Reaktion mit Salzsäure 16,5 Liter Wasserstoff im Normzustand. a) Wie groß ist der Massenanteil w(Zn) der Paste? b) Wieviel Milliliter Salzsäure, w(HCl) = 23,3%, ρ = 1,115 g/mL, werden zur Reaktion benötigt?

$$Zn + 2\ HCl \longrightarrow ZnCl_2 + H_2$$

6-32. a) Wieviel Mol Hydrogenchlorid enthält eine Salzsäure-Portion, wenn sich bei 82%iger Umsetzung dieser Stoffportion mit Mangan(IV)-oxid 60,0 L Chlor im Normzustand bilden? b) Wieviel Gramm Mangan(II)-chlorid entstehen gleichzeitig?

$$4\ HCl + MnO_2 \longrightarrow MnCl_2 + Cl_2 + H_2O$$

6-33. Wie groß ist der Wirkungsgrad η einer Reaktion, bei der sich aus 3,00 kg Aluminiumcarbid, $w(Al_4C_3)$ = 95,0%, und Wasser 1,00 m^3 Methan im Normzustand bilden?

$$Al_4C_3 + 12\ H_2O \longrightarrow 4\ Al(OH)_3 + 3\ CH_4$$

6-34. Durch die alkoholische Gärung von 1000 g Traubenzucker entstehen innerhalb von 35 Tagen 185 Liter Kohlenstoffdioxid im Normzustand. Wie groß ist der Wirkungsgrad der Reaktion zu diesem Zeitpunkt?

$$C_6H_{12}O_6 \xrightarrow{\text{Zymase}} 2\ C_2H_5OH + 2\ CO_2$$

6-35. Wieviel Liter Ammoniakgas von 20 °C und 1015 mbar muß man mit Phosphorsäure umsetzen, damit 150 g Diammoniumhydrogenphosphat, $(NH_4)_2HPO_4$, entstehen?

$$2\ NH_3 + H_3PO_4 \longrightarrow (NH_4)_2HPO_4$$

6-36. Wieviel Kubikmeter Schwefeldioxid im Normzustand muß man zur Herstellung einer Natriumsulfit-Lösung in 100 L Natronlauge, $w(NaOH) = 17,8\%$, $\rho = 1,195$ kg/L, einleiten?

$$NaOH + SO_2 \longrightarrow NaHSO_3$$

6-37. Zur Beseitigung von Hydrogenchlorid- und Hydrogensulfid-Anteilen in einer Abluft werden 15,0 L Kalilauge, $w(KOH) = 10,0\%$, $\rho = 1,092$ g/mL, bereitgestellt. Wieviel Kubikmeter Abluft im Normzustand, $\varphi(HCl) = 1,3\%$ und $\varphi(H_2S) = 1,0\%$, kann man damit reinigen, wenn ein Überschuß an Kalilauge von 25% vorgesehen ist?

$$2\ KOH + HCl + H_2S \longrightarrow KCl + KHS + 2\ H_2O$$

6-38. Phenol wird zu Cyclohexanol hydriert.

$$C_6H_5OH + 3\ H_2 \longrightarrow C_6H_{11}OH$$

a) Wieviel Kilogramm Phenol kann man mit 700 m^3 Wasserstoff im Normzustand umsetzen, wenn mit einem Wasserstoff-Überschuß von 15% gearbeitet wird? b) Wieviel Kilogramm Cyclohexanol entstehen, wenn mit einer Ausbeute von 92% gerechnet wird?

6-39. Wieviel Liter Wasserstoff von 1022 mbar und 22 °C sind zur vollständigen Hydrierung von 120 L eines Alken-Gemisches im Normzustand, $\varphi(CH_2{=}CH{-}CH_3) = 62\%$ und $\varphi(CH_2{=}CH_2) = 38\%$, wenn mit 20% Überschuß an Wasserstoff gearbeitet werden soll?

6-40. Die Analyse einer organischen Verbindung lieferte folgende Massenanteile: $w(C) = 92,3\%$, $w(H) = 7,7\%$. Wieviel Kubikmeter Luft, $\varphi(O_2) = 20,9\%$, sind für die Verbrennung von 1,25 kg der Verbindung notwendig, wenn mit einem Luftuberschuß von 25% gearbeitet wird?

7 Rechnen in der quantitativen Analytik

7.1 Theoretische Grundlagen

7.1.1 Unterteilung der Analytik

In der Geschichte der Chemie nahm die Analytik schon immer einen breiten Raum ein. Versuchen, für die Menschen nützliche Stoffe zu synthetisieren, ging meist die Untersuchung von Naturstoffen voraus, die zur Herstellung solcher Stoffe verwendet werden sollten. Dabei galt es, zuerst die Frage nach den Bausteinen der Stoffe zu beantworten. Im Anschluß daran konnte ihre Struktur oft nur dadurch aufgeklärt werden, daß auch die quantitative Zusammensetzung ermittelt wurde. Aus diesen Aufgabenstellungen entwickelten sich die *qualitative* und *quantitativen* Bereiche der *klassischen* Analytik.

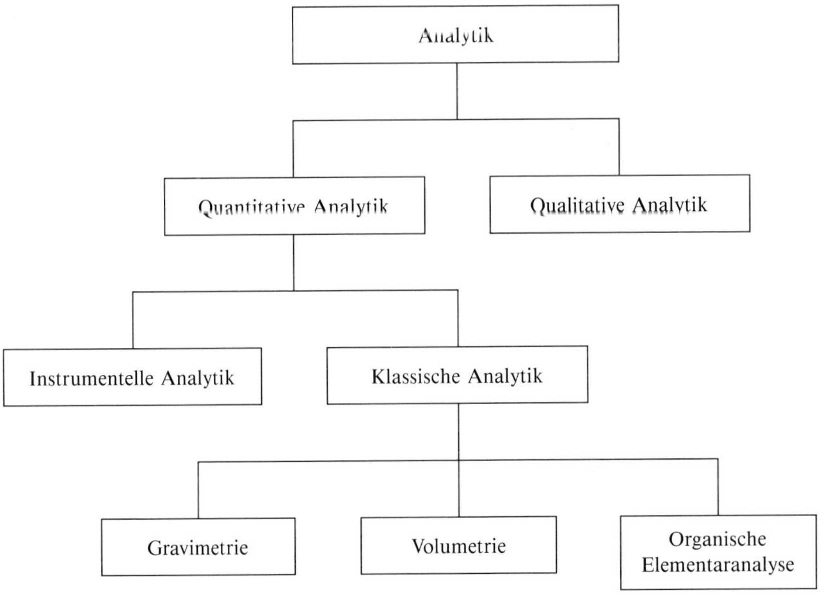

Abb. 7-1. Unterteilung der Analytik

Der klassischen qualitativen Analyse liegen spezifische chemische Reaktionen zugrunde, die einen Schluß auf bestimmte *funktionelle* Gruppen in einer Verbindung zulassen. Mithilfe der für diese Reaktionen geltenden *Stoffmengenrelationen* wird auch die quantitative Analyse möglich. Dabei sind die Rechenmethoden anwendbar, die schon in Kapitel 6 behandelt wurden.

Im Zuge der technologischen Entwicklung kam die *instrumentelle* Analytik hinzu, die die klassische Analytik zunächst ergänzte und mittlerweile schon weitgehend abgelöst hat, sich teilweise aber auch deren zugrundeliegenden chemischen Umsetzungen bedient. Sie soll wegen Art und Umfang nicht weiter betrachtet werden (vgl. aber Band 2a und 2b der Reihe).

Die klassische quantitative Analytik läßt sich in die *Gravimetrie*, die *Volumetrie* und die *Organische Elementaranalyse* unterteilen.

7.1.2 Probenvorbereitung

7.1.2.1 Übliche Bezeichnungen für Stoffportionen

Nach den DIN-Normen ist der Begriff Stoffportion wie folgt definiert (s. auch Kap. 1, Abschn. 1.2.2.1):

Eine Stoffportion ist ein abgegrenzter Materiebereich, der aus einem Stoff oder mehreren Stoffen oder definierten Bestandteilen von Stoffen bestehen kann [1].

In der Analytik gibt es weitere Bezeichnungen für eine Stoffportion, z. B. *Probe*, *Einwaage*, *Auswaage*, *Ursubstanz*, *Stammvolumen* und *Teilvolumen* (vgl. Abschn. 1.1.2.1).

7.1.2.2 Aliquotieren

Ein Grundprinzip analytischen Arbeitens ist es, einen gefundenen Wert durch mindestens eine zweite Bestimmung zu bestätigen. In der Praxis wird deshalb häufig eine *Stammlösung* (Verdünnung) angesetzt, indem man die zu untersuchende Probe in einem Meßkolben verdünnt und zur Marke füllt. Mit einer Vollpipette kann dann aus dieser Verdünnung mehrfach ein bestimmtes Volumen, das *Teilvolumen* $V_T(St)$, entnommen und zur Bestimmung eingesetzt werden. Das Teilen der Stammlösung nennt man *aliquotieren*[23]. Diese Verfahrensweise bringt mehrere Vorteile mit sich:

- Zeitersparnis
  - nur *eine* Einwaage erforderlich
  - Doppelbestimmung aus einer Einwaage möglich
  - Bestimmung unterschiedlicher Bestandteile der gleichen Substanz
- Größere Genauigkeit
  - durch ggf. größere Einwaage Verringerung des Wägefehlers

23 von lat. aliquot = einige, gleich teilend

7.2 Aliquoter Teil

Das Verhältnis aus dem entnommenen Teilvolumen $V_T(\mathrm{St})$ und dem Gesamtvolumen $V(\mathrm{St})$ der Stammlösung wird als *aliquoter* Teil V_r, sein Kehrwert als *Aliquotierfaktor* F_A bezeichnet:

$$V_r = \frac{V_T(\mathrm{St})}{V(\mathrm{St})} \tag{7-1}$$

$$F_A = \frac{1}{V_r} = \frac{V(\mathrm{St})}{V_T(\mathrm{St})} \tag{7-2}$$

Darin bedeuten:

V_r Relatives Volumen einer Stammlösung (Verdünnung), aliquoter Teil
F_A Aliquotierfaktor
$V_T(\mathrm{St})$ Teilvolumen der Stammlösung
$V(\mathrm{St})$ Volumen der Verdünnung

Mit dem Aliquotierfaktor F_A muß ggf. ein mit dem Teilvolumen $V_T(\mathrm{St})$ einer Stammlösung ermitteltes Analysenergebnis multipliziert werden, um es auf die gesamte Probe hochzurechnen.

Rechenbeispiel 7-1. Zur Bestimmung des Massenanteils an Schwefel werden 6,256 g einer Substanz eingewogen, in Wasser gelöst und in einem Meßkolben auf 250,0 mL verdünnt. Davon werden 50,0 mL zur Analyse verwendet. a) Wie groß ist der aliquote Teil? b) Wie groß ist der Aliquotierfaktor? c) Wie groß ist die Teilmasse der Substanz, die zur Bestimmung gelangt?

Gesucht:	V_r	**Gegeben:**	$m(\mathrm{Substanz}) = 6{,}256$ g
	F_A		$V(\mathrm{St}) = 250{,}0$ mL
	$m_T(\mathrm{Substanz})$		$V_T(\mathrm{St}) = 50{,}0$ mL

a) Berechnen des aliquoten Teils V_r:

$$V_r = \frac{V_T(\mathrm{St})}{V(\mathrm{St})} = \frac{50{,}0\ \mathrm{mL}}{250{,}0\ \mathrm{mL}}$$

$$\underline{V_r = 1/5 = 0{,}2}$$

b) Berechnen des Aliquotierfaktors F_A:

$$F_A = \frac{V(\mathrm{St})}{V_T(\mathrm{St})} = \frac{250\ \mathrm{mL}}{50{,}0\ \mathrm{mL}}$$

$$\underline{F_A = 5}$$

c) Berechnen der Teilmasse m_T(Substanz):

$$\frac{m_T(\text{Substanz})}{V_T(\text{St})} = \frac{m(\textbf{Substanz})}{V_T(\textbf{St})}$$

$$m_T(\text{Substanz}) = \frac{m(\text{Substanz})\ V_T(\text{St})}{V(St)} = m(\text{Substanz})\ V_r$$

$$= \frac{6{,}256 \text{ g} \cdot 50{,}0 \text{ mL}}{250{,}0 \text{ mL}} = 6{,}256 \text{ g} \cdot 0{,}2$$

$$\underline{m_T(\textbf{Substanz}) = \mathbf{1{,}251\ g}}$$

Rechenbeispiel 7-2. Zur Bestimmung ihres Massenanteils $w(H_2SO_4)$ werden 10,0 mL einer Schwefelsäure-Lösung, ρ = 1,095 g/mL, mit Wasser in einem Meßkolben zu 250,0 mL verdünnt. 20,0 mL dieser Verdünnung werden zur Titration gebracht.

a) Wie groß ist der aliquote Teil V_r
b) Wieviel Milliliter der ursprünglichen Schwefelsäure-Lösung sind in dem entnommenen Volumen?
c) Wieviel Gramm der ursprünglichen Schwefelsäure-Lösung gelangen zur Titration?

Gesucht: V_r, $V_2(L_1)$, $m_2(L_1)$

Gegeben: $V_1(L_1)$ = 10,0 mL; $\rho_1 L_1)$ = 1,095 g/mL; V_1(St) = 250,0 mL; $V_{1,T}$(St) = 20,0 mL

a) Berechnen des aliquoten Teils V_r:

$$V_r = \frac{V_{1,T}(\textbf{St})}{V_1(\textbf{St})} = \frac{\mathbf{20{,}0\ mL}}{\mathbf{250{,}0\ mL}}$$

$$\underline{V_r = \mathbf{1/12{,}5 = 0{,}08}}$$

b) Berechnen des Volumens $V_2(L_1)$:

$$\frac{V_1(\mathbf{L_1})}{V_1(\textbf{St})} = \frac{V_2(L_1)}{V_{1,T}(\textbf{St})}$$

$$V_2(L_1) = \frac{V_1(L_1)\ V_{1,T}(\text{St})}{V_1(\text{St})} = V_1(L_1)\ V_r$$

$$= \frac{10{,}0 \text{ mL} \cdot 20{,}0 \text{ mL}}{250{,}0 \text{ mL}} = 10{,}0 \text{ mL} \cdot 0{,}08$$

$$\underline{V_2(\mathbf{L_1}) = \mathbf{0{,}800\ mL}}$$

c) Berechnen der Masse $m_2(L_1)$:

$$\frac{V_1(L_1)}{V_1(St)} = \frac{V_2(L_1)}{V_{1,T}(St)} \longleftarrow \frac{m_2(L_1)}{\rho_1(L_1)}$$

$$\frac{V_1(L_1)}{V_1(St)} = \frac{m_2(L_1)}{V_{1,T}(St)\,\rho_1(L_1)} \quad m_2(L_1) = \frac{V_1(L_1)\,V_{1,T}(St)\,\rho_1(L_1)}{V_1(St)} = V_1(L_1)\,V_r\,\rho_1(L_1)$$

$$= \frac{10{,}0\text{ mL} \cdot 20{,}0\text{ mL} \cdot 1{,}095\text{ g mL}^{-1}}{250{,}0\text{ mL}}$$

$$\underline{m_2(L_1) = \mathbf{0{,}876\ g}}$$

Übungsaufgaben:

7-1. 5,08 g einer Chlorid-Ionen-haltigen Lösung werden mit Wasser auf 250 mL verdünnt und zur gravimetrischen Bestimmung ihres Gehaltes an Cl^--Ionen jeweils 50,0 mL davon entnommen. a) Wie groß ist der aliquote Teil? b) Wie groß ist die Masse an Lösung in dem entnommenen Teilvolumen?

7-2. Zur Bestimmung des Gehaltes einer Natronlauge, $\rho = 1{,}185$ g/mL, werden 5,755 g davon abgewogen und mit Wasser zu 100 mL aufgefüllt. Es sollen vier Bestimmungen durchgeführt werden. a) Wie groß muß das Volumen der verwendeten Vollpipette unter der Berücksichtigung sein, daß die letzte Entnahme unvollständig wäre? b) Wie groß ist der aliquote Teil? Wie groß sind c) die Masse und d) das Volumen der Urlösung im entnommenen Teilvolumen?

7.3 Gravimetrie

Gravimetrischen Bestimmungen liegen quantitativ, d. h. ohne Ausbeuteverlust, ablaufende chemische Umsetzungen zugrunde, bei denen sich aus einem zu bestimmenden Ausgangsstoff durch Reaktion mit einem *Fällungsmittel* ein Endprodukt bildet, das sich in einem flüssigen Medium, meist Wasser, als unlöslicher, fester *Niederschlag* abscheidet. Dieser Stoff wird als *Fällungsform* bezeichnet. Gegebenenfalls muß er noch mit Hilfe geeigneter Techniken, z. B. durch Glühen, in eine stabilere *Wägeform* überführt werden.

In vielen Fällen wird gleichzeitig zu einer solchen gravimetrischen Bestimmung eine sog. *Trockenbestimmung* durchgeführt. Mit ihrer Hilfe kann man Analysenergebnisse auf die Trockensubstanz beziehen und erhält somit Werte, die vom Feuchtigkeitsgehalt einer Analysenprobe unabhängig sind. Das ist immer dann von Bedeutung, wenn sich der Feuchtigkeitsgehalt, z. B. beim Lagern eines Stoffes, verändern kann.

Mitunter spielt auch der *Glühverlust*, den eine Substanz beim Glühen erleidet, eine Rolle. Er wird durch eine sog. *Aschegehaltsbestimmung* ermittelt.
Gravimetrische Bestimmungen lassen sich in folgende Gruppen unterscheiden:

- Fällungsmethoden
- Trockengehaltsbestimmung
- Aschegehaltsbestimmung

7.3.1 Fällungsmethoden

Für eine Fällungsreaktion des Typs

$$\mathbf{a\,AB + b\,CD \longrightarrow c\,AC + d\,BD}$$

gilt folgende Stoffmengenrelation (vgl. Kap. 6, Abschn. 6.3.2):

$$\frac{\boldsymbol{n}(\mathbf{AB})}{\mathbf{a}} = \frac{\boldsymbol{n}(\mathbf{CD})}{\mathbf{b}} = \frac{\boldsymbol{n}(\mathbf{AC})}{\mathbf{c}} = \frac{\boldsymbol{n}(\mathbf{BD})}{\mathbf{d}}$$

Aus der Quantität des in der Wägeform vorliegenden Endproduktes AC kann mit Hilfe der Stoffmengenrelation, die sich für die Reaktion erstellen läßt, die Quantität eines Ausgangsstoffes AB berechnet werden. Aus meßtechnischen Gründen läßt sich für einen festen Stoff die Masse m am besten bestimmen. Gravimetrische Bestimmungen werden oft auch als *gewichtsanalytische* Bestimmungen bezeichnet. Das ist in der Umgangssprache auch durchaus zulässig, weil dabei mit dem *Gewicht* eines Körpers seine *Masse* gemeint ist. Aus der Stoffmengenrelation von *gesuchtem Stoff* AB und *gefundenem Stoff* AC kann gemäß (1-16) oder mit Abb. 1-2 eine Beziehung zwischen den Massen m(AB) und m(AC) hergeleitet werden:

$$\frac{n(\mathrm{AB})}{\mathrm{a}} = \frac{n(\mathrm{AC})}{\mathrm{b}} \longleftarrow n(\mathrm{X}) = \frac{m(\mathrm{X})}{M(\mathrm{X})}$$

$$\frac{m(\mathrm{AB})}{\mathrm{a}\,M(\mathrm{AB})} = \frac{n(\mathrm{AC})}{\mathrm{b}\,M(\mathrm{AC})}$$

$$\boldsymbol{m}(\mathbf{AB}) = \boldsymbol{m}(\mathbf{AC}) \cdot \frac{\mathbf{a}\,\boldsymbol{M}(\mathbf{AB})}{\mathbf{b}\,\boldsymbol{M}(\mathbf{AC})} \qquad \mathbf{(7\text{-}3)}$$

Darin hat der Term

$$\frac{\mathbf{a}\ \boldsymbol{M}(\mathbf{AB})}{\mathbf{b}\ \boldsymbol{M}(\mathbf{AC})} = F \qquad \textbf{(7-4)}$$

den Charakter einer Proportionalitätskonstanten, die für eine bestimmte Fällungsreaktion und damit auch für eine bestimmte Stoffmengenrelation immer einen bestimmten, konstanten Wert besitzt. Man bezeichnet diese Konstante F als *stöchiometrischen* Faktor oder auch *analytischen* Faktor.

Bei der gravimetrischen Bestimmung eines Bestandteils X einer Wägeform X_aY_b ist der analytische Faktor F gleich dem Massenanteil $w(\mathrm{X\ in\ X_aY_b})$ (vgl. (2-28) in Abschn. 2.4.4, S. 81):

$$F = \frac{\mathbf{a}\ \boldsymbol{M}(\mathbf{X})}{\boldsymbol{M}(\mathbf{X_aY_b})} \qquad \textbf{(7-5)}$$

Die Gln. (7-3) und (7-4) bzw. (7-5) lassen sich zu Beziehungen zusammenfassen, mit denen die Masse m(AB) eines gesuchten Stoffes aus der Masse m(AC) eines gefundenen Stoffes berechnet werden kann:

$$\boldsymbol{m}(\mathbf{AB}) = \boldsymbol{m}(\mathbf{AC})\ F \qquad \textbf{(7-6a)}$$

$$\boldsymbol{m}(\mathbf{X}) = \boldsymbol{m}(\mathbf{X_aY_b})\ F \qquad \textbf{(7-6b)}$$

Für gängige gravimetrische Bestimmungen sind diese stöchiometrischen Faktoren F in Tabellenbüchern aufgeführt. Bei den nachfolgenden Rechenbeispielen wird auf ihre ausdrückliche Verwendung verzichtet, weil sonst der ursächliche Zusammenhang zwischen Stoffmenge und Masse eines Körpers einerseits nicht deutlich genug immer wieder herausgestellt wird, andererseits die Verwendung solcher Faktoren gegenüber dem Rechnen mit den Koeffizienten a und b sowie den entsprechenden molaren Massen keine wesentliche Erleichterung bringt.

Soll bei der gegebenen allgemeinen Fällungsreaktion nur der Bestandteil A des Ausgangsstoffes AC berechnet werden, ist zusätzlich noch die Stoffmengenrelation zwischen A und AC, die sich aus der tatsächlichen Formel der Verbindung ergibt, von Bedeutung (vgl. Kap. 2, Abschn. 2.3.2).

7.3.1.1 Stöchiometrischer (analytischer) Faktor

Rechenbeispiel 7-3. Eine Lösung, die Ba^{2+}-Ionen enthält reagiert mit anderen Lösungen, die SO_4^{2-}-Ionen enthalten, zu schwerlöslichem Bariumsulfat, $BaSO_4$.

$BaCl_2 + H_2SO_4 \rightarrow BaSO_4 + 2\ HCl$

Welche Werte ergeben sich für folgende analytische Faktoren?

a) $F(Ba^{2+}/BaSO_4)$; b) $F(S/BaSO_4)$
c) $F(SO_4^{2-}/BaSO_4)$; d) $F(H^+/BaSO_4)$

a) $F(Ba^{2+}/BaSO_4) = \dfrac{M(Ba^{2+})}{M(BaSO_4)} = \dfrac{137{,}33 \text{ g mol}^{-1}}{233{,}39 \text{ g mol}^{-1}}$

$F(Ba^{2+}/BaSO_4) = 0{,}5884$

b) $F(S/BaSO_4) = \dfrac{M(S)}{M(BaSO_4)} = \dfrac{32{,}06 \text{ g mol}^{-1}}{223{,}39 \text{ g mol}^{-1}}$

$F(S/BaSO_4) = 0{,}1374$

c) $F(SO_4^{2-}/BaSO_4) = \dfrac{M((SO_4^{2-})}{M(BaSO_4)} = \dfrac{96{,}06 \text{ g mol}^{-1}}{233{,}39 \text{ g mol}^{-1}}$

$F(SO_4^{2-}/BaSO_4) = 0{,}4116$

d) $F(H^+/BaSO_4) = \dfrac{2\,M((H^+)}{M(BaSO_4)} = \dfrac{2 \cdot 1{,}008 \text{ g mol}^{-1}}{233{,}39 \text{ g mol}^{-1}}$

$F(H^+/BaSO_4) = 0{,}008638$

Übungsaufgaben:

7-3. Welche analytische Faktoren ergeben sich aus den folgenden Angaben?

	Gesucht	Gefunden
a)	Ag	AgCl
b)	Pb	$PbSO_4$
c)	Mg	$Mg_2P_2O_7$
d)	$CuSO_4 \cdot 5\,H_2O$	CuSCN
e)	Fe	Fe_2O_3
f)	Sb	Sb_2S_3

7.3.1.2 Quantität eines gesuchten Stoffes

7.3.1.2.1 Masse

Rechenbeispiel 7-4. Eine Probe einer eisenhaltigen Lösung liefert nach dem Ansäuern mit Salzsäure, dem Fällen mit Ammoniak-Lösung und Glühen in einem Tiegel 178,5 mg Eisen(III)-oxid, Fe_2O_3. Wie groß sind a) die Massen $m[Fe_2(SO_4)_3]$ und b) $m(Fe^{3+})$ in der Probe?

Gesucht: $m_1[Fe_2(SO_4)_3]$
$m_1(Fe^{3+})$

Gegeben: $m_2(Fe_2O_3) = 178{,}5$ mg

a) Berechnung von $m_1[Fe_2(SO_4)_3]$:

$$n_1[Fe_2(SO_4)_3] = n_2(Fe_2O_3) \longleftarrow n_i = \frac{m_i}{M_i}$$

$$\frac{m_1[Fe_2(SO_4)_3]}{M_1[Fe_2(SO_4)_3]} = \frac{m_2(Fe_2O_3)}{M_2(Fe_2O_3)}$$

$$m_1[Fe_2(SO_4)_3] = \frac{m_2(Fe_2O_3)\ M_1[Fe_2(SO_4)_3]}{M_2(Fe_2O_3)} = \frac{178{,}5 \text{ mg} \cdot 399{,}88 \text{ g mol}^{-1}}{159{,}70 \text{ g mol}^{-1}}$$

$$\underline{m_1[Fe_2(SO_4)_3] = 447{,}0 \text{ mg}}$$

b) Berechnung von $m_1 Fe^{3+}$):

$$\frac{n_1(Fe^{3+})}{2} = n_2(Fe_2O_3) \longrightarrow \frac{m_1[Fe^{3+}]}{2\ M_1[Fe^{3+}]} = \frac{m_2(Fe_2O_3)}{M_2(Fe_2O_3)}$$

$$m_1(Fe^{3+}) = \frac{2\ m_2(Fe_2O_3)\ M_1(Fe^{3+})}{m_2(Fe_2O_3)} = \frac{2 \cdot 178{,}5 \text{ mg} \cdot 55{,}85 \text{ g mol}^{-1}}{159{,}70 \text{ g mol}^{-1}}$$

$$\underline{m_1(Fe^{3+}) = 124{,}85 \text{ mg}}$$

7.3.1.2.2 Stoffmenge

Rechenbeispiel 7-5. Eine Probe wird quantitativ in einen 250 mL-Meßkolben übergespült, mit Wasser verdünnt und bis zur Marke aufgefüllt. 25,0 mL dieser Verdünnung werden mit verdünnter Salzsäure angesäuert und mit halbkonzentrierter Ammoniak-Lösung gefällt. Nach dem Trocknen lassen sich 0,0953 g Nickeldiacetyldioxim, $Ni(C_4H_7N_2O_2)_2$, auswiegen. Wie groß ist die Stoffmenge $n(NiCl_2)$ in der Probe?

Gesucht: $n_1(NiCl_2)$

Gegeben: $m_2[Ni(C_4H_7N_2O_2)_2] = 0{,}0953$ g
$V_2(St) = 250{,}0$ mL
$V_{2,T}(St) = 25{,}0$ mL

$$n_1(NiCl_2) = n_2[Ni(C_4H_7N_2O_2)_2] \longleftarrow n_{2,T}[Ni(C_4H_7N_2O_2)_2] \cdot \frac{V(St)}{V_T(St)}$$

$$\uparrow\ \frac{m_{2,T}[Ni(C_4H_7N_2O_2)_2]}{M_2[Ni(C_4H_7N_2O_2)_2]}$$

$$n_1(\mathrm{NiCl_2}) = \frac{m_{2,\mathrm{T}}[\mathrm{Ni(C_4H_7N_2O_2)_2}]\ V(\mathrm{St})}{M_2[\mathrm{Ni(C_4H_7N_2O_2)_2}]\ V_\mathrm{T}(\mathrm{St})} = \frac{0{,}0953\ \mathrm{g} \cdot 250{,}0\ \mathrm{mL}}{288{,}93\ \mathrm{g\ mol^{-1}} \cdot 25{,}0\ \mathrm{mL}}$$

$$\underline{\mathbf{n_1(NiCl_2) = 0{,}00330\ mol = 3{,}30\ mmol}}$$

7.3.1.2.3 Volumen

Rechenbeispiel 7-6. Welches Volumen Hydrogensulfid im Normzustand muß ein Abgas enthalten, wenn beim Durchleiten durch eine Kupfersulfat-Lösung 425,0 mg Kupfer(II)-sulfid, CuS, ausgefällt werden?

Gesucht: $V_{1,\mathrm{n}}(\mathrm{H_2S})$ **Gegeben:** $m_2(\mathrm{CuS}) = 425{,}0\ \mathrm{mg}$

$$n_1(\mathrm{H_2S}) = n_2(\mathrm{CuS}) \longleftarrow \frac{m_2(\mathrm{CuS})}{M_2(\mathrm{CuS})}$$

$$\uparrow \quad \frac{V_\mathrm{n}(\mathrm{H_2S})}{V_\mathrm{m}}$$

$$\frac{V_{1,\mathrm{n}}(\mathrm{H_2S})}{V_\mathrm{m}} = \frac{m_2(\mathrm{CuS})}{M_2(\mathrm{CuS})}$$

$$V_{1,\mathrm{n}}(\mathrm{H_2S}) = \frac{m_2(\mathrm{CuS})\ V_\mathrm{mn}}{M_2(\mathrm{CuS})} = \frac{425{,}0\ \mathrm{mg} \cdot 22{,}4\ \mathrm{L\ mol^{-1}}}{95{,}61\ \mathrm{g\ mol^{-1}}}$$

$$\underline{\mathbf{V_{1,n}(H_2S) = 99{,}6\ mL}}$$

Übungsaufgaben:

7-4. 3,225 mg einer Probe ergeben 178,5 mg Eisen(III)-oxid, Fe_2O_3. Wie groß sind die Massen a) $m[\mathrm{Fe_2(SO_4)_3}]$ und b) $m(\mathrm{Fe^{3+}})$ in der Probe?

7-5. Zur Bestimmung des Aluminiums wurde eine Probe zu 100 mL verdünnt und 25 mL der Verdünnung mit NH_4OH-Lösung gefällt. Nach dem Glühen ergab sich eine Auswaage von 0,1856 g Aluminiumoxid, Al_2O_3. Wie groß sind a) die Masse $m(\mathrm{Al})$ und b) die Stoffmenge $n(\mathrm{Al})$ in der Probe? $F(\mathrm{Al/Al_2O_3}) = 0{,}5293$

7-6. Beim Durchleiten eines hydrogenchlorid-haltigen Abgases durch eine Silbernitrat-Lösung fallen 386,5 mg Silberchlorid, AgCl, aus. Wie groß war a) die Masse, b) die Stoffmenge und c) das Volumen im Normzustand des Hydrogenchlorids im Abgas?

7.3.1.3 Gehalt von Analyseproben

7.3.1.3.1 Massenanteil

Rechenbeispiel 7-7. Zur gravimetrischen Bestimmung des Magnesiums in einer Probe wurden 0,2958 g eingewogen, gelöst und als Magnesiumpyrophosphat, $Mg_2P_2O_7$, gefällt. Es ergab sich eine Auswaage von 0,1454 g. Wie groß ist der Massenanteil w(Mg) der Probe?

Gesucht: $w_1(\mathrm{Mg})$

Gegeben: $m_1(\mathrm{Probe}) = 0{,}2958\ \mathrm{g}$
$m_2(\mathrm{Mg_2P_2O_7}) = 0{,}1454\ \mathrm{g}$

$$\frac{n_1(\mathrm{Mg})}{2} = n_2(\mathrm{Mg_2P_2O_7}) \longleftarrow n_i = \frac{m_i}{M_i}$$

$$m_1(\mathrm{Mg}) = w_1(\mathrm{Mg})\, \mathbf{m_1(Probe)}$$

$$\frac{m_1(\mathrm{Mg})}{2\,\mathbf{M_1(Mg)}} = \frac{\mathbf{m_2(Mg_2P_2O_7)}}{\mathbf{M_2(Mg_2P_2O_7)}}$$

$$\frac{w_1(\mathrm{Mg})\,\mathbf{m_1(Probe)}}{\mathbf{2\,M_1(Mg)}} = \frac{\mathbf{m_2(Mg_2P_2O_7)}}{\mathbf{M_2(Mg_2P_2O_7)}}$$

$$w_1(\mathrm{Mg}) = \frac{2\,m_2(\mathrm{Mg_2P_2O_7})\,M_1(\mathrm{Mg})}{m_1(\mathrm{Probe})\,M_2(\mathrm{Mg_2P_2O_7})} = \frac{2 \cdot 0{,}1454\ \mathrm{g} \cdot 24{,}31\ \mathrm{g\ mol^{-1}}}{0{,}2958\ \mathrm{g} \cdot 222{,}55\ \mathrm{g\ mol^{-1}}}$$

$$\underline{\mathbf{w_1(Mg) = 0{,}1074 = 10{,}74\%}}$$

Rechenbeispiel 7-8. Zur gravimetrischen Bestimmung des Magnesiums in einer Probe wurden 3,958 g eingewogen, zu 250,0 mL gelöst und 20,0 mL der Verdünnung als Magnesiumpyrophosphat, $Mg_2P_2O_7$, gefällt. Es ergab sich eine Auswaage von 0,1634 g. Wie groß ist der Massenanteil w(Mg) der Probe? $F(\mathrm{Mg/Mg_2P_2O_7}) = 0{,}2184$

Gesucht: $w_1(\mathrm{Mg})$

Gegeben: $m_1(\mathrm{Probe}) = 3{,}958\ \mathrm{g}$
$m_{2,\mathrm{T}}(\mathrm{Mg_2P_2O_7}) = 0{,}1634\ \mathrm{g}$
$V_2(\mathrm{St}) = 250{,}0\ \mathrm{mL}$
$V_{2,\mathrm{T}}(\mathrm{St}) = 20{,}0\ \mathrm{mL}$
$F(\mathrm{Mg/Mg_2P_2O_7}) = 0{,}2184$

Lösungsweg 1 geht von der **Stoffmengenrelation** aus:

$$\frac{n_1(\text{Mg})}{2} = n_2(\text{Mg}_2\text{P}_2\text{O}_7) \longleftarrow n_\text{i} = \frac{m_\text{i}}{M_\text{i}}$$

$$\downarrow \; w_1(\text{Mg})\ \boldsymbol{m_1}\textbf{(Probe)}$$

$$\frac{m_1(\text{Mg})}{2\,M_1(\text{Mg})} = \frac{m_2(\text{Mg}_2\text{P}_2\text{O}_7)}{M_2(\text{Mg}_2\text{P}_2\text{O}_7)} \longleftarrow \boldsymbol{m_{2,\text{T}}}\textbf{(Mg}_2\textbf{P}_2\textbf{O}_7\textbf{)} \cdot \frac{\boldsymbol{v}\textbf{(St)}}{\boldsymbol{V_{2,\text{T}}}\textbf{(St)}}$$

$$\frac{w_1(\text{Mg})\ m_1(\text{Probe})}{2\,M_1(\text{Mg})} = \frac{m_{2,\text{T}}(\text{Mg}_2\text{P}_2\text{O}_7)\ V_2(\text{St})}{M_2(\text{Mg}_2\text{P}_2\text{O}_7)\ V_{2,\text{T}}(\text{St})}$$

$$w_1(\text{Mg}) = \frac{2\ m_{1,\text{T}}(\text{Mg}_2\text{P}_2\text{O}_7)\ M_1(\text{Mg})\ V_2(\text{St})}{m_1(\text{Probe})\ M_2(\text{Mg}_2\text{P}_2\text{O}_7)\ V_{2,\text{T}}(\text{St})}$$

$$= \frac{2 \cdot 0{,}1634\ \text{g} \cdot 24{,}31\ \text{g mol}^{-1} \cdot 250{,}0\ \text{mL}}{3{,}958\ \text{g} \cdot 222{,}55\ \text{g mol}^{-1} \cdot 20{,}0\ \text{mL}}$$

$$\underline{\boldsymbol{w_1}\textbf{(Mg)} = \textbf{0,1127} = \textbf{11,27\%}}$$

Lösungsweg 2 geht von der **gesuchten Größe** aus:

$$w_1(\text{Mg}) = \frac{m_1(\text{Mg})}{\boldsymbol{m_1}\textbf{(Probe)}} \longleftarrow m_{1,\text{T}}(\text{Mg}) \cdot \frac{\boldsymbol{V_1}\textbf{(St)}}{\boldsymbol{V_{1,\text{T}}}\textbf{(St)}}$$

$$\uparrow \; \boldsymbol{m_{2,\text{T}}}\textbf{(Mg}_2\textbf{P}_2\textbf{O}_7\textbf{)}\ \boldsymbol{F}\textbf{(Mg/Mg}_2\textbf{P}_2\textbf{O}_7\textbf{)}$$

$$w_\text{i}(\text{Mg}) = \frac{m_{2,\text{T}}(\text{Mg}_2\text{P}_2\text{O}_7)\ F(\text{Mg/Mg}_2\text{P}_2\text{O}_7)\ V_1(\text{St})}{m_1(\text{Probe})\ V_{1,\text{T}}(\text{St})}$$

$$= \frac{0{,}1634\ \text{g} \cdot 0{,}2184 \cdot 250{,}0\ \text{mL}}{3{,}958\ \text{g} \cdot 20{,}0\ \text{mL}}$$

$$\underline{\boldsymbol{w_1}\textbf{(Mg)} = \textbf{0,1127} = \textbf{11,27\%}}$$

Rechenbeispiel 7-9. 10,0 mL Lösung, $\rho = 1{,}140$ g/mL, werden zu 250,0 mL verdünnt. 10,0 mL ergeben bei der Fällung mit Bariumchlorid-Lösung 217,9 mg Bariumsulfat, $BaSO_4$. Wie groß ist der Massenanteil $w(H_2SO_4)$ der Probe? $F(H_2SO_4/BaSO_4) = 0{,}4202$

Gesucht: $w_1(H_2SO_4)$

Gegeben:
$V_1(L_1) = 10{,}0$ mL
$\rho_1(L_1) = 1{,}140$ g/mL
$V_1(St) = 250{,}0$ mL
$V_{1,T}(St) = 10{,}0$ mL
$F(H_2SO_4/BaSO_4) = 0{,}4202$
$m_2(BaSO_4) = 217{,}9$ mg

Lösungsweg 2 liefert:

$$w_1(H_2SO_4) = \frac{m_1(H_2SO_4)}{\mathbf{m_1(L)}} \longleftarrow m_{1,T}(H_2SO_4) \cdot \frac{\mathbf{V_1(St)}}{\mathbf{V_{1,T}(St)}}$$

$$\mathbf{m_1(L)} \longleftarrow \mathbf{V_1(L_1)\ \rho_1(L_1)}$$

$$m_{1,T}(H_2SO_4) \longleftarrow \mathbf{m_{2,T}(BaSO_4)\ F(H_2SO_4/BaSO_4)}$$

$$w_1(H_2SO_4) = \frac{m_{2,T}(BaSO_4)\ F(H_2SO_4/BaSO_4)\ V_1(St)}{V_1(L_1)\ \rho_1(L_1)\ V_{1,T}(St)}$$

$$= \frac{0{,}2179\ \text{g} \cdot 0{,}4202 \cdot 250{,}0\ \text{mL}}{10{,}0\ \text{mL} \cdot 1{,}140\ \text{g mL}^{-1} \cdot 10{,}0\ \text{mL}}$$

$$\underline{\mathbf{w_1(H_2SO_4) = 0{,}201 = 20{,}1\%}}$$

Übungsaufgaben:

7-7. 0,2450 g eines Chromerzes lieferten bei der gravimetrischen Bestimmung 0,1308 g Chrom(III)-oxid, Cr_2O_3. Wie groß ist der Massenanteil $w(Cr)$ im Salz?

7-8. Wie groß ist der Massenanteil eines Erzes an Antimon, wenn 0,2821 g bei der Analyse 0,1843 g Antimon(III)-sulfid ergeben?

7-9. 1,0060 g einer Analysenprobe wurden auf 250,0 mL verdünnt. 100,0 mL dieser Stammlösung liefern beim Fällen 0,1713 g Zinksulfid, ZnS. Welcher Massenanteil $w(Zn)$ ergibt sich für die Probe?

7-10. Zur Bestimmung des Gehaltes an Silber bzw. Kupfer wurden 4,032 g einer Legierung in Salpetersäure gelöst, die entstehende Lösung auf 250,0 mL verdünnt und 20,0 mL dieser Verdünnung zu 0,3440 g Silberchlorid, AgCl, gefällt. Im Filtrat der Fällung ergaben sich bei der Bestimmung des Kupfers 70,6 mg Kupfer(II)-oxid, CuO. Wie groß sind die Massenanteile a) $w(Ag)$ und b) $w(Cu)$?

7.3.1.3.2 Volumenanteil

Rechenbeispiel 7-10. 50,0 L Abgas im Normzustand werden durch eine Kupfer(II)-sulfat-Lösung geleitet. Dabei fallen 367,6 mg Kupfer(II)-sulfid, CuS, aus. Wie groß ist der Volumenanteil $\varphi(H_2S)$ im Abgas?

Gesucht: $\varphi_1(H_2S)$

Gegeben: $V_{1,n}(\text{Abgas}) = 50{,}0 \text{ L}$
$m_2(\text{CuS}) = 367{,}6 \text{ mg}$

Lösungsweg 1 liefert:

$$n_1(H_2S) = n_2(\text{CuS}) \longleftarrow \frac{\mathbf{m_2(CuS)}}{\mathbf{M_2(CuS)}}$$

$$\uparrow$$

$$\frac{V_{1,n}(H_2S)}{V_{mn}} \longleftarrow \varphi_1(H_2S)\ \mathbf{V_{1,n}(Abgas)}$$

$$\frac{\varphi_1(H_2S)\ \mathbf{V_{1,n}(Abgas)}}{\mathbf{V_{mn}}} = \frac{\mathbf{m_2(CuS)}}{\mathbf{M_2(CuS)}}$$

$$\varphi_1(H_2S) = \frac{V_{mn}\ m_2(\text{CuS})}{V_{1,n}(\text{Abgas})\ M_2(\text{CuS})} = \frac{22{,}4 \text{ L mol}^{-1} \cdot 0{,}3676 \text{ g}}{50{,}0 \text{ L} \cdot 95{,}61 \text{ g mol}^{-1}}$$

$$\underline{\boldsymbol{\varphi_1(H_2S) = 0{,}00172 = 0{,}172\%}}$$

Übungsaufgaben:

7-11. 30,0 L Abgas von 20 °C und 1025 mbar werden durch eine Kupfer(II)-sulfat-Lösung geleitet. Dabei fallen 255,0 mg Kupfer(II)-sulfid, CuS, aus. Wie groß ist der Volumenanteil $\varphi(H_2S)$ im Abgas?

7-12. 5,25 L Abgas im Normzustand werden durch eine Silbernitrat-Lösung geleitet. Dabei fallen 306,9 mg Silberchlorid, AgCl, aus. Welchen Volumenanteil $\varphi(\text{HCl})$ hat das Abgas?

7.3.1.3.3 Massenkonzentration

Rechenbeispiel 7-11. Ein aus 5,00 mL einer cadmiumhaltigen Lösung gefällter Cadmiumsulfid-Niederschlag ergab nach der Umwandlung in Cadmiumoxid, CdO, eine Auswaage von 134,6 mg. Welche Massenkonzentration $\beta(\text{Cd})$ besitzt die ursprüngliche Lösung?

Gesucht: $\beta_1(\text{Cd})$

Gegeben: $V_1(L_1) = 5{,}00 \text{ mL}$
$m_2(\text{CdO}) = 134{,}6 \text{ mg}$

Lösungsweg 2 liefert:

$$\beta_1(\text{Cd}) = \frac{m_1(\text{Cd})}{\boldsymbol{V_1(\text{L}_1)}} \longleftarrow \boldsymbol{m_2(\text{CdO})}\, F(\text{Cd/CdO}) \longleftarrow \frac{\boldsymbol{M_1(\text{Cd})}}{\boldsymbol{M_2(\text{CdO})}}$$

$$\beta_1(\text{Cd}) = \frac{m_2(\text{CdO})\, M_1(\text{Cd})}{M_2(\text{CdO})\, V_1(\text{L}_1)} = \frac{134{,}6 \text{ mg} \cdot 112{,}41 \text{ g mol}^{-1}}{128{,}41 \text{ g mol}^{-1} \cdot 5{,}00 \text{ mL}}$$

$\underline{\boldsymbol{\beta_1(\text{Cd}) = 23{,}6 \text{ mg/mL} = 23{,}6 \text{ g/L}}}$

Rechenbeispiel 7-12. 50,0 mL einer cadmiumhaltigen Lösung wurden auf 250,0 mL verdünnt. Der aus 25,0 mL dieser Verdünnung gefällte Cadmiumsulfid-Niederschlag ergab nach der Umwandlung in Cadmiumoxid, CdO, eine Auswaage von 134,6 mg. Welche Massenkonzentration $\beta(\text{Cd})$ besitzt die ursprüngliche Lösung?

Gesucht: $\beta_1(\text{Cd})$

Gegeben: $V_1(\text{L}_1) = 50{,}0$ mL
$V_1(\text{St}) = 250{,}0$ mL
$V_{1,\text{T}}(\text{St}) = 25{,}0$ mL
$m_{2,\text{T}}(\text{CdO}) = 134{,}6$ mg

Lösungsweg 2 liefert:

$$\beta_1(\text{Cd}) = \frac{m_1(\text{Cd})}{\boldsymbol{V_1(\text{L}_1)}} \longleftarrow m_{1,\text{T}}(\text{Cd}) \cdot \frac{\boldsymbol{V_1(\text{St})}}{\boldsymbol{V_{1,\text{T}}(\text{St})}}$$

$$m_{1,\text{T}}(\text{Cd}) \longleftarrow \boldsymbol{m_{2,\text{T}}(\text{CdO})}\, F(\text{Cd/CdO}) \longleftarrow \frac{\boldsymbol{M_1(\text{Cd})}}{\boldsymbol{M_2(\text{CdO})}}$$

$$\beta_1(\text{Cd}) = \frac{m_{2,\text{T}}(\text{CdO})\, M_1(\text{Cd})\, V_1(\text{St})}{M_2(\text{CdO})\, V_1(\text{L}_1)\, V_{1,\text{T}}(\text{St})} = \frac{134{,}6 \text{ mg} \cdot 112{,}41 \text{ g mol}^{-1} \cdot 250{,}0 \text{ mL}}{128{,}41 \text{ g mol}^{-1} \cdot 50{,}0 \text{ mL} \cdot 25{,}0 \text{ mL}}$$

$\underline{\boldsymbol{\beta_1(\text{Cd}) = 23{,}6 \text{ mg/mL} = 23{,}6 \text{ g/L}}}$

Übungsaufgaben:

7-13. 20,0 mL einer Kobaltsalz-Lösung werden auf 250,0 mL verdünnt. 100,0 mL dieser Verdünnung ergeben bei der gravimetrischen Bestimmung 287,5 mg Kobaltanthranilat, $Co(C_7H_6NO_2)_2$. Wie groß ist die Massenkonzentration $\beta(\text{Co})$ der Ausgangslösung? $F[Co/Co(C_7H_6NO_2)_2] = 0{,}1779$

7-14. Aus 10,0 mL eines Abwassers werden durch Zugabe von Silbernitrat-Lösung 226,8 mg Silberchlorid, AgCl, ausgefällt. Wie groß ist die Massenkonzentration $\beta(\text{HCl})$ des dieses Abwassers?

7.3.1.3.4 Stoffmengenkonzentration

Rechenbeispiel 7-13. Aus 20,0 mL einer Eisensalz-Lösung wurde das Eisen gefällt und als Fe_2O_3 gewogen. Die Auswaage betrug 0,3582 g. Wie groß ist die Stoffmengenkonzentration $c(Fe^{3+})$ dieser Eisensalz-Lösung?

Gesucht: $c_1(Fe^{3+})$

Gegeben: $V_1(L_1) = 20{,}0$ mL
$m_2(Fe_2O_3) = 0{,}3582$ g

Lösungsweg 1 liefert:

$$c_1(Fe^{3+})\ \mathbf{V_1(L_1)}$$

$$\downarrow$$

$$\frac{n_1(Fe^{3+})}{\mathbf{2}} = n_2(Fe_2O_3) \longleftarrow \frac{\mathbf{m_2(Fe_2O_3)}}{\mathbf{M_2(Fe_2O_3)}}$$

$$\frac{c_1(Fe^{3+})\ \mathbf{V_1(L_1)}}{\mathbf{2}} = \frac{\mathbf{m_2(Fe_2O_3)}}{\mathbf{M_2(Fe_2O_3)}}$$

$$c_1(Fe^{3+}) = \frac{2\ m_2(Fe_2O_3)}{M_2(Fe_2O_3)\ V_1(L_1)} = \frac{2 \cdot 0{,}3582 \text{ g}}{159{,}69 \text{ g mol}^{-1} \cdot 20{,}0 \text{ mL}}$$

$$\underline{\mathbf{c_1(Fe^{3+}) = 0{,}0002243\ mol/mL = 0{,}2243\ mol/L}}$$

Rechenbeispiel 7-14. 20,0 mL Eisensalz-Lösung wurden auf 250,0 mL verdünnt. Aus 100 mL dieser Stammlösung konnte das Eisen gefällt und als Fe_2O_3 gewogen werden. Die Auswaage betrug 0,4755 g. Wie groß ist die Stoffmengenkonzentration $c(Fe^{3+})$ der Eisensalz-Lösung?

Gesucht: $c_1(Fe^{3+})$

Gegeben: $V_1(L_1) = 20{,}0$ mL
$V_1(St) = 250{,}0$ mL
$V_{1,T}(St) = 100{,}0$ mL
$m_{2,T}(Fe_2O_3) = 0{,}4755$ g

Lösungsweg 2 liefert:

$$c_1(Fe^{3+}) = \frac{n_1(Fe^{3+})}{\mathbf{V_1(L_1)}} \longleftarrow n_{1,T}(Fe^{3+}) \cdot \frac{\mathbf{V_1(St)}}{\mathbf{V_{1,T}(St)}}$$

$$\uparrow$$

$$\frac{\mathbf{2\ m_{2,T}(Fe_2O_3)}}{\mathbf{M_2(Fe_2O_3)}}$$

$$c_1(Fe^{3+}) = \frac{2\ m_{2,T}(Fe_2O_3)\ V_1(St)}{M_2(Fe_2O_3)\ V_1(L_1)\ V_{1,T}(St)}$$

$$= \frac{2 \cdot 0{,}4755\ g \cdot 250{,}0\ mL}{159{,}69\ g\ mol^{-1} \cdot 20{,}0\ mL \cdot 100{,}0\ mL}$$

$$\underline{\mathbf{c_1(Fe^{3+}) = 0{,}000744\ mol/mL = 0{,}744\ mol/L}}$$

Übungsaufgaben:

7-15. 10,0 mL eines Säure-Gemisches werden auf 100,0 mL verdünnt. 10,0 mL dieser Verdünnung liefern bei der Fällung mit Bariumchlorid-Lösung 0,2505 g Bariumsulfat, $BaSO_4$. a) Welche Massenkonzentration $\beta(H_2SO_4)$ hat das Gemisch? b) Wie groß ist die Äquivalentkonzentration $c(\frac{1}{2}\ H_2SO_4)$ des Gemisches?

7-16. Aus 10,0 mL eines Abwassers werden durch Zugabe von Silbernitrat-Lösung 226,8 mg Silberchlorid, AgCl, ausgefällt. Wie groß ist die Stoffmengenkonzentration $c(Cl^-)$ dieses Abwassers?

7.3.1.4 Quantität der Analysenprobe

Rechenbeispiel 7-15. Wieviel Gramm einer Probe, $w(Fe^{3+}) = 3{,}65\%$, sind zur Fällung zu bringen, damit 250 mg Eisen(III)-oxid, Fe_2O_3, ausgewogen werden?

Gesucht: $m_1(Pr)$

Gegeben: $w_1(Fe^{3+}) = 3{,}65\%$
$m_2(Fe_2O_3) = 250\ mg$

Lösungsweg 1 liefert:

$$n_2(Fe_2O_3) = \frac{n_1(Fe^{3+})}{2} \longleftarrow n_i = \frac{m_i}{M_i}$$

$$\frac{\mathbf{m_2(Fe_2O_3)}}{\mathbf{M_2(Fe_2O_3)}} = \frac{m_1(Fe^{3+})}{\mathbf{2\ M_1(Fe^{3+})}} \longleftarrow \mathbf{w_1(Fe^{3+})}\ m_1(Pr)$$

$$\frac{\mathbf{m_2(Fe_2O_3)}}{\mathbf{M_2(Fe_2O_3)}} = \frac{\mathbf{w_1(Fe^{3+})}\ m_1(Pr)}{\mathbf{2\ M_1(Fe^{3+})}}$$

$$m_1(Pr) = \frac{2\ m_2(Fe_2O_3)\ M_1(Fe^{3+})}{M_2(Fe_2O_3)\ w_1(Fe^{3+})} = \frac{2 \cdot 250\ mg \cdot 55{,}85\ g\ mol^{-1}}{159{,}69\ g\ mol^{-1} \cdot 0{,}0365}$$

$$\underline{\mathbf{m_1(Pr) = 4{,}79\ g}}$$

Lösungsweg 2 liefert:

$$m_1(\mathrm{Pr}) = \frac{m_1(\mathrm{Fe^{3+}})}{\boldsymbol{w_1}(\mathbf{Fe^{3+}})} \longleftarrow \boldsymbol{M_1}(\mathbf{Fe^{3+}})\, n_1(\mathrm{Fe^{3+}}) \longleftarrow \mathbf{2}\, n_2(\mathrm{Fe_2O_3}) = \frac{\boldsymbol{m_2}(\mathbf{Fe_2O_3})}{\boldsymbol{M_2}(\mathbf{Fe_2O_3})}$$

$$m_1(\mathrm{Pr}) = \frac{2\, M_1(\mathrm{Fe^{3+}})\, m_2(\mathrm{Fe_2O_3})}{w_1(\mathrm{Fe^{3+}})\, M_2(\mathrm{Fe_2O_3})} = \frac{2 \cdot 55{,}85\ \mathrm{g\ mol^{-1}} \cdot 250\ \mathrm{mg}}{0{,}0365 \cdot 159{,}69\ \mathrm{g\ mol^{-1}}}$$

$$\underline{\boldsymbol{m_1}(\mathbf{Pr}) = \mathbf{4{,}79\ g}}$$

Rechenbeispiel 7-16. a) Wieviel Gramm und b) wieviel Milliliter einer Probe, $w(\mathrm{H_2SO_4}) = 14{,}04\%$, $\rho = 1{,}095$ g/mL, müssen auf 250 mL aufgefüllt werden, wenn 25,0 mL dieser Verdünnung bei der Fällung mit Bariumchlorid 105 mg $BaSO_4$ ergeben?

Gesucht: $m_1(\mathrm{Pr})$
$V_1(\mathrm{Pr})$

Gegeben: $w_1(\mathrm{H_2SO_4}) = 14{,}04\%$
$\rho_1(\mathrm{Pr}) = 1{,}095$ g/mL
$V_1(\mathrm{St}) = 250{,}0$ mL
$V_{1,\mathrm{T}}(\mathrm{St}) = 25{,}0$ mL
$m_2(\mathrm{BaSO_4}) = 105$ mg

$$m_1(\mathrm{Pr}) = \frac{m_1(\mathrm{H_2SO_4})}{\boldsymbol{w_1}(\mathbf{H_2SO_4})} \longleftarrow n_1(\mathrm{H_2SO_4})\, \boldsymbol{M_1}(\mathbf{H_2SO_4})$$

$$n_1(\mathrm{H_2SO_4}) \uparrow\ \frac{m_2(\mathrm{BaSO_4})}{\boldsymbol{M_2}(\mathbf{BaSO_4})} \longleftarrow \boldsymbol{m_{2,\mathrm{T}}}(\mathbf{BaSO_4}) \cdot \frac{\boldsymbol{V_1}(\mathbf{St})}{\boldsymbol{V_{1,\mathrm{T}}}(\mathbf{St})}$$

a) Berechnung von $m_1(\mathrm{Pr})$:

$$m_1(\mathrm{Pr}) = \frac{M_1(\mathrm{H_2SO_4})\, m_\mathrm{T}(\mathrm{BaSO_4})\, V_1(\mathrm{St})}{w_1(\mathrm{H_2SO_4})\, M(\mathrm{BaSO_4})\, V_{1,\mathrm{T}}(\mathrm{St})}$$

$$= \frac{98{,}07\ \mathrm{g\ mol^{-1}} \cdot 105\ \mathrm{mg} \cdot 250{,}0\ \mathrm{mL}}{0{,}1404 \cdot 233{,}39\ \mathrm{g\ mol^{-1}} \cdot 25{,}0\ \mathrm{mL}}$$

$$\underline{\boldsymbol{m_1}(\mathbf{Pr}) = \mathbf{3{,}14\ g}}$$

b) Berechnung von $V_1(\mathrm{Pr})$:

$$V_1(\mathrm{Pr}) = \frac{m_1(\mathrm{Pr})}{\boldsymbol{\rho_1}(\mathbf{Pr})} \longleftarrow \frac{m_1(\mathrm{H_2SO_4})}{\boldsymbol{w_1}(\mathbf{H_2SO_4})} \longleftarrow n_1(\mathrm{H_2SO_4})\, \boldsymbol{M_1}(\mathbf{H_2SO_4})$$

$$n_1(\mathrm{H_2SO_4}) \uparrow\ \frac{m_2(\mathrm{BaSO_4})}{\boldsymbol{M_2}(\mathbf{BaSO_4})} \longleftarrow \boldsymbol{m_{2,\mathrm{T}}}(\mathbf{BaSO_4})\, \boldsymbol{F_\mathrm{A}}$$

$$V_1(\text{Pr}) = \frac{M_1(\text{H}_2\text{SO}_4)\, m_{2,\text{T}}(\text{BaSO}_4)\, F_\text{A}}{\rho_1(\text{Pr})\, w_1(\text{H}_2\text{SO}_4)\, M_2(\text{BaSO}_4)}$$

$$= \frac{98{,}07\ \text{g mol}^{-1} \cdot 105\ \text{mg} \cdot 10{,}00}{1{,}095\ \text{g mL}^{-1} \cdot 0{,}1404 \cdot 223{,}39\ \text{g mol}^{-1}}$$

$$\mathbf{V_1(Pr) = 2{,}87\ mL}$$

Übungsaufgaben:

7-17. Eine Calciumchlorid-Lösung, $\beta(CaCl_2)$ = 30,8 g/L, ρ = 1,066 g/mL, liefert bei der gravimetrischen Bestimmung 245 mg Calciumoxalat, $Ca(COO)_2$. Wie groß muß a) das Volumen und b) die Masse dieser Lösung gewesen sein?

7-18. a) Wieviel Gramm und b) wieviel Milliliter einer Kobalt(II)-nitrat-Lösung, $w[Co(NO_3)_2]$ = 10,0%, ρ = 1,084 g/mL, müssen auf 250,0 mL verdünnt werden, damit 100,0 mL dieser Verdünnung 250 mg Kobaltanthranilat, $Co(C_7H_6NO_2)_2$ ergeben? $F[Co(NO_3)_2/Co(C_7H_6NO_2)_2]$ = 0,5525

7.3.2 Feuchtigkeits- und Trockengehaltsbestimmung

Die Feuchtigkeit von Analysenproben wird durch Trocknen dieser Stoffportion im Trockenschrank bis zur Massekonstanz entfernt. Mit der zurückbleibenden Trockensubstanz kann nicht nur der Feuchtigkeitsgehalt bzw. der Trockengehalt der Probe sondern auch der Gehalt an bestimmten Bestandteilen unabhängig von ihrer Feuchtigkeit bestimmt werden.

Eine besondere Methode zur Bestimmung der durch Wasser hervorgerufenen Feuchtigkeit beruht auf einer Destillation in Anwesenheit von Xylol. Dabei wird die Probe mit Xylol versetzt und die entstehende Mischung destilliert. Im Destillat kann das Volumen des Wassers, das sich unterhalb des Xylols absetzt, gemessen werden.

Der Feuchtigkeitsgehalt und der Trockengehalt einer Substanz sind Massenanteile:

$$\mathbf{w(Feuchtigkeit) = \frac{m(Feuchtigkeit)}{m(Probe)}} \qquad \textbf{(7-7)}$$

$$\mathbf{w(Trockensubstanz) = \frac{m(Trockensubstanz)}{m(Probe)}} \qquad \textbf{(7-8)}$$

Für dieselbe Substanz sind diese beiden Größen einander umgekehrt proportional, d. h. je größer der Feuchtigkeitsgehalt einer Probe ist, um so kleiner muß umgekehrt ihr

Trockengehalt sein. Die Masse an Feuchtigkeit ergibt sich als Differenz aus der Masse der feuchten Probe und der trockenen Substanz:

$$\boldsymbol{m(\text{Feuchtigkeit}) = m(\text{Probe}) - m(\text{Trockensubstanz})} \qquad \textbf{(7-9)}$$

Rechenbeispiel 7-17. 2,290 g eines Kiesabbrandes werden bei 105 °C bis zur Massekonstanz getrocknet. Es bleiben 2,238 g trockene Substanz zurück. Wie groß ist der Trockengehalt des Abbrandes? Wie groß ist sein Feuchtigkeitsgehalt?

Gesucht: w(Trockensubstanz)
w(Feuchtigkeit)

Gegeben: m(Probe) = 2,290 g
m(Trockensubstanz) = 2,238 g

$$w(\text{Trockensubstanz}) = \frac{\boldsymbol{m(\text{Trockensubstanz})}}{\boldsymbol{m(\text{Probe})}} = \frac{\textbf{2,238 g}}{\textbf{2,290 g}}$$

$$\underline{\boldsymbol{w(\text{Trockensubstanz}) = 0{,}9773 = 97{,}73\%}}$$

$$w(\text{Feuchtigkeit}) = \frac{m(\text{Feuchtigkeit}) \longleftarrow \boldsymbol{m(\text{Probe}) - m(\text{Trockensubstanz})}}{\boldsymbol{m(\text{Probe})}}$$

$$= \frac{m(\text{Probe}) - m(\text{Trockensubstanz})}{m(\text{Probe})} = \frac{2{,}290\ \text{g} - 2{,}238\ \text{g}}{2{,}290\ \text{g}}$$

$$\underline{\boldsymbol{w(\text{Feuchtigkeit}) = 0{,}0227 = 2{,}27\%}}$$

Übungsaufgaben:

7-19. Wie groß ist der Feuchtigkeitsgehalt einer Kohleprobe, von der 1,199 g beim Trocknen bei 105 °C um 0,213 g abnehmen?

7-20. 8,365 g einer Farbstoffpaste werden bei 105 °C getrocknet. Die Auswaage beträgt 1,491 g. Wie groß ist der Trockengehalt der Paste?

7-21. 125 g Öl werden mit Xylol versetzt und dann destilliert. Das Volumen des mitgeschleppten Wassers wird nach Abtrennen von Xylol mit 22 mL bestimmt. Wie groß ist sein Feuchtigkeitsgehalt? $\rho(H_2O)$ = 0,998 g/mL.

Eine wesentliche Bedeutung dieser Bestimmungen beruht darin, daß Analysendaten auf die Trockensubstanz bezogen und damit besser verglichen werden können, weil sie vom Feuchtigkeitsgehalt unabhängig sind.

Rechenbeispiel 7-18. Für einen Kiesabbrand wurden die Massenanteile w(Feuchtigkeit) = 4,05% und $w(Fe_2O_3)$ = 78,6% bestimmt. Wie groß ist der Massenanteil w(Fe_2O_3 in TS) in der Trockensubstanz?

Gesucht: $w(Fe_2O_3 \text{ in TS})$ **Gegeben:** $w(Fe_2O_3) = 78{,}6\%$
$w(\text{Feuchtigkeit}) = 4{,}05\%$

$$w(Fe_2O_3 \text{ in TS}) = \frac{m(Fe_2O_3)}{m(\text{Trockensubstanz})} \begin{array}{l} \longleftarrow m(\text{Probe})\ \mathbf{w(Fe_2O_3)} \\ \longleftarrow m(\text{Probe})\ \mathbf{w(Trockensubstanz)} \end{array}$$

$$= \frac{m(\text{Probe})\ w(Fe_2O_3)}{m(\text{Probe})\ w(\text{Trockensubstanz})} \longleftarrow 1 - w(\text{Feuchtigkeit})$$

$$= \frac{w(Fe_2O_3)}{1 - w(\text{Feuchtigkeit})} = \frac{0{,}786}{1 - 0{,}0405}$$

$\mathbf{w(Fe_2O_3 \text{ in TS}) = 0{,}8192 = 81{,}92\%}$

Übungsaufgaben:

7-22. Wie groß ist der Massenanteil $w(CaO)$ eines Kalksteins in der Trockensubstanz, für den folgende Analysenergebnisse bekannt sind:
$w(\text{Feuchtigkeit}) = 6{,}85\%$; $w(CaO) = 46{,}62\%$

7-23. Eine Braunkohle enthält 7,25% Feuchtigkeit. 6,25 g dieser Kohle werden bei 105 °C bis zur Massenkonstanz getrocknet. Wieviel Gramm wiegt die verbleibende, trockene Substanz?

7.3.3 Glührückstands- oder Aschegehaltsbestimmung

Auch Glührückstands- oder Aschegehaltsbestimmungen werden zur besseren Vergleichbarkeit von Analysendaten durchgeführt.

Organische Verbindungen bilden beim Glühen an der Luft Kohlenstoffdioxid, Wasser und andere flüchtige Verbindungen. Dabei bleiben aber anorganische Bestandteile (z. B. Metalloxide) als Asche zurück.

Unter *Glührückstand* versteht man alle bei einer gewählten Temperatur *nichtflüchtigen* Bestandteile eines Stoffes.

$$\mathbf{w(Asche) = \frac{m(Glührückstand)}{m(Probe)}} \qquad \textbf{(7-10)}$$

Rechenbeispiel 7-19. 1,561 g Torf werden geglüht. Danach bleiben 36,8 mg Asche zurück. Wie groß ist der Glührückstand des Torfs?

Gesucht: $w(\text{Glührückstand})$ **Gegeben:** $m(\text{Probe}) = 1{,}561$ g
$m(\text{Glührückstand}) = 36{,}8$ mg

$$w(\text{Glührückstand}) = \frac{\mathbf{m(Glührückstand)}}{m(\text{Probe})} = \frac{0{,}0368\ \text{g}}{1{,}561\ \text{g}}$$

$$\mathbf{w(Glührückstand) = 0{,}02357 = 2{,}357\%}$$

Übungsaufgaben:

7-24. Wie groß ist der Massenanteil an metallischen Rückständen in einem verbrauchten Schmieröl, wenn nach dem Verbrennen und Glühen von 12,62 g diese Öls 1,78 g Asche verbleiben?

7-25. Bei der Aschegehaltsbestimmung einer Steinkohle ergeben sich folgende Werte:
m(Tiegel, leer) = 27,18 g
m(Tiegel + Kohle) = 41,53 g
m(Tiegel + Glührückstand) = 27,70 g

Wie groß ist der Massenanteil an Schlacke in der Kohle?

7-26. Für einen Graphit sind folgende Massenanteile bekannt: w(Asche) = 4,62% ; w(C) = 88,85%. Wie groß ist der Massenanteil w(C) im aschefreien Graphit?

7.3.4 Wiederholungsaufgaben (zu Abschn. 7.3)

7-1. Wie groß sind die stöchiometrischen Faktoren bei folgenden Umrechnungen?

a) Calciumoxalat, $CaC_2O_4 \cdot H_2O$, in Calciumoxid, CaO
b) Magnesiumpyrophosphat, $Mg_2P_2O_7$, in Magnesiumoxid, MgO
c) Bariumsulfat, $BaSO_4$, in Sulfat, SO_4^{2-}

7-2. Wieviel Mol Kristallwasser enthält 1 mol kristallisiertes Kaliumchromalaun, $KCr(SO_4)_2 \cdot x\ H_2O$, wenn nach dem Trocknen von 5,136 g Alaun ein Rückstand von 2,913 g verbleibt?

7-3. Eine Probe wird auf 100 mL verdünnt. 25,0 mL davon werden mit Diacetyldioxim gefällt. Die Auswaage beträgt 225,6 mg Ni-diacetyldioxim. Wieviel Gramm Nickel enthielt die Probe? F(Ni/Ni-diacetyldioxim) = 0,2032

7-4. 1,085 g einer Silberlegierung wurden gelöst und zu 250 mL aufgefüllt. 50,0 mL der Verdünnung ergeben bei der Fällung mit Salzsäure 220 mg Silberchlorid. Wie groß ist der Massenanteil w(Ag) der Legierung?

7-5. 7,165 g Schwefelsäure-Lösung, ρ = 1,031 g/mL, werden auf 100 mL verdünnt. 20,0 mL der Verdünnung ergeben nach der Fällung mit Bariumchlorid-Lösung 163,8 mg

Bariumsulfat. Wie groß sind a) die Massenkonzentration $\beta(H_2SO_4)$, b) die Stoffmengenkonzentration $c(H_2SO_4)$ und c) der Massenanteil $w(H_2SO_4)$ der Lösung?

7-6. Zur Bestimmung der Feuchte eines Pulvers werden 6,417 g bis zur Massekonstanz getrocknet. Die Auswaage ist 6,206 g. Wie groß sind a) der Feuchtigkeitsgehalt und b) der Trockengehalt des Pulvers?

7-7. 144,4 g Torf werden eingewogen und bis zur Massekonstanz getrocknet. Wie groß sein Trockengehalt, wenn nach dem Trocknen noch 70,9 g ausgewogen werden?

7-8. Von einem feuchten Bleiglanz, $w(\text{Pb}) = 35{,}5\%$, werden 4,479 g getrocknet. Die Auswaage beträgt 4,116 g. Welchen Massenanteil an Blei hat der trockene Bleiglanz?

7-9. Bei der Bestimmung des Glührückstandes einer Steinkohle werden folgende Wägungen vorgenommen:
$m(\text{Tiegel, leer}) = 33{,}186$ g
$m(\text{Tiegel + Steinkohle}) = 48{,}925$ g
$m(\text{Tiegel + Schlacke}) = 35{,}625$ g

Wie groß ist der Schlackegehalt der Steinkohle in %?

7-10. Ein Graphit enthält 90,2% Kohlenstoff. Der Aschegehalt beträgt 3,64%. Wie ist der Massenanteil $w(\text{C})$ im aschefreien Graphit?

7.4 Volumetrie

Volumetrischen oder *maßanalytischen* Bestimmungen liegen ebenfalls chemische Umsetzungen zugrunde. Im Gegensatz zu gravimetrischen Bestimmungen (vgl. Abschn. 7.3) wird aber nicht aus der Masse eines entstehenden Endproduktes auf die Quantität eines Bestandteils einer Probe geschlossen, sondern aus dem verbrauchten Volumen einer sog. *Maßlösung* mit genau definiertem Gehalt. Durch eine Titration, d.h. durch die Zugabe der Reagenzlösung aus einer geeichten Bürette, läßt sich der Bestandteil der Probe aus einem chemisch genau bekannten Zustand in einen ebenso bekannten Endzustand überführen. Dabei muß die Reaktion quantitativ verlaufen und ihr Endpunkt oder *Äquivalenzpunkt* scharf erkennbar sein. Für eine Reaktion des Typs

$$\mathbf{a\,AB + b\,CD \longrightarrow c\,AC + d\,BD}$$

gilt folgende Stoffmengenrelation (vgl. (6-1), S. 403):

$$\frac{\boldsymbol{n}(\mathbf{AB})}{\mathbf{a}} = \frac{\boldsymbol{n}(\mathbf{CD})}{\mathbf{b}} = \frac{\boldsymbol{n}(\mathbf{AC})}{\mathbf{c}} = \frac{\boldsymbol{n}(\mathbf{BD})}{\mathbf{d}}$$

Das Volumen V einer Maßlösung enthält gerade die Stoffmenge n(AB) des Stoffes AB, die zur quantitativen Umsetzung erforderlich ist. Daraus kann die Quantität eines gesuchten Stoffes CD in einer Probe berechnet werden.

Da die Endprodukte für die Berechnung bedeutungslos sind, ergibt sich mit $\boldsymbol{n}$**(AB)** = $\boldsymbol{n}$**(X, gegeben)** und $\boldsymbol{n}$**(CD)** = $\boldsymbol{n}$**(Y, gesucht)** die vereinfachte Beziehung

$$\frac{\boldsymbol{n}(\mathbf{X, gegeben})}{\mathbf{a}} = \frac{\boldsymbol{n}(\mathbf{Y, gesucht})}{\mathbf{b}} \qquad \mathbf{(7\text{-}11)}$$

Mit der Äquivalentstoffmenge n(eq)(X) = $n(\frac{1}{z^*}\,\mathrm{X})$ (vgl. Abschn. 1.1.3.1) gelten auch:

$$\boldsymbol{n}_1(\mathbf{eq})\,(\mathbf{X}) = \boldsymbol{n}_2(\mathbf{eq})\,(\mathbf{Y}) \qquad \mathbf{(7\text{-}12)}$$

$$\boldsymbol{n}_1(\tfrac{1}{z^*_1}\mathbf{X}) = \boldsymbol{n}_2(\tfrac{1}{z^*_2}\mathbf{Y}) \qquad \mathbf{(7\text{-}12\,a)}$$

In (7-12) und (7-12a) bedeuten (vgl. Abschn. 1.1.3.1):

n_1(eq) (X), $n_1(\frac{1}{z^*_1}\mathrm{X})$	Äquivalentstoffmenge eines (gedachten) Äquivalentteilchens $(\frac{1}{z^*_1}\mathrm{X})$
z^*_1	Äquivalentzahl dieses Teilchens
n_2(eq) (Y), $n_2(\frac{1}{z^*_2}\mathrm{Y})$	Äquivalentstoffmenge eines (gedachten) Äquivalentteilchens $(\frac{1}{z^*_2}\mathrm{Y})$
z^*_2	Äquivalentzahl dieses Teilchens

Beispiel 7-1.

Bei der Reaktion von Natriumhydroxid mit Schwefelsäure ist die Stoffmenge $n_1(H_2SO_4)$ nur halb so groß wie die Stoffmenge n_2(NaOH):

$$n_1(\mathrm{H_2SO_4}) = \frac{n_2(\mathrm{NaOH})}{2}$$

Die Stoffmenge $n_1(H_2SO_4)$ ist auch nur halb so groß wie die Stoffmenge $n_1(\frac{1}{2}\,H_2SO_4)$ (gedachter) halber Schwefelsäure-Moleküle:

$$n_1(\mathrm{H_2SO_4}) = \frac{n_1(\frac{1}{2}\,\mathrm{H_2SO_4})}{2}$$

Demnach gilt über

$$\frac{n_1(\frac{1}{2}\ H_2SO_4)}{2} = \frac{n_2(NaOH)}{2}$$

auch

$$n_1(\frac{1}{2}\ H_2SO_4) = n_2(\frac{1}{1}\ NaOH)\ \textit{oder}\ n_1(eq)\ (H_2SO_4) = n_2(eq)\ (NaOH).$$

In der allgemeinen Äquivalentstoffmengenrelation für volumetrische Bestimmungen [vgl. (7-12), S. 482] können die Stoffmengen n_1(eq)(X) des Titrationsmittel X und n_2(eq)(X) des zu bestimmenden Stoffes Y gemäß Abb. 3-4 durch Quantitäten oder Gehalte ersetzt werden (vgl. Abb. 7-2).

Je nach Art der zugrundeliegenden Reaktionen unterscheidet man verschiedene volumetrische Methoden. Ihre Bezeichnungen ergeben sich aus dem verwendeten Titrationsmittel (vgl. Tab. 7-1).

Tab. 7-1. Volumetrische Methoden

Volumetrische Methode	Verwendete Titrationsmittel
Neutralisationstitration	*Säuren oder Basen*
Acidimetrie	Säuren (HCl, H_2SO_4, $(COOH)_2$ usw.)
– Alkalimetrie	Basen (NaOH, KOH usw.)
Redox-Titration	*Reduktions- oder Oxidationsmittel*
– Permanganometrie	Kaliumpermanganat, $KMnO_4$
– Jodometrie	Jod, J_2, Natriumthiosulfat, $Na_2S_2O_3$
– Chromatametrie	Kaliumdichromat, $K_2Cr_2O_7$
– Bromatometrie	Kaliumbromat, $KBrO_3$
– Cerimetrie	Cer(IV)-sulfat, $Ce(SO_4)_2$
Fällungstitration	
– Argentometrie	Silbernitrat, $AgNO_3$
Komplexometrische	*Titration Komplexbildner*
– Komplexometrie	Aminopolycarbonsäuren

Die Äquivalentzahlen von verwendetem Titrationsmittel und zu bestimmendem Stoff müssen für die Berechnung von maßanalytischen Bestimmungen gemäß (7-12a) bekannt sein. Sie ergeben sich aus der Stoffmengenrelation für die der Titration zugrundeliegenden Reaktion.

Für die permanganometrische Bestimmung von Fe^{2+}-Ionen in saurem Medium lassen sich die folgenden Redox-Gleichungen (1) bzw. (1a) und (2) zur Gesamtgleichung (3) zusammenfassen:

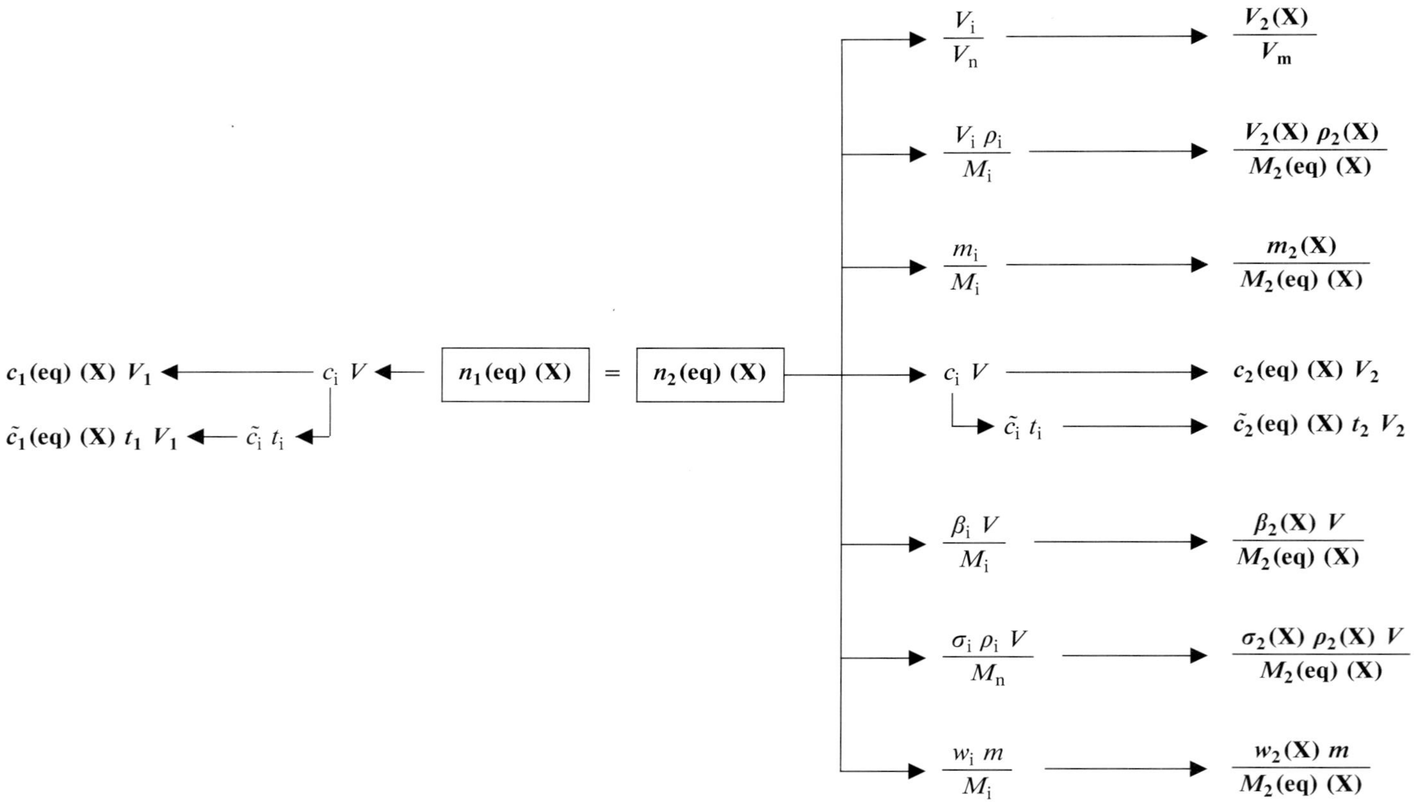

Abb. 7-2. Zusammenhang zwischen Äquivalentstoffmengen und Quantitäten oder Gehalten

(1) $Fe^{2+} \rightleftharpoons Fe^{3+} + e \mid \cdot 5$

(1a) $5\ Fe^{2+} \rightleftharpoons 5\ Fe^{3+} + 5\ e$

(2) $MnO_4^- + 5\ e \rightleftharpoons Mn^{2+}$

---

(3) $5\ Fe^{2+} + MnO_4^- + 8\ H^+ \rightleftharpoons 5\ Fe^{3+} + Mn^{2+} + 4\ H_2O$

Danach geben 5 Mol Fe^{2+}-Ionen gerade die 5 Mol Elektronen ab, die 1 mol MnO_4^--Ionen andererseits bei der Reaktion aufnehmen:

$$\frac{n_1(Fe^{2+})}{5} = \frac{n_2(MnO_4^-)}{1}$$

Ein (gedachtes) ($\frac{1}{5}$ MnO_4^-)-Ion hingegen könnte nur 1 Elektron aufnehmen, stellt also ein *Äquivalent* für ein Fe^{2+}-Ion dar, das eben dieses Elektron abgibt. Das gilt entsprechend auch für jeweils 1 mol dieser Ionen:

$$n_1(\tfrac{1}{1}\ Fe^{2+}) = n_2(\tfrac{1}{5}\ MnO_4^-)$$

Ganz allgemein entsprechen also die Koeffizienten a und b jeweils der Äquivalentzahl des anderen Reaktionspartners. Für (7-11)

$$\frac{n(\mathbf{X})}{\mathbf{a}} = \frac{n(\mathbf{Y})}{\mathbf{b}}$$

gilt dann mit $z^*_1 = \mathbf{b}$ und $z^*_2 = \mathbf{a}$

$$n_1(\tfrac{1}{\mathbf{b}}\ \mathbf{X}) = n_2(\tfrac{1}{\mathbf{a}}\ \mathbf{Y})\ . \qquad \mathbf{(7\text{-}13)}$$

Für die in Tab. 7-1 aufgeführten maßanalytischen Methoden ergeben sich die Äquivalentzahlen z* der Titrationsmittel wie folgt:

- Acidimetrie z* = Zahl der reaktionsfähigen H^+-Ionen
- Alkalimetrie z* = Zahl der reaktionsfähigen OH^--Ionen
- Oxidimetrie z* = Zahl aufgenommer (abgegebener) Elektronen = Änderung der Redoxzahl
- Argentometrie z* = Zahl der reagierenden Verbindungsbestandteile
- Komplexometrie z* = Zahl der komplexbildenden Liganden

7.4.1 Maßlösungen

7.4.1.1 Gehalt von Maßlösungen

Der Gehalt von Maßlösungen wird entsprechend (7-11) bzw. (7-12) durch die Stoffmengenkonzentration $c(\mathrm{X})$ (vgl. (3-8), Abschn. 3.3.1, S. 121) *oder* die Äquivalentkonzentration $c(\frac{1}{z^*}\,\mathrm{X})$ (vgl. (3-8a), Abschn. 3.3.2, S. 144) angegeben:

$$\boldsymbol{c}(\mathbf{X}) = \frac{\boldsymbol{n}(\mathbf{X})}{V} \qquad \boldsymbol{c}(\tfrac{1}{z^*}\,(\mathbf{X}) = \frac{\boldsymbol{n}(\tfrac{1}{z^*}\,\mathbf{X})}{V}$$

7.4.1.2 Herstellen von Maßlösungen

Maßlösungen können aus reinen Stoffen, die leicht rein darstellbar sind und sich an der Luft *nicht* verändern, sog. *Urtitersubstanzen*, oder auch aus Mischphasen, z. B. Feststoffen mit $\boldsymbol{w}(\mathbf{X}) < \mathbf{1}$ *oder* Lösungen, hergestellt werden.

a) Masse des gelösten Stoffes

Gemäß (1-16) erfolgt die Berechnung für reine Stoffe mit (3-8) bzw. (3-8a) aus $M(\mathrm{X})$, V und $c(\mathrm{X})$ bzw. $c(\frac{1}{z^*}\,\mathrm{X})$:

$$\boldsymbol{m}(\mathbf{X}) = \boldsymbol{M}(\mathbf{X})\, n(\mathrm{X}) \leftarrow \begin{cases} c(\mathrm{X})\, V \\ \boldsymbol{c}(\tfrac{1}{z^*}\,\mathbf{X})\, V \end{cases}$$

Rechenbeispiel 7-20. Wieviel Gramm Natriumcarbonat müssen zum Ansetzen von 10,0 L Lösung mit a) $c(\mathrm{Na_2CO_3}) = 0{,}1$ mol/L und b) $c(\frac{1}{2}\,\mathrm{Na_2CO_3}) = 0{,}1$ mol/L eingewogen werden?

Gesucht: $m_1(\mathrm{Na_2CO_3})$
$m_2(\mathrm{Na_2CO_3})$

Gegeben: $c_1(\mathrm{Na_2CO_3}) = 0{,}1$ mol/L
$c_2(\frac{1}{2}\,\mathrm{Na_2CO_3}) = 0{,}1$ mol/L
$V_1(\mathrm{L_1}) = V_2(\mathrm{L_2}) = 10{,}0$ L

$$m_1(\mathrm{Na_2CO_3}) = M(\mathrm{Na_2CO_3})\, c_1(\mathrm{Na_2CO_3})\, V_1(\mathrm{L_1})$$
$$= 105{,}99\ \mathrm{g\ mol^{-1}} \cdot 0{,}1\ \mathrm{mol\ L^{-1}} \cdot 10{,}0\ \mathrm{L}$$

$$\underline{\boldsymbol{m_1}(\mathbf{Na_2CO_3}) = \mathbf{106{,}0\ g}}$$

$$m_2(\mathrm{Na_2CO_3}) = \frac{M(\mathrm{Na_2CO_3})\ c_2(\frac{1}{2}\,\mathrm{Na_2CO_3})\ V_2(\mathrm{L_2})}{2}$$

$$= \frac{105{,}99\ \mathrm{g\ mol^{-1}} \cdot 0{,}1\ \mathrm{mol\ L^{-1}} \cdot 10{,}0\ \mathrm{L}}{2}$$

$$\underline{\boldsymbol{m_2(\mathrm{Na_2CO_3}) = 53{,}0\ \mathrm{g}}}$$

Bei der Verwendung von Mischphasen geht noch deren Gehalt z. B. der Massenanteil $w(\mathrm{X})$ in die Berechnung ein:

$$m(\mathbf{M}) = \frac{m(\mathrm{X})}{w(\mathbf{X})} \longleftarrow M(\mathbf{X})\ n(\mathrm{X}) \longleftarrow \begin{cases} c(\mathbf{X})\ V \\ \dfrac{c(\frac{1}{z^*}\,\mathbf{X})\ V}{z^*} \end{cases}$$

Rechenbeispiel 7-21. Wieviel Gramm Soda, $w(\mathrm{Na_2CO_3}) = 97{,}9\%$, müssen zum Ansetzen von 10,0 L Lösung mit $c(\mathrm{Na_2CO_3}) = 0{,}1$ mol/L eingewogen werden?

Gesucht: m(Soda)

Gegeben: $c(\mathrm{Na_2CO_3}) = 0{,}1$ mol/L
$V = 10{,}0$ L

$$m(\mathrm{Soda}) = \frac{M(\mathrm{Na_2CO_3})\ c(\mathrm{Na_2CO_3})\ V}{w(\mathrm{Na_2CO_3})}$$

$$= \frac{105{,}99\ \mathrm{g\ mol^{-1}} \cdot 0{,}1\ \mathrm{mol\ L^{-1}} \cdot 10{,}0\ \mathrm{L}}{0{,}979}$$

$$\underline{\boldsymbol{m(\mathrm{Soda}) = 108\ \mathrm{g}}}$$

Übungsaufgaben:

7-27. Es sollen je 5,00 L folgender Maßlösungen hergestellt werden:

a) Natronlauge mit $c(\frac{1}{1}\,\mathrm{NaOH}) = 0{,}2$ mol/L
b) Kaliumpermanganat-Lösung mit $c(\frac{1}{5}\,\mathrm{KMnO_4}) = 0{,}1$ mol/L
c) Silbernitrat-Lösung mit $c(\frac{1}{1}\,\mathrm{AgNO_3}) = 0{,}05$ mol/L

Wieviel Gramm der reinen Stoffe sind einzuwiegen?

7-28. Wieviel Gramm Schwefelsäure-Lösung, $w(\mathrm{H_2SO_4}) = 92{,}0\%$, sind zur Herstellung von 5,00 L Lösung, $c(\frac{1}{2}\,\mathrm{H_2SO_4}) = 0{,}5$ mol/L erforderlich?

7-29. Wieviel Milliliter Salzsäure, $w(\text{HCl}) = 36{,}0\%$, $\rho = 1{,}179$ g/mL, sind zur Herstellung von 2,00 L Lösung, $c(\frac{1}{1}\,\text{HCl}) = 0{,}2$ mol/L erforderlich?

b) Volumen der Maßlösung

Gemäß (3-8) bzw. (3-10) erfolgt die Berechnung aus $m(\text{X})$, $M(\text{X})$ und $c(\text{X})$ bzw. $c(\frac{1}{z^*}\,\text{X})$:

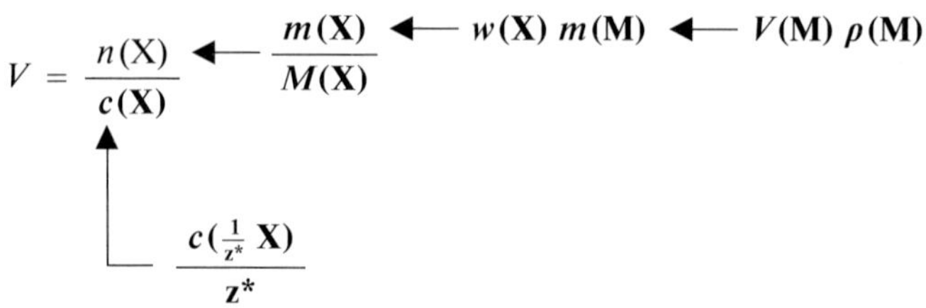

Rechenbeispiel 7-22. Wieviel Liter einer Lösung, $c(\frac{1}{5}\,\text{KMnO}_4) = 0{,}1$ mol/L, kann man aus 70,0 g Kaliumpermanganat herstellen?

Gesucht: V **Gegeben:** $c(\frac{1}{5}\,\text{KMnO}_4) = 0{,}1$ mol/L

$m(\text{KMnO}_4) = 70{,}0$ g

$$V = \frac{m(\text{KMnO}_4)}{c(\frac{1}{5}\,\text{KMnO}_4)\,M(\frac{1}{5}\,\text{KMnO}_4)} = \frac{70{,}0\ \text{g}}{0{,}1\ \text{mol L}^{-1}\cdot 31{,}61\ \text{g mol}^{-1}}$$

$\underline{V = \mathbf{22{,}1\ L}}$

Übungsaufgaben:

7-30. Wieviel Liter Maßlösung mit $c(\frac{1}{z^*}\,\text{X}) = 0{,}1$ mol/L, kann man ansetzen?

a) Ammoniumthiocyanat-Lösung, $c(\text{NH}_4\text{SCN}) = 0{,}1$ mol/L, aus 30,0 Ammoniumthiocyanat
b) Kalilauge, $c(\text{KOH}) = 0{,}25$ mol/L aus 10,0 g Ätzkali, $w(\text{KOH}) = 98{,}6\%$
c) Schwefelsäure-Lösung, $c(\frac{1}{2}\,\text{H}_2\text{SO}_4) = 0{,}5$ mol/L, aus 725 mL Schwefelsäure-Lösung, $w(\text{H}_2\text{SO}_4) = 52{,}0\%$, $\rho = 1{,}415$ g/mL

7.4.1.3 Titer von Maßlösungen

Für eine Maßlösung, deren Stoffmengenkonzentration von dem erwünschten, genauen Wert abweicht, also den angenommenen Gehalt nur angenähert besitzt, kann ein Korrekturfaktor, der *Titer t*, ermittelt werden. Dieser Zahlenwert beschreibt den Zusammenhang zwischen angenommener (angenäherter) Stoffmengenkonzentration $\tilde{c}(\text{X})$ und tatsächlicher (genauer) Stoffmengenkonzentration $c(\mathrm{X})$ der Maßlösung. Er wurde früher als maßanalytischer Faktor F bezeichnet:

$$t = \frac{c(\mathbf{X})}{\tilde{c}(\mathbf{X})} \qquad \textbf{(7-14)}$$

Bei einem Titer $t > \mathbf{1}$ ist die tatsächliche Stoffmengenkonzentration $c(\mathrm{X})$ der Maßlösung größer als die annähernde Konzentration $\tilde{c}(\mathrm{X})$, bei $t < \mathbf{1}$ hingegen ist $c(\mathrm{X})$ kleiner als $\tilde{c}(\mathrm{X})$. Allgemein gilt demnach gemäß (7-14):

$$c(\mathbf{X}) = \tilde{c}(\mathbf{X})\, t \qquad \textbf{(7-15)}$$

In der Praxis wird bei Routinebestimmungen oft mit einer Maßlösung von ganz bestimmter, immer annähernd gleicher Stoffmengenkonzentration $\tilde{c}(\mathrm{X})$, z. B. mit einer Natronlauge, $\tilde{c}(\mathrm{NaOH}) = 0{,}1$ mol/L, titriert. Auf dem entsprechenden Vorratsbehälter kann die annähernde (angenommene) Konzentration unverändert bleiben; es muß beim Neuansetzen der Lösung nur jeweils der neue Titer, ggf. mit dem Datum der Titerbestimmung, angegeben werden.

Beispiel 7-2.

Eine Flasche trägt folgendes Etikett:

> Natronlauge, $c(\mathrm{NaOH}) = 0{,}1$ mol/L
> $t = 1{,}012$

Die tatsächliche (genaue) Stoffmengenkonzentration der Natronlauge ist dann:

$$c(\mathrm{NaOH}) = 0{,}1 \text{ mol/L} \cdot 1{,}012 = 0{,}1012 \text{ mol/L}$$

Die Bestimmung des Titers, die *Titerstellung*, einer Maßlösung kann mit einer anderen, geeigneten Maßlösung mit bestimmten Gehalt *oder* Urtitersubstanzen vorgenommen werden. Gemäß (7-12a) gilt für die Titerstellung mit Maßlösungen

$$n_1(\tfrac{1}{z^*_1}\mathbf{X}) = n_2(\tfrac{1}{z^*_2}\mathbf{Y}) \longleftarrow n_\mathrm{i}(\mathrm{eq}) = c_\mathrm{i}(\mathrm{eq})\, V \longleftarrow c_\mathrm{i}(\mathrm{eq}) = \tilde{c}_\mathrm{i}(\mathrm{eq})\, t_\mathrm{i}$$

$$\tilde{c}_1(\tfrac{1}{z^*_1}\mathbf{X})\, t_1\, V_1 = \tilde{c}_2(\tfrac{1}{z^*_1}\mathbf{Y})\, t_2\, V_2. \qquad \textbf{(7-16)}$$

Bei Verwendung von Urtitersubstanzen ergibt sich gemäß (7-12a) und

$$n_2(\tfrac{1}{z^*_1}\mathrm{X}) = \frac{m_2(\mathrm{Y})}{M_2(\tfrac{1}{z^*_2}\mathrm{Y})}$$

entsprechend

$$\tilde{c}_1(\frac{1}{z^*_1}\mathbf{X})\ t_1\ V_1 = \frac{m_2(\mathbf{Y})}{M_2(\frac{1}{z^*_2}\mathbf{Y})} \tag{7-17}$$

Bei der Titerbestimmung ist die genaue Kenntnis der verwendeten Maßlösungen oder Urtitersubstanzen von Bedeutung. Deshalb werden entsprechende Berechnungen erst bei der Betrachtung der verschiedenen Methoden durchgeführt.

7.4.1.4 Einstellen von Maßlösungen

Um eine Maßlösung 1 mit einem Titer $t_1 = 1$ auf den Titer $t_3 = 1$ einzustellen, muß entweder mit Wasser verdünnt werden *oder* mit einer Lösung mit größerer Stoffmengenkonzentration $c(\mathrm{X})$ aufkonzentriert werden. Mit der Mischungsgleichung können die zuzugebenden Volumina 2 aus den Stoffmengenkonzentrationen berechnet werden (vgl. Abschn. 4.6):

$$n_1(\mathrm{X}) + n_2(\mathrm{X}) = n_3(\mathrm{X}) \longleftarrow n_i = c_i\ V_i$$

$$c_1(\mathrm{X})\ V_1 + c_2(\mathrm{X})\ V_2 = c_3(\mathrm{X})\ V_3 \longleftarrow c_i = \tilde{c}\ t_i\ \text{[vgl. (7-15)]}$$

$$\tilde{c}_1(\mathrm{X})\ t_1\ V_1 + \tilde{c}_2(\mathrm{X})\ t_2\ V_2 = \tilde{c}_3(\mathrm{X})\ t_3\ V_3 \longleftarrow V_1 + V_2$$

$$\boldsymbol{\tilde{c}_1(\mathbf{X})\ t_1\ V_1 + \tilde{c}_2(\mathbf{X})\ t_2\ V_2 = \tilde{c}_3(\mathbf{X})\ t_3\ V_1 + \tilde{c}_3(\mathbf{X})\ t_3\ V_2}$$

Bei der Zugabe von Wasser vereinfacht sich diese Beziehung wegen $\boldsymbol{c_2(\mathbf{X}) = 0}$ und $\boldsymbol{t_3 = 1}$ zu:

$$\tilde{c}_1(\mathrm{X})\ t_1\ V_1 = c_3(\mathrm{X})\ V_3$$

$$V_3 = \frac{\tilde{c}_1(\mathbf{X})\ t_1\ V_1}{c_3(\mathbf{X})} \tag{7-18}$$

Bei verdünnten Lösungen, wie es Maßlösungen in der Regel sind, ist eine auftretende Volumenkontraktion vernachlässigbar klein. Deshalb gilt mit $\boldsymbol{V_1 + V_2 = V_3}$ für die Zugabe von Lösungen mit $\boldsymbol{c(\mathbf{X}) > 0}$ über

$$\tilde{c}_1(\mathrm{X})\ t_1\ V_1 + \tilde{c}_2(\mathrm{X})\ t_2\ V_2 = \tilde{c}_3(\mathrm{X})\ t_3\ V_1 + \tilde{c}_3(\mathrm{X})\ t_3\ V_2$$

$$\tilde{c}_2(\mathrm{X})\ t_2\ V_2 - \tilde{c}_3(\mathrm{X})\ t_3\ V_2 = \tilde{c}_3(\mathrm{X})\ t_3\ V_1 - \tilde{c}_1(\mathrm{X})\ t_1\ V_1$$

$$V_2\ [\tilde{c}_2(\mathrm{X})\ t_2 - \tilde{c}_3(\mathrm{X})\ t_3] = V_1\ [\tilde{c}_3(\mathrm{X})\ t_3 - \tilde{c}_1(\mathrm{X})\ t_1]$$

$$V_2 = \frac{V_1\ [\tilde{c}_3(\mathbf{X})\ t_3 - \tilde{c}_1(\mathbf{X})\ t_1]}{[\tilde{c}_2(\mathbf{X})\ t_2 - \tilde{c}_3(\mathbf{X})\ t_3]} \tag{7-19}$$

Rechenbeispiel 7-23. Von 250,0 mL einer Maßlösung, $\tilde{c}(NaOH) = 0{,}1$ mol/L, werden dreimal 25,0 mL zur Titerbestimmung entnommen. Der Titer wird mit $t = 1{,}084$ ermittelt. Wieviel mL Wasser müssen zu dem Restvolumen der Maßlösung zugegeben werden, um sie auf den Titer $t = 1$ einzustellen?

Gesucht: $V_2(H_2O)$

Gegeben: $V_1 = (250{,}0 - 3 \cdot 25{,}0)\ \text{mL} = 175\ \text{mL}$
$\tilde{c}_1(NaOH) = 0{,}1\ \text{mol/L};\ t_1 = 1{,}084$
$\tilde{c}_3(NaOH) = 0{,}1\ \text{mol/L};\ t_3 = 1$

$$V_2 = \frac{\tilde{c}_1(NaOH)\ t_1\ V_1}{c_1(NaOH)\ t_3} - V_1 = \frac{0{,}1\ \text{mol L}^{-1} \cdot 1{,}084 \cdot 175\ \text{mL}}{0{,}1\ \text{mol L}^{-1} \cdot 1} - 175\ \text{mL}$$

$\underline{V_2 = \mathbf{14{,}7\ mL}}$

Rechenbeispiel 7-24. Von 5,00 L Salzsäure, $\tilde{c}(HCl) = 1{,}0$ mol/L, werden dreimal 25,0 mL zur Titerbestimmung entnommen. Der Titer wird mit $t = 0{,}987$ ermittelt. Wieviel mL Salzsäure, $\tilde{c}(HCl) = 2{,}0$ mol/L, $t = 1{,}075$, müssen zu dem Restvolumen der Maßlösung zugegeben werden, um sie auf den Titer $t = 1$ einzustellen?

Gesucht: V_2

Gegeben: $V_1 = 4{,}925$ L
$\tilde{c}_1(HCl) = 1{,}0\ \text{mol/L};\ t_1 = 0{,}987$
$\tilde{c}_2(HCl) = 2{,}0\ \text{mol/L};\ t_2 = 1{,}075$
$\tilde{c}_3(HCl) = 1{,}0\ \text{mol/L};\ t_3 = 1$

$$V_2 = \frac{V_1\ [\tilde{c}_3(NaOH)\ t_3 - \tilde{c}_1(NaOH)\ t_1]}{\tilde{c}_2(NaOH)\ t_2 - \tilde{c}_3(NaOH)\ t_3}$$

$$= \frac{4{,}925\ \text{L}\ (1{,}0\ \text{mol L}^{-1} \cdot 1 - 1{,}0\ \text{mol L}^{-1} \cdot 0{,}987)}{(2{,}0\ \text{mol L}^{-1} \cdot 1{,}075 - 1{,}0\ \text{mol L}^{-1}\ \ 1)}$$

$\underline{V_2 = \mathbf{0{,}056\ L = 56\ mL}}$

Übungsaufgaben:

7-31. Welche Volumina Wasser müssen zu folgenden Lösungen gegeben werden, um sie auf den Titer $t = 1$ einzustellen?

a) $V(L) = 250$ mL; $c(\frac{1}{2}\ H_2SO_4) = 0{,}2$ mol/L

b) $V(L) = 1{,}00$ L ; $\tilde{c}(\frac{1}{5}\ KMnO_4) = 0{,}1$ mol/L; $t = 1{,}008$

c) $V(L) = 5{,}00$ L; $c(\frac{1}{1}\ KOH) = 1{,}0$ mol/L; $t = 1{,}102$

7-32. Welche Volumina von Lösungen mit folgendem Gehalt sind zur Einstellung von 1,50 L Natronlauge, $c(\text{NaOH}) = 0{,}0992$ mol/L, auf $c(\text{NaOH}) = 0{,}1$ mol/L notwendig?

a) $c(\text{NaOH}) = 1{,}050$ mol/L
b) $\tilde{c}(\text{NaOH}) = 0{,}1$ mol/L; $t = 1{,}100$
c) $\beta(\text{NaOH}) = 75$ g/L
d) $w(\text{NaOH}) = 11{,}46\%$; $\rho(\text{L}) = 1{,}125$ g/mL

7.4.2 Volumetrische Bestimmungsmethoden

In den Beziehungen (7-12) bzw. (7-12a) (vgl. S. 482) können die Äquivalentstoffmengen $n_1(\text{eq})(\text{X})$ des als Titrationsmittel verwendeten Stoffes X und $n_2(\text{eq})(\text{Y})$ eines zu bestimmenden Stoffes Y mit Hilfe von Quantitäten und Gehalten von Lösungen ersetzt werden.

Für das Titrationsmittel X in den verwendeten Maßlösungen geschieht das ausnahmslos über die Äquivalent-Stoffmengenkonzentration $c_1(\text{eq})(\text{X})$ und das benötigte Volumen V_1 und ggf. den Titer dieser Lösungen.

7.4.2.1 Neutralisationstitrationen

Diese Titrationen beruhen auf Neutralisationsreaktionen, d. h. der gegenseitigen Umsetzung von Säuren und Basen unter Bildung von Salzen und praktisch undissoziiertem Wasser:

$$\mathbf{H^+\ A^- + B^+\ OH^- \longrightarrow B^+\ A^- + H_2O} \qquad \textbf{(7-20)}$$

Die Bestimmung von Säuren mit Lösungen von Basen als Maßlösung bezeichnet man dabei als *Acidimetrie*, die von Basen mit Lösungen von Säuren als Maßlösung als *Alkalimetrie*. Der Endpunkt einer Titration wird durch den Farbumschlag eines Indikators *oder* mit elektrischen Indikationsverfahren festgestellt. Die Äquivalentzahlen für Säuren und Basen sind mit deren Wertigkeiten identisch (vgl. Tab. 7-2, S. 493).

7.4.2.1.1 Titerbestimmung

Für die Titerstellung einer Maßlösung mit einer anderen geeigneten Maßlösung mit bestimmtem Gehalt gilt die Beziehung (7-16) auf S. 489.

Rechenbeispiel 7-25. 25,00 mL Natronlauge, $\tilde{c}(\frac{1}{1}\ \text{NaOH}) = 0{,}1$ mol/L, verbrauchen bei der Titration 24,45 mL Salzsäure, $c(\frac{1}{1}\ \text{HCl}) = 0{,}1$ mol/L. Welchen Titer hat die Natronlauge?

Tab. 7-2. Wichtige Äquivalentzahlen

Titrationsmittel	Teilreaktion des Titrationsmittels	Äquivalentzahl z*
Acidimetrie		
HCl	$HCl \longrightarrow H^+ + Cl^-$	1
H_2SO_4	$H_2SO_4 \longrightarrow 2\,H^+ + SO_4^{2-}$	2
$(COOH)_2$	$(COOH)_2 \longrightarrow 2\,H^+ + (COO)^{2-}$	2
Alkalimetrie		
NaOH	$NaOH \longrightarrow Na^+ + OH^-$	1
KOH	$KOH \longrightarrow K^+ + OH^-$	1
Oxidimetrie		
$KMnO_4$	$MnO_4^- + 8\,H^+ + 5\,e \longrightarrow Mn^{2+} + 4\,H_2O$	5
	$MnO_4^- + 2\,H_2O + 3\,e \longrightarrow MnO_2 + 4\,OH^-$	3
$H_2C_2O_4$	$C_2O_4^{2-} \longrightarrow 2\,CO_2 + 2\,e$	2
I_2	$I_2 + 2\,e \longrightarrow 2\,I^-$	2
$Na_2S_2O_3$	$2\,S_2O_3^{2-} \longrightarrow S_4O_6^{2-} + 2\,e$	1
$K_2Cr_2O_7$	$Cr_2O_7^{2-} + 14\,H^+ + 6\,e \longrightarrow 2\,Cr^{3+} + 7\,H_2O$	6
$KBrO_3$	$BrO_3^- + 6\,H^+ + 6\,e \longrightarrow Br^- + 3\,H_2O$	6
$Ce(SO_4)_2$	$Ce^{4+} + e \longrightarrow Ce^{3+}$	1
Argentometrie		
$AgNO_3$	$Ag^+ + Cl^- \longrightarrow AgCl$	1
$NH_4(SCN)$	$Ag^+ + (SCN)^- \longrightarrow Ag(SCN)$	1
Komplexometrie		
EDTA		1

Gesucht: t_1

Gegeben: $V_1(L_1) = 25{,}00$ mL; $\tilde{c}_1(\frac{1}{1}\,NaOH) = 0{,}1$ mol/L

$V_2(L_2) = 24{,}45$ mL; $c_2(\frac{1}{1}\,HCl) = 0{,}1$ mol/L

$$\boldsymbol{n_1(eq)\,(X) = n_2(eq)\,(Y) \Longrightarrow \tilde{c}_1(\tfrac{1}{1}\,NaOH)\;t_1\;V_1(L_1) = c_2(\tfrac{1}{1}\,HCl)\;V_2(L_2)}$$

$$t_1 = \frac{c_2(\frac{1}{1}\,HCl)\;V_2(L_2)}{c_1(\frac{1}{1}\,NaOH)\;V_1(L_1)} = \frac{0{,}1\text{ mol L}^{-1}\cdot 24{,}45\text{ mL}}{0{,}1\text{ mol L}^{-1}\cdot 25{,}00\text{ mL}}$$

$\underline{\boldsymbol{t_1 = 0{,}9780}}$

Rechenbeispiel 7-26. 20,00 mL Schwefelsäure-Lösung, $\tilde{c}(\frac{1}{2}\,H_2SO_4) = 0{,}1$ mol/L, verbrauchen bei der Titration 20,45 mL Natronlauge, $\tilde{c}(\frac{1}{1}\,NaOH) = 0{,}1$ mol/L, $t = 1{,}002$. Welchen Titer hat die Schwefelsäure-Lösung?

Gesucht: t_1 **Gegeben:** $V_1(L_1) = 20{,}00$ mL

$\tilde{c}_1(\frac{1}{2} H_2SO_4) = 0{,}1$ mol/L

$V_2(L_2) = 24{,}45$ mL

$\tilde{c}_2(\frac{1}{1} NaOH) = 0{,}1$ mol/L; $t_2 = 1{,}002$

$$n_1(eq)(X) = n_2(eq)(Y) \Longrightarrow \tilde{c}_1(\tfrac{1}{2} H_2SO_4)\, t_1\, V_1(L_1) = \tilde{c}_2(\tfrac{1}{1} NaOH)\, t_2\, V_2(L_2)$$

$$t_1 = \frac{\tilde{c}_2(\frac{1}{1} NaOH)\, t_2\, V_2(L_2)}{\tilde{c}_1(\frac{1}{2} H_2SO_4)\, t_1\, V_1(L_1)} = \frac{0{,}1 \text{ mol L}^{-1} \cdot 1{,}002 \cdot 20{,}45 \text{ mL}}{0{,}1 \text{ mol L}^{-1} \cdot 20{,}00 \text{ mL}}$$

$\underline{t_1 = \mathbf{1{,}025}}$

Übungsaufgaben:

7-33. Welchen Titer hat eine Lösung, $\tilde{c}(\frac{1}{2} Na_2CO_3) = 0{,}05$ mol/L, wenn 50,0 mL davon bei der Titration 26,03 mL Salzsäure, $\tilde{c}(\frac{1}{1} HCl) = 0{,}1$ mol/L, $t = 0{,}992$, verbrauchen?

7-34. Welchen Titer hat eine Kalilauge, $\tilde{c}(\frac{1}{1} KOH) = 1{,}0$ mol/L, wenn 25,00 mL davon bei der Titration 24,96 mL Salzsäure, $\tilde{c}(\frac{1}{1} HCl) = 1{,}0$ mol/L, $t = 1{,}007$ verbrauchen?

7-35. Zur Titration von 20,00 mL Oxalsäure-Lösung, $c(C_2H_2O_4) = 0{,}05$ mol/L, werden 19,76 mL Natronlauge, $\tilde{c}(\frac{1}{1} NaOH) = 0{,}1$ mol/L, benötigt. Welchen Titer hat die Natronlauge?

Für die Titerstellung einer Maßlösung mit einer Urtitersubstanz gilt die Beziehung (7-17) auf S. 490.

Rechenbeispiel 7-27. Zur Titerbestimmung einer Salzsäure mit der annähernden Stoffmengenkonzentration $\tilde{c}(\frac{1}{1} HCl) = 0{,}1$ mol/L, wurden 107,5 mg Natriumcarbonat eingewogen, mit Wasser verdünnt und mit 20,25 mL der Salzsäure neutralisiert. Welchen Titer hat die Säure?

Gesucht: t_1 **Gegeben:** $V_1(L_1) = 20{,}25$ mL; $\tilde{c}_1(\frac{1}{1} HCl) = 0{,}1$ mol/L

$m_2(Na_2CO_3) = 107{,}5$ mg

$$n_1(eq)(X) = n_2(eq)(Y) \Longrightarrow c_1(\tfrac{1}{1} HCl)\, t_1\, V_1(L_1) = \frac{m_2(Na_2CO_3)}{M_2(\frac{1}{2} Na_2CO_3)}$$

$$t_1 = \frac{m(Na_2CO_3)}{M(\frac{1}{2}\ Na_2CO_3)\ c_1(\frac{1}{1}\ HCl)\ V_1(L_1)}$$

$$= \frac{2 \cdot 107{,}5\ mg}{105{,}99\ g\ mol^{-1} \cdot 0{,}1\ mol\ L^{-1} \cdot 20{,}25\ mL}$$

$$\underline{t_1 = \mathbf{1{,}0017}}$$

Übungsaufgaben:

7-36. 3,2464 g Oxalsäure-dihydrat, $(COOH)_2 \cdot 2\ H_2O$, werden auf 100,0 mL aufgefüllt. 25,0 mL dieser Verdünnung verbrauchen bei der Titration 12,2 mL Kalilauge, $\tilde{c}(\frac{1}{1}\ KOH) = 1$ mol/L. Welchen Titer hat die Lauge?

7-37. 2,7205 g Quecksilberoxid, HgO, werden mit Wasser verdünnt und in Anwesenheit von Kaliumiodid, KI, gelöst.

$$HgO + 4\ KI + H_2O \longrightarrow K_2[HgI_4] + 2\ KOH$$

Die entstehende Kalilauge wird mit 24,68 mL einer Salzsäure, $\tilde{c}(\frac{1}{1}\ HCl) = 1{,}0$ mol/L. Welchen Titer hat die Salzsäure?

7.4.2.1.2 Bestimmung von Quantitäten

Rechenbeispiel 7-28. Wieviel Milliliter Salzsäure, $\tilde{c}(\frac{1}{1}\ HCl) = 0{,}1$ mol/L, $t = 0{,}992$, sind zur Neutralisation folgender Stoffportionen erforderlich?

a) 37,5 mmol Kaliumhydroxid, KOH
b) 170,0 mg Calciumhydroxid, $Ca(OH)_2$
c) 520 mL Ammoniakgas von 20 °C und 1010 mbar (in Wasser gelöst)
d) 2,55 g Kalilauge, $w(KOH) = 11{,}9\%$
e) 20,0 mL Ammoniak-Lösung, $w(NH_4OH) = 3{,}50\%$, $\rho = 0{,}983$ g/mL
f) 28,0 mL Natronlauge, $\tilde{c}(\frac{1}{1}\ NaOH) = 0{,}1$ mol/L, $t = 1{,}037$
g) 10,0 mL Kalilauge, $\beta(KOH) = 100{,}0$ g/L

Gesucht: $V_1(L_1)$

Gegeben: $c_1(\frac{1}{1}\ HCl) = 0{,}1$ mol/L; $t_1 = 0{,}992$
$n_2(KOH) = 37{,}5$ mmol
$m_3[Ca(OH)_2] = 170{,}0$ mg
$V_4(NH_3) = 520$ mL
$T = 293$ K ; $p = 1010$ mbar
$m_5(L_5) = 2{,}55$ g; $w_5(KOH) = 11{,}9\%$
$V_6(L_6) = 20{,}0$ mL; $w_6(NH_4OH) = 3{,}50\%$
$\rho_6(L_6) = 0{,}983$ g/mL
$V_7(L_7) = 28{,}0$ mL; $c_7(NaOH) = 0{,}1$ mol/L
$t_7 = 1{,}037$
$V_8(L_8) = 10{,}0$ mL; $\beta_8(KOH) = 100{,}0$ g/L

a) $\mathbf{n_1(eq)\ (X) = n_2(eq)\ (Y) \Longrightarrow \tilde{c}_1(\tfrac{1}{2}\ HCl)\ t_1\ V_1(L_1) = n_2(KOH)}$

$$V_1(L_1) = \frac{n_2(KOH)}{c_1(\frac{1}{1}\ HCl)\ t_1} = \frac{37{,}5\ mmol}{0{,}1\ mol\ L^{-1} \cdot 0{,}992}$$

$\underline{\mathbf{V_1(L_1) = 378{,}0\ mL}}$

b) $\mathbf{n_1(eq)\ (X) = n_3(eq)\ (Y) \Longrightarrow c_1(\tfrac{1}{1}\ HCl)\ t_1\ V_1(L_1) = \dfrac{m_3[Ca(OH)_2]}{M_3[Ca(OH)_2]}}$

$$V_1(L_1) = \frac{m_3[Ca(OH)_2]}{M_3[\frac{1}{2}\ Ca(OH)_2]\ \tilde{c}_1(\frac{1}{1}\ HCl)\ t_1} = \frac{170{,}0\ mg \cdot 2}{74{,}10\ g\ mol^{-1} \cdot 0{,}1\ mol\ L^{-1} \cdot 0{,}992}$$

$\underline{\mathbf{V_1(L_1) = 46{,}25\ mL}}$

c) $\mathbf{n_1(eq)\ (X) = n_4(eq)\ (Y) \Longrightarrow \tilde{c}_1(\tfrac{1}{1}\ HCl)\ t_1\ V_1(L_1) = \dfrac{V_4(NH_3)\ p}{R\ T}}$

$$V_1(L_1) = \frac{V_4(NH_3)\ p}{R\ T\ \tilde{c}_1(\frac{1}{1}\ HCl)\ t_1}$$

$$= \frac{5{,}20\ L \cdot 1010\ mbar}{83{,}1\ mbar\ L\ mol^{-1}\ K^{-1} \cdot 293\ K \cdot 0{,}1\ mol\ L^{-1} \cdot 0{,}992}$$

$\underline{\mathbf{V_1(L_1) = 217\ mL}}$

d) $\mathbf{n_1(eq)\ (X) = n_5(eq)\ (Y) \Longrightarrow \tilde{c}_1(\tfrac{1}{1}\ HCl)\ t_1\ V_1(L_1) = \dfrac{m_5(L_5)\ w_5(KOH)}{M_5(KOH)}}$

$$V_1(L_1) = \frac{m_5(L_5)\ w_5(KOH)}{M_5(KOH)\ \tilde{c}_1(\frac{1}{1}\ HCl)\ t_1} = \frac{2{,}55\ g \cdot 0{,}119}{56{,}11\ g\ mol^{-1} \cdot 0{,}1\ mol\ L^{-1} \cdot 0{,}992}$$

$\underline{\mathbf{V_1(L_1) = 54{,}5\ mL}}$

e) $\mathbf{n_1(eq)\ (X) = n_6(eq)\ (Y) \Longrightarrow \tilde{c}_1(\tfrac{1}{1}\ HCl)\ t_1}\ V_1(L_1) = \mathbf{\dfrac{V_6(L_6)\ \rho_6(L_6)\ w_6(NH_4OH)}{M_6(NH_4OH)}}$

$$V_1(L_1) = \frac{V_6(L_6)\ \rho_6(L_6)\ w_6(NH_4OH)}{M_6(NH_4OH)\ \tilde{c}_1(\frac{1}{2}\ HCL)\ t_1} = \frac{20{,}0\ mL \cdot 0{,}983\ g\ mL^{-1} \cdot 0{,}0350}{35{,}05\ g\ mol^{-1} \cdot 0{,}1\ mol\ L^{-1} \cdot 0{,}992}$$

$\underline{\mathbf{V_1(L_1) = 197{,}9\ mL}}$

f) $\boldsymbol{n_1(\text{eq})\,(\text{X}) = n_7(\text{eq})\,(\text{Y}) \Longrightarrow \tilde{c}_1(\tfrac{1}{1}\,\text{HCl})\,t_1\,V_1(\text{L}_1) = \tilde{c}_7(\tfrac{1}{1}\,\text{NaOH})\,V_7(\text{L}_7)\,t_7\,t}$

$$V_1(\text{L}_1) = \frac{\tilde{c}_7(\frac{1}{1}\,\text{NaOH})\,t_7\,V_7(\text{L}_7)}{\tilde{c}_1(\,\text{HCl})\,t_1} = \frac{0{,}1\ \text{mol L}^{-1}\cdot 1{,}037\cdot 28{,}0\ \text{mL}}{0{,}1\ \text{mol L}^{-1}\cdot 0{,}992}$$

$\underline{\boldsymbol{V_1(\text{L}_1) = 29{,}27\ \text{mL}}}$

g) $\boldsymbol{n_1(\text{eq})\,(\text{X}) = n_8(\text{eq})\,(\text{Y}) \Longrightarrow \tilde{c}_1(\tfrac{1}{2}\,\text{HCl})\,t_1\,V_1(\text{L}_1) = \dfrac{\beta_8(\text{KOH})\,V_8(\text{L}_8)}{M_8(\text{KOH})}}$

$$V_1(\text{L}_1) = \frac{\beta_8(\text{KOH})\,V_8(\text{L}_8)}{M_8(\text{KOH})\,\tilde{c}_1(\frac{1}{1}\,\text{HCl})\,t_1} = \frac{100{,}0\ \text{g L}^{-1}\cdot 10{,}0\ \text{mL}}{56{,}11\ \text{g mol}^{-1}\cdot 0{,}1\ \text{mol L}^{-1}\cdot 0{,}992}$$

$\underline{\boldsymbol{V_1(\text{L}_1) = 180\ \text{mL}}}$

Rechenbeispiel 7-29. Wieviel Milliliter Natronlauge, $c(\frac{1}{1}\text{NaOH}) = 0{,}1$ mol/L, sind zur Neutralisation von 20,0 mL Lösung, die durch Verdünnen von 2,25 g Schwefelsäure-Lösung, $w(H_2SO_4) = 93{,}8\%$, auf 250,0 mL entstanden sind, erforderlich?

Gesucht: $V_1(\text{L}_1)$

Gegeben: $c_1(\frac{1}{1}\,\text{NaOH}) = 0{,}1$ mol/L
$m_2(\text{L}_2) = 2{,}25\text{g}$; $w_2(H_2SO_4) = 93{,}8\%$
$V_{2,\text{T}}(\text{St}) - 20{,}0$ mL; $V_2(\text{St}) = 250{,}0$ mL

$$\boldsymbol{n_1(\text{eq})\,(\text{X}) = n_2(\text{eq})\,(\text{Y}) \Longrightarrow c_1(\text{NaOH})\,V_1(\text{L}_1) = \frac{m_2(\text{L}_2)\,w_2(\text{H}_2\text{SO}_4)\,V_{2,\text{T}}(\text{St})}{M_2(\frac{1}{1}\,\text{H}_2\text{SO}_4)\,V_2(\text{St})}}$$

$$V_1(\text{L}_1) = \frac{m_2(\text{L}_2)\,w_2(\text{H}_2\text{SO}_4)\,V_{2,\text{T}}(\text{St})}{M_2(\frac{1}{2}\,\text{H}_2\text{SO}_4)\,V_2(\text{St})\,c_2(\text{NaOH})}$$

$$= \frac{2{,}25\ \text{g}\cdot 0{,}938\cdot 2\cdot 20{,}0\ \text{mL}}{98{,}07\ \text{g mol}^{-1}\cdot 250{,}0\ \text{mL}\cdot 0{,}1\ \text{mol L}^{-1}}$$

$\underline{\boldsymbol{V_1(\text{L}_1) = 34{,}4\ \text{mL}}}$

Rechenbeispiel 7-30. Eine Probe wird mit Wasser auf 100,0 mL verdünnt. 20,0 mL dieser Verdünnung verbrauchen 29,24 mL Natronlauge, $c(\frac{1}{1}\,\text{NaOH}) = 0{,}1$ mol/L. Wie groß sind a) die Stoffmenge $n(HNO_3)$ und b) die Masse $m(HNO_3)$ in der Probe?

Gesucht: $n_2(HNO_3)$, $m_2(HNO_3)$

Gegeben: $V_1(L_1) = 29{,}24$ mL
$c_1(\frac{1}{1} NaOH) = 0{,}1$ mol/L
$V_{2,T}(St) = 20{,}0$ mL; $V_2(St) = 100$ mL

a) Stoffmenge $n_2(HNO_3)$

$$n_1(eq)\ (X) = n_2(eq)\ (Y) \Longrightarrow c_1(\tfrac{1}{1}\ NaOH)\ V_1(L_1) = \frac{n_2(HNO_3)\ V_{2,T}(St)}{V_2(St)}$$

$$n_2(HNO_3) = \frac{c_1(\frac{1}{1}\ NaOH)\ V_1(L_1)\ V_2(St)}{V_{2,T}(St)}$$

$$= \frac{0{,}1\ mol\ L^{-1} \cdot 29{,}24\ mL \cdot 100{,}0\ mL}{20{,}0\ mL}$$

$\underline{n_2(HNO_3) = \mathbf{14{,}62\ mmol}}$

b) Masse $m_2(HNO_3)$

$$n_1(eq)\ (X) = n_2(eq)\ (Y) \Longrightarrow c_1(\tfrac{1}{1}\ NaOH)\ V_1(L_1) = \frac{m_2(HNO_3)\ V_{2,T}(St)}{M_2(HNO_3)\ V_2(St)}$$

$$m_2(HNO_3) = \frac{c_1(\frac{1}{1}\ NaOH)\ V_1(L_1)\ M_2(HNO_3)\ V_2(St)}{V_{2,T}(St)}$$

$$= \frac{0{,}1\ mol\ L^{-1} \cdot 29{,}24\ mL \cdot 63{,}01\ g\ mol^{-1} \cdot 100{,}0\ mL}{20{,}0\ mL}$$

$\underline{m_2(HNO_3) = \mathbf{921\ mg = 0{,}921\ g}}$

Übungsaufgaben:

7-38. Wieviel Milliliter Natronlauge, $\tilde{c}(\frac{1}{1} NaOH) = 0{,}5$ mol/L, $t = 1{,}028$, werden zur Neutralisation folgender Stoffportionen benötigt?

a) 35,2 mmol Schwefelsäure, H_2SO_4
b) 152,5 mg Oxalsäure, $(COOH)_2 \cdot 2\ H_2O$
c) 375 mL Hydrogenchloridgas im Normzustand (in Wasser gelöst)
d) 1,65 g Salpetersäure-Lösung, $w(HNO_3) = 10{,}0\%$
e) 20,0 mL Salzsäure, $w(HCl) = 10{,}5\%$, $\rho = 1{,}050$ g/mL
f) 25,0 mL Schwefelsäure-Lösung, $\tilde{c}(H_2SO_4) = 0{,}2$ mol/L, $t = 1{,}057$
g) 10,0 mL Essigsäure-Lösung, $\beta(CH_3COOH) = 50{,}0$ g/L
h) 50,0 mL Lösung, die durch Verdünnen von 2,115 g Schwefelsäure-Lösung, $w(H_2SO_4) = 0{,}725$, auf 250,0 mL entstanden ist

7-39. 20,0 mL einer Probe werden im Meßkolben auf 100,0 mL verdünnt. 20,0 mL der Verdünnung verbrauchen 24,6 mL Salzsäure, $\tilde{c}(\frac{1}{1}\ \mathrm{HCl}) = 0{,}2$ mol/L, $t = 0{,}984$. Wie groß sind a) die Stoffmenge $n(\mathrm{Na_2CO_3})$ und b) die Masse $m(\mathrm{Na_2CO_3})$ in dieser Probe?

7-40. 25,0 mL einer Kalilauge wurden auf 500,0 mL verdünnt. 25,0 mL der verdünnten Lösung wurden durch 30,5 mL Salzsäure, $\tilde{c}(\frac{1}{1}\ \mathrm{HCl}) = 0{,}1$ mol/L, $t = 0{,}990$, neutralisiert. Wieviel Gramm Kaliumhydroxid enthalten 2,50 L der Kalilauge?

7.4.2.1.3 Bestimmung von Gehalten

Rechenbeispiel 7-31. 5,00 mL Schwefelsäure-Lösung, $\rho = 1{,}620$ g/mL, werden zu 100,0 mL verdünnt. 25,0 mL dieser Verdünnung werden mit 29,16 mL Natronlauge, $\tilde{c}(\frac{1}{1}\ \mathrm{NaOH}) = 1{,}0$ mol/L, $t = 1{,}003$, neutralisiert. Wie groß sind a) die Stoffmengenkonzentration $c(\mathrm{H_2SO_4})$, b) die Massenkonzentration $\beta(\mathrm{H_2SO_4})$ und c) der Massenanteil $w(\mathrm{H_2SO_4})$ dieser Lösung?

Gesucht: $c_2(\mathrm{H_2SO_4})$, $\beta_2(\mathrm{H_2SO_4})$, $w_2(\mathrm{H_2SO_4})$

Gegeben: $V_1(\mathrm{L_1}) = 29{,}16$ mL; $\tilde{c}(\frac{1}{1}\ \mathrm{NaOH}) = 1{,}0$ mol/L; $t_1 = 1{,}003$; $V_2(\mathrm{L_2}) = 5{,}00$ mL; $\rho_2(\mathrm{L_1}) = 1{,}620$ g/mL; $V_{2,\mathrm{T}}(\mathrm{ST}) = 25{,}0$ mL; $V_2(\mathrm{ST}) = 100{,}0$ mL

a) Stoffmengenkonzentration $c_2(\mathrm{H_2SO_4})$

$$\mathbf{n_1(eq)\ (X) = n_2(eq)\ (Y) \Longrightarrow \tilde{c}_1(\tfrac{1}{1}\ NaOH)\ t_1\ V_1(L_1) = \frac{c_2(\frac{1}{1}\ H_2SO_4)\ V_2(L_2)\ V_{2,T}(St)}{V_2(St)}}$$

$$c_2(\mathrm{H_2SO_4}) = \frac{c_2(\frac{1}{2}\ \mathrm{H_2SO_4})}{2} = \frac{\tilde{c}_1(\frac{1}{1}\ \mathrm{NaOH})\ t_1\ V_1(\mathrm{L_1})\ V_2(\mathrm{St})}{2\ V_2(\mathrm{L_2})\ V_{2,\mathrm{T}}(\mathrm{St})}$$

$$= \frac{1{,}0\ \mathrm{mol\ L^{-1}} \cdot 1{,}003 \cdot 29{,}16\ \mathrm{mL} \cdot 100{,}0\ \mathrm{mL}}{2 \cdot 5{,}00\ \mathrm{mL} \cdot 25{,}0\ \mathrm{mL}}$$

$\mathbf{c_2(H_2SO_4) = 11{,}7\ mol/L}$

b) Massenkonzentration $\beta_2(\mathrm{H_2SO_4})$

$$\mathbf{n_1(eq)\ (X) = n_2(eq)\ (Y) \Longrightarrow \tilde{c}_1(\tfrac{1}{1}\ NaOH)\ t_1\ V_1(L_1) = \frac{\beta_2(\frac{1}{2}\ H_2SO_4)\ V_2(L_2)\ V_{2,T}(St)}{M_2(\frac{1}{2}\ H_2SO_4)\ V_2(St)}}$$

$$\beta_2(\mathrm{H_2SO_4}) = \beta_2(\tfrac{1}{2}\ \mathrm{H_2SO_4}) = \frac{c_1(\frac{1}{1}\ \mathrm{NaOH})\ t_1\ V_1(\mathrm{L_1})\ M_2(\frac{1}{2}\ \mathrm{H_2SO_4})\ V_2(\mathrm{St})}{V_2(\mathrm{L_2})\ V_{2,\mathrm{T}}(\mathrm{St})}$$

$$= \frac{1{,}0\ \mathrm{mol\ L^{-1}} \cdot 1{,}003 \cdot 29{,}16\ \mathrm{mL} \cdot 98{,}07\ \mathrm{g\ mol^{-1}} \cdot 100{,}0\ \mathrm{mL}}{2 \cdot 5{,}00\ \mathrm{mL} \cdot 25{,}0\ \mathrm{mL}}$$

$\mathbf{\beta_2(H_2SO_4) = 1147\ g/L}$

Mit dem Ergebnis aus a) vereinfacht sich gemäß Abb. 3-5 auf S. 102 die Berechnung:

$$\beta_2(H_2SO_4) = c_2(H_2SO_4)\ M_2(H_2SO_4) = 11{,}7\ \text{mol L}^{-1} \cdot 98{,}07\ \text{g mol}^{-1}$$

$$\underline{\boldsymbol{\beta_2(H_2SO_4) = 1147\ g/L}}$$

c) Berechnung des Massenanteils $w_2(H_2SO_4)$

$$n_1(\text{eq})\ (X) = n_2(\text{eq})\ (Y) \Longrightarrow$$

$$\tilde{c}_1(\tfrac{1}{1}\ \text{NaOH})\ t_1\ V_1(L_1) = \frac{w_2(\tfrac{1}{2}\ H_2SO_4)\ V_2(L_2)\ \rho_2(L_2)\ V_{2,T}(\text{St})}{M_2(\tfrac{1}{2}\ H_2SO_4)\ V_2(\text{St})}$$

$$w_2(H_2SO_4) = w_2(\tfrac{1}{2}\ H_2SO_4) = \frac{\tilde{c}_1(\tfrac{1}{1}\ \text{NaOH})\ t_1\ V_1(L_1)\ M_2(\tfrac{1}{2}\ H_2SO_4)\ V_2(\text{St})}{V_2(L_2)\ \rho_2(L_2)\ V_{2,T}(\text{St})}$$

$$= \frac{1{,}0\ \text{mol L}^{-1} \cdot 1{,}003 \cdot 29{,}16\ \text{mL} \cdot 98{,}07\ \text{g mol}^{-1} \cdot 100{,}0\ \text{mL}}{2 \cdot 25{,}0\ \text{mL} \cdot 1{,}620\ \text{g mL}^{-1} \cdot 5{,}00\ \text{mL}}$$

$$\underline{\boldsymbol{w_2(H_2SO_4) = 0{,}708 = 70{,}8\%}}$$

Mit dem Ergebnis aus a) vereinfacht sich gemäß Abb. 3-5 auf S. 102 die Berechnung:

$$w_2(H_2SO_4) = \frac{c_2(H_2SO_4)\ M_2(H_2SO_4)}{\rho_2(L_2)} = \frac{11{,}7\ \text{mol L}^{-1} \cdot 98{,}07\ \text{g mol}^{-1}}{1{,}620\ \text{g mL}^{-1}}$$

$$\underline{\boldsymbol{w_2(H_2SO_4) = 0{,}708 = 70{,}8\%}}$$

Rechenbeispiel 7-32. 1,654 g einer Probe werden mit 50,0 mL Salzsäure, $c(\tfrac{1}{1}\ HCl) = 1{,}0$ mol/L, versetzt und am Rückfluß gekocht, bis keine CO_2-Entwicklung mehr festzustellen ist. Die überschüssige Säure wird mit 17,6 mL Natronlauge, $\tilde{c}(\tfrac{1}{1}\ NaOH) = 1{,}0$ mol/L, $t = 1{,}015$, zurücktitriert. Wie groß ist der Massenanteil $w(CaCO_3)$ der Probe?

Gesucht: $w_3(CaCO_3)$

Gegeben: $V_1(L_1) = 50{,}0$ mL
$c_1(\tfrac{1}{1}\ HCl) = 1{,}0$ mol/L
$V_2(L_2) = 17{,}6$ mL
$\tilde{c}_2(\tfrac{1}{1}\ NaOH) = 1{,}0$ mol/L; $t_2 = 1{,}015$
$m_3(\text{Probe}) = 1{,}654$ g

$$\boldsymbol{n_1(\text{eq})\,(\text{X}_1) - n_2(\text{eq})\,(\text{X}_2) = n_3(\text{eq})\,(\text{X}_3) \Longrightarrow}$$

$$\boldsymbol{V_1(\text{L}_1)\, c_1(\tfrac{1}{1}\,\text{HCl}) - \tilde{c}_2(\tfrac{1}{1}\,\text{NaOH})\, t_2\, V_2(\text{L}_2) = \frac{m_3(\text{Probe})\, w_3(\text{CaCO}_3)}{M_3(\tfrac{1}{2}\,\text{CaCO}_3)}}$$

$$w_3(\text{CaCO}_3) = \frac{[V_1(\text{L}_1)\, c_1(\tfrac{1}{1}\,\text{HCl}) - \tilde{c}_2(\tfrac{1}{1}\,\text{NaOH})\, t_2\, V_2(\text{L}_2)]\, M_3(\tfrac{1}{2}\,\text{CaCO}_3)}{m_3(\text{Probe})}$$

$$= \frac{(50{,}0 - 1{,}015 \cdot 17{,}6)\ \text{mL} \cdot 1{,}0\ \text{mol L}^{-1} \cdot 50{,}05\ \text{g mol}^{-1}}{1{,}654\ \text{g}}$$

$$\underline{\boldsymbol{w_3(\text{CaCO}_3) = 0{,}972 = 97{,}2\%}}$$

Rechenbeispiel 7-33. 5,00 mL Phosphorsäure-Lösung, $\rho = 1{,}379$ g/mL, werden auf 250,0 mL verdünnt. Für 25,0 mL der Verdünnung sind 39,1 mL Natronlauge, $\tilde{c}(\frac{1}{1}\,\text{NaOH}) = 0{,}2$ mol/L, $t = 0{,}988$, zur Neutralisation notwendig. Welchen Massenanteil $w(H_3PO_4)$ hat die Phosphorsäure-Lösung?

$$H_3PO_4 + 2\ OH^- \longrightarrow HPO_4^{2-} + 2\ H_2O$$

Gesucht: $w_2(H_3PO_4)$

Gegeben: $V_1(\text{L}_1) = 19{,}1$ mL
$\tilde{c}_1(\frac{1}{1}\,\text{NaOH}) = 0{,}2$ mol/L; $t_1 = 0{,}988$
$V_2(\text{L}_2) = 5{,}00$ mL; $\rho_2(\text{L}_2) = 1{,}379$ g/mL
$V_2(\text{St}) = 250{,}0$ mL; $V_{2,\text{T}}(\text{St}) = 25{,}0$ mL

$$\boldsymbol{n_1(\text{eq})\,(\text{X}) = n_2(\text{eq})\,(\text{Y}) \Longrightarrow}$$

$$\boldsymbol{\tilde{c}_1(\tfrac{1}{1}\,\text{HCl})\, t_1\, V_1(\text{L}_1) = \frac{V_2(\text{L}_2)\, \rho_2(\text{L}_2)\, w_2(\text{H}_3\text{PO}_4)\, V_{2,\text{T}}(\text{St})}{M_2(\tfrac{1}{2}\,\text{H}_3\text{PO}_4)\, V_2(\text{St})}}$$

$$w_2(\text{H}_3\text{PO}_4) = \frac{\tilde{c}_1(\tfrac{1}{1}\,\text{NaOH})\, t_1\, V_1(\text{L}_1)\, M_2(\tfrac{1}{1}\,\text{H}_3\text{PO}_4)\, V_2(\text{St})}{V_2(\text{L}_2)\, \rho_2(\text{L}_2)\, V_{2,\text{T}}(\text{St})}$$

$$= \frac{0{,}2\ \text{mol L}^{-1} \cdot 0{,}988 \cdot 39{,}1\ \text{mL} \cdot 49{,}00\ \text{g mol}^{-1} \cdot 250{,}0\ \text{mL}}{5{,}00\ \text{mL} \cdot 1{,}379\ \text{g mL}^{-1} \cdot 25{,}0\ \text{mL}}$$

$$\underline{\boldsymbol{w_2(\text{H}_3\text{PO}_4) = 0{,}549 = 54{,}9\%}}$$

Rechenbeispiel 7-34. Zur Gehaltsbestimmung von Natriumcarbonat und Natriumhydroxid in Soda werden 4,35 g einer Probe in Wasser gelöst und zu 100,0 mL aufgefüllt. 25,0 mL dieser Verdünnung verbrauchen 21,8 mL Salzsäure, $c(\frac{1}{1}\,HCl) = 1{,}0$ mol/L.

$$Na_2CO_3 + NaOH + 3\,HCl \longrightarrow 3\,NaCl + 2\,H_2O + CO_2$$

In weiteren 25,0 mL Verdünnung wird das Carbonat mit Bariumchlorid-Lösung ausgefällt. Das in Lösung verbliebene Natriumhydroxid wird mit 13,8 mL Lösung, $c[\frac{1}{2}(COOH)_2] = 0{,}5$ mol/L neutralisiert. Wie groß sind die Massenanteile $w(Na_2CO_3)$ und $w(NaOH)$ in der Soda?

Gesucht: $w_3(Na_2CO_3)$
$w_3(NaOH)$

Gegeben: $V_1(L_1) = 21{,}8$ mL;
$c_1(\frac{1}{1}\,HCl) = 1{,}0$ mol/L
$V_2(L_1) = 13{,}8$ mL
$c_2[\frac{1}{2}(COOH)_2] = 0{,}5$ mol/L
$m_3(\text{Soda}) = 4{,}35$ g
$V_3(\text{St}) = 100{,}0$ mL; $V_{3,T}(\text{St}) = 25{,}0$ mL

a) Massenanteil $w_3(Na_2CO_3)$

$n_1(\text{eq})\,(X) = n_3(\text{eq})\,(Y) \Longrightarrow$

$$c_1(\tfrac{1}{1}\,HCl)\,V_1 - c_2[\tfrac{1}{2}(COOH)_2]\,V_2 = \frac{m_3(\text{Soda})\,w_3(Na_2CO_3)\,V_{3,T}(\text{St})}{M_3(\frac{1}{2}\,Na_2CO_3)\,V_1(\text{St})}$$

$$w_3(Na_2CO_3) = \frac{c_1(\frac{1}{1}\,HCl)\,V_1 - c_2[\frac{1}{2}(COOH)_2]\,V_2]\,M_3(\frac{1}{2}\,Na_2CO_3)\,V_3(\text{St})}{m_3(\text{Soda})\,V_{3,T}(\text{St})}$$

$$= \frac{(1{,}0 \cdot 21{,}8 - 0{,}5 \cdot 13{,}8)\text{ mol L}^{-1}\text{ mL} \cdot 53{,}00\text{ g mol}^{-1} \cdot 100{,}0\text{ mL}}{4{,}35\text{ g} \cdot 25{,}0\text{ mL}}$$

$\underline{w_3(Na_2CO_3) = 0{,}726 = 72{,}6\%}$

b) Massenanteil $w_3(NaOH)$

$$n_1(\text{eq})\,(X) = n_3(\text{eq})\,(Y) \Longrightarrow c_1[\tfrac{1}{2}(COOH)_2]\,V_1 = \frac{m_3(\text{Soda})\,w_3(NaOH)\,V_{3,T}(\text{St})}{M_3(NaOH)\,V_3(\text{St})}$$

$$w_3(NaOH) = \frac{c_1[\frac{1}{2}(COOH)_2]\,V_1\,M_3(NaOH)\,V_3(\text{St})}{m_3(\text{Soda})\,V_{3,T}(\text{St})}$$

$$= \frac{0{,}5\text{ mol L}^{-1} \cdot 13{,}8\text{ mL} \cdot 40{,}00\text{ g mol}^{-1} \cdot 100{,}0\text{ mL}}{4{,}35\text{ g} \cdot 25{,}0\text{ mL}}$$

$\underline{w_3(NaOH) = 0{,}254 = 25{,}4\%}$

Übungsaufgaben:

7-41. 3,450 g technisches Kaliumcarbonats (Pottasche) werden durch 40,7 mL Schwefelsäure-Lösung, $\tilde{c}(\frac{1}{2}H_2SO_4) = 1{,}0$ mol/L, $t = 0{,}998$, neutralisiert. Wie groß ist der Massenanteil $w(K_2CO_3)$ der Pottasche?

7-42. Bei der Bestimmung einer Ammoniak-Lösung werden 2,306 g eingewogen, auf 250,0 mL verdünnt und 50,0 mL der verdünnten Lösung mit 25,3 mL Salzsäure, $\tilde{c}(\frac{1}{1}HCl) = 0{,}1$ mol/L, $t = 1{,}050$, neutralisiert. Wie groß ist der Massenanteil $w(NH_3)$ der eingesetzten Ammoniak-Lösung?

7-43. 20,0 mL einer Natronlauge, $\rho = 1{,}183$ g/mL, werden auf 250,0 mL verdünnt. 50,0 mL der Verdünnung verbrauchen zur Neutralisation 19,8 mL Salzsäure, $c(\frac{1}{1}HCl) = 1{,}0$ mol/L. Wie groß ist a) der Massenanteil w(NaOH), b) die Stoffmengenkonzentration c(NaOH) und c) die Massenkonzentration β(NaOH) der eingesetzten Natronlauge?

7-44. Zur Bestimmung des Gehaltes an Natriumhydroxid und Natriumcarbonat werden 0,941 g einer Probe in Wasser gelöst und auf 250,0 mL aufgefüllt. 25,0 mL der Verdünnung verbrauchen bei der Titration gegen Methylorange 22,3 mL Maßlösung, $c(\frac{1}{1}HCl) = 0{,}1$ mol/L. In weiteren 25,0 mL wird das Carbonat mit $BaCl_2$-Lösung gefällt. Für die Titration des in Lösung verbliebenen Natriumhydroxids gegen Phenolphthalein in Gegenwart des Niederschlags werden 19,6 mL Oxalsäure, $c[\frac{1}{2}(COOH)_2] = 0{,}1$ mol/L, benötigt. Wie groß sind die Massenanteile w(NaOH) und $w(Na_2CO_3)$ in der Probe?

7-45. 20,0 mL einer Phosphorsäure-Lösung verbrauchen bei der Titration gegen Bromphenolblau 15,65 mL Natronlauge, $\tilde{c}(\frac{1}{1}NaOH) = 0{,}1$ mol/L, $t = 0{,}996$. Wie groß ist die Massenkonzentration $\beta(H_3PO_4)$ der Lösung?

$$H_3PO_4 + OH^- \longrightarrow H_2PO_4^- + H_2O$$

7.4.2.2 Oxidimetrische Bestimmungen

Diese Titrationen beruhen auf *Redox-Reaktionen* zwischen zwei *korrespondierenden Redox-Paaren*, die der allgemeinen Reaktionsgleichung

(1) Reduktionsmittel 1 ⇌ Oxidationsmittel 1 + e
(2) Oxidationsmittel 2 + e ⇌ Reduktionsmittel 2

---

(3) Reduktionsmittel 1 + Oxidationsmittel 2 ⇌
Oxidationsmittel 1 + Reduktionsmittel 2

genügen. Sie werden auch als *oxidimetrische* Methoden bezeichnet. Je nach Art des verwendeten Titrationsmittels unterscheidet man folgende Arten (vgl. Tab. 7-1):

- Permanganometrie
- Iodometrie
- Cerimetrie
- Bromatometrie
- Chromatometrie

Die Äquivalentzahlen z* für das verwendete Titrationsmittel X und den zu bestimmenden Stoff Y sind gleich der Anzahl von Elektronen, die jeweils ein Teilchen dieser Stoffe abgeben bzw. aufnehmen kann (vgl. Tab. 7-2 und 7-3).

Tab. 7-3. Äquivalentzahlen zu bestimmender Stoffe

Stoff	Zugrundeliegende Reaktionsgleichung	Äquivalentzahl z*
$C_2O_4^{2-}$	$5\,C_2O_4^{2-} + 2\,MnO_4^- + 16\,H^+ \longrightarrow 2\,Mn^{2+} + 8\,H_2O + 10\,CO_2$	2
Ca^{2+}	$5\,CaC_2O_4 + 2\,MnO_4^- + 16\,H^+ \longrightarrow$ $5\,Ca^{2+} + 2\,Mn^{2+} + 8\,H_2O + 10\,CO_2$	2
Fe^{2+}	$5\,Fe^{2+} + MnO_4^- + 8\,H^+ \longrightarrow 5\,Fe^{3+} + Mn^{2+} + 4\,H_2O$	1
Fe^{3+}	$10\,Fe^{3+} + 5\,Sn^{2+} + 2\,MnO_4^- + 16\,H^+ \longrightarrow$ $10\,Fe^{2+} + 5\,Sn^{4+} + 2\,Mn^{2+} + 8\,H_2O$	1
H_2O_2	$5\,H_2O_2 + 2\,MnO_4^- + 6\,H^+ \longrightarrow 2\,Mn^{2+} + 8\,H_2O + 5\,O_2$	2
NO_2^-	$5\,NO_2^- + 2\,MnO_4^- + 6\,H^+ \longrightarrow 5\,NO_3^- + 2\,Mn^{2+} + 3\,H_2O$	2
MnO_2	$MnO_2 + C_2O_4^{2-} + 4\,H^+ \longrightarrow Mn^{2+} + 2\,H_2O + 2\,CO_2$	2

7.4.2.2.1 Permanganometrische Bestimmungen

Als Titrationsmittel dienen wäßrige Lösungen von Kaliumpermanganat, $KMnO_4$, und Oxalsäure, $(COOH)_2$. Für Kaliumpermanganat ergeben sich im sauren bzw. basischen Medium die beiden folgenden Teilreaktionen (vgl. Tab. 7-2):

$$\mathbf{MnO_4^- + 8\,H^+ + 5\,e} \longrightarrow Mn^{2+} + \mathbf{4\,H_2O}\ \text{(sauer)} \qquad \mathbf{z^* = 5}$$

$$\mathbf{MnO_4^- + 2\,H_2O + 3\,e} \longrightarrow MnO_2 + \mathbf{4\,OH^-}\ \text{(basisch)} \qquad \mathbf{z^* = 3}$$

Oxalsäure wird zur Titerbestimmung verwendet (vgl. Abschn. 7.4.1.3.1):

$$\mathbf{C_2O_4^{2-}} \longrightarrow 2\,CO_2 + \mathbf{2\,e} \qquad \mathbf{z^* = 2}$$

7.4.2.2.1.1 Titerbestimmung

Rechenbeispiel 7-35. 20,0 mL Oxalsäure-Lösung, $c(\frac{1}{2}\,H_2C_2O_4) = 0{,}1$ mol/L, verbrauchen 19,36 mL Kaliumpermanganat-Lösung, $\tilde{c}(\frac{1}{5}\,KMnO_4) = 0{,}1$ mol/L. Welchen Titer hat die Kaliumpermanganat-Lösung?

Gesucht: t_2 **Gegeben:** $V_1(L_1) = 20{,}0$ mL; $c_1(\frac{1}{2}\,H_2C_2O_4) = 0{,}1$ mol/L
$V_2(L_2) = 19{,}36$ mL; $\tilde{c}_2(\frac{1}{5}\,KMnO_4) = 0{,}1$ mol/L

$$n_1(\text{eq})\,(\text{X}) = n_2(\text{eq})\,(\text{Y}) \Longrightarrow c(\tfrac{1}{2}\,\mathbf{H_2C_2O_4})\,V_1(L_1) = \tilde{c}_2(\tfrac{1}{5}\,\mathbf{KMnO_4})\,t_2\,V_2(L_2)$$

$$t_2 = \frac{c(\frac{1}{2}\,H_2C_2O_4)\,V_1(L_1)}{\tilde{c}_2(\frac{1}{5}\,KMnO_4)\,V_2(L_2)} = \frac{0{,}1\text{ mol L}^{-1}\cdot 20{,}0\text{ mL}}{0{,}1\text{ mol L}^{-1}\cdot 19{,}36\text{ mL}}$$

$\underline{t_2 = 1{,}033}$

Rechenbeispiel 7-36. 0,8898 g Natriumoxalat, $Na_2C_2O_4$, werden in Wasser gelöst und zu 100,0 mL aufgefüllt. 20,0 mL dieser Verdünnung verbrauchen 25,75 mL Lösung, $\tilde{c}(\frac{1}{5}\,KMnO_4) = 0{,}1$ mol/L. Wie ist der Titer der Lösung?

Gesucht: t_1 **Gegeben:** $m_2(Na_2C_2O_4) = 0{,}8898$ g
$V_2(\text{St}) = 100{,}0$ mL; $V_{2,\text{T}}(\text{St}) = 20{,}0$ mL
$V_1(L_1) = 25{,}75$ mL; $\tilde{c}_1(\frac{1}{5}\,KMnO_4) = 0{,}1$ mol/L

$$n_1(\text{eq})\,(\text{X}) = n_2(\text{eq})\,(\text{Y}) \Longrightarrow \tilde{c}_1(\tfrac{1}{5}\,\mathbf{KMnO_4})\,t_1\,V_1(L_1) = \frac{m_2(\mathbf{Na_2C_2O_4})\,V_{2,\text{T}}(\text{St})}{M_2(\frac{1}{2}\,\mathbf{Na_2C_2O_4})\,V_2(\text{St})}$$

$$t_1 = \frac{m_2(Na_2C_2O_4)\,V_{2,\text{T}}(\text{St})}{M_2(\frac{1}{2}\,Na_2C_2O_4)\,V_2(\text{St})\,\tilde{c}_1(\frac{1}{5}\,KMnO_4)\,V_1(L_1)}$$

$$= \frac{0{,}8898\text{ g}\cdot 20{,}0\text{ mL}\cdot 2}{134{,}00\text{ g mol}^{-1}\cdot 100{,}0\text{ mL}\cdot 0{,}1\text{ mol L}^{-1}\cdot 25{,}75\text{ mL}}$$

$\underline{t_1 = 1{,}032}$

Übungsaufgaben:

7-46. 0,3246 g Oxalsäure-dihydrat, $(COOH)_2 \cdot 2\,H_2O$, werden auf 100,0 mL aufgefüllt. 25,0 mL dieser Verdünnung verbrauchen bei der Titration 12,2 mL Maßlösung, $\tilde{c}(\frac{1}{5}\,KMnO_4) = 0{,}1$ mol/L. Welchen Titer hat die Lösung?

7-47. 1,0295 g Eisenspäne werden in Schwefelsäure- Lösung gelöst, auf 250,0 mL verdünnt und 50,0 mL dieser Verdünnung mit 35,25 mL Kaliumpermanganat-Lösung, $\tilde{c}(\frac{1}{5}\,KMnO_4) = 0{,}1$ mol/L, titriert. Welchen Titer hat die $KMnO_4$-Lösung?

7.4.2.2.1.2 Bestimmung von Quantitäten und Gehalten

Rechenbeispiel 7-37. Wieviel Milliliter Maßlösung, $\tilde{c}(\frac{1}{5}\ KMnO_4) = 0{,}1$ mol/L, $t = 1{,}092$, sind zur Titration folgender Stoffportionen in saurem Medium nötig?

a) 17,5 mmol Wasserstoffperoxid, H_2O_2
b) 150,0 mg Natriumnitrit, $NaNO_2$
c) 2,55 g Lösung, $w(FeSO_4) = 8{,}90\%$
d) 20,0 mL Lösung, $\beta(CaCl_2) = 85{,}3$ g/L, $\rho = 1{,}066$ g/mL
e) 25,0 mL Lösung, $\tilde{c}[(COOH)_2] = 0{,}1$ mol/L, $t = 1{,}037$

Gesucht: $V_1(L_1)$

Gegeben: $c_1(\frac{1}{5}\ KMnO_4) = 0{,}1$ mol/L; $t_1 = 1{,}092$
$n_2(H_2O_2) = 17{,}5$ mmol
$m_3(NaNO_2) = 150{,}0$ mg
$m_4(L_4) = 2{,}55$ g; $w_4(FeSO_4) = 8{,}90\%$
$V_5(L_5) = 20{,}0$ mL; $\beta(CaCl_2) = 85{,}3$ g/L
$V_6(L_6) = 25{,}0$ mL; $\tilde{c}_6[(COOH)_2] = 0{,}1$ mol/L
$t_6 = 1{,}037$

a) Mit $\mathbf{z^*(H_2O_2) = 2}$ gemäß Tab. 7-3 gilt:

$$\mathbf{n_1(eq)\,(X) = n_2(eq)\,(Y) \Longrightarrow \tilde{c}_1(\tfrac{1}{5}\ KMnO_4)\ t_1\ V_1(L_1) = n_2(\tfrac{1}{2}\ H_2O_2)}$$

$$V_1(L_1) = \frac{n_2(\frac{1}{2}\ H_2O_2)}{\tilde{c}_1(\frac{1}{5}\ KMnO_4)\ t_1} = \frac{2 \cdot 17{,}5\ \text{mmol}}{0{,}1\ \text{mol L}^{-1} \cdot 1{,}092}$$

$$\underline{\mathbf{V_1(L_1) = 320{,}5\ mL}}$$

b) Mit $\mathbf{z^*(NO_2) = 2}$ gemäß Tab. 7-3 gilt:

$$\mathbf{n_1(eq)\,(X) = n_3(eq)\,(Y) \Longrightarrow \tilde{c}_1(\tfrac{1}{5}\ KMnO_4)\ t_1\ V_1(L_1) = \frac{m_3(NaNO_2)}{M_3(\frac{1}{2}\ NaNO_2)}}$$

$$V_1(L_1) = \frac{m_3(NaNO_2)}{M_3(\frac{1}{2}\ NaNO_2)\ \tilde{c}_1(\frac{1}{5}\ KMnO_4)\ t_1}$$

$$= \frac{150{,}0\ \text{mg} \cdot 2}{69{,}00\ \text{g mol}^{-1} \cdot 0{,}1\ \text{mol L}^{-1} \cdot 1{,}092}$$

$$\underline{\mathbf{V_1(L_1) = 39{,}82\ mL}}$$

c) Mit $\mathbf{z^*(Fe^{2+}) = 1}$ gemäß Tab. 7-3 gilt:

$$\mathbf{n_1(eq)\,(X) = n_4(eq)\,(Y) \Longrightarrow \tilde{c}_1(\tfrac{1}{5}\,KMnO_4)\; t_1\; V_1(L_1) = \frac{m_4(L_4)\; w_4(FeSO_4)}{M_4(FeSO_4)}}$$

$$V_1(L_1) = \frac{m_4(L_4)\; w_4(FeSO_4)}{M_4(FeSO_4)\; \tilde{c}(\frac{1}{5}\,KMnO_4)\; t_1}$$

$$= \frac{2{,}55\ \mathrm{g} \cdot 0{,}0890}{151{,}91\ \mathrm{g\ mol^{-1}} \cdot 0{,}1\ \mathrm{mol\ L^{-1}} \cdot 1{,}092}$$

$$\underline{\mathbf{V_1(L_1) = 13{,}68\ mL}}$$

d) Mit $\mathbf{z^*(Ca^{2+}) = 2}$ gemäß Tab. 7-3 gilt:

$$\mathbf{n_1(eq)\,(X) = n_5(eq)\,(Y) \Longrightarrow \tilde{c}_1(\tfrac{1}{5}\,KMnO_4)\; t_1\; V_1(L_1) = \frac{\beta_6(CaCl_2)\; V_5(L_5)}{M_5(\frac{1}{2}\,CaCl_2)}}$$

$$V_1(L_1) = \frac{\beta_5(CaCl_2)\; V_5(L_5)}{M(\frac{1}{2}\,CaCl_2)\; \tilde{c}_1(\frac{1}{5}\,KMnO_4)\; t_1}$$

$$= \frac{85{,}3\ \mathrm{g\ L^{-1}} \cdot 20{,}0\ \mathrm{mL}}{110{,}99\ \mathrm{g\ mol^{-1}} \cdot 0{,}1\ \mathrm{mol\ L^{-1}} \cdot 1{,}092}$$

$$\underline{\mathbf{V_1(L_1) = 140{,}8\ mL}}$$

e) Mit $\mathbf{z^*[(COOH)_2] = 2}$ gemäß Tab. 7-3 gilt:

$$\mathbf{n_1(eq)\,(X) = n_6(eq)\,(Y) \Longrightarrow \tilde{c}_1(\tfrac{1}{5}\,KMnO_4)\; t_1\; V_1(L_1) = \tilde{c}_6[\tfrac{1}{2}\,(COOH)_2]\; V_6(L_6)\; t_6}$$

$$V_1(L_1) = \frac{\tilde{c}_6[\frac{1}{2}\,(COOH)_2]\; t_6\; V_6(L_6)}{\tilde{c}_1(\frac{1}{5}\,KMnO_4)\; t_1} = \frac{0{,}1\ \mathrm{mol\ L^{-1}} \cdot 1{,}037 \cdot 25{,}0\ \mathrm{mL}}{0{,}1\ \mathrm{mol\ L^{-1}} \cdot 1{,}092}$$

$$\underline{\mathbf{V_1(L_1) = 23{,}74\ mL}}$$

Rechenbeispiel 7-38. Eine Probe wird mit Wasser auf 100,0 mL verdünnt. 20,0 mL dieser Verdünnung verbrauchen nach dem Ansäuern mit Schwefelsäure 19,24 mL Kaliumpermanganat-Lösung, $c(\frac{1}{5}\,KMnO_4) = 0{,}1$ mol/L. Wie groß sind a) die Stoffmenge $n(Fe^{2+})$ und b) die Masse $m(Fe^{2+})$ in der Probe?

Gesucht: $n_2(\mathrm{Fe^{2+}})$
$m_2(\mathrm{Fe^{2+}})$

Gegeben: $V_1(\mathrm{L_1}) = 19{,}24\ \mathrm{mL}$
$c_1(\frac{1}{5}\ \mathrm{KMnO_4}) = 0{,}1\ \mathrm{mol/L}$
$V_2(\mathrm{St}) = 100\ \mathrm{mL};\ V_{2,\mathrm{T}}(\mathrm{St}) = 20{,}0\ \mathrm{mL}$

a) Stoffmenge $n_2(\mathrm{Fe^{2+}})$

$$n_1(\mathrm{eq})\,(\mathrm{X}) = n_2(\mathrm{eq})\,(\mathrm{Y}) \Longrightarrow c_1(\tfrac{1}{5}\ \mathrm{KMnO_4})\ V_1(\mathrm{L_2}) = \frac{n_2(\mathrm{Fe^{2+}})\ V_{2,\mathrm{T}}(\mathrm{St})}{V_2(\mathrm{St})}$$

$$n_2(\mathrm{Fe^{2+}}) = \frac{c_1(\frac{1}{5}\ \mathrm{KMnO_4})\ V_1(\mathrm{L_2})\ V_2(\mathrm{St})}{V_{2,\mathrm{T}}(\mathrm{St})}$$

$$= \frac{0{,}1\ \mathrm{mol\ L^{-1}} \cdot 19{,}24\ \mathrm{mL} \cdot 100{,}0\ \mathrm{mL}}{20{,}0\ \mathrm{mL}}$$

$\underline{n_2(\mathrm{Fe^{2+}}) = 9{,}62\ \mathrm{mmol}}$

b) Masse $m_2(\mathrm{Fe^{2+}})$

$$n_1(\mathrm{eq})\,(\mathrm{X}) = n_2(\mathrm{eq})\,(\mathrm{Y}) \Longrightarrow c_1(\tfrac{1}{5}\ \mathrm{KMnO_4})\ V_1(\mathrm{L_1}) = \frac{m_2(\mathrm{Fe^{2+}})\ V_{2,\mathrm{T}}(\mathrm{St})}{M_2(\mathrm{Fe^{2+}})\ V_2(\mathrm{St})}$$

$$m_2(\mathrm{Fe^{2+}}) = \frac{c_1(\frac{1}{5}\ \mathrm{KMnO_4})\ V_1(\mathrm{L_1})\ M_2(\mathrm{Fe^{2+}})\ V_2(\mathrm{St})}{V_{2,\mathrm{T}}(\mathrm{St})}$$

$$= \frac{0{,}1\ \mathrm{mol\ L^{-1}} \cdot 19{,}24\ \mathrm{mL} \cdot 55{,}85\ \mathrm{g\ mol^{-1}} \cdot 100{,}0\ \mathrm{mL}}{20{,}0\ \mathrm{mL}}$$

$\underline{m_2(\mathrm{Fe^{2+}}) = 537{,}3\ \mathrm{mg} = 0{,}5373\ \mathrm{g}}$

Rechenbeispiel 7-39. 5,00 mL Eisen(II)-sulfat-Lösung, $\rho = 1{,}065$ g/mL, werden zu 100,0 mL verdünnt. 25,0 mL dieser Verdünnung verbrauchen nach dem Ansäuern mit Schwefelsäure 7,08 mL Kaliumpermanganat-Lösung, $\tilde{c}(\frac{1}{5}\ \mathrm{KMnO_4}) = 0{,}1$ mol/L, $t = 1{,}003$. Wie groß sind a) die Stoffmengenkonzentration $c(\mathrm{FeSO_4})$, b) die Massenkonzentration $\beta(\mathrm{FeSO_4})$ und c) der Massenanteil $w(\mathrm{FeSO_4})$ dieser Lösung?

Gesucht: $c_2(\mathrm{FeSO_4})$
$\beta_2(\mathrm{FeSO_4})$
$w_2(\mathrm{FeSO_4})$

Gegeben: $V_1(\mathrm{L_1}) = 7{,}08\ \mathrm{mL}$
$\tilde{c}_1(\frac{1}{5}\ \mathrm{KMnO_4}) = 0{,}1\ \mathrm{mol/L};\ t_1 = 1{,}003$
$V_2(\mathrm{L_2}) = 5{,}00\ \mathrm{mL};\ \rho_2(\mathrm{L_2}) = 1{,}079\ \mathrm{g/mL}$
$V_2(\mathrm{St}) = 100{,}0\ \mathrm{mL};\ V_{2,\mathrm{T}}(\mathrm{St}) = 25{,}0\ \mathrm{mL}$

a) Stoffmengenkonzentration $c_2(FeSO_4)$

$$n_1(eq)\,(X) = n_2(eq)\,(Y) \Longrightarrow \tilde{c}_1(\tfrac{1}{5}\,KMnO_4)\; t_1\; V_1(L_1) = \frac{c_2(FeSO_4)\; V_2(L_2)\; V_{2,T}(St)}{V_2(St)}$$

$$c_2(FeSO_4) = \frac{\tilde{c}_1(\tfrac{1}{5}\,KMnO_4)\; t_1\; V_1(L_1)\; V_2(St)}{V_2(L_2)\; V_{2,T}(St)}$$

$$= \frac{0{,}1\ \text{mol L}^{-1} \cdot 1{,}003 \cdot 7{,}08\ \text{mL} \cdot 100{,}0\ \text{mL}}{5{,}00\ \text{mL} \cdot 25{,}0\ \text{mL}}$$

$$\underline{c_2(FeSO_4) = 0{,}568\ \text{mol/L}}$$

b) Massenkonzentration $\beta_2(FeSO_4)$

$$n_1(eq)\,(X) = n_2(eq)\,(Y) \Longrightarrow \tilde{c}_1(\tfrac{1}{5}\,KMnO_4)\; t_1\; V_1(L_1) = \frac{\beta_2(FeSO_4)\; V_2(L_2)\; V_{2,T}(St)}{M_2(FeSO_4)\; V_2(St)}$$

$$\beta_2(FeSO_4) = \frac{\tilde{c}_1(\tfrac{1}{5}\,KMnO_4)\; t_1\; V_1(L_1)\; M_2(FeSO_4)\; V_2(St)}{V_2(L_2)\; V_{2,T}(St)}$$

$$= \frac{0{,}1\ \text{mol L}^{-1} \cdot 1{,}003 \cdot 7{,}08\ \text{mL} \cdot 151{,}91\ \text{g mol}^{-1} \cdot 100{,}0\ \text{mL}}{5{,}00\ \text{mL} \cdot 25{,}0\ \text{mL}}$$

$$\underline{\beta_2(FeSO_4) = 86{,}3\ \text{g/L}}$$

Mit dem Ergebnis aus a) vereinfacht sich gemäß Abb. 3-5 auf S. 102 die Berechnung:

$$\beta_2(FeSO_4) = c_2(FeSO_4)\; M_2(FeSO_4) = 0{,}568\ \text{mol L}^{-1} \cdot 151{,}91\ \text{g mol}^{-1}$$

$$\underline{\beta_2(H_2SO_4) = 86{,}3\ \text{g/L}}$$

c) Berechnung des Massenanteils $w_2(H_2SO_4)$

$$n_1(eq)\,(X) = n_2(eq)\,(Y) \Longrightarrow$$

$$\tilde{c}_1(\tfrac{1}{5}\,KMnO_4)\; t_1\; V_1(L_1) = \frac{w_2(FeSO_4)\; V_2(L_2)\; \rho_2(L_2)\; V_{2,T}(ST)}{M_2(FeSO_4)\; V_2(St)}$$

$$w_2(\mathrm{FeSO_4}) = \frac{\tilde{c}_1(\frac{1}{5}\,\mathrm{KMnO_4})\; t_1\; V_1(\mathrm{L_1})\; M_2(\mathrm{FeSO_4})\; V_2(\mathrm{St})}{V_2(\mathrm{L_2})\; \rho_2(\mathrm{L_2})\; V_{2,\mathrm{T}}(\mathrm{St})}$$

$$= \frac{0{,}1 \text{ mol L}^{-1} \cdot 1{,}003 \cdot 7{,}08 \text{ mL} \cdot 151{,}91 \text{ g mol}^{-1} \cdot 100{,}0 \text{ mL}}{25{,}0 \text{ mL} \cdot 1{,}079 \text{ g mL}^{-1} \cdot 5{,}00 \text{ mL}}$$

$\mathbf{w_2(FeSO_4) = 0{,}0800 = 8{,}00\%}$

Mit dem Ergebnis aus a) vereinfacht sich gemäß Abb. 3-5 auf S. 102 die Berechnung:

$$w_2(\mathrm{FeSO_4}) = \frac{c_2(\mathrm{FeSO_4})\; M_2(\mathrm{FeSO_4})}{\rho_2(\mathrm{L_2})} = \frac{0{,}568 \text{ mol L}^{-1} \cdot 151{,}91 \text{ g mol}^{-1}}{1{,}079 \text{ g mL}^{-1}}$$

$\mathbf{w_2(FeSO_4) = 0{,}0800 = 8{,}00\%}$

Übungsaufgaben:

7-48. Wieviel Milliliter Maßlösung, $\tilde{c}(\frac{1}{5}\,KMnO_4) = 0{,}1$ mol/L, $t = 1{,}018$, werden zur Titration folgender Stoffportionen benötigt?

a) 8,25 mmol Fe^{2+}-Ionen
b) 100,0 mg Oxalsäure, $(COOH)_2 \cdot 2\,H_2O$
c) 275 mL Schwefeldioxidgas, SO_2, im Normzustand (in Wasser gelöst)
d) 0,165 g Wasserstoffperoxid-Lösung, $w(H_2O_2) = 10{,}0\%$
e) 25,0 mL Oxalsäure-Lösung, $\tilde{c}[(COOH)_2] = 0{,}2$ mol/L, $t = 0{,}9731$

7-49. 25,0 mL einer Lösung von Schwefeldioxid, SO_2, in Wasser werden auf 250,0 mL verdünnt. 10,0 mL der Verdünnung verbrauchen nach Ansäuern mit Schwefelsäure 24,8 mL Kaliumpermanganat-Lösung, $c(\frac{1}{5}\,KMnO_4) = 0{,}1$ mol/L. Wie groß sind a) die Stoffmenge $n(SO_2)$, b) die Masse $m(SO_2)$ und c) die Massenkonzentration $\beta(SO_2)$ in der Ausgangslösung?

7-50. 0,2797 g einer Probe werden in Wasser gelöst, mit Schwefelsäure angesäuert und mit 38,9 mL Maßlösung, $c(\frac{1}{5}\,KMnO_4) = 0{,}1$ mol/L bis zur Rosafärbung titriert. Wie groß ist der Massenanteil $w[(NH_4)_2C_2O_4]$ der Probe an Ammonoxalat?

7-51. 25,0 mL einer Probe, $\rho = 1{,}100$ g/mL, werden mit Wasser auf 100 mL verdünnt. 20 mL davon verbrauchen nach dem Ansäuren mit Schwefelsäure 36,8 mL Maßlösung, $\tilde{c}(\frac{1}{5}\,KMnO_4) = 0{,}1$ mol/L, $t = 0{,}985$. Wie groß ist a) die Masse $m(Fe)$, b) die Stoffmengenkonzentration $c(Fe^{2+})$, c) die Massenkonzentration $\beta(Fe^{2+})$ und d) der Massenanteil $w(FeSO_4)$ in der Probe?

7.4.2.2.2 Iodometrische Bestimmungen

Für iodometrische Bestimmungen sind wegen des relativ niedrigen Redoxpotentials $E^0 = 0{,}54$ V der Grundgleichung

$$\mathbf{I_2 + 2\,e \rightleftharpoons 2\,I^-} \qquad \mathbf{z^* = 2}$$

grundsätzlich zwei Bestimmungsmethoden möglich:

a) Direkte Titration von Reduktionsmitteln

Als Titrationsmittel dient eine Lösung von Iod, I_2, die durch aus Kaliumiodat, KIO_3, und einem Überschuß an Kaliumiodid, KI, bei geringem Säurezusatz gemäß

$$\mathbf{IO_3^- + 5\,I^- + 6\,H^+ \longrightarrow 3\,I_2 + 3\,H_2O}$$

hergestellt wird.

Zur Titerbestimmung werden entweder Natriumthiosulfat-Lösung gemäß

$$\mathbf{I_2 + 2\,S_2O_3^{2-} \longrightarrow 2\,I^- + S_4O_6^{2-}} \qquad \mathbf{z^* = 1}$$

oder Arsen(III)-oxid gemäß

$$\mathbf{As_2O_3 + 5\,H_2O + 2\,I_2 \longrightarrow 2\,AsO_4^{3-} + 10\,H^+ + 4\,I^-} \qquad \mathbf{z^* = 4}$$

verwendet. Als Indikator dient Stärke-Lösung, die von elementarem Iod blaugefärbt wird.

Beispiel 7-3.

Die Bestimmung von Sn^{2+}-Ionen wird gemäß

$$\mathbf{Sn^{2+} + I_2 \longrightarrow Sn^{4+} + 2\,I^-} \qquad \mathbf{z^*(Sn^{2+}) = 2}$$

durch direkte Titration mit Iodlösung vorgenommen. Am Endpunkt färbt überschüssiges Iod die Stärke-Lösung blau.

b) Reduktion von Oxidationsmitteln

Oxidationsmittel scheiden aus überschüssigem Kaliumiodid freies Iod ab, das mit Natriumthiosulfat-Lösung titriert wird:

$$\mathbf{I_2 + 2\,S_2O_3^{2-} \longrightarrow 2\,I^- + S_4O_6^{2-}} \qquad \mathbf{z^*(Na_2S_2O_3) = 1}$$

Beispiel 7-4.

Wasserstoffperoxid scheidet gemäß

$$H_2O_2 + 2\,I^- + 2\,H^+ \longrightarrow I_2 + 2\,H_2O \qquad z^*(H_2O_2) = 2$$

elementares Iod aus überschüssigem Kaliumiodid ab, das mit Natriumthiosulfat-Lösung titriert wird:

$$I_2 + 2\,S_2O_3^{2-} \longrightarrow 2\,I^- + S_4O_6^{2-} \qquad z^*(Na_2S_2O_3) = 1$$

Als Indikator dient Stärke-Lösung, die beim Endpunkt der Titration entfärbt wird.

Zur Berechnung iodometrischer Bestimmungen muß gemäß (7-12) neben den obengenannten Äquivalentzahlen der Titrationsmittel X auch die Äquivalentzahl des jeweils zu bestimmenden Stoffes Y *oder* die zugrundeliegende Reaktionsgleichung, aus der sie abgeleitet werden kann, bekannt sein. In Tab. 7-4 sind die Äquivalentzahlen für die wichtigsten Stoffe zusammengestellt.

Tab. 7-4. Äquivalentzahlen zu bestimmender Stoffe

Stoff	Zugrundeliegende Reaktionsgleichung	Äquivalentzahl z*
AsO_3^{3-}	$AsO_3^{3-} + I_2 + H_2O \rightleftharpoons AsO_4^{3-} + 2\,H^+ + 2\,I^-$	2
As_2O_3	$As_2O_3 + 5\,H_2O + 2\,I_2 \longrightarrow 2\,AsO_4^{3-} + 10\,H^+ + 4\,I^-$	4
Br_2	$Br_2 + 2\,I^- \longrightarrow 2\,Br^- + I_2$	2
BrO_3^-	$BrO_3^- + 6\,H^+ + 6\,I^- \longrightarrow Br^- + 3\,H_2O + 3\,I_2$	6
Cl_2	$Cl_2 + 2\,I^- \longrightarrow 2\,Cl^- + I_2$	2
ClO^-	$ClO^- + 2\,H^+ + 2\,I^- \longrightarrow Cl^- + H_2O + I_2$	2
ClO_2^-	$ClO_2^- + 4\,H^+ + 4\,I^- \longrightarrow Cl^- + 2\,H_2O + 2\,I_2$	4
ClO_3^-	$ClO_3^- + 6\,H^+ + 6\,I^- \longrightarrow Cl^- + 3\,H_2O + 3\,I_2$	6
Cr^{6+}	$Cr_2O_7^{2-} + 14\,H^+ + 6\,I^- \longrightarrow 2\,Cr^{3+} + 7\,H_2O + 3\,I_2$	3
Cu^{2+}	$2\,Cu^{2+} + 4\,I^- \rightleftharpoons 2\,CuI + I_2$	1
Fe^{2+}	$I_2 + 2\,Fe^{2+} \rightleftharpoons 2\,Fe^{3+} + 2\,I^-$	1
Fe^{3+}	$2\,Fe^{3+} + 2\,I^- \rightleftharpoons I_2 + 2\,Fe^{2+}$	1
H_2O_2	$H_2O_2 + 2\,H^+ + 2\,I^- \longrightarrow 2\,H_2O + I_2$	2
Hg^+	$2\,Hg^+ + I_2 + 6\,I^- \longrightarrow 2\,[HgI_4]^{2-}$	2
I^-	$2\,I^- + 2\,Fe^{3+} \longrightarrow I_2 + 2\,Fe^{2+}$	1
IO_3^-	$IO_3^- + 6\,H^+ + 5\,I^- \longrightarrow 3\,H_2O + 3\,I_2$	6
MnO_2	$MnO_2 + 2\,I^- + 4\,H^+ \longrightarrow Mn^{2+} + I_2 + 2\,H_2O$	2
MnO_4^-	$2\,MnO_4^- + 10\,I^- + 16\,H^+ \longrightarrow 2\,Mn^{2+} + 5\,I_2 + 8\,H_2O$	5
Pb^{4+}	$Pb^{4+} + 2\,I^- \longrightarrow Pb^{2+} + I_2$	2
S^{2-}	$S^{2-} + I_2 \rightleftharpoons 2\,I^- + S$	2
SO_3^{2-}	$SO_3^{2-} + I_2 + H_2O \longrightarrow SO_4^{2-} + 2\,H^+ + 2\,I^-$	2
$S_2O_3^{2-}$	$2\,S_2O_3^{2-} + I_2 \longrightarrow S_4O_6^{2-} + 2\,I^-$	1
SO_2	$SO_2 + I_2 + 2\,H_2O \longrightarrow H_2SO_4 + 2\,HI$	2
SbO_3^{3-}	$SbO_3^{3-} + I_2 + H_2O \longrightarrow SbO_4^{3-} + 2\,H^+ + 2\,I^-$	2
Sn^{2+}	$Sn^{2+} + I_2 \longrightarrow 2\,I^- + Sn^{4+}$	2

7.4.2.2.2.1 Titerbestimmung

Rechenbeispiel 7-40. 25,0 mL Kaliumpermanganat-Lösung, $c(\frac{1}{5}\ KMnO_4) = 0{,}1$ mol/L, werden in überschüssige Kaliumiodid-Lösung gegeben. Zur Titration des abgeschiedenen Iods sind 25,8 mL Maßlösung, $\tilde{c}(\frac{1}{1}\ Na_2S_2O_3) = 0{,}1$ mol/L, notwendig. Wie ist der Titer dieser Lösung?

Gesucht: t_2

Gegeben: $V_1(L_1) = 25{,}0$ mL; $c_1(\frac{1}{5}\ KMnO_4) = 0{,}1$ mol/L
$V_2(L_2) = 25{,}8$ mL; $\tilde{c}_2(\frac{1}{1}\ Na_2S_2O_3) = 0{,}1$ mol/L

$$\mathbf{n_1(eq)\ (X) = n_2(eq)\ (Y) \Longrightarrow c_1(\tfrac{1}{5}\ KMnO_4)\ V_1(L_1) = \tilde{c}_2(\tfrac{1}{1}\ Na_2S_2O_3)\ t_2\ V_2(L_2)}$$

$$t_2 = \frac{c_1(\frac{1}{5}\ KMnO_4)\ V_1(L_1)}{\tilde{c}_2(\frac{1}{1}\ Na_2S_2O_3)\ V_2(L_2)} = \frac{0{,}1\ \text{mol L}^{-1} \cdot 25{,}0\ \text{mL}}{0{,}1\ \text{mol L}^{-1} \cdot 25{,}8\ \text{mL}}$$

$\underline{\mathbf{t_2 = 0{,}969}}$

Rechenbeispiel 7-41. 0,1009 g Kaliumiodat, KIO_3, werden in überschüssige Kaliumiodid-Lösung gegeben. Zur Titration des abgeschiedenen Iods sind 28,7 mL Natriumthiosulfat-Lösung, $\tilde{c}(\frac{1}{1}\ Na_2S_2O_3) = 0{,}1$ mol/L, notwendig. Wie ist der Titer dieser Lösung?

Gesucht: t_1

Gegeben: $V_1(L_1) = 28{,}7$ mL; $\tilde{c}_1(\frac{1}{1}\ Na_2S_2O_3) = 0{,}1$ mol/L
$m_2(KIO_3) = 0{,}1009$ g

$$\mathbf{n_1(eq)\ (X) = n_2(eq)\ (Y) \Longrightarrow \tilde{c}_1(\tfrac{1}{1}\ Na_2S_2O_3)\ t_1\ V_1(L_1) = \frac{m_2(KIO_3)}{M_2(\frac{1}{6}\ KIO_3)}}$$

$$t_1 = \frac{m_2(KIO_3)}{M_2(\frac{1}{6}\ KIO_3)\ \tilde{c}_1(\frac{1}{1}\ Na_2S_2O_3)\ V_1(L_1)}$$

$$= \frac{0{,}1009\ \text{g}}{35{,}67\ \text{g mol}^{-1} \cdot 0{,}1\ \text{mol L}^{-1} \cdot 28{,}7\ \text{mL}}$$

$\underline{\mathbf{t_1 = 0{,}986}}$

Übungsaufgaben:

7-52. 25,0 mL $KMnO_4$-Lösung, $\tilde{c}(\frac{1}{5}\ KMnO_4)$, $t = 0{,}965$, werden vorgelegt. Das durch Zugabe überschüssigem Kaliumiodid, KI, ausgeschiedene Iod wird mit 23,96 mL $Na_2S_2O_3$ Lösung, $\tilde{c}(\frac{1}{1}\ Na_2S_2O_3) - 0{,}1$ mol/L titriert. Welchen Titer hat die Natriumthiosulfat-Lösung?

7-53. 0,6015 g Arsen(III)-oxid, As_2O_3, werden in verdünnter Natronlauge gelöst, mit verdünnter Schwefelsäure-Lösung angesäuert und mit Wasser auf 100,0 mL aufgefüllt. 25,0 mL dieser Verdünnung verbrauchen 30,5 mL Iodlösung, $\tilde{c}(\frac{1}{2}\,I_2) = 0{,}1$ mol/L. Welchen Titer hat die Iodlösung?

7.4.2.2.2.2 Bestimmung von Quantitäten und Gehalten

Rechenbeispiel 7-42. Wieviel Milliliter Maßlösung, $c(\frac{1}{2}\,I_2) = 0{,}1$ mol/L, bzw. $c(\frac{1}{1}\,Na_2S_2O_3)$ sind zur Titration folgender Stoffportionen nötig?

a) 4,00 mmol Wasserstoffperoxid, H_2O_2
b) 150,0 mg Kaliumiodat, KIO_3
c) 3,65 g Lösung, $w(CuSO_4) = 5{,}90\%$
d) 20,0 mL Lösung, $\beta(Na_2SO_3) = 41{,}4$ g/L, $\rho = 1{,}036$ g/mL
e) 25,0 mL Lösung, $\tilde{c}(\frac{1}{1}\,Na_2S_2O_3) = 0{,}1$ mol/L, $t = 0{,}936$

Gesucht: $V_1(L_1)$

Gegeben: $\tilde{c}_1(\frac{1}{5}\,KMnO_4) = 0{,}1$ mol/L; $t_1 = 1{,}092$
$n_2(H_2O_2) = 4{,}00$ mmol
$m_3(KIO_3) = 150{,}0$ mg
$m_4(L_4) = 3{,}65$ g ; $w_4(CuSO_4) = 5{,}90\%$
$V_5(L_5) = 20{,}0$ mL; $\beta_5(Na_2SO_3) = 41{,}4$ g/L
$V_6(L_6) = 25{,}0$ mL; $\tilde{c}_6(\frac{1}{1}\,Na_2S_2O_3) = 0{,}1$ mol/L
$t_6 = 0{,}936$

a) Mit $\mathbf{z^*(H_2O_2) = 2}$ gemäß Tab. 7-4 gilt:

$$\mathbf{n_1(eq)\,(X) = n_2(eq)\,(Y) \Longrightarrow c_1(\tfrac{1}{1}\,Na_2S_2O_3)\;V_1(L_1) = n_2(\tfrac{1}{2}\,H_2O_2)}$$

$$V_1(L_1) = \frac{n_2(\frac{1}{2}\,H_2O_2)}{c_1(\frac{1}{1}\,Na_2S_2O_3)} = \frac{2 \cdot 4{,}00\text{ mmol}}{0{,}1\text{ mol L}^{-1}}$$

$$\underline{\mathbf{V_1(L_1) = 80{,}0\ mL}}$$

b) Mit $\mathbf{z^*(KIO_3) = 6}$ gemäß Tab. 7-4 gilt:

$$\mathbf{n_1(eq)\,(X) = n_3(eq)\,(Y) \Longrightarrow \tilde{c}_1(\tfrac{1}{1}\,Na_2S_2O_3)\;V_1(L_1) = \frac{m_3(KIO_3)}{M_3(\frac{1}{6}\,KIO_3)}}$$

$$V_1(L_1) = \frac{m_3(KIO_3)}{M_3(\frac{1}{6}\,KIO_3)\;c_1(\frac{1}{1}\,Na_2S_2O_3)} = \frac{150{,}0\text{ mg}}{35{,}67\text{ g mol}^{-1} \cdot 0{,}1\text{ mol L}^{-1}}$$

$$\underline{\mathbf{V_1(L_1) = 42{,}05\ mL}}$$

c) Mit $\mathbf{z^*(Cu^{2+}) = 1}$ gemäß Tab. 7-4 gilt:

$$n_1(\mathrm{eq})(\mathrm{X}) = n_4(\mathrm{eq})(\mathrm{Y}) \Longrightarrow c_1(\tfrac{1}{1}\,\mathrm{Na_2S_2O_3})\,V_1(\mathrm{L_1}) = \frac{m_4(\mathrm{L_4})\,w_4(\mathrm{CuSO_4})}{M_4(\mathrm{CuSO_4})}$$

$$V_1(\mathrm{L_1}) = \frac{m_4(\mathrm{L_4})\,w_4(\mathrm{CuSO_4})}{M_4(\mathrm{CuSO_4})\,c_1(\tfrac{1}{1}\,\mathrm{Na_2S_2O_3})} = \frac{3{,}65\ \mathrm{g}\cdot 0{,}0590}{159{,}60\ \mathrm{g\ mol^{-1}}\cdot 0{,}1\ \mathrm{mol\ L^{-1}}}$$

$\underline{V_1(\mathrm{L_1}) = 13{,}49\ \mathrm{mL}}$

d) Mit $\mathbf{z^*(SO_3^{2-}) = 2}$ gemäß Tab. 7-4 gilt:

$$n_1(\mathrm{eq})(\mathrm{X}) = n_5(\mathrm{eq})(\mathrm{Y}) \Longrightarrow c_1(\tfrac{1}{1}\,\mathrm{I_2})\,V_1(\mathrm{L_1}) = \frac{\beta_5(\mathrm{Na_2SO_3})\,V_5(\mathrm{L_5})}{M_5(\tfrac{1}{2}\,\mathrm{Na_2SO_3})}$$

$$V_1(\mathrm{L_1}) = \frac{\beta_5(\mathrm{Na_2SO_3})\,V_5(\mathrm{L_5})}{M_5(\tfrac{1}{2}\,\mathrm{Na_2SO_3})\,c_1(\tfrac{1}{2}\,\mathrm{I_2})} = \frac{41{,}4\ \mathrm{g\ L^{-1}}\cdot 20{,}0\ \mathrm{mL}}{63{,}02\ \mathrm{g\ mol^{-1}}\cdot 0{,}1\ \mathrm{mol\ L^{-1}}}$$

$\underline{V_1(\mathrm{L_1}) = 131{,}4\ \mathrm{mL}}$

e) Mit $\mathbf{z^*(S_2O_3^{2-}) = 1}$ gemäß Tab. 7-4 gilt:

$$n_1(\mathrm{eq})(\mathrm{X}) = n_6(\mathrm{eq})(\mathrm{Y}) \Longrightarrow c_1(\tfrac{1}{2}\,\mathrm{I_2})\,V_1(\mathrm{L_1}) = \tilde{c}_6(\tfrac{1}{1}\,\mathrm{Na_2S_2O_3})\,t_6\,V_6(\mathrm{L_6})$$

$$V_1(\mathrm{L_1}) = \frac{\tilde{c}_6(\mathrm{Na_2S_2O_3})\,t_6\,V_6(\mathrm{L_6})}{c_1(\tfrac{1}{2}\,\mathrm{I_2})} = \frac{0{,}1\ \mathrm{mol\ L^{-1}}\cdot 0{,}936\cdot 25{,}0\ \mathrm{mL}}{0{,}1\ \mathrm{mol\ L^{-1}}}$$

$\underline{V_1(\mathrm{L_1}) = 23{,}40\ \mathrm{mL}}$

Rechenbeispiel 7-43. 25,0 mL einer zur Analyse vorbereiteten Probe werden mit Salzsäure angesäuert und mit einem Überschuß an Kaliumiodid versetzt. Bei der Titration werden 19,2 mL Natriumthiosulfat-Lösung, $\tilde{c}(\tfrac{1}{1}\,\mathrm{Na_2S_2O_3}) = 0{,}1$ mol/L, $t = 1{,}102$, verbraucht. Wieviel Milligramm Chrom enthält die Probe?

Gesucht: $m_2(\mathrm{Cr^{6+}})$

Gegeben: $V_1(\mathrm{L_1}) = 19{,}2$ mL
$\tilde{c}_1(\tfrac{1}{1}\,\mathrm{Na_2S_2O_3}) = 0{,}1$ mol/L
$t_1 = 1{,}102$

$$n_1(\mathrm{eq})\ (\mathrm{X}) = n_2(\mathrm{eq})\ (\mathrm{Y}) \Longrightarrow c_1(\tfrac{1}{1}\ \mathrm{Na_2S_2O_3})\ t_1\ V_1(\mathrm{L_1}) = \frac{m_2(\mathrm{Cr^{6+}})}{M_2(\frac{1}{3}\ \mathrm{Cr^{6+}})}$$

$$m_2(\mathrm{Cr^{6+}}) = c_1(\tfrac{1}{1}\ \mathrm{Na_2S_2O_3})\ t_1\ V_1(\mathrm{L_1})\ M_2(\tfrac{1}{3}\ \mathrm{Cr^{6+}})$$

$$= 0{,}1\ \mathrm{mol\ L^{-1}} \cdot 1{,}102 \cdot 19{,}2\ \mathrm{mL} \cdot 17{,}33\ \mathrm{g\ mol^{-1}}$$

$$\underline{m_2(\mathrm{Cr^{6+}}) = 36{,}7\ \mathrm{mg}}$$

Rechenbeispiel 7-44. 5,00 mL einer kupferhaltigen Lösung, $\rho = 1{,}107$ g/mL, werden zu 100,0 mL verdünnt. 25,0 mL dieser Verdünnung verbrauchen 8,00 mL Lösung, $\tilde{c}(\frac{1}{1}\ Na_2S_2O_3) = 0{,}1$ mol/L, $t = 1{,}083$. Wie groß sind a) die Stoffmengenkonzentration $c(CuSO_4)$, b) die Massenkonzentration $\beta(CuSO_4)$ und c) der Massenanteil $w_1(CuSO_4)$ dieser Lösung?

Gesucht: $c_2(CuSO_4)$
$\beta_2(CuSO_4)$
$w_2(Cu)$

Gegeben: $V_1(L_1) = 8{,}00$ mL
$\tilde{c}_1(\frac{1}{1}\ Na_2S_2O_3) = 0{,}1$ mol/L; $t_1 = 1{,}083$
$V_2(L_2) = 5{,}00$ mL; $\rho_2(L_2) = 1{,}079$ g/mL
$V_2(St) = 100{,}0$ mL; $V_{2,T}(St) = 25{,}0$ mL

a) Stoffmengenkonzentration $c_2(CuSO_4)$

$$n_1(\mathrm{eq})\ (\mathrm{X}) = n_2(\mathrm{eq})\ (\mathrm{Y}) \Longrightarrow$$

$$\tilde{c}_1(\tfrac{1}{1}\ \mathrm{Na_2S_2O_3})\ t_1\ V_1(\mathrm{L_1}) = \frac{c_2(\mathrm{CuSO_4})\ V_2(\mathrm{L_2})\ V_{2,\mathrm{T}}(\mathrm{St})}{V_2(\mathrm{St})}$$

$$c_2(\mathrm{CuSO_4}) = \frac{\tilde{c}_1(\mathrm{Na_2S_2O_3})\ t_1\ V_1(\mathrm{L_1})\ V_1(\mathrm{St})}{V_2(\mathrm{L_2})\ V_{2,\mathrm{T}}(\mathrm{St})}$$

$$= \frac{0{,}1\ \mathrm{mol\ L^{-1}} \cdot 1{,}083 \cdot 8{,}00\ \mathrm{mL} \cdot 100{,}0\ \mathrm{mL}}{5{,}00\ \mathrm{mL} \cdot 25{,}0\ \mathrm{mL}}$$

$$\underline{c_2(\mathrm{CuSO_4}) = 0{,}693\ \mathrm{mol/L}}$$

b) Massenkonzentration $\beta_2(CuSO_4)$

$$n_1(\mathrm{eq})\ (\mathrm{X}) = n_2(\mathrm{eq})\ (\mathrm{Y}) \Longrightarrow$$

$$\tilde{c}_1(\tfrac{1}{1}\ \mathrm{Na_2S_2O_3})\ t_1\ V_1(\mathrm{L_1}) = \frac{\beta_2(\mathrm{CuSO_4})\ V_2(\mathrm{L_2})\ V_{2,\mathrm{T}}(\mathrm{St})}{M_2(\mathrm{CuSO_4})\ V_2(\mathrm{St})}$$

$$\beta_2(CuSO_4) = \frac{\tilde{c}_1(Na_2S_2O_3)\ t_1\ V_1(L_1)\ M_2(CuSO_4)\ V_2(St)}{V_2(L_2)\ V_{2,T}(St)}$$

$$= \frac{0{,}1 \text{ mol L}^{-1} \cdot 1{,}083 \cdot 8{,}0 \text{ mL} \cdot 159{,}60 \text{ g mol}^{-1} \cdot 100{,}0 \text{ mL}}{5{,}00 \text{ mL} \cdot 25{,}0 \text{ mL}}$$

$\boldsymbol{\beta_2(CuSO_4) = 110{,}6\ g/L}$

Mit dem Ergebnis aus a) vereinfacht sich gemäß Abb. 3-5 auf S. 102 die Berechnung:

$$\beta_2(CuSO_4) = c_2(CuSO_4)\ M_2(CuSO_4) = 0{,}693 \text{ mol L}^{-1} \cdot 159{,}60 \text{ g mol}^{-1}$$

$\boldsymbol{\beta_2(H_2SO_4) = 110{,}6\ g/L}$

c) Berechnung des Massenanteils $w_2(Cu)$

$\boldsymbol{n_1(eq)\ (X) = n_2(eq)\ (Y) \Longrightarrow}$

$$\tilde{c}_1(\tfrac{1}{1}\ Na_2S_2O_3)\ t_1\ V_1(L_1) = \frac{w_2(Cu)\ V_2(L_2)\ \rho_2(L_2)\ V_{2,T}(St)}{M_2(Cu)\ V_2(St)}$$

$$w_2(Cu) = \frac{\tilde{c}_1(Na_2S_2O_3)\ t_1\ V_1(L_1)\ M_2(Cu)\ V_2(St)}{V_2(L_2)\ \rho_2(L_2)\ V_{2,T}(St)}$$

$$= \frac{0{,}1 \text{ mol L}^{-1} \cdot 1{,}083 \cdot 8{,}0 \text{ mL} \cdot 63{,}55 \text{ g mol}^{-1} \cdot 100{,}0 \text{ mL}}{25{,}0 \text{ mL} \cdot 1{,}079 \text{ g mL}^{-1} \cdot 5{,}00 \text{ mL}}$$

$\boldsymbol{w_2(Cu) = 0{,}0408 = 4{,}08\%}$

Mit dem Ergebnis aus a) vereinfacht sich gemäß Abb. 3-5 auf S. 102 die Berechnung:

$$w_2(Cu) = \frac{c_2(FeSO_4)\ M_2(Cu)}{\rho_2(L_2)} = \frac{0{,}693 \text{ mol L}^{-1} \cdot 63{,}55 \text{ g mol}^{-1}}{1{,}079 \text{ g mL}^{-1}}$$

$\boldsymbol{w_2(Cu) = 0{,}0408 = 4{,}08\%}$

Übungsaufgaben:

7-54. Wieviel Milliliter Maßlösung, $c(\frac{1}{2} I_2) = 0{,}1$ mol/L, bzw. $c(\frac{1}{1} Na_2S_2O_3)$ sind zur Titration folgender Stoffportionen nötig?

a) 10,0 mmol Brom, Br_2
b) 550,0 mg Kaliumdichromat, $K_2Cr_2O_7$
c) 0,655 g Gemisch, $w(PbO_2) = 25{,}90\%$
d) 20,0 mL Lösung, $\beta(CuCl_2) = 86{,}1$ g/L

7-55. 25,0 mL einer Lösung von Schwefeldioxid, SO_2, in Wasser werden auf 250,0 mL verdünnt. 20,0 mL der Verdünnung verbrauchen 10,8 mL Iod-Lösung, $c(\frac{1}{2} I_2) = 0{,}1$ mol/L. Wie groß sind a) die Stoffmenge $n(SO_2)$, b) die Masse $m(SO_2)$ und c) die Massenkonzentration $\beta(SO_2)$ in der Ausgangslösung?

7-56. 0,1865 g einer Probe verbrauchen nach dem Lösen 27,5 mL, $\tilde{c}(\frac{1}{2} I_2) = 0{,}1$ mol/L, $t = 0{,}989$. Wie groß ist der Massenanteil $w(As)$ der Probe?

7.4.2.2.3 Cerimetrische Bestimmungen

Cerimetrischen Bestimmungen liegt das Redoxgleichgewicht

$$\mathbf{Ce^{4+} + e \rightleftharpoons Ce^{3+} \qquad z^* = 1}$$

mit dem relativ hohen Redoxpotential $E^0 = 1{,}28$ V zugrunde.

Die mit Cer(IV)-sulfat angesetzten Maßlösungen wirken als entsprechend starkes Oxidationsmittel. Sie können auch – im Gegensatz zu Permanganatlösungen – zur Bestimmung von Reduktionsmitteln in stark salzsaurer Lösung verwendet werden und sind über lange Zeit titerbeständig. Sie lassen sich maßanalytisch vielseitig verwenden; so sind fast alle permanganometrische Titrationen (vgl. Tab. 7-3) auch cerimetrisch durchführbar.

Die Titerstellung kann gegen Kaliumiodid erfolgen. Dabei werden in schwefelsaurer, acetonhaltiger Lösung Iodid-Ionen zu Iod oxidiert:

$$\mathbf{I^- + CH_3COCH_3 + 2\,Ce^{4+} \rightleftharpoons CH_3COCH_2I + 2\,Ce^{3+} + H^+}$$

7.4.2.2.3.1 Titerbestimmung

Rechenbeispiel 7-45. 155,2 mg getrocknetes Kaliumiodid werden in 60 mL destilliertem Wasser gelöst, mit 10 mL Schwefelsäure, $w(H_2SO_4) = 98\%$, versetzt und nach Zugabe von 25 mL Aceton gegen Ferroin-Lösung titriert. Dabei werden 22,6 mL Cer(IV)-sulfat-Lösung, $\tilde{c}[\frac{1}{1} Ce(SO_4)_2] = 0{,}1$ mol/L verbraucht. Welchen Titer hat die Maßlösung?

Gesucht: t_1 **Gegeben:** $V_1(L_1) = 22{,}6$ mL; $\tilde{c}_1[\frac{1}{1} Ce(SO_4)_2] = 0{,}1$ mol/L
$m_2(KI) = 155{,}2$ mg

$$\mathbf{n_1(eq)\ (X) = n_2(eq)\ (Y) \Longrightarrow \tilde{c}_1[\tfrac{1}{1}\ Ce(SO_4)_2]\ t_1\ V_1(L_1) = \frac{m_2(KI)}{M_2(\tfrac{1}{2}\ KI)}}$$

$$t_1 = \frac{m_2(\mathrm{KI})}{M_2(\frac{1}{2}\ \mathrm{KI})\ \tilde{c}_1[\frac{1}{1}\ \mathrm{Ce(SO_4)_2}]\ V_1(\mathrm{L_1})}$$

$$= \frac{155{,}2\ \mathrm{mg}}{83{,}00\ \mathrm{g\ mol^{-1}} \cdot 0{,}1\ \mathrm{mol\ L^{-1}} \cdot 22{,}6\ \mathrm{mL}}$$

$\underline{t_1 = \mathbf{0{,}827}}$

Rechenbeispiel 7-46. 25,0 mL Cer(IV)-sulfat-Lösung, $\tilde{c}[\frac{1}{1}\ Ce(SO_4)_2] = 0{,}1$ mol/L, verbrauchen 24,6 mL Oxalsäure-Lösung, $\tilde{c}[\frac{1}{2}\ (COOH)_2] = 0{,}1$ mol/L, $t = 1{,}045$. Welchen Titer hat die Cer(IV)-sulfat-Lösung?

Gesucht: t_1

Gegeben: $V_1(L_1) = 25{,}0$ mL; $\tilde{c}_1[\frac{1}{1}\ Ce(SO_4)_2] = 0{,}1$ mol/L
$V_2(L_2) = 24{,}6$ mL; $\tilde{c}_2[\frac{1}{2}\ (COOH)_2] = 0{,}1$ mol/L
$t_2 = 1{,}045$

$$\mathbf{n_1(eq)\ (X) = n_2(eq)\ (Y) \Longrightarrow \tilde{c}_1[\tfrac{1}{1}\ Ce(SO_4)_2]\ t_1\ V_1(L_1) = \tilde{c}_2[\tfrac{1}{2}\ (COOH)_2]\ t_2\ V_2(L_2)}$$

$$t_1 = \frac{\tilde{c}_2[\frac{1}{2}\ \mathrm{(COOH)_2}]\ t_2\ V_2(\mathrm{L_2})}{\tilde{c}_1[\frac{1}{1}\ \mathrm{Ce(SO_4)_2}]\ V_1(\mathrm{L_1})} = \frac{0{,}1\ \mathrm{mol\ L^{-1}} \cdot 1{,}045 \cdot 24{,}6\ \mathrm{mL}}{0{,}1\ \mathrm{mol\ L^{-1}} \cdot 24{,}6\ \mathrm{mL}}$$

$\underline{t_1 = \mathbf{1{,}028}}$

Übungsaufgaben:

7-57. 25,0 mL Cer(IV)-sulfat-Lösung, $\tilde{c}[\frac{1}{1}\ Ce(SO_4)_2] = 0{,}1$ mol/L, verbrauchen 25,35 mL Oxalsäure-Lösung, $c[\frac{1}{2}\ (COOH)_2] = 0{,}1$ mol/L. Welchen Titer hat die Cer(IV)-sulfat-Lösung?

7-58. 222,8 mg getrocknetes Kaliumiodid verbrauchen bei der Titration in schwefelsaurer, acetonhaltiger Lösung 27,0 mL Cer(IV)-sulfat-Lösung, $\tilde{c}[\frac{1}{1}\ Ce(SO_4)_2] = 0{,}1$ mol/L. Welchen Titer hat die Cer(IV)-sulfat-Lösung?

7.4.2.2.3.2 Bestimmung von Quantitäten und Gehalten

Rechenbeispiel 7-47. 5,00 mL einer Lösung werden in Wasser gelöst und auf 100,0 mL verdünnt. 20,0 mL davon verbrauchen bei der Titration 17,9 mL Cer(IV)-sulfat-Lösung,

$\tilde{c}[\frac{1}{1}\,Ce(SO_4)_2] = 0{,}1$ mol/L, $t = 0{,}978$. a) Wieviel Milligramm Wasserstoffperoxid enthielt die Lösung? Wie groß sind ihre b) Stoffmengenkonzentration $c(H_2O_2)$ und c) Massenkonzentration $\beta(H_2O_2)$?

Gesucht: $m_2(H_2O_2)$, $c_2(H_2O_2)$, $\beta_2(H_2O_2)$

Gegeben: $V_1(L_1) = 17{,}9$ mL
$\tilde{c}_1[\frac{1}{1}\,Ce(SO_4)_2] = 0{,}1$ mol/L; $t_1 = 0{,}978$
$V_2(L_2) = 5{,}00$ mL; $V_2(St) = 100{,}0$ mL
$V_{2,T}(St) = 20{,}0$ mL

a) Masse $m_2(H_2O_2)$

$$n_1(eq)\,(X) = n_2(eq)\,(Y) \Longrightarrow \tilde{c}_1[\tfrac{1}{1}\,Ce(SO_4)_2]\;t_1\;V_1(L_1) = \frac{m_2(H_2O_2)\;V_{2,T}(St)}{M_2(\frac{1}{2}\,H_2O_2)\;V_2(St)}$$

$$m_2(H_2O_2) = \frac{\tilde{c}_1[\frac{1}{1}\,Ce(SO_4)_2]\;t_1\;V_1(L_1)\;M_2(\frac{1}{2}\,H_2O_2)\;V_2(St)}{V_{2,T}(St)}$$

$$= \frac{0{,}1\text{ mol L}^{-1}\cdot 0{,}978\cdot 17{,}9\text{ mL}\cdot 17{,}01\text{ g mol}^{-1}\cdot 100{,}0\text{ mL}}{20{,}0\text{ mL}}$$

$\underline{\boldsymbol{m_2(H_2O_2) = 148{,}9\text{ mg}}}$

b) Stoffmengenkonzentration $c_2(H_2O_2)$

$$n_1(eq)\,(X) = n_2(eq)\,(Y) \Longrightarrow$$

$$\tilde{c}_1[\tfrac{1}{1}\,Ce(SO_4)_2]\;t_1\;V_1(L_1) = \frac{c_2(\frac{1}{2}\,H_2O_2)\;V_2(L_2)\;V_{2,T}(St)}{V_2(St)}$$

$$c_2(H_2O_2) = \frac{c_2(\frac{1}{2}\,H_2O_2)}{2} = \frac{\tilde{c}_1[\frac{1}{1}\,Ce(SO_4)_2]\;t_1\;V_1(L_1)\;V_2(St)}{2\;V_2(L_2)\;V_{2,T}(St)}$$

$$= \frac{0{,}1\text{ mol L}^{-1}\cdot 0{,}978\cdot 17{,}9\text{ mL}\cdot 100{,}0\text{ mL}}{2\cdot 5{,}00\text{ mL}\cdot 20{,}0\text{ mL}}$$

$\underline{\boldsymbol{c_2(H_2O_2) = 0{,}875\text{ mol/L}}}$

c) Massenkonzentration $\beta_2(H_2O_2)$

$n_1(\text{eq})(X) = n_2(\text{eq})(Y) \Longrightarrow$

$$\tilde{c}_1[\tfrac{1}{1}\,Ce(SO_4)_2]\;t_1\;V_1(L_1) = \frac{\beta_2(\frac{1}{2}\,H_2O_2)\;V_2(L_2)\;V_{2,T}(St)}{M_2(\frac{1}{1}\,H_2O_2)\;V_2(St)}$$

$$\beta_2(H_2O_2) = \beta_2(\tfrac{1}{2}\,(H_2O_2) = \frac{\tilde{c}_1\,[\frac{1}{1}\,Ce(SO_4)_2]\;t_1\;V_1(L_1)\;M_2(\frac{1}{2}\,H_2O_2)\;V_2(St)}{V_2(L_2)\;V_{2,T}(St)}$$

$$= \frac{0{,}1\text{ mol L}^{-1}\cdot 0{,}978\cdot 17{,}9\text{ mL}\cdot 17{,}01\text{ g mol}^{-1}\cdot 100{,}0\text{ mL}}{5{,}00\text{ mL}\cdot 20{,}0\text{ mL}}$$

$\underline{\beta_2(H_2O_2) = 29{,}78\text{ g/L}}$

Übungsaufgaben:

7-59. 20,0 mL einer Lösung, $\rho = 1{,}122$ g/mL, werden auf 250 mL verdünnt. 25,0 mL dieser Verdünnung verbrauchen bei der Titration 17,7 mL Cer(IV)-sulfat-Lösung, $c_1\,[\frac{1}{1}\,Ce(SO_4)_2] = 0{,}1$ mol/L. Wie groß sind a) die Masse $m(FeSO_4)$, b) die Massenkonzentration $\beta(Fe^{2+})$, c) die Stoffmengenkonzentration $c(FeSO_4)$ und d) der Massenanteil w(Fe) in dieser Lösung?

7-60. Nitrit-Ionen werden in salpetersaurer Lösung von Ce^{4+}-Ionen gemäß

$$NO_2^- + 2\,Ce^{4+} + H_2O \rightleftharpoons NO_3^- + 2\,Ce^{3+} + 2\,H^+$$

zu Nitrat-Ionen oxidiert. Wie groß ist der Massenanteil $w(NaNO_2)$ in einer Probe, wenn 0,1086 g davon 26,1 mL Cer(IV)-sulfat-Lösung, $\tilde{c}_1\,[\frac{1}{1}\,Ce(SO_4)_2] = 0{,}1$ mol/L, $t = 1{,}006$, verbrauchen?

7.4.2.2.4 Bromatometrische Bestimmungen

Kaliumbromat ist ein starkes Oxidationsmittel. Es wird zur Herstellung von Maßlösungen für bromatometrische Bestimmungen verwendet. Dabei werden die Bromat-Ionen in saurem Medium von Reduktionsmitteln zu Bromid-Ionen reduziert:

$$BrO_3^- + 6\,H^+ + 6\,e \longrightarrow Br^- + 3\,H_2O \qquad z^* = 6$$

Ein Überschuß der $KBrO_3$-Lösung reagiert mit den entstandenen Br^--Ionen zu elementarem Brom, das den Indikator, z. B. Methylrot oder Methylorange, entfärbt:

$$BrO_3^- + 5\,Br^- + 6\,H^+ \longrightarrow 3\,Br_2 + 3\,H_2O$$

7.4.2.2.4.1 Bestimmung von Quantitäten und Gehalten

Rechenbeispiel 7-48. Eine salzsaure Probe verbraucht bei der Titration mit Kaliumbromat-Lösung, $c(\frac{1}{6}\,KBrO_3) = 0{,}1$ mol/L, 18,4 mL der Maßlösung. Wie groß ist die Masse $m(Sb^{3+})$ in dieser Probe? Antimon(III)-Ionen werden von Bromat-Ionen gemäß

$$\mathbf{3\,Sb^{3+} + BrO_3^- + 6\,H^+ \longrightarrow 3\,Sb^{5+} + Br^- + 3\,H_2O}$$

zu Antimon(IV)-Ionen oxidiert.

Gesucht: $m_2(Sb^{3+})$

Gegeben: $V_1(L_1) = 18{,}4$ mL
$c_1(\frac{1}{6}\,KBrO_3) = 0{,}1$ mol/L

$$n_1(\mathrm{eq})\,(X) = n_2(\mathrm{eq})\,(Y) \Longrightarrow c_1(\tfrac{1}{6}\,KBrO_3)\,V_1(L_1) = \frac{m_2(Sb^{3+})}{M_2(\frac{1}{2}\,Sb^{3+})}$$

$$m_2(Sb^{3+}) = c_1(\tfrac{1}{6}\,KBrO_3)\,V_1(L_1)\,M_2(\tfrac{1}{2}\,Sb^{3+})$$

$$= 0{,}1\ \mathrm{mol\,L^{-1}} \cdot 18{,}4\ \mathrm{mL} \cdot 60{,}88\ \mathrm{g\,mol^{-1}}$$

$$\underline{\mathbf{m_2(Sb^{3+}) = 112{,}0\ mg}}$$

Rechenbeispiel 7-49. 20,0 mL einer arsenhaltigen Lösung, $\rho = 1{,}0228$ g/mL, werden auf 100,0 mL verdünnt. 10,0 mL davon verbrauchen 12,5 mL Kaliumbromat-Lösung, $\tilde{c}(\frac{1}{6}\,KBrO_3) = 0{,}1$ mol/L, $t = 0{,}991$. Wie groß sind a) die Stoffmengenkonzentration $c(As^{3+})$, b) die Massenkonzentration $\beta(AsCl_3)$ und d) der Massenanteil $w(As)$ der Ausgangslösung? Arsen(III)-Ionen werden von Bromat-Ionen gemäß

$$\mathbf{3\,As^{3+} + BrO_3^- + 6\,H^+ \longrightarrow 3\,As^{5+} + Br^- + 3\,H_2O}$$

zu Arsen(IV)-Ionen oxidiert.

Gesucht: $c_2(As^{3+})$
$\beta_2(AsCl_3)$
$w_2(As)$

Gegeben: $V_1(L_1) = 12{,}5$ mL
$\tilde{c}_1(\frac{1}{6}\,KBrO_3) = 0{,}1$ mol/L; $t_1 = 0{,}991$
$V_2(L_2) = 20{,}0$ mL; $\rho_2(L_2) = 1{,}0228$ g/mL
$V_2(St) = 100{,}0$ mL; $V_{2,T}(St) = 10{,}0$ mL

a) Stoffmengenkonzentration $c_2(As^{3+})$

$$n_1(\mathrm{eq})\,(X) = n_2(\mathrm{eq})\,(Y) \Longrightarrow$$

$$\tilde{c}_1(\tfrac{1}{6}\,KBrO_3)\,t_1\,V_1(L_1) = \frac{c_2(\frac{1}{2}\,As^{3+})\,V_2(L_2)\,V_{2,T}(St)}{V_2(St)}$$

$$c_2(As^{3+}) = \frac{c_2(\frac{1}{2}\,As^{3+})}{2} = \frac{\tilde{c}_1(\frac{1}{6}\,KBrO_3)\;t_1\;V_1(L_1)\;V_2(St)}{2\;V_2(L_2)\;V_{2,T}(St)}$$

$$= \frac{0{,}1\text{ mol L}^{-1}\cdot 0{,}991\cdot 12{,}5\text{ mL}\cdot 100{,}0\text{ mL}}{2\cdot 20{,}0\text{ mL}\cdot 10{,}0\text{ mL}}$$

$$\underline{c_2(As^{3+}) = \mathbf{0{,}310\ mol/L}}$$

b) Massenkonzentration $\beta_2(AsCl_3)$

$$n_1(eq)\,(X) = n_2(eq)\,(Y) \Longrightarrow$$

$$\tilde{c}_1(\tfrac{1}{6}\,KBrO_3)\;t_1\;V_1(L_1) = \frac{\beta_2(\frac{1}{2}\,AsCl_3)\;V_2(L_2)\;V_{2,T}(St)}{M_2(\frac{1}{2}\,AsCl_3)\;V_2(St)}$$

$$\beta_2(AsCl_3) = \frac{\tilde{c}_1(\frac{1}{6}\,KBrO_3)\;t_1\;V_1(L_1)\;M_2(\frac{1}{2}\,AsCl_3)\;V_2(St)}{V_2(L_2)\;V_{2,T}(St)}$$

$$= \frac{0{,}1\text{ mol L}^{-1}\cdot 0{,}991\cdot 12{,}5\text{ mL}\cdot 90{,}64\text{ g mol}^{-1}\cdot 100{,}0\text{ mL}}{20{,}0\text{ mL}\cdot 10{,}0\text{ mL}}$$

$$\underline{\beta_2(AsCl_3) = \mathbf{56{,}1\ g/L}}$$

c) Massenanteil $w_2(As)$

$$n_1(eq)\,(X) = n_2(eq)\,(Y) \Longrightarrow$$

$$\tilde{c}_1(\tfrac{1}{6}\,KBrO_3)\;t_1\;V_1(L_1) = \frac{w_2(As)\;\rho_2(L_2)\;V_2(L_2)\;V_{2,T}(St)}{M_2(\frac{1}{2}\,As)\;V_2(St)}$$

$$w_2(As) = \frac{\tilde{c}_1(\frac{1}{6}\,KBrO_3)\;t_1\;V_1(L_1)\;M_2(\frac{1}{2}\,As)\;V_2(St)}{\rho_2(L_2)\;V_2(L_2)\;V_{2,T}(St)}$$

$$= \frac{0{,}1\text{ mol L}^{-1}\cdot 0{,}991\cdot 12{,}5\text{ mL}\cdot 37{,}46\text{ g mol}^{-1}\cdot 100{,}0\text{ mL}}{1{,}0228\text{ g mL}^{-1}\cdot 20{,}0\text{ mL}\cdot 10{,}0\text{ mL}}$$

$$\underline{w_2(As) = \mathbf{0{,}0227 = 2{,}27\%}}$$

Übungsaufgaben:

7-61. 1,215 g einer Lösung verbrauchen 20,9 mL Kaliumbromat-Lösung, $\tilde{c}(\frac{1}{6}\,KBrO_3)$ = 0,1 mol/L, t = 1,019. Wie groß sind a) die Stoffmenge $n(SbCl_3)$ und b) die Masse $m(Sb^{3+})$ in der Lösung? c) Wie groß ist der Massenanteil $w(SbCl_3)$ der Lösung?

7-62. Wie groß ist die Massenkonzentration $\beta(As_2O_3)$ einer Lösung, von der 10,0 mL 42,4 mL Kaliumbromat-Lösung, $c(\frac{1}{6}\,KBrO_3)$ = 0,1 mol/L, verbrauchen?

7.4.2.2.5 Chromatometrische Bestimmungen

Kaliumdichromat ist ein starkes Oxidationsmittel. Als Urtitersubstanz wird es zur Herstellung von Maßlösungen für chromatometrischen Bestimmungen verwendet. Dabei werden Dichromat-Ionen in saurem Medium von Reduktionsmitteln zu Chrom(III)-Ionen reduziert:

$$\mathbf{Cr_2O_7{}^- + 14\,H^+ + 6\,e \longrightarrow 2\,Cr^{3+} + 7\,H_2O \qquad z^* = 6}$$

7.4.2.2.5.1 Bestimmung von Quantitäten und Gehalten

Rechenbeispiel 7-50. 25,0 mL einer Probe verbrauchen bei der Titration in salzsaurer Lösung 30,2 mL Kaliumdichromat-Lösung, $c(\frac{1}{6}\,K_2Cr_2O_7)$ = 0,1 mol/L. Wie groß sind a) die Masse $m(FeSO_4)$ und b) die Massenkonzentration $\beta(Fe^{2+})$ der Probe?

Gesucht: $m_2(FeSO_4)$
$\beta(Fe^{2+})$

Gegeben: $V_1(L_1)$ = 30,2 mL;
$c_1(\frac{1}{6}\,K_2Cr_2O_7)$ = 0,1 mol/L
$V_2(L_2)$ = 25,0 mL

a) Masse $m_2(FeSO_4)$

$$\mathbf{n_1(eq)\,(X) = n_2(eq)\,(Y) \Longrightarrow c_1(\tfrac{1}{6}\,K_2Cr_2O_7)\;V_1(L_1) = \frac{m_2(FeSO_4)}{M_2(FeSO_4)}}$$

$$m_2(FeSO_4) = c_1(\tfrac{1}{6}\,K_2Cr_2O_7)\;V_1(L_1)\;M_2(FeSO_4)$$

$$= 0{,}1\ \text{mol}\ L^{-1} \cdot 30{,}2\ \text{mL} \cdot 151{,}91\ \text{g mol}^{-1}$$

$$\underline{\mathbf{m_2(FeSO_4) = 458{,}8\ mg}}$$

b) Massenkonzentration $\beta_2(Fe^{2+})$

$$n_1(\text{eq})(X) = n_2(\text{eq})(Y) \Longrightarrow c_1(\tfrac{1}{6}\,K_2Cr_2O_7)\,V_1(L_1) = \frac{\beta_2(Fe^{2+})\,V_2(L_2)}{M_2(Fe^{2+})}$$

$$\beta_2(Fe^{2+}) = \frac{c_1(\tfrac{1}{6}\,K_2Cr_2O_7)\,V_1(L_1)\,M_2(Fe^{2+})}{V_2(L_2)}$$

$$= \frac{0{,}1\ \text{mol L}^{-1} \cdot 30{,}2\ \text{mL} \cdot 55{,}85\ \text{g mol}^{-1}}{25{,}0\ \text{mL}}$$

$$\underline{\beta_2(Fe^{2+}) = 6{,}75\ \text{g/L}}$$

Übungsaufgaben:

7-63. 5,00 mL einer zinnhaltigen Lösung, $\rho = 1{,}147$ g/mL, werden auf 100,0 mL verdünnt. 20 mL der Verdünnung verbrauchen 13,7 mL Kaliumdichromat, $c(\tfrac{1}{6}\,K_2Cr_2O_7) = 0{,}1$ mol/L. Wie groß sind a) die Masse $m(Sn^{2+})$, b) die Stoffmengenkonzentration $c(SnCl_2)$ und c) der Massenanteil $w(Sn)$ in der Lösung?

7.4.2.3 Argentometrische Bestimmungen

Die argentometrischen Bestimmungen gehören zu den *Fällungstitrationen*. So bezeichnet man maßanalytische Methoden, denen ein Fällungsvorgang zugrunde liegt. Der Endpunkt einer solchen Titration ist erreicht, wenn die gesamten reaktionsfähigen Bestandteile der zu bestimmenden Substanz mit der Maßlösung zu einem schwerlöslichen Niederschlag von bekannter und einheitlicher Zusammensetzung reagiert haben.

Die wichtigsten Bestimmungen beruhen auf der Schwerlöslichkeit der Silberhalogenide und des Silberthiocyanats. Sie werden mit Maßlösungen von Silbernitrat, Natriumchlorid und Ammonium- oder Kaliumthiocyanat durchgeführt:

$$\mathbf{Ag^+ + Cl^- \longrightarrow AgCl \qquad z^* = 1}$$

$$\mathbf{Ag^+ + (SCN)^- \longrightarrow Ag(SCN) \qquad z^* = 1}$$

7.4.2.3.1 Titerbestimmung

Rechenbeispiel 7-51. 25,0 mL einer Silbernitrat-Lösung, $\tilde{c}(\tfrac{1}{1}\,AgNO_3) = 0{,}1$ mol/L, $t = 0{,}992$, werden mit 23,9 mL Ammoniumthiocyanat-Lösung, $\tilde{c}[\tfrac{1}{1}\,NH_4(SCN)] = 0{,}1$ mol/L, titriert. Welchen Titer hat die Thiocyanat-Lösung?

Gesucht: t_2

Gegeben: $V_1(L_1) = 25{,}0$ mL; $\tilde{c}_1(\tfrac{1}{1}\,AgNO_3) = 0{,}1$ mol/L
$t_1 = 0{,}992$
$V_2(L_2) = 23{,}9$ mL; $\tilde{c}_2[\tfrac{1}{1}\,NH_4(SCN)] = 0{,}1$ mol/L

$$\boldsymbol{n_1(\text{eq})\,(\text{X}) = n_2(\text{eq})\,(\text{Y}) \Longrightarrow}$$

$$\boldsymbol{\tilde{c}_1(\tfrac{1}{1}\,\text{AgNO}_3)\; t_1\; V_1(\text{L}_1) = \tilde{c}_2[\tfrac{1}{1}\,\text{NH}_4(\text{SCN})]\; t_2\; V_2(\text{L}_2)}$$

$$t_2 = \frac{\tilde{c}_1(\tfrac{1}{1}\,\text{AgNO}_3)\; t_1\; V_1(\text{L}_1)}{\tilde{c}_2[\tfrac{1}{1}\,\text{NH}_4(\text{SCN})]\; V_2(\text{L}_2)} = \frac{0{,}1\ \text{mol L}^{-1} \cdot 0{,}992 \cdot 25{,}0\ \text{mL}}{0{,}1\ \text{mol L}^{-1} \cdot 23{,}9\ \text{mL}}$$

$$\underline{\boldsymbol{t_2 = 1{,}038}}$$

Rechenbeispiel 7-52. 0,6234 g Natriumchlorid werden in Wasser gelöst und zu 100,0 mL aufgefüllt. Mit jeweils 25,0 mL dieser Verdünnung wird eine Titration vorgenommen. Dabei ergibt sich ein Durchschnittsverbrauch von 24,7 mL Silbernitrat-Lösung, $\tilde{c}(\frac{1}{1}\,\text{AgNO}_3) = 0{,}1$ mol/L. Welchen Titer hat diese Maßlösung?

Gesucht: t_1

Gegeben: $V_1(\text{L}_1) = 24{,}7$ mL; $\tilde{c}_1(\frac{1}{1}\,\text{AgNO}_3) = 0{,}1$ mol/L
$m_2(\text{NaCl}) = 0{,}6234$ g
$V_2(\text{St}) = 100{,}0$ mL; $V_{2,\text{T}}(\text{St}) = 25{,}0$ mL

$$\boldsymbol{n_1(\text{eq})\,(\text{X}) = n_2(\text{eq})\,(\text{Y}) \Longrightarrow \tilde{c}_1(\tfrac{1}{1}\,\text{AgNO}_3)\; t_1\; V_1(\text{L}_1) = \frac{m_2(\text{NaCl})\; V_{2,\text{T}}(\text{St})}{M_2(\text{NaCl})\; V_2(\text{St})}}$$

$$t_1 = \frac{m_2(\text{NaCl})\; V_{2,\text{T}}(\text{St})}{\tilde{c}_1(\tfrac{1}{1}\,\text{AgNO}_3)\; V_1(\text{L}_1)\; M_2(\text{NaCl})\; V_2(\text{St})}$$

$$= \frac{0{,}6234\ \text{g} \cdot 25{,}0\ \text{mL}}{0{,}1\ \text{mol L}^{-1} \cdot 24{,}7\ \text{mL} \cdot 58{,}44\ \text{g mol}^{-1} \cdot 100{,}0\ \text{mL}}$$

$$\underline{\boldsymbol{t_1 = 1{,}080}}$$

Übungsaufgaben:

7-64. 25,0 mL einer Silbernitrat-Lösung, $c(\frac{1}{1}\,\text{AgNO}_3) = 0{,}1$ mol/L, verbrauchen bei der Titration 25,8 mL Kaliumthiocyanat-Lösung, $\tilde{c}[\frac{1}{1}\,\text{K(SCN)}] = 0{,}1$ mol/L. Welchen Titer besitzt die Kaliumthiocyanat-Lösung?

7-65. 0,6234 g Natriumchlorid werden in Wasser gelöst und zu 100,0 mL aufgefüllt. 20,0 mL dieser Verdünnung benötigen zur Titration 20,4 mL Silbernitrat-Lösung, $\tilde{c}(\frac{1}{1}\,\text{AgNO}_3) = 0{,}1$ mol/L. Wie ist der Titer dieser Maßlösung?

7.4.2.3.2 Bestimmung von Quantitäten

Rechenbeispiel 7-52. Wieviel Milliliter Maßlösung, $\tilde{c}(\frac{1}{1}\,AgNO_3) = 0{,}1$ mol/L, $t = 1{,}003$, sind zur Fällung folgender Stoffportionen notwendig?

a) 2,65 mmol Chlorid-Ionen, Cl^-
b) 185 mg Natriumbromid, NaBr
c) 39,5 mL Hydrogenchloridgas von 18 °C und 1008 mbar (in Wasser gelöst)
d) 1,874 g Natriumchlorid-Lösung, $w(NaCl) = 9{,}75\%$
e) 10,0 mL Kaliumiodid-Lösung, $\beta(KI) = 20{,}0$ g/L
f) 20,0 mL Ammoniumthiocyanat-Lösung, $\tilde{c}[\frac{1}{1}\,NH_4(SCN)] = 0{,}1$ mol/L, $t = 1{,}042$

Gesucht: $V_1(L_1)$

Gegeben: $\tilde{c}_1(\frac{1}{1}\,AgNO_3) = 0{,}1$ mol/L; $t_1 = 1{,}003$
$n_2(Cl^-) = 2{,}65$ mmol
$m_3(NaBr) = 185$ mg
$V_4(HCl) = 39{,}5$ mL
$t = 18\,°C$; $p = 1008$ mbar
$m_5(L_5) = 1{,}874$ g; $w_5(NaCl) = 9{,}75\%$
$V_6(L_6) = 10{,}0$ mL; $\beta_6(KI) = 20{,}0$ g/L
$V_7(L_7) = 20{,}0$ mL Ammoniumthiosulfat-Lösung
$\tilde{c}_7[\frac{1}{1}\,NH_4(SCN)] = 0{,}1$ mol/L; $t_7 = 1{,}042$

a) $\boldsymbol{n_1(eq)\,(X) = n_2(eq)\,(Y) \Longrightarrow \tilde{c}_1(\frac{1}{1}\,AgNO_3)\,t_1\,V_1(L_1) = n_2(Cl^-)}$

$$V_1(L_1) = \frac{n_2(Cl^-)}{c_1(\frac{1}{1}\,AgNO_3)\,t_1} = \frac{2{,}65\ \text{mmol}}{0{,}1\ \text{mol L}^{-1} \cdot 1{,}003}$$

$\underline{\boldsymbol{V_1(L_1) = 26{,}42\ \text{mL}}}$

b) $\boldsymbol{n_1(eq)\,(X) = n_3(eq)\,(Y) \Longrightarrow \tilde{c}_1(\frac{1}{1}\,AgNO_3)\,t_1\,V_1(L_1) = \frac{m_3(NaBr)}{M_3(NaBr)}}$

$$V_1(L_1) = \frac{m_3(NaBr)}{\tilde{c}_1(\frac{1}{1}\,AgNO_3)\,t_1\,M_3(NaBr)} = \frac{185\ \text{mg}}{0{,}1\ \text{mol L}^{-1} \cdot 1{,}003 \cdot 102{,}89\ \text{g mol}^{-1}}$$

$\underline{\boldsymbol{V_1(L_1) = 17{,}93\ \text{mL}}}$

c) $\boldsymbol{n_1(eq)\,(X) = n_4(eq)\,(Y) \Longrightarrow \tilde{c}_1(\frac{1}{1}\,AgNO_3)\,t_1\,V_1(L_1) = \frac{V_4(HCl)\,p}{R\,T}}$

$$V_1(\mathrm{L}_1) = \frac{V_4(\mathrm{HCl})\, p}{\tilde{c}_1(\frac{1}{1}\,\mathrm{AgNO_3})\; t_1\; R\; T}$$

$$= \frac{39{,}5\ \mathrm{mL} \cdot 1008\ \mathrm{mbar}}{0{,}1\ \mathrm{mol\ L^{-1}} \cdot 1{,}003 \cdot 83{,}1\ \mathrm{mbar\ L\ mol^{-1}\ K^{-1}} \cdot 291\ \mathrm{K}}$$

$$\underline{\boldsymbol{V_1(\mathrm{L}_1) = 16{,}42\ \mathrm{mL}}}$$

d) $\boldsymbol{n_1(\mathrm{eq})\,(\mathrm{X}) = n_5(\mathrm{eq})\,(\mathrm{Y}) \Longrightarrow \tilde{c}_1(\frac{1}{1}\,\mathrm{AgNO_3})\; t_1\; V_1(\mathrm{L}_1) = \frac{m_5(\mathrm{L}_5)\; w_5(\mathrm{NaCl})}{M_5(\mathrm{NaCl})}}$

$$V_1(\mathrm{L}_1) = \frac{m_5(\mathrm{L}_5)\; w_5(\mathrm{NaCl})}{c_1(\frac{1}{1}\,\mathrm{AgNO_3})\; t_1\; M_5(\mathrm{NaCl})} = \frac{1{,}874\ \mathrm{g} \cdot 0{,}0975}{0{,}1\ \mathrm{mol\ L^{-1}} \cdot 1{,}003 \cdot 58{,}44\ \mathrm{g\ mol^{-1}}}$$

$$\underline{\boldsymbol{V_1(\mathrm{L}_1) = 31{,}17\ \mathrm{mL}}}$$

e) $\boldsymbol{n_1(\mathrm{eq})\,(\mathrm{X}) = n_6(\mathrm{eq})\,(\mathrm{Y}) \Longrightarrow \tilde{c}_1(\frac{1}{1}\,\mathrm{AgNO_3})\; t_1\; V_1(\mathrm{L}_1) = \frac{V_6(\mathrm{L}_6)\; \beta_6(\mathrm{KI})}{M_6(\mathrm{KI})}}$

$$V_1(\mathrm{L}_1) = \frac{V_6(\mathrm{L}_6)\; \beta_5(\mathrm{KI})}{\tilde{c}_1(\frac{1}{1}\,\mathrm{AgNO_3})\; t_1\; M_6(\mathrm{KI})} = \frac{10{,}0\ \mathrm{mL} \cdot 20{,}0\ \mathrm{g\ L^{-1}}}{0{,}1\ \mathrm{mol\ L^{-1}} \cdot 1{,}003 \cdot 166{,}00\ \mathrm{g\ mol^{-1}}}$$

$$\underline{\boldsymbol{V_1(\mathrm{L}_1) = 12{,}01\ \mathrm{mL}}}$$

f) $\boldsymbol{n_1(\mathrm{eq})\,(\mathrm{X}) = n_6(\mathrm{eq})\,(\mathrm{Y}) \Longrightarrow}$

$$\boldsymbol{\tilde{c}_1(\tfrac{1}{1}\,\mathrm{AgNO_3})\; t_1\; V_1(\mathrm{L}_1) = \tilde{c}_7[\tfrac{1}{1}\,\mathrm{NH_4(SCN)}]\; t_7\; V_7(\mathrm{L}_7)}$$

$$V_1(\mathrm{L}_1) = \frac{\tilde{c}_7[\frac{1}{1}\,\mathrm{NH_4(SCN)}]\; t_7\; V_7(\mathrm{L}_7)}{c_1(\frac{1}{1}\,\mathrm{AgNO_3})\; t_1} = \frac{0{,}1\ \mathrm{mol\ L^{-1}} \cdot 1{,}042 \cdot 20{,}0\ \mathrm{mL}}{0{,}1\ \mathrm{mol\ L^{-1}} \cdot 1{,}003}$$

$$\underline{\boldsymbol{V_1(\mathrm{L}_1) = 20{,}78\ \mathrm{mL}}}$$

Übungsaufgaben:

7-66. Wieviel Milliliter Maßlösung, $c(\frac{1}{1}\,\mathrm{AgNO_3}) = 0{,}1\ \mathrm{mol/L}$, sind zur Fällung folgender Stoffportionen notwendig?

a) 2,65 mmol Natriumchlorid, NaCl
b) 185 mg Chlorid-Ionen, Cl^-

c) 50,0 mL Hydrogenchloridgas im Normzustand (in Wasser gelöst)
d) 2,00 mL Natriumchlorid-Lösung, $w(\mathrm{NaCl}) = 10{,}0\%$, $\rho = 1{,}071$ g/mL
e) 5,00 mL Kaliumchlorid-Lösung, $\beta(\mathrm{KCl}) = 40{,}0$ g/L
f) 20,0 mL Ammoniumthiocyanat-Lösung, $c[\frac{1}{1}\,\mathrm{NH_4(SCN)}] = 0{,}1$ mol/L

7-67. Eine Probe wird mit Wasser auf 100 mL verdünnt. 25,0 mL dieser Verdünnung verbrauchen 32,7 mL Maßlösung, $\tilde{c}[\frac{1}{1}\,\mathrm{NH_4(SCN)}] = 0{,}1$ mol/L, t = 0,981. Wie groß sind a) die Stoffmenge $n(\mathrm{AgNO_3})$ und b) die Masse $m(\mathrm{Ag})$ in der Probe?

7.4.2.3.3 Bestimmung von Gehalten

Rechenbeispiel 7-53. 10,0 mL Lösung, $\rho = 1{,}0556$ g/mL, werden mit Wasser auf 250,0 mL verdünnt. 25,0 mL davon verbrauchen bei der Titration 14,45 mL Silbernitrat-Lösung, $c(\frac{1}{1}\,\mathrm{AgNO_3}) = 0{,}1$ mol/L. Wie groß sind a) die Stoffmengenkonzentration $c(\mathrm{Cl^-})$, b) die Massenkonzentration $\beta(\mathrm{NaCl})$ und c) der Massenanteil $w(\mathrm{NaCl})$ der Lösung?

Gesucht: $c_2(\mathrm{Cl^-})$
$\beta_2(\mathrm{NaCl})$
$w(\mathrm{NaCl})$

Gegeben: $V_1(\mathrm{L_1}) = 14{,}45$ mL
$c_1(\frac{1}{1}\,\mathrm{AgNO_3}) = 0{,}1$ mol/L
$V_2(\mathrm{L_2}) = 10{,}0$ mL; $\rho_2(\mathrm{L_2}) = 1{,}0556$ g/mL
$V_2(\mathrm{St}) = 250{,}0$ mL; $V_{2,\mathrm{T}}(\mathrm{St}) = 25{,}0$ mL

a) Stoffmengenkonzentration $c_2(\mathrm{Cl^-})$

$$n_1(\mathrm{eq})\,(\mathrm{X}) = n_2(\mathrm{eq})\,(\mathrm{Y}) \Longrightarrow c_1(\tfrac{1}{1}\,\mathrm{AgNO_3})\,V_1(\mathrm{L_1}) = \frac{c_2(\mathrm{Cl^-})\,V_2(\mathrm{L_2})\,V_{2,\mathrm{T}}(\mathrm{St})}{V_2(\mathrm{St})}$$

$$c_2(\mathrm{Cl^-}) = \frac{c_1(\frac{1}{1}\,\mathrm{AgNO_3})\,V_1(\mathrm{L_1})\,V_2(\mathrm{St})}{V_2(\mathrm{L_2})\,V_{2,\mathrm{T}}(\mathrm{St})} = \frac{0{,}1\ \mathrm{mol\,L^{-1}} \cdot 14{,}45\ \mathrm{mL} \cdot 250{,}0\ \mathrm{mL}}{10{,}0\ \mathrm{mL} \cdot 25{,}0\ \mathrm{mL}}$$

$\underline{c_2(\mathrm{Cl^-}) = 1{,}445\ \mathrm{mol/L}}$

b) Massenkonzentration $\beta_2(\mathrm{NaCl})$

$$n_1(\mathrm{eq})\,(\mathrm{X}) = n_2(\mathrm{eq})\,(\mathrm{Y}) \Longrightarrow$$

$$c_1(\tfrac{1}{1}\,\mathrm{AgNO_3})\,V_1(\mathrm{L_1}) = \frac{\beta_2(\mathrm{NaCl})\,V_2(\mathrm{L_2})\,V_{2,\mathrm{T}}(\mathrm{St})}{M_2(\mathrm{NaCl})\,V_2(\mathrm{St})}$$

$$\beta_2(\mathrm{NaCl}) = \frac{c_1(\frac{1}{1}\,\mathrm{AgNO_3})\,V_1(\mathrm{L_1})\,M_2(\mathrm{NaCl})\,V_2(\mathrm{St})}{V_2(\mathrm{L_2})\,V_{2,\mathrm{T}}(\mathrm{St})}$$

$$= \frac{0{,}1\ \mathrm{mol\,L^{-1}} \cdot 14{,}45\ \mathrm{mL} \cdot 58{,}44\ \mathrm{g\,mol^{-1}} \cdot 250{,}0\ \mathrm{mL}}{10{,}0\ \mathrm{mL} \cdot 25{,}0\ \mathrm{mL}}$$

$\underline{\beta_2(\mathrm{NaCl}) = 84{,}4\ \mathrm{g/L}}$

c) Massenanteil w_2(NaCl)

$$n_1(\text{eq})(\text{X}) = n_2(\text{eq})(\text{Y}) \Longrightarrow$$

$$c_1(\tfrac{1}{1}\,\text{AgNO}_3)\, V_1(\text{L}_1) = \frac{w_2(\text{NaCl})\, V_2(\text{L}_2)\, \rho_2(\text{L}_2)\, V_{2,\text{T}}(\text{St})}{M_2(\text{NaCl})\, V_2(\text{St})}$$

$$w_2(\text{NaCl}) = \frac{c_1(\tfrac{1}{1}\,\text{AgNO}_3)\, V_1(\text{L}_1)\, M_2(\text{NaCl})\, V_2(\text{St})}{V_2(\text{L}_2)\, \rho_2(\text{L}_2)\, V_{2,\text{T}}(\text{St})}$$

$$= \frac{0{,}1\ \text{mol L}^{-1} \cdot 14{,}45\ \text{mL} \cdot 58{,}44\ \text{g mol}^{-1} \cdot 250{,}0\ \text{mL}}{10{,}0\ \text{mL} \cdot 1{,}0556\ \text{g mL}^{-1} \cdot 25{,}0\ \text{mL}}$$

$$\underline{w_2(\text{NaCl}) = 0{,}0800 = 8{,}00\%}$$

Übungsaufgaben:

7-68. 5,00 mL Lösung, ρ = 1,077 g/mL, werden mit Wasser auf 100,0 mL verdünnt. 20,0 mL davon verbrauchen bei der Titration 17,3 mL Silbernitrat-Lösung, $c(\frac{1}{1}\,\text{AgNO}_3)$ = 0,1 mol/L, t = 1,002. Wie groß sind a) der Massenanteil w(KCl), b) die Stoffmengenkonzentration c(KCl), und c) die Massenkonzentration $\beta(\text{Cl}^-)$ der Lösung?

7-69. 322,6 mg einer Feststoffprobe werden gelöst und mit 18,6 mL Kaliumthiocyanat-Lösung, $c[\frac{1}{1}\,\text{K(SCN)}]$ = 0,1 mol/L titriert. Wie groß ist der Massenanteil w(Ag) in der Probe?

7.4.2.4 Komplexometrische Bestimmungen

Chemische Reaktionen eignen sich für maßanalytische Bestimmungsmethoden nur dann, wenn die Konzentration der zu bestimmenden Ionen im Äquivalenzpunkt *weitgehend* abnimmt.

Bei den Neutralisationsmethoden geschieht dies durch *Bildung von praktisch undissoziiertem Wasser* aus H^+- und OH^--Ionen, bei den Redoxmethoden durch *Überführung in eine andere Oxidationsstufe* und bei den Fällungsmethoden durch *Ausfällung als schwerlösliche Verbindung.*

In der Komplexometrie erreicht man dieses Ziel, indem man die zu bestimmende Ionenart mit Komplexbildner in ein beständiges komplexes Ion überführt. So bilden z.B. Metall-Ionen mit geeigneten organischen Verbindungen innere Komplexsalze, sog. *Chelate.* Deshalb wird diese maßanalytische Methode oft auch als *Chelatometrie* bezeichnet.

Zu den chelatbildenden Komplexen gehören vor allem *Aminopolycarbonsäuren*, die mehrere koordinativ wirksame Atome besitzen, oder deren Salze. In der Praxis wird am häufigsten das Dinatriumsalz der Ethylendiamintetraessigsäure in Form des Dihydrats (abgekürzt: EDTA oder H_2Y^{2-}) verwendet.

EDTA enthält sechs koordinativ wirkende Atome, die beiden Stickstoffatome der Aminogruppen und vier Sauerstoffatome der Carboxylgruppen. Es reagiert mit Metall-Ionen unabhängig von der Ionenladung immer im Verhältnis 1:1, wobei alle sechs Koordinationsstellen gemäß der allgemeinen Reaktionsgleichung

$$\mathbf{Me^{n+} + H_2Y^{2-} \longrightarrow MeY^{(4-n)-} + n\,H^+} \qquad \mathbf{(7\text{-}21)}$$

besetzt werden können (vgl. Abb. 7-3).

Beispiel 7-5.

Bei der Titration von Zn^{2+}-Ionen bzw. Al^{3+}-Ionen mit EDTA-Lösung gelten gemäß (7–21) die beiden Reaktionsgleichungen

$$Zn^{2+} + H_2Y^{2-} \longrightarrow [ZnY]^{2-} + 2\,H^+$$

$$Al^{3+} + H_2Y^{2-} \longrightarrow [AlY]^{-} + 2\,H^+$$

Die Zn^{2+}- bzw. Al^{3+}-Ionen verdrängen die Wasserstoff-Ionen des EDTA unter Bildung der stabilen Metall-EDTA-Komplexe.

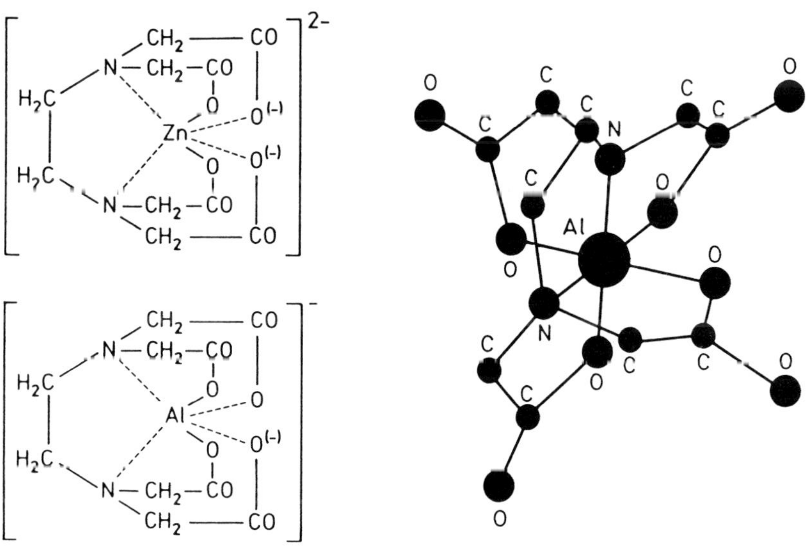

Abb. 7-3. Aufbau von Metall-EDTA-Komplexen [Nach Gübitz, T., Haubold, G. und Stoll, C. (1989): *Analytisches Praktikum*: *Quantitative Analyse*, Band 2b. Verlag Chemie, Weinheim]

Für das Erkennen des Äquivalenzpunktes verwendet man Indikatoren, die mit Metall-Ionen ebenfalls, allerdings weniger stabile Komplexe bilden. Im Äquivalenzpunkt werden die zu bestimmenden Metall- Ionen durch Reaktion mit dem stärkeren Komplexbildner, z. B. EDTA, aus diesem Metall-Ion-Indikator-Komplex verdrängt; die Farbe der Lösung ändert sich. Um einen scharfen Farbumschlag zu erreichen, muß während der Titration gepuffert werden, weil die Stabilität vieler Metall-Ion-Indikator-Komplexe vom pH-Wert abhängig sind und bei der Reaktion H^+-Ionen frei werden [vgl. (7-21)].

Da der Komplexbildner mit den Metall-Ionen immer – wie schon erwähnt – im Verhältnis 1:1 reagiert, gilt auch entsprechend (7-21) unabhängig von der Ionenart die Stoffmengenrelation

$$\boldsymbol{n(Me^{n+}) = n(H_2Y^{2-}) = n(EDTA) = n(\tfrac{1}{1}\, C_{10}H_{14}N_2O_8Na_2).} \qquad \textbf{(7-22)}$$

Dadurch vereinfachen sich die Berechnungen bei komplexometrischen Bestimmungen weitgehend. Anstelle des aufwendigen Klammerausdruckes $\frac{1}{1}\,C_{10}H_{14}N_2O_8Na_2$ soll dabei die Abkürzung EDTA verwendet werden.

Anionen, z. B. Sulfat- oder Phosphat-Ionen, können chelatometrisch ebenfalls bestimmt werden. Dabei werden sie zunächst mit spezifischen Metall-Ionen, z. B. Ba^{2+}-Ionen bzw. Mg^{2+}-Ionen in unlösliche Niederschläge umgewandelt. Die entstehenden Salze lassen sich isolieren; ihre Metall-Ionen können anschließend titrimetrisch bestimmt werden.

7.4.2.4.1 Titerbestimmung

Rechenbeispiel 7-54. 352,2 mg Zinksulfat-heptahydrat, $ZnSO_4 \cdot 7\,H_2O$, werden in destilliertem Wasser gelöst. Nach Zugabe von 2 mL Pufferlösung und einer Spatelspitze Eriochromschwarz T-Anreibung wird mit Maßlösung, $\tilde{c}(EDTA) = 0{,}1$ mol/L, bis zum Farbumschlag von violett nach blau titriert. Der Verbrauch an Maßlösung beträgt 12,1 mL. Welchen Titer hat die EDTA-Lösung?

Gesucht: t_1 **Gegeben:** $V_1(L_1) = 12{,}1$ mL; $\tilde{c}(EDTA) = 0{,}1$ mol/L
$m_2(ZnSO_4 \cdot 7\,H_2O) = 352{,}2$ mg

$$\boldsymbol{n_1(EDTA) = n_2(Me^{n+}) \Longrightarrow \tilde{c}_1(EDTA)\, t_1\, V_1(L_1) = \frac{m_2(ZnSO_4 \cdot 7\,H_2O)}{M_2(ZnSO_4 \cdot 7\,H_2O)}}$$

$$t_1 = \frac{m_2(ZnSO_4 \cdot 7\,H_2O)}{M_2(ZnSO_4 \cdot 7\,H_2O)\, c_1(EDTA)\, V_1(L_1)}$$

$$= \frac{352{,}2\ \text{mg}}{287{,}55\ \text{g mol}^{-1} \cdot 0{,}1\ \text{mol L}^{-1} \cdot 12{,}1\ \text{mL}}$$

$$\underline{t_1 = \mathbf{1{,}012}}$$

Übungsaufgaben:

7-70. 1,567 g Zinksulfat-heptahydrat, $ZnSO_4 \cdot 7\,H_2O$, werden gelöst und zu 100,0 mL aufgefüllt. 25,0 mL der Verdünnung brauchen bei der chelatometrischen Titration 13,4 mL EDTA-Lösung, $\tilde{c}(EDTA) = 0{,}1$ mol/L. Welchen Titer hat die Maßlösung?

7-71. 20,0 mL einer Lösung, $c(Ca^{2+}) = 0{,}2$ mol/L, benötigen zur Titration 40,2 mL EDTA-Lösung, $\tilde{c}(EDTA) = 0{,}1$ mol/L. Welchen Titer hat die EDTA-Lösung?

7.4.2.4.2 Bestimmung von Quantitäten

Rechenbeispiel 7-55. Wieviel Milliliter EDTA-Lösung, $\tilde{c}(EDTA) = 0{,}1$ mol/L, $t = 1{,}012$, sind zur Titration folgender Stoffportionen notwendig?

a) 1,50 mmol Magnesiumchlorid, $MgCl_2$
b) 765 mg Blei-Ionen, Pb^{2+}
c) 50,0 mL Calciumchlorid-Lösung, $\beta(CaCl_2) = 40{,}0$ g/L
d) 2,00 mL Cadmiumnitrat-Lösung, $w[Cd(NO_3)_2] = 14{,}0\%$, $\rho = 1{,}126$ g/mL

Gesucht: $V_1(L_1)$

Gegeben: $\tilde{c}_1(EDTA) = 0{,}1$ mol/L; $t_1 = 1{,}012$
$n_2(MgCl_2) = 1{,}50$ mmol
$m_3(Pb^{2+}) = 765$ mg
$V_4(L_4) = 50{,}0$ mL; $\beta_4(CaCl_2) = 40{,}0$ g/L
$V_5(L_5) = 2{,}00$ mL; $w_5[Cd(NO_3)_2] = 0{,}140$
$\rho_5(L_5) = 1{,}126$ g/mL

a) $\mathbf{n_1(EDTA) = n_2(Me^{n+}) \Longrightarrow \tilde{c}(EDTA)\, t_1\, V_1(L_1) = n_2(MgCl_2)}$

$$V_1(L_1) = \frac{n_2(MgCl_2)}{\tilde{c}_1(EDTA)\, t_1} = \frac{1{,}50 \text{ mmol}}{0{,}1 \text{ mol L}^{-1} \cdot 1{,}012}$$

$\underline{\mathbf{V_1(L_1) = 14{,}82\ mL}}$

b) $\mathbf{n_1(EDTA) = n_3(Me^{n+}) \Longrightarrow \tilde{c}_1(EDTA)\, t_1\, V_1(L_1) = \frac{m_3(Pb^{2+})}{M_3(Pb^{2+})}}$

$$V_1(L_1) = \frac{m_3(Pb^{2+})}{\tilde{c}_1(EDTA)\, t_1\, M_3(Pb^{2+})} = \frac{765 \text{ mg}}{0{,}1 \text{ mol L}^{-1} \cdot 1{,}012 \cdot 207{,}20 \text{ g mol}^{-1}}$$

$\underline{\mathbf{V_1(L_1) = 36{,}48\ mL}}$

c) $\mathbf{n_1(EDTA) = n_4(Me^{n+}) \Longrightarrow \tilde{c}_1(EDTA)\, t_1\, V_1(L_1) = \frac{\beta_4(CaCl_2)\, V_4(L_4)}{M_4(CaCl_2)}}$

$$V_1(L_1) = \frac{\beta_4(CaCl_2)\, V_4(L_4)}{c_1(EDTA)\, t_1\, M_4(CaCl_2)} = \frac{40{,}0 \text{ g L}^{-1} \cdot 50{,}0 \text{ mL}}{0{,}1 \text{ mol L}^{-1} \cdot 1{,}012 \cdot 110{,}98 \text{ g mol}^{-1}}$$

$\underline{\mathbf{V_1(L_1) = 178{,}1\ mL}}$

d) $\boldsymbol{n_1(\mathrm{EDTA}) = n_5(\mathrm{Me}^{n+}) \Longrightarrow}$

$$\tilde{c}_1(\mathrm{EDTA})\ t_1\ V_1(\mathrm{L}_1) = \frac{w_5[\mathrm{Cd(NO_3)_2}]\ V_5(\mathrm{L}_5)\ \rho_5(\mathrm{L}_5)}{M_5[\mathrm{Cd(NO_3)_2}]}$$

$$V_1(\mathrm{L}_1) = \frac{w_5[\mathrm{Cd(NO_3)_2}]\ V_5(\mathrm{L}_5)\ \rho_5(\mathrm{L}_5)}{\tilde{c}_1(\mathrm{EDTA})\ t_1\ M_5[\mathrm{Cd(NO_3)_2}]}$$

$$= \frac{0{,}140 \cdot 2{,}00\ \mathrm{mL} \cdot 1{,}126\ \mathrm{g\ mL^{-1}}}{0{,}1\ \mathrm{mol\ L^{-1}} \cdot 1{,}012 \cdot 236{,}43\ \mathrm{g\ mol^{-1}}}$$

$$\underline{\boldsymbol{V_1(\mathrm{L}_1) = 13{,}18\ \mathrm{mL}}}$$

Übungsaufgaben:

7-72. Wieviel Milliliter EDTA-Lösung, $\tilde{c}(\mathrm{EDTA}) = 0{,}1$ mol/L, $t = 0{,}969$, sind zur Titration folgender Stoffportionen notwendig?

a) 91,50 mg Magnesiumchlorid, $MgCl_2$
b) 26,5 mmol Blei-Ionen, Pb^{2+}
c) 25,0 mL Calciumchlorid-Lösung, $\beta(CaCl_2) = 65{,}0$ g/L
d) 5,00 mL Lösung, $w(\mathrm{Cd}) = 6{,}66\%$, $\rho = 1{,}126$ g/mL

7-73. Eine Probe wird mit Wasser auf 250,0 mL verdünnt. 20,0 mL davon verbrauchen 10,7 mL EDTA-Lösung, $c(\mathrm{EDTA}) = 0{,}1$ mol/L. Wie groß sind a) die Stoffmenge $n(Mn^{2+})$ und b) die Masse $m(MnBr_2)$ in dieser Probe?

7.4.2.4.3 Bestimmung von Gehalten

Rechenbeispiel 7-56. 10,0 mL einer sulfathaltigen Probe, $\rho = 1{,}0162$ g/mL, werden in Wasser gelöst und mit Bariumchlorid-Lösung vollständig ausgefällt. Der isolierte Niederschlag wird gewaschen und in 30,0 mL EDTA-Lösung, $c(\mathrm{EDTA}) = 0{,}1$ mol/L, und 5 mL Ammoniak, $w(NH_4OH) = 25\%$, versetzt und in der Hitze gelöst. Der Überschuß an EDTA-Lösung verbraucht 8,9 mL Zinksulfat-Lösung, $c(ZnSO_4) = 0{,}1$ mol/L. Wie groß sind a) die Stoffmengenkonzentration $c(Na_2SO_4)$, b) die Massenkonzentration $\beta(SO_4^{2-})$ und c) der Massenanteil $w(SO_4^{2-})$ in der Probe?

Gesucht: $c_3(Na_2SO_4)$
$\beta_3(SO_4^{2-})$
$w_3(SO_4^{2-})$

Gegeben: $V(\mathrm{L}) = 30{,}0$ mL; $c(\mathrm{EDTA}) = 0{,}1$ mol/L
$V_2(\mathrm{L}_2) = 8{,}9$ mL; $c_2(ZnSO_4) = 0{,}1$ mol/L
$V_3(\mathrm{L}_3) = 10{,}0$ mL; $\rho_3(\mathrm{L}_3) = 1{,}0162$ g/mL

a) Stoffmengenkonzentration $c_3(Na_2SO_4)$

$$\boldsymbol{n_1(\mathrm{EDTA}) = n_2(\mathrm{Me}^{n+}) \Longrightarrow c_1(\mathrm{EDTA})\ V_1(\mathrm{L}_1) = c_3(\mathrm{Na_2SO_4})\ V_3(\mathrm{L}_3)}$$

$$c_3(Na_2SO_4) = \frac{c_1(EDTA)\ V_1(L_1)}{V_3(L_3)} = \frac{c(EDTA)\ V(L) - c_2(ZnSO_4)\ V_2(L_2)}{V_3(L_3)}$$

$$= \frac{0{,}1\ mol\ L^{-1}\ (30{,}0\ mL - 8{,}9\ mL)}{10{,}0\ mL}$$

$$\underline{\mathbf{c_3(Na_2SO_4) = 0{,}211\ mol/L}}$$

b) Massenkonzentration $\beta_3(SO_4^{2-})$

$$n_1(EDTA) = n_2(Me^{n+}) \Longrightarrow c_1(EDTA)\ V_1(L_1) = \frac{\beta_3(SO_4^{2-})\ V_3(L_3)}{M_3(SO_4^{2-})}$$

$$\beta_3(SO_4^{2-}) = \frac{c_1(EDTA)\ V_1(L_1)\ M_3(SO_4^{2-})}{V_3(L_3)} = \frac{c(EDTA)\ V(L) - c_2(ZnSO_4)\ V_2(L_2)}{V_3(L_3)}$$

$$= \frac{0{,}1\ mol\ L^{-1}\ (30{,}0\ mL - 8{,}9\ mL) \cdot 96{,}06\ g\ mol^{-1}}{10{,}0\ mL}$$

$$\underline{\mathbf{c_3(SO_4^{2-}) = 20{,}3\ g/L}}$$

c) Massenanteil $w_3(SO_4^{2-})$

$$n_1(EDTA) = n_2(Me^{n+}) \Longrightarrow c_1(EDTA)\ V_1(L_1) = \frac{w_3(SO_4^{2-})\ V_3(L_3)\ \rho_3(L_3)}{M_3(SO_4^{2-})}$$

$$w_3(SO_4^{2-}) = \frac{c_1(EDTA)\ V_1(L_1)\ M_3(SO_4^{2-})}{V_3(L_3)\ \rho_3(L_3)} = \frac{c(EDTA)\ V(L) - c_2(ZnSO_4)\ V_2(L_2)}{V_3(L_3)\ \rho_3(L_3)}$$

$$= \frac{0{,}1\ mol\ L^{-1}\ (30{,}0\ mL - 8{,}9\ mL) \cdot 96{,}06\ g\ mol^{-1}}{10{,}0\ mL \cdot 1{,}0162\ g\ mL^{-1}}$$

$$\underline{\mathbf{w_3(SO_4^{2-}) = 0{,}0199 = 1{,}99\%}}$$

Übungsaufgaben:

7-74. 10,0 mL einer nickelhaltigen Lösung, $\rho = 1{,}133$ g/mL, werden auf 250,0 mL verdünnt. 25,0 mL davon verbrauchen bei der komplexometrischen Titration 29,3 mL EDTA-Lösung, c(EDTA) = 0,1 mol/L. Wie groß ist a) der Massenanteil $w(NiSO_4)$, b) die Stoffmengenkonzentration $c(Ni^{2+})$ und c) die Massenkonzentration β(Ni) in der Ausgangslösung?

7-75. 2,470 g Phosphorsäure-Lösung, ρ = 1,055 g/mL, werden als Magnesiumammoniumphosphat, $MgNH_4PO_4$, gefällt. Der isolierte und gelöste Niederschlag wird mit 50,0 mL EDTA-Lösung, c(EDTA) = 0,1 mol/L, versetzt. Der Überschuß an EDTA-Lösung verbraucht bei der Rücktitration 23,6 mL Zinksulfat-Lösung, $\tilde{c}(ZnSO_4)$ = 0,1 mol/L, t = 1,006. Wie groß sind a) der Massenanteil $w(H_3PO_4)$, b) die Massenkonzentration $\beta(H_3PO_4)$ und c) die Stoffmengenkonzentration $c(H_3PO_4)$ der Lösung?

7.4.2.5 Besondere Bestimmungen

7.4.2.5.1 Bestimmung maßanalytischer Kennzahlen

7.4.2.5.1.1 Säurezahl (Neutralisationzahl)

Die *Säurezahl SZ* ist der Quotient aus der Masse *m*(KOH), die zur Neutralisation der in einer Substanz enthaltenen, freien Fettsäuren benötigt wird, und der Masse *m*(Probe) der untersuchten Substanz.

$$SZ = \frac{m(\mathbf{KOH})}{m(\mathbf{Substanz})} \qquad \mathbf{(7\text{-}23)}$$

Sie wird angegeben in mg KOH/g Substanz.

Die zu untersuchende Probe wird in Ethanol gelöst und direkt mit ethanolischer Kalilauge gegen Phenolphthalein titriert.

Rechenbeispiel 7-57. 2,84 g eines Öls werden in 100 g Ethanol gelöst und mit alkoholischer Kalilauge, $\tilde{c}$(KOH) = 0,5 mol/L, t = 0,977, gegen Phenolphthalein titriert. Der Verbrauch beträgt 10,35 mL. Wie groß ist die Säurezahl des Öls?

Gesucht: SZ(Öl)

Gegeben: m_2(Öl) = 2,84 g
$V_1(L_1)$ = 10,35 mL; $\tilde{c}_1$(KOH) = 0,5 mol/L
t_1 = 0,977

$$SZ(\text{Öl}) = \frac{m(\text{KOH})}{\mathbf{m_2(Öl)}} \longleftarrow \mathbf{M(KOH)}\ n(\text{KOH}) \longleftarrow \mathbf{c_1(KOH)\ t_1\ V_1(L_1)}$$

$$SZ(\text{Öl}) = \frac{\tilde{c}_1(\text{KOH})\ t_1\ V_1(L_1)\ M_2(\text{KOH})}{m_2(\text{Öl})}$$

$$= \frac{0{,}5\ \text{mol L}^{-1} \cdot 0{,}977 \cdot 10{,}35\ \text{mL} \cdot 56{,}11\ \text{g mol}^{-1}}{2{,}84\ \text{g}}$$

$$\underline{SZ(\textbf{Öl}) = \mathbf{99{,}9\ mg\ KOH/g\ Öl}}$$

Übungsaufgaben:

7-76. 8,805 g eines Fettes werden in Ethanol gelöst und mit ethanolischer Kalilauge gegen Phenophthalein titriert. Dabei sind 10,1 mL Maßlösung, $\tilde{c}(\text{KOH}) = 1{,}0$ mol/L, $t = 1{,}114$, notwendig. Welche Säurezahl hat das Fett?

7.4.2.5.1.2 Verseifungszahl

Die *Verseifungszahl VZ* ist der Quotient aus der Masse *m*(KOH), die zur Neutralisation der freien Fettsäuren *und* der Verseifung der Ester in einer Substanz, d. h. zur vollständigen Verseifung benötigt wird, und der Masse *m*(Substanz) der untersuchten Substanz.

$$VZ = \frac{m(\text{KOH})}{m(\text{Substanz})} \qquad \textbf{(7-24)}$$

Sie wird ebenfalls angegeben in mg KOH/g Substanz.

Die zu untersuchende Substanz wird mit einem Überschuß an alkoholischer Kalilauge am Rückfluß gekocht, und die nicht verbrauchte Kalilauge mit Salzsäure zurücktitriert.

Rechenbeispiel 7-58. 1,782 g eines Öls wurden mit 25,0 mL Kalilauge, $\tilde{c}(\text{KOH}) = 0{,}5$ mol/L, $t = 1{,}019$, verseift und die überschüssige Lauge mit 11,6 mL Salzsäure, $\tilde{c}(\text{HCl}) = 0{,}5$ mol/L, $t = 1{,}006$, zurücktitriert. Wie groß ist die Verseifungszahl des Öls?

Gesucht: $VZ(\text{Öl})$

Gegeben: $m_3(\text{Öl}) = 1{,}782$ g
$V_1(\text{L}_1) = 25{,}0$ mL; $\tilde{c}_1(\text{KOH}) = 0{,}5$ mol/L
$t_1 = 1{,}019$
$V_2(\text{L}_2) = 11{,}6$ mL; $\tilde{c}_2(\text{HCl}) = 0{,}5$ mol/L
$t_2 = 1{,}006$

$$VZ(\text{Öl}) = \frac{m_3(\text{KOH})}{\mathbf{m_3(\text{Öl})}} \longleftarrow \mathbf{M_2(\text{KOH})}\; n_2(\text{KOH})$$

$$n_2(\text{KOH}) \longleftarrow \mathbf{\tilde{c}_1(\text{KOH})\, t_1\, V_1(\text{L}_1) - \tilde{c}_2(\text{HCl})\, t_2\, V_2(\text{L}_2)}$$

$$VZ(\text{Öl}) = \frac{[\tilde{c}_1(\text{KOH})\, t_1\, V_1(\text{L}_1) - \tilde{c}_2(\text{HCl})\, t_2\, V_2(\text{L}_2)]\, M_3(\text{KOH})}{m_3(\text{Öl})}$$

$$= \frac{(1{,}019 \cdot 25{,}0 - 1{,}006 \cdot 11{,}6)\ \text{mL} \cdot 0{,}5\ \text{mol L}^{-1} \cdot 56{,}11\ \text{g mol}^{-1}}{1{,}782\ \text{g}}$$

<u>**$VZ(\text{Öl}) = 217$ mg KOH/g Öl**</u>

Übungsaufgaben:

7-77. 1,944 g Leinöl werden mit 50,0 mL ethanolischer Kalilauge, $c(KOH) = 0{,}5$ mol/L, durch Kochen am Rückfluß verseift. Die überschüssige Kalilauge wird mit 35,5 mL Salzsäure, $c(HCl) = 0{,}5$ mol/L, zurücktitriert. Welche Verseifungszahl hat das Leinöl?

7.4.2.5.1.3 Esterzahl

Die *Esterzahl EZ* ist der Quotient aus der Masse $m(KOH)$, zur Verseifung der Ester in einer Substanz benötigt wird, und der Masse m(Substanz) der untersuchten Substanz.

Sie wird ebenfalls angegeben in mg KOH/g Substanz.

Aus den Definitionen für die Verseifungszahl *VZ* (vgl. S. 537) und der Säurezahl *SZ* (vgl. S. 536) ergibt sich die Esterzahl *EZ* als Differenz dieser beiden Kennzahlen:

$$EZ = VZ - SZ \qquad \textbf{(7-25)}$$

Beispiel 7-6.

In den Rechenbeispielen 7-57. und 7-58. wurden für ein Öl die Säure- bzw. Verseifungszahl ermittelt. Für die Esterzahl *EZ* dieses Öls gilt dann gemäß (7-25):

$$EZ = VZ - SZ = 217 \text{ mg KOH/g Öl} - 99{,}9 \text{ mg KOH/g Öl}$$

$$\underline{EZ = \mathbf{117{,}1 \text{ mg KOH/g Öl}}}$$

7.4.2.5.1.4 Iodzahl

Die *Jodzahl* IZ ist der Quotient aus der Masse $m(I_2)$, die von den ungesättigten Fettsäuren eines Fettes oder Öls addiert werden, und der Masse m(Probe) der untersuchten Substanz.

$$IZ = \frac{m(I_2)}{m(\text{Substanz})} \qquad \textbf{(7-26)}$$

Sie wird angegeben g Iod/100 g Substanz und dient als Maß für die ungesättigten Bestandteile der in einem Fett oder Öl enthaltenen Säuren.

Die zu untersuchende Substanz wird (nach Kaufmann) in Trichlormethan (Chloroform) gelöst und mit 25,0 mL Brom-Lösung versetzt. Nach 2-stündigem Stehen im Dunkeln gibt man 15 mL Kaliumiodid-Lösung, $w(KI) = 10\%$, zu und titriert das ausgeschiedene Iod mit einem Verbrauch V_1 an Natriumthiosulfat-Maßlösung gegen Stärkelösung bis zur Entfärbung.

Auf die gleiche Weise wird in einem Blindversuch der Verbrauch ohne zu untersuchende Substanz bestimmt. Dabei wird kein Brom zur Addition an C=C-Bindungen verbraucht, demzufolge mehr Iod aus dem Kaliumiodid freigesetzt, und der Verbrauch V_2 an $Na_2S_2O_3$-Lösung entsprechend größer sein.

Die tatsächlich verbrauchte Portion Brom wird in die äquivalente Portion an Iod umgerechnet.

Anstelle von Trichlormethan und Brom-Lösung können auch andere Lösemittel und Oxidationsmittel, z. B. Kohlenstoffsulfid (Schwefelkohlenstoff), CS_2, bzw. Kaliumbromat-Kaliumiodid-Lösung eingesetzt werden.

Rechenbeispiel 7-59. 0,267 g eines Öls werden in Trichlormethan gelöst und mit Brom-Lösung versetzt. Nach Zugabe von Kaliumiodid ergibt sich bei der Titration ein Verbrauch von 30,2 mL Natriumthiosulfat-Lösung, $c(\frac{1}{1}\,Na_2S_2O_3) = 0{,}1$ mol/L. Beim Blindversuch werden 43,8 mL Maßlösung benötigt. Wie groß ist die Iodzahl des Öls?

Gesucht: $IZ(\text{Öl})$

Gegeben: $c(\frac{1}{1}\,Na_2S_2O_3) = 0{,}1$ mol/L
$V_1(L) = 30{,}2$ mL; $V_2(L) = 43{,}8$ mL
$m(\text{Öl}) = 0{,}267$ g

$$IZ(\text{Öl}) = \frac{m(I_2)}{\boldsymbol{m(\text{Öl})}} \longleftarrow n(\tfrac{1}{2}\,I_2)\,\boldsymbol{M(\tfrac{1}{2}\,I_2)}$$

$$\uparrow\; \boldsymbol{c(\tfrac{1}{1}\,Na_2S_2O_3)\,[V_2(L) - V_1(L)]}$$

$$IZ(\text{Öl}) = \frac{c(\frac{1}{1}\,Na_2S_2O_3)\,[V_2(L) - V_1(L)]\,M(I_2)}{m(\text{Öl})}$$

$$= \frac{0{,}1\ \text{mol L}^{-1} \cdot (43{,}8\ \text{mL} - 30{,}2\ \text{mL}) \cdot 126{,}90\ \text{g mol}^{-1}}{0{,}267\ \text{g}}$$

$$\underline{\boldsymbol{IZ(\text{Öl}) = 0{,}646 = 64{,}6\ \text{g Iod}/100\ \text{g Öl}}}$$

Übungsaufgaben:

7-78. Bei der Iodzahlbestimmung für ein Leinöl wurden im Blindversuch 39,0 mL und bei der Titration von 0,2085 g des Öls 27,2 mL Natriumthiosulfat-Lösung, $\tilde{c}(\frac{1}{1}\,Na_2S_2O_3) = 0{,}1$ mol/L, t = 0,992, verbraucht. Wie groß ist die Iodzahl des Leinöls?

7.4.2.5.2 Bestimmung von Oleum

Als Oleum bezeichnet man die Lösung von Schwefel(VI)-oxid (Schwefeltrioxid), SO_3, in reiner Schwefelsäure. Ihr Gehalt wird durch den Massenanteil $w(SO_3$, frei) an freiem (ungebundenem) Oxid beschrieben:

$$\boldsymbol{w(SO_3,\ \text{frei}) = \frac{m(SO_3,\ \text{frei})}{m(\text{Oleum})}}$$

Beispiel 7-7.

Ein sog. „20%iges" Oleum hat den Massenanteil $w(SO_3, \text{frei}) = 0{,}20 = 20\%$., d.h. 100 g des Oleums enthalten 20 g freies (gelöstes) SO_3.

Da Schwefel(VI)-oxid das Säureanhydrid der Schwefelsäure ist, mit Wasser also unter Bildung der Säure reagiert, liegt im Oleum auch immer ein bestimmter Anteil an gebundem SO_3 vor. Die Stoffmenge $n(SO_3, \text{geb})$ ist gleich der Stoffmenge $n(H_2O, \text{geb})$ des Wasser, mit der sie als Säure gebunden vorliegt:

$$\boldsymbol{n(SO_3, \text{geb}) = n(H_2O, \text{geb})} \qquad \textbf{(7-27)}$$

Für die Stoffmenge $n(SO_3, \text{gesamt})$ des gesamten SO_3 in einer Oleumportion gilt demnach:

$$\boldsymbol{n(SO_3, \text{ges}) = n(SO_3, \text{frei}) + n(SO_3, \text{geb})} \qquad \textbf{(7-28)}$$

Für die volumetrischen Bestimmung wird Oleum zunächst in Wasser gelöst. Dabei bildet das freie (gelöste) SO_3 ebenfalls Schwefelsäure. Bei der Titration erfaßt man deshalb die Stoffmenge $n(SO_3, \text{gesamt})$ gemäß (7–27).

Rechenbeispiel 7-60. 1,297 g Oleum verbrauchen zur Neutralisation 30,0 mL Natronlauge, $c(\text{NaOH}) = 1{,}0$ mol/L. Wie groß ist der Massenanteil $w(SO_3, \text{frei})$ des Oleums?

Gesucht: $w_2(SO_3, \text{frei})$

Gegeben: $m_2(\text{Oleum}) = 1{,}297$ g
$V_1(L_1) = 30{,}0$ mL
$c_1(\text{NaOH}) = 1{,}0$ mol/L

$$w_2(SO_3, \text{frei}) = \frac{m_3(SO_3, \text{frei}) \longleftarrow \boldsymbol{m_4(SO_3, \text{ges}) - m_5(SO_3, \text{geb})}}{\boldsymbol{m_2(\text{Oleum})}}$$

$$m_4(SO_3, \text{ges}) = M(\tfrac{1}{2}\,SO_3, \text{ges})\; n_4(\tfrac{1}{2}\,SO_3, \text{ges})$$

$$= M(\tfrac{1}{2}\,SO_3, \text{ges})\; c_1(\tfrac{1}{1}\,\text{NaOH})\; V_1(L_1)$$

$$= \frac{80{,}06 \text{ g mol}^{-1} \cdot 1{,}0 \text{ mol L}^{-1} \cdot 30{,}0 \text{ mL}}{2}$$

$$\underline{\boldsymbol{m_4(SO_3, \text{ges}) = 1{,}201 \text{ g}}}$$

$$m_5(SO_3, geb) = M(SO_3)\, n_5(SO_3, geb)$$

$$= M(SO_3)\, n_6(H_2O, geb)$$

$$= M(SO_3)\, \frac{m_6(H_2O)}{M(H_2O)}$$

$$= \frac{M(SO_3)\,[m_2(Oleum) - m_4(SO_3, ges)]}{M(H_2O)}$$

$$= \frac{80{,}06 \text{ g mol}^{-1}}{18{,}02 \text{ g mol}^{-1}} \cdot (1{,}297 \text{ g} - 1{,}201 \text{ g})$$

$$\underline{\boldsymbol{m_5(SO_3, geb) = 0{,}427 \text{ g}}}$$

$$w_2(SO_3, frei) = \frac{m_4(SO_3, ges) - m_5(SO_3, geb)}{m_2(Oleum)}$$

$$= \frac{1{,}201 \text{ g} - 0{,}427 \text{ g}}{1{,}297 \text{ g}}$$

$$\underline{\boldsymbol{w_2(SO_3, frei) = 0{,}597 = 59{,}7\%}}$$

Übungsaufgaben:

7-79. 0,752 g Oleum verbrauchen zur Neutralisation 17,7 mL Natronlauge, $\tilde{c}(NaOH)$ = 1,0 mol/L, t = 1,002. Wie groß sind a) die Masse an Gesamt-SO_3, b) die Masse an gebundenem SO_3 und c) der Massenanteil $w(SO_3$, frei) des Oleums?

7.4.2.5.3 Bestimmung von Stickstoff (nach Kjeldahl)

Zur Bestimmung des Stickstoffs in organischen Verbindungen (Ausnahmen: Nitroverbindungen und Nitrosoverbindungen oder Verbindungen mit heterocyclisch gebundenem Stickstoff) werden diese Stoffe unter Verwendung eines Katalysators, z. B. einem Gemisch aus Selenpulver, Natriumsulfat und Kaliumsulfat, zu Kohlenstoffdioxid, Wasser und Ammoniak umgesetzt. Der Ammoniak bildet in der schwefelsauren Lösung Ammoniumsulfat.

Aus diesem Ammoniumsulfat wird mit Natronlauge Ammoniak verdrängt und in eine mit einer bestimmten Portion Salzsäure beschickten Vorlage destilliert. Die nicht verbrauchte Salzsäure kann mit alkalischer Maßlösung zurücktitriert werden.

Rechenbeispiel 7-61. Bei der Bestimmung des Stickstoffs in einer organischen Verbindung nach Kjeldahl werden folgende Werte ermittelt:

Vorgelegte Salzsäure = 50,0 mL, $c(\frac{1}{1}\,\text{HCl}) = 0{,}1$ mol/L

Einwaage = 52,5 mg

Verbrauch = 39,4 mL Natronlauge, $\tilde{c}(\frac{1}{1}\,\text{NaOH}) = 0{,}1$ mol/L, $t = 0{,}989$

Wie groß ist der Massenanteil $w(N_2)$ in der Probe?

Gesucht: $w_3(N_2)$

Gegeben: $V_1(L_1) = 50{,}0$ mL; $c_1(\frac{1}{1}\,\text{HCl}) = 0{,}1$ mol/L
$V_2(L_2) = 39{,}4$ mL; $\tilde{c}_2(\frac{1}{1}\,\text{NaOH}) = 0{,}1$ mol/L
$t_2 = 0{,}989$
$m_3(\text{Probe}) = 52{,}5$ mg

$$\mathbf{n_1(eq)\,(X) = n_3(eq)\,(Y) \Longrightarrow c(\tfrac{1}{1}\,HCl)\,V(L) = n_3(NH_3) = n_3(\tfrac{1}{2}\,N_2)}$$

$$\mathbf{c_1(\tfrac{1}{1}\,HCl)\,V_1(L_1) - c_2(\tfrac{1}{1}\,NaOH)\,t_2\,V_2(L_2) = \frac{w_3(\frac{1}{2}\,N_2)\,m_3(Probe)}{M_3(\frac{1}{2}\,N_2)}}$$

$$w_3(N_2) = w_3(\tfrac{1}{2}\,N_2) = \frac{[c_1(\frac{1}{1}\,\text{HCl})\,V_1(L_1) - \tilde{c}_2(\frac{1}{1}\,\text{NaOH})\,t_2\,V_2(L_2)]\,M_3(\frac{1}{2}\,N_2)}{m_3(\text{Probe})}$$

$$= \frac{0{,}1\ \text{mol L}^{-1}\,(50{,}0\ \text{mL} \cdot - 0{,}989 \cdot 39{,}4\ \text{mL}) \cdot 14{,}01\ \text{g mol}^{-1}}{52{,}5\ \text{mg}}$$

$\mathbf{w_3(N_2) = 0{,}294 = 29{,}4\%}$

Übungsaufgaben:

7-80. Bei einer Kjeldahl-Bestimmung wird das entstehende Ammoniakgas in 50,0 mL Salzsäure, $c(\frac{1}{1}\,\text{HCl}) = 0{,}1$ mol/L, geleitet. Der Verbrauch an Natronlauge, $c(\frac{1}{1}\,\text{NaOH}) = 0{,}1$ mol/L, bei der Rücktitration der überschüssigen Salzsäure beträgt 40,8 mL. Welchen Massenanteil $w(N_2)$ hat eine organische Substanz, von der 48,9 mg eingewogen wurden?

7.4.3 Wiederholungsaufgaben (zu Abschn. 7.4)

7-11. Wieviel Gramm Schwefelsäure-Lösung, $w(H_2SO_4) = 96{,}0\%$, werden zur Herstellung von 5,000 L Maßlösung, $c(\frac{1}{2}\,H_2SO_4) = 0{,}5$ mol/L, $t = 1{,}000$, benötigt?

7-12. Wieviel Milliliter Schwefelsäure-Lösung, $\tilde{c}(\frac{1}{2}\ H_2SO_4)$ = 2,0 mol/L, t = 1,025, müssen in einem 1 Liter-Meßkolben mit Wasser aufgefüllt werden, damit die Lösung die Stoffmengenkonzentration $c(\frac{1}{2}\ H_2SO_4)$ = 0,5 mol/L besitzt?

7-13. Wieviel Gramm Kaliumdichromat, $K_2Cr_2O_7$, sind zum Ansetzen von 2,00 L Maßlösung, $c(\frac{1}{6}\ K_2Cr_2O_7)$ = 0,1 mol/L, abzuwiegen?

7-14. 25,0 mL Salzsäure, $\tilde{c}(\frac{1}{1}\ HCl)$ = 1,0 mol/L, t = 0,987, verbrauchen 24,2 mL Natronlauge, $\tilde{c}(\frac{1}{1}\ NaOH)$ = 1,0 mol/L. Welchen Titer hat die Natronlauge?

7-15. 245,0 mg Oxalsäure-dihydrat, $C_2O_4H_2 \cdot 2\ H_2O$, verbrauchen zur vollständigen Neutralisation 20,2 mL Natronlauge, $\tilde{c}(\frac{1}{1}\ NaOH)$ = 0,2 mol/L. Welchen Titer hat die Natronlauge?

7-16. 0,1005 g Natriumoxalat, $Na_2C_2O_4$, werden in Wasser gelöst, mit Schwefelsäure-Lösung angesäuert und mit Kaliumpermanganat-Lösung, $\tilde{c}(\frac{1}{5}\ KMnO_4)$ = 0,1 mol/L, titriert. Dabei werden 16,3 mL verbraucht. Welchen Titer hat die Maßlösung?

7-17. 25,0 mL Schwefelsäure-Lösung, $\tilde{c}(\frac{1}{2}\ H_2SO_4)$ = 0,5 mol/L, t = 1,126, neutralisieren 40,3 mL Kalilauge. Welche Äquivalentkonzentration $c(\frac{1}{1}\ KOH)$ hat die Lauge?

7-18. Die $S_2O_3^{2-}$-Ionen einer Natriumthiosulfat-Lösung werden werden zu $S_4O_6^{2-}$-Ionen oxidiert. Wie groß ist die Äquivalentkonzentration c(eq) einer Maßlösung, die in 500 mL Lösung 12,20 g Natriumthiosulfat-pentahydrat, $Na_2S_2O_3 \cdot 5\ H_2O$, enthält?

7-19. Wieviel Milliliter Schwefelsäure-Lösung, $\tilde{c}(\frac{1}{2}\ H_2SO_4)$ = 0,5 mol/L, t = 0,971, neutralisieren 25,0 mL Lauge, $c(KOH)$ = 0,1 mol/L?

7.5 Indirekte Analyse

Bei der Durchführung quantitativer Analysen wird in der Regel jeder einzelne Bestandteil der Probe von den übrigen abgetrennt und für sich bestimmt. Mitunter liegen aber auch Stoffgemische aus chemisch ähnlichen Bestandteilen vor. In solchen Fällen führt man eine *indirekte Analyse* durch. Dabei werden zwei Ionenarten gravimetrisch *oder* volumetrisch in eine andere Verbindungsform übergeführt.

Indirekte Analysen erfordern hohe Genauigkeit bei der Durchführung, weil sonst bei der Berechnung über zwei Gleichungen mit zwei Unbekannten große Fehler entstehen können.

Von den verschiedenen Lösungsverfahren für zwei Gleichungen mit zwei Unbekannten soll im Folgenden die sog. *Substitutionsmethode* angewandt werden, weil sie sich besser für Zahlenwerte mit z.T. mehreren Nachkomma-Stellen eignet.

Die zu untersuchenden Gemische können sich entweder aus den zwei zu bestimmenden Komponenten zusammensetzen oder auch noch zusätzliche Bestandteile haben. Im ersten Fall genügt eine Analyse, im zweiten Fall müssen zwei verschiedene Analysen durchgeführt werden.

Rechenbeispiel 7-62. 0,6066 g eines Gemisches aus Natriumchlorid, NaCl, und Kaliumchlorid, KCl, werden in Wasser gelöst und als Silberchlorid, AgCl, gefällt. Es ergibt sich eine Auswaage von 1,2931 g. Wie groß sind die Massenanteile $w(\text{NaCl})$ und $w(\text{KCl})$ im Gemisch?

Gesucht: $w(\text{NaCl})$; $w(\text{KCl})$

Gegeben: $m(\text{Probe}) = 0{,}6066$ g
$m(\text{AgCl}) = 1{,}2931$ g

Die Einwaage setzt sich aus den Massen an Natriumchlorid und Kaliumchlorid zusammen:

(1) $m(\text{NaCl}) + m(\text{KCl}) = \boldsymbol{m}(\textbf{Probe})$

Die in der Einwaage vorliegenden Stoffmengen an Natriumchlorid und Kaliumchlorid werden zu einer bestimmten Stoffmenge an Silberchlorid umgesetzt:

(2) $n(\text{NaCl}) + n(\text{KCl}) = n(\text{AgCl})$

Mit $\boldsymbol{n_i = m_i/M_i}$ gilt:

(3) $$\frac{m(\text{NaCl})}{\boldsymbol{M}(\textbf{NaCl})} + \frac{m(\text{KCl})}{\boldsymbol{M}(\textbf{KCl})} = \frac{\boldsymbol{m}(\textbf{AgCl})}{\boldsymbol{M}(\textbf{AgCl})}$$

Die Multiplikation von (3) mit $M(\text{AgCl})$ führt zu:

(4) $$m(\text{NaCl})\,\frac{M(\text{AgCl})}{M(\text{NaCl})} + m(\text{KCl})\,\frac{M(\text{AgCl})}{M(\text{KCl})} = m(\text{AgCl})$$

Durch Einsetzen der ermittelten Werte und molaren Massen ergeben sich die beiden Größengleichungen:

(5) $$\boldsymbol{m}(\textbf{NaCl}) + \boldsymbol{m}(\textbf{KCl}) = \textbf{0,6066 g} \Longrightarrow$$

(5a) $$m(\text{KCl}) = 0{,}6066\ \text{g} - m(\text{NaCl})$$

(6) $$m(\text{NaCl})\,\frac{\textbf{143,32 g mol}^{-1}}{\textbf{58,44 g mol}^{-1}} + \boldsymbol{m}(\textbf{KCl})\,\frac{\textbf{143,32 g mol}^{-1}}{\textbf{74,55 g mol}^{-1}} = \textbf{1,2931 g} \Longrightarrow$$

(6a) $$2{,}4524\ m(\text{NaCl}) + 1{,}9225\ m(\text{KCl}) = 1{,}2931\ \text{g}$$

Mit (5a) in (6a) ergibt sich die Bestimmungsgleichung mit **einer** Unbekannten:

$$2{,}4524\ m(\mathrm{NaCl}) + 1{,}9225\ [0{,}6066\ \mathrm{g} - m(\mathrm{NaCl})] = 1{,}2931\ \mathrm{g} \Longrightarrow$$

$$2{,}4524\ m(\mathrm{NaCl}) + 1{,}9225 \cdot 0{,}6066\ \mathrm{g} - 1{,}9225 \cdot m(\mathrm{NaCl})] = 1{,}2931\ \mathrm{g}$$

$$2{,}4524\ m(\mathrm{NaCl}) - 1{,}9225 \cdot m(\mathrm{NaCl}) = 1{,}2931\ \mathrm{g} - 1{,}9225 \cdot 0{,}6066\ \mathrm{g}$$

$$m(\mathrm{NaCl})\ (2{,}4524 - 1{,}9225) = 1{,}2931\ \mathrm{g} - 1{,}9225 \cdot 0{,}6066\ \mathrm{g}$$

$$m(\mathrm{NaCl}) = \frac{1{,}2931\ \mathrm{g} - 1{,}9225 \cdot 0{,}6066\ \mathrm{g}}{2{,}4524 - 1{,}9225}$$

$$m(\mathrm{NaCl}) = 0{,}2395\ \mathrm{g}$$

$$w(\mathrm{NaCl}) = \frac{m(\mathrm{NaCl})}{m(\mathrm{Probe})} = \frac{0{,}2395\ \mathrm{g}}{0{,}6066\ \mathrm{g}}$$

$$\underline{\boldsymbol{w(\mathrm{NaCl}) = 0{,}3948 = 39{,}48\%}}$$

Mit **w(KCl) = 1 − w(NaCl)** gilt:

$$w(\mathrm{KCl}) = 1 - 0{,}3948$$

$$\underline{\boldsymbol{w(\mathrm{KCl}) = 0{,}6052 = 60{,}52\%}}$$

Rechenbeispiel 7-63. 1,1752 g eines Gemisches aus Natriumhydroxid, NaOH, und Kaliumhydroxid, KOH, werden in Wasser gelöst und mit 26,1 mL Schwefelsäure-Lösung, $c(\frac{1}{2}\,H_2SO_4) = 1{,}0$ mol/L, titriert. Wieviel Gramm der beiden Komponenten enthält die Probe?

Gesucht: $m(\mathrm{NaOH})$, $m(\mathrm{KOH})$

Gegeben: m(Pr) = 1,1752 g; $V(\mathrm{L}) = 26{,}1$ mL; $c(\frac{1}{2}\,H_2SO_4) = 1{,}0$ mol/L

Die Einwaage setzt sich aus den Massen an Natrium- und Kaliumhydroxid zusammen:

(1) $m(\mathrm{NaOH}) + m(\mathrm{KOH}) = m(\mathbf{Probe})$

(1a) $m(\mathrm{NaOH}) + m(\mathrm{KOH}) = 1{,}1752\ \mathrm{g}$

Die bei der Titration notwendigen Verbräuche V_1(L) und V_2(L) für Natrium- bzw. Kaliumhydroxid addieren sich zum ermittelten Gesamtverbrauch V(L)

(2) $V_1(\mathrm{L}) + V_2(\mathrm{L}) = V(\mathbf{L})$

Mit $\boldsymbol{V_i(\mathrm{L}) = n_i/c_i(\mathrm{eq})\,(\mathrm{X}) = m_i/[M_i(\mathrm{eq})\,(\mathrm{X})\; c_i(\mathrm{eq})\,(\mathrm{X})]}$ gilt:

(2a) $$\frac{m(\mathrm{NaOH})}{\boldsymbol{M(\mathrm{NaOH})\; c(\tfrac{1}{2}\,\mathrm{H_2SO_4})}} + \frac{m(\mathrm{NaHCO_3})}{\boldsymbol{M(\mathrm{KOH})\; c(\tfrac{1}{2}\,\mathrm{H_2SO_4})}} = \boldsymbol{V(\mathrm{L})}$$

Durch Einsetzen der ermittelten Werte und molaren Massen ergeben sich die beiden Größengleichungen:

(2b) $$\frac{m(\mathrm{NaOH})}{40{,}00\ \mathrm{g\ mol^{-1}} \cdot 1{,}0\ \mathrm{mol\ L^{-1}}} + \frac{m(\mathrm{KOH})}{56{,}11\ \mathrm{g\ mol^{-1}} \cdot 1{,}0\ \mathrm{mol\ L^{-1}}} = 26{,}1\ \mathrm{mL}$$

(2c) $$\frac{m(\mathrm{NaOH})}{40{,}00\ \mathrm{g\ L^{-1}}} + \frac{m(\mathrm{KOH})}{56{,}11\ \mathrm{g\ L^{-1}}} = 26{,}1\ \mathrm{mL}$$

(2d) $$\frac{m(\mathrm{NaOH})}{0{,}04000\ \mathrm{g}} + \frac{m(\mathrm{KOH})}{0{,}05611\ \mathrm{g}} = 26{,}1$$

(2e) $$m(\mathrm{KOH}) = \left[26{,}1 - \frac{m(\mathrm{NaOH})}{0{,}04000\ \mathrm{g}}\right] \cdot 0{,}05611\ \mathrm{g}$$

(2f) $m(\mathrm{KOH}) = 1{,}4645\ \mathrm{g} - 1{,}4028\ m(\mathrm{NaOH})$

Mit (2f) in (1a) ergibt sich die Bestimmungsgleichung mit **einer** Unbekannten:

$m(\mathrm{NaOH}) + m(\mathrm{KOH}) = 1{,}1752\ \mathrm{g}$

$m(\mathrm{NaOH}) + 1{,}4645\ \mathrm{g} - 1{,}4028\ m(\mathrm{NaOH}) = 1{,}1752\ \mathrm{g}$

$m(\mathrm{NaOH}) - 1{,}4028\ m(\mathrm{NaOH}) = 1{,}1752\ \mathrm{g} - 1{,}4645\ \mathrm{g}$

$-\ 0{,}4028\ m(\mathrm{NaOH}) = 1{,}1752\ \mathrm{g} - 1{,}4645\ \mathrm{g}$

$$m(\mathrm{NaOH}) = \frac{1{,}1752\ \mathrm{g} - 1{,}4645\ \mathrm{g}}{0{,}4028}$$

$\underline{\boldsymbol{m(\mathrm{NaOH}) = 0{,}7182\ \mathrm{g}}}$

Für die Masse $m(\text{KOH})$ gilt dann:

$m(\text{KOH}) = 1{,}1752\ \text{g} - 0{,}7182\ \text{g}$

$\underline{\boldsymbol{m}\textbf{(KOH)} = \textbf{0,4570 g}}$

Für ein Stoffgemisch aus mehreren Komponenten müssen zwei voneinander unabhängige Gleichungen mit zwei Unbekannten gefunden werden. Deshalb müssen auch zwei voneinander unabhängige Bestimmungen durchgeführt werden.

Rechenbeispiel 7-64. In einem Mehrstoffgemisch sind die Massenanteile $w(Na_2CO_3)$ und $w(NaHCO_3)$ zu bestimmen. Zu diesem Zweck werden zunächst 1,644 g des Gemisches mit 20,5 mL Schwefelsäure-Lösung, $c(\frac{1}{2}\ H_2SO_4) = 1{,}0$ mol/L, titriert. Weitere 0,730 g liefern bei der Reaktion mit überschüssiger Säure 0,2388 g Kohlenstoffdioxid, CO_2.

Gesucht: $w(Na_2CO_3)$
$w(NaHCO_3)$

Gegeben: $m_1(\text{Probe}) = 1{,}644$ g
$m_2(\text{Probe}) = 0{,}730$ g
$V(\text{L}) = 20{,}5$ mL; $c(\frac{1}{2}\ H_2SO_4) = 1{,}0$ mol/L
$m_2(CO_2) = 0{,}2388$ g

1. Bestimmung:

Die bei der Titration notwendigen Verbräuche $V_1(\text{L})$ und $V_2(\text{L})$ für Natriumcarbonat bzw. Natriumhydrogencarbonat addieren sich zum ermittelten Gesamtverbrauch $V(\text{L})$

(1) $V_1(\text{L}) + V_2(\text{L}) = \boldsymbol{V}\textbf{(L)}$

Mit $\boldsymbol{V_i}\textbf{(L)} = \boldsymbol{n_i/c_i}\textbf{(eq) (X)} = \boldsymbol{m_i/[M_i}\textbf{(eq) (X)}\ \boldsymbol{c_i}\textbf{(eq) (X)]}$ gilt:

$$\text{(1a)}\quad \frac{m(Na_2CO_3)}{\boldsymbol{M(\frac{1}{2}\ Na_2CO_3)\ c(\frac{1}{2}\ H_2SO_4)}} + \frac{m(NaHCO_3)}{\boldsymbol{M(\frac{1}{1}\ NaHCO_3)\ c(\frac{1}{2}\ H_2SO_4)}} = \boldsymbol{V}\textbf{(L)}$$

$$\text{(1b)}\quad \frac{m(Na_2CO_3)}{52{,}99\ \text{g mol}^{-1} \cdot 1{,}0\ \text{mol L}^{-1}} + \frac{m(NaHCO_3)}{84{,}01\ \text{g mol}^{-1} \cdot 1{,}0\ \text{mol L}^{-1}} = 20{,}5\ \text{mL}$$

$$\text{(1c)}\quad \frac{m(Na_2CO_3)}{52{,}99\ \text{g L}^{-1}} + \frac{m(NaHCO_3)}{84{,}01\ \text{g L}^{-1}} = 20{,}5\ \text{mL}$$

$$\text{(1d)}\quad \frac{m(Na_2CO_3)}{0{,}05299\ \text{g}} + \frac{m(NaHCO_3)}{0{,}08401\ \text{g}} = 20{,}5$$

$$(1\,e)\quad m(NaHCO_3) = \left[20{,}5 - \frac{m(Na_2CO_3)}{0{,}05299\ g}\right] \cdot 0{,}08401\ g$$

$$(1\,f)\quad m(NaHCO_3) = 1{,}7222\ g - 1{,}5854\ m(Na_2CO_3)$$

2. Bestimmung:

Die entstandene Stoffportion an CO_2 muß auf die Einwaage in der ersten Bestimmung bezogen werden, um die geforderten zwei voneinander unabhängigen Gleichungen mit zwei Unbekannten zu erhalten. Dabei stehen die Quantitäten an CO_2 im gleichen Verhältnis wie die Quantitäten des verwendeten Gemisches:

$$(2)\quad \frac{m_1(CO_2)}{m_2(CO_2)} = \frac{m_1(\text{Probe})}{m_2(\text{Probe})} \Longrightarrow m_1(CO_2) = m_2(CO_2) \cdot \frac{m_1(\text{Probe})}{m_2(\text{Probe})}$$

$$(2\,a)\quad m_1(CO_2) = 0{,}2388\ g \cdot \frac{1{,}644\ g}{0{,}730\ g} = 0{,}5378\ g$$

Für die zugrunde liegende Reaktion gilt:

$$(2\,b)\quad n(Na_2CO_3) + n(NaHCO_3) = n(CO_2)$$

Mit $\boldsymbol{n_i = m_i/M_i}$ ergibt sich:

$$(2\,c)\quad \frac{m(Na_2CO_3)}{\boldsymbol{M(Na_2CO_3)}} + \frac{m(NaHCO_3)}{\boldsymbol{M(NaHCO_3)}} = \frac{\boldsymbol{m(CO_2)}}{\boldsymbol{M(CO_2)}}$$

Die Multiplikation von (2c) mit der molaren Masse $M(CO_2)$ führt zu:

$$(2\,d)\quad m(Na_2CO_3)\frac{M(CO_2)}{M(Na_2CO_3)} + m(NaHCO_3)\frac{M(CO_2)}{M(NaHCO_3)} = m(CO_2)$$

Durch Einsetzen der ermittelten Werte und molaren Massen ergeben sich die beiden Größengleichungen:

$$(2\,e)\quad m(Na_2CO_3)\frac{44{,}01\ g\ mol^{-1}}{105{,}99\ g\ mol^{-1}} + m(NaHCO_3)\frac{44{,}01\ g\ mol^{-1}}{84{,}01\ g\ mol^{-1}} = 0{,}5378\ g$$

$$(2\,f)\quad 0{,}41523\ m(Na_2CO_3) + 0{,}52387\ m(NaHCO_3) = 0{,}5378\ g$$

Durch Einsetzen von (1 f) in (2 f) ergeben sich:

$$0{,}41523\ m(Na_2CO_3) + 0{,}52387\ [1{,}7222\ g - 1{,}5854\ m(Na_2CO_3)] = 0{,}5378\ g$$

$$0{,}41523\ m(Na_2CO_3) - 0{,}83054\ m(Na_2CO_3) = 0{,}5378\ g - 0{,}90221\ g$$

$$(0{,}41523 - 0{,}83054)\ m(\mathrm{Na_2CO_3}) = 0{,}5378\ \mathrm{g} - 0{,}90221$$

$$m(\mathrm{Na_2CO_3}) = \frac{0{,}5378\ \mathrm{g} - 0{,}90221\ \mathrm{g}}{0{,}41523 - 0{,}83054}$$

$$\underline{\boldsymbol{m(\mathrm{Na_2CO_3}) = 0{,}8772\ \mathrm{g}}}$$

Mit der Definitionsgleichung für den Massenanteil gilt:

$$w(\mathrm{Na_2CO_3}) = \frac{m(\mathrm{Na_2CO_3})}{m_1(\mathrm{Probe})} = \frac{0{,}877\ \mathrm{g}}{1{,}644\ \mathrm{g}}$$

$$\underline{\boldsymbol{w(\mathrm{Na_2CO_3}) = 0{,}5336 = 53{,}36\%}}$$

Mit (1 f) errechnet sich die Masse $m(\mathrm{NaHCO_3})$:

$$m(\mathrm{NaHCO_3}) = 1{,}7222\ \mathrm{g} - 1{,}5854\ m(\mathrm{Na_2CO_3}) = 1{,}7222\ \mathrm{g} - 1{,}5854 \cdot 0{,}8772\ \mathrm{g}$$

$$\underline{\boldsymbol{m(\mathrm{NaHCO_3}) = 0{,}3315\ \mathrm{g}}}$$

Mit der Definitionsgleichung für den Massenanteil gilt:

$$w(\mathrm{NaHCO_3}) = \frac{m(\mathrm{NaHCO_3})}{m_1(\mathrm{Probe})} = \frac{0{,}3315\ \mathrm{g}}{1{,}644\ \mathrm{g}}$$

$$\underline{\boldsymbol{w(\mathrm{NaHCO_3}) = 0{,}2016 = 20{,}16\%}}$$

Übungsaufgaben:

7-81. 304 mg eines NaCl-KCl-Gemisches werden in Wasser gelöst und mit Silbernitrat-Lösung gefällt. Die Auswaage an Silberchlorid beträgt 615,6 mg. Wie sind die Massenanteile $w(\mathrm{NaCl})$ und $w(\mathrm{KCl})$ im Gemisch?

7-82. Bei der Titration von 0,2750 g eines KCl-KBr-Gemisches werden 35,8 mL Silbernitrat-Lösung, $c(\frac{1}{1}\ \mathrm{AgNO_3}) = 0{,}1$ mol/L, benötigt. Wie groß sind die Massenanteile der beiden Komponenten, wenn das Gemisch noch 1% Restfeuchte besitzt?

7.6 Aufgaben (zu Kapitel 7)

7-1. Welche analytischen Faktoren ergeben sich für gravimetrische Bestimmungen mit den folgenden Wägeformen und gesuchten Stoffen?

Wägeform	Gesuchter Stoff
a) Al_2O_3	$AlCl_3 \cdot 6\ H_2O$
b) $CaC_2O_4 \cdot H_2O$	$Ca(HCO_3)_2$
c) $Mn_2P_2O_7$	Mn
d) CuSCN	Cu
e) $Mg_2P_2O_7$	PO_4^{3-}

7-2. Bei gravimetrischen Bestimmungen ergaben sich die folgenden Auswaagen an Niederschlägen:

a) $m(AgCl) = 0{,}8195$ g
b) $m(CaC_2O_4) = 0{,}3447$ g
c) $m(Mn_2P_2O_7) = 0{,}6169$ g
d) $m[Al(C_9H_6ON)_3] = 1{,}053$ g

Wie groß sind die Massen von a) Silber, Ag, b) Calciumoxid, CaO, c) Mangandichlorid-tetrahydrat, $MnCl_2 \cdot 4\ H_2O$ und d) Aluminiumoxid, Al_2O_3, in den Analysenproben?

7-3. Welche Stoffmengen (in Millimol) ergeben sich für die gesuchten Stoffe in Aufgabe 7-2?

7-4. 200 L eines Abgases von 38 °C und 1024 mbar werden durch eine Kupfer(II)-sulfat-Lösung geleitet. Dabei fallen 482,6 mg Kupfersulfid, CuS, aus. a) Wieviel Liter Hydrogensulfid, H_2S, enthielt das Abgas? Wie groß sind b) der Volumenanteil $\varphi(H_2S)$, c) die Massenkonzentration $\beta(H_2S)$ und d) die Stoffmengenkonzentration $c(H_2S)$ des Abgases?

7-5. Bei der Bestimmung des Eisengehaltes einer Legierung wurden bei einer Einwaage von 0,5027 g Legierung 0,1126 g Eisen(III)-oxid, Fe_2O_3, ausgewogen. Wie groß ist der Massenanteil $w(Fe)$ der Legierung?

7-6. 5,016 g Schwefelsäure-Lösung $\rho = 1{,}087$ g/mL, werden im Meßkolben mit Wasser auf 250 mL verdünnt. 25,0 mL der Verdünnung ergeben 154,8 mg Bariumsulfat, $BaSO_4$. a) Wie Gramm der Probe werden zur Fällung gebracht? b) Wieviel Gramm reine Schwefelsäure enthält die gesamte Probe? Wie groß sind c) der Massenanteil $w(H_2SO_4)$, d) die Massenkonzentration $\beta(H_2SO_4)$ und e) die Stoffmengenkonzentration $c(H_2SO_4)$ der Probe?

7-7. 9,850 g Nitriersäure (HNO_3/H_2SO_4-Gemisch) werden auf 250 mL verdünnt. 10,0 mL dieser Verdünnung ergeben 282,1 mg Bariumsulfat, $BaSO_4$. a) Wie groß ist der Massenanteil $w(H_2SO_4)$ der Nitriersäure? b) Wie groß ist die Stoffmengenkonzentration $c(H_2SO_4)$ der Verdünnung?

7-8. Bei Routineuntersuchungen von Aluminiumsalz-Lösungen werden die Proben im Meßkolben auf 250 mL aufgefüllt und 50,0 mL der Verdünnung zur Fällung gebracht. Dabei soll eine Auswaage von 250 mg an Aluminiumoxinat, $Al(C_9H_6ON)_3$, möglichst nicht überschritten werden. Wieviel Gramm der Probe-Lösung sind maximal einzuwiegen, wenn der Massenanteil w(Al) mindestens 4,00% betragen kann?
$[Al/Al(C_9H_6ON)_3] = 0{,}05873$

7-9. Von einer feuchten, bleihaltigen Substanz, w(Pb) = 36,5%, werden 4,315 g eingewogen und getrocknet. Dabei ergibt sich eine Rückwaage von 3,964 g. Wie groß sind a) der Feuchtigkeitsgehalt und b) der Trockengehalt in dieser Substanz? c) Welcher Massenanteil an Blei ergibt sich in der trockenen Substanz?

7-10. 6,205 g kristallwasserhaltiges Natriumcarbonat werden getrocknet. Der Rückstand wiegt 2,298 g. a) Wie groß war der Feuchtigkeitsgehalt in der Probe? b) Wieviel Mol Kristallwasser enthält 1 mol des Salzes?
$M(Na_2CO_3) = 105{,}99$ g/mol; $M(H_2O) = 18{,}02$ g/mol

7-11. 5,455 g eines wasserhaltigen Fettes, $w(H_2O) = 17{,}9\%$, werden verbrannt. Der Ascherückstand wiegt 79,5 mg. Wie groß ist Aschegehalt w(Asche) bezogen auf das trockene Fett?

7-12. 4,756 g eines feuchten Kalksteins, $CaCO_3$, werden bei 1000 °C bis zur Massekonstanz geglüht. Als Glührückstand verbleiben 2,266 g Calciumoxid, CaO. Wie groß sind a) der Glührückstand w(Glührückstand) und b) der Feuchtigkeitsgehalt $w(H_2O)$ des eingesetzten Kalksteins?

7-13. Wieviel Gramm der folgenden Urtitersubstanzen X sind abzuwiegen, wenn die Volumina V an Maßlösung mit der Stoffmengenkonzentration $c(\frac{1}{z^*}X)$ angesetzt werden sollen?

V	$c(\frac{1}{z^*}X)$
a) 1,00 L	$c[\frac{1}{2}(COOH)_2] = 0{,}5$ mol/L
b) 5,00 L	$c(\frac{1}{1}Na_2S_2O_3) = 0{,}1$ mol/L
c) 250 mL	$c(\frac{1}{6}K_2Cr_2O_7) = 2{,}0$ mol/L
d) 500 mL	$c(\frac{1}{6}KBrO_3) = 0{,}2$ mol/L
e) 2,00 L	$c(\frac{1}{1}AgNO_3) = 0{,}1$ mol/L

7-14. Wieviel Milliliter Schwefelsäure-Lösung, $w(H_2SO_4) = 31{,}4\%$, $\rho = 1{,}230$ g/mL, muß man mit Wasser auffüllen, um a) 5,00 L Maßlösung, $c(\frac{1}{2}H_2SO_4) = 0{,}2$ mol/L, und und b) 250 mL Maßlösung, $c(\frac{1}{2}H_2SO_4) = 1{,}0$ mol/L, zu erhalten?

7-15. Wieviel Milliliter Salzsäure, c(HCl) = 2,60 mol/L, müssen abgemessen werden, um 500 mL Salzsäure, c(HCl) = 0,2 mol/L, anzusetzen?

7-16. Wieviel Milliliter Wasser sind zu 250 mL Natronlauge, $\tilde{c}(NaOH) = 0{,}1$ mol/L, $t = 1{,}048$, zuzugeben, damit eine Maßlösung, $c(NaOH) = 0{,}1$ mol/L entsteht?

7-17. Welche Volumina V an Maßlösungen mit den Äquivalentkonzentrationen $c(\frac{1}{z^*}X)$ lassen sich aus den Massen $m(X)$ herstellen?

$c(\frac{1}{z^*}X)$	$m(X)$
a) $c(\frac{1}{1}NH_4SCN) = 0{,}5$ mol/L	40,0 g
b) $c(\frac{1}{2}Na_2CO_3) = 1{,}0$ mol/L	36,5 g
c) $c(\frac{1}{5}KMnO_4) = 0{,}2$ mol/L	4,75 g
d) $c(\frac{1}{3}KMnO_4) = 0{,}1$ mol/L	300 mg

7-18. Eine Kaliumbromat-Lösung soll bei einer Redoxtitration 0,100 mol Elektronen pro Liter aufnehmen. Wieviel Gramm Kaliumbromat sind zur Herstellung von 5,00 L dieser Lösung notwendig?

7-19. Wieviel Milliliter der folgenden Lösungen sind 25,0 mL Schwefelsäure-Lösung, $c(H_2SO_4) = 0{,}5$ mol/L äquivalent?

a) Natronlauge, $c(\frac{1}{1}NaOH) = 0{,}1$ mol/L
b) Calciumhydroxid-Lösung, $c[\frac{1}{2}Ca(OH)_2] = 0{,}1$ mol/L
c) Kalilauge, $\tilde{c}(\frac{1}{1}KOH) = 1{,}0$ mol/L, $t = 0{,}992$

7-20. 10,0 mL einer Kalilauge werden auf 100,0 mL verdünnt. 25,0 mL dieser Verdünnung verbrauchen zur Neutralisation 24,4 mL Schwefelsäure-Lösung, $\tilde{c}(\frac{1}{1}H_2SO_4) = 0{,}1$ mol/L, $t = 1{,}023$. Welche Äquivalentkonzentration $c(\frac{1}{1}KOH)$ hat die eingesetzte Kalilauge?

7-21. 25,0 mL Natriumthiosulfat-Lösung, $\tilde{c}(\frac{1}{1}Na_2S_2O_3) = 0{,}1$ mol/L, $t = 0{,}984$, verbrauchen bei der Titration 40,7 mL einer Iod-Lösung. Welche Äquivalentkonzentration $c(\frac{1}{2}I_2)$ hat die Iod-Lösung?

7-22. 300,0 mL einer Schwefelsäure-Lösung, $\tilde{c}(\frac{1}{2}H_2SO_4) = 0{,}1$ mol/L, enthalten 1,315 g Schwefelsäure, H_2SO_4. Wie ist der Titer der Maßlösung?

7-23. 25,0 mL Salzsäure, $\tilde{c}(\frac{1}{1}HCl) = 1{,}0$ mol/L, $t = 1{,}002$, verbrauchen 25,8 mL Natronlauge, $\tilde{c}(\frac{1}{1}NaOH) = 1{,}0$ mol/L. Welchen Titer hat die Natronlauge?

7-24. Zur Titerstellung einer Kaliumpermanganat-Lösung, $\tilde{c}(\frac{1}{5}KMnO_4) = 0{,}1$ mol/L, werden 185,0 mg Natriumoxalat, $Na_2C_2O_4$, eingewogen, in Wasser gelöst und nach Zugabe von Schwefelsäure-Lösung mit der Maßlösung titriert.

$$2\,MnO_4^- + 5\,C_2O_4^{2-} + 16\,H^+ \longrightarrow 2\,Mn^{2+} + 10\,CO_2 + 8\,H_2O$$

Welchen Titer hat die Permanganat-Lösung, wenn bei der Bestimmung 29,6 mL davon verbraucht werden? $M(Na_2C_2O_4) = 134{,}00$ g/mol

7-25. 25,0 mL Natriumthiosulfat-Lösung, $c(\frac{1}{1}\ Na_2S_2O_3) = 0{,}1$ mol/L, reduzieren 0,3214 g Iod. Wie groß ist ihr Titer?

$$I_2 + 2\ S_2O_3^{2-} \longrightarrow 2\ I^- + S_4O_6^{2-}$$

7-26. Im sauren Bereich reagieren MnO_4^--Ionen zu Mn^{2+}-Ionen. Wie groß ist die molare Masse $M(\frac{1}{z^*}\ KMnO_4)$? $M(KMnO_4) = 158{,}03$ g/mol

7-27. Wieviel Milliliter Salzsäure, $c(\frac{1}{1}\ HCl) = 0{,}1$ mol/L, werden zur vollständigen Neutralisation von 0,1375 g Natriumcarbonat, Na_2CO_3, benötigt?

7-28. Wieviel Gramm einer Oxalsäure-Lösung, $w(H_2C_2O_4) = 7{,}50\%$, müssen eingewogen werden, damit 25,0 mL Kalilauge, $\tilde{c}(\frac{1}{1}\ KOH) = 0{,}1$ mol/L, $t = 1{,}078$, bei der Titration verbraucht werden?

7-29. Eine Schwefelsäure-Probe verbraucht zur vollständigen Neutralisation 29,7 mL Natronlauge, $\tilde{c}(\frac{1}{1}\ NaOH) = 0{,}1$ mol/L, $t = 0{,}970$. Wieviel Gramm Schwefelsäure, H_2SO_4, enthielt die Probe?

7-30. 25,0 m^3 eines sauren Abwassers sollen vor dem Ablassen in ein Klärbecken neutralisiert werden. Wieviel Kilogramm Löschkalk, $w[Ca(OH)_2] = 88{,}5\%$, sind dazu notwendig, wenn 100,0 mL Abwasser zur vollständigen Neutralisation 25,7 mL Natronlauge, $\tilde{c}(\frac{1}{1}\ NaOH) = 0{,}1$ mol/L, $t = 1{,}105$, verbrauchen?

7-31. Von einer Ammoniak-Lösung, $\rho = 0{,}958$ g/mL, werden 6,106 g eingewogen und auf 250,0 mL verdünnt. 50,0 mL der verdünnten Lösung verbrauchen zur Neutralisation 39,4 mL Salzsäure, $c(\frac{1}{1}\ HCl) = 0{,}1$ mol/L. Wie groß sind a) der Massenanteil $w(NH_3)$, b) die Massenkonzentration $\beta(NH_3)$ und c) die Stoffmengenkonzentration $c(NH_3)$ der eingesetzten Ammoniak-Lösung?

7-32. 1,454 g einer Dicarbonsäure verbrauchen zur vollständigen Neutralisation 27,7 mL Natronlauge, $\tilde{c}(\frac{1}{1}\ NaOH) = 1{,}0$ mol/L, $t = 1{,}009$. Welche molare Masse M(Dicarbonsäure) hat die Säure?

7-33. In Wasser, das in einem Behälter vorgelegt ist, werden 575 g Soda, $w(Na_2CO_3) = 98{,}1\%$, eingerührt. 50,0 mL der entstehenden Lösung verbrauchen zur völligen Neutralisation 34,3 mL Salzsäure, $c(\frac{1}{1}\ HCl) = 0{,}1$ mol/L. a) Wieviel Liter Lösung sind im Behälter? b) Wie groß ist die Massenkonzentration $\beta(Na_2CO_3)$ dieser Lösung?

7-34. 100,0 mL einer eisenhaltigen Lösung werden mit verdünnter Schwefelsäure-Lösung angesäuert, mit Wasser auf ca. 200 mL verdünnt und mit 30,2 mL Kaliumpermanganat-Lösung, $c(\frac{1}{5}\ KMnO_4) = 0{,}1$ mol/L titriert. a) Wieviel Milligramm Fe^{2+}-Ionen enthält die Probe? b) Wie groß ist die Massenkonzentration $\beta(FeSO_4)$ der Lösung?

7-35. 25,0 mL einer Natriumnitrit-Lösung verbrauchen bei der Titration 23,1 mL Kaliumpermangant-Lösung, $\tilde{c}(\frac{1}{5}\,KMnO_4) = 0{,}1$ mol/L, $t = 0{,}972$. Wie groß sind a) die Stoffmengenkonzentration $c(NaNO_2)$ und b) die Massenkonzentration $\beta(NaNO_2)$ dieser Lösung?

$$BrO_3^- + 6\,e + 6\,H^+ \longrightarrow Br^- + 3\,H_2O$$

7-36. 3,855 g einer Wasserstoffperoxid-Lösung werden im Meßkolben auf 100,0 mL verdünnt. 25,0 mL davon verbrauchen bei der Titration 30,3 mL Kaliumpermanganat-Lösung, $c(\frac{1}{5}\,KMnO_4) = 0{,}05$ mol/L. Wie groß ist der Massenanteil $w(H_2O_2)$ der eingesetzten Lösung?

$$5\,H_2O_2 + 2\,MnO_4^- + 6\,H^+ \longrightarrow 5\,O_2 + 2\,Mn^{2+} + 8\,H_2O$$

7-37. 50,0 mL $FeSO_4$-Lösung, $\beta(Fe^{2+}) = 10{,}0$ g/L, werden zu 200 mL einer schwefelsauren Kaliumpermanganat-Lösung, $\tilde{c}(\frac{1}{5}\,KMnO_4) = 0{,}1$ mol/L, $t = 1{,}002$, gegeben. a) Wie groß ist die Stoffmengenkonzentration $c(\frac{1}{5}\,KMnO_4)$ danach noch in der veränderten Lösung? b) Wieviel Milliliter $FeSO_4$-Lösung hätte man zur vollständigen Reduktion der Permanganat-Lösung zugeben müssen?

7-38. a) Wieviel Milligramm Kaliumdichromat, $K_2Cr_2O_7$, sind 25,0 mL Natriumthiosulfat-Lösung, $\tilde{c}(\frac{1}{1}\,Na_2S_2O_3) = 0{,}1$ mol/L, $t = 1{,}076$, äquivalent? b) Wieviel Milliliter Lösung, $c(K_2Cr_2O_7) = 0{,}1$ mol/L, wären ebenfalls äquivalent?

7-39. Wieviel Milliliter Iod-Lösung, $\tilde{c}(\frac{1}{2}\,I_2) = 0{,}1$ mol/L, $t = 0{,}957$, sind notwendig, um 18,7 mL einer Natriumthiosulfat-Lösung, $\tilde{c}(\frac{1}{1}\,Na_2S_2O_3) = 0{,}1$ mol/L, $t = 1{,}100$, zu oxidieren?

$$I_2 + 2\,S_2O_3^{2-} \longrightarrow 2\,I^- + S_4O_6^{2-}$$

7-40. 1,216 g Natriumhypochlorit-Lösung werden mit einem Überschuß an Kaliumiodid-Lösung versetzt und mit Salzsäure angesäuert. Das dabei freigesetzte Iod wird mit 26,2 mL Natriumthiosulfat-Lösung, $c(\frac{1}{1}\,Na_2S_2O_3) = 0{,}1$ mol/L, titriert. Wie groß ist der Massenanteil $w(NaClO)$ der eingesetzten Hypochlorit-Lösung?

$$ClO^- + 2\,I^- + 2\,H^+ \longrightarrow Cl^- + I_2 + H_2O$$

$$I_2 + 2\,S_2O_3^{2-} \longrightarrow 2\,I^- + S_4O_6^{2-}$$

7-41. Die molare Masse einer ungesättigten Verbindung wurde mit 120 g/mol bestimmt. 0,2062 g davon werden mit 50,0 mL Iod-Lösung, $c(\frac{1}{2}\,I_2) = 0{,}1$ mol/L, versetzt. Zur Rücktitration des unverbrauchten Iods sind 31,2 mL Natriumthiosulfat-Lösung, $c(\frac{1}{1}\,Na_2S_2O_3) = 0{,}05$ mol/L, notwendig. Wieviel Doppelbindungen enthält 1 Molekül der ungesättigten, organischen Verbindung?

7-42. 0,6647 g einer Salzes werden zur Bestimmung des Chloridgehaltes eingewogen, in Wasser gelöst und auf 100,0 mL aufgefüllt. 25,0 mL dieser Verdünnung verbrauchen bei der Titration 22,9 mL Silbernitrat-Lösung, $\tilde{c}(\frac{1}{1} AgNO_3) = 0{,}1$ mol/L, $t = 1{,}021$. Wie groß ist der Massenanteil $w(Cl^-)$ der Salzprobe?

7-43. 13,332 g einer salzsauren Natriumchlorid-Lösung werden auf 250,0 mL verdünnt. 50,0 mL davon verbrauchen zur Neutralisation 24,3 mL Natronlauge, $c(\frac{1}{1} NaOH) = 0{,}1$ mol/L. Weitere 25,0 mL der verdünnten Lösung verbrauchen zur Fällung 28,7 mL Silbernitrat-Lösung, $c(\frac{1}{1} AgNO_3) = 0{,}1$ mol/L. Wie groß ist der Massenanteil $w(NaCl)$ der eingesetzten Lösung?

7-44. Bei einer komplexometrischen Bestimmung werden 25,0 mL einer cobalthaltigen Lösung auf 250,0 mL verdünnt. 50,0 mL davon verbrauchen bei der Titration 27,2 mL EDTA-Lösung, $c(EDTA) = 0{,}01$ mol/L. Wieviel Milligramm Cobalt enthält die Ausgangslösung?

7-45. Bei der Bestimmung der Gesamthärte einer Wasserprobe verbrauchen 100 mL davon bei der Titration 17,3 mL EDTA-Lösung, $c(EDTA) = 0{,}01$ mol/L. Wie groß ist die Gesamthärte c(Gesamthärtebildende Ionen) in Millimol/Liter der Wasserprobe?

7-46. Die Säurezahl eines Säure-Ester-Gemisches liegt voraussichtlich bei ca. 150. Wieviel Gramm dieses Gemisches müssen für eine Titration eingewogen werden, wenn der Verbrauch an ethanolischer Kalilauge, $c(\frac{1}{1} KOH) = 0{,}5$ mol/L, bei 25,0 mL liegen soll?

7-47. Zur Bestimmung der Verseifungszahl eines Fettes werden 3,750 g davon mit 50,0 mL Kalilauge, $c(\frac{1}{1} KOH) = 0{,}5$ mol/L, am Rückfluß gekocht. Der Überschuß an Kalilauge wird mit 25,8 mL Salzsäure, $c(\frac{1}{1} HCl) = 0{,}5$ mol/L, zurückgenommen. Ein Blindversuch mit ebenfalls 50,0 mL ethanolischer Kalilauge ergab einen Verbrauch von 49,6 mL der Salzsäure. Wie groß ist die Verseifungszahl des Fettes? $M(KOH) = 56{,}11$ g/mol

7-48. 1,800 g einer Probe werden mit 50,0 mL Kalilauge, $c(\frac{1}{1} KOH) = 0{,}5$ mol/L, verseift. Der Laugenüberschuß wird anschließend mit 35,1 mL Salzsäure, $c(\frac{1}{1} HCl) = 0{,}5$ mol/L, zurücktitriert. Für die Neutralisation der freien Säure werden 2,789 g der Probe eingewogen und mit 14,9 mL Kalilauge, $c(\frac{1}{1} KOH) = 0{,}5$ mol/L, titriert. Wie groß sind a) die Verseifungszahl, b) die Säurezahl und c) die Esterzahl der Probe?
$M(KOH) = 56{,}11$ g/mol

7-49. Zur Bestimmung einer Jodzahl eines Öls werden 0,9556 g abgewogen und mit 50,0 mL Bromlösung versetzt. Der Brom-Überschuß wird mit 38,2 mL Natriumthiosulfat-Lösung, $c(\frac{1}{1} Na_2S_2O_3) = 0{,}1$ mol/L, zurückgenommen. In einem Blindversuch verbrauchten 20,0 mL Bromlösung 30,8 mL der gleichen Natriumthiosulfat-Lösung. Wie groß ist die Iodzahl des Öls?

7-50. Wieviel Milliliter Natronlauge, $\tilde{c}(\frac{1}{1} NaOH) = 1{,}0$ mol/L, $t = 0{,}982$, werden zur vollständigen Neutralisation von 0,988 g Oleum, $w(SO_3$, frei$) = 30{,}0\%$, verbraucht?

7-51. 1,192 g Oleum werden mit 25,6 mL Natronlauge, $\tilde{c}(\frac{1}{1}\text{NaOH}) = 0{,}1$ mol/L, $t = 0{,}983$, neutralisiert. Wie groß ist der Massenanteil $w(SO_3$, frei) der untersuchten Probe?

7-52. Bei einer Stickstoffbestimmung nach Kjeldahl in einer organischen Substanz werden 150,2 mg davon eingewogen. Das entstehende Ammoniak wird in eine mit 50,0 mL Salzsäure, $c(\frac{1}{1}\text{HCl}) = 0{,}1$ mol/L, beschickte Vorlage überdestilliert. Der Säure-Überschuß wird mit mit 32,6 mL Natronlauge, $\tilde{c}(\frac{1}{1}\text{NaOH}) = 0{,}1$ mol/L, $t = 1{,}067$, zurücktitriert. Wie groß ist der Massenanteil $w(\text{N})$ in der organischen Substanz?

7-53. 1,556 g eines Salzgemisches aus Kaliumsulfat, K_2SO_4, und Magnesiumsulfat, $MgSO_4$, werden in Wasser gelöst und auf 250,0 mL aufgefüllt. Aus 50,0 mL dieser Verdünnung lassen sich mit Bariumchlorid-Lösung 0,4775 g Bariumsulfat ausfällen. Wie groß sind die Massenanteile $w(K_2SO_4)$ und $w(MgSO_4)$ im Gemisch?

7-54. 1,583 g eines Salzgemisches aus, Natriumcarbonat, Na_2CO_3, Natriumhydrogencarbonat, $NaHCO_3$, und Natriumchlorid, NaCl, verbrauchen zur Neutralisation 19,7 mL Schwefelsäure-Lösung, $c(\frac{1}{1}\,H_2SO_4) = 0{,}1$ mol/L. Aus 0,6330 g lassen sich mit überschüssiger Säure 113,1 mL Kohlenstoffdioxid, CO_2, von 20 °C und 1013 mbar freisetzen. Wie groß sind die Massenanteile $w(Na_2CO_3)$, $w(NaHCO_3)$ und $w(\text{NaCl})$ des Gemisches?

Anhang: Molare Massen wichtiger Elemente

X	Name	$M(X)$/g/mol	X	Name	$M(X)$/g/mol
Ag	Silber	107,87	Mn	Mangan	54,94
Al	Aluminium	26,98	Mo	Molybdän	95,94
Ar	Argon	39,95	N	Stickstoff	14,01
As	Arsen	74,92	Na	Natrium	22,99
Au	Gold	196,97	Nb	Niob	92,91
B	Bor	10,81	Ne	Neon	20,18
Ba	Barium	137,33	Ni	Nickel	58,70
Be	Beryllium	9,01	O	Sauerstoff	16,00
Bi	Wismut	208,98	Os	Osmium	190,2
Br	Brom	79,90	P	Phosphor	30,97
C	Kohlenstoff	12,01	Pb	Blei	207,2
Ca	Calcium	40,08	Pd	Palladium	106,4
Cd	Cadmium	112,41	Pt	Platin	195,09
Ce	Cer	140,12	Ra	Radium	226,03
Cl	Chlor	35,45	Rb	Rubidium	85,47
Co	Kobalt	58,93	S	Schwefel	32,06
Cr	Chrom	52,00	Sb	Antimon	121,75
Cs	Cäsium	132,91	Sc	Scandium	44,96
Cu	Kupfer	63,55	Se	Selen	78,96
F	Fluor	19,00	Si	Silicium	28,09
Fe	Eisen	55,85	Sn	Zinn	118,69
Ga	Gallium	69,72	Sr	Strontium	87,62
Ge	Germanium	72,59	Ta	Tantal	180,95
H	Wasserstoff	1,008	Te	Tellur	127,60
Hf	Hafmium	178,49	Tl	Thallium	180,95
Hg	Quecksilber	200,59	U	Uran	238,03
I	Iod	126,90	V	Vanadium	50,94
Ir	Iridium	199,22	W	Wolfram	183,85
K	Kalium	39,10	Xe	Xenon	131,30
Kr	Krypton	83,80	Y	Yttrium	88,91
La	Lanthan	138,91	Zn	Zink	65,38
Li	Lithium	6,94	Zr	Zirkonium	91,22
Mg	Magnesium	24,31			

Literatur

Zitierte Literatur

[1] DIN 32629, *Stoffportion – Begriff, Kennzeichnung* (Juli 1980)

[2] *Gesetz zur Änderung des Gesetzes über Einheiten im Meßwesen* vom 6. Juli 1973

[3] DIN 32625, *Stoffmenge und davon abgeleitete Größen-Begriffe, Definitionen* (Juli 1980)

[4] DIN 1301, *Einheiten–Einheitennamen, Einheitenzeichen* (Oktober 1978)

[5] DIN 1343, *Normzustand, Normvolumen* (November 1975)

[6] DIN 1313, *Physikalische Größen und Gleichungen-Begriffe, Schreibweisen* (April 1978)

[7] DIN 1310, *Zusammensetzung von Mischphasen (Gasgemische, Lösungen, Mischkristalle)-Begriffe, Formelzeichen* (April 1978)

Weiterführende Literatur

DEUTSCHER NORMENAUSSCHUSS (Hrsg.) (1984): *Einheiten und Begriffe für physikalische Größen.* DIN-Taschenbuch 22, 6. Aufl. Beuth Verlag, Berlin–Köln.

EBEL, H. F. und BLIEFERT, C. (1982): *Das naturwissenschaftliche Manuskript.* Verlag Chemie, Weinheim–Deerfield Beach–Basel.

EBEL, H. F. und BLIEFERT, C. (1990): *Schreiben und Publizieren in den Naturwissenschaften.* VCH, Weinheim–New York–Basel–Cambridge.

GÜBITZ, T., HAUBOLD, G. und Stoll, C. (1989): *Analytisches Praktikum: Quantitative Analyse.* VCH, Weinheim–Basel–Cambridge–New York.

JANDER, G. und BLASIUS, E. (1984): *Einführung in das anorganisch-chemische Praktikum.* S. Hirzel Verlag, Stuttgart.

ANDER, G. und andere. (1973): *Maßanalyse.* Walter de Gruyter, Berlin–New York.

KÜSTER, F. W. (1982): *Rechentafeln für die Chemische Analytik.* 102. Aufl. Walter de Gruyter, Berlin–New York.

KULLBACH, W. (1980): *Mengenberechnungen in der Chemie.* Verlag Chemie, Weinheim.

POETHKE, W. (1980): *Praktikum der Maßanalyse.* Verlag Harri Deutsch, Thun und Frankfurt (Main).

YNOWIETZ, C. und SCHÄFER, K. (Hrsg.) (1984): *Chemiker-Kalender.* 3. Aufl. Springer-Verlag, Berlin–Heidelberg–New York–Tokyo.

WITTENBERGER, W. (1985): *Rechnen in der Chemie.* 12. Aufl. Springer-Verlag, Wien–New York.

Ergebnisse der Übungsaufgaben

zu Kapitel 1

1-1. **a)** $N(NH_3) = 3{,}764 \cdot 10^{23}$
b) $V_n(NH_3) = 14{,}00$ L
c) $m(NH_3) = 10{,}64$ g
1-2. **a)** $N(C_6H_5CH_3) = 8{,}73 \cdot 10^{26}$
b) $m(C_6H_5CH_3) = 133{,}6$ g
1-3. **a)** $m(H_2) = 202$ g
b) $V(H_2) = 2240$ L
c) $N(H_2) = 6{,}022 \cdot 10^{25}$
1-4. **a)** $N(CH_3OH) = 7{,}618 \cdot 10^{24}$
b) $m(CH_3OH) = 405{,}3$ g
c) $V(CH_3OH) = 511{,}8$ mL
1-5. $V(N_2) = 2{,}38$ L
1-6. $V(O_2) = 595$ L
1-7. $V(H_2S) = 829$ L
1-8. **a)** $n(S) = 157{,}8$ mol
b) $m(S) = 5{,}058$ kg
1-9. **a)** $n(CH_3OH) = 1166{,}5$ mol
b) $m(CH_3OH) = 37{,}38$ kg
1-10. **a)** $n(CO_2) = 47{,}33$ mmol
b) $m(CO_2) = 2{,}082$ g
c) $V(CO_2) = 1{,}060$ L
1-11. **a)** $n(C_3H_8O_3) = 166$ mol
b) $V(C_3H_8O_3) = 12{,}1$ L
c) $m(C_3H_8O_3) = 15{,}3$ kg
1-12. **a)** $V(SO_2) = 145$ L
b) $V(SO_2) = 50$ L
c) $V(SO_2) = 2008$ L
1-13. **a)** $N(C_7H_8) = 1{,}6343 \cdot 10^{27}$
b) $n(C_7H_8) = 2{,}7136$ kmol
c) $V(C_7H_8) = 288{,}4$ L
1-14. **a)** $V(NH_3) = 56{,}0$ L
b) $N(NH_3) = 1{,}5046 \cdot 10^{24}$
c) $n(NH_3) = 2{,}499$ mol
1-15. **a)** $V(N_2) = 37{,}8$ L
b) $N(N_2) = 6{,}45 \cdot 10^{23}$
c) $n(N_2) = 1{,}071$ mol
1-16. **a)** $N(C_6H_{14}) = 2{,}049 \cdot 10^{25}$
b) $n(C_6H_{14}) = 34{,}03$ mol
c) $m(C_6H_{14}) = 2{,}933$ kg
1-17. **a)** $m(NH_3) = 34{,}63$ g
b) $N(NH_3) = 1{,}225 \cdot 10^{24}$
c) $n(NH_3) = 2{,}033$ mol
1-18. **a)** $m(N_2) = 61{,}7$ g
b) $N(N_2) = 1{,}326 \cdot 10^{24}$
c) $n(N_2) = 2{,}201$ mol
1-19. $M(X) = 124{,}6$ g/mol
1-20. $M(\text{Gas}) = 28{,}96$ g/mol
1-21. $M(\text{Gas}) = 108{,}9$ g/mol
1-22. $M(\text{Gas}) = 40{,}6$ g/mol
1-23. $M(\text{Gas}) = 44{,}0$ g/mol
1-24. $M(\text{Gas}) = 43{,}9$ g/mol
1-25. $M(\text{Gas}) = 47{,}3$ g/mol
1-26. $V_m(C_6H_6) = 88{,}86$ mL/mol
1-27. $V_m(CH_3OH) =$ 40,51 mL/mol
1-28. $V_m(\text{Gas}) = 24{,}77$ L/mol
1-29. $V_m(C_2H_5OH) =$ 58,24 mL/mol
1-30. $V_m(\text{Gas}) = 35{,}8$ L/mol
1-31. $V_m(C_6H_6) = 88{,}7$ mL/mol
1-32. $V_m(C_6H_{12}) = 108{,}0$ mL/mol
1-33. $\rho(\text{Fl}) = 0{,}8394$ g/mL
1-34. $\rho(CH_2Cl_2) = 1{,}323$ g/mL
1-35. $\rho(\text{Gas}) = 0{,}0900$ g/L
1-36. $\rho(\text{Kwst}) = 1{,}200$ g/L
1-37. $\rho(N_2) = 1{,}251$ g/L
1-38. $\rho(CO_2) = 1{,}291$ g/L
1-39. $m_a(Al) = 4{,}480 \cdot 10^{-23}$ g
1-40. $m_a(O_2) = 5{,}314 \cdot 10^{-23}$ g
1-41. $m_a(PO_4^{3-}) = 1{,}5770 \cdot 10^{-22}$ g
1-42. **a)** $V_a(\text{Gas}) = 3{,}720 \cdot 10^{-23}$ L
b) $V_a(\text{Gas}) = 5{,}82 \cdot 10^{-23}$ L
1-43. **a)** $V_a(\text{Gas}) = 3{,}720 \cdot 10^{-23}$ L
b) $V_a(\text{Gas}) = 2{,}760 \cdot 10^{-23}$ L

1-44. $V_a(C_2H_5OH)$ = $9{,}672 \cdot 10^{-23}$ mL

1-45. $V_a(H_2O) = 2{,}998 \cdot 10^{-23}$ mL

1-46. $V_a(Fe) = 1{,}1890 \cdot 10^{-23}$ mL

zu Kapitel 2

2-1. $M(H_3PO_4) = 97{,}99$ g/mol

2-2. $M(Na_2SO_4 \cdot 10\ H_2O)$ = 322,20 g/mol

2-3. $M(AlF_3 \cdot 3\ NaF)$ = 209,95 g/mol

2-4. $M(OH^-) = 17{,}01$ g/mol

2-5. **a)** $M(Na_2S_2O_3) = 158{,}10$ g/mol
b) $M[FeNH_4(SO_4)_2]$ = 266,01 g/mol
c) $M[(COOH)_2 \cdot 2\ H_2O]$ = 126,07 g/mol
d) $M\{K_3[Fe(CN)_6]\}$ = 329,27 g/mol

2-6. **a)** $M(NH_4{}^+) = 18{,}04$ g/mol
b) $M(H_2PO_4{}^-) = 96{,}99$ g/mol
c) $M(CH_3COO^-) = 59{,}04$ g/mol
d) $M(ClO_3{}^-) = 83{,}45$ g/mol

2-7. $N(S) = N(H_2S)$; $N(S) = N(H)/2$

2-8. $N(Cl^-) = 2\ N(CaCl_2)$; $N(Cl^-) = 2\ N(Ca^{2+})$

2-9. $N(H_2O) = 4\ N(Mn) = 2\ N(Cl) = N(H) = N(O)/2$

2-10. **a1)** $N(O_3) = N(O)/3$
a2) $N(O) = 3\ N(O_3)$
b1) $N(Al_2O_3) = N(Al)/2 = N(O)/3$
b2) $N(Al) = 2\ N(Al_2O_3) = 2\ N(O)/3$
b3) $N(O) = 3\ N(Al_2O_3) = 3\ N(Al)/2$
c1) $N[Ca_3(PO_4)_2] = N(Ca)/3 = N(P)/2 = N(O)/8 = N(PO_4)/2$
c2) $N(Ca) = 3\ N[Ca_3(PO_4)_2] = 3\ N(P)/2 = 3\ N(O)/8 = 3\ N(PO_4)/2$
c3) $N(P) = 2\ N[Ca_3(PO_4)_2] = 2\ N(Ca)/3 = N(O)/4 = N(PO_4)$
c4) $N(O) = 8\ N[Ca_3(PO_4)_2] = 8\ N(Ca)/3 = 4\ N(P) = 4\ N(PO_4)$
c5) $N(PO_4) = 2\ N[Ca_3(PO_4)_2] = 2\ N(Ca)/3 = N(P) = N(O)/4$
d1) $N[Fe_2(SO_4)_3 \cdot 2\ H_2O] = N(Fe)/2 = N(S)/3 = N(O)/14 = N(H)/4 = N(SO_4)/3 = N(H_2O)/2$
d2) $N(Fe) = 2\ N[Fe_2(SO_4)_3 \cdot 2\ H_2O] = 2\ N(S)/3 = N(O)/7 = N(H)/2 = 2\ N(SO_4)/3 = N(H_2O)$
d3) $N(S) = 3\ N[Fe_2(SO_4)_3 \cdot 2\ H_2O] = 3\ N(Fe)/2 = 3\ N(O)/14 = 3\ N(H)/2 = N(SO_4) = 3\ N(H_2O)/2$
d4) $N(O) = 14\ N[Fe_2(SO_4)_3 \cdot 2\ H_2O] = 7\ N(Fe) = 14\ N(S)/3 = 14\ N(SO_4)/3 = 7\ N(H_2O)$
d5) $N(H) = 4\ N[Fe_2(SO_4)_3 \cdot 2\ H_2O] = 2\ N(Fe) = 4\ N(S)/3 = 2\ N(O)/7 = 4\ N(SO_4)/3 = 2\ N(H_2O)$
d6) $N(H_2O) = 2\ N[Fe_2(SO_4)_3 \cdot 2\ H_2O] = N(Fe) = 2\ N(S)/3 = N(O)/7 = N(H)/2 = 2\ N(SO_4)/3$
e1) $N(C_6H_6) = N(C)/6 = N(H)/6$
e2) $N(C) = 6\ N(C_6H_6) = N(H)$
e3) $N(H) = 6\ N(C_6H_6) = N(C)$

2-11. **a)** Richtig; **b)** Falsch; **c)** Falsch; **d)** Richtig; **e)** Falsch

2-12. $n(H_2O) = n(H)/2 = n(O)$

2-13. $n(MgBr_2) = n(Mg) = n(Br)/2$

2-14. $n[(COOK)_2 \cdot H_2O) = n(C)/2 = n(O)/5 = n(K)/2 = n(COOK)/2 = n(H_2O)$

2-15. **a)** $n(O_3) = n(O)/3$

b) $n(P_2O_5) = n(P)/2 = n(O)/5$
c) $n(Na_3PO_4) = n(Na)/3 = n(P) = n(O)/4 = n(PO_4)$
d) $n(MgSO_4 \cdot 4\ H_2O) = n(Mg) = n(S) = n(O)/8 = n(H)/8 = n(H_2O)/4 = n(SO_4)$
e) $n(C_{10}H_8) = n(C)/10 = n(H)/8$
f) $n(C_3H_8) = n(C)/3 = n(H)/8$
g) $n(N_2) = n(N)/2$
h) $n(V_2O_5) = n(V)/2 = n(O)/5$
i) $n(CuSO_4 \cdot 5\ H_2O) = n(Cu) = n(S) = n(O)/9 = n(H)/10 = n(H_2O)/5 = n(SO_4)$
j) $n(H_2O_2) = n(H)/2 = n(O)/2$

2-16. **a)** Richtig; **b)** Falsch; **c)** Falsch; **d)** Falsch; **e)** Falsch

2-17. $m(H_2O)/M(H_2O) = m(H)/2\ M(H) = m(O)/M(O)$

2-18. $m(MgBr_2)/M(MgBr_2) = m(Mg)/M(Mg) = m(Br)/2\ M(Br)$

2-19. $m[(COOK)_2 \cdot H_2O]/M[(COOK)_2 \cdot H_2O] = m(C)/2\ M(C) = m(O)/5\ M(O) = m(K)/2\ M(K) = m(H_2O)/M(H_2O) = m(COOK)/2\ M(COOK)$

2-20. **a)** $m(O_3)/M(O_3) = m(O)/3\ M(O)$
b) $m(P_2O_5)/M(P_2O_5) = m(P)/2\ M(P) = m(O)/5\ M(O)$
c) $m(Na_3PO_4)/M(Na_3PO_4) = m(Na)/3\ M(Na) = m(P)/M(P) = m(O)/4\ M(O) = m(PO_4)/M(PO_4)$
d) $m(MgSO_4 \cdot 4\ H_2O)/M(MgSO_4 \cdot 4\ H_2O) = m(Mg)/M(Mg) = m(S)/M(S) = m(O)/8\ M(O) = m(SO_4)/M(SO_4) = m(H_2O)/4\ M(H_2O)$
e) $m(C_{10}H_8)/M(C_{10}H_8) = m(C)/10\ M(C) = m(H)/8\ M(H)$
f) $m(C_3H_8)/M(C_3H_8) = m(C)/3\ M(C) = m(H)/8\ M(H)$
g) $m(N_2)/M(N_2) = m(N)/2\ M(N)$
h) $m(V_2O_5)/M(V_2O_5) = m(V)/2\ M(V) = m(O)/5\ M(O)$
i) $m(CuSO_4 \cdot 5\ H_2O)/M(CuSO_4 \cdot 5\ H_2O) = m(Cu)/M(Cu) = m(S)/M(S) = m(O)/4\ M(O) = m(SO_4)/M(SO_4) = m(H_2O)/5\ M(H_2O)$
j) $m(H_2O_2)/M(H_2O_2) = m(H)/2\ M(H) = m(O)/2\ M(O)$

2-21. $N(H) = 4 \cdot 10^{25}$
2-22. $N(C_6H_5OH) = 1{,}67 \cdot 10^{21}$
2-23. $N(C) = 2{,}8 \cdot 10^{23}$
2-24. $N(C) = 3{,}613 \cdot 10^{22}$
2-25. $N(Na_3AlF_6) = 1{,}51 \cdot 10^{24}$
2-26. $N(K) = 5{,}018 \cdot 10^{22}$
2-27. $N(Cl^-) = 4{,}124 \cdot 10^{24}$
2-28. $N(CH_3COOH) = 6{,}27 \cdot 10^{21}$
2-29. $N(Ba) = 1{,}0247 \cdot 10^{24}$
2-30. $N(N) = 4{,}30 \cdot 10^{22}$
2-31. $N(O) = 1{,}236 \cdot 10^{28}$
2-32. $N(H) = 6{,}049 \cdot 10^{25}$
2-33. $n(C) = 166{,}06$ mol
2-34. $n(K_2CO_3 \cdot 2\ H_2O) = 16{,}19$ mmol
2-35. $n(H_2O) = 6{,}767$ mol
2-36. $n(H_2O) = 26{,}5$ mol
2-37. $n(Na_3PO_4) = 2{,}75$ mol
2-38. $n(Ca^{2+}) = 2{,}5$ mol

2-39. $n(O) = 4{,}255$ mmol
2-40. $n(Na_2Cr_2O_7) = 0{,}8317$ mol
2-41. $n(SO_4^{2-}) = 1{,}334$ mol
2-42. $N(F) = 1{,}210 \cdot 10^{22}$
2-43. $n(O) = 0{,}1477$ mol
2-44. $n(C) = 0{,}23$ mol
2-45. $m(H) = 13{,}391$ g
2-46. $m(K_2CO_3 \cdot 2\ H_2O) = 2{,}242$ g
2-47. $m(H_2O) = 530$ g
2-48. $m(O) = 190$ g
2-49. $m(CaHPO_4) = 1330$ g
2-50. $m(Ca^{2+}) = 501$ g
2-51. $m(O) = 86{,}17$ g
2-52. $m(K_2Cr_2O_7) = 357{,}8$ g
2-53. $m(SO_4^{2-}) = 1{,}142$ g
2-54. $m(S) = 176{,}6$ g
2-55. $m(F) = 1{,}230$ g
2-56. $m(O) = 194{,}8$ mg
2-57. $m(O) = 67{,}3$ g
2-58. V(Aceton) = 308,9 mL
2-59. $V(C_2H_6) = 651$ mL
2-60. $V(H_2S) = 3{,}22\ m^3$
2-61. $V(C_6H_5NO_2) = 178{,}9$ mL
2-62. $V(NH_3) = 124{,}3$ L
2-63. $V(N_2) = 37{,}01$ L
2-64. $V(CS_2) = 94{,}0$ mL
2-65. $V(C_3H_8) = 3{,}11$ L
2-66. $V(CH_4) = 52$ L
2-67. **a)** $X(Cl\ in\ CHCl_3) = 60{,}00\%$
b) $X(O\ in\ N_2O_5) = 71{,}43\%$
c) $X(H\ in\ C_6H_{14}) = 70{,}00\%$
d) $X(C\ in\ C_6H_5CH_2Cl) = 46{,}67\%$
e) $X(O\ in\ O_3) = 100{,}00\%$
2-68. **a)** $X(Cl^-\ in\ CaCl_2) = 66{,}67\%$
b) $X(Na^+\ in\ Na_2CO_3) = 33{,}33\%$
c) $X[PO_4^{3-}\ in\ Ca_3(PO_4)_2] = 40{,}00\%$
d) $X(F^-\ in\ 3\ NaF \cdot AlF_3) = 60{,}00\%$
2-69. **a1)** $X(H\ in\ HNO_3) = 20{,}00\%$
a2) $X(N\ in\ HNO_3) = 20{,}00\%$
a3) $X(O\ in\ HNO_3) = 60{,}00\%$
b1) $X(P\ in\ P_2O_5) = 28{,}57\%$
b2) $X(O\ in\ P_2O_5) = 71{,}43\%$
c1) $X(C\ in\ C_6H_6) = 50{,}00\%$
c2) $X(H\ in\ C_6H_6) = 50{,}00\%$
d1) $X(C\ in\ CH_3COOH) = 25{,}00\%$
d2) $X(H\ in\ CH_3COOH) = 50{,}00\%$
d3) $X(O\ in\ CH_3COOH) = 25{,}00\%$
e1) $X(C\ in\ C_6H_5COOH) = 46{,}67\%$
e2) $X(H\ in\ C_6H_5COOH) = 40{,}00\%$
e3) $X(O\ in\ C_6H_5COOH) = 13{,}33\%$
2-70. **a)** $x(Cl\ in\ CCl_4) = 80{,}00\%$
b) $x(N\ in\ N_2O_5) = 28{,}57\%$
c) $x(C\ in\ C_5H_{12}) = 29{,}41\%$
d) $x(C\ in\ C_6H_5CHCl_2) = 46{,}67\%$
e) $x[OH\ in\ Al(OH)_3] = 75{,}00\%$
2-71. **a)** $x(Ca^{2+}\ in\ CaCl_2) = 33{,}33\%$
b) $x(Na^+\ in\ NaHCO_3) = 16{,}67\%$
c) $x(PO_4^{3-}\ in\ Na_3PO_4) = 25{,}00\%$
d) $x(Na^+\ in\ 3\ NaF \cdot AlF_3) = 30{,}00\%$
2-72. **a1)** $x(H\ in\ H_3PO_4) = 37{,}50\%$
a2) $x(P\ in\ H_3PO_4) = 12{,}50\%$
a3) $x(O\ in\ H_3PO_4) = 50{,}00\%$
b1) $x(P\ in\ P_2O_3) = 40{,}00\%$
b2) $x(O\ in\ P_2O_3) = 60{,}00$
c1) $x(C\ in\ C_6H_5CHO) = 50{,}00\%$
c2) $x(H\ in\ C_6H_5CHO) = 42{,}86\%$
c3) $x(O\ in\ C_6H_5CHO) = 7{,}14\%$
d1) $x[C\ in\ (COOH)_2] = 25{,}00\%$
d2) $x[O\ in\ (COOH)_2] = 50{,}00\%$
d3) $x[H\ in\ (COOH)_2] = 25{,}00\%$
e1) $x(C\ in\ C_6H_5COOH) = 46{,}67\%$

e2) x(H in C_6H_5COOH) = 40,00%
e3) x(O in C_6H_5COOH) = 13,33%

2-73. a) w(Cl in CCl_4) = 92,19%
b) w(N in N_2O_5) = 25,94%
c) w(C in C_5H_{12}) = 83,23%
d) w(C in $C_6H_5CHCl_2$) = 52,21%
e) w[OH in $Al(OH)_3$] = 65,41%
f) w(H_2O in $Na_2CO_3 \cdot 2\ H_2O$) = 25,37%

2-74. a) w(Ca^{2+} in $CaCl_2$) = 36,11%
b) w(Na^+ in $NaHCO_3$) = 27,37%
c) w(Na^+ in Na_3PO_4) = 42,07%
d) w(F^- in 3 NaF · AlF_3) = 54,30%

2-75. a1) w(H in H_3PO_4) = 3,09%
a2) w(P in H_3PO_4) = 31,60%
a3) w(O in H_3PO_4) = 65,31%
b1) w(P in P_2O_3) = 56,34%
b2) w(O in P_2O_3) = 43,66%
c1) w(C in C_6H_5CHO) = 79,22%
c2) w(H in C_6H_5CHO) = 5,70%
c3) w(O in C_6H_5CHO) = 15,08%
d1) w[C in $(COOH)_2$] = 26,68%
d2) w[O in $(COOH)_2$] = 71,08%
d3) w[H in $(COOH)_2$] = 2,24%
e1) w(C in C_6H_5COOH) = 68,84%
e2) w(H in C_6H_5COOH) = 4,95%
e3) w(O in C_6H_5COOH) = 26,21%

2-76. a) P_2O_5
b) C_3H_8O
c) $C_6H_7NSO_3$
d) $CaCl_2 \cdot 12\ H_2O$

2-77. a) SO_3
b) $C_3H_8O_3$
c) Na_3AlF_6
d) $CuSO_4 \cdot 5\ H_2O$

2-78. a) C_2H_6O
b) NH_4Cl
c) CH
d) C_5H_7N

2-79. a) Na_3AlF_6
b) C_2H_5I
c) $CaCl_2 \cdot 6\ H_2O$
d) C_7H_{16}
e) $Na_2B_4O_7 \cdot 10\ H_2O$

zu Kapitel 3

3-1. a) M(M) = 25,4 g/mol
b) M(M) = 152,1 g/mol
c) M(M) = 8,82 g/mol

3-2. M(M) = 31,58 g/mol

3-3. M(M) = 25,83 g/mol

3-4. a) M(M) = 21,59 g/mol
b) M(M) = 151,2 g/mol
c) M(M) = 64,04 g/mol

3-5. M(M) = 21,47 g/mol

3-6. M(M) = 18,59 g/mol

3-7. M(M) = 20,37 g/mol

3-8. a) M(M) = 86,09 g/mol
b) M(M) = 33,92 g/mol

3-9. M(M) = 22,1 g/mol

3-10. a) M(M) = 19,27 g/mol
b) M(M) = 152,3 g/mol

3-11. M(M) = 90,5 g/mol

3-12. M(M) = 87,4 g/mol

3-13. M(M) = 140,91 g/mol

3-14. a) M(M) = 41,1 g/mol
b) M(M) = 37,10 g/mol
c) M(M) = 70,31 g/mol

3-15. M(M) = 15,01 g/mol

3-16. M(M) = 70,46 g/mol

3-17. M(M) = 6,44 g/mol

3-18. M(M) = 15,53 g/mol

3-19. M(M) = 5,78 g/mol

3-20. M(M) = 5,77 g/mol

3-21. $\rho(M)$ = 0,868 g/mL
3-22. $\rho(M)$ = 0,745 g/mL
3-23. $\rho(M)$ = 0,685 g/mL
3-24. **a)** $\rho(M)$ = 0,83 g/L
b) $\rho(M)$ = 0,58 g/L
3-25. **a)** $\rho(M)$ = 1,912 g/L
b) $\rho(M)$ = 1,670 g/L
3-26. **a)** $\rho(M)$ = 0,670 g/L
b) $\rho(M)$ = 0,345 g/L
3-27. $\rho(M)$ = 0,822 g/mL
3-28. $\rho(M)$ = 1,51 g/mL
3-29. $\rho(M)$ = 0,689 g/mL
3-30. **a)** $\rho(M)$ = 1,63 g/L
b) $\rho(M)$ = 1,20 g/L
3-31. **a)** $\rho(M)$ = 0,1911 g/L
b) $\rho(M)$ = 0,1842 g/L
3-32. **a)** $\rho(M)$ = 0,1679 g/L
b) $\rho(M)$ = 0,0865 g/L
3-33. $\rho(M)$ = 0,864 g/mL
3-34. $\rho(M)$ = 0,749 g/mL
3-35. $\rho(M)$ = 0,919 g/mL
3-36. $\rho(M)$ = 0,693 g/mL
3-37. **a)** $\rho(M)$ = 0,935 g/L
b) $\rho(M)$ = 0,624 g/L
3-38. $\rho(M)$ = 1,539 g/L
3-39. $\rho(M)$ = 1,943 g/L
3-40. **a)** $\rho(M)$ = 1,018 g/L
b) $\rho(M)$ = 0,779 g/L
3-41. $c(C_2H_5OH)$ = 0,546 mol/L
3-42. $c(Cl_2)$ = 14,80 mmol/L
3-43. $c(Na^+)$ = 0,943 mol/L
3-44. $c(O)$ = 15,56 mmol/L
3-45. **a1)** $c(H_2)$ = 91,7 mmol g/L
a2) $c(O_2)$ = 22,9 mmol/L
b1) $c(N_2)$ = 1,459 mmol/L
b2) $c(NH_3)$ = 22,72 mmol/L
c1) $c(SO_2)$ = 8,64 mmol/L
c2) $c(O_2)$ = 36,0 mmol/L
3-46. **a)** $c(O)$ = 52,5 mmol/L
b) $c(O)$ = 47,8 mmol/L
3-47. **a)** $c(Na_2CO_3)$ = 75,48 mmol/L
b) $c(NaOH)$ = 3,52 mol/L
c) $c(HCl)$ = 36,2 mmol/L
3-48. $c(CH_3OH)$ = 19,5 mol/L
3-49. $c(HCl)$ = 17,0 mmol/L
3-50. $c(Cr^{6+})$ = 340 mmol/L
3-51. **a)** $c(H_2SO_4)$ = 9,18 mol/L
b) $c(HNO_3)$ = 9,99 mol/L
c) $c(H_3PO_4)$ = 6,77 mol/L
3-52. $c(C_5H_{12})$ = 2,787 mol/L
3-53. **a)** $c(CH_3OH)$ = 8,23 mol/L
b) $c(CH_3COOH)$ = 5,82 mol/L
3-54. $c(N_2)$ = 2,022 mmol/L
$c(NH_3)$ = 31,52 mmol/L
3-55. **a1)** $c(N_2)$ = 2,40 mmol/L
a2) $c(H_2)$ = 4,92 mmol/L
a3) $c(NH_3)$ = 37,3 mmol/L
b1) $c(SO_2)$ = 8,64 mmol/L
b2) $c(O_2)$ = 36,00 mmol/L
c1) $c(H_2)$ = 29,8 mmol/L
c2) $c(O_2)$ = 14,9 mmol/L
3-56. **a1)** $c(H_2)$ = 91,7 mmol/L
a2) $c(O_2)$ = 22,9 mmol/L
b1) $c(N_2)$ = 1,458 mmol/L
b2) $c(NH_3)$ = 22,72 mmol/L
3-57. **a)** $c(H_3PO_4)$ = 2,15 mol/L
b) $c(H_2SO_4)$ = 1,375 mol/L
c) $c(CaCl_2)$ = 1,50 mol/L
d) $c(FeCl_3)$ = 1,55 mmol/L
e) $c(Na_2Cr_2O_7)$ = 0,25 mol/L
f) $c[Al_2(SO_4)_3]$ = 37,5 mol/L
3-58. **a)** $c(H_3PO_4)$ = 2,806 mol/L
b) $c(SO_4^{2-})$ = 6,423 mol/L
c) $c(CaCl_2)$ = 0,8560 mol/L
d) $c(Fe^{3+})$ = 1,141 mmol/L
e) $c(NH_4Cl)$ = 0,795 mol/L
f) $c(Cr^{6+})$ = 0,4962 mol/L
g) $c[Al_2(SO_4)_3]$ = 87,7 mmol/L
3-59. $c(NH_3)$ = 46,98 mmol/L
$c(H)$ = 140,93 mmol/L
3-60. **a)** $c(C_2H_5OH)$ = 6,64 mol/L
b) $c(CH_3OH)$ = 3,09 mol/L
c) $c(SO_2)$ = 29,02 mmol/L
d) $c(O_2)$ = 10,98 mmol/L
3-61. $c(N_2)$ = 16,7 mmol/L
3-62. **a)** $c(F_2)$ = 3,79 mmol/L
b) $c(H_2S)$ = 41,07 mmol/L
c) $c(N_2)$ = 22,32 mmol/L

d) $c(NH_3)$ = 1,37 mmol/L
e) $c(O_2)$ = 4,63 mmol/L
3-63. a) $c(H_2SO_4)$ = 6,425 mol/L
b) $c(NaOH)$ = 4,500 mol/L
3-64. a) $c(NH_3)$ = 35,7 mmol/L
b) $c(NH_3)$ = 20,64 mmol/L
3-65. $c(C_2H_6)$ = 11,38 mmol/L
3-66. a) $c(H_3PO_4)$ = 5,641 mol/L
b) $c(SO_4^{2-})$ = 8,13 mol/L
c) $c(Ca^{2+})$ = 2,767 mol/L
3-67. $c(C_6H_{14})$ = 6,99 mol/L
3-68. $c(NH_3)$ = 10,11 mmol/L
3-69. $c(CH_3COOC_2H_5)$ = 8,4 mol/L
3-70. $c(CO)$ = 17,40 mmol/L
3-71. $c(H_2)$ = 35,7 mmol/L
3-72. $c(Cl_2)$ = 11,29 mmol/L
3-73. a) $c(Cl_2)$ = 13,31 mmol/L
b) $c(Cl_2)$ = 12,47 mmol/L
3-74. a) $n(NaCl)$ = 0,255 mol
b) $n(S)$ = 2,000 mol
c) $n(H_3PO_4)$ = 7,84 mol
d) $n(Ca^{2+})$ = 0,225 mmol
e) $n(CO_2)$ = 33,0 mol
3-75. a) $n(HCl)$ = 0,707 mol
b) $n(H_2SO_4)$ = 2,723 mol
c) $n(ClO_4^-)$ = 4,62 mol
d) $n(K^+)$ = 4,087 mol
3-76. a) $m(NaCl)$ = 14,9 g
b) $m(S)$ = 64,1 g
c) $m(H_3PO_4)$ = 768 g
d) $m(CO_2)$ = 1,452 kg
3-77. a) $m(Cl)$ = 25,1 g
b) $m(H_2SO_4)$ = 267,1 g
c) $m(HClO_4)$ = 464 g
d) $m(KOH)$ = 229,2 g
3-78. a) $V(C_6H_6)$ = 64,7 mL
b) $V(C_6H_{12})$ = 378,1 mL
c) $V(C_2H_5OH)$ = 329 L
3-79. a) $V(CO)$ = 11,25 m^3
b) $V(NH_3)$ = 23,3 L
c) $V(O_2)$ = 61,7 mL
d) $V(CO_2)$ = 80,8 L
3-80. a) V(Lösung) = 5,88 L
b) V(Losung) = 130 mL
c) V(Lösung) = 126 L
d) V(Lösung) = 8,89 L
3-81. V(Lösung) = 5,29 L
3-82. V(Lösung) = 54,1 mL
3-83. a) V(Lösung) = 4,38 L
b) V(Lösung) = 7,75 L
c) V(Lösung) = 316 mL
d) V(Lösung) = 181 mL
e) V(Lösung) = 1,179 L
f) V(Lösung) = 50,7 L
3-84. a) V(Lösung) = 16,1 L
b) V(Lösung) = 3,25 L
c) V(Lösung) = 39,5 L
d) V(Lösung) = 3,02 L
3-85. V(Gemisch) = 225 L
3-86. V(Gemisch) = 444 L
3-87. V(Gemisch) = 1,132 L
3-88. V(Gemisch) = 1,32 L
3-89. V(Gemisch) = 3,68 m^3
3-90. $c(1/3\ H_3PO_4)$ = 1,204 mol/L
3-91. $c(1/2\ Na_2CO_3)$ = 0,943 mol/L
3-92. $c(1/5\ KMnO_4)$ = 1,63 mol/L
3-93. $c(1/2\ Na_2CO_3)$ = 1,89 mol/L
3-94. $c(1/3\ KMnO_4)$ = 2,278 mol/L
3-95. $c[1/2\ Al_2(SO_4)_3]$ = 0,535 mol/L
3-96. $c(1/6\ Cr^{6+})$ = 2,039 mol/L
3-97. $c(1/3\ Al^{3+})$ = 1,384 mol/L
3-98. a) $\beta(KOH)$ = 75,00 g/L
b) $\beta(NaOH)$ = 500 g/L
c) $\beta(Na_2CO_3)$ = 8,00 g/L
3-99. a) $\beta(K^+)$ = 52,3 g/L
b) $\beta(OH^-)$ = 213 g/L
c) $\beta(Na^+)$ = 3,47 g/L
3-100. a) $\beta(Na_2CO_3)$ = 71,6 g/L
b) $\beta(CO_3^{2-})$ = 40,5 g/L
3-101. $\beta(C_2H_5OC_2H_5)$ = 417 g/L
3-102. β(Staub) = 0,441 mg/L
3-103. a) $\beta(H_2SO_4)$ = 903 g/L
b) $\beta(HCl)$ = 272,0 g/L

3-104. $\beta(HNO_3)$ = 822 g/L
3-105. a) $\beta(Cl^-)$ = 264,5 g/L
b) $\beta(ClO_4^-)$ = 150,5 g/L
c) $\beta(NO_3^-)$ = 620 g/L
d) $\beta(K^+)$ = 462 g/L
3-106. $\beta(K^+)$ = 547 g/L
3-107. a) $\beta(KOH)$ = 42,1 g/L
b) $\beta(NaOH)$ = 440 g/L
c) $\beta(Na_2CO_3)$ = 85 g/L
3-108. $\beta(Na^+)$ = 23,9 g/L
3-109. $\beta(C_2H_5OC_2H_5)$ = 417 g/L
3-110. $\beta(Ar)$ = 0,566 g/L
3-111. a) $\beta(NH_3)$ = 0,160 g/L
b) $\beta(NH_3)$ = 0,144 g/L
3-112. a) $\beta(CH_3OH)$ = 264 g/L
b) $\beta(CH_3COOH)$ = 350 g/L
c) $\beta(O_2)$ = 0,929 g/L
d) $\beta(NO_2)$ = 0,9139 g/L
3-113. $\beta(H_2)$ = 0,054 g/L
$\beta(N_2)$ = 0,281 g/L
$\beta(NH_3)$ = 0,114 g/L
3-114. $\beta(O_2)$ = 0,231 g/L
3-115. a1) $\beta(N_2)$ = 66,7 mg/L
a2) $\beta(H_2)$ = 9,93 mg/L
a3) $\beta(NH_3)$ = 636 mg/L
b1) $\beta(SO_2)$ = 0,960 g/L
b2) $\beta(O_2)$ = 2,00 g/L
c1) $\beta(H_2)$ = 0,058 g/L
c2) $\beta(O_2)$ = 0,458 g/L
3-116. a) $\beta(H_3PO_4)$ = 254,8 g/L
b) $\beta(SO_4^{2-})$ = 720,5 g/L
c) $\beta(NH_4^+)$ = 22,55 g/L
d) $\beta(Cr^{6+})$ = 62,4 g/L
e) $\beta(Na_2HPO_4)$ = 14,20 g/L
f) $\beta(SO_4^{2-})$ = 36,0 g/L
3-117. $\beta(C_6H_6)$ = 429,6 g/L
3-118. $\beta(Cl_2)$ = 1,950 g/L
3-119. a) $\beta(SO_4^{2-})$ = 360,2 g/L
b) $\beta(Cl)$ = 62,0 g/L
c) $\beta(FeCl_3)$ = 90,0 g/L
3-120. $\beta(C_6H_{14})$ = 148,3 g/L
3-121. $\beta(C_6H_{14})$ = 148,3 g/L
3-122. a) $\beta(HCl)$ = 0,928 g/L
b) $\beta(HCl)$ = 0,704 g/L
3-123. a) $\beta(O_2)$ = 0,214 g/L
b) $\beta(O_2)$ = 0,235 g/L
3-124. a) $\beta(AlCl_3)$ = 41,4 g/L
b) $\beta(KOH)$ = 371,2 g/L
c) $\beta(NH_4OH)$ = 201,6 g/L
d) $\beta(K_2Cr_2O_7)$ = 62,9 g/L
e) $\beta(Na_2CO_3)$ = 98,3 g/L
3-125. $\beta(F_2)$ = 0,2048 g/L
3-126. a) $\beta(PO_4^{3-})$ = 123,8 g/L
b) $\beta(Cl^-)$ = 33,0 g/L
c) $\beta(OH^-)$ = 100,7 g/L
d) $\beta(Cr^{6+})$ = 22,2 g/L
3-127. a) $\beta(H_2)$ = 0,0895 g/L
b) $\beta(H_2)$ = 0,0943 g/L
3-128. a) $\beta(Cl_2)$ = 0,0427 g/L
b) $\beta(Cl_2)$ = 0,0339 g/L
3-129. a) $\beta(HNO_3)$ = 630,2 g/L
b) $\beta(HNO_3)$ = 140,1 g/L
3-130. $\beta(NH_3)$ = 15,80 g/L
3-131. a) $\beta(C_2H_2)$ = 0,988 g/L
b) $\beta(C_2H_2)$ = 0,810 g/L
3-132. a) $\beta(H_2)$ = 0,0675 g/L
b) $\beta(H_2)$ = 0,0531 g/L
3-133. $\beta(C_6H_5NH_2)$ = 767 g/L
3-134. $\beta(n\text{-}C_6H_{14})$ = 527,2 g/L
3-135. a) $\beta(H_2)$ = 72,0 mg/L
b) $\beta(H_2)$ = 3,39 mg/L
3-136. a) $\beta(Cl_2)$ = 1,266 g/L
b) $\beta(H_2)$ = 0,801 g/L
3-137. $\beta(HCl)$ = 413,5 g/L
3-138. $\beta(H_2)$ = 88,7 mg/L
3-139. a) $m(CaCl_2)$ = 2,070 kg
b) $m(Ca)$ = 748 g
3-140. $m(N_2)$ = 209,8 g
3-141. $m(C_2H_5OH)$ = 1802 g
3-142. a) $m(Ca^{2+})$ = 7,78 g
b) $m(Cl^-)$ = 13,77 g
3-143. a) $m(HNO_3)$ = 46,36 g
b) $m(NO_3^-)$ = 45,62 g
3-144. $n(Na_2Cr_2O_7)$ = 0,919 mol
$n(Na^+)$ = 1,838 mol
3-145. $n(ZnCl_2)$ = 0,2673 mol
$n(Cl^-)$ = 0,5345 mol
3-146. $n(H_2S)$ = 18,92 mol
3-147. $n(K^+) = n(Cl^-)$ = 0,751 mol

3-148. $n(Cr^{6+})$ = 1,718 mol
3-149. $V(N_2)$ = 90,4 L
3-150. $V(CH_3OH)$ = 153,1 mL
3-151. $V(O_2)$ = 360 L
3-152. $V(CO_2)$ = 189 L
3-153. V(Lösung) = 75,0 L
3-154. V(Lösung) = 0,714 L
3-155. V(Lauge) = 73,5 L
3-156. V(Lösung) = 0,618 L
3-157. V(Säure) = 67,8 L
3-158. V(Mischphase) = 10,99 L
3-159. V(Mischphase) = 2,89/L
3-160. a) V(Gemisch) = 2,5 L
b) V(Gemisch) = 2,18 L
3-161. a) V(Gemisch) = 25,64 L
b) V(Gemisch) = 23,74 L
3-162. a) $\sigma(CH_3OH)$ = 333 mL/L
b) σ(Benzol) = 538 mL/L
c) $\sigma(H_2)$ = 700 mL/L
d) $\sigma(NH_3)$ = 567 mL/L
3-163. a1) $\sigma(N_2)$ = 53,6 mL/L
a2) $\sigma(H_2)$ = 110,4 mL/L
a3) $\sigma(NH_3)$ = 836 mL/L
b1) $\sigma(SO_2)$ = 240,0 mL/L
b2) $\sigma(O_2)$ = 760,0 mL/L
c1) $\sigma(H_2)$ = 667 mL/L
c2) $\sigma(O_2)$ = 333 mL/L
3-164. $\sigma(NH_3)$ = 154 mL/L
$\sigma(N_2)$ = 231 mL/L
$\sigma(H_2)$ = 615 mL/L
3-165. a) $\sigma(C_6H_5NO_2)$ = 383 mL/L
b) $\sigma(C_6H_5NH_2)$ = 531 mL/L
c) $\sigma(SO_2)$ = 61,6 mL/L
3-166. a) σ(HF) = 640 mL/L
b) σ(HF) = 647 mL/L
3-167. a) $\sigma(Cl_2)$ = 728 mL/L
b) $\sigma(Cl_2)$ = 987 mL/L
3-168. a1) $\sigma(H_2)$ = 800 mL/L
a2) $\sigma(O_2)$ = 200 mL/L
b1) $\sigma(N_2)$ = 60,3 mL/L
b2) $\sigma(NH_3)$ = 939,7 mL/L
c1) $\sigma(SO_2)$ = 193,5 mL/L
c2) $\sigma(O_2)$ = 806 mL/L
3-169. a) $\sigma(C_6H_5NO_2)$ = 381 mL/L
b) $\sigma(C_6H_5CH_3)$ = 519 mL/L
c) σ(CO) = 853 mL/L
d) $\sigma(CO_2)$ = 256 mL/L
3-170. a) $\sigma(H_2)$ = 463 mL/L
b) $\sigma(O_2)$ = 451 mL/L
c) $\sigma(N_2)$ = 127,6 mL/L
d) $\sigma(Cl_2)$ = 243 mL/L
3-171. $\sigma(CH_3COOCH_3)$ = 0,734 mL/L
3-172. $\sigma(CH_4)$ = 450 mL/L
3-173. a) $\sigma(SO_2)$ = 280 mL/L
b) $\sigma(SO_2)$ = 403 mL/L
3-174. a) $\sigma(N_2)$ = 560 mL/L
b) $\sigma(N_2)$ = 762 mL/L
3-175. $\sigma(C_6H_5CH_3)$ = 692 mL/L
3-176. $\sigma(C_2H_4)$ = 480,0 mL/L
3-177. a) $\sigma(SO_2)$ = 279,7 mL/L
b) $\sigma(SO_2)$ = 476 mL/L
3-178. a) $\sigma(N_2)$ = 560 mL/L
b) $\sigma(N_2)$ = 762 mL/L
3-179. $\sigma(C_6H_5NH_2)$ = 544 mL/L
3-180. $\sigma(C_6H_{14})$ = 829 mL/L
3-181. $\sigma(CH_3OH)$ = 500 mL/L
3-182. $\sigma(C_6H_{14})$ = 914 mL/L
3-183. $\sigma(C_2H_5OH)$ = 500 mL/L
3-184. $\sigma(C_6H_{14})$ = 914 mL/L
3-185. $\sigma(NH_3)$ = 33,2 mL/L
3-186. $\sigma(H_2)$ = 984 mL/L
3-187. σ(Bu-OH) = 765 mL/L
3-188. $\sigma(CH_4)$ = 487 mL/L
3-189. V(Octan) = 114,8 mL
3-190. V(Gemisch) = 1,699 m^3
3-191. $V(C_2H_5OH)$ = 885 mL
3-192. $V(NH_3)$ = 312,9 m^3
3-193. $m(C_6H_{14})$ = 9,49 kg
3-194. $m(SO_2)$ = 729 g
3-195. a) m(HCl) = 10,17 kg
b) m(HCl) = 15,33 kg
3-196. a) m(CO) = 12,1 g
b) m(CO) = 11,5 g
3-197. V(Gemisch) = 12,3 L
3-198. V(Gemisch) = 479 mL
3-199. a1) $x(CH_3OH)$ = 22,1%
a2) $x(C_2H_5OH)$ = 77,9%
b1) $x(KNO_3)$ = 0,812%
b2) $x(H_2O)$ = 99,2%

c1) $x(H_2)$ = 74,0%
c2) $x(N_2)$ = 24,6%
c3) $x(NH_3)$ = 1,54%
3-200. a) $x(H_2)$ = 50,1%
b) $x(H_2)$ = 64,8%
3-201. a) $x(C_2H_2)$ = 93,6%
3-202. a1) $x(CaCO_3)$ = 60,6%
a2) $x(MgCO_3)$ = 39,4%
b1) $x(C_6H_6)$ = 6,77%
b2) $x(C_6H_5CH_3)$ = 93,23%
c1) $x(NO_2)$ = 22,61%
c2) $x(N_2O)$ = 77,39%
3-203. a) $x(SO_2)$ = 93,2%
b) $x(SO_2)$ = 70,8%
3-204. $x(CH_4)$ = 90,9%
3-205. a1) $x(CH_3OH)$ = 12,9%
a2) $x(H_2O)$ = 87,1%
b1) $x(CH_3COOH)$ = 9,50%
b2) $x(H_2O)$ = 90,5%
c1) $x(N_2)$ = 5,36%
c2) $x(H_2)$ = 11,05%
c3) $x(NH_3)$ = 83,6%
3-206. a1) $x(N_2)$ = 5,37%
a2) $x(H_2)$ = 11,06%
a3) $x(NH_3)$ = 83,6%
b1) $x(SO_2)$ = 19,35%
b2) $x(O_2)$ = 80,65%
c1) $x(H_2)$ = 66,7%
c2) $x(O_2)$ = 33,3%
3-207. $x(NH_3)$ = 15,0%
$x(N_2)$ = 22,5%
$x(H_2)$ = 60,0%
3-208. $x(O_2)$ = 19,92%
3-209. $x(C_2H_5OH)$ = 42,2%
3-210. $x(CH_4)$ = 73,1%
3-211. $x(H_2)$ = 34%
3-212. $x(C_6H_{14})$ = 89,8%
3-213. $x(HCl)$ = 1,70%
3-214. $x(H_2)$ = 72,2%
3-215. $x(CH_4)$ = 73,5%
3-216. $x(C_3H_7OH)$ = 32,8%
3-217. $x(C_6H_6)$ = 7,61%
3-218. $x(CaCO_3)$ = 16,29%
3-219. $x(C_2H_5OH)$ = 13,83%
3-220. $x(C_7H_{16})$ = 72,07%
3-221. $x(HCl)$ = 10,09%
3-222. $x(Na^+)$ = 0,975%
3-223. $x(KOH)$ = 20,81%
3-224. $x(Cl^-)$ = 7,11%
3-225. $x(C_2H_5OH)$ = 40,8%
3-226. $x(C_6H_5NO_2)$ = 19,62%
3-227. a1) $x(CH_3OH)$ = 46,38%
a2) $x(H_2O)$ = 53,62%
b1) $x(CH_3OH)$ = 80,95%
b2) $x(H_2O)$ = 19,05%
c1) $x(C_6H_5CH_3)$ = 28,6%
c2) $x(C_6H_6)$ = 71,4%
d1) $x(N_2)$ = 24,98%
d2) $x(H_2)$ = 75,02%
3-228. a) $n(H_2SO_4)$ = 64,13 mol
b) $n(HNO_3)$ = 0,1260 mol
c) $n(H_2)$ = 98,5 mmol
d) $n(H_2O)$ = 187,5 mol
3-229. a) $n(HCl)$ = 3,24 mol
b) $n(HNO_3)$ = 102,1 mol
c) $n(NH_3)$ = 0,370 mol
3-230. $n(KCl)$ = 0,789 mol
3-231. $n(NH_3)$ = 11,38 mol
3-232. $n(Cl_2)$ = 1,019 mol
3-233. a) $m(H_2SO_4)$ = 72,2 g
b) $m(HNO_3)$ = 58,0 g
c) $m(H_3PO_4)$ = 216 g
3-234. a) $m(HNO_3)$ = 11,44 kg
b) $m(Na_2CO_3)$ = 30,63 g
c) $m(HCl)$ = 332,8 g
3-235. $m(NH_3)$ = 222,4 g
3-236. $m(Cl_2)$ = 166 g
3-237. $V(C_2H_5OH)$ = 100,6 L
3-238. $V(CO)$ = 95,0 L
3-239. $V(CO)$ = 148,9 L
3-240. $V(CH_4)$ = 341 L
3-241. $V(O_2)$ = 73,24 mL
3-242. a) n(Mischphase) = 1,845 mol
b) n(Mischphase) = 57,62 mol
c) n(Mischphase) = 1,44 mol
d) n(Mischphase) = 17,25 mol
3-243. a) m(Mischphase) = 11,21 g
b) m(Mischphase) = 1,53 kg
c) m(Mischphase) = 29,9 kg
3-244. a) m(Mischphase) = 280 g

b) m(Mischphase) = 14,41 kg

c) m(Mischphase) = 1,75 t

3-245. a) V(Mischphase) = 1,508 L

b) V(Mischphase) = 957 mL

c) V(Mischphase) = 5,07 L

d) V(Mischphase) = 1,031 L

3-246. a) V(Mischphase) = 150,1 mL

b) V(Mischphase) = 151,8 mL

c) V(Mischphase) = 597 mL

3-247. a) V(Mischphase) = 74,7 L

b) V(Mischphase) = 125 L

c) V(Mischphase) = 75,8 L

3-248. a) V(Mischphase) = 4,867 L

b) V(Mischphase) = 3,260 L

c) V(Mischphase) = 722,2 L

3-249. $w(NaCl)$ = 11,67%

3-250. $w(KOH)$ = 38,27%

3-251. $w(HCl)$ = 22,3%

3-252. $w(NH_3)$ = 11,20%

3-253. $w(H_2SO_4)$ = 16,00%

3-254. w(Farbstoff) = 83,6%

3-255. $w(FeS_2)$ = 79,6%

3-256. $w(Na^+)$ = 4,59%

3-257. $w(HCl)$ = 21,7%

3-258. $w(NO_3^-)$ = 50,38%

3-259. $w(Fe)$ = 37,04%

3-260. a1) $w(KNO_3)$ = 21,24%

a2) $w(H_2O)$ = 78,76%

b1) $w(CaCO_3)$ = 64,6%

b2) $w(MgCO_3)$ = 35,4%

c1) $w(C_6H_6)$ = 5,80%

c2) $w(C_6H_5CH_3)$ = 94,20%

d1) $w(NaCl)$ = 57,3%

d2) $w(KCl)$ = 42,7%

3-261. $w(NaOH)$ = 24,24%

3-262. $w(SO_4^{2-})$ = 43,21%

$w(H_2O)$ = 55,88%

3-263. $w(Na^+)$ = 5,78%

$w(H_2O)$ = 86,7%

3-264. $w(HCl)$ = 25,24%

3-265. $w(HNO_3)$ = 50,01%

3-266. $w(NaOH)$ = 37,0%

$w(Na)$ = 21,2%

3-267. $w(CH_4)$ = 20,85%

3-268. a1) $w(AgCl)$ = 56,0%

a2) $w(AgBr)$ = 44,0%

b1) $w(C_2H_5OH)$ = 98,8%

b2) $w(H_2O)$ = 1,21%

c1) $w(H_2)$ = 20,1%

c2) $w(O_2)$ = 80%

3-269. $w(KMnO_4)$ = 6,81%

3-270. $w(CaCO_3)$ = 44,3%

$w(MgCO_3)$ = 55,7%

3-271. $w(C_2H_5OH)$ = 17,00%

$w(H_2O)$ = 83,0%

3-272. $w(N_2)$ = 86%

3-273. $w(HClO_4)$ = 24,1%

$w(Cl)$ = 8,50%

3-274. $w(Na_2CO_3)$ = 2,099%

$w(Na^+)$ = 0,916%

3-275. a1) $w(CH_3OH)$ = 20,9%

a2) $w(H_2O)$ = 79,1%

b1) $w(CH_3COOH)$ = 25,9%

b2) $w(H_2O)$ = 74,9%

3-276. $w(CHCl_3)$ = 30,3%

$w(CCl_4)$ = 69,7%

3-277. $w(C_5H_{12})$ = 45,4%

$w(C_6H_{14})$ = 54,6%

3-278. a1) $w(N_2)$ = 9,42%

a2) $w(H_2)$ = 1,395%

a3) $w(NH_3)$ = 89,19%

b1) $w(SO_2)$ = 32,45%

b2) $w(O_2)$ = 67,55%

c1) $w(H_2)$ = 11,19%

c2) $w(O_2)$ = 88,8%

3-279. $w(SO_2)$ = 50,0%

3-280. $w(NH_3)$ = 24,2%

3-281. $w(HCl)$ = 29,1%

3-282. $w(HNO_3)$ = 48,46%

$w(N)$ = 10,77%

3-283. $w(H_2SO_4)$ = 39,69%

$w(S)$ = 12,95%

3-284. $w(HCl)$ = 32,16%

3-285. $w(KOH)$ = 28,27%

3-286. $w(Na_2CO_3)$ = 13,89%

3-287. $w(HNO_3)$ = 48,5%

$w(N)$ = 10,77%

3-288. $w(H_2SO_4)$ = 19,84%

$w(S)$ = 6,47%

3-289. $w(KOH)$ = 27,32%

3-290. $w(Na_2CO_3)$ = 13,89%
3-291. $w(NH_3)$ = 6,35%
$w(Na_2CO_3)$ = 13,89%
3-292. $w(Na_2CO_3)$ = 13,89%
3-293. $w(H_3PO_4)$ = 4,00%
3-294. $w(CHCl_3)$ = 80,9%
3-295. $w(C_6H_5NH_2)$ = 48,4%
3-296. $w(N_2)$ = 80,6%
$w(H_2)$ = 19,41%
3-297. $w(SO_2)$ = 80,0%
3-298. $w(CaO)$ = 70,8%
$w(Mg)$ = 17,63%
3-299. $w(KCl)$ = 23,61%
$w(Na)$ = 30,05%
3-300. $w(HClO_4)$ = 39,96%
$w(H_2O)$ = 60,04%
3-301. $w(CH_4)$ = 10,8%
$w(C_3H_8)$ = 89,1%
3-302. w(Pr-OH) = 12,42%
3-303. w(Anilin) = 10,31%
3-304. w(Ethylacetat) = 93,09%
3-305. $w(C_2H_6)$ = 34,0%
3-306. $w(NH_3)$ = 94%
3-307. $w(H_2)$ = 1,93%
3-308. a1) $w(MgCO_3)$ = 81,0%
a2) $w(CaCO_3)$ = 19,0%
b1) $w(Na_2CO_3)$ = 11,11%
b2) $w(H_2O)$ = 88,9%
c1) $w(CO)$ = 90,9%
c2) $w(CO_2)$ = 9,10%
3-309. a1) $w(BaCl_2)$ = 26,3%
a2) $w(H_2O)$ = 73,7%
b1) $w(NaCl)$ = 26,39%
b2) $w(H_2O)$ = 73,61%
c1) $w(KCl)$ = 25,57%
c2) $w(H_2O)$ = 74,43%
d2) $w(KCl)$ = 42,7%
3-310. a) $m(CaO)$ = 641,3 g
b) $m(H_3PO_4)$ = 126 kg
c) $m(Cl_2)$ = 98,5 mg
a) $m(H_2O)$ = 40,88 kg
3-311. a) $m(H_2O)$ = 40,88 kg
b) $m(H_2O)$ = 2,272 kg
c) $m(H_2O)$ = 108,8 g
3-312. a) $m(HCl)$ = 77,8 g
b) $m(HNO_3)$ = 8,26 kg
c) $m(NH_3)$ = 8,44 g
3-313. $m(NH_3)$ = 36,9 g
3-314. $m(Cl_2)$ = 6,17 g
3-315. a) $n(CaO)$ = 11,43 mol
b) $n(H_3PO_4)$ = 1,29 mol
c) $n(Cl_2)$ = 1,39 mol
d) $n(C_6H_{14})$ = 2,18 mol
3-316. a) $n(Cl^-)$ = 0,902 mol
b) $n(Ba^{2+})$ = 0,473 mmol
a) $n(Fe^{3+})$ = 0,938 mol
3-317. a) $n(HCl)$ = 2,134 mol
b) $n(HNO_3)$ = 131,1 mol
c) $n(NH_3)$ = 0,495 mol
d) $n(KOH)$ = $2{,}98 \cdot 10^6$ mol
3-318. $n(Cl_2)$ = 86,9 mmol
3-319. $n(H_2)$ = 37,45 mol
3-320. a) $V(C_3H_8O_3)$ = 7,07 mL
b) $V(C_6H_5CH_3)$ = 98,0 L
c) $V(CCl_4)$ = 126,3 L
3-321. a) $V(C_3H_8O_3)$ = 158,5 L
b) $V(C_6H_5CH_3)$ = 153,9 mL
c) $V(CCl_4)$ = 167,4 L
3-322. a) m(Mischphase) = 222,2 g
b) m(Mischphase) = 574,7 g
c) m(Mischphase) = 60,6 g
d) m(Mischphase) = 143 g
3-323. a) m(Mischphase) = 178 g
b) m(Mischphase) = 1,22 kg
c) m(Mischphase) = 102 g
d) m(Mischphase) = 18,0 kg
3-324. a) m(Mischphase) = 260 kg
b) m(Mischphase) = 191 kg
c) m(Mischphase) = 395 g
d) m(Mischphase) = 1,02 kg
3-325. a) V(Lösung) = 178,2 mL
b) V(Lösung) = 528 mL
c) V(Lösung) = 54,1 mL
d) V(Lösung) = 113 mL
3-326. a) V(Lösung) = 143 mL
b) V(Lösung) = 1,12 L
c) V(Lösung) = 108,8 mL
d) V(Lösung) = 222 mL
3-327. a) V(Mischphase) = 326 mL
b) V(Mischphase) = 219 mL

c) V(Mischphase) = 294 mL
3-328. V(Gemisch) = 12,64 L
3-329. V(Lösung) = 6,0 L
3-330. a1) $\varphi(CH_3OH)$ = 25,0%
a2) $\varphi(H_2O)$ = 75,0%
b1) $\varphi(CH_3COOH)$ = 25,00%
b2) $\varphi(H_2O)$ = 75,00%
c1) $\varphi(N_2)$ = 5,37%
c2) $\varphi(H_2)$ = 11,04%
c3) $\varphi(NH_3)$ = 83,59%
d1) $\varphi(SO_2)$ = 19,35%
d2) $\varphi(O_2)$ = 80,65%
e1) $\varphi(H_2)$ = 66,7%
e2) $\varphi(O_2)$ = 33,3%
3-331. φ(Glykol) = 81,0%
φ(Glycerin) = 19,05%
3-332. a1) φ(Cyclohexan) = 58,5%
a2) φ(n-Hexan) = 41,5%
b1) φ(Ethanol) = 65,6%
b2) φ(Propanol) = 34,4%
c1) φ(Benzol) = 60,2%
c2) φ(Chlorbenzol) = 39,8%
d1) φ(Aceton) = 75,00%
d2) φ(Methanol) = 25,00%
3-333. a1) $\varphi(N_2)$ = 1,811%
a2) $\varphi(H_2)$ = 51,8%
a3) $\varphi(NH_3)$ = 46,41%
b1) $\varphi(SO_2)$ = 15,24%
b2) $\varphi(O_2)$ = 84,76%
c1) $\varphi(H_2)$ = 99,5%
c2) $\varphi(O_2)$ = 0,522%
3-334. $\varphi(N_2)$ = 14,37%
$\varphi(H_2)$ = 85,6%
3-335. $\varphi(SO_2)$ = 14,27%
3-336. a1) $\varphi(CHCl_3)$ = 47,5%
a2) $\varphi(CH_2Cl_2)$ = 52,5%
b1) φ(1-BuOH) = 5,65%
b2) φ(2-BuOH) = 94,4%
c1) $\varphi(C_6H_6)$ = 25,8%
c2) $\varphi(C_6H_5NH_2)$ = 74,2%
3-337. $\varphi(C_5H_{12})$ = 11,94%
3-338. a1) $\varphi(H_2)$ = 57,4%
a2) $\varphi(O_2)$ = 42,6%
b1) $\varphi(H_2)$ = 75,0%
b2) $\varphi(N_2)$ = 25,0%
c1) $\varphi(H_2)$ = 68,2%
c2) $\varphi(N_2)$ = 27,27%
c3) $\varphi(NH_3)$ = 4,54%
3-339. $\varphi(H_2)$ = 28,57%
$\varphi(Cl_2)$ = 71,43%
3-340. $\varphi(CH_3COOC_2H_5)$ = 44,00%
3-341. $\varphi(C_6H_5NO_2)$ = 15,34%
3-342. $\varphi(NH_3)$ = 86%
3-343. $\varphi(H_2)$ = 60%
3-344. φ(1-C_4H_9OH) = 50,00%
3-345. $\varphi(CH_3OH)$ = 63,1%
3-346. $\varphi(NH_3)$ = 75,5%
3-347. $\varphi(H_2)$ = 59,4%
3-348. φ(1-C_4H_9OH) = 61,1%
3-349. $\varphi[(C_2H_5)_2O]$ = 80,7%
3-350. $\varphi(C_2H_5OH)$ = 50,0%
3-351. $\varphi(C_6H_{14})$ = 91,4%
3-352. $\varphi(NH_3)$ = 3,32%
3-353. $\varphi(H_2)$ = 98,4%
3-354. $\varphi(AsH_3)$ = 0,0501%
3-355. $\varphi(O_2)$ = 35,41%
3-356. a1) φ(1-C_4H_9OH) = 81,0%
a2) φ(2-C_4H_9OH) = 81,0%
b1) φ(1-C_3H_7OH) = 20,00%
b2) φ(2-C_3H_7OH) = 80,00%
c1) $\varphi(CH_4)$ = 69,2%
c2) $\varphi(CH_4)$ = 30,8%
3-357. a) $r(CaO/CaCO_3)$ = 3,235
b) $r(CH_3OH/C_2H_5OH)$ = 0,283
c) $r(C_2H_5OH/H_2O)$ = 32,0
d) $r(H_2/O_2)$ = 4,0
3-358. a) $r(KNO_3/H_2O)$ = 0,0481
b) $r(CaCO_3/MgCO_3)$ = 1,540
44942 c) $r(C_6H_6/C_6H_5CH_3)$ = 0,0726
d) $r(CO/H_2)$ = 0,0503
3-359. a) $r(KNO_3/H_2O)$ = 0,0481
b) $r(Na_2CO_3/H_2O)$ = 0,175
c) $r(NaCl/H_2O)$ = 0,0190
3-360. a) $r(CH_3OH/H_2O)$ = 0,148
b) $r(CH_3COOH/H_2O)$ = 0,1049
c) $r(N_2/H_2)$ = 0,4854
3-361. a) $r(N_2/NH_3)$ = 0,0642
b) $r(SO_2/O_2)$ = 0,2400

c) $r(H_2/O_2)$ = 2,00
3-362. a) $r(Na_2O/K_2O)$ = 5,699
b) $r(HCl/H_2O)$ = 0,231
c) $r(HCOOH/CH_3COOH)$ = 0,8415
d) $r(C_2H_4/C_2H_2)$ = 0,9283
3-363. a) $r(CH_3OH/C_2H_5OH)$ = 6,84
b) $r(C_6H_5NH_2/C_6H_6)$ = 0,731
c) $r(CH_3COOH/H_2O$ = 0,2034
3-364. $r(CaO/CaCO_3)$ = 0,1561
3-365. $r(NaOH/H_2O)$ = 0,3605
3-366. a) $\zeta(KNO_3/H_2O)$ = 0,270
b) $\zeta(CaCO_3/MgCO_3)$ = 1,829
c) $\zeta(C_6H_6/C_6H_5CH_3)$ = 0,0615
d) $\zeta(CO/H_2)$ = 0,699
3-367. a) $\zeta(KNO_3/X)$ = 0,270
b) $\zeta(CaCO_3/X)$ = 1,829
c) $\zeta(C_6H_6/X)$ = 0,0615
b) $\zeta(CO/X)$ = 0,699
3-368. a) $\zeta(CaO/CaCO_3)$ = 1,813
b) $\zeta(CH_3OH/C_2H_5OH)$ = 0,197
d) $\zeta(C_2H_5OH/H_2O)$ = 81,8
d) $\zeta(H_2/O_2)$ = 0,252
3-369.a) $\zeta(CH_3OH/H_2O)$ = 0,264
b) $\zeta(CH_3COOH/H_2O)$ = 0,350
c) $\zeta(N_2/H_2)$ = 6,75
3-370. a) $\zeta(N_2/NH_3)$ = 0,1056
b) $\zeta(SO_2/O_2)$ = 0,4805
c) $\zeta(H_2/O_2)$ = 0,126
3-371. a) $\zeta(CH_3OH/C_2H_5OH)$ = 3,303
b) $\zeta(H_2/F_2)$ = 0,1768
3-372. a) $\zeta(CH_3OH/C_2H_5OH)$ = 4,76
b) $\zeta(C_6H_5NH_2/C_6H_6)$ = 0,872
3-373. a) $\zeta(C_2H_2/C_2H_4)$ = 4,642
b) $\zeta(H_2/Cl_2)$ = 0,284
3-374. $\zeta(CaO/MgO)$ = 0,1561
3-375. $\zeta(H_2SO_4/H_2O)$ = 0,3605
3-376. $\zeta(HCl/HF)$ = 0,600
3-377. a) $l_{60°}(KNO_3/H_2O)$ = 110,0 g/100 g
b) $l_{10°}(Na_2CO_3 \cdot 10\ H_2O/H_2O)$ = 12,00 g/100 g
c) $l_{40°}(Na_2S_2O_3 \cdot 5\ H_2O/H_2O)$ = 1027 g/100 g
d) $l_{25°}(CaCl_2 \cdot 6\ H_2O/H_2O)$ = 82,7 g/100 g
3-378. a) $l_{60°}(KNO_3/H_2O)$ = 110 g/100 g
b) $l_{20°}(Na_2CO_3 \cdot 10\ H_2O/H_2O)$ = 21,55 g/100 g
c) $l_{20°}(NaNO_2/H_2O)$ = 81,64 g/100 g
d) $l_{0°}(AgNO_3/H_2O)$ = 115,0 g/100 g
3-379.a) $l_{20°}(KBr/H_2O)$ = 66,0 g/100 g
b) $l_{20°}(NaHCO_3/H_2O)$ = 9,60 g/100 g
c) $l_{20°}(NaClO_3/H_2O)$ = 96,0 g/100 g
d) $l_{20°}(HCl/H_2O)$ = 58,3 g/100 g
3-380. $l_{18°}(HCl/H_2O)$ = 57,5 g/100 g
3-381. $l_{20°}(NH_3/H_2O)$ = 52,3 g/100 g
3-382. a) $l_{20°}(BaCl_2/H_2O)$ = 35,14 g/100 g
b) $l_{20°}(H_3BO_3/H_2O)$ = 4,888 g/100 g
c) $l_{20°}(KNO_3/H_2O)$ = 31,58 g/100 g
d) $l_{20°}(NH_4Cl/H_2O)$ = 27,23 g/100 g
3-383. a) $w(CH_3OH/H_2O)$ = 0,1573
b) $w(C_6H_6/C_6H_5CH_3)$ = 0,1128
c) $w(CO/H_2)$ = 1,521
3-384. a) $w(CH_3OH/X)$ = 0,1867
b) $w(C_6H_6/X)$ = 0,1272
c) $w(CO/X)$ = 0,685
3-385. a) $w(CH_3OH/C_3H_7OH)$ = 0,356
b) $w(CH_3OH/C_2H_5OH)$ = 0,197
c) $w(C_6H_{12}/C_6H_{14})$ = 2,64
3-386. a) $w(CO/CO_2)$ = 3,235
b) $w(CH_4/C_2H_6)$ = 0,283
c) $w(H_2/O_2)$ = 4,0

3-387. a) $w(CH_3OH/H_2O) = 0{,}421$
b) $w(CH_3COOH/H_2O) = 0{,}318$
c) $w(CHCl_3/CCl_4) = 4{,}34$
3-388. a) $w(N_2/NH_3) = 0{,}0390$
b) $w(SO_2/O_2) = 0{,}1199$
c) $w(H_2/O_2) = 31{,}7$
3-389. a) $w(CH_3OH/C_2H_5OH) = 3{,}30$
b) $w(C_6H_5NH_2/C_6H_6) = 0{,}769$
c) $w(CH_3COOH/H_2O) = 2{,}049$
3-390. a) $w(CH_3OH/C_2H_5OH) = 4{,}74$
b) $w(C_6H_5NH_2/C_6H_6) = 0{,}645$
3-391. a) $w(C_2H_2/C_2H_4) = 5{,}386$
b) $w(SO_2/O_2) = 0{,}3122$
3-392. $w[(C_3H_5(OH)_3/H_2O] = 0{,}3774$
3-393. $w(CO_2/H_2) = 4{,}00$
3-394. $w(C_6H_5CH_3/C_6H_6) = 4{,}00$
3-395. $w(NH_3/N_2) = 5{,}90$

zu Kapitel 4

4-1. w(Phenol) = 37,1%
4-2. $w(Na_2SO_4) = 9{,}1\%$
4-3. $w_3(NaCl) = 19{,}1\%$
4-4. $w(HNO_3) = 15{,}33\%$
4-5. $w_3(HCl) = 22{,}4\%$
4-6. $w_3(KOH) = 17{,}82\%$
4-7. $w_3(HClO_4) = 30{,}6\%$
4-8. $w(NaCl) = 12{,}40\%$
4-9. $w[Ni(NO_3)_2] = 14{,}31\%$
4-10. $w(CaCl_2) = 22{,}43\%$
4-11. w(Benzol) = 54,8%
4-12. w(Aceton) = 19,71%
4-13. $w(AgNO_3) = 5{,}10\%$
4-14. $w(Na_2S_2O_3) = 13{,}2\%$
4-15. $w(NaNO_2) = 21{,}5\%$
4-16. $w(HCl) = 31{,}2\%$
4-17. $w(NH_3) = 24{,}3\%$
4-18. $w(Na_2CO_3) = 4{,}98\%$
4-19. $w(H_2SO_4) = 27{,}14\%$
4-20. $w(NaOH) = 29{,}7\%$
4-21. $w(Na_2CO_3) = 4{,}98\%$
4-22. $w(H_2SO_4) = 27{,}14\%$
4-23. $w(KMnO_4) = 8{,}01\%$
4-24. $w(HNO_3) = 31{,}1\%$
4-25. $w(NaOH) = 29{,}6\%$
4-26. $w(NH_3) = 16{,}64\%$
4-27. $w(FeCl_3) = 5{,}81\%$
4-28. $w(HCl) = 11{,}79\%$
4-29. $w(KMnO_4) = 0{,}750\%$
4-30. $w(C_2H_5OH) = 29{,}6\%$
4-31. $w(HCl) = 17{,}86\%$
4-32. $w(KCl) = 27{,}27\%$
4-33. $w(KNO_3) = 11{,}50\%$
4-34. $w(CH_3COONa) = 20{,}6\%$
4-35. $w(NaOH) = 26{,}63\%$
4-36. $w(CH_3OH) = 14{,}89\%$
4-37. $w(CH_4) = 58{,}3\%$
4-38. $w(CaO) = 42{,}41\%$
4-39. $w(CH_3OH) = 12{,}46\%$
4-40. w(Methanol) = 63,9%
4-41. w(Benzol) = 36,0%
4-42. $w(CH_4) = 31{,}7\%$
4-43. $w(CO) = 51{,}5\%$
4-44. $w(N_2) = 64{,}9\%$
4-45. $w(CO) = 71{,}7\%$
4-46. $w(BaCl_2) = 16{,}69\%$
4-47. $w(KOH) = 25{,}19\%$
4-48. $w(NH_3) = 0{,}937\%$
4-49. $w(HCl) = 22{,}4\%$
4-50. $w_2(H_2SO_4) = 35{,}6\%$
4-51. $w(KOH) = 8{,}5\%$
4-52. $m_1(L_1) = 598$ g
$m_2(L_2) = 152$ g
4-53. $m_1(L_1) = 56{,}8$ g
$m_2(L_2) = 193{,}2$ g
4-54. $m_1(L_1) = 312$ g
$m_2(L_2) = 288$ g
4-55. $m_1(L_1) = 802$ g
$m_2(L_2) = 203$ g
4-56. $m_1(L_1) = 59{,}1$ g
$m_2(L_2) = 200{,}9$ g
4-57. $m_1(L_1) = 320$ g
$m_2(L_2) = 295$ g
4-58. $m_1(L_1) = 112$ g
$m_2(L_2) = 676$ g
4-59. $m(HCl) = 125$ g

4-60. m(Ausgangslösung) = 305 kg
4-61. m(KOH) = 103 g
4-62. m(Natriumnitrat-Lösung) = 733 kg
$m(NaNO_3)$ = 67,0 kg
4-63. m(HCl) = 133,5 g
4-64. m(Ausgangslösung) = 324,0 g
4-65. m(KOH) = 118 kg
4-66. $m(NaNO_3)$ = 44,3 g
$m(H_2O)$ = 205,7 g
4-67. m(Salzsäure) = 165 g
4-68. m(Lauge) = 153,5 kg
$m(H_2O)$ = 196,5 kg
4-69. m(NaOH) = 95,8 kg
4-70. $m(NaNO_3)$ = 46,6 g
$m(H_2O)$ = 216,2 g
4-71. m(Salzsäure) = 177 g
4-72. m(Lauge) = 182 kg
$m(H_2O)$ = 233 kg
4-73. $m(NH_3)$ = 80,0 g
$m(H_2O)$ = 240 g
4-74. m(KCl) = 225,0 g
4-75. $m(Na_2SO_4)$ = 19,20 kg
4-76. $m(Na_2CO_3)$ = 24,38 g
4-77. m(KI) = 25,00 g
4-78. m(Ethanol) = 6,50 kg
m(Methanol) = 58,50 kg
4-79. $m(FeSO_4)$ = 10,18 g
$m(H_2O)$ = 498,8 g
4-80. $m(Na_2S_2O_3)$ = 220,1 g
$m(H_2O)$ = 3,448 kg
4-81. $m(K_2Cr_2O_7)$ = 84,4 g
4-82. m(HCl) = 166,7 g
m(Salzsäure) = 666,7 g
4-83. m(HCl) = 16,7 g
m(Lösung) = 266,7 g
4-84. m(Lösung) = 55 kg
4-85. m(KOH) = 31,1 g
4-86. $m(H_2O)$ = 2,23 kg
4-87. $m_2(L_2)$ = 1478 kg
$m_3(L_3)$ = 1653 kg
4-88. $m(Br_2)$ = 12,26 g
m(Lösung) = 490,5 g
4-89. m(HCl) = 18,3 g
m(Lösung) = 292,8 g
4-90. m(Lösung) = 55,0 kg
4-91. m(KOH) = 35,5 g
4-92. $m_2(L_2)$ = 2347 kg
$m_3(L_3)$ = 2625 kg
4-93. m(Salzsäure) = 3800 kg
4-94. m(Schwefelsäure-Lösung) = 616 g
4-95. m(Kalilauge) = 246 kg
4-96. m(Salzsäure) = 3905 kg
4-97. m(Schwefelsäure-Lösung) = 690 g
4-98. m(Natronlauge) = 581 g
4-99. m(Kaliumiodid-Lösung) = 5,93 g
4-100. m(Natronlauge) = 31,8 g
4-101. m(Kaliumiodid-Lösung) = 76,6 g
4-102. m(Soda-Lösung) = 1400 g
4-103. m(Salpetersäure-Lösung) = 546 kg
4-104. m(Ethanol-Lösung) = 1440 g
4-105. m(Ammoniak-Lösung) = 208 g
4-106. m(Soda-Lösung) = 303 g
4-107. m(Salpetersäure-Lösung) = 754 kg
4-108. m(Ethanol-Lösung) = 1159 g
4-109. m(Ammoniak-Lösung) = 189 g
4-110. **a)** m(L) = 1,875 kg
b) m(L) = 1,027 kg
c) m(L) = 6,00 kg
d) m(L) = 938 g
e) m(L) = 1,500 kg
4-111. $m_1(L_1)/m_2(L_2) = 0{,}625 = 1:1{,}600$
4-112. $m_1(L_1)/m_2(L_2) = 0{,}2 = 1:5$
4-113. $V_1(L_1)$ = 351 mL
$V_2(L_2)$ = 149 mL
4-114. $V_1(L_1)$ = 65,7 L
$V_2(L_2)$ = 559 L
4-115. V(Phosphorsäure-Lösung) = 1,17 L
4-116. V(Soda-Lösung) = 1924 mL
4-117. V(Lösung) = 400 mL

4-118. V(Lösung) = 257 mL
4-119. V(Lösung) = 572 mL
4-120. V(Lösung) = 376 mL
4-121. φ_4(1-Hexan) = 46,8%
4-122. φ(Toluol) = 67,4%
4-123. φ(Ethanol) = 8,85%
4-124. φ(Hexan) = 70,6%
4-125. $\varphi(CO_2)$ = 8,74%
4-126. $V_1(L_1)$ = 571 L
$V_2(L_2)$ = 179 L
4-127. V(1-Butanol) = 260 L
V(2-Butanol) = 140 L
4-128. $V(H_2O)$ = 567 mL
4-129. V(Glycerin-Lösung) = 1056 L
4-130. $V_1(L_1)/V_2(L_2)$ = 0,81 = 1 : 1,23
4-131. V_1(Aceton)/V_2(Methanol) = 0,220 = 1 : 4,555
4-132. x(CaO) = 48,8%
4-133. $x(BaCl_2)$ = 17,95%
4-134. x(CaO) = 56,2%
4-135. $x(BaCl_2)$ = 1,858%
4-136. x(NaOH) = 5,67%
4-137. $x(Br_2)$ = 4,60%
4-138. x(HCl) = 2,26%
4-139. $n(CH_3OH)$ = 0,618 mol
$n(H_2O)$ = 5,882 mol
4-140. $n(H_2)$ = 14,00 mol
4-141. n(Kalilauge) = 28,3 mol
4-142. $\beta(H_2SO_4)$ = 372 g/L
4-143. β(HCl) = 186,5 g/L
4-144. $\beta(H_2SO_4)$ = 12,6 g/L
4-145. $\beta(SO_2)$ = 35,5 mg/L
4-146. $V_1(L_1)$ = 262,5 mL
$V_2(L_2)$ = 122,5 mL
4-147. V(Soda-Lösung) = 17,36 L
$V(H_2O)$ = 7,64 L
4-148. V(Soda-Lösung) = 18,58 L
$V(H_2O)$ = 4,36 L
4-149. m(Soda-Lösung) = 22,25 kg
4-150. $m_1(L_1)$ = 126,3 g
$m_2(L_2)$ = 146,8 g
4-151. $c(BaCl_2)$ = 1,58 mol/L
4-152. c_4(1/5 $KMnO_4$) = 0,1164 mol/L
4-153. c_3(HCl) = 7,89 mol/L
4-154. c_1(HCl) = 11,18 mol/L
4-155. $c(HNO_3)$ = 7,48 mol/L
4-156. $V(H_2O)$ = 1925 mL
V(Mischung) = 2625 mL
4-157. $V_1(L_1)$ = 51,1 L
$V_2(L_2)$ = 198,9 L
4-158. $V_1(L_1)$ = 102,1 mL
$V_2(L_2)$ = 269,2 mL
4-159. m(Soda-Lösung) = 22,4 kg
4-160. $m_1(L_1)$ = 54,5 g
$m_2(L_2)$ = 210,3 g
4-161. $m_1(L_1)$ = 79,3 g
$m_2(L_2)$ = 395,7 g

zu Kapitel 5

5-1. w(NaOH) = 21,9%
5-2. $w(H_2O)$ = 0,129%
5-3. w(NaCl) = 17,9%
5-4. w(Farbstoff, trocken) = 94,7%
5-5. w(Feststoff) = 97,4%
5-6. w(Feststoff) = 73,2%
5-7. w(Benzol) = 21,0%
5-8. w(Cyclohexan) = 50,8%
5-9. w(Alkohol) = 27,8%
5-10. w(NaOH) = 27,7%
5-11. $w(H_2O)$ = 28,3%
5-12. w(NaCl) = 10,53%
5-13. w(Benzol) = 61,6%
5-14. $w(C_6H_{12})$ = 23,8%
5-15. $m(H_2O)$ = 38 kg
m(Paste, neu) = 247 kg
5-16. w(Ausgangsmischung) = 960 kg
m(Rückstand) = 360 kg
5-17. m(Ausgangslösung) = 286 kg
$m(H_2O)$ = 86 kg
5-18. $m(H_2O)$ = 8,6 kg
5-19. m(Benzol) = 300 kg
5-20. w(Gemisch) = 764 kg
5-21. $m(H_2O)$ = 114 kg
m(Rückstand) = 276 kg

5-22. m(Ausgangsmischung) = 1056 kg
m(Kondensat) = 556 kg
5-23. $w(H_2O)$ = 36 kg
m(Paste, neu) = 349 kg
5-24. m(Ausgangsmischung) = 1154 kg
m(Rückstand) = 276 kg
5-25. φ(Hexan) = 52,2%
5-26. φ(Alkohol) = 29,6%
5-27. V(Benzol) = 301 L
5-28. V(Gemisch) = 750 L
5-29. V(Ausgangsgemisch) = 963 L
V(Kondensat) = 463 L
5-30. β(Farbstoff) = 70,3 g/L
5-31. $\beta(NaNO_3)$ = 138 g/L
5-32. β(Phenol) = 102,0 g/L
5-33. β(Farbstoff) = 37,49 g/L
5-34. $\beta(NaNO_3)$ = 59,1 g/L
5-35. β(Phenol) = 38,3 g/L
5-36. $V(H_2O)$ = 30 mL
V(Lauge) = 495 mL
5-37. V(Ausgangslösung) = 371 mL
$V(H_2O)$ = 46 mL
5-38. V(Ausgangslösung) = 292 mL
$V(H_2O)$ = 92 mL
5-39. $c_3(1/5\ KMnO_4)$ = 0,378 mol/L
5-40. $c(AgNO_3)$ = 0,176 mol/L
5-41. $c(1/2\ Na_2CO_3)$ = 0,1097 mol/L
5-42. $c(1/5\ KMnO_4)$ = 0,300 mol/L
5-43. $c(AgNO_3)$ = 0,1588 mol/L
5-44. $V(H_2O)$ = 25,0 mL
V(Lösung) = 125,0 mL
5-45. $V(H_2O)$ = 63 mL
V(Lösung) = 297 mL
5-46. V(Ausgangslösung) = 716,4 mL
$V(H_2O)$ = 116,4 mL

zu Kapitel 6

6-1. **a)** $4\ Al + 3\ O_2 \longrightarrow 2\ Al_2O_3$
b) $2\ KClO_3 \longrightarrow 2\ KCl + 3\ O_2$
c) $CaCO_3 \longrightarrow CaO + CO_2$
d) $2\ Al + 6\ HCl \longrightarrow 2\ AlCl_3 + 3\ H_2$
e) $2\ Fe(OH)_3 \longrightarrow Fe_2O_3 + 3\ H_2O$
f) $2\ NH_3 + H_2SO_4 \longrightarrow (NH_4)_2SO_4$
g) $2\ Al(OH)_3 + 3\ H_2SO_4 \longrightarrow Al_2(SO_4)_3 + 6\ H_2O$
h) $Ca(OH)_2 + 2\ H_3PO_4 \longrightarrow Ca(H_2PO_4)_2 + 2\ H_2O$
i) $K_2CrO_4 + 2\ AgNO_3 \longrightarrow Ag_2CrO_4 + 2\ KNO_3$
k) $TiF_4 + 2\ H_2SO_4 \longrightarrow 4\ HF + 2\ SO_3 + TiO_2$

6-2. **a)** $P_2O_5 + 3\ H_2O \longrightarrow 2\ H_3PO_4$
b) $C_2H_4O_2 + 2\ O_2 \longrightarrow 2\ CO_2 + 2\ H_2O$
c) $MnO_2 + 4\ HCl \longrightarrow MnCl_2 + Cl_2 + 2\ H_2O$
d) $2\ CH_4 + 3\ O_2 \longrightarrow 2\ CO + 4\ H_2O$
e) $Cl_2O + H_2O \longrightarrow 2\ HOCl$
f) $4\ FeS_2 + 11\ O_2 \longrightarrow 2\ Fe_2O_3 + 8\ SO_2$
g) $CaO + 2\ NH_4Cl \longrightarrow 2\ NH_3 + CaCl_2 + H_2O$
h) $Na_2CO_3 + 2\ HCl \longrightarrow 2\ NaCl + H_2O + CO_2$
i) $3\ Cu + 8\ HNO_3 \longrightarrow 3\ Cu(NO_3)_2 + 2\ NO + 4\ H_2O$

6-3. a) $Ca(HCO_3)_2 \longrightarrow CaCO_3 + H_2O + CO_2$
b) $2\ KMnO_4 + 5\ Na_2C_2O_4 + 8\ H_2SO_4 \longrightarrow MnSO_4 + 10\ CO_2 + 5\ Na_2SO_4 + K_2SO_4 + 8\ H_2O$
c) $2\ C_6H_5CH_3 + 3\ O_2 \longrightarrow 2\ C_6H_5COOH + 2\ H_2O$
d) $NaI + 3\ BaO_2 + 3\ H_2SO_4 \longrightarrow NaIO_3 + 3\ BaSO_4 + 3\ H_2O$
e) $Cr_2(SO_4)_3 + 3\ KNO_3 + 10\ KOH \longrightarrow K_2CrO_4 + 3\ KNO_2 + 5\ H_2O + 3\ K_2SO_4$
f) $S_2O_8^{2+} + 2\ H_2O \longrightarrow H_2O_2 + 2\ HSO_4^-$
g) $ZnO + 2\ OH^-(aq) + H_2O \longrightarrow Zn(OH)_4^{2-}(aq)$
h) $Al_2O_3(f) + 2\ OH^-(aq) + 3\ H_2O \longrightarrow 2\ Al(OH)_4^-(aq)$
i) $MnO_4^- + 8\ H^+ + 5\ e^- \longrightarrow Mn^{2+} + 4\ H_2O$
k) $SO_3^{2-} + 2\ MnO_4^- + 3\ H_2O \longrightarrow SO_4^{2-} + 2\ MnO_2 + 6\ OH^-$

6-4. a) $n(H_2)/2 = n(O_2) = n(H_2O)/2$
$n(H_2) = 2\ n(O_2) = n(H_2O)$
$n(O_2) = n(H_2)/2 = n(H_2O)/2$
$n(H_2O) = n(H_2) = 2\ n(O_2)$
b) $n(Fe) = n(H_2SO_4) = n(FeSO_4) = n(H_2)$
$n(Fe) = n(H_2SO_4) = n(FeSO_4) = n(H_2)$
$n(H_2SO_4) = n(Fe) = n(FeSO_4) = n(H_2)$
$n(FeSO_4) = n(Fe) = n(H_2SO_4) = n(H_2)$
$n(H_2) = n(Fe) = n(H_2SO_4) = n(FeSO_4)$
c) $n(NaHCO_3)/2 = n(Na_2CO_3) = n(H_2O) = n(CO_2)$
$n(NaHCO_3) = 2\ n(Na_2CO_3) = 2\ n(H_2O) = 2\ n(CO_2)$
$n(Na_2CO_3) = n(NaHCO_3)/2 = n(H_2O) = n(CO_2)$
$n(H_2O) = n(NaHCO_3)/2 = n(Na_2CO_3) = n(CO_2)$
$n(CO_2) = n(NaHCO_3)/2 = n(Na_2CO_3) = n(H_2O)$
d) $n(NH_3)/2 = n(H_2O) = n(CO_2) = n[(NH_4)_2CO_3]$
$n(NH_3) = 2\ n(H_2O) = 2\ n(CO_2) = 2\ n[(NH_4)_2CO_3]$
$n(H_2O) = n(NH_3)/2 = n(CO_2) = n[(NH_4)_2CO_3]$
$n(CO_2) = n(NH_3)/2 = n(H_2O) = n[(NH_4)_2CO_3]$
$n[(NH_4)_2CO_3] = n(NH_3)/2 = n(H_2O) = n(CO_2)$
e) $n(N_2) = n(H_2)/3 = n(NH_3)/2$
$n(N_2) = n(H_2)/3 = n(NH_3)/2$
$n(H_2) = 3\ n(N_2) = 3\ n(NH_3)/2$
$n(NH_3) = 2\ n(N_2) = 2\ n(H_2)/3$
f) $n(P_2O_5) = n(H_2O)/2 = n(H_4P_2O_7)$
$n(P_2O_5) = n(H_2O)/2 = n(H_4P_2O_7)$
$n(H_2O) = 2\ n(P_2O_5) = 2\ n(H_4P_2O_7)$
$n(H_4P_2O_7) = n(P_2O_5) = n(H_2O)/2$
g) $n(FeSO_4)/10 = n(KMnO_4)/2 = n(H_2SO_4)/8 = n[Fe_2(SO_4)_3]/5 = n(K_2SO_4) = n(MnSO_4)/2 = n(H_2O)/8$
$n(FeSO_4) = 10\ n(KMnO_4)/2 = 10\ n(H_2SO_4)/8 = 10n[Fe_2(SO_4)_3]/5 = 10n(K_2SO_4) = 10\ n(MnSO_4)/2 = 10\ n(H_2O)/8$
$n(KMnO_4) = 2\ n(FeSO_4)/10 = 2\ n(H_2SO_4)/8 = 2\ n[Fe_2(SO_4)_3]/5 = 2\ n(K_2SO_4) = 2\ n(MnSO_4)/2 = 2\ n(H_2O)/8$
$n(H_2SO_4) = 8\ n(FeSO_4)/10 = 8\ n(KMnO_4)/2 = 8\ n[Fe_2(SO_4)_3]/5 = 8\ n(K_2SO_4) = 8\ n(MnSO_4)/2 = 8\ n(H_2O)/8$
$n[Fe_2(SO_4)_3] = 5\ n(FeSO_4)/10 = 5\ n(KMnO_4)/2 = 5\ n(H_2SO_4)/8$

$= 5\ n(K_2SO_4) = 5\ n(MnSO_4)/2$
$= 5\ n(H_2O)/8$
$n(K_2SO_4) = n(FeSO_4)/10$
$= n(KMnO_4)/2 = n(H_2SO_4)/8$
$= n[Fe_2(SO_4)_3]/5 = n(MnSO_4)/2$
$= n(H_2O)/8$
$n(MnSO_4) = 2\ n(FeSO_4)/10$
$= 2\ n(KMnO_4)/2$
$= 2\ n(H_2SO_4)/8$
$= 2\ n[Fe_2(SO_4)_3]/5$
$= 2\ n(K_2SO_4) = 2\ n(H_2O)/8$
$n(H_2O) = 8\ n(FeSO_4)/10$
$= 8\ n(KMnO_4)/2$
$= 8\ n(H_2SO_4)/8$
$= 8\ n[Fe_2(SO_4)_3]/5$
$= 8\ n(K_2SO_4) = 8\ n(MnSO_4)/2$

h) $n(Al_4Cl_3) = n(H_2O)/12$
$= n[Al(OH)_3]/4 = n(CH_4)/3$
$n(Al_4Cl_3) = n(H_2O)/12$
$= n[Al(OH)_3]/4 = n(CH_4)/3$
$n(H_2O) = 12\ n(Al_4Cl_3)$
$= 12\ n[Al(OH)_3]/4$
$= 12\ n(CH_4)/3$
$n[Al(OH)_3]$
$= 4\ n(Al_4Cl_3) = 4\ n(H_2O)/12$
$= 4\ n(CH_4)/3$
$n(CH_4) = 3\ n(Al_4Cl_3)$
$= 3\ n(H_2O)/12$
$= 3\ n[Al(OH)_3]/4$

i) $n(C_6H_{12}O_6) = n(C_2H_5OH)/2$
$= n(CO_2)/2$
$n(C_6H_{12}O_6) = n(C_2H_5OH)/2$
$= n(CO_2)/2$
$n(C_2H_5OH) = 2\ n(C_6H_{12}O_6)$
$= n(CO_2)$
$n(CO_2) = 2\ n(C_6H_{12}O_6)$
$= n(C_2H_5OH)$

k) $n(HCl)/4 = n(MnO_2)$
$= n(MnCl_2) = n(Cl_2)$
$= n(H_2O)/2$
$n(HCl) = 4\ n(MnO_2)$
$= 4\ n(MnCl_2) = 4\ n(Cl_2)$
$= 4\ n(H_2O)/2$
$n(MnO_2) = n(HCl)/4$
$= n(MnCl_2) = n(Cl_2)$
$= n(H_2O)/2$
$n(MnCl_2) = n(HCl)/4$
$= n(MnO_2) = n(Cl_2)$
$= n(H_2O)/2$
$n(Cl_2) = n(HCl)/4$
$= n(MnO_2) = n(MnCl_2)$
$= n(H_2O)/2$
$n(H_2O) = 2\ n(HCl)/4$
$= 2\ n(MnO_2) = 2\ n(MnCl_2)$
$= 2\ n(Cl_2)$

6-5. $n(BaSO_4) = 3{,}75$ mol
6-6. $m(BaCl_2) = 494{,}5$ g
6-7. $V(H_2) = 26{,}0$ L
6-8. V(Benzol) = 0,549 L
6-9. $n(C_6H_5NH_2) = 8{,}93$ mol
6-10. $m(NaHCO_3) = 673{,}7$ g
6-11. $V(CO_2) = 52{,}1$ L
6-12. $V[(CH_3)CHOH] = 116{,}4$ mL
6-13. $n(K_2CO_3) = 33482$ mol = 33,48 kmol
6-14. $n(NH_3) = 0{,}252$ mol
6-15. $m(NH_4Cl) = 239$ g
6-16. $m(SO_3) = 12{,}2$ kg
6-17. $m(CH_4) = 66{,}7$ kg
6-18. $V(H_2) = 900$ L
6-19. $V(NH_3) = 384$ L
6-20. $n(C_6H_6) = 5{,}96$ mol
6-21. $m(CH_3COOH) = 679$ g
6-22. $V(CH_3COOH) = 281{,}5$ mL
6-23. a) $m(BaSO_4) = 5{,}520$ g
b) $m(BaCl_2) = 4{,}925$ g
6-24. $V(HCl) = 6{,}25$ L
6-25. a) $m[Ca(OH)_2$-Lösung$] = 5079$ kg
b) $m[Ca(NO_3)_2] = 280$ kg
6-26. a) $V(NH_3$-Lösung$) = 4{,}67$ L
b) V(NaOH-Lösung) = 4,55 L
6-27. a) $V_n(H_2) = 26{,}4$ L
b) $m(H_2SO_4$-Lösung$) = 285$ g
6-28. $m(CH_3COOH$-Lösung$) = 476$ g
6-29. a) $m(SO_3) = 12{,}6$ kg
b) $V_n(O_2) = 9608$ L
6-30. V(Abluft) = 455 m^3
6-31. $V_n(N_2/H_2$-Gemisch$) = 11111$ L
6-32. a) $m(BaSO_4) = 5{,}455$ g
b) $m(BaCl_2) = 4{,}867$ g

c) $V(BaCl_2\text{-Lösung}) = 64{,}9$ mL
6-33. a) $V(\text{Salzsäure}) = 6{,}11$ L
b) $m(\text{Pottasche}) = 4975$ g
c) $n(KCl) = 67{,}0$ mol
6-34. a) $V[Ca(OH)_2\text{-Lösung}] = 470$ L
b) $m[Ca(NO_3)_2] = 2{,}750$ kg
6-35. a) $V(NH_3) = 289$ L
b) $m(NH_4Cl) = 0{,}722$ kg
c) $m(NaCl) = 0{,}716$ kg
6-36. a) $V(H_2) = 17{,}83$ L
b) $V(H_2SO_4\text{-Lösung}) = 136{,}9$ mL
c) $V(H_2SO_4\text{-Lösung}) = 130{,}9$ mL
6-37. a) $V(\text{Abluft}) = 479\ m^3$
b) $V(\text{Kalkmilch}) = 2165$ L
6-38. $V_n(N_2/H_2\text{-Gemisch}) = 171$ L
6-39. $m(\text{Salicylsäure}) = 256$ g
6-40. $m(C_6H_{10}Br) = 966$ g
6-41. $V(SO_3) = 720\ m^3$
6-42. $V(Cl_2) = 25{,}87\ m^3$
6-43. $m(\text{Soda}) = 4{,}471$ kg
6-44. $V(O_2) = 5{,}878\ m^3$
6-45. $\eta = 0{,}959 = 95{,}9\%$
6-46. $\eta = 0{,}970 = 97{,}0\%$
6-47. $\eta = 0{,}351 = 35{,}1\%$
6-48. $\eta = 0{,}855 = 85{,}5\%$
6-49. $\eta = 0{,}977 = 97{,}7\%$
6-50. $\eta = 0{,}905 = 90{,}5\%$
6-51. $\eta = 0{,}942 = 94{,}2\%$
6-52. $\eta = 0{,}867 = 86{,}7\%$
6-53. $\eta = 0{,}706 = 70{,}6\%$
6-54. $\eta = 0{,}955 = 95{,}5\%$
6-55. $\eta = 0{,}972 = 97{,}2\%$
6-56. $\eta = 0{,}406 = 40{,}6\%$
6-57. $\eta = 0{,}935 = 93{,}5\%$
6-58. $\eta = 0{,}669 = 66{,}9\%$
6-59. $\eta = 0{,}818 = 81{,}8\%$
6-60. $\eta = 0{,}849 = 84{,}9\%$
6-61. $\eta = 0{,}854 = 85{,}4\%$
6-62. $\eta = 0{,}726 = 72{,}6\%$
6-63. $\eta = 0{,}865 = 86{,}5\%$
6-64. $\eta = 0{,}814 = 81{,}4\%$

zu Kapitel 7

7-1. a) $V_r = 1/5 = 0{,}2$
b) $m_T(\text{Lösung}) = 1{,}016$ g
7-2. a) $V(\text{Pipette}) = 20{,}0$ mL
b) $V_r = 1/5 = 0{,}2$
c) $m_T(\text{Urlösung}) = 1{,}151$ g
d) $V_T(\text{Urlösung}) = 0{,}971$ mL
7-3. a) $F(Ag/AgCl) = 0{,}7527$
b) $F(Pb/PbSO_4) = 0{,}6832$
c) $F(Mg/Mg_2P_2O_7) = 0{,}2185$
d) $F(CuSO_4 \cdot 5\ H_2O) = 2{,}0529$
e) $F(Fe/Fe_2O_3) = 0{,}6994$
f) $F(Sb/Sb_2S_3) = 0{,}7169$
7-4. a) $m[Fe_2(SO_4)_3] = 447{,}0$ mg
b) $m(Fe^{2+}) = 124{,}8$ mg
7-5. a) $m(Al) = 0{,}393$ g
b) $n(Al) = 14{,}56$ mmol
7-6. a) $m(HCl) = 98{,}32$ mg
b) $n(HCl) = 2{,}696$ mmol
c) $V(HCl) = 604{,}0$ mL
7-7. $w(Cr) = 0{,}3653 = 36{,}53\%$
7-8. $w(Sb) = 0{,}4683 = 46{,}83\%$
7-9. $w(Zn) = 0{,}2856 = 28{,}56\%$
7-10. a) $w(Ag) = 0{,}8027 = 80{,}27\%$
b) $w(Cu) = 0{,}1749 = 17{,}49\%$
7-11. $\varphi(H_2S) = 0{,}00211 = 0{,}211\%$
7-12. $\varphi(HCl) = 0{,}00914 = 0{,}914\%$
7-13. $\beta(Co) = 6{,}39$ g/L
7-14. $\beta(HCl) = 5{,}77$ g/L
7-15. a) $\beta(H_2SO_4) = 105{,}3$ g/L
b) $c(1/2\ H_2SO_4) = 2{,}147$ mol/L
7-16. $c(Cl^-) = 0{,}158$ mol/L
7-17. a) $V(\text{Lösung}) = 6{,}89$ mL
b) $m(\text{Lösung}) = 7{,}35$ g
7-18. a) $m(\text{Lösung}) = 3{,}453$ g
b) $V(\text{Lösung}) = 3{,}185$ mL
7-19. $w(\text{Feuchtigkeit}) = 0{,}1777 = 17{,}77\%$
7-20. $w(\text{Trockensubstanz}) = 0{,}1782 = 17{,}82\%$
7-21. $w(\text{Feuchtigkeit}) = 0{,}176 = 17{,}6\%$
7-22. $w(CaO) = 0{,}5005 = 50{,}05\%$
7-23. $m(\text{Trockensubstanz}) = 5{,}80$ g

7-24. w(Metallischer Rückstand) = 0,1410 = 14,10%
7-25. w(Schlacke) = 0,0362 = 3,62%
7-26. w(C) = 0,9315 = 93,15%
7-27. a) m(NaOH) = 40,00 g
b) $m(KMnO_4)$ = 15,804
c) $m(AgNO_3)$ = 42,47 g
7-28. m(Lösung) = 133,3 g
7-29. V(Salzsäure) = 34,36 mL
7-30. a) V(Maßlösung) = 3,941 L
b) V(Maßlösung) = 0,703 L
c) V(Maßlösung) = 21,76 L
7-31. a) $V(H_2O)$ = 0 mL
b) $V(H_2O)$ = 8 mL
c) $V(H_2O)$ = 510 mL
7-32. a) V(Lösung) = 1,263 mL
b) V(Lösung) = 120 mL
c) V(Lösung) = 0,676 mL
d) V(Lösung) = 0,384 mL
7-33. t = 1,033
7-34. t = 1,005
7-35. t = 1,012
7-36. t = 1,055
7-37. t = 1,018
7-38. a) V(Natronlauge) = 137,0 mL
b) V(Natronlauge) = 4,71 mL
c) V(Natronlauge) = 32,57 mL
d) V(Natronlauge) = 5,09 mL
e) V(Natronlauge) = 117,7 mL
f) V(Natronlauge) = 20,56 mL
g) V(Natronlauge) = 16,20 mL
h) V(Natronlauge) = 12,17 mL
7-39. a) $n(Na_2CO_3)$ = 12,1 mmol
b) $m(Na_2CO_3)$ = 1,283 g
7-40. m(KOH) = 338,8 g
7-41. $w(K_2CO_3)$ = 0,8136 = 81,36%
7-42. $w(NH_3)$ = 0,0981 = 9,81%
7-43. a) w(NaOH) = 0,1674 = 16,74%
b) c(NaOH) = 4,95 mol/L
c) β(NaOH) = 198 g/L
7-44. w(NaOH) = 0,8332 = 83,32%
$w(Na_2CO_3)$ = 0,1521 = 15,21%
7-45. $\beta(H_3PO_4)$ = 3,819 g/L
7-46. t = 1,055
7-47. t = 1,046

7-48. a) V(Maßlösung) = 81,0 mL
b) V(Maßlösung) = 15,6 mL
c) V(Maßlösung) = 241,2 mL
d) V(Maßlösung) = 9,53 mL
e) V(Maßlösung) = 47,8 mL
7-49. a) $n(SO_2)$ = 31,0 mmol
b) $m(SO_2)$ = 1,984 g
c) $\beta(SO_2)$ = 79,4 g/L
7-50. $w[(NH_4)C_2O_4]$ = 0,8630 = 86,30%
7-51. a) m(Fe) = 1,012 g
b) $c(Fe^{2+})$ = 0,725 mol/L
c) $\beta(Fe^{2+})$ = 40,5 g/L
d) $w(FeSO_4)$ = 0,1001 = 10,01%
7-52. t = 1,007
7-53. t = 0,997
7-54. a) V(Maßlösung) = 200 mL
b) V(Maßlösung) = 112,2 mL
c) V(Maßlösung) = 14,2 mL
d) V(Maßlösung) = 128 mL
7-55. a) $n(SO_2)$ = 6,75 mmol
b) $m(SO_2)$ = 0,432 g
c) $\beta(SO_2)$ = 17,3 g/L
7-56. w(As) = 0,5463 = 54,63%
7-57. t = 1,014
7-58. t = 0,994
7-59. a) $m(FeSO_4)$ = 2,689 g
b) $\beta(Fe^{2+})$ = 49,4 g/L
c) $c(FeSO_4)$ = 0,885 mol/L
d) w(Fe) = 0,0441 = 4,41%
7-60. $w(NaNO_2)$ = 0,8341 = 83,41%
7-61. a) $n(SbCl_3)$ = 1,065 mmol
b) $m(SbCl_3)$ = 0,1296 g
c) $w(SbCl_3)$ = 0,1999 = 19,99%
7-62. $\beta(As_2O_3)$ = 20,97 g/L
7-63. a) $m(Sn^{2+})$ = 0,4065 g
b) $c(SnCl_2)$ = 0,685 mol/L
c) w(Sn) = 0,0709 = 7,09%
7-64. t = 0,969
7-65. t = 1,046
7-66. a) V(Maßlösung) = 26,50 mL
b) V(Maßlösung) = 52,19 mL
c) V(Maßlösung) = 22,32 mL
d) V(Maßlösung) = 36,65 mL
e) V(Maßlösung) = 26,83 mL

f) V(Maßlösung) = 20,00 mL

7-67. a) $n(AgNO_3)$ = 12,83 mmol
b) m(Ag) = 1,384 g

7-68. a) w(KCl) = 0,1200 = 12,00%
b) c(KCl) = 1,733 mol/L
c) $\beta(Cl^-)$ = 61,45 g/L

7-69. w(AgCl) = 0,6219 = 62,19%

7-70. t = 1,017

7-71. t = 0,995

7-72. a) V(EDTA-Lösung) = 9,92 mL
b) V(EDTA-Lösung) = 273,5 mL
c) V(EDTA-Lösung) = 151,1 mL
d) V(EDTA-Lösung) = 34,42 mL

7-73. a) $n(Mn^{2+})$ = 13,38 mmol
b) $m(MnBr_2)$ = 2,872 g

7-74. a) $w(NiSO_4)$ = 0,4002 = 40,02%
b) $c(Ni^{2+})$ = 2,93 mol/L
c) β(Ni) = 172,0 g/L

7-75. a) $w(H_3PO_4)$ = 0,1042 = 10,42%
b) $\beta(H_3PO_4)$ = 109,9 g/L
c) $c(H_3PO_4)$ = 1,122 mol/L

7-76. SZ(Fett) = 71,7 mg KOH/g Fett

7-77. VZ(Leinöl) = 209 mg KOH/g Leinöl

7-78. IZ(Leinöl) = 71,2 g Iod/g Leinöl

7-79. a) $m(SO_3$, gesamt) = 0,710 g
b) $m(SO_3$, gebunden) = 0,187 g
c) $w(SO_3$, frei) = 0,695 = 69,5%

7-80. $w(N_2)$ = 0,264 = 26,4%

7-81. w(NaCl) = 0,194 = 19,4%
w(KCl) = 0,806 = 80,6%

7-82. w(KCl) = 0,938 = 93,8%
w(KBr) = 0,052 = 5,2%

Ergebnisse der Wiederholungsaufgaben

zu Kapitel 3

3-1. $c(CH_3OH) = 3{,}60\ mol/L$
3-2. $c(F_2) = 6{,}80\ mmol/L$
$c(F) = 13{,}6\ mmol/L$
3-3. a) $c(O) = 20{,}60\ mmol/L$
b) $c(O) = 18{,}54\ mmol/L$
3-4. $c(K^+) = 0{,}2447\ mol/L$
3-5. $c(C_5H_{12}) = 2{,}79\ mol/L$
3-6. $c(C_2H_5OH) = 3{,}43\ mol/L$
3-7. $c(O) = 9{,}71\ mmol/L$
3-8. a) $c(O) = 29{,}8\ mmol/L$
b) $c(O) = 20{,}2\ mmol/L$
3-9. $c(Cl^-) = 0{,}2209\ mol/L$
3-10. $c(H_2SO_4) = 1{,}75\ mol/L$
3-11. $c(NH_3) = 41{,}10\ mmol/L$
3-12. $c(C_2H_5OH) = 10{,}23\ mol/L$
3-13. $c(SO_2) = 14{,}2\ mmol/L$
3-14. a) $c(H_2S) = 33{,}5\ mmol/L$
b) $c(H_2S) = 27{,}0\ mmol/L$
3-15. $c(C_4H_9OH) = 5{,}642\ mol/L$
3-16. $c(C_6H_5NH_2) = 2{,}09\ mol/L$
3-17. $c(Cl^-) = 11{,}30\ mmol/L$
3-18. $c(CO) = 18{,}4\ mmol/L$
3-19. $c(H_2SO_4) = 13{,}46\ mol/L$
3-20. $c(C_6H_6) = 8{,}17\ mol/L$
3-21. a) $n(NaNO_3) = 0{,}600\ mol$
b) $m(NaNO_3) = 51{,}0\ g$
3-22. a) n(1-Propanol) = 1,38 mol
b) m(1-Propanol) = 82,63 g
c) V(1-Propanol) = 102,8 mL
3-23. a) $n(NH_3) = 15{,}0\ mol$
b) $m(NH_3) = 255\ g$
c) $V(NH_3) = 336\ L$
3-24. a) $n(Cl_2) = 3{,}00\ mol$
b) $m(Cl_2) = 213\ g$
c) $V(Cl_2) = 139{,}1\ L$
3-25. a) V(Lauge) = 62,4 L
b) m(Lösung) = 66,8 kg
3-26. a) m(Lösung) = 3,10 kg
b) V(Lösung) = 2,95 L
3-27. a) $\beta(HCl) = 382\ g/L$
b) $\beta(Cl) = 372\ g/L$
3-28. a) $\beta(Na^+) = 64{,}6\ g/L$
b) $\beta(Na_2CO_3) = 148{,}9\ g/L$
3-29. $\beta(H_2) = 49{,}3\ mg/L$
3-30. $\beta(C_2H_4) = 0{,}631\ g/L$
3-31. $\beta(SO_3) = 1{,}249\ g/L$
3-32. a) $\beta(CO) = 0{,}782\ g/L$
b) $\beta(CO) = 0{,}729\ g/L$
3-33. a) $\beta(H_2) = 0{,}073\ g/L$
b) $\beta(CO_2) = 0{,}288\ g/L$
3-34. a1) $\beta(N_2) = 0{,}1320\ g/L$
a2) $\beta(NH_3) = 0{,}680\ g/L$
b1) $\beta(C_2H_6) = 0{,}626\ g/L$
b2) $\beta(C_2H_2) = 0{,}620\ g/L$
3-35. $\beta(CH_4) = 0{,}181\ g/L$
3-36. $\beta(CO) = 1{,}042\ g/L$
3-37. a) $\beta(Na^+) = 25{,}24\ g/L$
b) $\beta(Na_2CO_3) = 58{,}2\ g/L$
3-38. $\beta(H_2SO_4) = 900\ g/L$
3-39. $\beta(Na^+) = 19{,}6\ g/L$
3-40. a) $\beta(N_2) = 0{,}404\ g/L$
b) $\beta(N_2) = 0{,}313\ g/L$
3-41. a1) $\beta(N_2) = 0{,}1940\ g/L$
a2) $\beta(NH_3) = 0{,}642\ g/L$
b1) $\beta(N_2) = 0{,}1543\ g/L$
b2) $\beta(NH_3) = 0{,}511\ g/L$
3-42. $\beta(O_2) = 0{,}560\ g/L$
3-43. $\beta(C_6H_5Cl) = 281{,}4\ g/L$
3-44. $\beta(Cl_2) = 1{,}276\ g/L$
3-45. $\beta(N_2O) = 0{,}594\ g/L$

3-46. $\beta(H_3PO_4) = 63{,}7$ g/L

3-47. $\beta(C_2H_5OH) = 375{,}7$ g/L

3-48. a) $\beta(CH_4) = 0{,}276$ g/L

b) $\beta(CH_4) = 0{,}277$ g/L

3-49. a) $\beta(O_2) = 0{,}357$ g/L

b) $\beta(O_2) = 0{,}277$ g/L

3-50. $\beta(H_3PO_4) = 129{,}4$ g/L

3-51. $\beta(H_2SO_4) = 662{,}4$ g/L

3-52. $\beta(F) = 0{,}1950$ g/L

3-53. a) $\beta(Cl_2) = 0{,}221$ g/L

b) $\beta(Cl_2) = 0{,}207$ g/L

3-54. $\beta(HCl) = 354{,}0$ g/L

$\beta(Cl^-) = 344{,}5$ g/L

3-55. a) $\beta(C_2H_2) = 0{,}872$ g/L

b) $\beta(C_2H_2) = 0{,}704$ g/L

3-56. $\beta(C_6H_5NH_2) = 362{,}8$ g/L

3-57. a) $\beta(H_2) = 0{,}0378$ g/L

b) $\beta(H_2) = 0{,}0172$ g/L

3-58. $\beta(KOH) = 688{,}3$ g/L

3-59. a) V(Lauge) = 12,34 L

b) m(Lösung) = 14,45 kg

3-60. a) m(Lösung) = 1,490 kg

b) V(Lösung) = 1,286 L

3-61. a) V(Salpetersäure-Lösung) = 0,757 L

b) m(Lösung) = 879 g

3-62. $\sigma(HCN) = 0{,}2031$ mL/L

3-63. $\sigma(C_6H_6) = 542$ mL/L

3-64. $\sigma(C_6H_5CH_3) = 480$ mL/L

3-65. $\sigma(Cl_2) = 175{,}8$ mL/L

$\sigma(H_2) = 824{,}2$ mL/L

3-66. $\sigma(CO) = 319$ mL/L

3-67. $\sigma(H_2) = 95{,}8$ mL/L

3-68. $\sigma(CH_2Cl_2) = 310$ mL/L

3-69. $\sigma(C_6H_5CH_3) = 398{,}5$ mL/L

3-70. $\sigma(NO_2) = 237{,}2$ mL/L

3-71. $\sigma(CH_3COCH_3) =$ 461,4 mL/L

3-72. $\sigma(C_2H_6) = 468{,}2$ mL/L

3-73. a) $\sigma(N_2) = 13{,}5$ mL/L

b) $\sigma(N_2) = 208{,}4$ mL/L

3-74. $\sigma(C_6H_{14}) = 829$ mL/L

$\sigma(C_6H_{14}) = 914{,}1$ mL/L

3-76. $\sigma(C_6H_{12}) = 85{,}9$ mL/L

3-77. $\sigma(II_2) = 993$ mL/L

3-78. $\sigma(N_2O_5) = 256{,}1$ mL/L

3-79. $\sigma(O_3) = 35{,}8$ mL/L

3-80. $\sigma(C_2H_6) = 487$ mL/L

3-81. $V(C_2H_4) = 620{,}4$ mL

3-82. a) $V(C_2H_5OH) = 259{,}2$ mL

b) $m(C_2H_5OH) = 205{,}0$ g

3-83. a) $V(NH_3) = 328{,}5\ m^3$

b) $m(NH_3) = 250$ kg

3-84. $m(SO_2) = 400$ g

3-85. a) $V(HF) = 123$ L

b) $n(HF) = 109$ g

3-86. a) $m(CO) = 0{,}0172$ g

b) $V(CO) = 0{,}0177$ L

3-87. V(Gemisch) = 479 mL

3-88. a) $V(C_2H_5OH) = 1{,}900$ L

b) $n(C_2H_5OH) = 32{,}6$ mol

c) $m(C_2H_5OH) = 1{,}503$ kg

3-89. a) $V(Cl_2) = 106{,}5$ L

b) $n(Cl_2) = 2{,}58$ mol

c) $m(Cl_2) = 183$ g

3-90. a) V(Gemisch) = 12,3 L

b) m(Gemisch) = 9,49 kg

3-91. a1) $x(C_6H_6) = 38{,}4\%$

a2) $x(C_6H_5CH_3) = 61{,}6\%$

b1) $x(C_2H_5OH) = 76{,}2\%$

b2) $x(C_3H_7OH) = 23{,}8\%$

c1) $x(NaNO_3) = 0{,}99\%$

c2) $x(H_2O) = 99{,}1\%$

d1) $x(CO) = 47{,}4\%$

d2) $x(H_2) = 52{,}6\%$

3-92. $x(Cl_2) = 34{,}7\%$

3-93. $x(NH_3) = 76{,}3\%$

3-94. $x(NO_2) = 95{,}5\%$

3-95. $x(CO_2) = 77{,}1\%$

3-96. $x(H_2S) = 12{,}4\%$

3-97. a1) $x(Na_2SO_4) = 1{,}081\%$

a2) $x(H_2O) = 98{,}92\%$

b1) $x(Na_2CO_3) = 1{,}940\%$

b2) $x(H_2O) = 98{,}06\%$

c1) x(1-BuOH) = 17,4%

c2) x(2-BuOH) = 82,6%

3-98. a1) $x(SO_2) = 34{,}39\%$

a2) $x(SO_3) = 65{,}61\%$

b1) $x(CO_2) = 7{,}73\%$

b2) $x(H_2) = 92{,}27\%$

c1) $x(C_2H_2)$ = 18,5%
c2) $x(C_2H_4)$ = 81,5%
3-99. $x(SO_2)$ = 98,0%
3-100. $x(NH_3)$ = 78,9%
3-101. $x(CH_3COCH_3)$ = 1,411%
3-102. a1) $x(N_2)$ = 21,67%
a2) $x(H_2)$ = 11,00%
a3) $x(NH_3)$ = 67,32%
b1) $x(H_2)$ = 70,59%
b2) $x(O_2)$ = 29,41%
c1) $x(H_2)$ = 75,0%
c2) $x(Cl_2)$ = 25,0%
3-103. $x(NH_3)$ = 19,4%
$x(N_2)$ = 25,0%
$x(H_2)$ = 50,0%
3-104. $x(N_2)$ = 80,0%
3-105. $x(Na_2CO_3)$ = 1,994%
3-106. $x(C_2H_4)$ = 39,0%
3-107. $x(C_6H_{14})$ = 90,19%
3-108. $x(Na_2CO_3)$ = 0,363%
3-109. $x(O_2)$ = 10,85%
3-110. $x(CH_4)$ = 70,5%
3-111. $x(C_6H_5Cl)$ = 90,9%
3-112. $x(C_7H_{16})$ = 34,04%
3-113. $x(Na^+)$ = 0,621%
3-114. $x(NH_3)$ = 8,05%
3-115. $x(C_2H_5OH)$ = 70,4%
3-116. $x(CH_3OH)$ = 72,6%
$x(H_2O)$ = 27,4%
3-117. a1) $n(NH_3)$ = 1330 mol
a2) $m(NH_3)$ = 22,64 kg
b1) $n(H_2SO_4)$ = 3,00 mol
b2) $m(H_2SO_4)$ = 294,0 g
3-118. n(KBr) = 0,630 mol
3-119. $n(C_2H_5OH)$ = 46,9 mol
3-120. a) $n(NH_3)$ = 21,56 mol
b) $m(NH_3)$ = 367 g
c) $V(NH_3)$ = 483 L
3-121. a) $n(Cl_2)$ = 4,49 mol
b) $m(Cl_2)$ = 318 g
c) $V(Cl_2)$ = 185 L
3-122. a) $m(HNO_3)$ = 1257 g
b) $n(HNO_3)$ = 19,9 mol
3-123. a) $m(H_2SO_4)$ = 205 g
b) $n(H_2SO_4)$ = 2,09 mol
3-124. $m(H_2O)$ = 8,87 kg
3-125. a) $n(NH_3)$ = 26,09 mol
b) $m(NH_3)$ = 444 g
c) $V(NH_3)$ = 578 L
3-126. $m(Cl_2)$ = 665 mg
3-127. a) $V(C_2H_5OH)$ = 2422 L
b) $m(C_2H_5OH)$ = 1916 kg
3-128. V(CO) = 97,5 L
3-129. $V(O_2)$ = 73,1 mL
3-130. n(Kalilauge) = 51,1 mol
3-131. m(Ammoniak-Lösung) = 12,3 kg
3-132. m(Natronlauge) = 101 g
3-133. V(Perchlorsäure-Lösung) = 829 mL
3-134. V(Natriumnitrat-Lösung) = 298 mL
3-135. V(Gasgemisch) = 109,4 L
3-136. a) m(Soda-Lösung) = 2,32 kg
b) V(Lösung) = 2,003 L
3-137. a) V(Salpetersäure-Lösung) = 120,0 L
b) m(Lösung) = 147,6 kg
3-138. V(Gemisch) = 433 L
m(Gemisch) = 184 g
3-139. a) m(KCl) = 58,8 g
b) n(KCl) = 0,789 mol
3-140. a) $n(C_2H_5OH)$ = 38,2 mol
b) $m(C_2H_5OH)$ = 1,76 kg
c) $V(C_2H_5OH)$ = 2,23 L
3-141. a) $m(NH_3)$ = 11,40 g
b) $n(NH_3)$ = 0,670 mol
c) $V(NH_3)$ = 15,0 L
3-142. a) $m(Cl_2)$ = 7,23 g
b) $n(Cl_2)$ = 0,1019 mol
c) $V(Cl_2)$ = 4,20 L
3-143. a) $w(BaCl_2)$ = 6,11%
b) w(Cl) = 2,081%
c) $w(H_2O)$ = 93,9%
3-144. w(Farbstoff) = 57,3%
3-145. w(Ar) = 4,50%
3-146. a) $w(H_2SO_4)$ = 68,2%
b) $w(H_2O)$ = 31,82%
3-147. a) $w(NH_3)$ = 4,41%
b) $w(H_2O)$ = 95,6%

3-148. $w(NaOH) = 30{,}1\%$
3-149. $w(CH_4) = 15{,}86\%$
3-150. a) $w(CaO) = 44{,}9\%$
b) $w(MgO) = 55{,}1\%$
3-151. $w(KClO_3) = 4{,}34\%$
3-152. $w(H_2) = 1{,}217\%$
3-153. $w(Na) = 5{,}03\%$
3-154. a) $w(C_5H_{12}) = 34{,}83\%$
b) $w(C_6H_{14}) = 65{,}2\%$
3-155. a) $w(N_2) = 74{,}9\%$
b) $w(H_2) = 25{,}10\%$
3-156. $w(HCl) = 7{,}59\%$
3-157. $w(H_2SO_4) = 39{,}68\%$
3-158. $w(Na) = 6{,}02\%$
3-159. $w(NH_3) = 6{,}17\%$
3-160. $w(CH_4) = 16{,}83\%$
3-161. $w(N_2) = 58{,}1\%$
3-162. $w(HCl) = 22{,}34\%$
3-163. $w(HNO_3) = 56{,}99\%$
$w(N) = 12{,}67\%$
3-164. $w(NH_3) = 7{,}45\%$
3-165. $w(CCl_4) = 69{,}5\%$
3-166. $w(CaCO_3) = 26{,}72\%$
$w(MgCO_3) = 73{,}3\%$
3-167. $w(NaCl) = 27{,}65\%$
$w(NaI) = 72{,}4\%$
3-168. $w(HNO_3) = 39{,}3\%$
$w(H_2O) = 60{,}7\%$
3-169. $w(CH_3OH) = 64{,}1\%$
3-170. $w(CH_4) = 30{,}8\%$
$w(C_3H_8) = 69\%$
3-171. $w(\text{Propanol}) = 37{,}3\%$
3-172. $w(C_2H_6) = 34{,}04\%$
3-173. $w(H_2) = 4{,}091\%$
3-174. a1) $w(MgCO_3) = 87{,}9\%$
a2) $w(CaCO_3) = 12{,}12\%$
b1) $w(Na_2CO_3) = 2{,}44\%$
b2) $w(H_2O) = 97{,}56\%$
c1) $w(CH_3OH) = 84{,}8\%$
c2) $w(H_2O) = 15{,}15\%$
d1) $w(CO) = 92{,}31\%$
d2) $w(CO_2) = 7{,}69\%$
3-175. a1) $w(NaBr \cdot 2\,H_2O) = 47{,}51\%$
a2) $w(H_2O) = 52{,}5\%$
b1) $w(KCl) = 25{,}57\%$
b2) $w(H_2O) = 74{,}43\%$
c1) $w(NH_4Cl) = 25{,}09\%$
c2) $w(H_2O) = 74{,}91\%$
d1) $w(BaCl_2) = 26{,}31\%$
d2) $w(H_2O) = 73{,}69\%$
3-176. a1) $w(MgO) = 70{,}0\%$
a2) $w(CaO) = 30{,}0\%$
b1) $w(KNO_3) = 22{,}75\%$
b2) $w(H_2O) = 77{,}25\%$
c1) $w(CH_3OH) = 93{,}1\%$
c2) $w(H_2O) = 6{,}89\%$
d1) $w(CO) = 92{,}7\%$
d2) $w(CO_2) = 7{,}28\%$
3-177. a1) $w(H_2) = 17{,}09\%$
a2) $w(Cl_2) = 82{,}9\%$
b1) $w(N_2) = 45{,}1\%$
b2) $w(NH_3) = 54{,}9\%$
c1) $w(SO_2) = 72{,}2\%$
c2) $w(SO_3) = 27{,}8\%$
d1) $w(CO) = 7{,}37\%$
d2) $w(CO_2) = 92{,}6\%$
3-178. a) $m(CaO) = 971$ g
b) $m(H_3PO_4) = 1{,}130$ kg
c) $m(Cl_2) = 68{,}5$ mg
3-179. a) $m(HCl) = 152{,}5$ g
b) $m(HNO_3) = 15{,}14$ kg
c) $m(NH_3) = 7{,}49$ g
d) $m(KOH) = 167{,}0$ t
3-180. a) $n(HCl) = 2{,}134$ mol
b) $n(HNO_3) = 131{,}1$ mol
c) $n(NH_3) = 0{,}495$ mol
d) $n(KOH) = 2980$ kmol
3-181. a) $n(NH_3) = 1{,}038$ mol
b) $m(NH_3) = 17{,}68$ g
c) $V(NH_3) = 23{,}3$ L
3-182. a) $n(Cl_2) = 0{,}255$ mol
b) $m(Cl_2) = 18{,}1$ g
c) $V(Cl_2) = 6{,}05$ L
3-183. a) $V(C_3H_8O_3) = 22{,}79$ mL
b) $V(C_6H_5CH_3) = 11{,}53$ mL
c) $V(CH_4) = 281{,}3$ mL
3-184. a) $V(CO_2) = 145{,}8$ mL
b) $V(H_2) = 152$ mL
c) $V(CO) = 1{,}130\ m^3$
d) $V(SO_2) = 276$ L

3-185. a) m(Mischphase) = 61,5 g
b) m(Mischphase) = 230 g
c) m(Mischphase) = 27,6 g
d) m(Mischphase) = 851 g
3-186. a) m(Lösung) = 35,6 g
b) m(Lösung) = 372 g
c) m(Lösung) = 21,32 g
3-187. a) m(Mischphase) = 468 kg
b) m(Mischphase) = 344 kg
c) m(Mischphase) = 710 g
d) m(Mischphase) = 184 kg
3-188. a) V(Mischphase) = 35,6 mL
b) V(Mischphase) = 10,83 mL
c) V(Mischphase) = 2,27 L
3-189. a) V(Lösung) = 713 mL
b) V(Lösung) = 5,59 L
3-190. V(Gemisch) = 6,84 L
3-191. V(Gemisch) = 14,37 L
3-192. a) V(Gemisch) = 287 mL
b) m(Gemisch) = 379 g
3-193. a) V(Schwefelsäure-Lösung) = 340 L
b) m(Lösung) = 387 kg
c) $m(H_2SO_4)$ = 77,49 kg
d) $n(H_2SO_4)$ = 790 mol
3-194. a) m(Gemisch) = 1,247 g
b) n(Gemisch) = 0,489 mol
c) V(Gemisch) = 11,78 L
d) $n(CH_4)$ = 18,67 mmol
e) $m(CH_4)$ = 0,299 g
3-195. a) $m(KClO_3)$ = 311,4 g
b) $n(KClO_3)$ = 2,541 mol
3-196. a) $m(CH_3OH)$ = 96,2 g
b) $n(CH_3OH)$ = 3,001 mol
c) $V(CH_3OH)$ = 121,4 mL
3-197. a) m(NO) = 95,5 mg
b) n(NO) = 3,18 mmol
c) V(NO) = 71,31 mL
3-198. a) $m(Cl_2)$ = 78,1 g
b) $n(Cl_2)$ = 11,01 mmol
c) $V(Cl_2)$ = 393,9 mL
3-199. a) m(Gemisch) = 507 g
b) V(Gemisch) = 523 L
3-200. a1) $\varphi(CH_3CH_2OH)$ = 62,5%
a2) $\varphi(H_2O)$ = 37,50%
b1) $\varphi(CH_3COOH)$ = 25,00%
b2) $\varphi(H_2O)$ = 75,00%
c1) $\varphi(H_2)$ = 36,44%
a1) $\varphi(O_2)$ = 63,56%
3-201. φ(Glykol) = 73,9%
$\varphi(H_2O)$ = 26,09%
3-202. a1) φ(Pentan) = 63,7%
a2) φ(n-Hexan) = 36,3%
b1) φ(Ethanol) = 77,4%
b2) φ(Propanol) = 22,6
c1) φ(Benzol) = 65,2%
c2) φ(Chlorbenzol) = 34,8%
3-203. a1) $\varphi(SO_2)$ = 27,25%
a2) $\varphi(O_2)$ = 72,74%
b1) $\varphi(H_2)$ = 96,9%
b2) $\varphi(O_2)$ = 3,05%
3-204. $\varphi(N_2)$ = 12,88%
$\varphi(H_2)$ = 87,1%
3-205. $\varphi(SO_2)$ = 75,00%
3-206. a1) $\varphi(CHCl_3)$ = 38,5%
a2) $\varphi(CH_2CH_2)$ = 61,5%
b1) φ(CO) = 76,1%
b2) $\varphi(CO_2)$ = 23,9%
3-207. φ(Pentan) = 20,1%
3-208. a1) $\varphi(H_2)$ = 85,4%
a2) $\varphi(O_2)$ = 14,6%
b1) $\varphi(H_2)$ = 84,6%
b2) $\varphi(N_2)$ = 15,4%
3-209. $\varphi(H_2)$ = 22,2%
$\varphi(Cl_2)$ = 77,8%
3-210. $\varphi(CH_3COOC_2H_5)$ = 14,67%
3-211. $\varphi(C_6H_5NO_2)$ = 5,11%
3-212. $\varphi(NH_3)$ = 60,9%
3-213. $\varphi(H_2)$ = 56%
3-214. φ(1- BuOH) = 40,12%
3-215. $\varphi(CH_3OH)$ = 61,2%
3-216. $\varphi(NH_3)$ = 13,2%
3-217. $\varphi(H_2)$ = 50,8%
3-218. $\varphi(1\text{-}C_4H_9OH)$ = 51,6%
3-219. $\varphi[(C_2H_5)_2O]$ = 2,98%
3-220. $\varphi(C_2H_5OH)$ = 19,77%
3-221. φ(Hexan) = 48,7%
3-222. $\varphi(N_2)$ = 4,49%
3-223. $\varphi(Cl_2)$ = 8,14%
3-224. a1) $\varphi(1\text{-}C_4H_9OH)$ = 38,46%

a2) $\varphi(2\text{-}C_4H_9OH)$ = 61,54%
b1) $\varphi(1\text{-}C_3H_7OH)$ = 69,23%
b2) $\varphi(1\text{-}C_3H_7OH)$ = 30,77%
c1) $\varphi(CH_4)$ = 89,2%
c2) $\varphi(CH_4)$ = 10,81%

3-225. a1) $\varphi(CH_3OH)$ = 22,8%
a2) $\varphi(C_2H_5OH)$ = 77,2%
b1) $\varphi(CH_3OH)$ = 91,2%
b2) $\varphi(H_2O)$ = 8,84%
c1) $\varphi(CO)$ = 93,8%
c2) $\varphi(CO_2)$ = 6,21%

3-226. a1) $\varphi(N_2)$ = 69,2%
a2) $\varphi(O_2)$ = 30,8%
b1) $\varphi(SO_2)$ = 87,9%
b2) $\varphi(SO_3)$ = 12,12%
c1) $\varphi(CO)$ = 21,57%
c2) $\varphi(CO_2)$ = 78,43%

3-227. a1) $\varphi(CH_3OH)$ = 87,9%
a2) $\varphi(C_2H_5OH)$ = 12,12%
b1) $\varphi(CO)$ = 41,6%
b2) $\varphi(CO_2)$ = 58,4%
c1) $\varphi(N_2)$ = 23,4%
c2) $\varphi(H_2)$ = 76,6%
d1) $\varphi(CH_4)$ = 92,5%
d2) $\varphi(C_2H_6)$ = 7,48%

zu Kapitel 4

4-1. $w_3(HNO_3)$ = 38,0%
4-2. $w_3(H_2SO_4)$ = 81,3%
4-3. $w(KOH)$ = 40,0%
4-4. $w(CH_3OH)$ = 73,0%
4-5. $w(KOH)$ = 40,7%
4-6. $w(HCl)$ = 16,67%
4-7. $w(Na_2S_2O_3)$ = 13,51%
4-8. $c(NH_3)$ = 28,00%
4-9. $w(KOH)$ = 16,42%
4-10. $w(KNO_3)$ = 14,02%
4-11. $w(Na_2CO_3)$ = 5,33%
4-12. $w(CaCl_2)$ = 2,08%
4-13. $w(C_2H_5OH)$ = 26,77%
4-14. $w(C_2H_4)$ = 22,9%
4-15. $w(C_3H_8O_3)$ = 20,8%
4-16. $w(CO)$ = 99,0%
4-17. $w(HCl)$ = 5,67%
4-18. $w(NaOH)$ = 2,15%
4-19. $w(HCl)$ = 10,82%
4-20. $m_1(L_1)$ = 246,2 kg
$m_2(L_2)$ = 78,8 kg
4-21. $m_1(L_1)$ = 409 kg
$m_2(L_2)$ = 218 kg
4-22. $m_1(L_1)$ = 190,2 kg
$m_2(CaCl_2)$ = 9,8 kg
4-23. $m_1(L_1)$ = 707,8 kg
$m_2(CaCl_2)$ = 31,3 kg
4-24. $m(NaNO_3)$ = 22,7 g
$m(H_2O)$ = 127,3 g
4-25. $m(HCl)$ = 216 g
4-26. $m(Na_2SO_4)$ = 19,20 kg
4-27. $m(KBr)$ = 37,6 g
4-28. $m_1(L_1)$ = 577 g
$m_3(L_3, \text{neu})$ = 672 g
4-29. $m_2(L_2)$ = 910 kg
$m_3(L_3, \text{neu})$ = 1185 kg
4-30. $m(H_2O)$ = 582 kg
m(Lösung, neu) = 847 kg
4-31. m(Salzsäure) = 77,0 kg
4-32. m(Salzsäure) = 1258 kg
4-33. m(Soda-Lösung) = 452,8 g
4-34. m(Natronlauge) = 41,0 g
4-35. m(Natronlauge) = 330 g
4-36. m(Salpetersäure-Lösung) = 328 kg
4-37. m(Natronlauge) = 1032 g
4-38. $m_1(L_1)/m_2(L_2) = 0{,}76 = 1:1{,}32$
4-39. $V_1(L_1)$ = 139 L
$V_2(L_2)$ = 218 L
4-40. V(Benzol) = 28,47 L
4-41. V(Kalilauge) = 551 mL
4-42. V(Salzsäure) = 1,532 L
4-43. V(Salpetersäure-Lösung) = 492 mL
4-44. φ(Ethanol) = 29,2%
4-45. $\varphi_3(CO)$ = 27,5%
4-46. φ(Hexan) = 76,8%
4-47. $V(CCl_4)$ = 110 mL
V(Gemisch) = 360 mL
4-48. V(1-Butanol) = 275,0 L
V(2-Butanol) = 225,0 L

4-49. $V_1(L_1)/V_2(L_2)$ = 1,208 : 1
4-50. $x(KNO_3)$ = 4,15%
4-51. $x(Na_2SO_4)$ = 0,211%
4-52. $x(C_6H_5CH_3)$ = 27,5%
4-53. $x(C_2H_6)$ = 62,75%
4-54. $n(H_2)$ = 2,625 mol
$n(CO)$ = 0,875 mol
4-55. $m(K_2CO_3)$ = 51,8 kg
4-56. $V(N_2)$ = 165, 0 L
$V(H_2)$ = 135,0 L
4-57. $\beta(HCl)$ = 218,1 g/L
4-58. $\beta(HNO_3)$ = 183,7 g/L
4-59. $\beta_2(NaOH)$ = 21,4 g/L
4-60. $V(H_2O)$ = 179 L
V(Lösung) = 454 L
4-61. V(Soda-Lösung) = 9,17 L
$V(H_2O)$ = 2,30 L
4-62. m(Natronlauge) = 223 kg
4-63. $c(1/2\ H_2SO_4)$ = 3,68 mol/L
4-64. $c_3(HCl)$ = 7,70 mol/L
4-65. $c_1(KOH)$ = 12,65 mol/L
4-66. $c_1(HCl)$ = 6,82 mol/L
4-67. $V_1(L_1)$ = 3,64 L
$V_2(L_2)$ = 1,36 L
4-68. $V_1(L_1)$ = 41,5 mL
$V_2(L_2)$ = 453,5 mL
4-69. m(Natronlauge) = 0,196 kg
V(Lösung, neu) = 0,937 L

zu Kapitel 5

5-1. $w(NaOH)$ = 24,1%
5-2. $w(H_2O)$ = 0,99%
5-3. $w(NaCl)$ = 9,61%
5-4. w(Farbstoff) = 84,9%
5-5. w(Feststoff) = 92,8%
5-6. w(Benzol) = 30,1%
5-7. w(Cyclohexan) = 79,3%
5-8. $w(KOH)$ = 29,0%
5-9. $w(H_2O)$ = 28,0%
5-10. $w(NaCl)$ = 21,7%
5-11. w(Benzol) = 56,9%
5-12. $m(H_2O)$ = 142 kg
m(Paste, neu) = 343 kg
5-13. m(Ausgangslösung) = 1110 kg
m(Rückstand) = 360 kg
5-14. m(Ausgangslösung) = 400 g
$m(H_2O)$ = 200 g
5-15. $m(H_2O)$ = 6,63 kg
5-16. m(Benzol) = 210 kg
5-17. m(Gemisch) = 293 kg
5-18. $m(H_2O)$ = 383 kg
m(Lösung) = 192 kg
5-19. $m(H_2O)$ = 6,1 kg
m(Paste, neu) = 78,9 kg
5-20. m(Ausgangsmischung) = 612kg
m(Rückstand) = 212 kg
5-21. φ(Alkohol) = 20,4%
5-22. V(Benzol) = 156 L
5-23. V(Gemisch) = 3102 L
5-24. V(Ausgangsgemisch) = 1800L
V(Kondensat) = 900 L
5-25. β(Farbstoff) = 59,4 g/L
5-26. $\beta(NaNO_3)$ = 108 g/L
5-27. β(Farbstoff) = 40,0 g/L
5-28. $\beta(NaNO_3)$ = 104,8 g/L
5-29. $V(H_2O)$ = 150 mL
V(Lauge) = 600 mL
5-30. V(Ausgangslösung) = 7,29 L
$V(H_2O)$ = 2,29 L
5-31. $c(1/5\ KMnO_4)$ = 0,200 mol/L
5-32. $c(AgNO_3)$ = 0,0571 mol/L
5-33. $c(1/2\ Na_2CO_3)$ = 0,909 mol/L
5-34. $V(H_2O)$ = 182 mL
V(Lösung) = 338 mL
5-35. V(Ausgangslösung) = 537,3mL
$V(H_2O)$ = 87,3 mL
5-36. V(Natronlauge) = 1000 mL

zu Kapitel 6

6-1. **a)** $m[Cu(NO_3)_2]$ = 738 g
b) $n(NO)$ = 2,623 mol
6-2. **a)** m = 355,8 g
b) m = 89,0%
6-3. **a)** $m(SO_2)$ = 25,41 g
b) $m(SO_2)$ = 21,6 g
c) V(Säure) = 128,9 mL

6-4. **a)** $m(HCl) = 72{,}9$ g
b) V(Lösung) = 0,727 L
6-5. **a)** $m(O_2) = 144{,}7$ g
b) V_n(Luft) = 654 L
c) $V(SO_2) = 109{,}5$ L
6-6. **a)** $m[(NH_4Cl) = 515$ g
b) V(Lösung) = 2,23 L
c) $m[(NH_4)_2SO_4] = 590$ g
6-7. **a)** V(Natronlauge) = 0,1331 L
b) $m(Na_2SO_4) = 107{,}5$ g
c) $V(NH_3) = 34{,}0$ L
6-8. **a)** $m(SO_2) = 2{,}123$ kg
b) $V(CO_2) = 291{,}8$ m^3
c) V(Luft) = 1374 m^3
6-9. **a)** $m(H_2S) = 133{,}0$ g
b) $m(S) = 125{,}1$ g
c) $m(FeS_2) = 252$ g
d) $m(Na_2SO_3) = 492$ g
e) m(Kohle) = 13600 g
6-10. m([Cu) = 187 g
6-11. V(Ethanol) = 610 mL
6-12. **a)** m(Acetaldehyd) = 530 g
b) $V_n(O_2) = 207$ L
6-13. m(Acetylsalicylsäure) = 59,5 g
6-14. **a)** V(Salzsäure) = 149,7 mL
b) m(Diazoniumchlorid) = 83,02 g
6-15. $m(H_2SO_4) = 8{,}18$ t
6-16. $w(NaHCO_3) = 0{,}2308 = 23{,}08\%$
6-17. $w[Ca(OH)_2] = 0{,}0777 = 7{,}77\%$
6-18. **a)** $\beta(KMnO_4) = 3{,}302$ g/L
b) $V(CO_2) = 254{,}0$ mL
6-19. $m(CaO) = 52{,}3$ kg
6-20. V(Kalilauge) = 14,35 L
6-21. $\eta = 0{,}825 = 82{,}5\%$
6-22. **a)** $\eta = 0{,}772 = 77{,}2\%$
b) V(Ethanol) = 111,6 mL
6-23. $\eta = 0{,}892 = 89{,}2\%$
6-24. **a)** $\eta_1 = 0{,}659 = 65{,}9\%$
b) $m(Br_2) = 315{,}4$ g

zu Kapitel 7

7-1. **a)** $F(CaO/CaC_2O_4 \cdot H_2O) = 0{,}3838$
b) $F(MgO/Mg_2P_2O_7) = 0{,}3622$
c) $F(SO_4^{2-}/BaSO_4) = 0{,}4116$
7-2. $n(H_2O) = 12$ mol
7-3. $m(Ni) = 0{,}1834$ g
7-4. $w(Ag) = 0{,}7631 = 76{,}31\%$
7-5. **a)** $\beta(H_2SO_4) = 49{,}52$ g/L
b) $c(H_2SO_4) = 0{,}505$ mol/L
c) $w(H_2SO_4) = 0{,}0480 = 4{,}80\%$
7-6. **a)** w(Feuchtigkeit) = 0,0329 = 3,29%
b) w(Trockensubstanz) = 0,9671 = 96,71%
7-7. w(Trockensubstanz) = 0,491 = 49,1%
7-8. $w(Pb) = 38{,}6\%$
7-9. w(Schlacke) = 0,1550 = 15,50%
7-10. $w(C) = 93{,}6\%$
7-11. m(Lösung) = 127,7 g
7-12. V(Lösung) = 243,9 mL
7-13. $m(K_2Cr_2O_7) = 9{,}81$ g
7-14. $t = 1{,}020$
7-15. $t = 0{,}962$
7-16. $t = 0{,}920$
7-17. $c(1/1\ KOH) = 0{,}349$ mol/L
7-18. $c(eq)(Na_2S_2O_3 \cdot 5\ H_2O) = 0{,}0983$ mol/L
7-19. V(Maßlösung) = 5,15 mL

Ergebnisse der Aufgaben

zu Kapitel 1

1-1. $N(Cl_2) = 4{,}547 \cdot 10^{27}$
1-2. $m(C_6H_5COOH) = 91{,}59$ g
1-3. $V(H_2) = 229{,}6$ m^3
1-4. V(Aceton) = 287,6 mL
1-5. $n(H_2O) = 3{,}99$ mol
1-6. m(Fe) = 403,4 g
1-7. V_{mn}(HCl) = 13,95 L
1-8. V(Benzol) = 32,5 mL
1-9. N(Ne) = $1{,}27 \cdot 10^{25}$
1-10. V(Körper) = 2,905 L
1-11. $n(H_2S) = 24{,}65$ mmol
1-12. V_n(Gas) = 12,95 L
1-13. $N(NH_3) = 1{,}42 \cdot 10^{22}$
1-14. $N(C_2H_5OH) = 2{,}637 \cdot 10^{26}$
1-15. $n(C_2H_4) = 8040$ mol = 8,04 kmol
1-16. $n(CCl_4) = 207{,}3$ mol
1-17. m(Cu) = 854,0 g
1-18. $m(SO_2) = 13{,}87$ g
1-19. V_m(Gas) = 19,81 L/mol
1-20. a) V_m(Gas) = 1760 L/mol
b) V_m(Gas) = 12,47 L/mol
c) V_m(Gas) = 7,27 L/mol
1-21. $V(H_2) = 67{,}5$ L
1-22. V(CO) = 18,51 m^3
1-23. $V(N_2) = 2{,}38$ L
1-24. $V(O_2) = 595$ L
1-25. $V(H_2S) = 829$ L
1-26. V(Gas) = 325 L
1-27. $V(Cl_2) = 182{,}1$ mL
1-28. $V(H_2) = 72{,}4$ L
1-29. $V(NH_3) = 153{,}0$ m^3
1-30. $V(CH_4) = 158{,}3$ L
1-31. $V(CH_4) = 577$ L
1-32. $V(O_2) = 316{,}0$ mL
1-33. a) $V(F_2) = 94{,}5$ L
b) $V(F_2) = 41{,}0$ L
c) $V(F_2) = 82{,}0$ L
1-34. n(Gas) = 21,48 mol
1-35. $V(H_2) = 1{,}347$ m^3
1-36. $m(N_2) = 556$ g
1-37. $m(CO_2) = 533$ g
1-38. M(Kwst.) = 30,06 g/mol
1-39. V_m(Gas) = 66,0 L/mol
1-40. $\rho_n(F_2) = 1{,}696$ g/L
1-41. $\rho(CO_2) = 1{,}630$ g/L
1-42. V_a(Gas) = $5{,}91 \cdot 10^{-22}$ L
1-43. V_a(Aceton) = $1{,}219 \cdot 10^{-25}$ L

zu Kapitel 2

2-1. $M[(COOH)_2 \cdot 2\,H_2O]$ = 126,07 g/mol
2-2. $M(CaCl_2 \cdot 6\,H_2O)$ = 219,08 g/mol
2-3. $M(Na_2SO_3 \cdot 7\,H_2O)$ = 252,15 g/mol
2-4. $M(SO_3^{2-})$ = 80,06 g/mol
2-5. a) $M(Na_4P_2O_7)$ = 265,90 g/mol
b) $M(H_2CO_3)$ = 62,03 g/mol
c) $M(C_6H_5COOH)$ = 122,12 g/mol
d) $M(K_4[Fe(CN)_6])$ = 368,37 g/mol
2-6. a) $M(H_3O^+)$ = 19,02 g/mol
b) $M(HPO_4^-)$ = 95,98 g/mol
c) $M[(COO^-)_2]$ = 88,02 g/mol
d) $M(ClO_4^-)$ = 99,45 g/mol
2-7. $N(SO_3) = N(S) = N(O)/3$
2-8. $N(H_2O) = 12\,N(K) = N(Cr) = 6\,N(S) = 6\,N(SO_4) = 3\,N(O)/5 = N(H)/2$
2-9. a) Falsch
b) Falsch
c) Falsch
d) Richtig
2-10. $n(O) = n(H) = 2\,n(H_2O_2)$

2-11. $n(Na_2SO_3 \cdot 5\ H_2O) = n(Na)/2$
$= n(S) = n(O)/8 = n(H)/10$
$= n(SO_3) = n(H_2O)/5$

2-12. a) Falsch
b) Richtig
c) Richtig
d) Falsch
e) Richtig

2-13. $N(C) = 7{,}23 \cdot 10^{22}$
2-14. $N(Na_3AlF_6) = 2{,}51 \cdot 10^{23}$
2-15. $N(Cl^-) = 2{,}776 \cdot 10^{24}$
2-16. $N(CH_3COOH) = 4{,}70 \cdot 10^{21}$
2-17. $N(O) = 7{,}42 \cdot 10^{27}$
2-18. $N(O) = 1{,}008 \cdot 10^{25}$
2-19. $n(H_2O) = 1{,}0410$ mol
2-20. $n(H_2O) = 13{,}25$ mol
2-21. $n(CaF_2) = 3{,}0$ mol
2-22. $n(P) = 3{,}100$ mol
2-23. $n(K_2Cr_2O_7) = 0{,}339$ mol
2-24. $n(F) = 0{,}0558$ mol
2-25. $n(H) = 9{,}10$ mol
2-26. $m(O) = 48{,}0$ g
2-27. $m(O) = 55{,}43$ g
2-28. $m(K_2Cr_2O_7) = 58{,}0$ g
2-29. $m(SO_4^{2-}) = 2{,}0048$ g
2-30. $m(CaSO_4) = 220{,}8$ g
2-31. $m(S) = 0{,}465$ g
2-32. $m(O) = 157{,}4$ mg
2-33. $m(H) = 15{,}06$ g
2-34. $V(NH_3) = 41{,}4$ L
2-35. $V(N_2) = 99{,}3$ L
2-36. $V(CS_2) = 376$ mL
2-37. $V(CH_4) = 215{,}1$ L

2-38. a) $x(Cl_2) = 40{,}00\%$
b) $x(O_2) = 60{,}00\%$
c) $x(H) - 69{,}23\%$
d) $x(C) = 46{,}67\%$

2-39. a1) $X(H) = 25{,}00\%$
a2) $X(N) = 25{,}00\%$
a3) $X(O) = 50{,}00\%$
b1) $X(P) = 16{,}67\%$
b2) $X(C) = 83{,}33\%$
c1) $X(C) = 55{,}56\%$
c2) $X(H) = 44{,}44\%$
d1) $X(C) - 27{,}27\%$
d2) $X(H) = 54{,}55\%$
d3) $X(O) = 18{,}18\%$

2-40. a) $x(Cl) = 60{,}00\%$
b) $x(N) = 66{,}67\%$
c) $x(C) = 28{,}57\%$
d) $x(C) = 46{,}67\%$
e) $x(H) = 66{,}67\%$

2-41. a1) $x(H) = 30{,}77\%$
a2) $x(P) = 15{,}38\%$
a3) $x(H) = 53{,}85\%$
b1) $x(P) = 28{,}57\%$
b2) $x(O) = 71{,}43\%$
c1) $x(C) = 28{,}57\%$
c2) $x(H) = 57{,}14\%$
c3) $x(O) = 14{,}29\%$
d1) $x(C) = 27{,}27\%$
d2) $x(H) = 36{,}36\%$
d3) $x(O) = 36{,}36\%$

2-42. a) $w(Cl) = 70{,}22\%$
b) $w(O) = 74{,}06\%$
c) $w(H) = 16{,}77\%$
d) $w(Cl) = 44{,}03\%$
e) $w(OH) = 19{,}85\%$
f) $w(H_2O) = 28{,}71\%$

2-43. a) $w(Cl^-) = 63{,}89\%$
b) $w(H^+) = 1{,}20\%$
c) $w(PO_4^{3-}) = 57{,}93\%$

2-44. a1) $w(H) = 2{,}27\%$
a2) $w(P) = 34{,}80\%$
a3) $w(O) = 62{,}93\%$
b1) $w(P) = 43{,}64\%$
b2) $w(O) = 56{,}36\%$
c1) $w(C) = 54{,}53\%$
c2) $w(H) = 9{,}15\%\%$
c3) $w(O) = 36{,}32\%$
d1) $w(C) = 34{,}62\%$
d2) $w(H) = 3{,}87\%$
d3) $w(O) = 61{,}50\%$

2-45. a) $MnCl_2 \cdot 4\ H_2O$
b) $K_2S_2O_8$
c) $FeCl_3$
d) $CHCl_3$
e) $Cu(NO_3)_3 \cdot 3\ H_2O$

2-46. a) C_6H_7N
b) C_7H_8O

c) PbO_2
d) $K_2S_2O_5$
e) C_5H_5N
2-47. a1) w(C) = 14,14%
a2) w(H) = 2,37%
a3) w(Cl) = 83,48%
b1) w(C) = 52,29%
b2) w(H) = 3,76%
b3) w(Cl) = 43,95%
c1) w(N) = 36,86%
c2) w(O) = 63,14%
d1) w(C) = 90,32%
d2) w(H) = 9,68%
2-48. a1) x(C) = 43,06%
a2) x(H) = 49,77%
a3) x(N) = 7,16%
b1) x((C) = 43,67%
b2) x(H) = 50,09%
b3) x(O) = 6,23%
c1) x(Pb) = 33,32%
c2) x(O) = 66,73%
d1) x(K) = 22,22%
d2) x(S) = 22,24%
d3) x(O) = 55,54%
e1) x(C) = 45,39%
e2) x(H) = 45,54%
e3) x(N) = 9,06%

zu Kapitel 3

3-1. w(NaCl) = 19,29%
3-2. w($NaNO_3$) = 10,18%
3-3. w(HCl) = 10,36%
3-4. w(HCl) = 12,78%
3-5. m(X) = 9,62 g
3-6. a) φ(H_2S) = 0,43%
b) β(H_2S) = 6,0 mg/L
c) c(H_2S) = 0,177 mmol/L
3-7. φ(CO_2) = 2,53%
3-8. a) φ(Ar) = 3,17%
b) x(Ar) = 3,17%
c) w(Ar) = 4,46%
3-9. w(O_2) = 17,40%
3-10. φ(CO) = 2,529%
3-11. x(C_2H_5OH) = 18,11%
3-12. x(CH_3COCH_3) = 31,6%
3-13. x(HCl) = 11,12%
3-14. a) β(Fe^{2+}) = 1,071 g/L
b) c($FeSO_4$) = 19,2 mmol/L
c) w(1/2 SO_4^{2-}) = 38,4 mmol/L
3-15. σ(Pyridin) = 21,0 mL/L
3-16. a) m(Na_2CO_3) = 3,18 g
b) m($KMnO_4$) = 79,0 g
c) m(KOH) = 187,5 g
3-17. a) c(CH_3COCH_3) = 3,88 mol/L
b) β(CH_3COCH_3) = 225,4 g/L
3-18. c(1/2 $K_2Cr_2O_7$) = 0,565 mol/L
3-19. a) β(C_2H_5OH) = 306,5 g/L
b) w(C_2H_5OH) = 32,26%
3-20. a) c(NaCl) = 4,381 mol/L
b) w(NaCl) = 21,90%
3-21. a) c(HNO_3) = 11,95 mol/L
b) β(HNO_3) = 753,2 g/L
3-22. a) c(1/2 H_2SO_4) = 5,73 mol/L
b) β(H_2SO_4) = 280,8 g/L
3-23. a) M(Lösung) = 22,03 g/L
b) w(KCl) = 24,00%
c) x(KCl) = 7,09%
d) β(KCl) = 278,9 g/L
e) c(KCl) = 3,74 mol/L
f) $l_{20°}$(KCl) = 51,58 g/100 g
g) r(KCl/H_2O) = 0,0763
3-24. a) M(Lösung) = 18,68 g/mol
b) w($KMnO_4$) = 4,00%
c) x($KMnO_4$) = 0,473%
d) β($KMnO_4$) = 41,1 g/L
e) c($KMnO_4$) = 0,260 mol/L
f) r($KMnO_4$/H_2O) = 0,00475
3-25. a) M(Lösung) = 77,73 g/mol
b) ρ (Lösung) = 0,640 g/mL
c) φ(C_6H_{14}) = 42,86%
d) w(C_6H_{14}) = 44,1%
e) x(C_6H_{14}) = 39,8%
f) β(C_6H_{14}) = 282 g/L
g) c(C_6H_{14}) = 3,28 mol/L
h) ζ (C_6H_{14}) = 0,790
i) r(C_6H_{14}) = 0,661
3-26. a) M(Gasgemisch) = 24,46 g/mol
b) φ (CH_4) = 40,00%

c) $w(CH_4)$ = 26,23%
d) $x(CH_4)$ = 40,00%
e) $c(CH_4)$ = 16,6 mmol/L
f) $\beta(CH_4)$ = 0,266 g/L
g) $r(CH_4/C_2H_6)$ = 0,667
h) $\zeta(CH_4/C_2H_6)$ = 0,356
3-27. a) M(Lösung) = 32,22 g/mol
b) $w(H_2SO_4)$ = 17,74%
c) $\beta(H_2SO_4)$ = 774,9 g/L
d) $c(H_2SO_4)$ = 7,90 mol/L
e) $\zeta(H_2SO_4/H_2O)$ = 1,174
f) $r(H_2SO_4/H_2O)$ = 0,2157
3-28. a) $m(H_2SO_4)$ = 270,0 g
b) $n(H_2SO_4)$ = 2,753 mol
3-29. a) m(KOH) = 273 g
b) β(KOH) = 606 g/L
c) w(KCl) = 42,5%
d) $\zeta(KOH/H_2O)$ = 0,740
e) $r(KOH/H_2O)$ = 0,238
f) x(KCl) = 19,2%
3-30. a) $c(NH_3)$ = 8,22 mol/L
b) $w(NH_3)$ = 14,89%
c) $\zeta(NH_3/H_2O)$ = 0,175
d) $r(NH_3/H_2O)$ = 0,185
e) $x(NH_3)$ = 15,6%
3-31. a) V(Lösung) = 0,0184 L
b) V(Lösung) = 0,426 L
c) V(Lösung) = 2143 L
3-32. a) $r(CO/CO_2)$ = 0,818
b) $\zeta(CO/CO_2)$ = 0,512
c) w(CO) = 34,24%
d) β(CO) = 0,563 g/L
e) c(CO) = 20,1 mmol/L
3-33. a) V(CO) = 168,8 L
b) n(CO) = 7,53 mol
c) m(CO) = 211 g
3-34. a) ρ (Gemisch) = 1,061 g/mL
b) $\beta(C_6H_6)$ = 175,8 g/L
c) $c(C_6H_6)$ = 2,251 mol
d) $w(C_6H_6)$ = 16,58%
e) $\zeta(C_6H_6/C_6H_5Cl)$ = 0,199
f) $r(C_6H_6/C_6H_5Cl)$ = 0,286
g) $x(C_6H_6)$ = 22,26%
3-35. a) $V(C_6H_6)$ = 12,00 L
b) $m(C_6H_6)$ = 10,55 kg
c) $n(C_6H_6)$ = 135,0 mol
3-36. a) $c(H^+)$ = 9,981 mol/L
b) $c(1/3\ H_3PO_4)$ = 9,981 mol/L
c) w(P) = 8,84%
d) $\zeta(H_3PO_4/H_2O)$ = 0,3881
e) $r(H_3PO_4/H_2O)$ = 0,0714

zu Kapitel 4

4-1. $m(KNO_3)$ = 144,0 g
4-2. a) m(Kaliumnitrat-Lösung) = 234,4 g
b) m(Kaliumnitrat-Lösung) = 373,1 g
4-3. $m(H_2O)$ = 477,0 g
4-4. m(Lösung) = 248,3 g
m(Salz) = 23,3 g
4-5. $m(H_2O)$ = 285 g
4-6. V(2-Propanol) = 259,2 mL
4-7. V(Chlorbenzol) = 97,2 L
4-8. a) m(Farbstoff) = 832 kg
b) $m(H_2O)$ = 2118 kg
4-9. w(HCl) = 17,8%
4-10. $w(NH_3)$ = 24,8%
4-11. a) m(NaOH) = 26,25 kg
b) m(Ätznatron) = 26,85 kg
c) m(Natronlauge) = 105 kg
4-12. m(Lauge) = 649 kg
4-13. m(Lösung) = 359,4 g
4-14. m(Lösung) = 1121 g
4-15. m(NaOH) = 23,5 g
4-16. m(Lösung) = 122,6 kg
4-17. w(Salz) = 20,1%
4-18. w(HCl) = 20,52%
4-19. $m(H_2O)$ = 91,2 kg
4-19. $m(H_2O)$ = 91,2 kg
4-20. m(Lösung) = 85,7 kg
4-21. a) m(Lauge) = 112,5 kg
b) $m(H_2O)$ = 187,5 kg
4-22. w(NaCl) = 8,68%
4-23. $m(H_2O)$ = 626 g
4-24. w(KOH) = 22,33%
4-25. m(Schwefelsäure-Lösung) = 84,3 kg

4-26. $w(KNO_3)$ = 17,6%
4-27. m(Natriumcarbonat-dekahydrat) = 0,686 kg
4-28. m(Kupfersulfat-pentahydrat) = 606 g
4-29. $w(KOH)$ = 21,8%
4-30. m(Salzsäure) = 7,81 kg
4-31. m(Schwefelsäure-Lösung) = 983 g
4-32. m(2-Butanol) = 7,75 kg
4-33. $V(H_2O)$ = 420 mL
4-34. $V(H_2O)$ = 875 mL
4-35. V(Maßlösung) = 12,65 L
4-36. $c[1/2\ (COOH)_2]$ = 0,199 mol/L
4-37. $c(H_2SO_4)$ = 0,588 mol/L
4-38. $c(1/2\ H_3PO_4)$ = 0,1361 mol/L
4-39. **a)** $c(HCl)$ = 0,713 mol/L
b) $\beta(HCl)$ = 26,0 g/L
4-40. V(Schwefelsäure-Lösung) = 2,694 L

zu Kapitel 5

5-1. w(Salz) = 4,96%
5-2. $m(H_2O)$ = 260 g
5-3. V(Kalilauge) = 75,3 mL
5-4. m(Lösung) = 8,1 kg
$m(H_2O)$ = 21,9 kg
5-5. m(Kaliumnitrat-Lösung) = 422,6 kg
5-6. $m(H_2O)$ = 1066 g
5-7. w(Salz) = 10,1%
5-8. w(Farbstoff) = 88,6%
5-8. $m(H_2O)$ = 49,95 kg
5-9. m(Salz-Lösung) = 2297 g
$m(H_2O)$ = 2212 g

zu Kapitel 6

6-1. **a)** $CaO + 2\ NH_4Cl \longrightarrow 2\ NH_3 + CaCl_2 + H_2O$
$n(CaO) = n(CaCl_2)$
b) $2\ NaCl + H_2SO_4 \longrightarrow Na_2SO_4 + 2\ HCl$
$n(H_2SO_4) = n(HCl)/2$
c) $(NH_4)_2SO_4 + 2\ NaOH \longrightarrow Na_2SO_4 + 2\ H_2O + 2\ NH_3$
$n[(NH_4)_2SO_4] = n(NH_3)/2$
d) $2\ NaOH + Cl_2 \longrightarrow NaCl + NaClO + H_2O$
$n(NaOH)/2 = n(NaClO)$
e) $Sb_2O_3 + 6\ NaOH \longrightarrow 2\ Na_3SbO_3 + 3\ H_2O$
$n(NaOH)/6 = n(Na_3SbO_3)/2$
f) $2\ CH_2{=}CH_2 + O_2 \longrightarrow 2\ CH_3CHO$
$n(O_2) = n(CH_3CHO)/2$
g) $P_4 + 5\ O_2 \longrightarrow 2\ P_2O_5$
$n(P_4) = n(O_2)/5$
h) $4\ NH_3 + 5\ O_2 \longrightarrow 6\ H_2O + 4\ NO$
$n(NH_3) = n(NO)$
i) $2\ Al + 2\ NaOH + 6\ H_2O \longrightarrow 2\ Na[Al(OH)_4] + 3\ H_2$
$n(Al)/2 = n(H_2)/3$
j) $Al_4C_3 + 12\ H_2O \longrightarrow 4\ Al(OH)_3 + 3\ CH_4$
$n(Al_4C_3) = n(CH_4)/3$
k) $C_4H_8 + 6\ O_2 \longrightarrow 4\ CO_2 + 4\ H_2O$
$n(C_4H_8) = n(O_2)/6$

l) $2\ MnO_4^- + 5\ C_2O_4^{2-} + 16\ H^+ \longrightarrow 2\ Mn^{2+} + 10\ CO_2 + 8\ H_2O$
$n(MnO_4^-)/2 = n(C_2O_4^{2-})/5$

m) $2\ MnO_4^- + 5\ H_2O_2 + 6\ H^+ \longrightarrow 2\ Mn^{2+} + 5\ O_2 + 8\ H_2O$
$n(MnO_4^-)/2 = n(H_2O_2)/5$

n) $Cr_2O_7^{2-} + 6\ Fe^{2+} + 14\ H^+ \longrightarrow 2\ Cr^{3+} + 6\ Fe^{3+} + 7\ H_2O$
$n(Cr_2O_7^{2-}) = n(Fe^{2+})/6$

o) $3\ MnO_4^{2-} + 4\ H^+ \longrightarrow 2\ MnO_4^- + MnO_2 + 2\ H_2O$
$n(MnO_4^{2-})/3 = n(MnO_2)$

p) $3\ Cl_2 + 6\ OH^- \longrightarrow ClO_3^- + 5\ Cl^- + 3\ H_2O$
$n(OH^-)/6 = n(ClO_3^-)$

6-2. **a)** $m(CaO) = 102{,}5$ kg
b) $V(NH_4Cl\text{-Lösung}) = 936$ L
6-3. **a)** $m(NH_4Cl) = 2506$ g
b) $V(\text{Natronlauge}) = 8{,}81$ L
6-4. $m(CaO) = 490{,}3$ g
6-5. $V(\text{Kalilauge}) = 188{,}7$ mL
6-6. $m(\text{Säure}) = 6{,}53$ g
6-7. **a)** $m(NaCl) = 14{,}47$ g
b) $V(CO_2) = 2{,}774$ L
c) $V(\text{Salzsäure}) = 0{,}361$ L
6-8. **a)** $m(Fe) = 142{,}5$ g
b) $V(\text{Säure}) = 719$ mL
c) $V(H_2) = 61{,}3$ L
6-9. $V(\text{Natronlauge}) = 3{,}195$ L
6-10. $w(NaClO) = 0{,}0855 = 8{,}55\%$
6-11. $w(K_3SbO_6) = 0{,}1768 = 17{,}68\%$
6-12. **a)** $m(Na_2CO_3) = 3100$ g
b) $V(Na_2CO_3\text{-Lösung}) = 29{,}25$ L
6-13. **a)** $m(CaCO_3) = 1314$ g
b) $V(CO_2) = 294$ L
6-14. **a)** $w(Cl^-) = 0{,}3544 = 35{,}44\%$
b) $c(Cl^-) = 11{,}76$ mol/L
c) $\beta(Cl^-) = 416{,}8$ g/L
6-15. $m(SO_3) = 333{,}5$ g
6-16. **a)** $m(C_8H_9SO_3H) = 186{,}2$ g
b) $m(H_2SO_4\text{-Lösung}) = 60{,}0$ mL
c) $m(CaCO_3) = 37{,}67$ g
6-17. $\eta = 0{,}786$
6-18. **a)** $\eta = 0{,}696$
b) $V(O_2) = 344$ L
6-19. **a)** $m(Br_2) = 614$ g
b) $w(HBr) = 0{,}2279 = 22{,}79\%$
6-20. **a)** $m(COCl_2) = 1{,}358$ kg
b) $V(C_6H_5NH_2) = 0{,}210$ L
c) $V(HCl) = 110{,}2$ L
6-21. $w(Al_2O_3) = 0{,}930 = 93{,}0\%$
6-22. **a)** $V(\text{Natronlauge}) = 5{,}34\ m^3$
b) $V(Cl_2) = 828\ m^3$
6-23. **a)** $m(\text{Benzylchlorid}) = 192{,}3$ g
b) $w(NaOH) = 0{,}136 = 13{,}6\%$
6-24. **a)** $V_n(NH_3) = 80{,}94$ L
b) $m(\text{Butansäurediamid}) = 86{,}0$ g
6-25. $V(\text{Gas}) = 15{,}32$ L
6-26. **a)** $m(\text{Butan}) = 3{,}243$ kg
b) $V(\text{Luft}) = 38{,}88\ m^3$
6-27. **a)** $V(CO_2) = 528{,}7\ m^3$
b) $m(CaO) = 1{,}324$ t
6-28. $w(S) = 0{,}0088 = 0{,}88\%$
6-29. **a)** $m(Al) = 55{,}42$ g
b) $V(\text{Natronlauge}) = 0{,}249$ L
6-30. $\varphi(CO_2) = 0{,}857 = 85{,}7\%$
6-31. **a)** $w(Zn) = 0{,}482 = 48{,}2\%$
b) $V(\text{Salzsäure}) = 206{,}8$ mL
6-32. **a)** $n(HCl) = 13{,}07$ mol
b) $m(MnCl_2) = 337{,}1$ g
6-33. $\eta = 0{,}752 = 75{,}2\%$
6-34. $\eta = 0{,}744 = 74{,}4\%$
6-35. $V(\text{Gasgemisch}) = 54{,}49$ L
6-36. $V(SO_2) = 11{,}91\ m^3$
6-37. $V(\text{Abluft}) = 22{,}74\ m^3$
6-38. **a)** $m(\text{Phenol}) = 852{,}4$ kg
b) $m(\text{Cyclohexanol}) = 834{,}7$ kg
6-39. $V(H_2) = 308{,}4$ L
6-40. $V(\text{Luft}) = 16{,}1\ m^3$

zu Kapitel 7

7-1. **a)** $F(AlCl_3 \cdot 6\,H_2O/Al_2O_3)$ = 4,736
b) $F[Ca(HCO_3)_2/CaC_2O_4 \cdot H_2O]$ = 1,1095
c) $F(Mn/Mn_2P_2O_7)$ = 0,3871
d) $F(Cu/CuSCN)$ = 0,5225
e) $F(PO_4^{3-}/Mg_2P_2O_7)$ = 0,8534

7-2. **a)** $m(Ag)$ = 0,6169 g
b) $m(CaO)$ = 0,1509 g
c) $m(MnCl_2 \cdot 4\,H_2O)$ = 0,8603 g
d) $m(Al_2O_3)$ = 0,1168

7-3. **a)** $n(Ag)$ = 5,719 mmol
b) $n(CaO)$ = 2,691 mmol
c) $n(MnCl_2 \cdot 4\,H_2O)$ = 4,347 mmol
d) $n(Al_2O_3)$ = 1,146 mmol

7-4. **a)** $V(H_2S)$ = 0,1274 L
b) $\varphi(H_2S)$ = 0,000637 = 0,0637%
c) $\beta(H_2S)$ = 0,860 mg/L
d) $c(H_2S)$ = 0,0252 mmol/L

7-5. $w(Fe)$ = 0,1567 = 15,67%

7-6. **a)** m(Probe) = 0,5016 g
b) $m(H_2SO_4)$ = 0,6505 g
c) $w(H_2SO_4)$ = 0,1297 = 12,97%
d) $\beta(H_2SO_4)$ = 141,0 g/L
e) $c(H_2SO_4)$ = 1,437 mol/L

7-7. **a)** $w(H_2SO_4)$ = 0,3009 = 30,09%
b) $c(H_2SO_4)$ = 0,121 g/L

7-8. m(Probe-Lösung) = 1,835 g

7-9. **a)** w(Feuchtigkeit) = 0,0813 = 8,13%
b) w(Trockensubstanz) = 0,9187 = 91,87%
c) $w(Pb)$ = 39,7%

7-10. **a)** w(Feuchtigkeit) = 0,6297 = 62,97%
b) $n(H_2O)$ = 10 mol

7-11. w(Asche) = 0,0178 = 1,78%

7-12. **a)** w(Glührückstand) = 0,4765 = 47,65%
b) $w(H_2O)$ = 0,1496 = 14,96%

7-13. **a)** $m[(COOH)_2]$ = 22,51 g
b) $m(Na_2S_2O_3)$ = 79,05 g
c) $m(K_2Cr_2O_7)$ = 24,52 g
d) $m(KBrO_3)$ = 2,783 g
e) $m(AgNO_3)$ = 33,98 g

7-14. **a)** V(Lösung) = 127,0 mL
b) V(Lösung) = 31,7 mL

7-15. V(Salzsäure) = 38,46 mL

7-16. $V(H_2O)$ = 12,0 mL

7-17. **a)** V(Maßlösung) = 1051 mL
b) V(Maßlösung) = 689 mL
c) V(Maßlösung) = 751 mL
d) V(Maßlösung) = 56,9 mL

7-18. $m(KBrO_3)$ = 13,92 g

7-19. **a)** V(Lösung) = 250 mL
b) V(Lösung) = 250 mL
c) V(Lösung) = 25,2 mL

7-20. $c(1/1\ KOH)$ = 1,996 mol/L

7-21. $c(1/2\ I_2)$ = 0,0604 mmol/L

7-22. t = 0,894

7-23. t = 0,971

7-24. t = 0,933

7-25. t = 1,013

7-26. $M(1/z^*\ KMnO_4)$ = 31,61 g/mol

7-27. V(Salzsäure) = 25,95 mL

7-28. m(Lösung) = 1,618 g

7-29. $m(H_2SO_4)$ = 0,1413 g

7-30. $m[Ca(OH)_2]$ = 29,72 kg

7-31. **a)** $w(NH_3)$ = 0,0549 = 5,49%
b) $\beta(NH_3)$ = 52,6 g/L
c) $c(NH_3)$ = 3,09 mol/L

7-32. M(Dicarbonsäure) = 104,05 g/mol

7-33. **a)** V(Lösung) = 155,2 L
b) $\beta(Na_2CO_3)$ = 3,635 g/L

7-34. **a)** $m(Fe^{2+})$ = 168,7 mg
b) $\beta(FeSO_4)$ = 4,59 g/L

7-35. **a)** $c(NaNO_2)$ = 44,9 mmol/L
b) $\beta(NaNO_2)$ = 3,10 g/L

7-36. $w(H_2O_2)$ = 0,0267 = 2,67%

7-37. **a)** $c(1/5\ KMnO_4)$ = 0,0443 mol/L
b) $V(FeSO_4$-Lösung) = 112 mL

7-38. **a)** $m(K_2Cr_2O_7)$ = 131,9 g
b) V(Lösung) = 4,48 mL

7-39. V(Iod-Lösung) = 21,5 mL
7-40. w(NaClO) = 0,0802 = 8,02%
7-41. N(Doppelbindungen) = 2
7-42. $w(Cl^-)$ = 0,4988 = 49,88%
7-43. w(NaCl) = 0,0725 = 7,25%
7-44. m(Co) = 80,14 mg
7-45. c(Ionen) = 17,3 mmol/L
7-46. m(Einwaage) = 4,68 g
7-47. VZ(Fett) = 178 mg KOH/g Fett
7-48. **a)** VZ(Fett) = 232 mg KOH/g Fett
b) SZ(Fett) = 150 mg KOH/g Fett
c) EZ(Fett) = 82 mg KOH/g Fett
7-49. IZ(Öl) = 51,5 g Iod/100 Öl
7-50. V(Natronlauge) = 21,9 mL
7-51. $w(SO_3$, frei) = 0,157 = 15,7%
7-52. w(N) = 0,1419 = 14,19%
7-53. $w(K_2SO_4)$ = 0,3580 = 35,80%
$w(Na_2SO_4)$ = 0,6421 = 64,21%
7-54. $w(Na_2CO_3)$ = 0,5310 = 53,10%
$w(NaHCO_3)$ = 0,2037 = 20,37%
w(NaCl) = 0,2653 = 26,53%

Register

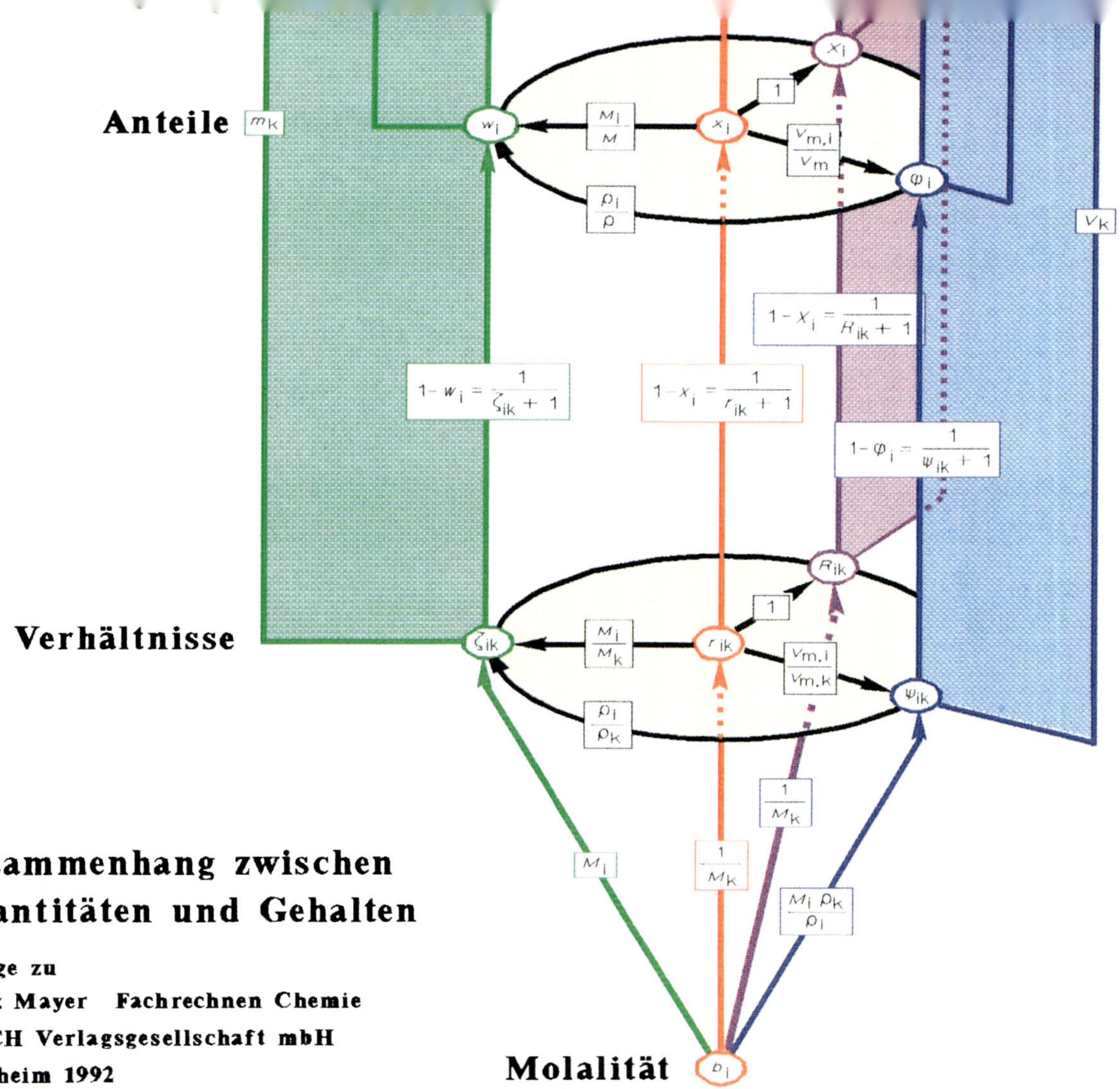

Zusammenhang zwischen Quantitäten und Gehalten

Anlage zu
Heinz Mayer Fachrechnen Chemie

Weinheim 1992

Quantitäten

Konzentrationen

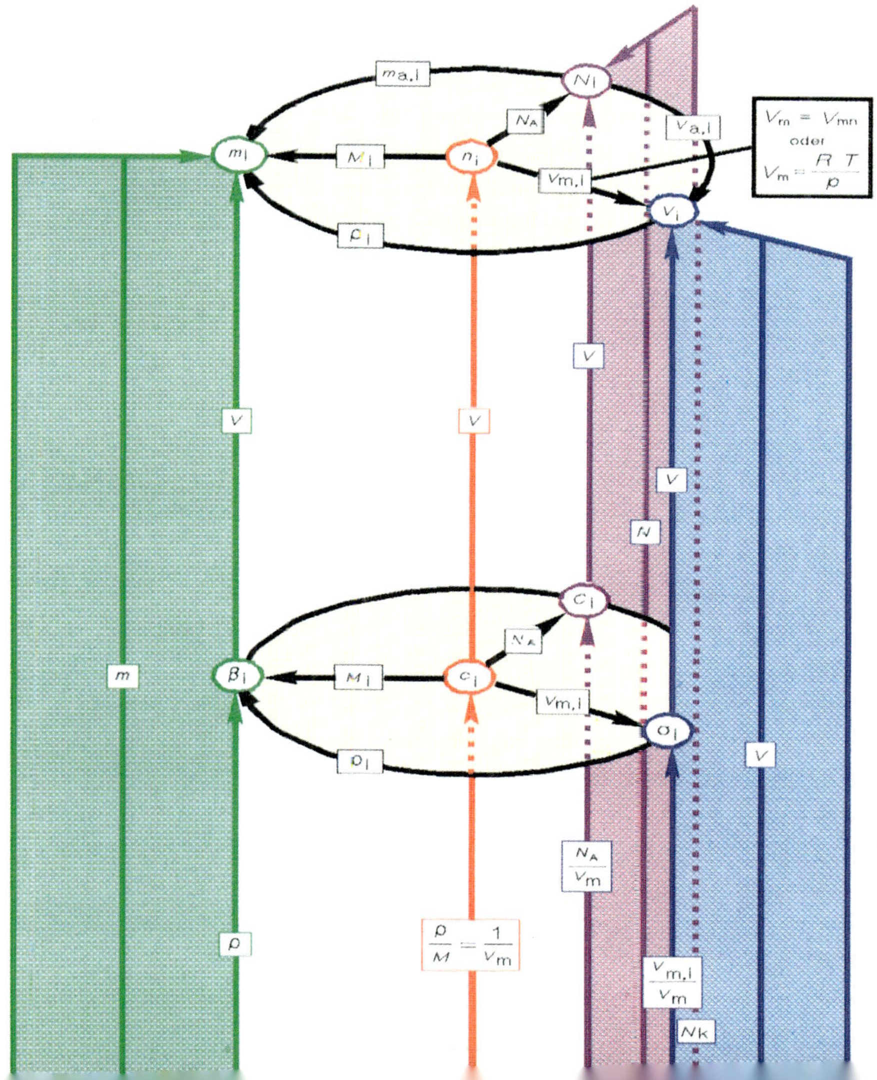